U0378778

电线电缆手册

第3册

第3版

上海电缆研究所
中国电器工业协会电线电缆分会　　组　编
中国电工技术学会电线电缆专业委员会

张秀松　　主　编

机 械 工 业 出 版 社

《电线电缆手册》第3版共分四册，汇集了电线电缆产品设计、生产和使用中所需的有关技术资料。

本书为第3册，根据电线电缆组成的材料特性，共分为四篇，包括金属及导电材料，纸、纤维、带材、电磁线漆、油料、涂料，塑料，橡胶和橡皮，内容包括品种、组成（配方）、性能、成型工艺、技术指标、试验方法及测试设备等。

本书可供电线电缆的生产、科研、设计、商贸以及应用部门与机构的工程技术人员使用，也可供大专院校相关专业的师生参考。

图书在版编目(CIP)数据

电线电缆手册. 第3册/上海电缆研究所，中国电器工业协会电线电缆分会，中国电工技术学会电线电缆专业委员会组编；张秀松主编. —3版. —北京：机械工业出版社，2017.8（2024.8重印）
ISBN 978-7-111-57398-2

Ⅰ.①电… Ⅱ.①上… ②中… ③中… ④张… Ⅲ.①电线-手册 ②电缆-手册 Ⅳ.①TM246-62

中国版本图书馆CIP数据核字（2017）第149007号

机械工业出版社（北京市百万庄大街22号　邮政编码100037）
策划编辑：付承桂　　　　责任编辑：章承林等
责任校对：张晓蓉　刘志文　封面设计：鞠　杨
责任印制：邓　博
北京盛通数码印刷有限公司印刷
2024年8月第3版第2次印刷
184mm×260mm · 39.75印张 · 3插页 · 1304千字
标准书号：ISBN 978-7-111-57398-2
定价：180.00元

凡购本书，如有缺页、倒页、脱页，由本社发行部调换

电话服务
服务咨询热线：010-88361066
读者购书热线：010-68326294
010-88379203

网络服务
机 工 官 网：www.cmpbook.com
机 工 官 博：weibo.com/cmp1952
金 书 网：www.golden-book.com
教育服务网：www.cmpedu.com

《电线电缆手册》第3版 编写委员会

主任委员：魏　东

副主任委员：毛庆传

委　　员：（排名不分先后）

第1册　主编　毛庆传

郑立桥　鲍煜昭　高　欢　谢书鸿　江　斌

姜正权　刘　涛　周　彬

第2册　主编　吴长顺

陈沛云　周　雁　王怡瑶　黄淑贞　李　斌

房权生　孙　萍

第3册　主编　张秀松

张举位　汪传斌　唐崇健　孙正华　朱爱荣

杜　青　吴　畏　庞玉春　单永东　项　健

第4册　主编　魏　东

姜　芸　蔡　钧　张永隆　徐　操　刘　健

蒋晓娟　柯德刚　于　晶　张　荣

编写委员会秘书：倪娜杰

总 前 言

《电线电缆手册》是我国电线电缆行业和众多材料、设备及用户行业的长期技术创新、技术积累及经验总结的提炼、集成与系统汇总，更是几代电缆人的智慧与知识的结晶。本手册自问世以来，为促进我国电线电缆工业的发展、服务国家经济建设产生了重要影响，也为指导行业技术进步和培养行业技术人才发挥了重要作用。本手册已经成为电线电缆制造行业及其用户系统广大科技人员的一部重要的专业工具书。

《电线电缆手册》第 2 版自定稿投入印刷至今已近 20 年了。近 20 年来，随着时代的进步、科学技术的飞速发展以及全球经济一体化的快速推进，世界电线电缆工业的产品制造及其应用发生了很大变化，我国的线缆工业更是发生了翻天覆地的变化，新技术迅猛发展、新材料层出不穷、新产品不断开发、新应用遍地开花、新标准持续涌现、新需求强劲牵引……在电线电缆制造与应用方面，我国已成为全球制造和应用大国，在工业技术及应用上与发达国家的距离也大大缩小，在一些技术和产品领域已经跻身于国际先进行列。

为了总结、汇集和展示线缆新技术、新产品、新应用和新标准，同时为了方便和服务于线缆制造业及用户系统广大科技人员的查阅、学习、参考及应用，由上海电缆研究所、中国电器工业协会电线电缆分会、中国电工技术学会电线电缆专业委员会联合组成编写委员会，在《电线电缆手册》第 2 版基础上进行修订编写，形成《电线电缆手册》第 3 版。新版内容主要是以新技术为引导，以方便实用为目的，增加新技术、新产品和新应用介绍，同时适当删除过时、落后的技术及产品。这是一项服务行业、惠及社会的公益性工作，也是一项工作量繁杂浩大的系统工程。

为了更好地编写新版《电线电缆手册》，由上海电缆研究所作为主要负责方，联合行业协会及专业学会共同组织，邀请行业主要企业及用户的相关专家组成编写委员会，汇集行业之智慧、知识、经验等各项技术资源，在组编方的统一组织策划下，在各相关企业及广大科技人员的大力支持下，经过编委会成员的共同努力，胜利完成了手册第 3 版的编写工作。在此，谨向为本手册编写做出贡献的各位专家及科技人员以及所在的企业、机构表示深深的谢意。同时，特别感谢上海电缆研究所及其各级领导和科技人员给予的人力、智力、物力及财力的大力支持。可以说，本手册的编写成功是线缆行业共同努力的结果，行业的发展是不会忘记众多参与者为手册编写做出的贡献的。

《电线电缆手册》第 2 版分为三册，即电线电缆产品、线缆材料和附件与安装各为一册。鉴于近 20 年线缆产品发展迅速，品种增加很多，因而，将第 1 册的线缆产品分为两册，从而使《电线电缆手册》第 3 版共分成四册出版，具体内容包括：

第 1 册：裸电线与导体制品、绕组线、通信电缆与电子线缆以及光纤光缆四大类产品的品种、用途、规格、设计计算、技术指标、试验方法及测试设备等。

第 2 册：电力电缆和电气装备用线缆产品的品种、规格、性能与技术指标、设计计算、性能试验与测试设备等。

第 3 册：电线电缆和光缆所用材料的品种、组成、用途、性能、技术要求以及有关性能的检测方法。材料包括金属、纸、纤维、带材、电磁线漆、油料、涂料、塑料、橡胶和橡皮等。

第 4 册：电力用裸线、电力电缆、通信电缆与光缆以及电气装备用电线电缆的附件、安装敷设及运行维护。

今天，《电线电缆手册》第 3 版将以新的面貌出现在读者面前，相信新的手册定将会在我国线缆行业转型升级的新一轮发展中发挥更加重要的作用。

限于编者的知识、能力和水平，手册中难免有不合时宜的内容和谬误之处，诚恳期待读者的批评和指正。

同时，科学技术的不断发展与进步，相关标准的持续更新与修订，也将使手册相关内容与届时不完全相符，请读者查询并参考使用。

《电线电缆手册》第 3 版编写委员会

总 论

1. 电线电缆的分类

电线电缆的广义定义为：用以传输电（磁）能、信息和实现电磁能转换的线材产品。广义的电线电缆亦简称为电缆，狭义的电缆是指绝缘电缆。它可定义为由下列部分组成的集合体：一根或多根导体线芯，以及它们各自可能具有的包覆层、总保护层及外护层。电缆亦可有附加的没有绝缘的导体。

为便于选用及提高产品的适用性，我国的电线电缆产品按其用途分成下列五大类。

（1）裸电线与导体制品　指仅有导体而无绝缘层的产品，其中包括铜、铝等各种金属导体和复合金属圆单线、各种结构的架空输电线以及软接线、型线和型材等。

（2）绕组线　以绕组的形式在磁场中切割磁力线感应产生电流，或通以电流产生磁场所用的电线，故又称电磁线，其中包括具有各种特性的漆包线、绕包线、无机绝缘线等。

（3）通信电缆与通信光缆　用于各种信号传输及远距离通信传输的线缆产品，主要包括通信电缆、射频电缆、通信光缆、电子线缆等。

通信电缆是传输电话、电报、电视、广播、传真、数据和其他电信信息的电缆，其中包括市内通信电缆、数字通信对称电缆和同轴（干线）通信电缆，传输频率为音频~几千兆赫。

与通信电缆相比较，射频电缆是适用于无线电通信、广播和有关电子设备中传输射频（无线电）信号的电缆，又称为“无线电电缆”。其使用频率为几兆赫到几十吉赫，是高频、甚高频（VHF）和超高频（UHF）的无线电频率范围。射频电缆绝大多数采用同轴型结构，有时也采用对称型和带型结构，它还包括波导、介质波导及表面波传输线。

通信光缆是以光导纤维（光纤）作为光波传输介质进行信息传输，因此又称为纤维光缆。由于其传输衰减小、频带宽、重量轻、外径小，又不受电磁场干扰，因此通信光缆已逐渐替代了部分通信电缆。按光纤传输模式来分，有单模和多模两种。按光缆结构来分，有层绞式、骨架式、中心管式、层绞单位式、骨架单位式等多种形式。按其不同的使用环境，光缆可分为直埋光缆、管道光缆、架空光缆、水下或海底光缆等多种形式。

电子线缆在本手册中将其归类在通信线缆大类中。该类线缆产品主要用于电子电器设备内部、内部与外部设备之间的连接，通常其长度较短，尺寸较小。主要用于600V及以下的各类家用电器设备、电子通信设备、音视频设备、信息技术设备及电信终端设备等。由于这些设备种类繁多、要求各异，因此，对该类线缆要求具备不尽相同的耐热性、绝缘性、特殊性能、机械性能以及外观结构等。

（4）电力电缆　在电力系统的主干（及支线）线路中用以传输和分配大功率电能的电缆产品，其中包括1~500kV的各种电压等级、各种绝缘形式的电力电缆，包括超导电缆、海底电缆等。

（5）电气装备用电线电缆　从电力系统的配电点把电能直接传送到各种用电设备、器具的电源连接线路用电线电缆，各种工农业装备、军用装备、航空航天装备等使用的电气安装线和控制信号用的电线电缆均属于这一大类产品。这类产品使用面广，品种多，而且大多要结合所用装备的特性和使用环境条件来确定产品的结构、性能。因此，除大量的通用产品外，还有许多专用和特种产品，统称为“特种电缆”。

为了便于产品设计和制造的工程技术人员查阅，本手册将电气装备用电线电缆简单分为两大类：电气装备用绝缘电线和绝缘电缆，并按产品类别和名称直接分类。

本手册将按上述分类法介绍各类电缆产品，在第1册及第2册中分别叙述。在其他场合，例如专利登记、查阅、图书资料分类等，也有按电缆的材料、结构特征、耐环境特性等其他方式分类的。

2. 电线电缆的基本特性

电线电缆最基本的性能是有效地传播电磁波（场）。就其本质而言，电线电缆是一种导波传输线，电磁波在电缆中按规定的导向传播，并在沿线缆的传播过程中实现电磁场能量的转换。

通常在绝缘介质中传播的电磁波损耗较小，而在金属中传播的那部分电磁波往往因导体不完善而损耗变成热量。表征电磁波沿电缆回路传输的特性参数称为传输参数，通常用复数形式的传播常数和特性阻抗两个参数来表示。

电缆的另一个十分关键的基本特性是它对使用环境的适应性。不同的使用条件和环境对电线电缆的耐高温、耐低温、耐电晕、耐辐照、耐气压、耐水压、耐油、耐臭氧、耐大气环境、耐振动、耐溶剂、耐磨、抗弯、抗扭转、抗拉、抗压、阻燃、防火、防雷和防生物侵袭等性能均有相应的要求。在电缆的标准和技术要求中，均应对环境要求提出十分具体的测试或试验方法，以及相应的考核指标和检验办法。对一些特殊使用条件工作的电缆，其适用性还要按增列的使用要求项目考核，以确保电缆工程系统的整体可靠性。

正因为电线电缆产品应用于不同的场合，因此性能要求是多方面的，且非常广泛。从整体来看，其主要性能可综合为下列各项：

（1）电性能 包括导电性能、电气绝缘性能和传输特性等。

导电性能——大多数产品要求有良好的导电性能，有的产品要求有一定的电阻范围。

电气绝缘性能——绝缘电阻、介电常数、介质损耗、耐电压特性等。

传输特性——指高频传输特性、抗干扰特性、电磁兼容特性等。

（2）力学性能 指抗拉强度、伸长率、弯曲性、弹性、柔软性、耐疲劳性、耐磨性以及耐冲击性等。

（3）热性能 指产品的耐热等级、工作温度、电力电缆的发热和散热特性、载流量、短路和过载能力、合成材料的热变形和耐热冲击能力、材料的热膨胀性及浸渍或涂层材料的滴落性能等。

（4）耐腐蚀和耐气候性能 指耐电化腐蚀、耐生物和细菌侵蚀、耐化学药品（油、酸、碱、化学溶剂等）侵蚀、耐盐雾、耐日光、耐寒、防霉以及防潮性能等。

（5）耐老化性能 指在机械（力）应力、电应力、热应力以及其他各种外加因素的作用下，或外界气候条件下，产品及其组成材料保持其原有性能的能力。

（6）其他性能 包括部分材料的特性（如金属材料的硬度、蠕变，高分子材料的相容性等）以及产品的某些特殊使用特性（如阻燃、耐火、耐原子辐射、防虫咬、延时传输以及能量阻尼等）。

产品的性能要求，主要是从各个具体产品的用途、使用条件以及配套装备的配合关系等方面提出的。在一个产品的各项性能要求中，必然有一些主要的、起决定作用的，应该严格要求；而有些则是从属的、一般的。达到这些性能的综合要求与原材料的选用、产品的结构设计和生产过程中的工艺控制均有密切关系，各种因素又是相互制约的，因此必须进行全面的研究和分析。

电线电缆产品的使用面极为广泛，必须深入调查研究使用环境和使用要求，以便正确地进行产品设计和选择工艺条件。同时，必须配置各种试验设备，以考核和验证产品的各项性能。这些试验设备，有的是通用的，如测定电阻率、抗拉强度、伸长率、绝缘电阻和进行耐电压试验等所用的设备、仪表；有的是某些产品专用的，如漆包线刮漆试验机等；有的是按使用环境的要求专门设计的，如矿用电缆耐机械力冲击和弯曲的试验设备等，种类很多，要求各异。因此，在电线电缆产品的设计、研究、生产和性能考核中，对试验项目、方法、设备的研究设计和改进同样是十分重要的。

3. 电线电缆生产的工艺特点

电线电缆的制造工艺有别于其他结构复杂的电气产品的制造工艺。它不能用车、钻、刨、铣等通用机床加工，甚至连现代化的柔性机械加工中心对它的加工亦无能为力。电线电缆加工方法可简洁地归纳为“拉—包—绞”三大少物耗、低能耗的专用工艺。

通常用拉制工艺将粗的导体拉成细的；包是绕包、挤包、涂包、编包、纵包等多种工艺的总称，往往用于绝缘层的加工和护套的制作；绞是导线扭绞和绝缘线芯绞合成缆，目的是保证足够的柔软性。

实际的电线电缆专用生产设备与流水线分为拉线、绞线、成缆、挤塑、漆包、编织六大类。在JB/T 5812~5820—2008中，对上述设备的型式、尺寸、技术要求及基本参数都做了详细的规定。而在这些设备中大量采用的通用辅助部件，主要是放线、收线、牵引和绕包四大基本辅助部件，在JB/T 4015—2013、

JB/T 4032—2013 及 JB/T 4033—2013 中也对这些设备的型式、尺寸、技术要求及基本参数都做了相应的规定。

电线电缆盘具是一种最通用的电缆专用设备部件，也是电线电缆产品不可缺少的包装用具。在我国已对电线电缆的机用线盘（PNS 型）、大孔径机用线盘（PND 型）和交货盘（PL 型）分别制定了 JB/T 7600—2008、JB/T 8997—2013 和 JB/T 8137—2013 标准；在 JB/T 8135—2013 中，还对绕组线成品的各种交货盘（PC、PCZ 型等）以及检测试验方法做出了具体规定。

实用的现代化电线电缆专用设备是将上述六类设备尽可能合理组合而成的流水线。

本手册中，尚未包括电线电缆生产工艺设备及其技术要求。

在改进产品质量和发展新品种时，必须充分考虑电线电缆产品的生产特点，这些生产特点主要如下：

（1）原材料的用量大、种类多、要求高 电线电缆产品性能的提高和新产品的发展，与选择适用的原材料以及原材料的发展、开发和改进有着密切的关系。

（2）工艺范围广，专用设备多 电线电缆产品在生产中要涉及多种专业的工艺，而生产设备大多是专用的。在各个生产环节中，采用合适的装备和工艺条件，严格进行工艺控制，对产品质量和产量的提高，起着至关重要的作用。

（3）生产过程连续性强 电线电缆产品的生产过程大多是连续的。因此，设计合理的生产流程和工艺布置，使各工序生产有序协调，并在各工序中加强半制品的中间质量控制，这对于确保产品质量、减少浪费、提高生产率等都是十分重要的。

4. 电线电缆材料及其特点

电线电缆所用材料主要包括：金属材料、光导纤维（光纤）、绝缘及护套材料以及各种各样的辅助材料。在本手册第 3 册中具体叙述。

（1）金属材料 电线电缆产品所用金属材料以有色金属为主，其绝大部分为铜、铝、铅及其合金，主要用作导体、屏蔽和护层。银、锡、镍主要用于导体的镀层，以提高导体金属的耐热性和抗氧化性。黑色金属在线缆产品中以钢丝和钢带为主体，主要用作电缆护层中的铠装层，以及作为架空输电线的加强芯或复合导体的加强部分。

（2）塑料 电缆工业用的塑料，几乎都是以合成树脂为基本成分，辅以配合剂如防老剂、增塑剂、填充剂、润滑剂、着色剂、阻燃剂以及其他特种用途的药剂而制成。由于塑料具有优良的电气性能、物理力学性能和化学稳定性能，并且加工工艺简单、生产效率较高、料源丰富，因此，无论是作为绝缘材料还是护套材料，在电线电缆中都得到了广泛的应用。

（3）橡胶和橡皮 橡胶和橡皮具有良好的物理力学性能，抗拉强度高，伸长率大，柔软而富有弹性，电气绝缘性能良好，有足够的密封性，加工性能好以及某些橡胶品种的各种特殊性能（如耐油和耐溶剂、耐臭氧、耐高温、不延燃等），因而在各类电线电缆产品中广泛地用作绝缘和护套材料。

（4）电磁线漆 电磁线漆是用于制造漆包线和胶粘纤维绕包线绝缘层的一种专用绝缘漆料。用于电磁线的绝缘材料还有纸带、玻璃丝带、复合带等。

（5）光纤 光纤主要用作光波传输介质进行信息传输。光纤的主要材质可分为石英玻璃光纤和塑料光纤。石英玻璃光纤主要是由二氧化硅（SiO_2）或硅酸盐材质制成，已经开发出多种可用的石英玻璃光纤（如特种光纤等）。塑料光纤（POF）主要是由高透光聚合物制成的一类光纤。光纤由中心部分的纤芯和环绕在纤芯周围的包层组成，不同的材料和结构使其具有不同的使用性能。

（6）各种辅助材料 包括纸、纤维、带材、油料、涂料、填充材料、复合材料等，满足电线电缆各种性能的需求。

5. 电线电缆选用及敷设

由于电线电缆品种规格很多，性能各不相同，因此对广大使用部门来说，在选用电线电缆产品时应该注意以下几个基本要求。

（1）选择产品要合理 在选择产品时应充分了解电线电缆产品的品种规格、结构与性能特点，以保证产品的使用性能和延长使用寿命。例如，选用高温的漆包线，将可提高电机、电器的工作温度，减小结构尺寸；又如在绝缘电线中，有耐高温的、有耐寒的、有屏蔽特性的，以及不同柔软度的各种品种，必须根据使用条件合理选择。

（2）线路设计要正确 在电线电缆线路设计的线路路径选择中，应尽量避免各种外来的破坏与干扰因素（机械、热、雷、电、各种腐蚀因素等）或采用相应的防护措施，对于敷设中的距离、位差、固定的方式和间距、接头附件的结构形式和性能、配置方式、与其他线路设备的配合等，都必须进行周密的调查研究，做出正确的设计，以保证电线电缆的可靠使用。

（3）安装敷设要认真 电线电缆本体仅是电磁波传输系统或工程中的一个部件，它必须进行端头处理、中间连接或采取其他措施，才与电缆附件及终端设备组成一个完整的工程系统。整个系统的安装质量及可靠运行不仅取决于电线电缆本身的产品质量，而且与电线电缆线路的施工敷设的质量息息相关。在实际电线电缆线路故障率统计分析中，由于施工、安装、接续等因素所造成的故障率往往要比电缆本身的缺陷所造成的大得多，因此，必须对施工安装工艺严格把关，并在选用电缆时应特别注意电缆与电缆附件的配套。对光缆亦如此。

（4）维护管理要加强 电线电缆线路往往要长距离穿越不同的环境（田野、河底、隧道、桥梁等），因此容易受到外界因素影响，特别是各种外力或腐蚀因素的破坏。所以，加强电缆线路的维护和管理，经常进行线路巡视和预防测试，采取各种有效的防护措施，建立必要的自动报警系统，以及在发生事故的情况下，及时有效地测定故障部位、便于快速检修等，这些都是保证电线电缆线路可靠运行的重要条件。

电线电缆制造部门，应在广大使用部门密切配合下，不断改进接头附件的设计。电线电缆的接头附件包括电线电缆终端或中间连接用各种终端头、连接盒，安装固定用的金具和夹具以及充油电缆的压力供油箱等。它们是电缆线路中必不可少的组成部分。由于接头附件处于与电缆完全相同的使用条件下，同时接头附件又必须解决既要引出电能，又要对周围环境绝缘、密封等一系列问题。因此，它的性能要求和结构设计往往比电缆产品本身更为复杂。同时，接头附件基本上是在现场装配，安装条件必然相对工厂的生产条件差，这给保证电缆接头附件的质量带来了一些不利因素。因此，研究改进接头附件的材料、结构、安装工艺等工作应引起制造和使用部门的极大重视。

电线电缆的附件及安装敷设技术要求在本手册的第4册中叙述。

本册前言

本册为《电线电缆手册》第 3 版第 3 册，共分为四篇，主要包括金属及导电材料，纸、纤维、带材、电磁线漆、油料、涂料，塑料，橡胶和橡皮，内容包括品种、组成（配方）、性能、成型工艺、技术指标、试验方法及测试设备等。

本册由张秀松担任主编并统稿。

第 9 篇　金属及导电材料。由唐崇健、汪传斌、宗曦华、徐睿、姚大伟负责编写。主要包括概述，铜及铜合金，铝、铝合金及铝制品，钢丝和钢带，镀层材料，超导材料，铅和铅合金，双金属，金属材料测试及分析技术，废铜回收再生技术共 10 章，以及相关章节备注的参考标准和参考文献。

第 10 篇　纸、纤维、带材、电磁线漆、油料、涂料。由汪传斌、凌春华、于晶、杜青、鲍煜昭、邓长胜负责编写。主要包括电线电缆用纸及纸制品，纤维材料，带材，光缆用材料，电磁线漆，电缆油和浸渍剂，涂料，碳纤维复合芯材料共 8 章，以及相关章节备注的参考标准和参考文献。

第 11 篇　塑料。由项健、陈沛云、朱爱荣、吴畏、孙正华、庞玉春、单永东负责编写。主要包括概述，塑料配合剂，聚氯乙烯塑料，聚乙烯及其共聚物，氟塑料，其他塑料，热塑性弹性体，塑料的试验方法共 8 章，以及相关章节备注的参考标准和参考文献。

第 12 篇　橡胶和橡皮。由张举位、曾纪刚、史建设负责编写。主要包括概述，橡胶配合剂，电线电缆常用橡胶和橡皮，电缆用橡皮加工技术，橡胶和橡皮的试验方法共 5 章，以及术语、缩写及商品化名称和相关章节备注的参考标准及参考文献。

参与本册编写或提供相关资料并做出贡献的科技人员还有（排名不分先后）：

夏俊峰、张李晶、严波、党朋、蔡西川、丁晓青、王新营、仲伟霞、郑秋、胡清平、唐伟、韩永进、张新江、陆燕红、代娜、李福、洪宁宁、潘国樑、倪勇、黎阳、颜俊等。在此，一并致以诚挚的谢意，并对其所在的企业及部门给予的大力支持表示感谢。

目　录

总前言
总　论
本册前言

第9篇　金属及导电材料

第1章　概述 …… 2
1.1　电线电缆用金属材料的种类 …… 2
1.2　金属材料常用名词及其含义 …… 3
1.2.1　导电性能 …… 3
1.2.2　物理力学性能 …… 4
1.2.3　工艺性能 …… 6
1.3　重要金属元素的基本性能 …… 6
第2章　铜及铜合金 …… 8
2.1　铜 …… 8
2.1.1　电线电缆用铜的技术要求 …… 8
2.1.2　电线电缆用铜的性能 …… 9
2.2　铜合金 …… 12
2.3　铜及铜合金制品 …… 13
2.3.1　圆铜线 …… 13
2.3.2　铜母线 …… 14
2.3.3　铜箔和铜带 …… 17
2.3.4　铜合金带 …… 20
2.3.5　圆铜管 …… 22
2.3.6　梯形铜排及铜合金排 …… 24
2.3.7　七边形铜排 …… 25
2.3.8　凹形排 …… 25
2.3.9　哑铃形铜排 …… 26
2.3.10　矩形空心铜导线 …… 26
2.3.11　铜及铜合金扁线 …… 28
2.4　单晶铜 …… 29
2.4.1　单晶铜的主要分类及其性能 …… 29
2.4.2　单晶圆铜线坯 …… 30
2.4.3　单晶圆铜线 …… 30
2.4.4　单晶圆铜线及线坯的技术要求 …… 31
参考标准 …… 31
参考文献 …… 31
第3章　铝、铝合金及铝制品 …… 32
3.1　铝 …… 32
3.1.1　电线电缆用铝锭的技术要求 …… 32
3.1.2　电工用铝的技术要求 …… 33
3.1.3　铝的性能 …… 34
3.1.4　电工圆铝杆 …… 35
3.2　铝合金 …… 36
3.2.1　导体用铝合金的种类和化学成分 …… 36
3.2.2　导体用铝合金的性能和用途 …… 36
3.2.3　铝的中间合金 …… 38
3.2.4　导体用铝合金炉前化学分析方法 …… 39
3.2.5　导体用铝和铝合金中稀土总量炉前化学分析方法 …… 41
3.2.6　铝和铝合金光谱分析方法 …… 41
3.3　电工用铝及铝合金线产品 …… 41
3.3.1　电工圆铝线 …… 41
3.3.2　架空绞线用硬铝线 …… 42
3.3.3　架空绞线用铝-镁-硅合金圆线 …… 42
3.3.4　架空绞线用耐热铝合金线 …… 42
3.3.5　架空绞线用中强度铝合金线 …… 42
3.3.6　架空导线用软铝型线 …… 42
3.3.7　电缆导体用铝合金线 …… 42
3.3.8　电缆屏蔽用铝镁合金线 …… 43
3.3.9　线缆编织用铝合金线 …… 43
3.3.10　电工用铝扁线 …… 43
3.4　电工用铝及铝合金母线 …… 44
3.4.1　电工用铝及其合金母线 …… 44
3.4.2　铝及铝合金管形导体 …… 44
3.5　铝带（箔） …… 44

3.6　电缆铠装用铝带 …… 45
3.7　电缆铠装用铝合金带 …… 47
3.8　电缆屏蔽用纳米膜复合铝合金带 …… 48
3.8.1　纳米材料结构组成 …… 48
3.8.2　主要技术指标 …… 48
参考标准 …… 49
参考文献 …… 49
第4章　钢丝和钢带 …… 50
4.1　钢丝 …… 50
4.1.1　镀锌钢丝 …… 50
4.1.2　镀锡钢丝 …… 55
4.1.3　涂塑钢丝 …… 56
4.1.4　不锈耐酸钢丝 …… 56
4.1.5　殷钢丝 …… 57
4.1.6　铝包钢线 …… 57
4.2　钢带 …… 58
4.2.1　铠装电缆用冷轧钢带 …… 58
4.2.2　铠装电缆用镀锌钢带 …… 58
4.2.3　铠装电缆用涂漆钢带 …… 59
4.2.4　热镀锡钢带 …… 59
4.2.5　压花镀锌钢带 …… 60
4.2.6　非磁性不锈钢带 …… 60
参考标准 …… 61
第5章　镀层材料 …… 62
5.1　锡 …… 62
5.1.1　锡的主要特点 …… 62
5.1.2　锡的技术要求 …… 62
5.2　银 …… 62
5.2.1　银的主要特点 …… 62
5.2.2　银的技术要求 …… 62
5.3　镍 …… 63
5.3.1　镍的主要特点 …… 63
5.3.2　镍的技术要求 …… 63
第6章　超导材料 …… 64
6.1　概述 …… 64
6.2　常用名词及含义 …… 65
6.3　超导材料的主要应用 …… 65
6.4　实用化的超导材料及其加工原理 …… 66
6.4.1　铌钛合金（NbTi） …… 67
6.4.2　铌三锡（Nb_3Sn） …… 67
6.4.3　铌三铝（Nb_3Al） …… 67
6.4.4　二硼化镁（MgB_2） …… 69
6.4.5　Bi系高温超导材料（$Bi_2Sr_2Ca_2Cu_3O_{10}$，$Bi_2Sr_2CaCu_2O_9$） …… 69
6.4.6　钇钡铜氧（YBaCuO/$YBa_2Cu_3O_7$/Y123） …… 70
6.5　铁基超导材料 …… 71
6.6　超导材料常用检测方法 …… 71
参考文献 …… 72
第7章　铅和铅合金 …… 73
7.1　铅 …… 73
7.1.1　铅的主要物理力学性能 …… 73
7.1.2　电线电缆用铅的牌号与化学成分 …… 73
7.1.3　杂质对铅的性能的影响 …… 73
7.2　铅合金 …… 74
7.2.1　电线电缆用铅合金的种类和化学成分 …… 74
7.2.2　电线电缆用铅合金母片的种类和化学成分 …… 74
7.2.3　电线电缆用铅合金的炉前化学分析方法 …… 74
参考标准 …… 76
第8章　双金属 …… 77
8.1　铝包钢线 …… 77
8.1.1　铝包钢线的优点及用途 …… 77
8.1.2　铝包钢线的种类 …… 77
8.1.3　铝包钢线的性能 …… 78
8.2　铜包钢线 …… 79
8.2.1　铜包钢线的规格及性能 …… 79
8.2.2　硬拉铜包钢线 …… 80
8.2.3　退火铜包钢线 …… 81
8.2.4　电气用镀银铜包钢线 …… 81
8.3　铜包铝线 …… 82
8.3.1　铜包铝线的型号 …… 82
8.3.2　铜包铝线的质量要求 …… 83
8.3.3　屏蔽及通信电缆导体用铜包铝合金线 …… 84
8.3.4　电工用铜包铝母线 …… 84
参考标准 …… 86
第9章　金属材料测试及分析技术 …… 87
9.1　金属材料成分分析 …… 87
9.1.1　铜及铜合金的化学成分分析 …… 87
9.1.2　铝及铝合金的化学成分分析 …… 89
9.1.3　测试方法介绍 …… 90
9.2　力学性能试验 …… 91
9.2.1　拉伸试验 …… 91
9.2.2　扭转试验 …… 91
9.2.3　弯曲试验-反复弯曲 …… 92
9.2.4　弯曲试验-单向弯曲 …… 94

9.2.5 卷绕试验 …… 95
9.2.6 硬度试验-布氏法 …… 96
9.3 电阻特性测量 …… 97
9.3.1 试验设备 …… 97
9.3.2 试样制备 …… 97
9.3.3 试验程序 …… 97
9.3.4 试验结果及计算 …… 99
9.3.5 试验记录 …… 99
9.4 材料组织分析 …… 99
9.4.1 光学显微试验 …… 99
9.4.2 电子显微试验 …… 100
9.5 其他分析测试技术 …… 102
9.5.1 铝合金抗压蠕变试验方法 …… 102
9.5.2 铜粉量测定方法 …… 103
9.5.3 铜杆的氧化膜厚度试验方法 …… 103
9.5.4 铜杆螺旋伸长试验 …… 104
参考标准 …… 105
第10章 废铜回收再生技术 …… 106
10.1 概述 …… 106
10.2 废铜回收再生工艺路线概况 …… 106
10.3 再生回收废铜原材料 …… 106
10.3.1 废铜按其生产的阶段分类 …… 106
10.3.2 废铜按照含铜量分类 …… 107
10.3.3 电线电缆行业废铜回收利用范围 …… 107
10.3.4 废铜原材料标准 …… 107
10.4 废铜直接再生制杆产品及相关标准 …… 107
10.4.1 国内外涉及废铜直接再生制杆产品的标准 …… 107
10.4.2 废铜直接再生制杆产品的相关性能 …… 107
10.5 测试/评估技术 …… 109
10.5.1 生产设备 …… 109
10.5.2 检验设备 …… 110
10.5.3 关键工艺控制点 …… 110
10.5.4 成品的性能测试项目及指标 …… 110
参考标准 …… 111
参考文献 …… 111

第10篇 纸、纤维、带材、电磁线漆、油料、涂料

第1章 电线电缆用纸及纸制品 …… 114
1.1 电线电缆用纸及纸制品的种类和用途 …… 114
1.2 电线电缆用纸技术指标的常用名词及其含义 …… 114
1.2.1 物理性能 …… 114
1.2.2 力学性能 …… 114
1.2.3 化学性能 …… 115
1.2.4 电绝缘性能 …… 115
1.2.5 其他性能 …… 115
1.3 电线电缆用纸及纸制品的技术要求 … 115
1.3.1 电缆绝缘纸 …… 115
1.3.2 高压电缆纸和聚丙烯木纤维复合纸 …… 116
1.3.3 半导电电缆纸 …… 117
1.3.4 耐高温工艺隔离绝缘纸 …… 117
1.3.5 陶瓷纤维纸 …… 117
1.3.6 铝箔屏蔽绝缘纸 …… 118
1.3.7 皱纹纸 …… 118
1.3.8 变压器匝间绝缘纸 …… 119
1.3.9 纸绳 …… 119
1.4 电线电缆用纸及纸制品的试验 …… 120
1.4.1 纸样采取与试验前的处理 …… 120
1.4.2 纸的试验项目 …… 121
1.4.3 纸的试验方法 …… 121
第2章 纤维材料 …… 129
2.1 纤维材料的种类和用途 …… 129
2.2 纤维材料技术指标的常用名词及其含义 …… 129
2.2.1 纤度 …… 129
2.2.2 捻度 …… 130
2.2.3 强力 …… 130
2.2.4 回潮率（吸湿率） …… 130
2.2.5 伸长率 …… 130
2.2.6 弹性模量 …… 130
2.3 天然纤维材料 …… 130
2.3.1 棉纱及其制品 …… 130
2.3.2 天然丝 …… 132
2.3.3 麻纱和麻线 …… 132
2.3.4 非织造麻布 …… 133
2.3.5 隔火阻燃布带 …… 133
2.4 无机纤维材料 …… 133
2.4.1 玻璃丝及其制品 …… 133
2.4.2 阻燃玻璃丝布 …… 135

2.4.3 石棉纱及其制品 …… 135
2.5 合成纤维材料 …… 137
2.5.1 聚丙烯网状撕裂纤维 …… 137
2.5.2 聚丙烯弹性索 …… 137
2.5.3 阻水填充绳 …… 137
2.5.4 半导电填充绳 …… 138
2.5.5 半导电阻水填充绳 …… 138
2.5.6 耐高温填充绳 …… 139
2.5.7 耐高温阻燃填充绳 …… 139
2.5.8 非织造布（无纺布） …… 139
2.5.9 涤纶丝 …… 140
2.5.10 锦纶丝和线 …… 140
2.5.11 芳纶丝 …… 140
2.5.12 碳素纤维 …… 140
2.5.13 其他合成纤维 …… 141
2.6 纤维材料的试验 …… 142
2.6.1 棉纱、天然丝和合成纤维的试验方法 …… 142
2.6.2 电缆麻纱和麻线的试验方法 …… 142
2.6.3 玻璃纤维及其制品的试验方法 …… 144
第3章 带材 …… 146
3.1 带材的种类和用途 …… 146
3.2 带材技术指标常用名词及其含义 …… 147
3.2.1 力学性能 …… 147
3.2.2 物理性能 …… 147
3.2.3 电绝缘性能 …… 148
3.2.4 其他性能 …… 148
3.3 压敏性胶粘带 …… 149
3.3.1 压敏性胶粘带的构成 …… 149
3.3.2 聚氯乙烯胶粘带 …… 150
3.3.3 聚乙烯胶粘带 …… 151
3.3.4 聚酯胶粘带 …… 151
3.3.5 聚四氟乙烯胶粘带 …… 151
3.3.6 绝缘胶布带 …… 151
3.4 自粘性橡胶带 …… 152
3.4.1 普通自粘性绝缘带 …… 152
3.4.2 丁基自粘性绝缘带 …… 152
3.4.3 乙丙自粘性绝缘带 …… 153
3.4.4 半导电自粘带 …… 154
3.4.5 电应力控制带 …… 154
3.4.6 自粘性丁基阻燃带 …… 154
3.4.7 自粘性乙丙无卤阻燃带 …… 155
3.4.8 自粘性抗电碳痕带 …… 155
3.4.9 自粘性硅橡胶带 …… 155
3.5 半导电带 …… 156
3.5.1 半导电尼龙带 …… 156
3.5.2 半导电涤纶带 …… 156
3.5.3 半导电阻水带 …… 156
3.5.4 半导电缓冲阻水带 …… 156
3.5.5 半导电布带 …… 156
3.5.6 半导电无纺布带 …… 157
3.5.7 半导电阻燃布带 …… 158
3.5.8 半导电阻水型金属屏蔽阻燃编织带 …… 158
3.5.9 半导电铜丝织造带 …… 158
3.6 金属塑料复合带 …… 158
3.6.1 铝塑复合带 …… 158
3.6.2 铜塑复合带 …… 159
3.6.3 钢塑复合带 …… 160
3.6.4 铅塑复合带 …… 160
3.7 防火包带 …… 161
3.7.1 耐火云母带 …… 161
3.7.2 阻燃氯丁橡皮带 …… 161
3.7.3 低烟无卤高阻燃带 …… 162
3.7.4 薄型阻燃带 …… 162
3.8 其他包带 …… 162
3.8.1 沥青醇酸漆布带 …… 162
3.8.2 交联聚乙烯带（XLPE带） …… 162
3.8.3 吸水膨胀带（阻水带） …… 163
3.8.4 新型聚酯薄型无纺布带 …… 163
3.8.5 高温分色带 …… 163
3.8.6 耐高温塑化绝缘纸带 …… 163
3.8.7 PETD绕包带 …… 164
3.8.8 聚酰亚胺薄膜（PI膜） …… 164
第4章 光缆用材料 …… 166
4.1 光缆用材料的种类和用途 …… 166
4.2 光纤被覆材料 …… 167
4.2.1 光纤一次涂覆材料 …… 167
4.2.2 光纤着色料 …… 167
4.2.3 光纤带用涂料 …… 168
4.2.4 光纤二次被覆用材料 …… 168
4.3 光缆用加强件材料 …… 170
4.3.1 光缆用钢丝和钢绞线 …… 170
4.3.2 光缆用芳纶纤维 …… 171
4.3.3 纤维增强塑料（FRP） …… 171
4.4 光缆用填充料 …… 171
4.4.1 光缆用填充膏 …… 171
4.4.2 光缆用阻水带、阻水绳、阻水纱 …… 173
4.4.3 光缆用其他填充料及包带 …… 173

4.5 光缆护层用材料 …… 173
第5章 电磁线漆 …… 175
5.1 概况 …… 175
5.1.1 电磁线漆的分类和组成 …… 175
5.1.2 电磁线漆的常用理化性能术语及其含义 …… 176
5.2 一般漆包线漆 …… 177
5.2.1 聚酯漆 …… 177
5.2.2 缩醛漆 …… 180
5.2.3 聚氨酯漆 …… 181
5.2.4 环氧漆 …… 184
5.2.5 油性漆 …… 184
5.3 耐高温漆包线漆 …… 186
5.3.1 聚酰亚胺漆 …… 186
5.3.2 聚酰胺酰亚胺漆（酰氯法） …… 187
5.3.3 改性聚酰胺酰亚胺漆（异氰酸酯法） …… 188
5.3.4 聚酯亚胺漆 …… 188
5.4 特种漆包线漆 …… 190
5.4.1 缩醛自粘性漆 …… 190
5.4.2 环氧自粘性漆 …… 190
5.4.3 聚酰胺自粘性漆 …… 190
5.4.4 自粘直焊漆 …… 191
5.4.5 阻燃性自粘性漆 …… 191
5.4.6 无磁性漆 …… 192
5.4.7 耐冷冻剂漆 …… 192
5.4.8 高固体含量漆 …… 192
5.4.9 无溶剂热熔树脂 …… 193
5.4.10 高速涂线用漆 …… 193
5.4.11 水性漆 …… 193
5.4.12 耐电晕漆 …… 195
5.5 纤维绕包线漆 …… 195
5.5.1 醇酸漆 …… 195
5.5.2 有机硅漆 …… 195
5.5.3 二苯醚漆 …… 196
5.5.4 聚胺-酰亚胺漆 …… 196
5.5.5 环氧亚胺漆 …… 197
5.5.6 油改性聚酯漆 …… 197
5.5.7 油改性聚酯亚胺漆 …… 197
5.6 制漆用原材料 …… 197
5.6.1 制造漆基树脂用原材料 …… 197
5.6.2 溶剂和稀释剂 …… 199
5.7 漆的储运、调配、净化及劳动保护 …… 201
5.7.1 漆的储存和运输 …… 201
5.7.2 漆的调配及净化 …… 202
5.7.3 劳动防护 …… 203
5.8 漆的试验方法 …… 203
5.8.1 漆的理化性能试验方法 …… 203
5.8.2 漆膜特性试验方法 …… 204
参考标准 …… 205
参考文献 …… 205
第6章 电缆油和浸渍剂 …… 206
6.1 概况 …… 206
6.1.1 电缆油和浸渍剂的作用和要求 …… 206
6.1.2 电缆油和浸渍剂的分类 …… 207
6.1.3 电缆油和浸渍剂的基本性能术语及其含义 …… 208
6.2 石油质电缆油的组成和精制 …… 209
6.2.1 石油质电缆油的基本组成 …… 209
6.2.2 油的精制要点 …… 211
6.3 低压电缆用粘性浸渍剂 …… 213
6.3.1 粘性浸渍剂的组分与性能要求 …… 213
6.3.2 粘性浸渍剂用基油和松香 …… 213
6.3.3 粘性浸渍剂的熬煮与去气处理 …… 216
6.3.4 影响粘性浸渍剂性能的主要因素 …… 217
6.4 中低压电缆用不滴流浸渍剂 …… 218
6.4.1 不滴流浸渍剂的组成与性能要求 …… 218
6.4.2 不滴流浸渍剂用原材料 …… 220
6.5 自容式充油电缆油 …… 221
6.5.1 石油质自容式充油电缆油 …… 221
6.5.2 十二烷基苯自容式充油电缆油 …… 225
6.5.3 阻燃性自容式充油电缆油 …… 228
6.6 其他电缆油和浸渍剂 …… 228
6.6.1 钢管压气电缆浸渍剂 …… 228
6.6.2 钢管充油电缆浸渍剂 …… 229
6.6.3 直流海底电缆粘性浸渍剂 …… 230
6.7 电缆油和浸渍剂的试验 …… 230
6.7.1 运动粘度的测定 …… 230
6.7.2 恩氏粘度的测定 …… 233
6.7.3 闪点的开口杯法测定 …… 234
6.7.4 闪点的闭口杯法测定 …… 235
6.7.5 凝点的测定 …… 236
6.7.6 酸值的测定 …… 237
6.7.7 机械杂质的测定 …… 238
6.7.8 水分的测定 …… 239
6.7.9 介质损耗角正切的测定 …… 240
6.7.10 介电强度的测定 …… 242
6.7.11 电场析气性测定 …… 244

6.7.12　滴点的测定 …… 245
6.7.13　收缩率的测定 …… 246
6.7.14　针入度的测定 …… 247
6.7.15　不滴流浸渍剂吸收指数的测定 …… 248
6.7.16　不滴流浸渍剂的热老化试验 …… 248
第7章　涂料 …… 249
7.1　电线电缆用涂料的种类及用途 …… 249
7.2　电线电缆用涂料的常用技术指标名词及其含义 …… 249
7.3　沥青系涂料 …… 249
7.3.1　电缆外护层用沥青涂料 …… 250
7.3.2　橡皮绝缘编织电线用沥青涂料 …… 250
7.3.3　地质探测电缆用沥青涂料 …… 250
7.3.4　电缆麻和纸用半沥青浸渍剂 …… 250
7.3.5　钢管电缆用煤焦油环氧涂料 …… 251
7.4　防腐型钢芯铝绞线用橡胶系涂料 …… 251
7.5　硝化纤维漆涂料 …… 251
7.5.1　电线编织层用硝化纤维漆 …… 251
7.5.2　油井加热电缆用硝化纤维漆涂料 …… 251
7.6　防火涂料 …… 252
7.6.1　非膨胀型防火涂料 …… 252
7.6.2　膨胀型防火涂料 …… 253
7.6.3　防火涂料技术要求 …… 254
7.7　防生物涂料 …… 254
7.7.1　防鼠涂料 …… 254
7.7.2　防蚁涂料 …… 254
7.7.3　防霉涂料 …… 255
7.8　半导电涂料 …… 255
7.9　涂料的试验 …… 255
7.9.1　软化点的环球法测试 …… 255
7.9.2　针入度的测试 …… 255
7.9.3　延度的测试 …… 256
7.9.4　粘附性的测试 …… 256
7.9.5　冷冻弯曲性的测试 …… 257
7.9.6　冻裂点的测试 …… 258
7.9.7　热稳定性的测试 …… 258
7.9.8　溶解度的测试 …… 258
7.9.9　灰分的测试 …… 259
7.9.10　环烷酸铜的铜含量测试 …… 259
7.9.11　浸渍电缆麻（纸）环烷酸铜含量的测试 …… 259
参考标准 …… 260
第8章　碳纤维复合芯材料 …… 262
8.1　概述 …… 262
8.2　碳纤维复合芯的原材料 …… 263
8.2.1　树脂 …… 263
8.2.2　碳纤维 …… 263
8.2.3　玻璃纤维 …… 263
8.2.4　其他材料 …… 263

第11篇　塑　料

第1章　概述 …… 266
1.1　电线电缆用塑料的种类、特性及用途 …… 266
1.1.1　电线电缆用塑料的种类 …… 266
1.1.2　电线电缆用塑料的特性和用途 …… 267
1.2　电线电缆用塑料的主要性能 …… 268
1.2.1　体积电阻率 …… 268
1.2.2　表面电阻率 …… 268
1.2.3　介电常数 …… 269
1.2.4　介质损耗及介质损耗因数 …… 269
1.2.5　介电强度 …… 269
1.2.6　耐漏电痕性 …… 269
1.2.7　耐电晕性 …… 269
1.2.8　密度 …… 269
1.2.9　拉伸强度和断裂伸长率 …… 269
1.2.10　玻璃化转变温度 …… 269
1.2.11　软化温度 …… 269
1.2.12　熔体流动速率 …… 269
1.2.13　氧指数 …… 269
1.2.14　闪燃温度、着火温度和自燃温度 …… 269
1.2.15　发烟性 …… 269
1.2.16　阻燃性 …… 269
1.2.17　交联度 …… 270
1.2.18　耐热变形性 …… 270
1.2.19　耐寒性 …… 270
1.2.20　耐热老化性能 …… 270
1.2.21　耐气候性 …… 270
1.2.22　耐油性、耐溶剂性和耐药品（酸、碱、盐）性 …… 270
1.2.23　耐水性及耐湿性 …… 270
1.2.24　耐环境应力开裂性 …… 270

第 2 章　塑料配合剂 …… 271
2.1　防老剂 …… 271
2.1.1　抗氧剂 …… 271
2.1.2　稳定剂 …… 276
2.1.3　紫外线吸收剂 …… 278
2.1.4　光屏蔽剂 …… 281
2.2　增塑剂 …… 282
2.2.1　增塑剂的种类 …… 282
2.2.2　电线电缆用增塑剂的特性和用途 …… 283
2.2.3　电线电缆用增塑剂的技术要求 …… 287
2.3　阻燃剂 …… 290
2.3.1　阻燃剂的种类 …… 290
2.3.2　阻燃剂的阻燃效应 …… 291
2.3.3　电线电缆用阻燃剂 …… 291
2.3.4　消烟剂及抑酸剂 …… 295
2.4　填充剂 …… 295
2.5　润滑剂 …… 295
2.6　着色剂 …… 296
2.6.1　无机颜料 …… 296
2.6.2　有机颜料 …… 297
2.6.3　软聚氯乙烯常用颜料的颜色稳定性 …… 298
2.7　交联剂 …… 299
2.8　偶联剂 …… 301
2.8.1　原理 …… 301
2.8.2　种类 …… 301
2.9　发泡剂 …… 302
2.9.1　偶氮二甲酰胺（AC） …… 302
2.9.2　偶氮二异丁腈（N） …… 302
2.9.3　苯磺酰肼（BSH） …… 302
2.9.4　二（苯磺酰肼）醚（OB） …… 303
2.9.5　重氮氨基苯（AN） …… 303
2.9.6　N，N′-二亚硝基五次甲基四胺（H，BN，DPT） …… 303
2.10　防霉剂 …… 303
2.10.1　水杨酰苯胺（$C_{13}H_{11}O_2N$） …… 303
2.10.2　8-羟基喹啉铜［$(C_9H_6ON)_2Cu$］ …… 303
2.10.3　可溶性 8-羟基喹啉铜 …… 303
2.10.4　三乙基硫酸锡（S57） …… 303
2.10.5　二氯苯并恶唑酮（$C_7H_3Cl_2NO$） …… 303
2.11　驱避剂 …… 303
2.11.1　防蚁剂 …… 304
2.11.2　避鼠剂 …… 307
第 3 章　聚氯乙烯塑料 …… 309
3.1　聚氯乙烯树脂 …… 309
3.1.1　分子结构 …… 309
3.1.2　电线电缆用聚氯乙烯树脂的技术要求 …… 309
3.2　聚氯乙烯塑料性能及组分的选择 …… 310
3.2.1　聚氯乙烯塑料的主要性能 …… 310
3.2.2　聚氯乙烯塑料组分的选择 …… 311
3.3　电线电缆用聚氯乙烯塑料品种和配方 …… 321
3.3.1　电线电缆用聚氯乙烯塑料品种、用途和要求 …… 321
3.3.2　绝缘用聚氯乙烯塑料 …… 322
3.3.3　护层用聚氯乙烯塑料 …… 322
3.3.4　半导电聚氯乙烯塑料 …… 323
3.3.5　交联聚氯乙烯 …… 323
3.3.6　阻燃聚氯乙烯塑料 …… 323
3.3.7　环保型聚氯乙烯塑料 …… 324
3.4　电线电缆用聚氯乙烯塑料的生产工艺 …… 325
参考标准 …… 325
第 4 章　聚乙烯及其共聚物 …… 326
4.1　聚乙烯的制造与分类 …… 328
4.1.1　聚乙烯的制造 …… 328
4.1.2　聚乙烯的分类与命名 …… 330
4.1.3　我国聚乙烯树脂生产概况 …… 332
4.2　聚乙烯的结构和性能 …… 332
4.2.1　聚乙烯的结构 …… 332
4.2.2　聚乙烯的性能 …… 333
4.2.3　影响聚乙烯性能的主要因素 …… 337
4.3　主要的乙烯共聚物及其性能 …… 340
4.3.1　乙烯-醋酸乙烯共聚物（EVA） …… 340
4.3.2　乙烯-丙烯酸乙酯共聚物（EEA） …… 342
4.3.3　乙烯-甲基丙烯酸酯共聚物（EMA） …… 342
4.3.4　乙烯-丙烯酸丁酯共聚物（EBA） …… 342
4.3.5　乙烯-丙烯酸共聚物（EAA） …… 342
4.3.6　乙烯-甲基丙烯酸共聚物（EMAA） …… 342
4.4　电线电缆用聚乙烯及其共聚物 …… 342
4.4.1　聚乙烯绝缘料 …… 343
4.4.2　聚乙烯护套料 …… 347
4.4.3　交联聚乙烯电缆料 …… 350
4.4.4　半导电聚烯烃屏蔽料 …… 360

4.4.5 阻燃聚烯烃 …… 365
参考标准 …… 376
第5章 氟塑料 …… 378
5.1 聚四氟乙烯 …… 379
5.1.1 聚四氟乙烯的种类、用途及国内外牌号 …… 379
5.1.2 聚四氟乙烯的结构特点 …… 383
5.1.3 聚四氟乙烯的性能 …… 383
5.1.4 聚四氟乙烯树脂和薄膜的技术要求 …… 387
5.1.5 聚四氟乙烯在电线电缆中的应用 …… 387
5.1.6 聚四氟乙烯塑料推挤工艺要点 …… 387
5.2 聚全氟乙丙烯 …… 388
5.2.1 聚全氟乙丙烯的结构特点 …… 388
5.2.2 聚全氟乙丙烯的性能 …… 389
5.2.3 聚全氟乙丙烯树脂的技术要求 …… 390
5.2.4 聚全氟乙丙烯挤出工艺要点 …… 391
5.2.5 聚全氟乙丙烯在电线电缆中的应用 …… 392
5.3 四氟乙烯-乙烯共聚物 …… 392
5.3.1 四氟乙烯-乙烯共聚物的结构特点 …… 392
5.3.2 四氟乙烯-乙烯共聚物的性能 …… 392
5.3.3 四氟乙烯-乙烯共聚物的技术要求 …… 393
5.3.4 四氟乙烯-乙烯共聚物的挤出工艺要点 …… 393
5.3.5 四氟乙烯-乙烯共聚物电线的辐照交联 …… 393
5.3.6 四氟乙烯-乙烯共聚物在电线电缆中的应用 …… 393
5.3.7 国外主要商品名和生产厂家 …… 393
5.4 四氟乙烯-全氟烷基乙烯基醚共聚物 …… 394
5.4.1 四氟乙烯-全氟烷基乙烯基醚共聚物的结构特点 …… 394
5.4.2 四氟乙烯-全氟烷基乙烯基醚共聚物的性能 …… 394
5.4.3 四氟乙烯-全氟烷基乙烯基醚共聚物的技术要求 …… 394
5.4.4 四氟乙烯-全氟烷基乙烯基醚共聚物的挤出工艺要点 …… 395
5.4.5 四氟乙烯-全氟烷基乙烯基醚共聚物在电线电缆中的应用 …… 395
5.5 聚偏氟乙烯 …… 395
5.6 聚三氟氯乙烯 …… 396
5.7 FFR发泡氟塑料 …… 398
5.8 乙烯-三氟氯乙烯共聚物 …… 399
5.8.1 乙烯-三氟氯乙烯共聚物的结构特点 …… 399
5.8.2 乙烯-三氟氯乙烯共聚物的物理性能 …… 399
5.8.3 乙烯-三氟氯乙烯共聚物的电性能 …… 399
5.8.4 乙烯-三氟氯乙烯共聚物的耐化学品腐蚀性 …… 399
参考标准 …… 399
参考文献 …… 400
第6章 其他塑料 …… 401
6.1 聚丙烯 …… 401
6.1.1 聚丙烯的结构特点 …… 401
6.1.2 聚丙烯的性能 …… 401
6.1.3 聚丙烯在电缆工业中的应用及加工工艺要点 …… 402
6.2 聚苯乙烯 …… 403
6.2.1 聚苯乙烯的技术要求 …… 403
6.2.2 聚苯乙烯的性能 …… 403
6.3 氯化聚醚 …… 404
6.3.1 氯化聚醚的结构特点 …… 404
6.3.2 氯化聚醚的性能 …… 404
6.3.3 氯化聚醚的工艺要点 …… 405
6.4 聚酰胺 …… 405
6.4.1 聚酰胺的种类和技术要求 …… 405
6.4.2 聚酰胺的结构特点 …… 406
6.4.3 聚酰胺的性能 …… 406
6.4.4 聚酰胺的挤出工艺要点 …… 409
6.5 聚酰亚胺 …… 409
6.6 有机硅-聚酰亚胺共聚物 …… 411
6.7 聚酯 …… 412
6.7.1 聚对苯二甲酸乙二醇酯 …… 412
6.7.2 聚对苯二甲酸丁二醇酯 …… 412
6.8 环氧树脂 …… 414
6.8.1 环氧树脂的种类 …… 414
6.8.2 环氧树脂的结构特点 …… 415
6.8.3 环氧树脂的性能 …… 415
6.8.4 环氧树脂的固化 …… 415
6.8.5 环氧树脂用稀释剂、增塑剂和其他添加剂 …… 418
6.9 聚醚醚酮 …… 419
6.9.1 聚醚醚酮的结构 …… 419

6.9.2 聚醚醚酮的性能 …… 420
6.9.3 聚醚醚酮在电线电缆中的应用 …… 420
第7章 热塑性弹性体 …… 421
7.1 热塑性弹性体介绍 …… 421
7.2 热塑性弹性体分类 …… 421
7.3 苯乙烯类热塑性弹性体 …… 422
7.3.1 发展历程 …… 422
7.3.2 结构 …… 422
7.3.3 性能和应用 …… 422
7.4 烯烃类热塑性弹性体 …… 423
7.4.1 发展历程 …… 423
7.4.2 制备方法 …… 423
7.4.3 性能和应用 …… 423
7.5 聚氨酯类热塑性弹性体 …… 424
7.5.1 发展历程 …… 424
7.5.2 结构 …… 424
7.5.3 性能和应用 …… 425
7.6 热塑性聚酯弹性体 …… 425
7.6.1 发展历程 …… 425
7.6.2 结构和特点 …… 425
7.6.3 应用 …… 426
7.7 其他弹性体 …… 426
7.7.1 热塑性聚酰胺弹性体 …… 426
7.7.2 有机硅类热塑性弹性体 …… 426
7.7.3 氟类热塑性弹性体 …… 427
7.7.4 热塑性乙丙弹性体 …… 427
7.8 热塑性弹性体改性 …… 427
第8章 塑料的试验方法 …… 429
8.1 物理力学性能测试 …… 429
8.1.1 密度 …… 429
8.1.2 吸水性 …… 431
8.1.3 凝胶含量 …… 431
8.1.4 发泡塑料的表观密度 …… 432
8.1.5 拉伸强度和断裂拉伸应变（或断裂标称应变） …… 432
8.1.6 拉伸回缩率 …… 435
8.1.7 撕裂强度 …… 435
8.1.8 邵氏硬度 …… 436
8.1.9 炭黑含量 …… 437
8.1.10 炭黑分散度 …… 438
8.1.11 塑料弯曲性能 …… 438
8.1.12 简支梁冲击性能 …… 440
8.1.13 弹性体耐磨性能 …… 441
8.1.14 可剥离半导电屏蔽料剥离力 …… 442
8.2 热性能和耐化学品性能 …… 442
8.2.1 热塑性塑料维卡软化温度（VST） …… 442
8.2.2 热塑性塑料熔体质量流动速率和熔体体积流动速率 …… 443
8.2.3 塑料负荷变形温度 …… 446
8.2.4 热延伸 …… 447
8.2.5 氧化诱导期（OIT） …… 447
8.2.6 熔点 …… 448
8.2.7 200℃热稳定时间 …… 449
8.2.8 热变形 …… 449
8.2.9 聚乙烯耐环境应力开裂 …… 450
8.2.10 聚乙烯耐热应力开裂 …… 451
8.2.11 耐热冲击试验 …… 452
8.2.12 低温冲击脆化温度 …… 452
8.2.13 耐化学药品性 …… 453
8.2.14 耐油试验 …… 455
8.2.15 线膨胀系数（石英膨胀计法） …… 455
8.2.16 含水量测试方法 …… 456
8.3 燃烧性能测试 …… 456
8.3.1 氧指数 …… 456
8.3.2 闪燃温度和自燃温度 …… 457
8.3.3 卤酸气体总量、pH值、电导率 …… 458
8.3.4 烟密度 …… 458
8.3.5 水平及垂直燃烧试验 …… 459
8.4 电性能测试 …… 461
8.4.1 体积电阻率和表面电阻率 …… 461
8.4.2 介电强度 …… 462
8.4.3 相对介电常数和介质损耗因数 …… 463
8.4.4 半导电屏蔽料体积电阻率 …… 464
8.5 老化性能测试 …… 464
8.5.1 空气烘箱热老化 …… 464
8.5.2 自然气候暴露 …… 464
8.5.3 氙灯光源暴露（方法A：人工气候老化） …… 464
8.5.4 荧光紫外灯光源暴露 …… 465
参考标准 …… 466

第12篇 橡胶和橡皮

第1章 概述 …… 468
1.1 橡胶和橡皮的种类、用途和特性 …… 468

1.1.1 橡胶的种类、用途和特性 ……… 468
1.1.2 橡皮的组成 ……………………… 472
1.1.3 电线电缆用橡皮的分类和性能要求 ……………………………… 473
1.2 橡胶和橡皮常用名词及其含义 ……… 480
1.2.1 塑性 ………………………………… 480
1.2.2 门尼粘度 …………………………… 481
1.2.3 焦烧、焦烧时间和硫化指数 …… 481
1.2.4 硫化、正硫化点和硫化返原 …… 481
1.2.5 橡料硫化特性 ……………………… 482
1.2.6 拉伸强度 …………………………… 482
1.2.7 拉断伸长率 ………………………… 482
1.2.8 定伸应力 …………………………… 482
1.2.9 弹性 ………………………………… 482
1.2.10 永久变形 ………………………… 482
1.2.11 热延伸 …………………………… 482
1.2.12 撕裂强度 ………………………… 482
1.2.13 耐磨性 …………………………… 482
1.2.14 绝缘电阻和绝缘电阻率 ……… 482
1.2.15 介电常数 ………………………… 482
1.2.16 介质损耗和介质损耗角正切 …… 482
1.2.17 击穿电压强度 …………………… 483
1.2.18 耐热性 …………………………… 483
1.2.19 耐寒性 …………………………… 483
1.2.20 阻燃性 …………………………… 483
1.2.21 耐候性 …………………………… 483
1.2.22 耐日光性 ………………………… 484
1.2.23 耐电晕性 ………………………… 484
1.2.24 耐臭氧性 ………………………… 484
1.2.25 耐辐照性 ………………………… 484
1.2.26 耐湿性 …………………………… 484
1.2.27 防霉性和防生物性 ……………… 484
1.2.28 耐油性和耐溶剂性 ……………… 484
1.2.29 耐老化性 ………………………… 484
1.3 橡皮的配方设计 ……………………… 484
1.3.1 配方设计的基本要求 …………… 484
1.3.2 配方设计的步骤 ………………… 485
1.3.3 配方的表示方法 ………………… 486
第2章 橡胶配合剂 ………………………… 487
2.1 硫化剂 ………………………………… 487
2.1.1 硫磺 ………………………………… 487
2.1.2 含硫化合物 ………………………… 488
2.1.3 过氧化物 …………………………… 488
2.1.4 醌类 ………………………………… 489
2.1.5 树脂类 ……………………………… 490
2.1.6 胺类 ………………………………… 490
2.2 硫化促进剂 …………………………… 491
2.2.1 噻唑类 ……………………………… 491
2.2.2 胍类 ………………………………… 491
2.2.3 秋兰姆类 …………………………… 492
2.2.4 硫脲类 ……………………………… 492
2.2.5 次磺酰胺类 ………………………… 493
2.2.6 二硫代氨基甲酸盐类 …………… 493
2.3 活化剂（促进助剂）………………… 494
2.3.1 无机活化剂 ………………………… 494
2.3.2 有机活化剂 ………………………… 495
2.4 防焦剂（硫化延缓剂）……………… 495
2.4.1 N-亚硝基二苯胺 ………………… 496
2.4.2 水杨酸（邻羟基苯甲酸）……… 496
2.4.3 邻苯二甲酸酐 …………………… 496
2.4.4 N-亚硝基苯基-β-萘胺 ………… 496
2.4.5 二氯二甲基乙内酰脲 …………… 496
2.5 助交联剂 ……………………………… 496
2.5.1 三羟甲基丙烷三丙烯酸酯（TMPTA）……………………………… 496
2.5.2 三羟甲基丙烷三甲基丙烯酸酯（TMPTMA）…………………………… 497
2.5.3 三烯丙基异氰酸酯（TAIC） …… 497
2.5.4 三烯丙基氰酸酯（TAC） …… 497
2.6 防老剂 ………………………………… 498
2.6.1 防老剂的选用要点 ……………… 498
2.6.2 电线电缆橡皮常用的防老剂 …… 498
2.7 软化剂（增塑剂） …………………… 502
2.7.1 对软化剂的要求 ………………… 502
2.7.2 电线电缆橡皮常用的软化剂 …… 502
2.8 补强剂 ………………………………… 504
2.8.1 补强剂的基本作用 ……………… 504
2.8.2 电线电缆橡皮常用的补强剂 …… 504
2.9 填充剂 ………………………………… 507
2.9.1 滑石粉 ……………………………… 507
2.9.2 轻质碳酸钙 ………………………… 507
2.9.3 活性轻质碳酸钙 ………………… 507
2.10 着色剂 ……………………………… 507
2.10.1 二氧化钛（钛白粉）…………… 507
2.10.2 三氧化二铁（铁红）…………… 508
2.10.3 群青 ……………………………… 508
2.10.4 炭黑 ……………………………… 508
2.11 偶联剂 ……………………………… 508
2.11.1 乙烯基三（β-甲氧基乙氧基）硅烷 ……………………………… 508

2.11.2 γ-氨丙基三乙氧基硅烷 …………… 508
2.11.3 γ-甲基丙烯酰氧基丙基三甲氧基硅烷 …………… 508
2.11.4 双（γ-三乙氧基硅丙基）-四硫化物 …………… 509
2.11.5 单烷氧基钛酸酯偶联剂 …………… 509
2.11.6 单烷氧基不饱和脂肪酸钛酸酯偶联剂 …………… 509
2.12 特殊用途加入剂 …………… 509
2.12.1 导电剂 …………… 509
2.12.2 抗静电剂 …………… 510
2.12.3 阻燃剂 …………… 510
2.12.4 抗水解稳定剂 …………… 510
2.13 润滑剂 …………… 511
2.13.1 硬脂酸酰胺 …………… 511
2.13.2 油酸酰胺 …………… 511
2.13.3 莱茵 Aflux16 …………… 511
2.13.4 莱茵 Aflux25 …………… 511
2.13.5 莱茵 Aflux42 …………… 512
2.13.6 聚乙烯蜡 …………… 512
第3章 电线电缆常用橡胶和橡皮 …………… 513
3.1 天然橡胶和橡皮 …………… 513
3.1.1 分类、特性和用途 …………… 513
3.1.2 橡皮配方 …………… 515
3.1.3 工艺要点 …………… 521
3.2 丁苯橡胶和橡皮 …………… 521
3.2.1 分类、特性和用途 …………… 521
3.2.2 橡皮配方 …………… 526
3.2.3 工艺要点 …………… 528
3.3 乙丙橡胶和橡皮 …………… 528
3.3.1 分类、特性和用途 …………… 528
3.3.2 橡皮配方 …………… 536
3.3.3 工艺要点 …………… 549
3.4 丁基橡胶和橡皮 …………… 550
3.4.1 分类、特性和用途 …………… 550
3.4.2 橡皮配方 …………… 551
3.4.3 工艺要点 …………… 554
3.5 氯丁橡胶和橡皮 …………… 555
3.5.1 分类、特性和用途 …………… 555
3.5.2 橡皮配方 …………… 557
3.5.3 工艺要点 …………… 559
3.6 硅橡胶和橡皮 …………… 559
3.6.1 分类、特性和用途 …………… 559
3.6.2 橡皮配方 …………… 561
3.6.3 工艺要点 …………… 563
3.7 氯磺化聚乙烯及其橡皮 …………… 563
3.7.1 分类、特性和用途 …………… 563
3.7.2 橡皮配方 …………… 566
3.7.3 工艺要点 …………… 570
3.8 氯化聚乙烯及其橡皮 …………… 571
3.8.1 特性和用途 …………… 571
3.8.2 橡皮配方 …………… 573
3.8.3 工艺要点 …………… 576
3.9 氯醚橡胶 …………… 576
3.9.1 分类、特性和用途 …………… 576
3.9.2 橡皮配方 …………… 577
3.9.3 工艺要点 …………… 579
3.10 氟橡胶和橡皮 …………… 580
3.10.1 分类、特性和用途 …………… 580
3.10.2 橡皮配方 …………… 581
3.10.3 工艺要点 …………… 582
第4章 电缆用橡皮加工技术 …………… 583
4.1 塑炼与掺和 …………… 583
4.1.1 塑炼 …………… 583
4.1.2 掺和 …………… 585
4.2 混炼和滤橡 …………… 585
4.2.1 概述 …………… 585
4.2.2 开炼机混炼 …………… 586
4.2.3 密炼机混炼 …………… 587
4.3 加硫 …………… 587
4.4 成型和硫化 …………… 588
4.4.1 成型 …………… 588
4.4.2 硫化 …………… 590
第5章 橡胶和橡皮的试验方法 …………… 596
5.1 物理力学性能测试 …………… 596
5.1.1 一般要求 …………… 596
5.1.2 密度（天平法） …………… 597
5.1.3 粘度（用门尼粘度计） …………… 597
5.1.4 胶料硫化指数（焦烧） …………… 598
5.1.5 胶料硫化特性（圆盘振荡硫化仪法） …………… 599
5.1.6 橡胶威廉氏塑性和弹性复原性 …… 600
5.1.7 硫化橡胶力学性能 …………… 600
5.1.8 撕裂强度 …………… 602
5.1.9 邵氏A硬度 …………… 603
5.1.10 橡皮回弹性 …………… 603
5.2 热性能和耐油性能测试 …………… 604
5.2.1 橡皮热空气老化 …………… 604
5.2.2 橡皮热延伸 …………… 604
5.2.3 耐油试验 …………… 605

5.3 其他性能测试 …… 605
5.4 仪器分析 …… 605
5.4.1 红外光谱 …… 605
5.4.2 X射线衍射 …… 606
5.4.3 差示扫描量热分析 …… 606
5.4.4 热重分析法 …… 607
5.4.5 扫描电子显微镜 …… 607
术语、缩写及商品化名称 …… 608
参考标准 …… 610
参考文献 …… 610

第9篇

金属及导电材料

第1章

概　　述

1.1　电线电缆用金属材料的种类

金属材料在电线电缆工业中应用非常广泛，是电线电缆的主要材料。金属材料通常分为有色金属和黑色金属两大类；或分为轻金属、重金属、贵金属、稀有金属等。

电线电缆产品所用金属材料以有色金属为主，其绝大部分为铜、铝、铅及其合金，主要用作导体、屏蔽和护层。银、锡、镍主要用于导体的镀层，以提高导体金属的耐热性和抗氧化性。黑色金属在线缆产品中以钢丝和钢带为主体，主要用作电缆护层中的铠装层，以及作为架空导线的加强芯或复合导体的加强部分。

电线电缆产品常用金属材料的种类及其主要用途见表9-1-1。

表9-1-1　电线电缆用金属及导电材料的种类及用途

材料种类		材料形态	主要用途
铜及铜合金	纯铜	阴极铜	熔铸铜线锭、生产连铸连轧铜杆、上引杆、浸涂杆
		铜线锭	轧制铜杆及铜母线等
		圆线	裸绞线、绝缘电线电缆的导电线芯、编织屏蔽层等
		型线	电磁线、电缆的导电线芯、电车线(接触线)、母线和异型排
		带(箔)材	电缆的屏蔽层、同轴电缆外导体等
		管材	氧化镁电缆护套等
	铜合金	圆线	高强度电线的导电线芯、电磁线、架空线
		型线	电机换向器用梯形排、电车线(接触线)
		带材	高压充油电缆护层中的加强层、特种电缆的铠装
	单晶铜	圆线	信号传输线缆和微电子行业的超微细线
铝及铝合金	纯铝	铝锭	熔制铝线锭和圆铝锭,生产连铸连轧铝杆
		铝线锭	轧制铝杆及铝母线等
		圆铝锭	挤制电缆铝护套、铝杆及型线
		圆线	架空输电线及绝缘电线电缆的导电线芯
		型线	电磁线,电缆的导电线芯,电车线(接触线)、母线等
		带(箔)材	电缆的屏蔽层、通信电缆综合护层、同轴电缆外导体等
		管材	矿物绝缘电缆护套、通信电缆内导体等
	铝合金	圆线	架空输电线及绝缘电线电缆的导电线芯
		型线	电车线(接触线),变压器用换位导线
铅及铅合金		铅锭	电力电缆及通信电缆的铅包护层
钢		钢丝	钢芯铝绞线的加强芯,电缆护层中的编织或铠装层,特殊电线电缆的导电线芯加强材料,铜包钢线及铝包钢线线芯等
		钢带	电缆护层中的铠装层,同轴电缆的外屏蔽,通信电缆的综合护层
锡		锭(板)	镀锡铜线
银		板	镀银铜线
镍		板	镀镍铜线
双金属		圆线 型线	铝包钢线
			铜包钢线
			铜包铝圆线、铜包铝母线
超导材料		带材	超导电缆

1.2 金属材料常用名词及其含义

1.2.1 导电性能

(1) 体积电阻率 ρ_{t_0} 体积电阻率为单位长度与单位截面积的导体金属的电阻。在标准温度为 t_0 时，有

$$\rho_{t_0}=\frac{A_{t_0}}{L_{1t_0}}R_{t_0} \qquad (9\text{-}1\text{-}1)$$

式中 ρ_{t_0}——标准温度 t_0 时的体积电阻率；

R_{t_0}——标准温度 t_0 时标距长度内试样的电阻；

A_{t_0}——标准温度 t_0 时试样的截面积；

L_{1t_0}——标准温度 t_0 时试样的标距长度。

当标准温度为20℃时，体积电阻率可用 ρ_{20} 表示。体积电阻率常简称为材料的电阻率或电阻系数。体积电阻率是仅与材料有关的物理量，其单位为 $\Omega\cdot mm^2/m$。

(2) 质量电阻率 δ_{t_0} 质量电阻率为单位长度和单位质量的导体的电阻。在标准温度为 t_0 时，有

$$\delta_{t_0}=\frac{m}{L_{2t_0}}\frac{R_{t_0}}{L_{1t_0}} \qquad (9\text{-}1\text{-}2)$$

式中 δ_{t_0}——标准温度 t_0 时的质量电阻率；

R_{t_0}——标准温度 t_0 时标距长度内试样的电阻；

m——试样的质量；

L_{1t_0}——标准温度 t_0 时试样的标距长度；

L_{2t_0}——标准温度 t_0 时试样的总长度。

质量电阻率和体积电阻率都是衡量导电材料导电性能优劣与否的技术参数。体积电阻率是从单位体积来衡量，质量电阻率是从单位质量来衡量。

质量电阻率的单位为 $\Omega\cdot g/m^2$。质量电阻率与体积电阻率可相互换算，两者与材料密度的关系为

$$\delta_{t_0}=d_s\rho_{t_0} \qquad (9\text{-}1\text{-}3)$$

式中 d_s——材料密度。

(3) 导电率 体积电阻率的倒数称为导电率，单位为 $m/(\Omega\cdot mm^2)$。

(4) 导电率百分值 导电率百分值为国际退火铜标准（International Annealed Copper Standards, IACS）规定的电阻率（体积或质量）与相同单位的试样电阻率之比值。它用来表示材料的导电性能，直观性较强。

导电率百分值用%IACS表示。

通常在已知20℃时的体积电阻率 ρ_{20} 后，导电率百分值为

$$\%IACS=\frac{0.017241}{\rho_{20}} \qquad (9\text{-}1\text{-}4)$$

式中 ρ_{20}——在20℃时的体积电阻率（$\Omega\cdot mm^2/m$）。

表9-1-2为在20℃时国际退火铜导电率百分值及相应体积电阻率、质量电阻率和导电率标准值的关系。

表9-1-2 在20℃时国际退火铜的标准值

导电率百分值	100.00%IACS
体积电阻率	$0.017241\Omega\cdot mm^2/m$
质量电阻率	$0.15328\Omega\cdot g/m^2$
导电率	$58m/(\Omega\cdot mm^2)$

(5) 电阻温度系数 α_{Rt_0} 电阻温度系数表示当温度变化1℃时，电阻或电阻率的变化量与标准温度 t_0 时的电阻或电阻率的比值。

导体材料在温度 t 和标准温度 t_0 时的电阻 R、体积电阻率 ρ 和质量电阻率 δ 的关系分别为

$$R_t=R_{t_0}[1+\alpha_{Rt_0}(t-t_0)] \qquad (9\text{-}1\text{-}5)$$

$$\rho_t=\rho_{t_0}[1+(\alpha_{Rt_0}+\gamma)(t-t_0)] \qquad (9\text{-}1\text{-}6)$$

$$\delta_t=\delta_{t_0}[1+(\alpha_{Rt_0}-2\gamma)(t-t_0)] \qquad (9\text{-}1\text{-}7)$$

式中 α_{Rt_0}——在标准温度 t_0 时材料的电阻温度系数。当标准温度为20℃时，α_{Rt_0} 可写成 α_{R20} 或 α_{20}；

γ——材料的热膨胀系数。

式（9-1-5）、式（9-1-6）、式（9-1-7）呈线性关系，对于通常的导体材料，仅在接近金属熔点或接近绝对温度零度时才不符合，而热膨胀系数 γ 对大部分材料均比电阻温度系数 α_R 小得多，当 t 在20℃左右时，γ 可忽略不计。

电阻温度系数的大小除与导体材料本身有关外，还与选择的标准温度 t_0 有关。两种不同标准温度下的电阻温度系数的关系为

$$\alpha_{R_2}=\frac{\alpha_{R_1}}{1+\alpha_{R_1}(t_2-t_1)} \qquad (9\text{-}1\text{-}8)$$

式中 α_{R_1}、α_{R_2}——在温度分别为 t_1、t_2 时的电阻温度系数。

(6) 体积电阻率温度系数 ε 体积电阻率温度系数 ε 定义为

$$\rho_{t_2}=\rho_{t_1}+\varepsilon(t_2-t_1) \qquad (9\text{-}1\text{-}9)$$

这样，当在温度 t 测量电阻和尺寸时，计算所得的体积电阻率 ρ_t，可根据 ε 值利用式（9-1-9）

把温度校准到标准温度 t_0。

铜的 ε 值几乎与所有常用铜合金的数值相同。同样，铝的 ε 值与铝合金的相同。

在标准温度 t_0时，电阻温度系数 α_{Rt_0} 与 ε 的关系为

$$\alpha_{Rt_0}=\frac{\varepsilon}{\rho t_0}-\gamma \tag{9-1-10}$$

式（9-1-10）表明具有不同体积电阻率的导电材料有着不同的电阻温度系数，见表 9-1-3。

表 9-1-3　铜、铝及其合金的电阻温度系数 α_{Rt_0} 和 ε 值

导体材料	导电率百分值（%IACS）	电阻温度系数 α_{Rt_0}/℃$^{-1}$						体积电阻率温度系数 ε /（Ω·m/℃）
		温度 t_0/℃						
		0	15	20	25	30	50	
铝及铝合金	55	0.00392	0.00370	0.00363	0.00357	0.00351	0.00328	11.46×10^{-11}
	56	0.00400	0.00377	0.00370	0.00363	0.00357	0.00333	
	57	0.00407	0.00384	0.00377	0.00370	0.00363	0.00338	
	58	0.00415	0.00391	0.00383	0.00376	0.00369	0.00344	
	59	0.00423	0.00398	0.00390	0.00382	0.00375	0.00349	
	60	0.00431	0.00404	0.00396	0.00389	0.00381	0.00354	
	60.6	0.00435	0.00409	0.00400	0.00393	0.00385	0.00357	
	60.97	0.00438	0.00411	0.00403	0.00395	0.00387	0.00359	
	61	0.00438	0.00411	0.00403	0.00395	0.00387	0.00360	
	61.2	0.00440	0.00412	0.00404	0.00396	0.00388	0.00360	
	61.3	0.00441	0.00413	0.00405	0.00397	0.00389	0.00361	
	61.4	0.00441	0.00414	0.00406	0.00398	0.00390	0.00362	
	61.5	0.00442	0.00415	0.00406	0.00398	0.00390	0.00362	
	61.8	0.00445	0.00417	0.00408	0.00400	0.00392	0.00364	
	62	0.00446	0.00418	0.00410	0.00401	0.00393	0.00365	
	63	0.00454	0.00425	0.00416	0.00408	0.00400	0.00370	
	64	0.00462	0.00432	0.00423	0.00414	0.00406	0.00375	
	65	0.00470	0.00439	0.00429	0.00420	0.00412	0.00380	
铜及铜合金	95	0.00403	0.00380	0.00373	0.00367	0.00360	0.00336	6.8×10^{-11}
	96	0.00408	0.00385	0.00377	0.00370	0.00364	0.00339	
	97	0.00413	0.00389	0.00381	0.00374	0.00367	0.00342	
	97.5	0.00415	0.00391	0.00383	0.00376	0.00369	0.00344	
	98	0.00417	0.00393	0.00385	0.00378	0.00371	0.00345	
	99	0.00422	0.00397	0.00389	0.00382	0.00374	0.00348	
	100	0.00427	0.00401	0.00393	0.00385	0.00378	0.00352	
	101	0.00431	0.00405	0.00397	0.00389	0.00382	0.00355	
	102	0.00436	0.00409	0.00401	0.00393	0.00385	0.00358	

1.2.2 物理力学性能

（1）密度 d　1cm^{3}体积金属所具有的质量称为金属的密度，单位为 g/cm^3。

（2）熔点　金属及合金由固态变为液态时的熔化温度称为熔点，单位为℃。

（3）热膨胀系数 α　它是描述金属及合金热胀冷缩的参数。

通常广泛应用的是线膨胀系数 α，是指温度变化 1℃时，其长度的增减量与 0℃时长度的比值，单位为℃$^{-1}$。当温度区间不大时，可表示为

$$L_t=L_0(1+\alpha t) \tag{9-1-11}$$

（4）热导率 λ　厚 1cm 的物体两面的温度相差 1℃时，每秒经 1cm^{2}表面所通过的热量即热导率 λ，单位为 W/(m·K)。纯金属的 λ 大多随温度的升高而减小，而合金的 λ 随温度的升高而加大。

（5）塑性　金属在外力作用下，破断前的永久变形能力叫作塑性。

（6）试样标距 L　进行金属材料拉伸试验时，用以测量试样伸长的两标记间的长度称为拉伸试样

的标距。拉伸前的标距称为原始标距，用 L_0 表示。试样拉断后将断裂部分在断裂处对接在一起，使其轴线位于同一直线时的标距称为试样拉断后的标距，用 L_1 表示。

(7) 应力 σ 金属材料在拉伸试验时，拉伸力除以试样原始截面积的商称为应力，单位为 N/mm^2。

(8) 规定非比例伸长应力 σ_p 金属材料在拉伸试验过程中，试样标距部分的非比例伸长达到规定的原始标距百分比时的应力称为规定非比例伸长应力，用 σ_p 表示。表示此应力的符号用脚注说明，例如 $\sigma_{p0.2}$ 表示规定非比例伸长率为0.2%时的应力。

(9) 规定总伸长应力 σ_t 金属材料在拉伸试验过程中，试样标距部分的总长，即弹性伸长加塑性伸长，达到规定的原始标距百分比时的应力，称为规定总伸长应力，用 σ_t 表示。表示此应力的符号用脚注说明，例如 $\sigma_{t0.5}$ 表示规定总伸长率为0.5%时的应力。

(10) 规定残余伸长应力 σ_r 金属材料在拉伸试验过程中，试样卸除拉伸力后，其标距部分的残余伸长达到规定的原始标距百分比时的应力称为规定残余伸长应力，用 σ_r 表示。表示此应力的符号用脚注说明，例如 $\sigma_{r0.2}$ 表示规定残余伸长率为0.2%时的应力。

(11) 屈服点 σ_s 金属材料承受载荷，当载荷不再增加或缓慢增加时，仍然发生明显塑性变形，这种现象称为“屈服”。呈现屈服现象的金属材料，在拉伸试验过程中，试样在拉伸力不增加（保持恒定）仍继续伸长时的应力称屈服点，用 σ_s 表示。如力发生下降，还应区分上、下屈服点。上、下屈服点分别用 σ_{su}、σ_{sl} 表示。有些金属屈服点不明显，工程上常规定以产生残余塑性变形量为0.2%时的应力作为屈服点。

(12) 抗拉强度 σ_b 金属材料在拉伸试验过程中，试样最大拉力所对应的应力称为抗拉强度，用 σ_b 表示，单位为 N/mm^2，有

$$\sigma_b = \frac{F_b}{S_0} \qquad (9\text{-}1\text{-}12)$$

式中 F_b——最大拉力；

S_0——试样原始横截面积。

(13) 断面收缩率 ψ 金属材料在拉伸试验时，试样拉断后，缩颈处横截面积的最大缩减量与原始横截面积的百分比称为断面收缩率，用 ψ（%）表示，即

$$\psi = \frac{S_0 - S_1}{S_0} \times 100\% \qquad (9\text{-}1\text{-}13)$$

式中 S_0——试样原始横截面积；

S_1——试样拉断后缩颈处的最小横截面积。

(14) 断裂伸长率 δ 金属材料在拉伸试验时，试样拉断后，标距的伸长与原始标距的百分比，称为断裂伸长率，用 δ 表示。在电线电缆线材拉伸试验时，常简称为伸长率，并采用定标距试样（即 L_0，通常取200mm或250mm），此时，伸长率应附以标距数值的脚注，例如 δ_{200} 或 δ_{250}（%）来区分表示，计算公式为

$$\delta = \frac{L_1 - L_0}{L_0} \times 100\% \qquad (9\text{-}1\text{-}14)$$

式中 L_0——试样原始标距；

L_1——试样拉断后的标距。

(15) 疲劳极限 金属长期经受极多次反复负荷作用而不断裂时所承受的最大应力，称为疲劳极限。对于低、中碳钢，通常在经受 10^7 周次应力变动而不断裂的最大应力值，即作为该材料的疲劳极限。对于有色金属，往往需经 10^8 周次或更多次的应力循环后，才能确定其疲劳极限。

(16) 蠕变 在一定温度和一定应力（弹性范围内）作用下，随着时间的持续，金属产生不能恢复的变形，称为蠕变。一般的蠕变曲线，即蠕变伸长量与持续时间的关系，呈抛物线，即伸长随时间越来越慢，最后趋向一定值。温度越高，施加应力越大，则蠕变速率越快。

(17) 硬度 金属材料软硬的程度，用硬度表示。硬度值的大小，不仅取决于金属的成分和组织结构，而且还取决于测量的方法和条件。它是弹性、塑性、塑性变形强化率、强度和韧性等一系列不同物理量的综合性能指标。

硬度试验方法，应用最多的是采用压入硬度试验方法，即布氏法、洛氏法和维氏法，其实质是标志金属局部表面抵抗外物压入时所产生塑性变形的能力。

采用不同试验方法获得的硬度值之间，没有一个较精确的换算关系，只能利用长期的实践摸索，获得一些近似经验换算公式。

1）布氏硬度HBW。布氏硬度是用一定直径的钢球，以规定负荷压入试样表面，经规定的保荷时间后卸除负荷，然后测量试样表面的压痕直径，据此计算压痕的球形表面积。单位面积上所承受的力，称为布氏硬度值，以HBW表示，计算公式为

$$HBW=\frac{2p}{\pi D(D-\sqrt{D^2-d^2})} \qquad (9\text{-}1\text{-}15)$$

式中 p——施加的负荷；

D——钢球压头直径；

d——压痕直径。

2）洛氏硬度 HR。洛氏硬度试验和布氏硬度试验同属于静压入试验。洛氏硬度试验用金刚石圆锥体或钢球作压头，在初负荷 p_0 及总负荷 p（p=初负荷 p_0+主负荷 p_1）的先后作用下，将压头压入试件。洛氏硬度值是以在卸除主负荷而保留初负荷时，压入试件的深度与在初负荷作用下的压入深度之差来计算。差数越大，表示试样越软，反之则试样越硬。洛氏硬度试验采用不同的压头及总负荷，以适应各种硬度测量范围和软硬不同的材料，将洛氏硬度分成若干标尺，在符号 HR 之后加以注明，其常用标尺有 A、B、C，其符号为 HRA、HRB、HRC。

3）维氏硬度 HV。维氏硬度试验也属静力压入试验，它采用对面夹角为 136°的正四棱锥金刚石压头，其特点是硬度值与负荷选择无关、压痕轮廓清晰、压痕对角线测量精度高、试验范围比布氏硬度试验广、测量压痕对角线较测量压痕深度的误差小。所以，维氏硬度适用于软金属、硬金属及硬质合金，特别适用于试验面很小、硬度值极高的金属材料。

1.2.3 工艺性能

1）热处理。利用改变温度的办法，使合金的组织发生合乎规律的变化以改变合金性能的加工方法，称为热处理。温度和时间是热处理的主要因素。淬火、时效和退火（韧炼）等均属热处理工艺。

2）淬火。加热到相变温度以上，随即急速冷却，以使合金呈不稳定的组织状态，这样的热处理过程，通常称作淬火。含碳较高的钢在淬火后立即获得很高的硬度。铝合金淬火后，强度和硬度不立即升高，但塑性较好。

3）时效（回火）。时效就是淬火合金由不稳定状态向稳定状态转变，或淬火的过饱和固溶体分解的过程。时效可在常温中发生，称为“自然时效”。淬火后的铝合金经过自然时效，其力学性能随时间而显著提高，但由于温度低，自然时效进行得较慢。采用加热方法，促进金属原子的活动性，加速合金恢复稳定状态，这样在人为高温下进行的过程，称为“人工时效”。

4）退火（韧炼）。金属在塑性变形时会发生加工硬化现象，即硬度和强度升高，塑性降低。冷变形加工后，为恢复其塑性和其他性能，需在适当温度下加热并保持一定时间，使金属从不稳定状态过渡到更稳定状态，这种热处理过程称为退火。在冷加工过程中，为了适应工艺上的要求，便于继续加工所进行的退火，称为中间退火。

1.3 重要金属元素的基本性能

重要金属元素的基本性能见表 9-1-4。

表 9-1-4 重要金属元素的基本性能

金属名称	元素符号	原子量	密度(20℃)/(g/cm³)	熔解热/(cal/g)①	熔点/℃	电阻率(20℃)/(Ω·mm²/m)	电阻温度系数/(10⁻³℃⁻¹)
银	Ag	107.88	10.5	24.3	961.93	0.0159	4.1
铜	Cu	63.54	8.89	50.6	1084.5	0.0168	4.03
金	Au	197.2	19.3	16.1	1064.43	0.0225	3.98
铝	Al	26.98	2.7	93	660.37	0.0265	4.23
钠	Na	22.997	0.97	27.5	97.8	0.0465	4.34
镁	Mg	24.32	1.7	70	650.3	0.047	3.9
钨	W	183.92	19.3	44	3387	0.055	4.64
钼	Mo	95.95	10.2	50	2620	0.057	4.35
锌	Zn	65.38	7.1	28.1	419.58	0.059	4.17
镍	Ni	58.69	8.9	73.8	1455	0.0724	5.21
铁	Fe	55.85	7.9	65	1541	0.097	6.57
铂	Pt	195.23	21.5	27.1	1772	0.105	3.92
锡	Sn	118.7	7.3	14.4	231.96	0.115	4.47
铅	Pb	207.21	11.3	6.3	327.5	0.2065	4.22

（续）

金属名称	元素符号	热导率(20℃) /[cal/(cm·s·K)]②	比热容(20℃) /[cal/(g·K)]③	线膨胀系数 /(10^{-6}℃$^{-1}$)	抗拉强度 /(N/mm^2)	伸长率(%)	布氏硬度 HBW
银	Ag	0.974	0.0558	18.9	176	50	25
铜	Cu	0.94	0.0918	16.42	216	60	35
金	Au	0.745	0.0308	14.4	137	30~50	18
铝	Al	0.52	0.215	24	69~88	40	20~35
钠	Na	0.32	0.295	71	—	—	—
镁	Mg	0.38	0.249	25.7	167~196	15	25
钨	W	0.476	0.032	4	980~1176	0	350
钼	Mo	0.35	0.061	5.49	686~980	30	125
锌	Zn	0.268	0.0915	32.5	108~147	5~20	30~42
镍	Ni	0.22	0.105	13.7	392~490	40	60~80
铁	Fe	0.174	0.11	11.9	245~324	25~55	50
铂	Pt	0.1664	0.0319	8.8	147	50	25
锡	Sn	0.156	0.0540	22.4	15~26	40	5
铅	Pb	0.084	0.031	29.5	10~30	50	4~6

① 1cal/g=4.1868J/g。

② 1cal/(cm·s·K)=418.68W/(m·K)。

③ 1cal/(g·K)=4.1868J/(g·K)。

第2章

铜及铜合金

2.1 铜

铜（纯铜）是电线电缆工业用的重要材料，主要用作电线电缆的导体。铜的主要特点是：

1）导电性好，仅次于银而居第二位。

2）导热性好，仅次于银和金而居第三位。热导率为银的73%。

3）塑性好，在热加工时，首次压力加工量可达30%~40%。

4）耐腐蚀性较好。它与盐酸或稀硫酸作用甚微；铜在干燥环境具有较好的耐腐蚀性，但在潮湿空气中表面易生成有毒的铜绿。

5）易于焊接。

6）力学性能较好，有足够的抗拉强度和伸长率。

2.1.1 电线电缆用铜的技术要求

电线电缆用铜，以阴极铜或铜线坯（又称船形锭）供应。阴极铜用作熔铸铜线锭或直接用于连铸连轧、浸涂成形以及上引法工艺生产光亮铜杆或无氧铜杆；铜线锭用以压延成杆材或型材。无氧铜也应用于水内冷空芯导线等特殊场合；无磁性漆包线则要求采用含铁量（质量分数）小于0.0002%的高纯铜，但其用量较少。

1. 电线电缆用铜的牌号及化学成分

阴极铜按化学成分分为A级铜（Cu-CATH-1）、1号标准铜（Cu-CATH-2）和2号标准铜（Cu-CATH-3）三个牌号。

A级铜化学成分应符合表9-2-1；1号标准铜化学成分应符合表9-2-2；2号标准铜化学成分应符合表9-2-3；铜线坯牌号及化学成分应符合表9-2-1和表9-2-4。

2. 电线电缆用铜的表面及外观要求

阴极铜表面应洁净，无污泥、油污及电解残渣等外来杂物。阴极铜表面（包括吊耳部分），绿色附着物总面积应不大于单面面积的1%。由于潮湿空气的作用，使阴极铜表面氧化而生成一层暗绿色者不作废品。阴极铜表面及边缘不得有花瓣状或树枝状的结粒（允许修整）。阴极铜表面5mm以上圆

表9-2-1 A级铜（Cu-CATH-1）（GB/T 467—2010）和T1、TU1铜线坯（GB/T 3952—2008）的化学成分（质量分数）

元素组	元素	含量(%)≤	元素组总含量(%)		元素组	元素	含量(%)≤	元素组总含量(%)
1	硒	0.0002	0.0003	0.0003	4	硫	0.0015	0.0015
	碲	0.0002			5	锡	—	0.0020
	铋	0.0002				镍	—	
2	铬	—	0.0015			铁	0.0010	
	锰	—				硅	—	
	锑	0.0004				锌	—	
	镉	—				钴	—	
	砷	0.0005			6	银	0.0025	0.0025
	磷	—				杂质总含量	0.0065	
3	铅	0.0005	0.0005					

注：T1的氧含量应不大于0.040%；TU1的氧含量应不大于0.0010%。

头密集结粒的总面积不得大于单面面积的 10%（允许修整）。阴极铜应致密不脆，受到碰撞时，不得有距边缘 1/3 以上的板面断裂现象。阴极铜单块重量应不小于 10kg，其中心部位厚度应不小于 5mm。

表 9-2-2　1 号标准铜（Cu-CATH-2）的化学成分（质量分数）（GB/T 467—2010）

铜+银 ≥	杂质含量(%) ≤									
	砷	锑	铋	铁	铅	锡	镍	锌	硫	磷
99.95	0.0015	0.0015	0.0005	0.0025	0.002	0.001	0.002	0.002	0.0025	0.001

注：1. 供方需按批测定 1 号标准铜中的铜、银、砷、锑、铋含量，并保证其他杂质符合本表规定。
2. 表中铜含量为直接测得。

表 9-2-3　2 号标准铜（Cu-CATH-3）的化学成分（质量分数）（GB/T 467—2010）

铜 不小于	杂质含量(%) ≤			
	铋	铅	银	总含量
99.90	0.0005	0.005	0.025	0.03

注：表中铜含量为直接测得。

表 9-2-4　铜线坯牌号及化学成分（GB/T 3952—2016）

牌号		化学成分(%)											
名称	代号	铜+银	磷	铋	锑	砷	铁	镍	铅	锡	硫	锌	氧
2 号铜	T2 TU2	99.95	0.001	0.0006	0.0015	0.0015	0.0025	0.002	0.002	0.001	0.0025	0.002	0.045 0.0020
3 号铜	T3	99.90	—	0.0025	—	—	—	—	0.005	—	—	—	0.05

铜线锭的上表面不得有荡边及距离边缘高度 5mm 以上的凸起、凹缩；底面和两侧面不得有明显的气孔、裂纹、冷隔层及夹杂物；所有表面缺陷允许修整，但修痕深度不得超过 5mm，修痕边缘应是倾斜的。

2.1.2　电线电缆用铜的性能

本节内容参考标准为 GB/T 3952—2016。

1. 铜的主要技术性能和工艺参数

铜的一般性能和工艺参数见表 9-2-5。电线电缆用铜线坯（俗称铜杆）的主要性能见表 9-2-6。铜加工成线材后的主要力学性能见表 9-2-7。

2. 各种因素对铜的性能的影响

（1）杂质的影响　杂质对铜的性能的影响，决定于杂质的种类及其在铜中存在的形态，如图 9-2-1和表 9-2-8 所示。

由图 9-2-1 可见，铋、铁、砷、磷、锑、锡和镍是对铜导电性影响最大的杂质元素。例如，当砷含量（质量分数）达 0.35%时，铜的电导率可降低 50%；铁或磷的含量即使甚微，但可严重影响铜导电性。

此外，氧和氢也是很有害的杂质。

氧极少溶于固态铜中。氧在固态铜中以铜-氧化亚铜共晶体的形态析出，沿晶粒边界分布，含氧量高时，会使铜的塑性和耐腐蚀性显著降低，并严重影响焊接性能，增加镀锡困难。但适当的含氧量（0.03%~0.05%）可降低其他杂质（包括氢）的含量，提高铜的抗拉强度。

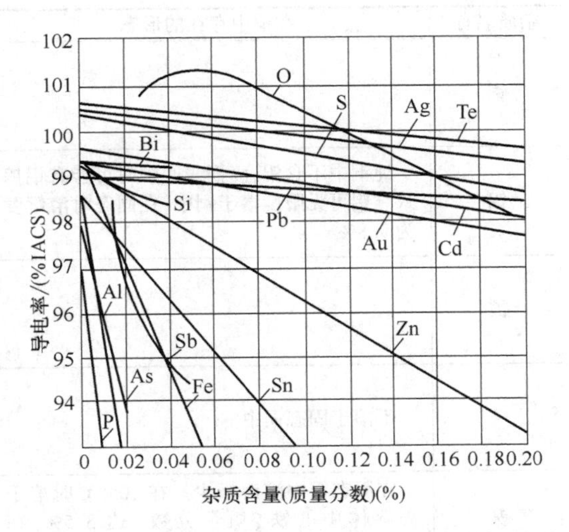

图 9-2-1　杂质对铜的导电性的影响

表 9-2-5 铜的一般性能和工艺参数

项目	数值	项目	数值
密度(20℃)/(g/cm^3)	8.9	标准电极电位/V	0.334
熔点/℃	1084.5	铸锭温度/℃	1120~1170
比热容(20℃)/[J/(g·K)]	0.412	热轧温度/℃	820~860
热导率/[W/(m·K)]	386	退火温度/℃	420~700
熔解热/(J/g)	212		

表 9-2-6 电线电缆用铜线坯的主要性能

牌号	状态	直径/mm	抗拉强度/MPa ≥	伸长率(%) ≤	20℃电阻率/(Ω·mm^2/m) ≤
T1,TU1	R 热	6.0~35	—	40	0.01707
T2,TU2			—	37	0.017241
T3			—	35	
TU1,TU2	Y 硬	6.0~7.0	370	2.0	TU1 0.01750 TU2 0.01777
		>7.0~8.0	345	2.2	
		>8.0~9.0	335	2.4	
		>9.0~10.0	325	2.8	
		>10.0~11.0	315	3.2	
		>11.0~12.0	290	3.6	

表 9-2-7 铜线材的主要力学性能

项目	状态	数值	项目	状态	数值
线膨胀系数(20℃)/℃$^{-1}$		17×10^{-6}	抗拉强度/(N/mm^2)	软态	206~275
电阻率(20℃)/(Ω·mm^2/m)		0.01707~0.01777	疲劳极限/(N/mm^2)		70~120
电阻温度系数(20℃)/℃$^{-1}$	硬态	0.00377~0.00381	蠕变极限(20℃)/(N/mm^2)		70
	软态	0.00393	蠕变极限(200℃)/(N/mm^2)		50
弹性系数(20℃)/(N/mm^2)	硬态	12000	蠕变极限(400℃)/(N/mm^2)		14
屈服极限/(N/mm^2)	硬态	300~350	伸长率(%)	硬态	0.7~1.4
	软态	70		软态	10~35
抗拉强度/(N/mm^2)	硬态	271~421	硬度 HBW	硬态	65~105

表 9-2-8 不同杂质对铜性能的主要影响

杂质名称	在铜中存在的形态	主要影响
银		1. 能提高再结晶温度,当含银(质量分数)约 0.24%时,再结晶温度可提高 100℃ 2. 对导电性、导热性和工艺性影响不大
铝	纯铜中不含铝;废铜线回炉时可能有铝掺入。铝可无限度溶于铜中,在固态时溶解度为 9.8%	1. 显著降低导电性和导热性 2. 影响焊接性能,增加镀锡困难 3. 提高耐腐蚀性,能显著减少常温和高温下的氧化程度
铍		1. 导电性稍有降低 2. 提高力学强度和耐磨性能 3. 提高耐腐蚀性,显著减少高温氧化程度
铋	不溶于固态铜中	1. 对导电性无显著影响 2. 当含铋量很少(质量分数小于 0.005%)时,热加工易破裂;当含铋量较高时,产生冷脆性
铁	在固态铜中溶解极少。在 1050℃时溶于固溶体中的铁(质量分数)达 3.5%,在 635℃时则降到 0.15%	1. 严重影响铜的导电性和导热性,显著影响耐腐蚀性 2. 使铜具有磁性 3. 使晶体结构细化而提高力学强度

（续）

杂质名称	在铜中存在的形态	主要影响
铅	不溶于固态铜中	1. 对导电性、导热性无明显影响 2. 产生热脆性，增加热加工的困难
锑	在晶体温度（645℃）下，溶于固态铜中的锑（质量分数）可达 9.5%；但随着温度的降低，溶解度急剧减少	1. 严重影响热加工，易使铜杆脆裂 2. 显著降低导电性和导热性
硫	以 Cu_2S 状态存在	1. 对导电性、导热性影响不大 2. 降低冷态及热态加工时的塑性
硒	在固态铜中溶解很少（<0.1%）。当硒含量为 0.2% 时，与铜形成熔点为 1063℃ 的共晶	1. 对导电性、导热性影响极小 2. 急剧降低塑性，影响压力加工
砷	在固态铜中溶解度达 7.5%	1. 显著降低导电性和导热性 2. 能显著提高热稳定性；能消除铋、锑和氧等杂质的有害作用，显著提高铜的再结晶温度
磷	在固态铜中溶解有限；700℃时，磷在固溶体时的最大溶解度为 1.3%	1. 严重降低导电性和导热性 2. 能提高力学性能；有利于焊接
镍	固溶体	1. 降低导电性 2. 影响焊接性能 3. 提高力学强度、耐磨性和耐腐蚀性

传统的上引法生产工艺，将 1150℃ 的铜液通过木炭覆盖的流槽，连续流过“去氧器”，因而脱氧。“去氧器”是一个由耐火材料填衬、装满高质木炭的特殊闭合容器。铜液注入器内的木炭表面，除去所含残余氧分，去氧的铜液在空气中从保温炉流到模子，最多可吸入 0.01% 氧气，竖浇浇铸线锭，割去浇口。反射炉中熔化、氧化扒渣、插木还原和铸锭的过程中，插木还原及干木炭覆盖液面，均对去除残余氧分有良好的作用。

随着铜杆生产工艺的不断改革，现在，铜的熔炼主要有两种连铸连轧方法：一是仍生产含氧量为 0.025%～0.05% 的韧点铜，用竖炉连续熔炼，严格控制炉气气氛以调整铜液含氧量；用铜铸轮或钢履带等垂直或倾斜式连续铸锭，以防止铜锭中产生富氧层及气泡层；用轧件无扭转的三角孔型或圆-椭圆孔型将 1300～6000mm（或更大）的连铸铜锭连轧成为Θ8mm 铜杆；最后，用酒精连续还原表面氧化层或其他连续酸洗方法制成光亮铜杆。二是用较高品位（含铜量>99.97%）的电解铜，在保护气氛下连续熔化、铸锭（杆）、轧杆而制成 ϕ8mm 的无氧铜杆，含氧量 0.002% 以下。

氢对纯铜的性质影响不大，但对含氧铜的影响很大。含氧铜在氢或含氢的还原气体中退火后，会发脆并碎裂，这种现象称为“氢气病”。

所以，在熔铸铜线锭时，必须严格控制有害杂质，以确保电线电缆产品质量。对无磁性用纯铜，为降低铁的含量，应进一步提纯。

（2）冷加工变形的影响 铜在冷加工变形后，抗拉强度提高到 350～450N/mm²；冷变形程度过大，铜的导电率下降约 2%IACS；同时，伸长率剧降，弯曲性能变坏。冷加工变形程度对铜的导电率、抗拉强度和伸长率的影响如图 9-2-2 所示。

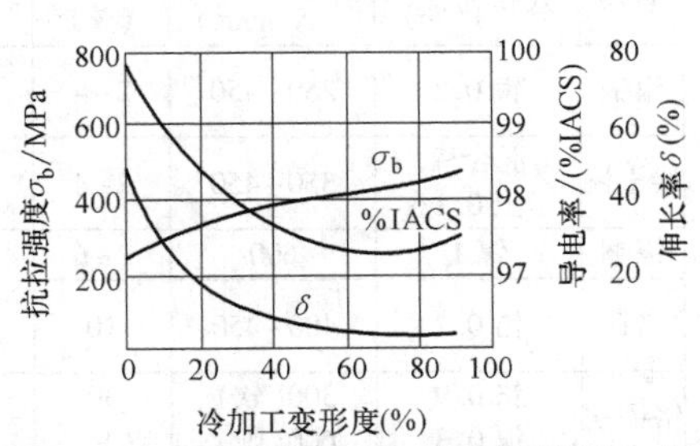

图 9-2-2 冷加工变形程度对铜的导电率、抗拉强度和伸长率的影响

（3）温度的影响 铜在加热时，随着温度的升高，电阻逐渐增大。在熔点以下，铜的电阻呈线性增加；从固态过渡到液态时，电阻系数出现突增。图 9-2-3 为温度对铜的力学性能的影响。由图可见，铜的抗拉强度随温度升高而降低，当温度高于 200℃时，强度急剧下降。铜的塑性在 500～600℃

时陡然降低，出现“低塑性区”，铜在热加工时，必须避开这个温度范围。

经冷变形的铜材在退火后，抗拉强度剧烈降低，伸长率显著提高，导电率得到恢复。不同退火温度对硬铜线的导电率的影响如图 9-2-4 所示。

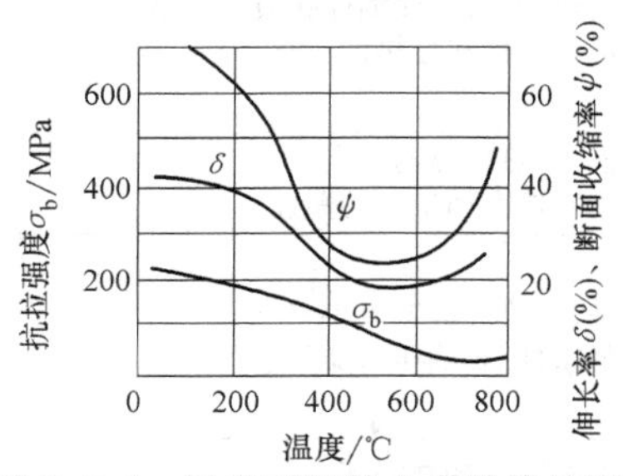

图 9-2-3 温度对铜的力学性能的影响

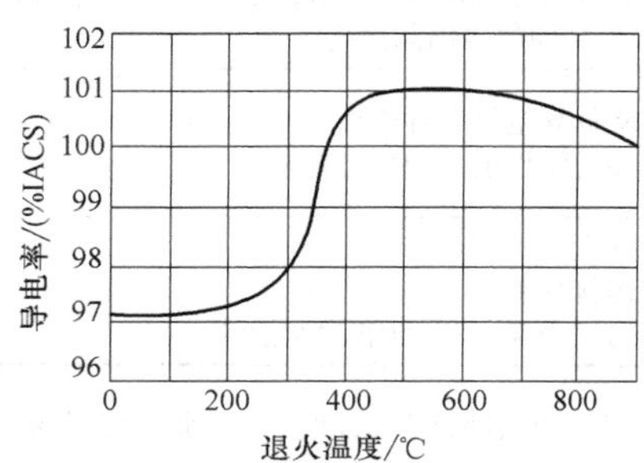

图 9-2-4 不同退火温度对硬铜线的导电率的影响

(4) 环境因素的影响 在常温干燥空气中，铜几乎不氧化。当温度达 100℃时，铜表面生成黑色的氧化铜膜；在 300℃以下，氧化缓慢，氧化膜几乎全由氧化铜组成。温度再高，氧化速度增加，铜表面生成红色的氧化亚铜膜；只有在很高温度600~700℃下，铜才会急剧氧化。

铜的耐大气腐蚀性能很好。在大气中，其表面生成一层深绿色的$CuSO_4 \cdot 3(OH)_2$保护膜，能防止铜进一步腐蚀。但大气中含有二氧化硫、硝酸、氨、硫化氢和氯等气体时，会引起铜极强烈的腐蚀，其中氯气最为明显。腐蚀使铜的强度降低，电阻显著增大。

铜的标准电极电位高于氢，约为 0.337V，故在淡水、海水、有机酸和非氧化性盐类溶液等介质中是比较稳定的。但在各种含氧或氧化性的酸、盐溶液中，容易引起氧去极化腐蚀。

2.2 铜合金

铜合金在电线电缆生产中主要用作导体。在铜中加入银、锡、铍、镉、镍、铬、硅、钛和稀土等添加元素，可使铜的力学强度、耐磨性、耐热性和耐腐蚀性等大为提高。

由于铝合金和双金属在电线电缆工业中的广泛应用，导体用铜合金只是在某些特殊产品中有少量使用。

导体用铜合金的种类、成分、性能和用途见表 9-2-9。

表 9-2-9 导体用铜合金的种类、成分、性能和用途

类别	合金名称	添加元素含量(质量分数)(%)	室温性能					高温性能	用途
			抗拉强度/(N/mm²)	伸长率(%)	硬度HBW	导电率/(%IACS)	退火温度/℃	高温强度/(N/mm²)	
中强度高导电	银铜	银 0.2	350~450	2~4	95~110	96	280	250~270 (290℃)	电机换向器用梯形排
	稀土铜	混合稀土 0.1	350~450	2~4	95~110	96	300	—	电机换向器用梯形排
	镉铜	镉 1	600	2~6	100~115	85	300	—	高强度导线、接触线
	锆铜	锆 0.2	400~450	10	120~130	90	500	350 (400℃)	电机换向器用梯形排
	铬镉铜	铬 0.9 镉 0.3	300(软) 600(硬)	30 9	85~90 110~120	87~90 85	380	—	特种电缆、架空线、接触线
	锆铪铜	锆 0.1 铪 0.6	520~550	12	150~180	70~80	550	430 (400℃)	电机换向器用梯形排
高强度中导电	镍硅铜	镍 1.9 硅 0.5	600~700	6	150~180	40~45	540	—	通信电线、架空线、接触线
	铁铜	铁 10~15	800~1100	—	—	60~70	—	—	高强度电线
特高强度低导电	铍钴铜	铍 1.9 钴 0.25	1300~1470	1~2	350~420	22~25	—	—	潮湿地区用电话线及多煤烟地区用架空线
	钛铜	钛 1.5 钛 3.0	900~1100 700~900	2 5~15	300~350 250~300	10 10~15	—	—	

2.3　铜及铜合金制品

2.3.1　圆铜线

圆铜线按其软硬程度分为软圆铜线（TR）、硬圆铜线（TY）及特硬圆铜线（TYT）三种。软圆铜线及硬圆铜线主要供各种绝缘电线电缆和绕组线作导电线芯用，特硬圆铜线主要用作架空通信及特殊情况下的电力架空导线的线材。参考标准为 GB/T 3953—2009《电工圆铜线》。

圆铜线采用符合 GB/T 3952—2016《电工用铜线坯》规定的圆铜杆制造。制造绕组线用的细铜线和特细铜线，应选用优质铜杆。

1. 标称线径及其偏差范围

标称线径及其偏差范围见表 9-2-10。

表 9-2-10　圆铜线的规格及线径偏差

（单位：mm）

标称线径	允许偏差
0.020~0.025	±0.002
0.026~0.125	±0.003
0.126~0.400	±0.004
0.401~14.00	±1%d

2. 主要技术指标

（1）机械性能　圆铜线的抗拉强度及伸长率见表 9-2-11。

表 9-2-11　圆铜线的抗拉强度及伸长率

标称直径/mm	TR	TY		TYT	
	伸长率(%)	抗拉强度/MPa	伸长率(%)	抗拉强度/MPa	伸长率(%)
	不小于				
0.020	10	421	—	—	—
0.100	10	421	—	—	—
0.200	15	420	—	—	—
0.290	15	419	—	—	—
0.300	15	419	—	—	—
0.380	20	418	—	—	—
0.480	20	417	—	—	—
0.570	20	416	—	—	—
0.660	25	415	—	—	—
0.750	25	414	—	—	—
0.850	25	413	—	—	—
0.940	25	412	0.5	—	—
1.030	25	411	0.5	—	—
1.120	25	410	0.5	—	—
1.220	25	409	0.5	—	—
1.310	25	408	0.6	—	—
1.410	25	407	0.6	—	—
1.500	25	406	0.6	446	0.6
1.560	25	405	0.6	445	0.6
1.600	25	404	0.6	445	0.6
1.700	25	403	0.6	444	0.6
1.760	25	403	0.7	443	0.7
1.830	25	402	0.7	442	0.7
1.900	25	401	0.7	441	0.7
2.000	25	400	0.7	440	0.7
2.120	25	399	0.7	439	0.7
2.240	25	398	0.8	438	0.8
2.360	25	396	0.8	436	0.8
2.500	25	395	0.8	435	0.8
2.620	25	393	0.9	434	0.9
2.650	25	393	0.9	433	0.9
2.730	25	392	0.9	432	0.9
2.800	25	391	0.9	432	0.9
2.850	25	391	0.9	431	0.9

（续）

标称直径/mm	TR	TY		TYT	
	伸长率(%)	抗拉强度/MPa	伸长率(%)	抗拉强度/MPa	伸长率(%)
	不小于				
3.000	25	389	1.0	430	1.0
3.150	30	388	1.0	428	1.0
3.350	30	386	1.0	426	1.0
3.550	30	383	1.1	423	1.1
3.750	30	381	1.1	421	1.1
4.000	30	379	1.2	419	1.2
4.250	30	376	1.3	416	1.3
4.500	30	373	1.3	413	1.3
4.750	30	370	1.4	411	1.4
5.000	30	368	1.4	408	1.4
5.300	30	365	1.5	—	—
5.600	30	361	1.6	—	—
6.000	30	357	1.7	—	—
6.300	30	354	1.8	—	—
6.700	30	349	1.8	—	—
7.100	30	345	1.9	—	—
7.500	30	341	2.0	—	—
8.000	30	335	2.2	—	—
8.500	35	330	2.3	—	—
9.000	35	325	2.4	—	—
9.500	35	319	2.5	—	—
10.00	35	314	2.6	—	—
10.60	35	307	2.8	—	—
11.20	35	301	2.9	—	—
11.80	35	294	3.1	—	—
12.50	35	287	3.2	—	—
13.20	35	279	3.4	—	—
14.00	35	271	3.6	—	—

（2）电阻率及电阻温度系数 圆铜线 20℃时的电阻率及电阻温度系数见表 9-2-12。

表 9-2-12 圆铜线的电阻率及电阻温度系数

型号	电阻率 $\rho_{20}/\mu\Omega\cdot m \leqslant$		电阻温度系数/℃$^{-1}$	
	2.00mm 以下	2.00mm 及以上	2.00mm 以下	2.00mm 及以上
TR	17.241	17.241	0.00393	0.00393
TY	17.96	17.77	0.00377	0.00381
TYT	17.96	17.77	0.00377	0.00381

（3）计算用物理参数

密度　8.89 g/cm^3

线胀系数　17×10^{-6}℃$^{-1}$

2.3.2 铜母线

铜母线主要用作工业配电线路和电器设备的绕组导线，或用作其他大电流工业装备的连接导线之用。规格尺寸用厚度和宽度的标称尺寸 $a\times b$ 表示。铜母线符合 GB/T 467—2010《阴极铜》。

1. 型号及规格

1）铜母线的型号见表 9-2-13。

2）铜母线的规格见表 9-2-14。

3）标称尺寸 a 与 b 均为 R20 系列的规格为优选规格。a 与 b 中有一个为 R20 系列，另一个为 R40 系列的为中间规格，应避免采用。

a 与 b 均为 R40 系列的，为不推荐规格。

4）有圆角的铜母线，用于绕组线。

表 9-2-13 铜母线型号

型号	状态	名称
TMR	O	软铜母线
TMY	H	硬铜母线

表 9-2-14　铜母线的规格及截面积　　（单位：mm²）

b/mm	a/mm																	
	2.24	2.36	2.50	2.65	2.80	3.00	3.15	3.35	3.55	3.75	4.00	4.25	4.50	4.75	5.00	5.30	5.60	6.00
16.00																		
17.00	38.1	—	42.5	—	47.6	—	53.6	—	60.4	—	68.0	—	76.5	—	85.0	—	95.2	—
18.00	40.3	42.5	45.0	47.7	50.4	54.0	56.7	60.3	63.9	67.5	72.0	76.5	81.0	85.5	90.0	95.4	100.8	108.0
19.00			47.5	—	53.2	—	59.5	—	67.5	—	76.0	—	85.5	—	95.0	—	106.4	—
20.00			50.0	53.0	56.0	60.0	63.0	67.0	71.0	75.0	80.0	85.0	90.0	95.0	100.0	106.0	112.0	120.0
21.20			53.0	—	59.4	—	66.8	—	75.3	—	84.8	—	95.4	—	106.0	—	118.7	—
22.40			56.0	59.4	62.7	67.2	70.6	75.0	79.5	84.0	89.6	95.2	100.8	106.4	112.0	118.7	125.4	134.4
23.60					66.1	—	74.3	—	83.8	—	94.4	—	106.2	—	118.0	—	132.2	—
25.00					70.0	75.0	78.8	83.8	88.8	93.8	100.0	106.3	112.5	118.8	125.0	132.5	140.0	150.0
26.50							83.5	—	94.1	—	106.0	—	119.3	—	132.5	—	148.4	—
28.00								93.8	99.4	105.0	112.0	119.0	126.0	133.0	140.0	148.4	156.8	168.0
30.00									106.5	—	120.0	—	135.0	—	150.0	—	168.0	—
31.50										118.1	126.0	133.9	141.8	149.6	157.5	167.0	176.4	189.0
33.50										—	134.0	—	150.8	—	167.5	—	187.6	—
35.50										133.1	142.0	150.9	159.8	168.6	177.5	188.2	198.8	213.0
40.00											160.0		180.0		200.0		224.0	
45.00											180.0		202.5		225.0		252.0	
50.00											200.0		225.0		250.0		280.0	
56.00											224.0		252.0		280.0		313.6	
63.0											252.0		283.5		315.0		352.8	
71.00											284.0		319.5		355.0		397.6	
80.00											320.0		360.0		400.0		448.0	
90.00											360.0		405.0		450.0		504.0	
100.00											400.0		450.0		500.0		560.0	
112.00																		
125.00																		
140.00																		
160.00																		
180.00																		
200.00																		
250.00																		
315.00																		
400.00																		

2.36　R40 系列规格

2.24　R20 系列规格

40.3　$a \times b$ 为 R20×R20 优先规格的标称截面积 mm²

42.5　$a \times b$ 为 R20×R40 或 R20×R40 的中间规格标称截面积 mm²

—　$a \times b$ 为 R40×R40 的不推荐规格

b/mm	a/mm															
	6.30	6.70	7.10	8.00	9.00	10.00	11.20	12.50	14.00	16.00	18.00	20.00	22.40	25.00	28.00	31.50
16.00				128.0	144.0	160.0	179.2	200.0	224.0	256.0						
17.00	107.1	—	120.7	—	—	—	—	—	—	—						
18.00	113.4	120.6	127.8	144.0	162.0	180.0	201.6	225.0	252.0	288.0						
19.00	—	134.9	—	—	—	—	—	—	—	—						
20.00	126.0	134.0	142.0	160.0	180.0	200.0	224.0	250.0	280.0	320.0	360.0	400.0				
21.20	133.6	—	150.5	—	—	—	—	—	—	—	—	—				
22.40	141.1	150.1	159.0			224.0	250.9	280.0	313.6	358.4	403.2	448.0				
23.60	148.7	—	167.6	—	—	—	—	—	—	—	—	—				
25.00	157.5	167.5	175.5	200.0	225.0	250.0	280.0	315.5	350.0	400.0	450.0	500.0	560.0	625.0		
26.50	167.0	—	188.2	—	—	—	—	—	—	—	—	—	—	—		
28.00	176.4	187.6	198.8	224.0	252.0	280.0	313.6	350.0	392.0	448.0	504.0	560.0	627.2	700.0		

（续）

b /mm	a/mm															
	6. 30	6. 70	7. 10	8. 00	9. 00	10. 00	11. 20	12. 50	14. 00	16. 00	18. 00	20. 00	22. 40	25. 00	28. 00	31. 50
30. 00	189. 0	—	213. 0	—	—	—	—	—	—	—	—	—	—	—		
31. 50	198. 5	211. 0	223. 7	252. 0	283. 5	315. 0	352. 8	393. 8	441. 0	504. 0	567. 0	630. 0	705. 6	707. 5	882. 0	992. 3
33. 50	211. 0	—	237. 8	—	—	—	—	—	—	—	—	—	—	—	—	—
35. 50	223. 7		252. 1	284. 0	319. 5	355. 0	397. 6	443. 8	497. 0	568. 0	639. 0	710. 0	792. 5	787. 5	994. 0	1118. 3
40. 00	252. 0		284. 0	320. 0	360. 0	400. 0	448. 0	500. 0	560. 0	640. 0	720. 0	800. 0	896. 0	1000. 0	1120. 0	1260. 0
45. 00	283. 5		319. 5	360. 0	405. 0	450. 0	504. 0	562. 5	630. 0	720. 0	810. 0	900. 0	1008. 0	1125. 0	1260. 0	1417. 5
50. 00	315. 0		355. 0	400. 0	450. 0	500. 0	560. 0	625. 0	700. 0	800. 0	900. 0	1000. 0	1120. 0	1250. 0	1400. 0	1575. 0
56. 00	352. 8		397. 6	448. 0	504. 0	560. 0	627. 2	700. 0	784. 0	896. 0	1008. 0	1120. 0	1254. 4	1400. 0	1568. 0	1764. 0
63. 0	396. 9		447. 3	504. 0	567. 0	630. 0	705. 6	787. 5	882. 0	1008. 0	1134. 0	1250. 0	1411. 2	1575. 0	1764. 0	1984. 5
71. 00	447. 3		504. 1	568. 0	639. 0	710. 0	795. 2	887. 5	994. 0	1136. 0	1278. 0	1420. 0	1590. 4	1775. 0	1988. 0	2236. 5
80. 00	504. 0		568. 0	640. 0	720. 0	800. 0	896. 0	1000. 0	1120. 0	1280. 0	1440. 0	1600. 0	1792. 0	2000. 0	2240. 0	2520. 0
90. 00	567. 0		639. 0	720. 0	810. 0	900. 0	1008. 0	1125. 0	1260. 0	1440. 0	1620. 0	1800. 0	2016. 0	2250. 0	2520. 0	2835. 0
100. 00	630. 0		710. 0	800. 0	900. 0	1000. 0	1120. 0	1250. 0	1400. 0	1600. 0	1800. 0	2000. 0	2240. 0	2500. 0	2800. 0	3150. 0
112. 00	705. 6		795. 2	896. 0	1008. 0	1120. 0	1254. 4	1400. 0	1568. 0	1792. 0	2016. 0	2240. 0	2508. 8	2800. 0	3136. 0	3528. 0
125. 00	787. 5		887. 5	1000. 0	1125. 0	1250. 0	1400. 0	1562. 5	1750. 0	2000. 0	2250. 0	2500. 0	2800. 0	3125. 0	3500. 0	3937. 5
140. 00	882. 0		994. 0	1120. 0	1260. 0	1400. 0	1568. 0	1750. 0	1960. 0	2240. 0	2520. 0	2800. 0	3136. 0	3500. 0	3920. 0	4410. 0
160. 00	1008. 0		1136. 0	1280. 0	1440. 0	1600. 0	1792. 0	2000. 0	2240. 0	2560.	2880. 0	3200. 0	3584. 0	4000. 0	4480. 0	5040. 0
180. 00	1134. 0		1278. 0	1440. 0	1620. 0	1800. 0	2016. 0	2250. 0								
200. 00	1260. 0		1420. 0	1600. 0	1800. 0	2000. 0	2240. 0	2500. 0								
250. 00	1575. 0					2500. 0		3125. 0								
315. 00												6300. 0				
400. 00																

b /mm	a/mm			
	35. 50	40. 00	45. 00	50. 00
16. 00				
17. 00				
18. 00				
19. 00				
20. 00				
21. 20				
22. 40				
23. 60				
25. 00				
26. 50				
28. 00				
30. 00				
31. 50				
33. 50				
35. 50	1260. 3			
40. 00	1420. 0	1600. 0	1800. 0	
45. 00	1597. 5	1800. 0	2025. 0	2250. 0
50. 00	1775. 0	2000. 0	2250. 0	2500. 0
56. 00	1988. 0	2240. 0	2520. 0	2800. 0
63. 00	2236. 5	2520. 0	2835. 0	3150. 0
71. 00	2520. 5	2840. 0	3195. 0	3550. 0
80. 00	2840. 0	3200. 0	3600. 0	4000. 0
90. 00	3195. 0	3600. 0	4050. 0	4500. 0
100. 00	3550. 0	4000. 0	4500. 0	5000. 0
112. 00	3976. 0	4480. 0	5040. 0	5600. 0
125. 00	4437. 5	5000. 0	5625. 0	6250. 0
140. 00	4970. 0	5600. 0	6300. 0	7000. 0

（续）

b /mm	a/mm			
	35.50	40.00	45.00	50.00
160.00	5680.0	6400.0	7200.0	8000.0
180.00				
200.00				
250.00				
315.00				
400.00				

2. 标称尺寸的允许偏差

1）铜母线的尺寸偏差，见表 9-2-15 和表 9-2-16。

表 9-2-15　铜母线的厚度偏差　（单位：mm）

厚度 a	宽度 b			
	b≤50.00	50.00<b≤100.00	100.00<b≤200.00	b>200.00
a≤2.80	±0.03	—	—	—
2.80<a≤4.75	±0.05	±0.08	—	—
4.75<a≤12.50	±0.07	±0.09	±0.12	±0.30
12.50<a≤25.00	±0.10	±0.11	±0.13	±0.30
25.00<a	±0.15	±0.15	±0.15	—

表 9-2-16　铜母线的宽度偏差

（单位：mm）

宽度 b	偏差
b≤25.00	±0.13
25.00<b≤35.00	±0.15
35.00<b≤100.00	±0.30
b>100.00	±0.3%b

2）圆角半径的允许偏差。对于一般用途的铜母线：

a≤6.30mm 者，可以有半径不大于 1.5mm 的圆角。

a≥6.70mm 者，可以有半径不大于 2.0mm 的圆角。

3）用作绕组线的铜母线，圆角半径的规定见表 9-2-17。绝缘母线槽用的铜母线，其圆角半径为 $a/2$。

4）如特殊需要，铜母线可以有半径 r 符合表 9-2-18 的圆边。

5）铜母线的 b 边弯曲 90°，表面应不出现裂纹。弯曲圆柱的直径按 a 边尺寸选定（表 9-2-19）。

6）硬铜母线在 1m 长度内的直度（即 1m 长度内的弧形高度）应不超过 4mm。

3. 技术要求

1）铜母线的机电性能见表 9-2-20。

2）铜母线的表面应光洁、平整，不应有与良好工业产品不相称的任何缺陷。

表 9-2-17　铜母线的圆角半径及偏差

（单位：mm）

厚度 a	圆角半径 r	
	标称	偏差
a≤2.80	0.5a	±25%r
2.80<a≤4.75	0.8	
4.75<a≤12.50	1.2	
12.50<a≤25.00	1.6	
25.00<a	3.2	

表 9-2-18　铜母线的圆边半径及偏差

（单位：mm）

厚度 a	圆边半径 r	
	标称	偏差
a≤4.75	1.25a	±50%a
a≥5.00	1.25a	±25%a

表 9-2-19　铜母线 b 边弯曲的圆柱直径

（单位：mm）

标称尺寸 a	圆柱直径	标称尺寸 a	圆柱直径
2.24~2.50	5	9.00~16.00	32
2.65~4.00	8	17.00~31.00	63
4.25~8.00	16		

4. 物理参数

铜母线的物理参数见表 9-2-21。

2.3.3　铜箔和铜带

铜箔常用作电线电缆的屏蔽层。铜带不但用作

表 9-2-20 铜母线的机电性能

型号	抗拉强度 /MPa ≥	伸长率 (%) ≥	布氏硬度 HBW ≥	20℃的电阻率 ρ /nΩ·m ≤
TMR	206	35	—	17.241
TMY	—	—	65	17.77

表 9-2-21 铜母线的物理参数

型号	密度(20℃) /(kg/dm³)	线膨胀系数 /10^{-6}℃$^{-1}$	电阻温度系数 /℃$^{-1}$
TMR	8.89	17.0	0.00393
TMY	8.89	17.0	0.00381

电缆的屏蔽层，一定规格的还可用作同轴电缆的外导体（参考标准为 GB/T 5584.4—2009）。适用于制造电机、电器的绕组、安装配电设备及其他电工用的铜带为特殊规格的扁线；当其规格的宽窄比大于 9 且小于 100 时，需另外考虑。

1. 纯铜箔

纯铜箔的化学成分应不低于 1 号铜的要求。纯铜箔的规格和尺寸见表 9-2-22。

纯铜箔表面应光滑、清洁，不应有刻印、磨痕和油迹；边缘应整齐，无毛刺、裂边和折弯。纯铜箔必须紧实地卷绕在衬筒上，当卷移动时，不应有松脱现象；卷的两端必须整齐、清洁，不应有刻印、凹陷和脏物。

2. 电缆用铜带

电缆用铜带的化学成分应不低于 1 号铜的要求。电缆用铜带的规格和尺寸如下：

厚度：0.15mm；

厚度允许偏差：+0.015mm/-0.01mm；

长度：280m、520m、560m。

表 9-2-22 纯铜箔的规格和尺寸

厚度/mm	厚度允许偏差/mm		宽度/mm	宽度允许偏差/mm	计算重量/(g/mm²)
	标准精度	较高精度			
0.008	±0.001	—	40~100	±0.5	71.2
0.01 0.012 0.015	±0.002	—	40~100	±0.5	89.0 106.8 133.5
0.02	+0.002 +0.004	+0.002 +0.003	40~100	±0.5	178.0
0.03 0.04 0.05	+0.003 +0.007	+0.002 +0.006	40~150	±0.5	267.0 356.0 445.0

用作小同轴电缆的外导体时，铜带厚度的允许偏差应不超过-0.005mm，否则会造成小同轴电缆的端阻抗差和阻抗的不均匀。

电缆用铜带表面应光滑、清洁，不应有裂纹、起皮、气泡、夹杂、起刺、压折和严重划痕，但允许有轻微的、局部的、不使带材超差的划伤、斑点和辊印等缺陷。带材应平直，许可有轻微的波浪，带材的侧边弯曲度每米不应大于 4mm。带材两边应切齐，无毛刺、裂边和卷边。

3. 纯铜带

纯铜带的型号按状态分有 3 个种类，其名称型号及一般性能见表 9-2-23，力学性能见表 9-2-24。

表 9-2-23 纯铜带的型号及一般电性能

型号	状态	名称	电阻率 ρ_{20} 最大值 /(Ω·mm²/m)	密度 /(g/cm³)	线膨胀系数 /℃$^{-1}$	电阻温度系数 /℃$^{-1}$
TDR	0	软铜带	0.01737	8.89	0.000017	0.00393
TDY1	H1	H1 状态硬铜带	0.01777			0.00381
TDY2	H2	H2 状态硬铜带	0.01777			

表 9-2-24 纯铜带的力学性能

标称尺寸 /mm	型号			
	TDR	TDY1		TDY2
	伸长率 最小值(%)	抗拉强度 最小值/(N/mm²)	伸长率 最小值(%)	抗拉强度 最小值/(N/mm²)
0.80≤a≤1.32	35	250	10	309
1.32<a≤3.55	35	250	15	289

（续）

b/mm	a/mm							
	1.50	1.60	1.70	1.80	1.90	2.00	2.12	2.24
	r=0.50mm		r=0.65mm					
9.00								
10.00								
11.20								
12.50	18.536							
14.00		22.186						
16.00	23.786	25.386	26.837	28.437	30.037			
18.00		28.586		32.037		35.637		39.957
20.00	29.786	31.786	33.637	35.637	37.637	39.637	42.037	44.437
22.40		35.626		39.957		44.437		49.813
25.00	37.286	39.786	42.137	44.637	47.137	49.637	52.637	55.637
28.00		44.586		50.037		55.637		62.357
31.50	47.036	50.186	53.187	56.337	59.487	63.637	66.417	70.197
35.50		56.586		63.537		70.637		79.157
40.00	59.786	63.786	67.637	71.637	75.637	79.637	84.437	89.237
45.00		71.786		80.637		89.637		100.437
50.00	74.786	79.786	84.637	89.637	94.637	99.637	105.637	111.637
56.00		88.386		100.437		111.637		
63.00	94.286	100.586	106.737	113.037	119.337	125.637	133.197	
71.00		113.386				141.637		
80.00		127.786				159.637		
90.00		143.786				179.637		
100.00		159.786				199.637		

b/mm	a/mm							
	2.36	2.50	2.65	2.80	3.00	3.15	3.35	3.55
	r=0.80mm							
9.00								
10.00								
11.20								
12.50								
14.00								
16.00								
18.00								
20.00	46.651							
22.40								
25.00	58.451	61.951	65.701	69.451				
28.00		69.451		77.851				
31.50	73.791	78.201	82.926	87.651	93.951	98.676	104.976	111.276
35.50		88.201		98.851		111.276		125.476
40.00	93.851	99.451	105.451	111.451	119.451	125.451	133.451	141.451
45.00		111.951		125.451		141.201		159.201
50.00	117.451	124.451	131.951	139.451	149.451	156.951	166.951	176.951
56.00		139.451		156.251		175.831		198.251
63.00	148.131	156.951	166.401	175.851	188.451	197.901	201.501	223.101
71.00		176.951						
80.00		199.451						
90.00		224.451						
100.00		249.451						

纯铜带有硬态和软态两种，其化学成分均应不低于 1 号铜的规定。纯铜带的规格和尺寸见表 9-2-25～表 9-2-27。厚度等于或大于 0.5mm 的纯铜带，其抗拉强度和伸长率应符合表 9-2-24 的规定。

1）铜带的规格尺寸，见表 9-2-25。宽度 b 与厚度 a 之比一般为 $9<(b/a)\leqslant 100$，圆角半径的规定见表 9-2-25。

2）铜带 a 边及 b 边的尺寸偏差，见表 9-2-26。

3）圆角半径 r 的偏差为表 9-2-25 规定值的 ±25%。

表 9-2-25　纯铜带的规格尺寸及截面积　（单位：mm^2）

b/mm	a/mm							
	0.80	1.00	1.06	1.12	1.18	1.25	1.32	1.40
	$r=0.50$mm							
9.00	6.984	8.786	9.326					
10.00		9.786		10.986	11.586			
11.20	8.744	10.986	11.658	12.330		13.786		
12.50		12.286		13.786	14.536	15.411	16.286	17.286
14.00	10.984	13.786	14.626	15.466		17.286		19.386
16.00		15.786		17.706	18.666	19.786	20.906	22.186
18.00	14.184	17.786	18.866	19.946		22.286		24.986
20.00		19.786		22.186	23.386	24.786	26.186	27.786
22.40	17.704	22.186	23.530	24.874		27.786		31.146
25.00		24.786		27.786	29.286	31.036	32.786	34.786
28.00	22.184	27.786	29.466	31.146		34.786		38.986
31.50		31.286		35.066	36.956	39.161	41.366	43.886
35.50	28.184	35.286	37.416	39.546		44.161		49.486
40.00		39.786		44.586	46.986	49.786	52.586	55.786
45.00	35.784	44.786	47.486	50.186		56.036		67.786
50.00		49.786		55.786	58.786	62.286	65.786	69.786
56.00	44.584	55.786	59.146	62.506		69.786		78.186
63.00		62.786		70.346	74.126	78.536	82.946	87.986
71.00		70.786						
80.00		79.786						
90.00		89.786						
100.00		99.786						

表 9-2-26　纯铜带 a 边及 b 边的尺寸偏差　（单位：mm）

标称尺寸 a	a 边允许偏差	标称尺寸 b	b 边允许偏差
$0.80\leqslant a\leqslant 1.25$	±0.03	$b\leqslant 25.00$	±0.100
$1.25<a\leqslant 1.80$	±0.04	$25.00<b\leqslant 50.00$	±0.120
$1.80<a\leqslant 3.55$	±0.05	$50.00<b\leqslant 100.00$	±0.250

表 9-2-27　纯铜带的长度

厚度/mm	长度/m　≥
0.05～0.5	20
>0.5～1.0	10
>1.0～1.5	7

注：因电缆结构和生产工艺的需要，对带材长度有一定的要求。本表所列，仅供参考。

2.3.4　铜合金带

电缆生产中应用的铜合金带主要是铝青铜带和黄铜带两种，用于超高压充油电缆护层中的加强层。铝青铜带的强度比黄铜带高，可用于敷设落差较高的充油电缆中。

1. 铝青铜带

（1）铝青铜带的牌号与化学成分　铝青铜带的状态有软（M）、半硬（Y_2）、硬（Y）和特硬（T）四种，它们的牌号与化学成分应符合表 9-2-28 的规定。

（2）铝青铜带的规格和尺寸　铝青铜带的规格和尺寸见表 9-2-29 和表 9-2-30，带材的侧边弯曲度应符合表 9-2-31。

表 9-2-28 铝青铜带的牌号与化学成分（GB/T 5231—2012）

牌号			5铝青铜带	7铝青铜带	9-2铝青铜带
代号			QAl5	QAl7	QAl9-2
化学成分（质量分数）（%）	主要成分	铝	4.0~6.0	6.0~8.5	8.0~10.0
		铜	余量	余量	余量
	杂质含量≤	砷	—	—	—
		锑	—	—	—
		锡	0.1	—	0.1
		硅	0.1	0.1	0.1
		铅	0.03	0.02	0.03
		磷	0.01	—	0.01
		镍	—	—	—
		锌	0.5	0.2	1.0
		铁	0.5	0.5	0.5
		锰	0.5	—	1.5~2.5
		总和	1.6	1.3	1.7

注：表中未列入的杂质包括在杂质总和内。

表 9-2-29 铝青铜带的规格和厚度偏差

厚度/mm	宽度/mm			
	≤400		>400~610	
	厚度允许偏差，±			
	普通级	高级	普通级	高级
>0.15~0.25	0.020	0.013	0.030	0.020
>0.25~0.40	0.025	0.018	0.040	0.030
>0.40~0.55	0.030	0.020	0.050	0.045
>0.55~0.70	0.035	0.025	0.060	0.050
>0.70~0.90	0.045	0.030	0.070	0.060
>0.90~1.20	0.050	0.035	0.080	0.070
>1.20~1.50	0.065	0.045	0.090	0.080
>1.50~2.00	0.080	0.050	0.100	0.090
>2.00~2.60	0.090	0.060	0.120	0.100

注：如果要求单向允许偏差，则应为所列值的2倍。

表 9-2-30 铝青铜带的宽度及其偏差

厚度/mm	宽度/mm			
	≤200	>200~300	>300~600	>600~1200
	宽度允许偏差，±			
>0.15~0.50	0.2	0.3	0.5	0.8
>0.50~2.00	0.3	0.4	0.6	
>2.00~3.00	0.5	0.5	0.6	

表 9-2-31 铝青铜带的侧边弯曲度

宽度/mm	侧边弯曲度/(mm/m)，≤		
	普通级		高级
	厚度>0.15~0.60	厚度>0.60~3.0	所有厚度
6~9	9	12	5
>9~13	6	10	4
>13~25	4	7	3
>25~50	3	5	3
>50~100	2.5	4	2
>100~1200	2	3	1.5

（3）铝青铜带的技术要求 铝青铜带的力学性能应符合表 9-2-32。带材表面应光滑、清洁，不应有裂缝、起皮、气泡、夹杂和绿锈，但允许有轻微的、局部的、不使带材超差的划伤、斑点、凹坑、压入物和辊印等缺陷。带材应平直，许可有轻微的波浪，其侧边的弯曲度每米不应大于4mm。带材不应有分层，边头应切直，无毛刺、裂边和卷边。

2. 黄铜带

（1）黄铜带的牌号与化学成分 黄铜带的状态

有软（M）、半硬（Y_2）、硬（Y）和特硬（T）四种，它们的牌号与化学成分应符合表9-2-33的规定。

表 9-2-32　铝青铜带的力学性能

牌号	带材状态	抗拉强度/（N/mm^2）≥	伸长率（%）≥
QAl5	M	275	33
	Y	585	2.5
QAl7	Y_2	585~740	10
	Y	635	5
QAl9-2	M	440	18
	Y	585	5
	T	880	—

注：厚度小于0.2mm的带材，力学性能可不考核。

（2）黄铜带的规格和尺寸　黄铜带的规格和尺寸见表9-2-34。

（3）黄铜带的技术要求　黄铜带的力学性能应符合表9-2-35的规定。带材表面应光滑、清洁，不应有裂缝、起皮、气泡、起刺、压折、夹杂和绿锈，但允许有轻微的、局部的、不使带材超差的划伤、斑点、凹坑、皱纹、压入物和辊印等缺陷。带材应平直，许可有轻微的波浪，其侧边弯曲度每米应不大于4mm，带材不应有分层，两边应切齐、无毛刺、裂边和卷边。

表 9-2-33　黄铜带的牌号与化学成分

代号	牌号	化学成分(质量分数)（%）					
		主要成分		杂质含量≤			
		铜	锌	铁	铅	镍	总和
59黄铜	H59	57.0~60.0	余量	0.3	0.5	—	1.0
62黄铜	H62	60.5~63.5	余量	0.15	0.08	—	0.5
63黄铜	H63	62.0~65.0	余量	0.15	0.08	—	0.5
65黄铜	H65	63.0~68.5	余量	0.07	0.09	—	0.45
68黄铜	H68	67.0~70.0	余量	0.10	0.03	—	0.3
70黄铜	H70	68.5~71.5	余量	0.10	0.03	—	0.3
80黄铜	H80	78.5~81.5	余量	0.05	0.05	—	0.3
85黄铜	H85	84.0~86.0	余量	0.05	0.05	—	0.3
90黄铜	H90	89.0~91.0	余量	0.05	0.05	—	0.3
95黄铜	H95	94.0~96.0	余量	0.05	0.05	—	0.3

注：表中未列入的杂质包括在杂质总和内。

表 9-2-34　黄铜带的规格和尺寸

厚度/mm	厚度允许偏差/mm		宽度/mm	宽度允许偏差/mm	长度/m≥
	标准精度	较高精度			
0.05~0.09	-0.01	—	20~100	-0.6	20
0.10~0.12	-0.02	—	20~200	-0.6（宽度>175时为-1.0）	
0.15	-0.03	—			
0.18~0.22		-0.02			
0.25~0.35	-0.04	-0.03			
0.40~0.45	-0.05	-0.04	20~300		
0.50	-0.06				10
0.55~0.70		-0.05			
0.75~0.85	-0.07	-0.06			
0.90~1.00	-0.08				
1.10	-0.08				
1.20~1.40	-0.09	-0.07		-1.0（宽度>175时为-1.5）	7
1.50		-0.08			

注：因电缆结构和生产工艺的需要，对带材宽度、长度有一定的要求。本表所列，仅供参考。

2.3.5　圆铜管

1. 圆铜管牌号、外径及壁厚

普通拉制圆铜管牌号、外径及壁厚见表9-2-36；通信电缆用圆铜盘管牌号、外径、壁厚见表9-2-37。拉制圆铜管及圆铜盘管的长度及允许偏差见表9-2-38和表9-2-39。

圆铜管性能见表9-2-40。参考技术标准GB/T 1527—2006、GB/T 16866—2006、GB/T 19849—2014。

表 9-2-35 黄铜带的力学性能

牌号	状态	抗拉强度 /(N/mm²) ≥	断后伸长率 (%) ≥	维氏硬度 HV
H96	M	215	30	—
	Y	320	3	
H90	M	245	35	—
	Y_2	330~440	5	
	Y	390	3	
H85	M	260	40	≤85
	Y_2	305~380	15	80~115
	Y	350	—	≥105
H80	M	265	50	—
	Y	390	3	
H70 H68 H65	M	290	40	≤90
	Y_2	355~460	25	100~130
	Y	410~540	13	120~160
	T	520~620	4	150~190
H63 H62	M	290	35	≤95
	Y_2	350~470	20	90~130
	Y	410~630	10	125~165
	T	585	2.5	155
H59	M	290	10	—
	Y	410	5	≥130

表 9-2-36 普通拉制圆铜管牌号、外径、壁厚及偏差 (单位：mm)

牌号	供应状态	外径	平均外径允许偏差±	公称壁厚			
				0.20~0.40	>0.40~0.60	>0.60~0.90	>0.90~1.50
				壁厚允许偏差,±			
TU1、TU2、T2	M(软)	3~15	0.05	0.10	0.10	0.09	0.07
		>15~25	0.06	—	0.10	0.09	0.07
		>25~50	0.08	—	0.10	0.10	0.08

表 9-2-37 通信电缆用圆铜盘管牌号、外径、壁厚及偏差 (单位：mm)

外径	平均外径允许偏差±	壁厚			
		0.25~0.40	>0.40~0.60	>0.60~0.80	>0.80~1.50
		壁厚允许偏差,±			
4~15	0.05	0.03	0.05	0.06	0.08
>15~20	0.06	0.03	0.05	0.06	0.09
>20~22	0.08	0.04	0.06	0.08	0.09

表 9-2-38 普通拉制圆铜管的长度及允许偏差(单位：mm)

长度	长度允许偏差,≤		
	外径≤25	外径>25~100	外径>100
≤600	2	3	4
>600~2000	4	4	6
>2000~4000	6	6	6
>4000	12	12	12

注：表中偏差为正偏差，如果要求负偏差，可采用相同的值；如果要求正和负偏差，则应为所列值的一半。

表 9-2-39 拉制圆铜盘管的长度及允许偏差 (单位：mm)

长度	长度允许偏差,≤
≤12000	300
>12000~30000	600
>30000	长度的3%

注：表中偏差为正偏差，如果要求负偏差，可采用相同的值；如果要求正和负偏差，则应为所列值的一半。

表 9-2-40 圆铜管性能

牌号	状态	抗拉强度/MPa	伸长率 A(%)	导电率(% IACS)
TU1、TU2、T2	M	≥200	≥40	≥100

2. 铜管的质量要求

1）管材的端部应锯切平整、无毛刺。管材的圆度应不大于公称外径的 1.5%。

2）管材的内外表面应光亮、清洁，无氧化色、变形、磕碰伤等影响使用的缺陷。

3）管材允许有焊接接头。焊点应平滑，并保证管材的性能符合使用要求。焊点最小间距由供需双方确定。

2.3.6 梯形铜排及铜合金排

梯形排主要用于制造直流电机的换向器片。用冷轧和冷拉法制造，一般为梯形铜排。梯形银铜合金排可提高电机的使用寿命。

梯形排的截面如图 9-2-5 所示。

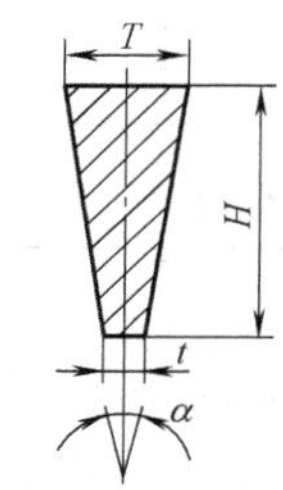

图 9-2-5 梯形排

1. 型号

梯形排的型号有三种，见表 9-2-41。

表 9-2-41 梯形排型号

型号	名称	材料化学成分(%)	
		铜加银 ≥	其中银
TPT	梯形铜排	99.90	
TH11PT	一级梯形银铜合金排	99.90	0.09~0.15
TH12PT	二级梯形银铜合金排	99.90	0.15~0.25（不包括 0.15）

2. 规格

1）梯形排用大底边宽度 T、高度 H 和夹角 α 表示，即 $T/H/\alpha$。

2）梯形排的高度 H（mm）标称值推荐如下：10，11.2，12.5，14，16，18，20，22.4，25，28，31.5，35.5，40，45，50，56，63，71，80，90，100，112，125，132，140，150。

3）尺寸范围：$T \leqslant 24$，$H \leqslant 150$，$H/t \leqslant 50$。

3. 尺寸偏差

1）高度 H 的允许偏差见表 9-2-42。

2）大底边 T 的允许偏差见表 9-2-43。

表 9-2-42 梯形排高度 H 的允许偏差

（单位：mm）

标称尺寸 H	偏差
10 及以下	-0.10
$10.0<H \leqslant 18.0$	-0.20
$18.0<H \leqslant 30.0$	-0.30
$30.0<H \leqslant 50.0$	-0.60
$50.0<H \leqslant 80.0$	-0.80
$80.0<H \leqslant 150.0$	-1.00

表 9-2-43 梯形排大底边 T 的允许偏差

（单位：mm）

标称尺寸 T	偏差
3 及以下	-0.04
$3.00<T \leqslant 6.00$	-0.05
$6.00<T \leqslant 10.00$	-0.06
$10.00<T \leqslant 18.00$	-0.07
$18.00<T \leqslant 24.00$	-0.08

3）梯形排两侧面之间的夹角 α，用样板测量。近小底边的两侧面应紧密地贴在样板两边，其余部分和样板之间允许有间隙。但不能插入表 9-2-44 所示的塞尺。

表 9-2-44 梯形排夹角的允许塞尺

H 标称值/mm	塞尺/mm
30.0 及以下	0.03×3
$30.0<H \leqslant 80$	0.05×7
$80<H \leqslant 100$	0.08×10
$100<H \leqslant 150$	0.10×10

4. 技术要求

1）梯形排在 500mm 长度内的侧面扭度应不超过 2.5mm。

2）梯形排两底边在 1m 长度内的直度（弧形高度）规定如下：

$\alpha>2°$，$H<50$mm 者，应不超过 2mm；

$\alpha \leqslant 2°$，$H \geqslant 50$mm 者，应不超过 3mm。

3）硬度：梯形铜排的表面硬度应为 80~105HBW；梯形银铜合金排的表面硬度应为 85~105HBW。

4）梯形排的表面不应有与良好工业产品不相称的任何缺陷。

5. 材料

1）梯形铜排应采用符合 GB/T 467—2010《阴极铜》要求的铜线锭制造。

2）梯形银铜合金排应采用银铜合金锭制造。其杂质含量应符合 GB/T 467—2010《阴极铜》中标准铜的规定。

2.3.7　七边形铜排

七边形铜排用于制造大型水轮发电机磁极线圈的绕组，其型号为 TPQ。截面如图 9-2-6 所示。

（1）规格尺寸

1）七边形铜排的规格用下列尺寸表示：

$H_1(H_2)/L(a+b+c)$

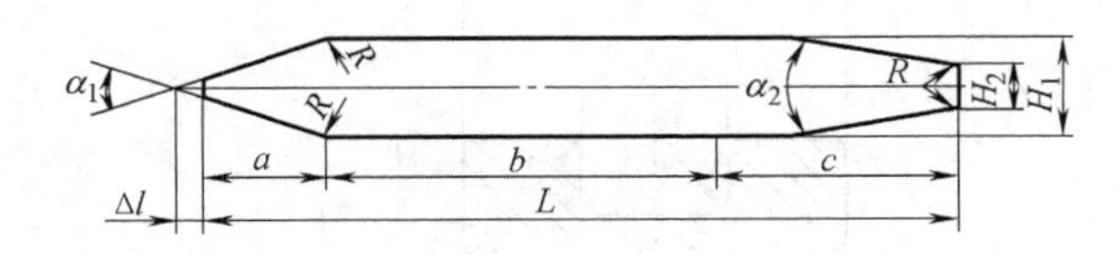

图 9-2-6　七边形铜排

2）规格尺寸，见表 9-2-45，图 9-2-6 中的 R 为 1.5mm。

表 9-2-45　七边形铜排的规格尺寸

规格/mm	计算截面积	计算重量	参考数据		
$H_1(H_2)/L(a+b+c)$	/mm²	/(kg/m)	Δl/mm	α_1	α_2
6(5)/58(8+26+24)	320	2.84	5.33	25°22′	2°23′13″
8(6)/50(8+22+20)	355	3.16	2.83	40°32′34″	2°43′20″
6.7(5.4)/60(8+28+24)	367	3.26	4.14	30°51′8″	3°6′10″
8(6.7)/55(8+25+22)	401	3.56	2.83	40°32′34″	3°23′4″
8(7.1)/58(8+27+23)	429	3.81	2.83	40°32′34″	2°14′30″
8(7.2)/58(8+27+23)	430	3.82	2.83	40°32′34″	1°59′34″
8(6.7)/60(8+28+24)	439	3.90	2.83	40°32′34″	3°6′10″
6.5(5.5)/75(8+37+30)	454	4.04	4.43	29°18′16″	1°54′35″
11(10)/47(8+20+19)	469	4.17	1.49	60°11′22″	3°6′49″
8(6.7)/64(8+31+25)	471	4.19	2.83	40°32′34″	2°58′44″
8.7(7.0)/60(8+28+24)	474	4.21	2.38	45°31′9″	2°0′59″
10(9)/55(8+25+22)	505	4.49	1.80	54°3′42″	2°35′14″
10(8.5)/60(8+27+25)	548	4.87	1.80	54°3′40″	3°26′12″
8(6.5)/76(8+38+30)	561	4.99	2.83	40°32′34″	2°51′52″
12.5(11.3)/52(8+24+20)	593	5.27	1.16	68°36′45″	3°26′12″
12.5(10.8)/56(8+25.6+22.4)	636	5.65	1.16	68°36′45″	4°32′54″
13.5(11.9)/52(8+24+20)	637	5.66	1.00	73°44′23″	4°52′2″
9.4(8.0)/74(8+36+30)	643	5.72	2.04	50°10′10″	2°40′24″
12.5(10.8)/60(8+27+25)	684	6.08	1.23	68°12′25″	3°53′41″
10.0(8.2)/76(8+35+33)	696	6.19	1.80	54°3′42″	2°56′46″
10.0(8.2)/76(8+38+30)	699	6.21	1.80	54°3′40″	3°26′12″
10.0(8.5)/76(8+38+30)	704	6.26	1.80	54°3′40″	2°51′51″
9.5(8.0)/80(8+40+32)	704	6.26	1.99	50°51′36″	2°41′6″
10.0(8.5)/84(8+42+34)	781	6.94	1.80	54°3′42″	2°3′42″
16.0(13.9)/60(8+28+24)	875	7.78	0.72	85°4′10″	5°0′36″

（2）尺寸偏差　见表 9-2-46。

表 9-2-46　七边形铜排的尺寸偏差

尺寸代号	H_1	L		a	b
		≤60	>60		
偏差/mm	±0.1	±0.3	±0.4	±0.5	±0.2

（3）技术要求

1）抗拉强度：应不小于 206MPa。

2）伸长率：应不小于 35%。

3）电阻率：20℃ 时的电阻率应不大于 17.24μΩ·m。

4）弯曲试验：窄边 H_2 沿直径等于 2 倍 L 尺寸的光滑圆柱弯曲 90°，表面应不出现裂纹。

2.3.8　凹形排

它适用于制造气内冷发电机转子的绕组线圈，有凹形铜排（TPA）和凹形银铜合金排（TH12PA）两种。银铜合金的银含量为 0.16%～0.25%，其截面如图 9-2-7 所示。规格用 $A×B/a×b$ 表示。

（1）规格尺寸及允许偏差　见表 9-2-47。

（2）技术要求

1）抗拉强度应不小于 250MPa。

2）20℃时的电阻率应不大于 17.77μΩ·m。

3）两窄边在 1m 长度内的直度应不超过 3mm。

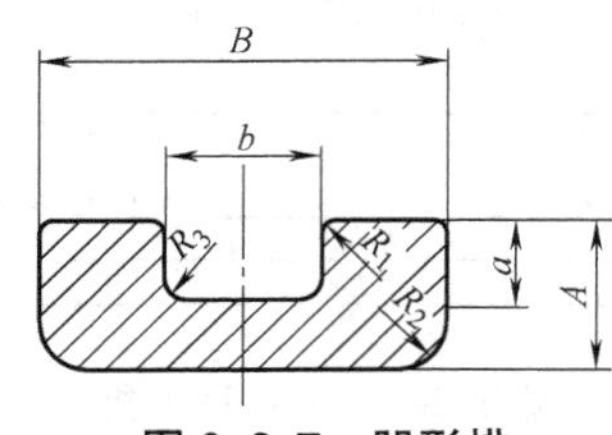

图 9-2-7 凹形排

4）单根长度应不小于 8m。

2.3.9 哑铃形铜排

它适用于制造熔断器的触头，其型号为 TPY。其截面形状有图 9-2-8a、b 所示的两种。规格用 *A/B* 表示。本产品主要参考标准 JB/T 9612.5—2013《电工用异形铜及铜合金排 第 5 部分：哑铃形排》。

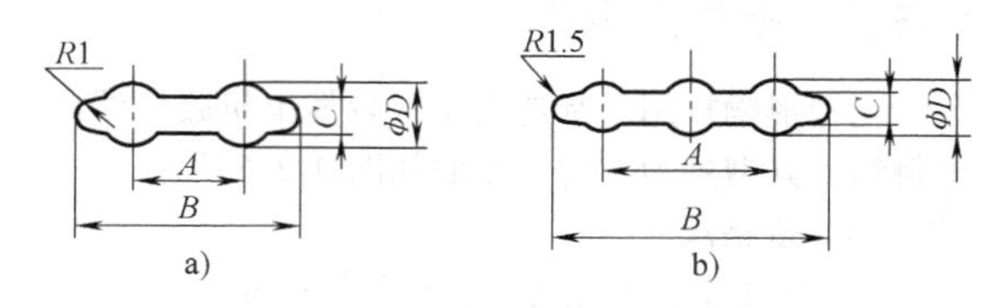

图 9-2-8 哑铃形铜排

（1）规格尺寸及允许偏差 见表 9-2-48。

表 9-2-47 凹形排的规格尺寸

标称截面积/mm^2	规格尺寸/mm							允许偏差/mm					参考重量/(kg/m)
	A	*B*	*a*	*b*	R_1	R_2	R_3	*A*	*B*	*a*	*b*	*R*	
150	8	28	5	16	1	3	5	±0.07	±0.20	±0.10	+0.20	±25%	1.334
200	9.6	30.5	6	16.5	1	4	5	±0.07	±0.10	±0.07	±0.10	±25%	1.823

表 9-2-48 哑铃形铜排的规格尺寸

规格	尺寸及偏差/mm									熔断电流/A	参考重量/(kg/m)	形 状
	A	偏差	*B*	偏差	*C*	偏差	*D*	偏差				
9/18	9	±0.1	18	0.2	2	0.2	6	+0.10 −0.16	2	100	0.60	见图 9-2-8a
12/23	12	±0.1	23	0.2	2	0.2	6	+0.10 −0.16	2	200	0.69	
16/30	16	±0.1	30	0.2	2	0. 2	6	+0.10 −0.16	2	400	0.83	
4/36	24	±0.1	36	0.2	3	0.2	6	+0.10 −0.16	3	600	1.22	见图 9-2-8b

（2）技术要求

1）电阻率：20℃ 时的电阻率应不大于 17.77μΩ·m。

2）硬度：应不小于 65HBW。

3）直度：窄边在 1m 长度内的直度应不超过 4mm。

4）熔断电流：见表 9-2-48。

2.3.10 矩形空心铜导线

适用于制造水内冷电机、变压器及感应电炉的绕组线圈。供货形式有直条和盘条两种。参考标准为 GB/T 19850—2013《导电用无缝铜管》。

1）矩形空心铜导线的牌号、状态和规格见表 9-2-49。

表 9-2-49 空心铜导线的牌号、状态和规格

牌号	代号	状态	规格/mm				
			圆形		矩形		长度
			外径	壁厚	对边距	壁厚	
TU0 TU1 TU2 TU3 TUAg0.1 TAg0.1 T1 T2 TP1	T10130 T10150 T10180 C10200 T10530 T11210 T10900 T11050 C12000	软化退火(O60) 轻拉(H55) 硬态拉拔(H80)			直管		
			5~178	0.5~10.0	10~150	0.5~10.0	900~8500
					盘管		
			5~22	0.5~6.0	10~35	0.5~5.0	>8500

2）化学成分：空心铜导线的化学成分应符合 GB/T 5231—2012 中相应牌号的规定。

3）矩形空心铜导线管材的对边距及其允许偏差应符合表 9-2-50 的要求。

4）矩形空心铜导线管材壁厚及其允许偏差应符合表 9-2-51 的要求。

5）管材长度及其允许偏差应符合表 9-2-52 的要求。

表 9-2-50　矩形空心铜导线管材的对边距及其允许偏差　（单位：mm）

对边距 a 或 b	允许偏差，≤	示意图
10~15	±0.10	
>15~25	±0.13	
>25~50	±0.15	
>50~76	±0.18	
>76~100	±0.20	
>100~125	±0.23	
>125~150	±0.25	

注：如果对边距允许偏差要求为全正或全负偏差，则允许偏差应为所列值的 2 倍。

表 9-2-51　矩形空心铜导线管材壁厚及其允许偏差　（单位：mm）

壁厚	对边距				
	10~15	15~25	25~50	50~100	100~150
	壁厚允许偏差				
0.5~0.9	±0.09	±0.09	±0.10	±0.15	—
>0.9~1.5	±0.10	±0.11	±0.12	±0.18	±0.23
>1.5~2.0	±0.13	±0.15	±0.18	±0.20	±0.25
>2.0~3.0	±0.18	±0.20	±0.23	±0.25	±0.30
>3.0~4.5	±0.23	±0.25	±0.28	±0.30	±0.36
>4.5~5.6	±0.29	±0.30	±0.33	±0.38	±0.43
>5.6~7.2	—	±0.38	±0.41	±0.46	±0.51
>7.2~10.0	—	—	供需双方协商		

表 9-2-52　管材长度及其允许偏差　（单位：mm）

长度		外径或对边距		
		≤25	>25~100	>100~178
		允许偏差		
直管	900~3000	+5	+8	+10
	>3000~4500	+6	+10	+12
	>4500~5800	+8	+12	+15
	>5800~8500	+10	+15	+20
盘管	≥8500	±1.5%a	—	—

注：其他长度及允许偏差由供需双方协商；a 为长度的百分数。

6）矩形空心管材的内、外角如图 9-2-9 所示，允许角半径应不超过表 9-2-53 的规定。

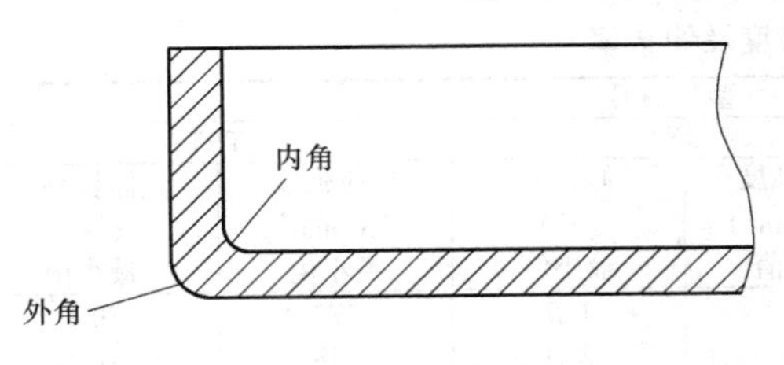

图 9-2-9　内、外角半径

表 9-2-53　矩形空心管材的允许角半径　（单位：mm）

壁厚	最大半径	
	外角	内角
≤1.5	1.2	0.8
>1.5~3.0	1.6	1.0
>3.0~6.0	2.5	1.3
>6.0~10.0	供需双方协商	

7）力学性能。管材的室温纵向力学性能应符

合表9-2-54的要求。需方要求时，可选择进行布氏硬度或维氏硬度试验，而拉伸试验仅供参考。

8）电性能。20℃管材的电性能应符合表9-2-55的要求。

表9-2-54 管材的室温纵向力学性能

状态	尺寸范围/mm	抗拉强度/MPa	断后伸长率A(%)	硬度	
				HBW	HV
退火	全部	200~255	≥40	—	—
轻拉(H55)	壁厚≤5.0	250~300	—	60~90	65~95
	壁厚>5.0	240~290	≥15	—	—
硬态拉拔(H80)	壁厚≤5.0	290~360	—	85~105	90~110
	壁厚>5.0	270~320	≥6	—	—

表9-2-55 管材的电性能

状态	尺寸范围/mm	20℃导电率(% IACS)≥			
		TU0	TU1、TU2、TU3、T1、TUAg0.1、TAg0.1	T2	TP1
退火(O60)	全部	101.0	100.0	98.0	90.0
轻拉(H55)	壁厚≤5.0	98.3	97.0	96.0	88.0
	壁厚>5.0	98.8	98.0	97.0	89.0
硬态拉拔(H80)	壁厚≤5.0	97.5	97.0	95.0	87.0
	壁厚>5.0	98.0	98.0	96.0	88.0

9）氢脆试验。需方要求时，TU0、TU1、TU2、TU3、TUAg0.1、TP1牌号的管材应进行氢脆试验。试验采用闭合弯曲，闭合弯曲试样的外侧面不应出现裂纹。

10）非破坏性试验。需方要求时，应进行下述的任一种试验。

① 涡流探伤。涡流探伤检验时，人工标准缺陷（钻孔直径）应符合GB/T 5248—2008的规定。

② 气压试验。进行气压试验时，应无气泡出现，亦不应出现永久变形。

③ 水压试验。进行水压试验时，试验压力p由下式求出，在此试验压力下，持续10s，管材应无渗漏和出现永久变形。水压试验的最大压力不超过6MPa。

$$p=\frac{2St}{D-0.8t}$$

式中 p——试验压力（MPa）；

t——管材壁厚（mm）；

D——管材外径或对边距（mm）；

S——材料允许应力，$S=40$MPa。

11）表面质量。管材的内外表面应光滑、清洁，不应有分层、针孔、起皮、气泡、夹杂等影响使用的缺陷。

2.3.11 铜及铜合金扁线

适用于制造电器设备的绕组线圈。采用卷轴形式供货。参考标准为GB/T 5584.2—2009。

（1）产品规格 产品规格及尺寸要求应符合GB/T 5584.1—2009。

（2）型号 产品型号见表9-2-56。

表9-2-56 产品型号

型号	状态	名称
TBR	O	软铜扁线
TBY1	H1	H1状态硬铜扁线
TBY2	H2	H2状态硬铜扁线

（3）化学成分 化学成分应符合GB/T 5231—2012和GB/T 21652—2008的规定。

（4）抗拉强度及伸长率 抗拉强度及伸长率应符合表9-2-57的规定。

表9-2-57 抗拉强度及伸长率

标称尺寸a/mm	型号					
	TBR		TBY1		TBY2	
	抗拉强度/(N/mm²)最大值	伸长率(%)最小值	抗拉强度/(N/mm²)最小值	伸长率(%)最小值	抗拉强度/(N/mm²)最小值	伸长率(%)最小值
0.80≤a≤2.00	275	30.0	275	1.5	373	0.4
2.00<a≤4.00	255	34.0	255	2.0	333	0.7
4.00<a≤5.60	245	36.0	245	3.0	304	1.7

（5）**弯曲** 半硬态线和硬态线应进行90°弯曲试验，硬态线用b边弯曲，软态线用a边弯曲。弯曲处应不产生裂纹。弯曲直径应符合表9-2-58的规定。

表9-2-58 弯曲直径

（单位：mm）

标称尺寸b	弯曲直径	
	TBY1、TBY2	TBR
0.80~4.00	2	2
4.25~8.00	4	4
8.50~16.00	—	8

（6）**电阻率** 扁线的电阻率应符合表9-2-59的规定。

表9-2-59 电阻率

型号	电阻率ρ_{20}/($\Omega\cdot mm^2/m$)最大值
TBR	0.017241
TBY1	0.01777
TBY2	0.01777

注：计算20℃时的铜扁线物理参数应取下列数值：密度：8.89g/cm³；线膨胀系数：0.000 017℃⁻¹；电阻温度系数：TBR型0.00393℃⁻¹；TBY1、TBY2型0.00381℃⁻¹。

（7）**内部质量** 扁线内部应致密、无缩尾、气孔、分层和夹杂，允许存在不影响使用的轻微缺陷。对边距≥5mm的扁线，其缺陷大小和数量应符合YS/T 336—2010中的规定；对边距<5mm的扁线，其缺陷大小和数量应符合表9-2-60的规定。

表9-2-60 内部缺陷要求

对边距/mm	忽略不计的缺陷直径/mm	允许存在缺陷		两缺陷间距/mm
		直径/mm	个数	
0.5~2.0	≤0.01	>0.01~0.05	≤2	≥0.2
>2.0~5.0	≤0.05	>0.05~0.1	≤2	≥0.5

（8）**表面质量**

1）扁线表面应光滑、清洁，无明显色差，具有金属本色，不允许有影响使用的缺陷。允许有轻微的、局部的尺寸不超差的压入物和划伤。轻微的发红、发暗和氧化色及轻微的局部水迹、油迹不作为报废依据。

2）成品排线整齐、没有明显毛边、不乱线、不能有扭拧和翻翘。

2.4 单晶铜

单晶铜是采用定向凝固与连续铸造（Ohno Continues Casting，OCC）技术制备的大长度圆形横截面的单晶金属线坯或线材，是一种高纯度无氧铜，其整根铜杆任一圆形横截面内所含有的晶粒数不超过10个的铜线坯，采用单晶铜线坯进一步深加工制成即为圆铜线材。由于没有晶粒之间的“晶界”，单晶铜线材具有优异的塑性变形能力和信号传输性能。单晶铜具有以下特点：

1）单晶铜纯度达到99.9999%。

2）电阻比普通铜材低8%~13%。

3）韧性极高，普通铜材的极限扭转为16圈，而单晶铜材可扭转116圈。

这些优点，使单晶铜产品成为制作高保真音视频信号、高频数字信号传输线缆和微电子行业用超微细丝的顶级材料，可用于手机、音响、计算机等领域，使微电子器件性能更佳、体积更小、寿命更长。

2.4.1 单晶铜的主要分类及其性能

本节内容参考标准为GB/T 26044—2010。单晶圆铜线及其线坯按化学成分分为两个牌号，其牌号、状态、规格应符合表9-2-61的规定，TU1牌号的化学成分见表9-2-62，TU2牌号的化学成分见表9-2-63。

表9-2-61 单晶圆铜线及其线坯的牌号

名称	牌号	状态	直径/mm
单晶圆铜线坯	TU1，TU2	铸(Z)	>3.0~30.0
单晶圆铜线	TU1，TU2	软(R)	0.070~3.0
		硬(Y)	0.070~12.0

注：软态（R）为铜线的低温退火状态。

表 9-2-62 TU1 牌号的化学成分

<table>
<tr><th>元素组</th><th>杂质元素</th><th>含量(%),≤</th><th colspan="2">杂质元素组总含量(%),≤</th></tr>
<tr><td rowspan="3">1</td><td>Se</td><td>0.00020</td><td rowspan="2">0.00030</td><td rowspan="3">0.0003</td></tr>
<tr><td>Te</td><td>0.00020</td></tr>
<tr><td>Bi</td><td>0.00020</td><td>—</td></tr>
<tr><td rowspan="6">2</td><td>Cr</td><td>—</td><td colspan="2" rowspan="6">0.0015</td></tr>
<tr><td>Mn</td><td>—</td></tr>
<tr><td>Sb</td><td>0.0004</td></tr>
<tr><td>Cd</td><td>—</td></tr>
<tr><td>As</td><td>0.0005</td></tr>
<tr><td>P</td><td>—</td></tr>
<tr><td>3</td><td>Pb</td><td>0.0005</td><td colspan="2">0.0005</td></tr>
<tr><td>4</td><td>S</td><td>0.0015</td><td colspan="2">0.0015</td></tr>
<tr><td rowspan="6">5</td><td>Sn</td><td>—</td><td colspan="2" rowspan="6">0.0020</td></tr>
<tr><td>Ni</td><td>—</td></tr>
<tr><td>Fe</td><td>0.0010</td></tr>
<tr><td>Si</td><td>—</td></tr>
<tr><td>Zn</td><td>—</td></tr>
<tr><td>Co</td><td>—</td></tr>
<tr><td>6</td><td>Ag</td><td>0.0025</td><td colspan="2">0.0025</td></tr>
<tr><td colspan="2">杂质元素总含量</td><td colspan="3">0.0065</td></tr>
</table>

注：1. TU1 牌号的主成分为 Cu，其含量为 100%减去表中杂质元素的实测值之和。
2. TU1 牌号的氧含量应不大于 0.0010%。

表 9-2-63 TU2 牌号的化学成分

<table>
<tr><th rowspan="2">铜+银
不小于</th><th colspan="10">杂质元素含量(%),≤</th></tr>
<tr><th>As</th><th>Sb</th><th>Bi</th><th>Fe</th><th>Pb</th><th>Sn</th><th>Ni</th><th>Zn</th><th>S</th><th>P</th></tr>
<tr><td>99.95</td><td>0.0015</td><td>0.0015</td><td>0.0006</td><td>0.0025</td><td>0.002</td><td>0.001</td><td>0.002</td><td>0.002</td><td>0.0025</td><td>0.001</td></tr>
</table>

注：TU2 牌号的氧含量应不大于 0.001%。

2.4.2 单晶圆铜线坯

单晶圆铜线坯的直径及其主要性能应符合表 9-2-64～表 9-2-68。

表 9-2-64 单晶圆铜线坯的直径及其允许偏差

公称直径/mm	允许偏差
>3.0～8.0	±0.35
>8.0～12.0	±0.50
>12.0～22.0	±0.75
>22.0～30.0	±1.00

表 9-2-65 单晶圆铜线坯的电阻率

<table>
<tr><th rowspan="2">牌号</th><th rowspan="2">状态</th><th colspan="2">体积电阻率(20℃)/(Ω · mm²/m),≤</th></tr>
<tr><th>公称直径<2.00mm</th><th>公称直径≥2.00mm</th></tr>
<tr><td>TU1</td><td rowspan="2">铸(Z)</td><td colspan="2">0.017000</td></tr>
<tr><td>TU2</td><td colspan="2">0.017170</td></tr>
</table>

2.4.3 单晶圆铜线

单晶圆铜线的直径及其允许偏差应符合表 9-2-69；电阻率应符合表 9-2-70。

表 9-2-66 单晶圆铜线坯的抗拉强度及伸长率

<table>
<tr><th rowspan="3">公称直径/mm</th><th>伸长率(%)</th><th>抗拉强度 Rm/(N/mm²)</th><th>伸长率(%)</th></tr>
<tr><th>软(R)</th><th colspan="2">硬(Y)</th></tr>
<tr><th>≥</th><th colspan="2">≥</th></tr>
<tr><td>0.070～0.125</td><td>12</td><td>412</td><td>1.0</td></tr>
<tr><td>>0.125～0.200</td><td>15</td><td>411</td><td>1.0</td></tr>
<tr><td>>0.200～0.650</td><td>17</td><td>407</td><td>1.0</td></tr>
<tr><td>>0.650～1.000</td><td>25</td><td>403</td><td>1.0</td></tr>
<tr><td>>1.00～1.45</td><td>25</td><td>398</td><td>1.1</td></tr>
<tr><td>>1.45～1.85</td><td>25</td><td>393</td><td>1.1</td></tr>
<tr><td>>1.85～2.30</td><td>25</td><td>389</td><td>1.1</td></tr>
<tr><td>>2.30～2.75</td><td>25</td><td>383</td><td>1.2</td></tr>
<tr><td>>2.75～3.00</td><td>25</td><td>375</td><td>1.3</td></tr>
<tr><td>>3.00～5.00</td><td>—</td><td>360</td><td>1.8</td></tr>
<tr><td>>5.00～7.00</td><td>—</td><td>340</td><td>2.0</td></tr>
<tr><td>>7.00～8.00</td><td>—</td><td>330</td><td>2.4</td></tr>
<tr><td>>8.00～10.00</td><td>—</td><td>310</td><td>2.8</td></tr>
<tr><td>>10.00～12.00</td><td>—</td><td>280</td><td>3.5</td></tr>
</table>

表 9-2-67 单晶圆铜线坯的扭转性能

牌号	状态	公称直径	扭转次数
TU1 TU2	铸(Z)	>3.0~5.0	≥20
		>5.0~8.0	≥30
		>8.0~12.0	≥35
		>12.0~22.0	≥40
		>22.0~30.0	≥45

表 9-2-68 单晶圆铜线坯任意横断面的宏观组织中所含晶粒个数

牌号	状态	任意横断面的宏观组织晶粒个数	
		级别	晶粒个数
TU1,TU2	铸(Z)	A 级	1~3
		B 级	4~6
		C 级	7~10

表 9-2-69 单晶圆铜线的直径及其允许偏差

公称直径 *D*	允许偏差
0.070~0.125	±0.003
>0.125~0.400	±0.004
>0.400~3.00	±1.0%*D*
>3.00~8.00	±0.035
>8.00~12.00	±0.050

表 9-2-70 单晶圆铜线的电阻率

牌号	状态	体积电阻率(20℃)/($\Omega \cdot mm^2/m$),≤	
		公称直径<2.00mm	公称直径≥2.00mm
TU1	R	0.017100	0.017100
	Y	0.017800	0.017700
TU2	R	0.017170	0.017170
	Y	0.017890	0.017760

2.4.4 单晶圆铜线及线坯的技术要求

1）单晶圆铜线坯应圆整，尺寸均匀，无红色、黑色氧化现象。

2）单晶圆铜线坯表面不允许有三角口或其他任何形状的裂纹、毛刺等对后序加工或使用有害的缺陷。

3）单晶圆铜线表面应光洁，不得有影响使用的任何缺陷。

参考标准

GB/T 467—2010 阴极铜
GB/T 728—2010 锡锭
GB/T 26017—2010 高纯铜
GB/T 3952—2016 电工用铜线坯
GB/T 6516—2010 电解镍
GB/T 20509—2006 电力机车接触材料用铜及铜合金线坯
GB/T 26044—2010 信号传输用单晶圆铜线及其线坯
GB/T 5584.4—2009 电工用铜、铝及其合金扁线 第 4 部分：铜带
GB/T 11091—2014 电缆用铜带
GB/T 26015—2010 覆合用铜带
GB/T 29197—2012 铜包铝线
GB/T 3953—2009 电工圆铜线
GB/T 4910—2009 镀锡圆铜线
GB/T 11019—2009 镀镍圆铜线
GB/T 5584.2—2009 电工用铜、铝及其合金扁线 第 2 部分：铜扁线
GB/T 5585.1—2005 电工用铜、铝及其合金母线 第 1 部分：铜和铜合金母线
GB/T 27671—2011 导电用铜型材
GB/T 19849—2014 电缆用无缝铜管
GB/T 19850—2013 导电用无缝铜管
JB/T 3135—2011 镀银软圆铜线
NB/T 42002—2012 电工用铜包铝母线
SJ/T 11411—2010 铜包钢线

参考文献

[1] 黄崇祺. 电工用铜线的性能和提高铜线质量的对策 [J]. 金属导体文集（上），2010：227-239.

[2] 罗云，刘莹，钟志强. 浅析杂质元素对铜杆质量的影响 [J]. 有色金属加工，2012，41（3）：26-30.

[3] 张炳根. 生产过程对铜母线导电性能的控制 [J]. 有色金属加工，2006，35（3）：22-24.

第3章

铝、铝合金及铝制品

铝、铝合金及铝制品是电线电缆工业广为应用的重要金属材料，主要用于架空输电线的钢芯铝绞线、铝绞线、钢芯铝合金绞线、铝合金绞线和其他结构形式绞线，绝缘电线电缆的导电线芯，电工装置用铝扁线、铝母线，电缆的铝包护层、屏蔽层、铝塑综合护层等。

3.1 铝

电线电缆用铝（纯铝）的主要优点有：

1）导电性好，仅次于银、铜、金而居第四位。铝导电性能按体积计算，为铜的 60%~65%，按重量计算，约为铜的 200%。

2）导热性良好。

3）密度小，约为铜的三分之一。

4）耐腐蚀性良好。铝在空气中与氧反应，很快生成一层致密的氧化铝膜，防止了进一步氧化。

5）塑性好，可用压力加工方法制成各种形状的产品。

6）资源丰富，价格便宜。

铝的缺点是抗拉强度较低。

3.1.1 电线电缆用铝锭的技术要求

电线电缆用铝通常有铝锭（重熔用铝锭、重熔用铝稀土合金锭、重熔用电工铝锭）、铝线锭和圆铝锭。铝锭（重熔用）供电线电缆厂熔铸铝线锭或直接供连铸连轧生产铝杆；铝线锭通过再加热用回线式轧机生产铝杆、铝扁线和母线坯料；圆铝锭用于挤压法生产铝扁线、铝母线、电缆铝护套、铝杆或电线电缆用型线（如扇形导电线芯、钢铝接触线的铝导体）的坯料等。

1）各种铝锭的规格，见表 9-3-1。

表 9-3-1 铝锭、铝线锭、圆铝锭的规格

铝型	外形尺寸/mm				质量/kg
	长	宽	高	直径	
铝锭	640±5	170±5	75±5	—	15~17
铝线锭	(1100~1380)±5	100±5	100±5	—	32~38
圆铝锭	400 450^{+10}_{-5}	—	—	155	22.5
	920^{+10}_{-5}	—	—	185±2	32.5
	1400^{+10}_{-5}	—	—	185±2	66.5
		—	—	185±2	100.0

铝锭表面应整洁，无飞边、夹杂和气孔。每批铝锭由同一熔炼号组成，质量不小于 400kg。

每捆铝锭上都应有颜色鲜明、防水、不易脱落的标志，且不少于两处，标明执行标准、熔炼号、捆号、净重、块数、牌号。推荐使用标明产品名称、执行标准、熔炼号、捆号、净重、块数、牌号、生产日期、生产企业名称、厂址的标签。

2）重熔用铝锭。重熔用铝锭的化学成分应符合表 9-3-2。

各牌号铝锭应有不易脱落的鲜明颜色标志：

Al 99.90 二道红色横线；

Al 99.85 一道红色横线；

Al 99.70 一道红色竖线；

Al 99.60 二道红色竖线；

Al 99.50 三道红色竖线；

Al 99.00 四道红色竖线。

3）重熔用铝稀土合金锭。铝中加入适量稀土元素（纯稀土或混合稀土）可改善其加工性能、导

电性能，提高力学性能。我国具有丰富的稀土矿资源，能生产适用电线电缆行业重熔用铝稀土合金锭。重熔用铝稀土合金锭的化学成分应符合表9-3-3。

表9-3-2 重熔用铝锭的化学成分（GB/T 1196—2008）

牌号	化学成分(%)								
	铝	其他元素≤							
	≥	铁	硅	铜	镓	镁	锌	其他每种	总和
Al 99.90	99.90	0.07	0.05	0.005	0.020	0.01	0.025	0.010	0.10
Al 99.85	99.85	0.12	0.08	0.005	0.030	0.02	0.030	0.015	0.15
Al 99.70	99.70	0.20	0.10	0.01	0.03	0.02	0.03	0.03	0.30
Al 99.60	99.60	0.25	0.16	0.01	0.03	0.03	0.03	0.03	0.40
Al 99.50	99.50	0.30	0.22	0.02	0.03	0.05	0.05	0.05	0.50
Al 99.00	99.00	0.50	0.42	0.02	0.05	0.05	0.05	0.05	1.00

注：铝含量（质量分数）为100.00%减去所列杂质实测值及所有≥0.010%的其他杂质的总和的差值。

表9-3-3 重熔用铝稀土合金锭的化学成分（YS/T 309—2012）

牌号	化学成分(质量分数)(%)								
	稀土总量	杂质含量≤							Al
	ΣRE	Si	Fe	Cu	Ga	Mg	单个	总和	
Al RE0.06	0.03~0.12	0.10	0.20	0.01	0.03	0.03	0.03	0.50	余量
Al RE0.15	0.13~0.20	0.13	0.20	0.01	0.03	0.03	0.03	0.30	余量
Al RE0.6	0.21~1.0	0.13	0.20	0.02	0.03	0.03	0.03	0.30	余量
Al RE2	1.0~3.0	0.20	0.45	0.20	—	—	0.05	0.15	余量
Al RE4	3.0~5.0	0.25	0.50	0.20	—	—	0.05	0.15	余量
Al RE6	5.0~7.5	0.25	0.50	0.20	—	—	0.06	0.20	余量
Al RE8	7.5~10.0	0.25	0.50	0.20	—	—	0.06	0.20	余量

注：1. 稀土总量系指以铈为主的混合轻稀土。
2. 表中未列的其他杂质元素，如Mn、Zn、Ti、Cr等，供方可不做常规分析，但应定期分析。
3. 表中未规定的其他单项杂质元素等于或大于0.01%时，应计入杂质总和，但供方可不做常规分析。
4. 如对稀土总量有特殊要求，由供需双方另行协商。

每块重熔用铝稀土合金锭质量为20kg±2kg或16kg±2kg。

按不同牌号，铝稀土合金锭颜色标志如下：

Al 99.7RE-1 一道黑色；

Al 99.7RE-2 二道黑色。

3.1.2 电工用铝的技术要求

电线电缆生产用电工铝，一般以含铝（质量分数）99.5%~99.7%的工业纯铝为基础，并限制其硅含量（质量分数）在0.1%以下。铜作为杂质，对降低电导率比硅更为严重，其含量（质量分数）应限制在0.005%以下，最大不得超过0.01%。降低电导率最厉害的杂质是锰、铬、钒、钛四种微量元素，其总含量（质量分数）应低于0.01%。

工业纯铝，含硅量（质量分数）高于0.13%的，都难以直接用作电工铝料，其过高含硅量必须在成分上加以适当调配或在生产工艺上进行特殊处理，如稀土优化处理等。

有些进口铝含硅量较低，但锰、铬、钒、钛四种微量元素偏高；将其与国产铝配合，可降低含硅量至最低值以下；然后调整好铁硅比，再加入硼铝合金在熔炉中进行硼化处理。只要保证严格工艺控制，这样配合熔炼的铝料，可完全适合生产电工用铝。

某些非电工铝也可生产电工铝：含硅量（质量分数）达0.16%的铝料，如选择适当的加工和压制工艺，可以制成电工铝线材。

重熔用电工铝锭的化学成分应符合表9-3-4。

表9-3-4 重熔用电工铝锭的化学成分（GB/T 1196—2008）

牌号	化学成分(质量分数)(%)								
	铝≥	杂质含量≤							
		硅	铁	铜	镁	锌	锰	其他每种	总和
Al 99.70E	99.70	0.07	0.20	0.01	0.02	0.04	0.005	0.03	0.30
Al 99.60E	99.60	0.10	0.30	0.01	0.02	0.04	0.007	0.03	0.40

注：1. 铝含量（质量分数）以100.00%减杂质总和来确定。
2. 浇铸铝锭前应对铝液进行精炼、过滤处理。
3. 铁硅比应不小于1.3，如用户对铁含量（质量分数）另有要求，可由供需双方协商。

按不同的牌号，重熔用电工铝锭颜色标志如下：

Al 99.70E　一道绿色竖线；

Al 99.60E　二道绿色竖线。

3.1.3 铝的性能

1. 铝的主要技术性能和工艺参数

铝的一般性能和工艺参数见表 9-3-5；铝加工成线材后的主要物理性能见表 9-3-6。

表 9-3-5　铝的一般性能和工艺参数

项　　目	参　　数
密度(20℃)/(g/cm³)	2.7
熔点/℃	658~660
比热容(20℃)/(J/g·K)	0.90
热导率(20℃)/(W/m·K)	218
熔解热/(J/g)	389
表面张力(700~800℃)/(N/cm)	$5.2×10^{-3}$
标准电极电位/V	-1.67
铸锭温度/℃	690~720
热轧温度/℃	450~490
退火温度/℃	300~350

表 9-3-6　铝线材的主要物理性能

项目	状态	指标
线膨胀系数(20~100℃)/℃$^{-1}$		$23.0×10^{-6}$
电阻率(20℃)/(Ω·mm²/m)		0.0280~0.028264
电阻温度系数(20℃)/℃$^{-1}$	软态	0.00407
	其余状态	0.00403
弹性系数(20℃拉伸)/(N/mm²)		60000~70000
抗拉强度/(N/mm²)	硬态	147~176
	半硬态	93~97
	软态	< 98
伸长率(%)	软态	15~20
自身卷绕	硬态及半硬	(不开裂)

2. 各种因素对铝的性能的影响

(1) 杂质的影响　铝中所含杂质对其性能影响很大。不同杂质对铝性能的影响见表 9-3-7。

图 9-3-1 表示不同含量的金属杂质对铝的导电性能的影响，故应对显著降低铝导电性能的金属元素加以严格控制。

(2) 冷加工变形的影响　图 9-3-2 表示冷加工变形程度对铝的力学性能的影响。

铝经冷加工变形后，抗拉强度增加，塑性降低，电阻系数增大。因此，控制冷加工变形的程度，可获得不同软硬状态的铝的半成品。

表 9-3-7　不同杂质对铝性能的影响

杂质	在铝中存在的形态	主 要 影 响
铁	硬脆针状的独立相 Al_3Fe	降低导电性、导热性、塑性，影响耐腐蚀性，提高抗拉强度
硅	含量少时存在于 α 固溶体中，当含量(质量分数)大于 1.65%时进入共晶体成分	降低导电性和塑性，抗拉强度稍有提高
铁+硅	三元化合物或三元共溶体	硅含量高于铁时，使铝变脆，压力加工困难，性能降低。铁硅比在一定范围内时，影响较小
铜	固溶体	严重影响导电性，影响导热性、耐腐蚀性和铸锭质量，强度增加

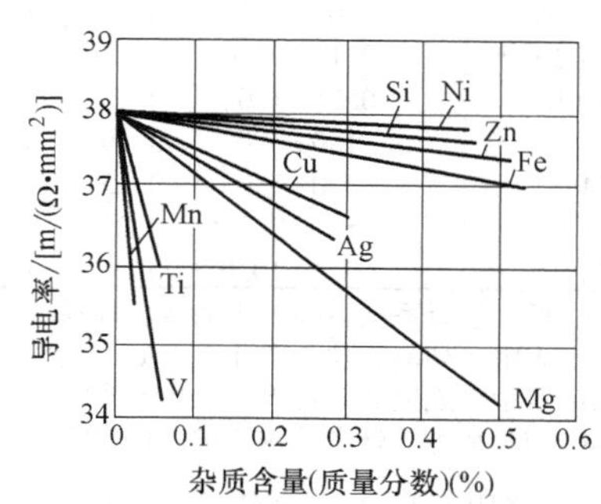

图 9-3-1　杂质元素对铝导电性的影响

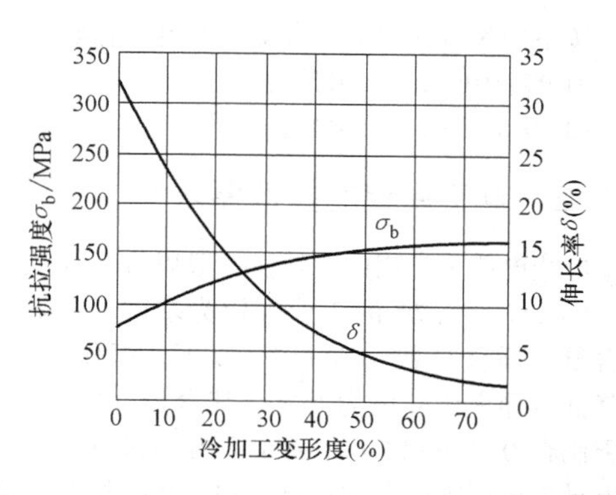

图 9-3-2　冷加工变形程度对铝的力学性能影响

(3) 温度的影响　图 9-3-3 表示经不同温度加热后铝线抗拉强度的变化。

铝在加热时，电阻随温度的升高而增加，抗拉强度则下降。

经激烈变形后的硬态铝，正常退火温度为300~350℃，温度过高会引起晶粒粗大，力学性能变坏。半硬铝线的退火温度，一般为 240~260℃。

图 9-3-4 表示铝经不同温度退火后的力学性能。

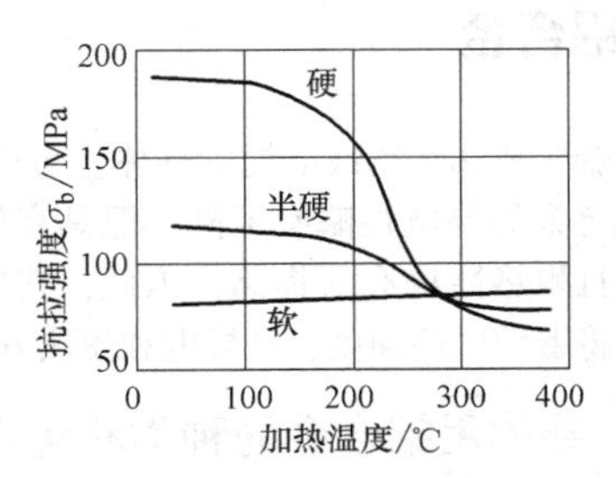

图 9-3-3　铝加热后抗拉强度的变化（加热 1h，室温时测量）

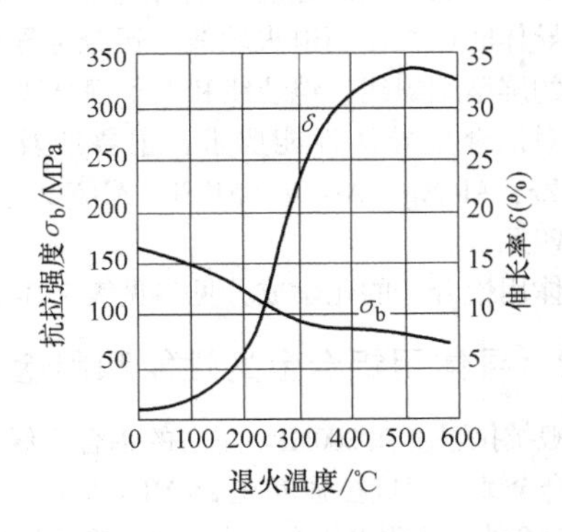

图 9-3-4　铝经不同温度退火后的力学性能

硬态铝经退火后，其电阻得到恢复；但过高的退火温度又可使电阻率略为升高。

（4）环境因素的影响　铝的腐蚀程度，主要取决于周围气氛中腐蚀性气体、尘埃的性质与含量，并与铝的纯度有关。在不含大量严重腐蚀性气体的大气中或潮湿气候条件下，铝具有足够的抗蚀能力。在常温下，铝与空气中的氧结合，在铝表面生成致密而坚固的氧化铝膜薄层，该薄层可起保护作用，防止铝的进一步氧化。在高温或铝呈熔化状态时，氧化铝膜同样具有极好的保护作用，因而铝的退火和熔炼可在空气中直接进行。

硫化氢、氯和酸、碱等能在铝的表面生成电解液，导致铝受电化学腐蚀；大气中的尘埃及非金属夹杂物沉积在铝的表面，也易引起腐蚀，如铝导线在沿海有大量盐雾的地区使用时，寿命会相应缩短。

世界各国电工用铝的牌号（代号、材料号）及其成分不尽相同，主要情况见表 9-3-8。

3.1.4　电工圆铝杆

电工圆铝杆主要适用于拉制电线、电缆导电线芯用的圆铝线、型铝线和其他电工用铝导体的连铸连轧。

电工圆铝杆主要技术性能应符合表 9-3-9 要求。

表 9-3-8　国外电工用铝的牌号及成分（质量分数）

国别及标准		美国 ASTM B233	苏联 ГОСТ 11069		德国 DIN 1712	日本 JIS H2110	罗马尼亚 STAS 7607	
牌号(代号、材料号)			A7E	A5E	3.0257		A199.5E	A199.7E
铝(%)>		99.5	99.7	99.5	99.5	99.65	99.5	99.7
杂质(%)<	硅	0.10	0.08	0.12	0.25④	0.10	0.10①	0.10
	铁	0.25	0.20	0.35②	0.40	0.25	0.35①	0.20
	铜	0.05	0.01	0.02	0.02	0.005	0.01	0.01
	镁	0.01			0.05			
	铬	0.01						
	锌	0.05	0.04	0.04	0.05		0.03	0.04
	硼	0.05						
	镓	0.03						
	锰					0.005		
	钒+钛					0.005		
	钛+锰+钒+铬		0.01	0.01	0.03		0.02③	0.02③
	其他元素(单个)	0.03	0.02	0.02				
	其他元素(总量)	0.10					0.01	0.01

① 铁硅比不小于 1.3，根据电阻率的不同情况，允许硅的最大含量（质量分数）可达 0.15%。
② 允许含铁量（质量分数）不小于 0.18%。
③ 各杂质的含量（质量分数）分别不得超过 0.01%。
④ 该电工用铝应按照 DIN 40501 保证其导电率。

表 9-3-9 电工圆铝杆技术性能

材料牌号	状态	抗拉强度/MPa	断后伸长率(%)(200mm标距)≥	电阻率(20℃)/(nΩ·m)≤
1B90	O	35~65	35	27.15
1B93				
1B95	H14	60~90	15	27.25
1B97				
1A60 1R50	O	60~90	25	27.55
	H12	80~110	13	27.85
	H13	95~115	11	28.01
	H14	110~130	8	28.01
	H16	120~150	6	28.01
1350	O	60~95	25	27.90
	H12	85~115	12	28.03
	H14	105~135	10	28.08
	H16	120~150	8	28.12
1370	O	60~95	25	27.90
	H12	85~115	11	28.01
	H13	105~135	8	28.03
	H14	115~150	6	28.05
	H16	130~160	5	28.08
6101	T4	150~200	10	34.50
6201	T4	160~220	10	34.50
8A07	H15	95~135	7	28.64
	H17	120~160	6	31.25
8030	H14	105~155	10	29.73

3.2 铝合金

铝合金主要用作电线电缆的导体。与纯铝相比，导体用铝合金的导电性略有下降，但具有较高的抗拉强度，且耐热性也有所提高。因此，其应用日益广泛，并将继续向高强度、高导电和耐热方向发展。

3.2.1 导体用铝合金的种类和化学成分

铝合金具有强度和耐热性高的优点，用于架空导、地线时一般使用的是硬拉铝合金线，当用于电线电缆导体时往往使用退火软线。铝合金导体亦用于电缆的屏蔽编织线、铠装线和电子键合线等。

按对铝合金导体性能要求，主要涉及 Al-Mg-Si、Al-Zr、Al-Mg、Al-Fe、Al-Si、Al-Nb 等二元、三元、四元合金。

导体用铝合金的化学成分见参见表 9-3-10。

3.2.2 导体用铝合金的性能和用途

一般抗拉强度在 300MPa 左右的铝合金线称为高强度铝合金线，而抗拉强度在 250MPa 左右的称为中强度铝合金线。高强度铝合金线均属于热处理型的 Al-Mg-Si 合金系。中强度铝合金线一般属于非热处理型的加工硬化型合金，除铝-镁系外，又研究发展了铝-镁-稀土系、铝-镁-铜系、铝-镁-铁系、铝-铜-铍系、铝-铜-稀土系、铝-铜-锡系、铝-铜-镁-铁系等。

表 9-3-10 导体用铝合金的化学成分

名称	型号	化学成分(质量分数)(%)									
		硅	铁	铜	镁	锆	锌	硼	稀土	其他成分总和，最大值	铝
高强度铝合金	LHA1	0.40~0.50	0.15~0.25	<0.02	<0.50	—	<0.02	<0.02	—	0.10	余量
	LHA2	0.55~0.75	0.20~0.30	≤0.05	0.60~0.70	—	<0.05	<0.02	—	0.10	余量
中强度铝合金	LHA3	0.40~0.50	0.09~0.15	≤0.04	≤0.39	—	—	—	—	0.10	余量
耐热铝合金	NRLHA	0.10	0.70~0.80	≤0.08	—	0.10	—	—	0.25~0.45	0.10	余量
电缆导体用铝合金	DLH1	0.10	0.55~0.8	0.10~0.20	0.01~0.05	—	0.05	0.04	—	0.10	余量
	DLH2	0.10	0.30~0.8	0.15~0.30	0.05	—	0.05	0.04①	—	0.10	
	DLH3	0.10	0.6~0.9	0.04	0.08~0.22	—	0.05	0.04	—	0.10	
	DLH4	0.15②	0.40~1.0②	0.05~0.15	—	—	0.10	—	—	0.10	
	DLH5	0.03~0.15	0.40~1.0	—	—	—	0.10	—	—	0.15	
	DLH6	0.10	0.25~0.45	0.04	0.04~0.12	—	0.05	0.04	—	0.10	
电缆屏蔽用铝镁合金线	LHP-Y LHP-R	0.20	0.30	0.10	2.8~3.8	—	0.01	—	—	0.15	余量

注：表中规定的化学成分除给定范围外，仅显示单个数据时，表示该单个数据为最大允许值。

① 该成分应满足 0.001~0.04。

② 该成分的铝合金应同时满足（Si+Fe）元素的质量分数应不大于 1.0%。

在铝中添加少量的锆制成的铝合金，可提高其耐热性，而对导电性的影响可控制在最小的范围内。耐热铝合金主要在新建高压和超高压架空线路上用作大容量导线、大电流地线、大跨越导线和变电站内部的大电流母线；此外，老的架空线路改造使用耐热铝合金导线，可在不改变线路条件的情况下，增加线路容量50%以上。

耐热合金线参考标准 GB/T 30551—2014（idt IEC 62004：2007）。

电缆导体用铝合金线适用于制造额定电压0.6~1kV铝合金导体交联聚乙烯绝缘电缆的导体。此外，通信电缆、布电线、装备线以及电磁线也多有采用。

除了电气、力学性能和耐热性要求以外，铝合金线或铝合金杆还要求具有抗压蠕变特性、振动疲劳特性、耐蚀性等特殊要求。

CATV同轴电缆编织屏蔽用铝合金线主要有Al-Mg和Al-Mg-Si两个品种，前者用量较大，2006年产量已达3万t左右，用来代替镀锡铜线。铝镁合金线的型号为LHP，分为Y-硬状态（H36）和R-软状态两种，其抗拉强度和伸长率分别为300MPa、4%和220MPa、7%，适合于不同的编织工艺设备。编织用铝合金线参考标准 GB/T 23309—2009 和 GB/T 24486—2009。

耐蚀铝合金线以添加富铈稀土为佳，而诸耐蚀元素中，以添加铌+MB11为宜，并以铝基中间合金形式加入，其中混合的均匀程度对性能影响很大。耐蚀铝合金线在满足电导率标准要求的基础上，可使耐蚀性提高30%以上。

导体用铝合金线材的主要性能和用途见表9-3-11。铝合金的加工工艺对其性能有直接影响。

表9-3-11　导体用铝合金线材的主要性能和用途

类别	合金系列	特征	状态	性能指标					用途
				抗拉强度/(N/mm²) ≥	伸长率(%) ≥	弯曲次数/次 ≥	屈服极限/(N/mm²) ≥	导电率百分值(%IACS) ≥	
热处理	铝-镁-硅	高强度	硬	300	4			52.5	架空输电线
非热处理	含镁0.6%~0.8%	中强度	硬	260	2	4		52.6	架空输电线 接触线(电车线)
	含镁0.8%~1.2%		半硬	<180	3	3		49.3	
	铝-锆	耐热	硬	180	2			60	架空输电线。耐热性好，可提高导线使用温度和载流量；高强度耐热铝合金可满足电力系统的特殊需要
		高耐热		160	2			58	
		高强度耐热		230	1.4			55	
	铝-镁 含镁0.65%~0.85%	柔软	软	<110	16	14		56	电线电缆的导电线芯，电机、电器绕组用电磁线等
			半硬	<150	5	13		56	
	铝-镁-硅-铁		软	<115	17		50	52.6	
	铝-镁-铁			<115	15		52	58.5	
	铝-镁-铁-铜			<115	15		52	58.5	
	铝-铁			<90	30			61	

注：1. 表中导电率百分值栏的IACS为软铜的国际标准导电率。
2. 含量均为质量分数。

3.2.3 铝的中间合金

熔炼铝合金时，需要预先将某些元素配制成二元或多元的中间合金，然后再以中间合金形式加入到熔体中。中间合金参考标准 GB/T 27677—2011。

1. 使用中间合金的目的

1）有些合金元素的含量范围较窄，为使合金获得准确的化学成分，不适于加入纯金属，而需以中间合金形式加入。

2）某些合金元素的熔点较高，不能直接加入，须将此难熔组分预先制成中间合金以降低其熔点。

3）某些合金元素的密度较大，且在铝中的溶解速度较慢，如以纯金属形式加入，易造成偏析，需以中间合金形式加入。

4）合金中某些元素不纯净，有的锈蚀严重，不宜直接加入合金中，为使合金净化、减少烧损、保证质量，也应制成中间合金。

2. 对中间合金的要求

1）成分均匀，以保证合金得到准确的化学成分。

2）熔点较低，最好与铝熔点接近，既可减少金属烧损，又可加快熔炼速度。

3）中间合金的元素含量应尽可能高些。这样既可减少中间合金用量，又可减少中间合金的制造量。

4）有足够的脆性，易于破碎，便于配料。

5）不易挥发、腐蚀，无毒，便于保管。

6）在铝中有良好的溶解度，以加快熔炼速度。

3. 中间合金的生产方法

（1）混合法 用两种或多种金属直接混合。

1）先将易熔金属熔化，过热至一定温度，再将难熔元素分批加入。此法简单，且热损失小。

2）先熔化难熔元素，再加入易熔元素。因难熔组分数量小、熔点高，此法很少采用。

3）事先将两种元素在两台炉子内熔化，之后将其混合。此法适用于大规模生产。

（2）还原法 用铝从金属氧化物中还原金属，并使之进入熔融金属中。此法适用于高熔点元素。

4. 典型中间合金特征

典型中间合金的特征见表 9-3-12。

表 9-3-12 典型中间合金（GB/T 27677—2011）

名称	牌号	合金元素(%)	熔化温度/℃	特性	用途
铝-铜	AlCu50	Cu48~52	570~600	脆	调整合金成分
铝-硅	AlSi20	Si18~20	700~800	脆	调整合金成分
铝-锰	AlMn10	Mn9~11	770~830	韧	调整合金成分
铝-钛	AlTi5	Ti4~6	1020~1070	易偏析	晶粒细化、提高塑性
铝-镍	AlNi10	Ni9~11	680~730	韧	提高塑性
铝-铬	AlCr5	Cr4~6	900~1000	易偏析	提高塑性、改善性能
铝-铬	AlCr10	Cr9~11	900~1000	易偏析	提高塑性、改善性能
铝-锆	AlZr5	Zr4~6	800~850	易偏析	提高塑性、改善性能
铝-锑	AlSb4	Sb3~5	660	易偏析	提高塑性、改善性能
铝-铁	AlFe20	Fe18~22	1020	脆	提高塑性、改善性能
铝-铍	AlBe3	Be2~4	820	韧	提高塑性、改善性能
铝-硼	AlB3	B2.5~3.5	800	韧	降低电阻率,提高导电性,晶粒细化
铝-钛-硼	AlTi5B1	Ti4.5~6 B0.9~1.2	800	易偏析	晶粒细化
铝稀土	AlRe10	Re9~11	680	易偏析	晶粒细化
铝钛硼稀土	AlTi5B1 Re10	Ti4.5~6 B0.9~1.2 Re9~11	800	易偏析	晶粒细化
铝钛碳	AlTi5C0.2	Ti4.5~6 C0.2~0.4	1020~1070	易偏析	晶粒细化
铝-锶	AlSr10	Sr9~11	680~740	易偏析	硅 13%以下铝硅合金长效变质之用
铝-钇	AlY5	Y4~6	740~800	易偏析	提高塑性,改善性能
铝-钒	AlV5	V4.5~5.5	700~720	易偏析	增加流动性
铝-铋	AlBi10	Bi9~11	650	易偏析	调整合金成分,增加流动性

3.2.4 导体用铝合金炉前化学分析方法

1. 硅的测定

(1) 试剂制备

1) 氢氧化钾溶液：每100mL水中溶解60g氢氧化钾。

2) 硝酸：2∶7。

3) 钼酸铵溶液：5%。

4) 硫酸草酸-亚铁溶液：于2700mL水中，加硫酸100mL、溶解草酸30g、硫酸亚铁铵24g。

(2) 测定步骤 称取0.02g铝合金试样，置于250mL高型银烧杯中，加氢氧化钾溶液2mL（用塑料滴管加入），置于高温砂浴中加热至试样完全溶解；然后，移至冷水浴中稍冷，加水10mL，加热至沸。

将银烧杯中的上述溶液，倾入预先盛有10mL硝酸的高型烧杯中，加热至沸后加钼酸铵溶液10mL并摇动5s，再加入硫酸草酸-亚铁溶液70mL后摇匀，注入20mm光径比色皿中，采用521型高含量光电比色计，选择65号滤光片进行比色。

标准曲线用同类标准样品、按同样方法进行比色测定绘制。

2. 高硅的测定（铝硅中间合金分析用）

(1) 试剂制备 采用硅的测定中相同的试剂。

(2) 测定步骤 称取0.02g试样，置于250mL高型银烧杯中，加氢氧化钾溶液2mL（用塑料滴管加入），置于高温砂浴中加热至试样完全溶解；然后，移至冷水浴中稍冷，加水30mL并加热至沸，加酸性钼酸铵溶液30mL，摇匀5s后，再加硫酸草酸-亚铁溶液140mL摇匀，注入10mm光径比色皿中，采用521型高含量光电比色计，用65号滤光片进行比色。

标准曲线用同类标准样品、按同样方法进行比色测定绘制。

3. 镁的测定（0.5%以上）

(1) 试剂制备

1) 盐酸：浓。

2) 硝酸：浓。

3) 氨水：浓。

4) 三乙醇胺溶液：1∶4。

5) 氰化钾溶液：20%。

6) 铬黑*T*指示剂：约0.5%三乙醇胺溶液。

7) EDTA标准溶液：0.01ml/L。

(2) 测定步骤 称取0.05g试样，置于250mL锥形烧杯中，加盐酸5mL，加热至剧烈反应后，加硝酸2mL，继续加热至溶液澄清，加三乙醇胺溶液50mL、氨水20mL、氰化钾溶液3mL、铬黑*T*指示剂约2滴，以EDTA标准溶液（用微量滴定管）滴定至红色突变为蓝色。

以同类标准试样、按同样方法求得EDTA标准溶液的滴定度*T*。

$$镁(\%)=TV$$

式中 *T*——EDTA标准溶液对镁的滴定度（%/mL）；

V——0.05g试样所消耗EDTA标准溶液的体积（mL）。

4. 镁的测定（0.5%以下）

(1) 试剂制备

1) 盐酸：1∶2。

2) 硝酸：1∶2。

3) 三乙醇胺溶液：3∶7。

4) 混合溶液：①pH10.9缓冲溶液，每升含10.7g氯化铵及500mL浓氨水；②铬变酸2R，0.1%（临用前，再将以上两溶液与丙酮、水按2∶1∶2∶2体积比混合）。

5) EDTA溶液：2%。

6) 纯铝：不含镁。

7) 镁标准溶液：精确称取纯镁0.1000g于250mL锥形烧杯中，加入20mL盐酸（1∶2），溶解后，移入1000mL量瓶中，稀释至刻度后摇匀（每mL含镁0.1mg）。

(2) 测定步骤 称取0.200g试样（如分析0.5%～1.0%，则取0.100g试样，再补纯铝0.100g），置于250mL锥形烧杯中，加15mL盐酸，加热至剧烈反应后，加硝酸2mL，继续加热至溶液澄清，加水190mL，摇匀。

分取上述试液5mL于250mL锥形烧杯中，顺次加入10mL三乙醇胺溶液、35mL混合溶液，摇匀后，移一部分生色溶液于20mm比色皿中。往剩余溶液中加入一滴EDTA溶液，摇匀后，移部分于另一20mm比色皿中作为参比，于570nm处，在72型分光光度计上测定消光度，减去试剂空白后，从标准曲线上查得镁含量。

(3) 标准曲线的绘制 于四个250mL锥形烧杯中，移入0mL、2mL、6mL、10mL镁标准溶液，于电炉上小心蒸干后，各放不含镁的纯铝0.200g，以下按前述分析方法进行。测得的消光度减去试剂空白后，与相应的镁含量绘制标准曲线。

5. 铜的测定

(1) 试剂制备

1) 盐酸：浓。

2）硝酸：1∶2。

3）柠檬酸铵-盐酸溶液：每100mL按1∶9盐酸溶液中溶解10g柠檬酸铵。

4）混合溶液：①在微热下，溶解0.1g双环己酮草酰二腙于10mL无水乙醇中，加水100mL；②氨水，1∶1（临用前，按11∶4混合）。

（2）操作步骤 称取0.05g试样于250mL锥形烧杯中，加盐酸5mL，加热至剧烈反应后，加硝酸3mL，加热蒸发至近干，趁热沿杯壁加柠檬酸铵-盐酸溶液5mL、混合溶液15mL、水70mL并摇匀。注入10mm比色皿中，于600nm处以水为参比，在分光光度计上测定消光度，从标准曲线上查得铜含量。

标准曲线用同类标准样品、按同样方法进行比色测定绘制。

对于10%铝铜中间合金的分析，则是在试样溶解后，移入100mL量瓶，稀释至刻度，摇匀后吸2mL溶液于250mL的锥形烧杯中，蒸发至近干，其余同上。

6. 铁的测定

（1）试剂制备

1）盐酸：浓。

2）硝酸：1∶2。

3）硫氰酸铵溶液：10%。

（2）测定步骤 称取0.05g试样，置于250mL锥形烧杯中，如盐酸5mL和硝酸3mL，加热至溶解完毕后，加水70mL和硫氰酸铵溶液10mL，摇匀后，注入20mm光径比色皿中，选择53号深绿色滤光片，用521型高含量光电比色计进行比色。

标准曲线用同类标准样品、按同样方法进行比色测定绘制。

7. 锑的测定

（1）试剂制备

1）氢氧化钾溶液：10%。

2）硫酸：1∶3。

3）碘化钾-硫脲溶液：每100mL含碘化钾10g及硫脲2g，贮于外面包有黑色纸的500mL软塑料瓶中。

4）PAN溶液：0.08%乙醇溶液。

5）苯：分析纯。

6）锑标准溶液：称取0.100g金属锑，加入20mL浓硫酸，加热至全部溶解后冷却，将溶液移入1L容量瓶中，用10%硫酸稀释至刻度后混匀。此溶液每毫升含锑0.1mg（使用前稀释5倍）。

（2）测定步骤 称取0.05g试样于250mL锥形烧杯中，加入10mL氢氧化钾溶液，加热溶解后，稍冷，加10mL硫酸，加热使沉淀溶解，流水冷却，顺次加碘化钾-硫脲溶液5mL、PAN溶液5mL，移入预先盛有20mL苯的具有25mL、50mL两种刻度的带塞比色管中，用少量水洗烧杯，稀释水相至25mL刻度。加塞，剧烈振摇约半分钟，静置分层后，以干燥滴管移有机相于10mm比色皿中，以水为参比于580nm处，在分光光度计上测定消光度。从标准曲线上查得锑含量。

（3）标准曲线的绘制 于三个250mL锥形烧杯中，分别移入1.0mL、3.0mL、5.0mL锑标准溶液后到蒸发近干，以下同分析方法，绘成标准曲线。

8. 稀土金属的测定

（1）试剂制备

1）盐酸：浓。

2）硝酸：1∶2。

3）抗坏血酸溶液：5%。

4）百里酚蓝指示剂溶液：0.1%溶液；滴一滴氢氧化钾（60%）溶液。

5）六次甲基四胺溶液：20%。

6）混合溶液：溶解300g磺基水杨酸于1000mL水中，小心加入氢氧化钾90g，冷却后加入硫脲10g、一氯乙酸6.3g、乙酸钠4.6g，稀释至3000mL，每1500mL上述溶液溶解偶氮胂Ⅲ0.1g）。

7）纯铝：不含稀土。

8）铈标准溶液：称取0.1228g二氧化铈于凯氏烧瓶中，加20mL浓硫酸，强热约20min后冷却，小心稀释后再冷却，并移入1L量瓶，稀释至刻度后再摇匀（每毫升含铈0.1mg）。

（2）操作步骤 称取试样（0.05%~0.25%为160mg或0.25%~1%为40mg）置于250mL锥形烧杯中，加盐酸5mL，加热至剧烈反应后，加硝酸3mL，加热溶解完全，再加水90mL后摇匀。从中取10mL溶液置于250mL锥形烧杯中，加1滴抗坏血酸溶液和1滴百里酚蓝指示剂溶液，以六次甲基四胺溶液调节pH值，以红恰变为黄为宜，加混合溶液15mL后摇匀。将其注入20mm比色皿中，以水为参比，于660nm处测定其消光度。从相应标准曲线上查铈含量。

（3）标准曲线的绘制

1）0.05%~0.25%含量（质量分数）范围：吸取0μg、100μg、200μg、300μg、400μg铈标准溶液后，等蒸发近干时各称入160mg纯铝，以下同测定步骤。

2）0.25%~1.00%含量（质量分数）范围：以40mg纯铝代替160mg纯铝，余同上。

如果铈含量（质量分数）在0.05%以下，则标准曲线不通过原点，消光度轴上截距为负值。所以，铈含量（质量分数）在0.05%以下时，建议用增量法，即烧杯中预置一定量的铈标准溶液，蒸发至近干后再称入样品，余同。在结果中扣除原加入量。

以上方法均以铈为代表。如果被测定的试样实际加的为混合稀土或铈以外的单个稀土元素，分析方法同上，将结果根据平均原子量或原子量之比例关系换算。

3.2.5 导体用铝和铝合金中稀土总量炉前化学分析方法

1. 偶氮胂Ⅲ分光光度法

（1）试剂制备

1）盐酸：1∶1。

2）硝酸：1∶1。

3）抗坏血酸溶液：5%，呈黄色时弃去重配。

4）麝香草酚蓝指示剂溶液：0.1%。

5）六次甲基四胺溶液：20%。

6）混合溶液：由磺基水杨酸、氢氧化钠或盐酸、氯乙酸和乙钠酸、偶氮胂Ⅲ按比例混合。

7）铈贮存溶液：0.1mg铈/mL。

8）铈标准溶液：10mg/mL。

（2）测定步骤 称取试样100mg置于50mL钢铁两用瓶中，加10mL的1∶1盐酸，加热分解，加1mL的1∶1硝酸，溶解完后，等稀至刻度再混匀。

分取5mL于25mL量瓶中，加1mL的5%抗坏血酸溶液和1滴指示剂溶液，用20%六次甲基四胺溶液调节至由红恰变黄，再过量1滴，加10mL混合溶液，稀释至刻度后混匀。注入20mm比色皿中，以水为参比，于665nm处，在分光光度计上测定吸光度，扣除用不含稀土的铝制成的空白试液吸光度后，从检量线上查得稀土总量。

（3）检量线的绘制 按上述方法，称取同样量不含稀土的纯铝制成铝基体液，吸取5mL五份于五个25mL量瓶中，分别移入0mL、0.50mL、1.00mL、1.50mL和2.00mL铈标准溶液（相当于0.00%、0.05%、0.10%、0.15%和0.20%），以下同分析方法，测得吸光度，并扣除不加铈标准液的吸光度后，与相应的稀土（铈形式）量绘制检量线。

注1：基体铝的干扰可用磺基水杨酸消除。尽管如此，铝存在量对线性方程中B值有影响，铝量越多，B值越大。为此，为炉前分析的需要，要求在绘制检量线时，铝量与试样量同。

注2：稀土总量在0%~0.4%时，试样量改为50mg，类推。对中间合金，采用分液-稀释-分液的办法。无论采用何种方法，均应绘制相应检量线。

2. 二溴-氯偶氮氯膦分光光度法

（1）试剂制备

1）盐酸：1∶1。

2）过氧化氢：30%。

3）混合溶液：酸、草酸、DBC—CPA和水按比例混合。

4）铈标准溶液：2mg/mL。

（2）测定步骤 称取试样100mg于100mL钢铁两用瓶中，加1∶1盐酸，等微热分解后，加入2滴30%过氧化氢到微沸时取下，用流水冷却，再用水稀释至刻度后摇匀。

分取5mL于25mL量瓶中，加100mL混合溶液，用水稀释至刻度后摇匀。注入20mm比色皿中，以水为参比，于645nm处，在分光光度计上测定吸光度，扣除用不含稀土的铝制成的空白试液吸光度后，从检量线上查得稀土总量。

（3）检量线的绘制 按上述方法，称取同样量不含稀土的纯铝制成的铝基体液，吸取5mL四份于四个25mL量瓶中，分别移入0mL、1.00mL、3.00mL和5.00mL铈标准溶液，加入100mL混合溶液，稀释至刻度后摇匀。注入20mm比色皿中，以水为参比，于645nm处，在分光光度计上测定吸光度。扣除用不加稀土制成的空白试液吸光度后，绘制检量线。

注1：基体铝的影响，较用偶氮胂Ⅲ分光光度法稍好，但也要求在绘制检量线时铝量与试样量同。

注2：按本法可测稀土总量0%~0.2%。如遇较高含量，可减少称样量或少分取试液量。对中间合金，采用分液-稀释-分液的办法。

3.2.6 铝和铝合金光谱分析方法

铝和铝合金光谱分析方法见9.1.2节。

3.3 电工用铝及铝合金线产品

3.3.1 电工圆铝线

适用于制造电线电缆和电机电器用的圆铝线，

其力学性能和电学性能见表 9-3-13 和表 9-3-14。

表 9-3-13 圆铝线的抗拉强度及伸长率

型号	线径/mm	抗拉强度/MPa		伸长率(%)
		≥	≤	≥
LR	0.30~1.00 1.01~10.00	— —	98 98	15 20
LY4	0.30~6.00	95	125	—
LY6	0.30~6.00 6.01~10.00	125 125	165 165	— 3
LY8	0.30~5.00	160	205	—

表 9-3-14 圆铝线的电阻率及电阻温度系数

型号	电阻率ρ20/(Ω·mm²/m) ≤	对应导电率(%IACS)	电阻温度系数/℃⁻¹
LR LY4、LY6、LY8	28.000 28.264	63.0 61.0	0.00407 0.00403

3.3.2 架空绞线用硬铝线

适用于架空输电用绞线的硬铝线，根据电阻等级分为 4 个等级，分别用 L、L1、L2、L3 表示。截面形状分为圆线和型线两种类别。

硬铝线电学性能见表 9-3-15，力学性能见表 9-3-16和表 9-3-17。

表 9-3-15 硬铝线的电阻率及电阻温度系数

型号	电阻率最大值/nΩ·m (IACS)	电阻温度系数/℃⁻¹
L、LX1、LX2	28.264(61.0%)	0.00403
L1、L1X1、L1X2	28.034(61.5%)	0.00407
L2、L2X1、L2X2	27.808(62.0%)	0.00410
L3、L3X1、L3X2	27.586(62.5%)	0.00413

表 9-3-16 硬铝圆线的力学性能

型号	标称直径 d/mm	抗拉强度/MPa,最小值
L L1	d=1.25 1.25<d≤1.50 1.50<d≤1.75 1.75<d≤2.00 2.00<d≤2.25 2.25<d≤2.50 2.50<d≤3.00 3.00<d≤3.50 3.50<d≤5.00	200 195 190 185 180 175 170 165 160
L2 L3	1.25≤d≤3.00 3.00<d≤3.50 3.50<d≤5.00	170 165 160

表 9-3-17 硬铝型线的力学性能

型号	标称等效直径 d/mm	抗拉强度/MPa,最小值
LX1、LX2 L1X1、L1X2	d=2.00 2.00<d≤2.25 2.25<d≤2.50 2.50<d≤3.00 3.00<d≤3.50 3.50<d≤6.00	185 180 175 170 165 160
L2X1、L2X2 L3X1、L3X2	2.00≤d≤3.00 3.00<d≤3.50 3.50<d≤6.00	170 165 160

3.3.3 架空绞线用铝-镁-硅合金圆线

适用于架空输电用绞线的铝-镁-硅合金圆线，其主要性能指标见表 9-3-18。

表 9-3-18 铝-镁-硅合金圆线的技术指标

标称直径/mm	LHA1		
	抗拉强度/MPa	伸长率(%)	20℃最大电阻率/(Ω·mm²/m)
d≤3.00	≥325	≥3.0	0.032840
d>3.00	≥315		
标称直径/mm	LHA2		
	抗拉强度/MPa	伸长率(%)	20℃最大电阻率/(Ω·mm²/m)
d≤3.00 d>3.00	≥295	≥3.5	0.032530

3.3.4 架空绞线用耐热铝合金线

适用于架空输电用绞线的耐热铝合金线，其主要性能指标见表 9-3-19。

3.3.5 架空绞线用中强度铝合金线

适用于架空输电用绞线的中强度铝合金线，其主要性能指标见表 9-3-20。

3.3.6 架空导线用软铝型线

适用于制造架空导线用的软铝型线，其主要性能指标见表 9-3-21。

3.3.7 电缆导体用铝合金线

适用于制造额定电压 0.6/1kV 铝合金导体交联聚乙烯绝缘电缆导体用铝合金线，其主要技术性能指标见表 9-3-22。

表 9-3-19　耐热铝合金线的技术指标

型号	标称直径/mm		抗拉强度/MPa	伸长率(%)	20℃最大电阻率/(Ω·mm²/m)
	>	≤	≥	≥	
NRLH1	—	2.60	169	1.5	0.028735
	2.60	2.90	166	1.6	
	2.90	3.50	162	1.7	
	3.50	3.80		1.8	
	3.80	4.00	159	1.9	
	4.00	4.50		2.0	
NRLH2	—	2.60	248	1.5	0.031347
	2.60	2.90	245	1.6	
	2.90	3.50	241	1.7	
	3.50	3.80		1.8	
	3.80	4.00	238	1.9	
	4.00	4.50	225	2.0	
NRLH3	—	2.30	176	1.5	0.028735
	2.30	2.60	169		
	2.60	2.90	166	1.6	
	2.90	3.50	162	1.7	
	3.50	3.80		1.8	
	3.80	4.00	159	1.9	
	4.00	4.50		2.0	
NRLH4	—	2.60	169	1.5	0.029726
	2.60	2.90	165	1.6	
	2.90	3.50	162	1.7	
	3.50	3.80		1.8	
	3.80	4.00	159	1.9	
	4.00	4.50		2.0	

表 9-3-20　中强度铝合金线的技术指标

标称直径/mm	LHA3		
	抗拉强度/MPa	伸长率(%)	20℃最大电阻率/(Ω·mm²/m)
2.00≤d<3.00	≥250	≥3.0	0.029472
3.00≤d<3.50	≥240		
3.50≤d<4.00	≥240		
4.00≤d≤5.00	≥230		

标称直径/mm	LHA4		
	抗拉强度/MPa	伸长率(%)	20℃最大电阻率/(Ω·mm²/m)
2.00≤d<3.00	≥290	≥3.0	0.030247
3.00≤d<3.50	≥275		
3.50≤d<4.00	≥265		
4.00≤d≤5.00	≥255		

表 9-3-21　软铝型线的技术指标

型号	等效单线直径/mm	抗拉强度/MPa	20℃最大电阻率/(Ω·mm²/m)
LRX1、LRX2	2.00~6.00	60~90	0.02737

表 9-3-22　电缆导体用铝合金线的技术指标

型号	状态	抗拉强度/MPa	伸长率(%)	20℃最大电阻率/(Ω·mm²/m)
DLH1、DLH2、DLH3、DLH4、DLH5、DLH6	R	98~159	≥10	0.028264
	Y	≥185	>1.0	0.028976

3.3.8　电缆屏蔽用铝镁合金线

适用于制造电线电缆编织屏蔽层用铝镁合金线，其主要技术性能指标见表 9-3-23。

表 9-3-23　铝镁合金线的技术指标

型号状态	标称直径/mm	抗拉强度/MPa	断时伸长率(%)	20℃最大电阻率/(Ω·mm²/m)
LHP-Y	0.10~0.15	300	4	0.05200
	0.16~0.26	310		
LHP-R	0.10~0.15	220	7	
	0.16~0.26	230		

3.3.9　线缆编织用铝合金线

适用于制造电线电缆编织用铝合金线，其主要技术性能指标见表 9-3-24。

表 9-3-24　线缆编织用铝合金线的技术指标

合金牌号	状态	直径/mm	室温拉伸试验结果		20℃最大电阻率/(Ω·mm²/m)
			抗拉强度/MPa	断裂时伸长率(%)	
5154C	H36	0.100~0.260	≥305	≥5	≤0.05000
	O	0.100~0.260	≥250	≥9	≤0.05388
5154	H36	0.100~0.260	≥305	≥5	≤0.05000
	O	0.100~0.160	≥220	≥8	≤0.05388
		>0.160~0.260		≥10	

3.3.10　电工用铝扁线

适用于制造电机电器用的铝扁线，其主要技术性能指标见表 9-3-25。

表 9-3-25 铝扁线技术指标

名称	型号	状态	抗拉强度/MPa		伸长率(%)	20℃最大电阻率/(Ω·mm²/m)
			最小	最大		
软铝扁线	LBR	O	60	95	20	0.02800
H2 状态硬铝扁线	LBY2	H2	75	115	6	0.028264
H4 状态硬铝扁线	LBY4	H4	95	140	4	0.028264
H8 状态硬铝扁线	LBY8	H8	130	—	3	0.028264

3.4 电工用铝及铝合金母线

3.4.1 电工用铝及其合金母线

适用于电工用的截面为矩形的铝及其合金母线（亦称铝及其合金排），其力学指标见表 9-3-26，弯曲性能指标见表 9-3-27，电学性能见表 9-3-28。

表 9-3-26 铝和铝合金母线力学性能

型号	铝和铝合金母线全部规格	
	抗拉强度/(N/mm²)	伸长率(%)
LMR、LHMR	≥68.6	≥20
LMY、LHMY	≥118	≥3

表 9-3-27 铝和铝合金宽边弯曲直径

厚度 a	弯曲直径/mm
$a\leqslant 2.50$	10
$2.50<a\leqslant 4.00$	16
$4.00<a\leqslant 8.00$	32
$8.00<a\leqslant 16.00$	64
$a>16.00$	126

表 9-3-28 铝和铝合金母线电阻率

型号	20℃直流电阻率/(Ω·mm²/m)	导电率(%IACS)
LMR、LHMR	≤0.028264	≥61.0
LMY、LHMY	≤0.0290	≥59.5

3.4.2 铝及铝合金管形导体

适用于轧制-拉伸法生产的铝及铝合金无缝管形导体，或者用作导体的采用挤压法生产的铝及铝合金无缝管材，其主要技术性能见表 9-3-29。

表 9-3-29 铝和铝合金管形导体技术性能

牌号	状态	室温拉伸试验结果			导电率(%IACS)
		抗拉强度/MPa	规定非比例延伸强度/MPa	断后伸长率(%)	
1060	H14	85	65	12	≥61
3003	H14	135	120	4	≥32
6101	TA5、T6	200	170	10	≥55
	T10	170	150	—	
6063	TA5、T6	205	175	8	≥51
	T10	180	160	—	

3.5 铝带（箔）

铝带（箔）常用于电缆的屏蔽层、铝-塑复合带；也用作同轴电缆的外导体、变压器绕组用的氧化膜铝带（箔）等。

铝带（箔）应采用符合重熔用铝锭规定牌号的铝制成。铝带（箔）表面应平整光洁，不应有缺口、氧化、水斑、腐蚀、裂纹、砂眼、起皮、起泡、明显的横向细纹及边缘毛刺等。

铝带（箔）有硬态（冷轧）和软态（退火）两种，其规格和尺寸见表 9-3-30。

表 9-3-30 铝带（箔）的规格和尺寸

<table>
<tr><th colspan="2">厚度/mm</th><th colspan="2">宽度/mm</th><th rowspan="2">长度/m</th><th rowspan="2">计算重量/(kg/m)</th></tr>
<tr><th>标称尺寸</th><th>允许偏差</th><th>标称尺寸</th><th>允许偏差</th></tr>
<tr><td>0.10</td><td rowspan="4">-0.04</td><td rowspan="15">20~250</td><td rowspan="12">±0.5</td><td rowspan="8">30</td><td>0.27</td></tr>
<tr><td>0.15</td><td>0.41</td></tr>
<tr><td>0.20</td><td>0.54</td></tr>
<tr><td>0.25</td><td>0.68</td></tr>
<tr><td>0.30</td><td rowspan="6">-0.05</td><td>0.81</td></tr>
<tr><td>0.35</td><td>0.95</td></tr>
<tr><td>0.40</td><td>1.08</td></tr>
<tr><td>0.50</td><td>1.35</td></tr>
<tr><td>0.60</td><td rowspan="5">15</td><td>1.62</td></tr>
<tr><td>0.70</td><td>1.89</td></tr>
<tr><td>0.80</td><td rowspan="2">-0.08</td><td>2.16</td></tr>
<tr><td>0.90</td><td>2.43</td></tr>
<tr><td>1.00</td><td rowspan="6">-0.10</td><td rowspan="6">±1.0</td><td>2.70</td></tr>
<tr><td>1.10</td><td rowspan="5">10</td><td>2.97</td></tr>
<tr><td>1.20</td><td>3.24</td></tr>
<tr><td>1.30</td><td rowspan="3">90~250</td><td>3.51</td></tr>
<tr><td>1.40</td><td>3.78</td></tr>
<tr><td>1.50</td><td>4.05</td></tr>
</table>

注：铝带的宽度、长度取决于电缆结构和工艺、设备的要求。本表列出的铝带宽度、长度，仅供参考。

3.6 电缆铠装用铝带

电缆铠装用铝带带材成分应符合表9-3-31的规定。

铝带的牌号、状态和规格见表9-3-32。

铝带力学性能见表9-3-33。

表9-3-31 电缆铠装用铝带成分

牌号	化学成分(质量分数)(%)													
	Si	Fe	Cu	Mn	Mg	Cr	Ni	Zn		Ti	Zr	其他		Al
												单个	合计	
1060	0.25	0.35	0.05	0.03	0.03	—	—	0.05	0.05V	0.03	—	0.03	—	99.60
1070	0.20	0.25	0.04	0.03	0.03	—	—	0.04	0.05V	0.03	—	0.03	—	99.70
1070A	0.20	0.25	0.03	0.03	0.03	—	—	0.07	—	0.03	—	0.03	—	99.70
1100	0.95 Si+Fe		0.05~0.20	0.05	—	—	—	0.10	—	—	—	0.05	0.15	99.00

表9-3-32 铝带的牌号、状态、规格

牌号	状态	厚度/mm	宽度/mm	宽度偏差/mm
1060	O	0.50±0.03 0.60±0.04 0.65±0.06 0.75±0.06 0.80±0.06 0.90±0.06 1.00±0.06 1.10±0.07 1.20±0.07 1.30±0.08 1.40±0.08 1.50±0.08 1.60±0.09 1.70±0.09 1.80±0.09 1.90±0.09 2.00±0.10 2.10±0.10 2.20±0.10 2.30±0.10 2.40±0.10 2.50±0.10 2.60±0.12 2.70±0.12 2.80±0.12 2.90±0.12 3.00±0.12	双铝带铠装 25~50 纵包氩弧焊轧纹铝管 >80~400	10≤W<50时, ±0.15 50≤W<100时, ±0.25 100≤W<150时, ±0.50 150≤W<200时, ±0.80 W≥200时, ±1.00
	H12、H22			
	H14、H24			
	H16、H26			
	H18			
1070	O			
	H12、H22			
	H14、H24			
	H16、H26			
	H18			
1070A	O			
	H12、H22			
	H14、H24			
	H16、H26			
	H18			
1100	O			
	H12、H22			
	H14、H24			
	H16、H26			
	H18			

表 9-3-33 铝带力学性能

牌号	状态	厚度/mm	抗拉强度/MPa	规定非比例延伸强度/MPa	断后伸长率(%)
				≥	
1060	O	>0.30~0.50	60~100	15	18
		>0.50~1.50			23
		>1.50~6.00			25
	H12、H22	>0.50~1.50	H12:80~120 H22:80	60	6
		>1.50~6.00			H12:12,H22:10
	H14、H24	>0.30~0.50	H14:95~135 H24:95	70	2
		>0.50~0.80			2
		>0.80~1.50			4
		>1.50~3.00			6
	H16、H26	>0.30~0.50	H16:110~155 H26:110	75	2
		>0.50~0.80			2
		>0.80~1.50			3
		>1.50~4.00			5
	H18	>0.30~0.50	125	85	2
		>0.50~1.50			3
		>1.50~3.00			4
1070A	O、H111	>0.20~0.50	60~90	15	23
		>0.50~1.50			25
		>1.50~3.00			29
	H12、H22	>0.20~0.50	80~120	H12:55 H22:50	H12:5,H22:7
		>0.50~1.50			H12:6,H22:8
		>1.50~3.00			H12:7,H22:10
	H14、H24	>0.20~0.50	100~140	H14:70 H24:60	H14:4,H24:5
		>0.50~1.50			H14:4,H24:6
		>1.50~3.00			H14:5,H24:7
	H16、H26	>0.20~0.50	110~150	H16:90 H26:80	H16:2,H26:3
		>0.50~1.50			H16:2,H26:3
		>1.50~4.00			H16:3,H26:4
	H18	>0.20~0.50	125	105	2
		>0.50~1.50			2
		>1.50~3.00			2
1100	O	>0.30~0.50	75~105	25	17
		>0.50~1.50			22
		>1.50~6.00			30
	H12、H22	>0.30~0.50	95~130	75	3
		>0.50~1.50			5
		>1.50~6.00			8
	H14、H24	>0.30~0.50	110~145	95	2
		>0.50~1.50			3
		>1.50~4.00			5
	H16、H26	>0.30~0.50	130~165	115	2
		>0.50~1.50			3
		>1.50~4.00			4
	H18	>0.30~0.50	150	—	1
		>0.50~1.50			2
		>1.50~3.00			4

3.7 电缆铠装用铝合金带

电缆铠装用铝合金带成分应符合 GB/T 3190—2008 的规定，见表 9-3-34。

铝合金带的牌号、状态和规格见表 9-3-35。

铝合金带的力学性能见表 9-3-36。

铝合金带的导电率要求不小于 30%IACS。

表 9-3-34 电缆铠装用铝带成分

牌号	化学成分(质量分数)(%)												
	Si	Fe	Cu	Mn	Mg	Cr	Ni	Zn		Ti	Zr	其他 单个	其他 合计	Al
5052	0.25	0.40	0.10	0.10	2.2~2.8	0.15~0.35	—	0.10	—	—	—	0.05	0.15	余量
5154	0.25	0.40	0.10	0.10	3.1~3.9	0.15~0.35	—	0.20	—	0.20	—	0.05	0.15	余量
5154A	0.50	0.50	0.10	0.50	3.1~3.9	0.25	—	0.20	0.10~0.50 Mn+Cr	0.20	—	0.05	0.15	余量
5754	0.40	0.40	0.10	0.50	2.6~3.6	0.30	—	0.20	0.10~0.60 Mn+Cr	0.15	—	0.05	0.15	余量

表 9-3-35 铝合金带的牌号、状态、规格

牌号	状态	厚度/mm	宽度①/mm
5052	H14	0.40±0.04 0.50±0.05 0.60±0.05 0.65(0.66)±0.06 0.75(0.76)±0.06 0.80±0.06	9.5±0.10 12.7±0.10 19.0±0.15 25.4±0.15
	H16		
	H24、H34		
	H26、H36		
5154/5154A	H12		
	H14		
	H22、H32		
	H24、H34		
	H26、H36		
	H28、H38		
5754	H16		
	H24、H34		
	H26、H36		
	H28、H38		

① 表中铝合金带宽度值为参考值，具体宽度值根据铠装工艺要求。

表 9-3-36 铝合金带的力学性能

牌号	状态	厚度/mm	室温拉伸试验结果 抗拉强度/MPa	规定非比例延伸强度/MPa	断后伸长率(%)
5052	H14	>0.20~0.50	230~280	180	3
		>0.50~1.50			3
	H16	>0.20~0.50	250~300	210	2
		>0.50~1.50			3
	H24、H34	>0.20~0.50	230~280	150	4
		>0.50~1.50			5
	H26、H36	>0.20~0.50	250~300	180	3
		>0.50~1.50			4

（续）

牌号	状态	厚度/mm	室温拉伸试验结果		
			抗拉强度/MPa	规定非比例延伸强度/MPa	断后伸长率(%)
5154/5154A	H12	>0.20~0.50	250~305	190	3
		>0.50~1.50			4
	H14	>0.20~0.50	270~325	220	2
		>0.50~1.50			3
	H22、H32	>0.20~0.50	250~305	180	5
		>0.50~1.50			6
	H24、H34	>0.20~0.50	270~325	200	4
		>0.50~1.50			5
	H26、H36	>0.20~0.50	290~345	230	3
		>0.50~1.50			3
	H28、H38	>0.20~0.50	310	250	3
		>0.50~1.50			3
5754	H24、H34	>0.20~0.50	240~280	160	6
		>0.50~1.50			6
	H16	>0.20~0.50	265~305	220	2
		>0.50~1.50			3
	H26、H36	>0.20~0.50	265~305	190	4
		>0.50~1.50			4
	H28、H38	>0.20~0.50	290	230	3
		>0.50~1.50			3

3.8 电缆屏蔽用纳米膜复合铝合金带

纳米膜复合铝合金带是以铝合金带为基材，在铝合金的表面复合厚度为纳米级的薄膜，该薄膜将铝合金带表面凹凸不平的毛刺填平，防止表面微孔会形成的微电池腐蚀，改变其表面的性质，满足高硬度，高热导率、耐腐蚀、导电等性能要求。它可以应用于电缆的金属屏蔽材料。

3.8.1 纳米材料结构组成

1）类金刚石（Diamond-Like Carbon，DLC）是非晶态的一种稳定形态，碳原子间以共价键的形式键合，主要是由sp3C-C键（金刚石键）和sp2C-C键（石墨键）交叉形成的三维无序结构，在氢化DLC薄膜中部分碳原子和氢键键合形成C-H键，通常sp3杂化键含量越高，其硬度越高，性能越接近于金刚石，而sp2杂化碳控制着DLC薄膜的电学性能和光学带隙。DLC薄膜具有高硬度、低摩擦系数、耐腐蚀、良好的导热导电性能。

制备好的铝合金带由内而外分别为非晶态层厚度为100nm，纳米半导电材料层（高热导率、高硬度和化学惰性，掺有氢、硼元素的透明半导电改性金刚石硬膜）厚度为80nm。纳米膜总厚度小于200nm。与晶态合金相比，非晶态合金没有晶界，在物理性能、化学性能和力学性能几方面都发生了显著的变化。

2）纳米膜复合铝合金带通过掺杂以及调节类金刚石膜中的sp3键和sp2键来调节纳米薄膜的性能指标。

非晶态层采用的是一种快速凝固工艺，它将处于熔融状态的金属或合金喷洒在高速旋转的冷却辊上，在这里，合金以每秒百万度的速率迅速冷却，以致金属中的原子来不及重新排列而形成了杂乱无序的组合，这样就产生了非晶态合金。具体工艺过程如下：

铝合金带坯表面化学清洗→过水→表面粗化处理→过水→除膜→过水→脱水→烘干→非晶态层→真空气相沉积半导电类金刚石硬膜。

3.8.2 主要技术指标

纳米膜复合铝合金带分为软态（M）和半硬态（Y2）两种，主要用于电线电缆的金属屏蔽层。纳米膜复合铝合金带的主要性能见表9-3-37。

表9-3-37　纳米膜复合铝合金带的主要性能

性能	技术指标
厚度范围/mm	0.05～0.20
厚度公差/mm	±0.01
宽度范围/mm	10～50
宽度公差/mm	±0.1
电阻率/(mΩ/mm^2)	≤ 0.030
热导率/(W/m·K)	1200～1800
腐蚀速率/(mm/a)	≤0.004
表面接触电阻/(mΩ·m^2)	≤0.1
抗拉强度(20℃)/(N/mm^2)	≥180
屈服强度(20℃)/(N/mm^2)	≥130
伸长率(%)	≥15

参考标准

GB/T 1196—2008　重熔用铝锭
GB/T 3190—2008　变形铝及铝合金化学成分
GB/T 3954—2014　电工圆铝杆
GB/T 3955—2009　电工圆铝线
GB/T 5584.3—2009　电工用铜、铝及其合金扁线　第3部分：铝扁线
GB/T 5585.2—2005　电工用铜、铝及其合金母线　第2部分：铝和铝合金母线
GB/T 7999—2015　铝及铝合金光电直读发射光谱分析方法
GB/T 17048—2009　架空绞线用硬铝线
GB/T 20975—2007～2013　铝及铝合金化学分析方法
GB/T 23308—2009　架空绞线用铝-镁-硅合金圆线
GB/T 23309—2009　电缆屏蔽用铝镁合金线
GB/T 24486—2009　线缆编织用铝合金线
GB/T 27676—2011　铝及铝合金管形导体
GB/T 27677—2011　铝中间合金
GB/T 29325—2012　架空导线用软铝型线
GB/T 29920—2013　电工用稀土高铁铝合金杆
GB/T 30551—2014　架空绞线用耐热铝合金线
GB/T 30552—2014　电缆导体用铝合金线
NB/T 42042—2014　架空绞线用中强度铝合金线
YS/T 309—2012　重熔用铝稀土合金锭
DIN 40501-4—1973　电工用铝；纯铝丝．交货的技术条件

参考文献

[1]　黄崇祺．黄崇祺文集［M］．北京：机械工业出版社，2014.

[2]　肖亚庆．铝加工技术实用手册［M］．北京：冶金工业出版社，2005.

[3]　王祝堂．重熔用铝锭与细晶用铝锭［J］．中国有色金属学报，2014.

[4]　王博，陈先华，颜滔，等．中间退火对5052铝合金组织与性能的影响［J］．轻合金加工技术，2015，43（4）：37-45.

第4章

钢丝和钢带

4.1 钢丝

电线电缆用钢丝分镀锌钢丝、镀锡钢丝、涂塑钢丝、不锈耐酸钢丝、镀锌股钢丝五类，主要用作电线电缆的导体或护层的加强材料。

4.1.1 镀锌钢丝

电线电缆用镀锌钢丝的品种和用途见表 9-4-1。

表 9-4-1 镀锌钢丝的品种和用途

品种	用途
绞线用镀锌钢丝	架空输电线结构用和(或)加强用
一般用途热镀锌低碳钢丝	一般电线电缆护层中的钢丝编织层
铠装电缆用钢丝	电线电缆护层中的钢丝铠装层
探测电缆用镀锌钢丝	油矿、油泵、深海测量电缆护层中的钢丝铠装层
光缆用镀锌绞线用钢丝	光缆用加强芯、自承式光缆电缆拉索等

1. 绞线用镀锌钢丝

1）绞线用镀锌钢丝依据 GB/T 3428—2012 包括各种结构的所有单线，单线直径（包括镀层）的范围为 1.25~5.50mm；镀锌层分为两个级别：A 级和 B 级，镀锌层用单位面积最小锌层的重量表示。绞线用镀锌钢丝分 1 级、2 级、3 级、4 级和 5 级共 5 个强度等级。

2）绞线用镀锌钢丝应表面光洁，不得有与良好生产工艺不相称的全部缺陷。镀锌层表面，尤其是用热镀法的表面不是很光洁、平整，因此应在镀锌钢丝均匀区内测量直径，于同一截面且互相垂直的方向上测量两次，取两次测量值的平均值。绞线用镀锌钢丝的规格和尺寸见表 9-4-2。

3）绞线用镀锌钢丝的技术要求。

表 9-4-2 绞线用镀锌钢丝的规格和尺寸

钢丝直径 d /mm	尺寸允许偏差/mm			
	A 级镀锌层			B 级镀锌层
	1 级、2 级、3 级	4 级	5 级	1 级、2 级
$1.25<d\leq2.25$	±0.03	±0.03	±0.03	±0.05
$2.25<d\leq2.75$	±0.04	±0.05	±0.05	±0.06
$2.75<d\leq3.00$	±0.05	±0.05	±0.05	±0.06
$3.00<d\leq3.50$	±0.05	±0.05	±0.05	±0.07
$3.50<d\leq4.25$	±0.06	±0.06	±0.06	±0.09
$4.25<d\leq4.75$	±0.06	±0.06	±0.06	±0.10
$4.75<d\leq5.50$	±0.07	—	—	±0.11

a）绞线用镀锌钢丝的锌层重量应符合表 9-4-3 的规定。其测定可用容积法或重量法，前者精确度高、速度快，可优先作为例行试验；如有异议，应用重量法仲裁。经缠绕试验后，镀锌层不应开裂，或用手指摩擦锌层不会产生脱落的起皮。肉眼观察镀锌层应没有空隙；镀锌层应较光洁、厚度均匀。

表 9-4-3 绞线用镀锌钢丝的锌层重量

钢丝直径/mm		镀锌层重量/(g/m²) ≥	
大于	小于或等于	A 级镀锌层	B 级镀锌层
1.25	1.50	185	370
1.50	1.75	200	400
1.75	2.25	215	430
2.25	3.00	230	460
3.00	3.50	245	490
3.50	4.25	260	520
4.25	4.75	275	550
4.75	5.50	290	580

b）1 级强度钢丝的力学性能应符合表 9-4-4 的规定。

c）2 级强度钢丝的力学性能应符合表 9-4-5 的规定。

d）3 级强度钢丝的力学性能应符合表 9-4-6 的规定。

e）4 级强度钢丝的力学性能应符合表 9-4-7 的规定。

f）5 级强度钢丝的力学性能应符合表 9-4-8 的规定。

表 9-4-4　1 级强度钢丝的力学性能

钢丝直径 d/mm	1%伸长时应力 /(N/mm²) ≥	抗拉强度 /(N/mm²) ≥	伸长率① (%) ≥	缠绕试验芯棒直径为钢丝直径的倍数	扭转次数② ≥
			A 级镀锌层		
$1.25<d\leq 2.25$	1170	1340	3.0	1	18
$2.25<d\leq 2.75$	1140	1310	3.0	1	16
$2.75<d\leq 3.00$	1140	1310	3.5	1	16
$3.00<d\leq 3.50$	1100	1290	3.5	1	14
$3.50<d\leq 4.25$	1100	1290	4.0	1	12
$4.25<d\leq 4.75$	1100	1290	4.0	1	12
$4.75<d\leq 5.50$	1100	1290	4.0	1	12
			B 级镀锌层		
$1.25<d\leq 2.25$	1100	1240	4.0	1	—
$2.25<d\leq 2.75$	1070	1210	4.0	1	—
$2.75<d\leq 3.00$	1070	1210	4.0	1	—
$3.00<d\leq 3.50$	1000	1190	4.0	1	—
$3.50<d\leq 4.25$	1000	1190	4.0	1	—
$4.25<d\leq 4.75$	1000	1190	4.0	1	—
$4.75<d\leq 5.50$	1000	1190	4.0	1	—

注：选择伸长率试验还是扭转试验，若供需双方没有协议，应由制造厂决定，但不影响钢丝的使用质量，下同。

① 标距为 250mm。如采用其他标距，其值应使用系数$\frac{650}{标距+400}$进行校正，下同。

② 扭转试验试样长度为试样直径的 100 倍；扭转试验不适用于 B 级镀锌钢丝，下同。

表 9-4-5　2 级强度钢丝的力学性能

钢丝直径 d/mm	1%伸长时应力 /(N/mm²) ≥	抗拉强度 /(N/mm²) ≥	伸长率 (%) ≥	缠绕试验芯棒直径为钢丝直径的倍数	扭转次数 ≥
			A 级镀锌层		
$1.25<d\leq 2.25$	1310	1450	2.5	3	16
$2.25<d\leq 2.75$	1280	1410	2.5	3	16
$2.75<d\leq 3.00$	1280	1410	3.0	4	16
$3.00<d\leq 3.50$	1240	1410	3.0	4	14
$3.50<d\leq 4.25$	1170	1380	3.0	4	12
$4.25<d\leq 4.75$	1170	1380	3.0	4	12
$4.75<d\leq 5.50$	1170	1380	3.0	4	12
			B 级镀锌层		
$1.25<d\leq 2.25$	1240	1380	2.5	3	—
$2.25<d\leq 2.75$	1210	1340	2.5	3	—
$2.75<d\leq 3.00$	1210	1340	3.0	4	—
$3.00<d\leq 3.50$	1170	1340	3.0	4	—
$3.50<d\leq 4.29$	1100	1280	3.0	4	—
$4.25<d\leq 4.75$	1100	1280	3.0	4	—
$4.75<d\leq 5.50$	1100	1280	3.0	4	—

表 9-4-6　3 级强度钢丝的力学性能

钢丝直径 d/mm	1%伸长时应力 /(N/mm²) ≥	抗拉强度 /(N/mm²) ≥	伸长率 (%) ≥	缠绕试验芯棒直径为钢丝直径的倍数	扭转次数 ≥
$1.25<d\leq 2.25$	1450	1620	2.0	4	14
$2.25<d\leq 2.75$	1410	1590	2.0	4	14
$2.75<d\leq 3.00$	1410	1590	2.5	4	12
$3.00<d\leq 3.50$	1380	1550	2.5	4	12
$3.50<d\leq 4.25$	1340	1520	2.5	4	10
$4.25<d\leq 4.75$	1340	1520	2.5	4	10
$4.75<d\leq 5.50$	1270	1500	2.5	4	10

表 9-4-7 4 级强度钢丝的力学性能

钢丝直径 d/mm	1%伸长时应力 /(N/mm^2) ≥	抗拉强度 /(N/mm^2) ≥	伸长率 (%) ≥	缠绕试验芯棒直径为钢丝直径的倍数	扭转次数 ≥
1.25<d≤2.25	1580	1870	3.0	4	12
2.25<d≤2.75	1580	1820	3.0	4	12
2.75<d≤3.00	1550	1820	3.5	4	12
3.00<d≤3.50	1550	1770	3.5	4	12
3.50<d≤1.29	1500	1720	3.5	4	10
4.25<d≤4.75	1480	1720	3.5	4	8

表 9-4-8 5 级强度钢丝的力学性能

钢丝直径 d/mm	1%伸长时应力 /(N/mm^2) ≥	抗拉强度 /(N/mm^2) ≥	伸长率 (%) ≥	缠绕试验芯棒直径为钢丝直径的倍数	扭转次数 ≥
1.25<d≤2.25	1600	1960	3.0	4	12
2.25<d≤2.75	1600	1910	3.0	4	12
2.75<d≤3.00	1580	1910	3.5	4	12
3.00<d≤3.50	1580	1870	3.5	4	12
3.50<d≤1.29	1550	1820	3.5	4	10
4.25<d≤4.75	1500	1820	3.5	4	8

4）绞线用镀锌钢丝应根据供需双方协议按不小于最小长度的要求交货，其允许误差为+3%。

5）有镀层的成品钢丝不允许有任何接头。有的无镀层成品钢丝，接头处的最小抗拉强度低于标准值的 90%。含有接头的成圈钢丝应显标记。

2. 编织用低碳钢丝

编织用低碳镀锌钢丝是用低碳光面钢丝镀制而成的。

1）编织用低碳镀锌钢丝（YB/T 5294—2009）的规格和尺寸见表 9-4-9。

表 9-4-9 一般用途低碳镀锌钢丝的规格和尺寸

（单位：mm）

钢丝公称直径	允许偏差	钢丝公称直径	允许偏差
≤0.30	±0.01	>1.60~3.00	±0.04
>0.30~1.00	±0.02	>3.00~6.00	±0.05
>1.00~1.60	±0.03	>6.00	±0.06

2）低碳镀锌钢丝的技术要求。

a）钢丝可采用 GB/T 701—2008 或其他低碳钢盘条制成。

b）镀锌钢丝表面不应有未镀锌的地方，表面应呈基本一致的金属光泽。普通镀锌钢丝应满足表 9-4-10（YB/T 5357—2009（ISO 7989））规定的相应级别锌层重量的要求。架空绞线用镀锌钢丝的锌层重量应符合表 9-4-11（GB/T 3428—2012）的要求。

c）低碳镀锌钢丝的力学性能：镀锌钢丝的抗拉强度为 295 ~ 540N/mm^2，公称直径不大于 0.30mm 时，伸长率不得低于 10%，公称直径大于 0.30mm 时，伸长率不得低于 12%。

d）每捆钢丝的重量、根数及单根最低重量应符合表 9-4-12 的规定。标准捆钢丝每捆重量允许有不超过规定重量 1% 的正偏差和 0.4% 的负偏差，非标准捆的钢丝应由一根钢丝组成。钢丝捆不允许有紊乱的线圈或成“∞”字形。

表 9-4-10 绞线用普通镀锌钢丝的锌层重量

钢丝直径 /mm	锌层重量/(g/mm^2)							
	A		AB	B	C	D	E	F
	A_1	B_2						
≤0.25	—	—	30	20	18	15	12	5
>0.25~0.40	—	—	50	30	25	20	12	5
>0.40~0.50	90	75	60	35	30	20	15	8
>0.50~0.60	110	90	70	50	35	20	15	8
>0.60~0.80	120	110	80	60	40	20	15	10
>0.80~1.00	150	130	90	70	50	25	18	10
>1.00~1.20	180	150	110	75	60	25	18	10
>1.20~1.40	200	160	120	85	60	25	18	14

(续)

钢丝直径 /mm	锌层重量/(g/mm²)							
	A		AB	B	C	D	E	F
	A_1	B_2						
>1.40~1.60	200	160	130	90	70	35	30	20
>1.60~1.80	220	180	130	100	70	40	30	20
>1.80~2.00	230	200	155	105	80	45	30	20
>2.00~2.20	230	200	155	110	80	50	40	25
>2.20~2.50	240	210	155	110	80	55	40	25
>2.50~2.80	250	220	165	120	90	65	45	25
>2.80~3.00	250	230	165	125	90	70	45	25
>3.00~3.20	260	230	165	125	90	80	50	25
>3.20~3.60	270	250	185	135	100	80	50	30
>3.60~4.00	270	250	190	135	100	85	60	30
>4.00~4.40	290	250	200	135	110	95	70	35
>4.40~5.20	290	270	245	150	110	95	70	40
>5.20~6.00	290	270	245	—	110	100	80	50
>6.00~7.50	290	290	—	—	—	—	—	—
>7.50~10.00	300	300	—	—	—	—	—	—

表 9-4-11 架空绞线用镀锌钢丝的锌层重量

钢丝标称直径/mm		镀锌层单位面积重量最小值/(g/m²)	
大于	小于或等于	A级	B级
1.24	1.50	185	370
1.50	1.75	200	400
1.75	2.25	215	430
2.25	3.00	230	460
3.00	3.50	245	490
3.50	4.25	260	520
4.25	4.75	275	550
4.75	5.50	290	580

表 9-4-12 低碳镀锌钢丝捆重及最低重量

钢丝公称直径 /mm	标准捆			非标准捆最低重量 /kg
	捆重 /kg	每捆焊接头数量不多于	单根最低重量 /kg	
≤0.30	5	6	0.5	0.5
>0.30~0.50	10	5	1	1
>0.50~1.00	25	4	2	2
>1.00~1.20	25	3	3	3
>1.20~3.00	50	3	4	4
>3.00~4.50	50	2	6	10
>4.50~6.00	50	2	6	12

3. 铠装电缆用钢丝

铠装电缆用镀锌低碳钢丝执行标准 GB/T 3082—2008。铠装电缆用钢丝系采用普通低碳钢热轧圆盘条制成，其表面镀有锌层。

1）铠装电缆用钢丝的规格尺寸及偏差见表9-4-13。

表 9-4-13 铠装电缆用钢丝的规格尺寸及偏差

钢丝直径/mm	公差/mm
0.9~1.2	±0.01
1.2~1.6	±0.05
1.6~2.5	±0.05
2.5~3.2	±0.08
3.2~4.2	±0.10
4.2~6.0	±0.13

2）铠装电缆用钢丝的技术要求。

a）每盘钢丝由一根组成，其重量应符合表9-4-14的规定。

表 9-4-14 热镀锌低碳钢丝的每盘重量

钢丝直径/mm	盘重/kg
1.6、2.0	≥30
2.5、3.15	≥45
4.0	≥50
5.0、6.0	≥60

b）允许供应盘重不小于表9-4-14规定重量一半的钢丝盘，但不得超过每批供货量的5%。

c）中间尺寸的钢丝的重量，按相邻较小直径的规定值。

d）铠装电缆用钢丝的锌层重量应符合表9-4-15的规定。其中：经硫酸铜溶液试验后的镀锌钢丝表面，不应出现用棉花或净布擦不掉的、光亮的金属铜；经缠绕试验后，锌层不应发生破裂或脱层。镀锌层应均匀，不应有裂缝、斑疤和没有镀锌之处。允许有个别的锌层堆积，但使钢丝增大的值应不超过直径公差的 1.5 倍。

e）钢丝的力学性能应符合表 9-4-16 的规定。

表 9-4-15　铠装电缆用钢丝的锌层重量

钢丝直径/mm	锌层重量/(g/m²)≥	浸入硫酸铜溶液的次数(60s 一次)	缠绕试验	
			芯轴直径为钢丝直径的倍数	缠绕圈数≥
1.8~2.5	180	≥2	10	6
2.6~3.9	230	≥3		
4.0~6.0	245	≥4		

表 9-4-16　铠装电缆用钢丝的力学性能

钢丝直径/mm	抗拉强度/(N/mm²)	伸长率(%)≥	标距/mm	扭转试验	
				次数≥	标距/mm
0.5~1.2	315~495	10	250	24	150
1.2~1.6				22	
1.6~2.5				20	
2.5~3.2				19	
3.2~4.2				15	
4.2~6.0				10	
6.0~8.0				7	

注：中间尺寸的钢丝，按相邻直径较大的规定值。

4. 探测电缆用镀锌钢丝

1）探测电缆用镀锌钢丝的规格和尺寸见表9-4-17。

表 9-4-17　探测电缆用镀锌钢丝的规格和尺寸

标称直径/mm	允许偏差/mm
0.8	+0.02 -0.04
1.0	±0.05
1.1	+0.02 -0.04
1.2	±0.05
1.3	+0.02 -0.04
1.4	
1.5	

2）探测电缆用镀锌钢丝的技术要求。

a）镀锌钢丝的锌层质量：镀锌层必须均匀，具有化学稳定性，镀锌钢丝在浸入硫酸铜溶液中两次，每次 1min 后，表面不应有用棉花或净布擦不掉的红点。镀锌层必须牢固地附着在钢丝上，镀锌钢丝在直径为钢丝直径 5 倍的芯轴上缠绕后，锌层不应破裂和产生鳞片。

b）镀锌钢丝的力学性能：由于探测电缆的使用条件苛刻，故对镀锌钢丝的力学性能要求较高，应符合表 9-4-18 的规定。

表 9-4-18　探测电缆用镀锌钢丝的力学性能

钢丝直径/mm	抗拉强度/(N/mm²)	180°时弯曲性能		扭转 360°	
		弯曲半径为钢丝直径的倍数	弯曲次数≥	负荷重量(%钢丝破断力)	扭转次数≥
0.8	1666~1862	2.5	13	2	20
1.0	1274~1764	2.5	9	2	22
1.1	1568~1764	2.5	/	2	20
1.2	1274~1764	2.5	6	2	22
1.3	1176~1666	5.0	19	2	22
1.4	1176~1666	5.0	15	2	22
1.5	1176~1666	5.0	14	2	22

注：同一批钢丝中的强度差应不超过 100N/mm²。

c）在探测电缆制造过程中，其铠装钢丝在整根电缆制造长度内不允许存在接头，所以镀锌钢丝的每圈长度应符合表 9-4-19 的规定，或该规定长度的整数倍。

表 9-4-19　探测电缆用镀锌钢丝的每圈长度

钢丝直径/mm	钢丝长度/圈	钢丝直径/mm	钢丝长度/圈
0.8	4000	1.3	2500
1.0	2500,4000	1.4	2500
1.1	2500,4000	1.5	2500
1.2	4000		

5. 光缆用镀锌绞线用钢丝

1）光缆用镀锌钢绞线按断面结构分 1×7 及 1×19 两种，单根镀锌钢丝的规格和尺寸见表 9-4-20。

表 9-4-20　镀锌钢丝的规格和尺寸

钢丝直径/mm	允许偏差/mm
0.30~0.80	±0.01
>0.80~1.20	±0.02
>1.20~2.00	±0.03

2）光缆用镀锌钢绞线用钢丝的技术要求。

a）钢丝的钢号由制造厂选择，但其硫、磷含量各不得大于0.03%。镀锌层应均匀、连续，不应有裂纹及没有镀锌的地方。锌层重量应符合表9-4-21的规定。锌层应附着牢固；钢丝按表中规定的芯棒紧密缠绕6圈后，锌层不得开裂或脱落。

表9-4-21 镀锌钢丝的锌层重量

钢丝直径/mm	锌层重量/(g/m²) ≥	缠绕试验芯棒直径为钢丝直径的倍数
≤0.30	20	3
>0.30~0.50	28	
>0.50~0.80	35	
>0.80~1.40	40	
>1.40~2.00	50	

b）镀锌钢丝的抗拉强度应符合表9-4-22的规定。

表9-4-22 镀锌钢丝的抗拉强度

钢丝直径/mm	抗拉强度/(N/mm²) ≥
≤0.50	1770
>0.50~0.90	1570
>0.90~1.50	1470
>1.50~2.00	1370

c）镀锌钢丝的扭转次数应符合表9-4-23的规定。

表9-4-23 镀锌钢丝的扭转次数

钢丝直径 d/mm	试样长度（钳口距离）/mm	扭转次数 ≥			
		标称抗拉强度/(N/mm²)			
		1370	1470	1570	1770
0.50~1.00	100d	—	27	26	24
>1.00~1.30		—	26	—	—
>1.30~1.80		26	25	—	—
>1.80~2.00		24	—	—	—

d）镀锌钢丝的弯曲次数应符合表9-4-24的规定。

4.1.2 镀锡钢丝

镀锡钢丝主要用于地质勘探用电线电缆控制线芯和电力线芯中，以提高线芯的力学强度。所以，镀锡钢丝应采用高强度钢丝制成。

1）镀锡钢丝的规格和尺寸见表9-4-25。

2）镀锡钢丝的技术要求。

a）镀锡钢丝的锡层质量：镀锡钢丝的表面应光滑，不应有裂缝、脱层、堆积的锡屑及未镀锡的地方。个别地方锡层堆积引起的钢丝直径增大，其增大值应不超过钢丝直径允许的正偏差。

表9-4-24 镀锌钢丝的弯曲次数

钢丝直径/mm	弯曲圆柱半径/mm	弯曲次数 ≥			
		标称抗拉强度/(N/mm²)			
		1370	1470	1570	1770
0.50	1.25	—	—	—	6
0.55	1.75	—	—	13	—
0.60				11	
0.65				9	
0.70				8	
0.75	2.50	—	—	15	—
0.80			—	14	
0.85			—	13	
0.90			—	12	
0.95			11	—	
1.00			10	—	
1.05	3.75	—	18		
1.10			18		
1.15			17		
1.20			16		
1.25			14		
1.30			13		
1.35			12		
1.40			11		
1.45			10		
1.50			10		
1.55	5.00	16	—	—	—
1.60		16			
1.65		15			
1.70		14			
1.75		13			
1.80		13			
1.85		12			
1.90		12			
1.95		11			
2.00		11			

注：中间直径钢丝的弯曲次数应符合相邻较大直径钢丝的规定。

表9-4-25 镀锡钢丝的规格和尺寸

标称直径/mm	允许偏差/mm	允许椭圆度/mm	计算截面积/mm²	计算重量/(kg/km)
0.2	±0.02 −0.01	0.02	0.031	0.247
0.25	±0.02	0.02	0.049	0.385
0.3			0.071	0.555
0.4	±0.03	0.03	0.126	0.987
0.5			0.196	1.540

镀锡层应具有化学稳定性，能经受盐酸及铁氰化钾溶液的浸蚀试验。试验时，取100mm长的试样，用汽油、苯或酒精除去油污，再用蒸馏水冲洗后用棉花或净布擦干；将试样浸入化学纯盐酸内1min并取出，用水冲洗后再浸入2.5%铁氰化钾溶

液中30s，而后迅速浸入蒸馏水内1min。上述过程，反复两次。此时，试样表面不应有近似黑色的蓝色或蓝斑点，整个表面也不应呈轻微蓝色。

镀锡层必须牢固地附着在钢丝上，镀锡钢丝在直径为钢丝直径4倍的芯轴上缠绕6圈后，锡层不应破裂和脱层。

b）镀锡钢丝的力学性能应符合表9-4-26的规定。

表9-4-26 镀锡钢丝的力学性能

钢丝直径 /mm	抗拉强度 /(N/mm^2)	50mm长试样扭转360°	
		负荷重量（%钢丝破断力）	扭转次数≥
0.2	2058~2450	5	35
0.25	1960~2352	5	33
0.3	1862~2156	5	27
0.4	1764~2107	5	20
0.5	1666~1960	5	16

c）镀锡钢丝质量及其他要求：镀锡钢丝不应有混扭、打结现象。镀锡钢丝卷盘应由一根钢丝组成，且不应卷成“8”字形，每盘钢丝的重量应符合表9-4-27的规定。

表9-4-27 镀锡钢丝的每盘重量

钢丝直径 /mm	每盘重量 /kg ≥	钢丝直径 /mm	每盘重量 /kg ≥
0.2	0.3	0.4	1.2
0.25	0.5	0.5	1.8
0.3	0.75		

4.1.3 涂塑钢丝

涂塑钢丝是在普通低碳钢丝外涂覆一层高密度聚乙烯，其耐腐蚀性能比镀锌钢丝优越，适合于制作海底电缆的钢丝铠装层。

涂塑钢丝的直径为1.8~6mm；抗拉强度为294~490N/mm^2；伸长率不小于12%。

涂塑钢丝的塑料涂层不应有裂缝及漏涂。涂塑钢丝在直径为钢丝直径5倍的芯轴上缠绕后，涂塑层应不破裂，针孔无明显增加。涂塑钢丝经50kg负荷的滚压拖动试验后，涂塑层应不破裂和脱落。

4.1.4 不锈耐酸钢丝

不锈耐酸钢丝主要用作特殊电线电缆中的导电线芯和编织层。

1）不锈耐酸钢丝的牌号与化学成分。不锈耐酸钢丝有冷拉、热处理（或热处理后酸洗）、磨光（经热处理或冷拉后）和抛光（经热处理或冷拉后）四种。它们的牌号与化学成分应符合表9-4-28的规定。

2）不锈耐酸钢丝的规格和尺寸见表9-4-29。

3）不锈耐酸钢丝的技术要求。

a）不锈耐酸钢丝的力学性能。不锈耐酸钢丝的力学性能应符合表9-4-30的规定。

b）钢丝的表面及内在质量要求。钢丝表面应光滑、洁净（磨光或抛光钢丝还应光亮），不应有裂缝、花纹、分层、结疤、折叠、氧化皮等缺陷存在（热处理状态钢丝允许有氧化膜）。钢丝表面允许有个别的凹面、划伤、拉裂，但其深度不应使钢丝直径超过允许偏差。钢丝的低倍组织不应有缩孔、夹层及非金属夹杂物。

c）钢丝的质量及其他要求。钢丝应成盘供应，每盘由一根组成，且不得缠成“8”字形，每盘质量和丝盘内径应符合表9-4-31的规定。

表9-4-28 不锈耐酸钢丝的牌号与化学成分

化学元素	化学成分(质量分数)(%)						
	钢组及牌号						
	铬镍钢		铬镍钛钢	铬钢			
	1铬18镍9 1Cr18Ni9	2铬18镍9 2Cr18Ni9	1铬18镍9钛 1Cr18Ni9Ti	1铬13 1Cr13	2铬13 2Cr13	3铬13 3Cr13	4铬13 4Cr13
碳	≤0.14	0.15~0.24	≤0.12	≤0.18	0.16~0.24	0.25~0.34	0.35~0.45
硅	≤0.80	≤0.80	≤0.80	≤0.60	≤0.60	≤0.60	≤0.60
锰	≤2.00	≤2.00	≤2.00	≤0.60	≤0.60	≤0.60	≤0.60
铬	17.0~19.0	17.0~19.0	17.0~19.0	12.0~14.0	12.0~14.0	12.0~14.0	12.0~14.0
镍	8.0~11.0	8.0~11.0	8.0~11.0				
钛			5×(C%-0.02)~0.80				
硫	≤0.030	≤0.030	≤0.030	≤0.030	≤0.030	≤0.030	≤0.030
磷	≤0.035	≤0.035	≤0.035	≤0.035	≤0.035	≤0.035	≤0.035

表 9-4-29　不锈耐酸钢丝的规格和尺寸

钢丝直径/mm	允许偏差/mm		钢丝直径/mm	允许偏差/mm		钢丝直径/mm	允许偏差/mm	
	标准精度	较高精度		标准精度	较高精度		标准精度	较高精度
0.20	±0.02	+0.02 -0.01	0.90	±0.04	±0.02	2.5	±0.06	±0.04
0.25			1.0	±0.06	+0.03 -0.02	2.8		
0.30			1.1			3.0		
0.35	±0.03		1.2		±0.03	3.5	±0.08	
0.40			1.3			4.0		
0.45			1.4			4.5		
0.50	±0.04		1.5			5.0		±0.05
0.55			1.6			5.5		
0.60		±0.02	1.8			6.0		
0.70			2.0					
0.80			2.3		±0.04			

注：钢丝的椭圆度不得超过直径公差的二分之一。

表 9-4-30　不锈耐酸钢丝的力学性能

牌号	冷拉状态		热处理状态	
	抗拉强度/(N/mm²) ≥	弯曲次数≥	抗拉强度/(N/mm²)	标距 100mm 时的伸长率(%)≥
1Cr18Ni9	1078	4	≤833	20
1Cr18Ni9Ti	1078	4	≤833	20
2Cr18Ni9	1078	4	≤882	20
1Cr13	—	—	≥539	16
2Cr13	—	—	≥637	14
3Cr13	—	—	≥686	12
4Cr13	—	—	≥735	10

注：直径小于或等于 1.0mm 的冷拉铬镍、铬镍钛钢丝，应以缠绕试验代替弯曲试验。缠绕试验在直径为钢丝直径 3 倍的芯棒上缠绕 5 圈后，钢丝应不断裂。

表 9-4-31　不锈耐酸钢丝的每盘重量及钢丝盘内径

钢丝直径/mm	每盘重量/kg　≥	钢丝盘内径/mm　≥
0.20~0.30	0.15	100
0.35~0.45	0.5	100
0.50~0.60	0.5	150
0.70~1.20	1.0	150
1.30~1.40	2.0	150
1.50~2.00	2.0	200
2.10~6.00	2.0	400

4.1.5　殷钢丝

殷钢是一种铁基高镍合金，由于线膨胀系数比普通钢芯线膨胀系数低许多，具有长度基本上不随温度变化的特点，作为导线加强材料，配合耐热铝合金线和超耐热铝合金线绞合为导线，具有允许工作温度高、载流量大、低弧垂等特性，主要用于线路增容改造线路。

1）殷钢化学成分应符合表 9-4-32 的规定。在平均线膨胀系数满足标准的情况下，允许镍含量偏离标准规定范围。

2）镀锌殷钢丝的基本特性见表 9-4-33，镀锌层重量见表 9-4-3 镀锌钢丝镀锌层重量。

4.1.6　铝包钢线

铝包钢线主要用于制造铝包钢芯铝（及铝合金）绞线的加强芯、OPGW 导体、大跨越导线和良导体地线等，其主要性能指标见表 9-4-34。

表 9-4-32　殷钢化学成分

合金 牌号	化学成分(质量分数)(%)									
	C	P	S	Si	Se	Cu	Mn	Ni	Co	Fe
	不大于									
Invar	0.05	0.020	0.020	0.30	—	—	0.20~0.60	35.0~37.0	—	余量

表 9-4-33　镀锌股钢丝的基本性能

股钢丝直径/mm	允许偏差/mm	抗拉强度(最小值)/MPa	伸长率(最小值)(%)	弹性模量/GPa	线膨胀系数/(10^{-6}/℃)	密度/(g/cm^3)
1.25~3.00	±0.03	1100	7.5	165	2.8~3.6	8.0
3.00~5.50	±0.05	1050				

表 9-4-34　铝包钢线主要技术指标

级别	铝层厚度/mm		抗拉强度/MPa≥	伸长1%时的应力/MPa≥	伸长率(%)(试件长250mm)	导电率/(%IACS)		电阻温度系数/℃$^{-1}$
	平均	最小				包括铝、钢	不包括钢	
LB14	3.35%d	2.5%d	1500~1590	1270~1410	1.0(断后) 1.5(断时)	14	7.9	0.0034
LB20d<1.80	6.7%d	4%d	1100~1340	1000~1200		20.3	15.3	0.0036
d≥1.80	6.7%d	5%d	1320	1100				
LB23	8.15%d	5.5%d	1220	980		23	18.3	0.0036
LB27	10.25%d	7%d	1080	800		27	22.6	0.0036
LB30	12.25%d	7.5%d	880	650		30	26.2	0.0038
LB35	15.35 %d	10%d	810	590		35	31.7	0.0039
LB40	19.2%d	12.5%d	680	500		40	37.8	0.0040

4.2 钢带

4.2.1 铠装电缆用冷轧钢带

用热轧钢带经冷轧而成，主要供作加工电缆铠装层的涂漆钢带和镀锌钢带以及镀锡钢带之用。

1）铠装电缆用冷轧钢带的规格见表 9-4-35。

表 9-4-35　铠装电缆用冷轧钢带的规格

厚度/mm	宽度/mm
0.20	10,15,20,25
0.30	15,20,25
0.50	20,25,30,35,45,50,55,60
0.80	45,50,60
1.00	60

2）铠装电缆用冷轧钢带的尺寸允许偏差见表 9-4-36。距钢带头尾各 30m 内的厚度偏差允许超过该表相应规定值的 25%。

表 9-4-36　铠装电缆用冷轧钢带尺寸允许偏差

厚度/mm	允许偏差/mm	宽度/mm	允许偏差/mm
0.20	±0.02	10,15,20,25	±0.50
0.30	±0.03		
0.50	±0.04	30,35	±1.00
0.80	±0.05	40,45	±1.50
1.00	±0.06	50,55,60	±2.00

3）铠装电缆用冷轧钢带的镰刀弯应符合表 9-4-37的规定。

4）铠装电缆用冷轧钢带的不平度应符合表 9-4-38的规定。

表 9-4-37　铠装电缆用冷轧钢带的镰刀弯

厚度/mm	宽度/mm	镰刀弯/(mm/m)　≤
0.20	10,15,20,25	2
0.30	15,20,25	2
0.50	20,25,30	2
	35,40,45	3
	50,55,60	4
0.80	45	3
	50,60	4
1.00	60	4

表 9-4-38　铠装电缆用冷轧钢带的不平度

厚度/mm	不平度/mm　≤
0.20	7
0.30,0.50	6
0.80,1.00	5

5）铠装电缆用冷轧钢带的力学性能：抗拉强度应不小于 300N/mm^2；其伸长率应不小于 20%。

6）铠装电缆用冷轧钢带的外观与表面要求：钢带表面允许存在暗灰色的氧化薄层，不超过厚度允许公差之半的凸起、凹面、痘痕、刮伤及个别结疤。经光亮退火的钢带，表面应呈银白色。钢带边缘不得有撕破（碎边）和粗毛刺，但允许存在不大于厚度允许公差 1/4 的细毛刺。

7）铠装电缆用冷轧钢带长度：为了保证电缆铠装用涂漆钢带、镀锌钢带、镀锡钢带的长度，减少接头、成卷供应的钢带，其卷的内径应为 175mm±10mm 或 200mm±10mm，外径应不小于 400mm。

4.2.2 铠装电缆用镀锌钢带

铠装电缆用镀锌钢带是用冷轧钢带镀上锌层而

成的，方法有热镀（R）和电镀（D）。所以，钢带的规格尺寸、力学性能、表面质量、制造长度等，镀锌前均与本节“铠装电缆用冷轧钢带”相同。

钢带镀锌层应均匀完整，不得有锌层剥落、裂纹、锈蚀和漏镀，但允许存在个别漏镀点等缺陷。

热镀锌钢带应进行硫酸铜溶液试验。试样浸入溶液中60s，经一次试验后不应出现挂铜。镀锌钢带的锌层重量（双面）应符合表9-4-39的规定。

表9-4-39 铠装电缆用镀锌钢带的锌层重量（双面）

分类	符号	三点试验平均值≥	三点试验最低值≥
热镀锌钢带	R200	200	170
	R275	275	230
	R350	350	300
电镀锌钢带	D80	80	68

注：100g/m^{2}的锌层重量（双面）相当于每面锌层厚度约0.0071mm。

4.2.3 铠装电缆用涂漆钢带

涂漆钢带主要用作电缆的铠装。过去使用预涂沥青钢带，因有热黏冷脆的缺点，现已被涂漆钢带替代。

涂漆钢带采用浸涂法或电泳法在冷轧钢带上形成漆膜而制得。型号为QG。所用冷轧钢带的规格、尺寸和技术要求，与本节“铠装电缆用冷轧钢带”相同。

1）涂漆钢带的漆膜质量要求。涂漆钢带的漆膜质量要求应符合表9-4-40的规定。

2）涂漆钢带的供货要求。涂漆钢带应成盘交货，每盘由一根涂漆钢带组成，允许经电焊后涂漆的接头不多于3个。接头应无尖角、熔渣、穿孔、错位等缺陷。焊接头的抗拉强度以原钢带带基截面积计算，应不小于300N/mm^2。每盘涂漆钢带的内径应为200mm±5mm，外径应为630mm±10mm，或由供需双方协议商定。

4.2.4 热镀锡钢带

热镀锡钢带是用优质碳素结构钢或普通碳素钢制成的，主要用作同轴电缆的外屏蔽。

1）屏蔽用热镀锡钢带的规格和尺寸。屏蔽用热镀锡钢带有软（R）和特软（TR）两种。根据钢带编号，其规格和尺寸见表9-4-41。

表9-4-40 涂漆钢带的漆膜质量

项目		指标
外观		均匀连续，允许轻微流挂、擦伤，但不得有大片脱落或漏涂
厚度（单面）≥/μm		8
弯曲试验（ϕ5mm）/次 ≥		1
冲击试验（1次）/N·cm	钢带厚度<0.5mm ≥	100
	钢带厚度≥0.5mm ≥	300
耐腐蚀试验20℃±5℃（24h）	5%盐酸溶液	漆膜完整，允许有不大于试样总面积30%的剥离，表面小气泡不计
	5%氢氧化钠溶液	漆膜完整，允许剪切边漆膜有不超过5mm的轻度剥离
	5%氯化钠溶液	
耐热试验200℃±5℃，0.5h，ϕ5mm弯曲一次		不裂，允许距边缘3mm以内的漆膜破裂可以不计
耐低温试验-20℃±5℃，2h，ϕ5mm弯曲一次		

表9-4-41 屏蔽用热镀锡钢带的规格和尺寸

钢带编号	厚度/mm	同一横断面厚度差/mm	宽度/mm	宽度允许偏差/mm
10	0.08~0.11	≤0.01	90，96，105，115，125，140，150，160，170，180，190，200，205，210，215，225，235，245，250，260，270，280，290，300	±0.30 ±0.40 ±0.50
12	>0.11~0.13			
14	>0.13~0.15			
16	>0.15~0.17			
18	>0.17~0.19			
20	>0.19~0.21			
22	>0.21~0.24			
25	>0.24~0.27			
28	>0.27~0.30			

2）屏蔽用热镀锡钢带的技术要求。

a）对锡层的要求。镀层用锡应采用二号锡。有关锡的化学成分见本篇第 5 章。根据钢带每 100cm^2（双面）或 200cm^2（单面）表面镀锡量，镀锡钢带分为四级，每级的镀锡量应符合表 9-4-42 的规定。镀锡钢带的表面应光洁，不应有裂缝、破边、毛刺、分层、鳞层、麻点、折边、油迹、油膜过厚、宽带状流锡和群集的锡堆积、露钢带等缺陷，允许轻微的锡厚边、锡粒、锡疤、锡条、锡凹坑、溶剂斑点、暗红、肋形、辊痕、波纹、气泡、划伤、折印、露钢带点等。锡层的孔隙点，对 A、B 级每 1cm^{2}应不多于 4 个，C、D 级应不多于 6 个。

表 9-4-42　镀锡钢带的镀锡量

级别	锡层质量/g	级别	锡层质量/g
A	0.40~0.46	C	0.20~0.29
B	0.30~0.39	D	0.15~0.19

b）镀锡钢带的弯曲性能。12~18 号镀锡钢带在钳口半径为 1.5mm 的反复弯曲试验机上进行反复 90°的弯曲，特软钢带反复弯曲 8 次、软钢带反复弯曲 6 次，镀锡层及钢基上均不应出现裂缝。

4.2.5　压花镀锌钢带

压花镀锌钢带主要用于包带型钢铝电车线（接触线），由钢带经压花、镀锌后制成。

1）钢带的规格和尺寸。压花镀锌钢带用钢带的规格和尺寸见表 9-4-43。

表 9-4-43　压花镀锌钢带用钢带的规格和尺寸

厚度/mm	厚度允许偏差/mm	宽度/mm	宽度允许偏差/mm
1.0	±0.06	26.5	±0.5
1.0	±0.06	32.5	±0.5

2）压花镀锌钢带的技术要求。

a）钢带的力学性能。压花镀锌钢带的抗拉强度应不小于 294N/mm^2；其伸长率应不小于 20%。

b）钢带的花纹深度。压花钢带的花纹深度为 0.25~0.8mm。

c）钢带的外观与表面要求。钢带的镰刀弯每米应不超过 6mm。压花镀锌前的钢带，其表面允许有暗灰色的氧化层；其凸起、凹面、痘痕、刮伤和个别的结疤，厚度不得超过钢带厚度公差的 1/4。钢带边缘不得有撕破（碎边）和粗毛刺，但允许存在不大于钢带厚度公差 1/4 的细毛刺。镀锌层应牢固地附着在钢带上。镀锌钢带在浸入硫酸铜溶液 1min 后，不应有锌层脱落或用棉花（或净布）擦不掉的铜层。

3）压花镀锌钢带的长度要求。为保证压花镀锌钢带的长度，成卷的钢带，其卷内径应为 180~200mm，外径应为 400~550mm。

4.2.6　非磁性不锈钢带

非磁性不锈钢带按牌号分为 12Cr17Mn6Ni5N、12Cr17Ni7、12Cr18Ni9 和 06Cr19Ni10，按精度分为普通精度和较高精度。

不锈钢带的厚度应符合表 9-4-44；宽度应符合表 9-4-45；镰刀弯应符合表 9-4-46；不平度应符合表 9-4-47；力学性能应符合表 9-4-48。

表 9-4-44　不锈钢带的厚度及公差

厚度/mm	允许公差/mm	
	普通精度	较高精度
0.12	±0.010	±0.008
0.20	±0.015	±0.012
0.50	±0.025	±0.020

表 9-4-45　不锈钢带的宽度及公差

厚度/mm	允许公差/mm	
	普通精度	较高精度
≤40	±0.25	±0.20
>40	±0.30	±0.22

注：宽度从 20mm 起，每增加 5mm 为一档规格。

表 9-4-46　不锈钢带的镰刀弯

宽度/mm	镰刀弯/(mm/m)	
	普通精度	较高精度
≥10 且<25	≤4.0	≤1.5
≥25 且<40	≤3.0	≤1.25
≥40	≤2.0	≤1.0

表 9-4-47　不锈钢带的不平度

长度/m	不平度/mm	
	普通精度	较高精度
任意长度	≤10	≤7

表 9-4-48　不锈钢带的力学性能

牌号	抗拉强度 ≥ /MPa	断裂伸长率 ≥ (%)	硬度 ≤ HV
12Cr17Mn6Ni5N	635	40	253
12Cr17Ni7	515		218
12Cr18Ni9			210
06Cr19Ni10			

不锈钢带的表面质量要求：

a）钢带的表面不得有裂纹、结疤、折叠及夹杂等缺陷，允许有从实际尺寸算起超过尺寸公差之半的个别细小划痕、压痕、麻点及深度不超过0.20mm的小裂纹存在。

b）钢带表面氧化程度用90°弯曲试验检验。弯曲处，表面不得有片状剥落，允许有粉状剥落。

c）光亮退火的钢带表面应为银白色。

d）钢带边缘不得有撕破（碎边）和粗毛刺，允许有不大于厚度公差一半的细毛刺。

参考标准

GB/T 469—2013　铅锭
GB/T 701—2008　低碳钢热轧圆盘条
GB/T 3082—2008　铠装电缆用热镀锌或热镀锌-5%铝-混合稀土合金镀层低碳钢丝
GB/T 3428—2012　架空绞线用镀锌钢线
GB/T 20492—2006　锌-5%铝混合稀土合金镀层钢丝、钢绞线
GB/T 4240—2009　不锈钢丝
GB/T 3280—2007　不锈钢冷轧钢板和钢带
GB/T 4237—2007　不锈钢热轧钢板和钢带
GB/T 17937—2009　电工用铝包钢线
GB/T 28904—2012　钢铝复合用钢带
YB/T 024—2008　铠装电缆用钢带
YB/T 5357—2009　钢丝镀层　锌或锌-5%铝合金

第5章

镀层材料

5.1 锡

锡在电线电缆工业中主要用于制作镀锡铜线，作为铜线的保护层，提高铜线的抗腐蚀能力。为改善导线焊接性能，提供电子工业所需的容易焊接各元件的接线，可采用镀锡-铅铜线，其含量（质量分数）一般是：锡70%、铅30%，或锡60%、铅40%。

5.1.1 锡的主要特点

锡在大气环境中极为稳定，在软水和淡水中不受腐蚀；在无机酸和卤氢酸中，特别是在有氧存在和高温下，锡会迅速腐蚀。氢氟酸和氰氢酸对锡的腐蚀缓慢。油酸、硬脂酸对锡的作用极为强烈。常温下的氯或高温下的氟能对锡强烈腐蚀。锡是中性金属，在强碱和强酸性溶液中可迅速腐蚀，而在稀碱溶液中腐蚀极微。纯锡的强度低，在低温下会自行碎成粉末。

5.1.2 锡的技术要求

（1）锡的品号与化学成分 锡的品号与化学成分见表9-5-1。

（2）对锡锭的要求 锡一般以锡锭供应。锡本身为银白色，但锡锭表面由于生成氧化物薄膜而呈金黄色；锡锭表面应洁净，无腐蚀、锡疫、毛刺和外来夹杂物。锡锭的重量为25kg±1.5kg。

表9-5-1 锡的品号与化学成分

品号	代号	化学成分(质量分数)(%)								
		锡	杂质含量≤							
		≥	砷	铁	铜	铅	铋	锑	硫	总和
高级锡	Sn-00	99.99	0.0007	0.0025	0.001	0.0035	0.0025	0.0020	0.0005	0.01
特号锡	Sn-0	99.95	0.003	0.004	0.004	0.025	0.006	0.01	0.001	0.05
一号锡	Sn-1	99.90	0.001	0.007	0.008	0.045	0.015	0.02	0.001	0.10
二号锡	Sn-2	99.80	0.002	0.001	0.002	0.065	0.05	0.05	0.005	0.20
三号锡	Sn-3	99.50	0.002	0.002	0.003	0.35	0.05	0.08	0.01	0.50

注：高级锡应保证锌和铝的含量（质量分数）各不大于0.0005%；其余品号锡应保证锌和铝的含量（质量分数）各不大于0.002%。

5.2 银

银是贵金属，仅在特殊电线电缆产品中作镀层用，如射频电缆的导电线芯镀层、氟塑料绝缘耐高温电线的导电线芯的镀层或复合层等。

5.2.1 银的主要特点

银具有优良的导电性、导热性、耐腐蚀性和抗氧化性，化学性能十分稳定。银有足够的力学强度，延展性好，易于加工。

5.2.2 银的技术要求

（1）银的牌号与化学成分 银的牌号与化学成分见表9-5-2。

表9-5-2 银的牌号与化学成分

牌号	化学成分(质量分数)(%)	
	银 ≥	杂质 ≤
一号银 Ag1	99.95	0.05
二号银 Ag2	99.90	0.1

（2）镀银用阳极银板 阳极银板用于电解法镀制镀银铜线；其规格，因电镀槽的条件而异。阳极

银板的含银量（质量分数）应不低于 99.98%，含硫量（质量分数）应不超过 0.00055%。阳极银板表面应光滑、平整，无起皮、斑疤、裂纹等缺陷；外观为银白色，色泽应均匀，不应变色。

5.3　镍

镍主要用于耐高温电磁线及其他耐高温电线的导电线芯的镀层或复合层。

5.3.1　镍的主要特点

镍的加工性好，具有较高力学强度和塑性；在大气中稳定性好，即使在各种酸碱溶液、绝大多数的无机盐和有机酸中，也有较高的稳定性。镍在常温下能生成 NiO 保护膜，加热到 500℃时，镍才开始明显氧化，因而具有高温抗氧化性。镍中含溶解度极小的碳、硫、氧等元素（特别是硫）时，将显著降低冷加工性能。

5.3.2　镍的技术要求

（1）镍的牌号和化学成分　电解镍的牌号和化学成分见表 9-5-3。

（2）镀镍用阳极镍板　镀镍铜线采用电解法镀制，其所需阳极镍板的规格，可根据电镀槽的条件而定，也可用镍管替代。阳极镍板的规格见表9-5-4。

表 9-5-3　电解镍的牌号与化学成分

牌号			Ni9999	Ni9996	Ni9990	Ni9950	Ni9920
化学成分（质量分数）（%）	镍和钴总量 ≥		99.99	99.96	99.9	99.5	99.2
	钴≤		0.005	0.02	0.08	0.15	0.50
	杂质含量 ≤	碳	0.005	0.01	0.01	0.02	0.10
		硅	0.001	0.002	0.002	—	—
		磷	0.001	0.001	0.001	0.003	0.02
		硫	0.001	0.001	0.001	0.003	0.02
		铁	0.002	0.01	0.02	0.20	0.50
		铜	0.0015	0.01	0.02	0.04	0.15
		锌	0.001	0.0015	0.002	0.005	—
		砷	0.0008	0.0008	0.001	0.002	—
		镉	0.0003	0.0003	0.0008	0.002	—
		锡	0.0003	0.0003	0.0008	0.0025	—
		锑	0.0003	0.0003	0.0008	0.0025	—
		铅	0.0003	0.001	0.001	0.002	0.005
		铋	0.0003	0.0003	0.0008	0.0025	—
		铝	0.001	—	—	—	—
		锰	0.001	—	—	—	—
		镁	0.001	0.001	0.002	—	—

表 9-5-4　阳极镍板的规格

厚度/mm	宽度/mm	长度/mm	允许偏差/mm			重量/(kg/m²)
			厚度	宽度	长度	
4	100~300	400~2000	±0.04	±5	±10	35.14
5						44.25
6	100~300	400~2000	±0.05	±5	±10	53.10
7						61.95
8						70.80
9	100~300	400~2000	±0.06	±5	±10	79.65
10						88.50
11						106.20

第6章

超导材料

6.1 概述

超导材料，又称为超导体（superconductor），因其在某一温度下电阻为零而得名。超导材料具有零电阻效应、迈斯纳效应和宏观量子相干性等独特的物理性质。

1）零电阻效应是指超导体处于超导态时极小的电阻率，比如 Pb 小于 $10^{-23}\Omega \cdot cm$，远远小于目前的正常金属良导体，后者在 4K 时的电阻率最低为 $10^{-13} \sim 10^{-12}\Omega \cdot cm$，因此可以认为超导体的电阻率在临界温度下消失。

2）迈斯纳效应是指迈斯纳等人 1933 年发现超导体具有完全排磁通特性，即当温度低于临界温度时，磁场分布发生改变，磁通量完全被排斥于超导体之外，并且在撤销外磁场后，磁场完全消失。

3）宏观量子相干性是指在低温条件下，超导体可在宏观尺度上表现出量子效应，如当两块超导体弱连接成为约瑟夫森隧道结时，结两侧超导凝聚体的宏观波函数间存在一定相位差，由于隧道效应，两者间互相关联并产生干涉（相位的干涉），即约瑟夫森效应。

1911 年，荷兰莱顿（Leiden）大学的卡末林-昂内斯（Kamerlingh-Onnes）教授发现汞的电阻在 4.15 K 陡降为零，这一发现标志着人类对超导电性研究的开始。随着科学技术的发展，人们对超导电性原理的认识不断加深。1986 年，高温超导材料（HTS）的发现，进一步激发了研究 HTS 材料及实用化 HTS 的热潮。经过近 30 年的发展，第一代铋锶钙铜氧（BSCCO）超导带材的生产工艺已经基本成熟，第二代钇钡铜氧（YBCO）涂层超导体生产工艺和性能正在不断地提高和完善当中；与此同时，HTS 块材和 HTS 薄膜的制备工艺也在不断地发展。图 9-6-1 显示了超导材料发现的年份和临界温度。

超导材料可以分类为以下几种：

1）通过材料对于磁场的响应（进入迈斯纳态过程的差异）可以把它们分为第一类超导体和第二类超导体：对于第一类超导体只存在一个单一的临界磁场，超过临界磁场的时候，超导性消失；对于第二类超导体，它们有两个临界磁场值，在两个临界值之间，材料允许部分磁场穿透材料。

2）通过材料达到超导的临界温度（T_c）可以把它们分为高温超导材料和低温超导材料（LTS）。

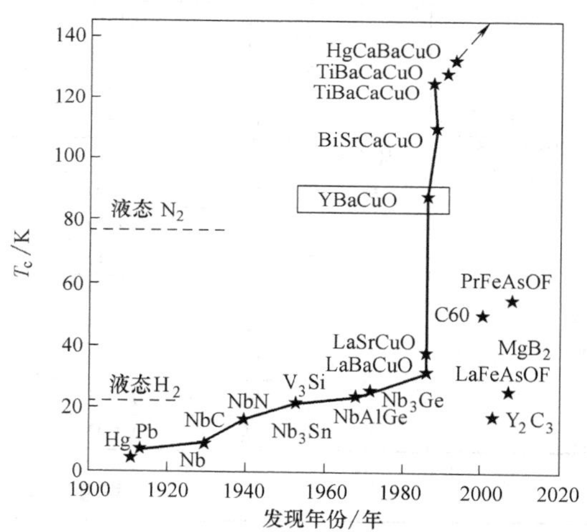

图 9-6-1　超导材料临界转变温度与发现年份

3）通过材料化学成分可以将它们分为：超导元素，比如：铅和水银；合金超导材料，比如：铌钛合金；氧化物超导体，比如钇钡铜氧化物；有机超导体，比如：碳纳米管。

超导材料因其优异的性能，向人们展示了诱人的应用前景，利用超导材料制作电力电缆，可大大提高电缆的输电密度和效率（容量可达 10000MVA），为用电密集区供电和长距离输电提供绝佳的解决方案，同时在故障状态下，当电流超过一定值时，超导电缆会失超导致阻抗迅速增大，所以超导电缆兼具故障电流限制器的功能，且在故障解除后可自行恢复至超导状态。目前美国正在构建以超导电缆为主体的超安全电网。

随着超导材料和应用技术的快速崛起，超导技术越来越成为一种不可替代的、具有经济战略意义和巨大发展潜力的高新技术，将会对国民经济和人类社会的发展产生巨大推动作用。

6.2 常用名词及含义

(1) 临界温度 这是超导材料从正常态转变为超导态的温度。

(2) 临界电流 处于超导态的超导材料所能承载的最大直流电流，在此电流下超导材料可被认为是零电阻的载流导体。

(3) 临界磁场 当超导体表面的磁场强度达到某个磁场强度 H_c 时，超导态即转变为正常态；若磁场降低到 H_c 以下时又进入超导态，此 H_c 即称为临界磁场强度。

H_c 与物质和温度有关，一般有

$$H_c(T)=H_c(0)[1-(T/T_c)^2]$$

其中 $H_c(0)$ 是温度为0K时的临界磁场强度（约为5000A/m），T_c 是超导体的临界温度。

6.3 超导材料的主要应用

超导材料因其优异的性能，向人们展示了诱人的应用前景，目前超导材料主要有以下几个应用方向：

利用材料的高载流低损耗的特性可制作电力电缆，从而大大提高电缆的输电密度和效率（容量可达10000MVA），为用电密集区供电和长距离输电提供绝佳的解决方案，同时在故障状态下，当电流超过一定值时，超导电缆会失超导致阻抗迅速增大，所以超导电缆兼具故障电流限制器的功能，且在故障解除后可自行恢复至超导状态。目前美国正在构建以超导电缆为主体的超安全电网。

由超导材料制作的高场强磁体，主要应用于核磁共振成像（MRI，磁场强度为1~3T）、高能粒子加速器、受控热核反应、超导储能和超导电机等设备。在超导电机中，由于磁场强度已超过硅钢等导磁材料的饱和磁通密度，故可以省略铁心，从而大大降低电机的重量和体积，提高电机效率和单台容量。

利用超导材料的完全抗磁性，可制作无摩擦陀螺仪、磁悬浮轴承等装置，也可将超导应用到磁悬浮运输中。

利用超导约瑟夫森效应，可制作一系列精密测量仪表以及辐射探测器、微波发生器、逻辑元件等。利用约瑟夫森结作计算机的逻辑和存储元件，其运算速度比高性能集成电路的快10~20倍，功耗只有四分之一。表9-6-1和图9-6-2列出了超导材料的主要应用。

表9-6-1 高温超导材料的强电和弱电应用

应用领域	强电应用 （基于零电阻、完全抗磁性）	弱电应用 （基于宏观量子相干效应）
智能电网	• 超导电缆 • 超导故障限流器 • 超导变压器 • 超导储能器 • 超导发电机	
国防军事	• 电磁推进舰艇 • 超高速超导电磁炮 • 超导陀螺仪	◆超导雷达 ◆遥感
交通运输	• 超导磁悬浮高速列车 • 超导大功率电动机	
医疗仪器	• 超导核磁共振成像仪（MRI）	◆心图仪 ◆脑图仪
通信等其他	• 大型离子加速器-对撞机 • 托克马克装置 • 磁分离	◆超导量子干涉仪（SQUID） ◆无线通信 ◆滤波器-有线通信

图 9-6-2　主要超导应用产品

a）超导电缆　b）超导电机　c）超导限流器　d）核聚变装置

e）核磁共振成像　f）超导磁悬浮列车

6.4　实用化的超导材料及其加工原理

虽然目前已发现了数以千计的超导材料，但受制于材料的临界参量（临界电流密度、临界磁场和临界温度）和产品工艺，具有实用价值的超导材料品种并不多。目前，已实现产业化或已具备较成熟生产工艺的实用化超导材料主要包括铌钛合金（NbTi）、铌三锡（Nb_3Sn）、铌三铝（Nb_3Al）、二硼化镁（MgB_2）、铋系高温超导材料和钇系高温超导材料等，部分相关产品的结构如图9-6-3所示。

因为超导材料及其应用技术都处在快速发展阶段，行业内尚未有统一的材料型号规格等规定，不同厂家标准不一，许多材料产品需根据实际应用的机械需求和磁场分布特征等进行定制，如低温超导带材的形状、铜超比，高温超导带材的宽度、加强层等。

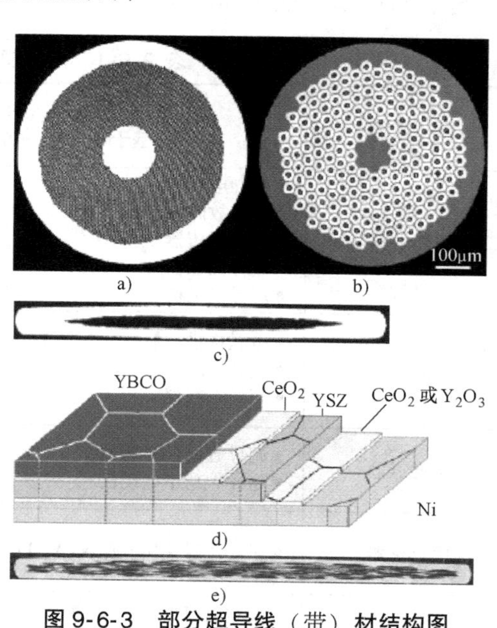

图 9-6-3　部分超导线（带）材结构图

a）NbTi 线　b）Nb_3Sn 线　c）MgB_2带材

d）YBCO 带材　e）Bi-2223 带材

6.4.1 铌钛合金（NbTi）

NbTi超导合金（$T_c=9K$）具有良好的塑性和韧性，在使用过程中性能不退化，用它绕制的磁体安全性很强。目前NbTi超导线材已有成熟的加工工艺，并已实现产业化，是目前应用最广泛和用量最大的低温超导材料。

为了降低材料的涡流损耗和磁滞损耗，NbTi超导线材必须实现多芯化和细芯化，通常需要对NbTi/Cu复合体进行2~3次挤压，目的是获得具有几千芯、直径达到微米级的NbTi/Cu超导复合体。挤压结束后，还需要对复合体交替进行多次时效热处理和拉拔减径。传统NbTi/Cu多芯超导线的工艺流程如图9-6-4所示。

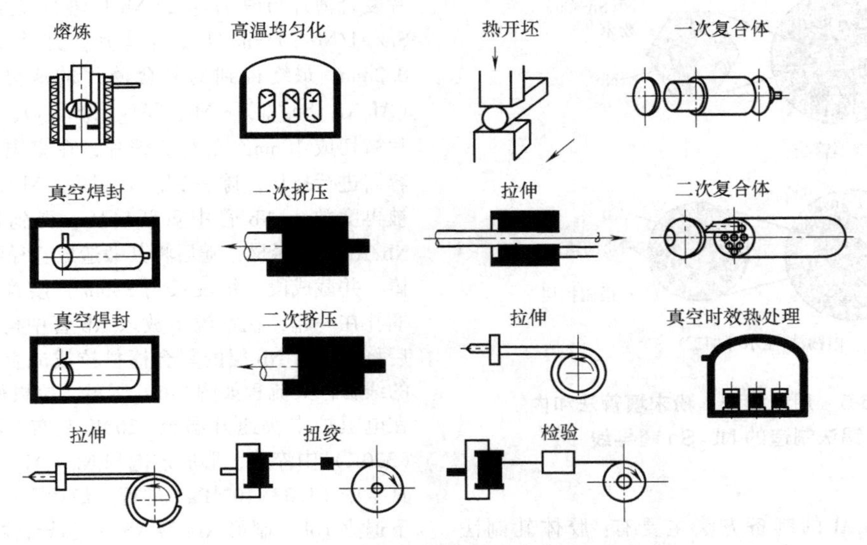

图9-6-4 NbTi/Cu多芯超导线的传统工艺流程[1]

为了提高NbTi/Cu的性能，人们开发出了人工钉扎中心（APC）工艺制备技术，制备时，NbTi/Cu需要3~4次挤压，目的是制成线径达到约0.5mm、芯径约为5μm、钉扎中心尺寸达到纳米级的超导线材，且在制备过程中不进行时效热处理，只需要对复合体进行不断减径，使NbTi/Cu线材、NbTi芯丝和钉扎中心达到规定尺寸。钉扎中心可以选用非NbTi合金材料，人为地组合或排列成特殊的几何形状，并与磁通点阵匹配，以产生更好的钉扎效果。钉扎中心材料同时可以改善和提高最终线材的其他超导性能（如T_c），在不需要较大改变复合体设计的情况下，钉扎中心体积百分数甚至可以大于20%。正是由于这些潜在的优点，APC超导线得到了广泛的关注和研究，并已取得很大的进展。

6.4.2 铌三锡（Nb_3Sn）

Nb_3Sn是典型的Ⅱ类超导材料，其临界温度为18.3K。Nb_3Sn的各向异性可忽略，上临界磁场（H_{c2}）达27T（4K），此性能明显超出NbTi，适用于高场磁体。近来，由于磁约束核聚变（MFE）和高能物理（HEP）等超导磁体的需要，使得Nb_3Sn超导材料迅速发展。

对于Nb_3Sn，不同机构开发了多种制备方法。主要包括：青铜法（Bronze process）、内锡法（Internal tin process）和粉末填管法（Powder in tube process）。青铜法是将在Cu-Sn合金基体与其中的Nb杆一起拉制成线材。内锡法是指在铜基体中具有多根Nb细丝的复合体，中心Sn作为一个线芯单元加到Nb-Cu多根细丝复合体中。粉末填管法是在Nb管中填充Nb-Sn合金及铜粉并进行拉制。以上方法的工艺简图如图9-6-5所示。

6.4.3 铌三铝（Nb_3Al）

Nb_3Al超导材料的临界温度（T_c）为18.9K，具有很高的上临界磁场29.5T（4.2K）和临界电流密度800A/mm^2（12T，4.2K）[2]。在强磁场下应力和应变关系的研究表明，Nb_3Al具有比已实用化的Nb_3Sn线材更好的抗应力特性和类似于Nb_3Sn的辐照敏感性[3]。以上这些性能均表明，Nb_3Al线材作为大型核聚变反应堆用磁体材料有着很好的应用

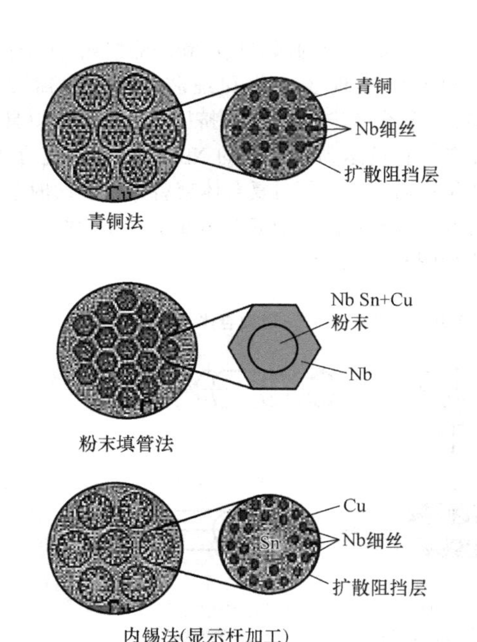

图 9-6-5 用青铜法、粉末填管法和内锡法制造的 Nb_3Sn 超导线

前景。

目前 Nb_3Al 的制备方法主要有：胶体轧制法（Jelly-Roll）法、Nb 管法、CCE（Clad-Chip Extrusion）法、激光合金化法和熔渗法等。

胶体轧制法的主要的步骤包括：将金属 Al 轧成薄带状，再与金属 Nb 薄带重叠并卷成圆棒状，然后加工成线材。随后将该复合线材在 750℃ 时进行扩散热处理，由 Al 与 Nb 进行有效的扩散反应而在线材内部生成 Nb_3Al 相[4]。

CCE（Clad-Chip Extrusion）法的主要步骤为：将 Al/Sn/Al 复合薄片的厚度轧到 0.19mm，成分比例可以根据不同厚度的 Al 片（0.27～2.48mm）和 Sn 片（0.01～0.29mm）的搭配进行控制。然后两片复合薄片与厚 1mm 的 Nb 片进行复合，得到 Al/Sn/Al/Nb/Al/Sn/Al 复合薄片，并将其厚度轧到 0.2mm，最终得到的复合薄片的成分范围为 $Nb_3(Al_{0.99}, Sn_{0.01})$～$Nb_3(Al_{0.8}, Sn_{0.2})$。这些复合薄片被切成 $10mm^2$ 左右的碎片，在室温下放入铜制容器进行挤压。除去铜质表层后，Nb/Al 复合金属被再度放入 Nb 管中重新挤压，得到铌质表层的 Nb/Al 复合棒材，随后将其锻造成直径约 2mm 的细棒，并截成段，每段长约 35mm，接着将这些细棒捆扎在一起，在室温下放入 Nb 管中再次挤压，最后将覆盖着 Nb 层的复合棒材拉拔成直径为 0.9mm 的线材，其流程如图 9-6-6 所示。拉拔得到的线材，在电阻炉中快速升温至 2200K 左右，随即在镓浴（320K）中淬火，形成过饱和 Nb（Al）相，全程在真空中（1.33×10^{-3}Pa）进行，最后再在 1023K 温度下退火 10h，制得 A15 型 Nb_3Al 超导材料[5]。

激光合金化法首先对装有 Nb 粉和 Al 粉的 Nb 管进行挤压和辊轧，制得厚 100μm、宽 6mm 的带材，其表面为厚约 10μm 的 Nb 层，且带材中的 Nb 颗粒被拉成粗约 2μm 的细丝。在氩气保护下，采

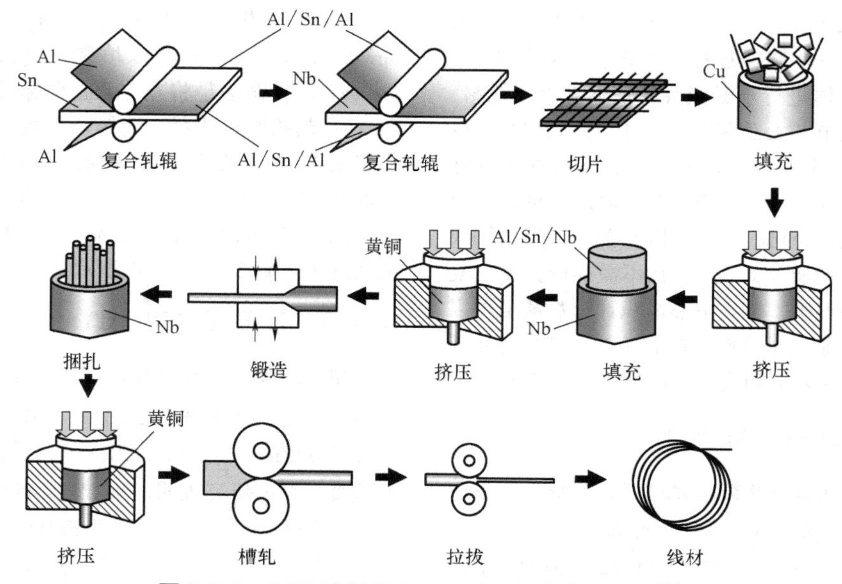

图 9-6-6 CCE 法制备 Nb/Al/Sn 复合线材流程[6]

用连续波二氧化碳激光器（$E=2.5kW$）对带材进行激光照射，光斑直径约1mm。在照射过程中，带材以20m/min的速度向前移动。激光照射之后，还需对带材进行退火处理，先在850℃保温1h，然后在700℃保温100h[7]。

熔渗法制备Nb_3Al的过程为：将Nb粉压成棒状，并于2100℃时在高真空环境下烧结15min。在1600℃以上，Nb粉中的氧会以NbO及O_2的形式蒸发，从而得到具有良好变形性能的Nb。600℃时，在氩气（10^5Pa）保护气氛下，将烧结后的试样浸入熔融的（$Al_{88.7}Si_{11.3}$）$_{99}Bi_1$合金液中5min。将Bi加入熔融Al-Si低共熔混合物中，可以显著提高Al合金液的润湿性，从而使熔渗更好地进行。渗Al后的试样能够很好地拉拔变形，减小其横截面积。通过变形，当Nb丝和Al丝的直径分别为3.5~10μm和1~3.5μm时，可以在试样中得到理想的丝状结构。随后再将试样加热至2000℃进行热处理，得到A15型Nb_3Al相[7]。

6.4.4 二硼化镁（MgB_2）

MgB_2是20世纪50年代就早已熟悉的材料，然而直到2001年3月日本科学家才发现它是超导材料，其超导转变温度高达40K，达到甚至超过经典电声耦合BCS理论预言的极限，MgB_2的上临界磁场在热力学零度时达到18T[8]。与高温超导材料相比，MgB_2超导材料虽然转变温度较低，但其各向异性小，相干长度大，因而更适合作约瑟夫森结器件；与低温超导材料相比，MgB_2超导器件具有较高的超导转变温度，可以使其在液氢温区运行，降低了器件工作所需制冷剂成本。MgB_2还具有易于加工成材、成本低廉、重量轻的特点（其密度为2.605g/cm^3）。由于以上优点，MgB_2在超导电子学器件、超导量子干涉器件及超导高频器件应用方面，具有十分广阔的应用前景。

目前MgB_2带材主要采用PIT法制备，工艺流程为：前驱粉体制备—填充至管体—拉拔—轧制—退火—成形。根据填充前驱体的不同，PIT法分为原位法和离位法，前者以镁粉和硼粉进行填充，后者以MgB_2进行填充。

MgB_2块材的合成方法一般有固相反应法、扩散法、高压合成法和液相烧结法等。固相反应法的整个过程与制备其他块材的步骤相似，即先将镁粉和硼粉按1：2的摩尔比混合，在保护气体中经充分球磨均匀后，将所得粉末压成块体，在纯惰性或混合保护气体中烧结，得到MgB_2块材。该法的缺点是所得块材存在晶界连接，材料不致密，导致I_c值不高。为避免固相反应法所得样品内部松散的缺点，衍生了高压合成法，同样的改进方式也曾被用于改善Bi-2223带材的致密性上。扩散法与PIT法有相似之处，工艺如下：将未经混合的镁粉与硼粉装入金属管，轧制成带状，通过某种方式将带的头尾端封闭，高温下反应，最后冷却、剥离，得到带状的MgB_2块材。

值得一提的是目前很多研究小组开展了元素掺杂的工作以提高MgB_2性能。用SiC和C部分替代B可有效提高MgB_2的磁通钉扎和临界磁场；美国宾夕法尼亚大学以CH_4作为原料，成功制备了C掺杂的MgB_2，该MgB_2上临界磁场在0K时高达60T，在高场领域有着重要的应用价值[9]。

目前国内从事MgB_2带材研究和开发的单位主要有西北有色金属研究院和中科院电工研究所等。国际上意大利的Columbus Superconductor是MgB_2带材的主要生产商之一，其生产的MgB_2已应用于超导电缆和磁共振成像等领域。

6.4.5 Bi系高温超导材料（$Bi_2Sr_2Ca_2Cu_3O_{10}$，$Bi_2Sr_2CaCu_2O_9$）

Bi系高温超导材料的化学通式为$Bi_2Sr_2Ca_{n-1}Cu_nO_{2n+4}$，主要包括三种超导相：临界温度$T_c$在7~22K的$Bi_2Sr_2CuO_6$（简称Bi-2201）、约为85K的$Bi_2Sr_2CaCu_2O_8$（简称Bi-2212）和110K的$Bi_2Sr_2Ca_2Cu_3O_{10}$（简称Bi-2223）。Bi-2201由于临界温度低、必须以液氦为制冷剂，所以研究较少，受到关注的主要是后两者。Bi-2212和Bi-2223超导材料主要应用于电力电缆、储能器、超导磁体等强电应用领域。

Bi-2223高温超导材料通常要加工成超导体和正常金属构成的多芯复合带（线），其工艺过程如图9-6-7所示。这个过程包括制粉、加压制棒、装银管和通过多道工序的拉制、压轧、热处理，最后得到多芯复合线（带）材等几个主要阶段。出于实际应用需求，为加强其机械性能等原因，生产厂家一般会在带材上加焊上不锈钢或铜带加强层。

以Bi-2223制成的第一代高温超导带材已实现产业化生产，日本在PIT工艺基础上进行了改进，提出了加压烧结的加工工艺，大幅度地提高了超导带材的性能，并将之称为第三代高温超导带材。

Bi-2212/Ag超导材料具有90K左右的超导临界转变温度。在高温应用方面性能不如Bi-2223，但在低温下（<30K）具有良好的Jc-B特性，因此备

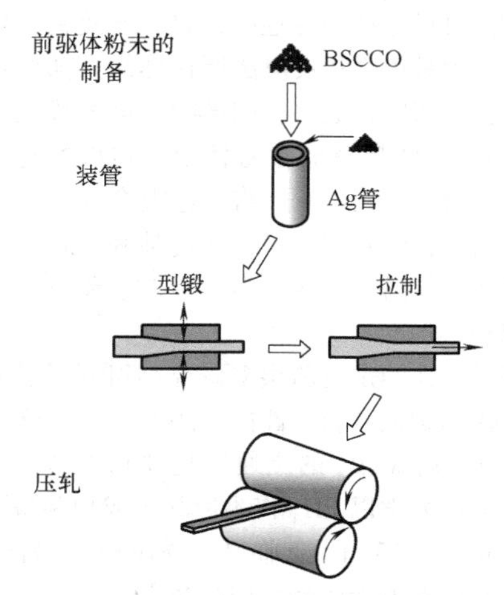

图 9-6-7 PIT 制备工艺的示意图[10]

受人们的关注。最新结果显示，Bi-2212 多芯线在 4.2K、45T 下仍保持着 266A/mm^2 的工程临界电流密度[11]。这种在高场下的超导传输性能是其他超导材料难以达到的。人们采用 Bi-2212 高温超导线材绕制的线圈，在 20T 的背景场下产生了 5T 的磁场，制造出 25T 的超导磁体，创造了超导磁体的世界新纪录[12]，为制造更高性能的 NMR 用超导磁体奠定了基础。

Bi-2212 超导带（线）材的制造工艺主要有两种：一是浸涂法或刮浆法制造多层带；二是粉末填充（PIT）法制造多芯线（带）材。

6.4.6 钇钡铜氧（YBaCuO/$YBa_2Cu_3O_7$/Y123）

1991 年，日本藤仓（Fujikura）株式会社和美国橡树岭国家实验室 ORNL 首先提出了基于外延薄膜的 Y 系超导成材新技术，他们分别通过离子束辅助沉积手段和热机械变形再结晶技术，在柔性金属基体上制备出了双轴织构的 RE123 薄膜（RE 为稀土元素族），解决了长期以来限制 Y 系超导带材发展的晶界弱连接问题。这类金属基体上的超导薄膜被称为第二代高温超导带材，其材料成本明显低于第一代超导带材（Bi-2223），展示出更加光明的应用前景[13]。

典型的 YBCO 超导带材包含金属衬底（基带）、缓冲层、Y123 超导层以及顶部的保护层。基带是整个涂层导体的基础。缓冲层位于超导层和基带中间，可以防止原子间的相互扩散，此外，缓冲层还可将底板的织构有效地传递至超导层，为超导层的生长提供良好的底板。超导层为 YBCO，在缓冲层之上，是超导电流的载体。保护层起着保护超导材料的作用，一般由铜和银组成，可以有效地增加带材的机械强度并在失超时提供电流通道。

人们已发展了三种技术来实现 RE123 超导层的双轴织构，它们是辊轧再结晶基带技术（RABiTS）、离子束辅助沉积（IBAD）和基体倾斜沉积（ISD）。前者是把柔性的金属（例如 Ni 或 Ni 基合金）机械变形（压制和辊轧），后经退火再结晶直接实现晶粒的双轴织构，供之后的氧化物缓冲层（例如 $RE_2Zr_2O_7$、CeO_2、YSZ 等）及超导层（RE123 或其多层）外延生长，后两者是在常规的多晶金属基体上（例如普通的不锈钢片）制备出双轴织构的氧化物缓冲层（例如 $Gd_2Zr_2O_7$、MgO 或 YSZ 等），然后外延生长 RE123 超导层。图 9-6-8 给出上述三种方法的示意图。

氧化物缓冲层及 RE123 超导层的制备方法包括脉冲激光沉积（PLD）、脉冲电子束沉积（PED）、离子溅射（Sputtering）、电子束蒸发（EV）、化学气相沉积（CVD）和化学溶剂沉积（CSD）等多种工艺。

目前国内已有多家单位在开展第二代高温超导带材的产业化研究，并已取得了较大的进展。国际上 AMSC 已实现商业化生产。值得一提的是 AMSC 已逐步放弃其已实现商业化生产的第一代高温超导带材，专门进行二代超导带材的开发，体现了该公司对第二代高温超导带材的美好预期。

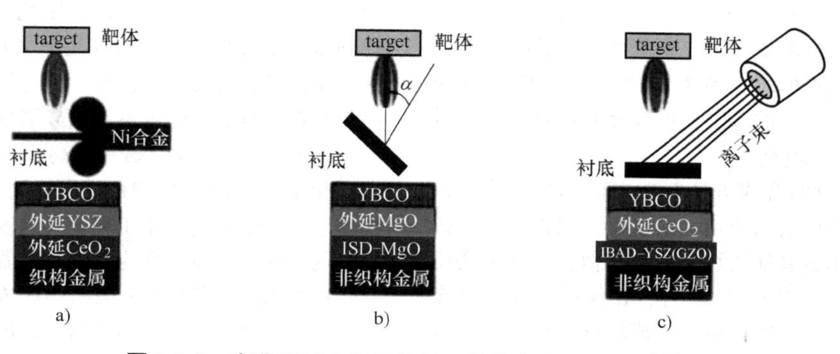

图 9-6-8 实现 YBCO 双织构的三种技术途径示意图[13]

6.5　铁基超导材料

自从 2008 年被发现至今，铁基超导材料已经有众多系统被合成出来，临界温度最高已经达到 56K，被判明为新的非常规高温超导家族[14]。

铁基超导材料根据其母体化合物的组成和晶体结构可以被分成 4 大类：1111 体系、122 体系、111 体系和 11 体系[15]。作为结构最简单的铁基超导材料，FeSe 除具有较高的超导性能、较高的本征临界电流密度 J_c、较小的各向异性外，还具备以下优点：不含有有毒元素，制备方法相对简单，并且单晶中测量得到的临界电流密度为 105A/cm²[16]。另外，FeSe 基超导材料的临界磁场 H_c 高于低温超导材料（如 Nb_3Sn、NbTi 和 MgB_2 等），FeSe 基超导材料在 4.2K 左右时，H_c 可达到 50T 以上，远高于 Nb_3Sn（30T）。与铜氧化物超导材料相比，FeSe 基超导材料的原料储备丰富，无需使用贵金属，且 FeSe 基超导材料同样具有较小的钉扎势能和较低的电流密度。

6.6　超导材料常用检测方法

超导材料进入超导态（相）是温度、磁场和电流密度三个参量共同进入临界值以下的结果，三个参量临界值可归纳为临界温度（T_c）、临界磁场（H_c）和临界电流密度（J_c），同时每个参量的临界值受另外参量影响，即每个参量的临界值可表达为另外两个参量的函数。因此若以温度、磁场和电流密度为三个坐标轴，可得到一个超导相面，如图 9-6-9 所示。材料状态处在相面内则为超导态，否则为正常态。每个参量的临界值的测量都是在另外两个参量稳定不变的基础上。

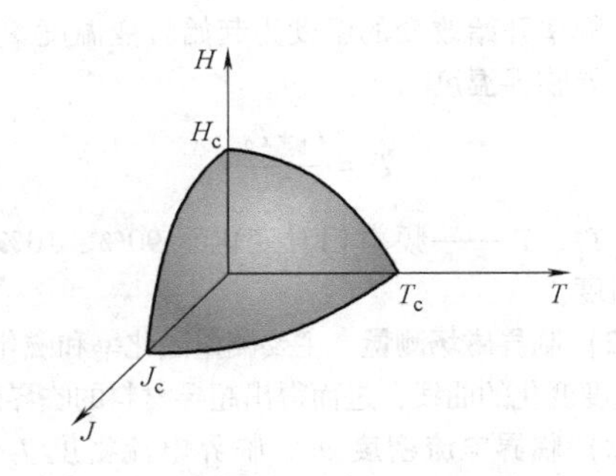

图 9-6-9　超导相面图

（1）临界温度 T_c 的测定　超导材料临界转变温度是主要参数，测量基本方法分两类：电阻测量法和频率法。

电阻法通常用四引线法测量样品电阻，样品两端作为电流引线接点，在样品内侧取两点作电位引线接点。四引线电阻法比较简单，应用比较广泛。但是四引线法要求样品能接上电流引线并有一定的形状。四引线电阻法接线及测试结果曲线如图 9-6-10 所示。实验表明，电阻“突变”是在一定的温度间隔中发生的。把电阻开始偏离原曲线下降时的温度称为起始转变温度 T_s。通常取超导临界温度

$$T_c=\frac{T_1+T_2}{2}$$

式中　T_1、T_2——电阻下降到 $90\%T_s$、$10\%T_s$ 时相应的温度。

频率法是将样品置于 LC 振荡电路的电感线圈中，在温度接近于超导临界温度时，由于迈斯纳效应，磁通从样品内排出，样品由正常磁性转变为完全抗磁性，引起线圈电感 L 变小，谐振回路的振荡频率随之提高，用数字频率计测出随温度变化的频

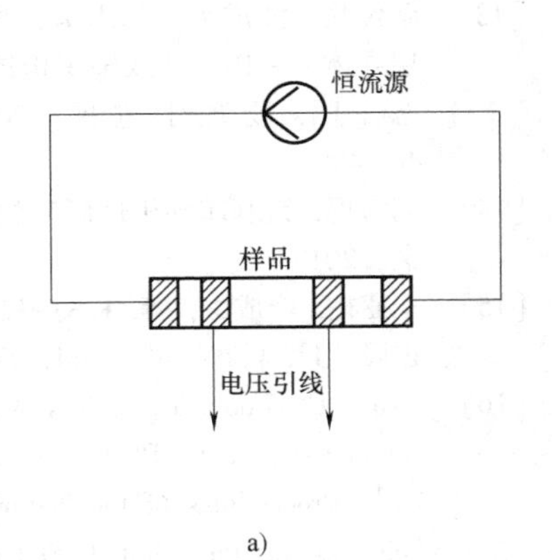

a)

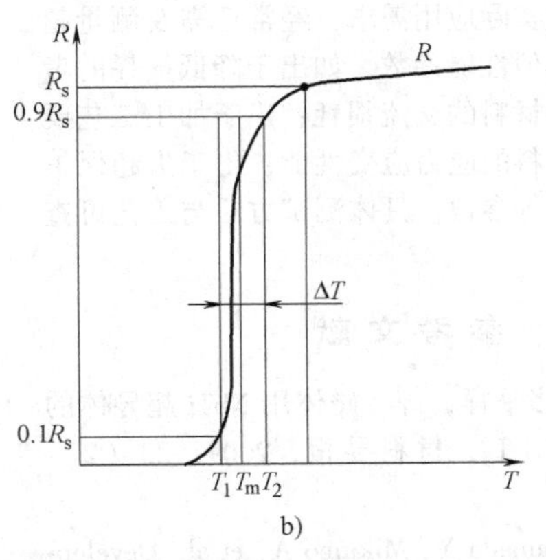

b)

图 9-6-10　四引线电阻法测试超导材料临界温度

a）四引线接线　b）电阻温度曲线

率值。频率开始改变的温度为起始转变温度 T_s。通常取超导临界温度

$$T_c=\frac{T_1+T_2}{2}$$

式中 T_1、T_2——频率相对变化至90%、10%时相应的温度。

（2）临界磁场测量 主要测量磁化率和磁化率随磁场强度变化的曲线，进而得出超导材料的临界磁场。

（3）临界电流密度 J_c 临界电流密度 J_c 是超导体的重要参数，它决定了超导材料的实际应用价值。目前临界电流的测试方法主要有四引线法和磁测法，前者在超导材料两端通以电流，以 1μV/cm 为失超判据，测量材料的临界电流，进而除以材料截面积得到 J_c，超导材料临界电流测试相关接线参考图9-6-10a，测试结果曲线如图9-6-11所示；后者利用磁通钉扎原理，通过测量材料的磁通钉扎能力，测量其临界电流密度。总体上，四引线法较磁测法精度高，但操作难度大，尤其是对大长度超导带材的测量可行性较低。

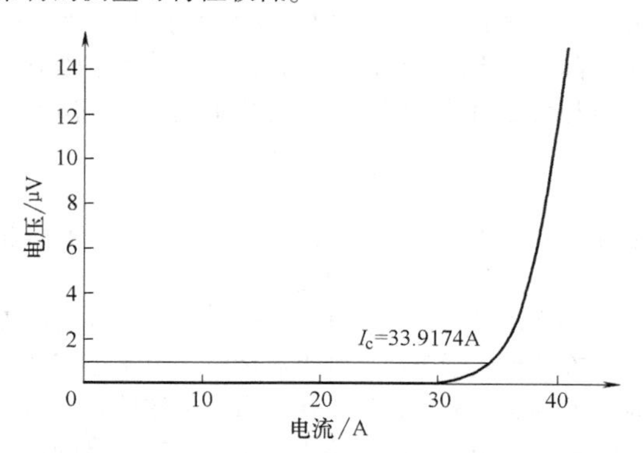

图9-6-11 超导材料临界电流测试曲线

另外，出于实际应用需求，经常还需要测量超导材料的一些其他性能参数，如出于降低损耗的考虑还需测量超导材料的交流损耗；出于加工工艺要求，测量超导材料的应力应变性能；出于失超保护要求测量铜超比等参数。具体测试方法与工艺可查阅相关文献。

参考文献

[1] 李建峰，张平祥，等．磁体用 NbTi 超导体的研究进展［J］．材料导报，2009，23（2）：90-93.

[2] Ayai N, Yamada Y, Mikumo A, et al. Development of Nb3Al Multifilamentary Superconductors [J]. IEEE Transactions on Applied Superconductivity, 1995, 5 (2): 893-896.

[3] Kuroda T, Katagiri K, Kodaka H, et al. Superconducting Properties of Neutron Irradiated Nb3Al Multifilamentary Wires Fabricated by the Nb-tube Process [J]. Physica B: Condensed Matter (Amsterdam), 1996, 216: 230-232.

[4] Tachikawa K, Takeuchi T. The History and Future of Al5s in Japan [J]. IEEE Transactions on Applied Superconductivity, 2005, 15: 2443-2449.

[5] Sakae Saito, Nobuyuki Kodaira, Akihiro Kikuchi, et al. Superconducting Properties of Sn Added RHQT-Nb3Al Wires through the Clad-Chip Extrusion Method [J]. IEEE Transactions on Applied Superconductivity, 2006, 16: 1212-1215.

[6] 陈发允. Nb3Al 超导材料的制备与应用［J］. 上海有色金属，2010，31（3）：138.

[7] Schaper W, Kehlenbeck M, et al. Comparison of Al5-Nb3Al Superconductors Produced by Laser Alloying and Infiltration [J]. IEEE Transactions on Magnetics, 1989, 25: 1988-1991.

[8] 王秋良．高磁场超导磁体科学［M］．北京：科学出版社，2008.

[9] 周廉，甘子钊．中国高温超导材料及应用发展战略研究［M］．北京：化学工业出版社，2007.

[10] 宗曦华．感应屏蔽型高温超导故障电流限制器的研究［D］．沈阳：东北大学，2005.

[11] Miao Hanping et a1 . IEEE Transactions on Applied Superconductivity [J]. 2005, 15 (2): 255.

[12] Weijers H W et a1. Supercond Sci Technol [J]. 2004, 17: 636.

[13] 蔡传兵，潘成远，刘志勇，等．高温超导涂层导体——RE123 双轴织构技术及其发展状态［J］．物理学进展，2007，27（4）：467-490.

[14] 闻海虎．铁基超导机理研究的启示［R］．遵义，2013.

[15] 王亚林，李成山，等．FeSe 基超导材料的研究进展［J］．材料导报，2014，28（3）：12.

[16] Hsu F C, Luo J Y, Yeh K W, et a1. Superconductivity in the PbO-type structure d-FeSe [J]. Proceedings of the National Academy of Sciences of the United States of America, 2008, 105 (38): 14262.

第7章

铅和铅合金

铅和铅合金是用于挤制电缆金属护套的主要材料之一。随着铝护套电缆和塑料护套电缆的广泛应用，除某些特殊要求的电线电缆外，一般应尽量减少铅和铅合金的使用。

7.1 铅

铅的主要特点如下：

1）耐腐蚀性能好，能抗碱、酸、氨、氢氟酸以及一些有机化合物的腐蚀。

2）熔点低，易于挤包无缝管状的电缆护套。

3）柔软。

4）作为电缆护套，密封性好，且不透潮、不透气。

但是，铅密度大，有毒，力学强度低，易蠕变，在高温和受振动的情况下，有再结晶的趋向，铅护套易产生裂缝，导致透潮、漏油、漏气。所以，纯铅护套仅在部分电缆上采用。

7.1.1 铅的主要物理力学性能

铅的主要物理力学性能见表9-7-1。

7.1.2 电线电缆用铅的牌号与化学成分

铅以铅锭供应，其牌号用不易脱落的油漆在锭的一端划出标志。

铅锭的牌号有4种，其化学成分应符合表9-7-2的规定。

7.1.3 杂质对铅的性能的影响

铅的性能与纯度有关。杂质对铅的物理力学性能影响极大，例如：

1）铋和锌会降低铅的耐酸性。

表9-7-1 铅的主要物理力学性能

项目	状态	数值
密度(20℃)/(g/cm^3)		11.34
熔点/℃		327.3
比热容(20℃)/[J/(g·K)]		0.126
热导率(20℃)/[W/(m·K)]		34.8
线膨胀系数(20~100℃)/℃$^{-1}$		29.5×10^{-6}
电阻率(20℃)/(Ω·mm^2/m)		0.2065
电阻温度系数(20~100℃)/℃$^{-1}$		0.0042
标准电极电位/V	铸造铅	−0.12
弹性系数/(N/mm^2)	变形铅	15000~17000
弹性极限/(N/mm^2)		2.45
屈服点/(N/mm^2)		4.9
疲劳极限(10^7 循环振动时)/(N/mm^2)		4.1
蠕变极限(荷重1N/mm^{2}的蠕变速度为10^{-4}%/h时)/(N/mm^2)		0.98
抗拉强度/(N/mm^2)	铸造铅	11~13
	变形铅	15
布氏硬度HBW	铸造铅	3.2~4.5
	变形铅	3~4.8
伸长率(%)	铸造铅	30~40
	变形铅	60~70

表 9-7-2　电线电缆用铅锭的牌号与化学成分（GB/T 469—2013）

牌号	化学成分(质量分数)(%)										
	铅≥	杂质含量≤									
		银	铜	铋	砷	锑	锡	锌	铁	镉	镍	总和
Pb 99.994	99.994	0.0008	0.001	0.004	0.0005	0.0007	0.0005	0.0004	0.0005	0.0002	0.0002	0.006
Pb 99.990	99.990	0.0015	0.001	0.010	0.0005	0.0008	0.0005	0.0004	0.0010	0.0002	0.0002	0.010
Pb 99.985	99.985	0.0025	0.001	0.015	0.0005	0.0008	0.0005	0.0004	0.0010	0.0002	0.0005	0.0150
Pb 99.970	99.970	0.0050	0.003	0.030	0.0010	0.0010	0.0010	0.0005	0.0020	0.0010	0.0010	0.030
Pb 99.940	99.940	0.0080	0.005	0.060	0.0010	0.0010	0.0010	0.0005	0.0020	0.0020	0.0020	0.060

2）钠、钙、镁能使铅的硬度和力学强度显著增加，但耐腐蚀性却下降。

3）铜可提高铅的再结晶温度，增加耐振性。

4）锑可提高铅的硬度和耐腐蚀性。

5）钡、锂、镉以及锑和锡能提高铅的硬度和疲劳强度。

7.2　铅合金

铅合金的力学强度和蠕变性能，要比纯铅高，因此，铅包电缆中的铅护套大多是采用铅合金挤包而成。

7.2.1　电线电缆用铅合金的种类和化学成分

电线电缆用铅合金的种类和化学成分见表 9-7-3。

7.2.2　电线电缆用铅合金母片的种类和化学成分

表 9-7-3 所列的铅合金成分是指挤制的电缆铅护套的实际成分。而在生产中，电线电缆厂一般先制成铅合金的母片，然后在挤制电缆时，再将铅合金母片和纯铅以一定的配比，熔制成所需的铅合金。各种铅合金母片的成分见表 9-7-4。

表 9-7-3　电线电缆用铅合金的种类和化学成分

铅合金种类	化学成分(质量分数)(%)							使用场合
	锑	铜	碲	砷	锡	铋	铅	
铅锑合金	0.85	—	—	—		—	余	电力电缆、通信电缆
铅锡锑铜合金	0.4~0.6	0.02~0.06	—	—	0.2~0.4	—	余	电力电缆、通信电缆
铅锑铜合金	0.5~0.8	0.02~0.06	—	—	—	—	余	电力电缆、通信电缆
铅碲砷合金	—	—	0.4~0.10	0.12~0.20	0.10~0.18	0.06~0.14	余	电力电缆

表 9-7-4　电线电缆用铅合金母片的种类和化学成分

铅合金母片种类	化学成分(质量分数)(%)						
	铅	锑	铜	碲	砷	锡	铋
铅锑合金母片	90±1	10±1	—	—	—	—	—
铅锑铜合金母片	89±1	10±1	1±0.1	—	—	—	—
铅碲砷合金母片	95.3±1		—	0.7±0.1	1.6±0.1	1.4±0.1	1.0±0.1

铅合金母片应采用一号锑（牌号 Sb-1），其化学成分（质量分数）应符合如下规定：

1）锑≥99.85%；砷≤0.05%；铁≤0.02%。

2）硫≤0.04%；铜≤0.01%；铅≤5%。

铅合金母片中，铜的化学成分，应不低于二号铜的规定。

7.2.3　电线电缆用铅合金的炉前化学分析方法

1. 砷的测定

(1) 试剂制备

1）硝酸：1∶2，贮存在 500mL 的软塑料瓶中，配有5mL定量加液管。

2）酒石酸：10%，贮存在500mL的软塑料瓶中，配有5mL定量加液管。

3）钼酸铵溶液：5%，贮存在500mL的软塑料瓶中，配有10mL定量加液管。

4）高锰酸钾溶液：3%，贮存在50mL的滴瓶中。

5）硫酸肼：0.2%，贮存在具有下口的2500mL玻璃瓶中，配有30mL定量加液管。

6）砷标准溶液：取1.320g三氧化二砷，加热溶于50mL氢氧化钠（20%）中，移入1000mL量瓶，加入500mL浓盐酸，用水稀释冷却至室温后，再稀释至刻度（此溶液每1mL含砷1mg；临用前，再将溶液稀释至每1mL含砷0.05mg）。

（2）测定步骤 称取0.1g试样放在250mL的锥形烧杯中，加5mL硝酸（1：2），加热溶解，趁热时加1mL左右高锰酸钾溶液（质量分数3%），并继续加热至产生二氧化锰沉淀后，加5mL酒石酸，使沉淀消失，等煮沸后取下，立即加10mL钼酸铵溶液并摇匀，再加30mL硫酸肼，放置1min。注入10mm比色皿中，以水为参比溶液，于660nm处测定消光度E_1。计算E_1-E_0（E_0为空白试验结果），从标准曲线上查得砷量。

（3）标准曲线的绘制 称取0.1g纯铅6份，在6个250mL锥形烧杯中，分别加入0mL、1mL、2mL、3mL、4mL、5mL砷标准溶液。以下按前述方法进行。以（E_1-E_0）与砷含量绘成标准曲线。

2. 铋的测定

（1）试剂制备

1）硝酸稀释液：用水将6.3mL浓硝酸稀释至2000mL，贮存在具有下口的2500mL的玻璃瓶中，配有50mL定量加液管。

2）氟化铵溶液：0.2%，贮存在塑料杯中，配有有机玻璃滴管。

3）硼酸：3%，贮存在50mL滴瓶中。

4）氨水：1：1，贮存在50mL滴瓶中。

5）抗坏血酸：5%，贮存在50mL滴瓶中（应每几天重新配制一次）。

6）二甲酚橙溶液：0.1%，贮存在50mL滴瓶中，加少量二碘化汞稳定溶液。

7）EDTA溶液：2%，贮存在50mL滴瓶中。

8）铋标准溶液：称取金属锚0.1000g放在250mL的锥形烧杯中，加15mL硝酸（1：1），加热溶解，移入500mL量瓶中，以水稀释至刻度后摇匀（此溶液每1mL含铋0.2mg；临用前，再用水将溶液稀释至每1mL含铋0.05mg）。

（2）测定步骤 称取0.1g试样放在250mL的锥形烧杯中，加5mL硝酸（1：2），加热溶解后取下，加约1mL氟化铵溶液并摇匀，滴加氨水至出现白色混浊；然后加1mL左右硼酸、1mL抗坏血酸、50mL硝酸稀释液（每加一种试剂均须摇匀），再滴加二甲酚橙溶液至红中透黄。将部分溶液注入20mm比色皿中，以水为参比溶液，在550nm处测定消光度E_1。将另一部分溶液加一滴EDTA溶液，摇匀后注入另一个20mm比色皿中，余同上，测得试剂空白E_0，计算E_1-E_0，从标准曲线上查得铋含量。

（3）标准曲线的绘制 称取0.1g纯铅6份，于6个250mL锥形烧杯中，分别加入0mL、1mL、2mL、3mL、4mL、5mL铋标准溶液，以下按前述方法进行。以（E_1-E_0）与铋含量绘成标准曲线。

3. 碲的测定

（1）试剂制备

1）氢溴酸-溴化钾混合溶液：先配制1：1氢溴酸溶液，将每100mL溶液加15g固体溴化钾，然后剧烈摇动，待静置沉淀后，将上层清液贮存在500mL的软塑料瓶中，配有20mL定量加液管。

2）碲标准溶液：称取0.1000g纯碲放在250mL锥形烧杯中，加5mL硝酸（1：2），加热溶解后蒸干、冷却，加入100mL浓氢溴酸，残渣溶解后移入500mL的量瓶中，以浓氢溴酸稀释到刻度并摇匀（此溶液每1mL含碲0.2mg；临用前，将该溶液用浓氢溴酸稀释至每1mL含碲0.05mg）。

（2）测定步骤 称取0.1g试样放在250mL锥形烧杯中，加5mL硝酸（1：2），加热溶解，经流水冷却后（冰水冷却更好）加5滴抗坏血酸（5%）、20mL氢溴酸-溴化钾混合溶液并摇匀。将溶液注入30mm比色皿中，以水为参比溶液，在450nm处测定消光度E_1。计算E_1-E_0（试剂空白），从标准曲线上查得碲含量。

（3）标准曲线的绘制 称取0.1g纯铅6份分放于6个250mL的锥形烧杯中，加5mL硝酸（1：2），加热溶解，经流水冷却后加5滴抗坏血酸（5%）并摇匀，再分别加入0mL、1mL、2mL、3mL、4mL、5mL碲标准溶液，并补加浓氢溴酸使其总量为10mL，另加水10mL、固体溴化钾3g。以下按前述方法进行。以（E_1-E_0）与碲含量绘成标准曲线。

4. 锡的测定

（1）试剂制备

1）盐酸：1：2，贮存在具有下口的2500mL的玻璃瓶中，配有 50mL 定量加液管。

2）孔雀绿溶液：0.015%，先与少量水在玻璃研钵中研细，贮存在 500mL 软塑料瓶中，配有 5mL 定量加液管。

3）硫氰酸钾溶液：25%，贮存在 500mL 软塑料瓶中，配有 5mL 定量加液管。

4）锡标准溶液：称取 0.1000g 纯锡放在 500mL 的锥形烧杯中，加入 100mL 浓盐酸，缓缓加热溶解，等冷却后移入 500mL 的量瓶中，用水稀释，再冷却，最后稀释至刻度并摇匀（此溶液每 1mL 含锡 0.2mg）。

（2）测定步骤 称取 0.2g 试样放在 250mL 的锥形烧杯中，加 5mL 硝酸（1：2），加热溶解后，加入 50mL 盐酸（1：2），加热至沸后取下，加入 2mL 抗坏血酸（5%），经流水冷却后，加水 90mL（定量加液瓶）并摇匀。以分液器分出 15mL 溶液于干燥的小烧杯中，加 5mL 孔雀绿后立即加 5mL 硫氰酸钾并混匀。在 2～5min 内，注入 10mm 比色皿中，以水为参比溶液，在 610nm 处测得消光度 E_1。计算 E_1-E_0（试剂空白），从标准曲线上查得锡含量。

（3）标准曲线的绘制 称取纯锡 0.2g 各 4 份，于 4 个 250mL 锥形烧杯中分别加 5mL 硝酸（1：2），加热溶解后，分别加入锡标准溶液 0mL、0.5mL、1.0mL、1.5mL，以下按前述方法进行，分别以（E_1-E_0）与锡含量为坐标轴绘成标准曲线。

参考标准

GB/T 469—2013 铅锭

GB/T 26011—2010 电缆护套用铅合金锭

第8章

双金属

双金属材料是基于用两种及两种以上的金属材料复合以进行特性互补，达到对材料性能的特殊要求。目前，国际上对双金属材料的应用已达到了很高的水平，被广泛地应用于航空航天、控制设备、仪器仪表、石油工业等领域。本章主要就电工行业使用最广泛的铝包钢线、铜包铝线以及铜包钢线这三种材料进行说明。

8.1 铝包钢线

铝包钢线的产生和发展是架空输电线市场深化发展的产物。传统的镀锌钢芯铝绞线由于铝和锌的接触，产生电化学腐蚀效应，导致锌层的快速腐蚀，从而使钢芯裸露在大气中而容易被腐蚀。而镀铝钢线因其包覆材料与外部的绞合铝线为同种材料，不存在金属间的电化学腐蚀，从而表现出了更高的耐腐蚀性能。

8.1.1 铝包钢线的优点及用途

(1) 铝包钢线（简称 AS、SA 或 AW）**的优点**

1）钢线表面包覆一层铝，提供了良好的抗腐蚀性能。

2）铝包钢线的尺寸可以在 $\phi1.2\sim\phi10.0$mm 之间任意获得，导电率和抗拉强度可以任意调节（$\sigma=700\sim1600$MPa）。

3）密度低于镀锌钢线或镀铝钢线。

4）铝钢之间能紧密地结合在一起而难以分开。

5）当用作输电线时，具有良好的强度、导电性和耐热性。

6）线材的截面除了圆形以外，还可以做成其他形状。

(2) 铝包钢线的主要用途

1）在输电线路中用作架空地线（避雷线）、大跨越导线。

2）它可以代替镀锌钢线或镀铝钢线，用作架空线的加强线芯，组成铝包钢芯铝绞线、铝包钢芯铝合金绞线等。它既能提高架空线的电气性能，而且还更耐腐蚀。

3）用作光纤复合架空地线（OPGW）的地线单元承力部分。

4）电气化铁道的载流与不载流承力索。

5）铝包钢线护线条、接续条。

6）防护栏、保护网、日用品挂件等。

8.1.2 铝包钢线的种类

根据铝层厚度的不同占比，使材料具有不同的导电率来划分种类，见表 9-8-1。

根据 GB/T 17937—2009《电工用铝包钢线》，铝包钢线有 7 个等级，导电率分别为 14%、20.3%、23%、27%、30%、35% 和 40% IACS，其中 20.3%IACS 等级按其抗拉强度性能分为 A 和 B 两种型式。

表 9-8-1 铝包钢线等级及其铝层厚度

等级	截面的标准铝层比率	铝层弧度等级	平均铝层厚度	最小铝层厚度
LB14	13%	薄	6.7%铝包钢线标称半径	5%铝包钢线标称半径
LB20	25%	标准	13.4%铝包钢线标称半径	标称直径 1.80mm 以下：8%铝包钢线标称半径 标称直径 1.80mm 及以上：10%铝包钢线标称半径
LB23	30%	中等	16.3%铝包钢线标称半径	11%铝包钢线标称半径

（续）

等级	截面的标准铝层比率	铝层弧度等级	平均铝层厚度	最小铝层厚度
LB27	37%	中等	20.5%铝包钢线标称半径	14%铝包钢线标称半径
LB30	43%	中等	24.5%铝包钢线标称半径	15%铝包钢线标称半径
LB35	52%	厚	30.7%铝包钢线标称半径	20%铝包钢线标称半径
LB40	62%	厚	38.4%铝包钢线标称半径	25%铝包钢线标称半径

8.1.3 铝包钢线的性能

本节内容参考标准为 GB/T 17937—2009。

1）各等级铝包钢线直径应取同一截面且互相垂直的方向上二次测量值的平均值，具体见表 9-8-2。

表 9-8-2 铝包钢线直径偏差

标称直径	偏差
2.67mm 及以上 2.67mm 以下	±1.5% ±0.04mm

2）技术指标。

a）铝包钢线抗拉强度、1%伸长时的应力和 20℃时的电阻率见表 9-8-3。

b）铝包钢线应符合断裂后伸长率不小于 1%或断裂时总的伸长率不小于 1.5%的要求。标距均为 250mm。在断裂后无负荷条件下或断裂时使用合适的引伸仪进行测量。

c）在 100 倍标称直径的长度上，铝包钢线应能经受不少于 20 次的扭转而不断裂。

试样扭转断裂后，用肉眼或正常的矫正视力观察，铝层应不从钢芯上脱离。

d）1%伸长时的应力试验应在校直的未变形的铝包钢线上进行。

e）铝包钢线的截面标准比、导电率、铝层厚度和物理常数见表 9-8-4～表 9-8-6。

表 9-8-3 抗拉强度、1%伸长时的应力和 20℃时的电阻率（绞合前）

等级	型式	标称直径 d /mm	抗拉强度（最小值）/MPa	1%伸长时的应力（最小值）/MPa	20℃时的电阻率（最大值）/μΩ·m
LB14	—	2.25<d≤3.00 3.00<d≤3.50 3.50<d≤4.75 4.75<d≤5.50	1590 1550 1520 1500	1410 1380 1340 1270	123.15 （对于 14%IACS 导电率）
LB20	A	1.24<d≤3.25 3.25<d≤3.45 3.45<d≤3.65 3.65<d≤3.95 3.95<d≤4.10 4.10<d≤4.40 4.40<d≤4.60 4.60<d≤4.75 4.75<d≤5.50	1340 1310 1270 1250 1210 1180 1140 1100 1070	1200 1180 1140 1100 1100 1070 1030 1000 1000	84.80 （对于 20.3%IACS 导电率）
LB20	B	1.24<d≤5.50	1320	1100	84.80 （对于 20.3%IACS 导电率）
LB23	—	2.50<d≤5.00	1220	980	74.96 （对于 23%IACS 导电率）
LB27	—	2.50<d≤5.00	1080	800	63.86 （对于 27%IACS 导电率）
LB30	—	2.50<d≤5.00	880	650	57.47 （对于 30%IACS 导电率）
LB35	—	2.50<d≤5.00	810	590	49.26 （对于 35%IACS 导电率）
LB40	—	2.50<d≤5.00	680	500	43.10 （对于 40%IACS 导电率）

表 9-8-4 铝和钢的标准比

等级	铝比	钢比
LB14	13%	87%
LB20	25%	75%
LB23	30%	70%
LB27	37%	63%
LB30	43%	57%
LB35	52%	48%
LB40	62%	38%

表 9-8-5 导电率

等级	导电率(%IACS)			
	铝	钢	LB 线	
			包括铝和钢的最小规定值	不包括钢的导电率的计算值
LB14	61	9	14	7.9
LB20			20.3	15.3
LB23			23	18.3
LB27			27	22.6
LB30			30	26.2
LB35			35	31.7
LB40			40	37.8

表 9-8-6 物理常数

等级	型式	最终弹性模量实测/GPa	线膨胀系数/(K^{-1})	定质量电阻温度系数(α)/(K^{-1})	20℃时标称密度/(g/cm^3)
LB14	—	170	12.0×10^{-6}	0.0034	7.14
LB20	A	162	13.0×10^{-6}	0.0036	6.59
	B	155	12.6×10^{-6}	0.0036	6.53
LB23	—	149	12.9×10^{-6}	0.0036	6.27
LB27	—	140	13.4×10^{-6}	0.0036	5.91
LB30	—	132	13.8×10^{-6}	0.0038	5.61
LB35	—	122	14.5×10^{-6}	0.0039	5.15
LB40	—	109	15.5×10^{-6}	0.0040	4.64

8.2 铜包钢线

铜包钢线是以钢丝为芯，外覆铜层的双金属导线，高频电阻较小，强度较大，主要用于架空通信线路，也可用于电力电缆的编织屏蔽线、电力传输、电气化铁路、轨道交通线路承力索及滑触线。主要对应标准为 JB/T 11868—2014《电工用铜包钢线》。

铜包钢线按状态分为硬态和软态，其代号为 TG。其中硬态铜包钢线按相对导电率的大小（用国际退火铜标准 IACS 的百分数表示）和强度等级分为以下 5 个类别：

21Y—标称导电率为 21%IACS 的硬态铜包钢线；

30Y—标称导电率为 30% IACS 的硬态铜包钢线；

30TY—标称导电率为 30% IACS 的特硬态铜包钢线；

40Y—标称导电率为 40% IACS 的硬态铜包钢线；

40TY—标称导电率为 40% IACS 的特硬态铜包钢线。

软态铜包钢线按相对导电率的大小（用国际退火铜标准 IACS 的百分数表示）分为以下 3 个类别：

21R—标称导电率为 21%IACS 的软态铜包钢线；

30R—标称导电率为 30%IACS 的软态铜包钢线；

40R—标称导电率为 40%IACS 的软态铜包钢线。

8.2.1 铜包钢线的规格及性能

1. 型号、规格及线径偏差

见表 9-8-7。

表 9-8-7 铜包钢线的型号、规格及线径偏差

(单位：mm)

型号	标称线径	线径偏差
TG	$0.080 \leq d<0.300$	±0.003
	$0.300 \leq d<0.500$	±0.005
	$0.500 \leq d<3.000$	±1%d
	$3.000 \leq d \leq 10.000$	±1.5%d

2. 主要性能

1）抗拉强度和伸长率见表 9-8-8。

2）扭转试验：铜包钢线应能经受不少于 20 次的扭转而不断裂。试样继续扭转至断裂，表面不应有任何裂缝或凹坑等缺陷，铜层和钢芯不应分离。

3）直流电阻：铜包钢线 20℃时的直流电阻值见表 9-8-9。20℃时的电阻温度系数采用 0.0038/℃。

表 9-8-8 铜包钢线的抗拉强度和伸长率

直径范围/mm	抗拉强度/MPa≥								伸长率(%)≥	
	21Y	30Y	30TY	40Y	40TY	21R	30R	40R	21Y、30Y、30TY、40Y、40TY	21R、30R、40R
$0.080 \leq d<1.000$	825	895	1085	845	1075	379	345	310	1.0	15
$1.000 \leq d<2.000$	825	875	980	790	980					
$2.000 \leq d<4.000$	725	820	900	745	900					
$4.000 \leq d \leq 10.000$	650	550	800	530	780					

表 9-8-9 铜包钢线直流电阻

类别	20℃时的直流电阻率(最大值)/(Ω·mm²/m)	20℃时的导电率(最小值)(%IACS)
21Y	0.086205	20
30Y、30TY	0.059452	29
40Y、40TY	0.044208	39
21R	0.084102	20.5
30R	0.058444	29.5
40R	0.043648	39.5

4）铜层厚度：铜包钢线最薄处的铜层厚度应符合表 9-8-10 的规定。

表 9-8-10 铜包钢线铜层厚度

类别	最薄处铜层厚度
21Y、21R	不小于线材标称直径的 1.5%
30Y、30TY、30R	不小于线材标称直径的 3.0%
40Y、40TY、40R	不小于线材标称直径的 5.0%

3. 物理参数

物理参数见表 9-8-11。

8.2.2 硬拉铜包钢线

硬拉铜包钢线的主要性能（参考标准为 ASTM B227—2004）见表 9-8-12、表 9-8-13 和表 9-8-14。

表 9-8-11 铜包钢线的物理参数

类别	21Y、20R	30Y、30TY、30R	40Y、40TY、40R
标称密度/(g/cm³)	7.94	8.05	8.17
铜层理论平均厚度	3.35% 铜包钢线标称直径	6.12% 铜包钢线标称直径	9.38% 铜包钢线标称直径
弹性模量/GPa	180	175	165
线膨胀系数/($\times 10^{-6}$/℃$^{-1}$)	12.0	12.4	12.9

表 9-8-12 硬拉铜包钢线的主要性能

等级	状态	导电率(%IACS)	最小铜层厚度	密度/(g/cm³)	20℃时电阻率/(Ω·m)
30HS	高强度	30	不小于线材半径的 6%	8.15	7.463×10^{-8}
30EHS	超高强度	30			
40HS	高强度	40	不小于线材半径的 10%	8.24	5.599×10^{-8}
40EHS	超高强度	40			

表 9-8-13 硬拉铜包钢线的抗张性能

标称线径/mm	抗张强度(最小值)/MPa			
	30HS	30EHS	40HS	40EHS
5.19	826.8	981.825	744.12	—

（续）

标称线径/mm	抗张强度(最小值)/MPa			
	30HS	30EHS	40HS	40EHS
4.62	861.25	1036.945	778.7	—
4.19	895.7	1085.175	813.02	—
4.11	895.7	1085.175	813.02	—
3.67	930.15	1129.96	847.47	—
3.26	964.6	1171.3	881.92	—
3.25	964.6	1171.3	881.92	—
2.91	999.05	1198.86	916.37	—
2.64	1040.39	1205.06	954.954	1074.84
2.59	1040.39	1232.60	954.954	—
2.05	826.8	1232.60	792.35	—
2.03	826.8	1232.60	792.35	—
1.63	895.7	1232.60	861.25	—
1.02	930.15	1232.60	895.7	—
0.99	930.15	1232.60	895.7	—
0.81	999.05	1232.60	930.15	1109.29

表 9-8-14 硬拉铜包钢线的电阻

标称线径/mm	20℃时最大电阻值/(Ω/m)	
	30HS 和 30EHS	40HS 和 40EHS
5.19	0.0021	0.0029
4.62	0.0027	0.0036
4.19	0.0033	0.0044
4.11	0.0034	0.0045
3.67	0.0043	0.0057
3.26	0.0054	0.0072
3.25	0.0055	0.0073
2.91	0.0068	0.0091
2.64	0.0083	0.0110
2.59	0.0086	0.0115
2.05	0.0138	0.0184
2.03	0.0141	0.0188
1.61	0.0222	0.0296
1.02	0.0562	0.0749
0.99	0.0601	0.0801
0.81	0.0902	0.1204

镀层铜包线的复合性能：镀锡铜包钢线发挥了锡的焊接性和抗硫化性；镀银铜包钢线则提高了导电性、导热性，增大了耐蚀性、抗氧化性；因而具有广阔的应用范围。

8.2.3 退火铜包钢线

线材应包括一根同类平炉、电炉或基础氧的钢，同时连续地被外层铜紧紧彻底地包住。线材尺寸范围为 0.643~5.827mm，对于 2.54mm 及以上的线材，公差不能超过±1.5%，精确到 0.003mm；对于 2.54mm 以下且 0.643mm 以上的线材，公差不能超过线径的±1%，精确到 0.003mm。线材的伸长率最小应达到 15%。(参考标准为 ASTM B910)

根据标称导电率不同，退火铜包钢线可分为四类，其常规性能见表 9-8-15。

表 9-8-15 退火铜包钢线的主要性能

标称导电率(%IACS)	标称密度/(g/cm³)	最大电阻率/(Ω·mm²/m)	最小导电率(%IACS)	最小抗张强度/(N/mm²)	标称铜层厚度(%线径)	最小铜层厚度(%线径)
21	7.99	0.097408	29.00	379	3	1.5
30	8.15	0.058616	29.41	345	7	3.0
40	8.24	0.043970	39.21	310	9	5.0
70	8.58	0.026524	65.00	241	20	15.0

8.2.4 电气用镀银铜包钢线

本节内容参考标准为 ASTM B501—2004。

1) 铜包钢线银层的作用。

a) 作为铜和绝缘体之间的屏蔽，如果使用镀锡线，在制造过程中固化温度会很高。

b）在高频电路中为同轴电缆外导体之间提供低接触电阻。

c）在高频电路中为导体提供低射频电阻。

d）为高温连接线提供良好的焊接性。由于制造成品线过程中会产生较高的固化温度，因此高温连续线禁止使用镀锡线。

2）根据铜包钢线的电导率和状态可以分为4个牌号，见表9-8-16。银质量百分比与镀层厚度的关系见表9-8-17。

表9-8-16　铜包钢线的导电率和状态及其最大电阻率

等级	导电率（%IACS）	状态	最大电阻率/（Ω·mm²/m）
30HS	30	硬态	0.05862
30A	30	退火	
40HS	40	硬态	0.04397
40A	40	退火	

表9-8-17　银质量百分比和镀层厚度

直径/mm	20℃截面积/mm²	银质量百分比及其镀层厚度/μm				
		1.25%	2.5%	4.0%	6.1%	8.0%
1.83	2.63	4.4704	8.9408	14.4526	22.2504	29.4132
1.63	2.08	4.0132	7.9502	12.8778	19.7866	26.1874
1.45	1.65	3.5306	7.0866	11.4554	17.6276	23.3172
1.29	1.31	3.1496	6.2992	10.1854	15.6972	20.7518
1.15	1.04	2.8194	5.6388	9.0932	13.9954	18.4912
1.02	0.823	2.4892	5.0038	8.0772	11.76	16.4592
0.912	0.653	2.2352	4.4704	7.2136	11.0998	14.6558
0.813	0.519	1.9812	3.9624	6.4262	9.8806	13.081
0.724	0.412	1.778	3.5306	5.715	8.8138	11.6332
0.643	0.324	1.5748	3.1496	5.08	7.8232	10.3378
0.574	0.259	1.397	2.8194	4.5466	6.985	9.2202
0.511	0.205	1.2446	2.4892	4.0386	6.1976	8.2042
0.455	0.162	1.1176	2.2352	3.5814	5.5372	7.3152
0.404	0.128	0.9906	1.9812	3.2004	4.9022	6.5024
0.361	0.102	0.889	1.7526	2.8448	4.3942	5.7912
0.320	0.0804	0.7874	1.5748	2.54	3.8862	5.1562
0.287	0.0647	0.7112	1.397	2.2606	3.4798	4.6228
0.254	0.0507	0.6096	1.2446	2.0066	3.0988	4.0894
0.226	0.0401	0.5588	1.1176	1.778	2.7432	3.6322
0.203	0.0324		0.9906	1.6002	2.4638	3.2766
0.180	0.0255		0.889	1.4224	2.1844	2.8956
0.160	0.0201		0.7874	1.27	1.9558	2.5654
0.142	0.0159		0.6604	1.1176	1.7272	2.286
0.127	0.0127		0.6096	1.016	1.5494	2.032
0.114	0.0103		0.5588	0.9144	1.397	1.8288
0.102	0.00811			0.8128	1.2446	1.6256
0.089	0.00621			0.7112	1.0922	1.4224
0.079	0.00487			0.6096	0.9652	1.27

8.3 铜包铝线

铜包铝线采用先进的包覆焊接制造技术，将高品质铜带同心地包覆在铝杆或钢丝等芯线的外表面，并使铜层和芯线之间形成牢固的原子间的冶金结合。使两种不同的金属材料结合成为不可分割的整体，可以像加工单一金属丝那样做拉拔和退火处理，拉拔过程中铜和铝同比例地变径，铜层体积比则保持相对恒定不变。参考标准为GB/T 29197—2012。

8.3.1 铜包铝线的型号

铜包铝线的型号由型式代号（CCA）、类别代号和标称直径组成。铜包铝根据铜层体积比和状态可分为6个类别代号（牌号），其相关性能见表9-8-18、表9-8-19和表9-8-20。

表 9-8-18 铜包铝线的牌号及性能

牌号	状态	铜层体积比	最薄铜层厚度	铜层体积比范围	最大电阻率/($\Omega\cdot mm^2/m$)	密度/(g/cm^3)	电阻温度系数/$℃^{-1}$
10A	软态	10%	标称直径的1.75%	8%~12%	0.02743	3.32±0.12	0.004055
10H	硬态	10%					
15A	软态	15%	标称直径的2.5%	13%~17%	0.02676	3.63±0.12	0.004049
15H	硬态	15%					
20A	软态	20%	标称直径的2.5%	18%~22%	0.02594	3.94±0.12	0.004042
20H	硬态	20%					

表 9-8-19 铜包铝线的标称直径及直径偏差

标称直径 d	偏 差
0.080~0.344	±0.003
0.345~0.500	±0.004
0.501~8.25	±1%d

注：铜包铝线的标称直径应从所列范围中选取，小于1.00mm时，取三位小数；大于或等于1.00mm时，取两位小数。

表 9-8-20 铜包铝线的抗拉强度和断裂伸长率

标称直径/mm	抗拉强度/MPa		断裂伸长率(%)	
	所有H类别 min	所有A类别 max	所有H类别 min	所有A类别 min
0.080~0.120	205	172	1.0	5
0.121~0.360	207	172	1.0	5
0.361~0.574	207	172	1.0	10
0.575~0.642	207	138	1.0	10
0.643~2.05	207	138	1.0	15
2.06~2.30	200	138	1.0	15
2.31~2.59	193	138	1.0	15
2.60~2.91	186	138	1.0	15
2.92~3.26	179	138	1.0	15
3.27~3.67	172	138	1.5	15
3.68~4.12	166	138	1.5	15
4.13~4.62	159	138	1.5	15
4.63~5.19	152	138	1.5	15
5.20~5.83	138	138	1.5	15
5.84~6.54	124	138	1.5	15
6.55~8.25	110	138	1.5	15

8.3.2 铜包铝线的质量要求

铜包铝线表面应光洁圆整，不应有凹痕、划伤、竹节、鼓泡、裂纹、露铝和影响使用的任何缺陷。扭转试验时，铜包铝线铜层表面不应出现任何目力可见的裂纹或凹痕；并且扭断后，其铜层和铝芯的界面上应无分层现象。反复弯曲试验时，铜包铝线的铜层与铝芯线的界面上应无分层现象。

每盘（轴）铜包铝线应为一整根，不允许有接头。当订货合同有规定时，软态铜包铝线允许有冷压焊接头，但应满足以下要求：

1）每盘（轴）软态铜包铝线的接头部分应经过局部退火并对露铝处用镀层或涂层紧密覆盖，两接头间铜包铝线的质量应满足表 9-8-21 的要求，接头处应有使用者能清晰辨认的标记。

2）含有接头的铜包铝线，接头处应圆整，每个接头处直径以及抗拉强度和断裂伸长率应符合前述要求。

铜包铝线应成盘（轴）供应，并卷绕整齐、妥善包装，防止污染、氧化和损伤。铜包铝线运输中应防潮、防蚀，防止在装卸、吊运、堆放和运输中受到损伤。铜包铝线应妥善贮存在干燥通风（湿度不大于65%）、防雨、防水及不含酸碱性物质或有害气体的库房内。

表 9-8-21　接头间铜包铝线的质量（软态）

标称直径/mm	接头间铜包铝线的质量/kg		
	10%铜层体积比	15%铜层体积比	20%铜层体积比
1.00~1.99	≥50		
2.00~2.99	≥70		
3.00~3.99	≥85		
4.00~4.99	≥85	≥90	≥100
5.00~5.99	≥105	≥110	≥120

注：对于标称直径小于 1.00mm 的铜包铝线，两接头间间距由供货双方在合同中进行规定。

8.3.3　屏蔽及通信电缆导体用铜包铝合金线

本节内容参考标准为 NB/T 42019—2013。

1. 铜包铝合金线牌号分类

根据是否有镀锡层及铜层厚度将铜包铝合金线分为下列 6 个牌号，见表 9-8-22。

表 9-8-22　合金线的名称、型号、类别代号及规格

产品名称	型号	类别代号	直径范围/mm	铜层的最小厚度≥
10%铜层体积软态铜包铝合金线	CCAA	10A	0.150~0.600	铝合金线半径的 4.0%
10%铜层体积软态镀锡铜包铝合金线	CCAAT			
15%铜层体积软态铜包铝合金线	CCAA	15A	0.080~0.600	铝合金线半径的 6.5%
15%铜层体积软态镀锡铜包铝合金线	CCAAT			
20%铜层体积软态铜包铝合金线	CCAA	20A		铝合金线半径的 9.0%
20%铜层体积软态镀锡铜包铝合金线	CCAAT			

注：1. 型号中第 1 个 C 代表铜、第 2 个 C 代表包覆，第 1 个 A 代表铝、第 2 个 A 代表合金，T 代表镀锡。
2. 类别代号中 10、15 和 20 代表铜层体积百分比，A 代表退火软态。

铜包铝合金线的直径、允许偏差、抗拉强度和伸长率见表 9-8-23。

表 9-8-23　铜包铝合金线的直径、允许偏差、抗拉强度和伸长率

标称直径 d/mm	允许偏差	抗拉强度最小值/MPa	伸长率最小值(%)
$0.080 \leqslant d \leqslant 0.100$	±0.003	185	9
$0.100 < d \leqslant 0.200$		180	10
$0.200 < d \leqslant 0.400$	±0.005	175	12
$0.400 < d \leqslant 0.600$		170	13

铜包铝合金线在 20℃时的直流电阻率见表 9-8-24。

表 9-8-24　直流电阻率

型号	类别代号	20℃时的直流电阻率,最大值/(Ω·mm²/m)	20℃的电阻温度系数/℃⁻¹
CCAA	10A	0.0279	0.0040
	15A	0.0270	
	20A	0.0262	
CCAAT	10A	0.0284	0.0039
	15A	0.0275	
	20A	0.0267	

2. 铜包铝合金线的质量要求

铜包铝合金线的铜层应均匀、连续地包覆在铝合金线芯上，其表面应光滑、圆整，不应有凹坑、裂缝、露铝、氧化变色等与良好工业品不相称的任何缺陷。镀锡层应是连续的。经多硫化钠试验后，试样表面应不变黑，或经过硫酸铵溶液试验后，试验溶液的色泽应不深于标准比色溶液的色泽。镀锡层应牢固地粘附在铜层表面上。经附着性试验后，试样螺旋卷绕部分的外周围表面应不变黑，镀层应无裂纹。

铜包铝合金线进行 240h 的中性、酸性和碱性耐腐蚀试验后，其腐蚀率应不大于 1.0g/(m²·h)。对于直径在 0.200mm 以上的铜包铝合金线，不允许有接头；对于直径在 0.200mm 及以下的铜包铝合金线，每盘（轴/圈）的接头数应不超过 3 个，相邻接头间的距离应不小于 1km，接头强度应不低于表 9-8-20 规定的抗拉强度的 90%。

8.3.4　电工用铜包铝母线

铜包铝母线是一种可以部分替代铜铝母线的新型双金属复合材料，主要应用在母线槽、高低压开关柜、电气控制装置、变电站接地网和箱式变电站等领域。铜包铝母线截面形状如图 9-8-1 所示（主要参考标准为 NB/T 42002—2012）。

1. 规格及尺寸

铜包铝母线的截面尺寸范围为：$3.00\text{mm} \leqslant a \leqslant 30.00\text{mm}$；$30.00\text{mm} \leqslant b \leqslant 300.00\text{mm}$。铜包铝母线的推荐规格见表 9-8-25。

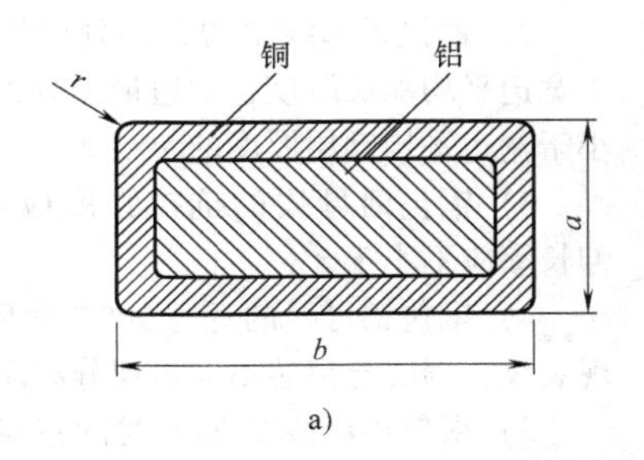

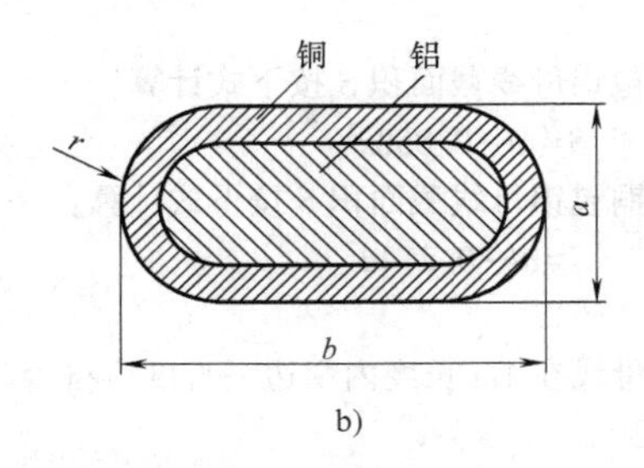

图 9-8-1　铜包铝母线

a）圆角　b）全圆边

表 9-8-25　铜包铝母线的推荐规格　（单位：mm）

宽度 b	厚度 a										
	3	4	5	6	8	10	12	14	16	20	30
30	○	○	○	○							
40	○	○	○	○							
50	○	○	○	○							
60	○	○	○	○	○	○					
80	○			○	○	○	○				
100	○			○	○	○	○	○			
120	○	○		○	○	○	○	○			
140	○			○	○	○	○				
160	○	○		○	○	○	○		○		
175				○	○						
180	○			○	○	○	○		○		
200		○		○	○	○	○		○		
240		○		○	○	○	○		○		
280		○		○	○	○	○		○		
300				○	○	○	○		○	○	○

注：表中带“○”标记的为常用规格。
　　经供需双方协商，可供应其他规格铜包铝母线。

2. 尺寸偏差

1）铜包铝母线厚度 a 的偏差与其宽度 b 有关，应符合表 9-8-26 的规定。

表 9-8-26　铜包铝母线厚度偏差　（单位：mm）

厚度 a	宽度 b		
	30.00≤b≤50.00	50.00<b≤100.00	100.00<b≤300.00
3.00≤a≤4.75	±0.08	±0.10	±0.12
4.75<a≤12.50	±0.10	±0.12	±0.15
12.50<a≤20.00	±0.12	±0.15	±0.20
20.00<a≤30.00	±0.15	±0.20	±0.30

2）铜包铝母线宽度 b 的偏差　应符合表9-8-27的规定。

3. 圆角及全圆边半径

1）铜包铝母线的圆角半径应符合表 9-8-28 的规定。

表 9-8-27　铜包铝母线宽度偏差　（单位：mm）

宽度 b	偏差
30.00≤b≤35.50	±0.30
35.50<b≤100.00	±0.50
100.00<b≤200.00	±0.80
200.00<b≤300.00	±1.20

表 9-8-28　铜包铝母线圆角半径　（单位：mm）

厚度 a	圆角半径 r　≤
3.00≤a≤6.00	1.50
6.00<a≤30.00	2.00

2）全圆边铜包铝母线的半径 r 应为铜包铝母线厚度 a 的一半，全圆边半径偏差应为（0～0.125）a。

4. 截面积

1）圆角铜包铝母线截面积 S 按下式计算：

$$S=ab-0.858r^2$$

2）全圆边铜包铝母线截面积 S 按下式计算：

$$S=ab-0.214a^2$$

5. 平直度

1）铜包铝母线在 1m 长度内窄边平直度应符合表 9-8-29 的规定。

表 9-8-29　铜包铝母线窄边平直度

（单位：mm）

铜包铝母线	平直度
$3.00 \leqslant a \leqslant 16.00$	≤2.00
$50.00 \leqslant b \leqslant 150.00$	
其他规格	≤4.00

2）铜包铝母线在 1.00 m 内宽边平直度应不超过 5.00 mm。

6. 主要技术要求

1）铜包铝母线的铜层体积比应不低于 18%。

2）铜包铝母线窄边最薄处的铜层厚度应不小于宽边平均铜层厚度；宽边最薄处的铜层厚度不应小于宽边平均铜层厚度的 70%。

3）铜包铝母线的抗拉强度应不低于 90MPa，伸长率应不小于 8%。

4）铜包铝母线的宽边 90°弯曲后，铜层应不出现裂纹，铜层与铝芯不应出现分离现象。

5）铜包铝母线在 20℃时的直流电阻率应不大于 $0.02534\Omega \cdot mm^2/m$，即导电率相当于 68%IACS。

6）铜包铝母线的界面结合强度应不低于 30 MPa。

7）铜包铝母线表面应光洁、平整，不应有凹凸、裂纹等与良好工业产品不相称的任何缺陷。

参 考 标 准

GB/T 17937—2009　电工用铝包钢线

GB/T 29197—2012　铜包铝线

第9章

金属材料测试及分析技术

导电材料作为制备电缆导体的原材料，其性能直接决定了电缆的特性。对导电原材料的分析主要包括材料的化学成分、机械物理性能、电性能以及影响加工性能的材料组织结构等方面。

本章对几种主要金属导体材料的测试及分析方法进行介绍。

9.1 金属材料成分分析

9.1.1 铜及铜合金的化学成分分析

铜是电线电缆导体的主要材料之一，铜的导电性能对很多化学元素非常敏感，在生产铜导体的过程中，对材料的化学成分有着严格的要求。

几种主要元素的常规测试方法见表 9-9-1。

近年来，随着研究工作的深入和分析技术的提高，能够同时检测多种元素并具有高灵敏度的电感耦合等离子体原子发射光谱法（ICP-OES）以及电感耦合等离子体质谱法（ICP-MS）成为成分分析的利器。

电感耦合等离子体原子发射光谱法测定的元素及范围见表 9-9-2。

电感耦合等离子体质谱法适用于铜及铜合金中铬、铁、锰、钴、镍、锌、砷、硒、银、镉、锡、锑、碲、铅和铋含量的测定。测定范围：0.00005%~0.0050%。

表 9-9-1 铜合金元素化学分析方法（常规）

元素名称	测量方法	测定范围(质量分数)	适用对象
铜	直接电解-原子吸收光谱法	50.00%~99.00%	铜及铜合金
	高锰酸钾氧化碲-电解-原子吸收光谱法	>98%~99.9%	铜碲合金
	电解-分光光度法	>99.00%~99.98%	铜及铜合金
磷	磷钼杂多酸-结晶紫分光光度法	0.00005%~0.0005%	铜及铜合金
	钼蓝分光光度法	>0.0002%~0.12%	除锡青铜以外的铜及铜合金
	钒钼黄分光光度法	>0.010%~0.50%	锡青铜
	钒钼酸盐光度法	0.0005%~0.5%	铜及铜合金
铅	塞曼效应电热原子吸收光谱法	0.00010%~0.0015%	铜及铜合金
	火焰原子吸收光谱法	>0.0015%~5.00%	铜及铜合金
碳	高频红外吸收法	0.0010%~0.20%	铜及铜合金
硫	高频红外吸收法	0.0010%~0.030%	铜及铜合金
	燃烧-碘量法	0.00040%~0.0020%	铜及铜合金
	燃烧滴定法	>0.010%	铜及铜合金
镍	塞曼效应电热原子吸收光谱法	0.0001%~0.0010%	铜及铜合金
	火焰原子吸收光谱法	>0.0010%~1.50%	铜及铜合金
	Na_2EDTA 滴定法	>1.50%~45.00%	铜及铜合金
	丁二酮肟分光光度法	≤2.50%	铜合金
	滴定法	无限制	铜合金
铋	氢化物发生-无色散原子荧光光谱法	0.00001%~0.00050%	铜及铜合金
	火焰原子吸收光谱法	>0.00050%~0.0040%	铜及铜合金

（续）

元素名称	测量方法	测定范围(质量分数)	适用对象
砷	氢化物发生-无色散原子荧光光谱法	0.00005%~0.0010%	铜及铜合金
	钼蓝分光光度法	0.0010%~0.10%	铜及铜合金
	光度法	无限制	铜及铜合金
氧	红外吸收法	0.00030%~0.11%	铜及铜合金
铁	塞曼效应电热原子吸收光谱法	0.0001%~0.0020%	铜及铜合金
	1,10-二氮杂菲分光光度法	0.0015%~0.50%	铜及铜合金
	重铬酸钾滴定法	>0.50%~7.00%	铜及铜合金
	Na_2EDTA 滴定法	无限制	铜合金
锡	塞曼效应电热原子吸收光谱法	0.0001%~0.0020%	铜及铜合金
	苯基荧光酮-聚乙二醇辛基苯基醚分光光度法	0.0010%~0.50%	铜及铜合金
	碘酸钾滴定法	>0.50%~10.00%	铜及铜合金
锌	火焰原子吸收光谱法	0.00005%~2.00%	铜及铜合金
	4-甲基-2-戊酮萃取分离-Na_2EDTA 滴定法	>2.00%~6.00%	铜及铜合金
锑	氢化物发生-无色散原子荧光光谱法	0.00005%~0.0020%	铜及铜合金
	结晶紫分光光度法	>0.0010%~0.070%	铜及铜合金
	罗丹明 B 光度法	0.001%~0.1%	铜及铜合金
铝	铬天青 S 分光光度法	0.0010%~0.50%	铜及铜合金
	苯甲酸铵分离-Na_2EDTA 络合滴定法	>0.50%~12.00%	铜及铜合金
	铜铁试剂分离-Na_2EDTA 滴定法	无限制	铜合金
锰	塞曼效应电热原子吸收光谱法	0.00005%~0.0010%	铜及铜合金
	高碘酸钾分光光度法	>0.030%~2.50%	铜及铜合金
	硫酸亚铁铵滴定法	>2.50%~15.00%	铜及铜合金
钴	塞曼效应电热原子吸收光谱法	0.00010%~0.0020%	铜及铜合金
	火焰原子吸收光谱法	>0.0020%~3.00%	铜及铜合金
铬	塞曼效应电热原子吸收光谱法	0.00005%~0.0010%	铜及铜合金
	火焰原子吸收光谱法	0.050%~1.30%	铜及铜合金
	滴定法	0.10%~2.0%	铜铬合金
铍	分光光度法	0.100%~2.50%	铍青铜
镁	火焰原子吸收光谱法	0.015%~1.00%	铜及铜合金
银	火焰原子吸收光谱法	0.0002%~1.50%	铜及铜合金
锆	分光光度法	0.10%~0.70%	铜及铜合金
钛	分光光度法	0.050%~0.30%	铜及铜合金
镉	塞曼效应电热原子吸收光谱法	0.00005%~0.0010%	铜及铜合金
	火焰原子吸收光谱法	0.50%~1.50%	铜及铜合金
硅	萃取-钼蓝分光光度法	0.0001%~0.025%	铜及铜合金
	钼蓝分光光度法	>0.025%~0.40%	铜及铜合金
	重量法	0.40%~5.00%	铜及铜合金
硒、碲	氢化物发生-原子荧光光谱法	0.00005%~0.00030%	铜及铜合金
碲	火焰原子吸收光谱法	0.10%~1.00%	铜及铜合金
硼	分光光度法	0.0010%~0.025%	铜及铜合金
汞	汞蒸气测量仪法	0.0001%~0.15%	铜及铜合金

表 9-9-2 铜合金元素分析范围（电感耦合等离子体原子发射光谱法）

元素	质量分数(%)	元素	质量分数(%)
磷	0.0001~1.00	硒	0.0001~0.0020
银	0.001~1.50	碲	0.0001~1.00
铋	0.00005~3.00	铝	0.001~14.00
锑	0.0001~0.10	硅	0.001~5.00

（续）

元素	质量分数(%)	元素	质量分数(%)
砷	0.0001~0.20	钴	0.01~3.00
铁	0.0001~7.00	钛	0.01~1.00
镍	0.0001~35.00	镁	0.01~1.00
铅	0.0001~7.00	铍	0.01~3.00
锡	0.0001~10.00	锆	0.01~1.00
硫	0.001~0.10	铬	0.01~2.00
锌	0.00005~7.00	硼	0.0005~1.00
锰	0.00005~14.00	汞	0.0005~0.10
镉	0.00005~3.00		

9.1.2　铝及铝合金的化学成分分析

GB/T20975—2008《铝及铝合金化学分析方法》中，主要应用的化学分析方法有：重（质）量法、光度法、离子选择电极法、络合法、氧化还原法、原子吸收光谱法等。每个分析方法对应用范围、方法提要、分析步骤以及分析结果的表述等做了规定，还明确了试验所需的试剂、仪器设备以及试样的处理等。化学分析法是铸锭化学成分检验的仲裁试验方法。常规铝合金元素化学分析方法见表9-9-3。

电感耦合等离子体原子发射光谱法测定的元素及范围见表9-9-4。

表9-9-3　铝合金元素化学分析方法（常规）

元素名称	测量方法	测定范围(质量分数)	适用对象
汞	冷原子吸收光谱法	0.0001%~0.010%	纯铝
砷	钼蓝分光光度法	0.0005%~0.020%	纯铝
铜	新亚铜灵分光光度法	0.0005%~0.012%	铝及铝合金
	火焰原子吸收光谱法	0.0050%~8.00%	铝及铝合金
	电解重量法	≥0.50%	铝及铝合金
	草酰二酰肼分光光度法	0.002%~0.8%	铝及铝合金
铁	邻二氮杂菲分光光度法	0.001%~3.50%	铝及铝合金
硅	钼蓝分光光度法	0.0010%~0.40%	铝及铝合金(不含锡)
	重量法	0.30%~25.00%	铝及铝合金
镉	火焰原子吸收光谱法	0.01%~1.00%	铝及铝合金
锰	高碘酸钾分光光度法	0.004%~1.80%	铝及铝合金
锌	EDTA滴定法	0.10%~14.00%	铝及铝合金
	火焰原子吸收光谱法	0.001%~6.00%	铝及铝合金
锂	火焰原子吸收光谱法	0.002%~3.00%	铝及铝合金
锡	苯基荧光酮分光光度法	0.005%~0.35%	铝及铝合金
	碘酸盐(滴定)法	0.03%~1.0%	铝及铝合金
铅	火焰原子吸收光谱法	0.005%~1.50%	铝及铝合金
钛	二安替吡啉甲烷分光光度法	0.0010%~0.50%	铝及铝合金
	过氧化氢分光光度法	0.5%~7.0%	钒的质量分数小于0.12%的铝及铝合金
	铬变酸分光光度法	0.005%~0.3%	铝及铝合金
钒	苯甲酰苯胲分光光度法	0.0005%~0.50%	铝及铝合金
镍	丁二酮肟分光光度法	0.001%~0.01%	铝及铝合金
	火焰原子吸收光谱法	0.0050%~3.00%	铝及铝合金
硼	离子选择电极法	0.001%~5.0%	铝及铝合金
	胭脂红分光光度法	0.005%~0.060%	铝及铝合金
镁	CDTA滴定法	0.100%~12.00%	铝及铝合金
	火焰原子吸收光谱法	0.0020%~5.00%	铝及铝合金
锶	火焰原子吸收光谱法	0.02%~12.00%	铝及铝合金

（续）

元素名称	测量方法	测定范围(质量分数)	适用对象
铬	萃取分离-二苯基碳酰二肼分光光度法	0.0001%~0.60%	铝及铝合金
	火焰原子吸收光谱法	0.010%~0.60%	铝及铝合金
锆	二甲酚橙分光光度法	0.040%~0.50%	铝及铝合金
	偶氮胂Ⅲ分光光度法	0.01%~0.30%	铝及铝合金
镓	丁基罗丹明 B 分光光度法	0.005%~0.050%	铝及铝合金
钙	火焰原子吸收光谱法	0.01%~0.30%	铝及铝合金
铍	依莱铬氰兰 R 分光光度法	0.00010%~0.40%	铝及铝合金
锑	碘化钾分光光度法	0.004%~0.25%	铝及铝合金
稀土总含量(铈组)	三溴偶氮胂分光光度法	0.0010%~1.50%	铝及铝合金
稀土总含量	草酸盐重量法	>1.50%	铝及铝合金

表 9-9-4　铝合金元素分析范围（电感耦合等离子体原子发射光谱法）

元素	质量分数(%)	元素	质量分数(%)
铁	0.0020~2.00	铬	0.0020~0.50
铜	0.0005~5.00	锌	0.0010~5.00
镁	0.0010~10.00	镍	0.0020~1.00
锰	0.0010~3.00	镉	0.0020~0.25
镓	0.0050~0.050	锆	0.0020~1.00
钛	0.0010~5.00	铍	0.0005~0.40
钒	0.0010~0.30	铅	0.10~1.00
铟	0.010~0.10	硼	0.0050~5.00
锡	0.020~0.50	硅	0.50~10.00
铋	0.010~0.50	锶	0.0005~0.10
钙	0.020~1.00	锑	0.010~0.25

9.1.3　测试方法介绍

1. 电感耦合等离子体原子发射光谱

（1）基本原理　原子发射光谱分析的过程可描述为，试样在受到外界能量的作用下转变成气态原子的外层电子激发至高能态，当从较高的能级跃迁到较低的能级时，原子将释放出多余的能量而发射出特征谱线。对所产生的辐射经过摄谱仪器进行色散分光，按波长顺序记录在感光板上，就可呈现出有规则的谱线条，即光谱图，然后根据所得光谱图进行定性或定量分析。

开始工作时，启动高压放电装置让工作气体发生电离。样品经处理制成溶液后，由超雾化装置变成气溶胶由底部导入管内，经轴心的石英管从喷嘴喷入等离子体炬内。样品气溶胶进入等离子体焰时，绝大部分立即分解成激发态的原子、离子状态。当这些激发态的粒子回收到稳定的基态时要放出一定的能量（表现为一定波长的光谱），测定每种元素特有的谱线和强度，和标准溶液相比，就可以知道样品中所含元素的种类和含量。

（2）优点

1）可以快速地同时进行多元素分析。

2）灵敏度较高，每毫升亚微克级。

3）基体效应低，较易建立分析方法。

4）标准曲线具有较宽的线性动态范围。

5）具有良好的精密度和重复性。

2. 电感耦合等离子体质谱

（1）基本原理　质谱法一般采用高速电子来撞击气态分子，将电离后的正离子加速导入质量分析器，然后按质荷比（m/z）的大小顺序进行收集和记录，得到质谱图，根据质谱峰的位置进行定性和结构分析，根据峰的强度进行定量分析。

被分析样品通常以水溶液的气溶胶形式引入氩气流中，然后进入由射频能量激发的处于大气压下的氩等离子体中心区；等离子的高温使样品去溶剂化、汽化解离和电离；部分等离子体经过不同的压力区进入真空系统，在真空系统内，正离子被拉出并按其质荷比分离；检测器将离子转化为电子脉冲，然后由积分测量线路计数；电子脉冲的大小与样品中分析离子的浓度有关，通过与已知的标准或参比物质比较，实现未知样品的痕量元素定量分析。

（2）优点

1）多元素快速分析。

2）动态线性范围宽。

3）检测限低。

4）在大气压下进样，便于与其他进样技术联用。

5）可进行同位素分析、单元素和多元素分析，以及有机物中金属元素的形态分析。

9.2 力学性能试验

9.2.1 拉伸试验

1. 范围

适用于各种圆形、矩形、异形导体及绞合导体的拉伸性能的测量。

规定的试验方法是使一定长度的试件承受递增的拉应力，通常是直到试样断裂，测定其破断力和伸长率。

2. 试验设备

拉力试验机，示值误差应不超过±1%。

引伸仪，示值误差应不超过±1%。

3. 试样制备

（1）实心导体

1）取样。从外观检查合格的样品一端截取试件三根，试件长度为原始标距长度加两倍钳口夹持长度。

取样时，应尽可能避免试件受到拉伸、扭转、弯曲或其他机械损伤。

2）校直试件。小心地用手工校直，必要时允许将试件放在木垫上用木槌轻轻敲直，当只测定抗拉强度时，试件可不必仔细校直。

3）标出标距长度。在平直的试件中部标出原始标距长度 L_0。原始标距长度 L_0 应符合产品标准的规定，一般为250mm或200mm。标志方法应不致使试件产生早期断裂，标志线应细而清晰。标距长度误差：硬线试件应不超过±0.2mm，软线试件应不超过±0.5mm。

宽边较大的非圆截面导体，也可以机加工成较小宽边的试件。为了不使试件的性能发生变化，机加工时要防止试件发热、变形。试件的尺寸可按GB/T 228.1—2010《金属材料　拉伸试验　第1部分：室温试验方法》规定。

（2）绞合导体

1）取样。应从外观检查合格的样品中截取试件三根，其长度应为导线直径的400倍，且不少于10m。

注：假如制造厂能证明使用一较短长度试样也能得出相同的精确结果，并且提供有效的相当的试验结果使需方满意，则允许较短长度的试样。

2）试件加工。解开试件两端的股线，分开并弯成圆钩形。清洗后，用低熔合金或树脂浇灌锥体端头。也可用压接法或夹具法制作。

4. 试验步骤

（1）试件夹持位置　将试件夹持在试验机的钳口内，标志线应露出在钳口处。夹紧后试件的位置应保证试件的纵轴与拉伸的中心线重合。

（2）拉伸速度

1）软态铜：不大于300mm/min。

2）铝、铝合金、硬态铜和双金属：20～100mm/min。

（3）启动　启动试验机，加载应平稳，速度均匀，无冲击。

（4）读数　当试件被拉伸断裂后，存储或记录最大负荷和断裂时的标距长度 L_s。取下试件将断口小心对齐并挤紧，测量并记录最终标距长度 L_u。

注1：当进行伸长率试验时，试样的断裂应发生在标距长度内，且离标志线大于20mm。若断裂处离标志线距离小于20mm，且伸长率达不到规定时，应另取试件重新试验。无论断裂位置如何，若伸长率达到规定值，测定也被认为是有效的。

注2：标称直径0.30mm及以下试件的断时伸长量可取拉伸前后两钳口间的距离差值。拉伸前的钳口距离即为原始标距长度。若断裂处离两端钳口的距离小于25mm，且断时伸长率达不到规定时，应另取试件重新试验。无论断裂位置如何，若断时伸长率达到规定值，测定也被认为是有效的。

5. 试验结果

试验结果取三个试件计算数据的算术平均值。

9.2.2 扭转试验

适用于测定标称直径 d 为0.30～10.00mm的铜、铝及其合金、双金属线等圆截面导体及特征尺寸 $a \leqslant 20.00$mm的异形截面导体（如接触线等）的扭转性能。

试验是将规定长度的试件，以其自身的轴线为中线扭转，直至断裂或达到规定的扭转次数为止。

1. 试验设备

扭转试验机如图 9-9-1 所示，应满足下列要求：

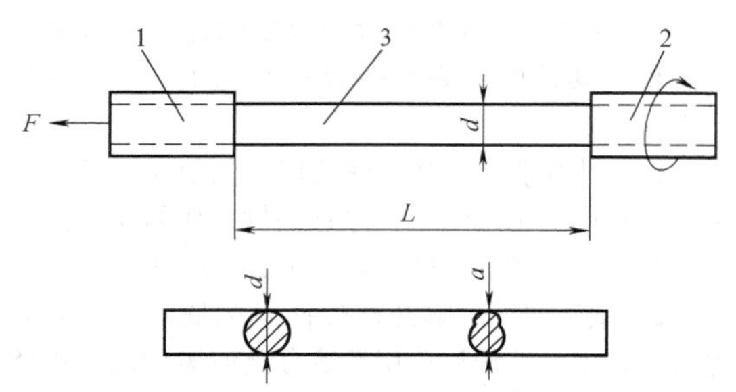

图 9-9-1 扭转试验机原理图

1—定位夹头 2—旋转夹头 3—试件
a—异形截面试件特征尺寸 d—圆形截面试件标称直径 L—标距长度 F—负荷

(1) 夹头

1) 夹头硬度。夹头应具有足够的硬度，夹持钳口的硬度为 55~65HRC。

2) 夹头位置。夹头应保持在一轴线上，对试件不增加任何弯曲力，不应妨碍由试件引起的夹头之间长度的变化，并与试件的扭转轴线重合。

3) 旋转夹头。旋转夹头应能绕试件轴线双向旋转，旋转夹头的转速应可调，转速均匀稳定。

4) 定位夹头。定位夹头能沿轴向移动调节两夹头间的距离，当旋转夹头转动时不产生任何角度的偏转。定位夹头上能施加一定的负荷，使扭转的试件始终处于平直状态。

(2) 扭转机 扭转机应配备测量两夹头间标距长度的刻度尺，并能自动记录和控制扭转次数。

2. 试件制备

(1) 取样 应从外观检查合格试件的一端，取试件五根，试件长度应为原始标距长度加两倍夹持长度。存在局部硬弯的线材不应用于试验。

(2) 校直试件 应小心地用手校直试件，必要时，允许将试件置于木材、塑料平面上，用木锤轻轻校直。校直时，不应损伤试件表面，也不应扭曲试件。

(3) 标距 除非产品标准另有规定，试验机两夹头间的标距长度应为 $100d$，最大不超过 500mm。

3. 试验步骤

(1) 夹头定位 应根据试件尺寸，确定试件的原始标距长度，调整定位夹头，使两夹头间的距离等于原始标距长度。

(2) 负荷 在定位夹头上挂上砝码，使试件刚能拉直，这时试件所受的拉力应不大于试件拉断力的 2%。

(3) 试件定位 装上试件，确信试件的轴线与夹具的轴线重合后，夹紧夹具。

(4) 扭转速度 除非另有规定，否则应按表 9-9-5所列有关材质的试件直径选用相应的扭转速度，其偏差应控制在规定转速的±10%以内。转速应均匀稳定，注意防止试件可能产生的热影响试验结果。

表 9-9-5 扭转速度

试件标称直径 d 或特征尺寸 a/mm	单向扭转速度/(r/min)			双向扭转速度/(r/min)
	钢	铜及铜合金	铝及铝合金	
$d(a)<3.6$	60	60	60	60
$3.6\leq d(a)<5.0$	30			
$5.0\leq d(a)<10.0$		30		30

试验进行到规定扭转次数（N）或完全断裂为止。

(5) 扭转方式

1) 单向扭转：试件绕自身轴线向一个方向均匀旋转 360°作为一次扭转，扭转至规定次数或试样断裂。

2) 双向扭转：试件绕自身轴线向一个方向均匀旋转 360°作为一次扭转，扭转至规定次数后，向相反方向旋转相同次数或试样断裂。

扭转方式的选择见相应的产品标准规定。

注：当扭转次数达到规定值时，无论断裂位置如何，均认为试验有效。如断裂处在夹头钳口内或离钳口的距离小于 $2d$，且扭转次数未达到规定值，应另取试样重新试验。如试件发生严重劈裂，则最后一次扭转不计。

4. 试验记录

试验记录中应注明试件尺寸、标距长度、施加的负荷及扭转速度。

如果做外观检查，还应注明如下内容：

1) 试件全长上的扭转纹距均匀度。

2) 试件断口形状及缺陷：平的、阶梯形的、斜的、扇形的、带裂缝的、带缩孔的等。

3) 试件的裂层：沿试件扭转条纹出现破坏金属连续性的裂缝或飞刺等。

9.2.3 弯曲试验-反复弯曲

1. 范围

适用于测定标称直径 d 为 0.30~10.00mm 的铜、铝及其合金、双金属线等圆截面导体及特征尺寸 $a\leq20.0$mm 的异形截面导体（如接触线等）的反复弯曲性能。

本试验是将试件一端固定，自由端沿规定半径的圆柱面做正反方向 90°的弯曲试验，弯曲到规定的次数或到试件断裂为止。

2. 试验设备

(1) 一般要求

1）圆截面导体反复弯曲试验机。圆截面导体反复弯曲试验机的工作原理示意图如图 9-9-2 所示。

2）异形截面导体反复弯曲试验机。异形截面导体反复弯曲试验机的工作原理示意图如图 9-9-3 所示。

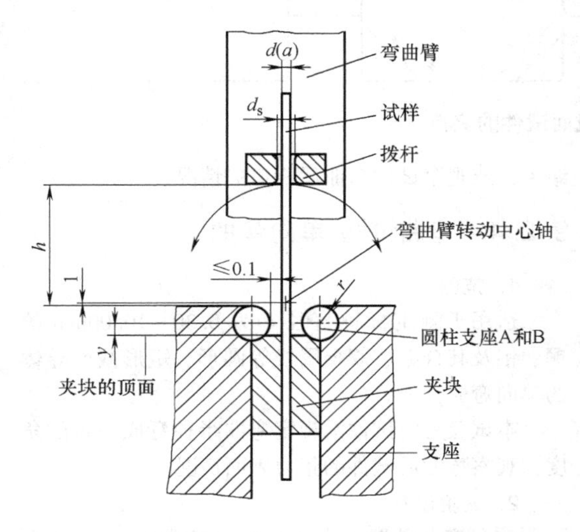

图 9-9-2　圆截面导体反复弯曲试验装置原理图

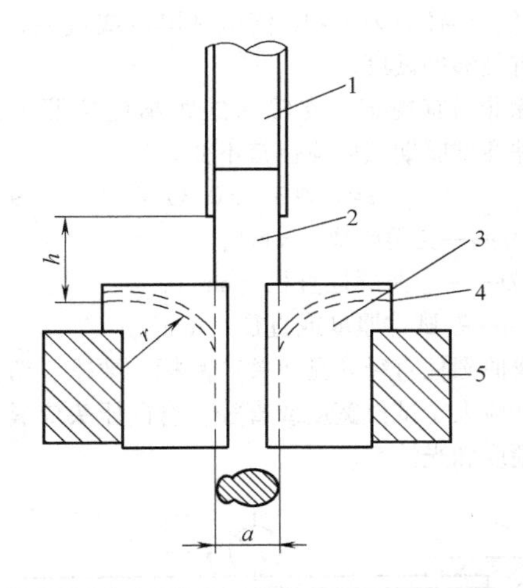

图 9-9-3　异形截面导体反复弯曲试验装置原理图

1—拨杆或套筒　2—试件　3—支座

4—导向槽　5—台钳

a—异形截面导体特征尺寸　h—支座顶面至导块底面距离　r—弯曲圆柱半径

(2) 弯曲圆柱和夹块　弯曲圆柱和夹块应具有足够的硬度，其与试件接触的圆柱表面应磨光，其表面粗糙度应为 $Ra=0.63\mu m$。

弯曲圆柱半径不应超出表 9-9-6 给出的标称尺寸允许偏差。

弯曲圆柱轴线应垂直于弯曲平面并相互平行，而且在同一平面内，偏差不应超过 0.1mm。

夹块夹持面应稍突出于弯曲圆柱但不应超过 0.1mm，即测量两弯曲圆柱的曲率中心连线上试样与弯曲圆柱间的间隔不应大于 0.1mm。

夹块的顶面应低于两弯曲圆柱曲率中心连线。当弯曲圆柱半径 r 等于或小于 2.5mm 时，弯曲圆柱轴线的平面至与试件接触最近点的距离 y 值应为 1.5mm；当弯曲圆柱半径 r 大于 2.5mm 时，弯曲圆柱轴线的平面至与试件接触最近点的距离 y 值应为 3mm。

(3) 弯曲臂及拨杆　对于所有尺寸的弯曲圆柱，弯曲臂的转动轴心至弯曲圆柱顶部的距离应为 1.0mm。

拨杆孔两端应稍大，且孔径符合表 9-9-6 规定。

表 9-9-6　弯曲试验参数的选择

（单位：mm）

试件标称直径 d 或特征尺寸 a	弯曲圆柱半径 r	距离 h	拨杆孔直径 d_s
$0.3<d(a)\leqslant0.5$	1.25±0.05	15	2.0
$0.5<d(a)\leqslant0.7$	1.75±0.05	15	2.0
$0.7<d(a)\leqslant1.0$	2.5±0.1	15	2.0
$1.0<d(a)\leqslant1.5$	3.75±0.1	20	2.0
$1.5<d(a)\leqslant2.0$	5.0±0.1	20	2.0 或 2.5
$2.0<d(a)\leqslant3.0$	7.5±0.1	25	2.5 或 3.5
$3.0<d(a)\leqslant4.0$	10±0.1	35	3.5 或 4.5
$4.0<d(a)\leqslant6.0$	15±0.1	50	4.5 或 7.0
$6.0<d(a)\leqslant8.0$	20±0.1	75	7.0 或 9.0
$8.0<d(a)\leqslant10.0$	25±0.1	100	9.0 或 11.0
$d(a)>10.0$	30±0.1	125	$d(a)+1.0$

注：对于在第 1 栏所列范围直径，应选择合适的拨杆孔直径以保证试件在孔内自由运动。

3. 试件制备

(1) 取样　从外观检查合格的试件一端截取长约 300mm 的试件五个，取样时应尽可能避免试件受到拉伸、扭转、弯曲或其他机械损伤。

(2) 校直试件　小心地用手校直试件，必要时，允许将试件置于木材或塑料平面上，用木锤轻轻校直。校直时，不应损伤试件表面，也不应扭曲试件。有局部硬弯的试件可不校直。

4. 试验步骤

(1) 夹模选择　根据表 9-9-6 中规定选好弯曲

圆柱半径 r、弯曲圆柱顶部至拨杆底部距离 h 以及拨杆孔直径 d_s 并在试验机或钳台上装好。

(2) 试件固定 如图 9-9-2 所示，使弯曲臂处于垂直位置，将试件由拨杆孔插入，当试件的位置垂直于夹具两弯曲圆柱的轴线的平面时，夹紧试件。

异形截面试件的夹持，应使其较大尺寸平行于或近似平行于夹持面，如图 9-9-4 所示。

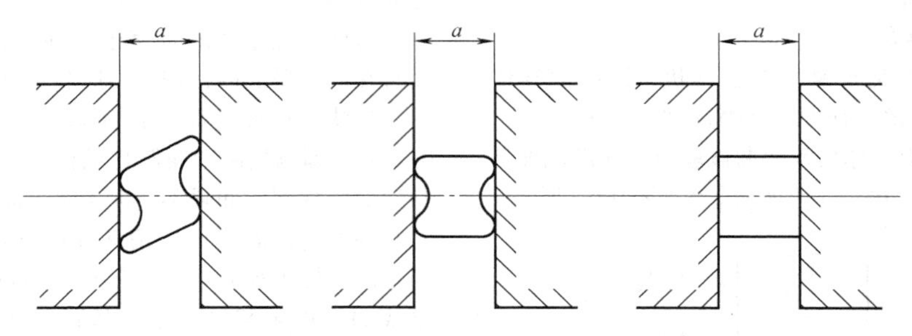

图 9-9-4 异形截面试件的夹持

(3) 施加负荷 在伸出拨杆孔外的试件上端，沿试件轴线方向施加适当的负荷，张紧试件，使试件弯曲时能与弯曲圆柱面保持良好的接触和不产生扭曲，负荷一般应不超过试件抗拉强度 2%的应力。

(4) 弯曲试件 启动试验机，以均匀平稳的速度弯曲试件，弯曲速度应使得试件可能产生的热不影响试验结果，除另有规定者外，一般为 1 次/s。

试件从垂直于弯曲圆柱轴线平面的起始位置，沿圆柱 A 弯曲 90°，然后回到原来的位置，为第一次弯曲，再在同一平面内以相反的方向沿圆柱 B 弯曲 90°，然后回到原来的位置，为第二次弯曲，如图 9-9-5 所示。如此重复进行，直到规定的弯曲次数，或试件断裂。记录弯曲次数 N，试件在最后恢复到起始位置前折断时，该最后一次弯曲不记入试验结果。

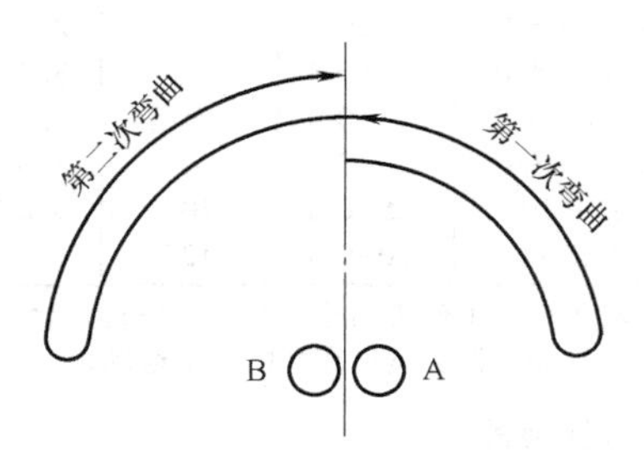

图 9-9-5 反复弯曲的计数方法

连续试验至相关产品标准中规定的弯曲次数或肉眼可见的裂纹为止；或者如相关产品标准规定，连续试验至试样完全断裂为止。

弯曲试验过程应是连续的，不允许有间断，可手动弯曲。

5. 试验结果

以五个试件弯曲次数的平均值表示试件的试验结果，或观察试件弯曲后断口的情况。

9.2.4 弯曲试验-单向弯曲

1. 范围

适用于测定标称直径 d 为 0.30～10.00mm 的铜、铝及其合金、双金属线等圆形、矩形截面导体的单向弯曲性能。

本试验是将试件沿规定弯曲半径弯成一定的角度，观察弯曲后试件的张力表面情况。

2. 试验设备

(1) 弯曲装置 弯曲装置示意图如图 9-9-6 和图 9-9-7 所示。图 9-9-7 中支辊长度应大于试样宽度或直径，半径应为 1～10 倍试件厚度或直径。支辊应具有足够的硬度。

除非另有规定，支辊间的距离应按照下式确定，并在试验期间内应保持不变。

$$l=(D+3a)\pm0.3a \qquad (9\text{-}9\text{-}1)$$

式中 l——支辊距离（mm）；

D——弯曲圆柱直径（mm）；

a——试件厚度或直径（mm）。

弯曲圆柱直径 d 见相关产品标准要求，弯曲压头宽度应大于试件宽度或直径，弯曲压头应具有足够的硬度和光洁度。

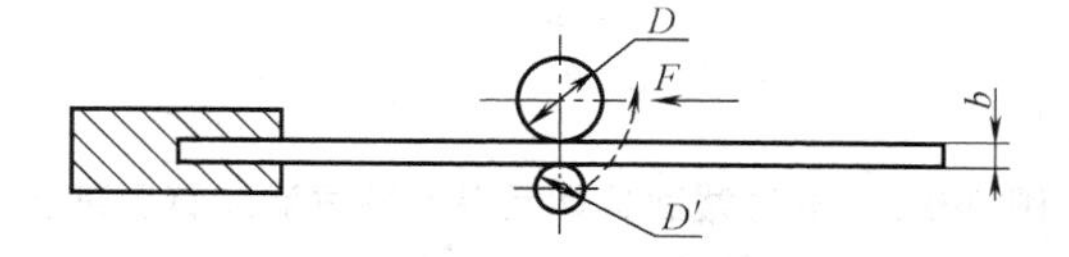

图 9-9-6 *a* 边弯曲装置示意图

D—弯曲圆柱直径 *D'*—压辊直径

F—作用力 *b*—宽边

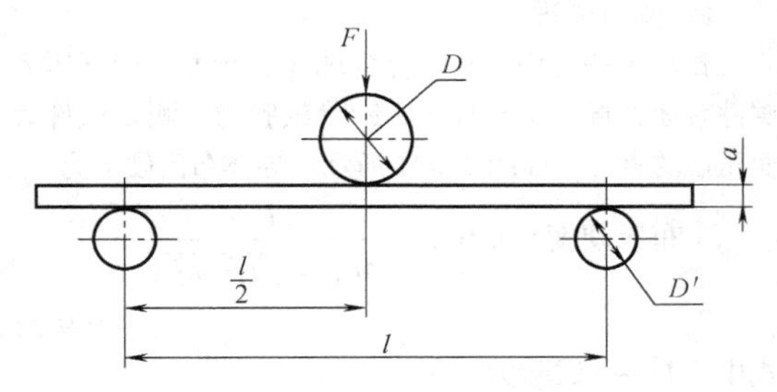

图 9-9-7 *b* 边支辊式弯曲装置示意图

D—弯曲圆柱直径 *D'*—支辊直径 *F*—作用力
l—支辊距离 *a*—窄边

（2）虎钳式弯曲装置 虎钳式弯曲装置由虎钳配备足够硬度的弯心组成（见图 9-9-8），可以配置加力杠杆。弯心直径 *d* 见相关产品标准要求，弯心柱面宽度应大于试件宽度或直径。

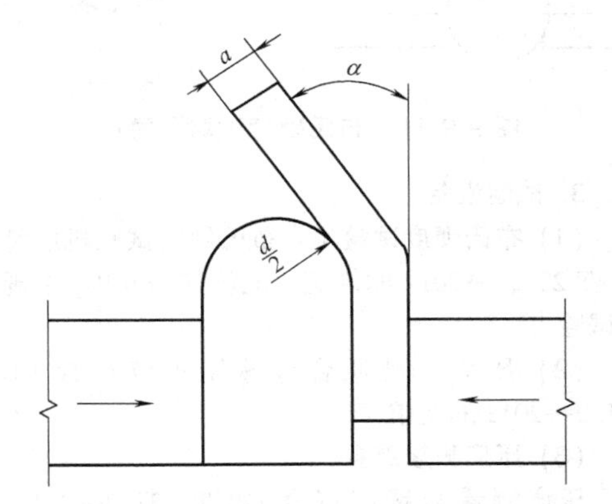

图 9-9-8 虎钳式弯曲装置示意图

a—试件厚度或直径 *d*—弯曲压头直径
α—弯曲角度

3. 试件制备

（1）试件数量 从外观检查合格的试件一端截取适当长度的试件 2 个。

（2）试件外观 试件表面不应有划痕和损伤；试件应平直，必要时允许小心校直。

（3）试件长度 试件长度应根据试件厚度和所使用的试验设备确定。采用图 9-9-6 的方法时，公式为

$$L=0.5\pi(d+a)+140 \qquad (9\text{-}9\text{-}2)$$

式中 L——试件长度（mm）；

d——弯曲柱面直径（mm）；

a——试件厚度或直径（mm）。

4. 试验步骤

（1）*a* 边弯曲试验 将试件装上试验机，试件的一端固定（见图 9-9-6）。根据产品标准规定的弯曲半径选定弯曲圆柱，调整压辊的位置，使试件弯曲时与弯曲圆柱面保持良好接触和不产生扭曲。启动试验机，平稳而缓慢地弯曲试件直至要求的角度。

（2）*b* 边弯曲试验 将试件放置在试验装置的两个处于水平位置的支辊上（见图 9-9-7）。根据产品标准规定的弯曲半径选定弯曲压头。调整弯曲压头和两支辊的相对位置，使压头的轴线垂直于两个支辊中心连线，且位于中点。启动试验机，平稳而缓慢地施加垂直于试件平面的作用力，弯曲试件直至要求的角度。

（3）虎钳式弯曲试验 也可以采用图 9-9-8 所示的虎钳式弯曲试验，试件一端固定。根据产品标准规定的弯曲半径选定弯心圆柱面直径，绕弯心进行弯曲，直至规定的弯曲角度。

5. 试验结果

试验结果应符合相关产品标准规定。如未规定具体要求，弯曲试验后任一试件弯曲外表面无肉眼可见裂纹应评定为合格。

9.2.5 卷绕试验

1. 范围

适用于测定标称直径 *d* 为 0.3~10.0mm 的铜、铝及其合金、双金属线等圆截面导体及特征尺寸 a≤20.0mm 的异形截面导体（如接触线等）的卷绕性能。

本试验是将试件围绕规定直径的试棒卷绕规定圈数，观察其表面的变化。卷绕方式可以是重复卷绕或一次卷绕。

2. 试验设备

卷绕试验装置如图 9-9-9 所示。试棒应具有足够刚性，表面抛光。

3. 试件制备

从表面检查合格的试件上截取两个试件，试件长度应满足规定卷绕圈数和操作的要求。

4. 试验步骤

（1）试棒选择 根据产品标准规定的卷绕直径选定试棒。

（2）试棒固定 将试棒固定在夹具内，试棒的轴线和夹具的中心线应很好地重合。

（3）施加负荷 装上试件，在试件的自由端施加不超过试件拉断力 5%的应力。

（4）卷绕试件 启动试验机卷绕试件。转速应稳定、均匀、缓慢，一般应不超过 10 次/min。

应按产品标准规定的方法进行卷绕试验，线匝

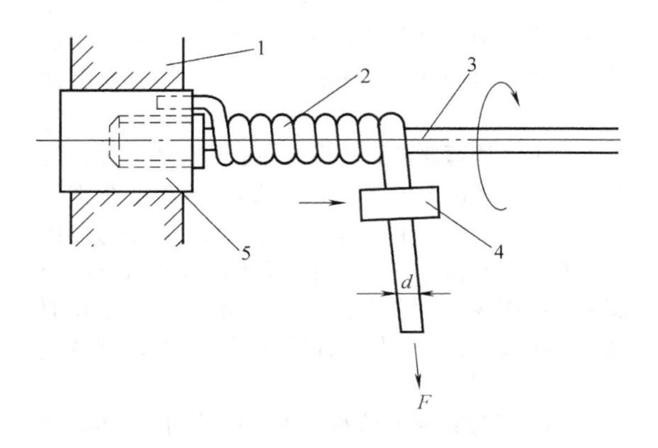

图 9-9-9 卷绕试验装置原理图

1—夹具 2—试件 3—试棒

4—导块 5—试棒座

d—试件直径 F—张力

应紧密排列，不应重叠，并紧贴在试棒的表面上。如产品标准未规定，可以从下列方法中任取一种卷绕方法：

方法 A：重复卷绕，试件在规定直径的试棒上紧密卷绕八圈，退绕六圈，退绕时试件呈螺旋状的部分应展开成直线形状，然后重新紧密卷绕在试棒上。

方法 B：一次卷绕，试件在规定直径的试棒上紧密卷绕八圈。

（5）手工卷绕 当试棒直径等于试件的标称直径时，也允许用手工卷绕。先将试件弯成 U 形，并夹紧成“r”扣，然后用手工将试件一端绕着另一端紧密卷绕，如图 9-9-10 所示。

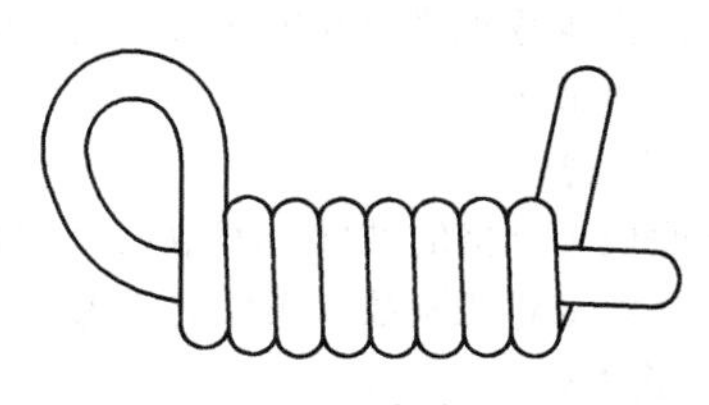

图 9-9-10 自身卷绕

5. 试验结果

用正常视力检查试件试验部分的表面，并记录。

9.2.6 硬度试验-布氏法

1. 范围

适用于测定铜、铝及其合金导体的硬度。

本试验规定的布氏硬度试验范围上限为 150HBW。

2. 试验原理

试验方法是用一硬质合金球在试验力作用下压入试件表面，直至规定时间后卸除试验力，测量试件表面压痕的直径，如图 9-9-11 所示。导体布氏硬度为

$$布氏硬度 = 0.102 \times \frac{2F}{\pi D(D-\sqrt{D^2-d^2})} \tag{9-9-3}$$

式中 F——试验力（N）；

D——压头球直径（mm）；

d——压痕实测平均直径（mm）。

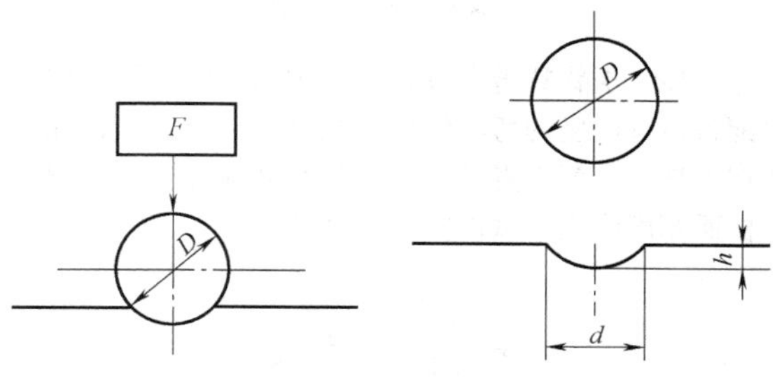

图 9-9-11 布氏硬度试验示意图

3. 试验设备

（1）布氏硬度试验机 布氏硬度试验机应符合 GB/T 231.2—2012 的规定，能施加表 9-9-7 中规定的试验力。

（2）压头 硬质合金球压头应符合 GB/T 231.2—2012 的要求。

（3）压痕测量装置

压痕测量装置应符合 GB/T 231.2—2012 的规定。

4. 试件制备

从样品上截取长约 100mm 的试件一个。试件表面应平滑和平坦，并且不应有氧化皮及外界污物，尤其不应有油脂。试件表面应能保证压痕直径的精确测量。

当需进行导体横截面的硬度测量时，制备试件和表面磨平、抛光过程中，应避免过热。

试件厚度至少应为压痕深度的 8 倍。

5. 试验步骤

（1）硬质合金球直径和试验力的选择 根据表 9-9-7 选择相应的硬质合金球直径和试验力。

（2）施加试验力 启动试验机，通过硬质合金球向试件表面施加试验力，试验力应平稳地增加，直至规定值为止，应注意防止冲击负荷和振动，以免影响试验结果。

（3）试验时间 试验力的加载时间应控制在（8±1）s。试验力保持时间为（15±2）s。

表 9-9-7 硬质合金球直径和试验力的选择

试件厚度/mm	F/D^2 值	硬质合金球直径 D/mm	试验力/N
$a<3$	10	2.5	612.9
$3\leqslant a<6$		5	2452
$a\geqslant 6$		10	9807

(4) 压痕位置 任一压痕中心距试件边缘的距离至少为压痕平均直径的2.5倍。两相邻压痕中心间的距离至少为压痕平均直径的3倍。每个试件应在中部和两侧三处各测量一次。

9.3 电阻特性测量

本试验方法适用于测定实心（非绞合）铜、铝及其合金金属导体材料和电阻材料的体积电阻率和质量电阻率，以及测定实心金属导体材料（均匀截面积）的单位长度电阻。

9.3.1 试验设备

1）直流电桥。只要测量准确度符合要求，也可使用电桥以外的其他仪器，如根据直流-电压降直接法原理，并采用四端测量技术，具有高灵敏度的数字式电阻测试仪。

2）电阻测量专用夹具：两电位点之间的标距长度应不小于0.3m，其他尺寸应与试验设备相适应。

3）游标卡尺：（1000±0.1）mm，符合国标规定；杠杆千分尺：表头示值误差不超过1μm，符合GB/T 1216—2004规定。

4）精密天平：分度值为0.1mg。

5）温度计：示值误差不超过0.1℃。

6）精密恒温油浴（基准试验时）：(20±0.1)℃。

9.3.2 试样制备

1）试样应无接头，试样表面应无裂纹和缺陷，横向尺寸为1mm及以上的试样用肉眼检查，小于1mm的试样用20倍放大镜检查。

试样表面，特别是在与电流和电位接头接触的表面上，应基本上无斑疤、灰尘和油污。必要时，在测量试样尺寸之前应清洗干净。

2）试样为截面大体上均匀的任何形状的杆材、线材、带材、排或管材等，其表面应光滑。沿试样标距长度以相等间距分5次或更多次所测得的横截面，其相对标准偏差在基准试验时应不超过1%，常规试验时应不超过2%。

3）测定单位长度的质量时，试样的两端应呈平面且垂直于纵轴，试样表面应无毛刺、飞边和弧边（锯齿状边）。

4）从大块材料中截取的试样，应注意在制备试样时防止材料性能发生明显变化。塑性变形会使材料加工变硬，电阻率增加；加热会使材料退火，电阻率减小。

5）必要时，基准试验用试样应按下述方法制备：试样经酸洗并加工至标称直径为2mm，去油污，经500~550℃保护性气氛中退火30min，然后在同一保护气氛中快速冷却或在空气中快速转移到水中冷却。

9.3.3 试验程序

1. 一般规定

1）本部分规定两种试验方法：基准试验方法和常规试验方法。用基准试验方法测量体积电阻率的允许总误差范围是±0.25%，质量电阻率及单位长度电阻的允许总误差范围是±0.20%。用常规试验方法测量体积电阻率的允许总误差范围是±0.65%，质量电阻率的允许总误差范围是±0.45%，单位长度电阻的允许总误差范围是±0.40%。如果基准试验和常规试验各个测量值的准确度在表9-9-8规定的误差范围内，则此总误差规定是可以达到的。基准试验和常规试验的标准温度都是20℃。

2）基准试验的试样应置于（20±0.1）℃的精密恒温油浴。在整个试验过程中，温度的测量和控制应符合表9-9-8的相应要求。

3）常规试验的试样应在（20±5）℃恒温条件下测量，试样在测试前应置于温度符合试验要求的实验室中至少1h，或放入油浴，温度的测量和控制应符合表9-9-8的相应要求。

表 9-9-8 允许测量误差

项目名称	基准试验	常规试验
长度	±0.05%	±0.10%
电阻	±0.15%	±0.30%
截面积	±0.15%	±0.50%
使用已知试样密度：		
空气中的质量	±0.05%	±0.10%
试样长度	±0.05%	±0.20%
试样密度	±0.12%	±0.45%
使用流体秤重：		
空气中的质量	±0.04(d_L/d_S)%	±0.30(d_L/d_S)%
液体中的质量	±0.08$[d_L/(d_S-d_L)]$%	±0.30$[d_L/(d_S-d_L)]$%
液体密度	±0.08%	±0.20%
温度引起的总误差	±0.06%	±0.25%
温度控制	±0.04%(0.1℃)	±0.15%(0.4℃)
温度校准	±0.04%	±0.15%
总误差		
体积电阻率	±0.25%	±0.65%
质量电阻率	±0.20%	±0.45%
单位长度电阻	±0.20%	±0.40%

2. 电阻测量

1）被测试样电阻为 10Ω 及以下（应不小于 10μΩ）者应采用四点法，如开尔文（双臂）电桥；电阻大于 10Ω 者可采用两点法，如惠斯顿（单臂）电桥；常规试验时，试样电阻大于 1Ω 者允许采用两点法。

2）电阻测量系统的总误差包括：标准电阻的校准误差、试样和标准电阻的比较误差、接触电动势和热电动势引起的误差、测量电流引起的试样发热误差。基准试验时总误差应不超过±0.15%；常规试验时总误差应不超过±0.30%。

3）四点法测量（采用四端夹具）时，电位接触点应由相当锋利的刀刃构成，且互相平行，均垂直于试样纵轴，接点也可以是锐利的针状接点。每个电位接点与相应的电流接点之间的距离应不小于试样断面周长的 1.5 倍。

4）使用开尔文电桥时，标准电阻和试样间的跨线电阻应明显地既小于标准电阻，又小于试样电阻。否则，应采取适当方法予以补偿，如引线补偿，使线圈和引线阻值比例达到足够平衡，使跨线电阻的影响降低到保证电桥准确度符合规定的要求。

5）应注意消除由于接触电动势和热电动势引起的测量误差。可采用电流换向法，读取一个正向读数和一个反向读数，取算术平均值。也可以采用平衡点法（补偿法），检流计接入电路后，在电流不闭合的情况下调零，达到闭合电流时检流计上基本观察不到冲击。

6）在满足试验系统灵敏度要求的情况下，应尽量选择最小的测试电流，以免引起过大的温升。当用比测试电流大 40%的电流所测得的电阻平均值超过测试电流所测平均值的 0.06%时，则认为温升过大，试验无效，应选择更小的测试电流。

3. 长度测量

在试验温度 t 时测定试样两电位点之间的标距长度 $l_1(t)$，测量误差应符合表 9-9-8 的相应规定。

4. 截面积测量

1）简单截面的试样，其截面积可以合理地从线性截面尺寸计算得出，测定尺寸时应沿试样的计量长度以大约相等的间距至少测量五次，计算出算术平均值。测量误差应符合表 9-9-8 的相应规定。

2）圆形截面试样，截面积为

$$A(t)=\frac{\pi}{4}d^2 \qquad (9\text{-}9\text{-}4)$$

式中 $A(t)$——在试验温度 t 时试样的截面积（mm^2）；

π——圆周率，取 3.1416；

d——试样直径平均值（mm）。

3）扁线截面试样，截面积为

$$A(t)=\delta b-0.858r^2 \qquad (9\text{-}9\text{-}5)$$

式中 δ——试样厚度平均值（mm）；

b——试样宽度平均值（mm）；

r——扁线圆角半径（mm）。

4）截面比较复杂的试样，截面积应采用称重法确定，即

$$A(t)=\frac{m}{l_2(t)d_s(t)}\times10^3 \qquad (9\text{-}9\text{-}6)$$

式中 m——试样质量（g）；

$l_2(t)$——试验温度 t 时的试样总长（m）；

$d_s(t)$——试验温度 t 时的试样密度（kg/m^3）。

质量、总长度、密度的测量误差应符合表 9-9-8的相应要求。

5. 质量测量

应注意减小试样在空气中称重的误差，以满足公式（9-9-6）的要求。必要时，应校准空气浮力，有

$$m=\frac{m_A d_s(d_W-d_A)}{d_W(d_s-d_A)} \qquad (9\text{-}9\text{-}7)$$

式中 m_A——在空气中测定的视在质量（g）；

d_s——试样密度（kg/m^3）；

d_W——砝码密度（kg/m^3）；

d_A——空气密度取 1.2kg/m^3。

6. 密度测量

1）当不知试样密度或试样密度误差超过±0.12%时，应在空气中和已知密度的液体中称重测定试样密度。可用试样直接测定，也可用与试样密度相同的试件测定。选择空气和液体的试验温度时，应能使对流所引起的误差减小到最低限度。

2）在液体中称重时，液体温度的均匀性应保证液体密度的误差符合表 9-9-8 的相应规定。

在液体中悬挂试样的挂线应尽可能地细，空气中称重时，挂线的延长部分应浸入同一液体中，以消除表面张力的影响。挂线直径超过 0.05mm 时，应用直径为其两倍的挂线进行第二次称重，两次称重的重量差应不超过试样在液体中视在质量的±0.01$[d_L/(d_s-d_L)]$%。

用水作液体时，应加入适量的浸润剂，按重量计应不超过 0.03%，并注意在称重前基本去除试样表面的全部气泡。

3）试样密度按下式计算确定：

$$d_s=\frac{m_A d_L(t)-m_L(t)d_A}{m_A-m_L(t)} \quad (9\text{-}9\text{-}8)$$

式中　$d_L(t)$——试验温度 t 时的液体密度（kg/m^3）；

$m_L(t)$——在液体中测定的试样视在质量（g）。

注：采用此法测定密度时，截面积的误差取决于 m_A（d_s/d_L）和 m_L（d_s-d_L）$/d_L$ 的误差，故允许误差按这些数值的倒数百分比予以规定。

9.3.4　试验结果及计算

1. 温度换算

考虑到电阻及线性尺寸都随温度而变化，计算时应将试验温度 t 时测得的数值换算到标准温度 t_0，即 20℃。下列各条公式中，温度（$t-20$）与试样电阻温度系数误差的乘积应满足表 9-9-8 的相应规定。

因本部分规定的测试温度接近 20℃，在（$t-20$）较小时，试样线膨胀温度系数“γ”比电阻温度系数“α_{20}”小得多，“γ”可忽略不计。这适用于下列各种计算情况，并具有足够的准确度。

2. 电阻计算

设试样的电阻与温度呈线性变化，则

$$R_{20}=\frac{R(t)}{1+\alpha_{20}(t-20)} \quad (9\text{-}9\text{-}9)$$

式中　R_{20}——20℃时试样的标长两端间的电阻（Ω）；

$R(t)$——试验温度 t 时试样的标长两端间的电阻（Ω）；

α_{20}——20℃时试样的电阻温度系数（1/℃）。

3. 单位长度电阻计算

标准温度 20℃时的单位长度电阻为

$$R_{l20}=\frac{R_l(t)}{1+(\alpha_{20}-\gamma)(t-20)} \quad (9\text{-}9\text{-}10)$$

式中　R_{l20}——20℃时单位长度电阻（Ω/m）；

$R_l(t)$——试验温度 t 时试样单位长度电阻（Ω/m）；

γ——线膨胀温度系数（1/℃）。

4. 体积电阻率计算

标准温度 20℃时的体积电阻率为

$$\rho_{V20}=\frac{\rho_V(t)}{1+(\alpha_{20}+\gamma)(t-20)} \quad (9\text{-}9\text{-}11)$$

式中　ρ_{V20}——20℃时试样的体积电阻率（Ω·m）；

$\rho_V(t)$——试验温度 t 时试样的体积电阻率（Ω·m）。

5. 质量电阻率计算

标准温度 20℃时的质量电阻率为

$$\rho_{m20}=\frac{\rho_m(t)}{1+(\alpha_{20}-2\gamma)(t-20)} \quad (9\text{-}9\text{-}12)$$

式中　ρ_{m20}——20℃时试样的质量电阻率（$\Omega\cdot kg/m^2$）；

$\rho_m(t)$——试验温度 t 时试样的质量电阻率（$\Omega\cdot kg/m^2$）。

6. 线性尺寸和截面积计算

当测量试样总长度和截面积时的温度 t' 与测量电阻及标距长度时的温度 t 不同时，应进行换算，即有

$$l_2(t)=l_2(t')[1+\gamma(t-t')] \quad (9\text{-}9\text{-}13)$$

$$A(t)=A(t')[1+2\gamma(t-t')] \quad (9\text{-}9\text{-}14)$$

式中　$l_2(t)$——换算到温度 t 时的试样总长度（m）；

$A(t)$——换算到温度 t 时的试样截面积（mm^2）；

$l_2(t')$——试验温度 t' 时的试样总长度（m）；

$A(t')$——试验温度 t' 时的试样截面积（mm^2）。

9.3.5　试验记录

1）试验记录中应详细记载下列内容：

a）试验类型。

b）试样编号，试样型号、规格。

c）试验日期，测试时的温度。

d）试样的平均电阻。

e）试样平均截面积。

f）试样的标距长度。

g）20℃时试样的体积电阻率或单位长度电阻。

h）测试仪器及其校准有效期。

2）有特别要求时，下列事项亦应包括在试验记录中：

a）试验前的机械处理和热处理（必要时）。

b）称重确定截面积时，应有试样长度、空气中质量、液体中质量（如果采用的话）、砝码密度、液体密度、试样密度、依此计算出的截面积、测量时的温度。用别的试件测定密度时应予说明。

c）电阻各次测量汇总表。

9.4　材料组织分析

9.4.1　光学显微试验

光学显微试验一般通过金相试验以及晶粒度进行评价，主要试验步骤包括：

1）试样截取。方向、部位、数量应根据金属制造的方法、检验的目的，技术条件或双方协议的规定进行。

2）试样尺寸。以磨面面积小于400mm^2，高度15~20mm为宜。

3）试样清洗。若试样沾有油渍、污物或锈斑，可用合适溶剂清除；任何妨碍以后基体金属腐蚀的镀膜金属应在抛光之前除去。

4）试样镶嵌。为便于在自动磨光和抛光机上进行试验，试样可采用机械镶嵌法、树脂镶嵌法、热压镶嵌法、浇注镶嵌法等方法进行镶嵌，所选用的镶嵌方法不得改变原始组织。

5）试样研磨。首先磨平，切取好的试样使用锉刀或砂轮等进行初步磨平；然后磨光，采用手工或机械方法，依次由粗到细地在各号砂纸上磨制；最后抛光，抛去试样上的磨痕以达镜面，且无磨制缺陷。

6）试样浸蚀。浸蚀试样时应采用新抛光的表面；浸蚀时和缓地搅动试样或溶液能获得较均匀的浸蚀；浸蚀时间视金属的性质、浸蚀液的浓度、检验目的及显微检验的放大倍数而定。以能在显微镜下清晰显示金属组织为宜；浸蚀完毕立即取出洗净吹干；可采用多种溶液进行多重浸蚀，以充分显示金属显微组织。若浸蚀程度不足，可继续浸蚀或重新抛光后再浸蚀。若浸蚀过度时则需重新磨制抛光后再浸蚀；浸蚀后的试样表面有扰乱现象，可用反复多次抛光浸蚀的方法除去。扰乱现象过于严重，不能全部消除时，试样须重新磨制。

7）显微组织检验。按照仪器说明书操作显微镜，在显微镜下观察时，一般先用低倍观察，再在高倍下对某相或细节进行仔细观察。

8）金属平均晶粒度的测定。包括以下方法：

a）比较法：不需计算任何晶粒、截点或截距。与标准系列评级图进行比较，当晶粒形貌与标准评级图的形貌完全相似时，评级误差最小。

b）面积法：计算已知面积内晶粒个数，利用单位面积内晶粒数来确定晶粒度级别数。

$$G=3.321928\lg n_a-2.954 \quad (9\text{-}9\text{-}15)$$

$$n_a=\frac{M^2N}{A} \quad (9\text{-}9\text{-}16)$$

$$N=N_{内}+\frac{1}{2}N_{交}-1 \quad (9\text{-}9\text{-}17)$$

式中 G——晶粒度级别数。

$N_{内}$——完全落在测量网格内的晶粒数；

$N_{交}$——被网格所切割的晶粒数；

M——所使用的放大倍数；

N——放大倍数M时，使用面积为A的测量网格内的晶粒计数；

A——所使用的测量网格面积（mm^2）；

n_a——试样检测面上每平方毫米内的晶粒数。

c）截点法：计算已知长度的试验线段（或网格）与晶粒界面相交截部分的截点数，利用单位长度截点数来确定晶粒度级别数。

$$G=-6.643856\lg \bar{l}-3.288 \quad (9\text{-}9\text{-}18)$$

$$\bar{l}=\frac{L}{MP}=\frac{1}{\overline{p_1}} \quad (9\text{-}9\text{-}19)$$

式中 L——所使用的测量线段（或网格）长度（mm）；

$\bar{l}$——试样检验面上晶粒截距的平均值；

M——所使用的放大倍数；

P——测量网格上的截点数；

$\overline{p_1}$——试样检验面上每毫米内的平均截点数；

G——晶粒度级别数。

9）显微照相，采用每分格计数为0.01mm的测微标尺对照相放大倍数进行度量。设置数码相机菜单，以所摄金相清晰，色彩真实为佳。

9.4.2 电子显微试验

电子显微技术在微观分析领域发挥着越来越重要的作用，通过扫描电子显微镜（SEM）和能谱仪（EDS），可对微米至纳米级微区结构和元素组成进行分析。

1. 试样制备

分析的材料应在变化压力下和电子束轰击下稳定。试样经过简单清洁后即可进行检测，但试样表面不均匀或者不平将影响定量分析结果。

为了准确地进行定量分析，试样表面应该垂直于入射电子束的光滑平面。应用常规的金相或者岩相制样技术一般都能满足这种要求，电子束周围几个微米直径的分析区域要均匀。

固体试样可以进行加工以满足尺寸要求，但应确保加工过程不造成试样变形。分析前应采用合适的技术（例如超声波清洗）清除试样表面的污染物。

试样应尽可能用导电介质包埋后再按照标准金相或岩相制样方法进行抛光。包埋介质应该小心选择，避免介质组分对试样表面的污染和试样分析体积内的成分发生改变。

如果要用光学检验被分析区域的位置，可能需要在放入仪器前或者在仪器内对试样进行浸蚀，但应该浅腐蚀，腐蚀试样可能产生组分变化或者形貌假象，用已存在的或者标记的分析区域参考特征，例如，划痕或者硬度压痕定位后，抛光已腐蚀的区域。

试样应该有好的电导，以避免电子束照射时的荷电产生，试样应该通过导电试样座或者通过碳导电胶或者银线与仪器的接地相连。任何暴露的非导电镶嵌材料均应该用导电介质覆盖，以避免分析时的电子束漂移。导电膜可以用约 20nm 厚的碳膜，如果试样不适合于镀碳，也可以用比较薄的金属（例如铝）。

多数情况下，应将制备好的试样表面与入射电子束完全垂直地安装在试样台上。

参考物质应符合 ISO 14595 的要求，用类似于未知试样的方法制备，例如抛光、镀碳、相对于电子束用相同方向定位。

2. 纳米级长度的测量方法

用图像测量设备直接测量放大的图像，可用的测量设备有：比长仪、扫描电镜自备的测量程序、图像分析软件等，但要求图像测量设备的读数不确定度，可以忽略不计。

（1）标准样品放大图像的测量　标准样品放大图像长度的第 i 次实测值 S_i 为

$$S_i = |a_i - b_i| \tag{9-9-20}$$

式中　a_i——第一个标记点的第 i 次读数值；

b_i——第二个标记点的第 i 次读数值。

标准样品放大图像中长度的实测平均值 A 为

$$A = \frac{1}{n}\sum_{i=1}^{n} S_i \tag{9-9-21}$$

式中　n——测量次数。

（2）被测样品放大图像的测量　被测样品放大图像中长度的第 j 次实测值 H_j 为

$$H_j = |c_j - d_j| \tag{9-9-22}$$

式中　c_j——第一个标记点的第 j 次读数值。

d_j——第二个标记点的第 j 次读数值。

被测样品放大图像中长度的实测平均值 B 为

$$B = \frac{1}{n}\sum_{j=1}^{n} H_j \tag{9-9-23}$$

式中　n——测量次数。

（3）数据处理　长度实测值 L（nm）为

$$L = h\,\frac{B}{A} \tag{9-9-24}$$

式中　A——标准样品放大图像中长度的实测平均值（mm）。

B——被测样品放大图像中长度的实测平均值（mm）。

h——标准样品中长度的标定值（nm）。

长度实测值的标准不确定度 g（nm）为

$$g = \sqrt{\frac{L^2}{h^2}\left(e^2 + \frac{d^2}{18n}\right) + \frac{d^2}{18n}} \tag{9-9-25}$$

式中　e——标准样品的标准不确定度（nm）。

h——标准样品中长度标定值（nm）。

d——扫描电镜的分辨力（nm）。

n——标准样品和被测样品放大图像的测量次数，一般情况 n 取 25。

测量结果的合成标准不确定度（p）：如果被测物体变形产生的标准不确定度为 α 和二次电子成像原理产生的标准不确定度为 β 不能忽略不计，应根据具体样品的具体情况，估算其标准不确定度 α 和 β 的量值，将其合并到合成标准不确定度中去，测量结果的合成标准不确定度 p 为

$$p = \sqrt{\frac{L^2}{h^2}\left(e^2 + \frac{d^2}{18n}\right) + \frac{d^2}{18n} + \alpha^2 + \beta^2} \tag{9-9-26}$$

（4）测量结果

1）原始记录。原始记录要求图像应清晰，记录应清楚、准确、及时。

2）测量报告。测量报告应简明、扼要，有不确定度量值。

3. 能谱定量分析方法

（1）分析步骤　灯丝应达到饱和，并有足够的时间达到合适的稳定度，例如在分析过程中优于 1%，加速电压通常在 10~25kV 之间选择。

为了从试样中获得整个谱峰的足够高的计数率，束流应该足够大，但束流也不能太大，以免产生电子学失真或者在谱图中产生纯元素的合峰。

试样应在电子束下正确定位。

脉冲处理器的设置应尽可能地使分辨率达到最优，并与计数率和死时间的设置一致。

用光学图像或扫描电子图像在试样上选择分析位置，所选定区域的成分均匀性，应该用试样中一种或多种主要元素的 X 射线强度线扫描或距相界足够远的几个随机位置的点分析来检查。当用光学系统在试样上定位时，注意光学和电子光学系统的中心应一致。

当用标准物质时，相对于电子束的定位方法应该和试样相同，镀膜材料的厚度要相近，试样和标准物质应该用相同的分析条件采集谱图。为了确认束流和其他系统参数的稳定性，例如基线漂移、增益漂移、分辨率、束流，在分析过程中至少用一个参考物质进行检查。

选取采集时间应该使测量峰能获得足够的总计数，采集时间将依赖于最后结果的精密度需要，当

对精密度有怀疑时，应该重复测量以确定测量结果的重复性。

应记录所有相关的测量参数（检出角、试样倾斜角、加速电压等）。

（2）数据处理

1）峰的识别。鉴别谱图中所有的峰，仔细考虑可能的峰重叠。能谱厂商提供的自动谱峰鉴别软件能处理重叠峰，然而，其性能依赖于峰形构成的准确度。另外，人工识别峰应从最强峰开始，操作者可以参考出版的峰强度数据，并特别关注 K、L 或者 M 线系中每根线的能量和相对强度鉴别所有元素。分析每个元素的浓度时，应该选择合适的谱峰，例如，加速电压 20kV 时，合适的定量分析线选择如下：$Z=11\sim30$ 时，选择 K 线；$Z=29\sim71$ 时，选择 L 线；$Z=72\sim92$ 时，选择 M 线。

2）峰强度的估计。为了计算所分析峰的净强度，需要扣除背底（通常用软件）。谱峰的背底能用数字滤波或者用谱峰两边的线性内插方法扣除。在一个大能量范围内背底扣除的准确度不高，选择扣除背底的方法主要依赖于获得的软件能力和预期的分析准确度。如果出现重叠峰，谱峰剥离可用软件或手动处理，用纯元素谱图的不同峰的相对强度进行校正。

3）K 比值的计算。试样中元素产生的 X 射线谱峰强度扣除背底后，除以纯元素参考物质相应谱峰的 X 射线强度，即可得到 K 比值。当没有纯元素而用化合物作参考物质时，测定的参考峰应该进行基体校正。大多数软件包都包含基体效应的校正。除了用参考物质外，K 比值可以通过比较试样中元素的峰强度与无标样数据库元素强度或者计算强度获得。

4）基体效应。试样中鉴别出的系列元素的 K 比值要选用相应的方法进行基体效应校正，这些校正包括原子序数（Z）、X 射线吸收（A）和荧光（F）效应的校正，这三种校正统称为 ZAF 校正。目前已有一些优化的校正程序，优于纯粹用数字表示的 ZAF 程序。

5）参考物质的应用。X 射线微区定量分析时，应该尽可能用标样。应用接近试样成分的参考物质有两种方法：其一，为了获得满意的结果，每次分析都应该分析标准物质，并且提供和分析有关的不确定度信息；其二，为了估算试样成分，可以直接比较参考物质和试样中获得的谱峰强度，假如没有合适元素的参考物质，这是一种最佳的方法。试样和参考物质的数据应该在相同实验条件下获得。

6）无标样分析。当所分析的元素无标准物质时，可用无标样定量分析程序。这些程序得到的元素浓度，比不修正的相对谱峰得到的浓度更准确。无标样程序的修正，是在特定的激发条件和几何条件下获得的。这些程序的 K 比值是通过参考元素的峰值强度获得、参考元素的峰值强度通过计算，或者由厂家提供的元素或者化合物谱峰数据库，或者由用户事先得到的谱峰数据库计算得到。该方法总的相对不确定度优于±10%，然而，当分析条件与无标样程序的特定条件不同，和有低浓度元素时，误差较大。

7）结果的不确定度。如果用相同的操作条件对有证参考物质（CRM）进行重复分析，就可以得到测量结果的准确度。这种方法也可以使分析结果溯源到公认的参考物质，识别系统误差。另外保证结果准确性的方法是实验室使用已建立的分析方法进行分析。其他因子对不确定度的贡献可以用专业评估法或 Eurachem 文件中描述的方法确定。

（3）结果报告 结果报告应满足 GB/T 27025—2008 的要求。

9.5 其他分析测试技术

9.5.1 铝合金抗压蠕变试验方法

1. 试样制备与预试验

抗压蠕变试样应在与所购铝合金线具有相同化学成分和状态的铝合金线或铝合金杆上取样，试样长度为单线外径的 2.5～3.5 倍，试样两端面应平整、光滑。制备试样时应小心，不损伤试样表面。

抗压蠕变试验前应对试样进行预试验，包括化学成分、抗拉强度和伸长率。

2. 试验设备及仪器

蠕变试验机应能施加轴向试验力并使试样上产生的弯矩和扭矩最小。压头的硬度不应低于 55HRC。蠕变变形测量仪器的分辨率应不大于 0.001mm，误差不应大于总蠕变变形的±1.0%。试验机至少应符合 GB/T 16825.2—2005 中 1 级试验机的要求。试验机上、下压头的工作表面应平行，且安装试样区 100mm 范围内的平行度不低于 1∶0.0002mm/mm。试验力的加载同轴度不应超过 10%。试验机应远离外界的振动和冲击。

试验前应对试验机进行外观检查以确保试验机的加力杆、夹具、联轴器和连接装置都处于良好状态。试验力应均匀平稳无振动地施加在试样上。试验过程中，上、下压头间不应有侧向的相对位移和转动。

采用加热装置加热试样至试验规定温度，规定温度和显示温度之间的允许偏差应不大于±3℃，试样长度方向上允许的最大温度偏差为3℃。温度显示装置的分辨率应不大于0.5℃，测温装置的准确度应等于或优于1℃。热电偶在校准周期内的温度漂移不宜超过±1℃。

3. 试验方法

抗压蠕变试验温度宜选择50~120℃；试验压应力不应大于试样的屈服强度，亦不宜小于屈服强度的70%。

将试样竖直放置于蠕变试验机的上、下压头间，试样安装时，调整试样使其纵轴线与压头纵轴线重合。关闭环境箱，将试样加热至规定的试验温度。为使试样、夹持装置和引伸计都达到热平衡，试样应在试验力施加前保温至少30min。当安装引伸计进行试验时，可以在升温过程中施加一定的初载荷（小于试验力的10%）来保持试样加载链的同轴（如在$t=0$之前）。

试验力应以产生最小的弯矩和扭矩的方式在试样的轴向上施加。试验力测量至少应准确到±1%。试验力的施加过程应无振动并尽可能地快速。当试验应力对应的载荷全部施加在试样上时作为蠕变试验开始（$t=0$）并记录蠕变变形，共进行100h的抗压蠕变试验。

试验过程中应保持载荷恒定，温度波动不应大于±3℃。

4. 数据记录

整个试验过程中应连续记录或记录足够多的蠕变变形数据来绘制“蠕变应变-时间”曲线。在蠕变应变与时间的双对数坐标轴上，采集的数据会接近于一条直线，为使数据采集点沿着拟合线均距分布，在绘制蠕变曲线时，试验开始后前20h内，宜以20min的时间间隔读取蠕变数据，20h以后宜以$60(2.73+0.03\times n)$ s（其中$n=0$，1，2，3，…）的时间间隔，并将时间点修约至0.5h，即为20h，22.5h，25.5h，28.5h，32.5h，36.5h，41.5h，47.0h，53.0h，60.0h，68.0h，76.5h，86.5h，98.0h，100.0h，读取蠕变数据。

5. 数据处理

根据所取的原始蠕变数据，计算各时间点试样的应变，对应时间点绘制“蠕变应变-时间”的蠕变曲线。

出现下列情况之一时，试验结果无效，应重做试样在相同条件下的试验：

1）试样未达到试验目的时，发生明显的塑性变形。

2）试样未达到试验目的时，端部就局部压坏。

3）试验过程中操作不当，致使未达到试验目的时。

4）试验过程中试验仪器设备发生故障，影响了试验结果。

9.5.2　铜粉量测定方法

铜粉量是判别铜杆组织及表面质量的重要参数，铜粉量采用干刷法进行。测定方法包括以下步骤：

1）剪切一段350~400mm长，经表面质量检验合格的铜杆样品，轻轻校直，用无水乙醇或其他有机溶剂认真清洗干净铜杆表面的保护蜡涂层和残留乳化液，用透明胶带把样品两端头各25~50mm长的部分缠绕起来，使两胶带间的铜杆间距为300mm。

2）用天平对缠有胶带的铜杆样品进行称重并加以记录（单位为g，精确到小数点后4位）。

3）把样品插入扭转试验机，两夹头的夹持部分为透明胶带缠绕的两端头，对样品进行10/10的正反扭转（扭转速度为30r/min），完成后用软刷子轻轻刷擦样品，彻底清除干净样品间距上的所有粉粒。

4）从试验机上取出样品，应避免污染，若胶带已脱落，应从夹头中取下胶带，胶带上若有铜粉应保留。

5）若称重铜杆有困难时，也可在扭转试验机夹头下方放置一个略长于300mm洁净的瓷盘，让扭转试验中脱落的铜粉粒全部落入洁净的瓷盘，扭转完成后，用软刷子轻轻刷擦样品，彻底清除干净样品间距上的所有粉粒，使之全部落入洁净的瓷盘内。

6）在天平上称量步骤4）所得缠有胶带并经刷擦干净的样品质量，进行记录。

7）用步骤2）所得的质量减去步骤6）所得的质量记录下差值来判定。也可用步骤5）瓷盘收集的铜粉单独称重来判定。推荐用相同的方法测试3次取平均值作为最终测试值。

9.5.3　铜杆的氧化膜厚度试验方法

连铸连轧电工用铜杆表面氧化膜厚度的测定可按如下步骤进行：

1）剪切一段150~300mm长，经表面质量检验合格的铜杆样品，轻轻校直，用丙酮或其他等效溶剂认真清洗干净铜杆表面的保护蜡涂层和残留乳化液。

2）把样品插入氧化膜测试设备的电解槽中，保证电解液至少覆盖101.6mm的试验样品，电解液为0.1摩尔的碳酸钠溶液。样品作为阴极，铂丝或其他等效的惰性金属作为阳极。

3）直流电源或电量计（库仑计）供给电源。

4）试验开始后，记录在整个试验期间电压和对应的时间，铜杆试样表面开始产生气泡为试验结束时间。

5）绘制出电压-时间曲线，典型的电压-时间曲线如图9-9-12所示。

6）根据电压和时间曲线，计算样品表面的各种氧化物的厚度，即

$$T=\frac{ItM}{SdFn} \tag{9-9-27}$$

式中 T——厚度（cm）；

I——电流（A）；

t——反应时间（s）；

M——氧化物分子质量（g）；

S——样品浸入的面积（cm^2）；

d——氧化物密度（Cu_2O 为 $6.0g/cm^3$，CuO 为 $6.4g/cm^3$）；

F——法拉第常数，96500C/mol；

n——氢当量（2）。

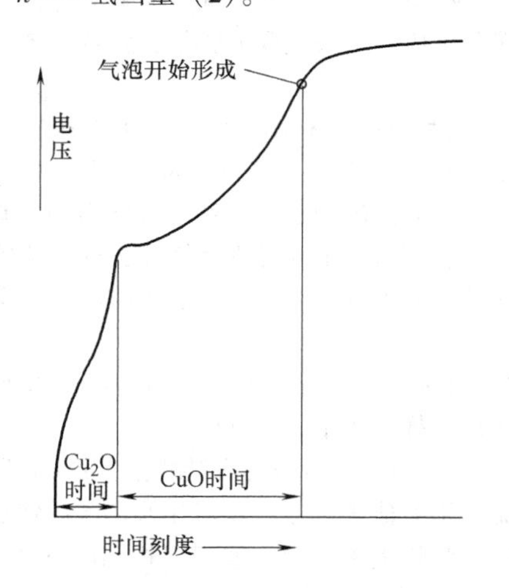

图9-9-12 典型的电压-时间曲线

7）氧化亚铜和氧化铜的厚度之和为样品的氧化膜厚度。推荐用相同的方法测试3次取平均值作为最终测试值。

9.5.4 铜杆螺旋伸长试验

螺旋伸长试验只适用于高导电率的铜在铜杆阶段的性能，不涉及以后工业加工阶段选择的铜线质量。螺旋伸长试验方法主要包括以下步骤：

1）在一批成圈（捆）的铜杆端部截取一段合适长度的铜杆样品。对于直径大于8.0mm的铜杆，需先通过轧制、拉伸或锻造成直径8.0mm的铜杆；接着在（700±20）℃的温度下退火（1±0.02）h后在水中淬火冷却；然后用10%（体积比）的稀硫酸彻底清洗掉疏松的氧化皮或附着的铜粉；最后在经以上步骤处理完后的铜杆端部截取一段合适长度的铜杆样品。

2）铜杆应经过一系列道次将铜杆样品拉伸至（2.0±0.01）mm，每一道次的面积减缩率为20%~25%。在拉线过程中，要特别注意避免样品过度发热。例如，可在道次之间冷却5min，或淬火到室温。另外，拉伸速度不能超过60m/min，拉伸后的成圈的直径应大于200mm。

3）在拉伸后的铜线截取合适长度的样品，并盘成直径为200mm±59mm的线圈，并在（200±0.5）℃恒温条件下加热（2±0.02）h，之后迅速水冷至室温。铜线的温度要保持均一，并且精确测量。因为温度控制至关重要，所以退火过程中需要热电偶。建议将一个直径8mm的仿制铜杆样品绕成一个直径200mm的圆环，并且放在恒温槽中通常放试验样品的位置处。用一个热电偶埋入铜杆中，达到的深度等于半径，并在5min内加热至退火温度。

4）在退火后的线圈上截一段1400mm长的试验样品。使用擦不掉的标记工具在样品中部标出1000mm的标距。样品的一端固定在抛光过的芯轴（外径为20mm±0.1mm）的一端，该芯轴轴线为水平，样品另一端悬挂2.240kg的砝码，从而产生一个7MPa的应力。轴心以（50±5）r/min的速度旋转，将样品盘成螺线管（大于18圈），保证每一圈都要和上一圈相接触，而且圈不能松，应保持线圈的紧密，并且前后线圈的方向应一致。成螺旋状后螺线圈轴向标距长度约为28mm，测量精确到1.0mm，作为原始值记录为 L_o。

然后，将螺线管从芯轴上取下，一端固定在设备上，在另一端轴向加载质量同样为2.240kg的砝码。将砝码放到一个托盘上，对螺线管平稳地加载负荷可以用以下两种方法：

① 降低载有砝码的托盘。

② 提升螺线管的另一端。加载速度不能超过 20cm/s。自由悬挂 1min 后，小心取下砝码，将拉伸的螺线管松散在桌上放置 1min。注意，砝码不可以通过提升托盘或降低螺线管上部的方式取下。螺线管拉伸过后标距间的长度记录为 L_f，测量精确到 1.0mm。

5）计算。螺线管伸长值为 $L_f - L_o$ 的差值。用同样的方法在同一圈线上再取另两段样品重复以上试验，采用三次试验的平均值作为螺旋伸长的最终值。

参考标准

GB/T 3048.2—2007　电线电缆电性能试验方法　第 2 部分：金属材料电阻率试验

GB/T 4909—2009　裸电线试验方法

GB/T 5121—2008　铜及铜合金化学分析方法

GB/T 6394—2002　金属平均晶粒度测定法

GB/T 17359—2012　微束分析　能谱法定量分析

GB/T 20307—2006　纳米级长度的扫描电镜测量方法通则

GB/T 20975—2008　铝及铝合金化学分析方法

GB/T 30552—2014　电缆导体用铝合金线

YS/T 793—2012　电工用火法精炼再生铜线坯

ASTM B49-10 Standard Specification for Copper Rod Drawing Stock for Electrical Purposes

第10章

废铜回收再生技术

10.1 概述

金属材料在电线电缆工业中应用非常广泛，是电线电缆的主要材料。金属材料通常分为有色金属和黑色金属两大类；或分为轻金属、重金属、贵金属和稀有金属等。废物资源化是加大环保力度，促进循环经济大规模发展的重要途径，也是培育和发展节能环保战略性新兴产业的核心内容，对我国建设资源节约型和环境友好型社会具有重要意义。国务院将节能环保列为七大战略性新兴产业之一，废物资源化是节能环保产业的三大主体任务之一。

废物资源化科技工程“十二五”专项规划即将公布，其中废旧金属再生利用技术的发展目标是针对铜、铝、铅、锌等大宗废旧金属及废稀贵金属的再生利用，将重点突破废旧金属专业化分选拆解、保（升）级利用、二次污染控制等重大技术与装备，提高废旧金属回收率与再生产品的质量，支撑再生金属产业升级与转型，支撑未来五年再生金属使用量比例提高10%~15%；技术重点是：废铜废铝保（升）级利用技术，重点研发分选拆解等预处理技术与装备，低能耗冶炼与产品保级利用技术与装备，低品位废旧金属绿色短流程冶金技术，开发废杂铜分级直接再生铜导体等金属制品。

电线电缆产品所用金属材料以有色金属为主，其绝大部分为铜、铝、铅及其合金，主要用作导体、屏蔽和护层。银、锡、镍主要用于导体的镀层，以提高导体金属的耐热性和抗氧化性。黑色金属在线缆产品中以钢丝和钢带为主体，主要用作电缆护层中的铠装层，以及作为架空导线的加强芯或复合导体的加强部分。在这些材料中，又以有色金属铜的用量最大，我国铜矿资源紧缺，废铜利用量也逐年增加，近年来每年从国外进口的废杂铜都达到400万t以上。随着国内经济的发展，我国废杂铜市场快速发展，因此电线电缆领域内的废铜回收再利用是在相关电缆用金属材料回收中最重要的部分。

10.2 废铜回收再生工艺路线概况

作为电线电缆导体的基础材料电工用铜杆，其最主要制作方法之一就是以电解铜为原材料，通过连铸连轧工艺制成铜杆（或称铜线坯）。到近期，我国电线电缆行业再生铜产量占铜总产量的比重将达到40%~50%。目前我国生产再生铜的回收应用方法主要有两条技术路线：第一条，将杂铜先经火法处理铸成阳极铜，然后电解精炼成电解铜，并在电解过程中回收其他有价元素；第二条，将废杂铜直接熔炼成不同牌号的铜合金或精铜叫直接利用法。随着技术发展，废杂铜为原料通过火法精炼直接再生制造电工用铜杆工艺技术已取得突破，与第一条目前国内的主要采用的制造工艺流程（废杂铜——阳极板——电解铜——电工铜杆）相比减少了阳极板制造和电解两个工序，不但可大量节约能源，还可减少环境污染，既能保证资源再生，也能实现能源的合理利用。按照科学发展观，大力发展循环经济，建设节约型社会，该技术路线将成为电线电缆领域废杂铜回收再生利用的重要方法，已得到国家大力的支持，并将在今后成为废铜回收的重要方法。

10.3 再生回收废铜原材料

10.3.1 废铜按其生产的阶段分类

废铜按其生产的阶段分类不同，可以分为：工业生产过程中产生的一次废铜，加工过程中产生的新废铜，消费者使用后产生的旧废铜。一次废铜如不合规格的阳极、阴极及配料，阳极废品，一次废铜一般不进入市场直接被工厂回收利用。新废铜是指新的边角料或工厂内部产生的废铜。旧废铜是指废弃的、用过的或（生产企业）外部产生的废铜，它来自于已经达到其使用期限的产品拆解。目前在市场上出现的主要多为旧废铜。

10.3.2　废铜按照含铜量分类

（1）1号废铜　这种废铜最低含铜量为99%，包括裸露、无涂层、无合金的纯铜线，表面无氧化，不含毛丝，铜线直径不小于1.6mm。2级：包括洁净、无色泽、无涂层、无锡、无合金的纯铜线和铜电缆线，不含毛丝和烧过的易碎的铜线。

（2）2号废铜　这种废铜最低含铜量为96%（最小含量94%）。无合金的废铜线，含有杂料。不得含有过分铅化和锡化的铜线、焊接过的铜线、黄铜和青铜线、过多的油、废钢铁和非金属、脆的过烧线、绝缘性铜线和过多的细丝线。需用适当方式清除尘垢。

（3）低铜　这种废铜最低含铜量为92%，其组成以纯铜为主，纯铜表面被油漆或涂层覆盖或早已被严重氧化，其中通常包含少量的铜合金。

（4）精炼黄铜制品　这个类型包括各种成分的混合合金废铜，其最低含铜量为61.3%。

（5）含铜废品　这种类型包括了所有的含铜量低的原料，比如浮渣、污泥、炉渣、返料、粉料和其他一些废料。

10.3.3　电线电缆行业废铜回收利用范围

目前电线电缆行业中的废铜再生利用中的原材料基本只涉及1号或2号废铜范围，目前生产工艺及设备能够处理的废铜含铜量最低一般应不低于94%，对于92%以下铜含量的废铜、合金铜及含铜废品不归属于电线电缆行业内的回收再利用的范畴，一般进入第一条回收技术路线。

目前正在制定中的电线电缆行业《电工用火法精炼高导电铜杆》标准草案中，明确规定了：进炉废铜原材料的成分和质量水平对再生铜杆的质量水平和生产成本具有重要的作用。为了获得良好的技术经济效果，应选择合适的废铜原料。电工用火法精炼铜杆的废铜原料应采用GB/T 13587—2006《铜及铜合金废料》中规定的“Ⅰ类：纯铜废料”或“Ⅶ类：带绝缘的电线电缆”作为原材料。原料在进炉前，务必经过脱漆、脱油；分离铜包钢和铜包铝等金属包覆层；除去锡、铅锡合金、镍、银等镀层和除去绝缘材料及灰分等。无论使用哪种原材料，其进炉平均铜含量应严格控制在96%及以上。

10.3.4　废铜原材料标准

我国目前有GB/T 13587—2006《铜及铜合金废料》国家标准。与原1997年标准版本按照废铜的物理形态分类，2006年版标准按照废铜的物理形态以及废铜的存在方式将废铜分为七类：纯铜废料、铜合金废料、废水箱、屑末、切片、带皮电线和含铜灰渣；废铜的分组方式按照每类废铜中产品类型的不同分组；废铜的分级方式（主要以名称来区分不同级别）；以及废铜的相关试验方法、检验规则和包装、标志、运输及贮存等内容。但由于本标准涉及的类别过于繁杂，还无法适应目前电线电缆行业内的废铜回收利用现状，目前主要按照含铜量进行废铜的回收再利用。

10.4　废铜直接再生制杆产品及相关标准

10.4.1　国内外涉及废铜直接再生制杆产品的标准

GB/T 3952—2008《电工用铜线坯》，对应的牌号为T3牌号；

欧洲EN1977：1998《铜和铜合金—铜线坯》，对应的牌号为Cu-FRHC；

美国ASTM B49-10《电工用铜线杆》标准，该标准中未对废铜再生制杆产品给予专门的牌号。

YS/T 793—2012《电工用火法精炼再生铜线坯》标准为国内首部废铜直接再生制杆产品的专用标准，在标准中明确规定了再生铜杆是“以紫杂铜为原料经火法精炼和连铸连轧生产的电工用再生铜线坯”，对应牌号为RT1、RT2、RT3。

电线电缆专用“电工用火法精炼高导电铜杆”标准草案，标准编制计划NB-××××。

10.4.2　废铜直接再生制杆产品的相关性能

1. 废铜直接再生制杆产品的化学成分

再生铜杆的总含铜量及其杂质元素的含量对铜杆的电气性能、力学性能、可轧性、可拉性和可退火性具有决定性的影响，尤其对电气性能的影响更为敏感。各相关标准的规定见表9-10-1。

表 9-10-1　各标准中对再生铜杆成分的要求　　（单位：%）

标准名称	YS/T 793—2012《电工用火法精炼再生铜线坯》	GB/T 3952—2016《电工用铜线坯》	EN1977:1998《铜和铜合金—铜线坯》	《电工用火法精炼高导电铜杆》(草案)
铜杆牌号	RT1、RT2、RT3	T3	Cu-FRHC(CW005A)	TZ1、TZ2、TZ3
(Cu+Ag)含量,≥	99.90	99.90	99.90	99.90
氧含量,≥	0.040	0.05	0.040	0.040
杂质总量,≤	0.100	0.05	0.04	0.100
杂质元素	As、Bi、Cd、Cr、Fe、Mn、Ni、Pb、S、Sb、Se、Si、Sn、Te、Zn 共 15 个	As、Bi、Cd、Fe、Mn、Ni、P、Pb、S、Sb、Sn、Zn 共 12 个，其中 Bi≤0.0025%，Pb≤0.005%	As、Bi、Cd、Co、Cr、Fe、Mn、Ni、P、Pb、S、Sb、Se、Si、Sn、Te、Zn 共 17 个	As、Bi、Cd、Co、Cr、Fe、Mn、Ni、P、Pb、S、Sb、Se、Si、Sn、Te、Zn 共 17 个

2. 废铜直接再生制杆产品的力学性能（见表 9-10-2）

表 9-10-2　废铜直接再生制杆产品的力学性能

标准名称	YS/T 793—2012《电工用火法精炼再生铜线坯》			GB/T 3952—2016《电工用铜线坯》	EN1977:1998《铜和铜合金—铜线坯》	《电工用火法精炼高导电铜杆》(草案)		
铜杆牌号	RT1	RT2	RT3	T3	Cu-FRHC	TZ1	TZ2	TZ3
伸长率(%)≥	40	37	35	35	30	40	37	35
扭转次数,≥	30	25	20	17	无此项目	30	25	20

3. 废铜直接再生制杆产品的电性能（见表 9-10-3）

表 9-10-3　废铜直接再生制杆产品的电性能

标准名称	YS/T 793—2012《电工用火法精炼再生铜线坯》			GB/T 3952—2016《电工用铜线坯》	EN1977:1998《铜和铜合金—铜线坯》	《电工用火法精炼高导电铜杆》(草案)		
铜杆牌号	RT1	RT2	RT3	T3	Cu-FRHC	TZ1	TZ2	TZ3
体积电阻率($\Omega \cdot mm^2/m$)≤	0.01707	0.017241		0.017241	0.017241	0.01707	0.017241	
导电率(%IACS)≥	101	100		100	100	101	100	

4. 工艺性能

(1) 铜粉量　铜粉量反映铜杆表面和次表面氧化物的多少，与铜杆和铜线的加工和表面质量密切相关。在生产中通过清洗等工艺措施，铜粉量是可控的，可以给出规定，详见下表。

(2) 氧化膜厚度　氧化膜厚度反映铜杆表面氧化物厚度的大小，与铜杆和铜线的加工和表面质量密切相关。在生产中通过清洗等工艺措施，氧化膜厚度是可控的，可以给出规定，详见下表。

(3) 可退火性能　可退火性反映铜杆和铜线的退火性能，与铜杆的后续加工性能和制品的使用柔软性密切相关。国内外可退火性的试验方法中最常用的有洛氏硬度和螺旋伸长试验方法 2 种。

经过试验验证，对于废杂铜再生制杆产品的洛氏硬度基本上都在 91~95HRF 范围内，与电解铜的洛氏硬度 60~70HRF 有差距，且数据非常接近，难于区分其可退火性的优劣，其灵敏度不足以反映再生铜杆的可退火性，因此不建议采用该方法进行可退火性的测试。

螺旋伸长试验是为测量高纯铜的响应（特性）的一种方法，该种被测的高纯铜预期要拉成线，并进行退火。这种方法可甄别铜的不同纯度（因为铜的不同纯度在品级的化学成分限度范围内仅有很小的变化），从而可用于评估所有关键生产工艺的合适性。该试验方法主要有 ISO 在 1978 年发布的 ISO/TR 4745《高导电铜-螺旋伸长试验方法》，和在此基础上由欧洲标准化机构完善形成的 BS EN 12893：2000《铜及铜合金——螺旋伸长数试验方法》。各相关规定详见表 9-10-4。

表9-10-4 废铜直接再生制杆产品的工艺性能

标准名称		YS/T 793—2012《电工用火法精炼再生铜线坯》			GB/T 3952—2016《电工用铜线坯》	EN1977:1998《铜和铜合金—铜线坯》	《电工用火法精炼高导电铜杆》(草案)		
铜杆牌号		RT1	RT2	RT3	T3	Cu-FRHC	TZ1	TZ2	TZ3
铜粉量/(mg/300mm)		≤5 优质 5~13 良好 13~24 合格 >24 劣质			≤5 优质 5~13 良好 13~24 合格 >24 劣质	无此项目	≤5	≤12	≤24
氧化膜厚度/Å		无此项目			无此项目	无此项目	≤400	≤800	≤1000
退火性能	洛氏硬度(HRF)	60~70			60~70	无此项目	无此项目		
	螺旋伸长数	无此项目			无此项目	≥350 只针对Cu-ETP1牌号铜材	≥100	≥40	≥20

注：$1\text{Å}=10^{-10}\text{m}$。

10.5 测试/评估技术

国际上废电线电缆的回收再生利用在几十年前已开始，废铜、废铝的使用量增加，回收技术也在不断完善。铜、铝导体在电缆工业中是一个大市场。只要铜杆质量达标，其市场份额定会在50%以上，当然不可能完全取代电解韧铜杆。我国缺铜，希望节约资源，减少能源消耗、减少环境污染，现在由于非优化的再生利用，反而浪费能源。废铜的直接再生利用可以省去可制造阳极和电解提纯两道工序，从而节省能源，但由于生产的铜导体导电率不合格，在使用中，因电阻增加发热，造成上游制造节能，在下游使用中造成更大的电能浪费，且埋下了事故隐患，污染了环境，得不偿失。

中国的废杂铜直接再生制杆利用，落后国际先进水平20多年。废杂铜直接再生杆的大规模生产和应用其核心是质量的突破，废杂铜直接再生杆的严重质量问题的解决是利国利民、皆大欢喜的。废杂铜直接再生制杆的质量问题是一个跨行业的系统工程，需要跨行业协作，共同组织实施才行。目前存在的严重质量问题，主要是因为现在的生产方式中落后的老工艺、老设备、老管理，且流通市场混乱，国内尚无完整的废杂铜再生制杆产品的评估方法和制度以及正确的质量评估准则。正因为现在的质量太差，名声较低，导致有人会“看不起”再生铜杆，或不敢应用或用了也不敢声张。

在再生铜杆质量符合标准要求的基础上，进一步以分级（等）办法，分清铜杆质量等级，为实行优质优价、促进公平竞争创造条件。完善评估的依据和内容包括：

1）工艺性能评估——铜杆的“可轧性、可拉性和可退火性”，这“三性”应选择在合格的“验证生产厂”实行考核。

2）标准考核和认证，建立考核规范，制定专用标准，明确方法和指标，结合近年来国家科技支撑计划《废杂铜直接制杆国产化技术及应用》项目的研究工作及成果，初步提出一套适合于国内电线电缆行业应用的废杂铜再生制杆产品的系统性的评估体系和认证制度。

再生铜杆质量认证制度针对主要生产环节，如对再生铜杆制造生产过程中关键的工装设备和工艺控制点、成品铜杆的质量控制项目和指标进行了明确和详尽的规定，充分保证先进生产水平和产品质量水平得到有效控制；对废杂铜再生制杆产品采用认证方式进行评估，包括认证抽样试验+初始工厂审查+认证后的监督。同时结合再生铜杆具体产品，对废杂铜再生制杆产品的制造生产过程和成品铜杆的质量进行规范和控制。再生铜杆质量认证的关键措施和环节主要包括以下要素。

10.5.1 生产设备

1）原材料预处理设备：在进炉前，铜材外表面的绝缘材料、镀层、漆、油等影响熔炼的物质必须采用预处理设备去除；同时为防止铜包铝、铜包钢、黄铜、青铜等材料进炉，必须要有分拣工艺。

2）环保设备：为保证生产过程中产生的废液、废气达到国家环保部门的要求，应该配备相应的环保处理设备。

3）熔化炉：为熔化再生铜原材料，必须采用熔化炉对再生铜原材料进行熔化；为提高燃烧效率、控制熔化温度、达到更好的熔化效果，熔化炉应该配备燃烧和气氛自动控制系统。

4）精炼炉：为消除铜液中杂质元素对最终成品性能的影响，必须采用精炼炉对铜液进行氧化和精炼，以减少杂质元素的含量或使杂质元素与铜元素形成微合金化合物；为达到更好的精炼效果，应该配置带计算机辅助控制的精炼系统。

5）流槽：为保证流槽中的铜液不被进一步氧化，流槽中必须配置温度和气氛控制系统；同时为防止耐火泥等夹杂物被带入铜液中，必须配置过滤除渣系统。

6）浇包：浇包的液位直接影响浇铸的速度，并进一步影响铸锭的质量，因此应该配置浇包的液位控制系统。

7）铸机：铸机浇铸点的液位控制直接影响铸锭的质量，因此应该配置自动液位控制系统；浇铸轮的冷却方式也直接影响铸锭冷却成型的质量，因此必须配置冷却水控制系统；为保证铸锭顺利从铸轮脱离，必须配置良好的脱模系统。

8）轧机：铜杆表面的氧化膜严重影响厚道的轧制工艺，而铸锭的棱角处有着很厚的氧化膜，因此必须配置去角机去除铸锭的棱角；为进一步去除铸锭表面的氧化膜，应该配置高压喷淋装置；在轧制过程中，为润滑和冷却铸锭，必须配置乳化液和酒精辅助系统；为清洗并防止铜杆表面氧化，必须配置清洗和涂蜡装备；为检测铜杆表面和次表面的缺陷和夹杂，应该配置在线探伤装置。

9）绕杆机：为保证收取铜杆过程中不损伤铜杆，必须配置适合的绕杆机和涂蜡包装装置。

10.5.2 检验设备

1）成分分析设备：杂质元素的含量直接影响成品铜杆的电性能、可退火性能等，为保证精炼后铜液的成分和铜杆的成分达到要求，必须配置成分分析设备。

2）定氧仪：氧含量对铜杆的可拉性也有直接的影响，必须配置定氧仪。

3）直流电阻试验仪：为控制成品铜杆的电性能，必须配置直流电阻试验仪。

4）拉力机：为控制成品铜杆的力学性能，必须配置拉力试验机。

5）扭转机：为控制成品铜杆的扭转性能和铜粉量，必须配置扭转试验机。

6）氧化膜测厚仪：为评估铜杆的可轧性，必须配置氧化膜测厚仪测定铜杆的氧化膜厚度。

7）螺旋伸长试验机：为评估铜杆的可退火性，必须配置螺旋伸长试验机测定铜杆的螺旋伸长数值。

10.5.3 关键工艺控制点

认证制度对再生铜杆生产中所涉及的关键工艺进行了相应规定，以更为有效地保证产品质量的有效和可控。

1）原材料：原材料的种类等级直接影响成品铜杆的成分和性能，因此必须对原材料进行验收和预处理。认证制度中规定：应采用GB/T 13587—2006《铜及铜合金废料》中规定的“Ⅰ类：纯铜废料”或“Ⅶ类：带皮的电线电缆”作为原材料。无论使用哪种原材料，其平均铜含量应控制在96%以上。在进炉前，原材料应经脱漆、脱油、去除镀层、去除绝缘材料等预处理，不允许经过镀铅、镀锡或镀镍的铜导体、铜包铝、铜包钢、黄铜、青铜等材料进炉。

2）熔炉的温度和气氛：为提高燃烧效率、控制熔化温度，保持炉内适合的气氛，必须对熔炉的温度和气氛进行监控。

3）精炼炉中铜液的氧化、还原温度：精炼炉中铜液的氧化、还原温度直接影响铜液的精炼效果，必须对其进行监控。

4）精炼炉中气氛的流量、压力：精炼炉中的氧气的流量直接影响铜液的氧化效果，氮气的流量直接影响铜液的扒渣效果，必须对其进行监控。

5）流槽中铜液温度和氧含量：流槽中铜液温度和氧含量直接影响到成品铜杆的氧含量，必须对其进行监控。

6）铜液炉前分析：精炼后铜液的成分直接影响到成品铜杆的成分，必须对其进行监控。

7）铸机冷却水的温度、压力、流量：铸机冷却水的温度、压力、流量直接影响到铸锭的冷却成型，必须对其进行监控。

8）进、出轧机温度：进、出轧机的温度直接影响铜杆的柔韧性能，必须对其进行监控。

9）乳化液的温度、压力、流量：乳化液起着润滑和冷却铸锭的作用，直接影响轧制的质量，必须对其温度、压力和流量进行监控。

10.5.4 成品的性能测试项目及指标

再生铜杆进行质量认证过程中的认证抽样试验时，其成品性能测试项目应覆盖现有相关GB/T 3952—2016《电工用铜线坯》和YS/T 793—2012《电工用火法精炼再生铜线坯》标准中的所有检测项目，并增加能够有效反映再生铜杆在后续应用中相关的工艺性能的氧化膜厚度及螺旋伸长试验项目。

参考标准

GB/T 3952—2016　电工用铜线坯
GB/T 13587—2006　铜及铜合金废料
YS/T 793—2012　电工用火法精炼再生铜线坯
ASTM B49-10　电工用铜线杆
GB 31574—2015　再生铜、铝、铅、锌工业污染物排放标准
BS EN 12893：2000　铜及铜合金——螺旋伸长数试验方法
EN1977：1998　铜和铜合金—铜线坯
ISO/TR 4745　高导电铜-螺旋伸长试验方法

参考文献

[1]　钟文泉，王云岗. 废铜直接再生利用的方法 [J]. 资源再生，2007（3）：16-19.
[2]　工信部，科技部，财政部. 再生有色金属产业发展推进计划.
[3]　赵新生. 废杂铜火法精炼直接生产光亮铜杆的工艺和设备 [J]. 资源再生，2008（10）：24-26.
[4]　黄崇祺. 中国电缆工业铜导体加工的发展、问题和新趋势 [J]. 电线电缆，2012（5）.
[5]　黄崇祺. 提高废杂铜直接再生制杆利用的效率和质量. 2011.
[6]　黄崇祺. 废铜、废铝在电缆工业中的优化再生制杆及利用 [J]. 电线电缆，2011（4）.
[7]　黄崇祺. 金属导体文集（上、下册）[M]. 上海：上海电缆研究所，2010.
[8]　黄崇祺. 金属导体及其应用（上、下册）[M]. 上海：上海电缆研究所，2007.
[9]　上海电缆研究所，中国电器工业协会电线电缆分会. 电线电缆行业“十二五”发展规划建议——导体与线材领域. 2010.
[10]　黄崇祺. 中国电缆工业的废杂铜直接再生利用和以铝节铜决非短期行为必须从长计议 [M]. 金属导体文集（上集）. 上海：上海电缆研究所，2010.
[11]　上海电缆研究所. 2010 年电线电缆论坛（十年回顾与展望）论文集 [C]. 宁波，2010.

第 10 篇

纸、纤维、带材、电磁线漆、油料、涂料

第1章

电线电缆用纸及纸制品

1.1 电线电缆用纸及纸制品的种类和用途

纸和纸制品价格便宜，并具有优良的电气绝缘性能、浸渍性能及一定的机械强度和耐热性，因此在电线电缆工业中获得了广泛应用。电线电缆用纸按其用途可分为绝缘用纸、屏蔽用纸和保护及填充用纸三类。表 10-1-1 中所列为电线电缆用纸及纸制品的种类和应用范围。

表 10-1-1 电线电缆用纸及纸制品的种类和应用范围

类　别	名　称	应用范围
绝缘用纸	电缆绝缘纸(电缆纸) 高压电缆绝缘纸(高压电缆纸) 聚丙烯木纤维复合纸 绝缘皱纹纸 耐高温工艺隔离绝缘纸 陶瓷纤维纸 500kV 变压器匝间绝缘纸	电压为 35kV 及以下的电力电缆及纸包绕组线绝缘 电压为 110kV 及以上的高压电缆绝缘及纸包绕组线绝缘 超高压电缆绝缘、超导电缆低温绝缘 高压电缆各种接头盒的绝缘、分割导体隔离 电缆导体与绝缘工艺隔离 高温电缆绝缘、电缆绝热 高压绕组线绝缘纸包绕组线绝缘、换位导线绝缘、组合导线绝缘
屏蔽用纸	半导电电缆纸 半导电皱纹纸 金属膜复合纸	电力电缆屏蔽 高压电缆各种接头盒的屏蔽 电力电缆、通信电缆及橡皮绝缘船用电缆屏蔽
保护及填充用纸及纸制品	保护及填充用皱纹纸 纸绳	电力电缆铠装衬垫层 电缆缆芯的填充

1.2 电线电缆用纸技术指标的常用名词及其含义

1.2.1 物理性能

电线电缆用纸的物理性能对其电气绝缘性能有直接的影响，因此必须严格控制。物理性能主要包括紧度（又称密度）、厚度和透气度。

(1) 紧度　紧度是指单位体积纸的质量，其单位为 g/cm^3。紧度对纸的电气绝缘性能和力学性能影响较大，一般来说，随着纸紧度的增大，纸的介电系数、介质损耗角正切、冲击击穿场强、抗张力和弹性模量都将提高，长时间的工频击穿场强则略有降低。

(2) 厚度　厚度是表征纸厚薄的指标，其单位为 μm。电缆纸的厚度对油浸纸的耐电强度影响很大。随着电缆纸厚度的减薄，油浸纸的耐电强度提高，机械强度却相应下降。因此，对于不同电压等级的电缆，应采用不同厚度系列的电缆绝缘纸，而且纸的厚度公差应严格控制。

(3) 透气度　透气度是衡量纸张结构多孔性程度的指标，用 $10cm^2$ 纸面积的每分钟水流量表示，其单位为 mL/min。电缆纸的透气度不仅是打浆程度的函数，受打浆方式的影响，而且与纤维平均长度及其分布有关，同时也与工艺过程有关。纸的透气度和紧度是两个参数，二者既有联系，又有区别。通常纸的透气度越小，油浸纸的耐电强度越高。

1.2.2 力学性能

电缆绝缘纸的力学性能对电缆绝缘的工艺质量有很大的影响。纸的力学性能主要包括以下三个方面。

(1) 抗张强度　抗拉强度是指一定宽度（通常为15mm）的纸能承受的最大张力。抗拉强度有纵向和横向两种，其单位为kN/m。它与纸的紧度、厚度及生产工艺有关。

(2) 伸长率　伸长率是表征纸的弹性的指标，它等于纸在受到张力至断裂时的伸长量与试样原始长度之比，用%表示。

(3) 耐折度　耐折度是指纸张耐揉折的能力，用纸在一定的张力下所能经受往复折叠180°的次数表示。

1.2.3　化学性能

(1) 水分　电缆纸是一种亲水性的材料，纸中的水分含量与周围环境的相对湿度有很大关系。纸的含水量对其力学性能、电绝缘性能都有很大影响。

(2) 灰分　灰分表示纸纤维中无机杂质含量的总和。灰分含量与原料蒸煮液澄清程度、水质纯度以及生产设备情况等有关。降低灰分的含量及改变灰分的组成，能使纸的介质损耗得到改善。

(3) 铁含量　铁含量的单位为mg/kg，其数值的大小对电缆纸的介质损耗有一定的影响。当铁含量超过一定数值时，电缆纸的介质损耗将显著增加。

(4) 水抽提液pH值　纸的水抽提液pH值表示水抽提液中氢离子的含量。它反映了纸呈酸性还是呈碱性反应，pH值大的，纸呈碱性反应；pH值小的，纸呈酸性反应。pH值过大或过小都将使纸的热稳定性恶化。pH值是用水抽提液中氢离子浓度的负对数来表示的。

1.2.4　电绝缘性能

为了保证电线电缆安全可靠地运行，电缆绝缘纸必须具有优良的电绝缘性能。

(1) 击穿电压　击穿电压是指电缆纸电气击穿时的电压值，其单位为V。击穿电压一般包括工频、冲击和直流击穿电压。电缆纸的击穿电压主要取决于它的物理性能，如紧度、厚度和透气度等。

(2) 介质损耗　介质损耗是衡量纸在电场作用下发热程度的指标，用介质损耗角的正切值$\tan\delta$来表示。纸的主要成分纤维素是一种极性高分子聚合物，纤维素大分子的每一个链节都含有三个羟基。除纤维素外，纸中还含有其他有机成分，如半纤维素和木质素等。另外，纸中还有少量的无机杂质，包括各种金属和非金属离子等。由于纸本身的结构组成和杂质的存在，其在电场作用下就会存在一定的偶极损耗和电导损耗，其中电导损耗更为主要。介质损耗越大，绝缘纸发热越厉害，电缆的传输能力越差，这对高压和超高压电缆尤为明显。实践表明，影响木纤维纸介质损耗的主要因素是灰分和紧度。介质损耗不但与灰分的含量有关，而且与灰分的组成有关。为了降低纸的介质损耗，除了必须降低纸的灰分含量之外，还必须改变灰分的组成，尽量减少灰分中对介质损耗影响最大的一价阳离子，如钠、钾等。降低纸的紧度也是降低介质损耗的有效措施。这是因为在油浸纸中，纤维素的介质损耗角正切值较大，一般为0.005～0.01，而高压电缆油浸纸的介质损耗角正切值较小，一般在0.002以下，降低纸的紧度就是减少纸中纤维素的含量，这样就可使油浸纸的介质损耗角正切值下降。

(3) 水抽提液电导率　水抽提液电导率是以电性能反映纸浆化学纯度的指标，其单位为mS/m。提高造纸工艺中水质的纯度，减少其中离子杂质的含量，可使电导率下降。

1.2.5　其他性能

(1) 均匀性　纸的均匀性是影响纸的力学性能及电绝缘性能的重要因素。纸的均匀性不好，如纸的厚薄不均、紧度波动较大，会使纸的力学性能差、击穿电压分散性大。所以在纸的技术条件中规定了厚度和紧度的允许误差，并对纸的外观有一定要求。

(2) 浸渍性　电缆纸大部分是在浸渍剂浸渍的条件下使用的，浸渍性能的好坏对纸的电绝缘性能有很大影响。纸的浸渍性与制浆、打浆和抄纸工艺密切相关。纸浆越纯，浸渍性越好。打浆度越大及纸的紧度越大，则浸渍性越差。

1.3　电线电缆用纸及纸制品的技术要求

1.3.1　电缆绝缘纸

电缆绝缘纸用做35kV及以下的电力电缆和纸包绕组线的绝缘层。电缆纸的纤维组织应均匀，不允许有未离解的纤维束、斑点、褶子、裂口、孔眼等影响使用的缺陷。

电缆绝缘纸按使用要求不同分优等品、一等品和合格品三级，其技术要求见表10-1-2。

表 10-1-2　电缆绝缘纸的技术要求

指标名称		单位	规定											
			优等品				一等品				合格品			
厚度	标称值	μm	80	130	170	200	80	130	170	200	80	130	170	200
	公差		±4.0	±6.0	±7.0	±8.0	±5.0	±7.0	±8.0	±9.0	±5.0	±7.0	±8.0	±9.0
紧　度		g/cm³	0.90±0.05											
抗张强度　≥	纵向	kN/m	6.2	11.0	13.7	14.5	6.2	11.0	13.7	14.5	5.5	10.0	12.5	13.5
	横向		3.1	5.2	6.9	7.2	3.1	5.2	6.9	7.2	2.8	4.7	6.2	6.8
伸长率　≥	纵向	%	2.0				1.9				1.9			
	横向		5.4				5.4				5.4			
撕裂度(横向)　≥		mN	510	1020	1390	1450	510	1020	1390	1450	510	1020	1390	1450
耐折度(纵横平均)　≥		次	1200	2200	2500	3000	1200	2200	2500	3000	1200	2200	2500	3000
工频击穿电压　≥		KV/mm	8.0											
干纸介质损耗角正切(tanδ)(100℃)　≤		%	0.50											
水抽提液 pH		—	6.5~8.0				6.5~8.5							
水抽提液电导率　≤		mS/m	8.0											
透气度　≤		μm/(Pa·s)	0.510											
灰分　≤		%	0.7											
水分		%	6.0~8.0				6.0~9.0							

1.3.2　高压电缆纸和聚丙烯木纤维复合纸

高压电缆纸用于电压为 110kV 及以上的高压电缆的绝缘。对高压电缆纸的纤维组织、纸面等有关要求与电缆纸相同。高压电缆纸的技术要求见表 10-1-3。

表 10-1-3　高压电缆纸的技术要求

指标名称		单位	规定				
			GDL-50	GDL-63	GDL-75	GDL-125	GDL-175
厚度		μm	50±3.0	63±4.0	75±5.0	125±7.0	175±10.0
紧度		g/cm³	0.85±0.05				
抗张强度　≥	纵向	kN/m	3.90	4.90	6.40	10.00	12.80
	横向		1.90	2.40	2.80	4.80	6.40
伸长率　≥	纵向	%	1.8		2.0		
	横向		4.0	4.5	5.0		
撕裂度(横向)　≥		mN	220	280	500	1200	1800
透气度　≤		μm/(Pa·s)	0.255	0.340	0.340	0.425	0.425
工频击穿电压　≥		kV/mm	9.50	9.00	8.50	8.00	7.40
干纸介质损耗角正切(tanδ)(100℃)　≤		%	0.22				
水抽提液电导率　≤		mS/m	4.0				
水抽提液 pH		—	6.0~7.5				
灰分　≤		%	0.28				
灰分中钠离子含量　≤		mg/kg	34.0				
交货水分		%	6.0~9.0				

聚丙烯木纤维复合纸（PPLP）是聚丙烯与木纤维的复合纸，其中聚丙烯的厚度比为 30%~50%。聚丙烯木纤维复合纸作为超高压充油电缆的绝缘，与木纤维高压电缆纸比较，具有介质损耗低、介电强度高、热力学性能稳定的优点，因此是很有前途的新材料。用聚丙烯木纤维纸制作的充油电缆，其电压等级已达到 500kV，长期试验表明其寿命在 40 年以上。

液氮浸渍 PPLP 绝缘是制造 CD 绝缘高温超导

电缆首选的绝缘结构。因为 PPLP 的液氮浸渍性能良好、电气性能优良，在液氮浸渍下不会开裂，并保持了良好的机械物理性能。

1.3.3 半导电电缆纸

半导电电缆纸用于纸绝缘电力电缆的屏蔽。

半导电电缆纸分为单色和双色两种。单色半导电电缆纸型号为 1BLZ-120 和 1BLZ-170；双色半导电电缆纸型号为 2BLZ-120。半导电电缆纸的纤维组织应均匀，纸面应平整，不许有褶子、皱纹、条痕及目测可见的孔眼和导电杂质。半导电电缆纸的技术要求见表 10-1-4。

1.3.4 耐高温工艺隔离绝缘纸

耐高温工艺隔离绝缘纸用于电缆导体与绝缘、缆芯绝缘与护层之间的工艺隔离。

耐高温工艺隔离绝缘纸根据导体规格与缆芯大小，具有不同的厚度，其型号为 H-WD1、H-WD2、H-WD3、H-WD4。耐高温工艺隔离绝缘纸的纤维组织应均匀，纸面应平整，不许有褶子、皱纹、条痕及目测可见的孔眼和导电杂质。耐高温工艺隔离绝缘纸的技术要求见表 10-1-5。

表 10-1-4 半导电电缆纸的技术要求

指标名称		单位	规定		
			1 BLZ-120	1 BLZ-170	2 BLZ-120
厚度		μm	120±6.0	170±8.5	120±6.0
紧度		g/cm³	0.90~1.05		0.90~1.05
抗张强度 ≥	纵向	kN/m	8.60	11.00	9.50
	横向		4.10	5.00	4.40
伸长率 ≥	纵向	%	1.9		
	横向		5.5		
横向撕裂度 ≥		mN	950	1300	1150
透气度 ≤		μm/(Pa · s) (mL/min)	0.430 (25.0)		0.340 (20.0)
体积电阻率(ρ_V) ≤		Ω · cm	1×10^6		
半导体层表面电阻率(ρ_S)(20~25℃) ≤		Ω			1×10^6
灰分 ≤		%	1.00		
交货水分		%	5.0~8.0		
炭黑洗涤稳定性		—	合格		

表 10-1-5 耐高温隔离绝缘纸的技术要求

指标名称		单位	H—WD1	H—WD2	H—WD3	H—WD4
厚度		μm	30±5.0	50±5.0	60±7.0	70±7.0
紧度		g/cm³	0.80±0.05	0.80±0.05	1.00±0.05	1.00±0.05
抗张强度 ≥	纵	kN/m	0.30	0.40	0.50	0.60
	横		—	—	—	—
伸长率 ≥	纵	%	5.0	6.0	7.0	8.0
	横		—	—	—	—
熔点 ≥		℃	256	256	256	256
长期稳定性		℃	180	180	180	180

1.3.5 陶瓷纤维纸

陶瓷纤维纸用于航空航天高温电缆绝缘、电缆管隔热，此外还可用于一般工业领域，例如：①工业绝缘、密封、防腐材料；②电热装置绝缘、隔热材料；③仪器设备、电气元件绝缘和隔热材料；④汽车行业隔热材料；⑤膨胀缝填充材料；⑥隔离材料（防烧结材料）；⑦熔融金属处密封垫；⑧防火材料。

陶瓷纤维纸主要由陶瓷纤维加上少量结合剂生产而成，结合剂在使用过程中会完全烧掉。美国 3M 公司的陶瓷纤维纸可不含有机结合剂，具有更为优良的电气绝缘性能。

陶瓷纤维纸产品的特性：①低热容量；②低热

导率；③优良的电绝缘性能；④优良的机械加工性能；⑤高强度、抗撕扯；⑥高柔韧性。

国产陶瓷纤维纸产品种类按温度等级分为1260陶瓷纤维纸和1400陶瓷纤维纸，其技术要求见表10-1-6。

表10-1-6 陶瓷纤维纸的技术要求

产品名称		1260陶瓷纤维纸	1400陶瓷纤维纸
温度等级		1260	1400
永久线变化(%)		1000℃×24h，≤-3	1150℃×24h，≤-3.5
理论导热系数/[W/(m·K)]	平均200℃	0.075~0.085	0.070~0.080
	平均400℃	0.110~0.121	0.110~0.121
	平均600℃	0.160~0.170	0.155~0.165
有机物含量(%)		≤10	≤8
体积密度/(kg/m^3)		200±15	200±15
抗拉强度/MPa		≥0.4	≥0.3
含水率(%)		≤1	
常规尺寸/mm		长(*L*)：100000、60000、30000、15000、12000；宽(*W*)：610；厚(*T*)：0.5、1、2、3、4、5	

1.3.6 铝箔屏蔽绝缘纸

铝箔屏蔽绝缘纸是用铝箔和电缆纸或电话纸经胶合剂粘合而成的，主要用作电缆的屏蔽。

以电话纸为基的铝箔屏蔽绝缘纸是不带孔的；以电缆纸为基的铝箔屏蔽绝缘纸有带孔和不带孔两种。带孔的铝箔屏蔽绝缘纸表面应具有均匀分布的针孔，以便电缆干燥过程中排出潮气，在电缆浸渍时易于透过浸渍剂，但允许在1m长的范围内有两处宽度不超过15mm的局部无孔现象存在。对铝箔屏蔽绝缘纸的外观、表面及其他要求如下：

1）铝箔屏蔽绝缘纸上不应有目力可见的折痕、波纹、斑点、裂口等；在7m范围内允许有两处皱纹，且两处皱纹之间的纵向距离不得小于1m。铝箔屏蔽绝缘纸边缘应齐整，不应有锯齿形和倒刺现象存在。

2）铝箔必须紧密地粘贴在电缆纸或电话纸上，整个长度上不得有脱胶和气泡存在。

3）铝箔屏蔽绝缘纸应能平整地卷成圆筒形。纸捆直径一般为400~500mm；纸捆的两端面应平滑整齐，局部突出和缩入部分不应超过10mm。同一捆纸筒上的断头（或断金属箔）不应超过三个，且断头处不能用胶水粘住，而必须用有色纸条夹在断头处，一头露出于纸捆的端面，以做醒目标记。

铝箔屏蔽绝缘纸的技术要求见表10-1-7。

1.3.7 皱纹纸

皱纹纸按其用途可分为绝缘皱纹纸、半导电皱纹纸和保护及填充用皱纹纸三种。

1. 绝缘皱纹纸

绝缘皱纹纸的皱纹应细密、分布均匀、平整，不应有裂口、小孔、砂粒和矿物杂质。其技术要求见表10-1-8。

表10-1-7 铝箔屏蔽绝缘纸的技术要求

性能	单位	要求		
		6920—0.15/0.13/0.01-52	6920—0.23/0.20/0.02-25	6920—0.23/0.20/0.02-52
基纸性能要求				
厚度	mm	0.13±0.01	0.20±0.02	0.20±0.02
紧度	g/cm^3	1.05~1.15		
灰分	%	≤1		
水抽提液电导率	mS/m	≤6		
水抽提液pH值	—	6.0~9.0		
变压器油的相容性	—	变压器油介质损耗因数变化≤0.01%		
铝箔性能要求				
纯度	%	99		
厚度	mm	0.010±0.002	0.020±0.004	0.020±0.004
宽度	mm	52±1	25±0.5	52±1
铝箔屏蔽绝缘纸性能要求				
厚度	mm	0.15±0.01	0.23±0.03	0.23±0.03
纵向拉伸强度	kN/m	≥20.0		
纵向断裂伸长率	%	≥2.0		
电气强度	kV/mm			
油中		≥55.0		
空气中		≥6.0		

表 10-1-8　绝缘皱纹纸的技术要求

序号	性　能			单位	要　求
1	厚度公差			mm	±0.05
2	皱纹数			个/10mm 长	代号要求中数值
3	定量公差			%	代号要求数值的±10
4	纵向延伸抗张指数	72-3.1 型		Nm/g	≥39
		72-3.2 型			≥30
5	断裂伸长率			%	代号要求数值的±15
6	吸油高度	纵向		mm/10min	≥7
				mm/60min	≥30
		横向		mm/10min	≥20
				mm/60min	≥50
7	水分			%	≤8
8	灰分			%	≤1
9	水抽提液电导率			mS/m	≤10
10	水抽提液 pH 值			—	6~8
11	电气强度(油中)			MV/m	≥20
12	对变压油的污染			—	$\Delta\tan\delta<0.001$

2. 半导电皱纹纸

半导电皱纹纸由未漂白硫酸盐纸浆与炭黑混制而成。纸的皱纹应细密、分布均匀、平整，不应有裂口、小孔、砂粒、矿物杂质和影响使用的纸病等。纸卷筒的端面要求整齐，不能松散也不可过紧，以防纸的皱纹遭到破坏。

3. 保护及填充用皱纹纸

保护及填充用皱纹纸的纹路粗细要均匀，切边应整齐、洁净；纸面不应有透光点、气斑、条痕、未离解的纤维束、炭粒、砂粒、各种导电杂质以及肉眼可见的针眼。长度不大于 40mm 的浆块，每卷纸不许超过 4 个。

皱纹纸为卷筒纸，卷筒宽度为（635±5）~（680±5）mm，直径为 650~700mm。根据厚度不同，有大皱纹纸和小皱纹纸之分。

1.3.8　变压器匝间绝缘纸

变压器匝间绝缘纸主要用于 500kV 变压器的绝缘，以及高压绕组线绝缘。

变压器匝间绝缘纸的纤维组织应均匀，纸面应平整，不应有折痕、皱纹、孔洞、斑点，以及杂质等肉眼可见的外观纸病。

变压器匝间绝缘纸为卷筒纸，卷筒宽度为(625±3)mm，直径为 680~730mm，卷筒两端应松紧一致，每卷断头应不多于 3 个，且断头处应有明显标记。

变压器匝间绝缘纸的技术要求见表 10-1-9。

表 10-1-9　500kV 变压器匝间绝缘纸的技术要求

指 标 名 称			单位	规　定　值	
				BZZ—075	BZZ—125
厚度			μm	75±5	125±7
紧度			g/cm³	0.95±0.05	
抗张强度	≥	纵向	kN/m	6.30	9.60
		横向		2.60	4.20
伸长率	≥	纵向	%	2.0	2.3
		横向		6.0	7.0
透气度	≤		μm/(Pa·s)	0.085	0.255
撕裂度(横向)	≥		mN	525	1050
水抽提液电导率	≤		mS/m	2.5	
水抽提液 pH 值			—	6.4~7.4	
灰分	≤		%	0.25	
灰分中的钠含量	≤		mg/kg	25	
工频击穿强度	≥		kV/mm	9.5	8.5
干纸介损($\tan\delta$)(100℃)	≤		%	0.23	
水分			%	6.0~9.0	

1.3.9　纸绳

纸绳主要用于缆芯的填充。

纸绳是以厚度不大于 0.05mm 的本色电话纸为原料，将其切成一定宽度的细条，按使用所需方向捻成单股纸绳（直径在 2.5mm 以上者，允许为单股或三股捻成）。对于直径在 0.5mm 以下的纸绳，为增加其抗张力，允许增添玻璃丝或其他类似材料与纸绳捻合起来。

纸绳表面应平整、光滑，无扭压的裂纹，不允许有棱角、不圆、严重弯曲和未扭捻现象。捻合的纸绳应紧密地成“人”字形绕在纵向开口的硬纸管上，纸绳团的排线应平整、均匀、无掉绳。在同一纸绳团上有一根或几根纸绳时，其全长度上直径的波动不得大于±0.01mm，纸绳团的全长度内允许有接头，但所有接头处必须符合原来的直径和捻度。

纸绳有右向纸绳和左向纸绳两种，其规格和技术要求分别见表10-1-10和表10-1-11。

表10-1-10 右向纸绳的规格和技术要求

规格/mm		捻度/(次/200mm)	抗张力/N≥	伸长率(%)≥	水分(%)
直径	公差				
0.50	±0.02	110~115	13	6	8±1
0.60	±0.02	95~100	18	6	8~1
0.63	±0.02	90~95	20	6	8±1
0.65	±0.02	87~92	21	6	8±1
0.70	±0.02	80~85	25	6	8±1
0.81	±0.02	71~76	29	6	8±1
0.90	±0.02	60~65	36	4	8±1
1.00	±0.03	50~55	45	4	8±1
1.30	±0.03	35~40	69	4	8±1
1.61	±0.03	29~34	70	4	8±1
2.50	±0.03	14~19	210	4	8±1

表10-1-11 左向纸绳和规格和技术要求

规格/mm		捻度/(次/200mm)	抗张力/N≥	伸长率(%)≥	水分(%)
直径	公差				
0.40	±0.02	125~130	8.0	6	8±1
0.45	±0.02	118~125	9.8	6	8±1
0.50	±0.02	110~115	12.7	6	8±1
0.60	±0.02	95~100	17.6	6	8±1
0.63	±0.02	90~95	19.6	6	8±1
0.65	±0.02	87~92	21.1	6	8±1
0.70	±0.02	80~85	24.5	6	8±1
0.75	±0.02	75~80	24.5	6	8±1
0.81	±0.02	71~76	28.4	6	8±1
0.90	±0.02	60~65	35.3	4	8±1
1.00	±0.03	50~55	44.1	4	8±1
1.25	±0.03	37~42	62.7	4	8±1
1.30	±0.03	35~40	67.6	4	8±1
1.35	±0.03	32~37	73.0	4	8±1
1.50	±0.03	29~34	83.3	4	8±1
1.70	±0.03	25~30	108	4	8±1
2.00	±0.03	19~24	139	4	8±1

1.4 电线电缆用纸及纸制品的试验

1.4.1 纸样采取与试验前的处理

1. 纸试样的采取

从整批产品中采取试样时，应先从整批中抽出若干包装单位，然后从抽出的包装单位中采取平均试样。

（1）整批产品包装单位的采取 将整批产品的包装单位依次编号，然后取出编号不相邻近的包装单位。每批纸采取的包装单位的数量：卷筒包装为3%~5%（至少3筒）；卷盘包装为0.2%（至少5盘）。

（2）每个包装单位中平均试样的采取

1）卷筒纸的取样。除去卷筒外部带有破损、皱纹或其他外观纸病的纸幅，然后沿纸幅全宽切下长400mm的纸页3~5张。

2）卷盘纸的取样。除去卷盘外部带有破损、皱纹或其他外观纸病的纸幅后，切取长5~10m的纸条。

所采取的试样应充分地代表被检验的整批产品所具有的性质，不应有破损、皱纹或其他外观纸病。试样应保持平整，不得折皱或遭受机械损伤或暴露于直接日光下、接触液体、用手抚摸或其他不良影响。试样应准确地标明纸的纵横向。供测定水分的试样，应立即置于严密、干燥的容器内，将其密封。

若产品质量不均匀，则试验结果波动很大，应增加从包装单位中采取的试样数量。

2. 试验前试样的空气调理

将试样置于按相对湿度50%±2%，温度（23±1)℃（GB/T 10739—2002）校准的温度、湿度房间内。使试样各个表面都能与空气接触，直至试样的水分与空气中的水汽达到平衡为止。即经一定时间的前后两次称量时，其质量的变化不超过0.1%。对于经常测定的已知其所需要平衡时间的纸样，则需放置足以达到平衡的时间，而不必称量。

在没有控制恒温和恒湿设备的情况下，试样的处理可以在温度为20℃，密度为32Be（波美度）的硫酸干燥器内进行。

当需要有较精确的测定结果时，为避免滞后现象对平衡水分的影响，试样必须由较低湿度向标准状态平衡。为此，可用硅胶干燥器，或用温度不高于60℃的其他简便方法，使试样水分降低至平衡水分的一半左右，然后在标准的温度、湿度条件下进行平衡。

经过水分平衡后的试样，应尽可能避免用手抚摸或受呼吸的影响。

空气的相对湿度用分度值0.2℃、风速为3m/s的通风式干湿球温度计进行测量。通风式干湿球温度计中，湿球温度计的水银球应用脱脂纱布包裹，并保持纱布清洁，不得脏污，并须按仪器说明书的要求定期更换纱布，纱布必须经常保持湿润。

1.4.2 纸的试验项目

纸的试验项目及相应的试验方法标准见表10-1-12。

1.4.3 纸的试验方法

1. 厚度的测试

（1）仪器与设备　厚度应用符合下列要求的厚度计进行测定：测量面积为（2±0.05）cm^2，单位荷重为（1±0.1）kg/cm^2，分度值为0.01mm，两测量面的平行度误差在0.005mm以内，可动测量板上下移动的方向应与固定测量板的表面垂直，多次测量后零点应维持不变。

表10-1-12　纸的试验项目

序号	试验项目	试验方法
1	厚度	GB/T 451.3—2002
2	紧度	GB/T 451.3—2002
3	抗拉强度及伸长率	GB/T 12914—2008
4	撕裂度	GB/T 455—2002
5	耐折度	GB/T 457—2008
6	透气度	GB/T 458—2008
7	水分	GB/T 462—2008
8	灰分	GB/T 742—2008
9	水抽提液pH值	GB/T 1545—2008
10	水抽提液电导率	GB/T 7977—2007
11	工频击穿电压	GB/T 3333—1999
12	介质损耗角正切	GB/T 3334—1999
13	体积电阻率	GB/T 7971—2007 附录A
14	表面电阻率	GB/T 7971—2007 附录B
15	炭黑洗涤稳定性	GB/T 7971—2007 附录

（2）厚度计的校准

1）测量面间平行度误差的校准。将直径为1.5mm左右的钢珠夹持在一金属薄片上，置于两测量面之间，在测量面的5个不同位置测量其厚度。各点所测结果相差不得超过0.005mm。

2）刻度值的校准。将指针调节至零点，然后用分度值为0.001mm的标准厚度量块或经校准的塞尺，在全部测量范围内校准若干点的刻度值。

3）测量面单位压力的校准。用一根金属丝，一端系在厚度计压力杠的顶部，另一端连在事先校准的准确度不小于0.01kg的天平上。测定拉起测量板所需的力，其单位荷重应为（1±0.1）kg/cm^2。

（3）试验步骤

1）从每根试样上至少切取5张100mm×100mm的试样，在至少2处不同的位置测量其厚度，为此在抬起可动测量板至足以插入一张试样时插入试样，然后慢慢地让测量板坐落在试样上，将手离开仪器，待指针稳定后读数。

2）宽度在100mm以下的盘纸，应按全宽切取5条长300mm的纸条，在每条至少2处不同的位置上测量其厚度。

（4）结果计算　每一包装单位中取出3张试样进行测定，以所有测定值的算术平均值表示测定结果。

计算结果：厚度小于0.05mm的纸修约至0.001mm；厚度小于0.2mm的纸修约至0.005mm；厚度在0.2mm以上的纸修约至0.01mm。

2. 紧度的测试

紧度是以测试厚度的同一试样的定量和厚度计算而得的。定量是指每平方米纸的重量。紧度的数值可由式（10-1-1）求出

$$D=\frac{W}{d\times 1000} \tag{10-1-1}$$

式中 D——纸的紧度（g/m^3）；

W——纸的定量（g/m^2）；

d——纸的厚度（mm）。

计算结果修约至 0.01g/m^3。

3. 抗拉强度和伸长率的测试

（1）仪器与设备 抗拉强度和伸长率应用符合以下要求的抗拉强度测定器进行测定。

1）上、下试样夹子的中心线必须与试样受力的方向平行；在受力过程中保持试样在同一平面内，而且试样不得在夹子内滑动。

2）两试样夹子之间的距离可调节至 200mm、180mm、150mm、100mm、50mm、10mm。

3）测定的指示值的准确度在±2%以内，伸长率准确至 0.2%。

4）下夹的下降速度，使试样开始负荷至破裂的时间为（20±5）s。

5）抗拉强度测定器的有效测定范围为总量程的 10%～90%。

（2）抗拉强度测定器的校准

1）将抗拉强度测定器调节水平，指针指示为零。

2）抗张力标尺的校准：支起摆上的制动爪，在上夹上悬挂一已知重量砝码产生的力（N），打开销锁，让摆慢慢地达到平衡，读取指示值。

3）伸长率标尺的校准：锁住摆，置下夹于开始试验的位置；用内卡尺测量上、下夹子端面间的距离；调节指针于伸长率的指示值。

4）抗张力-伸长率曲线的标准：将抗拉强度测定器保持在开始状态，调节记录笔于记录纸的抗张力-伸长率曲线的零点；下降下夹，记录笔必须在记录纸上沿伸长率方向（纵轴）直线移动；在两夹间夹以金属片，下降下夹，记录笔必须在记录纸上沿张力的方向（横轴）直线移动。

5）抗张力标尺和伸长率标尺必须每年在全量程范围内校准 3～4 个点，若误差较大，应增加校准点给出校正曲线；抗张力-伸长率曲线一旦调节好后，只要抗张力和伸长率标尺没有很大变化，则无需重复校准。

（3）试验步骤 切取宽 15mm、长约 250mm 的试样，将试样（薄纸可同时夹入 10 条逐条测定）平行地置于上、下夹中，认为平行后，将上夹拧紧，松开上夹固定螺钉，取一条纸置于下夹内，用手给予轻微的张力，把纸条拉直，然后夹紧下夹，打开摆的锁钩，开始试验。纸条若在夹子内部或距夹口 10mm 以内断裂，则表示纸条夹持不正，该结果应弃去不计。

（4）结果计算 纸的抗拉强度有三种表示方法：

1）绝对抗张力。绝对抗张力用 G_p（N）按纸标准所规定的试样宽度，在抗拉强度测定器上直接测定的数值表示。

2）裂断长度 L（m）按式（10-1-2）计算

$$L=\frac{100G_p}{BW} \tag{10-1-2}$$

式中 G_p——试样的绝对抗张力（N）；

B——试样的宽度（m）；

W——纸的定量（g/m^2）。

计算结果修约至 10m。

3）单位横截面的抗张力 P（N/cm^2）按式（10-1-3）计算

$$P=\frac{G_p}{F} \tag{10-1-3}$$

式中 G_p——试样的绝对抗张力（N）；

F——检验前试样的横截面积（cm^2）。

试样横截面积的计算精确至 0.01cm^2，抗拉强度的计算结果修约至 1N/cm^2。

伸长率用试样在断裂时的伸长量与原试样受力前在两夹子端面间的距离的百分比表示，结果精确至 0.2%。

每一包装单位中，至少从取出的不同纸样上沿纵、横方向切取 5 条试样进行测定。测定抗拉强度和伸长率，分别以所有测定值的算术平均值表示测定结果，并报出最大值和最小值。

计算结果修约至 3 位有效数字。

4. 撕裂度的测试

（1）仪器与设备 撕裂度应用符合下列要求的爱利门道夫式撕裂度测定器进行测定。

1）量程为（0～0.2）N，（0～0.5）N，（0～1.0）N，（0～16）N。

2）摆在开始撕裂时，两夹子间距为 2.5mm，且夹在一条直线上。

3）切口长度为 20mm，撕裂时试样不得在夹子内滑动。

（2）撕裂度测定器的校准

1）仪器水平。使摆上指示重心的刻线和制动板的边缘相对成一直线。

2）摆轴的摩擦。在摆的制动器端点右边2.5cm处用铅笔划一标志，然后压下制动器，让摆由开始撕裂位置向右摆动，在摆不受外力抑制自由摆动往返20次以上，每次摆向左边时，摆的边缘应保持在标志以内。

3）指针零点。将摆放在初始撕裂位置，指针靠在指针限止器上，压下制动器使摆摆动后，指针应指在标尺零点，否则调节指针限止器直至达到零点止。

4）指针摩擦力。将指针放在标尺零点，放下空摆，指针不得被推出零点外0~16N 3小格、0~1.0N 3小格、0~0.5N 6小格、0~0.2N 10小格。否则应调节指针轴承摩擦力，最后重新调节指针零点。

5）标尺的校准。在摆上靠近夹子处夹上重砣W(N)，然后举起摆于初始位置，测量重砣重心距离底座的高度H(cm)。把指针靠在停点上，然后放下摆，读取指针读数，然后再举起摆至指针与停点接触，测量重砣的高度h(cm)。指针的指示值应与校准值相符。

按式（10-1-4）计算校准值Y(N)

$$Y=\frac{W(h-H)}{137.6} \tag{10-1-4}$$

用不同重砣校准标尺上的5个点，如果校准值与指针实际指示值不符，则应找出校正值。

注：式（10-1-4）中的137.6为16张试样的总撕裂长度4.3×2×16cm。

（3）试验步骤 将若干层63mm×75mm的试样横夹在两试样夹内，用刀切成20mm的切口，然后测定撕裂所需的力。

一次试验所需的试样层数视纸张撕裂度的大小而定，使测定值保持在刻度盘20%~60%，读取刻度值至1格。

若试样撕裂时偏斜，撕裂线的末端与刀口延长线左右偏斜超过10mm，则结果应作废。若半数以上的试样都超过10mm，则所有结果一并加以平均，并在报告中注明偏斜情况。

注：以一半试样的正面、一半试样的反面朝向摆的摆动方向。

（4）结果计算 撕裂度C(N)按式（10-1-5）计算

$$C=\frac{a\times16}{n} \tag{10-1-5}$$

式中 a——试验时指针指示读数（N）；

n——一次试验时试样层数；

16——常数。

计算结果0.1N以下的修约至一位小数，0.1N以上的修约至整数。

每一包装单位中，从取出的不同纸样上切取试样，测定其纵、横向撕裂度至少各5次，分别以纵、横向所有测定值的算术平均值表示测定结果，并报出最大值和最小值。

5. 耐折度的测试

（1）仪器与设备 耐折度应用符合下列要求的肖伯尔式耐折度测定仪进行测定。

1）试样厚度小于0.25mm。

2）两夹间的距离为90mm。

3）折叠刀片厚0.5mm，刀缝宽度为0.5mm，刀片端部与试样接触处呈半圆形，其半径为0.25mm。

4）折叠辊的直径为6mm，折叠辊与刀片间的距离为0.38mm，与试样垂直方向上两辊间的距离为0.5mm。

5）折叠前试样所受的初张力为7.7~7.9N，折叠时试样所受的最大张力为10N。

6）每分钟往复折叠100~120次。

（2）耐折度测定仪的校准

1）刀片与折叠辊之间距离的校准。用塞尺校准4个折叠辊相互之间以及折叠辊和刀片间的平行状态和距离。

2）弹簧张力的校准。砝码垂直校准时，在一夹子上加以7.7N的张力（包括夹子本身重量），然后调节夹子的弹簧张力，夹子拉伸的距离应等于5mm，即夹子的第一条刻线；接着加以10N的张力（包括夹子本身重量），夹子拉伸的距离应等于13mm，即第二条刻线。

（3）试验步骤 切取宽15mm、长100mm的试样，将其平行地夹紧于测定仪的夹子上，加以初张力7.7N，最大张力为10N，往复折叠至试样断裂。

注：正、反面性质有显著区别的纸，在夹持试样时，应使一半试样的正面、一半试样的反面先向外折叠。将纸条夹紧在两夹间，拉伸后放松弹簧，试样应保持平整，如果试样边缘出现波纹或两边松紧不一，则表示试样未夹紧，试样在夹内滑动。

（4）结果计算 每一包装单位中，从取出的不同纸样上切取试样（纵向和横向均不少于6条）进行测定，分别以纵、横向所有测定值的算术平均值表示测定结果，并报出最大值和最小值。计算结果修约至整数。

6. 透气度的测试

(1) 仪器与设备 透气度应用肖伯尔式透气度测定器进行测定，测试面积为 $10cm^2$（上、下压环内径为 35.7mm±0.1mm）。

(2) 肖伯尔式透气度测定器的校准

1）将仪器调整至水平。

2）取一橡皮膜夹紧于试样夹上，调节真空至压力差为 980Pa，然后关闭排水阀，30min 后压力差不得降低。

(3) 试验步骤 将大小为 60mm×100mm 的试样夹紧在环形试样夹内，调节真空度至压力差为 100Pa，然后测定 1min 的流水量（mL）或测定流出 100mL 水的时间（s）。

该仪器流水量与测定时间和水柱压力成正比，当透气度小于 100mL/min 或大于 500mL/min 时，可适当延长测定时间或降低水压力进行测定，其测定结果均须换算为 mL/min。

(4) 结果计算 每一包装单位中，从取出的不同纸样上沿横向纸幅切取纸样，分别对 5 个正面朝上、5 个反面朝上的试样进行试验，以所有测定值的算术平均值表示测定结果，并报出最大值和最小值。

计算结果小于 10mL 的修约至 0.1mL，大于 10mL 的修约至 1mL。

7. 水分的测试

(1) 仪器与设备

1）感量为 0.001g 的天平。

2）铝盒或称量瓶。

3）干燥器。

4）温度可以控制在 100~105℃的烘箱。

(2) 试验步骤 称取小块试样，置于已知质量的称量瓶（或铝盒）中。在 100~105℃的烘箱内，烘干至恒重，然后在干燥器中冷却，再次称量。每次称量应准确至 0.001g。

(3) 结果计算 水分 W（%）按式（10-1-6）计算

$$W=\frac{g_2-g_1}{g_2}\times100\% \qquad (10\text{-}1\text{-}6)$$

式中 g_2——干燥前试样的质量（g）；

g_1——干燥后试样的质量（g）。

计算结果修约至 0.1%。

8. 灰分的测试

(1) 仪器与设备 高温炉、坩埚、干燥器、天平。

(2) 试验步骤

1）称取小块风干试样 2g（低灰分的纸所称取的试样应使灼烧后残渣质量不小于 10mg），准确至 0.0001g（另外称一个样品测定水分）。

2）将称量过的试样置于预先灼烧至恒重的坩埚中，小心燃烧，使之炭化。

3）将试样移入高温炉内，在（925±25）℃的温度下灼烧至灰渣中无黑色炭素，取出坩埚，在干燥器内冷却后称量，直至恒重为止。

(3) 结果计算 灰分 X（%）按式（10-1-7）计算

$$X=\frac{(g_1-g)\times100}{g_2(100-W)}\times100\% \qquad (10\text{-}1\text{-}7)$$

式中 g——灼烧后的坩埚质量（g）；

g_1——灼烧后盛有灰分的坩埚质量（g）；

g_2——风干试样质量（g）；

W——试样水分（%）。

同时进行两次测定，用所测定值的算术平均值表示测定结果，两次测定值间的误差不得超过 0.1%。

9. 水抽提液 pH 值的测试

(1) 仪器与设备 pH 计、锥形瓶（500mL）。

(2) 试验步骤

1）精确称取 5g 风干试样（准确至 0.01g）并放于 500mL 锥形瓶中，注入 250mL pH 值为 6.2~7.0 的新煮沸的蒸馏水。如试样不易湿润，可先加入 20mL 水，用平头玻璃棒压至全部湿润后，再加其余的水。

2）用包有铝箔的橡皮塞将锥形瓶塞紧，橡皮塞中插入一根长 60~70cm 的玻璃管作为空气冷凝器。将锥形瓶置入沸水浴中，保持瓶内容物温度为（95~100）℃，加热 1h，不时摇荡锥形瓶。

3）1h 后，迅速冷却水抽出液，不需过滤，即用 pH 计进行测定，同时进行两份平行测定，取其算术平均值作为测定结果，准确至小数点后两位。两次测定结果的误差不应超过 0.2。

注：测定应在没有酸气和氨气的室内进行；所用玻璃仪器应为中性。

10. 水抽提液电导率的测试

(1) 仪器与设备

1）电导仪。电导仪是能测量电导或电纳的仪器，该仪器最小读数为 1×10^{-3} mS/m，分度值为 5%，测量频率为 50~1000Hz；

2）恒温水浴锅。

3）带有回流冷凝器的 250mL 玻璃或石英锥形

瓶。使用前应用电导率小于0.2mS/m的蒸馏水处理数次，使煮沸（60±5）min后，蒸馏水的电导率不大于0.2mS/m，否则应另取瓶子重新处理。

（2）试剂 电导率不大于0.2mS/m的蒸馏水。

（3）试验步骤

1）称取（5±0.002）g、尺寸为10mm×10mm风干试样，放入250mL锥形瓶中，并加入100mL刚煮沸的蒸馏水（其电导率不大于0.2mS/m）。然后装上回流冷凝器，在水浴上缓缓煮沸（60±5）min后，在带盖的锥形瓶中冷却，温度调至（23±0.5）℃。注意：应避免吸入空气中的二氧化碳。

2）用抽提液洗涤电导池两次，把抽提液倾入电导池内，在（23±0.5）℃下测量电导率。同时进行空白试验。

（4）结果计算 抽提液的电导率按式（10-1-8）计算

$$X=G_1-G_2 \tag{10-1-8}$$

式中 X——抽提液的电导率（mS/m）；

G_1——样品抽提液的电导率（mS/m）；

G_2——空白试验的电导率（mS/m）。

同时进行两次测定，取其算术平均值作为测定结果，取两位有效数字。两次测定计算值间的误差不应超过10%，如果超过10%，则应另取试样重新测定。

11. 工频击穿电压测试

（1）仪器与设备

1）试验设备基本电路如图10-1-1所示，并应符合以下要求：高压试验变压器的容量应保证二次侧额定电流不小于0.04A。

2）工频电源应为50Hz的正弦波，试验变压器输出电压波峰系数为1.31~1.51。

3）保护电阻值以高压每伏（0.2~0.5）Ω计算。

4）调压器应能均匀地调节电压，其容量与试验变压器的容量相同。

5）过电压继电器应有足够的灵敏度，保证试样击穿时在0.1s内切断电源，动作电流值应选择适当值，避免出现击穿后不动作或未击穿时误动作的情况。

6）测量电压的设备。在高压侧，用精度不低于1.5级的静电计测量电压；在低压侧，用精度不低于0.5级的伏特表测量电压，其测量误差不应超过±4%。

7）电极。电极用黄铜制成，其工作面的表面粗糙度值不大于Ra0.80μm。每200次击穿后应将电极研磨一次。

8）试样处理设备。一台加热温度可达150℃的电热烘箱。为了进行击穿试验，烘箱应附加高压及接地引线。

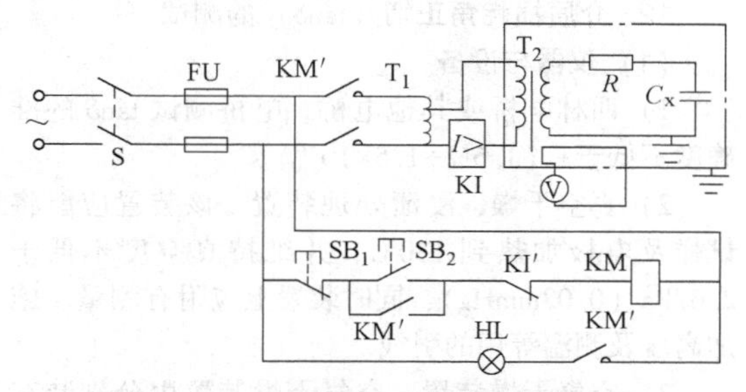

图10-1-1 工频电压试验设备原理图

T_1—调压器 T_2—试验变压器 R—保护电阻 C_x—试样 V—电压表 FU—熔断器 HL—指示灯 SB_1、SB_2—按钮 KI—过电流继电器线圈 KM—接触器 KI′—过电流继电器触点 KM′—接触器触点 S—电源开关

（2）试样制备

1）厚度等于或小于0.060mm的纸，试样由两层纸组成；厚度大于0.060mm的纸，试样由单层纸组成。

2）试样尺寸应足够大，其宽度不应小于下电极直径的2倍，以防止电极间发生滑闪。在一个试样上，应可做要求的试验次数。

3）试样表面不应有褶子、皱纹、透光点、粒子、针孔等缺陷。

（3）试验步骤

1）试样处理及试验条件。试样在温度（105±5）℃下干燥2h，经干燥处理的试样应在温度（90±2）℃下保持30min，然后在此温度下做击穿试验；或者自然冷却至室温后做击穿试验，但必须保证不使试样吸潮而明显影响击穿电压。在有异议时，将（90±2）℃的试验作为基准试验。

2）升压方式与升压速度。采用连续均匀升压方式，电压由0V升至击穿电压，时间在10~20s之间。

3）电极压力为电极自重。

4）击穿的判断。试样沿施加电压方向及位置有被穿透小孔、烧焦等痕迹时为击穿。如痕迹不明显，可在原位置上重复施加试验电压来判断。在设备无异常时，取第一次击穿电压值作为工频击穿电压。

5）试验次数。做9次有效击穿试验，击穿出现在电极边缘时试验无效。

（4）试验结果　击穿电压的单位为V，对于两层纸组成的试样，纸的击穿电压为试样击穿电压的1/2。以所获得的试验数值的中间值为试验结果，并报告最小值。

12. 介质损耗角正切（tanδ）的测试

（1）仪器与设备

1）西林电桥或其他电桥。电桥测试tanδ的准确度不低于±（1.5%+1.5×10^{-4}）。

2）真空干燥、浸渍处理装置。该装置应能将试样及电极加热到130℃，并维持真空度不低于2.67Pa（0.02mmHg），同时装置上应附有测量、施加高压及测温等用的引线。

3）空气干燥装置。空气干燥装置由分别装有变色硅胶、浓硫酸、五氧化二磷的容器按进气顺序串联组成，如图10-1-2所示。

4）小型绝缘油去气装置（图10-1-3）。

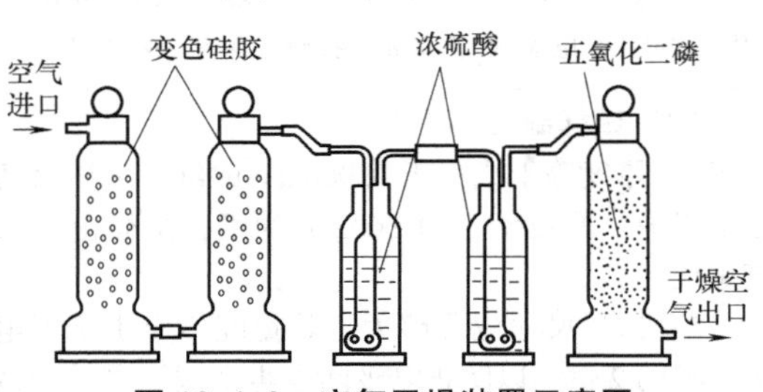

图10-1-2　空气干燥装置示意图

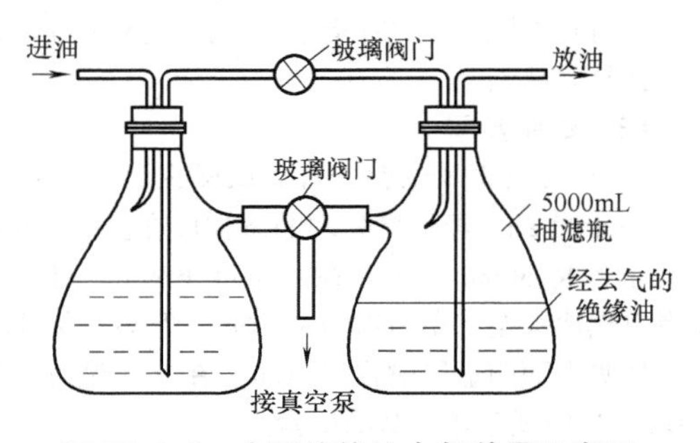

图10-1-3　小型绝缘油去气装置示意图

5）电极装置为平板形三电极系统，电极材料为不锈钢，电极工作表面应光滑平整，平整度为0.125μm。电极尺寸：测量电极直径为（49.5±0.1）mm；高压电极内径为（94.0±1.0）mm；保护电极宽度为12.0mm；保护间隙宽度为（1.0±0.1）mm。

电极布置如图10-1-4所示。

（2）试样制备

1）试样由多层纸片组成，总厚度为0.33～0.5mm。

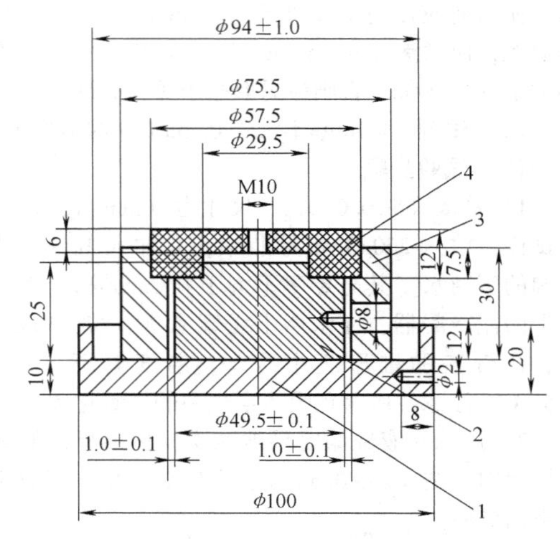

图10-1-4　电极布置图

1—高压电极　2—测量电极

3—保护电极　4—绝缘垫片

2）试样为圆形纸片，直径为90mm。

3）试样表面不应有褶子、皱纹、透光点、粒子、针孔等缺陷，试样不得受污染。

（3）试验步骤

1）用镊子夹持试样边沿，将其小心地放在电极之间，不能用手触摸试样与电极接触的部分，应保持其平整、洁净。

2）加热试样与电极，同时抽真空，温度应达到（115±5）℃，并维持真空度不低于2.67Pa（0.02mmHg），直至试样干燥结束。如果干燥时测量电极以19.6kPa（0.2kgf/cm^2）的压重与试样接触，则应干燥24h；如果干燥时测量电极不与试样接触，则应连续干燥16h；如将干燥温度提高到（120±5）℃，且测量电极不与试样接触，则应干燥8h。有异议时，以上述第一种处理条件为准。

3）未浸渍纸tanδ的测试。停止加热，用干燥空气破坏真空，使试样及电极自然冷却，分别在温度接近115℃、105℃、90℃、70℃和55℃时测量试样的tanδ。电场强度为1.5kV/mm。

4）浸渍纸tanδ的测试。停止加热，用干燥空气破坏真空，并在温度为115℃时测量tanδ。如果测得的tanδ值与按步骤3）的程序在相似试样上测得的数据接近，则重新抽真空，使系统的真空度维持在133.3Pa（1mmHg），然后将充分去气的浸渍剂引入电极使试样充分浸渍。30min后，用干燥空气破坏真空，使电极与试样自然冷却，并在温度接近115℃、105℃、90℃、70℃和55℃时测量试样的tanδ。电场强度为1.5kV/mm。浸渍用电缆油应符合 GB/T 9326—2008 要求。

（4）试验结果　只做一次测量；$\tan\delta$ 试验结果的准确度不低于±(5%+5×10^{-4})。

13. 体积电阻率的测试

（1）仪器与设备

1）单色半导电电缆纸的体积电阻测试采用绝缘电阻测试仪，其原理如图 10-1-5 所示。

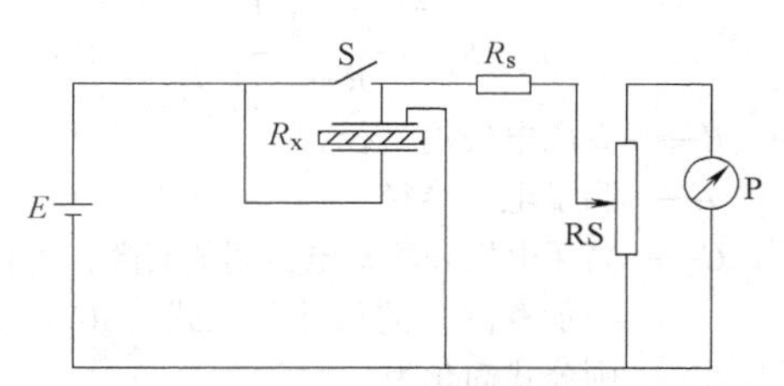

图 10-1-5　体积电阻率测试原理图

E—电源　R_x—试样的绝缘电阻　S—开关
R_s—标准电阻　RS—分流器　P—检流计

2）测量电极。单色半导电电缆纸体积电阻测量电极为 3 电极系统，电极由黄铜制成，表面应抛光，具体尺寸如图 10-1-6 所示。

3）测试时在电极上加 98kPa（1kgf/cm²）的压力。

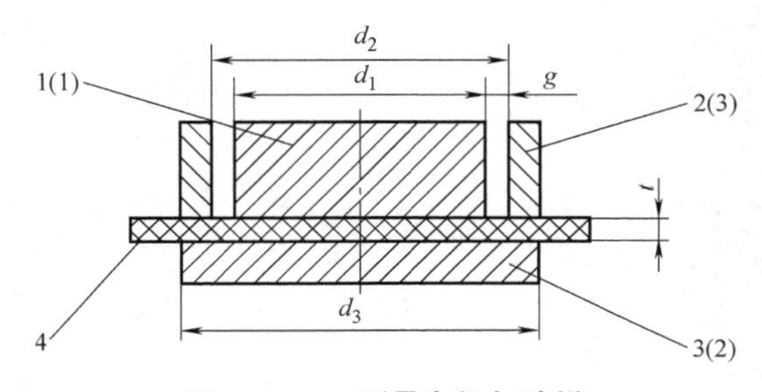

图 10-1-6　测量电极与试样

1—测量电极　2—保护电极　3—高压电极　4—试样
t—平板试样厚度　d_1—平板测量电极直径
d_2—平板保护电极内径　d_3—平板高压电极直径
g—测量电极与保护电极间隙宽度
注：图中带括号者表示测量表面电阻，
不带括号者表示测量体积电阻

（2）试样制备

1）试样的采取按 GB/T 450—2008《纸与纸板试样的采取及试样纵横向、正反面的测定》规定进行。

2）将试样剪成 1/100m² 大小，在 60℃ 恒温箱中干燥 4h 后，放在盛有硝酸钠饱和溶液的玻璃容器中（相对湿度为 63%～67%，温度为 20℃±5℃）进行 4h 以上温湿处理，以消除滞后效应及平衡纸中水分。

（3）试验步骤

1）检查电路接线无误后，按测试仪说明书将仪器调整到标准测量位置上，无保护电极接高压端，被保护电极接低压端，保护电极接屏蔽端。

2）取 10 层预先经过处理的纸样，如图 10-1-6 所示置于测量电极与高压电极之间，将分流器放在标准测量位置上，闭合开关使纸样短路。

3）用开关 S 接通直流电源，调节分流器使检流计的偏转处于最大值，1min 后记下分流倍率 n_1 及偏转格数 a_1。

4）断开开关，接入被试纸样，按步骤 2）、3）进行测试，然后记下分流倍率 n_2 及偏转格数 a_2。

5）当重复试验时，被试纸样应先短路放电，其时间不少于 2min。

6）取 10 层另一组试样，按上述方法进行测试。

（4）数据计算

1）纸样体积电阻 R_x 为

$$R_x = R_s\left(\frac{a_1 n_2}{a_2 n_1} - 1\right) \tag{10-1-9}$$

2）纸样体积电阻率 ρ_V 为

$$\rho_V = \frac{R_x S}{\delta} \tag{10-1-10}$$

式中　R_x——试样电阻（Ω）；
R_s——标准电阻（Ω）；
a_1、a_2——标准电阻及被测纸样偏转格数；
n_1、n_2——标准电阻及被测纸样分流系数（1/10000～1/1）；
S——测量电极面积（cm²）；
δ——试样总厚度（cm）；
ρ_V——纸样体积电阻率（Ω·cm）。

（5）试验结果　两组纸样平行测定结果不应超过其平均值的±10%，取两次符合上述误差要求的测试结果的平均值作为试验结果。

14. 表面电阻率的测试

（1）仪器及设备

1）双色半导电电缆纸表面电阻率的测试采用惠氏电桥，其原理如图 10-1-7 所示。

2）表面电阻试验电极用两电极系统，如图 10-1-6所示。

3）测试时在电极上加 98kPa（1kgf/cm²）的压力。

（2）试样制备　将纸样剪成 1/100m² 大小，在 60℃ 恒温箱中干燥 4h 后，放在盛有硝酸钠饱和溶

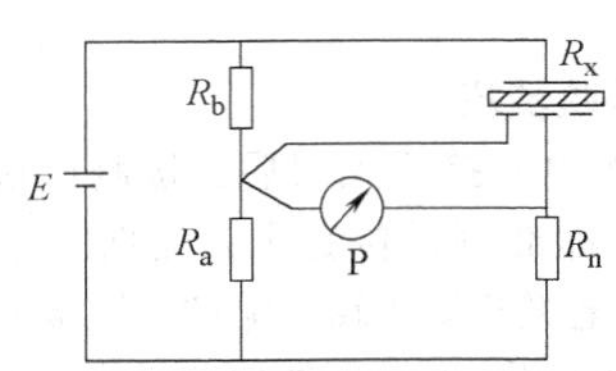

图 10-1-7 表面电阻率测试原理图

R_x—试样的绝缘电阻 R_a、R_b、R_n—桥臂电阻

E—直流电源 P—检流计

液的玻璃容器中（相对湿度为 63%~67%，温度为 20℃±5℃）进行 4h 以上的温湿处理，以消除滞后效应及平衡纸中水分。

(3) 试验步骤

1）在仪器的高压端接口 X_2 上接高压电极，测量端接口 X 上接测量电极。

2）将一张试样放在保护电极上（这里保护电极只用做平板，不是电极系统之一），再加上高压电极和测量电极。

3）估计被测电阻范围，在比率臂上选择适当的比率范围。

4）调节比率臂和测量臂，使按钮按下时检流计不偏转为止，记下这时的读数 R_a、R_b 及 R_n。

5）用另一张纸样进行重复测试。

(4) 试验结果 表面电阻率按式（10-1-11）和式（10-1-12）计算。绝缘电阻为

$$R_x = R_n \frac{R_a}{R_b} \qquad (10\text{-}1\text{-}11)$$

表面电阻率为

$$\rho_s = R_x \frac{2\pi\left(r+\dfrac{G}{2}\right)}{R-r} \qquad (10\text{-}1\text{-}12)$$

式中 R——高压电极内半径；

r——测量电极半径；

G——高压电极和测量电极间的间隙，若将电极示意图上的尺寸代入式（10-1-12），则公式简化为

$$\rho_s = 42.4R_x \qquad (10\text{-}1\text{-}13)$$

15. 炭墨洗涤稳定性的测定

在两个容量为 300mL 的烧瓶内注入 150mL 合成电缆油（十二烷基苯），其中一个放入 5 张 15mm×180mm 的纸条。将烧瓶置于 120℃ 的恒温器内 8h，经过试验，用目视观察，两个烧瓶的透明度应一致。

第2章

纤 维 材 料

2.1 纤维材料的种类和用途

电线电缆用纤维材料有天然纤维材料、无机纤维材料和合成纤维材料三类。纤维材料及其制品在电线电缆工业中的应用情况见表10-2-1。

无机纤维与合成纤维材料同天然材料相比，具有电绝缘性能较好、强度较高和耐腐、耐霉、耐磨、耐蛀等优点，所以在电线电缆工业中应扩大其使用，以节约天然纤维材料。

表10-2-1 纤维材料的种类及其应用情况

类别	名称	应用情况
天然纤维	棉纱、棉布及其制品	绝缘层、编织层、标志线、包带等
	天然丝	绝缘层
	麻纱和麻线	电缆外被层、填充等
	非织造麻布	电缆内衬层
	隔火阻燃布带	耐火、阻燃电缆包带
无机纤维	玻璃丝及其制品	绝缘层、编织层、耐火阻燃电缆填充、包带
	阻燃玻璃丝布	耐火、阻燃电缆包带
	石棉纱及其制品	耐热绝缘、阻燃耐火填充
合成纤维	聚丙烯网状撕裂纤维	填充
	聚丙烯弹性索	填充
	聚酯无纺布	包带、电缆内衬层
	涤纶丝	绝缘、编织、填充
	锦纶丝和线	编织层、承载索
	芳纶丝和线	承载索、加强件
	碳素纤维	阻尼线芯、加强芯
	其他合成纤维	绝缘层、编织层填充

2.2 纤维材料技术指标的常用名词及其含义

2.2.1 纤度

纤度是指纤维或纱、线的粗细程度。用一定质量的长度表示时，称为定重制，其数值越大，则纱、线越细；用一定长度的质量表示时，称为定长制，其数值越大，则纱、线越粗。常用纤度的单位有公制支数、公制号数（tex）和旦（den）三种。

(1) 公制支数（简称公支或支数） 1kg重纱、线的长度千米数，即为公制支数，定重制。例如，重1kg的棉纱长60km，则其公制支数为60，即60支纱。公支越大，纱、线越细。

$$公支=\frac{9000}{den}=\frac{1000}{tex}$$

(2) 公制号数（简称号数，也称特，tex） 1km长纱、线的质量克数，即为公制号数，定长制。例如，1km长的玻璃丝重100g，则其公制号数为100，即100号或100tex玻璃丝。特数越大，纱、线越粗。

$$1tex=0.111den=\frac{1000}{公支}$$

(3) 旦 (den) 9000m 长纤维的质量克数，即为纤维旦数（den），定长制。例如，9000m 长涤纶丝的质量为 500g，则其旦数为 500，即 500den 涤纶丝。旦数越大，纤维越粗。

$$1\text{den}=\frac{9000}{\text{公支}}=\frac{\text{tex}}{0.111}$$

此外，还有一些与纤度有关的单位和名称，其意义如下：

1）英制支数。对于棉纱、线采用定重制。每 1lb（磅）重的纱、线长度为几个 840yd（码），称为英制支数几支。例如，重 1lb 的棉纱长 40 个 840yd，此棉纱即为 40 支纱。

对于麻纱、麻线采用定长制。长度为 14400yd 的麻纱、麻线质量是几磅，就称为几支麻纱。

$$\text{英制支数}=\frac{29.029}{\text{公制支数}}$$

2）干支数。用干燥质量计算的支数称为干支数。

3）湿支数。用含湿质量计算的支数称为湿支数。

$$\text{湿支数}=\frac{\text{干支数}}{1+\text{回潮率}}$$

4）支数偏差。实际纺出支数和标准规定支数的差异称为支数偏差，它用实际纺出支数和标准支数的差额对标准支数之比的百分比来表示。

5）支数不均率。材料在较长的片段间的支数差异称为支数不均率。

2.2.2 捻度

单位长度纱、线捻合的次数称为捻度，其单位为捻/m。捻度越大，纱、线绞合得越紧。

2.2.3 强力

强力表示纤维、纱、线所能承受的最大张力，它可用以下几种指标表示。

1）绝对拉断力：纤维拉断时所受的最大张力，其单位为 N。

2）断裂强度：纤维单位截面上能承受的最大张力，也称强度极限，其单位为 Pa。

3）相对强度：每旦纤维被拉断时所受的最大张力，其单位为 N/den（或 gf/den）。

4）断裂长度：纤维在悬挂时因自身重量的作用而断裂时的长度。因测试不便，断裂长度常以纤维的绝对拉断力（N）换算为质量（kg）后与纤维公制支数的乘积求取，其单位为 km。例如，45 支玻璃丝的绝对拉断力为 4.9N，换算为质量 0.5kg，则其断裂长度为 22.5km。

2.2.4 回潮率（吸湿率）

回潮率用于表征材料吸湿的特性，用干燥材料在湿空气中所吸进水分的质量与干燥材料本身质量的百分比表示

$$\text{回潮率}=\frac{\text{含水率}}{1-\text{含水率}}$$

在标准中常用公定回潮率，其测定条件为：温度（20±5）℃，相对湿度（65±5）%，放置时间为 24h。

2.2.5 伸长率

伸长率是指材料在拉伸断裂时的长度比原始长度增加的百分数。

2.2.6 弹性模量

使纤维试样在单位截面积产生单位形变所需的负荷，称为弹性模量，用 Pa（或 mN/den）表示。弹性模量越大，纤维在使用时变形越小、刚性越好、强度越高，但柔软性越差。

2.3 天然纤维材料

2.3.1 棉纱及其制品

1. 棉纱

棉纱由极细的互相捻合的单根棉纤维组成，分粗梳棉纱和精梳棉纱两种。电线电缆一般都采用精梳的高支数及中支数单股棉纱或合股棉纱。

单股棉纱主要用于纱包线及其他电线的绝缘；合股棉纱由精梳单纱捻合而成，又称股线，用于电线电缆的编织层及填充。单股棉纱和合股棉纱的技术要求分别见表 10-2-2 和表 10-2-3。

2. 棉纤维制品

(1) 棉布 棉布按编织形式有平纹和斜纹之分。平纹布的经、纬线密度相同，互成 90°角，并且有光滑度相同的正反面。斜纹布的经、纬线密度也相同，但互成倾角 75°~80°或 45°，其优点是拉伸时伸长率小、耐电强度高、包扎的紧度均匀。

在电缆工业中，棉布主要用于电缆的包带和制作未硫化橡皮布带（涂胶布带）、隔火阻燃包带等。在硫化罐硫化电缆橡套时，有时还采用棉布扎紧，以防橡套被压扁、碰伤和起泡。

表 10-2-2 单股棉纱的技术要求

英制支数	支数偏差(%)		品质指标≥	支数不均率(%)≤	实际捻系数
	筒子	绞纱			
21	+1.5 -1.0	+1.0 -1.5	2200	3.0	3.3~4.0
32	+1.5 -1.0	+1.0 -1.5	2100	3.0	3.3~4.0
42	+1.5 -1.0	+1.0 -1.5	2050	3.0	3.4~4.1
60	+1.5 -1.0	+1.0 -1.5	1950	3.0	3.4~4.1
80	+1.5 -1.0	+1.0 -1.5	1850	3.3	3.4~4.1
100	+1.5 -1.0	+1.0 -1.5	1800	3.3	3.4~4.1

表 10-2-3 合股棉纱的技术要求

支数/股数	支数偏差(%)	品质指标≥	支数不均率(%)≤	捻度不均率(%)≤	实际捻系数
16/2	+2.0 -1.5	1850	2.4	5.5	3.8~5.0
21/2	+2.0 -1.5	2150	2.4	5.5	3.8~5.0
32/2	+2.0 -1.5	2650	2.6	5.5	4.0~5.3
42/2	+2.0 -1.5	2600	2.6	5.5	4.0~5.3
60/2	+2.0 -1.5	2500	2.6	5.5	4.0~5.3
80/2	+2.0 -1.5	2400	2.9	5.5	4.0~5.3
100/2	+2.0 -1.5	2350	2.9	5.5	4.0~5.3

电缆用棉布的表面应平整光洁，颜色一致，经纬排列整齐，无毛头、破裂、折皱及污渍等缺陷；其含浆量应均匀，无浆粉斑点、潮化和发霉变质等现象。电缆用棉布的技术要求见表 10-2-4。

表 10-2-4 电缆用棉布的技术要求

项目		单位	指标
幅宽		cm	86.3±0.8
原棉支数	经纱	英支	23
	纬纱	英支	23
总经根数	总数	—	1844
	边纱数	—	16
密度	经纱	根/10cm	212.5±15
	纬纱	根/10cm	212.5±1
原浆干燥质量		g/m^2	107±25
断裂强度(5cm×20cm 布条)	经纱	kg	8~32
	纬纱	kg	8~32

（2）**棉布带** 棉布带是用棉纱按平纹或斜纹方向编织或编织后轧光（轧平）而成的，主要用于包扎电线电缆硫化线芯或其他工艺性包扎。棉布带有斜纹布带、平纹白布带、平纹细布带和平纹薄布带等，它们的规格和技术要求见表 10-2-5。

（3）**未硫化橡皮布带** 未硫化橡皮布带简称橡布带（又称涂胶布带），用于橡皮绝缘电线电缆的包带。

未硫化橡皮布带的技术要求如下：

1）用来制作橡皮布带的棉布必须符合表 10-2-4 的规定。

2）橡皮布带应单面涂胶，胶层应均匀，无漏涂和结疙瘩的地方。胶层应采用无硫橡皮混合物，其颜色可为黑、红、蓝或灰色；所使用着色剂必须是不溶于水的油溶性有机颜料。橡皮布带的颜色必须稳定，当将其置于加热缸内用 0.35MPa 的蒸汽加热，或浸水 50℃的水中时，经 12h 后，应不改变颜色。

表 10-2-5 棉布带的品种、规格和技术要求

布带品种	宽度/mm		额定厚度/mm	密度(根数)		拉断力/N≥	断裂伸长(%)≥	每百米质量/g≥	每卷带的长度/m≥
	标称宽度	公差		经(带宽内)	纬(每 1cm 内)				
斜纹布带	10,12 15 20,25,30 35,40,50	±0.5 ±1.0 ±1.5 ±2.0	0.45 ± 0.02	26~32 40 52~78 92~130	16 16 16 43~58	140~170 210 260~370 430~580	9	187~232 284 368~549 645~910	50±5
平纹白布带	10,12 15 20,25,30 35,40,50	±0.25 ±1.0 ±1.5 ±2.0	0.25 ± 0.02	28~34 42 54~78 90~132	19	90~110 130 160~210 2320~3220	8	100~120 152 199~291 338~480	50±5
平纹细布带	12 16 20,25,30 35	±0.5 ±1.0 ±1.5 ±2.0	0.22 ± 0.02	40 52 64~90 106	23	120 160 190~270 310	5	126 168 209~297 340	50±5
平纹薄布带	12 16 20	±0.5 ±1.0 ±1.5	0.18 ± 0.02	44 60 70	30	80 110 130	5	100 128 152	50±5

3）每 $1m^2$ 橡皮布带的涂橡皮混合物的质量应为 60~70g。

4）涂上的橡皮混合物一定要浸透到布纤维中，且橡皮布带应不发粘和不透潮（橡皮布带发粘时，一般不准用隔离剂——碳酸钙；只有经使用厂认可，才能使用隔离剂）。

5）橡皮布带应卷在内径为 66~68mm 的纸筒上，布卷外径为 260~280mm，且内外必须卷紧，不能有松散现象，布卷一头必须卷齐。不同宽度的橡皮布带不得卷在一起。

6）橡皮布带的接头应用纱线缝纫三行以上，以保证接头处的抗拉强度。

7）橡皮布带允许存在由于布本身毛病和条纹所形成的印痕、弯曲时不脱落的少量夹杂物、轻度粗糙，以及每边宽度不大于 10mm 的补涂胶的皱折，但此皱折在每 10m 长度内应不超过三处。

（4）未硫化半导电胶布带 未硫化半导电胶布带主要用于矿用橡套电缆以及类似电缆的屏蔽层。

未硫化半导电胶布带的技术要求如下：

1）制作半导电胶布带可采用符合标准要求的 54mm×54mm 或 64mm×64mm 的细白布。根据具体情况，也可采用其他规格的细白布。

2）涂胶布应单面涂胶，胶层应均匀，无漏涂或结疙瘩的地方。胶层应采用黑色无硫半导电橡皮混合物，其体积电阻系数 ρ_V 应不大于 $5\times10^3\Omega\cdot cm$。每 $1m^2$ 布涂胶层的质量为（135±20）g。为防止涂胶布粘在一起，应在其表面上均匀地撒上一层石墨粉。

3）涂胶布表面应光滑、平整，无歪斜、折叠、脱胶、裂纹及其他机械损伤。涂胶布表面允许存在由于织布毛病和布条纹所形成的印痕、弯曲时不脱落的少量夹杂物，以及每边宽度不大于 10mm 的补涂胶的皱折，但此皱折在每 10m 长度内应不超过三处。

4）涂胶布应卷在衬筒上（衬筒内径按需要而定），每卷涂胶布的长度应不小于 200m，布卷外径应不大于 300mm。

5）涂胶布的接头应牢固，必须用纱线在层叠处缝四行以上，以保证接头处的抗拉强度。

2.3.2 天然丝

天然丝由生蚕丝绞合而成，用于绕组用丝包线、丝包漆包线及某些软线的绕包绝缘层。

天然丝可制成无色的或染有各种颜色的绝缘丝线，其技术要求见表 10-2-6。

表 10-2-6 天然丝的技术要求

序号	项目		单位	指标
1	规格（调分）		—	20~22/6
2	股数		—	6
3	每股的分数		—	20~22
4	不均度	≤	%	1.12
5	长度		km	28.0
6	平均捻度		捻/m	120
7	实际捻度范围		捻/m	115~135
8	伸长率	≥	%	12
9	水抽提液 pH 值			4~7
10	水抽提液电导率	≤	S/cm	8×10^{-5}

2.3.3 麻纱和麻线

麻纱和麻线是以麻纤维为主要材料机制而成的，用于电缆的外护层和填充。

电缆用麻纱和麻线有成绞的和成球（团）的两种，其技术要求和外观疵点指标见表 10-2-7 和表 10-2-8。

表 10-2-7 电缆用麻纱和麻线的规格和技术要求

品名和规格	公制干支数①		断裂强度/(N/0.5m) ≥	支数不均率(%)≤	杂质率②(%) ≤	捻度/(捻/10cm)		备注
	标准（支）	允许偏差（%）				标准	允许偏差	
0.34 支电缆麻纱	0.34	±7	190	9	2	4.5	±0.8	湿支 0.3
0.51 支电缆麻纱	0.51	±7	140	9	2	5.5	±0.8	湿支 0.45
0.68 支电缆麻纱	0.68	±7	110	9	2	6.5	±0.8	湿支 0.6
1.6 支电缆麻纱	1.6	±7	50	9	2	10	±1.2	
1.6/3 支电缆麻线	0.51~0.53	±6.5	190	8.5	1.5	7.5	±1.2	捻缩率 0.6%~4.4%
3.2/3 支电缆麻线	1.03~1.06	±6.5	90	8.5	1.5	10	±1.2	捻缩率 0.6%~3.5%

① 电缆麻线的干支数标准是根据捻度等实际情况，再按下式计算

$$麻线干支数=\frac{单线干支数}{股数}\times(1-捻缩率)$$

② 电缆麻纱、麻线的杂质是指麻骨、僵皮（不包括纤维）、竹片、金属等硬性物质。

表 10-2-8　电缆用麻纱和麻线的外观疵点指标

品名	疵点名称	疵点程度	平均每 100m 许可数
电缆麻纱	粗节①	直径为原直径 2.5 倍以上的粗大部分	不允许③
		直径为原直径 2 倍以上但未超过 2.5 倍的粗大部分	2
	细节	直径为原直径 0.5 倍以下的细小部分	1
	结子②	两根纱对接的结子	1.5
电缆麻线	缺股 多股	缺两股	不允许
		缺一股且长度不超过 1m 者	1
		多两股	不允许
		多一股且长度不超过 1m 者	1
	结子②	两根股线对接的结子	1

① 电缆麻纱的标准直径 = $\frac{1.26}{\sqrt{公定回潮率时的公制支数}}$。电缆麻纱和麻线的公定回潮率是 14%。

② 电缆麻纱和麻线应用织布打结，结要小而紧。电缆麻线的结子若用单纱交叉打结法，则结与结之间的距离在 5cm 以上者，不作结子论。

③ 若生产上有困难，经用户同意，可允许有一个。

2.3.4　非织造麻布

非织造麻布俗称无纺麻布，它以麻纤维和合成纤维为主体经粘合剂粘合而成，具有弹性且价格低廉。非织造麻布通常分切成带，适用于电缆的铠装内衬层。

电缆用无纺麻布中麻纤维的含量一般为 40%~50%，需要用环烷酸铜做防腐处理。因此，它将被聚酯等合成纤维非织造布所代替。电缆用非织造麻布的技术要求见表 10-2-9。

表 10-2-9　电缆用非织造麻布的技术要求

项　目	单位	指标
成分	—	以麻纤维和涤纶短纤维为主体经粘合剂粘合的非织造布，麻纤维含量不大于 50%
外观	—	纤维均匀分布，无霉点、硬杂物和破洞，幅边无裂口，干燥不潮湿
厚度	mm	0.3±0.08
紧度　≥	g/cm³	0.12
断裂强度（纵向）　≥	N/15mm	25
断裂伸长率（纵向）　≥	%	8
吸水速度　≤	mm/min	2.0
麻中环烷酸铜含量　≥	%	3.8

2.3.5　隔火阻燃布带

隔火阻燃布带以天然纤维或合成纤维织造或非织造的布带等为基，一面或双面涂覆一层无机阻燃剂制成。它主要用于耐火或阻燃电缆的包带，具有隔火阻燃作用，无毒气释放，不污染环境。

2.4　无机纤维材料

2.4.1　玻璃丝及其制品

1. 玻璃丝和纱

玻璃丝即玻璃纤维，在电线电缆生产中主要采用无碱和中碱两种玻璃纤维纱，分别作为玻璃丝包线、某些特种用途电线的绝缘和电线电缆的编织层、填充等。无碱和中碱玻璃丝的化学成分应符合表 10-2-10 的规定。

玻璃丝的密度较大，为 (2.5~2.7) g/cm³，它具有很高的抗拉强度、较高的电绝缘性能、较好的化学稳定性和耐热性，并且吸湿性较小。因此，玻璃丝是取代天然纤维材料的优良材料。

表 10-2-10　玻璃丝的化学成分

化学组成	含量（质量分数）(%)		
	1 号无碱玻璃丝	2 号无碱玻璃丝	中碱玻璃丝
二氧化硅	54.4±0.5	54.5±0.5	67.3±0.5
氧化铝	15.5±0.4	13.8±0.4	6.4±0.4
氧化硼	8.5±0.3	9.0±0.3	—
氧化钙	16.6±0.3	16.2±0.9	9.5±0.8
氧化镁	4.6±0.2	4.0±0.2	4.2±0.2
钾、钠氧化物	<0.5	<2.0	12±0.4

(1)无碱玻璃纤维纱 无碱玻璃纤维纱由多根直径为4~6μm的1号或2号无碱玻璃单纤维并捻而成，适用于玻璃丝包线和部分安装线的绝缘。

无碱玻璃纤维纱不应有影响使用的磨损、毛纱、错股、油污及成形不良等外观疵点。其牌号和技术要求见表10-2-11。

(2)中碱玻璃纤维纱 中碱玻璃纤维纱由多根直径为6~8μm的中碱玻璃单纤维并捻而成，适用于制作电动机引出线、X光电缆以及电线电缆的填充和编织保护层。

中碱玻璃纤维纱不应有影响使用的磨损、毛纱、错股、油污及成形不良等外观疵点。其牌号和技术要求见表10-2-12。

(3)电缆外护层用玻璃纤维毛纱 电缆外护层用玻璃纤维毛纱的单纤维直径和含碱性金属（钾和钠）氧化物总量应符合表10-2-13的规定，其技术要求应符合表10-2-14的规定。

玻璃纤维毛纱必须捻度均衡，不允许有局部多股、缺股或断股现象。在长50m的毛纱中，等于原直径2倍的局部粗大，如粗接头、不均匀突块、松股等，不得多于一处。

(4)玻璃丝绳 玻璃丝绳由无碱或中碱玻璃纤维纱束合成股径绞合而成，主要用于耐火电缆或阻燃电缆的填充。为防止玻璃纤维与皮肤直接接触，将有机材料涂在玻璃丝绳表面生成一层薄膜，称为涂膜玻璃丝绳。

玻璃纤维毛纱中沥青浸润剂的含量不小于8%，并要进行防止析碱的处理。

表10-2-11 无碱玻璃纤维纱的牌号和技术要求

制品代号（牌号）	单纤维单丝直径/μm	股数	公制号数（公制支数）	支数不匀率（%）≤	断裂强度/N≥	捻向	捻度/(捻/m)
EC5. 5-6×2S120（无碱纱5. 5-167/2）	5. 5	2	12. 0±1. 2（83. 3±8. 3）	7	5	S	120±15
EC5. 5-12×2S110（无碱纱5. 5-83. 3/2）	5. 5	2	24. 0±2. 4（41. S±4. 2）	7	10	S	110±15
EC5. 5-12×4S110（无碱纱5. 5-83. 3/4）	5. 5	4	48. 0±4. 8（20. 8±2. 1）	7	20	S	110±15
EC5. 5-12×8S110（无碱纱5. 5-83. 3/8）	5. 5	8	96. 0±9. 6（10. 11±1. 0）	7	35	S	110±15
EC8-24×2S110（无碱纱8-41. 6/2）	8	2	48. 0±4. 8（20. 8±2. 1）	7	16	S	110±15
EC8-24×4S110（无碱纱8-41. 6/4）	8	4	96. 0±9. 6（10. 4±1. 0）	7	32	S	110±15

表10-2-12 中碱玻璃纤维纱的牌号和技术要求

制品代号（牌号）	单纤维单丝直径/μm	股数	公制号数（公制支数）	号数不匀率（%）≤	断裂强度/N≥	捻向	捻度/(捻/m)
CC7. 5-22×2S100（中碱纱7. 5-45. 4/2）	7. 5	2	44. 0±4. 4（22. 7±2. 3）	7	12	S	100±15
CC7. 5-22×3S100（中碱纱7. 5-45. 4/3）	7. 5	3	66. 0±6. 6（15. 1±1. 5）	7	18	S	100±15
CC7. 5-22×4S100（中碱纱7. 5-45. 4/4）	7. 5	4	88. 0±8. 8（11. 3±1. 1）	7	24	S	100±15
CC7. 5-22×10S100（中碱纱7. 5-45. 4/10）	7. 5	10	220±22（4. 5±0. 4）	7	55	S	100±15
CC7. 5-33×6S100（中碱纱7. 5-30. 3/6）	7. 5	6	198±20（5. 0±0. 5）	7	54	S	100±15
CC8-45×5S100（中碱纱8×20. 8/5）	8	5	240±24（4. 2±0. 4）	7	60	S	100±15

表 10-2-13　玻璃纤维毛纱的单纤维直径和含碱总量

	单位	一次粗纱	棒法拉制
单纤维直径	μm	平均不大于 10,最大不超过 12	平均不大于 10,13 以上不超过 5%
含碱总量(质量分数)　≤	%	12	15.5

表 10-2-14　玻璃纤维毛纱的技术要求

型号	标称支数	股数 ≥	支数偏差(%)	支数不均率(%) ≤	平均拉断力/N ≥	捻度/(捻/m)
DQ03	0.30	4	±10	10	150	90~110
DQ045	0.45	4	±10	10	130	100~120
DQ06	0.60	3~4	±10	10	90	100~120

2. 玻璃纤维制品

电绝缘用玻璃纤维制品种类较多，在电线电缆工业中应用较广的是玻璃纤维带和玻璃纤维乳胶布两种。

(1) 无碱玻璃纤维带　无碱玻璃纤维带采用铝硼硅酸盐玻璃成分，其碱金属氧化物的含量（质量分数）不大于 0.5%。

无碱玻璃纤维带用于电缆的包扎，其常用厚度为 0.08~0.27mm，宽度见表 10-2-15。

表 10-2-15　无碱玻璃纤维带的宽度

宽度/mm	允许误差/mm
8,10,13,15	±1
20,25,30,35,40,50	±2

无碱玻璃纤维带不应有影响使用的杂物织入，以及油污、铁锈、破洞、跳花等织疵。其牌号和技术要求见表 10-2-16。

表 10-2-16　无碱玻璃纤维带的牌号和技术要求

制品代号(牌号)	原纱号数×股数(公制支数/股数)		单纤维公称直径/μm		厚度/mm	密度/(根/cm)		断裂强度(10mm×100mm)/N≥	组织
	经纱	纬纱	经纱	纬纱		经纱	纬纱		
ET60(无碱带-60)	6×2(167/2)	6×2(167/2)	5.5	5.5	0.060±0.005	27±2	22±2	130	平纹
ET80(无碱带-80)	12×2(83.3/2)	6×2(167/2)	5.5	5.5	0.080±0.010	27±2	22±2	200	平纹
ET100(无碱带-100)	12×2(83.3/2)	12×2(83.3/2)	5.5	5.5	0.100±0.010	27±2	15±1	200	平纹
ET170(无碱带-170)	12×4(83.3/4)	12×2(83.3/2)	5.5	5.5	0.170±0.015	27±2	15±1	300	平纹
ET200(无碱带-200)	12×6(83.3/6)	12×4(83.3/4)	5.5	5.5	0.200±0.020	20±1	15±1	400	平纹

(2) 玻璃纤维乳胶布　玻璃纤维乳胶布以中碱玻璃纤维布为基材经浸渍乳胶而成。其厚度为 0.09~0.14mm，含胶量为 15~18g/m^2，长度不小于 50m。玻璃纤维乳胶布通常分切成 90mm 宽，用做橡皮绝缘电缆的包带。

2.4.2　阻燃玻璃丝布

阻燃玻璃丝布用玻璃丝布单面或双面涂覆阻燃涂料而成。常用无机阻燃剂制作无卤低烟阻燃玻璃丝布带，用做无卤低烟阻燃或耐火电缆的包带，可有效地提高交联聚乙烯、乙丙橡皮绝缘电缆的阻燃性能。无卤低烟阻燃玻璃布带的技术要求见表10-2-17。

表 10-2-17　无卤低烟阻燃玻璃布带的技术要求

项目	技术要求	项目	技术要求
定量/(g/m^2)	180~200	氧指数	≥50
厚度/mm	0.20±0.02	烟密度 D_m (NF 法)	≤150
宽度/mm	20,30,40,50	pH 值	≥4.3
纵向强度/(N/25mm)	≥300	电导率/(μS/mm)	≤10

2.4.3　石棉纱及其制品

石棉的种类有温石棉、青石棉和内角石棉等，在电工材料中，温石棉（又称蛇纹纤维石棉）应用较多。

温石棉的纤维柔软，便于加工，可抽出的细丝直径一般为0.04～0.05mm，最细可达0.0005mm。其主要化学成分为含结晶水的镁硅酸盐（$3MgO \cdot 2SiO_2 \cdot 2H_2O$），其中，MgO占40%～41.5%，$SiO_2$占39%～43%，$H_2O$占13%～15%。此外，尚有少量的$Al_2O_3$、$Fe_2O_3$、FeO、CaO和MgO等。

温石棉的密度为（2.34～2.60）g/cm^3，耐热性约为600℃，熔点约为1500℃，有高的耐碱性，但耐酸性较差。在电缆工业中，温石棉可用于耐热绝缘材料或绝热包扎。

1. 石棉纱和线

石棉纱由长的温石棉纤维或温石棉纤维与适量棉纤维经纺纱加工而成。石棉线则由两根或两根以上的单纱进一步捻合而成。

电绝缘用的石棉纱、线中，掺合的棉纤维数量最多不宜超过30%，因为棉纤维掺合量越多，耐热性越差。

石棉纱线的水分含量一般在3.5%以下，烧失减量在32%以下。

石棉线的粗细、支数和抗拉力见表10-2-18。

表10-2-18 石棉线的粗细、支数和抗拉力

项目	石棉线细度/mm				
	0.5	0.75	1.0	1.5	2.0
标称支数	26	16	8	5	4
支数允许波动范围	22.2～30	14～18.3	6.8～9.2	4.5～5.8	3.5～4.4
抗拉力/N ≥	7.35	8.82	11.8	12.7	17.6

2. 石棉纤维制品

（1）石棉绳 根据结构不同，石棉绳（或称岩棉绳、无机阻燃绳、矿物纸绳，无本质差别）有以下三种：

1）由数根石棉线（包括用石棉纸捻合的线）绞合而成的石棉扭绳。

2）由数根石棉纱、线扭合成芯子后，再用单线在芯子上加编织的石棉绳，称石棉编绳。

3）由石棉线编结而成的石棉方绳。

石棉绳的表面应整洁，花纹要紧密，松紧应均匀一致。石棉绳的规格和质量见表10-2-19。

（2）石棉纸 电工用石棉纸由除去了磁性的赤铁矿物和氧化铁的纯石棉，或掺有少量棉纤维的石棉制成。其厚度有（0.2±0.03）mm、（0.3±0.03）mm、（0.4±0.05）mm、（0.5±0.05）mm四种规格，宽度均为（1000±20）mm。石棉纸的技术要求见表10-2-20。

表10-2-19 石棉绳的规格和质量

直径/mm	标称质量/(g/m)	质量范围/(g/m)
3±0.3	(8.2)	(7.4～9)
5±0.3	(13)	(11.8～14.3)
6±0.4	33.0(18.2)	30～36(16.7～20)
8±0.4	50(33.3)	45～55(30～36.6)
10±0.4	66(57.1)	60～73(50～67)
13±0.6	110	99～121
16±0.6	150	135～165
19±0.8	230	207～253
22±0.8	285	257～314
25±0.8	370	333～408
32±1.0	560	504～615
38±1.0	830	748～914
45±1.0	1100	990～1210
50±1.0	1500	1350～1650

注：1. 括号内的数据为石棉扭绳的质量；无括号的数据为石棉编绳的质量。
2. 石棉方绳每米长度质量为同规格石棉编绳的1.2倍。

表10-2-20 石棉纸的技术要求

项目		单位	厚度/mm			
			0.2	0.3	0.4	0.5
水分 ≤		%	3.5	3.5	3.5	3.5
密度 ≥		g/cm^3	0.5	0.5	0.5	0.5
煅烧后质量损失 ≤		%	25	25	25	25
铁含量 ≤		%	4	4	4	4
抗张力	纵向 ≥	N	20	22	25	30
	横向 ≥	N	6	8	12	14
击穿电压 ≥		V	1300	1450	1750	2100

3. 安全使用石棉公约

国际劳工组织全体大会经国际劳工局理事会的召集，于1986年6月4日在日内瓦举行第七十二届会议，通过有关国际劳工公约和建议书，特别是1974年职业癌病公约和建议书、1977年工作环境（空气污染、噪声和振动）公约和建议书、1981年职业安全与卫生公约和建议书、1985年职业卫生设施公约与建议书、附于1964年工伤事故赔偿公约并于1960年经修正的职业病一览表，以及国际劳工局于1984年公布的《石棉的安全使用业务守则》（该守则确定了国家一级政策和行动的诸原则），经议决采纳关于本届会议议程第四项所列“石棉的安全使用”的若干提议，并决定这些提议应采取国际公约的方式，兹于1986年6月24日通过下列公约，此公约称为《1986年石棉公约》。

尽管石棉有着优越的性能和低廉的价格，但随着一些研究项目的开展，也发现了其存在的问题：1g石棉约含100万根元纤维，极其微小的元纤维能

在大气和水中悬浮数月之久，而其一旦被吸入人肺中，经过20~40年的潜伏期，很容易导致肺部纤维化，并进而诱发恶性肿瘤。为此，相关的国际组织和国家逐渐出台了各项规定，对石棉的生产、使用和处置做了严格限制或要求，如《控制危险废物越境转移及其处置巴塞尔公约》《鹿特丹公约》、国际劳工组织的《1986年石棉公约》（第162号）等。2005年，日本颁布了“石棉危害预防法令”，并将产品中的石棉含量限制在0.1%以下；2006年，除个别材料外，日本全面禁用含石棉材料；2009年，韩国全面禁止各类石棉的生产、进口和使用；中国香港从1986年起规定，任何建筑物不允许含有石棉；中国于2002年至2005年，也先后禁用了青石棉，禁止了除温石棉之外的其他5类石棉的进出口。

值得注意的是，虽然超过45个工业化国家已禁止使用温石棉（联合国最新报告），但对于温石棉是否具有危害性，各国仍存在争议。2003年12月，经过比较研究，瑞士著名的吸入毒物学专家大卫·伯恩斯坦博士（David M. Bernstein）在《吸入毒理学》杂志上发表了“温石棉可以安全使用”的结论；作为主要的开采国之一，加拿大一直坚持认为温石棉不具有青石棉那样的危害；中国于2008年出台的《温石棉生产流通和使用管理办法》，对温石棉的安全生产与使用也提出了若干措施和要求。与此同时，主要西方发达国家在《鹿特丹公约》框架下，一直在努力促使将温石棉列入产品名单，以便其接受事先被通知同意（PIC）程序的控制。

2002年7月1日之前，石棉在船上被广泛使用。考虑到其对人体和环境的危害，国际海事组织（IMO）以MSC.99（73）形式通过了SOLAS2000年修正案，要求自2002年7月1日及以后，对所有船舶，除了规定的高温/高压环境下使用的水密接头和内衬、特定的叶片和高温下的绝缘装置外，不允许含有石棉材料的新设备、装置和材料装船使用。

2009年6月5日，IMO通过了MSC.282（86）决议——关于SOLAS公约修正案，就石棉在船上的使用进行了进一步修订，要求自2011年1月1日起，对于所有船舶，禁止新装含有石棉的材料，从而拉开了在海事领域全面禁用石棉（包括温石棉）的序幕。

中国船级社也于2010年12月发布通函“关于实施MSC.282（86）决议中禁用石棉的补充通知”，所有船厂采购安装的电气部件的制造厂均需要提供“无石棉声明”。

2.5 合成纤维材料

2.5.1 聚丙烯网状撕裂纤维

电缆用聚丙烯网状撕裂纤维采用拉丝级聚丙烯作为原料，经制膜、开纤、加捻而成。是一种物理化学性好、机械强度高的非吸湿性材料，主要用于电缆填充。聚丙烯网状撕裂纤维的技术要求见表10-2-21。

表10-2-21 聚丙烯网状撕裂纤维的技术要求

规格/mm	厚度/mm	捻后对应直径/mm	捻度/(个/20cm)	纤度/den	拉断力/N ≥	伸长率(%) ≤
30	0.04±0.01	2.0	3	6700	39.2	15
40	0.04±0.01	2.5	3	8100	44.1	15
60	0.04±0.01	3.0	3	12500	49.0	20
90	0.04±0.01	4.0	3~5	18500	88.2	20
120	0.04±0.01	4.5	3~5	25000	98.0	20
160	0.04±0.01	5.0	3~5	32500	98.0	25
180	0.04±0.01	5.5	3~5	34300	98.0	25
270	0.04±0.01	6.0	3~5	54200	147.0	25

2.5.2 聚丙烯弹性索

聚丙烯弹性索采用拉丝级或薄膜级聚丙烯作为原料制膜成束后，经表面加热加工而成。它具有密度小、不吸湿、不收缩、不霉烂、不腐蚀等优良特性，主要用做电缆的填充材料。聚丙烯弹性索的技术要求见表10-2-22。

2.5.3 阻水填充绳

阻水填充绳主要用于阻水型电缆中，其型号一般用ZSS表示。阻水电缆用阻水填充绳的技术要求见表10-2-23。

表 10-2-22 聚丙烯弹性索的技术要求

规格/mm	φ3	φ4	φ5	φ6	φ7	φ8
膜厚/mm	0.04±0.01	0.04±0.01	0.04±0.01	0.04±0.01	0.04±0.01	0.04±0.01
伸长率(%) ≤	5.0	5.6	6.0	6.2	6.5	6.7

表 10-2-23 阻水填充绳的技术要求

型号	直径/mm	单重/(g/m)	吸水容量/(mL/g) ≥	拉力强度/(N/mm) ≥	拉伸率(%) >	耐温/℃ ≥	含水率(%) ≤
ZSS	2	3.20±0.50	50	50	20	125	9
ZSS	2.5	5.20±0.50	50	50	20	125	9
ZSS	3	5.90±1.00	50	60	20	125	9
ZSS	4	6.80±1.00	50	60	20	125	9
ZSS	5	7.90±1.00	50	60	20	125	9
ZSS	6	9.60±1.00	50	90	20	125	9
ZSS	7	15.10±2.00	50	90	20	125	9
ZSS	8	19.90±2.00	50	90	20	125	9
ZSS	9	25.20±2.00	50	90	20	125	9
ZSS	10	27.30±3.00	50	100	20	125	9
ZSS	11	28.50±3.00	50	100	20	125	9
ZSS	12	29.90±3.00	50	100	20	125	9
ZSS	15	35.00±3.00	50	150	20	125	9
ZSS	16	40.90±5.00	50	150	20	125	9
ZSS	20	70.30±5.00	50	200	20	125	9
ZSS	22	83.00±5.00	50	200	20	125	9
ZSS	30	110.50±10.00	50	250	20	125	9
ZSS	34	125.00±10.00	50	250	20	125	9

2.5.4 半导电填充绳

半导电填充绳主要用于屏蔽型电缆中，起到均衡各线芯间的电位，从而避免在雷击放电或感应过电压时，由于地电位的提高而引起设备破坏的作用。其型号一般用 BS 表示。半导电填充绳的技术要求见表 10-2-24。

2.5.5 半导电阻水填充绳

半导电阻水填充绳主要用于屏蔽型阻水电缆中，其型号一般用 BZSS 表示。半导电阻水填充绳的技术要求见表 10-2-25。

表 10-2-24 半导电填充绳的技术要求

型号	直径/mm	单重/(g/m)	电导率(%) ≥	拉力强度/(N/mm) ≥	拉伸率(%) >	耐温/℃ ≥	含水率(%) ≤
BS	2	3.00±0.50	30	60	20	125	9
BS	2.5	4.00±0.50	30	60	20	125	9
BS	3	4.50±0.50	15	60	20	125	9
BS	4	5.50±0.50	15	60	20	125	9
BS	5	6.50±0.50	15	60	20	125	9

表 10-2-25 半导电阻水填充绳的技术要求

型号	直径/mm	单重/(g/m)	吸水容量(mL/g) ≥	电导率(%) ≥	拉力强度/(N/mm) ≥	拉伸率(%) >	耐温/℃ ≥	含水率(%) ≤
BZSS	2	4.20±0.50	50	30	60	20	125	9
BZSS	2.5	6.20±0.50	50	30	60	20	125	9
BZSS	3	6.90±1.00	50	30	60	20	125	9
BZSS	4	7.80±1.00	50	15	60	20	125	9
BZSS	5	9.20±1.00	50	15	60	20	125	9

2.5.6　耐高温填充绳

耐高温填充绳主要用于硅橡胶、氟塑料等要求耐高温的电缆，它具有耐高温、柔软、不含水、强度高等特点。耐高温填充绳的技术要求见表10-2-26。

表 10-2-26　耐高温填充绳的技术要求

规格/直径 /mm	单重 /(g/m)	抗张强度 /(N/20cm)≥	伸长率 (%)≥	长期工作温度 /℃	熔点 /℃
1	0.50±0.10	26	8	200	260
2	1.62±0.70	50	20	200	260
3	2.00±0.50	63	20	200	260
4	3.00±0.50	75	20	200	260
6	4.42±1.00	108	20	200	260
9	7.20±0.50	120	20	200	260
12	11.50±2.00	125	20	200	260
16	21.50±2.00	190	20	200	260
20	28.00±3.00	250	20	200	260

2.5.7　耐高温阻燃填充绳

耐高温阻燃填充绳主要用于阻燃型电力电缆、阻燃型矿用电缆、阻燃型船用电缆、阻燃型硅橡胶电缆等要求阻燃耐高温的电缆中，具有耐高温、柔软、阻燃性能好、强度高等特点。根据氧指数的不同，耐高温阻燃填充绳又分为 ZR-GPT1 型和 ZR-GPT2 型。耐高温阻燃填充绳的技术要求见表 10-2-27 和表 10-2-28。

2.5.8　非织造布（无纺布）

非织造布俗称无纺布，它以合成纤维为主体经粘合剂粘合而成，适用于电缆的包带或内衬层。电缆用非织造布的技术要求见表 10-2-29。

表 10-2-27　耐高温阻燃填充绳（ZR-GPT1 型）

规格/直径 /mm	单重 /(g/m)	抗张强度 /(N/20cm)≥	伸长率 (%)≥	氧指数 (%)≥	长期工作温度 /℃	熔点 /℃
2±0.3	2.8±0.5	50	20	28	200	260
3±0.3	4.2±0.5	60	20	28	200	260
4±0.3	4.9±0.5	70	20	28	200	260
5±0.3	5.3±1	80	20	28	200	260
6±0.5	6.2±1	90	20	28	200	260
7±0.5	7.1±1	110	20	28	200	260
8±0.5	8.1±1.5	130	20	28	200	260
9±0.5	9.2±1.5	150	20	28	200	260
10±1	10.8±1.5	200	20	28	200	260
12±1	12.3±2	300	20	28	200	260
18±2	26.8±3	400	20	28	200	260

表 10-2-28　耐高温阻燃填充绳（ZR-GPT2 型）

规格/直径 /mm	单重 /(g/m)	抗张强度 /(N/20cm)≥	伸长率 (%)≥	氧指数 (%)≥	长期工作温度 /℃	熔点 /℃
2±0.5	3.2±0.5	50	10	35	200	260
3±0.5	5.2±0.5	60	10	35	200	260
4±0.5	5.9±0.5	70	12	35	200	260
5±1.0	6.8±1	80	12	35	200	260
8±1.5	7.9±1	90	12	35	200	260
12±2	15.1±2	110	15	35	200	260
15±2	19.9±2	130	15	35	200	260

表 10-2-29　电缆用非织造布的技术要求

项　目	单位	指　标
外观	—	纤维均匀分布，无霉点、硬杂质和破洞，幅边无裂口，干燥不潮湿
厚度	mm	0.2±0.04
紧度　≥	g/cm³	0.25
断裂强力(纵向)　≥	N/15mm	50
断裂伸长率(纵向)　≥	%	10
吸水速度　≤	mm/min	0.1

2.5.9　涤纶丝

涤纶丝（的确良丝）即聚对苯二甲酸乙二醇酯纤维，是聚酯纤维的一种。涤纶丝的强度较高，弹性、耐热性、耐日光性较好，吸水性较低（回潮率为0.4%~0.5%），电绝缘性能较稳定，并且耐腐、耐霉、耐蛀，其密度为1.38g/cm³。涤纶丝可作为电线电缆的编织层、丝包绝缘或填充等。涤纶丝的技术要求见表10-2-30。

表 10-2-30　涤纶丝的技术要求

项　目	指　标		
	No.64 涤纶丝	No.73 涤纶丝	No.120 涤纶丝
支数	64	73	120
支数偏差(%)　≤	±3	±2	±5
拉断力/(mN/den)　≥	65	500	585
断裂伸长率(%)　≤	10	14	8

2.5.10　锦纶丝和线

锦纶丝（卡普纶丝）即聚酰胺6纤维，它是由己丙酰胺聚合而成，并以熔融法成形的。锦纶丝的强度高，特别是耐磨性优于目前生产的所有纤维，且耐腐、耐霉、耐蛀、耐碱，并有较好的电绝缘性能；但其耐热性较差，临界温度仅为93℃，耐日光性也差。锦纶丝的密度较小，为1.04~1.14g/cm³。锦纶丝主要用于部分安装线的绕包及编织层。

锦纶丝和锦纶线的技术要求分别见表10-2-31及表10-2-32。

表 10-2-31　锦纶丝的技术要求

项　目	单位	指　标	
		No.200 锦纶丝	No.64 锦纶丝
公制支数	—	195~205	62~66
支数偏差　≤	%	±3	±3
断裂长度　≥	km	45	50
伸长率	%	22~28	19~25
伸长率不均率　≤	%	8.5	10
捻度	捻/m	200±2	200±20

注：锦纶丝不允许有油污。

表 10-2-32　锦纶线的技术要求

项　目		单位	指　标	
			浸浆线	白线
纤度		den	1260/2	1260/2
拉断力　≥		N	200	200
强力不均率　≤		%	4	2.5
断裂伸长(%)		%	22±2	25±1
伸长率(负荷6.8kg)		%	8±0.5	10±1
伸长率不均率　≤		%	6	5
捻度	纱	捻/m	390±15	
	线	捻/m	370±15	
直径		mm	0.65±0.03	0.65±0.03
水含量　≤		%	0.8	

2.5.11　芳纶丝

芳纶丝即聚对苯二甲酰对苯二胺纤维，它具有伸长率小、抗拉强度大、杨氏模量高、不熔化、不助燃和耐蚀等优点，主要用于海底光缆或电缆的承载索和加强件等。芳纶丝的技术要求见表10-2-33。

表 10-2-33　芳纶丝的技术要求

项目	单位	美国杜邦公司		国产	
		Kevlar 29	Kevlar49	芳纶 1414	芳纶 14
抗拉强度	MPa	2760	2760	2548~2800	2548~2800
弹性模量	MPa	62000	124110	50960~63700	101920~127400
密度	g/cm³	1.44	1.44	1.44	1.44
断裂伸长率	%	3.6	2.4	4~5	15~25

2.5.12　碳素纤维

碳素纤维即采用天然的或人造的有机纤维在惰性气体保护下，经高温碳化而制得的纤维。根据碳化温度的不同，碳素纤维可分为黑化纤维、碳化纤维和石墨纤维三种。

碳素纤维，特别是碳化纤维和石墨纤维具有质轻、密度小、弹性模量高、抗拉强度大及化学稳定性好等优点。由于碳素纤维的电阻值可通过制造过程中控制碳化温度来确定，因而可用做汽车发动机高压点火线的阻尼线芯。

碳素纤维的加工温度及主要技术要求见表10-2-34。

表10-2-34 碳素纤维的加工温度及主要技术要求

名称	加工温度/℃	碳含量(%)	密度/(g/cm³)	抗拉强度/MPa	伸长率(%)
黑化纤维	200~300	68~70	1.4	117	2.2
碳化纤维	300~1300	90	1.4	123	1.9
石墨纤维	2000~3000	99	1.4	255	0.3

2.5.13 其他合成纤维

1. 腈纶

腈纶即聚丙烯腈纤维，其基本特点为柔软，弹性较好；耐日光及耐大气性能较好，在室外曝晒一年，其强度只降低20%，而棉纱却降低95%；耐热性较好，在125℃热空气中持续25天强度不变，并可在180~200℃温度下短时间应用；耐化学稳定性较好，在用酸、氧化剂或有机溶剂处理时非常稳定，但耐碱性差，在浓碱作用下结构会遭破坏；不溶于一般溶剂，不发霉，不怕微生物和虫蛀。

2. 聚丙烯纤维

聚丙烯纤维的特点是密度小、电绝缘性能较好、强度高、耐磨、耐酸、耐碱和吸水性小，但耐日光性较差。

聚丙烯绳适用于水下电缆的外护层。

3. 氯乙烯-丙烯腈共聚纤维

氯乙烯-丙烯腈共聚纤维的基本特点：密度为1.28g/cm³；干纤维和湿纤维的强度为（25~40）mN/den；回潮率为0.6%~1%；耐日光和耐酸碱性良好；含丙烯腈40%的纤维的软化温度为150~160℃，含丙烯腈60%的纤维的软化温度为200℃。

4. 维尼纶

维尼纶即聚乙烯醇纤维，其特点是强度较高、耐腐蚀、耐日光、吸湿性大，但弹性差。

5. 聚乙烯纤维

由高压聚乙烯制成的纤维柔软，伸长率较高，强度和耐热性较差；由低压聚乙烯制成的纤维强度较高，耐热性较好，也耐寒。

6. 聚氯乙烯纤维（氯纶）

聚氯乙烯纤维的密度较小（1.38~1.40）g/cm³，强度较高（20~40）mN/den，耐磨，富弹性，吸湿性小，耐日光，难燃烧，耐酸碱，防霉；但耐热性差。聚氯乙烯纤维可用于制造绝缘布。

7. 耐高温合成纤维

耐高温合成纤维有聚四氟乙烯纤维、聚酰胺酰亚胺纤维、聚酰亚胺纤维等，与无机纤维比较，它有以下特点：

1）密度较小。

2）具有较高的强度和耐磨性。

3）柔软，回弹性能较好。

4）工艺性较好，可进行编织。

5）对粘合剂和浸渍剂有亲和性。

常用耐高温合成纤维的品种和特性见表10-2-35。

表10-2-35 常用耐高温合成纤维的品种和特性

纤维名称	常温力学性能			高温力学性能				耐热寿命				强度为零时的温度/℃	分解温度/℃
	强度/(mN/den)	伸长率(%)	弹性模量/(mN/den)	测定温度/℃	强度/(mN/den)	伸长率(%)	弹性模量/(mN/den)	处理温度/℃	处理时间/h	强度保持率(%)	伸长保持率(%)		
聚四氟乙烯纤维	20	24	120~140	200 250	6 5	18 20		150 200	4 4	99 97		310	327(熔融)
芳香聚酰胺酰亚胺纤维	245~441	10~20						200 170	1000 1000	15~65 40~85			
聚酰亚胺纤维	69	13	720	200 300	42 30			283	100 300 800	72 59 51		560	

（续）

纤维名称	常温力学性能			高温力学性能				耐热寿命				强度为零时的温度/℃	分解温度/℃
	强度/(mN/den)	伸长率(%)	弹性模量/(mN/den)	测定温度/℃	强度/(mN/den)	伸长率(%)	弹性模量/(mN/den)	处理温度/℃	处理时间/h	强度保持率(%)	伸长保持率(%)		
聚苯丙咪唑纤维	56	10	1410	150 200 350	54 44 30	12 13 14		400	2	45	12	>500	660
	36	26		150 200 350	34 33 26	22 23 25							
聚1,3,4-恶二唑纤维	40	10	1640	200 300	24 20	11 8	940 880	300 300 400	300 700 30	63 50 50			
聚1,3,4-噻二唑纤维	35	14	780					300 400	144 32	92 60			

2.6 纤维材料的试验

2.6.1 棉纱、天然丝和合成纤维的试验方法

1. 支数和支数偏差的测试

（1）测试方法 在纱框测长机上从每筒中摇取4小绞，每绞100m，在摇前先去掉2~3m。摇好后，在纱支直接秤上测其支数，或在分析天平上称其质量。

（2）结果计算

1）支数。如果用纱支直接秤测试，则其读数即为每个试样的支数。如果采用分析天平称重，则被测试样的支数为

$$N=\frac{L}{G} \tag{10-2-1}$$

式中 N——支数；

L——试样长度（m）；

G——试样质量（g）。

2）支数偏差的计算公式为

$$支数偏差=\frac{平均支数-标称支数}{标称支数}\times100\% \tag{10-2-2}$$

2. 张力、伸长率、断裂长度和伸长不均率的测试

（1）测试方法 在单纱拉力机上进行测试，试验条件：夹具距离为500mm；断裂时间应为(20±2)s；预加张力为100m长丝的重量。每筒测5次（每次测完后，均拉下1m）。强力和伸长率均取算术平均值。

（2）结果计算

1）强力（N）和伸长率（%）直接从拉力机刻线上读取数值。

2）断裂长度的计算公式为

$$断裂长度(km)=公制支数\times拉断力(N)/9.8 \tag{10-2-3}$$

3）伸长不均率的计算公式为

$$伸长不均率=\frac{2n(M-m)}{NM}\times100\% \tag{10-2-4}$$

式中 N——测定次数；

n——比总平均值低（或高）的次数；

M——总平均值；

m——比总平均值低（或高）的次数平均值。

3. 捻度的测试

（1）测试方法 在捻度计上进行测定。测定时夹具间的距离为500mm，预加张力为100m丝长的重量。

（2）结果计算 将测得的捻数折算为1m的捻数即为其捻度。

2.6.2 电缆麻纱和麻线的试验方法

1. 支数、支数偏差和支数不匀率的测试

（1）试验方法 在纱框测长机上以80~140r/min的速度，在10绞（球）中各摇取2小绞（每小绞20m），共20小绞，分别在感量为0.1g的天平上称重（g）。

（2）结果计算

1）湿支数与干支数的计算公式为

$$湿支数=\frac{长度(m)}{质量(g)} \tag{10-2-5}$$

$$干支数=湿支数\times(1+实测回潮率) \tag{10-2-6}$$

评定支数时，应把计算值修约至0.001支。

2）支数偏差的计算公式为

$$支数偏差=\frac{实测干支数-标称干支数}{标称干支数}\times100\% \tag{10-2-7}$$

3）支数不匀率。用测试支数时的20个数值来计算支数不匀率

$$支数不匀率=\frac{2n(M-m)}{MN}\times100\% \tag{10-2-8}$$

式中 M——支数平均值；

m——支数平均值以下的平均值（等于平均值的试验值应不计在内）；

N——测试总次数；

n——平均值以下次数。

2. 回潮率的测试

（1）试验方法 在装有天平（感量不大于0.01g）的烘箱中测试回潮率。将支数试验后的全部或部分纱、线试样称重后，在105～110℃的温度下烘至恒重。若烘箱没有天平装置，则应在烘至恒重后，将试样放在密闭的盒子内，在干燥皿中冷却15min，然后在天平上称重。

所谓恒重，就是在烘箱内每隔10min对试样称重时（不包括称重时间），前后重量差异不超过0.05%，并以最后一次称重为准。

（2）结果计算 回潮率的计算公式为

$$回潮率=\frac{烘前质量-烘后质量}{烘后质量}\times100\% \tag{10-2-9}$$

3. 断裂强度的测试

（1）试验方法 在单纱断裂强度试验机上测试断裂强度。上、下夹钳间的距离是50cm，下夹钳空车下降速度是（30±3）cm/min。强度试验机的示值适用范围应在刻线的20%～75%之间。试验应在温度为（20±3）℃和相对湿度为65%±3%的条件下进行。如无此条件，则应在上述条件下先将试样展开平放24h以上。试验时，先关闭上夹钳制动器，将试样从纱头拉去0.5m以上，夹入上夹钳内，在保持纱、线初张力的状态下将另一端夹入下夹钳内，松开上夹钳制动器，然后开动试验机，记录其断裂时的读数，精确至1N。测定断裂强度时，允许在仪器夹钳内垫放衬物，以防试样滑脱。如遇试样离夹钳的夹持线1.5cm内断裂或从夹钳中滑落等影响试验正确性的情况时，这一试验结果应作废，须另换备样进行试验。

如无单纱断裂强度试验机，也可用缕纱断裂强度试验机进行试验。上、下纱钩间的距离是50cm，下纱钩空车下降速度是（60±3）cm/min，示值应在刻线范围的20%～75%之间。试验时，先用纱框测长器以80～140r/min的速度摇取长1m（两端打结后的长度）的试样，然后将试样套在上、下纱钩内，结子应在上纱钩的顶部或下纱钩的底部，开动试验机，记录其断裂时的读数，精确到5N。

（2）结果计算 从10绞（球）纱、线中各取2样共20个试样进行断裂强度测定，取其算术平均值作为一批纱、线的断裂强度。用缕纱断裂强度试验机进行试验时，应将其结果乘以换算系数0.55。

4. 杂质率的测试

（1）试验方法 从10绞（球）中各取长1m的试样，将总共10m试样中的杂质拣出（僵皮中的纤维要先行分离），然后在天平上分别称得杂质和纤维的质量。天平的感量应不大于0.001g。

（2）结果计算

$$杂质率=\frac{杂质质量}{杂质质量+纤维质量}\times100\% \tag{10-2-10}$$

5. 捻度的测试

（1）试验方法 在解捻式捻度计上进行捻度测试，仪器两夹钳间的距离为20cm。

试验时，将麻纱或麻线套在纱框上，转动纱框，拉出纱头或线头，拉时勿使纱、线产生增捻或退捻。纱头部分及截取两试样间应剪去不少于50cm。将纱、线平直地夹入仪器的两夹钳内，记录捻度退尽、纤维或纱平行时的读数，精确到0.5捻。

（2）结果计算 从10绞（球）纱、线中各取2样共20个试样的捻度测定结果，计算平均捻度（捻/10cm）

$$平均捻度=\frac{20个试样的捻数总和}{40} \tag{10-2-11}$$

6. 外观疵点的检验

对外观疵点的检验，以绞（球）为单位，分别摇在60cm×75cm的黑板上或套在纱框上展开，用目光检验（粗、细节也可用尺直接或放大量计）。

7. 试验数据处理

各项指标的试验结果，由该项试验全部试验值的算术平均值表示。除支数外，计算应精确至小数点以下两位数字，按数字修约规则修约为小数点以下一位数字。各种百分率的计算数字，应精确至小

数点以下两位，按数字修约规则修约为小数点以下一位。

2.6.3 玻璃纤维及其制品的试验方法

1. 玻璃纱中单纤维直径的测试

(1) 试验方法 用大于或等于500倍并附有目镜测微计的显微镜进行玻璃纱中单纤维直径测试。从测定浸润剂含量时经过灼烧的全部玻璃纱束中选取4束，每束截取长度10~15mm，放在载玻片上，用1份甘油和3份水组成的固定液固定，然后用针把纤维分散开。在显微镜的载物台上，借助显微镜的目镜测微计，观察单纤维直径相当于几个刻度。按目镜测微计每一刻度的数值，换算成单纤维直径的微米数。每一玻璃纱束小样测定15根，一批共测定60根。测试条件为温度（20±3）℃和相对湿度65%±3%。

(2) 结果计算 将全部测定结果的算术平均值作为该批玻璃纱单纤维的直径，计算的准确度应达到0.1μm。

2. 含浸润剂玻璃纱公制支数或公制号数和支数不均率的测试

(1) 试验方法 用纱框测长机从供试验用的线轴上绕取样品：62.5支以上（16号以下）的，每批玻璃纱取15轴，每轴取1令小样，绕取长度100m；62.5~10支（16~100号）的取4轴，每轴取3个小样，绕取长度100m；10支以下（100号以上）的取4轴，每轴取2个小样，绕取长度为1m。每个玻璃纱小样在工业天平上称重，并准确至0.01g。试验用的样品，应在温度为（20±3）℃和相对湿度为65%±3%的条件下展开平放4h以上。在非标准条件下进行试验时，应记下试验地点的温度和湿度。

(2) 结果计算

1）公制支数。每个含浸润剂玻璃纱的公制支数按式（10-2-12）计算，并取所有小样测试结果的算术平均值。计算结果应准确到0.1支。

$$N=\frac{L}{G} \qquad (10\text{-}2\text{-}12)$$

式中 N——公制支数（m/g）；

L——小样长度（m）；

G——小样质量（g）。

2）公制号数。每个含浸润剂玻璃纱的公制号数按公式（10-2-13）计算，并取所有小样测试结果的算术平均值。计算结果应准确到0.1号（1000号及以上的应达到1号）。

$$T=\frac{G}{L}\times1000 \qquad (10\text{-}2\text{-}13)$$

式中 T——公制号数（g/km）；

G——小样质量（g）；

L——小样长度（m）。

3）支数不均率的公式如下

$$H=\frac{2(\overline{X}-\overline{X}_1)n_1}{\sum X}\times100\% \qquad (10\text{-}2\text{-}14)$$

式中 H——支数不均率（%）；

$\overline{X}$——所有试验结果的算术平均值；

$\overline{X}_1$——较算术平均值为低的各试验结果的算术平均值；

n_1——较算术平均值为低的试验次数；

$\sum X$——所有试验结果的总和。

3. 捻度的测试

(1) 试验方法 试样在捻度机上进行捻度测试，夹具间的距离为250~500mm，张力重锤质量为10g。从每批玻璃纱中选取的数量规定为：167支及以上（6号及以下）的玻璃纱取4轴，每轴取5个小样；167支以下（6号以上）的玻璃纱取3轴，每轴取5个小样。测定捻度之前，从线轴上先去掉5m以上的玻璃纱，再将玻璃纱嵌入捻度机的左夹具内，再从左方引入右夹具的中心位置，这时玻璃纱的一端悬以10g的荷重，使样品具有一定的张力而拉直至指针指示在扇形刻度尺零点的位置上。将右夹具旋紧后，开动摇柄使玻璃纱往退捻方向回转，直至各纤维完全平行为止，并记录刻度盘上的读数。

(2) 结果计算 将全部测定结果的算术平均值换算成每米捻度作为该批玻璃纱的捻度，计算的准确度应达到0.1捻/m。

4. 玻璃纱断裂强度和断裂长度的测试

(1) 试验方法 在有轮形夹具的抗拉试验机上进行测试。刻度盘的选择应使玻璃纱断裂强度的平均值在刻度盘20%~75%的读数范围内；试验时夹具间的距离为500mm，下夹具空载向下运动速度为200mm/min。选取小样的数量：167支以上（6号以下）的取6轴，每轴取5个小样；167~10支（6~100号）的取4轴，每轴取5个小样；10支以下（100号以上）的玻璃纱取4轴，每轴取2个小样。测定前，先从线轴上去掉5m以上玻璃纱，将玻璃纱绕于试验机的上夹具并旋紧。以不大的力拉住玻璃纱，使其在两夹具间伸直，此时玻璃纱小样的长度为500mm，并居于中间位置，然后绕于下夹具旋紧，最后开动机器进行测定，示值读数应在刻度盘读数范围的 20%~75%内。

（2）结果计算

1）断裂强度。将全部测定结果的算术平均值作为该批玻璃纱的断裂强度，单位为 N。计算的准确度应不低于刻度盘的 0.5 个刻度。

2）断裂长度。按式（10-2-15）或式（10-2-16）计算断裂长度，计算结果准确至 0.1km。

$$L_P = PN/9.8 \qquad (10\text{-}2\text{-}15)$$

或

$$L_P = \frac{P}{T}\times 102 \qquad (10\text{-}2\text{-}16)$$

式中　L_P——断裂长度（km）；

P——断裂强度（N）；

N——公制支数（m/g）；

T——公制号数（g/km）。

5. 玻璃带断裂强度的测试

（1）试验方法　在垂直杠杆抗拉试验机上进行测试。刻度盘的选择应使布带小样断裂强度的平均值在刻度盘的 20%~75%读数范围内。在玻璃带样品中，截取 3 条长度为 280mm 的小样。把小样放在平板玻璃上，小心地用手摊平伸直，在小样中部放上 80mm 宽的玻璃板，用毛刷在露出玻璃板的小样两端单面或双面薄薄地涂上玻璃纤维接头胶或类似胶粘剂，然后从玻璃板上取下放入 105~110℃烘箱中烘干 30min 以上，直至胶粘剂固化为止。把制备好的小样置于拉力机的上、下夹具之间，使两端留出涂胶长度各 10mm（上、下夹具间距为 100mm）。开动机器，使下夹具向下运动速度为 100mm/min。当试样断裂在夹持处或夹具内以及试样滑脱时，试验结果无效，应取备样重做测试。

（2）结果计算　取 3 次测定结果的算术平均值，换算成技术标准中所表示的断裂强度。计算准确度应达到 1N。

6. 玻璃带密度的测定

经纱或纬纱密度用 1cm 纱线的根数表示。点数起点为两根纱线之间的中间，如终点到纱线中心，则最后一根纱线算 0.5 根，不到中心的不算，超过中心的算 1 根。在每条样品上随机选取 1 处进行测定，取 2 次测定结果的算术平均值。计算准确度应达到 0.1 根/cm。

7. 玻璃带厚度的测定

用有百分表的厚度计测量玻璃带厚度，其测量圆柱直径为 10mm，接触压力约 0.1MPa。在两条玻璃带样品上各测定 5 个点：在距样品两端 100mm 处各测 1 次，中间部分均匀地再测 3 次。测定厚度时，须将厚度计按柄轻轻放下，从测量圆柱接触样品时算起，经 2~3s 时间读取刻度盘上的读数，并准确至 0.005mm。将 10 次测定结果的算术平均值作为该玻璃带厚度，计算的准确度应达到 0.005mm。

8. 玻璃纱及其制品中浸润剂含量或含胶量的测定

（1）试验方法　取重 1g 以上的玻璃纱或 200mm×200mm 布或 500mm 长带试样 2 块，按如下步骤进行试验：

1）将准备好的蒸发皿放在马弗炉中，在600~650℃下灼烧 45min 以上，然后将其取出放在有干燥剂的干燥器中，冷却 30min 以上，称其质量 g_1，准确至 0.001g。

2）把样品放入蒸发皿中，连同蒸发皿一起放入烘箱，在 105~110℃下烘干 30min 以上，以排除吸附水分，然后将其取出放在有干燥剂的干燥器中，冷却 30min 以上，把蒸发皿和样品一起放在工业天平上称重得 g_2，准确至 0.001g。

3）将干燥好的玻璃纱样品连同蒸发皿一起放在马弗炉中（注意稍开启炉门，以保持炉内氧化气氛），在 600~650℃下灼烧 15min 以上，然后将其取出并放在有干燥剂的干燥器中，冷却 30min 以上，再把样品连同蒸发皿一起在工业天平上称重得 g_3，准确至 0.001g。

（2）结果计算　玻璃纱及制品中浸润剂含量（质量分数）按式（10-2-17）计算，计算准确度应达到 0.1%

$$S = \frac{g_2 - g_3}{g_2 - g_1}\times 100\% \qquad (10\text{-}2\text{-}17)$$

玻璃纤维涂覆制品含胶量按式（10-2-18）计算，计算准确度应达到 0.01g/m²

$$G = \frac{g_2 - g_3}{LB}\times 10^6 \qquad (10\text{-}2\text{-}18)$$

式中　S——浸润剂含量（%）；

G——含胶量（g/m²）；

g_1——蒸发皿恒重后的质量（g）；

g_2——蒸发皿连同灼烧前试样的质量（g）；

g_3——蒸发皿连同灼烧后试样的质量（g）；

L——试样的长度（mm）；

B——试样的宽度（mm）。

试验结果取 2 个试样的算术平均值，计算准确度应达到 0.1%或 0.1g/m²。

第3章

带　材

3.1　带材的种类和用途

电线电缆用带材（不包括未经处理的塑料带和纤维织物）可分为压敏性胶粘带、自粘性橡胶带、半导电带、金属塑料复合带、防火包带及其他包带共六种类型。带材是电线电缆工业及施工作业中广泛使用的辅助材料，其种类和主要用途见表10-3-1。

表 10-3-1　带材的种类和主要用途

类　别	带材名称	主要用途
压敏性胶粘带	聚氯乙烯胶粘带	低压电线电缆接头绝缘、防水密封、相色标志、破损修补、机械增强
	聚乙烯胶粘带	中、低压电缆接头绝缘
	聚酯胶粘带	F级(130℃)耐热电线电缆接头绝缘
	聚四氟乙烯胶粘带	H级(180℃)耐热电线电缆及其接头绝缘
	绝缘胶布带(黑胶布带)	低压电线接头绝缘及破损修补
自粘性橡胶带	普通自粘性绝缘带	中、低压电线电缆接头、终端绝缘及破损修补
	丁基自粘性绝缘带	中压电线电缆接头、终端绝缘
	乙丙自粘性绝缘带	高压及超高压电缆接头绝缘
	半导电自粘带	调节电缆接头、终端的电场分布
	电应力控制带	调节电缆接头、终端的电场分布
	自粘性丁基阻燃带	中低压电缆接头、终端绝缘(要求阻燃时)
	自粘性乙丙无卤阻燃带	电缆接头、终端绝缘(要求无卤低烟阻燃时)
	自粘性抗电碳痕带	高、中压电缆终端绝缘(污秽环境时)
	自粘性硅橡胶带	耐高温(180℃)及耐油接头的密封和绝缘
半导电带	半导电尼龙带	用于电缆屏蔽,改善电缆的电场分布
	半导电涤纶带	
	半导电阻水带	
	半导电缓冲阻水带	
	半导电布带	
	半导电无纺布带	
	半导电阻燃布带	
	半导电阻水型金属屏蔽阻燃编织带	
	半导电铜丝织造带	
金属塑料复合带	铝塑复合带	粘结护层
	铜塑复合带	粘结护层
	铅塑复合带	粘结护层
	钢塑复合带	粘结护层和铠装
防火包带	耐火云母带	耐火电线电缆的耐火绝缘层
	阻燃氯丁橡皮带	阻燃防护层
	低烟无卤高阻燃带	阻燃防护层
	薄型阻燃带	阻燃防护层

（续）

类 别	带材名称	主要用途
其他包带	沥青醇酸漆布带	浸渍纸绝缘电缆的接头和终端
	交联聚乙烯带	高压或超高压交联聚乙烯电缆接头
	吸水膨胀带	电缆阻水层
	新型聚酯薄型无纺布带	电缆缆芯包扎
	高温分色带	电缆线芯分色
	耐高温塑化绝缘纸带	电缆绕包
	PETD绕包带	钢带铠装电缆内护层
	PI膜	航空导线绕包绝缘

3.2 带材技术指标常用名词及其含义

3.2.1 力学性能

(1) 抗拉强度和拉伸力 带材试样受力，以一定的拉伸速度拉伸至试样断裂时，试样单位截面上（单位截面指的是拉伸前的截面）所承受的拉力称为抗拉强度（也称为抗张强度），其单位为MPa。

带材成品被拉断时，规定宽度（一般取10mm，也可按产品技术标准取其他宽度）的成品带材所承受的拉力称为拉伸力（也称抗张力），其单位为N。在塑料胶粘带、布、绸、人造纤维与合成纤维以及玻璃纤维增强的绝缘带产品中，经常用拉伸力这一技术指标。

(2) 伸长率 带材试样被拉断时，长度增加的百分比称为伸长率或断裂伸长率，用%表示。

(3) 定伸强度 带材试样被拉伸到某一指定伸长率时，其单位截面（以被拉伸前的截面计算）所承受的拉力称为定伸强度，单位为MPa。定伸强度是反映橡胶及类橡胶材料弹性变形的主要性能指标之一，它与材料的组成、结构特点、硫化程度（即交联程度）等因素有关。

(4) 剥离强度 剥离强度是测定塑料胶粘带或复合带等材料粘附能力的一种量度，它主要衡量带材抗“线受力”破坏的能力，一般用单位宽度的剥离力（N/cm）表示。

为了检查胶粘带的胶粘剂性能，剥离强度的测定一般选取不同的表面（如带材背面或其他规定材料表面）。

(5) 热封强度 在一定温度、压力、时间下带材叠合的粘接强度，用单位宽度的剥离力（N/cm）表示，它是金属塑料复合带特定的重要指标。

3.2.2 物理性能

(1) 耐热老化 带材在长期使用过程中，受到热、氧的作用引起内部结构的变化，导致性能劣化的现象称为热老化。材料抵抗热老化的能力称为耐热老化性能。

带材的耐热老化性能是确定其允许长期工作温度的主要性能指标之一。

采用加速热空气老化、氧弹老化、空气弹老化等试验，测定试验后性能的变化率来衡量耐热老化性能的好坏。试验方法及衡量变化率的性能项目的选取，随带材品种的不同而不同。

(2) 耐热变形性 带材在规定受热条件下，仍能保持规定的物理力学性能，即称为在该条件下耐热变形性能合格（或通过）。耐热变形性能是确定带材允许长期使用温度的主要技术指标之一。

带材进行耐热变形试验的条件——温度和升温方式，受热时间、试样荷载的大小和方式，考核变化率的性能项目和技术要求，随带材品种的不同而有显著区别。

耐热变形性能对确定自粘带和塑料胶粘带的使用范围有重要意义。

(3) 穿透率 穿透率是专用于塑料胶粘带的一项性能要求，它是指在一定的升温速度下，用规定的负荷、规定截面、规定角度的金属针穿刺塑料胶粘带，当达到规定深度时的温度。穿透率是表征塑料胶粘带耐热变形性能的重要指标。

(4) 耐热应力开裂 耐热应力开裂是专用于测试自粘带在高拉伸应力和温度剧烈变化等条件的综合作用下，内部结构稳定性的试验项目。以自粘带在高拉伸（200%）下绕包后，置于一定受热条件下，是否出现龟裂、变形过大等现象来衡量耐热应力开裂性是否合格。

自粘带在使用时都会受到高拉伸，拉伸幅度往往达到200%以上，而且拉伸幅度往往是不可预计的。在如此特殊的使用条件下，自粘带层若因内部微观结构变化而产生蠕变、带层龟裂等现象，将会使自粘带层的电气绝缘和防护作用丧失。所以，检查自粘带的耐热应力开裂有重要意义。

(5) 耐气候性和耐日光性 带材在大气环境下使用，受日晒、雨淋、风吹、大气污染、热氧作用等，其性能将劣化，抵抗上述作用的能力称为耐气候性。

大气条件下，在使带材性能劣化的诸因素中，日光，特别是紫外线的作用往往最显著。因此，对不少品种的带材要求有突出耐日光性（特别是耐紫外线性能）的特点。

(6) 耐寒性 带材在规定的低温条件下，仍能保持一定的物理力学性能而不影响施工操作性和系统的正常运行性能（不出现冷自然开裂或冲击脆裂等现象），属于耐寒性要求。

对塑料胶粘带，除了常规聚氯乙烯等塑料所要求的耐寒性指标外，在规定的施工温度下，胶粘剂不失去粘附力而能保证施工操作需要，更有其现实的意义。

3.2.3 电绝缘性能

(1) 绝缘电阻 在带材上施加的电压与产生的泄漏电流的比值称为绝缘电阻，用欧姆（Ω）表示。绝缘电阻有体积电阻和表面电阻之分。

绝缘电阻值与外施电场强度有一定关系，对大多数绝缘材料和绝缘用带材来说，其值受外施电场强度变化的影响很小。但对于某些特种用途的带材，如电应力控制带，其绝缘电阻值则随外施电场强度的变化而有较大的变化。

(2) 介电系数 介电系数是表示绝缘材料在电场作用下极化能力大小的参数，通常介电系数均采用相对介电系数，即绝缘材料的介电系数与真空介电系数的比值，这样表示简单直观。

一般来说，要求绝缘用带材的介电系数值要小，以利于减小高电压下的介质发热；但对于电应力控制材料，要借助于介电系数的作用来改变电场的分布，所以要求有较大的介电系数（大于20）。

(3) 介质损耗角正切（$\tan\delta$） 带材在交变电场作用下产生的能量损耗称为介质损耗，介质中损耗功率与无功功率之比称为介质损耗角正切，简称 $\tan\delta$。

无论是要求低介电系数的绝缘用带材，还是要求高介电系数的电应力控制带，都要求 $\tan\delta$ 值越小越好，以减小功率损耗，减少高电压下介质发热。

(4) 击穿电压和介电强度 带材在外施电压作用下，当电场强度增加到某一数值时，绝缘性能会被破坏，这时称为介质击穿。

成品带材（原有厚度）在外施工频交流电压作用下，按一定速度（一般为5kV/s）升压直至带材产生介质击穿现象，该瞬间的电压值称为带材的击穿电压，其单位为V。击穿电压值与带材厚度之比称为（工频）介电强度，其单位为MV/m。

介电强度与带材厚度的关系是非线性的，一般厚度越小，介电强度越大。

(5) 耐电晕性 用于高压电力电缆及其接头、终端的带材，其表面和带层之间在强电场作用下，会导致气体局部游离而出现放电现象，称为电晕。游离后的离子、电子又冲击高分子链，加上放电而产生的臭氧的作用和局部发热现象，将使高分子材料产生裂解而导致带层变脆以至龟裂。

带材抵抗电晕作用而保持使用特性的能力，称为耐电晕性。

对于应用于高电场作用下的绝缘材料，耐电晕性的高低比介电强度的大小更有意义，因为许多绝缘材料的介电强度可能差别不大，而耐电晕性却有成千上万倍的差别。

(6) 耐电碳痕性 用于中、高压电缆终端的带材，若处于高盐雾环境或污秽环境中，会出现漏电痕迹（即电碳痕）现象。所谓电碳痕现象，即由于电场和污秽条件的综合作用，使带材表面时断时续地产生短时局部放电现象，从而导致局部表面的高分子裂解、碳化、表面导电性显著增大，这种现象随时间的延续而发展，直至形成贯穿的碳化导电通路，以致引起电气系统的故障。

带材抵抗电碳痕作用而能保持使用特性的能力，称为耐电碳痕性。

3.2.4 其他性能

(1) 耐臭氧性 带材的耐臭氧性是指在一定温度、一定时间内，试样抵抗一定浓度的臭氧作用的能力。需要考核耐臭氧能力的带材，主要是以橡胶为基础制成的自粘带。

(2) 耐湿性 带材在相对湿度很高或浸水条件下，保持使用性能的能力称为耐湿性，它分别用吸水性和吸湿性来表征。

吸水性是把带材浸在一定温度的水中，经过一定时间后，用试样的吸水率或指定性能的变化率表示。

吸湿性是把带材试样放在一定温度和一定湿度的空气中，经过一定时间后，用指定性能的变化率表示。

(3) 耐油性和耐溶剂性 带材与各种油类接触时，抵抗油类溶解或溶胀的能力称为耐油性。带材与各种溶剂接触时，抵抗溶剂侵蚀的能力称为耐溶剂性。

（4）耐辐射性　带材在高能射线作用下保持使用性能的能力称为耐辐射性。

（5）自粘性　自粘带经拉伸绕包（或受压）之后，带层间具有互相浸润、渗透的能力，称其为自粘性。

自粘性是自粘带最基本的特性之一，它不但可使带层之间紧密地结合而形成无界面的一体，而且可使自粘带充分浸润被接触材料表面，形成充分适合表面“地貌”的、气隙很少很小的接触状态，从而起到优异的绝缘、密封作用。

自粘性是将带子经规定的伸长量拉伸后绕包在试样棒上，在一定的温度下，经过一定时间后检查带层的截面状态来表示。

（6）耐火性　在规定火焰温度下带材保持电绝缘性能的特性。

（7）阻燃性　在规定火焰强度下带材阻止火焰蔓延的特性。

3.3　压敏性胶粘带

压敏性胶粘带以塑料薄膜或纤维织物为基材，在一面或两面涂布压敏胶粘剂再分切成带而制成，使用时只需施加轻微的压力就能对多种材料的表面产生一定的粘附力，也可用力揭开，对被粘物面一般无不良影响。因此，压敏性胶粘带是电缆工业中广泛使用的一类带材。

压敏性胶粘带的特性随基材和胶粘剂的不同而异。由于胶粘剂的选择必须与基材相适应，所以压敏性胶粘带常以基材分类。在电缆工业中常用的有聚氯乙烯胶粘带、聚乙烯胶粘带、聚酯胶粘带、聚四氟乙烯胶粘带、绝缘胶布带（黑胶布带）等，用于接头、终端的绝缘或破损修补等。

3.3.1　压敏性胶粘带的构成

压敏性胶粘带的结构如图 10-3-1 所示，它由压敏胶粘剂、基材（即背材）、底胶（即底层处理胶）、背面处理剂及隔离薄膜等构成。

电缆工业中主要使用单面压敏性胶粘带。

1. 压敏胶粘剂

压敏胶粘剂是使胶粘带能显示出压敏（压力敏感）性的组分，它使胶粘带无需借助溶剂、加热等作用，只需经过轻微指压，即能对多种表面产生粘附作用。胶层厚度对压敏性有影响。

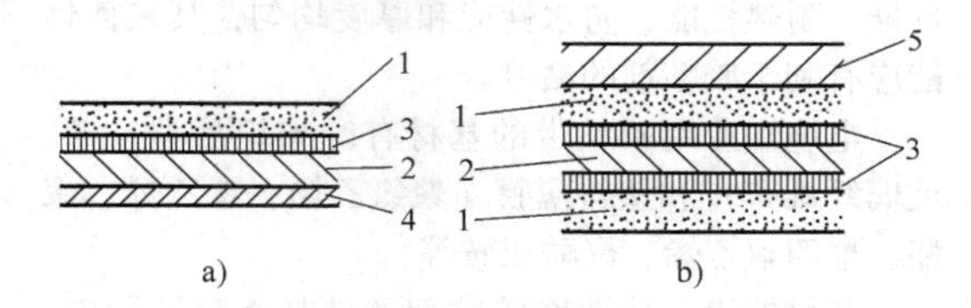

图 10-3-1　压敏胶粘带构成示意图

a）单面压敏性胶粘带　b）双面压敏性胶粘带
1—压敏胶粘剂　2—基材　3—底胶
4—背面处理剂　5—隔离薄膜

压敏胶粘剂的粘附特性由如下因素构成：

粘着力 T——轻度指压后立即呈现的手感粘性。

粘附力 A——胶粘带和被粘物表面分离时的剥离力。

内聚力 C——胶粘剂层的内聚强度。

粘基力 K——胶粘剂与基材，或胶粘剂与底胶、底胶与基材的粘附力。

为了保证胶粘带既有压敏性，又不对被粘物表面有影响，在解开带卷和从被粘表面取下带子时胶粘剂层不被破坏，压敏胶粘剂必须具有 $T<A<C<K$ 的性能。可见，纯压敏胶粘剂必定塑性大，抗蠕变能力较差，一般使用工作温度不高。为了提高胶粘带的使用工作温度，通常采用使胶粘剂交联的方法，即制造热固压敏胶粘带，此时只需要在热固化前保持 $T<A<C<K$ 的关系。

压敏胶粘剂通常包括如下组分：作为基料的弹性长链聚合物；调节粘附能力的增粘剂和增塑剂；调节内聚力和耐温特性的微细填料；防老剂；交联剂等。表 10-3-2 中列举了各组分的常用材料。

表 10-3-2　压敏胶粘剂中各组分的常用材料

组分	常用材料
聚合物	天然橡胶、合成橡胶、聚乙烯醚、聚丙烯酸酯及其共聚物、接枝改性橡胶、硅橡胶、高分子聚异丁烯
增粘剂	松香和改性松香、萜烯树脂、石油树脂、古马隆树脂、液体聚丁烯、液体聚异丁烯、无规聚丙烯、液体聚丙烯酸酯
增塑剂	矿物油、羊毛酯、酯类增塑剂
填充剂	氧化锌、白炭黑、碳酸钙、陶土、滑石粉、氢氧化铝、炭黑、着色剂
防老剂	橡胶防老剂、塑料抗氧剂等
交联剂	硫及含硫硫化剂、过氧化物、酚醛树脂等

2. 基材

基材是压敏胶粘剂的承载体，是确定带子应用范围的出发点。要求基材有良好的机械强度、电气性能、耐热性能、防水性能和厚度均匀，其表面性能应有利于胶粘剂的粘接。

电缆工业用胶粘带的基材有纤维织品类（布、玻璃纤维布）和塑料薄膜（聚氯乙烯、聚乙烯、聚酯、聚四氟乙烯、聚酰亚胺等）。

基材的表面特性对胶粘剂的选择有显著影响。对于一些难粘的塑料，如聚乙烯、聚四氟乙烯等，往往需要对其表面进行特殊处理（氧化和高频电场作用）。

基材的厚度对压敏性也有一定的影响，一般薄一些有利于粘附力的提高。

3. 底胶

底胶的作用是增加压敏胶层与基材的粘附力，防止揭开胶粘带时胶粘剂与基材脱开，且使胶粘带具有复用性。常用的底胶选择取决于基材品种，如对软聚氯乙烯薄膜，往往使用异氰酸酯交联的氯丁橡胶或丙烯酸酯改性橡胶等。

如果压敏胶粘剂与基材的粘附力足够，也可以不使用底胶。

4. 背面处理剂

背面处理剂的作用是防止胶粘带卷盘时胶面与背面粘接，当以纤维织品为基材时常用到背面处理剂，但对塑料薄膜基材，一般不用背面处理剂。

5. 隔离薄膜

隔离薄膜的作用是防止胶粘带在解卷使用前，带层与带层之间互相粘接而失去使用性，一般用于双面胶粘带和自粘性橡胶带。常用的隔离薄膜有聚乙烯、聚丙烯、半硬聚氯乙烯、经防粘处理的纸和布等材料。一般的单面压敏胶粘带是不需要使用隔离薄膜的。

3.3.2 聚氯乙烯胶粘带

聚氯乙烯（PVC）胶粘带以各种性能要求不同的软质 PVC 薄膜为基材，先涂上底胶，再在底胶上涂布压敏胶粘剂而构成。基材制成不同的颜色。PVC 胶粘带是电绝缘用压敏胶粘带中用量最大的一种，广泛用于 1kV 及以下橡塑绝缘电线电缆的接头绝缘保护和电线电缆绝缘、护套破损处的修补；在中高压固体绝缘电缆的接头和终端中，则用于防水密封、相色标志、临时保护。由于基材和胶粘剂选择的多样性，每一品种 PVC 胶粘带的耐热性都有所区别。

常用 PVC 胶粘带的技术性能见表 10-3-3。基本配方示例见表 10-3-4 和表 10-3-5。

表 10-3-3 PVC 胶粘带的技术性能

项目	单位	指标		
		普通型	低温型	高温型
体积电阻率（23℃±2℃） ≥	Ω·m	1010	1010	1010
介电强度（23℃±2℃） ≥	MV/m	40	40	40
抗拉强度（23℃±2℃） ≥	MPa	15	13	15
断裂伸长率（23℃±2℃） ≥	%	200	250	180
对背面的剥离力（23℃±2℃） ≥	N/cm	1.8	1.5	1.8
对不锈钢的剥离力（23℃±2℃） ≥	N/cm	1.8	1.5	1.5
对背面的剥离力（-7℃） ≥	N/cm	—	1.0	—
断裂伸长率（-7℃） ≥	%	—	7	—
操作温度 ≥	℃	0	-18	0
允许长期工作温度 ≤	℃	70	70	90

表 10-3-4 PVC 胶粘带用压敏胶粘剂配方示例

组分	用量(重量份)		
	普通型	低温型	高温型
天然橡胶	70	—	—
特种丁苯橡胶	30	—	—
聚萜烯树脂	30~90	20~100	—
改性松香	10~50	—	—
高分子量聚异丁烯	—	100	—
液体聚异丁烯	—	20~40	—
防老剂	2	2	—
丙烯酸辛酯/醋酸乙烯共聚物	—	—	30~50
丙烯酸辛酯/醋酸乙烯/N-羟甲基	—	—	50~70
丙烯酰胺共聚物（40~60/60~40/2~6）	—	—	—

表 10-3-5 PVC 胶粘带用底胶配方示例

组分	用量(重量份)	
氯丁橡胶	100	—
氧化锌	5	—
氧化镁	4	—
聚异氰酸酯（固体含量为 20%）	60~100	60~100
氯丁橡胶-甲基丙烯酸甲酯共聚物	—	100

PVC胶粘带用基材的配方，可选用工作温度等级相同的电缆用绝缘料或护套料的配方。

3.3.3 聚乙烯胶粘带

聚乙烯胶粘带的使用范围和低温型PVC胶粘带相似，虽然聚乙烯的电绝缘性能优异，但由于压敏胶粘带不适合在6kV及以上电缆和电缆接头中作为主要绝缘组成，所以其电性能不能被充分发挥，而其力学性能、品种多样化等方面又不及聚氯乙烯，故聚乙烯胶粘带的用量远小于PVC胶粘带。

聚乙烯胶粘带的技术性能见表10-3-6。

表10-3-6 聚乙烯胶粘带的技术性能

项目		单位	指标
厚度		mm	0.10~0.20
抗拉强度(23℃±2℃) ≥		MPa	12
断裂伸长率(23℃±2℃) ≥		%	250
介电强度(23℃) ≥		MV/m	70
体积电阻率(23℃±2℃) ≥		Ω·m	10^{13}
剥离强度(23℃±2℃)	对背面 ≥	N/10mm	2.0
	对不锈钢 ≥	N/10mm	2.0
剥离强度(-18℃)	对背面 ≥	N/10mm	1.8
	对不锈钢 ≥	N/10mm	1.8

聚乙烯胶粘带一般使用经防老化处理的黑色或透明聚乙烯薄膜作为基材，涂以压敏胶粘剂构成。所用的胶粘剂品种多为聚烃类的非极性化合物，如天然橡胶、合成橡胶、聚异丁烯等，表10-3-4中的胶粘剂配方可用于聚乙烯基材，在涂胶之前，基材必须进行表面极性化处理。

3.3.4 聚酯胶粘带

聚酯胶粘带是日常生活和电气工业中应用很广的一种带材，它以聚对苯二甲酸乙二醇酯薄膜为基材，涂布压敏胶粘剂而构成。聚酯基材的力学性能、电气性能、耐老化性能优异，且品种差异不大。因此，聚酯胶粘带的性能和应用范围，取决于使用何种胶粘剂。

一般日常生活用品种，常涂布胶乳型橡胶胶粘剂，其成本低、公害少。电气用品种，往往用于F级（130℃）耐热电线电缆及其接头的绝缘保护，因此多采用热固化型丙烯酸酯胶粘剂，它们的耐热性、耐老化性好，对基材亲和力也大。

表10-3-7中列出了电气用聚酯胶粘带的技术性能，代表性的丙烯酸酯胶粘剂配方见表10-3-8。

表10-3-7 电气用聚酯胶粘带的技术性能

项目		单位	指标
厚度		mm	0.06~0.10
抗拉强度(23℃) ≥		MPa	60
断裂伸长率(23℃) ≥			50
介电强度(23℃) ≥		MV/m	70
体积电阻率(23℃) ≥		Ω·m	1×10^{13}
剥离强度(23℃)	对背面 ≥	N/10mm	2.0
	对不锈钢 ≥	N/10mm	2.0

表10-3-8 电气用聚酯胶粘带用胶粘剂配方示例

组分	用量(重量份)
丙烯酸辛酯	60~80
醋酸乙烯酯	10~30
丙烯酸	2~4
引发剂	0.5~2
酯类增塑剂	2~6

3.3.5 聚四氟乙烯胶粘带

聚四氟乙烯胶粘带用于H级（180℃以上）的电线接头和绝缘破损修补，它以经过表面极化处理的聚四氟乙烯薄膜为基材，涂布硅硐类压敏胶粘剂（固化或不固化）构成。

聚四氟乙烯胶粘带的技术性能见表10-3-9。

表10-3-9 聚四氟乙烯胶粘带的技术性能

项目		单位	指标
抗拉强度(23℃) ≥		MPa	30
断裂伸长率(23℃) ≥		%	150
介电强度(23℃) ≥		MV/m	50
体积电阻率(23℃) ≥		Ω·m	1×10^{13}
剥离强度(23℃)	对背面 ≥	N/10mm	1.6
	对不锈钢 ≥	N/10mm	1.6

3.3.6 绝缘胶布带

绝缘胶布带（即黑胶布带）由棉布或人造纤维织品作为基材，涂布橡胶型压敏胶粘剂构成。它具有一定的绝缘性能、良好的粘着性，能耐-20~50℃的温度变化，但受潮后就失去绝缘性能。绝缘胶布带用于380V及以下电压等级的橡塑电线接头和电线破损修补，只能用于户内干燥环境。绝缘胶布带仍是当前用量最大的绝缘带材之一。

绝缘胶布带的技术性能见表10-3-10；其配方示例见表10-3-11。

表 10-3-10 绝缘胶布带的技术性能

项　　目		单位	指标
宽度		mm	15~25
厚度		mm	0.3~0.4
抗拉力	≥	N/10mm	13
断裂伸长率	≥	%	5
剥离力	≥	N/10mm	1.0
耐电压	≥	kV	1.5

表 10-3-11 绝缘胶布带配方示例

组分名称	用量(重量份)	
	配方 1	配方 2
天然橡胶	100	50
丁苯橡胶	—	50
氧化锌	20	5
机油	5~40	15~25
黄油	—	30~50
松香	10~30	—
沥青	20~40	20~30
古马隆(或萜烯树脂)	—	30~50
碳酸钙	100~200	100~200
白炭黑	—	5~15
防老剂	2	2
炭黑	3~5	3~5

3.4 自粘性橡胶带

自粘性橡胶带是以未硫化或局部硫化的橡胶为主体，配合其他助剂，如补强剂、增粘剂、填料、硫化剂、助硫化剂、防老剂、特殊性能调节剂等，经混炼、压延、硫化、衬垫隔离膜、收卷，最后切割成带而制成。

自粘性橡胶带在使用时，带子必须拉伸 100%以上绕包才能产生足够的粘附力使层间界面消失而成为一个整体，并且能紧密地贴附在不同形状的被绕包材料表面而不产生间隙，因此，它具有优异的密封性能。

自粘性橡胶带的性能主要取决于基材所用的胶种，但同一种基材通过使用不同配合的助剂，可使性能产生明显区别而具有不同的用途。按用途分，自粘性橡胶带有下列三类：

绝缘用——普通低压用自粘性绝缘带、丁基自粘性绝缘带、乙丙自粘性绝缘带。

电场控制用——半导电自粘带、电应力控制带。

防护用——自粘性丁基阻燃带、自粘性乙丙无卤阻燃带、自粘性抗电碳痕带、自粘性硅橡胶带。

3.4.1 普通自粘性绝缘带

普通自粘性绝缘带也称低压用自粘性绝缘带，它适用于长期工作温度不超过 65℃，额定电压不超过 1.0kV 的固体绝缘电线电缆的接头和终端的绝缘密封和电线电缆的破损修补。

普通自粘性绝缘带以天然橡胶或天然橡胶/丁苯橡胶并用为基材，配合各种助剂经局部硫化制成。对要求高的产品，常制成双层复合结构，即用加硫胶料压延出片硫化成形，再与增粘剂含量很高、粘性很好，但不加硫的面胶料压延贴合。

普通自粘性绝缘带的技术性能见表 10-3-12，其配方示例见表 10-3-13。

表 10-3-12 普通自粘性绝缘带的技术性能

项　　目		单位	指　标	
			Ⅰ型(单层)	Ⅱ型(两层贴合)
抗拉强度	≥	MPa	1.0	2.5
伸长率	≥	%	400	250
体积电阻率	≥	Ω·m	10^{11}	10^{11}
介电强度	≥	MV/m	15	15
自粘性(不松脱,不分层)		—	合格	合格
耐应力开裂(热冲击型)		—	合格	合格

表 10-3-13 普通自粘性橡胶带配方示例

组 分 名 称	用量(重量份)		
	Ⅰ型(单层)	Ⅱ　型	
		底 层 胶	粘性面胶
天然橡胶	50~70	100	100
丁苯橡胶	30~50	—	—
氧化锌	5	5	5
机油	10~20	10~15	20~30
硬脂酸	2~3	1	2~3
松香	5~20	5	5~20
聚萜烯树脂	5~20	5	5~20
聚乙烯	5~10	—	—
碳酸钙	30~50	30~50	50~70
滑石粉	30~50	20~40	20~30
硫磺	0.1~1	0.5~1.5	—
硫化促进剂	1~2	1~2	—
防老剂	2	2	2

3.4.2 丁基自粘性绝缘带

丁基自粘性绝缘带是目前国内生产的自粘带中产量最大的品种，它以丁基橡胶和聚异丁烯为基础组成，通过混炼、压延成带，经过硫化（或不硫化）后分切包装制成。丁基自粘性绝缘带的牌号有

J10、J20、J21等，其主要用途为：

J10自粘带——1kV及以下橡胶、塑料电缆终端、中间连接绝缘保护和通信电缆接头绝缘密封。

J20自粘带——10kV及以下橡胶、塑料电缆终端应力锥的基本制作材料及其他有相当电气要求的场所，长期允许工作温度不超过80℃。

J21自粘带——10kV及以下XLPE绝缘电缆中间接头的绝缘保护及其他有相当电气要求的场所，长期允许工作温度不超过85℃。

丁基自粘性绝缘带的基本技术性能见表10-3-14，其基本配方示例见表10-3-15。

表10-3-14 丁基自粘性绝缘带的技术性能

项目			单位	指标		
				J10	J20	J21
厚度			mm	0.6~1.0	0.6~0.8	0.6~0.8
抗拉强度		≥	MPa	1.0	1.0	1.5
伸长率		≥	%	400	400	500
100℃×7天老化后	抗拉强度保留率	≥	%	60	70	80
	伸长率保留率	≥	%	60	70	80
介电强度		≥	MV/m	15	18	25
体积电阻率		≥	Ω·m	10^{11}	10^{12}	10^{13}
相对介电系数		≤		—	4	3.5
$\tan\delta$		≤		—	0.035	0.02
自粘性(不松脱,不分层)				合格	合格	合格
耐应力开裂(热冲击型,120℃)				合格	合格	合格
耐臭氧(伸长30%,24h,臭氧浓度为0.25%~0.03%)				合格	合格	合格
长期允许工作温度		≤	℃	75	80	85
工作电压		≤	kV	0.6/1.0	8.7/10	8.7/10

表10-3-15 J20丁基自粘性绝缘带配方示例

组分名称	用量(重量份)
丁基橡胶	100
聚异丁烯	25~200
乙烯聚合物	15~100
增粘剂	15~100
碳酸钙	20~200
滑石粉	20~200
氧化锌	5~20
炭黑	0.5~20
防老剂	0.5~5
硫化剂	0.1~4
促进剂	0.1~10

3.4.3 乙丙自粘性绝缘带

乙丙自粘性绝缘带以乙丙橡胶和聚异丁烯为基础组分构成，是为适应35kV和更高电压级（至154kV）的交联聚乙烯（XLPE）绝缘电缆的需要而发展起来的一个品种，国内牌号有J30和J50自粘性绝缘带，国内电缆线路已经在大量使用的牌号有Scotch23号带，日本也具有代表性的乙丙自粘性绝缘带。

由于乙丙自粘性绝缘带用在超高压XLPE绝缘电缆接头之中作为主绝缘材料，因此，该品种自粘带除了必须具有自粘带的基本特性外，还要求具有特别优异的电绝缘特性、耐老化性能、耐电晕性能等，使之能满足超高压XLPE绝缘电缆所要求的工作电压等级（达到154kV）和工作温度等级（长期允许工作温度为90℃）。

乙丙自粘性绝缘带以能在超高压绝缘电缆中用作绝缘的乙丙橡胶作为基础组成，其在工作温度和工作电压上都能与相应的XLPE绝缘电缆相配合。而且由于乙丙橡胶的耐电晕性能比XLPE绝缘电缆高2~3个数量级，因此更可保证在超高压电气绝缘场所中的使用性能。

国产J30和J50自粘性绝缘带的技术性能见表10-3-16，表中所列性能指标是参照美国材料协会标准制定的，所列基本性能项目的要求一般不低于ASTM D 3391的规定（指J50带）。按照ASTM D 3391—86的使用范围，满足该标准要求的自粘带适用于工作电压138kV及以下，长期允许工作温度90℃，紧急过载温度达130℃，短路温度达250℃的固体绝缘电缆接头的主绝缘，同时也可应用于其他相同要求的高压绝缘场所。

表 10-3-16 乙丙自粘性绝缘带的技术性能

项目			单位	指标		
				J30	J50	ASTM D 3391
厚度			mm	0.6±0.05	0.3,0.5	0.3,0.5,0.7
抗拉强度		≥	MPa	1.7	1.7	1.7
伸长率		≥	%	500	700	700
21℃×7天老化后	抗拉强度保留率	≥	%	80	80	—
	伸长率保留率	≥	%	80	80	—
介电强度		≥	MV/m	28	35	28
体积电阻率		≥	Ω·m	10^{13}	10^{14}	10^{13}
相对介电系数		≤		3.5	3.0	3.5
$\tan\delta$		≤		0.01	0.008	0.01
自粘性				通过	通过	通过
耐应力龟裂(热冲击型,不龟裂,130℃×7天,无气泡)				通过	通过	通过
耐紫外光照射(1500h,不龟裂)				通过	通过	通过
耐臭氧(伸长100%,24h,臭氧浓度为0.020%~0.025%)				通过	通过	通过
长期允许工作温度		≤	℃	90	90	90
允许工作电压		≤	kV	35	138	138

3.4.4 半导电自粘带

半导电自粘带的主要特点是电阻系数很低，要求不超过10^3Ω·m，它在6~35kV电缆接头和终端中起调整电场分布的作用，可抑制场强局部集中。

半导电自粘带一般是在橡胶类弹性体中配合大量的导电炭黑，并辅以其他相应的组分而形成自粘的特性。国内生产的品种有以丁基橡胶为基础组成的丁基半导电自粘带（用于10kV及以下电缆接头和终端）和以乙丙橡胶为基础组成的乙丙半导电自粘带BDD-50（用于110kV及以下电缆接头和终端）。其技术性能见表10-3-17。

表 10-3-17 半导电自粘带的技术性能

项目		单位	指标	
			丁基半导电自粘带	乙丙半导电自粘带
厚度		mm	0.7±0.1	0.6±0.05
抗拉强度	≥	MPa	1.0	1.3
伸长率	≥	%	500	500
体积电阻率(23℃)	≤	Ω·m	5×10^2	10^2
耐应力开裂(热冲击浸,150℃)			合格	合格
耐臭氧(伸长75%,24h,臭氧浓度为0.020%~0.025%)				合格
工作温度	≤	℃	80	90
允许工作电压	≤	kV	8.7/10	110

3.4.5 电应力控制带

电应力控制带用于3~20kV电缆终端，由于带子自身材料具有独特的电性能参数——特别大的介电系数和适中的体积电阻率，因而只要在电缆终端形成一定长度的管状，就可以明显改善电缆终端的电场局部集中现象，而不再需要借助应力锥的作用。因此，它是一种可以显著简化电缆终端结构，简化制作程序，节约成本和工时的材料。

电应力控制带是在适当的高分子主体组分中（满足自粘带性能基本要求），配合大量能调整体系的介电系数和体积电阻率的特种组分而构成的。

国内生产的电应力控制带品种有YK—30应力控制带，美国生产的Scotch 2220带也属于这种类型的自粘带，两者的性能相近，应用范围也相近。电应力控制带的技术性能见表10-3-18。

YK—30应力控制带由于电阻率较低，介电系数、介质损耗较大，应用于35kV电压等级的固体绝缘电缆终端和接头时，易产生发热现象，致使终端和接头温度比使用半导电材料来控制电场分布的接头和终端高出许多，所以，它只适合在35kV以下电缆终端中使用。Scotch 2220带的适应范围也一样。

3.4.6 自粘性丁基阻燃带

自粘性丁基阻燃带以丁基橡胶为基础组分，配合多种阻燃剂制成，它适用于10kV及以下固体挤

表 10-3-18 电应力控制带的技术性能

项目		单位	指标	
			YK—30	Scotch 2220
体积电阻率(23℃)	DC100V/mm	Ω·m	$10^9 \sim 10^{11}$	3×10^{11}
	DC1000V/mm	Ω·m	$10^7 \sim 10^9$	5×10^{10}
相对介电系数 ≥			20	25
tanδ ≤			0.15	0.05
自粘性			合格	合格
耐应力开裂(热冲击型,150℃)			通过	通过

出绝缘电缆的户内外终端应力锥的制作和电缆的阻燃防护层，也可以用于3.6/6kV及以下电缆接头的绝缘。当应用于10kV及以下固体挤出绝缘电缆的户内外终端应力锥时，可以显著提高终端头的使用寿命，其中所用的阻燃剂含有少量的卤素。自粘性丁基阻燃带的基本性能要求见表10-3-19。

表 10-3-19 自粘性丁基阻燃带的技术性能

项目			单位	指标
抗拉强度		≥	MPa	1.0
伸长率		≥	%	400
100℃×7天老化后	抗拉强度保留率	≥	%	60
	伸长率保留率	≥	%	60
介电强度		≥	MV/m	18
体积电阻率		≥	Ω·m	10^{12}
自粘性				合格
耐应力开裂(热冲击型,120℃)				合格
氧指数		≥		30
阻燃等级				UL-V_0 级

3.4.7 自粘性乙丙无卤阻燃带

自粘性乙丙无卤阻燃带以乙丙橡胶为基础，配合憎水性无卤阻燃剂、电性稳定剂、硫化剂等成分组成，它具有良好的电绝缘性能和低烟低毒阻燃特性，适用于10kV及以下固体挤出绝缘电缆的接头和终端以及电缆的阻燃防护层，特别是要求无卤阻燃的场所。自粘性乙丙无卤阻燃带的技术性能要求见表10-3-20。

3.4.8 自粘性抗电碳痕带

自粘性抗电碳痕带以耐电碳痕性能优异的EVA橡胶或硅橡胶为基础组分，配合特种填料和电性稳定剂、硫化剂制成。它具有良好的抗电碳痕特性（比PVC高出3个数量级）和户外耐气候性，适用于8.7/10kV以下固体挤出绝缘电缆的终端外保护层（当终端头应用于污秽环境时）。

表 10-3-20 自粘性乙丙无卤阻燃带的技术性能

项目			单位	指标
抗拉强度		≥	MPa	1.7
伸长率		≥	%	400
100℃×7天老化后	抗拉强度保留率	≥	%	80
	伸长率保留率	≥	%	80
介电强度		≥	MV/m	22
体积电阻率		≥	Ω·m	10^{12}
自粘性				合格
耐应力开裂(热冲击型,150℃)				合格
氧指数		≥		30
烟密度 D_m		≤		150
卤素含量				0
阻燃等级				UL-V0 级

表10-3-21中列出了自粘性抗电碳痕带的技术性能，该种带子由于使用在污秽环境中作为外保护用，所以，带子的一面（绕包时处于外表面）必须有抗静电能力，以便减少尘埃的粘附。

表 10-3-21 自粘性抗电碳痕带的技术性能

项目		单位	指标
抗拉强度	≥	MPa	2.5
伸长率	≥	%	400
介电强度	≥	MV/m	18
体积电阻率	≥	Ω·m	10^{12}
自粘性			合格
耐应力开裂(热冲击型,120℃)			合格
耐紫外光照射(1500h)			无异常
盐雾试验(1000h)			无异常

3.4.9 自粘性硅橡胶带

自粘性硅橡胶带是一种为满足耐高温（正常工作温度为180℃）及耐高粘度矿物油的需要而设计制造的自粘带，也适应于10kV及以下电缆终端有耐污秽要求的场所，还可以用于10kV油纸绝缘电缆与XLPE绝缘电缆过渡连接的接头，起到辅助绝缘和隔油密封的作用。

硅橡胶自粘带选用特种硅橡胶作为基料，配合特殊增粘剂和防老剂，经高温硫化而成，所有配合剂均不含碳-碳键组分。因此，它具有优异的耐高温特性，高温（500℃以上）分解后的残余物不含有碳是其不同于其他种类自粘带的另一特点，从而使之具有突出的耐电碳痕特性。

国产硅橡胶自粘带的技术性能见表10-3-22，从表中可以看出，该产品既有好的力学性能，又有良好的自粘性和电气性能，是国外同类产品（如

3M公司的Scotch 70号带）很好的替代品。

表 10-3-22　硅橡胶自粘带的技术性能

项　目		单位	指标
抗拉强度	≥	MPa	4.8
伸长率	≥	%	920
介电强度	≥	MV/m	26
体积电阻率	≥	Ω·m	1.5×10^{13}
自粘性			合格
耐热性(200℃×7天)			无异常
耐应力开裂(250℃,热冲击型)			合格
耐电碳痕指数(斜板法)			3.5级

3.5　半导电带

3.5.1　半导电尼龙带

半导电尼龙带由尼龙基纤维双面涂覆具有均匀电特性的半导电化合物而成，它具有较高的强度和半导电性能。其主要应用于中高压电力电缆的导体屏蔽内部，起到屏蔽和均匀电场作用。半导电尼龙带的产品基本代号为BNLD。国产半导电尼龙带的技术性能见表10-3-23。

表 10-3-23　国产半导电尼龙带的技术性能

项目	单位	BNLD10	BNLD12	BNLD14	BNLD16	测试方法
厚度	mm	0.10±0.02	0.12±0.02	0.14±0.02	0.16±0.02	ISO 9073-2—1995
单重	g/m²	80±10	100±10	110±10	135±10	ISO 9073-1—1989
抗张强度	N/cm	≥100	≥120	≥140	≥160	ISO 9073-3—1989
伸长率	%	≥20	≥20	≥20	≥20	ISO 9073-3—1989
表面电阻率	Ω	<1000	<1000	<1000	<1000	DIN/IEC 60167—1993
体积电阻率	Ω·cm	$<1\times10^5$	$<1\times10^5$	$<1\times10^5$	$<1\times10^5$	DIN 54345—1992
短期稳定性	℃	230	230	230	230	—
长期稳定性	℃	145	145	145	145	IEC 60216—2005

3.5.2　半导电涤纶带

半导电涤纶（POLYESTER）带，又称特多龙（TETRON）带，它主要由聚酯织物和半导电化合物组成，具有极高的强度，特别适用于高压、超高压电缆分割导体的屏蔽、绑扎和隔离。半导电涤纶带的产品基本代号为BTLD，其技术性能见表10-3-24。

3.5.3　半导电阻水带

半导电阻水带由聚酯无纺布、半导电粘合剂、高速膨胀吸水树脂组成，主要用于防水型中、高、超高压电力电缆及其他有屏蔽要求的控制、通信、信号和仪器仪表电缆的半导电阻水层。半导电阻水带的产品基本代号为BZSD，其技术性能见表10-3-25。

3.5.4　半导电缓冲阻水带

半导电缓冲阻水带由半导电聚酯膨松材料、半导电粘合剂、高速膨胀吸水树脂构成，其主要用于电力电缆金属护套内，起屏蔽、缓冲和阻水作用。半导电缓冲阻水带的产品基本代号为BHZD，其技术性能见表10-3-26。

3.5.5　半导电布带

半导电布带由涤棉织物、半导电粘合剂构成，其主要用于电缆各部件之间起屏蔽和绑扎作用。半导电布带的产品基本代号为BD，其技术性能见表10-3-27。

表 10-3-24　半导电涤纶带的技术性能

项目	单位	BTLD18	BTLD20	BTLD24	测试方法
厚度	mm	0.18±0.03	0.20±0.03	0.24±0.03	ISO 9073-2—1995
单重	g/m²	150±20	170±20	180±20	ISO 9073-1—1989
抗张强度	N/cm	≥220	≥230	≥300	ISO 9073-3—1989
伸长率	%	≥20	≥20	≥20	ISO 9073-3—1989
表面电阻率	Ω	<1000	<1000	<1000	DIN/IEC 60167—1993
体积电阻率	Ω·cm	$<1\times10^5$	$<1\times10^5$	$<1\times10^5$	DIN 54345—1992
瞬间稳定性	℃	230	230	230	—
长期稳定性	℃	145	145	145	IEC 60216—2005

表 10-3-25 半导电阻水带的技术性能

项目	单位	BZSD30	BZSD40	BZSD50	BZSD60	测试方法
厚度	mm	0.30±0.03	0.40±0.03	0.50±0.03	0.60±0.03	ISO 9073-2—1995
单重	g/m^2	120±10	150±10	170±10	190±20	ISO 9073-1—1989
抗张强度	N/cm	≥30	≥40	≥50	≥60	ISO 9073-3—1989
伸长率	%	≥12	≥12	≥12	≥12	ISO 9073-3—1989
膨胀速度	mm/min	≥8	≥10	≥10	≥8	—
膨胀高度	mm	≥12	≥12	≥16	≥12	—
表面电阻率	Ω	<1500	<1500	<1500	<1500	DIN/IEC 60167—1993
体积电阻率	Ω·cm	$<1\times10^5$	$<1\times10^5$	$<1\times10^5$	$<1\times10^5$	DIN 54345—1992
瞬间稳定性	℃	230	230	230	230	—
长期稳定性	℃	90	90	90	90	IEC 60216—2005
含水率	%	<9	<9	<9	<9	ISO 287—2009

表 10-3-26 半导电缓冲阻水带的技术性能

项目	单位	BHZD15	BHZD20	BHZD30	测试方法
厚度	mm	1.5±0.5	2.0±0.5	3.0±0.5	ISO 9073-2—1995
单重	g/m^2	260±40	280±40	320±40	ISO 9073-1—1989
抗张强度	N/cm	≥40	≥40	≥40	ISO 9073-3—1989
伸长率	%	≥12	≥12	≥12	ISO 9073-3—1989
膨胀速度	mm/min	≥8	≥8	≥10	—
膨胀高度	mm	≥12	≥12	≥12	—
表面电阻率	Ω	<1000	<1000	<1000	DIN/IEC 60167—1993
体积电阻率	Ω·cm	$<1\times10^5$	$<1\times10^5$	$<1\times10^5$	DIN 54345—1992
瞬间稳定性率	℃	230	230	230	—
长期稳定性率	℃	90	90	90	IEC 60216—2005
含水率	%	<9	<9	<9	ISO 287—2009

表 10-3-27 半导电布带的技术性能

项目	单位	BD25	BD30	BD35	测试方法
厚度	mm	0.25±0.02	0.30±0.02	0.35±0.03	ISO 9073-2—1995
单重	g/m^2	230±30	240±30	250±30	ISO 9073-1—1989
抗张强度	N/cm	≥100	≥100	≥100	ISO 9073-3—1989
伸长率	%	≥15	≥15	≥15	ISO 9073-3—1989
表面电阻率	Ω	<500	<500	<500	DIN/IEC 60167—1993
体积电阻率	Ω·cm	$<1\times10^5$	$<1\times10^5$	$<1\times10^5$	DIN 54345—1992
瞬间稳定性	℃	230	230	230	—
长期稳定性	℃	145	145	145	IEC 60216—2005

3.5.6 半导电无纺布带

半导电无纺布带由聚酯无纺布、半导电粘合剂构成，其主要用于电缆导体和绝缘线芯外，起屏蔽、绑扎和隔离的作用；也可用于电缆金属层下，起屏蔽作用。半导电布带的产品基本代号为BWFD，其技术性能见表10-3-28。

表 10-3-28 半导电无纺布带的技术性能

项目	单位	BWFD10	BWFD15	BWFD20	BWFD25	BWFD30	BWFD35	测试方法
厚度	mm	0.10±0.02	0.15±0.02	0.20±0.03	0.25±0.03	0.25±0.03	0.35±0.05	ISO 9073-2—1995
单重	g/m^2	40±10	50±10	60±10	70±10	80±10	90±10	ISO 9073-1—1989
抗张强度	N/cm	≥25	≥25	≥30	≥35	≥40	≥40	ISO 9073-3—1989
伸长率	%	≥12	≥12	≥12	≥12	≥12	≥12	ISO 9073-3—1989
表面电阻率	Ω	<1000	<1000	<1000	<1000	<1000	<1500	DIN/IEC 60167—1993
体积电阻率	Ω·cm	$<1\times10^5$	$<1\times10^5$	$<1\times10^5$	$<1\times10^5$	$<1\times10^5$	$<1\times10^5$	DIN 54345—1992
瞬间稳定性	℃	230	230	230	230	230	230	—
长期稳定性	℃	90	90	90	90	90	90	IEC 60216—2005

3.5.7 半导电阻燃布带

半导电阻燃布带主要用于电缆导体和绝缘线芯外，起绑扎、隔离的作用，或在电缆金属层下起屏蔽和阻燃作用。半导电阻燃布带的技术性能见表10-3-29。

3.5.8 半导电阻水型金属屏蔽阻燃编织带

半导电阻水型金属屏蔽阻燃编织带主要用于高压电缆和超高压电缆中，其主要作用为阻水、屏蔽。半导电阻水型金属屏蔽阻燃编织带的主要技术要求见表10-3-30。

3.5.9 半导电铜丝织造带

半导电铜丝织造带主要用于电缆导体和线芯的绑扎、隔离或在电缆金属层下面起垫层和屏蔽作用。半导电铜丝织造带的主要技术要求见表10-3-31。

表 10-3-29 半导电阻燃布带的技术性能

项目	厚度 /mm	单重 /(g/m^2)	抗张强度 /MPa	伸长率 (%)	表面电阻率 /Ω	体积电阻率 /(Ω·cm)	氧指数 (%)
单面阻燃	0.20±0.03	200±20	≥100	≥15	<1000	<1×10^5	>35
	0.25±0.03	240±20	≥100	≥15	<1000	<1×10^5	>35
	0.30±0.03	260±30	≥100	≥15	<1000	<1×10^5	>35
双面阻燃	0.20±0.03	240±20	≥100	≥15	<1000	<1×10^5	>35
	0.25±0.03	260±30	≥100	≥15	<1000	<1×10^5	>35
	0.30±0.03	280±30	≥100	≥15	<1000	<1×10^5	>35

表 10-3-30 半导电阻水型金属屏蔽阻燃编织带技术要求

项 目	单 位	型 号
		TF * ZBTZD60
厚度	mm	0.6±0.05
单重	g/m^2	400±30
表面电阻率	Ω	<500
体积电阻率	Ω·cm	<1×10^3
抗张强度	N/cm	>1000N/1.5cm
氧指数	%	>50%
膨胀高度	mm/3min	≥8
膨胀速度	mm/min	≥6

表 10-3-31 半导电铜丝织造带的技术要求

产品代号	厚度 /mm	单重 /(g/m^2)	抗张强度 /(N/cm)	伸长率 (%)	表面电阻率 /Ω	短期稳定性 /℃	长期稳定性 /℃
TF—TZD50	0.50±0.05	350±15	≥50	≥5	<1×10^3	250	110

3.6 金属塑料复合带

金属塑料复合带是以金属带为基材，经单面或双面复合塑料薄膜制成，用作电缆或光缆的粘接护层，起防潮、电磁屏蔽或机械保护作用。

金属塑料复合带的主要类型：以铝带为基的称为铝塑复合带，简称复合铝带；以铜带为基的称为铜塑复合带，简称复合铜带；以铅带为基的称为铅塑复合带，简称复合铅带；以钢带为基的称为钢塑复合带，简称复合钢带。另外，还有半导电阻水型金属屏蔽阻燃编织带、半导电铜丝织造带等。

3.6.1 铝塑复合带

铝塑复合带以铝带为基材，单面或双面层合塑料薄膜制成。常用的塑料为聚烯烃，如聚乙烯（PE）、乙烯-甲基丙烯酸共聚物（EMAA）、乙烯-丙烯酸共聚物（EAA）等。双面复贴薄膜的型号为

SLS，单面复贴薄膜的型号为SL。

铝塑复合带采用纵包的方法并与挤包的聚乙烯护套构成电缆或光缆的粘接护层，起防潮和屏蔽的作用，用途广泛。

铝塑复合带用铝带应为GB/T 3880.1—2012规定的工业纯铝带，采用牌号为1070A、1060、1050A，状态为M，厚度偏差不大于±8%。聚乙烯型复合带塑料层应采用符合GB/T 11115—2009规定的低密度聚乙烯树脂制成，共聚物型复合带的塑料层采用乙烯-丙烯酸共聚物（EAA）、乙烯-甲基丙烯酸共聚物（EMAA）等制成。

复合带表面应平整、光滑、均匀、无杂质、无折皱、无花斑以及无其他机械损伤缺陷。分切后的复合带侧边应平整，侧边平面度误差不大于2mm，并且端面应无卷边、缺口、毛刺和其他机械损伤，拉出时，边缘应无明显的波浪形（俗称荷叶边）。铝塑复合带的主要技术指标见表10-3-32和表10-3-33。

表10-3-32 铝塑复合带的尺寸及偏差

金属带的标称厚度及偏差/mm	复合带的标称厚度及偏差/mm	塑料层的标称厚度及偏差/mm
0.15±0.01	0.25±0.01	0.05±0.005
0.20±0.01	0.30±0.01	

3.6.2 铜塑复合带

铜塑复合带以铜带为基材，单面或双面层合塑料薄膜制成。铜塑复合带用铜带应符合GB/T 20510—2008的规定，铜带牌号宜选用T2、TU1、TU2、TP1，状态为M。常见的铜塑复合带有共聚物型单面铜塑复合带（ET）、共聚物型双面铜塑复合带（ETE）、聚乙烯型单面铜塑复合带（YT）、聚乙烯型双面铜塑复合带（YTY）。铜塑复合带应符合YD/T 723.4—2007的要求，其技术要求见表10-3-34。

表10-3-33 铝塑复合带的技术要求

项目	单位	指标	试验方法
抗张强度	MPa	≥65	GB/T 228.1—2010
断裂伸长率	%	≥20	GB/T 228.1—2010
金属带与塑料膜剥离强度	N/cm	≥6.13	GB 8808—1988
铝塑复合带的热合区剪切强度		铝塑复合带拉断或塑料层与金属带之间的粘接先产生破坏，而塑料层之间的热合区不应产生剪切破坏	YD/T 723.1—2007
铝塑复合带的热合强度	N/cm	≥17.5	YD/T 723.1—2007
耐水性(68℃±1℃,168h)剥离强度	N/cm	≥6.13	YD/T 723.1—2007
耐填充复合物性(68℃±1℃,168h)		金属带与塑料膜间不分层、不起泡	YD/T 723.1—2007
耐蚀性(0.1mol/L,NaOH,480h)		≥7级	YD/T 723.1—2007
介电强度(DC 2kV,1min)		不击穿	GB/T 1408.1—2006

表10-3-34 铜塑复合带的技术要求

项目		单位	指标
厚度及偏差	单面型	mm	0.16±0.021,0.21±0.025,0.26±0.029
	双面型	mm	0.22±0.034,0.27±0.038,0.32±0.042
抗张强度		MPa	≥180
断裂伸长率		%	≥15
剥离强度		N/cm	铜带与塑料层间剥离强度 ≥5
剪切强度			铜带拉断或塑料层与铜带之间的粘接产生破坏时，塑料层之间的热合区应未产生剪切破坏
热合强度		N/cm	≥17.5
耐水性(68℃±1℃,168h)		N/cm	铜带与塑料层间的剥离强度 ≥5N/cm
耐填充复合物性(68℃±1℃,168h)			铜带与塑料膜间不分层
耐蚀性(0.1mol/L,HCl,148h)			≥7级
电导率			≥90%IACS
介电强度	单面铜塑复合带		DC 1kV,1min不击穿
	双面铜塑复合带		DC 2kV,1min不击穿

3.6.3 钢塑复合带

钢塑复合带以镀锡钢带或镀铬钢带为基材，单面或双面层合聚烯烃，如聚乙烯或乙烯丙烯酸共聚物（EAA）薄膜构成。其型号为 SGS（双面）或 SG（单面）。

钢塑复合带应采用等厚电镀锡或电镀铬钢带。电镀钢带的基带应采用冷轧钢带，其抗张强度应在 300~420MPa 之间，断裂伸长率应不小于 20%，洛氏硬度为 HR30T57±3，厚度偏差为±0.01mm，冷轧钢带的化学成分应符合 GB/T 699—2015 中钢号代号为 08F、08Al 的规定。镀锡钢带的最小镀锡量应不小于 10.5g/m^2，标称镀锡量为 11.2g/m^2；镀铬钢带最小镀铬量应不小于 0.08g/m^2，最大镀铬量应不大于 0.34g/m^2。

聚乙烯型钢塑复合带塑料层应采用符合 GB/T 11115—2009 规定的低密度聚乙烯树脂制成，共聚物型复合带的塑料层采用乙烯-丙烯酸共聚物（EAA）、乙烯-甲基丙烯酸共聚物（EMAA）等制成。

YG、YGY、YB、YBY 型钢塑复合带的塑料层用低密度聚乙烯树脂制成。

钢塑复合带的钢带厚度一般有 0.15mm 和 0.20mm 两种。塑膜厚度通常为 0.058mm。

复合带表面应平整、光滑、均匀、无杂质、无折皱、无花斑以及无其他机械损伤缺陷。分切后的复合带侧边应平整，侧边平面度误差不大于 2mm，并且端面应无卷边、缺口、毛刺和其他机械损伤，拉出时，边缘应无明显的波浪形。

钢塑复合带采用纵包方法并与挤包的聚乙烯护套构成电缆或光缆的整体粘接护层，起防潮、屏蔽和铠装机械保护的作用。为改善其弯曲性能，可轧纹。

钢塑复合带的规格和技术要求见表 10-3-35、表 10-3-36。

表 10-3-35 钢塑复合带的尺寸及偏差

金属带的标称厚度及偏差/mm	复合带的标称厚度及偏差/mm	塑料层的标称厚度及偏差/mm
0.15±0.01	0.25±0.01	0.05±0.005
0.20±0.01	0.30±0.01	

表 10-3-36 钢塑复合带的技术要求

项目	单位	指标	试验方法
抗张强度	MPa	≥300	GB/T 228.1—2010
断裂伸长率	%	≥15	GB/T 228.1—2010
钢塑带与塑料膜剥离强度	N/cm	≥6.13	GB/T 8808—1988
钢塑复合带的热合区剪切强度	—	金属复合带拉断或塑料层与金属带之间的粘接先产生破坏，而塑料层之间的热合区不应产生剪切破坏	YD/T 723.1—2007
钢塑复合带的热合强度	N/cm	≥17.5	YD/T 723.1—2007
耐水性(68℃±1℃,168h)剥离强度	N/cm	≥6.13	YD/T 723.1—2007
耐填充复合物性(68±1℃,168h)	—	钢带与塑料膜间不分层、不起泡	YD/T 723.1—2007
抗腐蚀性(0.1mol/L, HCl 480h)	—	≥7 级	YD/T 723.1—2007
介电强度(DC 2kV,1min)	—	不击穿	GB/T 1408.1—2006

3.6.4 铅塑复合带

铅塑复合带以铅带为基材，单面或双面层压塑料薄膜制成。常用铅带的厚度为 0.05mm，常用塑料为聚乙烯（PE）、半导电聚乙烯（SCPE）或乙烯丙烯酸共聚物（EAA），厚度为 0.05~0.1mm。铅塑复合带比铝塑复合带耐腐蚀和耐弯曲，用于纵包制作粘接护层。

铅-聚乙烯带的力学性能见表 10-3-37。

表 10-3-37 铅-聚乙烯带的力学性能

复合带	厚度/μm	抗拉强度/MPa	伸长率(%)	弯曲次数/次
Pb/PE	50/50	10.0	23	>15
Pb/PE/Pb	50/50/50	11.1	>200	>5000
SCPE/Pb/SCPE	50/50/50	20.0	>200	>5000
Al	50	18.1	12.5	134

3.7 防火包带

防火包带分两类：耐火包带，它除具有阻燃性外，还具耐火性，即在火焰直接燃烧下，能保持电绝缘性，用于制作耐火电线电缆的耐火绝缘层，如耐火云母带；阻燃包带，具有阻止火焰蔓延的性能，但在火焰中可能被烧坏或不具绝缘性，用做电线电缆的绕包层，以提高其阻燃性能，如玻璃丝带、石棉带或添加阻燃剂的高聚物带、阻燃玻璃丝带、阻燃布带等。

3.7.1 耐火云母带

耐火云母带是用有机硅粘接剂在白云母纸、金云母纸或合成云母纸的一面或两面上粘接电工用无碱玻璃丝布以增加强度，再经烘焙分切而成，主要用做耐火电线电缆的耐火绝缘层。

构成耐火云母带的材料是云母纸、粘接剂和玻璃丝布。其中，云母纸是真正起电绝缘及耐火作用的材料，由云母粉用水胀法工艺抄制而成。天然云母是一种具有片状结构的铝-硅酸盐矿物质。电气工业中使用云母的主要有两种：金云母和白云母。它们具有相同的晶体结构，不同之处仅在于化学组成：金云母为 $KMg_3(AlSi_3O_{10})(OH)_2$；白云母为 $KAl_2(A1Si_3O_{10})(OH)$，表10-3-38中所列为金云母和白云母的特性。

白云母在常温下有很好的电气绝缘性能，但在高温情况下则不如金云母。而合成云母如氟金云母的化学成分为 $KMg_3(AlSi_3O_{10})F_2$，它不含结晶水，熔点达1375℃，且耐高温性能更好。因此，用金云母或合成云母抄制的云母纸，或用金云母与合成云母混抄的云母纸适合用做耐火云母带。

表10-3-38 天然云母的特性

云母种类		单 位	金 云 母	白 云 母
密度		g/cm^3	2.6~3.2	2.6~3.1
硬度(莫氏)			2.5~2.8	2.8~3.2
熔点		℃	1200~1300	1200~1300
煅烧温度(起始)		℃	750~900	550~650
热导率		W/(K·m)	0.4	0.3~0.8
相对介电系数			5~6	5~8
击穿电压		kV/mm	100~170	150~230
电阻率	23℃时	Ω·cm	10^{14}	$10^{16}\sim10^{17}$
	500℃时	Ω·cm	10^{10}	$10^{8}\sim10^{10}$
介质损耗(23℃)			10~3	10~4

天然云母的标记（型号）用G××/M(或P)××/R××表示。G为玻璃，M为白云母，P为金云母，R为树脂，××为数字，表示相应的数量（g/m^2）。如果用塑料薄膜增强，则G改为F，其后数字为薄膜厚度（μm）。例如，G32/P120/R23为玻璃丝$32g/m^2$、金云母$120g/m^2$、树脂$23g/m^2$，该云母带的定量标称值为$175g/m^2$；F23/P90/R16为薄膜厚度23μm（定量$34g/m^2$）、金云母$90g/m^2$、树脂$16g/m^2$，该云母带的定量标称值为$140g/m^2$。

表10-3-39中所列为国际电工委员会（IEC）标准对耐火云母带的要求。

此外，我国有关技术条件还规定了耐火云母带在常温下和高温下必须达到的电气性能：在常温下（20℃），体积电阻率应不小于1010Ω·m，工频击穿电压不小于16MV/m；在高温800℃下，耐工频lkV电压90min不击穿、绝缘电阻不小于1MΩ。如要达到耐火A类（950~1000）℃，则要求在该温度下90min耐工频1kV不击穿、绝缘电阻不小于0.4MΩ。耐火云母带的接头强度应不低于带基的70%。

耐火云母带应可自由地从盘上绕下，不得有粘连、分层、云母纸破裂、玻璃布抽丝和散盘等情况发生。

耐火云母带自生产之日起储存期为6个月。

表10-3-39 IEC标准对耐火云母的特性

名 称	单 位	要 求
表面状况		均匀，无气泡、小孔、皱纹和裂痕等缺陷
厚度	mm	0.05~0.15，多种规格
组成		“玻璃/云母/树脂”或“薄膜/云母/树脂”，共30种规格
挥发物含量		最大1.0
宽度	mm	无要求；优选6,8,10,12,15,20,25,30,40,50
宽度公差	mm	宽度≤20mm时为±0.5；宽度>20mm时为±1.0
长度	m	250,500,750
心轴尺寸	mm	内孔径76
抗拉强度	N/10mm	玻璃含量为$23g/m^2$时，最小为80；玻璃含量为$32g/m^2$时，最小为140
接头数		长度≤300m允许1个，带接头卷数量不超过供货量的25%

3.7.2 阻燃氯丁橡皮带

阻燃氯丁橡皮带以氯丁橡胶为基添加含卤阻燃剂，经压延、硫化制成。其机械强度高，阻燃性能好，用做普通电缆的外部包覆时具有阻燃性，但该带不具有自粘性，不能用于密封。阻燃氯丁橡皮带的技术性能见表10-3-40。

表 10-3-40 阻燃氯丁橡皮带的技术性能

项 目		单位	指标
抗拉强度 ≥		MPa	7.0
伸长率 ≥		%	300
热老化(100℃×7天)	抗拉强度保留率≥	%	60
	伸长率保留率 ≥	%	60
氧指数 ≥		%	45

3.7.3 低烟无卤高阻燃带

低烟无卤高阻燃带用加强型涤纶纱做纵向经纱和用玻璃纤维纱做横向纬纱，其结构为：加强型经纱50~100根/cm，纬纱35~40根/cm。低烟无卤高阻燃带除了具有高阻燃、无卤、低烟特点外，还具有很好的伸长性、柔软性、超薄性。其主要用于阻燃、无卤、隔火（氧）层阻燃型电缆中。低烟无卤高阻燃带的技术要求见表10-3-41。

表 10-3-41 低烟无卤高阻燃带的技术要求

项目		单位	指 标	
			WLZRD10	WLZRD20
厚度		mm	0.10±0.03	0.2±0.03
单重		g/m²	120±20	200±20
抗张强度		N/2.5cm	>500	>500
氧指数		%	>70	>70
温度指数		℃	>450	>450
烟密度			<150	<150
燃放出的腐蚀气体	水溶液pH值		≥4.3	≥4.3
	水溶液电导率	μS/mm	≤4.0	≤4.0

3.7.4 薄型阻燃带

薄型阻燃带主要应用于阻燃矿物用电缆、船用电缆、耐高温阻燃电缆及其他要求柔软的阻燃电缆中，它具有较好的柔软度、抗张强度和良好的阻燃性能，特别适用于小截面阻燃电缆及柔软度要求高的阻燃电缆。薄型阻燃带的技术要求见表10-3-42。

表 10-3-42 薄型阻燃带的技术要求

性能	单位	规格
外观		白色、表面光滑、无杂质、无破损
厚度	mm	0.08±0.02
单重	g/m²	80±5
宽度	mm	±0.01
抗张强度	N/cm	>60
伸长率	%	>15
氧指数	%	>30
短期稳定性	℃	230
熔点	℃	260

3.8 其他包带

3.8.1 沥青醇酸漆布带

沥青醇酸漆布带由无碱玻璃丝布浸渍沥青醇酸树脂漆后经烘干制成，它具有优异的耐高粘度矿物油性能，适用于35kV及以下浸渍纸绝缘电缆接头和终端的绝缘。沥青醇酸漆布带的技术性能见表10-3-43。

表 10-3-43 沥青醇酸漆布带的技术性能

项 目		单位	指 标
厚度		mm	0.15±0.02
抗拉强度 ≥		N/15mm	80
伸长率 ≥		%	10
体积电阻率	(20℃) ≥	Ω·m	10^{10}
	(130℃) ≥	Ω·m	10^{7}
相对介电系数(20℃)			4
介电强度	(20℃) ≥	MV/m	50
	(130℃) ≥	MV/m	20
tanδ(20℃) ≤			0.035
耐油性（低压电缆油中，105℃×48h）			漆层不发粘，不脱落
吸水率(20℃×24h) ≤		%	0.03

3.8.2 交联聚乙烯带（XLPE带）

XLPE带由低密度聚乙烯（LDPE）薄膜经电子辐照或过氧化物交联后，再经30%~40%的定向拉伸并分切而制成。其交联度（凝胶含量）一般在50%~70%之间，用做35kV及以上XLPE绝缘电缆接头的主绝缘材料，具有电气性能优异、机械强度高和接头结构尺寸小等优点。但XLPE带的静电吸尘作用强烈，对操作环境的清洁程度要求苛刻，且施工工艺复杂、所需时间长，其耐局部放电能力也不如乙丙自粘性绝缘带。交联聚乙烯带的技术性能见表10-3-44。

表 10-3-44 交联聚乙烯带的技术性能

项 目	单位	指 标
厚度	mm	0.10±0.02
抗拉强度 ≥	MPa	18
伸长率 ≥	%	450
介电强度 ≥	MV/m	100
体积电阻率 ≥	Ω·m	10^{14}
相对介电系数 ≤	—	2.35
tanδ ≤	—	0.0005
凝胶率 ≥	%	50

3.8.3 吸水膨胀带（阻水带）

吸水膨胀带由高吸水性材料与无纺布带构成，常用高吸水材料有羧甲基纤维素、乙烯醇-丙烯酸共聚物和聚丙烯酸钠的交联物等。这些材料的分子内含有大量的亲水基团，与水短时间接触就会吸水膨胀，可以吸收与自重成百倍甚至千倍的水，且有极好的保水性，在无挤压的情况下，饱和吸水的高吸水材料在20℃时需150~200h才能脱去大部分水，即使在挤压的情况下，也只能释放少量的水分。用加热的方法把高吸水材料粘在聚酯无纺布上或直接把高吸水材料粉末夹在两层无纺布间，即可制得吸水膨胀带。

吸水膨胀带包在电缆缆芯与护套之间，一旦护套损坏进水，由于高吸水材料在很短时间内吸水而迅速膨胀，堵住缺口和电缆结构中的空隙，从而防止了水分沿电缆纵向扩散。吸水膨胀带也可制成半导电带，用于XLPE绝缘高压电缆的屏蔽。

表10-3-45中所列为国外一种吸水膨胀带的典型性能，表10-3-46中所列为国内产品吸水膨胀带的技术性能。

表10-3-45 吸水膨胀带的技术性能

项 目	单位	性 能
厚度	mm	0.23
单重	g/m²	175
抗拉强度	N/50mm	270(横向),45(纵向)
膨胀高度(蒸馏水中)	mm	6.5(1min),7.0(2min),8.0(5min)
热稳定性		225(短期),140(长期)
电导率(0.5%溶液)	μS/cm	100~200
pH值(0.8%溶液)		7.8
热导率	W/(m·K)	0.032

表10-3-46 阻水带性能

项目	单 位	ZD	ZDF	WZD-20	NCWS-25
单重	g/m²	70	130	80	80
厚度	mm	0.15	0.30	0.20	0.25
抗拉强度	N/cm	>40	>40	>40	>30
伸长率	%	>12	>12	>15	>12
膨胀速度(5min)	mm	≥8	≥18	≥12	≥12

注：该阻水带膨胀材料为合成材料，生成凝胶可耐90℃热循环。

3.8.4 新型聚酯薄型无纺布带

新型聚酯薄型无纺布带采用100%耐高温涤纶纤维，经浸渍粘接、烘干、压制成形，纤维经充分梳理粘接，具有纵向强度高、厚度小、克重轻、拉伸好、耐高温，专用于电缆、电气绝缘捆扎、绕包。

新型聚酯薄型无纺布带的主要性能指标见表10-3-47。

3.8.5 高温分色带

高温分色带主要用于电力电缆、温水交联电缆中，起到绝缘线芯分色、识别作用。

高温分色带的主要技术要求见表10-3-48。

3.8.6 耐高温塑化绝缘纸带

耐高温塑化绝缘纸带用耐高温纯涤纶精制加工而成，具有耐高温、厚度薄等特点。用于小截面电力电缆、矿用电缆及柔软电缆绝缘内纵包或绕包。

耐高温塑化绝缘纸带的主要性能见表10-3-49。

表10-3-47 新型聚酯薄型无纺布带的主要性能指标

项目	单位	WD-1-20	WD-1-30	WD-1-40	WD-1-50	WD-1-60	WD-1-70
厚度	mm	0.08±0.02	0.10±0.02	0.12±0.02	0.14±0.02	0.16±0.02	0.16±0.02
单重	g/m²	20±4	30±4	40±4	50±4	60±4	70±4
抗张强度	MPa	≥20	≥30	≥30	≥30	≥30	≥35
拉伸率	%	≥12	≥12	≥12	≥12	≥12	≥12
短期稳定性	℃	230	230	230	230	230	230
长期稳定性	℃	90	90	90	90	90	90
含水率	%	≤5	≤5	≤5	≤5	≤5	≤5

表 10-3-48 高温分色带的主要技术要求

项目	单位	指标
厚度及偏差	mm	0.025±0.01、0.03±0.01、0.04±0.01、0.05±0.01
宽度及偏差	mm	2.5±0.5、3.0±0.5、4.0±0.5、4.5±0.5、7.0±0.5
拉伸强度(纵向)	MPa	≥20
断裂伸长率(纵向)	%	≥15
热收缩率	%	≤10
耐温	℃	160~260
颜色	—	红、兰、黄、绿、黑、白、桔、橙、棕、紫

表 10-3-49 耐高温塑化绝缘纸带的主要性能

项目	厚度 /mm	单重 /(g/m^2)	抗张强度 /MPa	伸长率 (%)	熔点 /℃	长期稳定性 /℃
H-WD1	0.03±0.01	23±3	>15	≥5	>256	180
H-WD2	0.05±0.01	40±3	>20	≥6	>256	180
H-WD3	0.06±0.01	60±5	>25	≥7	>256	180
H-WD4	0.07±0.01	70±5	>30	≥8	>256	180

3.8.7 PETD 绕包带

PETD 绕包带专门用于钢带铠装电缆内，起代替内护层的作用。它是用耐高温海绵布与 PET 薄膜粘合而成的，具有克重轻、柔软、耐高温（熔点为260℃）、绝缘性强（8kV/5min 不击穿）、防水等特点。

3.8.8 聚酰亚胺薄膜（PI 膜）

1. 聚酰亚胺薄膜（Polyimide Film）概述

聚酰亚胺是目前已经工业化的高分子材料中耐热性最好的品种，已作为薄膜、涂料、塑料、复合材料、胶粘剂、泡沫塑料、纤维、分离膜、液晶取向剂、光刻胶等在高新技术领域得到广泛的应用。我国在 20 世纪 60 年代末可以小批量生产聚酰亚胺薄膜，现在已广泛应用于航空、航海、宇宙飞船、火箭导弹、原子能、电子电气工业等各个领域。

聚酰亚胺薄膜（Polyimide Film）是世界上性能最好的薄膜类绝缘材料之一，它由均苯四甲酸二酐（PMDA）和二胺基二苯醚（DDE）在强极性溶剂中经缩聚并流延成膜再经亚胺化制成。

2. 聚酰亚胺薄膜分类

聚酰亚胺薄膜包括均苯型聚酰亚胺薄膜和联苯型聚酰亚胺薄膜两类。前者为美国杜邦公司的产品，商品名为 Kapton，由均苯四甲酸二酐与二苯醚二胺制得。后者由日本宇部兴产公司生产，商品名为 Upilex，由联苯四甲酸二酐与二苯醚二胺（R 型）或间苯二胺（S 型）制得。

3. 聚酰亚胺薄膜（PI 膜）的特性

PI 膜呈黄色、透明，相对密度为 1.39~1.45，它具有优良的耐高低温性、电气绝缘性、粘接性、耐辐射性、耐介质性，能在 -269~280℃ 的温度范围内长期使用，短时可达到 400℃ 的高温。玻璃化温度分别为 280℃（Upilex R）、385℃（Kapton）和 500℃ 以上（Upilex S）。20℃ 时拉伸强度为 200MPa，200℃ 时大于 100MPa。所以，PI 膜特别适宜用作柔性印制电路板基材和各种耐高温电动机、电气绝缘材料。

4. 聚酰亚胺的优点

（1）优异的耐热性 聚酰亚胺的分解温度一般超过 500℃，有时甚至更高，它是目前已知的有机聚合物中热稳定性最高的品种之一，这主要是因为其分子链中含有大量的芳香环。

（2）优异的力学性能 未增强的基体材料的抗张强度都在 100MPa 以上。用均酐制备的 Kapton 薄膜，其抗张强度为 170MPa，而联苯型聚酰亚胺（Upilex S）的抗张强度可达到 400MPa。聚酰亚胺纤维的弹性模量可达到 500MPa，仅次于碳纤维。

（3）良好的化学稳定性及耐湿热性 聚酰亚胺材料一般不溶于有机溶剂，其耐蚀、耐水解；改变分子设计可以得到不同结构的品种，有的品种经得起 2 个大气压、120℃、500h 的水煮。

（4）良好的耐辐射性能 聚酰亚胺薄膜在 5×109rad 剂量辐射后，强度保持率为 86%；某些聚酰亚胺纤维经 1×10^{10}rad 剂量电子辐射后，其强度保持率为 90%。

（5）良好的介电性能 聚酰亚胺材料的介电常

数小于3.5，如果在分子链上引入氟原子，则介电常数可降到2.5左右，其介电损耗为10，介电强度为100~300kV/mm，体积电阻为（10^{15}~10^{17}）Ω·cm。因此，含氟聚酰亚胺材料的合成是目前较为热门的研究领域。

上述性能在很宽的温度范围和频率范围内都是稳定的。除此之外，聚酰亚胺还具有耐低温、膨胀系数低、阻燃以及生物相容性良好等特性。聚酰亚胺具有优异的综合性能和合成化学上的多样性，可广泛应用于多种领域。

5. 聚酰亚胺薄膜（PI膜）的应用领域

被称为"黄金薄膜"的聚酰亚胺薄膜具有卓越的性能，它被广泛应用于空间技术、F和H级电动机、电气绝缘、FPC（柔性印制电路板）、PTC电热膜、TAB（压敏胶带基材）、航天、航空、计算机、电磁线、变压器、音响、手机、计算机、冶炼、采矿电子元器件工业、汽车、交通运输、原子能工业等电子电气行业。

薄膜是聚酰亚胺材料最早的商品之一，用于电动机的槽绝缘及电缆绕包材料。主要产品有杜邦公司的Kapton，日本宇部兴产的Upilex系列和钟渊的Apical。透明的聚酰亚胺薄膜可作为柔软的太阳能电池底板。

6. 薄膜的制造工艺

（1）生产方法　聚酰亚胺薄膜的生产基本上采用二步法：第一步是合成聚酰胺酸；第二步是成膜亚胺化。成膜方法主要有浸渍法（或称铝箔上胶法）、流涎法和流涎拉伸法。浸渍法设备简单、工艺简单，但薄膜表面经常粘有铝粉，薄膜长度受到限制，生产率低，此法不宜发展。流涎法设备精度高，薄膜均匀性好，表面干净平整，薄膜长度不受限制，可以连续化生产，薄膜各方面性能均不错，一般要求的薄膜均可采用此法生产。流涎拉伸法生产的薄膜，其性能有显著提高，但工艺复杂、生产条件苛刻、投资大、产品价格高，只有高质量薄膜才采用此法。

（2）流涎法的主要设备　不锈钢树脂溶液储罐、流涎嘴、流涎机、亚胺化炉、收卷机和热风系统等。

（3）制备步骤　消泡后的聚酰胺酸溶液，由不锈钢溶液储罐经管路压入前机头上的流涎嘴储槽中。钢带匀速运行，储槽中的溶液经流涎嘴前刮板带走，形成厚度均匀的液膜，然后进入烘干道干燥。洁净干燥的空气由鼓风机送入加热器预热到一定温度后进入上、下烘干道。热风流动方向与钢带运行方向相反，以便使液膜在干燥时温度逐渐升高，溶剂逐渐挥发，增加干燥效果。聚酰胺酸薄膜在钢带上随其运行一周，溶剂蒸发成为固态薄膜，从钢带上剥离下的薄膜经导向辊引向亚胺化炉。亚胺化炉一般为多辊筒形式，与流涎机速度同步的导向辊引导聚酰胺酸薄膜进入亚胺化炉，高温亚胺化后，由收卷机收卷。

7. PI膜发展趋势

PI膜按照用途分为以一般绝缘和耐热为目的的电工级，以及附有挠性等要求的电子级两大类。电工级PI膜因要求较低，国内已能大规模生产，且性能与国外产品没有明显差别；电子级PI膜是随着FCCL的发展而产生的，是PI膜最大的应用领域，其除了要保持电工类PI膜优良的物理力学性能外，对薄膜的热膨胀系数、面内各向同性（厚度均匀性）提出了更严格的要求。未来仍需进口大量的电子级PI膜，其原因是国产PI膜在性能上与进口PI膜存在一定的差距，不能满足FCCL中高端产品的要求。在预测未来市场价格方面，长期以来电子级PI膜的定价权一直由杜邦公司、钟渊公司所掌控，但是随着近年来韩国SKC和KOLON两家公司的分别加入重组，以及经济危机对电子产品外销的影响，产品价格也有所降低，但是电子级PI膜仍存在较高的利润空间。

第4章

光缆用材料

4.1 光缆用材料的种类和用途

光缆是光纤通信系统的重要组成部分，具有低衰减、高带宽、抗干扰、重量轻、节省有色金属等诸多优点，在多路通信、电视、高速数据传输等方面的应用已越来越广泛。光缆用光导纤维（简称光纤）一般可分为石英光纤、石英-塑料光纤、塑料光纤三大系列，它是光缆中传输光信号的部件。本章仅涉及光缆中的其他材料，诸如一次涂覆材料、二次被覆材料、增强材料、填充材料及护层材料等，它们均用于光纤的物理机械保护和密封等。表10-4-1中所列为光缆用材料。

表 10-4-1　光缆用材料

种类及使用材料				用　途
一次涂覆材料	底料（预涂料）	有机涂料	加热固化或紫外光固化的有机硅、丙烯酸有机硅、丙烯酸聚氨酯、丙烯酸环氧树脂等	光纤表面防机械损伤及水分、化学腐蚀的保护层
		密封涂料	铟、铝、氮氧化硅、无定型碳、碳化硅、碳化钛等	
	缓冲料		与底料类似的有机涂料，但其性能指标有所不同	机械保护，缓冲外力
光纤着色料	加有各种颜料的有机涂料 可采用紫外光固化			光缆中多纤分色识别用
光纤带涂料	可采用紫外光固化的有机涂料，如丙烯酸有机硅树脂，丙烯酸聚氨酯、丙烯酸环氧树脂等			将多根光纤粘接成带状结构，便于大芯数光缆的制造和使用
二次被覆材料	常规高分子材料：聚对苯二甲酸丁二醇酯（PBT）、聚丙烯、尼龙-12、液晶聚酯被覆材料等			光纤保护层，缓冲外力及便于成缆
增强材料	高弹性模量的高强度钢丝、纤维增强塑料（FRP）、芳纶纤维、高弹性模量的高强度玻璃纤维等			作为光缆的抗张元件以增强光缆
阻水材料	填充膏	常规填充膏	由适当的液态油类（合成油或矿物油）与相应的增稠剂、抗氧剂、吸氯剂、分散剂、阻燃剂等混合而成，填入光缆空隙，阻止水分渗透	密封、堵水、防潮
		遇水膨胀膏	在填充膏中加入适当的遇水膨胀粉混合而成，遇水或潮气时会迅速膨胀，以阻止水分渗透	
		受热膨胀膏	填充膏中含有可扩张空芯微球，受热时产生可控而不可逆的膨胀	
	热熔胶		由适当熔点和软化点的高分子材料组成，在光缆制造过程中，热熔胶被加热呈流体填入光缆间隙，冷却后呈弹性体起到粘接或堵水作用，可以连续式或间隙式填入	密封、堵水、防潮
	固态阻水材料		由纤维材料与遇水膨胀粉料组成的阻水带、绳、纱等	

（续）

种类及使用材料			用 途
填充及包带	聚乙烯绳、聚丙烯绳、聚丙烯网状撕裂带、聚酯薄膜带、聚酯非织造布带、热塑弹性体、遇水膨胀阻水带、绳及纱等		缓冲、包扎、隔热、阻水、防潮
护层材料	内护层	聚乙烯、铝-聚乙烯复合带、钢-聚乙烯复合带、铝管、铜管、皱纹钢管等	机械保护及防潮、防蚀保护
	铠装层	钢带、钢丝、芳纶纤维、聚丙烯绳等	
	外护层	聚乙烯、聚氯乙烯、聚氨酯弹性体、尼龙、聚酯弹性体等	

4.2 光纤被覆材料

4.2.1 光纤一次涂覆材料

一次涂覆层是加于裸光纤表面，并与之紧密接触的保护层，它的作用是使光纤表面保持其原有的完整性，从而保证光纤的物理力学性能稳定，特别是保证光纤有较高的抗拉强度和疲劳强度。

目前已广泛应用的涂料是有机涂料，主要有热固化型或光固化型的有机硅、聚氨酯等涂料。对涂料的基本要求是流平性能好，热胀系数小而且随温度变化小，耐环境性能好，有适合的强度和模量，在使用条件下不析氢、固化收缩小、吸潮小等。同时还必须考虑涂层与光纤的粘接强度和涂层的可剥离性。

目前正在加速研究的另一大类涂料是密封涂料，包括金属、金属氧化物和无机涂料，尤其是无机涂料。这是一类被称为密封被覆涂料的新型涂料，主要有无定型碳（C）、碳化硅（SiC）、氮氧化硅（SiON）、碳化钛（TiC）等。开发这类新型涂层的目的在于提高光纤的抗疲劳特性，以适应日益发展的军用及高可靠民用光纤的需求，同时也提高了光纤通信的可靠性。目前最具代表性且性能最好的密封涂层材料当属用气相沉积法（CVD）得到的无定形碳，将其涂于光纤表面可使光纤的抗疲劳因子“n”值从现有的20左右提高到100以上，从而使光纤的使用寿命大大延长。

1. 有机硅涂料

有机硅涂料具有耐高温、柔软、弹性好、杨氏模量小，且随温度变化小、高低温性能稳定、耐紫外光、耐臭氧、耐辐射、无毒、无味、使用方便等优点，是特别适用于军用和高可靠民用光纤一次涂覆层及缓冲被覆的材料。按固化方式不同，有机硅涂料可分为热固化型及紫外光固化型两大类。后者比前者固化快，可进一步提高光纤拉丝速度，但前者的固化设备简单、操作方便。涂料的选择需根据产品需求而定。目前已商用化的部分有机硅涂料的典型性能见表10-4-2。

表10-4-2 部分热固化有机硅涂料的典型性能

项 目		单 位	内层（预涂层）	外层（缓冲层）
液体	密度	g/cm³	—	1.03~1.09
	粘度（25℃）	Pa·s	2~4	>1.9
固化膜	相对折射率	—	1.50~1.52	1.41
	硬度（邵氏A）	—	15~25	45~50
	伸长率	%	30~50	80~100
	抗拉强度	MPa	0.196	≥2.94
	析氢量（100℃，24h）	μL/g	—	测定限度以下

2. 光纤用聚氨酯丙烯酸酯涂料

聚氨酯丙烯酸酯涂料具有比有机硅涂层涂得更薄、固化速度更快等优点，因而对节省材料、提高生产率有明显优越性。

4.2.2 光纤着色料

光纤着色料是涂于具有本色涂料的一次被覆光纤表面的高分子涂料，它由适当的涂料添加各种相应的颜料混合而成。其色谱一般按照通信电缆的标准色谱设定，即基本色谱为蓝、桔、绿、棕、灰、白、红、黑、黄、紫、粉红、青绿。着色料的基本要求是与光纤一次涂层具有良好的粘接性，颜色不迁移，色料粒子细洁、不含杂质、涂料流平性能好，能以每分钟数百米甚至上千米的速度在光纤外形成均匀、平滑的薄膜，并具有良好的高低温性能。光纤着色料的性能见表 10-4-3。

表 10-4-3 光纤用着色料的性能

项目		单位	指标要求	典型值
固化前	粘度(25℃)	mPa·s	1000~3000	1600~2700
	密度(23℃)	g/cm³	1.00~1.30	1.12~1.15
	固含量	℃	≥93	98~99
固化后	特定模量(2.5%应变)	MPa	300~1000	780~1200
	抗张强度	MPa	15~35	20~40
	伸长率	%	>3	3~8
	附加衰减	dB	<0.05	≤0.02
	纤膏/缆膏	—	无明显脱色	无明显脱色和变色现象
	耐溶剂性	—	无脱色现象	无脱色现象

注：固化后是指一定涂膜厚度的液体着色料在紫外光下曝光达到最大模量的 95%时的固化状态。

4.2.3 光纤带用涂料

光纤带的推广是实现接入网光缆大芯数、高密集、小直径、易接续的最有效办法。光纤带的制造关键之一是光纤带涂料。对光纤带涂料的基本要求是具有适合的杨氏模量，以保持光纤具有良好的光性能及后加工性能、流平性能好、固化速度快、便于生产；对光纤具有适当的粘接性能而又易于将单根光纤分离，此外价格应尽可能低，以降低制造成本。代表品种光纤带涂料的性能见表 10-4-4。

表 10-4-4 光纤带涂料的性能

项目		单位	指标要求	代表品种 1	代表品种 2
固化前	密度	g/cm³	1.05~1.15	1.11	1.13
	粘度(25℃)	Pa·s	3000~5500	4192	4200
	折射率(25℃)	—	1.48~1.55	1.5104	1.5044
固化后	抗张强度(25℃)	MPa	>25	29	30.593
	折射率(25℃)	—	1.49~1.55	1.5214	1.5243
	特定模量(2.5%,25℃)	MPa	≥720	843	738.24
	固化收缩率	%	<3	1.5	2.2
	伸长率(25℃)	%	>20	23	26.125
	析氧量(80℃,24h)	μL/g	0.4	0.15	0.22

4.2.4 光纤二次被覆用材料

光纤的二次被覆层是加在光纤一次被覆层或缓冲层上的保护层，它可以保持或提高光纤抗纵向和径向应力的能力，方便后加工。光纤二次被覆用材料一般可分为松套被覆和紧套被覆，而松套膏状物填充被覆则是集两者优点为一体的应用最广泛的被覆结构。二次被覆材料主要有聚丙烯、尼龙-12、聚酯弹性体、PBT（聚对苯二甲酸丁二醇酯）、氟-46、纤维增塑料、定向拉伸材料（如聚甲醛）以及最新发展的液晶被覆材料等。要求二次被覆材料热胀系数小，短期及长期收缩小，被覆工艺易于控制，被覆管内、外表面光滑，化学及热稳定性好，有适当的抗拉强度和杨氏模量。为适应大芯数光缆用的大松套管，还要求被覆材料挤管后具有良好的抗弯折性、抗扭结性和易开剥性。

1. 光纤用聚对苯二甲酸丁二醇酯（PBT）

PBT 具有较好的力学性能、加工性能和低吸湿性，且价格便宜，相当于尼龙-12 的 60%~80%。因而具有较好的性价比，但其抗热水性能不佳，一般用于地下管道。目前生产厂家已在抗水介性能方面对 PBT 做了大量改进，新的牌号不断推出，从而使 PBT 的使用环境扩大到了架空光缆及其他特殊场合。部分品种 PBT 的性能见表 10-4-5。

表 10-4-5　光纤二次被覆用 PBT 的性能

项目		单位	指标要求	品种 1	品种 2
密度		g/cm³	1.25~1.35	1.303	1.310
熔体流动速度(250℃,2.16kg)		g/10min	7.0~15.0	14.5	14.81
拉伸屈服强度		N/mm²	≥50	51.74	52.27
拉伸屈服伸长率		%	4.0~10	5.4	4.06
断裂伸长率		%	≥50	331.8	346.2
拉伸弹性模量		N/mm²	≥2100	2474	2561.4
悬臂梁冲击强度（有缺口）	23℃	kJ/m²	≥5.0	7.1	7.5
	-40℃	kJ/m²	≥4.0	4.7	6.2
热变形温度	负荷 1.8MPa	℃	≥55	78	99.2
	负荷 0.45MPa		≥170	174	183.8
邵氏硬度		—	≥70	77	78

2. 光纤二次被覆用聚丙烯

聚丙烯作为光纤二次被覆用材料的优点是加工性能好、吸湿小、密度小、价廉、原料来源丰富；在采用合理的结构工艺后，可使被覆后光纤的损耗不变；-40~60℃范围内损耗变化不明显。近年来，国外开发成功的耐弯折、耐扭结、抗湿热、易开剥及低成本的改性聚丙烯特别适用于未来的大芯数、高密集型光缆。

用于光缆松套管的聚丙烯，国内外公司皆有相应产品，市场上某牌号的性能见表 10-4-6。

表 10-4-6　光缆用聚丙烯的性能

项　目	单位	美国某牌号
密度	g/cm³	0.894
熔融指数	g/10min	2.62
抗拉强度	MPa	22.1
断裂伸长率	%	490
低温脆化温度	℃	<-25
邵氏硬度	—	58

3. 光纤二次被覆用尼龙-12

用于光纤二次被覆的尼龙主要是尼龙-12。它的密度小、摩擦因数小、耐热冲击性好、使用温度宽广、成型温度范围较宽、可用普通螺杆加工被覆层。其代表产品的性能见表 10-4-7。

4. 光纤用液晶聚酯

液晶聚酯是目前最新开发的一种高性能光纤二次被覆材料，它的特点是高强度、高模量、低线胀系数。作为光纤用液晶聚酯，必须保证在具有适当高强度、高模量的同时，还有低的线胀系数和较好的柔软性，并且易于被覆在光纤上。因而，必须对常规的液晶聚酯进行改性。

目前国外只有少数公司开发了这种新型光纤被覆材料，国内已研制成功用于光纤的，以涤纶树脂 PET 为原料之一的液晶聚酯的性能见表10-4-8。

表 10-4-7　光纤二次被覆用尼龙-12 的性能

项　目		单位	TR55 LX2	L20LM	L16L	L1670	L2121
密度		g/cm³	1.04	1.01	—	1.02	1.03
熔点		℃	178	176	179	175~178	165~175
吸水率	23℃	%	—	—	—	1.5	—
	20℃		0.9	0.7	0.7	—	0.8
线胀系数(-40℃~室温)		1/℃	9×10^{-5}	12×10^{-5}	13×10^{-5}	11×10^{-5}	12×10^{-5}
最高使用温度	长期	℃	80	80	80	—	—
	短期		90	140	140	—	—
屈服强度		MPa	70	45	60	45	45
断裂伸长率		%	200	350	350	200	250
邵氏硬度		—	80	72	72	71	72
杨氏模量		MPa	2000	1400	1400	1400	750

表 10-4-8 光纤用液晶聚酯的性能

项目		单位	国内某牌号	日本某牌号
密度		g/cm³	1.235	—
熔点		℃	250	—
软化点		℃	116.8	—
邵氏硬度		—	80	—
抗拉强度		MPa	103.5	—
断裂伸长率		%	16	—
杨氏模量		MPa	6200	8000~10000
吸水率		%	0.091	—
线胀系数	-50~20℃	1/℃	1.03×10^{-5}	$10^{-5}\sim5\times10^{-6}$
	20~70℃		1.86×10^{-5}	

4.3 光缆用加强件材料

光缆加强件是置于光缆中心（或外层），用于承受光纤可能受到的机械应力的部件。对加强件的基本要求是抗拉强度大、杨氏模量高、线胀系数小、热及化学性能稳定。其按材料不同可分为金属和非金属型两大类。前者为高强度、高模量的钢丝或钢绞线，后者为各种高强度、高模量的玻璃纤维、芳纶纤维、纤维增强塑料棒（FRP）、玻璃纱等。

4.3.1 光缆用钢丝和钢绞线

光缆用钢丝的一般性能与电缆加强用钢丝类似，主要的不同之点在于光缆用钢丝有如下特殊要求。

1. 高强度和高模量

因为光缆的特点是细而轻，且由于光缆的允许伸长量通常仅为 0.2%，所以为保证光缆的使用寿命在 20 年以上，必须采用高强度、高模量钢丝或钢绞线制造，以使得在保证使用应力的情况下，伸长量小于 0.2%时光缆尺寸尽可能小，重量尽可能轻。一般钢丝的杨氏模量应高于 190GPa，对于公称直径为 0.50~3.00mm 的钢丝，其对应的公称抗拉强度分为 1370MPa、1570MPa、1770MPa、1960MPa、2160MPa、2350MPa 几个等级。钢绞线的杨氏模量应高于 170GPa，A 类钢绞线用钢丝的公称抗拉强度应符合表 10-4-9 的规定，B 类钢绞线用钢丝的公称抗拉强度应不小于 1370MPa。钢丝和 A 类钢绞线的残余伸长率应不大于 0.1%，B 类钢绞线的断后伸长率应不大于 4%。

表 10-4-9 A 类钢绞线用钢丝的公称抗拉强度

钢丝公称直径 d/mm	钢丝公称抗拉强度 /MPa，不小于	强度波动范围 /MPa
$0.30\leqslant d<0.50$	1770	390
$0.50\leqslant d<1.00$	1670	350
$1.00\leqslant d<1.50$	1570	320
$1.50\leqslant d<2.00$	1470	290
$2.00\leqslant d<2.30$	1370	260

注：1. 公称抗拉强度是钢丝抗拉强度的下限值；钢丝抗拉强度的上限值等于公称抗拉强度加上动态波动范围中相应的数值，单位为 MPa。

2. 残余伸长率的计算方法：把钢丝/钢绞线试样夹紧在合适的拉力试验机上，施加最小破断力的 2%作为初始负荷，标定 250mm 的距离 L_1 为标距长度，再以不大于 50mm/min 的拉伸速度加载到最小破断拉力的 60%，然后卸载到初负荷，再测出标距长度 L_2，最后按下列公式计算残余伸长率（%）的值

$$残余伸长率=\frac{L_2-L_1}{L_1}\times100\%$$

3. 断后伸长率的计算。断后伸长率是指试样从施加初始负荷至开始破断时，试验机两夹头间间距增加的百分比。当初始负荷等于绞线规定的最小破断负荷的 10%时，试验机两夹具的间距为 610mm。只有当试样的破断部位距离试验机夹头超过 25mm 时，伸长率数值才有效。

2. 退扭完善

钢丝（特别是粗钢丝）或钢绞线退扭不好，将给光缆性能带来不良影响，特别是可能对光纤造成不均匀的侧压力，引起光纤损耗的增加。

3. 完好的镀层

光缆用钢丝应镀有锌层，以保证钢丝在长期使

用中不被可能产生的潮气所腐蚀，而引起强度降低。一般要求在钢丝或钢绞线表面镀上一层均匀、连续的锌，锌层应光滑、牢固。通常镀锌钢丝的锌层质量应为 10~60g/m^2，A 类钢绞线（普通锌层和磷化钢绞线）的锌层质量应不小于 20g/m^2。对于 B 类钢绞线（厚锌层钢绞线），根据钢丝公称直径的不同，其锌层质量见表 10-4-10。当采用钢绞线时，应在其表面挤包一层适当厚度的塑料垫层，并在垫层下采取适当的阻水措施，以防止钢绞线间隙纵向渗水。当采用单钢丝时，在其表面上也可挤包一层适当厚度的塑料垫层。垫层表面应圆整光滑，外径应适当，其材料应与填充复合物相容。近年来，采用磷化钢丝代替镀锌钢丝已取得了更好的效果。在半干式和干式结构中采用磷化钢丝时，应注意防止钢丝锈蚀和可能引起的光纤氢损问题，宜在其上挤包一层适当厚度的塑料垫层或采取其他有效方法。

表 10-4-10　钢绞线用钢丝的锌层质量

钢丝公称直径 d/mm	锌层质量/(g/m^2)
1.04	122
1.32	122
1.57	153
1.65	153
1.83	153
2.03	183
2.36	214

4.3.2　光缆用芳纶纤维

芳纶具有高强度、高模量、低密度、耐高温、耐辐射、耐蚀、自熄、低线胀系数等诸多优点，是非金属加强型光缆，特别是军用光缆最重要的加强件材料。目前，国内主要应用的光缆用芳纶纤维典型产品的主要性能见表 10-4-11。

表 10-4-11　光缆用芳纶纤维的主要性能

项目	单位	美国某牌号	日本某牌号	韩国某牌号	国内某牌号
线密度	dtex	1580	1610	1580	1500
拉断力	N	275	326	270	270
断裂伸长率	%	1.87	2.26	2.19	2.55
拉伸弹性模量	GPa	127	109	105	105

注：均为样品实测值。

4.3.3　纤维增强塑料（FRP）

光缆用纤维增强塑料（FRP）是由聚酯或环氧树脂等将多股高强度、高模量的玻璃纤维、芳纶纤维或玻璃纱等粘接在一起所形成的加强件（主要为硬性棒状）。它的性能主要取决于所采用的纤维材料的性能。部分纤维增强塑料棒的性能见表10-4-12。

表 10-4-12　光缆用纤维增强塑料棒（FRP）的性能

项　目	单　位	FRP	KFRP	GFRP
密度	g/cm^3	2.05~2.15	1.3~1.4	2.05~2.15
抗拉强度	MPa	≥1100	≥1700	≥1100
拉伸弹性模量	GPa	≥50	≥50	≥50
弯曲强度	MPa	≥1100	—	≥1100
弯曲弹性模量	GPa	≥50	—	≥50
线胀系数	1/℃	≤8×10^{-6}	—	≤8×10^{-6}
断裂伸长率	%	≤4	≤3	≤4

4.4　光缆用填充料

4.4.1　光缆用填充膏

填充膏用于填充光缆中的空隙，以防止潮气、水分进入光缆，而影响其机械强度和光学性能。对填充膏的基本要求：胶体稳定、高度憎水；与光纤及光缆中其他材料的相容性好，无化学腐蚀，不影响光学和力学性能；在使用温度范围内柔软、线胀系数小、热收缩小；有较高的滴点，使用温度下不滴流；材料本身不析氢（或微析氢），在使用条件下不影响光纤衰减；充填容易、控制方便、无毒、使用安全、储存时间长；易于清洁、便于使用、价格便宜。

光缆用填充膏分为光纤管内用（或骨架型光缆用）填充膏光缆缆芯和光缆护层用填充膏等类型。前者要求更柔软、收缩更小、线胀系数更小和清洁。见表 10-4-13 和表 10-4-14 不同类型填充膏的性能。由于填充膏本身性能的不同，充填工艺又分为热填和冷填两大类。用于热填充的填充膏具有在加热条件下黏度明显降低的特点；而用于冷填的填充膏则通常是触变型的胶状物，它们在剪切应力下黏度变小而便于填充。触变型胶体的黏度剪切关

表 10-4-13　光纤管内填充膏的性能

项目		单　位	400N	LT—410A	LT—410B	LT—380	WS	TIDE1000	LTQ
滴点		℃	不熔	≥200	≥200	≥200	≥200	≥200	≥200
密度		g/cm^3	0.84	0.82	0.82	0.83	0.88	0.83	—
闪点(开口)		℃	>230	>200	>200	>200	>200	>200	>200
针入度	23℃	—	400	535	435	400	≥360	460	≥360
	-40℃	—	≥200	≥230	≥200 (-60℃)	≥220	≥280	280	≥230
挥发度 (80℃,24h)		% (质量分数)	<0.1 (100℃)	≤1.0	≤1.0	≤1.0	≤1.0	≤1.0	≤1.0
油分离 (80℃,24h)		% (质量分数)	0 (100℃)	0	0	0	0	0	1
酸值		mgKOH/g	—	≤0.3	≤0.3	≤0.3	≤0.3	≤0.3	≤0.3
析氢 (<80℃,24h)		μL/g	<0.02	0.01	0.01	0.01	0.01	0.01	0.01
氧化诱导期		min	—	>30	>30	>30	>30	>30	≥20
类型			合成油类触变型	合成油类触变型	合成油类触变型	合成油类触变型	合成油类触变型	合成油类触变型	冷应用型
备注			英国某公司	国内某公司	国内某公司(低温型)	国内某公司(带状光纤用)	国内某公司	国内某公司	中国通信行业标准

表 10-4-14　光缆缆芯及护层用填充膏的性能

项目		单位	128FN	ZLT—280—A	ZLT—60	T—2B	WT—104	WZ—2
滴点		℃	>200	>150	≥150	≥200	≥200	≥200
密度		g/cm^3	0.89	0.93	0.56	0.9	0.93	0.95
闪点(开口)		℃	≥230	>200	>200	≥200	≥200	≥200
针入度	23℃	—	370	420	420	400	300~340	280~340
	0℃	—	240	—	—	—	—	—
	-40℃	—	110	≥100	≥100	170	≥150	≥180
挥发度(24h)		—	≤0.5 (80℃)	≤1 (80℃)	≤1 (80℃)	—	—	—
析油		%	<2	<1	<1	<2	<2	<2
吸水时间		min	<5	≤3	≤3	<10	—	<10
酸值		mgKOH/g	≤0.5	≤1	≤1	≤0.5	≤0.5	≤0.5
析氢 (80℃,24h)		μL/g	<0.1	≤0.01	≤0.01	<0.1	<0.1	<0.1
类型			精制矿物油类触变型遇水膨胀型	遇水膨胀型触变型	遇水膨胀型触变型	遇水膨胀型触变型	触变型	遇水膨胀型
备注			英国某公司(用于缆芯或护层)	国内某公司(用于缆芯或护套)	国内某公司(低密型)	国内某公司(用于缆芯)	国内某公司(用于缆芯)	国内某公司(用于缆芯或护套)

系对填充工艺有很大影响。由于触变型填充膏的黏度对温度变化不敏感，因而其对于改善光纤光缆的温度特性较为有利。近年来开发的遇水膨胀或遇热膨胀填充膏由于有良好的填充性能和阻水性能，因而随着光缆全截面阻水的高要求，其使用日益广泛。

4.4.2 光缆用阻水带、阻水绳、阻水纱

光缆的阻水除了用粘状填充膏来填补缆中空隙外，还可以用固态下遇水膨胀的带、绳、纱等来实现。在未来大芯数光缆中，施工维护工作量相当大，采用干式的阻水带、绳、纱等材料来实现缆芯间隙间的阻水是很适用的方法，它可以在很大程度上改善施工接续及维护的工作条件，提高工作效率。

阻水带、绳、纱的基材一般为聚酯无纺布带、纱，或者是芳纶纤维等。膨胀物质有天然的，半天然的，也可以为化学合成的。天然材料阻水性好，但易发生生物分解，导致膨胀性能下降或易燃。合成材料主要是聚丙烯酸盐。对它们的主要要求是耐热，遇水迅速膨胀，高粘性凝胶，且在高温下也有长期的凝胶稳定性，没有粉末问题，无生物降解，不产生腐蚀等。

4.4.3 光缆用其他填充料及包带

填充料及包带的种类、作用、要求及常用材料见表 10-4-15。

光缆用缓冲材料、填芯、包带等材料的一般性能见本篇第 3 章相关内容，光缆用遇水膨胀绳、纱部分产品的性能见表 10-4-16，特殊要求由供需方协商。

表 10-4-15 光缆用填充料及包带

作用		要求	常用材料
填芯	适应光缆结构排列需要而设	表面光滑平整；力学及热性能稳定；线胀系数小、热收缩小、吸湿小	聚乙烯绳、管；聚丙烯绳、管等
缓冲层	用以缓冲光纤在制造和使用过程中可能受到的侧压力	光滑、柔软、杨氏模量小、吸湿小、线胀系数小、热收缩小	聚丙烯撕裂带、聚氨酯弹性体、聚酯非织造布带等
包带	用以包扎缆芯、稳定结构、隔热、缓冲及阻水等	有一定的抗拉强度和弯曲强度，光滑、平整、厚度均匀、热收缩小、线胀系数小，遇水膨胀阻水带还要求膨胀快	聚酯非织造布、聚酯薄膜带等，遇水膨胀阻水带、纱、绳

表 10-4-16 阻水绳的性能

项目	单位	ZS—0.5	ZS—3.0	ZS—6.0	WZS—B1	WZS—B3
单重长度	m/kg	500	3000	6000	1000	3000
抗拉强度	N	>320	>120	>50	>150	>70
断裂伸长率	%	>25	>20	>15	>15	25
短期稳定性	℃	230	230	230	230	230
长期稳定性	℃	150	150	150	100	100
膨胀率①	mL/g	50	65	65	50	50
膨胀速率	mL/(g · min)	40	60	60	50	20
生产厂		南通赛博			湖北化学所	

① 为 1min 的膨胀体积。

4.5 光缆护层用材料

光缆护层用材料一般在缆芯与外护套之间，根据光缆的敷设环境要求在结构设计上的考虑而定。随着光缆应用的日益成熟，光缆护层结构已形成体系，材料主要为铝塑复合带、钢塑复合带和撕裂绳。其中，光缆用钢塑复合带和铝塑复合带已有通信光缆行业标准。

铝塑复合带和钢塑复合带的主要技术性能见本篇的第 3 章。

用户要求时，光缆护套下面和外护层的聚乙烯

外套下面可放置撕裂绳，撕裂绳应粗细均匀，无卷曲、打结、断头及松散纤维等缺陷。撕裂绳应连续贯通整根光缆长度，不吸湿、不吸油，并具有足以承启光缆的强度。每盘聚酯纱应为连续不间断的一整根；排纱应整齐，不得交叉压落，两侧边不应有脱盘现象。其典型技术指标见表 10-4-17。

表 10-4-17 撕裂绳的典型技术指标

型号	规格/tex	线密度及偏差/tex	拉断力/N	断裂伸长率(%)	回潮率(%)
普通型	167	167±5	≥100	13~29	≤1.0
	217	217±7	≥130	13~29	≤1.0
	317	317±10	≥200	13~29	≤1.0
加强型	111	111±3	≥80	8~20	≤1.0
	222	222±7	≥160	8~20	≤1.0
	444	444±15	≥320	8~20	≤1.0

第5章

电磁线漆

5.1 概况

电磁线漆是用于制造漆包线和胶粘纤维绕包线绝缘层的一种专用绝缘漆料。由于电磁线在制造和使用过程中有各种要求，相应地对漆的要求也很高。电磁线的生产是连续的，要求在高速的情况下所涂上的漆膜是均匀的。电磁线在不同的环境条件下使用，要求漆膜具有较高的力学、电气、耐热及耐化学药品等性能。故电磁线用绝缘漆的质量要比一般绝缘漆高得多。对电磁线漆的基本要求如下：

1）具有适当的表面张力，使漆料具有良好的流平性，漆膜容易涂光、涂均匀。

2）具有较低的粘度和较高的固体含量，漆膜容易涂覆。

3）固化成膜快且内外一致，保证能在高速下涂线。

4）涂成的漆膜要全部达到电磁线标准所要求的指标，并有一定的裕度。

5）具有适当的涂线工艺幅度。

6）具有较长的储存期。

5.1.1 电磁线漆的分类和组成

电磁线漆一般是由成膜物质、溶剂、稀释剂及其他辅助材料配制而成。

成膜物质主要有植物油和树脂两大类，树脂又分为天然树脂（如虫胶）和合成树脂（如聚酯）。用植物油或加入一些改性的天然树脂作为主要成膜物质的漆称为油性漆；用合成树脂作为主要成膜物质的漆称为合成树脂漆。随着科学技术的不断发展，合成树脂漆包线漆在漆包线漆中所占的比重越来越大。

电磁线漆的分类和组成见表10-5-1。

表10-5-1 电磁线漆的分类和组成

分类	名称	漆基物质	制漆用主要原料	主要溶剂及稀释剂
一般漆包线漆	聚酯漆	聚酯树脂	对苯二甲酸二甲酯、甘油、乙二醇、正钛酸丁酯、环烷酸锌、醋酸锌	甲酚、二甲苯
	缩醛漆	聚乙烯醇缩甲醛树脂、酚醛树脂、三聚氰胺甲醛树脂	醋酸乙烯、甲醛、三聚氰胺、2,4-二异氰酸甲苯酯、苯酚、甲酚	糠醛、甲酚、二甲苯
	聚氨酯漆	聚酯树脂、封闭异氰酸酯树脂	2,4-二异氰酸甲苯酯、乙二醇、甘油、着色剂、聚酯树脂	甲酚、二甲苯
	环氧漆	环氧树脂、三聚氰胺树脂、脲醛树脂	环氧氯丙烷、环氧乙烷、二酚基丙烷、三聚氰胺树脂、脲醛树脂	甲酚、糠醛、二甲苯
	油性漆	干性植物油、改性树脂（天然的或合成的树脂）	桐油、亚麻仁油、二甲酚树脂、对苯二酚、松香酸盐类、酚醛树脂	煤油

（续）

分类	名　　称	漆基物质	制漆用主要原料	主要溶剂及稀释剂
耐高温漆包线漆	聚酰亚胺漆	聚酰亚胺树脂	均苯四甲酸二酐、4,4′-二氨基二苯醚	二甲基乙酰胺
	聚酰胺酰亚胺漆(酰氯法)	聚酰胺酰亚胺树脂	偏苯三甲酸酐酰氯、4,4′-二氨基二苯醚	二甲基乙酰胺、二甲苯
	改性聚酰胺酰亚胺漆(异氰酸酯法)	聚酰胺酰亚胺树脂、酚醛树脂、环氧树脂	4,4′-二异氰酸酯二苯甲烷、偏苯三甲酸酐、苯酚、酚醛树脂、环氧树脂	N-甲基吡咯烷酮、二甲基乙酰胺、二甲苯、氯苯
	聚酯亚胺漆	聚酯树脂、聚酯亚胺树脂	聚酯树脂、偏苯三甲酸酐、4,4′-二氨基二苯醚、正钛酸丁酯	甲酚、二甲苯
特种漆包线漆	自粘性漆	聚乙烯醇缩丁醛树脂、酚醛树脂、环氧树脂、聚酰胺树脂	醋酸乙烯、丁醛、甲醛、甲酚、环氧树脂、聚酰胺树脂	二甲苯、丁醇、甲酚、苯酚
	自粘直焊漆	聚酯树脂、封闭异氰酸酯树脂	2,4-二异氰酸甲苯酯、苯酚、一缩二乙二醇、聚酯树脂	甲酚、二甲苯、环己酮
	无磁性漆	聚酯树脂、封闭异氰酸酯树脂	同聚氨酯漆(纯度要求高)	同聚氨酯漆(要求重新蒸馏)
	耐冷冻剂漆	聚乙烯醇缩甲醛树脂、二异氰酸封闭树脂、酚醛树脂、三聚氰胺甲醛树脂	2,4-二异氰酸甲苯酯、一缩二乙二醇、醋酸乙烯、甲酚、甲醛、三聚氰胺、苯酚	糠醛、甲酚、醋酸乙酯、丁醇
	水性漆	聚酯树脂、聚酯亚胺树脂	对苯二甲酸二甲酯、乙二醇、一缩二乙二醇、季戊四醇、甘油、醋酸锌、偏苯三甲酸、偏苯三甲酸酐、均苯四甲酸二酐、三乙醇胺、4,4′-二氨基二苯醚、正钛酸丁酯、单油酸甘油酯	水、环己酮
纤维绕包线漆	醇酸漆	植物油改性醇酸树脂、环氧树脂	亚麻仁油、甘油、邻苯二甲酸酐、氧化铅、环氧树脂	二甲苯、丁醇、松节油
	有机硅漆	聚硅氧烷树脂	甲基三氯硅烷、二甲基二氯硅烷、二苯基二氯硅烷等	甲苯、二甲苯、丁醇
	二苯醚漆	含二苯醚的醇酸树脂	二苯醚、己二酸顺丁烯二酸酐、一缩乙二醇	甲苯、二甲苯
	聚胺-酰亚胺漆	聚胺-酰亚胺树脂	顺丁烯二酸酐、二元胺	二甲基乙酰胺
	环氧亚胺漆	环氧亚胺树脂	顺丁烯二酸酐、二元胺、环氧氯丙烷	二甲苯、丁醇
	油改性聚酯及聚酯亚胺漆	油改性聚酯树脂、油改性聚酯亚胺树脂	亚麻仁油、甘油、苯二甲酸二甲酯、乙二醇、二元胺、顺丁烯二酸酐	二甲苯、丁醇、醋酸乙酯

5.1.2　电磁线漆的常用理化性能术语及其含义

1）外观和透明度：用眼睛在天然散射光下对光观察，不含有机杂质和浑浊物的程度。

2）灰分：漆在高温烧灼后的残留物。

3）流平性：漆包线漆涂覆在金属导线上的流展摊平及形成均匀漆膜的能力。

4）黏度：漆液分子间相互作用而产生的阻碍大分子间相互运动能力的量度。

5）固体含量：漆在一定温度下加热干燥后的剩余物质量与漆试样质量的百分比。

6）酸值：中和1g漆中的游离酸所需要的氢氧化钾的毫克数。

7）干燥时间：漆在涂线过程中，因受热使溶剂挥发，漆基发生物理、化学变化的成膜过程，称为漆的干燥。漆液在一定温度下干燥所需要的时间称为干燥时间。

5.2　一般漆包线漆

5.2.1　聚酯漆

聚酯漆是由对苯二甲酸二甲酯与多元醇（乙二醇、丙三醇等）进行缩聚反应而制成的一类漆包线漆。由于用聚酯漆涂制的漆包线具有较好的耐热性（130 级、155 级）、电绝缘性、耐刮性及耐溶剂性，因而得到了较广泛的应用。

1. 漆的组成及反应机理

（1）酯交换反应

$$3\ CH_3OOC{-}C_6H_4{-}COOCH_3 + 3\ \begin{matrix}CH_2OH\\ |\\ CH_2OH\end{matrix} + 3\ \begin{matrix}CH_2OH\\ |\\ CHOH\\ |\\ CH_2OH\end{matrix} \xrightarrow[\text{加热}]{\text{催化剂}}$$

对苯二甲酸二甲酯　　乙二醇　　丙三醇(甘油)

$$\begin{matrix}COOCH_2CHCH_2OH\\ |\quad\ \ OH\\ C_6H_4\\ |\quad\ \ OH\\ COOCH_2CHCH_2OH\end{matrix} + \begin{matrix}COOCH_2CH_2OH\\ |\\ C_6H_4\\ |\\ COOCH_2CH_2OH\end{matrix} + \begin{matrix}COOCH_2CHCH_2OH\\ |\quad\ \ OH\\ C_6H_4\\ |\\ COOCH_2CH_2OH\end{matrix} + 6CH_3OH$$

对苯二甲酸二丙三酯　　对苯二甲酸二乙二酯　　对苯二甲酸乙二丙三酯　　甲醇

（2）缩聚反应　在酯交换反应中得到的三种聚酯单体，随后在较高的温度和真空下进行缩聚，主要得到带支链的线型聚酯树脂，在其链端和支链上都具有活性羟基。其结构大致如下：

$$\cdots{-}O{-}CH_2{-}\underset{\underset{O}{|}}{CH}{-}CH_2{-}O{-}\overset{O}{\overset{\|}{C}}{-}C_6H_4{-}\overset{O}{\overset{\|}{C}}{-}O{-}CH_2{-}CH_2{-}O{-}\cdots$$

$$\begin{matrix}O\\ |\\ C{=}O\\ |\\ C_6H_4\\ |\\ C{=}O\\ |\\ \rightarrow O\\ |\\ CH_2\\ |\\ CH{-}O{-}\overset{O}{\overset{\|}{C}}{-}C_6H_4{-}\overset{O}{\overset{\|}{C}}{-}O{-}CH_2{-}\underset{OH}{\underset{|}{CH}}{-}CH_2{-}O{-}\overset{O}{\overset{\|}{C}}{-}C_6H_4{-}\overset{O}{\overset{\|}{C}}{-}O{-}\cdots\\ |\\ CH_2\\ |\\ O\\ |\\ C{=}O\\ |\\ C_6H_4\\ |\\ C{=}O\\ |\\ O\end{matrix}$$

$$\cdots{-}O{-}\overset{O}{\overset{\|}{C}}{-}C_6H_4{-}\overset{O}{\overset{\|}{C}}{-}O{-}CH_2{-}CH{-}CH_2{-}O{-}\cdots$$

带有支链的线型结构使树脂在溶剂中具有可溶性，因而可配成具有一定粘度的漆。

（3）聚酯漆的成膜反应　成膜反应是涂漆后在漆包炉中进行的。在高温下，溶剂逐渐挥发掉，使剩余的官能团（如羟基、羧基）之间进一步发生反应，最后形成高度交联的热固性漆膜。

为了改进漆包线的性能，可在聚酯漆中加入固化剂（如正钛酸丁酯），它在高温下能与聚酯高分子中剩余的官能团（如羟基、羧基）发生反应。因为它是四官能团的化合物，所以形成了交联程度更大的网状结构，固化程度更高，从而使涂膜机械强度及耐化学溶剂性能得到提高，并可改善漆膜表面的光洁程度。

正钛酸丁酯与聚酯高分子的反应大致如下：

1）与羟基反应时为

$$4\cdots\!-\!OCH_2CH_2O\overset{O}{\overset{\|}{C}}-C_6H_4-\overset{O}{\overset{\|}{C}}OCH_2\underset{OH}{\underset{|}{C}}HCH_2O-\cdots+Ti(OC_4H_9)_4\xrightarrow{\text{高温下}}$$

对苯二甲酸乙二丙三酯　　　正钛酸丁酯

$$\cdots-OCH_2CH_2O\overset{O}{\overset{\|}{C}}-C_6H_4-\overset{O}{\overset{\|}{C}}OCH_2CHCH_2O-\cdots-OCH_2CHCH_2O\overset{O}{\overset{\|}{C}}-C_6H_4-\overset{O}{\overset{\|}{C}}OCH_2CH_2O-\cdots$$

$$\diagdown O\quad O\diagup$$

$$Ti$$

$$\diagup O\quad O\diagdown$$

$$\cdots-OCH_2CH_2O\underset{O}{\underset{\|}{C}}-C_6H_4-\underset{O}{\underset{\|}{C}}OCH_2CHCH_2O-\cdots-OCH_2CHCH_2O-\underset{O}{\underset{\|}{C}}-C_6H_4-\underset{O}{\underset{\|}{C}}OCH_2CH_2O-\cdots$$

$$+4C_4H_9OH$$

丁醇

2）与羧基反应时为

$$4-\cdots-OCH_2CH_2O\overset{O}{\overset{\|}{C}}-C_6H_4-\overset{O}{\overset{\|}{C}}-OH+Ti(OC_4H_9)_4\xrightarrow{\text{高温下}}$$

$$\cdots-OCH_2CH_2O\overset{O}{\overset{\|}{C}}-C_6H_4-\overset{O}{\overset{\|}{C}}\qquad\overset{O}{\overset{\|}{C}}-C_6H_4-\overset{O}{\overset{\|}{C}}-OCH_2CH_2O-\cdots$$

$$\diagdown O\quad O\diagup$$

$$Ti\qquad +4C_4H_9OH$$

丁醇

$$\diagup O\quad O\diagdown$$

$$\cdots-OCH_2CH_2O-\underset{O}{\underset{\|}{C}}-C_6H_4-\underset{O}{\underset{\|}{C}}\qquad\underset{O}{\underset{\|}{C}}-C_6H_4-\underset{O}{\underset{\|}{C}}-OCH_2CH_2O-\cdots$$

3）与羟基和羧基反应时，同时发生以上两种反应。

2. 制漆工艺流程

聚酯漆的制备工艺流程如图10-5-1所示。

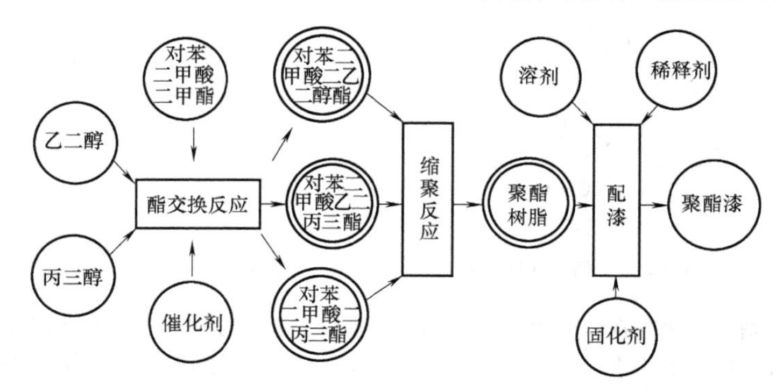

图 10-5-1　聚酯漆的制备工艺流程图

3. 影响漆质量的主要因素

（1）多元醇的含量　在聚酯漆的配方中，如果甘油含量过高，则漆中残余的羟基较多，漆膜中交联程度就高，从而提高了漆膜的耐溶剂性能和力学性能；但相应地影响漆膜的弹性和热冲击性能。如果甘油含量太少，则羟基少，漆膜易吸水，表面不光滑，力学性能差，热软化击穿温度低。甘油太少还会使分子结构对称，分子结晶增大，导致漆的流平性差，不易涂好线。如果以部分三（2-羟乙基）异氰酸脲酯（THEIC）代替部分甘油参加反应，并且用少量的其他树脂改性，即可得到热冲击性能较好的改性聚酯漆。

乙二醇的加入，最好与对苯二甲酸二甲酯成合适的当量比。但由于对苯二甲酸二甲酯容易升华，会使反应釜的上盖部分和冷凝器堵塞，操作不便，故一般均采用过量配比，乙二醇可多加一些。如乙二醇量太多，则反应时间延长，也不易抽净，从而会使漆膜表面不光滑，耐溶剂和力学性能稍差，但弹性和热冲击性能好。

（2）溶剂的选择　溶剂的主要作用是提高溶解能力，降低粘度，改善工艺条件，因此，常选用溶解能力较强的甲酚作为主要溶剂，并应加入稀释剂二甲苯。二甲苯用量太多，会使漆液浑浊。一般情况下，甲酚与二甲苯的混合比例为 3∶2。

（3）正钛酸丁酯和环烷酸锌的用量　在聚酯漆中加入适量的正钛酸丁酯，可以降低漆膜的烘焙温度，且流动性好、表面光滑，可减少漆包线露底发花现象，并增强漆膜的耐热冲击性、耐溶剂性和力学性能。如果正钛酸丁酯加得太多，则会使漆膜的热冲击性和热老化性能降低，漆膜的附着力将有所下降。

聚酯漆中加入适量的环烷酸锌后，能改善漆膜的热冲击、耐刮等性能。但环烷酸锌加得太多时，涂制的漆包线表面易起疙瘩。

由于正钛酸丁酯和环烷酸锌的用量对成膜反应和漆膜质量影响很大，故应严格控制其用量。

（4）分子量　一般规律：漆基分子量较大时，漆的粘度也较大，使成膜性能好，因而在缩聚过程中，应尽可能地提高漆基的分子量。但缩聚程度过高时，会因粘度过大而不易涂漆。如缩聚程度不足，则分子量过低，粘度小，也不易涂漆。又因有较多的游离羟基和羧基存在，所以在烘焙干燥成膜过程中，漆膜上会形成气泡或穿孔。为了保证漆包线的质量，应将漆基的分子量控制在一定的范围内，以适应涂漆工艺的要求。

（5）热降解　在漆基保持一定温度时，加入部分热甲酚进行热降解，这样漆基可更好地溶解在溶剂中，并使漆基分子量分散性减少，从而使漆膜的弹性、热冲击性能和热老化性能有所改善，同时也可改善漆包线的表面质量。

聚酯漆经亚胺等改性后可达到 155 级。

4. 漆的技术指标

聚酯漆的技术指标包括两个部分：一是漆的理化指标（见表 10-5-2）；另一个是用涂线法制成的漆包铜线（铜线直径为 1.25mm）线样的漆膜特性指标（见表 10-5-3）。表中的指标为参考值，具体指标由供需双方商定，其他漆也一样。

表 10-5-2　聚酯漆的理化指标

标称固体含量（%）		聚酯漆粘度值	
		4 号杯式 25℃ /s	旋转式 25℃ /（mPa·s）
130 级聚酯漆	21	15~25	—
	26	20~30	—
	31	30~100	—
	35	50~110	—
	40	—	1300~2200
	其他范围的固含量由供需双方协商确定	其他范围的粘度由供需双方协商确定	
155 级聚酯漆	22	15~25	—
	26	15~30	—
	31	25~50	—
	35	45~90	—
	40	40~110	800~1600
	其他范围的固含量由供需双方协商确定	其他范围的粘度由供需双方协商确定	

表 10-5-3　聚酯漆包线样的漆膜特性指标

项　目		指　标				试验条件
		130 级聚酯漆		155 级改性聚酯漆		
		1 级	2 级	1 级	2 级	
外观		漆膜应光滑、均匀				目测
单向刮漆	最小	6.45	10.00	6.45	10.00	刮破力
	平均	7.60	11.90	7.60	11.90	
圆棒卷绕		1*d* 不裂				室温
剥离扭绞		≥120 转不裂		≥104 转不裂		500mm 单线扭绞
热冲击		7*D* 不裂		ϕ4.00mm 不裂		175℃，5h
击穿电压		室温 5000V				用两根线样，在 200mm 长度扭绞 12 次
耐溶剂		1h 不破				二甲苯∶正丁醇 = 1∶1
软化击穿		不击穿				240℃，2min；270℃，2min
漆膜连续性		≤5 个				30m 内缺陷数

注：铜线直径 *d* 为 1.25mm。

5.2.2 缩醛漆

缩醛漆是以聚乙烯醇缩甲醛为基的漆包线漆。用它制成的漆包线具有良好的机械强度、耐水解性、耐变压器油性和热冲击性。

1. 漆的组成及反应机理

聚乙烯醇缩甲醛是由聚醋酸乙烯酯与甲醛缩合而成的。在其中再加入少量的改性树脂，并溶于溶剂中后，就制得了聚乙烯醇缩甲醛漆。整个制漆过程的基本反应如下。

(1) 醋酸乙烯酯的聚合反应

$$nCH_3COOCH{=}CH_2 \xrightarrow[\text{(催化剂)}]{\text{偶氮二异丁腈}} \left[\underset{\displaystyle OCOCH_3}{CH}-CH_2\right]_n$$

聚醋酸乙烯酯

(2) 聚醋酸乙烯酯的水解或醇解反应

$$\left[CH_2-\underset{\displaystyle OCOCH_3}{CH}-CH_2-\underset{\displaystyle OCOCH_3}{CH}-CH_2-\underset{\displaystyle OCOCH_3}{CH}-CH_2-\underset{\displaystyle OCOCH_3}{CH}\right]_n$$

聚醋酸乙烯酯

$$+\ 3nROH \xrightarrow[\text{醇烯}]{}$$

醇类

$$\left[CH_2-\underset{\displaystyle OH}{CH}-CH_2-\underset{\displaystyle OH}{CH}-CH_2-\underset{\displaystyle OH}{CH}-CH_2-\underset{\displaystyle OCOCH_3}{CH}\right]_n$$

聚乙烯醇

$$+\ 3nROCOH_3$$

(3) 聚乙烯醇缩醛化反应 聚乙烯醇具有很好的成膜能力，但其不耐湿，耐磨性也很差，并易于老化，不符合漆包线的要求。为了制成性能优异的漆膜，一般是将聚乙烯醇同醛类进行反应，制成缩醛化产物。

当甲醛同聚乙烯醇发生作用时，生成聚乙烯醇缩甲醛树脂，其反应为

$$\left[CH_2-\underset{\displaystyle OH}{CH}-CH_2-\underset{\displaystyle OH}{CH}-CH_2-\underset{\displaystyle OH}{CH}-CH_2-\underset{\displaystyle OCOCH_3}{CH}\right]_n$$

$$+\ \underset{\text{甲醛}}{nHCHO} \xrightarrow[\text{加热}]{\text{催化剂}}$$

$$\left[CH_2-\underset{\displaystyle OH}{CH}-CH_2-\underset{\displaystyle O-CH_2-O}{CH-CH_2-CH}-CH_2-\underset{\displaystyle OCOCH_3}{CH}\right]_n + nH_2O$$

聚乙烯醇缩甲醛树脂

所制成的聚乙烯醇缩甲醛树脂就是形成漆膜的基础，若加入甲醛和乙醛，则可生成聚乙烯醇缩甲乙醛树脂。

(4) 成膜反应 为加速成膜并改进漆膜的耐磨性和耐热塑性，在漆中要加入一定数量的可溶性酚醛树脂、三聚氰胺甲醛树脂、封闭二异氰酸酯和其他改性树脂等。

酚醛树脂的基本作用是在成膜反应中与缩醛中的羟基交联，形成坚硬的、具有体型结构的漆膜。

由于分子结构引入苯环，不仅提高了耐热性，还改进了耐老化性和耐磨性。

三聚氰胺甲醛树脂可以显著地改进漆膜的耐溶剂性，特别是耐苯性。若加入太多，则会影响漆膜的附着力和弹性。环氧树脂的加入，可提高漆的耐热性。

封闭二异氰酸酯可以提高漆膜的软化击穿性。

2. 制漆工艺流程

聚乙烯醇缩甲醛漆的制备工艺流程如图 10-5-2 所示。

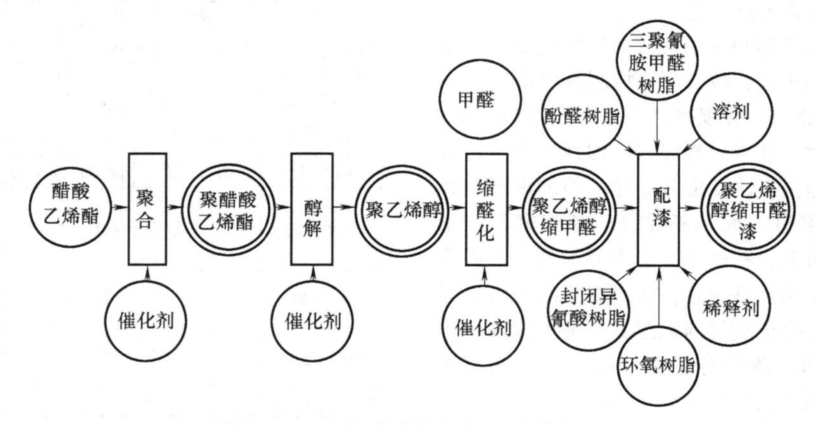

图 10-5-2 缩醛漆的制备工艺流程图

3. 影响漆质量的主要因素

(1) 分子量　聚醋酸乙烯酯的平均聚合度对漆的质量有很大影响。分子量越大，漆膜机械强度相应越高，热冲击性和耐热老化性也相应改进。但漆的粘度增大不利于涂线，因此必须控制一定的分子量。

(2) 分子结构　聚乙烯醇缩醛中一般含有三种基团（羟基、乙酰基和缩醛基），它们之间的比例对漆的性能影响较为显著。

一般规律是缩醛基增多，漆膜结构紧密，能降低吸水性，提高力学性能及电绝缘性能。

羟基含量提高，能显著提高漆膜的耐苯性，以及对烃类溶剂的稳定性。但羟基含量过高，由于交联反应过度，会影响漆膜的弹性、耐油性和热老化性。伴随羟基含量的增多，漆膜的防潮性、电绝缘性能都将相应下降。

乙酰基的存在使漆膜具有较好的弹性、耐溶剂性、耐水解性、耐热冲击性和耐热老化性。另外，乙酰基虽可引起交联，但活性不大。

在生产中，对缩醛基、羟基和乙酰基的比例，都要严格控制。在通常情况下，羟基含量为 11%~13%，乙酰基含量在 3%以下，缩醛基含量在 80%以上。

(3) 改性树脂的用量　漆中酚醛树脂、三聚氰胺甲醛树脂、异氰酸酯封闭树脂及环氧树脂的加入量对漆的性质有较大影响。

加入酚醛树脂可以提高力学性能，改进电绝缘性能。加入三聚氰胺甲醛树脂，可提高耐苯性能，但会影响弹性。一般情况下，加入的三聚氰胺甲醛树脂与酚醛树脂的比例应介于 1∶4~1∶9 之间。为了提高耐热性，改进综合性能，还可加入环氧树脂。

封闭异氰酸酯的加入量应适当，加入过多时，会增加交联程度，使漆膜发脆。

(4) 溶剂的选择　缩醛漆所用的溶剂为糠醛、甲酚、甲苯、二甲苯等，既可以单独使用，又可以混合使用。模具法用漆一般用单一溶剂，而毛毡法用漆则多为混合溶剂。

成膜反应是在漆包炉中进行的，在高温下，缩醛和加入的改性树脂进行交联，最后生成具有体型结构的不溶、不熔的漆膜。

4. 理化指标

缩醛漆的理化指标见表 10-5-4。

表 10-5-4　缩醛漆的理化指标

缩醛漆标称固体含量（%）	缩醛漆粘度值	
	4 号杯式 /s	旋转式 /（mPa·s）
10	40~100	—
15	—	800~2000
20	—	2000~6500
26	—	5500~11000
其他范围的固体含量由供需双方协商确定	其他范围的粘度由供需双方协商确定	

5.2.3　聚氨酯漆

聚氨酯漆是以聚氨基甲酸酯为基的漆包线漆。

用聚氨酯漆涂制的聚氨酯漆包线，除具有一般漆包线的性能之外，还有以下特点：

1）直焊性好。由于聚氨酯漆膜在高温下会分解，并能起焊剂作用，因而无需预先除去漆膜便可直接搪锡焊接。

2）染色性好。漆液无色透明，可以加入各种耐热染料制成具有不同颜色的漆包线。

3）高频性能好。在高频条件下介质损耗角正切比较小。

1. 漆的组成及反应机理

聚氨酯是由多羟基的聚氨基甲酸酯树脂、多羟基的聚酯树脂和封闭异氰酸酯在溶剂中配制而成的。

(1) 多羟基聚氨基甲酸酯树脂　多羟基聚氨基甲酸树脂是以二异氰酸甲苯酯、乙二醇和丙三醇为原料，在羟基和异氰酸酯基的比例大于 1 的条件下进行反应制得的。其反应机理为：

$$\underset{\text{2,4—二异氰酸甲苯酯}}{C_6H_3(CH_3)(NCO)_2} + \underset{\text{乙二醇}}{\begin{matrix}CH_2OH\\|\\CH_2OH\end{matrix}} + \underset{\text{丙三醇}}{\begin{matrix}CH_2OH\\|\\CHOH\\|\\CH_2OH\end{matrix}} \xrightarrow{\text{加热}}$$

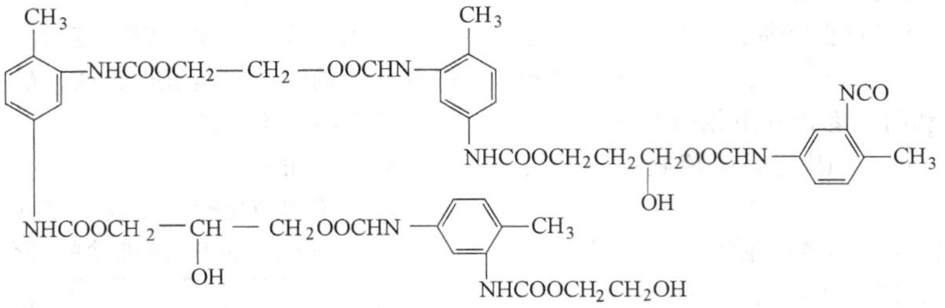

（2）**多羟基聚酯树脂** 由于多羟基聚氨基甲酸树脂（简称多羟基聚氨酯）的成膜性能差，附着力不好，机械强度低，所以要加入耐热性好和机械强度高的聚酯树脂来改性。为了便于引入漆基高分子链中，需制备带有多羟基的聚酯树脂。它的结构与聚酯漆所用的树脂基本相同，区别在于加入的丙三醇比例较大。

（3）**异氰酸酯的封闭** 多羟基聚氨酯和多羟基聚酯都是初聚物，只有这种初聚物才能溶解在溶剂中配制成漆，以适应涂线工艺要求。在成膜过程中，二异氰酸酯不但可以与多羟基聚酯和多羟基聚氨酯的羟基发生反应，交联固化，以提高漆膜的力学性能和耐热性，而且能生成很多氨基甲酸酯基团，使漆膜具有直焊性。

由于二异氰酸甲苯酯所含—NCO官能团是一种化学性极强的化合物，即使在低温下，也易于与水、醇和羧酸等含有活泼氢原子的化合物起剧烈反应，同时异氰酸脂毒性较大，因此在制漆时，一般采用封闭—NCO基的办法。所谓“封闭”，就是用含有羟基的化合物先与—NCO基作用，使一个—NCO基的活性暂时稳定。一般常用苯酚或甲酚处理，当二异氰酸甲苯酯与苯酚作用时，反应为：

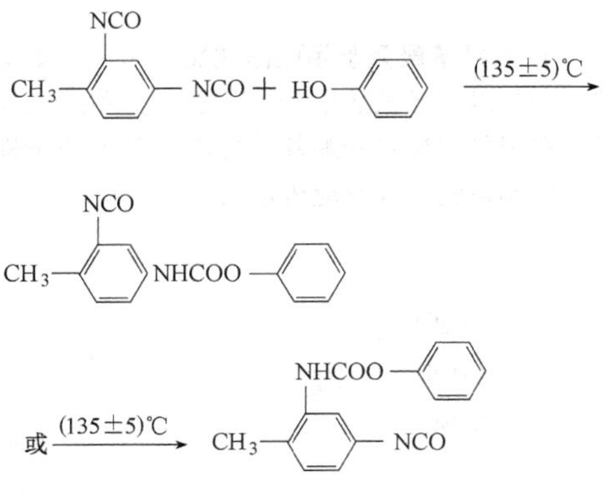

半封闭的二异氰酸甲苯酯

当二异氰酸甲苯酯与甲酚作用时，反应为：

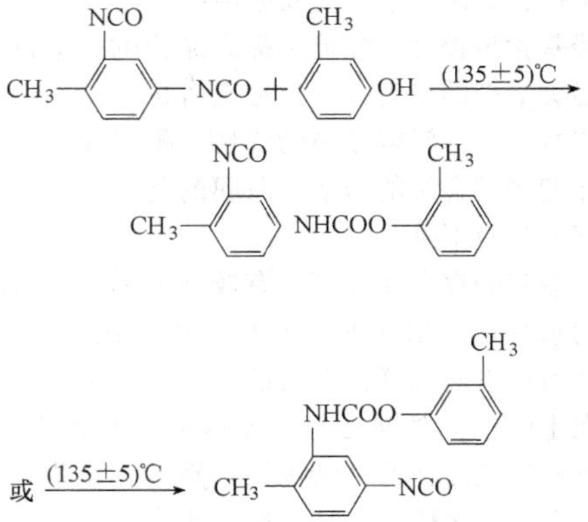

半封闭的二异氰酸甲苯酯

在这种情况下，用甲酚或苯酚封闭的异氰酸基的官能团就形成了封闭物。其在一般条件下是稳定的、无毒的。

（4）**成膜反应** 用酚封闭二异氰酸酯的反应是一个可逆反应，在漆包炉中，当烘焙温度超过180℃时，半封闭的二异氰酸甲苯酯会分解出原来的酚和二异氰酸甲苯酯，其反应为：

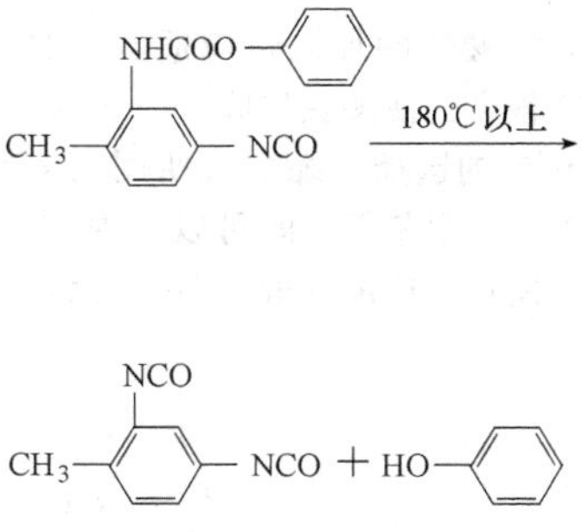

在漆包烘焙过程中，二异氰酸甲苯酯中的—NCO基与多羟基聚氨酯树脂、多羟基聚酯树脂中的羟基（—OH）反应形成体型结构，大致结构为：

C=O
NH
CH_3　NHCOOCH$_2$CHCH$_2$OOCHN　CH_3
O　NHCOOCH$_2$CH$_2$—
C=O
NH
NH
CH_3　C=O
O
—O—C—　—COCH$_2$CHCH$_2$—O—C—　—C—O—CH_2CH_2—
O　O　O　O

2. 制漆工艺流程

聚氨酯漆的制备工艺流程如图 10-5-3 所示。

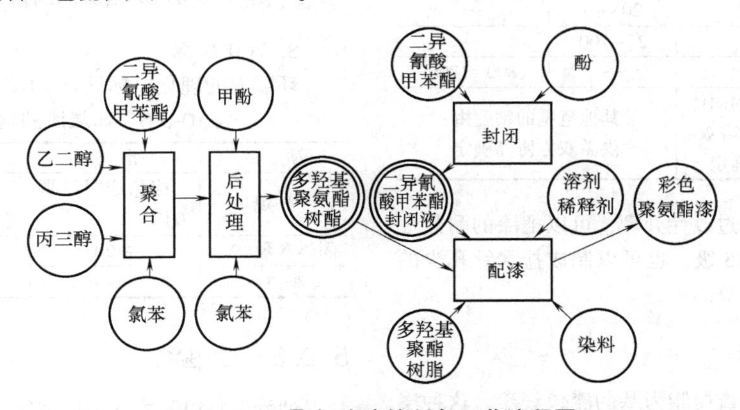

图 10-5-3　聚氨酯漆的制备工艺流程图

3. 影响漆质量的主要因素

（1）树脂的比例　聚氨酯树脂与聚酯树脂的比例对漆包线的性能影响很大。例如，在漆基中增加聚酯树脂的比例，虽可提高漆膜的耐热性、机械强度和附着力，但直焊性却下降；反之，则直焊性提高，其他性能降低。通常漆中聚氨酯树脂与聚酯树脂的质量比取 3∶7。

（2）羟基与异氰酸酯的比例　为了使上述两种树脂中的羟基充分与异氰酸酯反应，理论上计算应该是（—OH）∶（—NCO）= 1。但实践证明，两者比值以大于 1 为好，以防止—NCO 过量。因为过量的—NCO 会与树脂起反应，生成不需要的含脲基的高分子。

（3）烘干温度　使用聚氨酯漆时，烘焙温度很重要，一般控制在 230～280℃之间。温度过低时，交联固化不完全，因为封闭物要在 180℃以上才分解还原为异氰酸酯和酚；温度过高或漆膜烘焙时间过长时，则降低了它的直焊性。

（4）与水及醇类接触的影响　由于—NCO 基的活性很强，易与水、醇类起反应，所以在漆的制造或使用过程中，应防止其与水接触，也不要选用醇类作为溶剂或稀释剂。

4. 理化指标

聚氨酯漆的理化指标见表 10-5-5。

表 10-5-5 聚氨酯漆的理化指标

名称	标称固体含量(%)	聚氨酯漆粘度值	
		4 号杯式/s	旋转式/(mPa·s)
130 级聚氨酯漆	22	14~20	—
	26	15~25	—
	31	18~35	—
	35	25~45	—
	40	40~110	—
	其他范围的固体含量由供需双方协商确定	其他范围的粘度由供需双方协商确定	
155 级聚氨酯漆	22	15~25	—
	26	15~30	—
	31	18~65	—
	35	25~100	—
	40	—	800~1700
	其他范围的固体含量由供需双方协商确定	其他范围的粘度由供需双方协商确定	
180 级聚氨酯漆	22	15~25	—
	26	15~35	—
	31	20~40	—
	35	25~100	—
	40	—	800~1700
	其他范围的固体含量由供需双方协商确定	其他范围的粘度由供需双方协商确定	

聚氨酯树脂通过改性处理，可以把漆的耐热性提高到 130 级或 155 级，也可以制成盐水针孔少的专用漆及阻燃性漆等品种。

5.2.4 环氧漆

环氧漆是以环氧树脂为基的漆包线漆。这种漆的漆膜具有良好的耐湿性、耐化学药品性和耐油性，但弹性较差。因此，用它涂制的漆包线可作为湿热环境下工作的电动机、电器的绕组线。

1. 漆的组成及反应机理

环氧漆主要由环氧树脂和改性树脂在溶剂中配制而成。可用的改性树脂有三聚氰胺甲醛树脂、脲醛树脂和醇酸树脂等。

环氧树脂是由二元酚及其衍生物（如二羟基二苯基丙烷）经缩合反应而成的，其结构为：

$$\underset{\backslash O /}{CH_2-CH}-CH_2\left[-O-\langle\bigcirc\rangle-\underset{CH_3}{\overset{CH_3}{C}}-\langle\bigcirc\rangle-O-CH_2-\underset{OH}{CH}-CH_2-\right]_n\cdots$$

环氧树脂性能较脆，为了改善其弹性，可加入一些改性树脂或单体进行共聚。

环氧基是个极活泼的官能团，它能与其他改性树脂中的活性基团，如—NH_2、$(—CO)_2O$、—OH—COOH 和—CH = CH—等反应，进一步缩聚（与二元化合物）或交联固化。

由于环氧树脂中有极性—OH 基团存在，使树脂具有良好的附着力，并且在高温下可与加入的改性树脂发生交联反应。

2. 制漆工艺流程

环氧漆的制备工艺流程如图 10-5-4 所示。

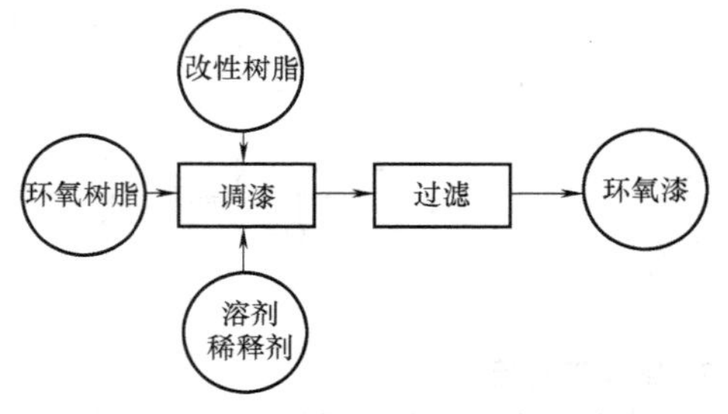

图 10-5-4 环氧漆的制备工艺流程图

3. 理化指标

环氧漆的理化指标见表 10-5-6。

表 10-5-6 环氧漆的理化指标

项 目	指 标	试 验 条 件
外观	棕色透明粘稠液体	用目力在天然散射光下对光观察
固体含量(%)	≥20	(150±3)℃,1h
粘度/s	≥40	(200±3)℃,1h

5.2.5 油性漆

油性漆是以不饱和干性植物油作为漆基的漆包线漆。用油性漆涂制的漆包线，具有成本低、耐潮性好、耐高频性能好和易于涂线等优点，但力学性能和耐热性能差。

1. 漆的组成及反应机理

油性漆主要由桐油、亚麻仁油、改性树脂、天然树脂（如松香）、合成树脂（如二甲酚树脂、酚醛树脂和醇酸树脂等）、干燥剂（如松香酸钙、松香酸锰等）和溶剂（如煤油）组成。

油性漆在熬制和干燥成膜时的反应是比较复杂的，其反应如下。

(1) 酯交换反应 桐油和亚麻仁油都是由不饱和脂肪酸的混合甘油组成的。在熬制时，产生酯交换作用，新形成的混合酯具有介于桐油和亚麻仁油之间的性能。例如：

$$\begin{matrix} CH_2-OOCR_1 \\ | \\ CH-OOCR_2 \\ | \\ CH_2-OOCR_2 \end{matrix} + \begin{matrix} CH_2-OOCR_4 \\ | \\ CH-OOCR_5 \\ | \\ CH_2-OOCR_5 \end{matrix} \xrightarrow{加热} \begin{matrix} CH_2-OOCR_1 \\ | \\ CH-OOCR_2 \\ | \\ CH_2-OOCR_5 \end{matrix} + \begin{matrix} CH_2-OOCR_4 \\ | \\ CH-OOCR_5 \\ | \\ CH_2-OOCR_2 \end{matrix}$$

（2）干性油的聚合反应 干性油中不饱和脂肪酸上的共轭双键之间发生聚合反应，生成带有环状结构的二聚体。例如：

$$\begin{matrix} -CH=CH-CH=CH- \\ + \\ -CH=CH-CH=CH- \end{matrix} \xrightarrow{加热} \begin{matrix} CH=CH- \\ | \\ CH \\ / \quad \backslash \\ -CH \quad CH- \\ | \quad\quad | \\ -CH \quad CH \\ \backslash \quad // \\ CH \end{matrix}$$

共轭双键 环二聚体

一般油性漆的漆基中以二聚体最多，当然也有少量的三聚体、四聚体生成，过度聚合就会发生胶化。

桐油酸中的双键是共轭双键，可发生上述反应。而亚麻油酸中的双键是隔离双键，必须在高温下使之转变成共轭双键，然后才能进行聚合，其转变过程为：

$$\underset{隔离双键}{-CH_2-CH=CH-CH_2=CH-CH-} \xrightarrow{加热} \underset{共轭双键}{-CH_2-CH=CH-CH=CH-CH_2}$$

（3）干性油与改性树脂之间的反应 在熬制时，加入的改性树脂与干性油之间的反应是很复杂的。例如，加入松香与酚醛树脂时，有以下反应：

1）松香甘油酯和干性油之间的酯交换反应。

2）松香甘油酯和干性油两者的不饱和键的聚合反应。

3）酚醛树脂基团本身的缩聚反应及其与干性油之间的缩聚反应。

（4）氧化聚合反应 漆在涂线烘干时，与空气的接触面积较大，发生氧化聚合反应。在低温下：

$$\begin{matrix} | \\ CH \\ \| \\ CH \\ | \end{matrix} + O_2 \longrightarrow \begin{matrix} | \\ CH-O \\ | \quad\ | \\ CH-O \\ | \end{matrix} \longrightarrow \begin{matrix} | \\ CH-O- \\ | \\ -O-CH \\ | \end{matrix}$$

$$\begin{matrix} | \\ CH-O- \\ | \\ -O-CH \\ | \end{matrix} + \begin{matrix} | \\ CH \\ \| \\ CH \\ | \end{matrix} \longrightarrow \begin{matrix} | \quad\quad | \\ CH-O-C \\ | \quad\quad | \\ -O-CH \quad CH= \\ | \quad\quad | \end{matrix}$$

在高温下，则生成含氧较少的体型聚合物，同时有低分子物挥发出去，反应如下：

$$2\begin{matrix} | \\ CH \\ \| \\ CH \\ | \end{matrix} + O_2 \longrightarrow 2\begin{matrix} | \\ -CH \\ | \\ CH-O- \\ | \end{matrix}$$

$$\begin{matrix} | \\ -CH \\ | \\ CH=O= \end{matrix} + \begin{matrix} | \\ CH \\ \| \\ CH \\ | \end{matrix} \longrightarrow \begin{matrix} | \quad\quad | \\ CH-CH \\ | \quad\quad | \\ -CH \quad CH-O- \\ | \end{matrix}$$

因此，在高温下和低温下所得的漆膜性能是不同的。高温烘干的漆膜具有较好的光泽、硬度和耐化学药品性能；而低温烘干的漆膜柔韧性较好。

（5）干燥剂的作用 干燥剂具有缩短诱导周期、加速与氧的结合、促进聚合和加强分子间的结合的作用。

2. 制漆工艺流程

油性漆的制备工艺流程图如图10-5-5所示。

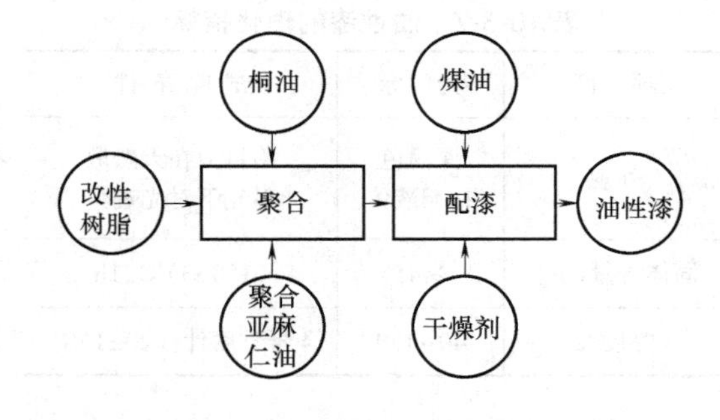

图10-5-5 油性漆的制备工艺流程图

3. 影响漆质量的主要因素

（1）改性树脂的影响 为了提高漆膜的耐热性，通常用树脂来改性。加入改性树脂后，还可提高漆膜的耐磨性、耐溶剂性、弹性和表面光滑程度。

（2）干燥剂的用量 为加速漆膜的干燥成膜，在漆中需加入松香酸钙、松香酸锰等干燥剂。干燥剂用量一般控制在0.2%～0.35%，用量过大反而会促使漆膜老化。此外，也可加入0.5%～1.0%的正钛酸丁酯，以提高漆膜的弹性。调漆时，加入正钛酸丁酯的速度要慢，加好后要充分搅拌，以防反应过激，凝结成块。

(3) 加入对苯二酚的影响 加入少量的对苯二酚，可以防止涂漆时发生漆的氧化凝胶。

(4) 桐油的用量、胶化时间和酸值 制造油性漆时，应考虑到所涂制漆包线的线径大小。涂制大规格漆包线时，因需要较大的漆层厚度，所以漆中桐油的含量应相应增加（可达46%），并加入1%~2%的活性干燥剂——松香酸锰，以加速漆膜的形成。涂制小规格漆包线时，要求有高度的均匀性，因此漆中桐油的含量可减少一些，并且不必采用活性干燥剂，而可采用松香酸钙。涂细漆包线时，可完全采用亚麻仁油而不用桐油，也不需采用干燥剂。

所用桐油的胶化时间和酸值，对漆的质量影响很大，因此必须严格将其控制在一定范围内。

(5) 熬漆温度和时间 熬漆温度过高或时间太长，容易引起胶化。为使漆的粘度符合要求，应准确地掌握好熬漆的温度和时间。

(6) 储放时间 制成的油性漆应在储漆罐内放置一定时间，靠静置沉淀除去过滤不掉的胶体，以得到透明、均匀、成膜性能良好的漆。

4. 理化指标

油性漆的理化指标见表10-5-7。

表10-5-7 油性漆的理化指标

项 目	指 标	试验条件
外观	深褐色粘稠液体	用目力在天然散射光下对光观察
固体含量(%)	≥45	(150±3)℃,1h
黏度/s	40~130	4号黏度计,(20±1)℃

5.3 耐高温漆包线漆

5.3.1 聚酰亚胺漆

聚酰亚胺漆是以芳香族二酐和芳香族二胺缩聚而成的一种耐高温漆。用它制成的漆包线可在240℃下长期使用，也可在300~450℃的高温下短期使用。它不但具有优异的耐热性，而且耐辐射、耐溶剂和耐低温性能也很优良。

1. 漆的组成及反应机理

(1) 低温缩聚反应 由芳香族二酐和芳香族二胺在极性溶剂中缩聚生成的聚酰胺酸溶液，通常称为聚酰亚胺漆。反应为：

n 均苯四甲酸二酐 + nH_2N—⟨苯环⟩—O—⟨苯环⟩—NH_2（4,4′-二氨基二苯醚） $\xrightarrow{\text{在二甲基乙酰胺中}}$ 聚酰胺酸

(2) 高温闭环成膜 在涂漆后经高温烘干时，聚酰胺酸将发生脱水闭环反应而成膜，反应为：

聚酰胺酸 $\xrightarrow{\text{高温下}}$ 聚酰亚胺漆膜 $+2nH_2O$

2. 制漆工艺流程

聚酰亚胺漆的制备工艺流程如图10-5-6所示。

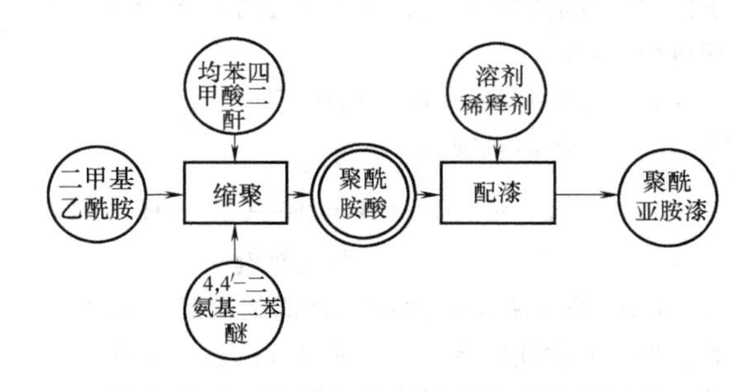

图10-5-6 聚酰亚胺漆的制备工艺流程图

3. 影响漆质量的主要因素

(1) 漆的保存和储运 聚酰亚胺漆实际上是以聚酰胺酸的状态溶解在溶剂中的，它在常温或光照下，以及有水分存在的情况下，易于降解。所以，漆必须在密封、避光和低温下（0~5℃）保存和储运。

(2) 闭环程度 在漆膜烘干过程中，闭环程度对漆膜的性能影响很大。闭环程度差，漆膜的各种性能都不好。所以，必须采用足够高的温度和一定长的烘焙时间，使漆膜充分闭环固化。

4. 理化指标

聚酰亚胺漆的理化指标见表 10-5-8。

表 10-5-8 聚酰亚胺漆的理化指标

芳族聚酰亚胺漆标称固体含量（%）	芳族聚酰亚胺漆粘度值	
	4 号标式 /s	旋转式 /（mPa · s）
15	—	1100～3500
20	—	2500～4500
27	—	6000～8000
其他范围的固体含量由供需双方协商确定	其他范围的粘度由供需双方协商确定	

5. 3. 2 聚酰胺酰亚胺漆（酰氯法）

用聚酰胺酰亚胺漆涂制的漆包线，是一种综合性能优良的 200 级耐高温漆包线。它可在 200℃下长期使用，并具有良好的力学性能、耐化学腐蚀性能和耐冷冻剂性能。

1. 漆的组成及反应机理

（1）低温缩聚反应 由 1，2，4-偏苯三甲酐酰氯和 4，4′-二氨基二苯醚在极性溶剂中进行缩聚，除去 HCl 后得到的聚酰胺酸溶液，通常称为聚酰胺酰亚胺漆。其反应为：

n Cl—C(=O)—[1,2,4-偏苯三甲酸酐] + $n H_2N$—⟨苯环⟩—O—⟨苯环⟩—NH_2

1，2，4-偏苯三甲酸酐酰氯　　4，4′-二氨基二苯醚

$\xrightarrow{\text{二甲基乙酰胺}}$

$[$—HN—C(=O)—⟨苯环（—C(=O)—OH，—C(=O)—NH—）⟩—⟨苯环⟩—O—⟨苯环⟩—$]_n$ + HCl

聚酰胺酸

（2）高温闭环成膜 聚酰胺酸在漆包炉的高温烘焙下，脱水环化生成不溶、不熔的聚酰胺酰亚胺漆膜。其反应为：

$[$—HN—C(=O)—⟨苯环（—C(=O)—OH，—C(=O)—NH—）⟩—⟨苯环⟩—O—⟨苯环⟩—$]_n$

$\xrightarrow{\text{高温下}}$ $[$—HN—C(=O)—⟨苯环—(C=O)₂N—⟩—⟨苯环⟩—O—⟨苯环⟩—$]_n$ + nH_2O

聚酰胺酰亚胺膜

2. 制漆工艺流程

聚酰胺酰亚胺漆的制备工艺流程如图 10-5-7 所示。

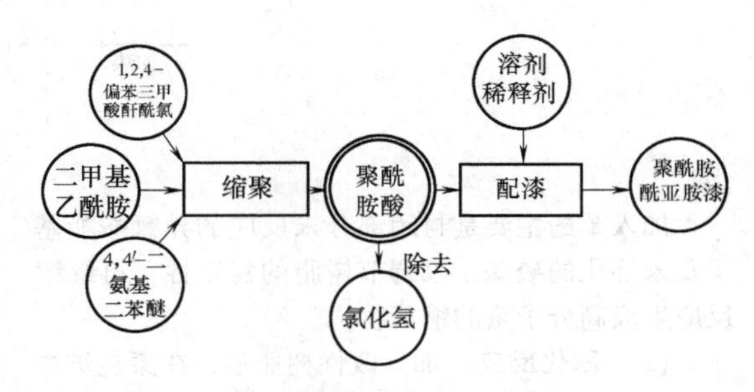

图 10-5-7 聚酰胺酰亚胺漆的制备工艺流程图

在制漆过程中，除去聚酰胺酸内 HCl 的方法有以下两种。

（1）析出粉末法 把含有 HCl 的聚酰胺酸溶液在水中析出成粉，然后用水洗净树脂中的 HCl，得到聚酰胺酸粉末。析出粉末法的优点是，这种粉末可以在室温下储存，便于储运，使用时再用溶剂配制成漆即可。

（2）中和法 用环氧乙烷等中和漆中的 HCl。但该漆与聚酰亚胺漆一样，必须在密封、避光和低温下（0～5℃）保存和储运，以防变质降解。

此外，在熬漆时，必须避免与含铁的器具接触，以免发生不利的副作用。

3. 理化指标

聚酰胺酰亚胺漆的理化指标见表 10-5-9。

表 10-5-9 聚酰胺酰亚胺漆的理化指标

聚酰胺酰亚胺漆标称固体含量（%）	聚酰胺酰亚胺漆粘度值	
	4 号杯式 /s	旋转式 /（mPa · s）
20	15～30	—
25	20～40	—
	—	700～1200
30	50～90	—
40	—	1500～2800
其他范围的固体含量由供需双方协商确定	其他范围的粘度由供需双方协商确定	

5.3.3 改性聚酰胺酰亚胺漆（异氰酸酯法）

改性聚酰胺酰亚胺漆，是以异氰酸酯的工艺流程合成的，再加入酚醛和环氧树脂进行改性，以提高它的热弹性。其可在200℃下长期使用，在室温下有良好的储存性。在涂制漆包线时，所用的毛毡夹应比通常所采用的宽些，漆槽周围要保持一定的湿度。

1. 漆的组成及反应机理

（1）缩聚及封闭反应 由4，4′-二异氰酸二苯甲烷、偏苯三甲酸酐在苯酚存在的情况下于极性溶剂中缩聚，释放出 CO_2，先生成低分子量的预聚体。其反应为：

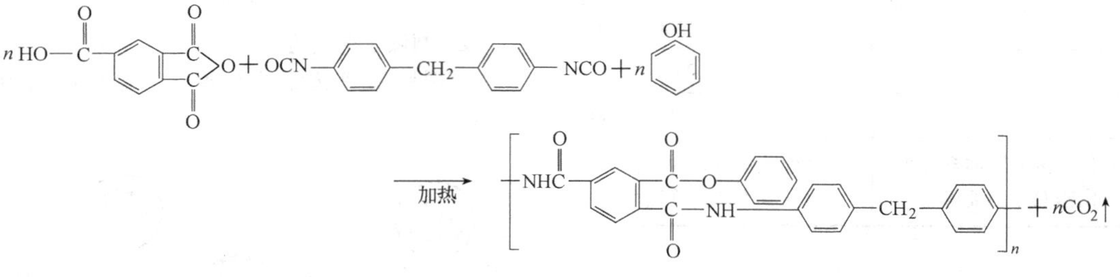

聚酰胺预聚体

加入苯酚主要是封闭部分未反应的异氰酸酯基团及未环化的羧基，以调节树脂的稳定性，再继续反应生成高分子量的缩聚物。

（2）固化反应 加入改性树脂后，在漆包炉中烘焙时，一方面使缩聚物的异氰酸酯基团和改性树脂的活性基团反应，另一方面使缩聚物中还未完全闭环的地方进一步闭环，生成改性聚酰胺酰亚胺漆膜。

2. 制漆工艺流程

用异氰酸酯法合成改性聚酰胺酰亚胺漆的工艺流程如图10-5-8所示。

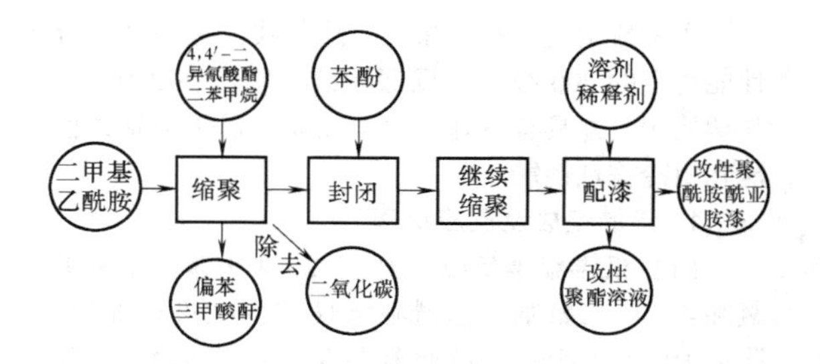

图10-5-8 异氰酸酯法合成改性聚酰胺酰亚胺漆工艺流程图

5.3.4 聚酯亚胺漆

聚酯亚胺漆是一种用THEIC亚胺改性的聚酯漆。用它涂制的漆包线既保留了聚酯漆包线的优点，又提高了聚酯漆包线的耐热冲击性能，而且工艺性较好，涂制扁线时，扁线的圆角处容易上漆。所以，聚酯亚胺漆是一种良好的180级漆包线漆。

1. 漆的组成及反应机理

将偏苯三甲酸酐与4，4′-二氨基二苯醚（物质的量比为2∶1）直接加入改性聚酯预聚体中，在高温下发生反应，生成二羧酸二亚胺中间体，随后和改性聚酯预聚体反应生成聚酯亚胺的共聚物，反应为：

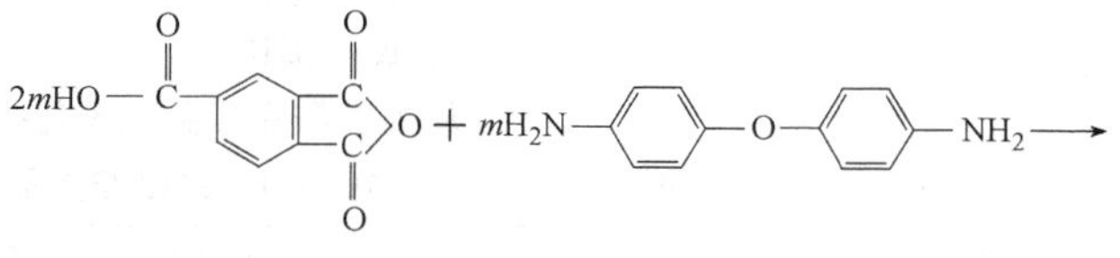

偏苯三甲酸酐　　4，4′-二氨基二苯醚

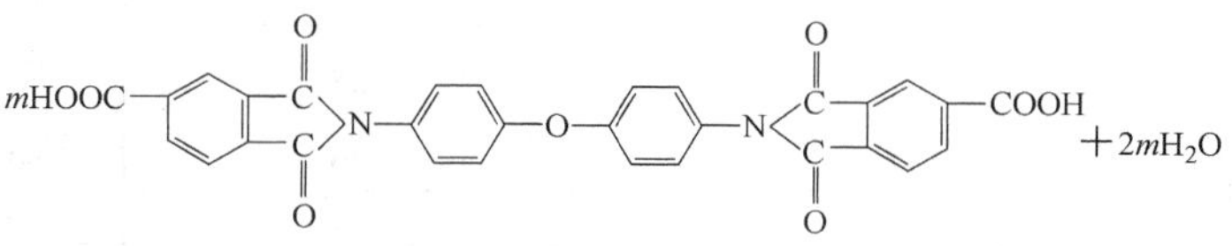

二羧酸二亚胺中间体

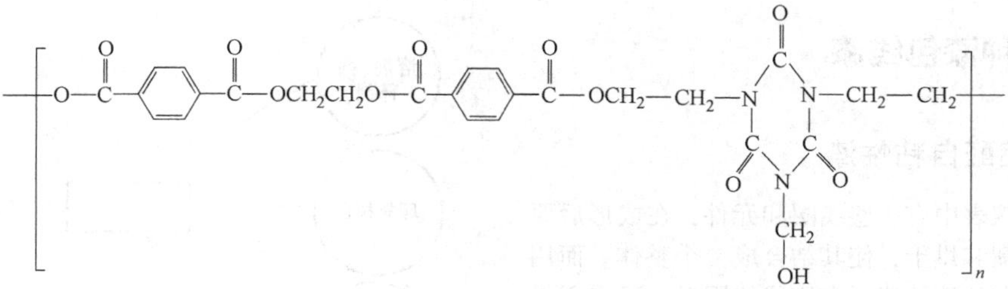

聚酯预聚体

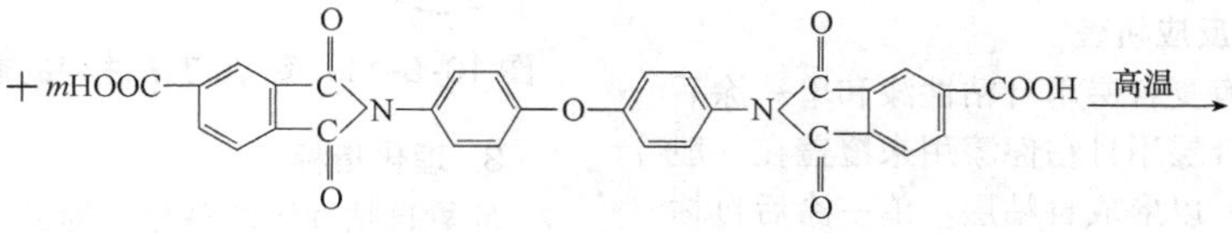

二羧酸二亚胺中间体

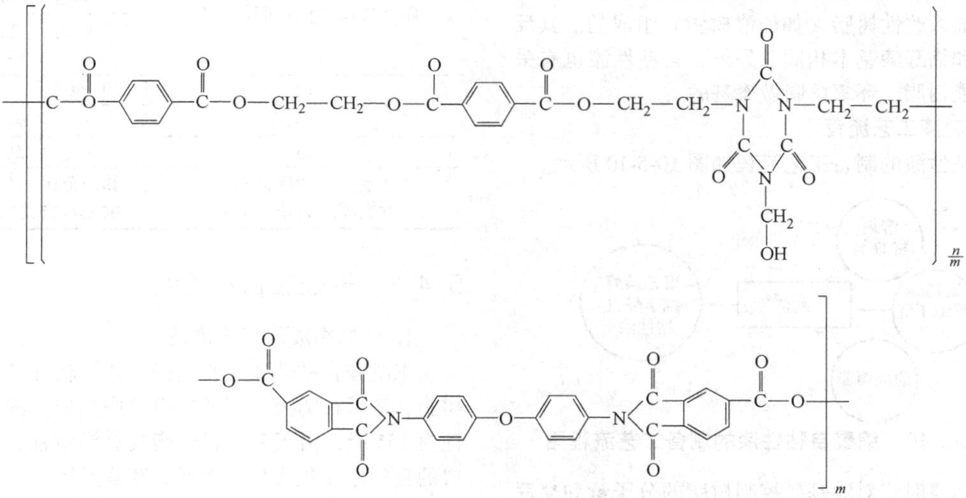

聚酯亚胺共聚物

聚酯亚胺漆在漆包炉中高温固化成膜的机理和聚酯漆基本相同。漆中亚胺成分越多，涂制的漆包线漆膜的耐热性能越高。

2. 制漆工艺流程

聚酯亚胺漆的制备工艺流程如图 10-5-9 所示。

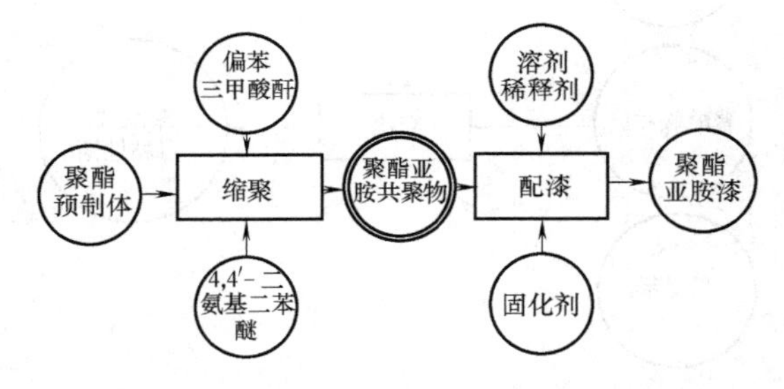

图 10-5-9　聚酯亚胺漆的制备工艺流程图

3. 理化指标

聚酯亚胺漆的理化指标见表 10-5-10。

表 10-5-10　聚酯亚胺漆的理化指标

聚酯亚胺漆标称固体含量（%）	聚酯亚胺漆粘度值	
	4 号杯式/s	旋转式/(mPa·s)
22	15~25	—
25	20~30	—
30	25~40	—
35	45~90	—
40	—	800~2000
其他范围的固体含量由供需双方协商确定	其他范围的粘度由供需双方协商确定	

5.4 特种漆包线漆

5.4.1 缩醛自粘性漆

电器、仪表中有一些线圈和元件，在成形后要经包扎、浸渍和烘干，使其结合成一个整体。而用自粘性漆涂制的漆包线，在绕成线圈后，可采用烘焙或其他方法在短时间内自行粘合成形，从而大大提高了生产率。

1. 漆的组成及反应机理

自粘性漆目前有复合层用自粘性漆和单一涂后自粘性漆两种。复合层用自粘性漆用来覆盖在一般的薄层漆包线外面，以形成自粘层。单一涂后自粘性漆则可直接涂在导体上，形成单一的自粘层。

缩醛自粘性漆通常都是以聚乙烯醇缩丁醛为基，再加入改性树脂（如酚醛树脂）组成的。其反应机理和缩醛漆基本相同。另外，自粘性漆也有采用聚氨酯树脂、环氧树脂做漆基的。

2. 制漆工艺流程

自粘性漆的制备工艺流程如图 10-5-10 所示。

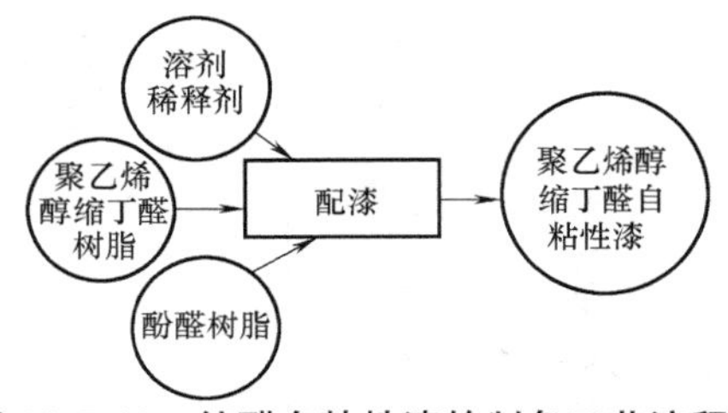

图 10-5-10 缩醛自粘性漆的制备工艺流程图

在制漆时，对漆基要控制树脂的分子量和交联程度，使其与涂线工艺和粘合固化的条件相互配合。在单一涂层的自粘性漆中，还要考虑保证漆包线在粘合成形后的电气和力学性能。

5.4.2 环氧自粘性漆

环氧自粘性漆适用于以聚酯和聚氨酯等为基的漆包线的涂制，以生产 130 级复合涂层自粘性漆包线。

1. 漆的组成及反应机理

环氧自粘性漆主要由环氧树脂和酚醛树脂溶于溶剂中组成。其溶剂以正丁醇、二甲苯混合溶剂为主，反应机理同环氧漆。

2. 制漆工艺流程

环氧自粘性漆的制备工艺流程如图 10-5-11 所示。

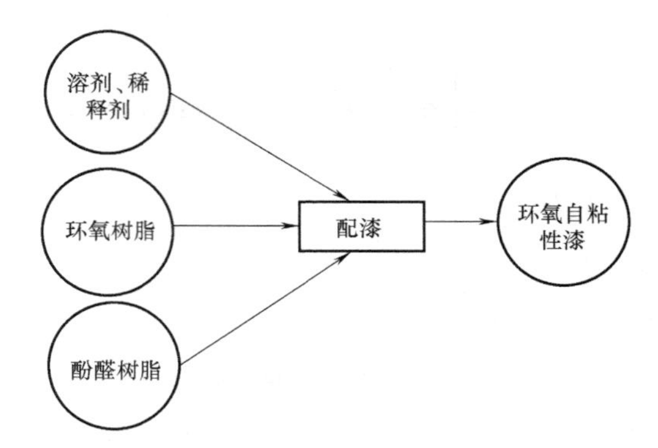

图 10-5-11 环氧自粘性漆的制备工艺流程图

3. 理化指标

环氧自粘性漆的理化指标见表 10-5-11。

表 10-5-11 环氧自粘性漆的理化指标

环氧自粘漆标称固体含量（%）	自粘漆粘度值	
	4 号杯式 /s	旋转式 /(mPa·s)
12	30~50	—
20	—	800~1400
25	—	2500~6500
其他范围的固体含量由供需双方协商确定	其他范围的粘度由供需双方协商确定	

5.4.3 聚酰胺自粘性漆

1. 漆的组成及反应机理

聚酰胺自粘性漆主要选择耐热性较好的聚酰胺树脂，溶解在酚类溶剂及二甲苯中制成。漆膜耐热性为 155 级，由于聚酰胺树脂具有润滑性，所以制成的自粘性漆包线具有较低的摩擦因数。

2. 制漆工艺流程

聚酰胺自粘性漆的制备工艺流程如图 10-5-12 所示。

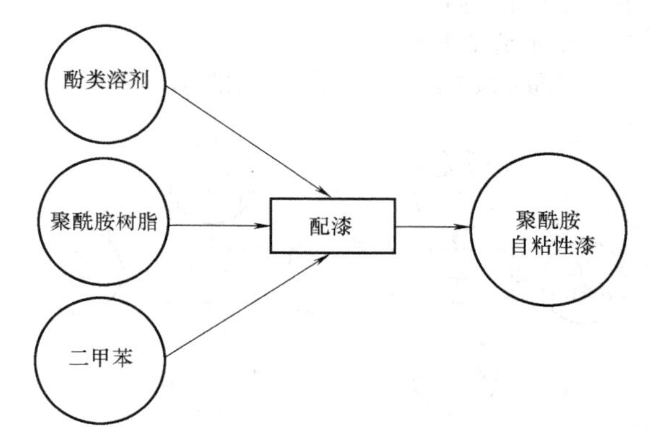

图 10-5-12 聚酰胺自粘性漆的制备工艺流程图

3. 理化指标

聚酰胺自粘性漆的理化指标见表 10-5-12。

表 10-5-12　聚酰胺自粘性漆的理化指标

聚酰胺自粘漆标称固体含量（%）	自粘漆粘度值	
	4 号杯式/s	旋转式/(mPa·s)
8	30~80	—
12	50~90	200~400
18	—	1000~6500
其他范围的固体含量由供需双方协商确定	其他范围的粘度由供需双方协商确定	

5.4.4　自粘直焊漆

用自粘直焊漆涂制的漆包线，其漆层既有自粘性，又有直焊性；用它绕制的线圈不仅可用烘焙的方法在短时间内自行粘合成形，而且在焊接头时不必预先除去漆膜，可直接搪锡。因此，大大简化了工艺，提高了生产率。

自粘直焊漆包线在结构上有复合涂层和单一涂层两种类型。单一涂层漆包线能用一般漆包设备一次涂成，工艺简单。这里主要介绍单一涂层自粘直焊性漆。

单一涂层自粘直焊性漆以聚酯-聚氨酯为漆基。

1. 漆的组成及反应机理

(1) 聚酯树脂　为了保证漆膜既具有自粘直焊性，又具有一定的物理、力学和电绝缘性能，故在聚酯分子中引入醚链，使分子链具有柔软性；并控制树脂具有一定的羟基，以便固化交联。其反应机理同聚酯漆。

(2) 封闭式聚氨酯树脂　含有封闭的异氰酸酯端基和具有一定羟基的聚氨酯树脂，使漆膜不但具有直焊性，而且在自粘过程中能交联固化。反应机理同聚氨酯漆。

(3) 自粘固化过程　漆基的变化如图 10-5-13 所示。

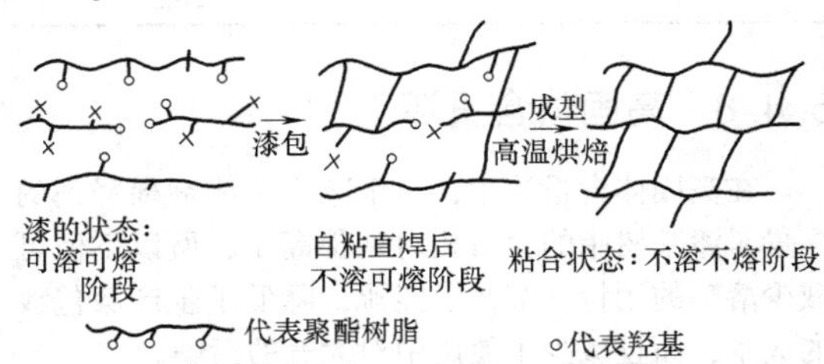

图 10-5-13　自粘直焊漆漆基变化示意图

2. 制漆工艺流程

单一涂层自粘直焊性漆的制备工艺流程如图 10-5-14 所示。

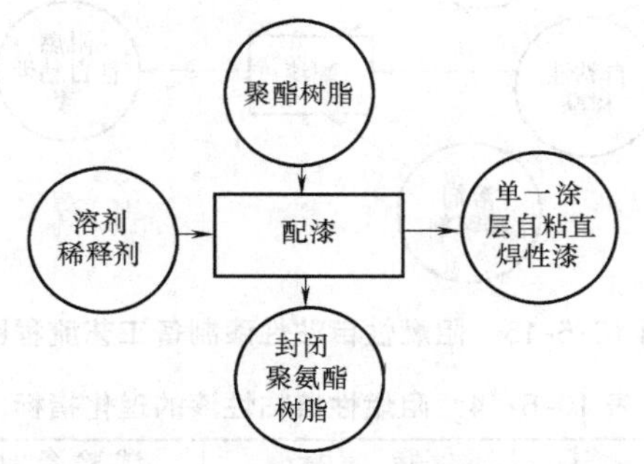

图 10-5-14　单一涂层自粘直焊性漆的制备工艺流程图

制漆的关键是，必须将漆基中的活性基团调节适当。如果氨基甲酸酯含量不足，则直焊性不好；而羟基含量不足时，自粘性不好。因此，漆基中的-OH：-NCO 一般控制在 1：0.4~1：0.85 范围内。

3. 理化指标

单一涂层自粘直焊性漆的理化指标见表 10-5-13。

表 10-5-13　单一涂层自粘直焊性漆的理化指标

项　目	指　标	试验条件
外观	棕黄色透明粘稠液体	用目力在天然散射光下对光观察
固体含量(%)	≥35	(180±3)℃，1h
粘度/s	120~360	恩氏杯(50±3)℃，1h，±1℃，100mL

5.4.5　阻燃性自粘性漆

阻燃性自粘性漆涂制成的漆包线漆膜，不但有自粘性及直焊性，而且具有阻燃作用。

1. 漆的组成及反应机理

在自粘性漆中加入适当的反应型阻燃剂，如含有反应基团的卤化物和聚合物，将含卤单体或中间体等混合均匀，在成膜过程中能与其他组分发生化学反应。

2. 制漆工艺流程

阻燃性自粘性漆的制备工艺流程如图 10-5-15 所示。

3. 理化指标

阻燃性自粘性漆的理化指标见表 10-5-14。

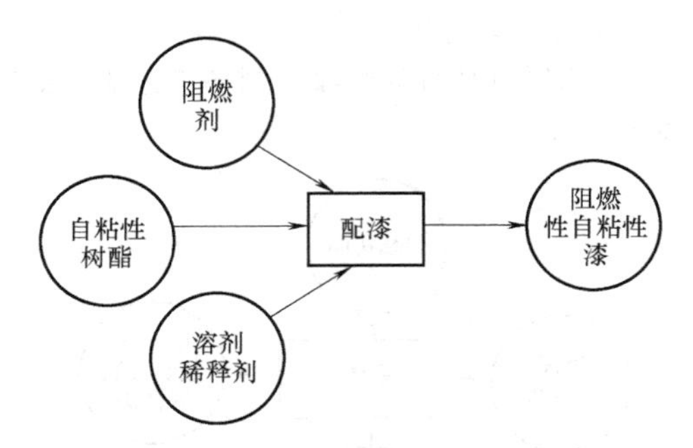

图 10-5-15 阻燃性自粘性漆制备工艺流程图

表 10-5-14 阻燃性自粘性漆的理化指标

项目	指标	试验条件
外观	浅棕色透明粘稠液体	目测
固体含量(%)	9~19	(150±3)℃,1h
粘度/s	55~105	4号粘度计,(20±1)℃

5.4.6 无磁性漆

无磁性漆的特点是所含铁磁性物质极微，通常采用聚氨酯树脂作为漆基。

无磁性漆的成分及反应机理、制漆工艺流程，与前述聚氨酯漆相同。制备无磁性漆所用的原材料、溶剂等都必须加以提纯，使之符合无磁性的要求。制造和使用无磁性漆时，应保持容器和周围环境的清洁，以防止铁磁物质混入漆中。

无磁性漆的理化指标见表 10-5-15。

表 10-5-15 无磁性漆的理化指标

项目	指标	试验条件
外观	浅棕色透明粘稠液体	目测
固体含量(%)	30~40	(180±30)℃,1h
含铁量(%)	≤	光度测定法
粘度/s	25~70	4号粘度计,(25±1)℃

5.4.7 耐冷冻剂漆

用耐冷冻剂漆涂制的漆包线具有优良的耐冷冻剂性能（特别是耐氟利昂-22 的腐蚀），适合制作封闭式制冷装置中电动机的绕组。可作为耐冷冻剂的漆有聚氨酯改性缩醛漆、聚酰胺酰亚胺漆、180级聚酯亚胺漆等，但聚氨酯改性缩醛漆价格便宜。

1. 漆的组成及反应机理

聚氨酯改性缩醛漆基中主要有聚乙烯醇缩甲醛树脂、二异氰酸双封闭树脂、甲酚甲醛树脂及三聚氰胺甲醛树脂。

当漆涂在导线上烘干时，二异氰酸酯封闭物在高温下分解出的-NCO 基和缩醛中的-OH 基及酚醛树脂中的羟甲基-CH_2OH 等进行交联固化，形成了含有体型结构的坚硬漆膜。

2. 制漆工艺流程

聚氨酯改性缩醛漆的制备工艺流程如图 10-5-16 所示。

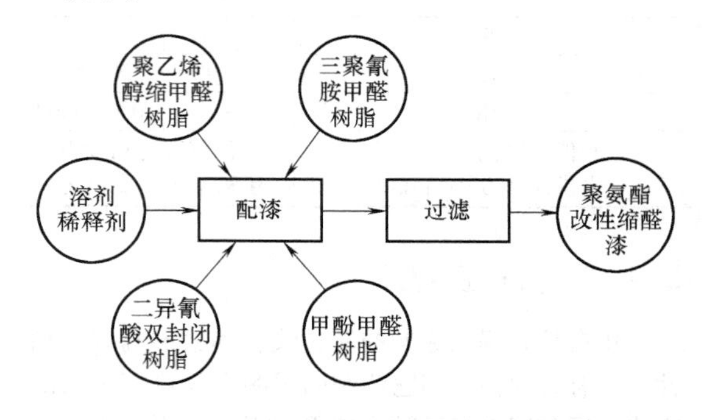

图 10-5-16 聚氨酯改性缩醛漆制备工艺流程图

3. 影响漆质量的主要因素

（1）树脂的性能和比例 组成漆基所用的树脂的性能及比例，对漆包线的性能影响很大。例如，增加缩醛中的-OH 含量，增加二异氰酸双封闭树脂中的-NCO 含量，增加酚醛树脂和三聚氰胺甲醛树脂的比例，虽都可提高交联固化程度，从而提高漆膜的耐冷冻剂的能力，但另一方面还应考虑到漆包线的热老化、弹性等性能，所以必须选择适当的配比，以满足综合性能的要求。

（2）涂漆工艺 由于耐冷冻剂漆的粘度较大，故涂制漆包线时采用模具法较好。

4. 理化指标

聚氨酯改性缩醛漆的理化指标见表 10-5-16。

表 10-5-16 聚氨酯改性缩醛漆的理化指标

项目	指标	试验条件
外观	浅棕色透明粘稠液体	用目力在天然散射光下对光观察
固体含量(%)	≥19	(180±3)℃,1h
粘度/s	25~70	4号粘度计,(28±1)℃

5.4.8 高固体含量漆

在高固体含量漆中，由于减少了溶剂稀释剂的含量，漆基树脂的含量相对地提高了，所以不但可减少溶剂的用量，节约了能源，降低了生产漆包线的成本，而且减少了使用中对大气的污染。

在漆的制造中，为了控制粘度不过大而有利于涂线，必须降低漆基树脂的分子量，再采取填加固化剂，选择溶解力强的溶剂等办法，来保证漆膜固化后的性能不降低。

常用消耗量大的聚酯漆、聚酯亚胺漆等都可制成高固体含量漆的派系产品，固体含量可从目前的31%左右，提高到 45%～50%。制漆工艺流程分别同前述的同类漆。高固体含量聚酯漆、聚酯亚胺漆的理化指标分别见表 10-5-17、表 10-5-18。

表 10-5-17　高固体含量聚酯漆（用模具涂线）

项　　目	指　　标	试验条件
外观	浅棕色透明粘稠液体	用目力在天然散射光下对光观察
固体含量(%)	≥50	(200±3)℃，1h
粘度/s	85～150	4 号粘度计，(30±1)℃

表 10-5-18　高固体含量聚酯亚胺漆

项　　目	指　　标	试验条件
外观	棕色透明粘稠液体	目测
固体含量(%)	≥42	(200±3)℃，1h
粘度/s	85～150	DIN4 号粘度计，(23±1)℃

5.4.9　无溶剂热熔树脂

随着高固体含量漆的进一步发展，人们设想把溶剂全部取消，依靠加热使树脂处于熔融状态，并达到一定粘度，以涂制成漆包线，这就形成了无溶剂热熔树脂及熔融涂漆新工艺。

这种树脂在制造中，控制其具有一定分子量，加入适当固化剂，使其在 180℃高温下能熔融成一定粘度的液态状（用模具涂漆），并能在 180℃下保持相当长的储存时间，足以适用于漆包线生产。虽说是无溶剂树脂，实际上仍需加入 10%的溶剂来调节。该树脂使用时需增加一套高温漆槽系统配合涂线。

我国已引进了无溶剂聚酯亚胺热熔树脂的制造技术，制漆工艺流程基本上同前述聚酯亚胺漆，只是溶剂加得很少，在漆包线生产过程中，涂漆道数减少至 3～4 道。这种树脂常温下是固体状，运输方便，对环境污染也很小。无溶剂聚酯亚胺热熔树脂的理化指标见表 10-5-19。

表 10-5-19　无溶剂聚酯亚胺热熔树脂的理化指标

项　　目	指　　标	试验条件
外观	棕红色块状固体	目测
固体含量(%)	≥86	(200±3)℃，1h
粘度(Pa·s)	0.20～0.40	(180±3)℃

5.4.10　高速涂线用漆

随着漆包机的引进更新及发展，漆包工艺的线速度提高了 3～4 倍以上，要求漆包线漆也要适应高速涂线的要求，即要溶剂挥发快，漆膜固化快，而漆膜性能不下降。为此，需要改进漆的配方及合成工艺来达到上述要求：

1）改变漆基树脂的结构，使之适应高速固化成膜。

2）在漆的配方中加入固化剂，提高漆膜固化速度。

3）选择溶剂及稀释剂，使之挥发快，而流平性又好。

4）选择催干剂，提高漆的干燥速度。

高速漆包线漆主要有 155 级聚酯漆、180 级聚酯亚胺漆、130 级聚氨酯漆、200 级聚酰胺酰亚胺漆等，它们的制漆工艺流程分别同前述同类品种漆，理化指标分别见表 10-5-20～表 10-5-23。

表 10-5-20　155 级高速聚酯漆的理化指标

项　　目	指　　标	试验条件
外观	棕色透明粘稠液体	目测
固体含量(%)	≥36	(180±3)℃，1h
粘度/s	110～170	DIN4 号粘度计，(23±1)℃

表 10-5-21　180 级高速聚酯亚胺漆的理化指标

项　　目	指　　标	试验条件
外观	棕色透明粘稠液体	目测
固体含量(%)	≥36	(180±3)℃，1h
粘度/s	110～135	DIN4 号粘度计，(23±1)℃

表 10-5-22　130 级高速聚氨酯漆的理化指标

项　　目	指　　标	试验条件
外观	棕色透明粘稠液体	目测
固体含量(%)	≥31	(180±3)℃，1h
粘度/s	24～26	DIN4 号粘度计，(23±1)℃

表 10-5-23　200 级高速聚酯胺酰亚胺漆的理化指标

项　　目	指　　标	试验条件
外观	棕色透明粘稠液体	目测
固体含量(%)	≥34	(200±3)℃，1h
粘度(Pa·s)	1.0～1.3	(23±1)℃

5.4.11　水性漆

水性漆是用水代替有机溶剂的一种漆。以水代替有机溶剂可减少污染，防止火灾，并可改善工人的劳动条件，有利于搞好环境清洁工作。

水性漆还可用于电泳法涂漆。电泳法涂漆的优点：能涂制异型线材及各种成形线圈；涂层均匀；所需漆层厚度可以一次涂成、烘干（漆层厚度用电压大小来控制），因此导线的拉伸小，漆包线较软，便于嵌线操作。

1. 漆的组成及反应机理

水性漆主要由树脂、助剂和水组成。水性漆有水溶性漆、水乳性漆及水分散体漆等。树脂溶解于水中成为均一透明溶液的漆称为水溶性漆。树脂以微细的粒子分散在水中形成混浊的乳液，称为水乳性漆。如果树脂的颗粒大，悬浮在水中，若不搅拌，则大部分会沉淀下来，这种漆称为水分散体漆。

在树脂分子中引入一定量的亲水性基团，如羧基（—COOH）、羟基（—OH）、氨基（$—NH_2$）、醚基（—O—）、酰胺基（$—\overset{O}{\overset{\|}{C}}—NH_2$），则这些含极性基团的树脂与水混合时只能生成乳浊液，而不能真正溶于水中。如果加入碱（或酸）使之与所含的亲水性基团中和，形成亲水性更强的盐类，就能溶于水中，生成水溶性的均一透明的溶液。

以水溶性阳极电沉积树脂为例，在电泳时，带负电的 $R—(—COO)_n$ 向阳极泳动，在阳极表面沉积，经过烘干便成为一层绝缘漆膜：

$$R—(—COOH)_n+nR'_1N \longrightarrow R—(—COONHR')_n \rightleftharpoons R—(—COO)_n+nR'_3NH^+$$

式中　R——高分子键。

2. 制漆工艺流程

各种水性漆的制备工艺流程如图 10-5-17～图 10-5-19 所示。

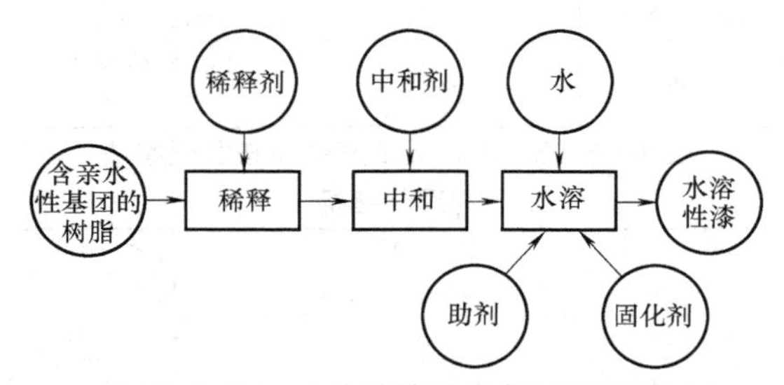

图 10-5-17　水溶性漆的制备工艺流程图

3. 影响漆质量的主要因素

（1）漆基的结构　水性漆所用漆基树脂的结构，在不影响漆膜性能的情况下，应尽量引入亲水性基团。这对水溶性漆尤为重要，例如在水性聚酯中，就用一缩二乙二醇（含有醚键—O—）代替部分乙二醇。

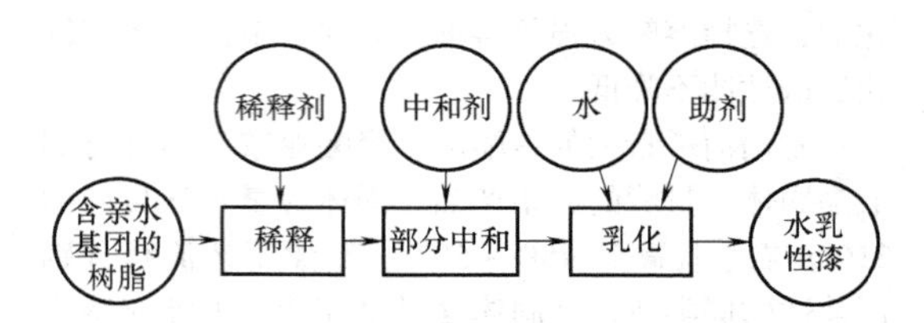

图 10-5-18　水乳性漆的制备工艺流程图

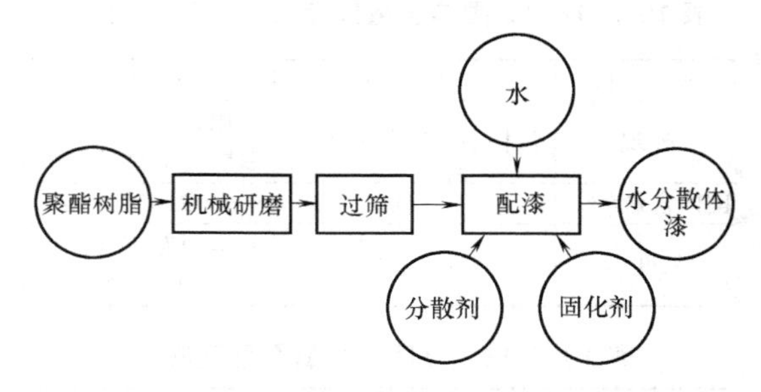

图 10-5-19　水分散体漆的制备工艺流程图

（2）亲水性基团的含量和中和程度　树脂分子中所含的亲水性基团的多少以及中和程度都直接影响到漆基的水溶性，如果含亲水性基团（如羧基—COOH）少或中和程度小，则树脂的水溶性就差，将在水中形成水乳状。如果树脂亲水性较差，就要靠表面活性剂（即分散剂）在水中形成水分散体。

（3）中和剂的选用　中和剂的选用应随漆的不同使用要求而异，例如：对于水溶性漆，要考虑到烘焙后能除去漆中的中和剂，故要选用低沸点易挥发的中和剂；而电泳漆因中和剂可在另一电极区除去，并考虑到漆液的稳定性，故可用高沸点及水溶性好的中和剂。

（4）储存及涂漆工艺　水溶性漆因树脂分子中含有盐类，能均匀地溶解在水中，所以漆液储存稳定性好，并具有使用效率高和可以再生处理等特点。电沉积后漆层紧密，漆层中含水量少（5%～10%）。水乳性漆由于树脂的粒子在水中成乳浊状态，电泳时因粒子间空隙大，导电效果好，所以可涂得很厚，但其所含水分多，烘干时间较长；又因水乳性漆含“盐”少，易发霉，储存期短，容易沉淀结块。水分散体漆因为是用机械磨碎，所以颗粒较大，可采用自流式涂漆包线，但易于沉淀，涂漆时在漆缸内要不断搅动。上述三种水性漆各有优缺点，在使用时可根据不同要求加以选用。

4. 理化指标

几种水性漆的理化指标见表 10-5-24。

表 10-5-24　水性漆的理化指标

项　　目	指　　标		
	水溶性聚酯漆	水乳性聚酯漆	水分散体聚酯漆
外观	橙黄色透明粘稠液体	乳白色或淡黄色乳液	乳白色悬浮液
固体含量(%)	≥55(原漆)	≥25	≥27
酸值 pH	6.0~7.0	6.4~7.0	6.7~7.2

5.4.12　耐电晕漆

变频电机、电器中的漆包线漆膜要承受高频脉冲电压的冲击，一般漆包线漆膜很快产生电晕而被击穿，为了能耐电晕，需要在漆中加入抗电晕的材料。通常加入纳米级的无机氧化物粉末，如二氧化硅、二氧化钛、三氧化二铬、三氧化二铝等，并且使其均匀地分散在漆中。耐电晕漆通常在复合层漆包线中形成抗电晕层，可使复合漆包线的寿命大幅增加。

5.5　纤维绕包线漆

纤维绕包线漆是用于浸渍和粘着绕包在导线上的纤维绝缘层，经烘干固化后，纤维和漆即形成整体的绝缘层。纤维绕包线漆目前主要用于玻璃丝包线的生产。

纤维绕包线漆的作用是：

1）提高纤维绕包线的电压击穿强度。未经浸渍和粘着的纤维的间隙充满了空气，经浸渍和粘着后，使间隙内填满了漆，从而提高了电场的均匀性，电压击穿强度也大为提高。

2）增强纤维绕包线的机械强度。绕包线的玻璃纤维很脆，耐磨及弯曲性能很差，易刮伤、碰伤，不能满足机电产品的工艺需要。采用漆浸渍和粘着后，使玻璃纤维之间、纤维绝缘层和导线（裸导线或漆包线）之间相互粘结，并在表面覆盖了一层漆膜，使玻璃丝包线的机械强度大大提高。

3）防止潮气的吸附。由于纤维的表面积很大，吸附潮气的能力较强，加上纤维间的空隙具有毛细孔作用，也会吸附和留存水分，使纤维表面的导电系数增大。用漆浸渍胶粘后，可改善纤维绕包层的电绝缘性能。

因此，要求用作纤维绕包线漆的漆基树脂，对导线和纤维都应有较强的粘着力，漆的固体含量要高，并能很好地浸透到纤维中去。

5.5.1　醇酸漆

1. 漆的组成及反应机理

醇酸树脂是由多元醇（如甘油）及多元酸（如邻苯二甲酸酐）缩聚而成的。为了改进它的性能以适合制漆的需要，一般加入干性油来改性。在烘干过程中，其中的双键也发生聚合作用，使漆膜固化。漆中还加入了其他改性树脂（如环氧树脂），以进一步提高漆的综合性能。

醇酸树脂的反应机理类似于聚酯漆。

2. 制漆工艺流程

醇酸漆的制备工艺流程如图 10-5-20 所示。

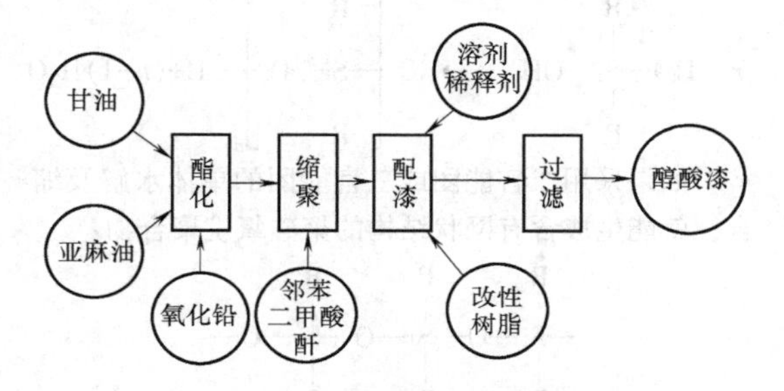

图 10-5-20　醇酸漆的制备工艺流程图

3. 影响漆质量的主要因素

（1）酯化程度　取试样与酒精溶剂为 1：1 的比例，测定其透明程度。冷却至室温后，控制酯化物不应有分层及沉淀现象即可。

（2）沉淀程度　制成的漆需要放置 20 昼夜以上，经沉淀后方可使用。

（3）终点确定　反应终点以控制树脂的粘度及酸值来确定，一般树脂的酸值控制在 10～20 范围内。

4. 理化指标

醇酸树脂漆的理化指标见表 10-5-25。

表 10-5-25　醇酸树脂漆的理化指标

项　　目	指　　标	试验条件
外观	棕黄色粘稠液体	用目力在天然散射光下对光观察
固体含量(%)	≥60	(180±3)℃,1h
粘度/s	≥120	NIN4 号粘度计,(25±1)℃

5.5.2　有机硅漆

有机硅树脂漆的耐热性较高，漆膜具有良好的电绝缘性及耐潮性，但粘结性及机械强度较差。

1. 漆的组成及反应机理

有机硅树脂漆是由氯硅烷单体（如甲基三氯硅

烷、二甲基二氯硅烷、苯基三氯硅烷和二苯基二氯硅烷等）经过水解与缩聚（或加入改性树脂），然后溶于甲苯、二甲苯和丁醇等溶剂中制成的。

（1）水解 例如，使二官能团的单体水解如下：

$$Cl-\underset{R}{\overset{R}{Si}}-Cl + 2H_2O \rightarrow HO-\underset{R}{\overset{R}{Si}}-OH + 2HCl$$

式中 R——CH_3、C_6H_5 及其他基团。

（2）缩合 将水解生成的二烷基（或二苯基）二羟基硅烷再缩合成线型聚硅氧烷，并分解出水：

$$n\ HO-\underset{R}{\overset{R}{Si}}-OH \longrightarrow HO\left[\underset{R}{\overset{R}{Si}}-O\right]_n H+(n-1)H_2O$$

如果采用二官能团或三官能团的单体水解及缩合，就能生成含有网状结构的聚硅氧烷聚合物：

$$-\underset{R}{\overset{R}{Si}}-O-\underset{R}{\overset{R}{Si}}-O-\underset{\underset{\underset{R}{-Si-O-}}{O}}{\overset{R}{Si}}-O-$$

由于聚硅氧烷高分子主链中的硅氧键 $-\overset{|}{\underset{|}{Si}}-O-$ 的键能比一般有机聚合物中的碳碳键 $-\overset{|}{\underset{|}{C}}-\overset{|}{\underset{|}{C}}-$ 的键能高得多，所以它比一般有机聚合物的耐热性也高得多，可作为180级绝缘漆。

在漆中加入一些改性树脂（如聚酯树脂、酚醛树脂、环氧树脂等），可以进一步提高它的粘结性和机械强度。

2. 制漆工艺流程

有机硅漆的制备工艺流程如图10-5-21所示。

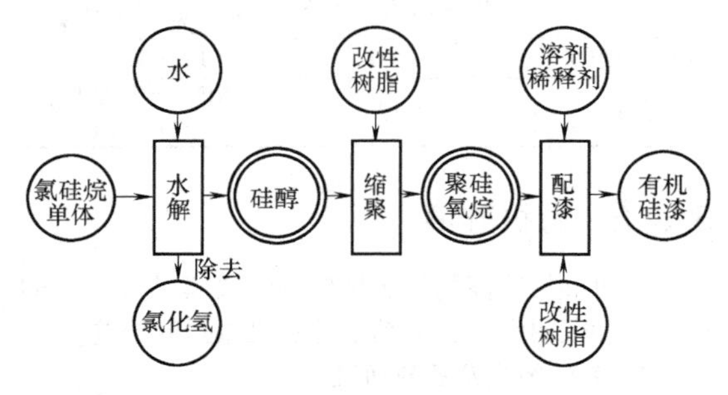

图10-5-21 有机硅漆的制备工艺流程图

3. 理化指标

有机硅漆的理化指标见表10-5-26。

表10-5-26 有机硅的理化指标

项 目	指 标	试验条件
外观	淡棕黄色透明粘稠液体	用目力在天然散射光下对光观察
固体含量(%)	≥50	(200±3)℃，1h
粘度/s	30~80	4号粘度计，(20±1)℃

5.5.3 二苯醚漆

1. 漆的组成及反应机理

二苯醚漆是以甲氧基二苯醚衍生物，添加其他改性材料，在催化的作用下，进行缩聚反应所得树脂，溶于甲苯和二甲苯等有机溶剂中制成的。其化学结构示意如下：

$$\left[OCH_2-C_6H_4-O-C_6H_4-CH_2O-\underset{O}{\underset{\|}{C}}-R-\underset{O}{\underset{\|}{C}}\right]_n$$

2. 制漆工艺流程

二苯醚漆的制备工艺流程如图10-5-22所示。

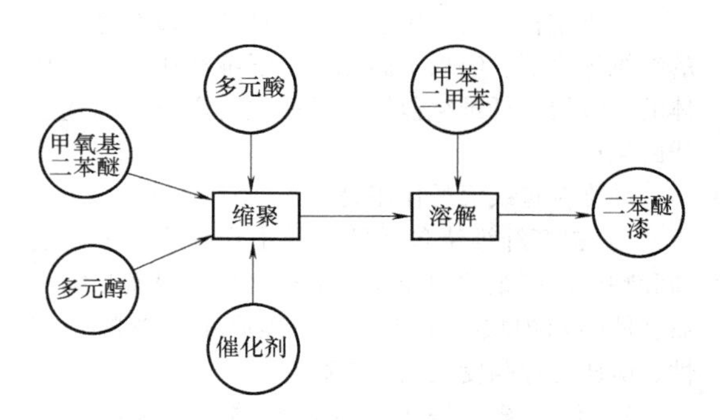

图10-5-22 二苯醚漆制备工艺流程图

3. 理化指标

二苯醚漆的理化指标见表10-5-27。

表10-5-27 二苯醚漆的理化指标

项 目	指 标	试验条件
外观	淡黄色透明粘稠液体	目测
固体含量(%)	≥48	(160±3)℃，1h
粘度/s	30~90	4号粘度计，(20±1)℃

5.5.4 聚胺-酰亚胺漆

聚胺-酰亚胺漆是由顺丁烯二酸酐与二元胺在极性溶剂中经加成聚合而成的，其耐热等级为180级。漆膜的化学结构示意如下：

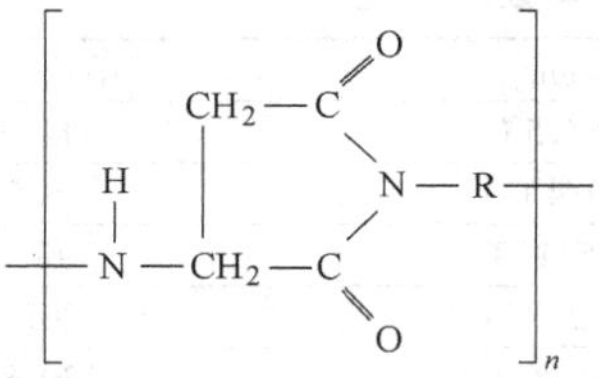

聚胺－酰亚胺

聚胺-酰亚胺漆的制备工艺流程类似前述聚酰亚胺漆。

聚胺-酰亚胺漆的理化指标见表 10-5-28。

表 10-5-28　聚胺-酰亚胺漆的理化指标

项　目	指　标	试验条件
外观	棕红色透明粘稠液体	目测
固体含量(%)	≥30	(200±3)℃,1h
粘度/s	30~100	4 号粘度计，(20±1)℃

5.5.5　环氧亚胺漆

环氧亚胺漆的组成成分主要是含有亚胺基团的环氧树脂、固化剂络合叔胺及溶剂二甲苯、丁醇等，其耐热等级为 155 级。漆基树脂结构示意如下：

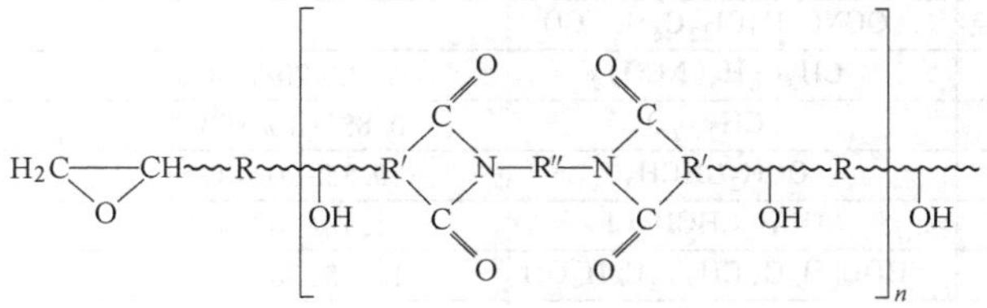

浸漆经烘焙后，环氧基经叔胺催化发生聚合交联固化反应成膜。

环氧亚胺漆的理化指标见表 10-5-29。

表 10-5-29　环氧亚胺漆的理化指标

项　目	指　标	试验条件
外观	棕红色透明粘稠液体	目测
固体含量(%)	≥42	(180±3)℃,1h
粘度/s	20~50	4 号粘度计，(20±1)℃

5.5.6　油改性聚酯漆

油改性聚酯漆是由亚麻仁油与甘油在催化剂存在的情况下，醇解生成单甘油酯，再与对苯二甲酸二甲酯及乙二醇在催化剂的促进下进行酯交换和缩聚反应，生成油改性聚酯树脂，然后溶于二甲苯和丁醇中而制成的。它是一种 155 级的粘结漆。

这种漆的制漆原理及工艺流程基本上同前述聚酯漆。

油改性聚酯漆的理化指标见表 10-5-30。

表 10-5-30　油改性聚酯漆的理化指标

项　目	指　标	试验条件
外观	棕红色透明粘稠液体	目测
固体含量(%)	≥42	(180±3)℃,1h
粘度/s	20~50	4 号粘度计，(20±1)℃

5.5.7　油改性聚酯亚胺漆

油改性聚酯亚胺漆主要由油改性聚酯亚胺树脂与多异氰酸酯的加成物组成，以二甲苯和酯类溶剂做混合溶剂。它是一种 180 级浸渍漆，也适用于做玻璃丝包线粘结漆。

油改性聚酯亚胺漆的制漆原理及工艺流程基本上同前述聚酯亚胺漆，只是制聚酯亚胺树脂用的单体不同。

油改性聚酯亚胺漆的理化指标见表 10-5-31。

表 10-5-31　油改性聚酯亚胺漆的理化指标

项　目	指　标	试验条件
外观	棕黄色透明粘稠液体	目测
固体含量(%)	≥45	(180±3)℃,1h
粘度/s	65~75	DIN4 号粘度计，(23±1)℃

5.6　制漆用原材料

制漆所用的原材料大体分为两类：一类是制造漆基树脂所用的化工材料、单体或天然油、脂；另一类是溶剂和稀释剂。

5.6.1　制造漆基树脂用原材料

制造漆基树脂的常用化工材料的理化常数及性能见表 10-5-32，常用的天然油料和树脂的理化指标见表 10-5-33。

表 10-5-32 常用制漆化工材料的理化常数及性能

名　称	化　学　式	密度/(g/cm^3)	熔点/℃
乙二醇	$HOCH_2CH_2OH$	1.1176(15/15℃)	-12.3
一缩二乙二醇	$O(CH_2CH_2OH)_2$	1.118(20/4℃)	-6.5
丙三醇	$CHOH(CH_2OH)_2$	1.26557(15/15℃)	17
季戊四醇	$C(CH_2OH)_4$	1.38(20/20℃)	262
邻苯二甲酸酐	$C_6H_4(CO)_2O$	1.527(4/4℃)	130.8
对苯二甲酸二甲酯	$C_6H_4(COOCH_3)_2$	—	140
1,2,4-偏苯三甲酸	$C_6H_3(COOH)_3$	—	224
1,2,4-偏苯三甲酸酐	$(COOH)C_6H_3(CO)_2O$	1.55(20/20℃)	164~168
均苯四甲酸二酐	$C_6H_2[(CO_2)_2O]_2$	1.68(20/4℃)	286
4,1′-二氨基二苯醚	$NH_2C_6H_4OC_6H_4NH_2$	—	189~191
4,4′-二氨基二苯甲烷	$NH_2C_6H_4CH_2C_6H_4NH_2$	—	93~94
4,4′-二异氰酸酯二苯甲烷	$OCNC_6H_4CH_2C_6H_4NCO$	—	37~42
2,4′-甲苯二异氰酸酯	$CH_3C_6H_3(NCO)_2$	1.22(20/20℃)	21
环氧乙烷	$(CH_2)_2O$	0.882(10/10℃)	-111.3
环氧丙烷	OCH_2CHCH_3	0.859(0/4℃)	-121.1
环氧氯丙烷	OCH_2CHCH_2Cl	1.18(20/4℃)	-25.6
二酚基丙烷	$HOC_6H_4C(CH_3)_2C_6H_4OH$	1.195(20/20℃)	-156
甲基三氯硅烷	CH_3SiCl_3	1.408(25/25℃)	
苯基三氯硅烷	$C_6H_5SiCl_3$	1.32(25/25℃)	
二甲基二氯硅烷	$(CH_3)_2SiCl_2$	1.066(25/25℃)	
二苯基二氯硅烷	$(C_6H_5)_2SiCl_2$	1.186(20/20℃)	
乙基三氯硅烷	$C_2H_5SiCl_3$	1.236(25/25℃)	
醋酸乙烯酯	$CH_3COOCH=CH_2$	0.9334(20/20℃)	-93.2
双环戊二烯	$C_{10}H_{12}$	0.976(35℃)	25~30
三乙胺	$(C_2H_5)_3N$	0.7293(20/20℃)	-115
三乙醇胺	$N(CH_2CH_2OH)_3$	1.124(20/4℃)	21.2
三聚氰胺	$C_3H_6N_6$	1.573(25℃)	<250(升华)
六次甲基四胺	$(CH_2)_6N_4$	1.27(25℃)	280
甲醛	HCHO	0.815(-20℃)	-92
丁醛	C_3H_7CHO	0.8048(20/20℃)	-99
正钛酸丁酯	$Ti(OC_4H_9)_4$	0.996(20/20℃)	
偶氮二异丁腈	$C_8H_{12}N_4$	—	101~104
三(2-羟乙基)异氰酸酯(THEIC)	$C_9H_{15}N_3O_6$	1.40(20/4℃)	134~136

名　称	沸点/℃	闪点/°F(闭杯)	折光率(20℃)	溶解性
乙二醇	197.2	118	1.4311	溶于水、醇
一缩二乙二醇	244~245	240	1.4475	溶于水、醇、醚
丙三醇	290(分解)		1.4746	溶于水、醇
邻苯二甲酸酐	295(升华)	—	—	溶于醇
对苯二甲酸二甲酯	—	—	—	溶于热醇
1,2,4-偏苯三甲酸	—	—	—	溶于水
1,2,4-偏苯三甲酸酐	—	—	—	溶于醇、醚、二甲基乙酰胺
均苯四甲酸二酐	397	—	—	溶于丙酮、乙酸乙酯、二甲基乙酰胺、二甲基甲酰胺
4,1′-二氨基二苯醚	—	—	—	溶于二甲基乙酰胺、二甲基亚砜、N-甲基吡咯烷酮
4,4′-二氨基二苯甲烷	249~253(15mmHg)①	—	—	溶于热水、醇、醚、苯、二甲基乙酰胺

（续）

名　　称	沸点/℃	闪点/°F（闭杯）	折光率(20℃)	溶解性
2,4′-甲苯二异氰酸酯	251	—	—	
环氧乙烷	10.7	20	1.3597(7℃)	能溶于一般有机溶剂及水
环氧丙烷	35	-30(开杯)	1.466	能溶于水,与醇醚混合
环氧氯丙烷	117.9	105	1.4358(25℃)	能与醇、醚、氯仿混合
二酚基丙烷	251	—	—	
甲基三氯硅烷	65.7	—	—	
苯基三氯硅烷	201.5	—	—	
二甲基二氯硅烷	71	—	—	
二苯基二氯硅烷	298~302	—	—	
乙基三氯硅烷	97.7	—	—	
醋酸乙烯酯	72.5	45	1.3941	溶于一般有机溶剂
双环戊二烯	254~256		1.5050	溶于醇及醚
三乙胺	(170℃微分解)	25(开杯)	1.4003	微溶于水,能与醇醚混合
三乙醇胺	89~90 360	375(开杯)	1.4852	能与水、醇混合,溶于氯仿,微溶于苯及醚
三聚氰胺	—	—	—	溶于热水
六次甲基四胺	—	482	—	溶于水、醇、氯仿
甲醛	—	—	—	能与水、醇混合
丁醛	-21	20	1.3843	溶于水及一般有机溶剂
正钛酸丁酯	75.7	170	1.486	除酮类外,溶于大部分有机溶剂
偶氮二异丁腈	310~314	—	—	溶于醇
三(2-羟乙基)异氰酸酯	—	—	—	溶于水、醇、二甲基甲酰胺

① 1mmHg=133.3Pa，后同。

表10-5-33　常用天然油料及树脂的理化指标

项　　目	指　　标		
	桐　　油	亚麻仁油	松　　香
外观	浅黄至深黄色透明油状液体	浅黄透明油状液体	浅黄到深棕色固体
密度/(g/cm^3)	0.925~0.940	0.930~0.398	1.045~1.085
折光率(20℃)	1.510~1.520	1.478~1.485	—
熔点/℃	—	—	70~100
酸值/(mgKOH/g)	≤18	≤4	9
碘值(韦氏法)	163~173	175~190	—
皂化值	185~190	184~195	147~194
水分(%)	痕量	0.2~0.8	—
胶化时间(280℃)/min	8~12	—	—

5.6.2　溶剂和稀释剂

溶剂和稀释剂是漆的主要成分之一，用它们来溶解漆基以达到所需浓度和粘度，对涂漆工艺及漆膜的质量有很大的影响。

溶剂是能将漆基物质溶解成溶液的挥发性液体。

稀释剂是能稀释溶液的挥发性液体。它不能单独溶解漆基，但能和溶剂混合，降低漆的粘度，以适应涂线工艺的要求。

作为电磁线漆的溶剂和稀释剂，一般根据下列条件选用：

(1) 溶解能力　溶剂对漆基应有良好的溶解能力，溶剂的溶解能力强，在同样粘度下可使漆具有较高的固体含量，并且可以加入较多的稀释剂，这就可以提高每次涂线的漆膜厚度。

所选择的溶剂与稀释剂应能相互混溶。溶剂与溶质的极性及结构相似者易溶，通常称其为“相似相溶规律”。例如，缩醛易溶于糠醛中，聚酰胺酸易溶于强极性溶剂二甲基乙酰胺中。

（2）**稀释能力** 所选用的稀释剂应具有良好的降低漆液粘度的能力，并可以较多地加入而不至于使漆基析出。

（3）**挥发速度** 漆包工艺要求漆液具有适当的挥发速度。如果挥发速度太快，使漆槽中漆的粘度变化太大，则会影响漆包工艺参数的控制。在挥发成膜过程中，应该选用挥发速度比溶剂快的稀释剂，否则溶剂先挥发后，成膜物质易从稀释剂中析出，造成漆膜缺陷。

（4）**毒性及易燃性** 为了操作安全和减少环境污染，要选择无毒或低毒的、不燃或易燃性小的溶剂和稀释剂。例如，用水代替有机溶剂制成的水性漆，可以大大减少对工人健康的危害和避免火灾的发生。

（5）**纯度** 溶剂和稀释剂不应含有机械杂质和导电灰分，以防止引起漆膜的表面缺陷及影响电绝缘性能。

（6）**储存性** 选择的溶剂和稀释剂不应与漆基发生不良反应。在漆的储存期中，不应引起漆的凝结和变质。

（7）**货源及价格** 货源应充足，成本低，并立足于国内。

常用溶剂和稀释剂的理化常数及性能见表10-5-34。

表10-5-34 常用溶剂和稀释剂的理化常数及性能

名称	化学式	分子量	凝固点/℃	沸点/℃	闪点(闭口杯)/℃	自燃温度/℃
苯	C_6H_6	78	5.5	80.1	-11	580~650
甲苯	$C_6H_5CH_3$	92.13	-95	110.6	4	550~600
二甲苯	$C_6H_4(CH_3)_2$	106	-47.9	135~145	29.5	490~550
氯苯	C_6H_5Cl	112.56	-44.9	131.8	28	
丙酮	CH_3COCH_3	58	-94.3	56.2	-17	600~650
甲基异丙酮	$CH_3COCH(CH_3)_2$	86.13	-92	93	45°F(开)	
苯乙酮	$C_6H_5COCH_3$	120.15	19.7	201.7	401°F	
环己酮	$C_6H_{10}O$	98.14	-45	156.7	47	520~580
N-甲基吡咯烷酮	C_5H_9ON	99.23	-24	202		
醋酸乙酯	$CH_3COOC_2H_5$	88.10	-83.6	77.15	-5	480~555
醋酸丁酯	$CH_3COOC_4H_9$	116	-76.8	126.5	23	420~450
醋酸戊酯	$CH_3COOC_5H_{11}$	130	-70	142		560~600
乙醇	C_2H_5OH	46.07	-110.5	78.32	14	390~430
丁醇	C_4H_9OH	74.12	-89.8	117.75	35	340~420
异丙醇	$CH_3CH(OH)CH_3$	60.09	-85.8	82.4	12	460
二丙酮醇	$(CH_3)_2C(OH)CH_2COCH_3$	116	-44	168		
三氯乙烷	$CH_2ClCHCl_2$	133.42	-36.7	113.65		
二氯乙烷	CH_2ClCH_2Cl	96.97	-35.3	83.7	17	450
三氯乙烯	$CHCl-CCl_2$	131	-73	86.7		
双戊二烯	$C_{10}H_{16}$	136	-75	178	54.4(开)	
乙二醇乙醚	$C_2H_5OCH_2CH_2OH$	90.12	-70	135.1	40	238
松节油	$C_{10}H_{16}$	136	-55	1.50~1.70	30	263
溶剂汽油	含 C_8-C_{10}			120~200	33	
煤油	含 $C_{12}-C_{15}$			160~285	28	280
环丁砜	$C_4H_8O_2S$	104.17	27.4	285		
二甲基亚砜	$(CH_3)_2SO$	78.14	18	189		
二甲基甲酰胺	$HCON(CH_3)_2$	73.10	-61	153	131°F	
二甲基乙酰胺	$CH_3CON(CH_3)_2$	87.12		164	167°F	
甲酚(混合)	$C_6H_4(OH)CH_3$	108.13		190~205	30	
糠醛	$C_5H_4O_2$	96.08	-36.5	161.8	140°F	
吡啶	C_6H_5N	79.10	-42	115.3	68°F	
水	H_2O	18.016	0	100		
苯酚	C_6H_5OH	94.11	40.7	181.6	175°F	
正庚烷	C_7H_{16}	100.02	-90.6	98.4	25°F	

（续）

名　　称	相对密度（20/20℃）	折光率（20℃）	燃烧热值/(cal/g)①	电导率(20℃)/(S/m)	相对介电常数（20℃）	蒸汽压力（20℃）/mmHg	爆炸界限（体积）		挥发速率（乙醚=1）
							上限（%）	下限（%）	
苯	0.87	1.5014	9960	4.43×10^{-17}	2.3	118（30℃）	4.7	1.4	3
甲苯	0.871（15℃）	1.4990	101	1.4×10^{-14}（25℃）	2.38（25℃）	20（18.49℃）	7	1.3	6.1
二甲苯	0.862	1.5000		1×10^{-5}	2.4	11	5.3	1.0	13.5
氯苯	1.107	1.5200		1.3×109（0℃）	5.53	8.76			
丙酮	0.791	1.3591	7373	5.5×108	21.45	118	13	2.15	2.1
甲基异丙酮	0.815（15/4℃）	1.3878							
苯乙酮	1.0281（20/4℃）	1.5363							
环己酮	0.948	1.4500		5×10^{-8}（25℃）	18.20	5（26.4℃）			40.4
N甲基吡咯烷酮	1.032								
醋酸乙酯	0.902	1.3725	6103	$<10^{-9}$	6.4	60	11	2.25	2.9
醋酸丁酯	0.880	1.3951			5.10	（16.6℃）	15	1.7	11.8
醋酸戊酯	0.876	1.4005				10		6.1	13
乙醇	0.839	1.361	7080	1.35×10^{-9}（25℃）	25.70	4.5	19	3.3	8.3
丁醇	0.809	1.3993	8626	9.12×10^{-9}	116.1	40（19℃）	11.25	1.45	33
异丙醇	0.786	1.3376	7970	35.1×10^{-7}	13.80	4.39		2.02	10.05
二丙酮醇	0.936	1.4242				60（30.5℃）			147
三氯乙烷	1.443	1.4715							12.3
二氯乙烷	1.255	1.4451	2720	3×10^{-8}	10.5	20	15.6	6.20	0.27
三氯乙烯	1.465	1.4780			3.27	（21.6℃）			3.8
双戊二烯	0.865	1.4730				40（10℃）			
乙二醇乙醚	0.1931	1.4080		6.88×10^{-6}		60	15.7	2.6	32
松节油	0.87	1.4670				0.5		0.80	
溶剂汽油	0.795	1.4400				3.8	6	1.20	50
煤油	0.800	1.4500							
环丁砜	1.2661（30/4℃）	—			80（93℃）				
二甲基亚砜	1.098	1.478				30（93℃）			
二甲基甲酰胺	0.953（15.6/15.6℃）	1.4269（25℃）							
二甲基乙酰胺	0.940（20/4℃）	—							
甲酚（混合）	1.03～1.05（25/25℃）	—							
糠醛	1.156（25/4℃）	1.5261							
吡啶	0.978（25/4℃）	1.5102							
水	1.00	—							
苯酚	1.058（41/4℃）	—							
正庚烷	0.6837（20/4℃）	1.3876					7.0	1.0	

① 1cal/g=4.1868J/g，后同。

5.7 漆的储运、调配、净化及劳动保护

5.7.1 漆的储存和运输

在漆的生产部门或使用部门，都要遇到漆的储存和运输问题。为了保证漆的质量，防止火灾和中毒等事故的发生，在储存和运输中必须注意下列事项：

1）储运的仓库及车辆应通风良好，干燥，并使温度保持在5～35℃之间，防止烈日曝晒、风吹雨淋及过度冷冻所引起的漆的变质。

2）禁止与自燃易爆物质、氧化剂和金属粉末等保存在一起。

3）隔绝火源、火种和防止火花的产生，并应

备有消防用品。

4）禁止在敞开的容器内储存和运输。

5）装桶时不可装得太满，应保留一部分空隙，以防由于天气炎热引起膨胀而发生爆炸事故。

6）不得将带有油漆的揩布、纱头等留在库内，以免其自燃造成意外事故。

7）根据危险程度的不同，应按照运输部门的规定办理危险物品托运手续。

8）必须在规定的储存期内使用，以免变质报废。

9）有些漆根据其性质，需要特别储运。例如：聚酰亚胺漆、聚酰胺酰亚胺漆要在0~5℃的环境中储运，以防降解；聚氨酯漆要严禁与水、酸、碱、盐、醇接触，以防止起反应而变质；无磁性漆要严防与含铁磁性物质接触；水乳漆要防止低温结冻，否则漆的乳化状态会被破坏而变质；缩醛漆也应防止低温冻结、变质等。

5.7.2 漆的调配及净化

1. 漆的调配

漆的粘度、涂漆速度和烘焙温度是漆包线生产中的三个主要工艺参数。漆的粘度及固体含量对漆包线的质量和涂制速度影响很大，除了模具法涂线使用高粘度的原漆外，一般原漆的粘度是不能适应其他涂线工艺要求的，必须在使用前加入溶剂或稀释剂予以调配。

涂线所需的漆的粘度，随漆的品种不同而不同。但对同一品种的漆来说，欲调配的粘度应考虑到漆包线的规格大小、漆包设备及其他工艺等各方面的因素。例如：①在漆包设备和漆包工艺条件相同的情况下，裸导线的直径越大，所用漆的粘度应越大；反之，线径越小，则粘度越小；②在同一线径条件下，立式漆包机用的漆的粘度要比卧式漆包机的小一些；③在漆包设备、导线线径相同的条件下，涂漆速度加快时，漆的粘度也要相应加大；④漆的粘度是随温度下降而增大的，因此在低气温下涂漆时，稀释剂要多加些。

在根据漆包设备型式、涂线方法、线径、速度和气温诸因素进行调漆时，其操作比较简单，只要按所需的粘度及固体含量，在原漆中加入适当的溶剂（单溶剂或混合溶剂）、稀释剂和固化剂（根据需要决定加入与否），进行搅拌，使其混合均匀即可。为了提高调配的均匀性，往往采用加温调漆的方法。

现以聚酯漆的调配为例：调配时一般用甲酚、二甲苯混合溶剂。其中甲酚粘度大，二甲苯则挥发性好，所以在冬季时，甲酚的用量比可小些；夏季时，则二甲苯的用量比可小些。为了提高漆膜的光洁度及耐溶剂、耐刮、耐热冲击等性能，还加入0.3%~1.0%原漆重量的正钛酸丁酯作为固化剂，调漆最好在60~70℃的温度下进行。

2. 调漆的简易计算方法——交叉法

（1）用薄漆调厚漆或用厚漆调薄漆 将所需漆的固体含量写在两条直线的交叉点上，而厚漆和薄漆的固体含量则分别写在两直线的左上梢和左下梢，然后在每一条直线上将两个数字相减，所得差额写在同一直线的右梢，右梢的数字即为应取用的厚漆和薄漆的质量份数，如图10-5-23所示。

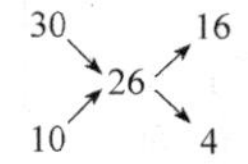

图10-5-23 调漆的交叉计算法（1）

例1 现有固体含量为30%的厚漆100kg，需稀释成固体含量为26%的漆，应加入多少固体含量为10%的薄漆？

解：按图10-5-23先求得应取用的厚漆质量份数为16，薄漆质量份数为4，然后按下式计算

$$\frac{16}{4}=\frac{100\text{kg}}{x};\ x=15.38\text{kg}$$

式中 x——所需加入的薄漆质量。

（2）用溶剂稀释厚漆 计算方法与前述相同，只是在左下梢要写成零（图10-5-24），按此得到的两个差额分别表示厚漆和溶剂的质量份数。

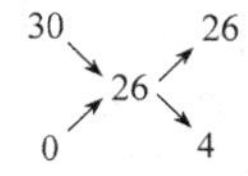

图10-5-24 调漆的交叉计算法（2）

例2 现有固体含量为30%的厚漆100kg，需稀释成固体含量为26%的漆，应加入多少溶剂？

解：按图10-5-24先求得厚漆的质量份数4，溶剂质量份数为26，然后按下式计算

$$\frac{26}{4}=\frac{100\text{kg}}{y};\ y=15.38\text{kg}$$

式中 y——所需加入的溶剂的质量。

3. 漆的净化

为了保证漆膜的质量，在涂漆前必须对漆采取净化措施，以除去漆中的杂质。

漆的净化处理有过滤和澄清两种方法。因漆有一定的粘度，通常使用板框压滤机、连续式离心机

和压滤机进行过滤；为了加快过滤速度，可以趁热过滤。漆液的澄清净化，则是将漆液放在底部为圆锥形的储漆槽中，使杂质沉淀到底部后除去，澄清的漆液由槽边放出。

5.7.3 劳动防护

积极防治职业中毒，是保证工人的安全和健康，提高劳动生产率的重要措施之一。

在漆的制造和使用中，会遇到一些生产性毒物。它们以固体、液体、气体和粉尘等形态存在于劳动场所中。这些毒物通过呼吸道、皮肤和粘膜、消化道侵入人体。大部分职业中毒是毒物经呼吸道侵入身体而发生的，毒物经呼吸道侵入肺部，被肺部微血管吸收而进入血液，带到全身。如果毒物是挥发性的，则可由呼出的气体部分排出。有的毒物可经过肾脏，从尿中排出。也有的毒物逐渐在肝脏中进行化学变化（也称为解毒作用），因此，在肝脏里有些毒物又转化成另一毒物，使肝脏受到损害。如苯由肝脏排出后，又进入胆内或肠内重新吸收，这便成了慢性中毒。

对于毒物应正确对待，只要积极开展技术革新，以机械化、管道化、密封化代替手工操作；加强通风，减少工作场所周围的毒物含量；积极发展以水代有机溶剂的水性漆包线漆，以无毒或低毒物品代替高毒物品；把漆中挥发性有机溶剂在烘炉中进行催化燃烧，以分解成无毒气体排到大气中，毒物是完全可以得到控制的。

所以，以预防为主，积极采取各种有效措施，职业中毒是可以预防的。具体安全措施及有关注意事项有如下几点：

1）工作场地应有良好的通风条件。通风不好者，必须安装通风设备。

2）严格遵守防火规则，禁止将火种带入操作场所。操作场所的电线必须按防爆等级安装，电动机的起动装置和配电设备应该是防爆式的。

3）漆或溶剂在管道中输送时，设备上应有接地装置，防止因静电积聚而导致事故发生。

4）操作场地的照明灯应用玻璃罩保护，防止漆雾落在灯泡上。

5）用烧碱（氢氧化钠）清除旧漆时，必须戴上胶皮手套和防保眼镜，防止烧伤皮肤和眼睛。

6）有毒的化学药品要在通风柜中操作或戴上防毒、防尘口罩。

7）工作场地的出入口不得被空桶或其他物品所堵塞。

8）调漆时不要在敞开的容器中进行操作；调好的漆和所用的溶剂也不要放置在敞开的容器中。

9）凡沾有漆及溶剂的抹布及棉纱等，必须及时清除或储放在带盖的铁箱内，并放置于安全的地方，以防引起火灾。

10）操作人员离开现场以及吃饭前，在摘除防护用具后，应用肥皂水把手洗干净，才准进食或做其他工作。

11）在操作过程中，当皮肤上沾上漆时，最好不要用溶剂擦洗，以防皮肤发炎。因为有机溶剂能使人体组织中的天然脂肪溶解或乳化，使皮肤粗糙，容易开裂，易受感染。如用肥皂洗不掉时，可用木屑加肥皂粉擦洗。

12）操作人员在操作时如感觉到头痛、心悸或恶心，应立即离开工作地点，走到通风处换换空气。如仍不舒适，应及时到保健站或医院检查治疗。

13）实行定期体格检查，对有症状者加强复查，以便早期诊断及时治疗。

5.8 漆的试验方法

电磁线漆是制造漆包线及玻璃丝包线的关键材料，漆的质量好坏对电磁线的性能影响很大。电磁线漆与一般绝缘漆不同，除了对漆膜有很高的性能要求外，还要求能适应制造工艺要求。因此，对电磁线漆必须进行严格的检验。

由于对每一种电磁线漆的性能要求各不相同，因此漆的试验项目和试验方法也不完全相同。一般来说，可以分为两个方面，即漆的理化性能试验和漆膜特性试验。

除特殊规定外，所有试验应在温度为15～35℃（室温）、相对湿度为40%～75%的条件下进行。

5.8.1 漆的理化性能试验方法

漆的理化性能试验包括外观与机械杂质、粘度及固体含量试验三个方面，其试验方法如下（以聚酯漆为例）。

1. 外观与机械杂质

将漆样倒入直径为18～20mm的清洁、干燥的试管中。在室温下及在白昼或日光灯的散射光线下，用目力对着光观察漆的颜色、透明度和机械杂质；然后将漆在100mm×50mm的清洁玻璃片上流平，检查是否有杂质和不溶解粒子。

2. 粘度

(1) 试验仪器 大多数漆采用符合标准的4号粘度计，有的漆也采用恩氏粘度计、加氏管来测定粘度。

(2) 试验步骤 试验前，应用溶剂将粘度计的内部仔细擦拭干净，然后在空气中干燥。对光观察粘度计的漏嘴，如果不洁净，应用脱脂棉（或棉纱）蘸溶剂擦拭干净。预先将漆样搅拌均匀，将温度调整至规定值，并在该温度下静置到气泡逸出。粘度计所置环境温度同样应保持在规定值（可放置在有加热或降温条件的保温箱内）。用支架调整粘度计，使其成水平，在粘度计下放置容量不小于110mL的烧杯。用手指堵住漏嘴，将已调至规定温度的漆样倒满烧杯，如产生气泡，应立即排除，并用玻璃棒将多余漆液刮入槽中；然后松开手指，同时开动秒表。当漆流中断时，停止秒表，记录漆样从粘度计流出的时间（s）。时间精确到0.2s，共测两次。

3. 固体含量（%）

(1) 试验步骤 按标准规定精确称取漆样，并置于规定器皿内，然后水平放置在产品标准规定温度的恒温箱内，使漆样尽量靠近温度计的水银球。烘焙规定时间后立即取出，放在干燥器内冷却至室温后再称量。全部称量精确至1mg。

(2) 试验结果

$$\text{固体含量}(\%)=\frac{(G_2-G_0)\times100}{G_1-G_0}\%$$

式中 G_0——器皿的质量（g）；

G_1——器皿与漆样未烘焙前的总质量（g）；

G_2——器皿与漆样烘焙后的总质量（g）

试验结果取两次平行试验的平均值，两次平行试验之差应不大于平均值的2%。

5.8.2 漆膜特性试验方法

漆膜的特性试验方法主要有模拟涂线法及涂线法两种。

1. 模拟涂线法

(1) 线样制备

1）铜线准备。采用的铜线表面应清洁、光滑，不应有擦伤、油污及氧化。拉直后铜线直径为(1.50±0.02)mm，长度为450mm，再用干净布擦净以防止氧化，保存备用。

2）漆样准备。将原漆用甲酚与二甲苯（质量比为6：4）的稀释剂稀释至适当的粘度（粘度范围按漆膜厚度进行调整），在50~60℃的温度下搅拌均匀，备用。

3）漆膜制备。在温度为15~35℃、相对湿度为40%~75%的条件下，将铜线垂直、均匀地浸至漆样中，然后以400mm/min的速度均匀地从漆中取出，垂直滴干3~5min，接着在（300±5）℃下烘90~100s。在第二次涂线时，将开始悬挂的上方改为下方，按前法涂漆、烘干。如此反复浸涂、烘干四次，但第四次在（300±5）℃下烘80~90s或110~120s。

四次浸涂后的漆层厚度应达到0.06~0.09mm。如厚度不符合要求，应调整漆液粘度。

取试样中间350mm长度作为测试漆膜特性的试样。

(2) 漆包线线样的漆膜特性试验方法

1）漆膜厚度测量。取一根经拉直、擦净的铜线，用千分尺在铜线中段同一截面上的两个相互垂直方向进行测量。每根铜线至少测量两处，相邻两处的距离不小于20mm。4个测量数据的平均值为铜线直径 d。

铜线在涂漆膜后，按同样的方法进行测量，4个测量数据的平均值为线样的外径 D。

漆膜厚度为线样外径与铜线直径之差的一半，即 $(D-d)/2$。

全部测量使用分度值为4μm的1级千分尺。

2）漆膜单向耐刮性能试验。取2个线样，除去线端漆膜，将线样固定在单向耐刮试验机的线夹上，除去漆膜的一端接上DC（6.5±0.5）V试验电压，加上规定的负荷，轻轻放下刮杆，开动仪器进行刮漆试验。随着刮针的移动，试样所受的负重逐渐增加，直到刮破漆膜，裸露导体，刮漆装置停止运动，读取试验仪停机后刻度上的数值，应在试样同一圆周等距离（120°）的位置上各进行一次试验。

3）漆膜室温弹性试验。取3个线样，用圆线卷绕器将线样在1.8kg拉力的作用下，迅速地在 ϕ1.5mm的抛光金属圆棒上卷绕10圈，中间8圈为有效试验长度。用6倍放大镜观察，漆膜不应破裂。

4）漆膜热冲击性能试验。取4个线样，在室温下将每个线样按第3）条规定的方法在 ϕ10.5mm的抛光金属圆棒上进行卷绕。将卷绕后的试样放入产品标准规定温度的带鼓风装置的烘箱中，线样应尽量靠近温度计水银球，在连续鼓风的条件下恒定保温30min，然后取出冷却至室温。用6倍放大镜观察，漆膜不应破裂。

5）漆膜击穿电压试验。取5个400mm长的线样，平行相对地在125mm长度上同方向均匀扭绞6次（线样对绞360°，即两个接触点称作一次扭绞），扭绞时不得损坏绝缘。将绞合后线样的一端分开，在另一端施加试验电压。电压从零开始以每秒钟不低于100V的速度平稳升压至击穿为止，记取读数，即为击穿电压值。同样，在产品标准规定温度下进行高温电压击穿试验。

6）漆膜耐溶剂性试验。取1个线样，将其浸入200号溶剂汽油、二甲苯和正丁醇（体积比为60∶30∶10）所配制的混合溶剂中，在（60±3)℃的恒温浴中保持30min，然后取出线样，用硬度等级为H的铅笔，以60°的倾斜角放在已浸过溶剂的线样漆膜上，用力（此力大约为5N，最大力以不使铅笔头断裂为准）沿线样轴向慢慢推动铅笔，漆膜不应推破。注意：线样从溶剂中取出至测试完毕的时间应不超过30s；线样在溶剂液面下约20mm的一段和露出液面的部分，均不能用来进行试验。

7）漆膜软化击穿试验。在软化击穿试验仪升温预热至产品标准规定温度，将两个线样放入相互垂直的线槽内。在压杆上加上36N的负荷，轻轻放下压杆，压杆中心应位于两线样交叉点。然后在线样导体间施加50Hz、AC（100±10)V电压。漆膜在此条件下应2min内不击穿。

2. 涂线法

涂线法就是用漆包机进行涂线，对涂好的漆包线按照其标准规定进行检验，从而判定漆的质量。

参考标准

GB/T 1981—2009　电气绝缘用漆

GB/T 4074—2008　绕组线试验方法

GB/T 6109—2008　漆包圆绕组线

GB/T 7095—2008　漆包铜扁绕组线

GB/T 11028—1999　测定浸渍剂对漆包线基材粘结强度的试验方法

GB/T 23312—2009　漆包铝圆绕组线

GB/T 24122—2009　耐电晕漆包线用漆

GB/T 27749—2011　绝缘漆耐热性试验规程 电气强度法

JB/T 7599—2013　漆包绕组线绝缘漆

JB/T 10930—2010　200级耐电晕漆包铜圆线

参考文献

[1] 凌春华，楼南寿. 阻燃性漆包线漆［J]. 绝缘材料，2001（4）7-9.

[2] 刘宗旺，等. 硅微粉填充不饱和聚酯绝缘漆的制备与性研究［J］绝缘材料，2012（2）：4-6.

[3] 凌春华，李福. 漆包线行业节能减排技术的发展［J]. 电线电缆，2012（1）：4-9.

[4] 樊良子，等. 耐高温漆包线漆的研究进展［J]. 绝缘材料，2012（1）：30-33.

[5] 施利毅，等. 纳米复合粉体改性变频绝缘漆研制［J]. 电线电缆，2008（1）：38-42.

[6] 王晶，等. 超支化有机硅制备及其在绝缘漆中的应用粘接，2011（7）：69-72.

第6章

电缆油和浸渍剂

6.1 概况

6.1.1 电缆油和浸渍剂的作用和要求

电缆油和浸渍剂是制造各种油浸纸绝缘电力电缆的关键材料之一，其组成和性能对电缆的特性有很大的影响。电缆型式不同，对电缆油和浸渍剂的要求也不同。

1. 油浸纸绝缘电力电缆的类型

油浸纸绝缘电力电缆的最早型式为粘性浸渍电缆，其导电线芯外面绕包的绝缘纸经真空干燥后用脱水脱气的粘性浸渍剂浸渍，最后经压铅或压铝包上护套即成。早期粘性浸渍剂采用油和松香的混合物，后来越来越多地采用油和聚异丁烯的混合物。这种浸渍剂的作用在于能填满绝缘纸的间隙，提高绝缘纸的绝缘性能。这种电缆有下列缺点：当电缆负荷变化时，绝缘热胀冷缩会出现空隙；另外，当电缆敷设有落差时，其上部的浸渍剂会淌流到下部，结果是在上部出现较多的空隙，在下部则可能胀破金属护套，引起水汽侵入。空隙的生成和水汽的侵入使电缆性能变坏，最后造成破坏。为了克服这些缺点，电缆工作者从各方面进行改进，出现了许多新型式的电缆。

(1) 充气电缆 充气电缆的基本结构与粘性浸渍电缆相同，但在绝缘中充入具有一定压力的惰性气体，如氮气等。这样，空隙处在高的压力下，其耐电强度就提高了。

(2) 钢管压气电缆 在绝缘外面包上一层传压膜（薄铅层或聚乙烯等），将它们放在充有一定压力的惰性气体的钢管中。这样，绝缘中空隙的压力也将提高，其耐电强度也就提高了。

(3) 不滴流电缆 不滴流电缆的基本结构与粘性浸渍电缆相同，但用一种专门的不滴流浸渍剂浸渍绝缘。这种不滴流浸渍剂在浸渍温度下是液体，但在电缆运行温度下是固体，因而不会流淌。这也就提高了电缆的性能。

(4) 自容式充油电缆 导电线芯是中空的，绝缘外是铅包或铝包。干燥了的绝缘用脱水脱气的低粘度油浸渍，并在中空的线芯（油道）、铅包（或铝包）和绝缘的间隙中都充满了同种的油，同时利用外部设备（压力箱等）保持油在一定的压力之下，一般为几个标准大气压㊀。这样，就消除了绝缘中的空隙，较大地提高了耐电强度。所填充的低粘度油同时还作为将导电线芯和绝缘所产生的热量传导出去的冷却介质。

(5) 钢管充油电缆 实心的导电线芯外的绝缘用粘度较高的油浸渍，然后将它们拖入钢管中，钢管中再充满粘度较低的油，并由外部泵站使填充油循环，并保持较高的压力（一般为1.5MPa）。

我国早已能生产普通粘性浸渍电缆、不滴流电缆、自容式充油电缆和粘性浸渍直流海底电缆，并曾试制成功钢管压气电缆。

2. 油浸纸绝缘电力电缆浸渍剂的要求

对各种电缆浸渍剂的要求见表10-6-1。其中所列指标均为一般要求，对特定电缆线路的电缆浸渍剂的要求在需要时应另行提出。

电缆浸渍剂从粘温特性的要求考虑，可分为下列两大类。

(1) 粘性浸渍型浸渍剂 包括普通粘性浸渍电缆浸渍剂、直流海底电缆粘性浸渍剂、充气电缆浸渍剂、钢管压气电缆浸渍剂、不滴流浸渍剂和钢管充油电缆浸渍用油。它们要求有陡的粘温特性，即在浸渍温度下粘度要小，以便于浸渍；而在工作温度和敷设温度下粘度要大（其中不滴流浸渍剂在工作温度下应转变为固体），以防止浸渍剂滴流。粘性浸渍直流海底电缆因落差较大，故浸渍剂的粘度比普通粘性浸渍剂要高些。而充气电缆和钢管压气电缆因在压力下工作，故其浸渍剂的粘度可比普通粘性浸渍剂低些。钢管充油电缆浸渍用油只要求在室温下油浸纸绝缘线芯拖入钢管时不滴流，故粘度更低些。

㊀ 标准大气压（atm）为压力的非法定计量单位，1atm=101.325kPa，后同。

表10-6-1　对电缆浸渍剂的一般要求

特性		低压电缆油①	普通粘性浸渍剂	不滴流浸渍剂	粘性浸渍直流海底电缆浸渍剂	钢管压气电缆浸渍剂	钢管充油电缆浸渍用油	钢管充油电缆填充用油	自容式充油电缆用矿物油	自容式充油电缆用十二烷基苯合成油
粘度/(mm^2/s)	20℃								8~18	6.5~8.5
	50℃					≥780	200~350	50~80	3.5~5.8	3~4
	60℃				1150					
	100℃	≥25				≤72	20~35	8~12		
恩式粘度/°E	5mm孔径,85℃		6.0~7.5							
	3mm孔径,130℃			≤10						
凝点/℃ ≤		-12			0	-10	-10	-20	-60	-65
闪点/℃ ≥	开口	250			200	180	180	180		
	闭口								125③	125
介质损耗角正切 $\tan\delta$ ≤	原始60℃		0.04	0.04						
	原始100℃	0.03		0.3	0.03	0.003	0.003	0.003	0.0015	0.0015
	老化后② 100℃	0.12			0.04	0.007	0.007	0.007	0.004	0.002
耐压强度/(kV/2.5mm) ≥		35	35	35	45	45	50	50	50	60
电场析气性/(μL/min) ≤									0	-20

① 除钢管充油电缆浸渍油以外的粘性型浸渍剂的基础油。
② 老化方法：低压电缆油——油深8cm，150℃下加热48h；其他油——油深6cm，115℃下加热96h。
③ 对阻燃油，此指标改为难燃且不延燃。

（2）充油型浸渍剂　包括自容式充油电缆油和钢管充油电缆填充油。它们要求有低的粘度与平坦的粘温特性，以利于浸渍和流动（补偿压力的变化与冷却）。钢管充油电缆在高压力下工作，故其填充油的粘度可比自容式充油电缆油的粘度高些。

对浸渍剂凝点的要求，粘性浸渍型浸渍剂应保证电缆在冬季敷设时仍然相当柔软，易于弯曲，不损伤绝缘。而充油型浸渍剂应保证在冬季仍能流动。

对浸渍剂闪点的要求应从一般的防火安全角度考虑。近年来，对某些场合（如隧道与竖井中）使用的自容式充油电缆提出了更严格的要求，即它们使用的浸渍剂应当是难燃的且应不延燃。

电缆浸渍剂应有一定水平的电气绝缘性能，介质损耗角正切 $\tan\delta$ 要低，耐电压强度要高，耐老化性能要好。电缆电压等级越高，这种要求也越高。对自容式充油电缆浸渍剂，还要求有优良的抗电场析气性。钢管充油电缆因油压高，故对其浸渍剂的抗电场析气性不予苛求。

所有的电缆油和浸渍剂应是无毒的。

不滴流浸渍剂除应满足上述要求外，还必须满足以下要求：

1）有较高的滴点，一般要求不低于100℃，确保其在工作温度下呈固体而不会滴流。

2）收缩率要小，一般要求不大于 7.5×11^{-4}/℃，避免电缆负荷降低时在绝缘中形成过多的空隙。

3）针入度要大，一般要求25℃时不小于80，如此不滴流浸渍剂就比较柔软，电缆在弯曲时绝缘不易被损坏。

6.1.2　电缆油和浸渍剂的分类

上述电缆油和浸渍剂从各种不同的角度出发，可以分成不同的类别，见表10-6-2。

20世纪70年代中期以前，我国低压电缆油和自容式充油电缆油都采用矿物油。从20世纪70年代中期起，低压电缆油全部采用合成低压电缆油，自容式充油电缆油已全部采用十二烷基苯合成油。

表 10-6-2　电缆油和浸渍剂的分类

<table>
<tr><th>序号</th><th>分类根据</th><th colspan="2">类别</th><th>所包括的电缆油和浸渍剂</th></tr>
<tr><td rowspan="2">1</td><td rowspan="2">电缆电压等级</td><td colspan="2">低压电缆油和浸渍剂(AC 35kV 及以下)</td><td>低压电缆油、普通粘性浸渍剂和不滴流浸渍剂</td></tr>
<tr><td colspan="2">高压电缆油和浸渍剂(AC 35kV 以上,DC 100kV 及以上)</td><td>粘性浸渍直流海底电缆浸渍剂、钢管压气电缆浸渍剂、钢管充油电缆浸渍用油和填充用油、自容式充油电缆用矿物油和十二烷基苯合成油</td></tr>
<tr><td rowspan="3">2</td><td rowspan="3">粘温特性</td><td rowspan="2">粘性浸渍型</td><td>一般粘性</td><td>低压电缆油、普通粘性浸渍剂、粘性浸渍海底直流电缆浸渍剂、钢管压气电缆浸渍剂和钢管充油电缆浸渍用油</td></tr>
<tr><td>不滴流</td><td>不滴流浸渍剂</td></tr>
<tr><td colspan="2">充油型</td><td>钢管充油电缆填充用油、自容式充油电缆用矿物油和十二烷基苯合成油</td></tr>
<tr><td rowspan="2">3</td><td rowspan="2">来源</td><td colspan="2">天然的(石油质或矿物质的)</td><td>石油质低压电缆油和自容式充油电缆用矿物油</td></tr>
<tr><td colspan="2">合成的</td><td>合成低压电缆油、十二烷基苯、聚丁烯油和硅油</td></tr>
<tr><td rowspan="2">4</td><td rowspan="2">化合物类型</td><td colspan="2">烃类</td><td>石油质和合成低压电缆油、自容式充油电缆用矿物油、十二烷基苯合成油</td></tr>
<tr><td colspan="2">非烃类</td><td>硅油</td></tr>
<tr><td rowspan="2">5</td><td rowspan="2">燃烧性</td><td colspan="2">易燃的</td><td>除硅油以外的所有电缆油和浸渍剂</td></tr>
<tr><td colspan="2">难燃的</td><td>硅油</td></tr>
</table>

6.1.3　电缆油和浸渍剂的基本性能术语及其含义

1. 透明度

透明度是表征油外观质量的指标。

自容式充油电缆用矿物油一般为微黄至淡黄色的透明液体。使用硫酸和吸附剂精制后的油颜色浅淡，透明度高。精制的十二烷基苯为无色透明液体。

精制后，如油中残存较多的沥青质、胶质、高分子芳香烃类和杂质，或经过使用后油质逐渐变坏、胶化时，其颜色会变暗，透明度、电绝缘性能和热稳定性也随之下降。

2. 纯度

纯度是表征绝缘油洁净程度的指标。一般是指机械杂质和水分两项指标。

机械杂质是电缆油经过溶解过滤后残留的杂质。机械杂质存在时影响油的电绝缘性能和浸渍效果。

水分是指油在大气中吸收的水分含量。水分对油的电绝缘性能影响极大，必须严加控制。

3. 密度

在油的成分中，芳香烃的密度较大，其次是环烷烃和烷烃。在油的沸点相同时，油中芳香烃含量越多，油的密度越大。

4. 粘度

液体流动时，一般存在着内摩擦作用。粘度就是表征内摩擦力强弱和液体流动时内部分子间阻力大小的一个指标，常用绝对粘度（动力粘度）、运动粘度、比粘度和条件粘度（相对粘度）来表示。

(1) 绝对粘度（动力粘度）　绝对粘度是指当液体中面积各为 $1m^2$ 和相距 1m 的两层液体，当其中一层液体以 1m/s 的速度与另一层液体相对运动时所产生的阻力（N）。因此，动力粘度的单位为 Pa · s。

以前，曾定义动力粘度是指当液体中面积各为 $1cm^2$ 和相距 1cm 的两层液体，当其中的一层液体以 1cm/s 的速度与另一层液体相对运动时所产生的阻力（dyn，$1dyn = 10^{-5}N$）。因此，此时动力粘度的单位为 $dyn \cdot s/cm^2$，通常称为泊（P）。显而易见，$1P = 0.1Pa \cdot s$。

(2) 运动粘度　运动粘度为动力粘度与同温度下液体密度之比。因此，运动粘度的单位为

$$\frac{Pa \cdot s}{kg/m^3} = m^2/s$$

以前，运动粘度曾用单位斯托克斯（St）或厘斯（cSt）表示，而

$$St = cm^2/s;\ cSt = mm^2/s$$

因此，$1St = 10^{-4}m^2/s$，$1cSt = 10^{-6}m^2/s$。

(3) 比粘度　比粘度为油的绝对粘度与水的绝对粘度之比。

(4) 条件粘度　条件粘度是采用各种粘度计测得的粘度，以条件单位表示，工程上常用恩氏粘度和赛氏粘度等表示。

恩氏粘度是在一定温度下，从恩氏粘度计流出200mL油所需要的时间与在20℃下流出同样体积蒸馏水所需时间之比，用°E表示。

5. 凝点和浊点

当温度下降时，电缆油由流动状态变为不流动状态的温度称为凝点，其单位为℃。

一般说来，当油的温度下降到接近凝点时，在油中首先出现细微结晶，使油混浊，与此对应的温度称为浊点。油逐渐凝固时，油的粘度会突然增大，从而影响油的性能。因此，对于电缆油，必须严格控制其凝点。

6. 闪点和燃点

油在一定加热条件下，其蒸汽与空气混合后，当接近火焰时，有闪光或爆炸现象，这时的温度称为闪点。

如果闪光时间长达5s，则此时的温度称为燃点。

闪点的高低可表征油在空气中着火的难易程度。

7. 残炭

油在使用过程中，因受热而有残渣留下来（用百分率表示）的杂质称残炭。残炭成分较多，会影响油的电绝缘性能和浸渍效果，故应当加以控制。

8. 酸值

酸值是测定电缆油中游离酸含量的一个质量指标。

酸值较大，表明油中杂质含量较多或在使用中变质（呈胶凝状）。

酸值用中和1g油样中游离酸所需KOH的mg数来表示，单位为mg KOH/g。

9. 滴点

滴点是表征不滴流浸渍剂滴流性能的一个指标。

不滴流浸渍剂在一定加热条件下，开始滴下第一滴时的温度称为滴点。

10. 滴出性能

滴出性能是表征在一定温度条件下经一定时间后，不滴流浸渍剂从电缆试样滴出的能力。通常同时进行两个平行试验来评定滴出性能，试验的种类有：

(1) 抽样试验 从成品电缆上取下长度为290~300mm的试样，去除外护层后，试样两端不密封，垂直悬挂在烘箱中，加热到最高线芯允许工作温度，误差为±20℃。8h后，测量滴出的浸渍剂体积，单芯和分相铅套电缆应不超过金属护套内体积的2%，多芯电缆不超过金属护套内体积的3%。

(2) 型式试验 取长度为1m的电缆试样，去除其外护层，试样两端以不加热方式给予密封，在其中一端留有空隙，用于收集滴出的浸渍剂。将试样垂直悬挂于加热器中，加热到线芯长期允许工作温度，误差为±2℃，经7昼夜后，测出滴出的浸渍剂体积应不超过金属护套内体积的3%。

11. 收缩率

不滴流浸渍剂由液相转为固相时收缩的程度，称为收缩率。收缩率大时，在电缆中会形成较多的空隙，从而降低电缆的耐电强度。

12. 针入度

在规定温度及时间内，在一定荷重下，标准针垂直穿入试样的深度称为针入度，单位为1/10mm。针入度用来表征油料、涂料或浸渍剂软硬的程度，针入度大，则电缆弯曲性能好。

13. 介质损耗角正切

在交流电场作用下，电介质所消耗的热能称为介质损耗，用介质损耗角正切$\tan\delta$（损耗因数）来表示。它可以反映绝缘油的结构、纯洁程度和老化稳定性。随着电压等级的提高，介质损耗角正切的重要性越来越显著。

14. 击穿场强

击穿场强是表征电缆油在高电场作用下，电压击穿时的电场强度值。

当油中含有水分和杂质时，或在电缆油使用过程中由于老化而生成极性氧化物时，击穿场强将明显下降。

15. 电场析气性

电缆油在游离放电时放出气体或吸收气体的能力，称为电场析气性。由压差计测定放出或吸收气体的数量，以加压时间（min）与产生压差（mm）组成的析气曲线及平均析气系数$S_{\Delta P}$表示，单位为mm/min或mm/100min。放出气体以“+”表示，吸收气体以“-”表示。析气性也可用放出或吸收的气体的体积随时间的变化来表示，此时平均析气系数记作$S_{\Delta V}$，单位为μL/min。

6.2 石油质电缆油的组成和精制

6.2.1 石油质电缆油的基本组成

石油质（矿物质）电缆油按用途可分为石油质自容式充油电缆油和石油质低压电缆油。它们都是直接由石油原油炼制，截取其相应的馏分经精制并加入适当的添加剂制成的。其中，低压电缆油截取相当于28号轧钢机油（100℃时的粘度为28mm²/s）的馏分；自容式充油电缆油截取相当于变压器油的馏分或更轻的馏分。

石油由碳、氢和少量的氨、硫、氮等元素组成。这些元素在石油中并不是以单独的元素存在的，而是相互组成各种形式的化合物存在。所以，石油的化学组成比较复杂。

1. 电缆油的基本组分——烃

碳氢化合物——烃是石油质电缆油的基本组分，其含量达96%～99%。电缆油中所含的烃类，按其分子组成、结构和性质，可分为烷烃、环烷烃和芳香烃三种类型。

(1) 烷烃 烷烃是一种饱和的直链的或带支链的开链烃，其分子通式为 C_nH_{2n+2}。通常，分子中含1~4个碳原子的气态烷烃，在电缆油馏分中并不存在；含5~15个碳原子的液态烷烃，则是电缆油的主要成分；含有16个以上碳原子的固态烷烃如果存在于电缆油中，将使电缆油的凝点大大提高。为了获得低凝点电缆油，特别是低粘度自容式充油电缆油，应尽量把固态烷烃去除干净。

烷烃是各种烃类中粘度最小的一种。它是一种中性或微极性的电介质，因此具有良好的电气绝缘性能，其tanδ值小，耐电压强度高。烷烃抗氧化性能较差，容易生成酸和其他氧化产物，但其对抗氧剂的感受性较好。烷烃的介电稳定性较好。烷烃的析气性在三种烃类中最差，在强电场作用下容易发生去氢反应与断链反应，并生成高分子的聚合物，通常称为X蜡。

(2) 环烷烃 环烷烃是一种饱和的具有环状碳链的烃类，其中环形碳链以五碳环和六碳环居多，其分子通式为 C_nH_{2n}。环烷烃的凝点较低，粘温性能较平坦，其耐电性能、抗氧稳定性和介电稳定性与烷烃差不多，但电场析气性比烷烃好些。在抗氧剂存在的情况下，环烷烃是电缆油的理想组分。

(3) 芳香烃 芳香烃包括苯、萘和蒽及其衍生物，其在石油质自容式充油电缆油中的含量（质量分数）在15%左右，在石油质低压电缆油中为30%～40%。纯净的芳香烃具有良好的电气性能，其tanδ值不大。但石油中分离出的芳香烃，尤其是未经精制或精制不充分的石油芳香烃，常因混有非烃化合物而导致其tanδ值比烷烃和环烷烃要高些。芳香烃具有良好的氧化稳定性和电场吸气性。表10-6-3中列出了一些电缆油及其组成烃类的化学和电气稳定性。

表10-6-3 油及其组成烃类的化学和电气稳定性

油	试样状态	油		烷-环烷烃		芳香烃		85%烷-环烷烃+15%芳香烃	
		酸值/(mgKOH/g)	tanδ(100℃)	酸值/(mgKOH/g)	tanδ(100℃)	酸值/(mgKOH/g)	tanδ(100℃)	酸值/(mgKOH/g)	tanδ(100℃)
低压电缆油	老化前	0.01	0.0330	0.00	0.0048	0.03	0.164	0.004	0.0096
	老化后	0.12	0.3600	0.94	0.0050	0.11	0.1650	0.05	0.0473
自容式充油电缆油馏分A	老化前	0.004	0.0095	0.00	0.0058	0.00	0.220	0.00	0.0075
	老化后	0.03	0.0500	1.90	0.0170	0.15	1.000	0.03	0.0470
自容式充油电缆油馏分B	老化前	0.005	0.0750	0.00	0.0072	0.01	0.036	0.002	0.0135
	老化后	0.10	0.3930	2.20	0.0160	0.18	1.000	0.01	0.0310

由表10-6-3可见：

1）在原始状态，油具有比由其中分出的烷-环烷烃馏分大的tanδ值。因此，随着精制深度的提高，油的电性能应有所改善。芳香烃电性次于烷-环烷烃，且许多情况下（不是全都如此）其tanδ值比原始油还大，故烷-环烷烃中加入芳香烃，tanδ将增加。

2）烷-环烷烃馏分在氧化过程中是不稳定的，但在tanδ值方面却很稳定。在氧化时较稳定的原始油，在tanδ方面表现得不稳定。

芳香烃在氧化时很稳定，但其tanδ值稳定程度不仅比烷-环烷烃馏分差，而且比大多数原始油差得多。因此，烷-环烷烃中加入芳香烃，虽然改善了抗氧化稳定性，却恶化了tanδ值的稳定性。

油中氧化产物的积聚，会恶化其电性能。但由于这些氧化产物的特性不同，故其对电性能的改变也是不同的。高粘度脱芳油氧化时所积聚的氧化产物，对电性能的影响较小。随着粘度变小，这种影响就越来越大。然而，即使是低粘度的烷-环烷烃在氧化时，其tanδ值的增加也比芳香烃、原始油或烷-环烷烃与芳香烃的混合物要小。

除上述三类烃以外，在石油中还混杂有一些不饱和的碳氢化合物，如烯烃类，但其含量极少。在电缆油的精制过程中，烯烃实际上是全部去掉的。

不同油田的石油所含各种烃的比例也不相同。例如，克拉玛依油田的石油含环烷烃较多，烷烃较少，其中以黑油山原油尤为突出。大庆油田和玉门油田的石油含烷烃较多，含蜡甚至达20%~30%。由于油中各种组分比例有差别，因而其性能也有所不同。

一般说来，油中烷烃分子结构比较对称，分子极性小，所以电绝缘性能较好，在温度和频率变化时比较稳定。环烷烃基本上与烷烃相差不多，具有较好的电绝缘性能。在芳香烃分子中，苯环本身是对称性的，无极性，但当其分子具有侧链时，由于苯环与侧链的相互作用，因而使整个分子具有一定极性。多环芳香烃电子云分布的对称性更差，因而其极性更大，稳定性也更差，但总的说来仍属弱极性。

2. 电缆油馏分的非烃成分

除了碳氢化合物以外，电缆油馏分中还含有硫、氮、氧等元素，这些元素的含量一般低于1%。但这些元素与碳、氢所形成的化合物含量则更多些，常在10%~20%之间。这些化合物称为非烃成分。油中非烃成分越多，油的密度及粘度越大。

在非烃成分中，以胶质和沥青质最多。它们是深褐色或黑色的胶粘物质，是由碳、氢、氧、硫和氮等组成的复杂多环复合物。油中胶质能起抗氧剂作用，但胶质和沥青质都是极性物质，其化学性质不稳定，所以对石油质电缆油而言，它们都是有害成分，含量越少越好。早期，电缆油利用选择适当的精制深度（硫酸、白土用量）来维持油中有适当数量的起天然抗氧剂作用的非烃成分，来达到一定的原始电气性能和老化稳定性。随着电缆电压等级的升高，对电缆油的电气绝缘性能及老化稳定性提出了更高的要求，如仍用非烃成分做抗氧剂实际上是办不到的。因此，低粘度的高压电缆油实际上是全部除去非烃成分的。

非烃成分中的硫化物，以硫化氢（H_2S）和硫醇（RSH）的危害最大。硫化物很容易腐蚀金属；硫化氢常溶于油中，有毒性；硫醇有奇臭；不活泼的高沸点的液态或固态硫化物溶于油中，很难除去。在油中以游离状态存在的硫较少。胶质和沥青质都含有硫，芳香烃中也混有硫。硫的存在会恶化电缆油的性能。我国以前制造电缆油的原油，含硫量都较低。

总之，油中非烃化合物都是极性化合物，其化学性能较活泼，电绝缘性与热稳定性差。电缆油是不应含有这些有害非烃成分的，应予去除。

6.2.2 油的精制要点

为使由石油原油获得的电缆油馏分符合使用要求，应对电缆油馏分进行精制处理，除去那些无用而有害的成分。

1. 精制流程

一方面，自石油原油截取的作为石油质低压电缆油和石油质自容式充油电缆油的原料油的馏分性质不同；另一方面，对低压电缆油和自容式充油电缆油的性能要求也不同，因此，石油质低压电缆油和自容式充油电缆油的精制流程也不一样。

石油质自容式充油电缆油的精制流程主要包括酸碱精制、白土处理和加入添加剂，如图10-6-1所示。而石油质低压电缆油的精制流程主要包括丙烷脱沥青、酚精制、酮苯脱蜡和白土精制，如图10-6-2所示。

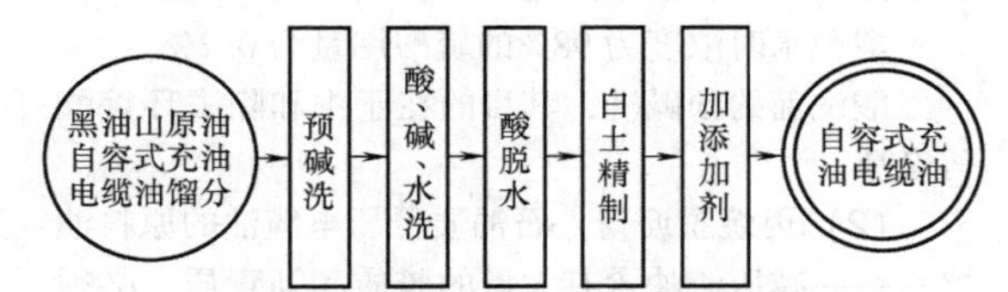

图10-6-1 石油质自容式充油电缆油的精制流程

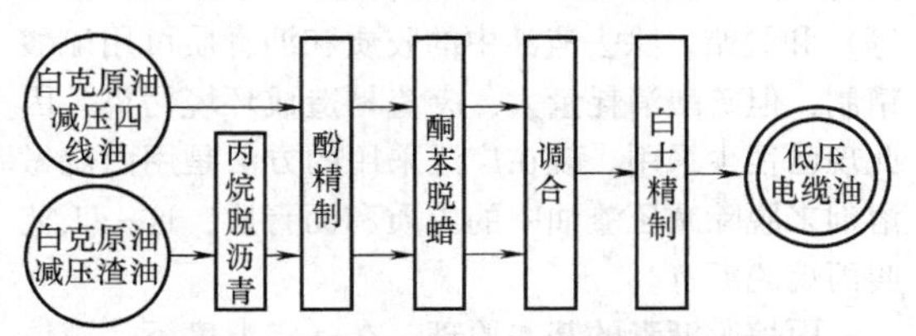

图10-6-2 石油质低压电缆油的精制流程

2. 几种常用的精制方法

（1）酸碱精制 酸碱精制即以硫酸与馏分油反应生成酸渣，去除后再经碱液中和、水洗，制得质量较高的油。酸碱精制是精制高压电缆油的一个主要方法。

在酸洗时，电缆油中的烷烃-环烷烃等基本组分不易与硫酸作用。但硫酸能与烯烃作用，生成酸性和中性硫酸酯，汇集于酸渣中。油中的胶质、沥青质、含硫化合物、含氮化合物及芳香烃等，在硫酸中均有不同程度的溶解和与其发生化学反应。溶解和化学反应的程度与硫酸的浓度、数量、处理温度和时间有关。例如，芳香烃能部分溶解于浓硫酸，硫酸浓度越高，溶解度也越高，但溶解度随芳香烃本身侧链的延长和温度的升高而下降。因此，选择适当的硫酸浓度和数量、合适的处理温度和时间，对精制深度和效果十分重要。

自容式充油电缆油的硫酸处理，硫酸浓度一般控制在90%~96%，也有用98%以上的。硫酸用量视硫酸浓度和需要达到的精制深度而定。硫酸浓度较低时，硫酸用量为10%~20%，98%浓度的硫酸用量约百分之几。处理可在室温下进行，搅拌0.5h已足够，生成的酸渣分层应予分离排出。为使硫酸处理的效果更好，也可在正式酸洗前，用1%油量的浓硫酸（浓度为98%）先洗，以去除水分。

碱洗是指中和酸洗后油中残留的硫酸、环烷酸和磺酸等酸性产物，使之生成碱渣（皂类）后分层排出。适当控制碱液浓度是碱洗的关键，碱液过稀会使皂类的水解反应加强；碱液过浓，则乳化现象严重。处理自容式充油电缆油的碱液浓度为5%，用量在10%左右，温度为65~75℃。

碱洗后，应进行水洗和干燥处理。水洗的目的在于除去残留在油中的皂类。

酸脱水时浓度为98%的硫酸用量为0.2%。

酸洗前的预碱洗，其目的在于中和除去环烷酸等杂质。

（2）丙烷脱沥青 石油质低压电缆油的原料油之一——减压渣油含有大量的胶质和沥青质，必须先将此类物质除去，才能进行溶剂精制（酚精制等）和脱蜡。除去渣油中的胶质和沥青质可用硫酸精制，但硫酸消耗量大，废渣易造成环境污染，因此现已很少采用。现在广泛采用的方法是用丙烷做溶剂来脱除减压渣油中的胶质和沥青质，这一工艺叫丙烷脱沥青。

丙烷脱沥青的基本原理：在一定温度下，液体丙烷对减压渣油中的电缆油组分和蜡有相当大的溶解度，而几乎不溶解胶质和沥青质。因此，可利用丙烷的这一特性，通过渣油和液体丙烷充分混合后，将油和蜡溶于丙烷，而沥青沉淀下来，使渣油中的沥青与油、蜡分离，经分离脱除沥青的油即脱沥青油。溶于脱沥青油中的丙烷可经蒸发分离回收以循环使用。

（3）酚精制 酚精制是一种溶剂精制方法。利用一种溶剂，如酚或糠醛，将绝缘油中的非理想组分溶解、分离，保留理想组分，以提高绝缘油性能的工艺叫作溶剂精制。

溶剂精制的基本原理：作为精制绝缘油的溶剂，首先应对油中的非理想组分有高的溶解度，当把溶剂加入绝缘油原料后，其中的非理想组分迅速溶解在溶剂中，将溶有非理想组分的溶液分离出去，其余就是绝缘油的理想组分，通常称前者为提取油或抽出油，称后者为提余油或精制油。溶剂精制的作用相当于从绝缘油原料中抽出其中的非理想组分，所以这一过程也叫溶剂抽提或溶剂萃取。抽出油中所含的大量溶剂以及精制油中所含的一部分溶剂可分别通过蒸馏回收利用。

（4）酮苯脱蜡 为使绝缘油在低温条件下保持良好的流动性，必须将其中易于凝固的蜡除去，这一工艺叫脱蜡。脱蜡的方法有冷榨脱蜡和溶剂脱蜡。酮苯脱蜡是一种溶剂脱蜡方法。

酮苯脱蜡的基本原理：在绝缘油中加入丙酮、苯和甲苯的混合溶剂，这种混合溶剂能溶解油但不溶解蜡，当绝缘油和溶剂的混合物冷冻到低温时，油中的蜡就析出；滤去蜡，将剩下的绝缘油和溶剂的混合物加热蒸发去溶剂，就得到了脱除蜡且凝点低的脱蜡绝缘油了。

（5）白土处理 绝缘油原料经过上述精制工艺处理后，其质量已基本达到要求，但所得的油品中还含有少量未分离掉的酸渣、皂类和溶剂，以及回收溶剂加热生成的大分子缩合物、胶质等。为了将这些杂质去掉，进一步改善绝缘油的颜色，提高其稳定性，需要进行补充精制。通常利用白土从已得到的精制油中将上述杂质吸附掉，因此称这一工艺为白土精制或白土补充精制。

白土精制工艺分为固定床渗滤法、连续式渗滤法和接触法三种。前两种方法因生产率低，已被淘汰，目前广泛采用接触法白土精制。

白土是一种具有吸附作用的矿物，但其对绝缘油中各种组分的吸附能力显著不同。当白土与绝缘油充分混合后，白土极易吸附其中的胶质、沥青质、残余酸渣、皂类和溶剂，而对油的吸附能力较差。因此，利用白土具有选择吸附作用的性能，使白土与油混合，再过滤掉已吸附了杂质的白土，就可得到精制绝缘油。

天然白土的主要成分是硅酸铝、氧化硅，还含有氧化铁、氧化镁、氧化钙等。白土表面具有很多细小的毛孔，所以有较强的吸附性。但天然白土孔隙内常含有一些杂质，如果经400~500℃高温灼烧或者用硫酸/盐酸等化学药剂将杂质除去，则可以大大提高其吸附能力。经过这样处理的白土叫活性白土，活性白土有更强的吸附力。

白土处理的温度取决于电缆油的种类和粘度。低压电缆油的粘度大，常在275~320℃的高温下处理；自容式充油电缆油的处理温度为120℃。

白土处理时间一般为 0.5~1h。

白土的用量与精制的要求有关。低压电缆油最后处理时白土用量为 10%左右，自容式充油电缆油最后处理时白土用量为 3%~7%。

使合成洗涤剂的中间体烷基苯原料油成为合格的自容式充油电缆绝缘油的精制过程是由电缆制造厂自己进行的。通常在烷基苯原料油中加入 1%在 135℃下干燥了 10h 以上的白土，在室温下处理 8h 即可达到要求。

平时电缆制造厂对使用中的自容式充油电缆用矿物油和十二烷基苯合成油也进行白土处理。但这种白土处理不同于上述意义上的精制，其目的通常是去除储运过程中对电缆油的污染，或进行电缆油使用后的再生，因此白土用量都比较小，为0.5%~1%。对于自容式充油电缆油应注意的是，由于此时电缆油中已加入了抗氧剂，所以白土处理宜在室温下进行，以防白土将抗氧剂吸附掉。含 0.2%的 2,6-二叔丁基对甲酚抗氧剂的自容式充油电缆油加 10%的白土，在各温度下处理 1.5h 后的抗氧剂含量见表 10-6-4。

表 10-6-4　白土处理温度对抗氧剂含量的影响

平均温度/℃	18	30	40	50	70	100
最高温度/℃	20	30.8	44	52	73	102
抗氧剂含量(%)	0.200	0.195	0.144	0.102	0.060	0.056

(6) 加添加剂　对于自容式充油电缆油，需加入抗氧剂，用来提高油的稳定性。多年的实践证明，加入 0.2%的 2,6-二叔丁基对甲酚，可使电缆油获得良好的使用性能。

6.3 低压电缆用粘性浸渍剂

35kV 及以下油浸纸绝缘电力电缆的绝缘层是由复合材料油浸纸组成的，其中用于浸渍电缆纸的、粘度较大的液态绝缘材料，称为粘性浸渍剂。

低压电力电缆的性能主要取决于油浸纸绝缘的性能，因此在一定程度上也取决于电缆纸和粘性浸渍剂的各种特性。当然，电缆的性能与结构设计和制造工艺也有很大关系。

6.3.1 粘性浸渍剂的组分与性能要求

粘性浸渍剂在浸渍温度（140℃±5℃）下应具有较好的浸渍性能，粘度要小；在电缆工作温度下应不易淌流，粘度要大，以减少电缆绝缘内因工艺因素或使用过程中冷热循环所形成的空隙，提高耐游离性能和击穿场强。浸渍剂还应具有优良的电绝缘性能，其介质损耗角正切 tanδ 值要小，击穿场强和体积电阻率要高。表 10-6-5 中列出了低压电缆用粘性浸渍剂的主要技术要求。

表 10-6-5　低压电缆用粘性浸渍剂的主要技术要求

项　目		指标 1~10kV 电缆	指标 20~35kV 电缆
恩氏粘度/°E(孔径 5mm)		6.0~8.0(70℃)	6.0~8.0(85℃)
击穿场强/(kV/cm)　≥		120	140
介质损耗角正切 tanδ　≤	60℃	0.06	0.04
	40℃	0.02	0.01

为了便于管理，1~10kV 电缆用粘性浸渍剂目前也已按 20~35kV 浸渍剂的要求配制。也就是说，目前全部 1~35kV 粘性浸渍油浸纸绝缘电力电缆使用同一种浸渍剂。这种 35kV 及以下油浸纸绝缘电力电缆用粘性浸渍剂是以低压电缆油为基，加入 35%左右的天然松香熬煮而成的。其中低压电缆油在 20 世纪 70 年代中期以前使用石油质低压电缆油，在此之后已全部改用合成低压电缆油。

6.3.2 粘性浸渍剂用基油和松香

1. 基油

作为基油的低压电缆油，是粘性浸渍剂的主要成分。

基油可采用石油质低压电缆油，也可采用合成低压电缆油，或者这两种油的混合油。对这些油的基本要求：具有较高的粘度和闪点，较低的凝点、残炭和杂质含量，并具有良好的电绝缘性能和热稳定性，介质损耗角正切值要小，击穿场强和体积电阻率要高，电缆油在空气中氧和电场的作用下应具有较好的稳定性，不易老化。

对 DL-1H 型低压电缆油的技术要求见表 10-6-6。

表 10-6-6　对 DL-1H 型低压电缆油的技术要求

项　目	指标	试验方法
运动粘度(100℃)/(mm²/s)　≥	23	GB/T256—1988
闪点(开口)/℃　≥	250	GB 267—1988
机械杂质(%)　≤	0.01	GB/T 511—2010
酸值/(mgKOH/g)　≤	0.10	GB 264—1983
残炭(%)　≤	1	GB 268—1987
凝点/℃　≤	-25	GB 510—1983
水分(%)	无	GB/T 260—1977
水溶性酸或碱	无	GB 259—1988
介质损耗角正切 tanδ,100℃　≤	0.06	GB/T 5654—2007
击穿场强/(kV/cm)　≥	140	GB/T 507—2002

如前文所述，由于炼制低压电缆油的油源和精制深度不同，因而油的性能也有所不同。用不同油源及精制深度制得的石油质低压电缆油的组成及性能见表 10-6-7。

表 10-6-7 用不同油源及精制深度制得的低压电缆油的组成与性能

项目		玉门-大庆混合原油 5%白土处理	玉门-大庆混合原油 15%白土处理	玉门-大庆混合原油 30%白土处理	白克原油 未作白土处理	白克原油 8%白土处理	白克原油 15%白土处理
性能	密度/(g/cm^3)	0.8933	0.8959	0.8940	0.9055	0.9048	0.9052
	粘度(100℃)/(mm^2/s)	28.52	28.62	25.67	28.2	31.4	31.4
	闪点(开口)/℃	256	256	258	265	264	268
	凝点/℃	-15	-15	-15	-18	-16	-12
	酸值/(mgKOH/g)	0.019	0.031	0.026	0.052	0.049	0.059
	机械杂质(%)	0	0	0	0	0	0
	水分(%)	0	0	0	0	0	0
	残炭(%)	0.55	0.47	0.38	0.61	0.67	0.84
	介质损耗角正切 $\tan\delta$ 100℃,原始	0.021	0.013	0.010	0.025	0.022	0.032
	介质损耗角正切 $\tan\delta$ 120℃,20h 老化后,无铜	0.077	0.042	0.028	0.054	0.062	—
	介质损耗角正切 $\tan\delta$ 120℃,20h 老化后,有铜	0.215	0.052	0.053	0.130	0.099	0.133
	击穿场强/(kV/cm)	154	192	198	115	155	180
组成(质量分数)	烷烃-环烷烃(%)	60.95	65.33	66.33	55.91	55.44	60.39
	轻芳香烃(%)	24.96	20.11	21.82	19.63	19.52	20.32
	中芳香烃(%)	10.79	11.63	10.06	19.41	19.44	13.75
	胶质(%)	3.30	2.97	1.79	5.05	5.60	5.54

由表 10-6-7 可见，油源不同、精制深度不同，油的性能也不一样。同一油源的油，随着白土精制的加深，原始 $\tan\delta$ 改善。由玉门-大庆混合原油炼制的低压电缆油，随着精制深度的加深，老化性能得到改善。但是，由白克原油炼制的低压电缆油，随着精制深度的加深，老化性能先有所改善，然后又恶化了，这是由于随着精制深度的加深，芳香烃含量逐渐减少的缘故。由玉门-大庆混合原油炼制的低压电缆油与由白克原油炼制的低压电缆油相比，前者的老化性能比后者差，尤其是有铜老化更是如此。这是由于玉门-大庆混合原油是石蜡基原油，而白克原油是石蜡基-环烷基混合原油，由前者炼制的低压电缆油中芳香烃的含量比由后者炼制的低压电缆油少。这从后者具有较高的密度与较多的残炭也可以看出。由此可见，适当增加低压电缆油的残炭，可提高其稳定性。20 世纪 60 年代初期，我国曾尝试使用由玉门-大庆混合原油炼制的低压电缆油来生产 35kV 以及下油浸纸绝缘电力电缆，此后则大量使用由白克原油炼制的低压电缆油来生产上述电缆。20 世纪 70 年代中期以后，由于开采石油质低压电缆油油源变得困难，故全部改用合成低压电缆油来生产上述电缆。

合成低压电缆油是一种聚 α-烯烃油，其合成工艺流程如下

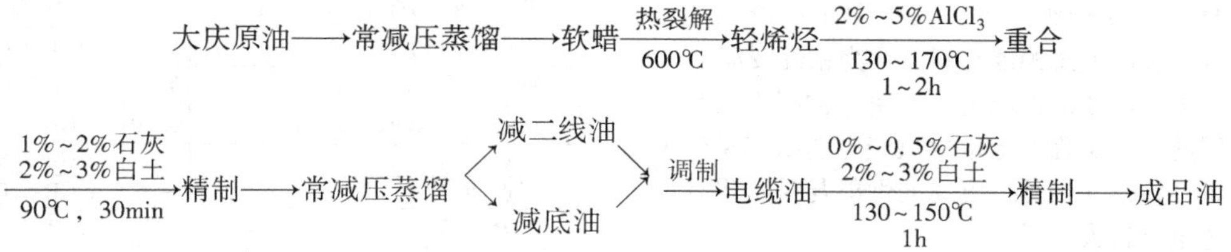

大庆原油 ⟶ 常减压蒸馏 ⟶ 软蜡 $\xrightarrow[600℃]{热裂解}$ 轻烯烃 $\xrightarrow[130\sim170℃,\ 1\sim2h]{2\%\sim5\%AlCl_3}$ 重合

$\xrightarrow[90℃,\ 30min]{1\%\sim2\%石灰,\ 2\%\sim3\%白土}$ 精制 ⟶ 常减压蒸馏 ⟶ {减二线油, 减底油} $\xrightarrow{调制}$ 电缆油 $\xrightarrow[130\sim150℃,\ 1h]{0\%\sim0.5\%石灰,\ 2\%\sim3\%白土}$ 精制 ⟶ 成品油

合成低压电缆油的性能见表 10-6-8。作为对比，表中同时列出了石油质低压电缆油的性能。图 10-6-3 所示为合成低压电缆油和石油质低压电缆油及其混合物的老化性能。由此可见，由于合成低压电缆油是一种聚 α-烯烃，因此其凝点比石油质低压电缆油低得多。又由于合成低压电缆油是一种合成烃，其组成比较单一，没有石油质低压电缆油所含的那种有害非烃成分，因此其原始的电气性能和老化稳定性都比石油质低压电缆油好得多。由于合成低压电缆油是一种聚 α-烯烃，其分子末端有一个不饱和的双键，因此，合成低压电缆油的残炭要比石油质低压电缆油高些，但这并不妨碍其优良的电气性能与稳定性。

从图 10-6-3 可以看出，合成低压电缆油与石

油质低压电缆油的混合物的原始电气性能和老化稳定性要比石油质低压电缆油好，因此，合成低压电缆油与石油质低压电缆油可混合使用。

表10-6-8　合成低压电缆油的性能

项　目	合成低压电缆油		石油质低压电缆油	
	A	B	A	B
粘度(100℃)/(mm^2/s)	23.19	26.6	28.6	27.8
闪点(开口)/℃	285	273	279	274
凝点/℃	-33.4	-33	—	—
酸值/(mgKOH/g)	0.059	0.016	0.031	0.027
机械杂质(%)	0	0	0.0007	0
水分(%)	0	0	0	0
残炭(%)	0.94	0.39	—	0.25
介质损耗角正切 $\tan\delta$，100℃	0.0073	0.0012	0.016	0.0124
击穿场强/(kV/cm)	180	172	—	176

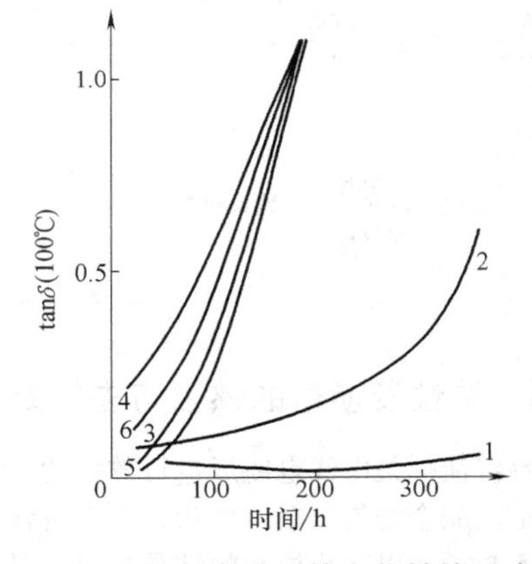

图10-6-3　低压电缆油的老化性能（老化温度为135±5℃）

1—合成油无铜老化　2—合成油有铜老化
3—石油质油无铜老化　4—石油质油有铜老化
5—混合油（1：1）无铜老化
6—混合油（1：1）有铜老化

2. 松香

粘性浸渍剂中配有松香的目的，在于提高浸渍剂的粘度，使电缆在工作温度下减少浸渍剂的淌流，从而减少绝缘层内所形成的空隙。此外，松香还可以改善粘性浸渍剂的耐老化性能。

目前，在我国电缆工业中使用着三种松香，它们是天然松香、真空蒸馏精制松香和聚合松香。其中，天然松香用于35kV及以下粘性浸渍纸绝缘电力电缆，真空蒸馏精制松香用于35kV及以下不滴流纸绝缘电力电缆，而聚合松香则用于粘性浸渍直流海底电缆。

(1) 天然松香　天然松香是松树脂中提出松节油后所剩的固体物质。松香的主要成分为各种松脂酸，占松香的80%～85%，另外还含有一些脂肪醛和中性物质。松脂酸是一类分子式为$C_{19}H_{29}COOH$的同分异构体的总称，它们都是具有一个三环菲骨架且大多含有两个双键的一元羧酸。在松香中，主要有三种海松酸型树脂酸（海松酸、异海松酸和山达海松酸）和四种枞酸型树脂酸（枞酸、新枞酸、长叶松酸和脱氢枞酸）。松香中的中性物质主要是高沸点的萜烯类化合物。

松香的组分含量及性能与采集季节、产地、提炼工艺有关。松香的颜色则与加热温度及加热均匀程度有关。纯树脂酸是良好的电介质，因此，作为电缆浸渍剂的松香，其杂质含量应尽可能少。

一般说来，松香的软化点越高，酸值越大，则树脂酸的含量也越大，其绝缘性能就越好。但松香在空气中会逐渐氧化而使电绝缘性能变坏。

电缆专用松香的技术要求见表10-6-9。

表10-6-9　电缆专用松香的技术要求

项　目	指　标
体积电阻率，120℃/(Ω·cm)　≥	2.2×10^{11}
介质损耗角正切 $\tan\delta$，120℃　≤	0.05
水分(%)　≤	0.3
机械杂质(%)　≤	0.05
灰分(%)　≤	0.02
酸值/(mgKOH/g)　≥	166
石油醚不溶物(%)　≤	1.2
50g松香水蒸气蒸馏挥发物/cm^3　≤	0.1
软化点(环球法)/℃　≥	76

(2) 真空蒸馏精制松香　天然松香中除主要成分树脂酸外，还含有脂肪酸、中性物质和各种杂质。杂质包括机械杂质以及含氧的萜烯化合物，如氧化松香、萜烯醛类和一些树脂酸的酯类等。树脂酸以外的物质，其电绝缘性能都相对差一些。天然松香通过真空蒸馏除去前馏分中性物质和釜残黑松香（主要为氧化松香、酯类和机械杂质等），收集得到的中间馏分就是精制松香。这种精制松香具有比天然松香优良得多的绝缘性能。精制松香的技术要求见表10-6-10。

表10-6-10　精制松香的技术要求

项　目	指　标
体积电阻率，110℃/(Ω·cm)　≥	1.0×10^{13}
介质损耗角正切 $\tan\delta$，120℃　≤	0.004
颜色①	微黄
软化点(环球法)/℃　≥	80
酸值/(mgKOH/g)　≥	175
灰分(%)　≤	0.005

① 符合GB/T 8145—2003《脂松香》标准特级的颜色要求。

在精制松香真空蒸馏的加工过程中，由于受到高达280℃高温的作用，枞酸型树脂酸发生了异构化作用。最后，在精制松香中，枞酸含量（质量分数）可高达60%左右。枞酸增加，松香的电绝缘性能将提高，但是其结晶趋势也将增加。精制松香结晶趋势的增加对于工作温度下呈固态的不滴流浸渍剂来说是不成问题的，但对于工作温度下仍呈液态的粘性浸渍剂来说则应慎用。因此，真空蒸馏精制松香主要用于不滴流浸渍剂中。

（3）聚合松香 聚合松香的反应原理如下：松香中含有的枞酸型树脂酸，在酸性催化剂作用下，赖以它的共轭双键，两分子可发生聚合反应，生成二聚枞酸，即聚合松香：

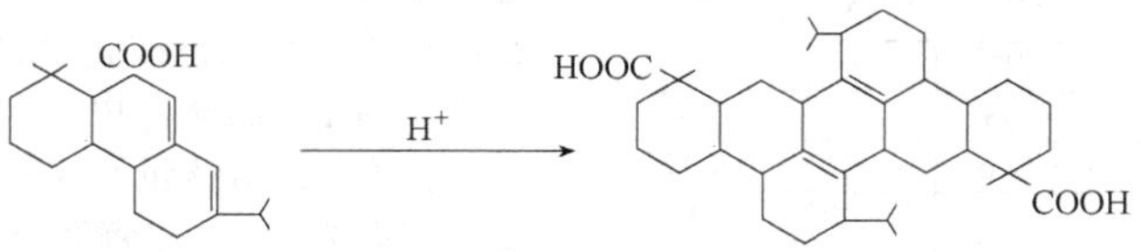

COOH $\xrightarrow{H^+}$ HOOC COOH

枞酸 二聚枞酸

聚合松香的制备工艺流程如下：

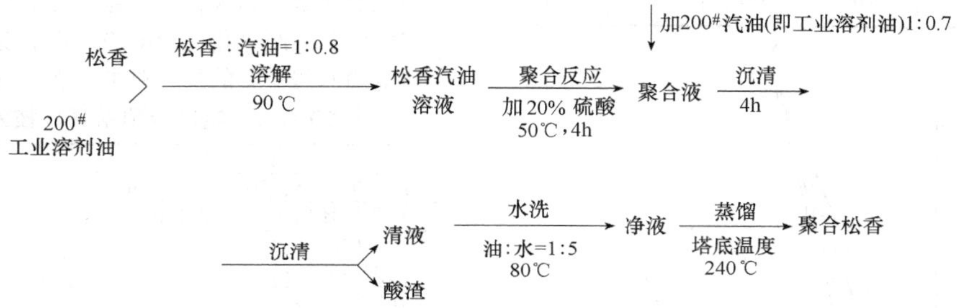

松香、200#工业溶剂油 —松香：汽油=1:0.8，溶解，90℃→ 松香汽油溶液 —聚合反应，加20%硫酸，50℃，4h→ 聚合液（加200#汽油(即工业溶剂油)1:0.7）—沉清，4h→

—沉清→ 清液、酸渣；清液 —水洗，油:水=1:5，80℃→ 净液 —蒸馏，塔底温度240℃→ 聚合松香

松香在上述过程中，一方面进行了聚合，另一方面实际上进行了一次硫酸精制。这样所得的聚合松香分子量大，软化点高，酸值低，电绝缘性能优良，抗氧化性强，不结晶。聚合松香由于分子量大，故其对电缆油的稠化能力也大。

本章中已提到，粘性浸渍直流海底电缆浸渍剂的粘度要求比普通粘性浸渍剂大，而对 tanδ 值稳定性的要求比普通粘性浸渍剂严格。在这种情况下，天然松香已不能胜任，而聚合松香却能满足要求。另一方面，聚合松香也能满足普通粘性浸渍剂的要求。但是聚合松香成本较贵，故目前未推广到普通粘性浸渍剂上应用。

140#聚合松香的技术要求见表10-6-11。

表10-6-11 140#聚合松香的技术要求

项 目	指标
外观	透明
颜色，玻璃色块 ≤	三级
加钠色号 ≤	9
软化点（环球法）/℃	135.0~145.0
酸值/(mgKOH/g) ≥	140.0
乙醇不溶物(%) ≤	0.050
热水溶物(%) ≤	0.20

6.3.3 粘性浸渍剂的熬煮与去气处理

粘性浸渍剂是电线电缆厂自行熬煮的。熬煮好的浸渍剂应完全均匀，在熔化状态下不应含有不溶解的松香粒子，以防止松香的结晶析出。浸渍剂中不应含有机械杂质、污物、矿物酸和碱、水分及气体等。

粘性浸渍剂的熬煮过程基本包括熬煮和去气两个工序。为控制浸渍剂的质量，在熬煮过程中需进行快速中间试验。

1. 浸渍剂的熬煮要点

1）为保证粘性浸渍剂的清洁度和具有较高的电绝缘性能，对低压电缆油先应进行压滤处理。

2）按配方比例将低压电缆油抽入混油罐内。

3）按配比加入松香。可将松香捣碎后慢慢地投入混油罐内，也可将松香熔化后加入，这样可以加快熬煮进程，同时可保证浸渍剂的均匀性。

4）加料后，关紧混油罐盖，并打开加热蒸汽阀门使温度逐渐上升到125~140℃，同时抽真空至13.3kPa以下，使其在真空下熔化。抽真空的作用，一方面是可加速水分的蒸发，另一方面是可防止加热状态下因电缆油与空气接触而产生老化。

5）当松香基本熔化后，为使电缆油与松香均匀混合，必须在熬煮过程中搅拌4~6h。然后循环过滤，并取样测试，直到浸渍剂的性能符合要求为止。

6）将熬煮好的浸渍剂打到储油罐中待用。在熬煮浸渍剂时，如果发现电缆油中因水分过多而产生大量泡沫，最好先将电缆油在温度为120~130℃、真空度为13.3kPa（100mmHg）以下的条件下进行预干燥处理。待大量泡沫基本消失后，破坏真空，开盖将松香渐渐加入。随后按上述步骤4）~6）要求进行混熬。

2. 浸渍剂的去气处理

在粘性浸渍剂中，一般都含有一定数量的气体。当采用含有气体的浸渍剂浸渍电缆时，会使电缆绝缘层内存在一定数量的气泡，并在一定的场强下产生局部放电。因此，对低压电缆的粘性浸渍剂，在浸渍电缆前必须进行去气处理。

通常，去气处理都采用真空去气法。由于粘性浸渍剂的粘度较大，为便于在真空下逸出气体，除浸渍剂应保持一定温度外，还要使浸渍剂的表面积增加。所以去气时要将浸渍剂不断循环，并通过特殊装置将浸渍剂喷成雾状。

去气处理工艺参数大致为：真空度在2.6kPa以下；温度为120~130℃；去气时间在24h以上。

6.3.4 影响粘性浸渍剂性能的主要因素

1. 影响粘度的因素

粘度是粘性浸渍剂的基本性能之一。

粘度与低压电缆油的分子结构和组分有关，也与松香的加入量有关。一般来说，浸渍剂的粘度随松香含量的增加而上升，随温度的升高而下降。图10-6-4所示为不同松香含量的浸渍剂的粘度及其与温度的关系曲线。

2. 影响介质损耗角正切的因素

介质损耗角正切是粘性浸渍剂的重要技术指标。它与浸渍用基油的分子结构和组分、松香的质量和数量有关，与温度也有很大关系。

表10-6-12中列出了合成低压电缆油-松香浸渍剂和石油质低压电缆油-松香浸渍剂的性能。其中，合成低压电缆油基油性能同表10-6-8中的合成低压电缆油B，石油质低压电缆油基油性能同表10-6-8中石油质低压电缆油B，松香采用同一种松香，加入量为35%（质量分数）。由于合成低压电缆油基油的tanδ值比石油质低压电缆油好，故合成低压电缆油-松香浸渍剂的tanδ原始值也较好。

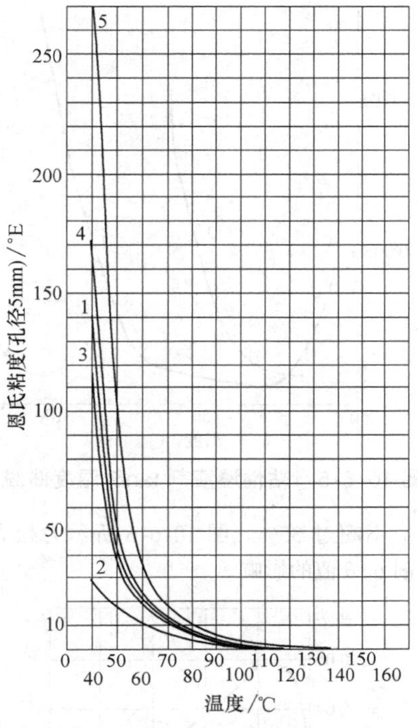

图10-6-4 不同松香含量（质量分数）浸渍剂的粘度-温度曲线

1—石油质油+35%松香 2—合成油+20%松香
3—合成油+35%松香 4—合成油+40%松香
5—合成油+45%松香

图10-6-5所示为某电缆厂粘性浸渍剂的tanδ值随温度的变化曲线。浸渍剂由合成低压电缆油加梧州四级松香（35%）制成。其中曲线1代表新配制的浸渍剂，曲线2代表用过的浸渍剂。新配制浸渍剂的tanδ值在30℃附近出现一个最低谷值。温度自30℃上升时，由于离子电导增加，浸渍剂的tanδ值也增大。温度自30℃下降时，由于松香是极性物质，这时随着温度的下降，浸渍剂粘度剧增，极性物质偶极子的转动发生困难，消耗能量增大，因而浸渍剂的tanδ值也增大。由于使用过的浸渍剂因污染与老化离子杂质增加，因而由离子杂质引起的tanδ值也增加，在较低温度时，离子电导引起的介质损耗掩盖了极化引起的损耗，因而看不到最低谷值的出现。

松香的加入，能使浸渍剂的tanδ值增大。但随着松香含量的增加，浸渍剂的粘度急剧升高，在交变电场作用下，离子杂质的迁移率大大下降，因而浸渍剂的tanδ值反而下降。如松香含量再增加，就会在油中结晶析出。一般浸渍剂中松香含量（质量

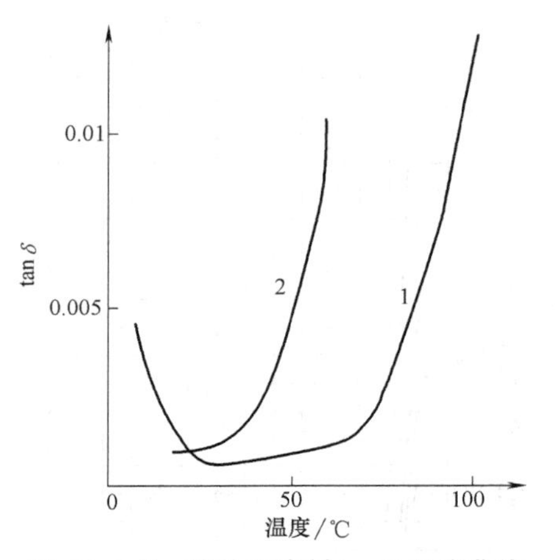

图 10-6-5　粘性浸渍剂 tanδ-温度曲线

分数）应不超过 35%。图 10-6-6 所示为松香含量对浸渍剂 tanδ 值的影响。

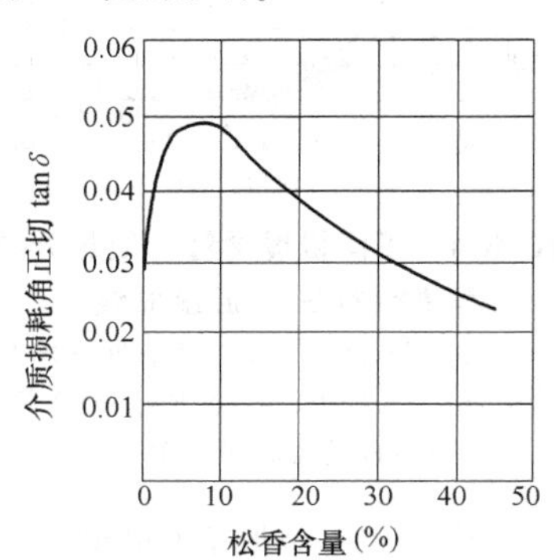

图 10-6-6　粘性浸渍剂 tanδ 值与松香含量的关系（测定温度为 60℃）

3. 影响老化性能的因素

浸渍剂是循环使用的，电缆的浸渍温度为 140~150℃，因而很容易使浸渍剂产生氧化老化，使油的粘度和 tanδ 值增大，颜色变深。另外，在电缆运行中，浸渍剂也经受着热和电场的老化。所以，要求基油和浸渍剂有良好的耐热稳定性。浸渍剂的稳定性取决于基油的稳定性。而松香的加入，也能使浸渍剂的热稳定性和电稳定性有所改善。

浸渍剂在电缆内除与电缆纸组成复合绝缘外，还与铜、铝和铅等金属接触。因此，同样要求基油及浸渍剂在接触金属时的老化性能稳定。

表 10-6-12 中列出了合成低压电缆油-松香浸渍剂和石油质低压电缆油-松香浸渍剂的老化性能。由表可见，无论是不加金属老化，还是加金属老化，合成油浸渍剂都比石油质浸渍剂好得多；这是因为合成油中不含石油质油中所含的有害的非烃成分。浸渍剂酸值的变化表明，石油质浸渍剂的老化要比合成油浸渍剂的老化剧烈得多。

粘性浸渍剂在使用过程中由于污染和老化，其 tanδ 值也会逐渐恶化，如图 10-6-5 中曲线 2 所示。因此应及时处理用过的浸渍剂，如循环过滤或补充新的浸渍剂。

影响粘性浸渍剂质量的除有上述诸因素外，电场的长期作用，能使电缆中浸渍剂的某些物质产生聚合或缩合，形成一种蜡状物质。这种现象在较高电压等级的电缆中，因气泡的游离，表现得更为明显。

表 10-6-12　粘性浸渍剂的性能

浸渍剂		恩氏粘度/°E (85℃)	击穿场强/(kV/2.5mm)	tanδ 60℃	tanδ 90℃	酸值/(mgKOH/g)
合成油浸渍剂	原始	5.0	4.61	0.0192	0.1372	59.0
	老化后	9.4	50	0.0137	0.0177	56.27
	老化后,加铜	10.0	50	0.0080	0.0114	54.6
	老化后,加铅和铝	12.7	50	0.0044	0.0041	51.4
石油质油浸渍剂	原始	6.04	46	0.0211	0.1931	58.8
	老化后	9.5	50	0.0302	0.0481	54.95
	老化后,加铜	11.4	50	0.0282	0.0320	54.0
	老化后,加铅和铝	9.0	49	0.0260	0.0263	49.1

注：老化试验条件为（138±2）℃，324h。

6.4　中低压电缆用不滴流浸渍剂

不滴流浸渍剂一般用于 35kV 及以下的不滴流纸绝缘电力电缆。粘性浸渍电缆敷设在有位差场合中时，浸渍剂会在电缆内部迁移，从而引起电缆绝缘水平降低；而不滴流纸绝缘电缆中浸渍剂在工作温度下是不流淌的，因此，它特别适用于落差较大或垂直敷设的场合。

6.4.1　不滴流浸渍剂的组成与性能要求

不滴流浸渍剂已有多种配方应用于电缆产品

中，本节介绍的不滴流浸渍剂是以中低压电缆油为基油，加入松香、聚异丁烯、合成地蜡、聚乙烯、聚乙烯蜡等配制成的绝缘浸渍剂。

不滴流浸渍剂的基本特点是在电缆浸渍温度下呈液态，粘度较低，以利于充分浸渍；而在电缆工作温度下，它不流动而呈塑性体状态。因此，不滴流浸渍剂在粘度与温度的关系上，其物相的改变有一个急剧的转折点。

对不滴流浸渍剂性能的基本要求如下：浸渍电缆后的滴出量小，性能柔软，收缩率小，并具有良好的电绝缘性能，介质损耗角正切 $\tan\delta$ 要小。表 10-6-13 中所列即为不滴流浸渍剂部分性能实测数据。

表 10-6-13　不滴流浸渍剂的特性

项　目		实测数值	
		配方 1	配方 2
滴点/℃		95	112
恩氏粘度/°E（130℃，孔径 3mm）		9.7	2.7
收缩率/(1/℃)		0.00078	0.00073
介质损耗角正切 $\tan\delta$	60℃	0.002~0.0005	0.0035
	30℃	0.0003~0.0002	0.00055

英国达塞克有限公司不滴流浸渍复合物 ND80 MIND 是采用合成蜡、天然蜡、松香等拌入精制矿物油或添加聚异丁烯、氧茚树脂、聚乙烯而成的复合物，该复合物具有高熔点，使用情况下限制了复合物迁移，并具有最低可能的容积收缩率，以保证它们能在承受足够高的电场强度及闭塞空隙引起游离时显示出稳定特性。表 10-6-14 及图 10-6-7 所示即为 ND80 MIND 浸渍剂的性能。

法国曾于 20 世纪 60 年代末试制成功 63kV、工作温度为 65℃ 的不滴流电缆，浸渍剂的组分是中等分子量的聚丁烯和 Fisher Tropsch 合成脂肪烃蜡，其中合成微晶蜡的含量低于 10%。表 10-6-15~表 10-6-17 中所列即为浸渍剂原材料及配方的特性。

表 10-6-14　ND80 MIND 浸渍剂的性能

化学特性	酸值（无机）	0
	酸值（有机）	9mgKOH/g
	硫	无腐蚀
物理特性	密度（15℃）	0.91g/cm³
	闪点（闭口）	200℃
	圆锥针入度（25℃）	80×1/10mm
	乌别洛滴点	73℃
	滴点	99℃
	凝点	83℃

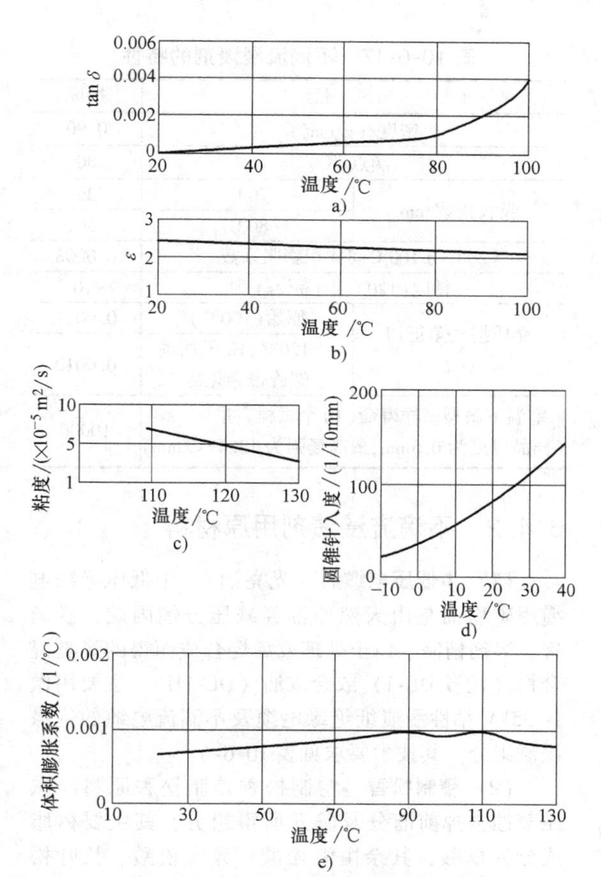

图 10-6-7　ND80 不滴流浸渍剂的性能

表 10-6-15　聚丁烯的特性

项　目	指　标
粘度(100℃)/(m²/s)	22×10^{-5}
闪点/℃　≥	180
燃点/℃　≥	230
含水量(10^{-4}%)　≤	50
平均分子量	865
溴价	13
含铁量(10^{-4}%)　≤	1
灰分(10^{-4}%)　≤	1
酸值/(mgKOH/g)　≤	0.004
流动点/℃	0
介质损耗角正切 $\tan\delta$(100℃)　≤	5×10^{-4}
电阻率(100℃)/(MΩ·cm)　≥	150
相对介电常数(100℃)	2.20

表 10-6-16　Fisher Tropsch 合成蜡的特性

项　目	指　标
滴点/℃	105~108
熔点/℃	95~100
酸价	无
皂化值	无
灰分(10^{-4}%)　≤	100
平均分子量	780
介质损耗角正切 $\tan\delta$(110℃)　≤	10×10^{-4}

表 10-6-17　不滴流浸渍剂的特性

项　目		指标
密度/(g/cm^3)		0.90
滴点/℃		80
吸收指数/cm	70℃	25
	80℃	50
20℃与100℃间体积膨胀系数		0.0008
粘度(120℃)/(m^2/s)		7×10^{-5}
介质损耗角正切 $\tan\delta$	原始(100℃)	0.0001
	经120℃,12天加铜螺旋带老化后	0.0010
室温下微型试样寿命(10个试样)/h　≥ (样品厚度为0.5mm,最高场强为13.4kV/mm)		10000

6.4.2　不滴流浸渍剂用原材料

(1) 中低压电缆油（光亮油）　中低压绝缘电缆用矿物油是由天然原油经减压分馏丙烷、脱沥青、溶剂精制、白土处理或烯烃合成而得的烃类混合物（代号DL-1）或合成油（DL-1H），主要用做1~35kV粘性浸渍纸绝缘电缆及不滴流电缆的绝缘浸渍组分。其技术要求见表10-6-6。

(2) 精制松香　精制松香是脂松香原料经减压蒸馏去掉前馏分及釜残所得组分，其主要树脂成分为枞酸，其余由海松酸、异海松酸、长叶松酸、去氢枞酸、新枞酸等组成。精制松香的技术见表10-6-10。

(3) 聚异丁烯　聚异丁烯为非极性材料，具有优良的电绝缘性能，如能在浸渍剂中加入一定量中等分子量的聚异丁烯，则不仅可以提高浸渍剂的粘度，还可以降低介质损耗角正切值，而且可改善电缆的滴流性能；如在基油中加入75%分子量为1500~2500的低分子聚异丁烯，则可使光亮油100℃时的介质损耗角正切值由0.01降低至0.0020。聚异丁烯的结构式为

$$\cdots\cdots CH_2-\overset{\displaystyle CH_3}{\underset{\displaystyle CH_3}{\overset{|}{\underset{|}{C}}}}-CH_2-\overset{\displaystyle CH_3}{\underset{\displaystyle CH_3}{\overset{|}{\underset{|}{C}}}}-\cdots\cdots$$

一般直接应用分子量为10000或15000的聚异丁烯；而分子量为30000或100000的聚异丁烯应和聚乙烯蜡按4∶6的比例压成片后才能使用。辗压时，必须先对聚异丁烯进行塑炼。

(4) 高密度聚乙烯　高密度聚乙烯是含有碳、氢元素的直链高分子化合物，属非极性材料。它可提高浸渍剂的滴点和粘度。不滴流浸渍剂中一般采用平均分子量4万以下、熔融指数（g/10min）为5.1~8.0的低压聚乙烯粉料，其技术指标见表10-6-18。

表 10-6-18　高密度聚乙烯的技术要求

项　目		指　标
外观		白色粉末
水分(%)	≤	0.15
灰分(%)	≤	0.20
软化点(维卡)/℃	≥	110
清洁度		黑点杂质不多于4个

(5) 低密度聚乙烯　低密度聚乙烯最好不加任何添加剂，也不含填料，其性能指标见表10-6-19。

表 10-6-19　低密度聚乙烯的性能指标

项目名称	指标	试验方法
熔融指数/(g/10min)	1.6~2.4	GB/T 3682—2000
密度/(g/cm^3)	0.923~0.925	GB/T 1033—2010
介质损耗角正切 $\tan\delta$　≤	4×10^{-4}	GB/T 1409—2006
击穿场强/(kV/mm)　≥	23	GB/T 1408.1—2006
体积电阻率/Ω·cm　≥	10^{16}	GB/T 1410—2006

也可采用牌号2F2B或Q—200代用。

(6) 聚乙烯蜡　分子量为1000~15000的聚乙烯称为低分子量聚乙烯或聚乙烯蜡，其产品有高压聚乙烯蜡（WE）和低压聚乙烯蜡（L968），两者的性能指标分别见表10-6-20和表10-6-21。

(7) 125号地蜡　125号地蜡是在80号地蜡中加入添加剂（如高分子类物质）而制成的，以提高成品滴点，其性能指标见表10-6-22。

表 10-6-20　WE高压聚乙烯蜡的性能指标

牌号	平均分子量	熔点	色泽	外形	酸值
WE—1	1000以下	常温液态	微黄	浆状	无
WE—2	2000~3000	100~105	微黄	片状或粉状	无
WE—3	3000~5000	103~106	微黄-白	片状或粉状	无
WE—4	5000~10000	105~110	白	片状或粉状	无

表 10-6-21　L968 低压聚乙烯蜡的技术指标

项　　目		指　　标	试验方法
外观		白色、浅黄色块状	目测
平均分子量($\overline{M}$)		4000~8000	粘度法
密度/(g/cm^3)		0.96~0.97	GB/T 1033.1—2008
熔点/℃	≥	120	常规目测
灰分(%)	≤	0.1	GB 508—1985
挥发物含量(%)(75~80)℃,加热 2h	≤	0.5	GB/T 2914—2008
击穿场强/(kV/mm)	≥	35	GB/T 1408.1—2006
介质损耗角正切 tanδ(20℃)	≤	0.006	GB/T 1409—2006

表 10-6-22　125 号地蜡的技术指标

项目名称		指标	试验方法
滴点/℃	≥	125	GB/T 4929—1985
酸值/(mgKOH/g)	≤	0.1	GB 264—1983
水溶性酸或碱		无	GB 259—1988
灰分(%)	≤	0.3	GB 508—1985
机械杂质(%)	≤	0.1	GB/T 511—2010
介质损耗角正切 tanδ(100℃)	≤	0.006	GB/T1409—2006
水分(%)		无	GB/T 260—2016

6.5　自容式充油电缆油

6.5.1　石油质自容式充油电缆油

1. 石油质自容式充油电缆油的组成与性能要求

石油质自容式充油电缆油主要用于 110~330kV 自容式充油电缆的绝缘和附件的浸渍与填充。

石油质自容式充油电缆油的型号为 DL-2。它是用克拉玛依黑油山原油的变压器油馏分或更轻的馏分，经酸洗、碱洗、水洗、硫酸脱水和白土处理后加适量的抗氧剂制成的。它的组成与精制要点见本章 2.2 节。

对这种自容式充油电缆用的高压电缆油，要求有较低的粘度，介质损耗角正切小，击穿场强高，在老化过程中电绝缘性能稳定，在高电场作用下不易析气，其具体技术要求见表 10-6-23。

2. 影响石油质自容式充油电缆油性能的主要因素

(1) 影响粘度的因素　石油质自容式充油电缆油的粘度主要取决于馏分范围和烃族组成，也与温度有关，粘度随温度升高而降低。

对于自容式充油电缆用高压电缆油，粘度具有特殊重要的技术意义。粘度低有利于浸渍，可使绝缘的击穿场强和耐游离性能提高；也有利于电缆油的流动和对流，加强了充油电缆油道的补给能力和冷却效果。但粘度低意味着油的分子较小，使油的冲击强度有所降低；又因粘度低，易挥发和流动性好，会使油表面的空气较易扩散到油的内部，而使油氧化老化的稳定性受到一定影响。此外，油的粘度低，其闪点也低，不利于安全。所以对油的粘度应综合考虑。

表 10-6-23　石油质自容式充油电缆油的技术要求

项　目			指　标	试验方法
运动粘度/(mm^2/s)	0℃		20~50	GB/T 265—1988
	20℃		8~18	
	50℃		3.3~5.8	
凝点/℃		≤	-60	GB 510—1983
闪点(闭口)/℃		≥	125	GB/T 261—2008
机械杂质(%)			无	GB/T 511—2010
水分(%)			无	GB/T 260—1977
酸值/(mgKOH/g) ≤	老化前		0.008	GB 264—1983
	老化后①		0.015	
介质损耗角正切 tanδ (100℃) ≤	老化前		0.0015	GB/T 5654—2007
	老化后①		0.004	
击穿场强/(kV/cm)		≥	200	GB/T 507—2002
电场析气性/(μL/min)		≤	0	GB 11142—1989

① 老化条件是在敞开的圆筒形容器中装油 6cm 深，在 (115±1)℃的烘箱中加热 96h。

过去330kV及以上自容式充油电缆，由于电压高、电场强度大，要求浸渍效果特别好，补给能力强，因此一般采用低粘度的自容式充油电缆油，其50℃时的粘度为3.3~5.8mm²/s。对于330kV以下的自容式充油电缆，则采用粘度较前者略大的自容式充油电缆油；对于中低油压电缆，一般选用标准粘度的自容式充油电缆油，其50℃时的粘度为8~10mm²/s；对于高油压电缆，由于油压的提高改善了油的补给能力，因此可采用粘度更高一些的自容式充油电缆油，其50℃时的粘度可达10~15mm²/s。

考虑到上述各种自容式充油电缆油的粘度很接近，性能也相同，为了便于炼油厂的生产和电缆厂的管理，自用于330kV及以上自容式充油电缆用的低粘度自容式充油电缆油研制成功后，我国自容式充油电缆的生产，不管电压等级高低，全部采用低粘度的自容式充油电缆油。

（2）影响介质损耗角正切和击穿场强的因素 介质损耗角正切和击穿场强是石油质低粘度自容式充油电缆油的主要指标，与油的结构、组成、精制深度及所含杂质、水分和气体有关，此外还与温度有关。

随着电缆电压等级的提高，要求电缆油的介质损耗角正切 $\tan\delta$ 值越小越好，否则会使电缆的传输容量减小，并易发生热击穿。

前已述及，纯净的烷烃和环烷烃具有很低的 $\tan\delta$ 值，芳香烃的 $\tan\delta$ 值较高，含氧、氮、硫和胶质等化合物的 $\tan\delta$ 值很高，且不稳定。

随着油精制深度的提高，其 $\tan\delta$ 得到进一步改善，见表10-6-24。油中杂质及其在油中的分散状态，也是影响 $\tan\delta$ 的关键因素。一般说来，石油质自容式充油电缆油是微极性电介质，其固有电导是极为微小的。当油中含有杂质时，在外界因素作用下，这些杂质和油的基本组分中的结构薄弱环节因电离而形成离子，使油的电导显著增大，离子参与的电导称为离子电导。此外，在油中还可能有带电胶体粒子参加的电导，即电泳电导。电导增大，相应地 $\tan\delta$ 也增大。因此，对于高压电缆油应消除有害杂质，或将其含量限制在最低范围内。

表10-6-24 精制深度对石油质自容式充油电缆油性能的影响

电缆油①	精制时硫酸用量(%)	tanδ的实测值②						
		原始值	115℃、96h老化后			100℃、300h老化后		
			第一次试验	第二次试验	平均值	第一次试验	第二次试验	平均值
DL-2(1#)	3	0.0036	0.0106 0.0107	0.0098 0.0098	0.0102	0.0079 0.0080	0.0080 0.0082	0.0080
	5	0.0024	0.0055 0.0054	0.0054 0.0053	0.0054	0.0029 0.0030	0.0031 0.0031	0.0030
	7	0.0020	0.0040 0.0039	0.0041 0.0040	0.0040	0.0023 0.0023	0.0024 0.0024	0.0024
	10	0.0025	0.0026 0.0027	0.0024 0.0024	0.0025	0.0013 0.0013	0.0015 0.0015	0.0014
DL-2(2#)	3	0.0021	0.0050 0.0051	0.0056 0.0056	0.0053	0.0028 0.0028	0.0032 0.0033	0.0030
	5	0.0018	0.0020 0.0019	0.0021 0.0020	0.0020	0.0013 0.0013	0.0014 0.0014	0.0014
	7	0.0010	0.0016 0.0017	0.0015 0.0016	0.0016	0 0011 0.0011	0.0011 0.0011	0.0011
	10	0.0012	0.0015 0.0014	0.0014 0.0014	0.0014	0.0011 0.0011	0.0010 0.0010	0.0011

① DL-2（1#）的粘度：50℃时为10~15mm²/s，20℃时为37~50mm²/s；DL-2（2#）的粘度：50℃时为8~10mm²/s，20℃时为24~37mm²/s。

② 老化在敞开的圆筒形容器中装油6cm深进行；$\tan\delta$ 值的测量温度为100℃。

$\tan\delta$ 还与温度和粘度有关。温度升高，杂质的离解过程增强，同时油的粘度下降。粘度的下降增强了离子与胶体粒子的活动性。所有这一切使无论是离子电导还是电泳电导，都随温度的升高而增大，$\tan\delta$ 值也随温度的升高而增大。

此外，当油中所含的胶体杂质呈憎油性质时，由于憎油胶体杂质不稳定，会发生凝结，胶体粒子的半径逐渐增大，而胶体粒子个数以半径增大倍数的三次方减少。因电泳电导与单位体积中胶体粒子的个数以及胶体粒子的半径成正比，因此，这时电泳电导将以半径增大倍数的二次方减小，因而油的 tanδ 值也随着时间减小。当自室温升温到测定温度 100℃时，含有憎油胶体杂质的油的 tanδ 值出现一个峰值，这种现象习惯上称为“峰值现象”。

电缆油中含有水分，这也将影响它的 tanδ。电缆油中的水分基本来自以下四个方面：

1）当油与空气接触时，水蒸气会逐渐扩散到电缆油中；油中芳香烃含量高，其吸潮能力也高。

2）油在氧化老化时产生的水分。

3）因温度升降变化而造成的水汽凝结。

4）电缆中因电缆纸干燥不彻底，纸中残留水分溶于油中。

水分在电缆油中的存在形式，有溶解状、乳化状和粗分散状三种。油中水分的溶解度与周围空气的相对湿度和温度大致成正比关系，如图 10-6-8 所示。由此可见，石油质自容式充油电缆油在 20℃、相对湿度为100%时的饱和溶解水分约为 $50\times10^{-4}\%$，但当温度升高到 80℃时，就增加到 $350\times10^{-4}\%$左右。如果电缆油从 80℃冷却到 20℃，为了趋于平衡，将有约 $300\times10^{-4}\%$的水分析出，这些水分形成小滴点，在水的表面张力和粘度作用下，水滴分散于油中以乳化状存在。如果水分继续增加以致超过乳化状限度，则水分会很快沉降到油的底部，呈粗分散状。

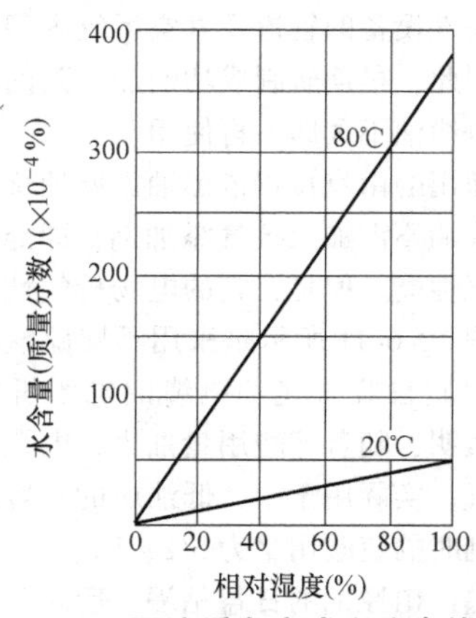

图 10-6-8　石油质自容式充油电缆油的饱和水含量（质量分数）

在室温下，当油中水分处于溶解状态下（$50\times10^{-4}\%$以下）时，对 tanδ 值影响不大（图 10-6-9）；但当水分超过 $50\times10^{-4}\%$时，就出现乳化状水分，此时 tanδ 值急剧上升。

另外，80℃下饱和含水量为 $220\times10^{-4}\%$的自容式充油电缆油，其 tanδ 值为 0.00165；但冷却到室温后，以乳化状存在的水分则为 $170\times10^{-4}\%$，此时其 tanδ 值为 0.0142。由此可见，水含量在溶解范围内时，油的 tanδ 值对水分的存在并不敏感，但当水分以乳化状或粗分散状存在时，对 tanδ 的影响极大。

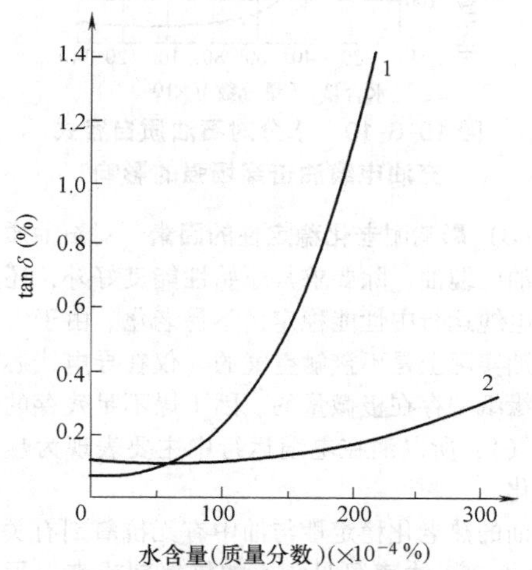

图 10-6-9　水分对石油质自容式充油电缆油 tan δ 值的影响

1—20℃时　2—80℃时

影响电缆油击穿场强的因素有压力、温度和油中的杂质（包括气体、水分和机械杂质等）。一般说来，对纯净的油，压力的影响较小，当电压持续时间较短，而电缆油又经完全的过滤和脱水脱气等处理后，其击穿场强与压力的关系不太显著。在温度较低的情况下，油的击穿场强与温度关系不大；而当温度较高时，特别当温度接近油的沸点时，其击穿场强将显著下降。而油中的气体、水分与机械杂质，是影响电缆油击穿场强的主要因素。

自容式充油电缆油即使去气处理得很彻底，也难免产生气泡。气泡大致来源于下列几个方面：①溶解于油中的气体；②油中杂质吸收的气体；③电缆运行中在热和电的作用下，使油分解而产生的气体；④油中水分的汽化。上述气泡在电缆油中形成气桥，气桥内气体的游离碰撞，即会导致电缆油的击穿。高的压力会抑制油中气体的游离，而通常油中气体与水分不可能绝对除尽，因此提高油的压力可提高油的击穿场强。

油中含有的水分会使油的击穿场强大大降低，如图 10-6-10 所示。由图可见，水分对击穿强度的影响比对 tanδ 的影响显著得多。当含水量在溶解范围内时，其对油的 tanδ 几乎没有影响，若继续进行干燥去气处理，并不能使油的 tanδ 进一步改善，但却能大大提高油的击穿强度。

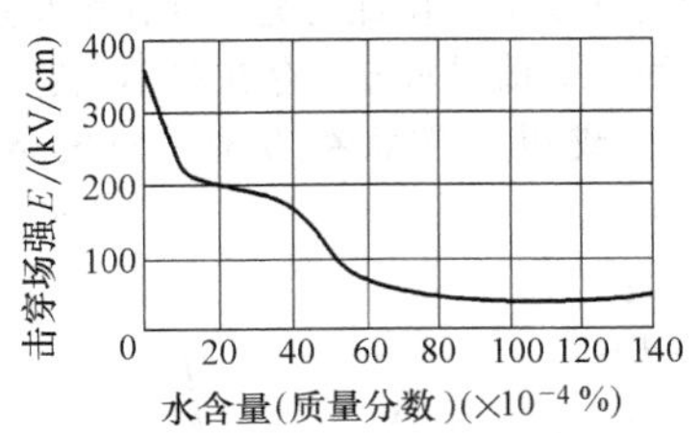

图 10-6-10 水分对石油质自容式充油电缆油击穿场强的影响

(3) 影响耐老化稳定性的因素 对石油质自容式充油电缆油，除要求其原始性能良好外，还要求它在电缆运行中性能稳定，不易老化。由于电缆运行中油实际上是不接触空气的（仅在导电线芯表面及绝缘纸中存在极微量的、因干燥不足残存的水分及空气），所以油在电缆运行中主要表现为热和电的老化。

油的热老化稳定性与油中有无抗氧剂有关，见表 10-6-25。由表可见，不加抗氧剂或丧失了抗氧剂的油的老化稳定性是很差的。加入抗氧剂可显著改善油的老化稳定性。

表 10-6-25 抗氧剂含量对石油质自容式充油电缆油稳定性的影响

2,6-二叔丁基对甲酚含量(%)	100℃时的介质损耗角正切 tanδ		
	原始	100℃、300h 老化后	
		无铜	有铜，$224cm^2/100mL$ 油
0	0.0006	0.0255	0.1609
0.2	0.0006	0.0004	0.0048

油的热老化稳定性也与精制深度有关。表 10-6-24 中列出了两种粘度的石油质自容式充油电缆油用相同的精制流程、不同精制深度精制，经热老化后的 tanδ 的变化。由表可见，在用硫酸精制时，硫酸用量越大，即精制深度越大，油的耐热老化稳定性就越好。同时也表明，用 115℃、96h 的老化试验要比 100℃、300h 严格，且周期短，分散性小。

油的耐热老化稳定性也与老化过程中有无金属催化剂及金属的类型有关。表 10-6-26 中列出了石油质自容式充油电缆油在不同金属存在下的老化性能。由表可知，铝对石油质自容式充油电缆油的老化性能基本上没有影响，铅和锡次之，而铜对石油质自容式充油电缆油的老化稳定性有严重的影响。因此，用石油质自容式充油电缆油制造的电缆，其铜导电线芯必须镀锡。

(4) 影响电场析气性的因素 电缆油在高电场作用下，能吸收或放出气体，形成蜡状高聚物，使油的平均分子量、粘度、密度、不饱和度、酸值和 tanδ 等均增加，导致绝缘的劣化。电缆油的这种特性称为电场析气性，它是自容式充油电缆油的重要性能指标。石油质自容式充油电缆油的电场析气性与油的成分及精制深度有关。

表 10-6-26 金属对石油质自容式充油电缆油老化的影响

试样状态	100℃时的介质损耗角正切 tanδ
原始	0.0005
115℃,96h 老化后	0.0007
加铝	0.0006
加铅	0.0058
加锡	0.0080
加铜	0.0255

注：金属加入量为 $1cm^2/mL$ 油。

纯净的烷烃和环烷烃在电场下具有剧烈的放气性能。随着电场强度的增高，放气性加大。而石油芳烃和芳香烃类化合物（如萘等），则具有电场吸气性。如果在烷-环烷烃中加入 2%的萘，就能解决由于烷-环烷烃放气所引起的电场击穿。

但在实际生产中，并不欢迎加入萘等抗气添加剂的电缆油。其原因是，一方面萘加入量较多，每吨电缆油中含 20kg 的萘；另一方面，萘易升华挥发，在电缆生产中，当电缆油在高真空下脱水去气时，会使去气设备的管道及真空系统内积聚大量的固体萘。因此，早期研制成功的加入萘的石油质自容式充油电缆油不久即不再使用。

此后使用的由克拉玛依黑油山原油炼制的自容式充油电缆油不需加入抗气添加剂，即能获得良好的电场析气性能。但是，它的电场析气性与精制深度有关。图 10-6-11 所示是采用不同硫酸用量精制时，对石油质自容式充油电缆油电场析气性的影响。由图表明，随着硫酸用量加大，电缆油从吸气转变为放气。实际用于中、低油压的自容式充油电缆油，精制时的硫酸用量为 5%~7%。

由于黑油山原油的日益枯竭，后来又曾用克拉玛依低凝原油试制自容式充油电缆油。由于克拉玛依低凝原油的芳香烃含量比黑油山原油低，因此前者的电缆油馏分在电场下呈放气。为了改善其电场析气性，在上述电缆油馏分中加入了润滑油馏分的糠醛抽出油的精制油，后者实际上是一种浓缩芳香烃。表 10-6-27 中列出了在作为基油的电缆油馏分中加入不同数量的浓缩芳香烃后电场析气性的变化。由表可见，随着浓缩芳香烃加入量的增加，析气性得到了改善。

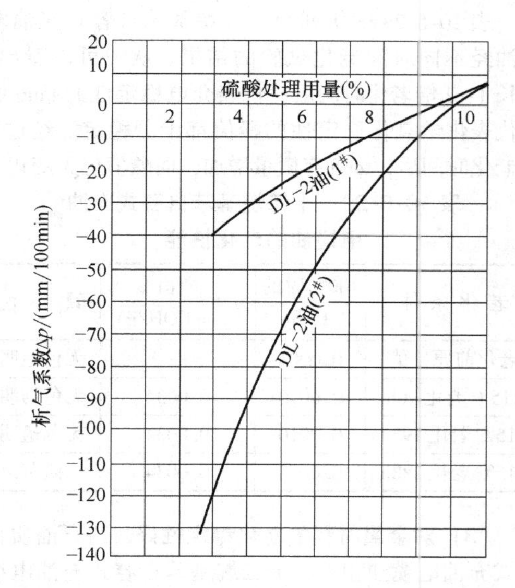

图 10-6-11 精制深度对石油质自容式充油电缆油电场析气性的影响

(按 GB 11142—1989，但温度为 60℃，场强为 4.5kV/mm)

表 10-6-27 添加浓缩芳香烃对石油质自容式充油电缆油电场析气性的影响

基油加入量(%)	100	100	100	100
浓缩芳香烃加入量(%)	0	20	30	40
析气系数/(mm/100min)(按 GB 11142—1989,温度为 60℃,场强为 4.5kV/mm)	46	32	5	−32

6.5.2 十二烷基苯自容式充油电缆油

十二烷基苯自容式充油电缆油广泛应用于自容式高压充油电缆及其附件的浸渍和填充，其型号为 DL-2H。

1. 结构组成和制备

十二烷基苯是利用了烷烃和芳香烃的优良性能而产生的理想的新结合体。它不是由石油直接提炼而成的，而是由烷烃或烯烃与芳香烃——苯直接合成的。

十二烷基苯是合成洗涤剂的主要成分——十二烷基苯磺酸钠的中间体。它是具有侧链的单环芳香烃，侧链上碳原子数平均数为 12 个。由于合成方法不同，十二烷基苯的侧链结构可分成线型直链状和分枝型两种。线型结构的烷基苯可被微生物所分解，又称软性烷基苯。而分支型烷基苯不易被微生物分解，故称硬性烷基苯。

软性烷基苯是以正构烷烃为原料，与氯在光照下化合成氯化十二烷烃，再与过量苯在三氯化铝接触下缩合，通过分馏截取所需的馏分而成。这种制取方法称为氯化法，其反应如下：

$$C_{12}H_{25}+Cl_2 \xrightarrow[60\sim70℃]{\text{光化作用}} C_{12}H_{25}Cl+HCl$$

$$C_{12}H_{25}Cl + \text{C}_6\text{H}_6 \xrightarrow[AlCl_3]{\text{苯过量},40\sim60℃} C_{12}H_{25}-\text{C}_6\text{H}_5 + HCl$$

软性十二烷基苯也可以通过软蜡裂解或煤油加氢精制后脱氢，获得需要的 α-烯烃（碳链原子数为 10~14），再在氢氟酸或三氯化铝触媒下与苯烷基化而成。

硬性十二烷基苯是由四聚丙烯在氢氟酸催化下，对苯进行烷基化而成：

$$(-CH_2-\underset{\displaystyle CH_3}{\underset{|}{CH}}-)_4 + \text{C}_6\text{H}_6 \xrightarrow{HF} C_{12}H_{25}-\text{C}_6\text{H}_5$$

反应后除去氢氟酸和多余的苯、轻馏分、重质烷基苯及残渣，截取相应馏分，即得十二烷基苯。

在实际反应中，情况较为复杂，还有许多副反应，因而在产物中，除单烷基苯外，还有多烷基苯、双环及多环的烷基苯、萘蒲和茚蒲等化合物。因此，对制得的十二烷基苯，还必须进行提纯。实践证明，经过 5%~15%的白土处理，不论是在高温（105℃）还是低温（20~60℃）下处理，都有令人满意的效果。提纯处理后的十二烷基苯必须加入抗氧剂（一般采用 2,6-二叔丁基对甲酚，用量为 0.05%~0.2%），这样才能满足老化稳定性的要求。

2. 十二烷基苯油的特性

十二烷基苯自容式充油电缆油具有以下特点：

(1) 粘度低 十二烷基苯自容式充油电缆油与石油质自容式充油电缆油粘度的比较见表 10-6-28。由此可见，国产软性十二烷基苯自容式充油电缆油的粘度比硬性十二烷基苯自容式充油电缆油和石油质自容式充油电缆油的粘度都要低，这有利于绝缘的浸渍、补给和冷却。

表 10-6-28 自容式充油电缆油的粘度

项目		十二烷基苯自容式充油电缆油		石油质自容式充油电缆油	
		国产软性	意大利硬性	标准粘度级	低粘度级
粘度/(mm^2/s)	20℃	6.9~7.8	11.30	24~37	10~18
	50℃	3.2~3.5	4.30	8~10	3.3~5.8

由于大长度供油的需要，意大利在海底充油电缆中采用了粘度更低的硬性九烷基苯，其 20℃时的

粘度为 5~6mm²/s，但其与国产软性十二烷基苯粘度相比仅略低而已。因此，国产软性十二烷基苯也能适合大长度供油的需要。

（2）介质损耗低且老化稳定性好 十二烷基苯自容式充油电缆油是合成油，其成分较单纯，不含石油质油所含的极性非烃成分，所以它的介质损耗角正切 tanδ 值在未经特别精制的情况下就很低，100℃时为 0.0005～0.001，很好的精制油则在 0.0005 以下，因此，对于要求 tanδ 极低的 500kV 及以上电缆就特别适用。图 10-6-12 所示为十二烷基苯自容式充油电缆油的 tanδ 值与温度的关系曲线。由图可见，tanδ 在 20～100℃的温度范围内极为平稳。十二烷基苯自容式充油电缆油的老化稳定性也特别好，经 115℃、96h 老化后，tanδ 仍维持在原有的水平上。

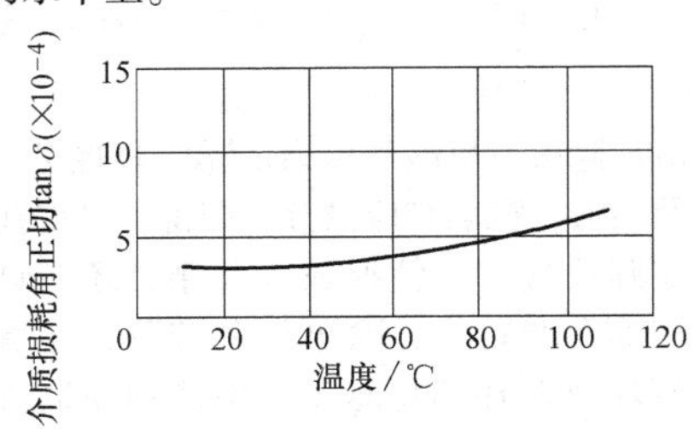

图 10-6-12 十二烷基苯自容式充油电缆油 tanδ 和温度的关系

表 10-6-29 中所列为十二烷基苯自容式充油电缆油经不同时间老化试验的结果。从中可以看出，延长 1～2 倍老化时间后，代表介电稳定性的 tanδ 值和代表化学氧化稳定性的酸值都十分稳定。经过 3 倍老化时间后，tanδ 有微量增加，而酸值仍无变化。

表 10-6-29 十二烷基苯自容式充油电缆油的老化性能

老化条件	100℃时的 tanδ	酸值/(mgKOH/g)	颜色
老化前原始值	0.0008	—	无色透明
115℃老化 96h	0.0010	0.0034	无色透明
115℃老化 192h	0.0010	0.0034	无色透明
115℃老化 288h	0.0012	0.0034	微黄

（3）对金属材料的老化稳定性好 与石油质自容式充油电缆油相反，十二烷基苯自容式充油电缆油对大部分金属材料的氧化老化都十分稳定（除铅以外），特别是对铜的作用很稳定（见表 10-6-30）。因此，采用十二烷基苯自容式充油电缆，其导电线芯表面可不考虑镀锡。

应当指出，十二烷基苯自容式充油电缆油对耐油橡皮不很稳定。油与橡皮接触，能使油的 tanδ 值和酸值大为增加，颜色变红。因此，使用过程中忌用橡皮材料，而应用其他合适的材料代替。

表 10-6-30 不同材料对十二烷基苯自容式充油电缆油老化的影响

老化条件①	催化材料②	100℃时的 tanδ	酸值/(mgKOH/g)	颜色
老化前	无	0.0008	—	无色
115℃、96h	无	0.0010	0.0034	无色
115℃、96h	加铝	0.0009	0.0030	无色
115℃、96h	加镀锌铜线	0.0011	0.0041	无色
115℃、96h	加铜	0.0009	0.0043	无色
115℃、96h	加钢线	0.0008	0.0041	无色
115℃、96h	加铅	0.0164	0.0069	浅黄
115℃、96h	加铅及镀锌铜线	0.0069	0.0060	浅黄
115℃、96h	加铅及铜	0.0044	0.0056	浅黄
115℃、96h	加耐油橡皮	0.1303	0.1330	红

① 老化在 250mL 广口瓶中进行，油深 6cm。

② 金属加入量按 1cm³ 油与金属接触面积为 1cm² 计。加两种金属的，每种金属各半。耐油橡皮直径为 45mm，厚度为 5mm，共加两块。

（4）击穿场强高 在正常情况下，十二烷基苯自容式充油电缆油的击穿场强达 240kV/cm 以上。在相同条件下，十二烷基苯自容式充油电缆油的平衡含水量虽高于石油质自容式充油电缆油，但其击穿场强仍较后者为高。例如，十二烷基苯自容式充油电缆油在 25℃和相对湿度为 80%的条件下放置 48h 后的平衡含水量为 $99\times10^{-4}\%$，而石油质自容式充油电缆油仅为 $57\times10^{-4}\%$，但前者的击穿场强为 36kV/2.5mm，后者则为 27kV/2.5mm。图 10-6-13 所示为十二烷基苯自容式充油电缆油击穿场强与含水量的关系。

（5）电场析气性优异 十二烷基苯自容式充油电缆油的最大优点是具有优异的电场析气性，这是由于其分子结构中含有芳香烃，且在电场作用下表

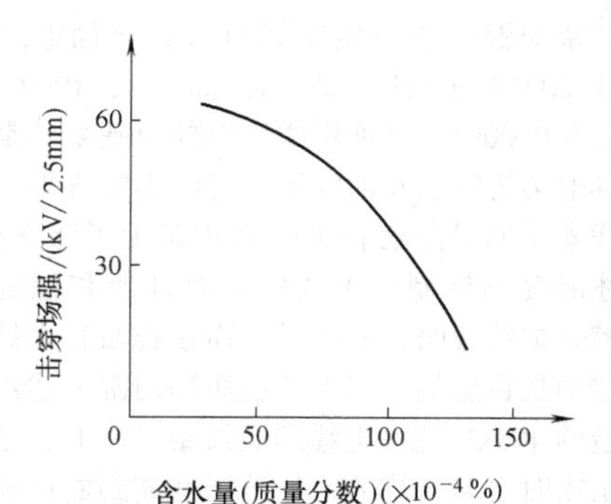

图 10-6-13　十二烷基苯自容式充油电缆油击穿场强与含水量的关系

现为吸气的缘故。图 10-6-14 和图 10-6-15 所示分别为十二烷基苯自容式充油电缆油在不同温度和电场强度下的电场析气性。

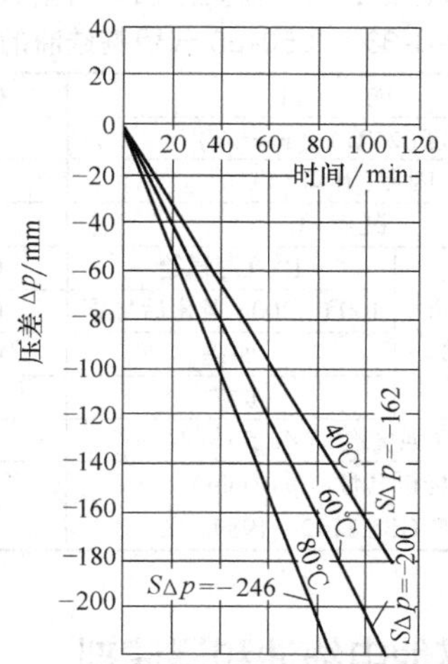

图 10-6-14　十二烷基苯自容式充油电缆油在不同温度下的电场析气性

(按 GB 11142—1989，但电场强度为 4.5kV/mm)

以上两图表明，随着温度的增加，油的析气程度增加；但当电场强度增加到 6.0kV/mm 时，随着电压施加时间的延长，油的析气性逐渐由吸气变为放气。

(6) 能与石油质电缆油任意混用　十二烷基苯自容式充油电缆油和石油质自容式充油电缆油以各种比例混合后，混合油的性能并不恶化，见表 10-6-31。因此，十二烷基苯自容式充油电缆油与石油质自容式充油电缆油可任意混用。

综上，正因为十二烷基苯自容式充油电缆油有良好的性能，因而为各国所广泛采用。有时为了提高石油质自容式充油电缆油的老化性能和电场析气性，也常采取加入一部分十二烷基苯到其中的措施。

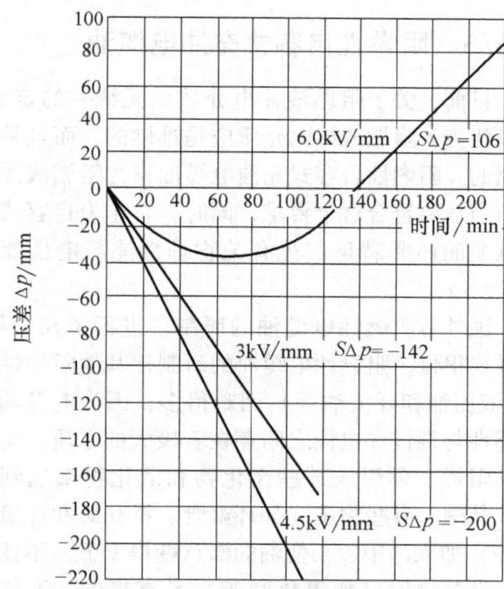

图 10-6-15　十二烷基苯合成油在不同电场强度下的电场析气性

(按 GB 11142—1989，但温度为 60℃)

表 10-6-31　十二烷基苯自容式充油电缆油和石油质自容式充油电缆油混合油的性能

混合油比例(%)		100℃时的 tanδ 值	
十二烷基苯自容式油	石油质自容式油	老化前	115℃、96h 老化后
100	0	0.0015	0.0016
75	25	—	0.0015
50	50	—	0.0020
28	75	—	0.0020
0	100	0.0013	0.0024

3. 十二烷基苯自容式充油电缆油的技术要求

对十二烷基苯自容式充油电缆油的技术要求与石油质自容式充油电缆油相似，但对其电气性能、老化稳定性和电场析气性的要求比石油质自容式充油电缆油高。十二烷基苯自容式充油电缆油的技术要求见表 10-6-32。

表 10-6-32　十二烷基苯自容式充油电缆油的技术要求

项　目		指　标	试验方法
颜色		无色透明	目测
运动粘度/(mm²/s)	20℃	6.5~8.5	GB/T 265—1988
	50℃	3.0~4.0	
闪点(闭口)/℃	≥	125	GB/T 261—2008
凝点/℃	≤	−65	GB 510—1983
介质损耗角正切 tanδ,100℃ ≤	老化前	0.0015	GB/T 5654—2007
	老化后①	0.0020	
击穿场强/(kV/cm)	≥	240	GB/T 507—2002
电场析气性/(μL/min)	≤	−60	GB 11142—1989

① 老化条件是在敞开的圆筒形容器中装油 6cm 深，在 (115±1)℃的烘箱中加热 96h。

6.5.3 阻燃性自容式充油电缆油

目前，关于阻燃液体电介质尚无统一的定义，一般认为，阻燃液体电介质应是难燃的，而且是不延燃的。阻燃性自容式充油电缆油作为阻燃液体电介质当然要符合这个要求，同时，它作为自容式充油电缆油还要满足前述有关物理性能与电性能的要求。

国外对阻燃性电缆油的研制已进行了几十年，但进展很慢。阻燃性电缆油的研制比其他阻燃性油（如液压油和开关油等）困难得多，因为电缆油的阻燃性与毒性和电性之间存在着极大的矛盾。为了使油阻燃，可引入某些卤化物和磷化物来达到目的。其中，有些物质（如环氟醚、氟利昂和四氯乙烯等）加入油中，会使油的沸点变得太低，不便应用。有些物质（如氯化联苯）是有毒的，不能使用；再如氯化苯、六氯丁二烯和磷酸酯 TCP 和 TXP 等的毒性也未得到证明，所以不能使用。另一方面，氯化芳烃本身电性很差，tanδ 值很大；而磷酸酯混入普通电缆油中将大大恶化后者的电性能。所以至今未找到一种十全十美的阻燃性电缆油。

但是比较起来，硅油作为阻燃性自容式充油电缆油是有希望的。

硅油因其特殊的化学结构，不仅具有良好的介电性能与热稳定性，而且具有优良的阻燃性。硅油的燃烧热很小，仅 25.5MJ/kg，还不到烃类燃烧热的 60%。硅油的氧指数为 29（甲苯基二苯基磷酸酯为 28，烷基苯与石油质自容式充油电缆油为 18）。按 JIS C 2101 燃烧试验，其燃烧速度为 1.2mm/s（JIS C 2320 指标为不大于 1.5mm/s）。因此在一些防火要求高的场合，如军工、航空与铁道等部门，硅油作为电器的绝缘与冷却介质已使用很长时间了。

硅油按化学结构可分为甲基硅油和苯甲基硅油。甲基硅油侧链——甲基在高电场下较易分解而析出气体，即电场析气性差，与纸构成的组合绝缘耐电压和耐游离水的水平均较低。苯甲基硅油由于分子中引入了苯基，这方面的性能就大为提高。因此，苯甲基硅油的性能更为全面和完善。

#250-30 苯甲基硅油的性能见表 10-6-33，其 LD50 大于 16g/kg，属微毒物质（石油质自容式充油电缆油中烷基苯大于 13g/kg）。由此可见，苯甲基硅油作为阻燃性自容式充油电缆油是很有希望的。

意大利在不久前用甲基硅油加 10%以下的单异丙基联苯的混合物试做阻燃自容式充油电缆浸渍剂，其 20℃ 时的粘度为 21.8mm²/s，100℃ 时的 tanδ 值为 0.0001。硅油中添加单异丙基联苯是为了改善其电场析气性和油浸纸的工频击穿强度。单异丙基联苯添加量限制在 10%以内是为了防止分离。用上述混合物试制的电缆的介电性能和稳定性良好。燃烧试验表明，上述混合物在表面有火焰的敞开容器中是自熄的。当用氧乙炔焰切割上述由混合物制造的 400kV 充油电缆的皱纹铝护套时，油从孔中流出来时也是自熄的。直至温度高到能熔解铜芯时，其油流到邻近墙上的火焰才比较厉害。在大电流短路破坏试验中，火焰总是很轻微的，且很快熄灭。但需指出的是，甲基硅油中添加异丙基联苯在一定程度上降低了浸渍剂的阻燃性，并要对甲基硅油与异丙基联苯的分离倾向给予额外的留意。但如采用苯甲基硅油，就不需要添加异丙基联苯。

表 10-6-33 #250-30 苯甲基硅油的性能

项目		性能
粘度(25℃)/(mm²/s)		25~40
闪点(开口)/℃		>280
凝点/℃		<-45
介质损耗角正切 tanδ	100℃,原始	0.0003
	100℃,300h 老化后加铜	0.0003
	加锡	0.0003
	加铁	0.0003
击穿强度/(kV/2.5mm)		>60
电场析气性/(μL/min)(按 GB 11142—1989)		-35.6

6.6 其他电缆油和浸渍剂

6.6.1 钢管压气电缆浸渍剂

对钢管压气电缆浸渍剂的物理性能，如粘度、凝点和闪点等的要求，基本上与普通低压电缆用粘性浸渍剂相同。由于钢管压气电缆在压力下工作，因此其浸渍剂的粘度可比普通低压电缆用粘性浸渍剂低。由于钢管压气电缆用于 110kV 及以上的电压等级，因此对其电气性能的要求要比普通低压电缆用粘性浸渍剂高得多，而与其他相同电压等级的高压电缆对浸渍剂的电气性能要求相同。浸渍剂的电场析气性是不重要的，因为电缆的原理限制了气体的游离。

英国压力电缆浸渍剂的通常规格见表 10-6-34，它由 32%的聚异丁烯与 68%的精炼矿物油混合而成。其中聚异丁烯是由石油 C4 馏分在催化剂作用下聚合而成的。

表 10-6-34 英国压力电缆浸渍剂的通常规格

项 目		指 标
密度(15.5℃)/(g/cm^3)		0.918
闪点/℃		240
流动点/℃		0.0
膨胀系数/℃$^{-1}$		0.0007
粘度/(mm^2/s)	60℃	450
	100℃	64
耐电压/(kV/2.5mm)		45
介质损耗角正切 tanδ,100℃	原始	0.0005
	老化后	0.0010

注：老化试验条件为每分钟4L过滤空气通过125℃的300g浸渍剂，共6h。

我国在20世纪70年代初曾试制成功110kV钢管压气电缆，其对浸渍剂的要求见表10-6-35，实际使用的浸渍剂是低压电缆油经高温白土精制后与30%的HC-3000油混合后再经白土处理而成的。HC-3000油是一种100℃时粘度为0.6Pa·s、分子量为1300的液态聚异丁烯，其实测性能见表10-6-36。

表 10-6-35 我国钢管压气电缆浸渍剂技术要求

项 目			指标	试验方法
粘度(50℃)/(mm^2/s)		≥	780	GB/T 265—1988
粘度(100℃)/(mm^2/s)		≤	72	GB/T 265—1988
闪点(开口)/℃		≥	180	GB 267—1988
凝点/℃		≤	-10	GB 510—1983
介质损耗角正切 tanδ	100℃,原始		0.003	GB/T 5654—2007
	115℃,96h老化后		0.007	
击穿强度/(kV/mm)		≥	180	GB/T 507—2002

注：老化方法是在敞开的圆筒形容器中装油6cm深，在(115±1)℃的烘箱中加热96h。

表 10-6-36 HC-3000油的性能

项 目		性 能
分子量		1464
粘度(100℃)/(mm^2/s)		700
闪点(开口)/℃		189
介质损耗角正切 tanδ	100℃、原始	0.0005
	115℃、96h老化后	0.0005

6.6.2 钢管充油电缆浸渍剂

钢管充油电缆使用两种浸渍剂：浸渍油和填充油。

对钢管充油电缆浸渍用油物理性能的要求基本上与低压电缆用粘性浸渍剂相同。由于钢管充油电缆浸渍油只要求在室温下油浸纸绝缘线芯拖入钢管时不滴流，因此其粘度可比低压电缆用粘性浸渍剂低得多。

对钢管充油电缆填充油物理性能的要求基本上与自容式充油电缆油相同。由于钢管充油电缆在高油压下工作，因此其填充油的粘度可比自容式充油电缆油高些。

对钢管充油电缆浸渍油与填充油电气性能的要求与自容式充油电缆相同。由于钢管充油电缆在高油压下工作，因此对其浸渍油与填充油电场析气性的要求不予苛求。

国外钢管充油电缆用油基本上有两组：一组为以美国Sun公司生产的Sun XX与Sun No6为代表的矿物油，另一组为以美国AMO公司生产的HV—15E和LV—50E为代表的聚丁烯合成油。

其中填充油一般均符合ASTM D1819高油压电缆系统用电气绝缘油质量连续性的要求，其100℃时的粘度为10mm^2/s左右。日本藤仓（株）为进一步减少油流阻力，使用了粘度更低的聚丁烯LV—40E（约8mm^2/s）和LV—25E（约6mm^2/s）作为填充油。它还使用过粘度为10mm^2/s的用聚丁烯稠化的烷基苯增粘油作为填充油。

浸渍油中，矿物油的粘度较低，约为20mm^2/s；聚丁烯油的粘度则较高，为32~37mm^2/s。美国Phelps Dodge公司采用石蜡烃油作为浸渍油。

德国Siemens公司在制造一种钢管充油电缆时，采用了粘度在20℃时高达40000mm^2/s和80℃时为500mm^2/s的聚丁烯浸渍油以及粘度在20℃时低至16mm^2/s和80℃时为3.5mm^2/s的矿物油作为填充油。

前苏联采用同一种油C—220同时作为浸渍油与填充油，早年使用100℃时粘度为16mm^2/s的矿物油，20世纪50年代末以来则采用由高分子量聚异丁烯稠化自容式充油电缆用矿物油而得的增粘油，其在100℃时的粘度为30mm^2/s。

应予重视的是，一些电缆制造厂家为了改善油浸纸的工频击穿强度特性，在聚丁烯中添加了烷基苯、甲基取代的二苄基苯（三芳基二甲烷）等芳烃，如美国Anacoda公司与日本大日精化（株）。

钢管充油电缆浸渍油和填充油中的聚丁烯合成油具有较好的电绝缘性能，其介质损耗角正切较小；由于它具有不饱和性，因此在强电场下能够吸气；它与石油质电缆油相比，耐老化性能较好。钢管充油电缆油的性能见表10-6-37。

表 10-6-37 钢管充油电缆油的性能

特性		浸渍用油		填充用油	
		环烷基油	聚丁烯油	环烷基油	聚丁烯油
粘度(99℃)/(mm^2/s)		20	32	10	12
介质损耗角正切 $\tan\delta$	100℃，原始	0.0011	0.0001	0.0035	0.0012
	115℃，96h老化后	0.0019	0.0002	0.0070	0.0028
加铜		0.0277	0.0041	—	—

6.6.3 直流海底电缆粘性浸渍剂

对直流海底电缆粘性浸渍剂物理性能的要求基本上与低压电缆粘性浸渍剂相同。但由于海底电缆落差较大，为了防止淌流，因此其浸渍剂的粘度要比低压电缆粘性浸渍剂大些。

为了限制直流电缆的介质损耗，国际大电网会议对粘性浸渍直流电缆的 $\tan\delta$ 有一定的要求，规定在室温下，其 $\tan\delta$ 值在 2kV/mm 时应不超过 0.005，在 8kV/mm 时应不超过 0.007，$\tan\delta$ 增值不超过 0.0025。因此，相应对直流海底电缆粘性浸渍剂的 $\tan\delta$ 值有相当高的要求。

目前世界上正在运行的粘性浸渍海底直流电缆都采用了英国 Dussek-Campbell 公司的海底直流电缆浸渍剂。该浸渍剂是含有高分子量的聚异丁烯、精选的精制矿物油与石油抽出物的复合物，其性能见表 10-6-38。

表 10-6-38 英国海底直流电缆粘性浸渍剂的性能

项目		性能
粘度/(mm^2/s)	60℃	1150
	100℃	150
闪点(闭口)/℃		205
凝点/℃		<0
介质损耗角正切 $\tan\delta$	100℃	0.003
	60℃	0.0003
	20℃	0.0001
耐电压/(kV/2.5mm)		>45

我国在 20 世纪 80 年代初研制成功的±100kV 粘性浸渍直流海底电缆已成功地把舟山与大陆连接了起来。由于当时国内没有聚异丁烯商品供应，因此实际使用的浸渍剂是低压电缆油加 140#聚合松香(25%) 混合而成的，对这种浸渍剂的技术要求见表 10-6-39，一个典型的混合物的性能也列于表 10-6-39中。

表 10-6-39 直流海底电缆粘性浸渍剂的技术要求和典型性能

项目		技术要求	典型性能	试验方法
粘度(60℃)/(mm^2/s)		≥1150	1210	GB/T 265—1988
凝点/℃		≤0	—	GB 510—1983
闪点(开口)/℃		≥200	>250	GB 267—1988
介质损耗角正切 $\tan\delta$	原始，60℃	—	0.0014	GB/T 5654—2007
	原始，100℃	≤0.03	0.0082	
	老化后，100℃	≤0.04	0.0145	
击穿电压/(kV/2.5mm)		≥45	56	GB/T 507—2002

注：老化方法是在敞开的圆筒形容器中装油 6cm 深，在 (115±1)℃的烘箱中加热 96h。

6.7 电缆油和浸渍剂的试验

6.7.1 运动粘度的测定

本节内容参考标准为 GB/T 265—1988。

1. 仪器与设备

(1) 粘度计 毛细管粘度计一组，毛细管内径为 0.4mm、0.6mm、0.8mm、1.0mm、1.2mm、1.5mm、2.0mm、2.5mm、3.0mm、3.5mm、4.0mm、5.0mm 和 6.0mm，如图 10-6-16 所示。每支粘度计必须按《工作毛细管粘度计检定规程》进行检定并确定常数。测定试样的运动粘度时，应根据试验的温度选用适当的粘度计，务必使试样的流动时间不少于 200s，内径 0.4mm 的粘度计流动时间不少于 350s。

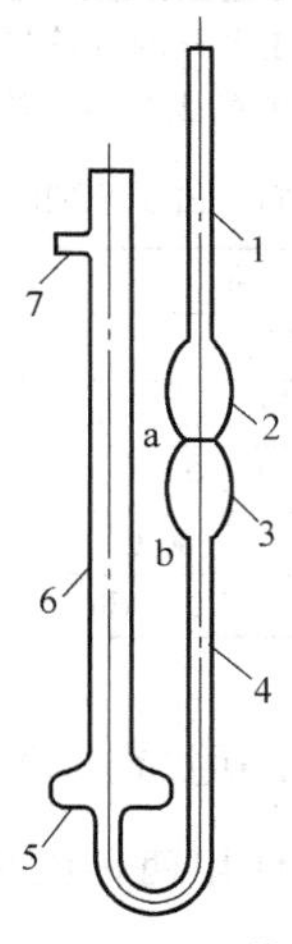

图 10-6-16 毛细管粘度计

1,6—管身 2,3,5—扩张部分 4—毛细管 7—支管 a,b—标线

(2) **恒温浴**　带有透明壁或装有观察孔的恒温浴，其高度不小于 180mm，容积不小于 2L，并且附设自动搅拌装置和一种能够准确调节温度的电热装置。在 0℃下测定运动粘度时，使用筒形开有观察窗的透明保温瓶，其尺寸与前述透明恒温浴相同，并设有搅拌装置。根据测定条件，要在恒温浴中注入表 10-6-40 中列举的一种液体。

表 10-6-40　不同温度下使用的恒温浴液体

测定温度/℃	恒温浴液体
50~100	透明矿物油、丙三醇(甘油)或 25%硝酸铵水溶液(该溶液的表面会浮着一层透明的矿物油)
20~50	水
0~20	水与冰的混合物，或乙醇与干冰(固体二氧化碳)的混合物

(3) **设备**　玻璃水银温度计，分度值为 0.1℃；分度值为 0.1s 的秒表。

2. 试验步骤

1）试油含有水或机械杂质时，应先对试油进行脱水处理，并用滤纸滤去机械杂质。对粘度大的电缆油，可以在磁漏斗上利用水流泵或其他真空泵进行吸滤，也可加热至 50~100℃进行脱水过滤。

2）用溶剂油或石油醚洗涤粘度计（如果粘度计沾有污垢，就用铬酸洗液、水、蒸馏水或 95%的乙醇依次洗涤），然后放入烘箱中烘干或用通过棉花滤过的热空气吹干。

3）在内径符合要求的清洁干燥的毛细管粘度计内装入试油。装油前，将橡皮管套在支管 7 上，并用手指堵住管身 6 的管口，同时倒置粘度计，然后将管身 1 插入装着试油的容器中。这时利用橡皮球、水流泵或其他真空泵将油吸到标线 b，同时注意不要使管身 1、扩张部分 2 和 3 中的油产生气泡或裂隙。当液面达到标线 b 时，就从容器中提起粘度计并迅速恢复其正常状态；同时将管身 1 的管端外壁所沾着的多余试油擦去，并从支管 7 上取下橡皮管套在管身 1 上。

4）将装有试油的粘度计浸入事先准备妥当的恒温浴中，用夹子固定在支架上，并调整成垂直状态，使粘度计扩张部分 2 浸入一半，并经表 10-6-41 规定的恒温时间。

表 10-6-41　粘度计在恒温浴中的恒温时间

试验温度/℃	恒温时间/min
80~100	20
40~50	15
20	10
0~-50	15

当试验温度在-30℃以上时，必须保持温度变化恒定到±0.1℃。温度计要用另一只夹子固定，务必使水银球的位置接近毛细管中央处的水平面，并使温度计上要测温的刻度位于恒温器液面上 10mm。使用全浸式温度计时，如果测温刻度露出在液面以上，应按公式 10-6-1 计算温度计水银柱露出部分的补正数 Δt，这样才能准确地量出液体的温度。

$$\Delta t = Kh(t_2 - t_1) \tag{10-6-1}$$

式中　K——常数，水银温度计采用 0.00016；

h——在液体上露出的水银柱的高度，用温度计的度数表示；

t_1——测定粘度时的规定温度（℃）；

t_2——接近水银柱露出部分的空气温度（℃），用另一温度计测出。

试验时取 t 与 Δt 的代数和，作为温度计上的温度读数。

5）利用管身 1 所套着的橡皮管将试油吸入扩张部分 3，使油面稍高于标线 a，并注意不要让毛细管和扩张部分 3 中的油产生气泡或裂隙。此时观察试油的流动情况，当油面正好到达标线 a 时，开动秒表；当油面正好流到标线 b 时，停止秒表，并记取秒表上记录下来的流动时间。

试油在扩张部分 3 中流动时，应注意恒温器中正在搅拌的液体要保持恒定温度，而且扩张部分中的试油不应出现气泡。

3. 结果计算

测定时，每种油样应重复测定至少 4 次。取不少于 3 次的流动时间所得的算术平均值，作为试油的平均流动时间。各次流动时间与算术平均值的差值应不超过平均值的±0.5%（15~100℃下测定时）或±1.5%（-30~15℃下测定时）。

在温度为 t 时，试样的运动粘度 v_t（mm^2/s）按式（10-6-2）计算

$$v_t = c\tau_t \tag{10-6-2}$$

式中　c——粘度计常数（mm^2/s）；

τ_t——试样的平均流动时间（s）。

在每一试验温度下应进行上述试验两次。两次测定的结果之差，当在 15~100℃下测定粘度时，不应超过算术平均值的 1.0%；当在-30~15℃下测定粘度时，不应超过算术平均值的 3.0%。取两个结果的算术平均值作为试样的运动粘度。

运动粘度与恩氏（条件度）粘度的换算见表10-6-42。

表 10-6-42 运动粘度与恩氏粘度（条件度）换算表

mm^2/s	条件度	mm^2/s	条件度	mm^2/s	条件度	mm^2/s	条件度	mm^2/s	条件度	mm^2/s	条件度
1.00	1.00	5.80	1.46	10.6	1.92	19.8	2.92	29.4	4.12	39.0	5.37
1.10	1.01	5.90	1.47	10.7	1.93	20.0	2.95	29.6	4.15	39.2	5.39
1.20	1.02	6.00	1.48	10.8	1.94	20.2	2.97	29.8	4.17	39.4	5.42
1.30	1.03	6.10	1.49	10.9	1.95	20.4	2.99	30.0	4.20	39.6	5.44
1.40	1.04	6.20	1.50	11.0	1.96	20.6	3.02	30.2	4.22	39.8	5.47
1.50	1.05	6.30	1.51	11.2	1.98	20.8	3.04	30.4	4.25	40.0	5.50
1.60	1.06	6.40	1.52	11.4	2.00	21.0	3.07	30.6	4.27	40.2	5.52
1.70	1.07	6.50	1.53	11.6	2.01	21.2	3.09	30.8	4.30	40.4	5.54
1.80	1.08	6.60	1.54	11.8	2.03	21.4	3.12	31.0	4.33	40.6	5.57
1.90	1.09	6.70	1.55	12.0	2.05	21.6	3.14	31.2	4.35	40.8	5.60
2.00	1.10	6.80	1.56	12.2	2.07	21.8	3.17	31.4	4.38	41.0	5.63
2.10	1.11	6.90	1.56	12.4	2.09	22.0	3.19	31.6	4.41	41.2	5.65
2.20	1.12	7.00	1.57	12.6	2.11	22.2	3.22	31.8	4.43	41.4	5.68
2.30	1.13	7.10	1.58	12.8	2.13	22.4	3.24	32.0	4.46	41.6	5.70
2.40	1.14	7.20	1.59	13.0	2.15	22.6	3.27	32.2	4.48	41.8	5.73
2.50	1.15	7.30	1.60	13.2	2.17	22.8	3.29	32.4	4.51	42.0	5.76
2.60	1.16	7.40	1.61	13.4	2.19	23.0	3.31	32.6	4.54	42.2	5.78
2.70	1.17	7.50	1.62	13.6	2.21	23.2	3.34	32.8	4.56	42.4	5.81
2.80	1.18	7.60	1.63	13.8	2.24	23.4	3.36	33.0	4.59	42.6	5.84
2.90	1.19	7.70	1.64	14.0	2.26	23.6	3.39	33.2	4.61	42.8	5.86
3.00	1.20	7.80	1.65	14.2	2.28	23.8	3.41	33.4	4.64	43.0	5.89
3.10	1.21	7.90	1.66	14.4	2.30	24.0	3.43	33.6	4.66	43.2	5.92
3.20	1.21	8.00	1.67	14.6	2.33	24.2	3.46	33.8	4.69	43.4	5.95
3.30	1.22	8.10	1.68	14.8	2.35	24.4	3.48	34.0	4.72	43.6	5.97
3.40	1.23	8.20	1.69	15.0	2.37	24.6	3.51	34.2	4.74	43.8	6.00
3.50	1.24	8.30	1.70	15.2	2.39	24.8	3.53	34.4	4.77	44.0	6.02
3.60	1.25	8.40	1.71	15.4	2.42	25.0	3.56	34.6	4.79	44.2	6.05
3.70	1.26	8.50	1.72	15.6	2.44	25.2	3.58	34.8	4.82	44.4	6.08
3.80	1.27	8.60	1.73	15.8	2.46	25.4	3.61	35.0	4.85	44.6	6.10
3.90	1.28	8.70	1.73	16.0	2.48	25.6	3.63	35.2	4.87	44.8	6.13
4.00	1.29	8.80	1.74	16.2	2.51	25.8	3.65	35.4	4.90	45.0	6.16
4.10	1.30	8.90	1.75	16.4	2.53	26.0	3.68	35.6	4.92	45.2	6.18
4.20	1.31	9.00	1.76	16.6	2.55	26.2	3.70	35.8	4.95	45.4	6.21
4.30	1.32	9.10	1.77	16.8	2.58	26.4	3.73	36.0	4.98	45.6	6.23
4.40	1.33	9.20	1.78	17.0	2.60	26.6	3.76	36.2	5.00	45.8	6.26
4.50	1.34	9.30	1.79	17.2	2.62	26.8	3.78	36.4	5.03	46.0	6.28
4.60	1.35	9.40	1.80	17.4	2.65	27.0	3.81	36.6	5.05	46.2	6.31
4.70	1.36	9.50	1.81	17.6	2.67	27.2	3.83	36.8	5.08	46.4	6.34
4.80	1.37	9.60	1.82	17.8	2.69	27.4	3.86	37.0	5.11	46.6	6.36
4.90	1.38	9.70	1.83	18.0	2.72	27.6	3.89	37.2	5.13	46.8	6.39
5.00	1.39	9.80	1.84	18.2	2.74	27.8	3.92	37.4	5.16	47.0	6.42
5.10	1.40	9.90	1.85	18.4	2.76	28.0	3.95	37.6	5.18	47.2	6.44
5.20	1.41	10.0	1.86	18.6	2.79	28.2	3.97	37.8	5.21	47.4	6.47
5.30	1.42	10.1	1.87	18.8	2.81	28.4	4.00	38.0	5.24	47.6	6.49
5.40	1.42	10.2	1.88	19.0	2.83	28.6	4.02	38.2	5.26	47.8	6.52
5.50	1.43	10.3	1.89	19.2	2.86	28.8	4.05	38.4	5.29	48.0	6.55
5.60	1.44	10.4	1.90	19.4	2.88	29.0	4.07	38.6	5.31	48.2	6.57
5.70	1.45	10.5	1.91	19.6	2.90	29.2	4.10	38.8	5.34	48.4	6.60

（续）

mm^2/s	条件度	mm^2/s	条件度	mm^2/s	条件度	mm^2/s	条件度	mm^2/s	条件度	mm^2/s	条件度
48.6	6.62	54.6	7.41	60.6	8.21	66.6	9.00	72.6	9.82	93.0	12.6
48.8	6.65	54.8	7.44	60.8	8.23	66.8	9.03	72.8	9.85	94.0	12.7
49.0	6.68	55.0	7.47	61.0	8.26	67.0	9.06	73.0	9.88	95.0	12.8
49.2	6.70	55.2	7.49	61.2	8.28	67.2	9.08	73.2	9.90	96.0	13.0
49.4	6.73	55.4	7.52	61.4	8.31	67.4	9.11	73.4	9.93	97.0	13.1
49.6	6.76	55.6	7.55	61.6	8.34	67.6	9.14	73.6	9.95	98.0	13.2
49.8	6.78	55.8	7.57	61.8	8.37	67.8	9.17	73.8	9.98	99.0	13.4
50.0	6.81	56.0	7.60	62.0	8.40	68.0	9.20	74.0	10.0	100	13.5
50.2	6.83	56.2	7.62	62.2	8.42	68.2	9.22	74.2	10.0	101	13.6
50.4	6.86	56.4	7.65	62.4	8.45	68.4	9.25	74.4	10.1	102	13.8
50.6	6.89	56.6	7.68	62.6	8.48	68.6	9.28	74.6	10.1	103	13.9
50.8	6.91	56.8	7.70	62.8	8.50	68.8	9.31	74.8	10.1	104	14.1
51.0	6.94	57.0	7.73	63.0	8.53	69.0	9.34	75.0	10.2	105	14.2
51.2	6.96	57.2	7.75	63.2	8.55	69.2	9.36	76.0	10.3	106	14.3
51.4	6.99	57.4	7.78	63.4	8.58	69.4	9.39	77.0	10.4	107	14.5
51.6	7.02	57.6	7.81	63.6	8.60	69.6	9.42	78.0	10.5	108	14.6
51.8	7.04	57.8	7.83	63.8	8.63	69.8	9.45	79.0	10.7	109	14.7
52.0	7.07	58.0	7.86	64.0	8.66	70.0	9.48	80.0	10.8	110	14.9
52.2	7.09	58.2	7.88	64.2	8.68	70.2	9.50	81.0	10.9	111	15.0
52.4	7.12	58.4	7.91	64.4	8.71	70.4	9.53	82.0	11.1	112	15.1
52.6	7.15	58.6	7.94	64.6	8.74	70.6	9.55	83.0	11.2	113	15.3
52.8	7.17	58.8	7.97	64.8	8.77	70.8	9.58	84.0	11.4	114	15.4
53.0	7.20	59.0	8.00	65.0	8.80	71.0	9.61	85.0	11.5	115	15.6
53.2	7.22	59.2	8.02	65.2	8.82	71.2	9.63	86.0	11.6	116	15.7
53.4	7.25	59.4	8.05	65.4	8.85	71.4	9.66	87.0	11.8	117	15.8
53.6	7.28	59.6	8.08	65.6	8.87	71.6	9.69	88.0	11.9	118	16.0
53.8	7.30	59.8	8.10	65.8	8.90	71.8	9.72	89.0	12.0	119	16.1
54.0	7.33	60.0	8.13	66.0	8.93	72.0	9.75	90.0	12.2	120	16.2
54.2	7.35	60.2	8.15	66.2	8.95	72.2	9.77	91.0	12.3		
54.4	7.38	60.4	8.18	66.4	8.98	72.4	9.80	92.0	12.4		

注：对于更高的运动粘度（mm^2/s），需按下式换算：

$$E_t = 0.135v_t$$

式中 E_t——石油产品在温度 t 时的恩氏粘度，条件度；

v_t——石油产品在温度 t 时的运动粘度，mm^2/s。

6.7.2 恩氏粘度的测定

本节内容参考标准为 GB 266—1988。

1. 仪器与设备

采用附有容器、堵塞流出管塞和金属三脚架的恩氏粘度计（图 10-6-17 及图 10-6-18）。此外，还应备有符合 GB/T 514—2005 中恩氏粘度用温度计要求的温度计共 2 支；刻线为 100mL 的专用接受瓶（图 10-6-19）1 只；有 100mL 和 200mL 两道刻线的专用接受瓶（图 10-6-19）1 只；分度值为 0.2s 的秒表；5mL 吸量管及电加热装置。

2. 试验步骤

1）先测定恩氏粘度计的水值，即测定蒸馏水在 20℃时从粘度计流出 200mL 所需的时间（s），标准粘度计的水值应等于（51±1）s。如果水值不在此范围内，则不允许使用该仪器测定粘度。

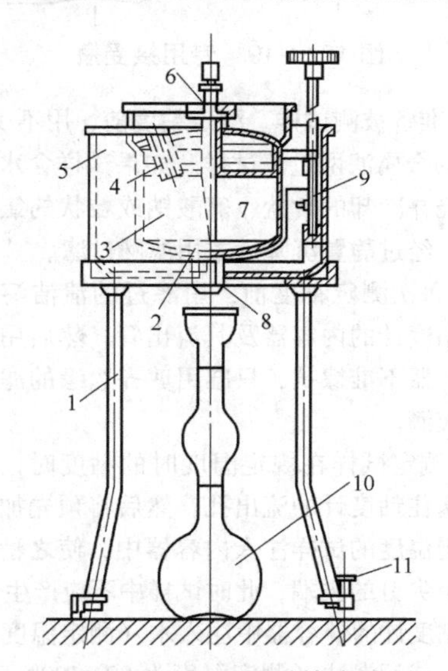

图 10-6-17 恩氏粘度计

1—三角支架 2—球面形底 3—内容器 4—温度计插孔 5—外容器 6—木塞 7—小尖钉 8—流出孔 9—搅拌器 10—接受瓶 11—水平调节螺钉

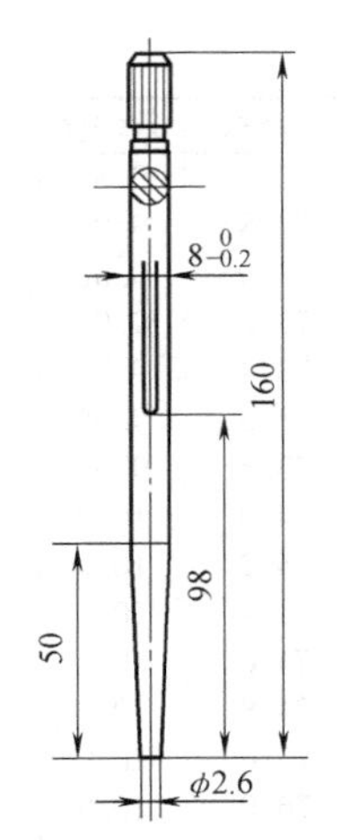

图 10-6-18 木塞

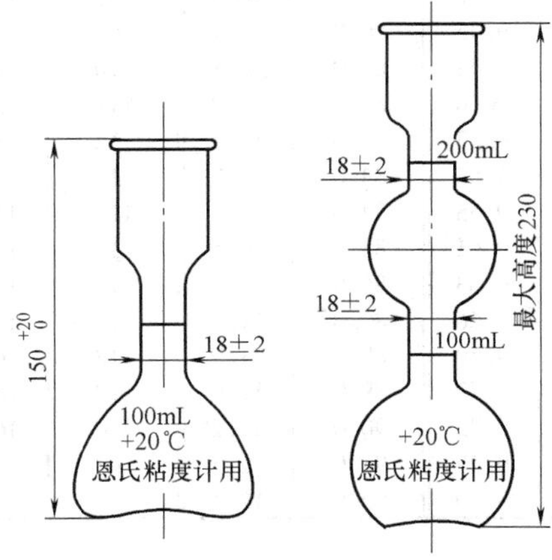

图 10-6-19 专用接受瓶

2）准备被测试样。测定粘度前，用不少于 576 孔/cm^2的金属滤网过滤试样。如果试样含水，应加入新煅烧并冷却的食盐、硫酸钠或粒状的氯化钙进行摇动，经过静置沉降后才用滤网过滤。

3）每次测定粘度前，用滤过的清洁溶剂油仔细洗涤粘度计的内容器及其流出管，然后用空气吹干。内容器不准擦拭，只准用剪齐边缘的滤纸吸去剩下的液滴。

4）测定试样在规定温度时的粘度时，先将木塞严密塞住粘度计的流出孔，然后将预先加热到稍高于规定温度的试样注入内容器中，使之稍高于内容器三个尖钉的尖端，此时试样中不应产生气泡。

向粘度计的外容器中注入水（测定温度在 80℃以下时）或润滑油（测定温度为 80～100℃时），外容器中的液体应预先加热到稍高于规定温度。为使试样温度在试验过程中保持恒定并符合规定温度，应使内容器中的试样温度恰好达到规定的温度，保持 5min，内容器中的液体温度波动应恒定到±0.2℃，然后记下外容器中液体的温度。在试验过程中，要保持外容器的液体温度波动恒定到±0.2℃。

稍微提起木塞，使多余的试样流下，直至三个尖钉的尖端刚好露出油面为止。如果流出试样过多，就逐滴补添试样至尖钉的尖端，但试样中不要留有气泡。

粘度计加盖后，在流出孔下面放置洁净干燥的接受瓶。然后绕着木塞小心地旋转插有温度计的盖，利用温度计搅拌试样。试样中的温度计恰好达到规定温度时，再保持 5min（但不搅拌），然后迅速提起木塞，同时开动秒表。木塞提起的位置应保持与测定水值时相同（不允许拔出木塞）。当接受瓶中的试样正好达到 200mL 标线时（泡沫不予计算），立即停止秒表，并读取试样的流出时间，准确至 0.2s。

3. 结果计算

试样的粘度按下式计算：

$$E_t = \frac{\tau_t}{K_{20}} \tag{10-6-3}$$

式中 E_t——温度 t 时的恩氏粘度；

τ_t——在温度 t 时试样从粘度计中流出 200mL 所需的时间（s）；

K_{20}——粘度计的水值（s）。

用平行测定的两个结果的算术平均值，作为试样的恩氏粘度。在连续测定中的两个流出时间的差数，应不超过表 10-6-43 的规定。

表 10-6-43 粘度测定时两个流出时间的差数

流出时间/s	允许差数/s
≤250	1
251～500	3
501～1000	5
>1000	10

6.7.3 闪点的开口杯法测定

本节内容参考标准为 GB 267—1988。

1. 仪器与设备

测试闪点的仪器与设备包括符合标准的开口闪点测定器、开口闪点专用温度计、煤气灯或酒精喷灯或电炉（测定闪点高于 200℃时必须使用电炉）。

2. 试验步骤

1）当试样的水分大于 0.1%时，必须脱水。脱水处理需在试样中加入新煅烧并冷却的食盐、硫酸钠或氯化钙。闪点低于 100℃的试样脱水时不必加热；其他试样允许加热至 50～80℃时用脱水剂脱水。脱水后，取测试油的上层澄清部分供试验用。

2）内坩埚用溶剂油洗涤后，放在煤气灯上加热。内坩埚冷却至室温时，将其放入装有细砂（经过煅烧）的外坩埚中，使细砂距离内坩埚的口部边缘约12mm，并使内、外坩埚底部之间形成厚度为5~8mm的砂层。对闪点在300℃以上的试样进行测定时，两只坩埚底部之间的砂层厚度允许酌量减薄。

3）将试样注入内坩埚，对闪点在210℃及以下的试样，液面装到距坩埚口部边缘12mm处；对闪点高于210℃的试样，液面装到距坩埚口部边缘18mm处。向内坩埚注入试样时，不应溅出，而且液面以上的坩埚壁不应沾有试样。

4）将装好试样的坩埚平稳地放在支架上的铁环（或电炉）中。这套测定装置应放在避风和较暗的地点，以保证能够看清楚闪火现象。

5）将温度计垂直地固定在内坩埚的试样中。温度计水银球的位置必须放在内坩埚中央，并与坩埚底和试样液面成大约相等的距离。装好的测定装置要用防护屏围起来。

6）加热坩埚，使试样逐渐升高温度，当试样温度达到预计闪点前60℃时，调整加热速度，使试样达到闪点前40℃时能控制升温速度为每分钟升高(4±1)℃。

7）当试样温度达到预期闪点前10℃时，将点火器的火焰放到距离试样表面10~14mm处，并沿着该处水平面的坩埚内径做直线移动，从坩埚的一边移至另一边所经过的时间为2~3s。试样温度每升高2℃应重复一次点火试验，点火器的火焰长度应预先调整为3~4mm。

8）当试样液面上方最初出现蓝色火焰时，立即从温度计读出温度作为闪点的测定结果，同时记录大气压力。

3. 结果计算

以平行测定的两个结果的算术平均值，作为试样的闪点。平行测定的两个结果，闪点差数应不超过以下允许值：闪点在150℃及以下时，差数不超过4℃；闪点大于150℃时，差数不超过6℃。

当大气压力低于99.3kPa时，试验测得的闪点t_0（℃）按式（10-6-4）进行修正（精确到1℃）

$$t_0=t+\Delta t \qquad (10\text{-}6\text{-}4)$$

式中 t_0——相当于101.3kPa大气压力时的闪点（℃）；

t——在试验条件下测得的闪点（℃）；

Δt——修正数（℃）。

大气压力在64.0~101.3kPa范围内时，修正数Δt（℃）可按式（10-6-5）计算

$$\Delta t=(0.00015t+0.028)(101.3-p)7.5 \qquad (10\text{-}6\text{-}5)$$

式中 p——试验条件下的大气压力（kPa）；

t——在试验条件下测得的闪点（℃），300℃以上时仍按300℃计；

0.00015、0.028和7.5为试验常数。

6.7.4 闪点的闭口杯法测定

本节内容参考标准为GB/T 261—2008。

1. 仪器与设备

1）宾斯基-马丁闭口闪点试验仪，含专用试验杯及杯盖组件，如图10-6-20所示。

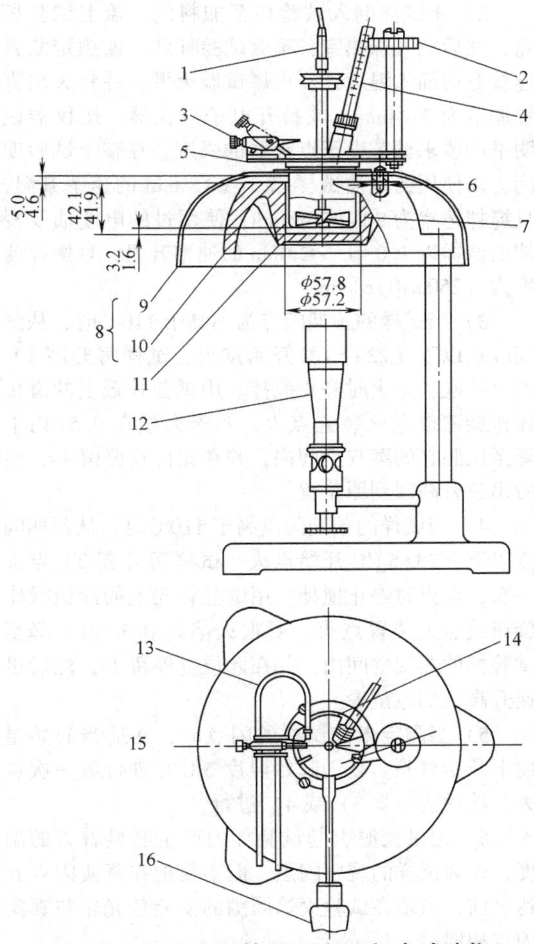

图10-6-20 宾斯基-马丁闭口闪点试验仪

1—柔性轴 2—快门操作旋钮 3—点火器 4—温度计 5—盖子 6—片间最大距离ϕ9.5mm 7—试验杯 8—加热室 9—顶板 10—空气浴 11—杯表面厚度最小为6.5mm，即杯周围的金属 12—火焰加热型或电阻元件加热型（图示为火焰加热型） 13—导向器 14—快门 15—表面 16—手柄（可选择）

注：盖子的装配可以用左手也可以用右手；a为空隙。

2）闭口闪点专用温度计，其温度范围（高、中、低）、分度值和允许误差需按所测闪点的范围选择。

3）气压计，分度值为0.1kPa。

4）加热浴或烘箱，应能将温度控制在±5℃之内，推荐使用防爆烘箱。

2. 试验步骤

1）观察气压计，记录试验期间仪器附近的环境大气压。

注：虽然某些气压计能自动修正，但本标准不要求修正到0℃下的大气压力。

2）将试样倒入试验杯至加料线，盖上试验杯盖，然后放入加热室，确保试验杯就位或锁定装置连接好后插入温度计。点燃试验火源，并将火焰直径调节为3~4mm；或打开电子点火器，按仪器说明书的要求调节电子点火器的强度。在整个试验期间，未使用的原油试样以5~6℃/min的速率升温，且搅拌速率为90~120r/min；使用过的电缆油及浸渍剂试样以1.0~1.5℃/min的速率升温，且搅拌速率为（250±10）r/min。

3）当试样的预期闪点为不高于110℃时，从预期闪点以下（23±5）℃开始点火，试样每升高1℃点火一次，点火时停止搅拌。用试验杯盖上的滑板操作旋钮或点火装置点火，要求火焰在0.5s内下降至试验杯的蒸气空间内，并在此位置停留1s，然后迅速升高回到原位置。

4）当试样的预期闪点高于110℃时，从预期闪点以下（23±5）℃开始点火，试样每升高2℃点火一次，点火时停止搅拌。用试验杯盖上的滑板操作旋钮或点火装置点火，要求火焰在0.5s内下降至试验杯的蒸气空间内，并在此位置停留1s，然后迅速升高回到原位置。

5）当测定未知试样的闪点时，在适当起始温度下开始试验。高于起始温度5℃时进行第一次点火，然后按步骤3）或4）进行。

6）记录火源引起试验杯内产生明显着火的温度，作为试样的观察闪点，但不要把在真实闪点到达之前，出现在试验火焰周围的淡蓝色光轮与真实闪点相混淆。

7）如果所记录的观察闪点温度与最初点火温度的差值少于18℃或多于28℃，则认为此结果无效。应更换新试样重新进行试验，调整最初点火温度，直到获得有效的测定结果，即观察闪点与最初点火温度的差值应在18~28℃范围内。

3. 结果计算

（1）大气压读数的转换 如果测得的大气压读数不是以kPa为单位的，可用下述等量关系换算到以kPa为单位的读数。

以hPa为单位的读数×0.1=以kPa为单位的读数

以mbar为单位的读数×0.1=以kPa为单位的读数

以mmHg为单位的读数×0.1333=以kPa为单位的读数

（2）观察闪点的修正 用式（10-6-6）将观察闪点修正到标准大气压（101.3kPa）下的闪点：

$$T_c = T_o + 0.25(101.3 - p) \qquad (10\text{-}6\text{-}6)$$

式中 T_c——标准大气压下的闪点（℃）；

T_o——环境大气压下的观察闪点（℃）；

p——环境大气压（kPa）。

注：本公式仅适用于大气压为98.0~104.7kPa的情况。

结果修正到标准大气压（101.3kPa）下的闪点，精确至0.5℃。

6.7.5 凝点的测定

本节内容参考标准为GB 510—1983。

1. 仪器与试剂

（1）仪器

1）圆底试管：高度为（160±10）mm，内径为（20±1）mm，在距管底30mm的外壁处有一环形标线。

2）圆底的玻璃套管：高度为（130±10）mm，内径为（40±2）mm。

3）装冷却剂用的广口保温瓶或筒形容器：高度不小于160mm，内径不小于120mm，可以用陶瓷、玻璃、木材或带有绝缘层的铁片制成。

4）温度计：符合标准要求的水银温度计（用于测量凝点高于-35℃的试样）和液体温度计（用于测量凝点低于-35℃的试样），以及任何形式的温度计（用于测量冷却剂温度）。

5）支架：附有能固定套管、冷却剂容器和温度计的装置。

6）水浴。

（2）试剂

1）冷却剂：试验温度在0℃以上时用水和冰；试验温度为-20~0℃时用盐和碎冰或雪；试验温度在-20℃以下时用工业乙醇（或溶剂汽油，或直馏的低凝点汽油，或直馏的低凝点煤油）和干冰（固体二氧化碳）。

2）无水乙醇：化学纯。

2. 试验步骤

1）当试验油含水时，需先脱水。对于容易流动的试验油，脱水处理是在试验油中加入新煅烧的粉状硫酸钠或小粒状氯化钙，并在10~15min内定期摇荡，静置，用干燥的滤纸滤取澄清部分。对于粘度大的试验油，脱水处理是将试验油预热到不高于50℃，经食盐层过滤。食盐层的制备是在漏斗中放入金属网或少许棉花，然后在漏斗中铺以新煅烧的粗食盐结晶。试验油含水多时，需经2~3个漏斗的食盐层过滤。

2）在干净的试管中注入试验油，使液面达到环形标线处。用软木塞将温度计固定在试管中央，使水银球距管底8~10mm。然后将装有试验油和温度计的试管垂直地浸入（50±1）℃的水浴中，直至试验油的温度达到（50±1）℃为止。

3）从水浴中取出上述试管，擦干外壁，用软木塞将试管牢固地装在套管中（测定低于0℃的凝点时，应在套管底部注入无水乙醇1~2mL），试管外壁和套管内壁各处距离要相等。把装好的试管与套管垂直地固定在支架的夹子上，并放在室温中静置，直至试管中的试油冷却到（35±5）℃。然后将这套仪器浸在装好冷却剂的容器中，冷却剂的温度要比试油的预期凝点低（7~8）℃，试管（外套管）浸入冷却剂的深度应不少于70mm。冷却试样时，冷却剂的温度必须精确到±1℃。当试油冷却到预期的凝点时，将仪器倾斜成45°，并保持1min，此时仪器的试油部分仍要浸没在冷却剂内。随后，从冷却剂中小心地取出仪器，迅速地用乙醇擦拭套管外壁，垂直放置仪器并透过套管观察试管里面的液面是否有过移动的迹象。

4）当液面位置有移动时，从套管中取出试管，并将试管重新预热至试油达（50±1）℃，然后用比上次试验温度低4℃或更低的温度重新进行测定，直至某试验温度能使液面位置停止移动为止。相反，当液面位置没有移动时，从套管中取出试管，并将试管重新预热至试油达（50±1）℃，然后用比上次试验温度高4℃或更高的温度重新进行测定，直至某试验温度能使液面位置发生移动为止。

找出凝点的温度范围（液面位置从移动到不移动或从不移动到移动的温度范围）之后，就采用比移动的温度低2℃或比不移动的温度高2℃的温度，重复进行试验。如此重复试验，直至确定某试验温度能使试验油的液面停留不动而提高2℃又能使液面移动时，就取使液面不动的温度作为试验油的凝点。

3. 结果计算

将平行测定两个结果的算术平均值作为试验油的凝点。平行测定两个结果的差数不应大于2℃。

如果需要检查试验油的凝点是否符合技术标准，应采用比技术标准所规定的凝点高1℃的温度进行试验，此时液面的位置如能够移动，就认为凝点合格。

6.7.6 酸值的测定

本节内容参考标准为GB 264—1983。

1. 仪器与试剂

（1）仪器

1）锥形烧瓶：250~300mL。

2）球形回流冷凝管：长约300mm。

3）微量滴定管：2mL，分度值为0.02mL。

4）电热板或水浴。

（2）试剂

1）氢氧化钾：二级纯；配成0.05mol/L的氢氧化钾乙醇溶液。

2）95%的乙醇：分析纯。

3）碱性蓝6B：配制溶液时，称取碱性蓝1g，称准至0.01g，然后将它加入50mL煮沸的95%乙醇中，并在水浴中回流1h，冷却后过滤。必要时，煮热的澄清滤液要用0.05mol/L氢氧化钾乙醇溶液或0.05mol/L盐酸溶液中和，直至加入1~2滴碱溶液能使指示剂溶液从蓝色变成浅红色而在冷却后又能恢复为蓝色为止，有些指示剂制品经过这样处理变色才灵敏。

4）甲酚红：配制溶液时，称取甲酚红0.1g（称准至0.001g），研细，溶于100mL 95%乙醇中，并在水浴中煮沸回流5min，趁热用0.05mol/L氢氧化钾乙醇溶液滴定至甲酚红溶液由橘红色变为深红色，而在冷却后又能恢复成橘红色为止。

2. 试验步骤

1）用清洁干燥的锥形烧瓶称取试验油8~10g，称准至0.2g。

2）在另一只清洁无水的锥形烧瓶中加入乙醇50mL，装上回流冷凝管。在不断摇动的情况下，将乙醇煮沸5min，除去溶解于乙醇内的二氧化碳。

在煮沸过的乙醇中加入0.5mL碱性蓝（或甲酚红）溶液，趁热用0.05mol/L氢氧化钾乙醇溶液中和，直至溶液由蓝色变成浅红色（或由黄色变成紫红色）为止。对未中和就呈现浅红色（或紫色）的乙醇，若要用它测定酸值较低的试样，可事先用0.05mol/L稀盐酸若干滴中和乙醇恰好至微酸性，然后再按上述步骤中和至溶液由蓝色变成浅红色（或由黄色变成紫红色）。

3）将中和过的乙醇注入装有已称好试验油的

锥形烧瓶中，并装上回流冷凝管。在不断摇动的情况下，将溶液煮沸5min。

在煮沸过的混合液中加入0.5mL的碱性蓝（或甲酚红）溶液，趁热用0.05mol/L氢氧化钾乙醇溶液滴定，直至乙醇层由蓝色变成浅红色（或由黄色变成紫红色）为止。

对于在滴定终点不能呈现浅红色（或紫红色）的试验油，允许滴定达到混合液的原有颜色开始明显改变时作为终点。

在每次滴定过程中，自锥形烧瓶停止加热到滴定达到终点所经过的时间不应超过3min。

3. 结果计算

试验油的酸值 X 用（mgKOH/g）的数值表示，按下式计算：

$$X=\frac{VT}{G} \tag{10-6-7}$$

式中 V——滴定时所消耗氢氧化钾乙醇溶液的体积（mL）；

T——氢氧化钾乙醇溶液的滴定度（mgKOH/mL）；

G——试验油的重量（g）。

将平行测定的两个结果的算术平均值，作为试验油的酸值。两个试验结果的差数不应超过表10-6-44的规定。

表10-6-44 酸值两个试验结果的允许差数

酸值/(mgKOH/g)	允许差数/(mgKOH/g)
0.00~0.1	0.02
>0.1~0.5	0.05
>0.5~1.0	0.07
>1.0~2.0	0.10

6.7.7 机械杂质的测定

本节内容参考标准为GB/T 511—2010。

1. 仪器与试剂

(1) 仪器 包括烧杯或宽颈的锥形烧瓶、称量瓶、玻璃漏斗、保温漏斗、洗瓶、玻璃棒、吸滤瓶、干燥器、烘箱（可加热到105℃±2℃）、水浴或电热板、红外线灯泡、水流泵或真空泵（保证残压不大于 1.33×10^3Pa）、漏斗式微孔玻璃滤器（P10孔径为4~10μm）、分析天平（感量为0.1mg）。

(2) 试剂 95%乙醇（化学纯）、乙醚（化学纯）、甲苯（化学纯）、体积比为1:4的乙醇-甲苯混合液和体积比为4:1的乙醇-乙醚混合液、硝酸银（分析纯，配成0.1mol/L的水溶液）、水（符合GB/T 6682的三级水）。所有溶剂在使用前均应过滤。

(3) 材料 中速定量滤纸、溶剂油（符合SH0004）。

2. 试验步骤

1）按表10-6-45的要求将混合好的试样加入烧杯内并称量（至少能容纳稀释试样后的总体积），然后用加热溶剂（溶剂油或甲苯）按比例稀释。

a）在测定石油、深色石油产品和添加剂中的机械杂质时，采用甲苯作为溶剂。

b）溶解试样的溶剂油或甲苯，应预先放在水浴内分别加热至40℃和80℃，不应使溶剂沸腾。

表10-6-45 不同试样的称取量和稀释比例

试样		样品质量/g	称准至/g	溶剂体积与样品质量的比例
石油产品:100℃时的运动粘度	≤20mm²/s	100	0.05	2~4
	>20mm²/s	50	0.01	4~6
石油:含机械杂质≤1%(质量分数)		50	0.01	5~10
添加剂		10	0.01	≤15

2）将恒重好的滤纸放在玻璃漏斗中，用支架固定放滤纸的漏斗或已恒重的微孔玻璃过滤器，趁热过滤试样溶液。溶液沿着玻璃棒流入漏斗（滤纸）或微孔玻璃过滤器，过滤时溶液高度不应超过漏斗（滤纸）或微孔玻璃器的3/4。烧杯上的残留物用热的溶剂油（或甲苯）冲洗后倒入漏斗（滤纸）或微孔玻璃过滤器，粘附在烧杯壁上的试样残渣和固体杂质要用玻璃棒使其松动，并用加热到40℃的溶剂油（或加热到80℃的甲苯）将其冲洗到滤纸或微孔玻璃过滤器上。重复冲洗烧杯，直到将溶液滴在滤纸上，蒸发之后不再留下油斑为止。

3）当试样含水难过滤时，将试样溶液静止10~20min，然后将烧杯内沉降物上层的溶剂油（或甲苯）溶液小心地倒入漏斗或微孔玻璃过滤器内。此后，向烧杯的沉淀物中加入5~15倍（按体积）的乙醇-乙醚混合溶剂稀释，再进行过滤，烧杯中的残渣要用乙醇-乙醚混合溶剂和热的溶剂油（或甲苯）彻底冲洗到滤纸或微孔玻璃过滤器内。

4）在测定难以过滤的试样时，允许采用减压吸滤和保温漏斗或红外线灯泡保温等措施。

减压过滤时，可用橡皮塞把过滤漏斗安装在吸滤瓶上，然后将吸滤瓶与真空泵连接。用溶剂润湿滤纸，使它完全与漏斗壁紧贴，倒入的溶液高度不应超过滤纸或微孔玻璃过滤器的 3/4，当前一部分溶液完全流尽后，再加入新的一部分溶液。抽滤速度应控制在使滤液呈滴状，而不允许呈线状。

热过滤时不应使所过滤的溶液沸腾，溶剂油溶液加热不超过 40℃，甲苯溶液加热不超过 80℃。

注：①新的微孔玻璃过滤器在使用前需用铬酸洗液处理，然后用蒸馏水冲洗干净，置于干燥箱内干燥后备用。在试验结束后，应放在铬酸洗液中浸泡 4~5h 后再用蒸馏水洗净，干燥后放入干燥器内备用。②当试验中采用微孔玻璃过滤器与滤纸所测结果发生争议时，以用滤纸过滤的测定结果为准。

5）在过滤结束后，对带有沉淀物的滤纸或微孔玻璃过滤器，用装有不超过 40℃溶剂油的洗瓶进行清洗，直至滤纸或微孔玻璃过滤器上不再留有试样痕迹，而且使滤出的溶剂完全透明和无色为止。

在测定石油、深色石油产品和添加剂中的机械杂质时，采用不超过 80℃的甲苯冲洗滤纸或微孔玻璃过滤器。若有不溶于溶剂油或甲苯的残渣，可用加热到 60℃的乙醇-甲苯混合溶剂补充冲洗。

6）在测定石油、添加剂中的机械杂质时，允许使用蒸馏水冲洗残渣。对带有沉淀物的滤纸或微孔玻璃过滤器用溶剂冲洗后，在空气中干燥 10~15min，然后用 200~300mL 加热到 80℃的蒸馏水冲洗。

测定石油中的机械杂质时，应用热水冲洗到滤液中没有氯离子为止，并要用 0.1mol/L 的硝酸银溶液检验滤液中是否有氯离子，滤液不浑浊即为无氯离子。

7）带有沉淀物的滤纸和微孔玻璃过滤器冲洗完毕后，将带有沉淀物的滤纸放入过滤前所对应的称量瓶中，将敞口称量瓶或微孔玻璃过滤器放在 (105±2)℃的烘箱内干燥不少于 45min。然后放在干燥器中冷却 30min（称量瓶的瓶盖应盖上），进行称量，称准至 0.0002g。重复干燥（第二次干燥只需 30min）及称量的操作，直至两次连续称量间的差数不超过 0.0004g 为止。

8）如果机械杂质的含量不超过石油产品或添加剂的技术标准要求范围，则第二次干燥及称量处理可以省略。

3. 结果计算

1）试样的机械杂质含量 ω（%）按式（10-6-8）计算

$$\omega=\frac{(m_2-m_1)-(m_4-m_3)}{m}\times100\% \quad (10\text{-}6\text{-}8)$$

式中　m_1——滤纸和称量瓶的质量（或微孔玻璃过滤器的质量）(g)；

m_2——带有机械杂质的滤纸和称量瓶的质量（或带有机械杂质的微孔玻璃过滤器的质量）(g)；

m_3——空白试验过滤前滤纸和称量瓶的质量（或微孔玻璃过滤器的质量）(g)；

m_4——空白试验过滤后滤纸和称量瓶的质量（或微孔玻璃过滤器的质量）(g)；

m——试样的质量（g）。

2）取重复测定的两个结果的算术平均值作为试验结果。

当机械杂质的含量为 0.005%（质量分数）及以下时，可认为无机械杂质。

重复性及再现性应不超过表 10-6-46 的规定。

表 10-6-46　重复性与再现性

机械杂质(质量分数)(%)	重复性(质量分数)(%)	再现性(质量分数)(%)
≤0.01	0.0025	0.005
>0.01~0.1	0.005	0.01
>0.1~1.0	0.01	0.02
>1.0	0.10	0.20

6.7.8　水分的测定

本节内容参考标准为 GB/T 260—1977。

1. 仪器与溶剂

(1) 仪器　采用水分测定器（图 10-6-21），其各部分连接处可以用磨口塞或软木塞连接。其中，圆底玻璃烧瓶的容量为 500mL。接受器（图 10-6-22）的刻度在 0.3mL 以下设有十等分的刻线；0.3~1.0mL 之间设有七等分的刻线；1.0~10mL 之间每分度为 0.2mL。直管式冷凝管长 250~300mm。

(2) 溶剂　采用工业溶剂油或直馏汽油在 80℃以上的馏分，使用前必须脱水和过滤。

2. 试验步骤

1）将装入量不超过瓶内容积 3/4 的试验油（粘稠的试验油预先加热至 40~50℃）摇匀 5min，称取摇匀的试验油 100g（称准至 0.1g）注入预先洗净并烘干的圆底烧瓶中；然后用量筒取 100mL 溶剂注入烧瓶中，将烧瓶中的混合物仔细摇匀后，投入一些经烘干的无釉磁片、浮石或毛细管。

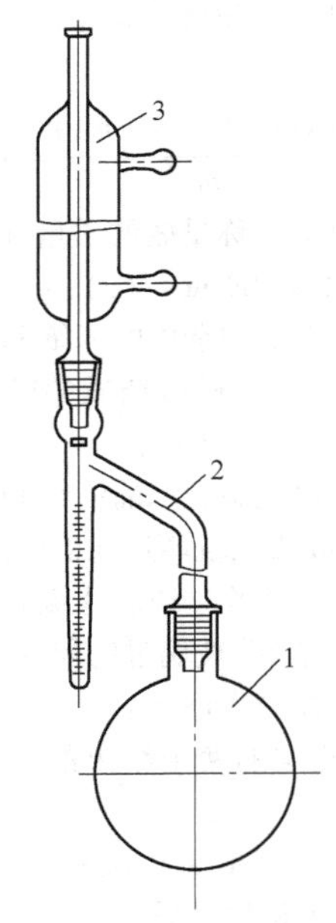

图 10-6-21 水分测定器

1—圆底烧瓶 2—接受器 3—冷凝管

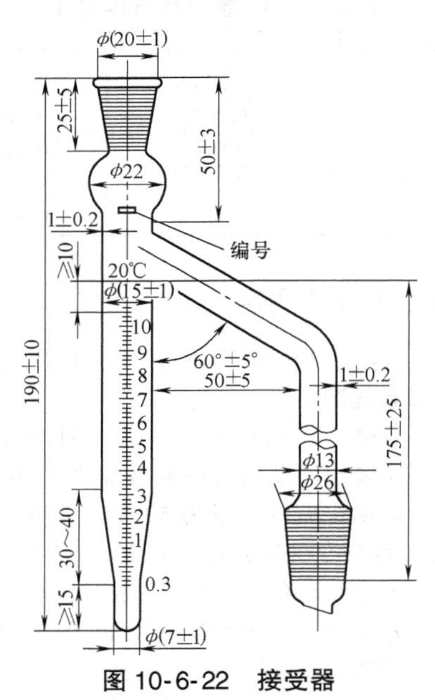

图 10-6-22 接受器

2）将洗净并经烘干的接受器的支管紧密地安装在烧瓶上，使支管的斜口进入烧瓶 15 ~20mm。然后在接受器上连接直管式冷凝管（其内壁要预先用棉花擦干），且冷凝管与接受器的中心线要重合，冷凝管下端的斜口切面要与接受管的支管管口相对。为了避免蒸汽逸出，应在塞子缝隙上涂抹火棉胶。当进入冷凝管的水温与室温相差较大时，应用棉花塞住冷凝管的上端，以免空气中的蒸汽进入冷凝管凝结。

3）用电炉、酒精灯或调成小火焰的煤气灯加热烧瓶，并控制回流速度（电炉加热用变压器控制），使冷凝管的斜口每秒滴下 2~4 滴液体。蒸馏接近完毕时，如果冷凝管内壁沾有水滴，则应使烧瓶中的混合物在短时间内进行剧烈沸腾，利用冷凝的溶剂将水滴尽量冲入接受器中。

当接受器中收集的水的体积不再增加，而且溶剂的上层完全透明时，应停止加热，回流时间不应超过 1h。加热停止后如果冷凝管内壁仍沾有水滴，则应从冷凝管上端倒入脱水溶剂，把水滴冲进接受器。如果溶剂冲洗依然无效，就用金属丝或细玻璃棒带有橡皮或塑料头的一端，把冷凝器内壁的水滴刮进接受器中。

4）烧瓶冷却后，将仪器拆卸掉，读出接受器中收集水的体积。当接受器中的溶剂呈现浑浊，而且管底收集的水不超过 0.3mL 时，将接受器放入热水中浸 20~30min，使溶剂澄清，再将接受器冷却到室温，然后读出管底收集水的体积。

3. 结果计算

试验油的水分质量百分数 X 按下式计算

$$X=\frac{V}{G}\times 100\% \qquad (10\text{-}6\text{-}9)$$

式中 V——接受器中收集的水的体积（mL）；

G——试油的质量（g）。

取平行测定的两个结果的算术平均值作为试验油的水分。在两次测定中，收集水的体积差数不应超过接受器的一个刻度。

当试验油中的水分少于 0.03% 时，认为是痕迹。在拆卸仪器后，若接受器中没有水存在，则认为试验油无水。

6.7.9 介质损耗角正切的测定

本节内容参考标准为 GB/T 5654—2007。

1. 仪器

（1）介质损耗因数的测量仪器 只要其测量精度和分辨率适合被试样品，即可采用任何交流电容电桥和介质损耗因数测量仪器。交流电容电桥及试验线路应符合 GB/T 1409—2006 的规定，但最好采用当试样电容为 100pF 时具有 11^{-5}分辨率的电桥。

（2）电极杯 当进行精密测量时，应使用三端电极杯。三端电极杯提供了足以屏蔽测量电极的保护电极。通常测量引线的屏蔽层接到保护电极，但在用两端电极杯时，引线屏蔽层需要接到保护电极上。如使用两端电极杯，应保证测量电极与高压电极间的绝缘电阻至少是被测液体电阻的 100 倍。充分洗净烘干后的空电极杯的介质损耗角正切应接近零。

可用于低粘度液体及施加电压不高于 2000V 的圆柱式三端电极杯实例如图 10-6-23 所示。作为例行试验时，也可使用平板式三端电极杯，这种电极杯易于清洗。平板式三端电极杯的实例如图 10-6-24 所示。

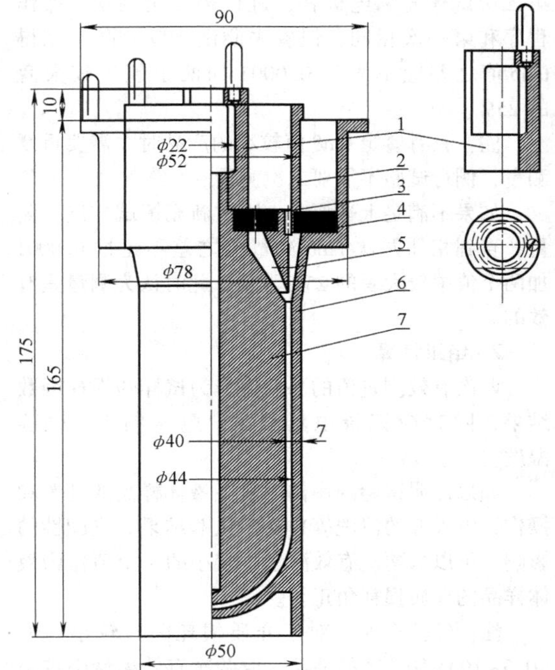

图 10-6-23　测量液体用三端电极杯实例

1—提升把手　2—保护电极　3,4—石英垫圈
5—液体最低水平线　6—高压电极　7—测量电极

注：1. 液体容量为 45mL。
2. 所有与液体接触的面均应抛光为镜面。

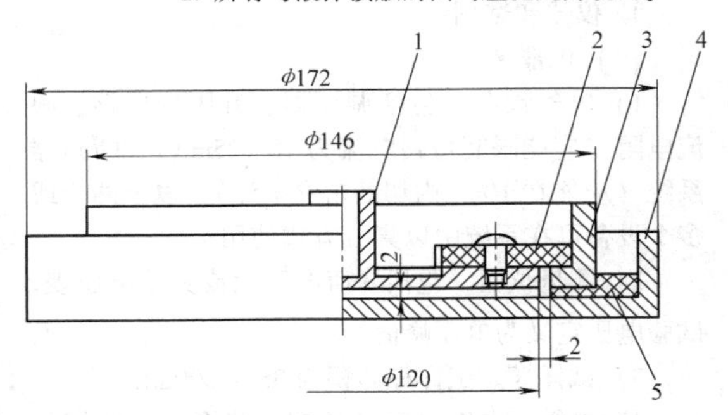

图 10-6-24　平板式三端电极杯实例

1—测量电极　2—绝缘　3—保护电极
4—高压电极　5—绝缘

(3) 试验箱　试验箱应能保持其温度不超过规定值的±1℃，并有连接电极杯的屏蔽线，电极杯应完全与试验箱接地外壳绝缘。

(4) 玻璃器皿　应采用硼硅玻璃做的普通化学玻璃器皿，如烧杯、量筒、滴管等，而且用于操作试样的所有玻璃器皿至少都应按规定的标准清洗并仔细干燥。

(5) 安全措施　危险警示应确保设备的安全装置正常运行。

2. 清洗用溶剂

烃类溶剂，如汽油（沸点为 60～80℃）、正庚烷、环己烷和甲苯，对清洗烃类油是合适的。对于有机酯液体，推荐用酒精清洗；对于硅液体，则用甲苯清洗。其他的绝缘液体，可能需要专用的溶剂清洗。

3. 清洗电极杯

由于液体介质损耗因数的测量对微小的污染都极其敏感，因此电极杯的清洗是测量液体介质损耗因数的最为重要的环节。强烈推荐按照确定程序清洗电极杯。

1）严格按照下述方法要点清洗电极杯：

a）完全拆卸电极杯。

b）彻底洗涤所有组成零件，更换二次溶剂（烃类油和硅油通常用烃类溶剂）。

c）先用丙酮，然后用软性擦皂或洗净剂洗涤之；磨料颗粒和摩擦动作不应降低金属表面粗糙度值。

d）用 5%的磷酸钠蒸馏水溶液煮沸至少 5min，然后用蒸馏水洗几次。

e）用蒸馏水煮沸 1h。

f）在 105～110℃的烘箱中烘干各零件 60～90min。

g）电极洗净后，不要用手直接接触它们的表面，并注意将零件放置在清洁物面上，不要使其受潮气或灰尘的污染。

2）对于例行试验，采用下述方法进行清洗：

a）拆卸电极杯。

b）用溶剂彻底洗涤所有零件，更换二次溶剂。

c）先用丙酮，再用热自来水洗涤所有零件，接着用蒸馏水清洗。

d）清洗后的零件放到 105～110℃的烘箱中充分烘干 60～90min。

3）在进行例行试验时，只要上一次测的液体特性在规定值范围内，且上一次和这次被测液体的化学类型相似，就不必清洗电极杯。但在下一次试验前，应用一定体积的待测样品至少冲洗电极杯三次。

4. 条件处理及电极杯充填试样

(1) 电极杯的条件处理 在洗净并干燥完电极后，注意不要用裸手接触它们的表面，也应注意放置电极杯部件的表面要很清洁，电极杯上面不要有水蒸气或灰尘。

应特别注意防止液体或电极杯的各部件与任何污染源相接触。

在一种液体内不呈活性的杂质可能在另一种液体内会因杂质的迁移而呈现活性，因此，最好限制一个电极杯只用于一种类型的液体。

应尽可能地保证周围大气中不存在影响液体质量的水蒸气或气体。

为了使电极杯的清洗程序对随后试验的影响减到最小，很重要的一点是要对干燥清洁的电极杯进行预处理，即用下次的被试液体充满电极杯两次。对于高粘度液体，可能需要更长时间的处理。

当电极杯定期用于试验具有相似化学类型和介电性能的液体时，则用一种清洁的液体样品充满后贮存起来，在下一次测量前，用一定体积的待测样品至少冲洗电极杯三次。

(2) 试样的预热 将试样倒入带盖的锥形烧瓶中，放入烘箱内使试样加热到超过要求的试验温度5~10℃，在此温度下保持的时间不应超过1h。

(3) 电极杯的预热 将装配好的电极杯放到比规定试验温度高5~10℃的烘箱里。注意：不要用手直接接触电极或绝缘表面。

(4) 电极杯充填试样 当内电极温度超过试验温度时，迅速取出电极杯，并将内电极提出（不要让它直接接触任何表面，同时要注意防止在任何表面剩留液体，同时要防止尘粒聚集在电极杯的浸液表面)。先用一部分加热过的液体试样注满电极杯，然后放入内电极，并两次抬起和放下内电极以涮洗电极杯。再取出内电极，倒掉涮洗液，并立即将第二份加热过的试样再次注入电极杯中，如此涮洗电极杯共三次。

重新充满试样，装好电极杯，注意防止夹带气泡。将装有试样的电极杯放入符合试验温度的试验箱中，接好电路，并保证在15min以内达到温度平衡。

5. 试验温度

除非在特定液体的规范中另有规定，一般试验应在90℃下进行。

测量电极温度的分辨率应在0.25℃以内。

6. 介质损耗因数（$\tan\delta$）的测量

(1) 试验电压 通常采用频率为40~62Hz的正弦电压。施加交流电压的大小视被试液体而定，推荐电场强度为0.03~1kV/mm。

注：通常在上述频率范围内，可用下列公式从一个频率的结果换算成另一个频率的对应值。

$$\tan\delta f_1 = (\tan\delta f_2) f_2/f_1 \qquad (10\text{-}6\text{-}10)$$

(2) 测量 当电极杯温度与试验温度相差±1℃时，应于10min内开始施加电压，并测量介质损耗因数。完成初次测量后（如果需要，也包括测量电容率和电阻率时)，倒出试验液体，再用第二份试样充满电极杯，进行第二次测量。操作程序和第一次相同，但省去涮洗步骤。两次测得$\tan\delta$值之差应不大于0.0001加两个值中较大者的25%。

注：只有鉴定$\tan\delta$值较小的产品时才需要重复测量，例行试验不需要二次测量。

如果不满足上述要求，则重新充填试样进行测量，直到相邻两次$\tan\delta$测量值之差不超过0.0001加两个值中较大者的25%为止，此时认为测量是有效的。

7. 结果计算

两次有效测量值的平均值作为试样的损耗因数结果，同时应记录电场强度、电压频率、试验温度。

如果证明试验的操作因素（液体样品的处置和操作、电极杯的清洗等）对于试验结果有支配性的影响，可以取两次有效测量中较小的一个值作为液体样品的介质损耗角正切。

注：经验表明，对于介质损耗因数较小（如$(0.5\sim10)\times10^{-4}$）的油品，取两次有效测量中较小值可能是适宜的。

6.7.10 介电强度的测定

本节内容参考标准为GB/T 507—2002。

1. 仪器和试剂

(1) 仪器

1）电气设备。包括调压器、升压变压器、限流电阻（应能限制短路电流为10~25mA)、断路器系统（应能在10ms内切断击穿电流)，以上两个或多个设备可在系统中以集成方式使用。

2）测量仪器。包括峰值电压表或其他电压表。试验电压定义为电压峰值$/\sqrt{2}$。

3）试样杯。试样杯体积为350~600mL。

4）电极。电极由磨光的铜、黄铜或不锈钢材料制成，球形电极直径为12.5~13.0mm，如图10-6-25所示，球盖形电极如图10-6-26所示。

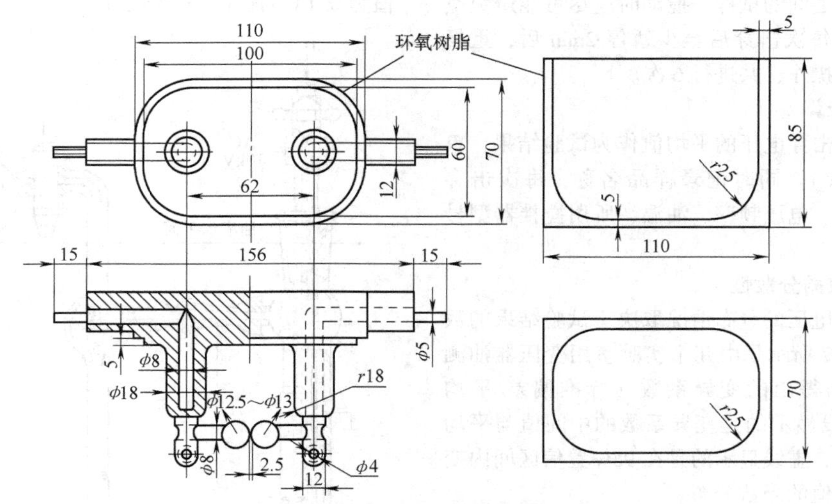

图 10-6-25　球形电极

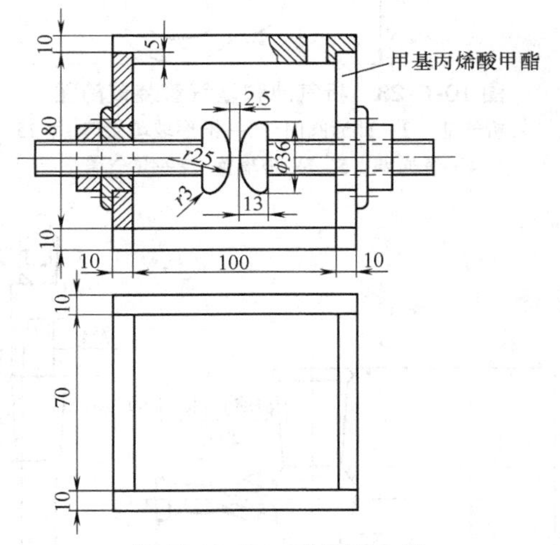

图 10-6-26　球盖形电极

5）搅拌器（可选）。搅拌器由双叶片转子构成，其有效直径为 20～25mm，浸入深度为 5～10mm，并以 250～300r/min 的速率转动。搅拌过程中不应带入空气泡，并应使油样以垂直向下的方向流动。

若磁性棒上无磁性颗粒被刮落，则搅拌可使用磁性棒（长 20～25mm，直径为 5～10mm）代替。

（2）试剂

1）丙酮：分析纯。

2）石油醚：分析纯，60～90℃。

2. 试验步骤

进行试验时，除非另有规定，试样一般不进行干燥或排气处理。整个试验过程中，试样温度和环境温度之差不大于 5℃，仲裁试验时试样温度应为(20±5)℃。

（1）试样准备　介电强度的测试对试样的轻微污染相当敏感。取样时很容易吸收水分。因此，要用清洁、干燥的专用取样器严格地按 GB/T 4756—2015《石油液体手工取样法》取样。对桶装油或听装油试样，应从容器的底部抽取。

试样在倒入试样杯前，轻轻摇动翻转盛有试样的容器数次，以使试样中的杂质尽可能分布均匀而又不形成气泡，避免试样与空气发生不必要的接触。

（2）装样　试验前，应倒掉试样杯中原来的绝缘油，立即用待测试样冲洗杯壁、电极及其他各部分（至少两次），再将试样慢慢倒入油杯，倒试样时要避免空气泡的形成（可借助于清洁、干燥的玻璃棒）。操作应在防尘、干燥的场所进行，以免污染试样。

将试样杯放在测量仪上，如需搅拌，应打开搅拌器，测量并记录试样温度。

（3）加电压操作

1）第一次加电压在装好试样，并检查和确认电极间无可见气泡 5 min 之后进行，若使用搅拌，则在整个试验过程中应一直保持。在电极间按(2.0±0.2)kV/s 的速率缓慢加电压至试样被击穿。击穿电压就是当电极之间产生第一个火花时达到的电压，不管这个火花是瞬间的或恒定的；或者将电路自动断开（产生恒定电弧）或手动断开（可闻或可见放电）时的最大电压值作为击穿电压。记录击穿电压值。

2）试样发生击穿后，用清洁、干燥的玻璃棒轻轻搅动电极之间的试样，搅动时应尽可能避免空气泡的产生。每次击穿后至少暂停 2min 后，重复上述的加电压操作，共进行 6 次。

3. 结果计算

计算 6 次击穿电压的平均值作为试验结果，单位为千伏（kV）。同时记录样品名称、每次击穿值、电极类型、电压频率、油温、所用搅拌器型号（若选用）。

4. 试验数据分散性

单个击穿电压的分布情况取决于试验结果的数值，图 10-6-27 所示是由几个实验室用变压器油测得的大量数据得出的变异系数（标准偏差/平均值）。图中实线显示的是变异系数的中间值与平均值的函数分布，虚线显示的是在 95%置信区间内变异系数与平均值的函数分布。

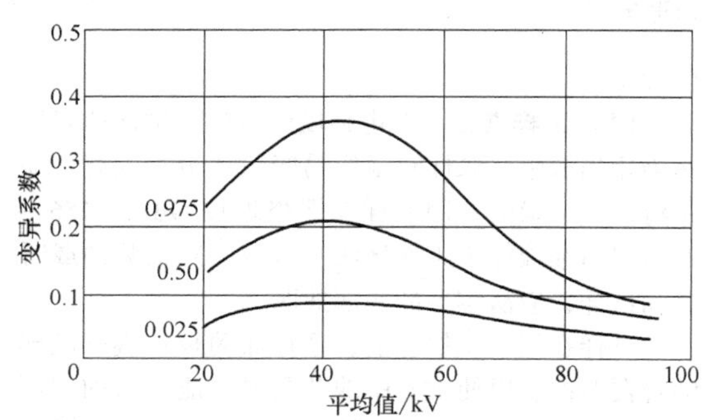

图 10-6-27 变异系数（标准偏差/平均值）与平均电压间的关系

6.7.11 电场析气性测定

本节内容参考标准为 GB/T 11142—1989。

1. 仪器和试剂

(1) 仪器

1）析气仪（图 10-6-28）。析气仪由析气池、空心高压电极和量气管组成（图 10-6-29）。析气池外部涂银漆作为接地外电极，外电极上开有垂直观察缝。

2）加热装置。加热装置装有恒温控制的玻璃浴缸，内装硅油或透明的绝缘油，并装有搅拌装置以保持油浴温度为（80±0.5）℃，油浴中装有一套支架用以固定析气池和量气管。

3）高压发生器。高压发生器能将试验电压控制在（10±0.2）kV，并且试验电压的峰值系数同正弦波峰值系数之差不得大于±5%的电压互感器和其他升压设备均可使用。

4）温度计。能测量温度（80±0.5）℃、分度值为 0.1℃的任何一种温度计。

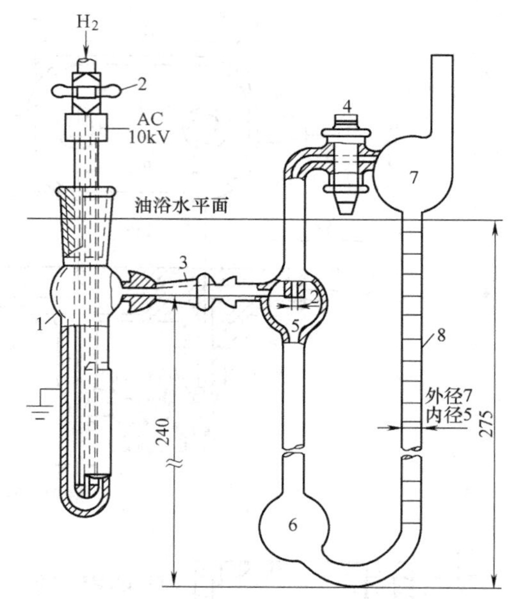

图 10-6-28 析气池和量气管装置简图

1—析气池 2—针形阀门 3—锥形玻璃接口 14/25 4—旁通塞 5~7—玻璃泡 8—量气管

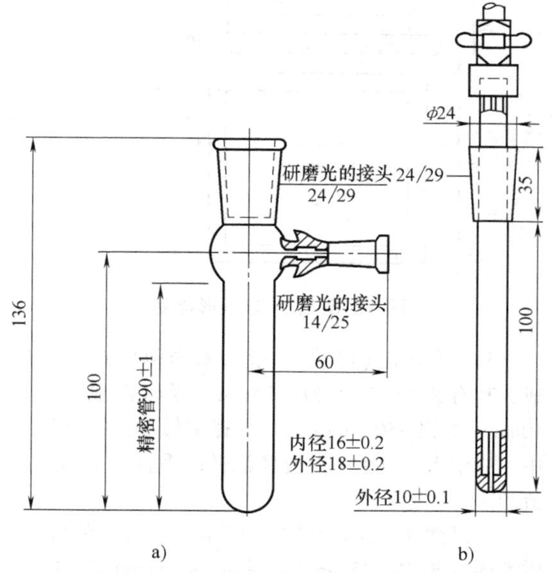

图 10-6-29 析气池和高压电极尺寸

a）析气池 b）高压电极

5）注射器。容积为 5mL 或 10mL 的分度值为 0.1mL 的玻璃注射器。

(2) 试剂

1）氢气：含氧量小于 10×10^{-4}%，水含量小于 2×10^{-4}%。

2）邻苯二甲酸二丁酯：化学纯。

3）三氯乙烯：工业级。

4）正庚烷：分析纯。

5）真空硅酯。

2. 试验步骤

1）首先用三氯乙烯，然后用正庚烷，分别清洗析气池、量气管、内电极和注射器，再用清洁干燥的压缩空气吹干。在析气池与量气管的接头处涂一薄层硅酯，小心不要让硅酯进入析气池内。将析气池与量气管组装起来。向量气管中注入约一半刻度的邻苯二甲酸二丁酯。检查油浴温度，应保持在(80±0.5)℃。连接析气池外电极与接地导线。

2）取试验油 10mL，并用干燥滤纸过滤，立即用注射器吸取（5±0.1）mL 油样注入析气池内。将内电极插入析气池中，使电极的球形顶端和圆柱体距离析气池的底部和内壁均为 3mm，连接氢气导入管。

3）关闭量气管上部的塞子，打开针形阀，以 $12dm^3/h$ 的稳定流量通入高纯氢气，在试验油中鼓泡 10min；然后打开塞子，让氢气继续在被测试油中鼓泡 5min；总共通入 15min 氢气后，先关闭针形阀，然后立刻关闭塞子，待量气管两边液面平衡在同一水平面时，记下量气管的起始读数。

4）连接高压引线到内电极上，施加电压并调节到 10kV，同时启动秒表。10min 时，记录量气管液面的 mL 数（B_{10}）；再继续通电 50min，记录量气管的 mL 数（B_{60}），然后切断高压电源。

注：施加电压后，透过外电极上的垂直观察缝来监视析气池内的反应情况，在油气交界处出现沸腾状态时，即属于正常现象。

3. 结果计算

按下式计算析气速率

$$G=(B_{60}-B_{10})\times10^3/50 \qquad (10\text{-}6\text{-}11)$$

式中　G——试油的析气速率（μL/min）；

B_{10}——通电 10min 时量气管液面读数（mL）；

B_{60}——通电 60min 时量气管液面读数（mL）。

若 G 值为正值，则属于放气；若 G 值为负值，则属于吸气。

取平行测定的两个结果的平均值作为试验结果。两次平行测定结果之间的差数若不大于 $0.3+0.26\overline{G}$（$\overline{G}$ 为两次平行结果的算术平均值），则认为结果可信。

6.7.12　滴点的测定

本节内容参考标准为 GB/T 4929—1985（1991R）。

1. 仪器和材料

1）脂杯：镀铬黄铜杯，其尺寸如图 10-6-30 所示。

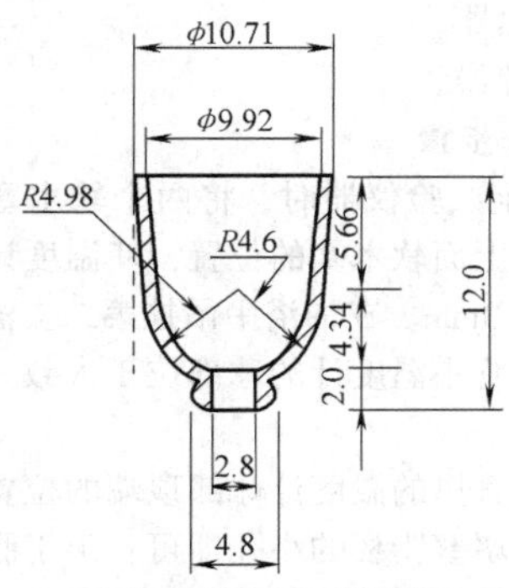

图 10-6-30　脂杯

2）试管：带边耐热硅酸硼玻璃试管，在圆周上有用来支承脂杯的三个凹槽，其位置和尺寸如图 10-6-31 所示。

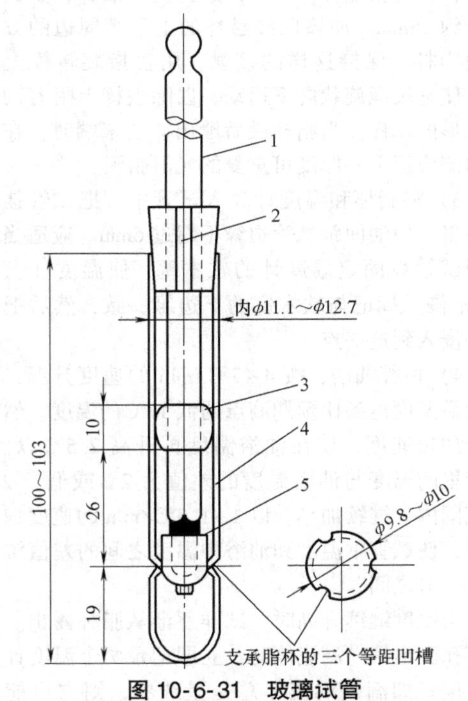

图 10-6-31　玻璃试管

1—温度计　2—软木塞上的透气槽口

3—软木导环，环与试管之间总间隙为 1.5mm

4—试管　5—脂杯

3）温度计（符合 GB/T 4929—1985 的附录 A）及夹具。

4）油浴及支架：由一个 600mL 的烧杯和合适的油组成。

5）软木塞：如图 10-6-31 所示。

6）抛光金属棒：直径为 1.2～1.6mm，长度为 150mm。

7）加热器。

8）搅拌器。

2. 操作步骤

1）装配试验仪器时，将两个软木塞套在温度计上，调节上面软木塞的位置，使温度计球的顶端离脂杯底约 3mm。在油浴中吊挂第二支温度计，使其球部与试管中温度计的球部位于大致一样的水平面上。

注：试管里的温度计球部顶端的位置不是关键的，只要不堵塞脂杯的小孔即可；由于脂杯内表面涂有脂膜，故温度计球不能和试样相接触。

2）取下脂杯，并把脂杯大口压入试样，直到杯装满试样为止，要尽可能小心避免将试样污染。用刮刀除去多余的试样。在底部小孔垂直位置拿着脂杯，轻轻按住杯，向下穿过抛光金属棒，直到棒伸出约 25mm。使棒以接触杯的上下圆周边的方式压向脂杯。保持这样的接触，用食指旋转棒上脂杯，使它按螺旋状向下运动，以除去棒上附着的呈圆锥形的试样。当脂杯最后滑出棒的末端时，在脂杯内侧应留下一厚度可重复的光滑脂膜。

3）将脂杯和温度计放入试管中，把试管挂在油浴里，使油面距试管边缘不超过 6mm。应适当地选择试管里固定温度计的软木塞，使温度计上的 76mm 浸入标记与软木塞的下边缘一致，然后把组合件浸入到这一点。

4）搅拌油浴，按 4～7℃/min 的速度升温，直到油浴温度达到比预期滴点约低 17℃的温度。然后降低加热速度，使在油浴温度再升高 2.5℃以前，试管里的温度与油浴温度的差值为 2℃或低于 2℃的范围内。继续加热，以 1～1.5℃/min 的速度加热油浴，使试管中温度和油浴中温度之间的差值维持在 1～2℃之间。

当温度继续升高时，试样逐渐从脂杯露出。从脂杯孔滴出第一滴流体时，立即记录两个温度计上的温度。如滴出的流体总是呈线状，则它可能断裂，也可能保持落到试管的底部；在后一种情况下，记录流体到达试管底部时的温度。

5）假如两个试样具有大致相同的滴点，可在同一油浴里同时进行测定。

3. 结果计算

取油浴温度计与试管里温度计温度读数的平均值作为试样的滴点。

4. 精密度

用以下规定来判断结果的可靠性（95%置信率）。

1）重复性。同一操作者在同一台仪器上对同一试样重复测定，两次结果间的差数不应超过 7℃。

2）再现性。不同操作者在不同实验室对同一试样进行测定，各自提出的结果之差不应超过 13℃。

6.7.13 收缩率的测定

本法是测定浸渍剂在规定的两个温度下所发生的体积变化率，以百分数表示。

1. 仪器和材料

1）收缩率测定器如图 10-6-32 所示。该仪器为钢制，容积为 100mL（容器的实际容积应经过校正）。

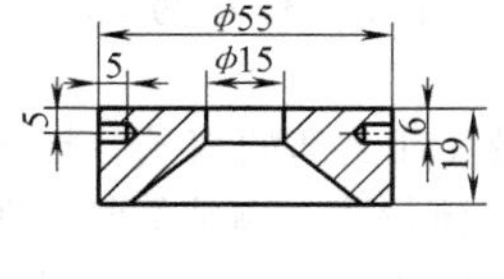

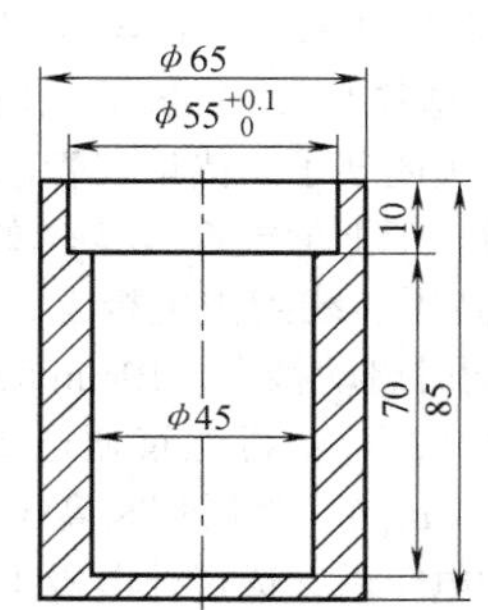

图 10-6-32 收缩率测定器

2）滴定管：分度值为 0.1mL。

3）温度计：测量范围为 0～200℃。

4）工业乙醇。

5）电炉及烘箱。

2. 试验步骤

1）将钢制仪器洗净放在烘箱内，在 100～110℃的温度下保持 1h。

2）试样在电炉上慢慢加热熔化到规定的浇注温度，熔化时应不断搅拌，以防止局部过热。

3）取出预热好的钢制仪器，拿下盖子，将溶化试样注入仪器内的 3/4 容积，再盖好盖子，从盖孔中继续注入试样至灌满盖孔为止，注意避免产生气泡。

4）将装满试样的钢制仪器放入恒温 130℃的烘箱中恒温 1h，迅速用刮刀刮去多余试样，使其刚好与盖孔边缘持平。

5）取出仪器在（20±1）℃的室温中冷却10h以上，然后用滴定管将乙醇滴入浸渍剂收缩孔隙，使其与盖孔边缘持平。记录滴入乙醇的毫升数。

注：若室温高于或低于（20±1）℃，则冷却至室温后再放入（20±1）℃的水中保持3h，然后再滴定。

3. 结果计算

收缩率百分数x的计算公式为

$$x=\frac{V}{A}\times 100\% \qquad (10\text{-}6\text{-}12)$$

式中 V——滴定用乙醇的体积（mL）；

A——钢制仪器的实际容积（mL）。

取两个结果的算术平均值作为试验结果。平行测定两个结果间的差数不得超过0.5%。

6.7.14 针入度的测定

本节内容参考标准为GB/T 4509—2010。

1. 仪器和材料

（1）针入度仪 能使针连杆在无明显摩擦下垂直运动，并能指示穿入深度精确到0.1mm的仪器均可使用。针连杆的质量为（47.5±0.05）g，针和针连杆的总质量为（50±0.05）g，另外仪器附有（50±0.05）g和（100±0.05）g的砝码各一个，可以组成（100±0.05）g和（200±0.05）g的载荷以满足试验所需的载荷条件。

（2）标准针 标准针应由硬化回火的不锈钢制造，钢号为440-C或等同的材料，洛氏硬度为54~60，如图10-6-33所示。针长约50mm，所有针的直径为1.00~1.02mm，针尖圆锥表面粗糙度值的算术平均值应为0.2~0.3μm。针应牢固地装在一个黄铜或不锈钢的金属箍中，金属箍的直径为（3.20±0.05）mm，长度为（38±1）mm，针箍及其附件总质量为（2.50±0.05）g。

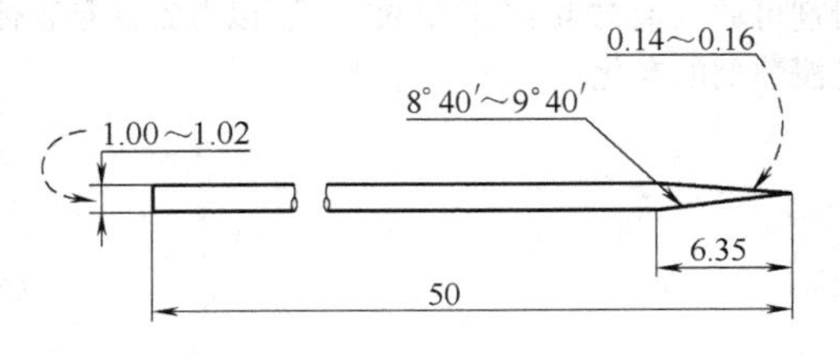

图10-6-33 针入度标准用针

（3）试样皿 应使用最小尺寸符合表10-6-47要求的金属或玻璃的圆柱形平底容器。

（4）恒温水浴或沙浴（用于涂料） 水浴容量不少于10L，能保持温度与试验温度之差在±0.1℃范围内。

表10-6-47 圆柱形平底容器尺寸

针入度范围	直径/mm	深度/mm
小于40	33~55	8~16
小于200	55	35
200~350	55~75	45~70
350~500	55	70

（5）平底玻璃皿 平底玻璃皿的容量不小于350mL，深度要没过最大的样品皿。

（6）计时器 分度值为0.1s或小于0.1s，60s内的准确度达到±0.1s的任何计时装置均可。

（7）温度计 液体玻璃温度计，刻度范围为-8~55℃，分度值为0.1℃。

2. 试验样品的制备

1）小心加热样品，不断搅拌以防局部过热，加热到熔化，使样品能够易于流动。不滴流浸渍剂的加热温度为140℃±10℃，石油沥青不超过软化点90℃，焦油沥青不超过60℃。加热、搅拌过程中避免试样中进入气泡。

2）将试样倒入预先选好的中等试样皿（ϕ55mm×35mm）中，试样深度不小于30mm或预计锥入深度的120%。浇注的样品要达到试样皿的边缘。

3）将试样皿松松地盖住以防灰尘落入。在15~30℃的室温下，冷却1~1.5h，冷却结束后将试样皿和平底玻璃皿一起放入测试温度下的水浴中，水面应没过试样表面10mm以上。在规定的试验温度下恒温1~1.5h。

3. 试验步骤

1）调节针入度仪的水平，检查针连杆和导轨，确保上面没有水和其他物质。先用合适的溶剂将针擦干净，再用干净的布擦干，然后将针插入针连杆中固定。按试验条件选择合适的砝码并放好砝码。

2）如果测试时针入度仪在水浴中，则直接将试样皿放在浸在水中的支架上，使试样完全浸在水中。如果试验时针入度仪不在水浴中，则将已恒温到试验温度的试样皿放在平底玻璃皿中的三角支架上，用与水浴相同温度的水完全覆盖样品，将平底玻璃皿放置在针入度仪的平台上。慢慢放下针连杆，使针尖刚刚接触到试样的表面，必要时用放置在合适位置的光源观察针头位置，使针尖与水中针头的投影刚刚接触为止。轻轻拉下活杆，使其与针连杆顶端相接触，调节针入度仪上的表盘读数指零或归零。

3）在规定时间内快速释放针连杆，同时启动秒表或计时装置，使标准针自由下落穿入试样中，到规定时间使标准针停止移动。

4）拉下活杆，再使其与针连杆顶端相接触，此时表盘指针的读数即为试样的针入度；或以自动方式停止锥入，通过数据显示设备直接读出锥入深度数值，得到针入度，用1/10mm表示。

5）同一试样至少重复测定三次。每一试验点的距离和试验点与试样皿边缘的距离都不得小于10mm。每次试验前，都应将试样和平底玻璃皿放入恒温水浴中，每次测定都要用干净的针。当针入度小于200时，可将针取下用合适的溶剂擦净后继续使用；当针入度超过200时，每个试样皿中扎一针，三个试样皿得到三个数据，三次测定的针入度值相差最大不得超过表10-6-48中的规定。或者每个试样至少用三根针，每次试验用的针留在试样中，直到三根针扎完时再将针从试样中取出。但是这样测得的针入度的最高值和最低值之差，不得超过平均值的4%。

表10-6-48 针入度最大差值

（单位：1/10mm）

针入度	0~49	50~149	150~249	250~350	350~500
最大差值	2	4	6	8	20

4. 结果计算

取三次测定针入度的平均值（取至整数），作为试验结果。

5. 精密度

（1）重复性 同一操作者在同一实验室用同一台仪器对同一样品测得的两次结果不超过平均值的4%。

（2）再现性 不同操作者在不同实验室用同一类型的不同仪器对同一样品测得的两次结果不超过平均值的11%。

6.7.15 不滴流浸渍剂吸收指数的测定

本方法用于测定不滴流浸渍剂在电缆纸中的渗析情况。

1. 仪器和材料

1）K—13电缆纸及烘箱。

2）铸面皿由黄铜制成，周长120mm，直径38mm，凹深4mm。

2. 试验步骤

1）将试样加热至（140±10）℃，浇注入表面皿内冷却至室温。

2）将装入试样的表面皿平放在K—13电缆纸上，并放入76℃的烘箱内经16h后取出。

3）量出浸渍剂在电缆纸上向外扩散的圆周长度，该周长减去表面皿周长即为吸收指数。

3. 结果计算

取平行测定的两个结果的算术平均值作为试样的吸收指数，单位为cm。

6.7.16 不滴流浸渍剂的热老化试验

本方法用于测定不滴流浸渍剂耐热老化性能，用介质损耗角正切值表示。

1. 仪器和材料

1）烘箱。

2）容积为250mL的广口瓶。

3）高压电桥。

2. 试验步骤

浸渍剂在老化前先进行介质损耗角正切值的测定。然后把浸渍剂倒入广口瓶中，深度为60mm。放在温度150℃的烘箱中进行空气老化48h。对经老化后的浸渍剂再进行介质损耗角正切值的测定。

3. 参考指标

10~35kV电缆用浸渍剂60℃时的$\tan\delta$不大于0.0080；经150℃、48h空气老化后，60℃时的$\tan\delta$不大于0.030。

注：浸渍剂长期老化试验条件（参考）是空气烘箱温度120~130℃，老化时间300h；空气接触面积与浸渍剂体积之比为1∶6（如浸渍剂的体积为600cm^3，则其曝露面积为100cm^2）；每100cm^{3}浸渍剂可放入铜224cm^{2}或铅95cm^2，以考察其是否促进浸渍剂的老化。

第7章

涂　　料

7.1　电线电缆用涂料的种类及用途

保护电线电缆以适应各种使用环境要求的涂覆材料，称为电线电缆用涂料。

涂料的种类繁多，目前电线电缆用涂料主要可分为四类。

(1) 防护涂料　防护涂料的主要作用为防水、防潮、防腐蚀，如沥青系涂料、橡胶系涂料和硝化纤维漆涂料等。

(2) 防火涂料　防火涂料的主要作用为阻燃，即阻止火焰的蔓延，如非膨胀型防火涂料、膨胀型防火涂料等。

(3) 防生物涂料　防生物涂料的主要作用是防止生物的破坏或生长，如防鼠涂料、防蚁涂料、防霉涂料等。

(4) 半导电涂料　半导电涂料的主要作用是屏蔽或作为电缆的外电极，如石墨涂料以及最近时兴的石墨烯涂层等。

涂料的使用，应根据使用环境的要求，同时对其经济性、工艺性等加以综合考虑。当用有机溶剂作为稀释剂时，还须注意安全。应当指出，在电线电缆中，本章所述涂料并不作为绝缘使用，但它对于提高电线电缆的使用寿命或安全性却有很大的作用，不可忽视。

7.2　电线电缆用涂料的常用技术指标名词及其含义

(1) 软化点　软化点是表示涂料对温度敏感性的指标。在规定的测试条件下，涂料因受热软化而下坠25.4mm时的温度，称为软化点，一般用℃表示。

(2) 针入度　针入度是表征涂料软硬程度的指标。在一定的温度及时间内，带有一定负重的标准针垂直穿入涂料的深度，即为其针入度，单位1/10mm。通常，标准针、针的连杆与附加砝码的合重为（100±0.1）g，温度为25℃，时间为5s。

(3) 伸长度　伸长度又称延度，是指以一定的速度将涂料拉伸至断裂后，比拉伸前伸长的长度，以cm表示。

(4) 闪点　将涂料加热到它的蒸汽与火焰接触而发生闪火时的最低温度，称为闪点，单位为℃。

(5) 粘附性　粘附性是指涂料涂覆到某物体后两者间的粘着牢固程度。粘附性通常用粘附强度（单位面积的粘着力）和粘附率（%）来表示。

(6) 耐寒性　耐寒性有冷冻弯曲性和冻裂点两种指标。冷冻弯曲性是表示涂料在某一低温下，用一定的弯曲半径进行动弯曲而不产生裂纹的特性。冻裂点则表示涂料在低温下静态发生裂纹时的最高温度。

(7) 热稳定性　热稳定性表示沥青涂料受热后的稳定性，通常以加热后软化点的升高百分率或加热后针入度与加热前针入度之比来表示。

(8) 溶解度　溶解度是指涂料在规定的溶剂中可溶物的含量，以百分率表示。除非另有规定，通常采用的溶剂是苯。

(9) 灰分　涂料经燃烧后，留下的残渣即为灰分，以百分率表示。

(10) 粘度　粘度是指涂料的流动特性。涂料受外力作用移动时，在分子间发生的阻力称为粘度，通常以恩氏粘度（°E）表示。所谓恩氏粘度，即涂料在某温度从恩氏粘度计流出200mL所需的时间与蒸馏水在20℃流出相同体积所需的时间（s）之比。

7.3　沥青系涂料

以沥青作为基本材料的涂料称为沥青系涂料。

沥青主要有石油沥青（以下简称沥青）和煤焦

沥青两类。煤焦沥青与石油沥青比较，前者粘附性好、吸水率低、耐微生物性和绝缘耐久性好，但有感温性大和毒性较大的缺点。所以，目前电线电缆通常用的是石油沥青。

7.3.1 电缆外护层用沥青涂料

本节内容参考标准为 SH/T 0637—1996。

各种金属护套电缆外护层的沥青防蚀涂料，按冷弯温度分为 1 号、2 号两个牌号，1 号适用于南方用电缆，2 号适用于北方用电缆。表 10-7-1 中所列为其主要技术要求。

表 10-7-1 电缆外护层用沥青的技术要求

<table>
<tr><th colspan="2" rowspan="2">项　　目</th><th colspan="2">技 术 指 标</th></tr>
<tr><th>1 号</th><th>2 号</th></tr>
<tr><td colspan="2">软化点/℃</td><td colspan="2">85～100</td></tr>
<tr><td colspan="2">针入度/(1/10mm)　不小于</td><td colspan="2">35</td></tr>
<tr><td colspan="2">垂度(70℃)/mm　不大于</td><td colspan="2">60</td></tr>
<tr><td colspan="2">闪点(开口)/℃　不小于</td><td colspan="2">260</td></tr>
<tr><td colspan="2">粘附率(%)　不小于</td><td colspan="2">95</td></tr>
<tr><td rowspan="2">冷冻弯曲性，φ20mm</td><td>0 ℃</td><td>合格</td><td>—</td></tr>
<tr><td>-10 ℃</td><td>—</td><td>合格</td></tr>
<tr><td rowspan="2">热稳定性，200℃，24h</td><td>软化点升高/℃　不大于</td><td colspan="2">15</td></tr>
<tr><td>针入度比(25℃)　不小于</td><td colspan="2">80</td></tr>
</table>

在有特殊需要时，可在沥青涂料中加入各种添加剂。例如：湿热带用电缆对外护层有防霉要求时，可加入固体含量不小于 15%的可溶性 8-羟基喹啉酮（10%）或其他防霉剂；对于海底电缆，为提高涂料的耐水性，可添加橡胶或其他高聚物；为提高沥青涂料与聚丙烯绳的粘附性，可添加聚乙烯、松香等高分子物质。表 10-7-2 中所列为一种海底电缆外护层用改性沥青涂料配方。

表 10-7-2 海底电缆外护层用改性沥青涂料配方

配合材料	配合用量/kg
1 号沥青	500
PE(如 Q200)	25
电缆用松香	25
偶联剂(A-172)	2.5

7.3.2 橡皮绝缘编织电线用沥青涂料

这种涂料是以沥青为基料并添加适量的防霉剂等组成的。它适用于浸涂橡皮绝缘电线的棉纱或玻璃丝编织层，具有防潮、防腐作用。橡皮绝缘编织电线用沥青涂料又可分如下两种：一种为浸渍涂料，要求其具有较好的浸透能力和粘附性；另一种为勒光涂料，它应能使电线具有光滑的表面和粘附性。表 10-7-3 中所列为常用橡皮绝缘编织电线沥青涂料配方实例。

当涂料有耐燃性要求时，可再加入适量的氯化联苯或含氯化合物的阻燃剂。

表 10-7-3 橡皮绝缘编织电线沥青涂料配方实例

配合材料	配合用量/phr	
	浸渍涂料	勒光涂料
4 号沥青	43	—
5 号沥青	—	60
黄石蜡	42	—
白石蜡	—	24
合成地蜡	8	10
松　香	—	3
环烷酸铜	7	—
五氯酚酮	—	3

7.3.3 地质探测电缆用沥青涂料

地质探测电缆用沥青涂料适用于地质探测电缆的纤维编织层，其配方实例见表 10-7-4。

表 10-7-4 地质探测电缆用沥青涂料配方实例

配合材料	配合用量/phr
1 号专用沥青	25
5 号沥青	25
石蜡	20
合成地蜡	10

7.3.4 电缆麻和纸用半沥青浸渍剂

半沥青浸渍剂主要由沥青、石油质油和防腐剂组成，适用于浸渍电缆外护层用电缆麻和纸，以提高其防腐性和耐水性。

半沥青浸渍剂的技术要求及其常用配方实例分别见表 10-7-5 和表 10-7-6。

根据电缆麻和纸的浸渍工艺不同及浸渍剂配制原材料的不同，浸渍剂有多种配方。但是，为了确保电缆麻或纸的防腐性能，无论哪个配方，均应保证被浸麻团或纸盘中部的环烷酸铜含量不小于 4.5%。环烷酸铜是目前常用的防腐剂，其技术要求见表 10-7-7。

表 10-7-5 半沥青浸渍剂的技术要求

项目		指标
粘度(50℃)/°E	≥	4.0
铜含量(%)	≥	1.25
闪点/℃	≥	130

表 10-7-6 半沥青浸渍剂的配方实例

配合材料	配合用量/phr	
	配方 1	配方 2
半沥青	61~65	56~58
10 号重柴油	15~18	—
5 号高速机械油	—	22~27
环烷酸铜	17~24	15~22

表 10-7-7 环烷酸铜的技术要求

项目		指标
外观		绿色粘稠性物质
水分(%)	≤	2.0
铜含量(%)	≥	7.5
水溶性铜盐		无
水溶性硫酸盐		痕迹
水萃取液反应		中性
机械杂质含量(%)	≤	0.2

7.3.5 钢管电缆用煤焦油环氧涂料

煤焦油环氧涂料适用于钢管电缆，作为钢管外壁防蚀涂料使用。

表 10-7-8 中所列为煤焦油环氧涂料配方实例。在按表配制时，先各别配成组分 A 和组分 B，使用前再将 A、B 两组分配制成煤焦油环氧涂料。组分 A 与组分 B 的配比为 2 : 1。

表 10-7-8 钢管电缆用煤焦油环氧涂料配方实例

配合材料	配合用量/phr	
	组分 A	组分 B
加工焦油	60	—
二已烯三胺	5	—
环己酮	10	—
甲苯	15	15
环氧树脂(101)	—	85

7.4 防腐型钢芯铝绞线用橡胶系涂料

防腐型钢芯铝绞线用橡胶系涂料主要用于防腐型钢芯铝绞线，钢芯铝绞线涂上这种涂料后，可保护钢、铝免遭腐蚀。

这种涂料是以橡胶为基，并添加防老剂和其他辅助材料，其配方实例见表 10-7-9。该橡胶系涂料具有较宽的使用温度，较好的耐蚀性、粘附性和耐气候性。

表 10-7-9 防腐型钢芯铝绞线用橡胶系涂料配方实例

配合材料	配合用量/phr
聚异丁烯(B30)	8
天然橡胶	3
石蜡或地蜡	3
防老剂 4010	1
氧化锌	5~7
云母粉	5~7
石棉粉	5~6
乙炔炭黑	5~6
光亮油	60~64

7.5 硝化纤维漆涂料

硝化纤维漆涂料通常称为硝基电缆清漆或腊克漆。它是以硝酸纤维或醋酸纤维为基，再加入一些其他材料配制而成的。

7.5.1 电线编织层用硝化纤维漆

硝化纤维漆具有耐油、耐臭氧、耐湿等性能，因此在电线电缆工业中，主要将其用于部分连接电线（腊克线）纤维编织层的涂覆层。根据用途的不同，硝化纤维漆有四种型号，见表 10-7-10，它们的技术要求见表 10-7-11。

表 10-7-10 硝基纤维漆的型号及用途

型号	用途
Q01-11	用于涂覆防霉低压连接电线
Q01-12	用于涂覆普通低压连接电线
Q01-13	用于涂覆普通高压连接电线
Q01-14	用于涂覆防霉高压连接电线

7.5.2 油井加热电缆用硝化纤维漆涂料

油井加热电缆用硝化纤维漆涂料适用于油井加热电缆。它主要由硝化纤维漆和甘油邻苯二甲酸漆组成。其配方实例见表 10-7-12。

表 10-7-11 硝化纤维漆的技术要求

项目	指标	
	Q01-11,Q01-12	Q01-13,Q01-14
颜色(号)(铁钴比色计)	≤12	—
外观与透明度	淡黄至深黄色的透明液体	淡黄至深黄色的透明液体
粘度(落球法)/s	70~130	70~130
固体含量(%)	≥31	≥31
发粘性	漆膜不应发粘	漆膜不应发粘
耐热性	将涂漆后电线放入 75~80℃的烘箱中 24h,然后在直径为 10mm 的圆棒上弯曲,漆膜应不破裂	将涂漆后电线放入 130~135℃的烘箱中 10h,然后在直径为 10mm 的圆棒上弯曲,漆膜应不破裂
耐油性	在(25±1)℃的车用机油与汽油的混合油中浸 6h,漆膜不应透油	在(95±2)℃的车用机油中浸 48h,在直径为 10mm 的圆棒上弯曲,漆膜不应开裂,漆膜内编织层不应有显著的油迹
耐寒性	—	在-10℃的冰箱中放 2h,在直径为 100mm 的圆棒上弯曲,漆膜应不破裂
耐燃性	—	燃烧蔓延区不超过 5cm
防霉性(级)	≤1(Q01-11)	≤1(Q01-14)

表 10-7-12 油井加热电缆涂料配方实例

配合材料	配合用量/phr
硝化纤维漆	30
甘油邻苯二甲酸漆	70

7.6 防火涂料

防火涂料又称阻燃涂料，它可阻止或延缓可燃材料的燃烧。防水涂料一般由成膜材料、分散介质、阻燃剂、助剂（增塑剂、稳定剂、防水剂、表面活性剂等）、颜料和无机填料等组成。其按成膜材料可分为有机溶剂防火涂料和无机防火涂料两类；按分散介质可分为水溶性防火涂料和有机溶剂型防火涂料两类；按燃烧性质可分为膨胀型防火涂料和非膨胀型防火涂料两类。电线电缆用防火涂料主要用于电线电缆的防火，特别是对于非阻燃型电线电缆，涂刷防火涂料是防止电线电缆着火和火势蔓延的重要手段之一。

7.6.1 非膨胀型防火涂料

非膨胀型防火涂料遇火不膨胀、不起泡。它分两类，一类是不燃性涂料，完全由无机材料组成，涂料本身不燃烧和不发烟，受火时可形成釉状保护层以隔绝氧气，从而起到防火的作用。表 10-7-13 中所列为不燃性阻燃涂料配方实例。这种涂料的缺点是釉状物隔热效果差，易被烧裂。

表 10-7-13 不燃性阻燃涂料配方实例

配合材料	配合用量/phr
硼酸锌	10.0
重晶石	10.0
铝 粉	3.0
氢氧化铝	3.0
石 棉	10.0
碳酸铅	50.0
润湿剂	8.0
硅酸钠	适量(至所需浓度)

另一类是油基性阻燃涂料，表 10-7-14 中所列为其配方实例。在清漆或磁漆中加入阻燃剂，也可制得防火漆，适用于涂覆电线。但此类涂层一般较薄，防火效果有限。

此外，还有乳液类的非膨胀型阻燃涂料，表 10-7-15 中所列为其配方实例。

表 10-7-14 油基性阻燃涂料配方实例

配合材料	配合用量(质量分数)(%)
醇酸树脂漆(固体含量为 70%)	11.3
氯化石蜡(含氯量为 70%)	19.5
三氧化二锑	3.5
颜料(氧化铁)	26.4
催干剂	1.6
汽油	37.7

表 10-7-15 乳液类阻燃涂料配方实例

配合材料	配合用量(质量分数)(%)
三氧化二锑	7.6
五溴甲苯	3.8
钛白粉	29
高岭土	7.2
白垩粉	11.4
云母粉	8.1
乙基纤维素	0.35
防霉剂	0.37
丙烯酸乳液	32
水	适量

7.6.2 膨胀型防火涂料

膨胀型防火涂料的涂层受热达到一定温度后可发泡或膨胀而形成内含非燃性气体的炭化层，从而达到隔热阻火的目的。此类涂料一般由炭化剂（如淀粉、葡萄糖等碳水化合物或季戊四醇等多元醇）、炭化促进剂（如磷酸铵）、发泡剂（如尿素、密胺）、粘合剂（如聚乙烯醇、聚醋酸乙烯酯、聚氨酯、过氯乙烯树脂、聚丙烯酸酯等）、稀释剂（水或有机溶剂）和颜料等组成。重要的是炭化促进剂（脱水剂）和发泡剂应在同一温度下分解。如果发泡剂的分解温度过低，则气体将在结炭前逸出，反之则会顶破炭化层。表 10-7-16~表 10-7-22 中所列为各种膨胀型防火涂料的配方实例。

表 10-7-16 膨胀型尿素-多聚甲醛阻燃涂料配方实例

配合材料	配合用量/phr
多聚甲醛	12
尿素	15
发泡剂(磷酸二氢铵)	15
淀粉	8

表 10-7-17 膨胀型有机硅改性耐水阻燃涂料配方实例

配合材料	配合用量(质量分数)(%)
氯丁橡胶	10.6
醇酸树脂液(固体含量为 50%)	10.2
硅酮树脂液(固体含量为 60%)	0.7
高闪点粗汽油	25.7
钛白粉	12.8
淀粉	5.1
磷酸铵	29.5
氨基乙酸	5.4

表 10-7-18 膨胀型胶乳类阻燃涂料配方实例

配合材料	配合用量/phr
氯化天然胶和丁苯胶混合物	6.5~7.5
碳素	5~14
二季戊四醇	9~9.5
多磷酸铵	28.5~33
氯化石蜡-70	1.3~3.5
颜料	4.5~4.8
表面活化剂	0.25~0.75
防凝剂	0.2~0.6
溶剂	≥25

表 10-7-19 膨胀型丙烯酸耐水阻燃涂料配方实例

配合材料	配合用量/phr
聚磷酸铵	25
氢氧化铝	30
酚醛树脂纤维	3
二亚硝基次戊基四胺	3
丙烯酸乳液(固体含量为 40%)	65
水	20

表 10-7-20 膨胀型聚磷酸铵阻燃涂料配方实例

配合材料	配合用量/phr
聚磷酸铵	40
季戊四醇	20
双氰胺	20
乙烯-醋酸乙烯-氯乙烯共聚物	100
碱式碳酸镁	10
稳定剂	5

表 10-7-21 膨胀型水溶剂阻燃涂料配方实例

配合材料	配合用量(质量分数)(%)
磷酸铵	22.9
二季戊四醇	3.8
三聚氰胺	7.7
三聚氰胺-甲醛树脂	1.9
氯化石蜡(含氯 70%)	4.6
二氧化钛	7.7
混合剂	2.0
聚醋酸乙烯酯	9.5
水	39.9

表 10-7-22　膨胀型有机溶剂阻燃涂料配方实例

配合材料	配合用量(质量分数)(%)
三聚氰胺	5.0
硼酸锌	11.0
硅酸镁	0.6
硫酸铅	6.8
氧化锌	3.8
三(2,3-二溴丙基)磷酸酯	10.0
钛白粉	4.1
季戊四醇-聚氨酯	15.0
氯菌酸去氢桐油醇酸	25.0
氯化石蜡	5.5
聚酰胺	4.4
催干剂	1.0
溶剂	适量

膨胀型防火涂料的氧指数至少在 40 以上，其用于电线电缆有喷涂和刷涂两种方法，涂覆厚度为 2.0~3.0mm，干燥后厚度为 1.5~1.8mm，每平方米用量为 3~4kg；0.5~2h 后可接触，半日至数日后完全干燥。膨胀型防火涂料一般可使电线电缆的载流量降低 1%~2%，短段局部涂覆对载流量无影响。

7.6.3　防火涂料技术要求

电缆防火涂料的技术性能（GB 28374—2012）见表 10-7-23。

表 10-7-23　电缆防火涂料的技术性能

项　目		技术性能指标	试验方法参考标准
在容器中的状态		无结块,搅拌后呈均匀状态	GB 28374—2012
细度/μm		≤90	GB/T 6753.1—2007
粘度/s		≥70	GB/T 1723—1993
干燥时间	表干/h	≤5	GB/T 1728—1979(甲法)
	实干/h	≤24	
耐油性/d		浸泡 7d,涂层无起皱、无剥落、无起泡	GB 28374—2012 的 6.7
耐盐水性/d		浸泡 7d,涂层无起皱、无剥落、无起泡	GB 28374—2012 的 6.8
耐湿热性/d		经过 7d 试验,涂层无开裂、无剥落、无起泡	GB 28374—2012 的 6.9
耐冻融循环/次		经 15 次循环,涂层无起皱、无剥落、无起泡	GB 28374—2012 的 6.10
抗弯性		涂层无起层、无脱落、无剥落	GB 28374—2012 的 6.11
阻燃性/m		炭化高度不大于 2.50	GB/T 18380.32—2008 的 AF/R

7.7　防生物涂料

普通电线电缆容易受到生物的侵害，比较常见的有鼠害、蚁害和霉害等。必要时可以用防生物涂料喷涂或刷涂在电线电缆表面加以防治。

7.7.1　防鼠涂料

防鼠涂料采用的药物必须是对人体无害的驱鼠剂而不能用毒鼠剂，目前最有效的驱鼠剂是环己酰亚胺（正放线菌酮）。表 10-7-24 中所列为防鼠涂料配方实例。在电线电缆表面喷或刷上防鼠涂料，当药量达到（0.2~2.0）mg/cm^2 时，即可见效。市售 300mL 含正放线菌酮防鼠涂料，一罐可喷涂直径 15mm 的电缆 50m。

7.7.2　防蚁涂料

白蚁的个体很小，因此可以采用药物将其毒杀。最有效的防蚁剂是有机氯农药，如狄氏剂、艾氏剂、氯丹和林丹。但这些农药对人有累积毒性，因此，除其中对人毒性较小的氯丹可以用来配制防蚁涂料外，其他现已不用。必须指出，林丹（高丙体六六六）对白蚁的初期毒性虽比氯丹强烈，但残效没有氯丹好，用作防蚁涂料也是不合适的。

表 10-7-24　电线电缆用防鼠涂料配方实例

配合材料	配合用量(质量分数)(%)
清漆(快干)	98.4
正放线菌酮	1.6

表 10-7-25 中所列为电线电缆用防蚁涂料配方实例，一般喷或刷三道即可。

表 10-7-25　电线电缆用防蚁涂料配方实例

配合材料	配合用量(质量分数)(%)
清漆或磁漆	95~97
氯丹	3~5

7.7.3 防霉涂料

在湿热带地区使用的电线电缆容易长霉，霉菌长在电线电缆表面，对电线电缆的内在质量影响不大。但对于家用电器用电线电缆，长霉则影响美观，也会导致表面电阻降低。因此，必要时可以采用防霉涂料加以防治。常用防霉剂为对硝基酚或8-羟基奎林酮，其配方见表10-7-26。

表10-7-26 电线电缆用防霉涂料配方

配方1		配方2	
配合材料	配合用量（质量分数）(%)	配合材料	配合用量（质量分数）(%)
清漆	95	清漆	90
对硝基酚	5	8-羟基奎林酮	10

7.8 半导电涂料

半导电涂料主要用于电缆的屏蔽和外电极，有时也用于涂制汽车阻尼点火线。

用作半导电涂料的导电材料主要有石墨、炭黑和金属粉末（如银粉）。其导电性能依导电材料的不同和用量的多少而定。

半导电涂料一般由清漆、导电粉末和有机溶剂配制而成。表10-7-27中所列为用作电缆外电极（施加试验电压时用）的石墨涂料配方。对涂层进行打磨抛光可使导电性能提高。

表10-7-27 半导电石墨涂料配方

配合材料	配合用量/phr
清漆(快干型)	100
石墨粉	50~200
有机溶剂	适量

7.9 涂料的试验

7.9.1 软化点的环球法测试

本节内容参考标准为GB/T 4507—2014。

1. 仪器与设备

环球法测定沥青的软化点采用标准的沥青软化点测定器。此外，还需备有以下器具：电炉或其他加热器；金属板（一面必须磨至表面粗糙度值达*Ra*0.4μm）或玻璃板；切沥青用刀和筛孔为0.6~0.8mm的筛子。

2. 试验步骤

1）将黄铜环置于涂有甘油-滑石粉（质量比为2∶1）隔离剂或用卷烟纸覆盖的金属板或玻璃板上，卷烟纸应先用甘油稍微浸湿，并用棉花揩去纸上多余的甘油，使纸密合在金属板上。将预先脱水的试样加热熔化，加热温度不得高于试样估计软化点100℃，搅拌、过筛后注入黄铜环内至略高出环面为止。如估计软化点在120℃以上，则应将铜环与金属板预热到80~100℃。

试样在（15~30)℃的空气中冷却30min后，用热刀刮去高出环面的试样，使其与环面齐平。

2）将盛有试样的黄铜环及板置于盛满水（估计软化点不高于80℃的试样）或甘油（估计软化点高于80℃的试样）的保温槽内，或将盛试样的环水平地安在环架中间圆片的孔内，然后放在烧杯中恒温15min，水温保持在（5±0.5)℃，甘油温度保持在（32±1)℃。同时，钢球也置于恒温的水或甘油中。

3）烧杯内注入新煮沸并冷却至约5℃的蒸馏水（估计软化点不高于80℃的试样）或注入预先加热至约32℃的甘油（估计软化点高于80℃的试样），使水面或甘油液面略低于连接杆上的深度标记。

4）从水或甘油保温槽中取出盛有试样的黄铜环放置在环架中层板的圆孔中，并套上钢球定位器把整个环架放入烧杯内，调整水面或甘油液面至深度标记，环架上任何部分不得有气泡。将温度计由上层板中心孔垂直插入，使水银球与铜环下面齐平。

5）移动烧杯至放有石棉网的三脚架上或电炉上，然后将钢球放在试样上（须使各环的平面在全部加热时间内完全处于水平状态）；立即加热，使烧杯内水或甘油的温度在3min后保持每分钟上升(5±0.5)℃。在整个测定过程中，如温度的上升速度超出此范围，则应重做试验。

6）试样受热软化下坠至与下层底板面接触时的温度，即为试样的软化点。

3. 结果计算

取平行测定两个结果的算术平均值作为测定结果，而且平行测定两个结果间的差数不得大于1℃。

7.9.2 针入度的测试

针入度的测试按照GB/T 4509—2010进行，见6.7.14节。

7.9.3 延度的测试

本节内容参考标准为 GB/T 4508—2010。

1. 仪器与设备

(1) 延度计 延度计由一个内衬镀锌白铁或涂磁漆的长方形木箱构成，箱内装有可以转动的丝杠，其上附有滑板，丝杠转动时使滑板自一端向另一端移动，其速度为 (5±0.25)cm/min，滑板上有一指针，借箱壁上所装标尺指示滑动距离，丝杠用电动机驱动。

(2) 试件模具 试件模具由黄铜制成的两个弧形端模 A 和两个侧模 B 组成，其形状及尺寸如图 10-7-1 所示。

(3) 其他器具

1) 瓷皿或金属皿：用于熔沥青。

2) 温度计：0~50℃，分度值为 0.5℃和 0.1℃各一支。

3) 刀：用于切沥青。

4) 金属板：附有夹紧模具的活动螺栓。

5) 砂浴：用煤气灯或电加热。

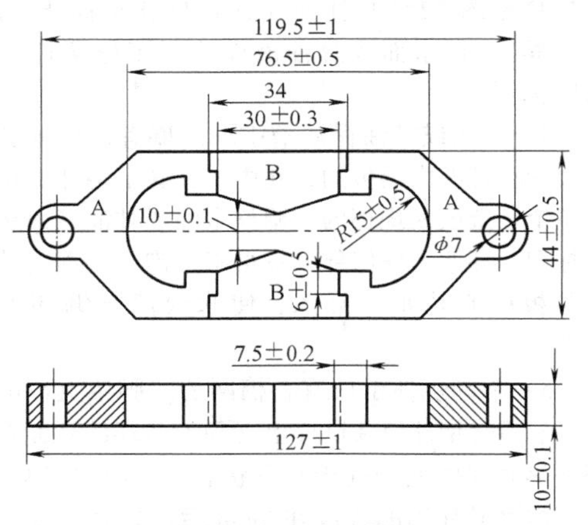

图 10-7-1 测试伸长度用试件模具的形状及尺寸
A—端模 B—侧模

2. 试验步骤

1) 将质量比为 2∶1 的甘油-滑石粉拌和均匀，涂于磨光的金属板上及侧模的内侧面。也可用甘油将卷烟纸一片稍微浸湿，同时用脱脂棉花将纸上多余的甘油拭去，然后附在磨光的金属板上及侧模的内侧面，应注意紧贴，不使生成皱纹和气泡。最后将模具放在金属板上。

2) 将除去水分的试样在砂浴中加热熔化，搅拌；加热温度不得高于试样估计软化点 90℃，并充分搅拌至气泡完全消除。然后将试样从模的一端移至另一端移往返多次，缓缓注入模中，并略高出模具。

3) 试件在 30~40℃ 的空气中冷却 30min 后，用热刀将高出模具部分的沥青刮去，使沥青面与模面齐平。沥青的刮法是从模的中间刮至两边，表面应刮得十分光滑。将试件连同金属板浸入延度计的水槽中，水温保持在 (25±0.5)℃，沥青面上水层的高度应不低于 25mm。

4) 检查延度计滑板的移动速度是否符合要求，然后移动滑板使其指针正对标尺的零点。

5) 试件在水槽中恒温 85~95min 后，将试件模具自板上取下（如附有卷烟纸，则将试样上附着的卷烟纸取下），然后将模具两端的孔分别套在滑板及槽端的金属柱上，并取下试件侧模，立即进行拉伸试验。

6) 使水面距试件表面应不少于 25mm。当延度计中的水温恰为 25℃时，开动延度计的电动机，此时仪器试件不得有振动，观察沥青的延伸情况。在测定时，如沥青细丝浮于水面或沉于槽底，则加入乙醇或食盐水调整水的比重至与试样的比重相近后，再进行测定。

7) 试件拉断时指针所指标尺上的读数，即为试样的延度，以 cm 表示。

3. 结果计算

若平行测定三个结果与算术平均值的差数不超过算术平均值的±5%，则取平行测定三个结果的算术平均值作为测定结果。如平行测定三个结果与算术平均值的差数超过算术平均值的±5%，但其中两个较高值不超过±5%，则弃去最低测定值，取两个较高值的平均值作为测定结果。否则应重新进行试验。

7.9.4 粘附性的测试

本节内容参考标准为 SH/T 0637—1996 (2005R)。

1. 仪器和设备

1) 黄铜制模具：如图 10-7-2 所示。

2) 拉力机：拉力不小于 1000N，拉速为 (100~500)mm/min。

3) 烘箱：可保持 100~110℃。

4) 水浴：容量不小于 2L。

5) 温度计：测量范围为-30~60℃，分度值为 1℃。

6) 电炉或其他加热器。

2. 试验步骤

1) 将模板及模筒用溶剂油洗净、擦干，放入

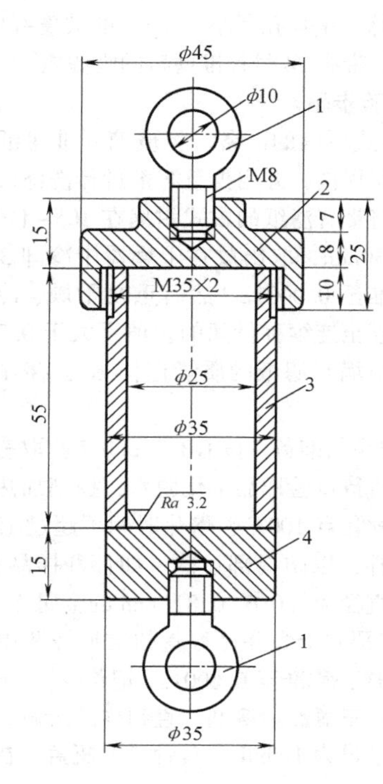

图 10-7-2 沥青粘附率试验模

1—拉环 2—模盖 3—模筒 4—模板

100~110℃ 的烘箱内烘 15~30min。

2）使试样熔化，熔化温度不超过估计软化点 100℃，熔化时间不超过 30min，加热时须不断搅拌，以防局部过热。

3）从烘箱中取出模筒及模板，将模筒端放在模板上，然后把熔化好的试样倒满模筒，在室温下自然冷却 1~1.5h。

4）将盛有试样的模筒旋上模盖，放入产品技术条件要求温度的水浴（或冰水浴）中的中间部位，温度变化保持±1℃，恒温 1h。

5）取出试样，立即旋上拉环，在 2min 内用拉力机将试样匀速拉断，取下模板，目测沥青试样在模板上未粘结的面积。

3. 结果计算

石油沥青粘附率 X（%）按下式计算

$$X=\frac{S-A}{S}\times 100$$

式中 A——试样在模板上未粘结的面积（mm^2）；

S——试样在模板上全粘结时的面积（mm^2），本试验取值为 $500mm^2$。

取同一试样重复测定的两个结果的算术平均值作为试验结果，且两个结果的差数不大于 5%。

7.9.5 冷冻弯曲性的测试

1. 仪器与设备

测试用仪器和设备包括冷冻弯曲器（图 10-7-3）、模子（图 10-7-4）、冷轧软纯铜薄片（图 10-7-5）以及冰箱等。

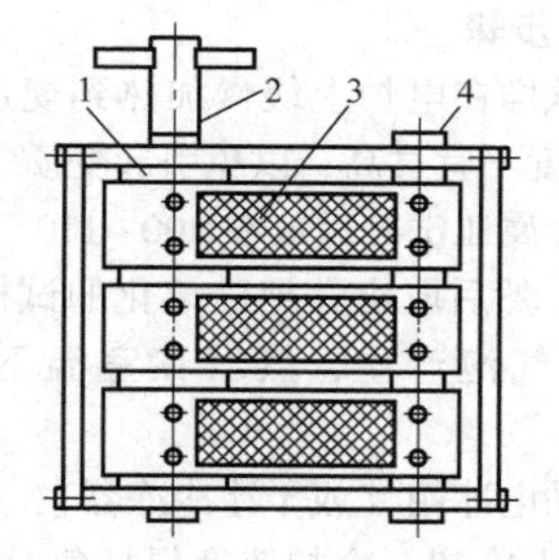

图 10-7-3 冷冻弯曲器示意图

1—转轴 2—转柄 3—试样 4—滑块

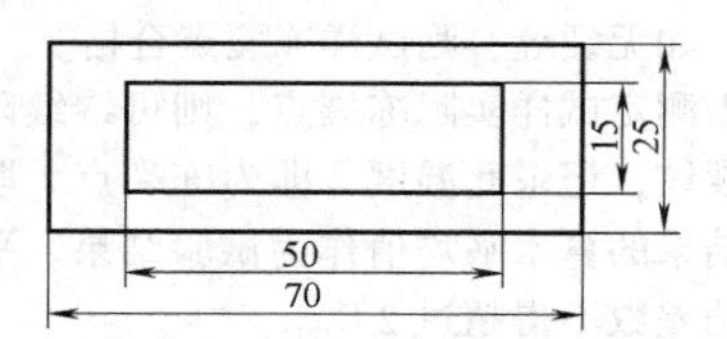

图 10-7-4 模子（厚 1mm）

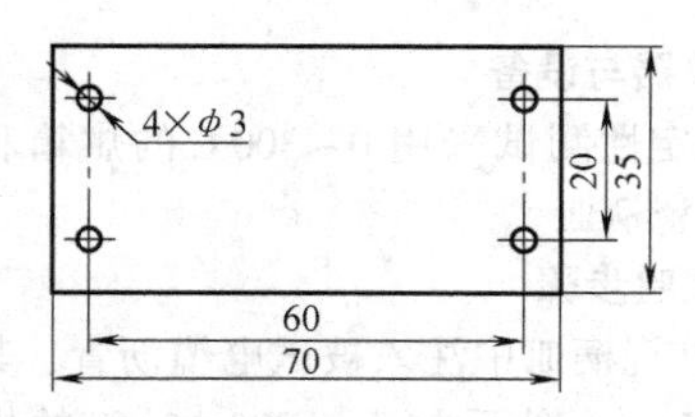

图 10-7-5 薄片（厚 0.1mm）

2. 试验步骤

1）将薄片表面用苯洗净，再用乙醇擦拭。然后把框边涂有脱模剂的模子固定在薄片的中部，脱模剂采用质量比为 2∶1 的甘油-滑石粉。注入熔化的沥青（温度不得高于软化点 100℃），在室温下冷却 15min 后，用热刀刮去高出模子部分的沥青。脱去模子后粘附有沥青的薄片即为试样。

2）将试样套在冷冻弯曲器的转轴和滑块的销子上，固紧。然后把冷冻弯曲器放入（0±0.5）℃的冰箱或保温瓶中，保持 15min 后，立即转动转轴至不能转动为止。

3）目测试样沥青涂层是否出现裂纹。

3. 结果计算

每次试验 3 片，以 2 片不裂为合格。

7.9.6 冻裂点的测试

1. 仪器与设备

冻裂点测试所用仪器与设备包括铜质器皿（与测试沥青针入度的相同）、温度计（-80~60℃，分度值为1℃）及冰箱或干冰冷冻器。

2. 试验步骤

1）将试样在电炉上缓慢加热到规定的浇灌温度，注意温度不宜过高，以免引起变质。

2）将金属皿洗净后放在100~110℃的烘箱内，保持15min，然后取出并把已熔化的试样注入至水平，防止有气泡产生，然后在室温下冷却不少于3h。

3）起动电冰箱（或干冰冷冻器），把盛有试样的金属皿放入冷却，冷却速度保持每分钟下降2~3℃，直到达到技术要求规定的冻裂点；停止降温，在此温度下保温1h，取出后立即观察表面是否有裂缝存在，如无裂缝，则试样冻裂点合格。

若需测定试样实际冻裂点，则可继续降温，直到发生裂纹，记录此温度，即为冻裂点。取平行测定两个结果的算术平均值作为试验结果。平行测定两结果的差数不得超过2℃。

7.9.7 热稳定性的测试

1. 仪器与设备

热稳定性测试采用0~300℃的烘箱和容积为300mL的瓷柄皿。

2. 试验步骤

1）在瓷柄皿中注入被试电缆沥青，其液面距皿顶约15mm，然后放入（200±5）℃的烘箱内保持24h。

2）将试样从烘箱中取出，除去表面硬皮后搅拌均匀，然后测定软化点和25℃时的针入度。

3. 结果计算

$$软化点升高百分数=\frac{加热后软化点-加热前软化点}{加热前软化点}\times 100\% \quad (10\text{-}7\text{-}1)$$

$$针入度比=\frac{加热后针入度}{加热前针入度} \quad (10\text{-}7\text{-}2)$$

7.9.8 溶解度的测试

本节内容参考标准为GB/T 11148—2008。

1. 仪器与设备

溶解度测试所用仪器与设备包括有0~200℃烘箱、感量为0.0002g的分析天平、筛孔直径为0.6~0.8mm的筛、平均孔径小于1μm的玻璃纤维滤纸、古式坩埚、带有24号标准磨口的吸滤瓶。

2. 试验步骤

1）古式坩埚的准备。将玻璃纤维滤纸放入洁净的古式坩埚内，并用少量溶剂进行洗涤。待溶剂挥发后，将带有滤纸的古式坩埚在105~110℃的烘箱内干燥30min，取出放在干燥器中冷却30min后称量，称准至0.0001g。然后重复干燥、冷却、称量过程，直至连续称量间的差值不大于0.0003g为止，古式坩埚与滤纸的质量记作m_1，存在干燥器中备用。

2）样品的准备。按GB/T 11147获取有代表性的样品，将待试验样品熔化脱水，控制加热温度不超过估计软化点100℃，熔化时间不超过1h，加热时不断搅拌，以防局部过热。如怀疑样品有杂质，须用筛孔直径为（0.6~0.8）mm的金属筛过滤。

3）在预先干燥并已称重的锥形烧瓶中称取约2g沥青试样，称准至0.0001g，记作m_2。不断摇动下分次加入三氯乙烯溶剂，直到样品溶解，加入的三氯乙烯总量为100mL。然后盖上瓶盖，在室温下放置至少15min。

4）将预先准备好已经恒重的古式坩埚通过玻璃接头安装在吸滤瓶上，用少量的三氯乙烯湿润玻璃纤维滤纸先过滤澄清溶液，控制过滤速度使得滤液以滴状过滤，直到滤液滤完。用少量溶剂洗涤锥形烧瓶，将不溶物全部转移到古式坩埚中。用溶剂洗涤古式坩埚中的不溶物，直至滤液无色为止。取下古式坩埚，用少量三氯乙烯洗涤古式坩埚底部外边缘，将古式坩埚连同玻璃纤维滤纸和不溶物一起放在通风处，直至无三氯乙烯气味为止。

5）将古式坩埚连同玻璃纤维滤纸和不溶物一起放在105~110℃烘箱中至少30min后取出，放在干燥器中冷却30min后进行称量。重复进行干燥、冷却及称量，称准至0.0001g，直至连续称量间的差值不大于0.0003g为止。记录古式坩埚连同玻璃纤维滤纸和不溶物的质量，记为m_3。

3. 结果计算

溶解度X（%）按下式计算

$$X=\frac{m_2-(m_3-m_1)}{m_2}\times 100 \quad (10\text{-}7\text{-}3)$$

式中 m_1——古式坩埚和玻璃纤维滤纸的质量（g）；

m_2——试样的质量（g）；

m_3——古式坩埚连同玻璃纤维滤纸和不溶物的质量（g）。

取平行测定两个结果的算术平均值作为测定结果。两平行测定结果间的差数不得超过0.2%。

7.9.9 灰分的测试

涂料经燃烧及煅烧后，所剩矿物质残渣即为灰分，以质量百分数表示。其测试方法参考标准GB/T 508—1985《石油产品灰分测定法》。

7.9.10 环烷酸铜的铜含量测试

1. 仪器与试剂

1）分析天平：感量为0.0002g。

2）碘量瓶：容积为250mL。

3）淀粉指示剂：新配制1%的溶液。

4）盐酸：化学纯，配成约2mol/L的水溶液。

5）硫代硫酸钠：分析纯，配成0.1mol/L的水溶液。

6）碘化钾：二级纯或三级纯，配成10%的水溶液。

7）工业苯。

2. 试验步骤

1）将试样混合均匀，用减量法向洁净的碘量瓶中称入试样0.4~0.8g，称准至0.0002g。

2）向称好的试样中加苯3~5mL，使其溶解。再加2N盐酸40mL，充分摇动，使环烷酸铜酸化分解。

为了加快溶解和酸化分解过程，可小心地在水浴上加热，但须在冷却至室温后，方可进行下一步反应。

3）向酸化分解好的试样中加入15mL 10%的碘化钾溶液，轻轻摇动，使之均匀后，放置于暗处静置5min。

4）以少量蒸馏水冲洗瓶壁及瓶塞，再以0.1N硫代硫酸钠溶液进行滴定，至浅黄色时，加3~4mL淀粉指示剂，继续用硫代硫酸钠滴定至蓝色消失，即为终点。

3. 结果计算

铜含量百分数按下式计算

$$铜含量=\frac{bNV}{G}\times 100\% \qquad (10\text{-}7\text{-}4)$$

式中 N——硫代硫酸钠的量浓度（mol/L）；

V——滴定消耗的硫代硫酸钠溶液体积（mL）；

G——样品质量（g）；

b——铜的毫克当量，$b=0.06354$。

7.9.11 浸渍电缆麻（纸）环烷酸铜含量的测试

浸渍电缆麻（纸）中环烷酸铜含量的测试方法有灼烧电解法和灼烧滴定法两种。

1. 灼烧电解法

（1）仪器与试剂

1）仪器：马弗炉、白金电极、感量为0.0002g的分析天平。

2）试剂：浓硝酸（化学纯，密度为$1.42g/cm^3$）和浓硫酸（密度为$1.8g/cm^3$）。

（2）试验步骤

1）取浸渍电缆麻（纸）剪成碎块，经充分混合后分成2份，每份称取3g，准确至0.0002g。

2）取其中1份放在容量为40~76mL的瓷坩埚中，再放入马弗炉内灼烧，炉温在850℃左右，经20~30min后取出。以浓硝酸2mL加水2mL和浓硫酸2.5mL加水2.5mL，在热的情况下加入坩埚内，使坩埚内容物溶解。然后将其倒入容量为200~300mL的烧杯中，用水冲洗坩埚，将坩埚内残余物倒入烧杯中进行过滤，须将烧杯用水冲洗7~8次，一起过滤（加1~2g硝酸铵固体），将过滤过的溶液用白金电极进行电解，白金电极的增重即为铜重。

3）取另一份试样浸于二硫化碳或其他溶剂中，把预浸渍剂完全抽出，然后取出，小心烤干并称重，在烤干过程中应避免试样燃烧。

（3）结果计算 环烷酸铜含量按下式计算

$$X=\frac{ac}{bk}\times 100\% \qquad (10\text{-}7\text{-}5)$$

式中 X——环烷酸铜含量（%）；

a——白金电极上的铜重（g）；

b——精称出作为铜含量的一份试样质量（g）；

c——铜与环烷酸铜的换算系数（实测，但应≤11.1）；

k——抽出浸渍剂的试样与未抽前的质量比。

测定结果取三个平行试样的算术平均值。

2. 灼烧滴定法

（1）仪器与试剂

1）仪器：马弗炉、感量为0.0002g的分析天平、索氏抽出器等。

2）试剂：醋酸（1∶1）、10%的碘化钾（二级或三级纯）水溶液、0.1mol/L硫代硫酸钠水溶液、氯仿、硫酸（1∶2）、新配制的1%淀粉指示剂溶液和氨水等。

（2）试验步骤

1）将浸渍后的电缆麻（纸）剪成碎块，称取2份，每份5g，称准至0.0002g。

2）取1份试样，放入坩埚内用小火灰化。而后在800℃炉中灼烧30min，取出放冷，向坩埚中加15mL硫酸（1∶2）。移入300mL锥形瓶中加热，使氧化铜溶解，用氨水中和至刚有蓝色出现，再加5mL醋酸（1∶1），冷却后加2g碘化钾溶液，溶解后用硫代硫酸钠溶液滴定至黄色，然后加入3mL淀粉指示剂，继续滴定到颜色消失。

3）将另1份试样放在小布袋中，置于索氏抽出器内，并在其瓶中加氯仿到瓶体积的2/3处，放在水浴上抽到氯仿澄清，取出试样，烘干后称其质量。

如直接测量浸渍剂的含铜量，除无抽出过程外，其他步骤相同。

（3）结果计算

1）浸渍剂中的含铜量按下式计算

$$含铜量=\frac{VT}{G}\times 100\% \qquad (10\text{-}7\text{-}6)$$

式中 V——滴定消耗的硫代硫酸钠溶液体积（mL）；

T——1mL硫代硫酸钠相当于铜的克数；

G——称取浸渍剂试样质量（g）。

2）电缆麻（纸）中环烷酸铜含量按下式计算

$$X=\frac{VTC}{GW}\times 100\% \qquad (10\text{-}7\text{-}7)$$

式中 V，T——与式（10-7-6）相同；

G——电缆麻（纸）试样质量（g）；

W——抽出浸渍剂后麻（纸）与原试样的质量比；

C——铜与环烷酸铜的换算系数，$C=11.1$。

有关涂料的闪点（开口杯法）和恩氏粘度的测试方法，均与电缆油和浸渍剂的相同。

参考标准

GB 259—1988 石油产品水溶性酸及碱测定法

GB/T 260—1977 石油产品水分测定法

GB/T 261—2008 闪点的测定 宾斯基-马丁闭口杯法

GB 264—1983 石油产品酸值测定法

GB/T 265—1988 石油产品运动粘度测定法和动力粘度计算法

GB 266—1988 石油产品恩氏粘度测定法

GB 267—1988 石油产品闪点与燃点测定法（开口杯法）

GB/T 507—2002 绝缘油 击穿电压测定法

GB 508—1985 石油产品灰分测定法

GB 510—1983 石油产品凝点测定法

GB/T 511—2010 石油和石油产品及添加剂机械杂质测定法

GB/T 514—2005 石油产品试验用玻璃液体温度计技术条件

GB/T 1033.1—2008 塑料 非泡沫塑料密度的测定 第1部分：浸渍法、液体比重瓶法和滴定法

GB/T 1724—1979 涂料细度测定法

GB/T 1725—2007 色漆、清漆和塑料 不挥发物含量的测定

GB/T 1728—1979 漆膜、腻子膜干燥时间测定法

GB 1787—2008 航空活塞式发动机燃料

GB 1922—2006 油漆及清洗用溶剂油

GB/T 4507—2014 沥青软化点测定法 环球法

GB/T 4508—2010 沥青延度测定法

GB/T 4509—2010 沥青针入度测定法

GB/T 4756—2015 石油液体手工取样法

GB/T 4929—1985 润滑脂滴点测定法

GB/T 5654—2007 液体绝缘材料 相对电容率、介质损耗因数和直流电阻率的测量

GB/T 6753.1—2007 色漆、清漆和印刷油墨 研磨细度的测定

GB/T 8145—2003 脂松香

GB/T 10065—2007《绝缘液体在电应力和电离作用下的析气性测定方法

GB 11142—1989 绝缘油在电场和电离作用下析气性测定法

GB/T 11148—2008 石油沥青溶解度测定法

GB/T 16581—1996 绝缘液体燃烧性能试验方法 氧指数法

GB/T 18380.32—2008 电缆和光缆在火焰条件下的燃烧试验 第32部分：垂直安装的成束电线电缆火焰垂直蔓延试验 A F/R类

GB/T 21221—2007 绝缘液体 以合成芳烃为基的未使用过的绝缘液体

GB/T 21216—2007 绝缘液体 测量电导和电容确定介质损耗因数的试验方法

GB/T 27750—2011 绝缘液体的分类

GB 28374—2012 电缆防火涂料
JJG 155 工作毛细管粘度计检定规程
SH/T 0637—1996（2005R） 石油沥青粘附率测定法
ASTM D 1819-84 高油压电缆系统电气绝缘油连续性质量规范（1989年废止，无替代）
ASTM D 2300-08 电气绝缘液体在电应力和电离作用下的析气试验方法标准（修改的Pirelli法）
JIS C 2101—2010 电器绝缘油试验方法
JIS C 2320—2010 电器绝缘油

第8章

碳纤维复合芯材料

8.1 概述

碳纤维复合芯材料采用高强度碳纤维、玻璃纤维及耐高温树脂经过拉挤成形工艺制备而成。碳纤维复合芯具有优异的综合性能，使其成为钢芯铝绞线中的增强材料钢芯的理想替代材料。图 10-8-1 所示是碳纤维复合芯的几种结构示意图，其基本结构：第一层是起主要承载负荷作用的碳纤维；第二层是玻璃纤维或编织玻璃纤维，起到绝缘、保护碳纤维及增加芯棒柔韧性的作用；最外层是一层保护层。另外，可增加一层涂层或编织结构，以改善纤维复合芯的耐候性能。为了增加碳纤维复合芯的柔韧性，也可把碳纤维复合芯设计成绞合型结构。

碳纤维复合芯导线与其他导线的性能比较见表 10-8-1，几种扩容量导线耐热性能的比较见表 10-8-2。可以看出，碳纤维复合芯的密度最小，仅为铝基陶瓷纤维芯的 1/2，为其他导线线芯的 1/4，所以相同直径导线中，碳纤维复合芯软铝绞线最轻；碳纤维复合芯抗拉强度最大，分别为铝包殷钢线、钢芯和铝基陶瓷纤维芯的 2.4 倍、2 倍和 2 倍。碳纤维复合芯导线的允许连续使用温度可达 160℃，在迁移点以上与其余导线相比具有极小的膨胀系数，在拐点温度以上时主要由碳纤维复合芯承载拉力等机械载荷，且碳纤维复合芯具有较高的抗张强度，由于提高了运行温度，并且芯棒可承担更高应力，使得导体采用电导率更高型软铝线，传输容量可达传统导线 2 倍。

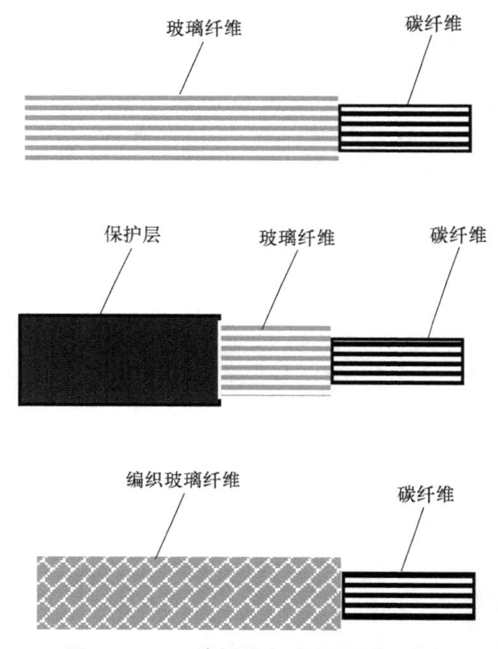

图 10-8-1 碳纤维复合芯结构示意图

表 10-8-1 几种导线芯线的物理、机械性能比较

导线种类	ACSR	TACSR	ZTACIR	ACCR	ACCC/TW
芯线材料	镀锌铝包钢线	镀锌铝包钢线	镀锌铝包殷钢线	铝基陶瓷纤维芯	碳纤维复合芯
密度/(g/cm^3)	7.8	7.8	7.1	3.3	1.7
抗拉强度/MPa	1300	1300	1080	1275	2100~2400
弹性模量/GPa	200	200	152	216	110

表 10-8-2　几种扩容量导线耐热性能的比较

导线种类	允许使用温度/℃	迁移点温度/℃	迁移点以下膨胀系数/(10^{-6}/℃)	迁移点以上膨胀系数/(10^{-6}/℃)
ACSR	≤90	120	19.4	11.5
TACSR	≤150	120	19.4	11.5
ZTACIR	≤200~210	100	17.0	3.7
ACCR	≤210	130	16.3	6.3
ACCC/TW	≤180	85	19.6	2.1

8.2　碳纤维复合芯的原材料

8.2.1　树脂

树脂用作碳纤维复合芯的中的粘结材料，具有非常高的耐温等级，其玻璃化转变温度（采用 DMA 方法测试）可达到 150℃以上。可以采用环氧树脂或改性环氧树脂。树脂还应该具有快速固化特性，这样能够在生产模具中快速固化以提高生产率，具有良好的脱模性，使得制品表面光洁无瑕疵。

8.2.2　碳纤维

碳纤维作为碳纤维复合芯中的主要增强材料，对其抗拉强度和抗拉模量有着严格要求。碳纤维可以选择国外公司、国内公司实现量产的规格。表 10-8-3 中所列是国内某公司生产的高性能碳纤维和国外某公司碳纤维的指标对比。

表 10-8-3　国内碳纤维与国外碳纤维的性能指标

产品	纤维根数/(根/束)	单丝直径/μm	密度/(g/cm³)	抗拉强度/MPa	断裂伸长率(%)	抗拉模量/GPa	线密度/(g/1000m)
国内某公司	12000	7	1.79	4900	2.1	230	800
国外某公司	12000	7	1.80	4920	2.1	231	800

8.2.3　玻璃纤维

玻璃纤维在碳纤维复合芯外部起到保护内部碳纤维及绝缘的作用，要求玻璃纤维具备树脂浸润性良好、耐磨性好、强度高等特点。表 10-8-4 中所列是某公司牌号玻璃纤维的技术指标。

表 10-8-4　某公司牌号玻璃纤维的技术指标

项　　目	单位	指标
密度	g/cm³	2.62
抗拉强度(浸胶纱强度)	MPa	2000~2600
抗拉模量	GPa	81
断裂伸长率	%	4.8
线密度	tex	1100
纤维直径	μm	17

8.2.4　其他材料

为了提高碳纤维复合芯的耐候性能及寿命，在碳纤维复合芯表面涂覆一层耐候性涂料，可以显著提高复合芯的耐紫外性能、耐水解性能、耐酸碱性能，涂料与碳纤维复合芯的树脂具有良好的粘结性能、快速固化性能等。

第 11 篇

塑料

第1章 概述

以合成的或天然的高分子化合物为基本成分，在加工过程中可塑制成型，并使产品保持不变的材料，称为塑料。电缆工业用的塑料，几乎都是以合成树脂为基本成分，辅以配合剂如防老剂、增塑剂、填充剂、润滑剂、着色剂、阻燃剂以及其他特种用途的助剂而制成的。由于塑料具有优良的电气性能、物理力学性能和化学稳定性，并且加工工艺简单、生产效率较高、料源丰富，因此，无论是作为绝缘材料还是护套材料，在电线电缆中都得到了广泛的应用。

1.1 电线电缆用塑料的种类、特性及用途

1.1.1 电线电缆用塑料的种类

电线电缆常用的塑料是聚氯乙烯、聚乙烯和聚丙烯，以及其他特种塑料等，用量最大的塑料是聚氯乙烯和聚乙烯。若以此分类，则对于不同的用途，每一类又可分为若干种，常用塑料的种类如图 11-1-1 所示。

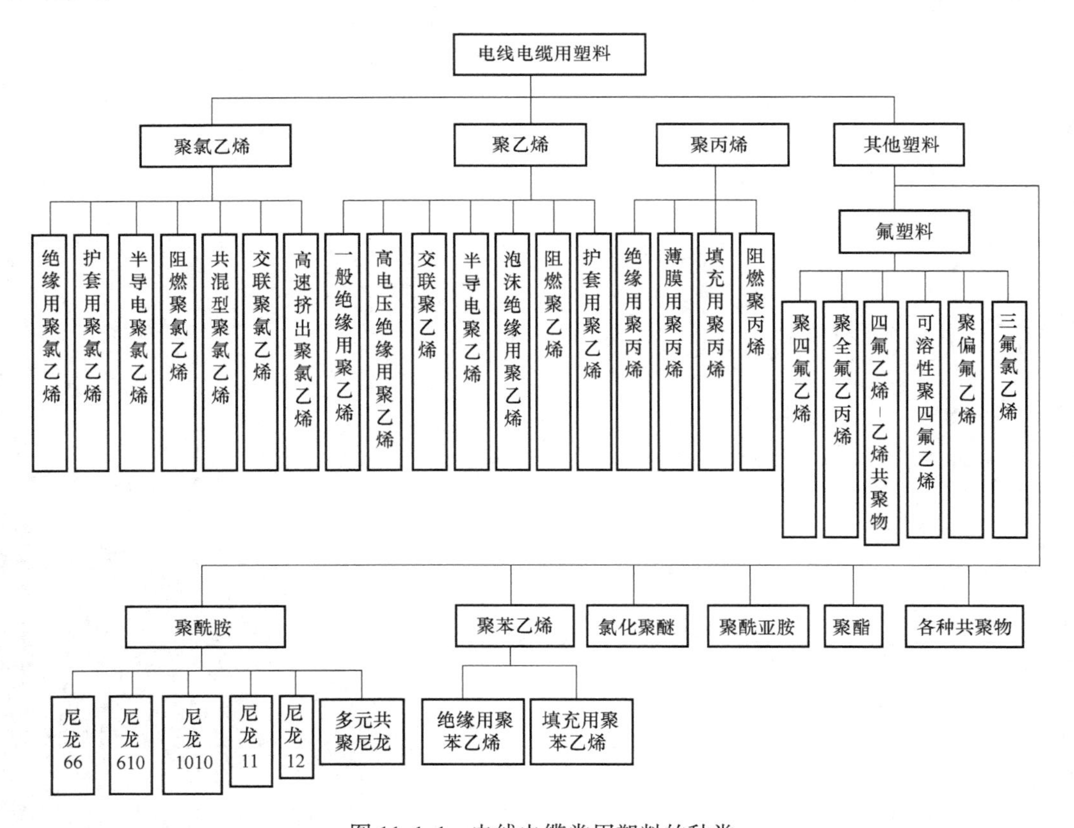

图 11-1-1 电线电缆常用塑料的种类

1.1.2 电线电缆用塑料的特性和用途

电线电缆主要使用的塑料有聚氯乙烯、聚乙烯、交联聚乙烯、泡沫聚乙烯、聚丙烯、氟塑料、聚苯乙烯、聚酰胺、聚酰亚胺和聚酯等。这些塑料的主要特性及其在电线电缆中的用途见表 11-1-1。

表 11-1-1 电线电缆用塑料的特性和用途

名 称	特 性	用 途
聚氯乙烯 (PVC) $\left[\begin{matrix} & H & H & \\ - & C- & C & - \\ & H & Cl & \end{matrix}\right]_n$	耐电压和绝缘电阻较高，且具有阻燃、耐油、耐候、耐药品、耐电晕和耐水性能，但介电常数和介质损耗较大，耐寒性较差	1. 1kV 及以下电线电缆和局用通信电缆的绝缘 2. 半导电屏蔽 3. 各种电线电缆的护套
聚乙烯 (PE) $\left[\begin{matrix} & H & H & \\ - & C- & C & - \\ & H & H & \end{matrix}\right]_n$	绝缘电阻高，耐电压性能好，特别是介电常数和介质损耗很小，且受温度和频率的影响很小；有良好的物理力学性能和耐水、耐溶剂、耐药品性能；摩擦系数小；但易燃，耐候性差；依不同密度常分为低、中、高密度聚乙烯三种，性能有所不同；经改性可制得耐候和阻燃品种	1. 各种电压等级的电线电缆和高频通信电缆的绝缘。超净料可用于超高压电缆的绝缘 2. 半导电屏蔽 3. 电缆护套 4. 粘结组合护套
交联聚乙烯 (XLPE) $\begin{matrix} & H & H & H & H & \\ - & C- & C- & C- & C & - \\ & H & \mid & H & H & \\ & H & \mid & H & H & \\ - & C- & C- & C- & C & - \\ & H & H & H & H & \end{matrix}$	用射线辐照的物理交联方法或有机过氧化物的高温高压、硅烷的温水交联（化学交联）方法，使聚乙烯分子间形成网状结构，因而从热塑态转变为橡胶态；电气特性与聚乙烯一样优良，且耐热性高，不熔融，耐应力开裂和耐药品性也有改善，但易燃；经改性可制得阻燃、耐高温、耐电晕、耐漏电痕品种	1. 从低压至超高压电力电缆的绝缘。辐照交联、硅烷交联适用于薄绝缘细电线，化学交联适用于厚绝缘粗电缆 2. 机车车辆、电机引出线等绝缘 3. 半导电屏蔽 4. 阻燃护套
泡沫聚乙烯 (PEF) 交联泡沫聚乙烯 (XLPEF)	在聚乙烯中加入发泡剂发泡或在熔融聚乙烯中直接压入惰性气体使形成闭孔泡沫；因而介电常数比聚乙烯小，且变更发泡度可获得所需数值；介电损耗很小，在相同衰减量时，绝缘厚度比聚乙烯薄，吸湿性也较小；用辐照交联可提高耐热性和机械强度	1. 通信电缆绝缘 2. 有低介损要求的仪表内部配线绝缘
聚丙烯 (PP) $\left[\begin{matrix} & H & H & H & \\ - & C- & C- & C & - \\ & H & H & H & \end{matrix}\right]_n$	塑料中密度最小，重量最轻；耐热性、机械强度优于聚乙烯；特别是高频特性优良；但与铜接触迅速老化，且易燃；用于绝缘需加入抑铜剂；改性可制得阻燃品，也可发泡	1. 通信电缆绝缘 2. 撕裂膜用于电缆填充和光缆填充
聚四氟乙烯 (TFE，PTFE) $\left[\begin{matrix} & F & F & \\ - & C- & C & - \\ & F & F & \end{matrix}\right]_n$	耐热性特别好，连续工作温度可达 250℃；且电气特性、极低温可挠性、耐水性、耐药品性、阻燃性都好；但高温不熔融，需用特殊加工方法；机械强度不够高	1. 耐高温电线、电子计算机用电线、航空航天电线及其他特种电线绝缘 2. 高频电缆绝缘
聚全氟乙丙烯 (FEP，F-46) $\left[\begin{matrix} & F & F & \\ - & C- & C & - \\ & F & F & \end{matrix}\right]_m \left[\begin{matrix} & F & F & \\ - & C- & C & - \\ & F-C-F & F & \\ & F & & \end{matrix}\right]_n$	除长期工作温度为 200℃，耐热性略低于聚四氟乙烯外，其他性能无大差异；在 300℃ 左右可熔融，可用挤出加工	1. 耐高温电线、电子计算机用电线、航空航天电线及其他特种电线绝缘 2. 耐热电线电缆护套 3. 耐高温复合薄膜的粘结剂

（续）

名　称	特　性	用　途
乙烯-四氟乙烯共聚物 (ETFE，F-40) $\left[-\mathrm{CH_2-CH_2-CF_2-CF_2}-\right]_n$	连续工作温度150℃；机械强度优良，不需尼龙护套增强，绝缘厚度可减薄，电气特性同聚全氟乙丙烯（FEP）	1. 电子计算机等耐折叠电线绝缘 2. 航空航天电线绝缘，实现轻量化
聚偏二氟乙烯 (PVDF) $\left[-\mathrm{CH_2-CF_2}-\right]_n$	电气特性与PVC几乎相同。但机械强度特别好，厚度可减薄；介电常数大且随频率而变化	1. 计算机配电屏连接线绝缘，但高速脉冲回路慎用 2. 航空航天电线护套
聚苯乙烯 (PS) $\left[-\mathrm{CH_2-CH(C_6H_5)}-\right]_n$	电气特性优良，高频特性好，介损小，吸水性极低，耐电弧、耐药品均好；但较脆、易燃、生烟，耐候性差	长途通信电缆的绝缘或填充，通常使用薄膜和绳制品
聚酰胺 （PA）	含酰胺基团（$-\mathrm{C(=O)}-\mathrm{N}-$）的一类高聚物，俗称尼龙；吸湿性大，不宜作绝缘材料；但机械强度高，特别耐磨，软化点也高	1. 聚氯乙烯或聚乙烯等绝缘电线的护套 2. 尼龙11或尼龙12用作光缆或防白蚁护套 3. 尼龙绳用作承载索
聚酰亚胺 （PI）	含酰亚胺基团（$-\mathrm{C(=O)}-\mathrm{N}-\mathrm{C(=O)}-$）$_n$的一类高聚物；长期使用温度为250℃；电气特性良好，耐高温、耐辐照、耐溶剂、耐臭氧，防霉、阻燃性能均佳；但不耐碱、不耐高温水、伸长率较小、价格高	1. 耐高温、耐辐照电线绝缘 2. 宇航用特种电线绝缘 3. 耐高温复合薄膜
聚酯 (PET) $\left[-\mathrm{C_6H_4-C(=O)-O-CH_2-CH_2-O-C(=O)}-\right]_n$	耐热性好，长期使用温度为120℃。力学性能特别好；电绝缘性能不如聚苯乙烯，而耐电晕性较差；不溶于一般溶剂，耐制冷剂氟利昂；通常以薄膜形态使用	1. 耐热电线绝缘 2. 冷冻机引出线绝缘 3. 耐热隔离带或成缆包带、无纺布带 4. 编织

1.2 电线电缆用塑料的主要性能

1.2.1 体积电阻率

在电场作用下，体积为1m^{3}的正立方体塑料相对两面间体积对泄漏电流所产生的电阻。常用符号ρ_V，单位为Ω·m。过去常用Ω·cm作为体积电阻率的单位，换算关系为1Ω·m=100Ω·cm。体积电阻率越高，绝缘性能越好。

1.2.2 表面电阻率

在电场作用下，表面积为1m^{2}的正方形塑料相对两边之间表面对泄漏电流所产生的电阻。常用符

号 ρ_S，单位为 Ω。表面电阻率越高，绝缘性能越好。

1.2.3 介电常数

在同一电容器中用塑料作为电介质和真空时电容的比值。表示塑料在电场中贮存静电能的相对能力。常用符号 ε_r。在工程上常把相对介电常数简称为“介电常数”。

1.2.4 介质损耗及介质损耗因数

塑料在交变电场作用下所引起的能量损耗。介质损耗越小，绝缘性能越好。通常用介质损耗因数来衡量，符号为 $\tan\delta$，其值越小，介质损耗也越小。介电损耗因数与频率密切相关。

1.2.5 介电强度

介电强度是击穿电场强度的简称。在塑料上施加电压，当达到某值时，塑料丧失绝缘性能被击穿，该值称为塑料的击穿电压。击穿电压与塑料厚度之比称为介电强度。常用符号 E 表示，单位为 MV/m。过去常用 kV/mm 作为介电强度的单位，其换算关系为 1MV/m = 1kV/mm。介电强度越高，绝缘性能越好。

1.2.6 耐漏电痕性

塑料表面由于泄漏电流的作用而产生炭化的现象称为漏电痕（迹）。塑料所具有的抵抗漏电痕作用的能力称为耐漏电痕性。

1.2.7 耐电晕性

在不均匀电场中电场强度很高的区域，带电体表面使气体介质产生局部放电的现象称为电晕。塑料在这种场合，因受离子的撞击和臭氧、热量等的作用，可导致裂解而使物理力学性能和电绝缘性能恶化。塑料所具有的抵抗电晕的能力称为耐电晕性。

1.2.8 密度

塑料的质量和其体积的比值，称为密度，单位为 g/cm^3 或 kg/m^3 或 kg/L。

1.2.9 拉伸强度和断裂伸长率

塑料试样以一定速度被拉伸，至试样断裂时所需的最大张力称为拉断力，单位为 N。此时试样单位截面积上所承受的拉断力称为拉伸强度，单位为 MPa。过去常用的单位是 kgf/mm^2，或 kgf/cm^2，其换算关系为：$1kgf/mm^2 = 100kgf/cm^2 = 9.8MPa$。试样拉断时长度增加的百分率（%）称为断裂伸长率，简称伸长率。

1.2.10 玻璃化转变温度

塑料由高弹态转变为玻璃态的温度称为玻璃化转变温度，单位为℃。通常没有很固定的数值，与测定方法和条件有关。在该温度以上，塑料呈弹性；在该温度以下，则呈脆性。

1.2.11 软化温度

塑料受热开始变软的温度称为软化温度，单位为℃。与塑料的相对分子质量、结构和组成有关。测定方法不同，结果也不相同。

1.2.12 熔体流动速率

熔体流动速率也称熔融指数。热塑性塑料在规定的温度和负荷条件下，熔体每 10min 通过标准口模的质量或体积，分别称为熔体质量流动速率和熔体体积流动速率，分别用 MFR 和 MVR 表示，单位为 g/10min 和 $cm^3/10min$。

1.2.13 氧指数

氧指数是指刚好维持塑料产生有焰燃烧所需的最低氧浓度，用氧的体积百分比浓度表示，符号为 OI 或 LOI。氧指数越高，塑料越难燃烧。氧指数小于21%的塑料，为易燃材料。

1.2.14 闪燃温度、着火温度和自燃温度

塑料受热分解生成可燃性气体与明火接触被点燃的最低温度，称为闪燃温度，简称闪点。塑料受热分解生成可燃性气体而可以用火点燃并持续燃烧的最低温度，称为着火温度，简称燃点或着火点。无任何火源情况下，使塑料自发着火燃烧的最低温度，称为自燃温度，简称自燃点。塑料的燃点比闪点高一些，自燃点更高。

1.2.15 发烟性

塑料燃烧时因分解而产生的悬浮在空气中的气体、液体和固体微粒，称为烟。塑料燃烧生烟的能力称为发烟性。与有焰燃烧和无焰燃烧（熏烧）的关系极大。

1.2.16 阻燃性

塑料难以燃烧或具有延缓或阻止火焰蔓延的特

性称为阻燃性。

1.2.17 交联度

把塑料的线型结构分子变成具有桥键结构分子的过程称为交联。表示交联程度的物理量称为交联度。

1.2.18 耐热变形性

塑料在高温和压力作用下所具有的抵抗变形的特性称为耐热变形性。

1.2.19 耐寒性

塑料在低温下仍能保持所需力学物理性能的能力，称为耐寒性。常用以下的耐寒温度来表示：

1）低温脆化温度，即为塑料试样在低温下，受特定的冲击负荷时，50%的试样出现破损时的温度。

2）低温对折温度，即为塑料试样在弯折180°时出现将要破裂而未破裂的温度。

3）低温冲击压缩温度，即为塑料试样在低温下，以具有一定能量和速度的冲锤进行冲击压缩，使之破裂率达50%的温度。

1.2.20 耐热老化性能

塑料在加工和使用过程中，由于受热导致塑料性能的变劣称为热老化。抵抗热老化的能力称为耐热老化性。在高温下进行加速热老化试验，测定塑料性能（力学或电气性能等）在老化后的保留率或变化率，以此来衡量塑料的耐热老化性。

1.2.21 耐气候性

塑料在大气条件下使用，受日晒、雨淋、风吹、大气污染等严酷的自然条件作用，塑料性能变劣称为大气老化。抵御大气老化的能力称为耐气候性。

1.2.22 耐油性、耐溶剂性和耐药品（酸、碱、盐）性

耐油性、耐溶剂性和耐药品（酸、碱、盐）性是指塑料与油、溶剂或药品接触时所具有的抵抗能力。通常把试样浸入油、溶剂或药液中，在一定温度下经一定时间后，测定其质量或体积变化率，或者用拉伸强度、伸长率的保留率或变化率来表示。

1.2.23 耐水性及耐湿性

塑料在浸水或周围潮湿环境条件下，抵御水或潮湿气体渗入的能力，称为耐水性或耐湿性。塑料吸水和吸湿后，会引起绝缘电阻、击穿场强下降，介质损耗增大，且使塑料的外观、质量、力学性能等都发生变化。所以要求塑料应具有良好的耐水性和耐湿性。对于电线电缆用塑料，主要考虑的是，在浸水或吸湿后，应保证塑料的电绝缘性能符合使用要求。

塑料的吸水量，可用单位面积的吸水量、吸水率或吸水质量表示。透湿性，则以透湿系数和透湿量表示。

1.2.24 耐环境应力开裂性

一些结晶型塑料，由于加工过程中内应力的存在和使用时接触化学药品，致使在贮存和使用中出现开裂，称为环境应力开裂。抵御环境开裂的能力称为耐环境应力开裂性，可用表面刻有槽痕的弯曲试样，置入一定浓度的表面活性剂中，观察在规定时间内出现开裂的试样数量及所占的比例来衡量。

第2章

塑料配合剂

塑料主要是由合成树脂组成的。由于树脂是具有很大相对分子质量及复杂结构的有机化合物，因而它决定了塑料材料的基本性能。但是单纯地使用树脂还不能满足电线电缆性能和加工工艺的要求，因此，除树脂外还需要添加其他组分。例如，为了使塑料增加塑性及柔软性，就需要加入一定量的增塑剂；为使塑料增加强度及提高耐磨性能等，可加入适当的填充剂；为使塑料在加工或使用中不会变质，需要加入适当的稳定剂等。这些物质都是塑料的组成部分，统称为塑料配合剂。配合剂的类型和性能在一定程度上对塑料的物理力学性能、电绝缘性能及加工工艺性能有显著的影响。

在塑料中并不是每种塑料都必须含有以上各种组分，而是要根据使用及性能要求，来决定各种塑料中所使用配合剂的种类和用量。

塑料配合剂种类很多，其作用也是多方面的。一种配合剂可以在不同的塑料中起着相同的作用或不同的作用；而在同一种塑料中也起着多方面的作用。塑料配合剂按其在塑料中的主要作用可分为防老剂、增塑剂、阻燃剂、填充剂、润滑剂、着色剂、交联剂、发泡剂、防霉剂及驱避剂等若干种。

为了保证塑料制品具有所要求的性能，对配合剂的使用，除应正确选择及决定用量外，还要提出严格的技术要求，其基本要求如下：

1）与合成树脂有很好的相容性；

2）在加工和使用过程中有很好的光、热稳定性；

3）电绝缘性能好；

4）耐水和耐溶剂性好；

5）有一定的柔软性；

6）挥发性低，毒性小；

7）污染性和变色性小；

8）迁移性小，分散性要大；

9）工艺性能好。

2.1 防老剂

塑料用防老剂包括抗氧剂、稳定剂、紫外线吸收剂及光屏蔽剂等几大类。

2.1.1 抗氧剂

聚合物在生产、运输、储存和使用的过程中，经常受到氧和臭氧的作用而发生氧化反应。这种老化过程存在自催化效应，在热、光及重金属离子的存在下加速进行，结果使得聚合物发生降解和交联，进而影响材料的外观和实际性能。

抗氧剂的作用是抑制或延缓聚合物的氧化反应，干扰其中间产物的形成。就其作用原理而分，抗氧剂可分为主抗氧剂（主抗）和辅助抗氧剂（辅抗），并且二者配合使用，可起到良好的协同效应。其中，主抗的功能是捕捉活性自由基，使其转化为氢过氧化物，终止链反应。而辅抗可将主抗生成的氢过氧化物分解，不再重新引发自动氧化反应，并延缓引发过程中自由基的生成，以达到防止聚合物氧化老化的目的。电线电缆塑料用的主抗氧剂主要由酚类和胺类构成，而辅助抗氧剂则为亚磷酸酯类和硫代酯类两种。一般主、辅抗氧剂的配比为1：1~1：4。

1）酚类抗氧剂：酚类抗氧剂无污染性和变色性，是塑料工业使用的主要品种，并且新型酚类抗氧剂多同时包含辅抗的特征基团，可起到多重抗氧效果。各种酚类抗氧剂的特性及用途见表11-2-1。

2）胺类抗氧剂：胺类抗氧剂抗氧化作用一般优于酚类抗氧剂，但由于有污染和变色性，因而限制了在塑料工业中的应用而广泛应用于橡胶工业中。各种胺类抗氧剂的特性及用途见表11-2-1。

3）亚磷酸酯类抗氧剂：亚磷酸酯类抗氧剂具有自身低挥发和抗氧化作用。各种亚磷酸酯类抗氧剂的特性及用途见表11-2-1。

4）硫代酯类抗氧剂：硫代酯类抗氧剂与酚类抗氧剂具有良好的协同效应，但其氧化产物具有较高的酸性，使用时需注意对其他配合剂的影响。各种硫代酯类抗氧剂的特性及用途见表11-2-1。

表11-2-1 电线电缆用塑料抗氧剂的特性和用途

类别	抗氧剂名称	代号	分子结构	特性和用途
酚类抗氧剂	四[β-(3,5-二叔丁基-4-羟基苯基)丙酸]季戊四醇酯	1010	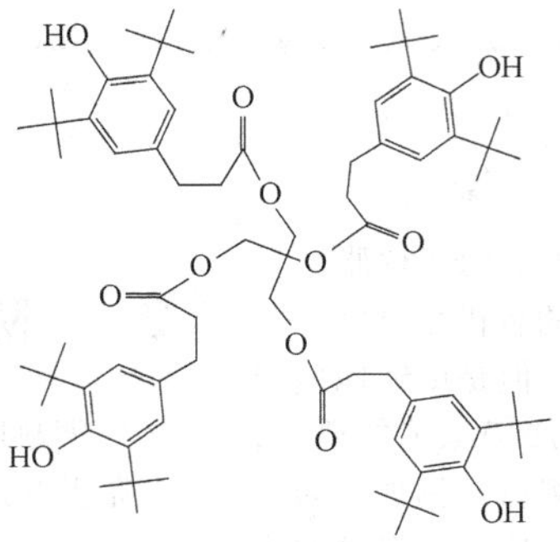	白色流动性粉末，熔点为115~118℃，熔程范围与其合成方法及纯度有关，系判定其品质的手段之一；无味无臭，不污染，不变色，耐水抽提，挥发性极小；耐热、抗氧性能优异。适用于聚乙烯、聚氯乙烯、聚丙烯、聚苯乙烯及合成橡胶等作耐热抗氧稳定剂，用量为0.01~0.5phr。对交联体系可适当增加用量
	β-(3,5-二叔丁基-4-羟基苯基)丙酸正十八碳醇酯	1076	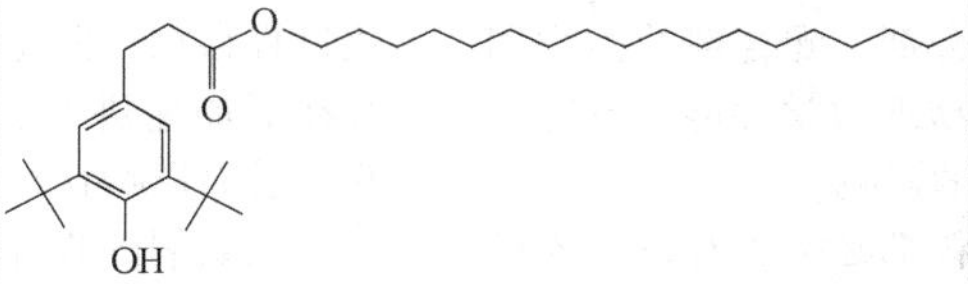	白色结晶粉末，熔点为49~52℃；挥发性极小，无毒，溶于大部分有机溶剂，几乎与全部的聚合物有良好的相容性。热稳定性良好，在185℃的空气中曝置8h不发生分解。适用于聚乙烯、聚丙烯、聚苯乙烯及橡胶等的热、氧稳定剂。在高温加工和使用的条件下，有优良的防老和不变色性
	1,1,3-三(2-甲基-4-羟基-5-叔丁基苯基)丁烷	CA	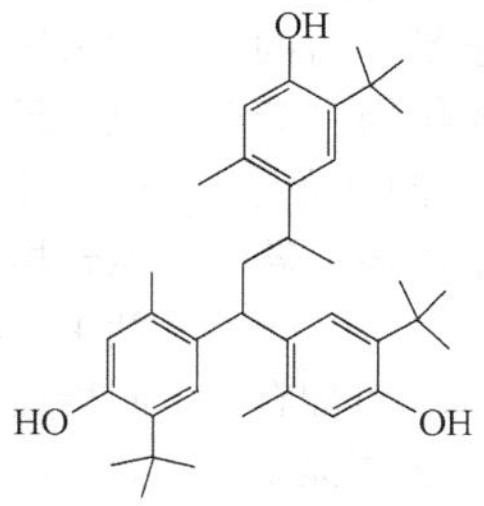	白色结晶粉末，熔点为185~188℃；挥发性很低，耐热稳定性高，无味无臭低毒性，不污染。在铜的存在下，也有优良的防止氧化降解作用。本品与硫代酯类抗氧剂配合，可提高稳定效果。本品特别适用于聚丙烯，也可以很好地用于聚乙烯、聚氯乙烯塑料及橡胶制品中
	2,2′-亚甲基双(4-甲基-6-叔丁基苯酚)	2246	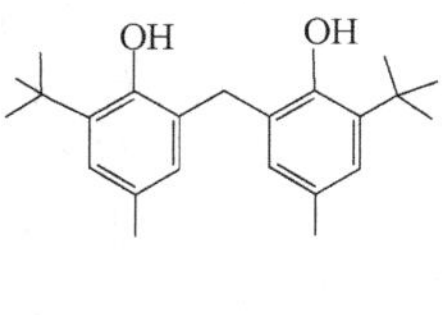	乳白色粉末，熔点为120~130℃；密度为1.04g/cm^3。本品为不污染的抗氧剂，毒性低。纯品为白色粉末，长期暴露于空气中略有黄粉红色，稍有酚臭。耐热氧老化，是酚类抗氧剂中优良品种之一。适用于聚乙烯及聚丙烯塑料中，用量为0.1~0.3phr；也可用于橡胶工业中，一般用量为0.5~1.5phr

（续）

类别	抗氧剂名称	代号	分子结构	特性和用途
酚类抗氧剂	1,3,5-三甲基-2,4,6-三(3,5-二叔丁基-4-羟基苄基)苯	330	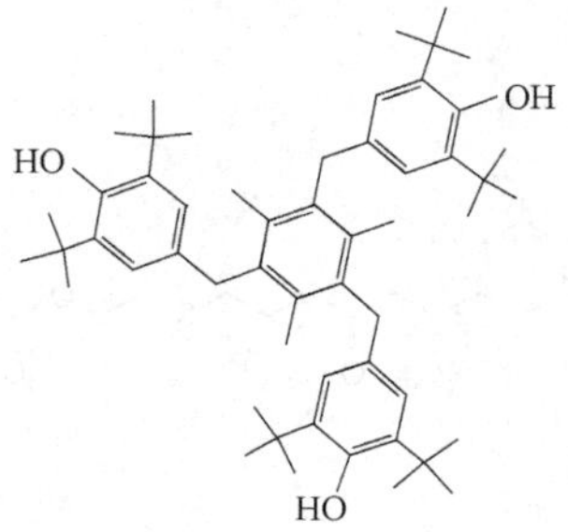	白色粉末,熔点为244℃,是不污染,低挥发性的抗氧剂。用于聚乙烯、聚丙烯及合成橡胶之中抗热氧老化。一般用量为0.1~0.5phr
	2,6-二叔丁基对甲酚	BHT,200,264	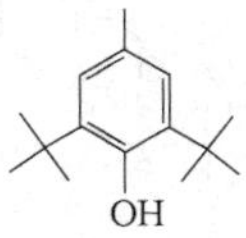	白色或淡黄色晶体粉末。密度为1.084g/cm^3。熔点为68.5~70.5℃;不污染,不变色;价廉,低毒,可应用于食品工业;但挥发性大,加工过程中容易扩散;热稳定性好,但应避光贮存;沸点为265℃,用于聚乙烯,也用于橡胶,一般用量0.5~3phr
	4,4′-硫代双(6-叔丁基-3-甲基苯酚)	300	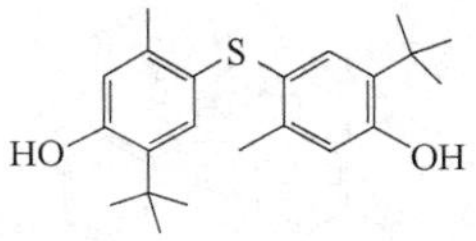	白色粉末,熔点为161~164℃;不污染,毒性低,用于塑料时有优良的热稳定作用和耐气候性。主要用于聚乙烯及聚丙烯,用量为0.5~1.0phr,也可用于橡胶工业中
	4,4′-硫代双(2-甲基-6-叔丁基苯酚)	736	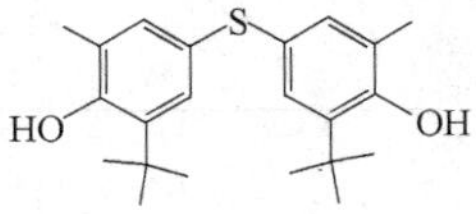	白色粉末,熔点为124℃。耐热稳定性高,挥发性低,毒性小,无味无臭,不污染,抗热氧老化;适用于聚乙烯、聚氯乙烯及天然和合成橡胶,用量为0.1~1.0phr
	4,4′-硫代双(2.6-二叔丁基苯酚)	4426-S	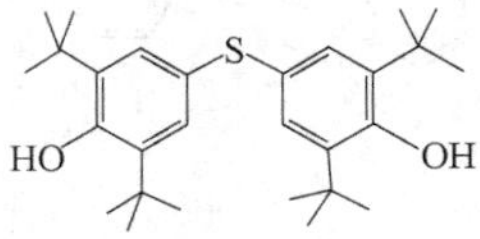	白色结晶状,熔点为136℃。不污染,无臭无毒,用于塑料及橡胶。聚乙烯的用量为0.5~1phr
	2,2′-二对羟基苯基丙烷	双酚A	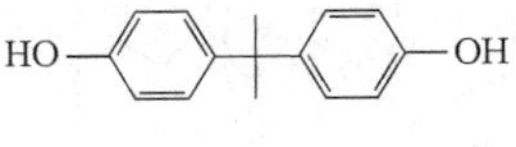	商品名称为二酚基丙烷,又名双酚A。为无色结晶粉末,熔点为155~158℃。密度为1.195g/cm^3,溶于甲醇、乙醇、异丙醇、丁醇、醋酸、丙酮及乙二醚,难溶于水。本品可用作聚氯乙烯的热稳定剂,并可作为塑料的抗氧剂和增塑剂

(续)

类别	抗氧剂名称	代号	分子结构	特性和用途
酚类抗氧剂	3,5-双(1,1-二甲基乙基)-4-羟基苯丙酸硫代二-2,1-乙二醇酯	1035	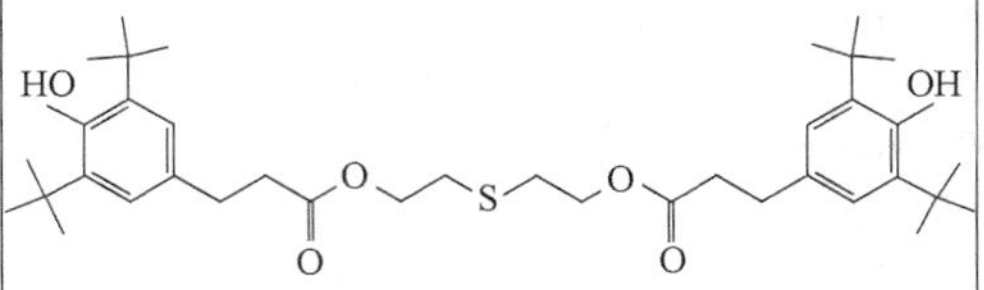	白色至浅黄色结晶粉末、无味、毒性低,不溶于水,易溶于甲醇、乙醇、甲苯、丙酮等有机溶剂,密度为 1.19g/cm³,对电缆绝缘性能的影响小,并具有良好的热稳定性和耐迁移性
	1,2-双[β-(3,5-二叔丁基-4-羟基苯基)丙酰]肼	1024	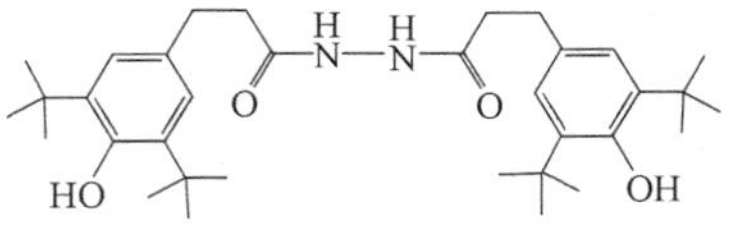	白色或浅黄色结晶粉末,具有抗氧和抑制铜害的功能,溶于甲苯,微溶于丙酮,不溶于水。非常有效的金属钝化剂,可单独或与其他抗氧剂并用,对聚烯烃特别有效,是电线电缆行业中不可或缺的抗铜剂
胺类抗氧剂	N,N′-二苯基对苯二胺	PDPPD	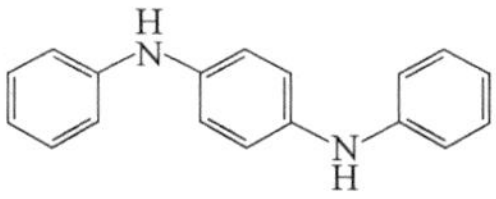	浅灰色微细粉末,纯品为银白色片状结晶。密度为 1.18~1.22g/cm³,熔点为 145~150℃,易燃。暴露于空气及日光下易氧化变色。有喷霜现象。用于天然橡胶、丁苯橡胶和丁腈等合成橡胶,用量不超过 0.5%。用于氯丁橡胶,可使其具有耐臭氧老化性能。用作聚乙烯热稳定剂,用量为 0.1~0.3phr。常与防老剂 D、RD 等混用
	N,N′-二-β-萘基对苯二胺	DNP	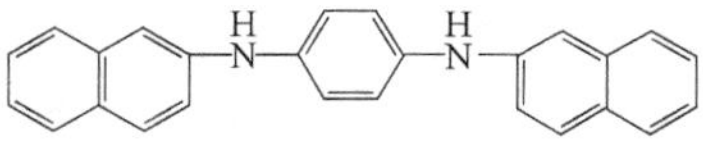	灰紫色或浅灰色粉末。纯品为浅色亮片状晶体。无味,无嗅,无毒;密度为1.18~1.32g/cm³,熔点大于 225℃。用作天然橡胶、二烯类合成橡胶、氯丁橡胶、丁基橡胶及胶乳的防老剂,聚烯烃及聚酰胺类高分子材料的抗氧剂及铜害防止剂,用量为0.1~1.0phr
	N-苯基-N′-环己基对苯二胺	4010	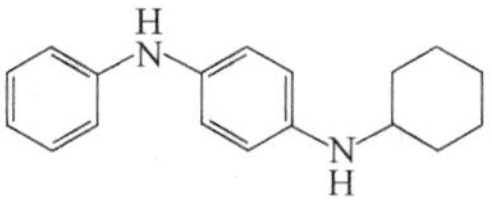	本品系亮灰色至紫灰色粉末,熔点不低于 113℃。它为性能优良的抗氧剂和抗臭氧剂,对热、氧、屈挠和臭氧引起的老化有显著的防护作用。对铜害等有显著抑制作用。分散性良好,用量在 0.1~1.0phr,过多会喷霜。在塑料工业中可用作聚乙烯等的热稳定剂,但不适用于浅色或艳色产品

（续）

类别	抗氧剂名称	代号	分子结构	特性和用途
胺类抗氧剂	N-异丙基-N′-苯基对苯二胺	4010NA，3C	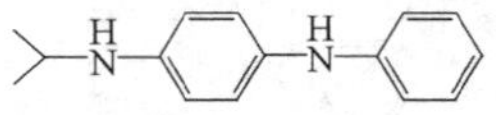	紫褐色至暗紫褐色片状晶体。熔点为 70℃。喷霜性小，对臭氧、热、氧、气候和屈挠引起的老化有优良的防护作用。有污染性，也有抑制有害金属对橡胶的破坏作用。在塑料工业中，作聚乙烯、聚苯乙烯的热稳定剂，用量为 0.1～1phr。用于天然橡胶可加 2phr，丁苯橡胶可加 3phr
亚磷酸酯类抗氧剂	亚磷酸三（壬基苯酯）	TNP	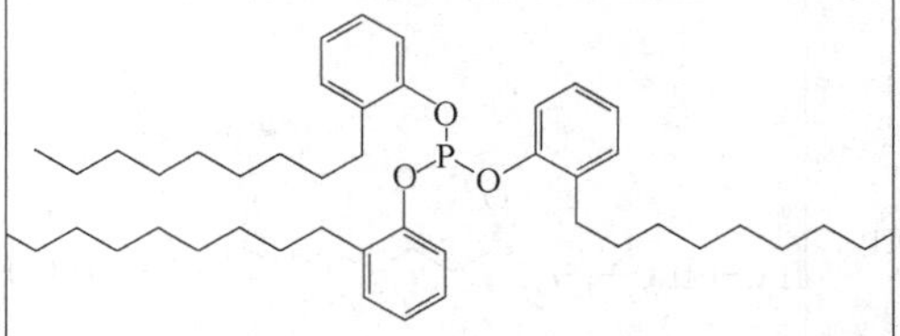	淡黄色透明粘稠液体，无臭，无味。密度为 0.97～1.01g/cm^3。不污染，不变色，适用于白色及艳色制品。对硫化无影响，可使橡胶软化，有利于加工操作。用作天然橡胶、二烯类合成橡胶及聚烯烃的抗氧剂，也适用于聚氯乙烯、聚苯乙烯等塑料，一般用量为 0.1～0.3phr
	亚磷酸三苯酯	TPP	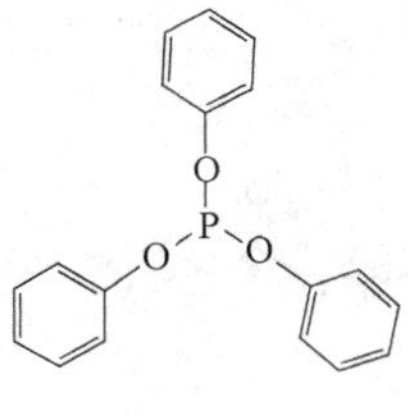	无色或淡黄色透明油状液体。微具苯酚气味。相对分子质量为 310，密度为1.180～1.186g/cm^3，不溶于水。作为辅助抗氧剂，具有良好的抗变色作用，可增加抗氧化性和光稳定性，适用于聚氯乙烯、聚丙烯等。在聚氯乙烯制品中作螯合剂，能抑制颜色变化
	三（2，4-二叔丁基）亚磷酸苯酯	168	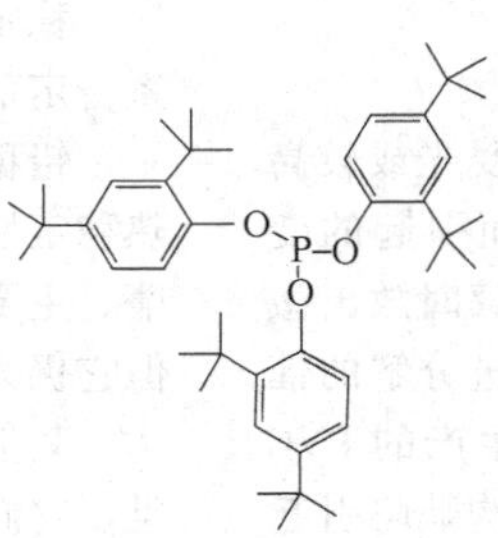	白色粉末，易溶于苯、氯仿、环已烷等有机溶剂，微溶于乙醇、丙酮，不溶于水、醇等极性溶剂，微溶于酯类。毒性低，热稳定性高，能有效地分解聚合材料热加工过程中产生的氢过氧化物。与胺类抗氧剂 1010 及 1076 并用有良好的协同效应，能提高聚合材料热加工过程中的稳定性。与酚类抗氧剂复配的制剂已达十几种，并有商品级复配物出售，广泛应用于聚烯烃（如聚乙烯、聚丙烯）及烯烃共聚物
	双（2，4-二叔丁基苯基）季戊四醇二亚磷酸酯	626	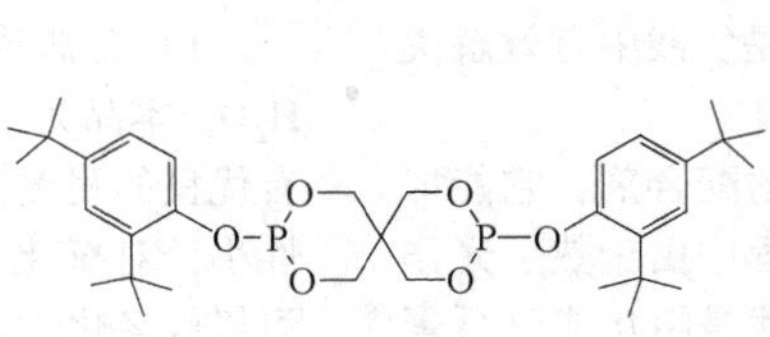	白色结晶粉末或颗粒，熔点为 170～180℃，易溶于甲苯、二氯甲烷等有机溶剂，微溶于醇类，不溶于水。耐水解性较差，应注意防潮。本品是一种高效的亚磷酸酯类辅助型抗氧剂，与大多数聚合物具有很好的相容性。有良好的防止光和热引起的变色作用，同时还具有一定的光稳定作用

（续）

类别	抗氧剂名称	代号	分子结构	特性和用途
亚磷酸酯类抗氧剂	3,9-二(2,4-二枯基苯氧基)-2,4,8,10-四氧杂-3,9-二磷杂螺[5.5]十一烷	S-9228	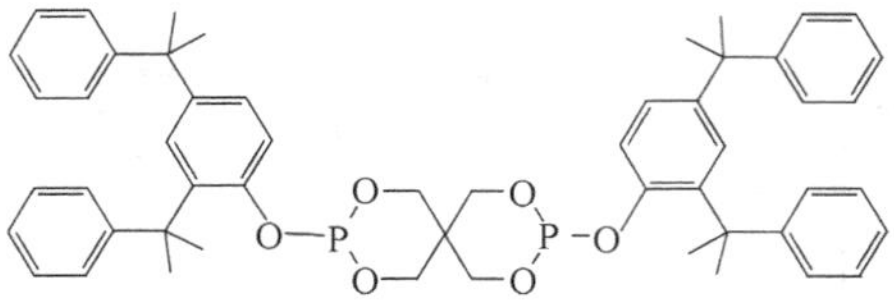 O—P O O O O P—O	白色结晶粉末，相对分子质量为 853，熔点为 229～232℃，抗水解性优良，可有效防止树脂特别是工程塑料在高温加工过程中的黄变、分解及易产生黑点的现象，广泛应用于耐高温树脂体系，以取代常规的小分子量亚磷酸酯类抗氧剂，有效地改善其高温熔融加工热稳定性、抗变色性及熔体流变稳定性
硫代酯类抗氧剂	硫代二丙酸双(十八酯)	DSTP	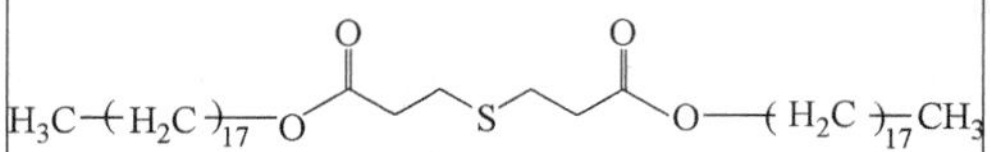 $H_3C-(H_2C)_{17}-O-C(=O)-CH_2CH_2-S-CH_2CH_2-C(=O)-O-(H_2C)_{17}-CH_3$	白色结晶性粉末，熔点为 64.5～67.5℃，是辅助抗氧剂；毒性低，挥发性低，气味小，通常与酚类抗氧剂并用，有良好的协同效果。常用于聚乙烯、聚氯乙烯、聚丙烯及橡胶等，用量为 0.05～1.5phr
	硫代二丙酸二月桂酯	DLTP	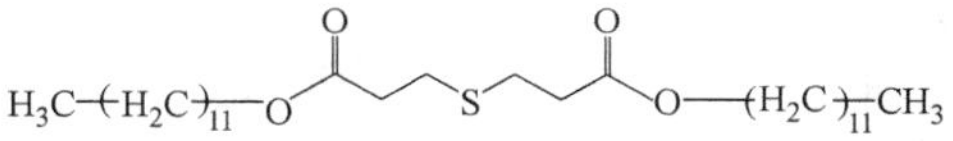 $H_3C-(H_2C)_{11}-O-C(=O)-CH_2CH_2-S-CH_2CH_2-C(=O)-O-(H_2C)_{11}-CH_3$	白色结晶性粉末，熔点为 39.5～42℃，是辅助抗氧剂，毒性低，气味小，挥发性低，通常与酚类抗氧剂并用，有显著的协同效果。常用于聚乙烯、聚氯乙烯、聚丙烯及橡胶等，用量为 0.05～1.5phr

2.1.2 稳定剂

聚氯乙烯及其共聚物在空气中长期受光或较高的温度作用下，易产生分解。因分解而引起的变化，最显著的是颜色由黄变黑，且在分解时放出微量的氯化氢，而氯化氢本身又是一种促进分解的催化剂。根据 PVC 的热降解机理，工业生产的 PVC 对热不稳定是由于其分子含有不稳定结构缺陷引起的，而解决 PVC 热不稳定性问题的根本方法是改进合成方法和工艺以避免和减少不稳定结构缺陷的生成。但到目前为止这种方法所能达到的效果还十分有限。因此，采用“稳定剂”是实践中有效解决 PVC 热不稳定的方法。

稳定剂是聚氯乙烯塑料重要的配合剂，它能抑制聚氯乙烯树脂在加工和使用过程中由于热、光作用而引起的降解和变色。稳定剂就是阻止或延缓聚氯乙烯及其共聚物这种分解作用的物质，一般它都兼有一定的光稳定作用。

稳定剂的种类繁多，在电线电缆中常用的是铅系稳定剂、皂类稳定剂及无毒环保稳定剂。

铅稳定剂是目前最为有效的稳定剂。它的长期热稳定性和耐气候性良好，不降低电绝缘性能，价廉。主要缺点是分散性不好，用量大，毒性较大，但它仍为最常用的稳定剂。

其他金属的盐类稳定剂，常用的有钙、钡的盐类。它们都有初期着色性，但长期耐热性良好，耐气候性较差。钡盐有毒，钙盐无毒。这类稳定剂通常是配合使用的，以便发挥效果。

常用的稳定剂的特点及用途分列如下：

1）三盐基性硫酸铅：分子式为 $3PbO \cdot PbSO_4 \cdot H_2O$。本品为使用最普遍的一种聚氯乙烯稳定剂，有优良的耐热性和电绝缘性能，耐光性尚好，吸水性小，对氯化氢（HCl）的吸收力大，遮光性好，耐气候老化性好。本品有毒，与其他二盐基性亚磷酸铅、二盐基性硬脂酸铅配合使用，可增强稳定效果。

2）二盐基性亚磷酸铅：分子式为 $2PbO \cdot PbHPO_3 \cdot \frac{1}{2}H_2O$。本品为聚氯乙烯稳定剂，有很突出的耐气候性，具有抗氧化和吸收紫外线的能力，热稳定性和电绝缘性能优良。本品可与三盐基性硫酸铅和二盐基性硬脂酸铅良好地配合使用。

3）二盐基性邻苯二甲酸铅：分子结构为

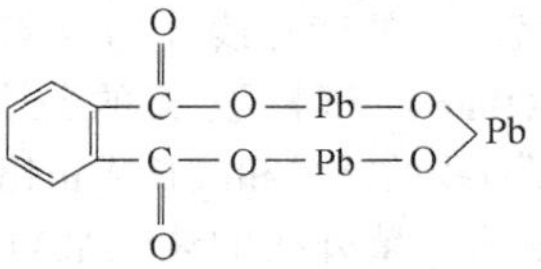

本品为聚氯乙烯稳定剂，耐热性和耐光性兼优，热稳定性好，分散性好，紫外线吸收能力大，电绝缘性能好，相容性好。与苯二甲酸酯增塑剂并用时，加工性能非常好。适用于耐高温电绝缘材料和泡沫塑料，特别是作为软聚氯乙烯和泡沫塑料的稳定剂尤为有效。

4）二盐基性硬脂酸铅：分子式为 $2PbO \cdot Pb(C_{17}H_{35}COO)_2$。本品为聚氯乙烯稳定剂，有优良的润滑作用，热稳定性、电绝缘性能、耐水性均较硬脂酸铅为优。与二盐基性亚磷酸铅、三盐基性硫酸铅并用时，有优良的热和光稳定作用。本品有毒，硫化物污染性大。

5）硬脂酸铅：分子式为 $Pb(C_{17}H_{35}COO)_2$。本品为聚氯乙烯的最廉价的稳定剂之一，有很好的润滑性，对光和热都有较好的稳定作用，广泛地用于与其他铅稳定剂配合使用。本品有毒，硫化物污染性大。

6）三盐基性顺丁烯二酸铅：具有良好的光、热稳定性，对使用含氯增塑剂或氯化聚氯乙烯场合，尤为适宜。

7）硬脂酸钡：分子式为 $Ba(C_{17}H_{35}COO)_2$。本品为聚氯乙烯的稳定剂兼润滑剂，无硫化物污染性。以微量硬脂酸钡配合于铅稳定剂，则可提高塑料的电绝缘性能。

8）硬脂酸钙：分子式为 $Ca(C_{17}H_{35}COO)_2$。本品润滑性能良好，无毒，无硫化物污染性，但热稳定作用较差。适用于软聚氯乙烯塑料。

9）硅酸铅：分子式为 $PbO \cdot 2SiO_2 \cdot H_2O$。本品为聚氯乙烯稳定剂，热、光稳定作用良好，耐气候老化性也较好，但吸湿性大、分散性差。

10）硅酸共沉淀硅酸铅：分子式为 $PbSiO_3 \cdot mSiO_2 \cdot nH_2O$，具有较好的热稳定性、光稳定性、电气绝缘性、低温性能，可用于耐热电缆料。

以上各种稳定剂的特性见表 11-2-2，技术要求见表 11-2-3。

表 11-2-2　热稳定剂的特性

稳定剂名称	相对分子质量	金属(氧化物)含量(质量分数)(%)	密度/(g/cm³)	折光率	熔点/℃
三盐基性硫酸铅	990.9	PbO 88~90.1	7.1	2.1	
二盐基性亚磷酸铅	742.6	PbO 88~91	6.9	2.25	
二盐基性邻苯二甲酸铅	817	PbO 78~81.5	4.6	1.99	
二盐基性硬脂酸铅	1219	PbO 51.5±1	2.1	1.6	280℃分解
硬脂酸铅	773	Pb 27.5±0.5	1.4	1.52	104~110
三盐基性顺丁烯二酸铅	1008.9	Pb 88±1.5	6.0	2.1	
硬脂酸钡	703	Ba 19.5±0.5	1.2	1.53	225
硬脂酸钙	606	Ca 6.8±0.5	1.08	1.53	150
硅酸铅	361	PbO 62.27	2.67	1.6	

表 11-2-3　各种稳定剂的技术要求

稳定剂名称	外观	H_3PO_3(%)	SO_3(%)	SiO_2(%)	水分(%)	细度	游离酸(%)	总灰分(%)
三盐基性硫酸铅	白色粉末	—	7.5~8.5	—	<0.4	200 目 99.5%	—	—
二盐基性亚磷酸铅	白色粉末	9.5~11.5	—	—	<0.4	200 目 99%	—	—
二盐基性邻苯二甲酸铅	微黄色粉末	—	—	—	≤1	150 目 99.5	—	—
二盐基性硬脂酸铅	白色粉末	—	—	—	≤1	120 目 99.5%	—	—
硬脂酸铅	白色粉末	—	—	—	<1	200 目>99%	<1	30±0.5
三盐基性顺丁烯二酸铅	微黄色粉末	—	—	—	<1	200 目>99.5%	—	—
硬脂酸钡	白色粉末	—	—	—	<1	200 目>99%	<1	29.2±0.5
硬脂酸钙	白色粉末	—	—	—	<2	200 目>99%	<1	9.7±0.5
硅酸铅	白色粉末	—	—	>30	≤2	120 目 99%	—	—

近年来，由于 PVC 用量的增大，其热稳定剂的品种也有了长足的发展，并随着全世界环保意识

的强化，铅盐类热稳定剂将被无毒环保产品所取代。无毒环保稳定剂具有较好的稳定性，同时符合国际环保要求，在汽车绝缘线、电子线等领域应用广泛。

常用的环保类稳定剂主要种类如下：

1）稀土类稳定剂：此类稳定剂是以稀土氧化物和氯化物为主的单一化合物或混合物。主要有硬脂酸稀土、环氧脂肪酸稀土、马来酸单酯稀土、水杨酸稀土、羧酸酯稀土等。具有无毒、高效、多功能、价格适中等优点。

2）钙-锌复合稳定剂：此类稳定剂作为环保热稳定剂，具有价格低廉、应用范围广泛的特点，与其他辅助热稳定剂配合使用可以有效地提高其热稳定性。

3）水滑石类稳定剂：水滑石是一类无机层状化合物，分子式为 $Mg_6Al_{12}(OH)_{16}CO_3 \cdot 4H_2O$，水滑石类稳定剂的主要制备方法有共沉淀法、水热合成法、离子交换法、焙烧复原法及尿素分解共沉淀法等。其稳定机理是水滑石中的氢氧根离子（OH^-）与不稳定的氯离子（Cl^-）发生离子交换，以及吸收 PVC 降解生成的 HCl。

4）有机锡类稳定剂：有机锡类稳定剂是 PVC 最佳的热稳定剂之一。它具有应用广泛、耐候性好、毒性低、加工流动性好等优点，但其制造成本高、有一定的气味，这一定程度上限制了其应用。

5）液体钙-锌稳定剂：具有热稳定性、光稳定性、透明性及耐候性好的优点，可以根据不同制品的要求配制不同的钙/锌复合体系。

2.1.3 紫外线吸收剂

经由太阳发射出来的辐射线，其电磁波的波长范围很宽，但通过大气层的过滤后，实际照射到地球表面的为短波长的紫外线（290~400nm）、可见光（400~800nm）和长波长的红外线（800~3000nm）。辐射线的能量和波长成正比，波长越短，辐射线能量越大。紫外线的波长最短，光能最高，为 290~390kJ/mol。而有机化合物的键能通常为 290~400kJ/mol，故容易为紫外线所破坏。

紫外线吸收剂是一种能吸收紫外线光波或减少紫外线光的透射以防止塑料的光老化的化学物质。它能强烈地、选择性地吸收高能量的紫外线光，并进行能量转换，将吸收的能量以热的形式或其他无破坏性的形式把能量放出，从而避免聚合物内的吸光基团受紫外线作用而受到激发，进而引发光热氧化反应。紫外线吸收剂吸收光的程度，与紫外线吸收剂的分子消光系数及其浓度成正比，故必须选择分子消光系数大的紫外线吸收剂。目前工业上较为常用的紫外线吸收剂主要有二苯甲酮类、水杨酸酯类和苯并三唑类等，其特性及用途见表 11-2-4。

表 11-2-4 紫外线吸收剂的特性和用途

类别	名称	代号	分子结构	特性和用途
二苯甲酮类	2-羟基-4-甲氧基二苯甲酮	UV-9	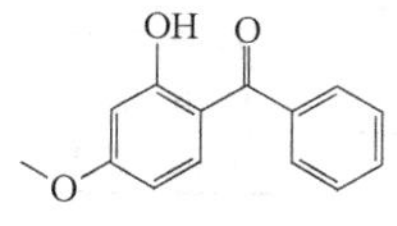 OH O	白色或淡黄色结晶粉末，相对密度为 1.324，熔点为 63~64℃，溶于乙醇、乙酸乙酯、甲醇、甲乙酮，不溶于水。能有效地吸收整个紫外光区域的波长为 290~400nm 的光，几乎不吸收可见光，它的光、热稳定性良好，200℃ 不分解。对聚氯乙烯、聚苯乙烯特别有效。在塑料中用量为 0.1~1.5phr
	2-羟基-4-正辛氧基-二苯甲酮	UV-531	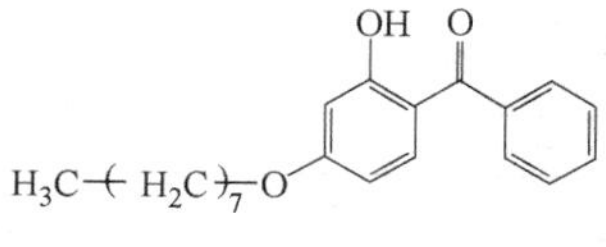 OH O $H_3C-(H_2C)_7-O$	浅黄色针状结晶粉末，熔点为 49℃，溶于苯、丙酮、乙醇、异丙醇；微溶于二氯乙烷、己烷。能有效地吸收 300~375nm 的紫外线。与大多数聚合物有很好的相容性，挥发性低。适用于聚烯烃、聚苯乙烯等塑料及合成橡胶，用量为 0.1~1.0phr

（续）

类别	名称	代号	分子结构	特性和用途
二苯甲酮类	2-羟基-4-十二烷氧基-二苯甲酮	DOBP	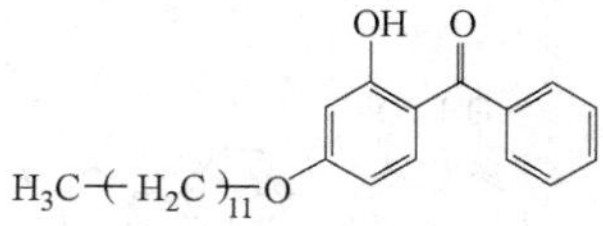	浅黄色片状固体，熔点为44~46℃，凝点43℃。性能与UV-531相似，与聚烯烃有良好的相容性，是聚乙烯、聚丙烯和合成橡胶的高效紫外线吸收剂
	2,4-二羟基二苯甲酮	UV-0	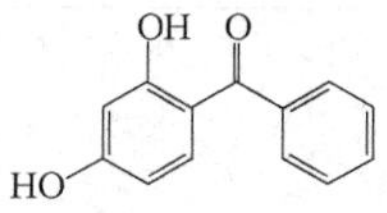	浅黄色针状结晶或白色粉末，熔点为138~143℃，溶于丙酮、乙醇、乙酸乙酯、甲醇、异丙醇，不溶于水。用于聚氯乙烯、聚苯乙烯和合成橡胶中有一定的效果，也用作合成其他紫外线吸收剂的中间体
	2,2′-二羟基-4-甲氧基-二苯甲酮	UV-24	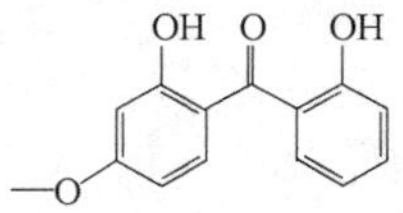	浅黄色粉末，熔点为68~70℃，无毒，易溶于有机溶剂，不溶于水。本品有效地吸收300~380nm的紫外光，但也能吸收一部分可见光，故制品略带黄色。与聚合物相容性优良，化学反应性很小
	2,2′-二羟基-4,4′-二甲氧基二苯甲酮	D49	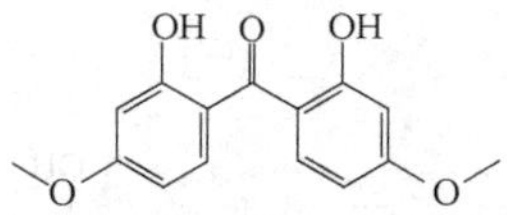	淡黄色粉末。密度为1.344g/cm³，熔点为137~138℃，溶于乙酸乙酯、甲乙酮、甲苯，不溶于水。它既能有效地吸收紫外线，也能吸收一部分可见光，使制品稍带黄色，用于聚氯乙烯、聚烯烃和各种合成橡胶
水杨酸酯类	水杨酸双酚A酯	BAD	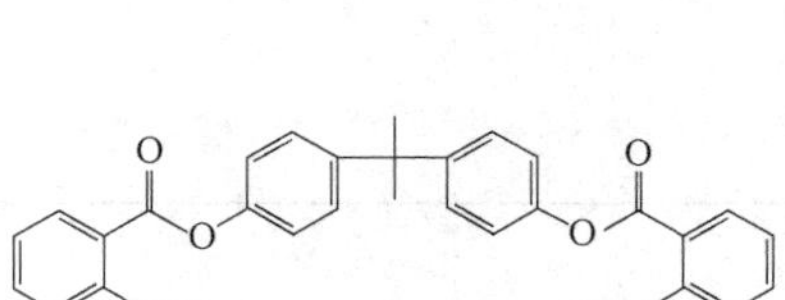	白色粉末，熔点为158~161℃，无臭无味。可溶于苯、甲苯、二甲苯、丙酮、乙酸乙酯、氯苯、四氯化碳等，不溶于乙醇和水。能吸收350nm的紫外线。与聚合物相容性好，价格低，适用于聚烯烃、聚氯乙烯及橡胶中，一般用量为0.25~1phr，可与二苯甲酮类和三嗪类紫外线吸收剂并用，效果更佳
	2-羟基苯甲酸-4-(1,1-二甲基乙基)苯基酯	TBS	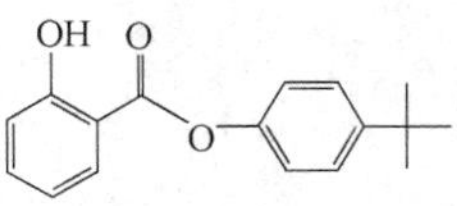	白色粉末，微具气味，相对分子质量为270，熔点为62~64℃，溶于多数有机溶剂，吸收波长范围为290~330nm的紫外线，光稳定效果好，光照下有变黄倾向，适用于聚氯乙烯、聚乙烯等，一般用量为1.0~1.5phr

（续）

类别	名称	代号	分子结构	特性和用途
水杨酸酯类	水杨酸对辛基苯基酯	OPS	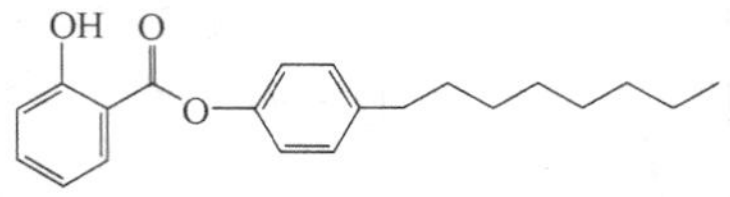	白色结晶粉末，相对分子质量为326，熔点为72～74℃，易溶于苯、丙酮，不溶于水。对紫外线吸收范围为290～330nm的紫外线，适用于聚乙烯、聚丙烯等，相容性好，用量为0.5～2phr，与酚类抗氧剂及硫代酯类抗氧剂具有协同效应
苯并三唑类	2-(2′-羟基-5′-甲基苯基)苯并三唑	UV-P	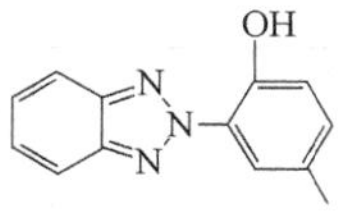	无色或淡黄色结晶粉末，熔点为129～130℃，密度为1.38g/cm^3，可溶于有机溶剂，不溶于水。能非常有效地吸收280～380nm的紫外光（吸收峰为340nm），不吸收可见光，光、热稳定性优良，与聚烯烃相容性比较差，会与重金属离子形成带色络合物。本品在多种塑料中都有良好的效果，用量为0.05～0.5phr
	2-(2′-羟基-3′-叔丁基-5′-甲基苯基)-5-氯苯并三唑	UV-326	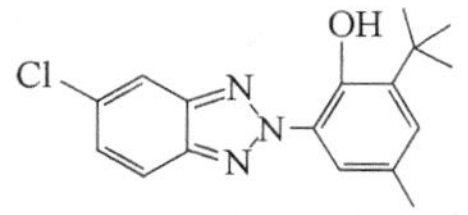	浅黄色结晶粉末，熔点为140～141℃。在苯、甲苯、苯乙烯、甲基丙烯酸甲酯、环己烷、甲乙酮等溶剂中有较大的溶解度；在DOP、DOS、TCP等增塑剂中溶解度较小。对紫外线的吸收范围为270～380nm，最大吸收波长353nm。挥发性小，耐热，并有优良的耐抽出性，对金属离子不敏感。适用于聚丙烯、聚氯乙烯等塑料，用量为0.2～0.5phr
	2-(2′-羟基-3′,5′-二叔丁基苯基)-5-氯代苯并三唑	UV-327	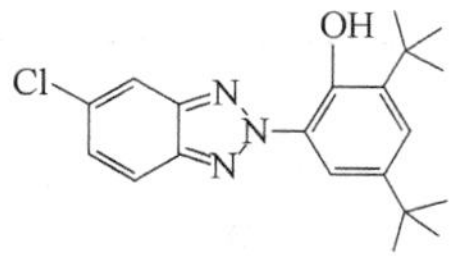	淡黄色粉末，熔点为157℃。在苯、甲苯、苯乙烯、甲基丙烯甲酯、甲乙酮、醋酸乙酯、环己烷等溶剂和DOP、DOS等增塑剂中有较大的溶解度。能有效地吸收300～400nm的紫外光（吸收峰为353nm），挥发性极小，与聚烯烃的相容性好，与抗氧剂并用时效果更好。用于聚乙烯及聚丙烯中，用量为0.2～0.5phr

（续）

类别	名称	代号	分子结构	特性和用途
其他	2,4,6-(三2′,4′-二羟基苯基)-1,3,5-三嗪	三嗪-4	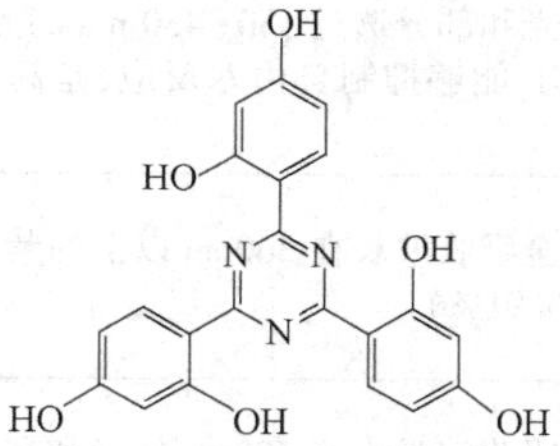 OH HO N N OH N HO OH OH	黄至淡黄色粉末，熔点为300℃。能有效地吸收300~400nm的紫外光。作为塑料的紫外光吸收剂，可有效地防止其光老化，用量为0.1~0.5phr
	2,4,6-三(2′-羟基-4′-丁正氧基苯基)-1,3,-三嗪	三嗪-5	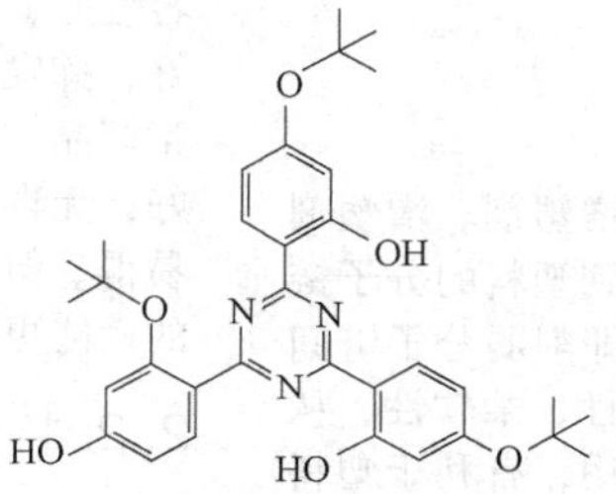 O OH O N N N O HO HO	黄色粉末，熔点为150~160℃。能有效地吸收300~400nm的紫外光，是高聚物特别是聚烯烃极好的紫外线吸收剂，对延长户外使用寿命极为明显。适用于聚氯乙烯、聚乙烯、氯化聚乙烯等塑料。用量为0.1~0.3phr
	2-氰基-3,3-二苯基-2-丙烯酸乙基酯	N35	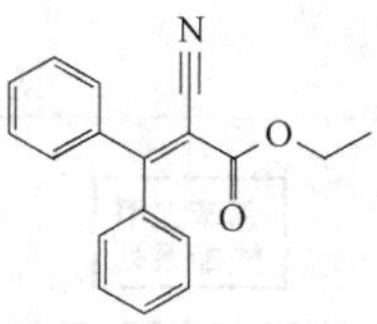 N O O	浅黄色结晶粉末，相对分子质量为278，熔点为95~100℃，沸点为174℃，溶于丙酮、甲苯、乙酸乙酯，不溶于水。可强烈吸收270~350nm的紫外线，适用于聚氯乙烯、聚乙烯等，一般用量为0.1~0.5phr
	2-氰基-3,3-二苯基丙烯酸-2-乙基己酯	N539	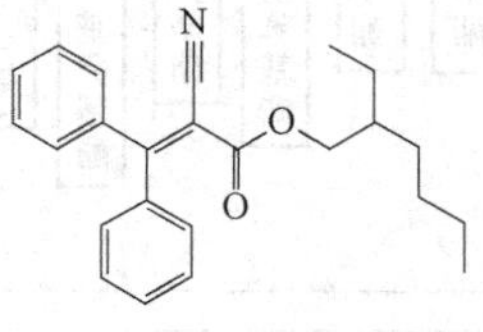 N O O	浅黄色液体，相对分子质量为361，熔点为-10℃，沸点200℃，溶于乙醇、甲苯、己烷、乙酸乙酯、DOP等，不溶于水。与树脂相容性好，不着色，适用于各种塑料，特别适用于软、硬质聚氯乙烯，可赋予制品优良的光热稳定性

2.1.4 光屏蔽剂

高分子材料受光照射，除需加入紫外线吸收剂外，还需加入光屏蔽剂。光屏蔽剂的作用是能吸收某些波长的光线（将光能转变为热能散出），或将光线反射，使其不进入材料内部，减少材料对光波的吸收，如氧化锌及钛白粉能提高材料对光的折射率，增大反射率，因此光屏蔽效果好，而炭黑对可见光的吸收和对紫外线的反射很有效，可提高制品的耐光性。

常用光屏蔽剂材料及其特性见表 11-2-5。

表 11-2-5 常用光屏蔽剂材料及特性

材料名称	特性	应用
炭黑	具有准石墨晶体结构和胶体粒径范围的黑色粉末物质，能吸收全部可见光，强烈反射紫外光和部分透过 330~430 nm 的光。由于结构中存在羟基芳酮结构，能够抑制自由基反应，是高效的光屏蔽剂	炭黑按制法可分为槽法炭黑、炉法炭黑和热裂法炭黑，粒径 15~25μm 最佳，用量 2%为宜。与硫系抗氧剂具有协同效应，可配合使用
氧化锌（ZnO）	白色六角晶体或粉末，能完全吸收波长在 360nm 以上的紫外光，并能有效地反射白色光（约 91%）	氧化锌价格低廉，效能持久，用量为 2~10phr。与抗氧剂并用具有一定的协同效应
钛白粉（TiO_2）	白色无毒无臭粉末，能完全吸收波长小于 400nm 的光和在极大程度上的反光	金红石型钛白粉质地柔软，耐候性和耐热性好，屏蔽紫外线作用强，不易变黄，不溶于水，特别适合户外使用的线缆制品

2.2 增塑剂

能使塑料增加塑性的物质称为增塑剂。增塑剂的增塑作用是由于增塑剂分子介入到塑料的分子链之间，使分子链之间的引力减弱，即削弱分子链间的聚集作用，而增加分子链的移动性、柔软性，从而使塑性增加。因此，增塑剂的使用，有利于塑料的混合、加工和改善使用性能，但一般均使塑料的强度降低而伸长率增大。

理想的增塑剂应具有下列性能：与高聚物的相容性好，塑化效率高，耐光、耐热、耐寒、耐候性好，挥发性低，迁移性小，耐水、耐油、耐溶剂、耐药品、耐细菌，低温柔软性好，阻燃，电性能好，无毒、无味、无臭、无色，耐污染性好，价廉易得。但通常都采用数种配合使用的方法，使塑料的性能更好更经济。

2.2.1 增塑剂的种类

增塑剂以其在高聚物材料中所起增塑作用的大小，可分为主增塑剂和辅助增塑剂。在实用上则常以其化学结构分为若干系列，如图 11-2-1 所示。

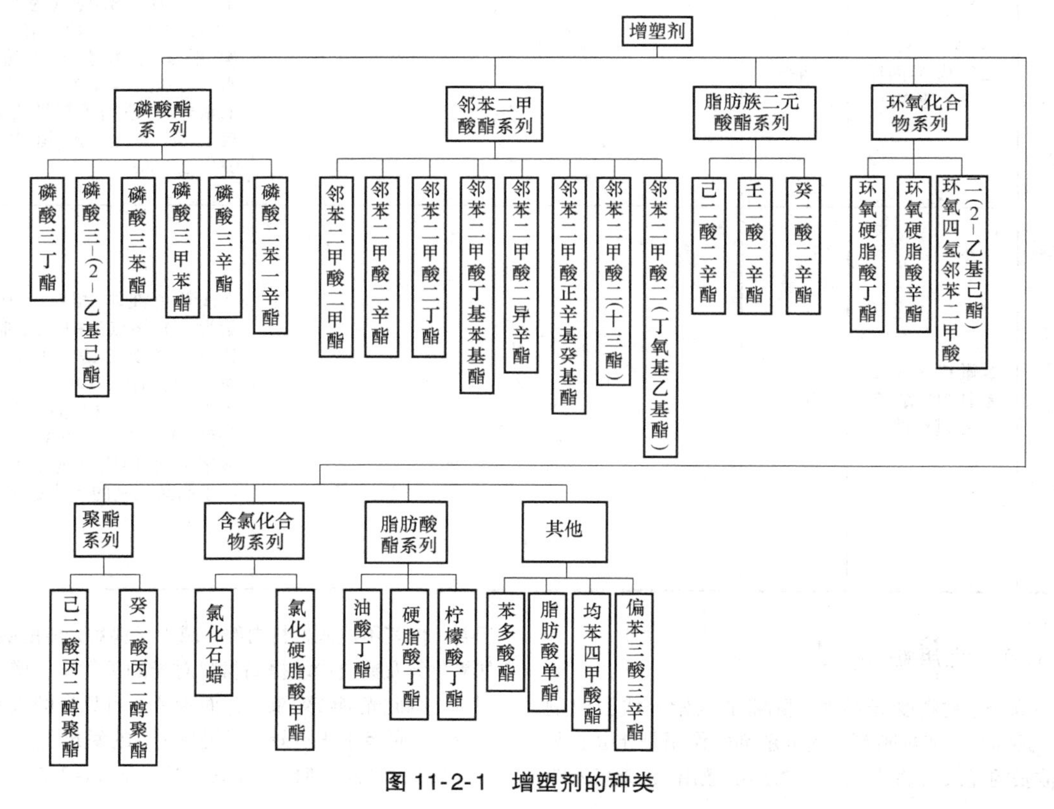

图 11-2-1 增塑剂的种类

2.2.2　电线电缆用增塑剂的特性和用途

电线电缆常用增塑剂的特性和用途见表 11-2-6。

表 11-2-6　电线电缆常用增塑剂的特性和用途

名　称	代号	分子结构	特性和用途
邻苯二甲酸二辛酯[化学名称邻苯二甲酸二(2-乙基已酯)]	DOP	$C_6H_4[COOCH_2CH(C_2H_5)-(CH_2)_3CH_3]_2$	本品为最常用的主增塑剂，它与许多聚合物有良好的相容性。由于它混合能力好，增塑效率高，吸水性小，抽出性和毒性低，电绝缘及力学性能好，故对聚氯乙烯绝缘级和护套级塑料均可使用。DOP 的技术要求见表 11-2-7
邻苯二甲酸二异辛酯	DIOP	$C_6H_4[C(=O)-O-(CH_2)_5-CH(CH_3)_2]_2$	本品基本与 DOP 相同。用作绝缘用塑料的增塑剂，其技术要求见表 11-2-8
邻苯二甲酸二壬酯	DNP	$C_6H_4[C(=O)-O-C_9H_{19}]_2$	本品耐光性、耐热老化性较好，耐寒性稍差，不宜在低温使用。增塑效果不如 DOP。适用于聚氯乙烯挤压制品。技术要求见表 11-2-9
邻苯二甲酸二异癸酯	DIDP	$C_6H_4[C(=O)-O-(C_7H_{34})-CH(CH_3)_2]_2$	本品是一种很好的耐久性增塑剂，可作为聚氯乙烯的主增塑剂。它挥发性、迁移性小，耐抽出性、电绝缘性能好，但相容性、耐寒性、耐油性较 DOP 差，故常用于耐高温电线中。技术要求见表 11-2-10
邻苯二甲酸二(十三酯)	DTDP	$C_6H_4[C(=O)-O-C_{13}H_{27}]_2$	本品是高温增塑剂，耐热性好，挥发性小，迁移性小，高温电性能比 DIDP 更好。加工时受热会着色，但与抗氧剂并用时可以避免。主要用于耐高温绝缘塑料中。技术要求见表 11-2-11
邻苯二甲酸辛十三酯		$C_6H_4(COOC_8H_{17})(COOC_{13}H_{27})$	本品的耐热性好，挥发性低，吸水性小，耐寒性较好。适用于制作耐热 80℃绝缘塑料。技术要求见表 11-2-12

（续）

名　称	代号	分子结构	特性和用途
邻苯二甲酸二月桂酯	DLP	$COOC_{12}H_{25}$ $COOC_{12}H_{25}$	本品具有优良的耐寒性和耐湿性，挥发性低，适于作耐寒聚氯乙烯护套料
邻苯二甲酸丁苄酯	BBP	$COOC_4H_9$ $COOCH_2$—	本品具有耐热、耐光、挥发性低、耐污染、塑化速度快、填充容量大、迁移性小、耐磨性好等特点。可作为主增塑剂。特别适用于聚氯乙烯，可降低压延成型温度及挤出温度或挤出速度。技术要求见表11-2-13
癸二酸二辛酯	DOS	O　　C_2H_5 C—OCH_2—C—$(CH_2)_3CH_3$ $(CH_2)_8$　H H C—OCH_2—C—$(CH_2)_3CH_3$ O　　C_2H_5	本品为优良的低温增塑剂，耐寒性能特别好。它挥发性小，但吸水性大，相容性差，易于迁移和抽出。适用于耐寒护套塑料。技术要求见表11-2-14
己二酸二辛酯 又名：己二酸二(2-乙基己基)酯	DOA	O　　C_2H_5 C—OCH_2—C—$(CH_2)_3CH_3$ $(CH_2)_4$　H H C—OCH_2—C—$(CH_2)_3CH_3$ O　　C_2H_5	本品为性能良好的低温促进剂，相容性好。有一定的耐热、耐光及耐水性，工艺性能好。适用于耐寒护套塑料。技术要求见表11-2-15
磷酸三甲苯酯	TCP	O—　—CH_3 O—P—O—　—CH_3 O—　—CH_3	本品为重要的增塑剂，电绝缘性能较好，与聚氯乙烯的相容性极好。拉伸强度大，耐热、耐大气老化，吸水性小，易塑化，阻燃性高，耐寒性差，毒性大。一般用于要求防霉和阻燃的塑料中。技术要求见表11-2-16
磷酸三辛酯	TOP	H C_4H_9—C—CH_2—O— C_2H_5 H C_4H_9—C—CH_2—O—P=O C_2H_5 H C_4H_9—C—CH_2—O— C_2H_5	本品与TCP的性能相似，但低温性能较好，故可提高低温柔韧性，并仍保持其阻燃性。力学性能好，吸水性小，耐热性好，但不易加工。TOP一般用作耐寒增塑剂

（续）

名 称	代号	分 子 结 构	特性和用途
磷酸三（二甲苯）酯	TXP	$[(CH_3)_2C_6H_5O]_3PO$	本品性能与磷酸三甲苯酯很接近，阻燃性好。适用于阻燃性塑料中
烷基磺酸苯酯	T-50 M-50	$R-S(=O)_2-O-C_6H_5$ （R：$C_{12\sim18}$的直键烷烃）	本品为聚氯乙烯增塑剂，可作主增塑剂用。电绝缘性能和力学性能好，挥发性小，无毒，但相容性和耐寒性较差，耐热性优于 DOP。技术要求见表 11-2-17
氯化石蜡		$C_mH_{2m+2-x}Cl_x$	本品为聚氯乙烯的辅助增塑剂，挥发性小，相容性较差，不燃，无臭，无毒。本品的增塑作用较小，但可代替一部分主增塑剂，并使制品有好的电绝缘性能及阻燃性。广泛应用于聚氯乙烯电缆料。技术要求见表 11-2-18。另有氯质量分数为 70%的白色粉末，用作阻燃剂，详见 2.3 节
环氧十八酸辛酯	ED3	$CH_3(CH_2)_7\,CH\!-\!CH(CH_2)_7COOC_8H_{17}$（CH—CH 间以 O 桥连成环氧）	本品为聚氯乙烯的增塑剂兼稳定剂，具有优良的热、光稳定作用和耐气候性，且耐寒性好，易于混合。技术要求见表 11-2-19
环氧大豆油		$CH_2-O-C(=O)-R'-CH-CH-R$（环氧） $CH-C(=O)-O-R'-CH-CH-R$（环氧） $CH_2-C(=O)-O-R'-CH-CH-R$（环氧）	本品为使用最广泛的环氧类增塑剂兼稳定剂，具有优良的耐热、耐光性能。相容性好，挥发度低，不易被抽出，并有良好的电绝缘性能和较好的耐寒性，无毒。用量为 2~3phr。技术要求见表 11-2-20
己二酸型双季戊四醇酯	305	$(R-C(=O)-O-CH_2)_3C-CH_2-O-C(=O)-R'-C(=O)-O-CH_2-C(CH_2-O-C(=O)-R)_3$ $R'=(CH_2)_4$	本品热稳定性高，耐热老化性能好，挥发性低，适用于耐 105℃ 的聚氯乙烯绝缘电缆料中。技术要求见表 11-2-21

（续）

名　称	代号	分子结构	特性和用途
醚型双季戊四醇酯		$(R-\overset{O}{\overset{\parallel}{C}}-O-CH_2)_3C-CH_2-O-CH_2-C(CH_2-O-\overset{O}{\overset{\parallel}{C}}-R)_3$	本品性能及用途同己二酸型双季戊四醇酯。技术要求见表11-2-22
偏苯三酸三辛酯	TOTM	$H_{17}C_8OOC-C_6H_3(COOC_8H_{17})_2$	本品的特点是耐热性和耐久性优良，适用于耐105℃的聚氯乙烯绝缘电缆料中。技术要求见表11-2-23
均苯四酸四辛酯	TOPM	$(H_{17}C_8OOC)_2C_6H_2(COOC_8H_{17})_2$	本品有极好的耐热性，塑化性能好，吸水性低，电绝缘性能好。适用于耐105～125℃的聚氯乙烯绝缘电缆料中。技术要求见表11-2-24
己二酸二异癸酯	DIDA	$(CH_2)_4(COOC_{10}H_{21})_2$	清澈油状液体。密度为 0.92g/cm³。闪点210℃。用作聚氯乙烯及合成橡胶的耐寒增塑剂，兼具优良的耐热性、耐光性及低挥发性。可与其他苯二甲酸酯系增塑剂混用
己二酸二(丁基二甘醇)酯	BXA	$(CH_2)_4(CO_2C_2H_4OC_2H_4OC_4H_5)_2$	无色或淡黄色透明液体。密度为1.021g/cm³。用作丁腈、聚氨酯、丙烯酸酯等合成橡胶的耐寒增塑剂和聚氯乙烯增塑剂
己二酸聚丙烯酯	Hexaplas PPA		本品挥发性小，耐油、耐溶剂性好，不易迁移，耐热，粘度大，相容性差，增塑效果低，工艺性不够好。适用于耐热聚氯乙烯绝缘电缆料中。技术要求见表11-2-25

（续）

名　称	代号	分子结构	特性和用途
对苯二甲酸二辛酯	DOTP	对苯二甲酸两端各接 $C(=O)-OCH_2-CH(C_2H_5)-C_4H_9$	本品是聚氯乙烯塑料用的一种性能优良的主增塑剂。它与邻苯二甲酸二辛酯（DOP）相比，具有耐热、耐寒、难挥发、抗抽出、柔软性和电绝缘性能好等优点，在制品中显示出优良的持久性、耐肥皂水性及低温柔软性。技术要求见表11-2-26
邻苯二甲酸二（2-丙基庚）酯	DPHP	苯环邻位各接 $C(=O)-CH_2CH(CH_2CH_2CH_3)CH_2CH_2CH_2CH_2CH_3$	本品为清澈油状液体。用作聚氯乙烯的主增塑剂，兼具优良的耐热性、耐光性及低挥发性。技术要求见表11-2-27

2.2.3 电线电缆用增塑剂的技术要求

电线电缆用增塑剂的技术要求见表11-2-7～表11-2-28。

表11-2-7 邻苯二甲酸二辛酯（DOP）的技术要求

项目		指标		
		优等品	一等品	合格品
色度/(Pt-Co)号	≤	30	40	60
纯度(%)	≥	99.5	99.0	
密度(20℃)/(g/cm³)		0.982～0.988		
酸度(以苯二甲酸计),%	≤	0.010	0.015	0.030
水分(%)	≤	0.10	0.15	
闪点/℃	≥	196	192	
体积电阻率/×10⁹Ω·m	≥	1.0	①	—

① 根据用户需要，由供需双方协商，可增加体积电阻率指标。

表11-2-8 邻苯二甲酸二异辛酯（DIOP）的技术要求

项　目		指标
色泽(APHA)	≤	200
酸度(%)以醋酸计	≤	0.01
酯含量(%)	≥	99
水分(%)	≤	0.1
密度(20℃)/(g/cm³)		0.987

表11-2-9 邻苯二甲酸二壬酯（DNP）的技术要求

项　目		指标
密度(20℃)/(g/cm³)		0.968～0.973
酯含量(%)	≥	99
酸度(以邻苯二甲酸计)(%)	≤	0.025
水分(%)	≤	0.1
灰分(%)	≤	0.02
折射率(20℃)		1.484～1.486

表11-2-10 邻苯二甲酸二异癸酯（DIDP）的技术要求

项　目		指标
密度(20℃)/(g/cm³)		0.968～0.970
酸值/(mgKOH/g)	≤	0.04
折光率(25℃±0.2℃)		1.482～1.486
加热减量(%)(125℃±3℃,3h)	≤	0.1
加热后酸值/(mgKOH/g)	≤	0.1
体积电阻率/Ω·cm(30℃)	≥	3×10^{11}

表11-2-11 邻苯二甲酸二（十三酯）（DTDP）的技术要求

项　目		指标
色泽(APHA)	≤	70
密度(20℃)/(g/cm³)		0.950～0.952
酯值		209～213
折光率(25℃±0.2℃)		1.481～1.485
酸值/(mgKOH/g)	≤	0.1
加热减量(125℃±3℃,3h)(%)	≤	0.1
体积电阻率(30℃)/Ω·cm		3×10^{11}

表11-2-12 邻苯二甲酸辛十三酯的技术要求

项　目		指标
外观		浅黄色透明液体
色泽(mgI/10%KI)	<	15
酯值		240～270
羟值	≤	5
酸值/(mgKOH/g)	≤	0.3
热耗	≤	0.2

表 11-2-13 邻苯二甲酸丁苄酯（BBP）的技术要求

项目	指标
外观	白色油状液体
密度(25℃)/(g/cm³)	1.111~1.119
熔点/℃	-35
折光率(25℃)	1.5336~1.5376
粘度(20℃)/Pa·s	65×10^{-3}
水中溶解度(30℃)(%)	0.0003
沸点/℃	370

表 11-2-14 癸二酸二辛酯（DOS）的技术要求

项目	指标		
	优等品	一等品	合格品
外观	透明、无可见杂质的油状液体		
色度/(Pt-Co 号) ≤	20	30	60
纯度(%) ≥	99.5	99.0	99.0
密度(20℃)/(g/cm³)	0.913~0.917		
酸值/(mgKOH/g) ≤	0.04	0.07	0.10
水分(%) ≤	0.05		0.1
闪点(开口杯法)/℃ ≥	215	210	205

表 11-2-15 己二酸二辛酯（DOA）的技术要求

项目	指标		
	优等品	一等品	合格品
外观	透明、无可见杂质的油状液体		
色度/(Pt-Co)号 ≤	20	50	120
纯度(%) ≥	99.5	99.0	98.0
酸值/(mgKOH/g) ≤	0.07	0.15	0.20
水分(%) ≤	0.10	0.15	0.20
密度(20℃)/(g/cm³)	0.924~0.929	0.924~0.929	0.924~0.929
闪点/℃ ≥	190	190	190

表 11-2-16 磷酸三甲苯酯（TCP）的技术要求

项目	指标		
	优等品	一等品	合格品
外观	黄色透明油状液体		
色度/(Pt-Co)号 ≤	80	150	250
酸值(以 KOH 计)/(mg/g) ≤	0.05	0.10	0.25
加热减量(%) ≤	0.10	0.10	0.20
闪点/℃ ≥	230	230	220
游离酚(以苯酚计)(%) ≤	0.05	0.10	0.25
体积电阻率①/Ω·cm ≥	1×10^{9}	1×10^{9}	—
热稳定性①/(Pr-Co)号 ≤	100	—	—

① 根据用户要求检验。

表 11-2-17 烷基磺酸苯酯（T-50、M-50）的技术要求

项目	指标
外观	浅黄色透明油状液体
色泽(mgI/2%KI)不深于	10
密度(20℃)/(g/cm³)	1.03~1.06
酸值/(mgKOH/g) ≤	0.1
加热减量(100℃,6h)(%) ≤	0.2
闪点(开口)/℃ ≥	200
粘度(20℃)/Pa·s	$(80\sim120)\times10^{-3}$
体积电阻率(20℃)/Ω·cm ≥	1.5×10^{9}

表 11-2-18 氯化石蜡的技术要求

项目	指标	
	42%	52%
密度(25℃)/(g/cm³)	1.15~1.18	1.23~1.26
含氯量(%)	41~44	50~52
粘度(25℃)/Pa·s	1.4~3.0	0.9~1.9
熔点/℃	-20~-15	
闪点/℃	280	

表 11-2-19 环氧十八酸辛酯（ED3）的技术要求

项目	指标
外观	黄色油状液体，洁净，无机械杂质
密度(20℃)/(g/cm³) ≥	0.90(0.902)
酸值/(mgKOH/g) ≤	0.5(1.0)
闪点(开口式)/℃	192~210
折光率(20℃)	1.452~1.458
挥发物含量(100℃,6h)(%) ≤	0.3(0.1)
碘值	5±2
环氧值(%) ≥	4.6
皂化值	175~185

表 11-2-20　环氧大豆油的技术要求

序号	项　　目		指标	试 验 方 法
1	外观		淡黄色透明液体	目测
2	色度/(Pt-Co)号	≤	170	GB/T 1664—1995
3	酸值(以 KOH 计)/(mg/g)	≤	0.6	GB/T 1668—2008
4	环氧值(%)	≥	6.0	GB/T 1677—2008 中盐酸-丙酮法
5	碘值(%)	≤	5.0	GB/T 1676—2008
6	加热减量(%)	≤	0.2	GB/T 1669—2001
7	密度,(20℃)/(g/cm^3)		0.988~0.999	GB/T 4472—1984 中 2.3.1
8	闪点/℃	≥	280	GB/T 1671—2008

表 11-2-21　己二酸型双季戊四醇酯（305）的技术要求

项　目		指标
外观		浅黄色透明油状液体
酸值/(mgKOH/g)	≤	1.0
羟值/(mgKOH/g)	≤	15
密度(23℃)/(g/cm^3)		0.985~1.005
折光率		1.450~1.458
闪点/℃	≥	265
凝固点/℃	≤	-50
加热减量(%)	≤	0.1
灰分(%)	≤	0.2
体积电阻率(20℃)/Ω·cm		1×10^{11}

表 11-2-22　醚型双季戊四醇酯的技术要求

项　　目		指标
色泽(mgI/2%KI)不深于		120
密度(20℃)/(g/cm^3)	≥	1.016±0.03
酸值/(mgKOH/g)	≤	0.5
加热减量(100℃,6h)(%)	≤	0.21
闪点(开口)/℃	≥	260
体积电阻率(20℃)/Ω·cm	≥	7×10^8
皂化值		390~408

表 11-2-23　偏苯三酸三辛酯（TOTM）的技术要求

项　目		指　标
外观		浅黄色透明液体
色泽(mgI/10%KI)	≤	10
酯值		300±10
酸值/(mgKOH/g)	≤	0.3
加热减量(%)	≤	0.2

表 11-2-24　均苯四酸四辛酯（TOPM）的技术要求

项　目		指　标
外观		浅黄色透明液体
色泽(mgI/10%KI)	≤	5
酯值		319±10
酸值/(mgKOH/g)	≤	0.3
加热减量(%)	≤	0.15

表 11-2-25　己二酸聚丙烯酯的技术要求

项　目	指　标
密度(25℃)/(g/cm^3)	1.15
折光率(25℃)	1.469
凝固点(沥青状)/℃	-20~-15
粘度(25℃)/Pa·s	60

2005 年欧盟部长理事会议通过法案，禁止在儿童玩具和儿童用品中使用六种增塑剂：邻苯二甲酸二丁酯（DBP）、邻苯二甲酸丁苄酯（BBP）、邻苯二甲酸二辛酯（DEHP，国内简称 DOP）、邻苯二甲酸二异壬酯（DINP）、邻苯二甲酸二异癸酯（DIDP）、邻苯二甲酸二正辛酯（DNOP）。其中前三种被禁止在所有儿童玩具和用品中使用，后三种被禁止在 3 岁以下儿童有可能被嘴吮吸的儿童玩具和用品中使用。故越来越多的 PVC 电缆料选用对苯二甲酸二辛酯（DOTP）、邻苯二甲酸二（2-丙基庚）酯（DPHP）代替邻苯二甲酸二辛酯（国内简称 DOP）作为主增塑剂。同时长链的增塑剂也在行业内得到大量应用。

表 11-2-26　对苯二甲酸二辛酯（DOTP）的技术要求

项　　目		指　　标		
		优等品	一等品	合格品
外观		透明、无可见杂质的油状液体		
色度/(Pt-Co)号	≤	30	50	100
纯度(%)	≥	99.5	99.0	98.5
密度(20℃)/(g/cm^3)		0.981~0.985		
酸值/(mgKOH/g)	≤	0.02	0.03	0.04
水分(%)	≤	0.03	0.05	0.10
闪点(开口杯法)/℃	≥	210		205
体积电阻率①/Ω·m	≥	2×10^{10}	1×10^{10}	0.5×10^{10}

①根据用户要求检测项目。

表 11-2-27 邻苯二甲酸二（2-丙基庚）酯（DPHP）的技术要求

项　目		指　标	
		优等品	一等品
外观		透明、无可见杂质的油状液体	
色度/(Pt-Co)号	≤	25	40
纯度(GC 法)(%)	≥	99.5	99.0
闪点(开口杯法)/℃	≥	210	205
酸值(以 KOH 计)/(mg/g)	≤	0.07	0.10
密度(20℃)/(g/cm³)		0.957～0.965	
水分(%)	≤	0.10	0.15
体积电阻率/(10⁹Ω·m)	≥	10	5

另外，美国埃克森美孚公司生产的十二醇是带支链的羰基合成伯醇，主要成分为 C_{12}醇，含有少量的 C_{11}和 C_{13}醇，用于生产邻苯二甲酸十一、十二酯（UDP）。UDP 通常与邻苯二甲酸双十一酯（DUP）或邻苯二甲酸二异十一酯（DIUP）配合使用，用于耐高温、耐低温的电线电缆绝缘与护套料。邻苯二甲酸二异十一酯（DIUP）的技术要求见表 11-2-28。

表 11-2-28 邻苯二甲酸二异十一酯（DIUP）的技术要求

项　目		一级
外观		透明油状液体
色度/(Pt-Co)号		不深于 40#
酯含量(%)		99.0～100.5
密度(20℃)/(g/cm³)		0.950±0.005
酸值/(mgKOH/g)	≤	0.05
加热减量(%)	≤	0.15
闪点/℃	≥	225
体积电阻率/Ω·cm	≥	3×10^{11}

2.3 阻燃剂

添加后使塑料难以着火或者能够延缓或阻止火焰蔓延的物质，称为阻燃剂（flame-retardant）。其消费量在国外仅次于增塑剂。

含有元素周期表中第 V 族的 N、P、As、Sb、Bi 和第Ⅶ族的 F、Cl、Br、I 以及 Al、Si、B、Zr、Sn、Mo、Mg、Ca、Ti 元素的物质，均具有不同程度的阻燃作用，但目前常用作阻燃剂的，主要是含有 P、Cl、Br、N、Sb、Al、B 元素的物质。

电线电缆用的橡胶、塑料以及各种天然的或合成的材料，凡不含有上述元素者，均是易燃材料，如聚乙烯、聚丙烯、聚苯乙烯、天然橡胶、丁苯橡胶、乙丙橡胶和棉、麻、丝等。有些材料虽然含有上述元素而具一定的阻燃性，但尚不能满足使用上的更高要求，如软质聚氯乙烯、氯丁橡胶、氯磺化聚乙烯、聚酰胺和硅橡胶等。对于上述两种情况，都可以通过使用阻燃剂的方法或使其具有阻燃性，或使其阻燃性能有更大的提高。

只有电线电缆用的氟塑料具有极高的阻燃性，可以不作阻燃处理而使用。

2.3.1 阻燃剂的种类

作为化工产品，可以把阻燃剂分为有机阻燃剂和无机阻燃剂两大类，如图 11-2-2 所示。

按照使用方法也可把阻燃剂分为反应型阻燃剂和添加型阻燃剂两大类，如图 11-2-3 所示。

反应型阻燃剂具有稳定性好、不易消失、毒性小、对高聚物性能的影响较小等优点，是一类比较理想的阻燃剂。不过，其应用已属合成阻燃性高聚物的范畴。对电缆工业而言，具有实用意义的还是添加型阻燃剂。

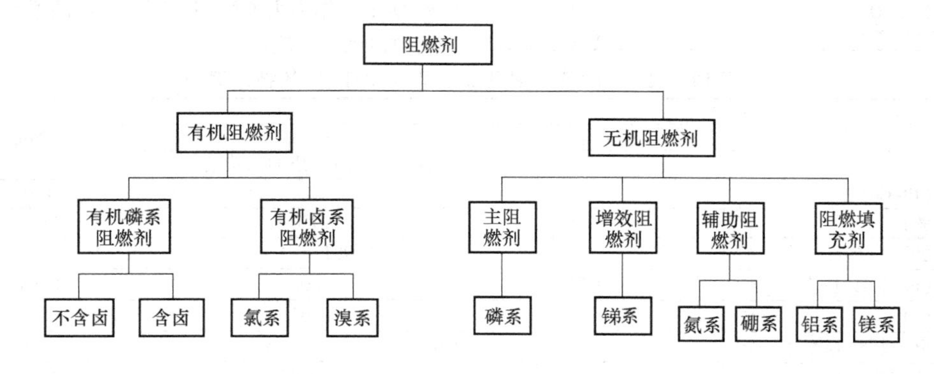

图 11-2-2 阻燃剂按化工产品的分类

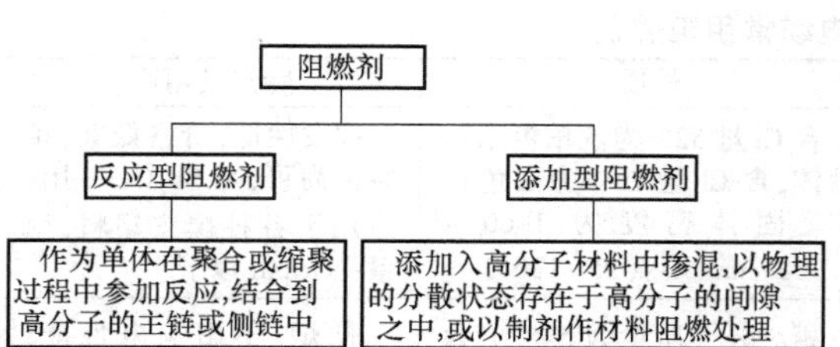

图 11-2-3　阻燃剂按使用方法的分类

2.3.2　阻燃剂的阻燃效应

阻燃剂之所以具有阻燃作用，是因为其在材料的燃烧过程中，能够改变其物理的或化学的变化模式，从而抑制或降低其氧化反应的速度。阻燃剂的这种特性，称为阻燃效应。不同阻燃剂的阻燃效应不同，使用时须予以充分地发挥。阻燃剂的阻燃效应见表 11-2-29。

表 11-2-29　阻燃剂的阻燃效应

阻燃效应	阻燃作用机理
吸热效应	使材料的温度上升发生困难。例如氢氧化铝受热分解生成氧化铝和水:$2Al(OH)_3 \rightarrow Al_2O_3 + 3H_2O$,其吸热量为 1.97kJ/g,与高聚物降解所需热量相当。含结合水的无机阻燃剂,均具吸热效应
覆盖效应	在较高温度下生成稳定的覆盖层,使材料与空气隔绝。例如锑系阻燃剂用于含卤材料或与含卤阻燃剂并用,燃烧时生成卤化锑和水:$Sb_2O_3+6HCl \rightarrow 2SbCl_3+3H_2O$,卤化锑因密度大而覆盖于材料表面。卤系、磷系阻燃剂能促使有机化合物炭化而生成炭化层,含硼含硅阻燃剂可促使材料表面生成陶瓷膜
稀释效应	受热分解时生成大量的不燃性气体,使材料因燃烧而产生的可燃性气体被稀释而达不到可燃的浓度范围。能受热分解出 CO_2、NH_3、HCl 和 H_2O 等不燃性气体的阻燃剂。如碳酸钙、磷酸铵、卤系阻燃剂以及各种含有结合水的无机阻燃剂等
转移效应	改变材料热分解的模式,以抑制其可燃气体的产生。例如利用酸或碱使纤维素起脱水反应生成碳和水,而不产生可燃性的碳化氢气体。氯化铵、碳酸铵等阻燃剂具有转移效应
抑制效应(捕捉游离基)	捕捉活性极大的 HO 游离基,切断燃烧过程的连锁反应。例如材料热分解生成乙烷时的燃烧连锁反应: $CH_3CH_3 \xrightarrow{热} CH_3CH_2^{\bullet} + H^{\bullet}$ $CH_3CH_2^{\bullet} \xrightarrow{+O_2} CH_3CH_2OO^{\bullet} \rightarrow CH_3CH_3 + 2CH_2{=}CH_2 + H_2O + \boxed{HO^{\bullet}}$;$\rightarrow CH_3CHO + \boxed{HO^{\bullet}}$ $H^{\bullet} \xrightarrow{+O_2} HOO^{\bullet}$ $H^{\bullet} \xrightarrow{+O_2} \boxed{HO^{\bullet}} + O^{\bullet}$ $\boxed{HO^{\bullet}} \xrightarrow{+H_2} H_2O + H^{\bullet}$;$H^{\bullet} \xrightarrow{+O_2} \boxed{HO^{\bullet}} + O^{\bullet}$ $O^{\bullet} \xrightarrow{+H_2} \boxed{HO^{\bullet}} + H^{\bullet}$;$H^{\bullet} \xrightarrow{+O_2} \boxed{HO^{\bullet}} + O^{\bullet}$ 卤系阻燃剂具有这种抑制效应,因为有: $HO^{\bullet} + HBr \longrightarrow HOH + Br^{\bullet}$ $Br^{\bullet} + RH \longrightarrow HBr + R^{\bullet}$ 其结果是活性小的 $Br^{\bullet}$ 和 $R^{\bullet}$ 取代了活性极大的 $HO^{\bullet}$,且在反应过程中卤化氢获得再生而不被消耗。由于 HBr 的键能比 HCl 小,故与 $HO^{\bullet}$ 的反应速度较快,阻燃效果较大。但 HF 的键能极大,不能捕捉 $HO^{\bullet}$,而 HI 的键能又太小,很不稳定,故均不具备这一特性
协同效应	单独使用阻燃效果不显著,与合适材料并用时则使阻燃效果大大增强。例如三氧化二锑与卤系阻燃剂并用,不但可以提高阻燃效率,而且阻燃剂的用量也可减少。三氧化二锑之所以能在含卤高聚物中单独作为阻燃剂,也是因其与卤素起协同作用的缘故。氢氧化铝与氢氧化镁并用也起协同效应,因其分解释出结合水的温度不同,可以在不同阶段起吸热效应而抑制材料的热分解

2.3.3　电线电缆用阻燃剂

电线电缆常用阻燃剂见表 11-2-30。材料为达自熄性所需阻燃元素数量见表 11-2-31。主要无机阻燃剂热分解温度见表 11-2-32。

表 11-2-30 电线电缆常用阻燃剂

名称	分子式或分子结构	性质	特点及用途
氯化石蜡	$C_mH_{2m+2-x}Cl_x$	含 Cl 量 52%为琥珀色粘稠液体,含 Cl 量 70%为白色粉末。固体密度为 1.60 ~ 1.70g/cm^3,熔点 95~120℃	挥发性低,价格低廉,相容性尚可,与 Sb_2O_3 并用,适用于各种橡皮塑料,用量在 15phr 以下
全氯戊环癸烷(Dechlorane)又名:十二氯代环癸烷	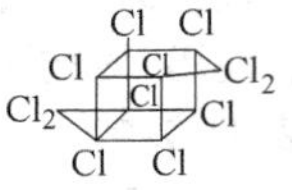 $C_{10}Cl_{12}$	相对分子质量为 545.6,含 Cl 量 78.1%。白色粉末。密度 2.02g/cm^3,熔点 485℃。650℃以上分解	低烟,不影响电性能。与 Sb_2O_3 并用,适用于聚烯烃、乙丙橡胶和丁基橡胶,用量为 5~25phr
双(六氯环戊二烯)环辛烷(Dechlorane Plus)	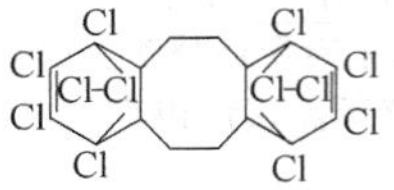	含 Cl 量 65%。白色粉末。密度为 1.80g/cm^3。熔点 350℃以上	同上,加工性较好
双(六氯环戊二烯)呋喃(Dechlorane Plus 602)	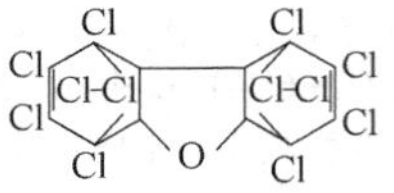	含氯量 69.4%。白色粉末。密度为 2.0g/cm^3。熔点为 290~293℃	同上
十溴二苯醚(DBDPO)	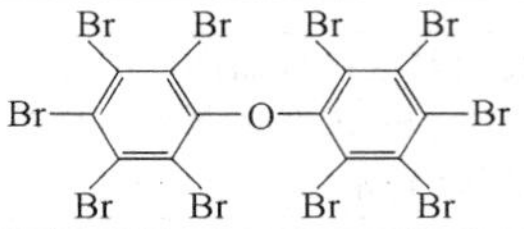	含溴量 83.3%。白色粉末。相对密度为 3.04。熔点 295~305℃。分解温度约为 425℃	热稳定性好,阻燃效率高。适用于聚烯烃、聚酯、聚酰胺及各种橡胶
六溴环十二烷	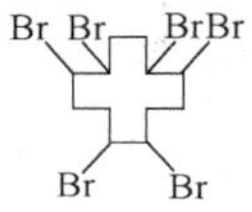 $C_{12}H_{18}Br_6$	含溴量 70%。黄白色粉末。熔点为 151~153℃	添加型阻燃剂。适用于 PS、PE
四溴双酚 A	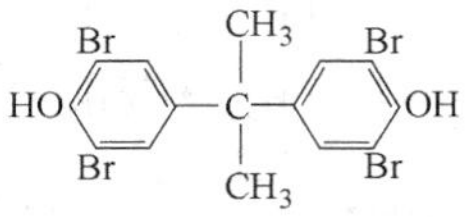	相对分子质量为 543.9,含 Br 量 58.8%,白色或浅黄色粉末。分解温度为 220℃	反应型阻燃剂,也可作为添加型使用,适用于各种塑料,用量为 5~10phr
氯桥酸酐(氯菌酸酐,HET 酸酐)	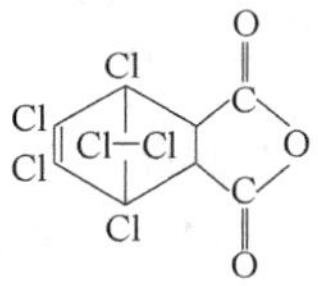	相对分子质量为 370.85,含 Cl 量 57.2%。白色粉末密度为 1.73g/cm^3	对皮肤刺激性小,使用较安全。用作电缆附件环氧树脂的阻燃固化剂
四溴邻苯二甲酸酐(TBPA)	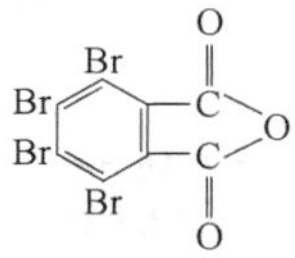	黄白色粉末。相对分子质量为 463.6。含 Br 量 68.9%,熔点为 279~280℃	阻燃聚酯和阻燃不饱和聚酯的反应型阻燃剂。环氧树脂的阻燃型固化剂。聚乙烯、EVA 的添加型阻燃剂
赤磷(红磷)	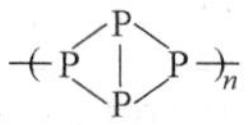	红棕色粉末,无毒,相对分子质量为 123.9,密度为 2.20g/cm^3,熔点 590℃,暴露在空气中会缓慢氧化生成磷酸和极少量磷化氢(极毒),混入少量 $Al(OH)_3$、CuO 可使稳定	常用氯化石蜡或硅油作润湿处理以减少粉尘。用于聚烯烃、乙丙橡胶等,用量在 5phr 左右
磷酸三甲苯酯(TCP)	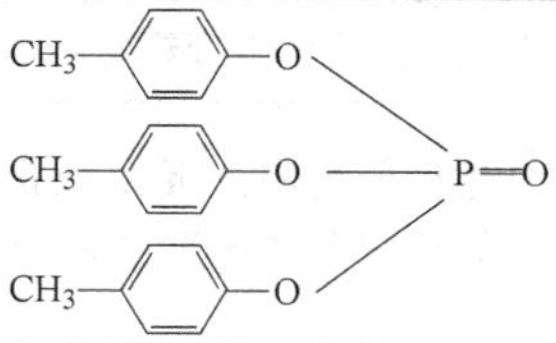	无味无色液体。相对分子质量为 368.37,密度为 1.162g/cm^3。毒性较大。与含卤高聚物相容性好,420℃分解	阻燃型增塑剂。耐候、防霉。特别适用于聚氯乙烯和氯丁橡胶。用量 10phr 左右

（续）

名称	分子式或分子结构	性质	特点及用途
磷酸三(β-氯乙基)酯(TCEP)	$(ClCH_2CH_2O)_3PO$	无色油状液体。挥发性低，耐光性好，低温性好，毒性很小。相对分子质量 286。密度为 $1.43g/cm^3$。含磷 10.8%，含 Cl 量 37%	阻燃型增塑剂。含 Cl、P 阻燃元素，阻燃性高。适用于聚氯乙烯、聚酯、聚氨酯、丁苯橡胶、氯丁橡胶等，用量 5~10phr
磷酸三(β-氯丙基)酯(TCPP)	$(ClC_3H_6O)_3PO$	无色透明液体，相对分子质量 327.7，密度为 $1.29g/cm^3$	添加型阻燃剂，适用于现场发泡聚氨酯
磷酸三(2-溴乙基)酯	$(CH_2BrCH_2O)PO$	无色液体，相对分子质量 418	添加型阻燃剂。适用于丙烯酸酯、聚氨酯、聚酯
磷酸三(1,3-二氯丙基)酯(Fyrol FR-2,CRP)	$(CH_2ClCHCH_2ClO)PO$	透明液体，相对分子质量 431，含 P 量 7.2% 含 Cl 量 49.1%。密度为 $1.513g/cm^3$，挥发性低，耐光性好	添加型阻燃剂。适用于 PVC、软质泡沫聚氨酯、环氧树脂等，用量为 5~10phr。与 SBR、CR、尼龙等混溶性差
磷酸三(2,3-溴丙基)酯(TDBPP)	$(CH_2BrCHBrCH_2O)PO$	透明粘稠液体。相对分子质量 697.7，含 Br 量 68.7%，含磷量 4.4%，挥发性低，相容性好，不渗出	添加型阻燃剂。适用于 PVC、PS、PA、PETP、EP、合成纤维、聚氨酯等，阻燃效果好，用量 2~4phr。但为致癌物，勿与皮肤接触
三氧化二锑(氧化锑，锑白)	Sb_2O_3	白色、无毒、无嗅粉末。密度为 $5.67g/cm^3$，熔点为 656℃	与卤素化合物并用才有阻燃效果。因燃烧时生成卤化锑而起覆盖效应和稀释效应。适用于各种橡皮、塑料和合成纤维。一般粒径应为 1~2μm，用于合成纤维则应在 0.1μm 以下。用量 3~15phr，使卤锑原子比≥3：1。但燃烧时发烟大
氢氧化铝(三水合氧化铝)	$Al(OH)_3$ $(Al_2O_3 \cdot 3H_2O)$	白色、无毒、无嗅粉末，密度为 $2.42g/cm^3$，不析出。每分子含结合水 34.6%，200℃ 开始分解，230℃、300℃ 和 500℃ 左右各有一个吸热峰，总吸热量为 1.97kJ/g	用量最大的一种无机阻燃剂，起吸热和稀释效应，且有抑烟效果。与 $Mg(OH)_2$ 并用有协同效果。适用于各种橡皮、塑料。是制造无卤低烟聚烯烃的最重要阻燃剂，用量为 20~200phr。大量使用须作表面活化处理，加工温度不能超过 200℃
氢氧化镁	$Mg(OH)_2$	白色、无毒、无嗅粉末，密度为 $2.36g/cm^3$。每分子结合水 31.0%。340℃ 分解为 MgO 和 H_2O，吸热量 0.77kJ/g	同氢氧化铝。但特别适用于加工温度高的聚合物，如聚丙烯、交联聚乙烯。用量在 40phr 左右
碱式碳酸镁	$3MgCO_3 \cdot Mg(OH)_2 \cdot 3H_2O$	白色、无毒、无嗅粉末，密度为 $2.16g/cm^3$。290℃ 和 414℃ 释出结合水，502℃ 释出 CO_2，234℃ 开始分解	同氢氧化镁。适用于聚烯烃、聚酰胺、乙丙橡胶。用量为 40phr

（续）

名称	分子式或分子结构	性质	特点及用途
瓷土（高岭土）	$Al_4(Si_4O_{10})(OH)_6$ （$Al_2O_3 \cdot 2SiO_2 \cdot 2H_2O$）	纯净为白色粉末。密度为 $(2.54 \sim 2.60)g/cm^3$。每分子结合水 13.9%。500℃分解析出结合水吸热 0.57kJ/g	廉价的添加型阻燃填充剂，适用于各种塑料特别是橡胶。但经煅烧制品无效
硼酸锌（水合硼酸锌）	$2ZnO \cdot 3B_2O_3 \cdot 3.5H_2O$ $\begin{pmatrix}3ZnO \cdot 2B_2O_3 \cdot 5H_2O \\ 2ZnO \cdot 3B_2O_3 \cdot 7H_2O\end{pmatrix}$	依结合水数量的不同而有很多品种，3.5 结合水者称为低水合硼酸锌，含结合水 14.5%。白色粉末，密度 $2.67g/cm^3$，热稳定性好，无毒、无味，分散性好，不需表面处理。330℃分解吸热 0.62kJ/g	300℃长期加热才失去 0.7%结合水，与卤素并用燃烧时生成卤化硼、卤化锌并释出结合水和生成玻璃状覆盖层，阻燃效应显著，特别适用于氯丁橡胶、氯磺化聚乙烯等，用量为 10～20phr

表 11-2-31　材料为达自熄性所需阻燃元素数量

材料名称	具有同等阻燃性的阻燃元素数量(%)							
	P	Cl	Br	P+Cl	P+Br	Sb_2O_3+Cl	Sb_2O_3+Br	Sb_2O_3
聚氯乙烯	2～4	40	—	—	—	—	—	5～15
聚烯烃	5	40	20	2.5+9	2.5+7	5+8	3+6	—
聚苯乙烯	—	10～15	4～5	0.5+5	0.2+3	7+8	7+8	—
聚氨酯	1.5	18～20	12～14	1+10～15	0.5+4～7	4+4	2.5+2.5	—
聚酰胺	3.5	3.5～7	—	—	—	—	—	—
丙烯酸类树脂	5	20	16	2+4	1+3	—	7+5	—
纤维素类树脂	2.5～3.5	24	—	—	1+9	12～15+9～12	—	—
环氧树脂	5～6	26～30	13～15	2+6	2+5	10+6	—	—
酚醛树脂	6	16	—	—	—	—	—	—
ABS	—	23	3	—	—	5+7	—	—
聚碳酸酯	—	10～15	4～5	—	—	7+7～8	—	—
不饱和聚酯	5	26	12～15	1+15～20	2+6	1+16～18	2+8～9	—

表 11-2-32　主要无机阻燃剂的热分解温度

名　　称	分子式	密度/(g/cm^3)	每分子的结含水量(%)	分解温度/℃	吸热量/(kJ/g)
氢氧化铝	$Al(OH)_3$	2.40	34.6	220～500	1.97
氢氧化镁	$Mg(OH)_2$	2.36	31.0	340	0.77
碱式碳酸铝钠	$Na \cdot Al \cdot O(OH) \cdot HCO_3$	2.40	43.0	240(CO_2)	1.72
铝酸钙	$3CaO \cdot Al_2O_3 \cdot 6H_2O$	2.52	28.6	700(H_2O) 250(失 4.6 分子) 430(失 1.4 分子)	1.59
硫酸钙	$CaSO_4 \cdot 2H_2O$	2.32	20.9	128(失 3/2 分子) 163(失 1/2 分子)	0.67
氧氧化钙	$Ca(OH)_2$	2.24	24.3	450	0.93
硼酸锌	$2ZnO \cdot 3B_2O_3 \cdot 3.5H_2O$	2.65	14.5	330	0.62
硼砂	$Na_2O \cdot 2B_2O_3 \cdot 10H_2O$	1.72	47.2	62(失 5 分子) 318(失 5 分子)	0.37
高岭土	$Al_2O_3 \cdot 2SiO_2 \cdot 2H_2O$	2.5～2.6	13.9	500	0.57
碳酸钙	$CaCO_3$	2.6～2.7	59.9	880～900	1.79
氢氧化钙	$Ca(OH)_2$	2.24	24.3	450	0.92

2.3.4 消烟剂及抑酸剂

目前在电线电缆中，大量使用的是有机卤素阻燃剂，其中溴类阻燃剂产生热分解后的腐蚀性和毒性比氯类阻燃剂要小，且用少量就可达到相同的阻燃效果，是优先选用的对象。但是，无论如何，卤锑并用的结果不仅导致发烟量的增大，而且其产生的酸性气体的腐蚀性和毒性也不容忽视。为此，欲制得低烟低酸的产品，必须采用消烟剂和抑酸剂。表 11-2-33 为电线电缆用的消烟剂和抑酸剂（酸性气体捕捉剂）的一般性质、特性和用途。

表 11-2-33 消烟剂和抑酸剂

名称	分子式或结构式	性 质	特性及用途
二茂铁（二聚环戊二烯铁）	(结构式) $(C_5H_5)_2Fe$	橙色粉末。樟脑气味，熔点为 173~174℃。沸点 249℃。化学性质稳定。耐高温达 400℃，在含卤材料分解出卤化氢时，二茂铁迅速转化为 α-Fe_2O_3，催化灼烧使生成 CO 和 CO_2，从而减少了烟黑的生成	消烟剂（抑烟剂）。最适用于含卤高聚物如 PVC、CR、CSP 等或含卤阻燃剂，用量在 1.5phr 左右
三氧化钼	MoO_3	浅灰色粉末，密度为 4.5g/cm³，熔点 795℃，平均粒径 5μm	消烟剂。适用于含卤高聚物，用量为 1~5phr
八钼酸铵		白色粉末，密度为 3.1g/cm³。平均粒径 3μm	同上
氧氧化铝	$Al(OH)_3$	详见表 11-2-30。因其阻燃作用主要在材料降解区，可抑制可燃气体和酸性气体的产生	既是阻燃剂，又有良好的消烟和抑酸作用，适用于各种材料
氢氧化镁	$Mg(OH)_2$	同上	同上
碳酸钙	$CaCO_3$	白色粉末。密度为（2.70~2.95）g/cm³。约 825℃分解为 CaO 和 CO_2	抑酸剂，因有：$HCl+CaCO_3 \rightarrow CaCl_2+CO_2+H_2O$ 而生成的 $CaCl_2$ 在实际火灾中（800~1000℃）能稳定地残留在炭化层中。适用于各种含卤材料。宜选用微粒径（0.05μm）以发挥其吸酸作用

2.4 填充剂

在塑料中用以增加容积，降低成本，同时能改善某种性能的材料，称为填充剂。

在塑料中常用填充剂类型及特性见表11-2-34。

表 11-2-34 常用填充剂类型及特性

名称	化学类型	制造方法	形状	密度(25℃)/(g/cm³)	吸油性	颜色	折光率
煅烧陶土	硅酸铝	煅烧干磨	片状	2.63	45	白色	1.56
滑石粉	硅酸镁	喷射研磨	扁平状	2.71	49	白	1.59
碳酸钙	碳酸钙	沉淀	晶状	2.65	63	白	1.63
硅藻土	二氧化硅	磨细硅藻土	硅藻	2.0	81	奶白	1.46
二氧化钛(钛白粉)	锐钛型	—	晶体	3.8	24	白	2.55

2.5 润滑剂

添加润滑剂的主要作用是使聚氯乙烯塑料易于加工，提高加工速率，同时对提高塑料的质量也有一定作用。润滑剂在聚合物的表面上渗出，可防止塑料加工时与设备或其他接触材料表面的粘附，以使加工过程中的物料具有良好的离辊性和脱模性，保证制品表面光洁度；同时可降低塑料的内部摩擦和熔融时的流动粘度，防止因强烈的内摩擦而导致塑料的过热。

润滑剂所起的润滑作用可分为内部润滑和外部润滑。内部润滑是由于润滑剂和聚氯乙烯熔融物微溶的缘故，因而降低了塑料的熔融粘度。外部润滑是指润滑剂能在加工机械的受热金属表面与聚氯乙烯熔融物的界面，形成润滑膜界面层，从而起到了避免粘附、减少摩擦的作用。

润滑剂的用量不宜过多，一般限于 0.5~2phr。用量过多，会使塑料层表面发生喷霜现象，既损害外观，又影响性能。

最理想的润滑剂，其分子结构中应具有长脂肪族烃基（非极性基）和少数的极性基。

常用的润滑剂有：硬脂酸铅、二盐基性硬脂酸铅、硬脂酸钡、石蜡、硬脂酸、硬脂酸正丁酯。

脂肪酸正丁酯的分子式为：$CH_3(CH_2)_{16}COO(CH_2)_3 \cdot CH_3$。本品是将硬脂酸熔融后加入丁醇和微量的浓硫酸经加热回流而制得。纯品是白色液体，密度为 0.855g/cm^3，熔点 27.5℃；普通品是微黄色油状液体，酯值为 165±10。它不溶于水，溶于乙醇和乙醚。用作塑料和橡胶的润滑剂。

2.6 着色剂

为了便于安装和检修，电线电缆产品，特别像通信电缆、控制电缆、二至四芯电力电缆以及各种仪器仪表用电线的绝缘线芯和不少产品的护套，需按一定的色谱配色或要求有明显的色别。当这些电线电缆用塑料作绝缘和护套材料时，就需采用不同颜色的塑料。而赋予塑料各种颜色的物质，即为着色剂。

塑料用着色剂有染料和颜料两类。由于多数染料的耐热、耐光性差，特别是易溶于水和溶剂中，故只能用于无增塑剂的硬质聚氯乙烯中。而颜料除能使塑料具有鲜艳的色泽外，还能改进塑料的耐大气老化性能，延长塑料的使用寿命。所以电线电缆用塑料一般都采用颜料作为着色剂。

颜料有无机颜料和有机颜料两种。

2.6.1 无机颜料

一般无机颜料的结构比较稳定，遮盖力强，耐热、耐光、耐化学药品性好，不溶于溶剂和增塑剂，故不易迁移析出。它虽存在着色力较差、密度大、添加用量多等缺点，但因价格较低，故应用广泛。常用的无机颜料有：

（1）氧化铁红（Fe_2O_3） 本品为红色细粉末，用硫酸亚铁经灼烧、粉碎、水洗而制成，密度为 5~5.25g/cm^3。适用于橡胶和不透明的棕色软质聚氯乙烯中。使用时应郑重选择，因为它耐气候性较差，会降低橡皮、塑料的老化性能；它能与聚氯乙烯分解出的 HCl 生成 $FeCl_2$，而 $FeCl_2$ 又是强烈的降解催化剂；在橡胶中使用时会增加橡胶与金属的粘附性。

（2）铬黄（$PbCrO_4$） 铬黄又称铅铬黄，是由醋酸铅和重铬酸钠以不同比例作用而制成的桔黄色粉末。随原料配比的不同，本品有以下三种：

1）柠檬黄，分子式为 $3PbCrO_4 \cdot 2PbSO_4 + Al(OH)_3 + AlPO_4$；

2）中铬黄，分子式为 $PbCrO_4 + Al(OH)_3$；

3）桔铬黄，分子式为 $PbCrO_4 \cdot PbO$。

铬黄是良好的着色剂，着色力高、遮盖力强，不溶于水及油，具有辅助的稳定作用及优异的电绝缘性能，与铅稳定剂无不良反应，但遇硫化剂变色，不宜用于高温硫化橡皮中。

（3）钛白粉（TiO_2） 本品随制造方法的不同，有锐钛型（A 型）和金红石型（R 型）两种，密度为 3.84~4.26g/cm^3。钛白粉着色力强，无毒，不受酸、碱、硫化物影响，耐曝晒，是一种重要的白色颜料。

（4）锌钡白（$ZnS \cdot BaSO_4$） 本品是由硫化钡与硫酸锌复分解而制得的白色颜料，密度为 4.1~4.3g/cm^3。锌钡白着色力较强，不溶于水，在光的作用下易变黄，在胶料中不易分散。

（5）炭黑 炭黑是黑色颜料，密度为 1.8~2.1g/cm^3，不溶于各种溶剂。用作橡胶和塑料的黑色着色剂，也广泛用作橡胶的补强剂。

各种无机颜料的技术要求见表 11-2-35。

表 11-2-35 各种无机颜料的技术要求

项目		指标			
		氧化铁红	铅铬黄	钛白粉	锌钡白
含量(%)	≥	98(96)	95	98(97)	硫化锌 28
水分(%)	≤	1	0.1	—	0.5
水溶性盐含量(%)	≤	0.1(0.4)	0.3	0.5	0.5
盐酸不溶物含量(%)	≤	—	0.3	—	—
遮盖力/(g/m^2)	≤	—	—	—	100

（续）

项　　目		指　　标			
		氧化铁红	铅铬黄	钛白粉	锌钡白
吸油量(%)	≤	—	—	—	18
筛余物(%)(100 目筛)	≤	0(0.05)	0.05	0	—
着色力(%)	≥	100±5	—	103(105)	95
耐日光性		—	—	—	不变色
水溶性 pH 值		5~7	—	6~8	—
加热减量(%)	≤	0.5(1.0)	—	0.5	—
含铁量(%)	≤	—	—	0.05	—

注：括号外数值为一级品的指标；括号内数值为二级品的指标。

2.6.2　有机颜料

有机颜料着色力强，密度小，具有优异而鲜艳的色调和光泽，透明性好；但耐热性稍差，吸收增塑剂也大。某些颜料有迁移的倾向，价格较贵。

常用的有机颜料有：

（1）立索尔大红（3144，1301）

分子式：$[C_{20}H_{13}N_2O_4S]_2Ba$

结构式：

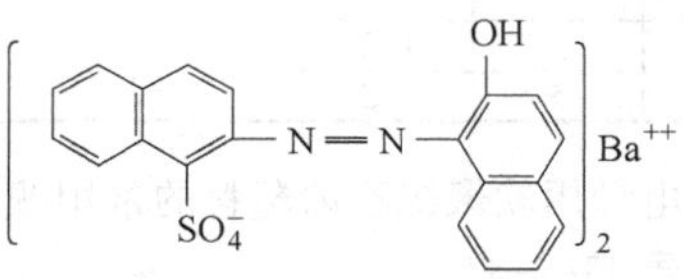

本品为红色粉末，相对分子质量为 891.36，着色力强，遮盖力较低，有轻微迁移性。用作橡胶或塑料的红色颜料。

（2）立索尔宝红（BK）

分子式：$C_{18}H_{12}N_2O_6SCa$

结构式：

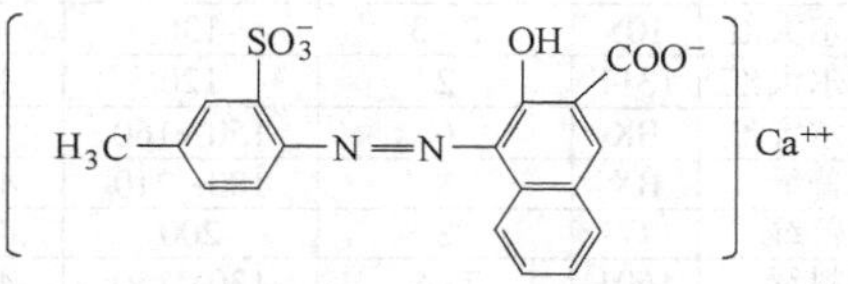

本品为紫红色粉末，相对分子质量为 424，着色力较强，遮盖力低，用作橡胶或塑料的红色颜料。

（3）塑料红（GR）

分子式：$C_{50}H_{36}N_6O_8$

结构式：

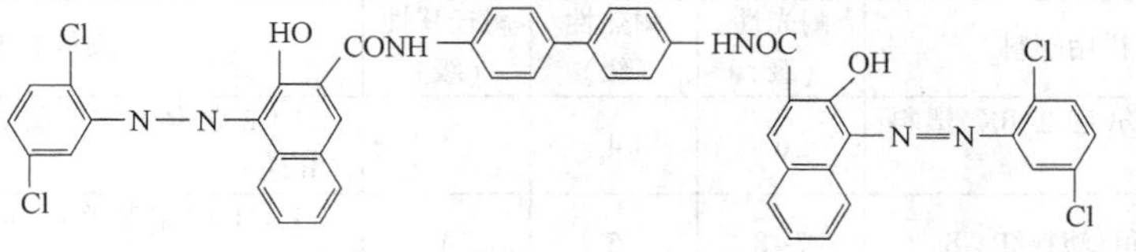

本品具有良好的耐热、光稳定性，是目前使用于聚氯乙烯塑料的颜色牢度较好的一种红色颜料。

（4）塑料紫（RL）

分子式：$C_{34}H_{22}Cl_2N_4O_2$

结构式：

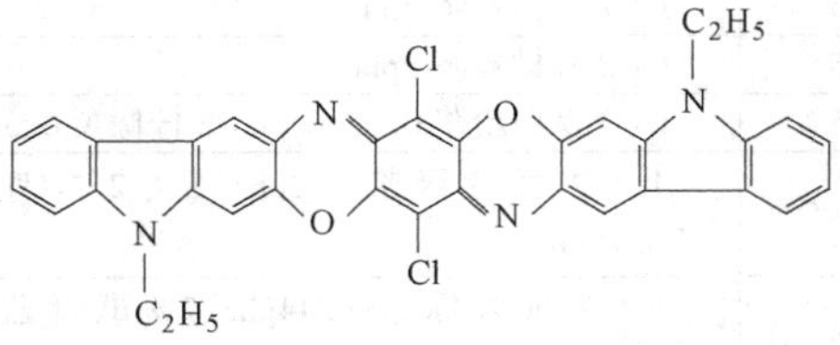

本品是二噁嗪系颜料，带蓝光的紫色，耐热性优良，耐光性良好，迁移性小。

（5）酞菁绿（BX，G）

分子式：$C_{32}Cl_{16}CuN_8Cl_{15\text{-}16}$

结构式：

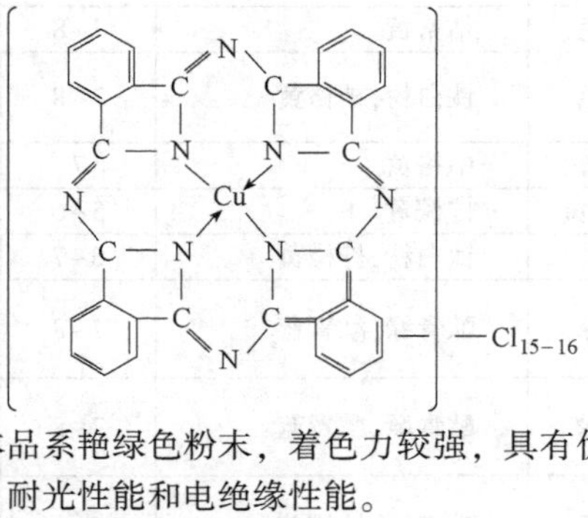

本品系艳绿色粉末，着色力较强，具有优良的耐热、耐光性能和电绝缘性能。

（6）颜料绿（1601）

分子式：$C_{30}H_{18}N_3O_6FeNa$

结构式：

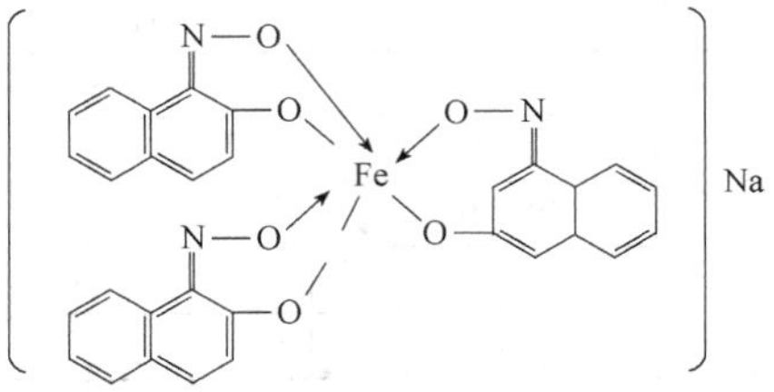

本品系深绿色粉末，相对分子质量为594.9，着色力强。

(7) 酞青蓝（FBX，4402，B）

分子式：$C_{32}H_{16}N_8Cu$

结构式：

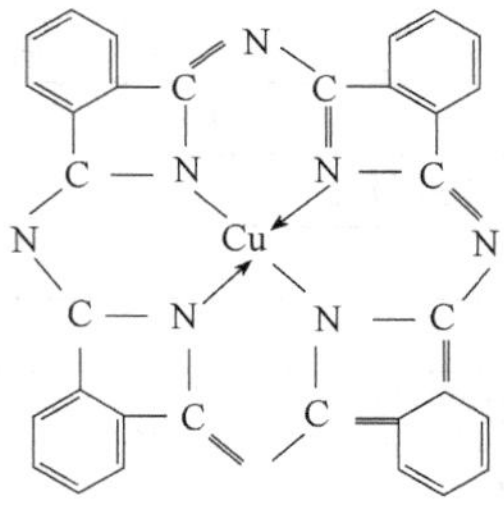

本品系深蓝色粉末，着色力很强，不迁移，耐老化稳定性高。

有机颜料的性能见表11-2-36。

表11-2-36 有机颜料的性能

名称	型号	耐光稳定性（级）	耐热温度/℃	耐酸性（级）	耐碱性（级）	油渗性（级）	水渗性（级）	加热减量(%)	备注
立索尔大红	105	2~3	130	4	4	4	4	4.5	耐光性(GB/T 1710—2008):8级最佳;其他性能(GB/T 5211系列标准):5级最佳
立索尔大红	1311	2	120	4~5	4~5	4	3	5.0	
立索尔宝红	BK	6	150~160	4	4	4	3	4.5	
酞菁绿	BX	8	180~210	4~5	4~5	4~5	5	3.0	
酞菁绿	G	8	200	4~5	4~5	4~5	5	2.0	
颜料绿	1601	7~8	130~150	4~5	4~5	4	5	2.0	
酞菁蓝	FBX	8	200	4~5	4~5	4~5	5	1.5	
酞菁蓝	4402	7~8	180	4~5	4~5	4~5	5	1.0	
酞菁监	B	8	200	4~5	4~5	4~5	5	1.5	

2.6.3 软聚氯乙烯常用颜料的颜色稳定性

电线电缆用软聚氯乙烯塑料的常用颜料的颜色稳定性见表11-2-37。

表11-2-37 电线电缆用软聚氯乙烯塑料常用颜料的颜色稳定性

颜色名称	拼用颜料	耐光性（级）	耐热性（级）	耐迁移性（级）	颜料参考配比
鲜紫红	立索尔宝红BK,塑料红GR	6	4	4	1∶2立索尔宝红浆0.32phr,1∶2塑料红GR浆0.3phr
桔红	中铬黄,塑料红GR	7~8	5	4	1∶1中铬黄浆1.0phr,1∶2塑料红GR浆0.6phr
粉红	钛白粉,塑料红GR	7	5	5	1∶2钛白粉浆1.2phr,4%塑料红GR母料0.3phr①
橙色	桔铬黄	7~8	5	5	1∶1桔铬黄浆2phr
肉色	钛白粉,桔铬黄	7~8	4	5	1∶2钛白粉浆0.15phr,1∶1桔铬黄浆0.2phr
鹅黄	中铬黄	7	4~5	5	1∶1中铬黄浆2phr
柠檬黄	柠檬黄	5~6	4	5	1∶2柠檬黄浆3phr
奶黄	钛白粉,柠檬黄	6~7	4	5	1∶2钛白粉浆0.15phr,1∶2柠檬黄0.3phr
深绿	酞青绿,酞青蓝	7~8	4~5	4~5	1∶2酞青绿浆1.2phr,1∶2酞青蓝浆0.15phr
中绿	酞青绿,酞青蓝	7~8	4	5	1∶2酞青绿浆0.44phr,2%酞青蓝母料0.1phr②
翠绿	酞青绿,柠檬黄	6~7	4	5	1∶2酞青绿浆0.4phr,1∶2柠檬黄浆0.9phr

（续）

颜色名称	拼用颜料	耐光性（级）	耐热性（级）	耐迁移性（级）	颜料参考配比
草绿	酞青绿，中铬黄	7~8	4	5	1∶2酞青绿浆0.3phr，1∶1中铬黄浆0.6phr
浅绿	酞青绿	7~8	4	5	1∶2酞青绿浆0.12phr
果绿	酞青绿，柠檬黄	7	4	4~5	1%酞青绿母料0.15phr③，1∶2柠檬黄浆0.1phr
藏青	酞青蓝，塑料紫RL	7	4~5	3~4	1∶2酞青蓝浆0.5phr，1∶3塑料紫RL浆0.4phr
深蓝	酞青蓝，炭黑	7~8	3~4	4~5	1∶2酞青蓝浆1.9phr，1∶4炭黑浆0.03phr
中蓝	酞青蓝	7~8	3~4	4~5	1∶2酞青蓝浆0.5phr
浅蓝	酞青蓝	6~7	4	4~5	1∶2酞青蓝浆0.1phr
粉蓝	酞青蓝，钛白粉	7	4	4~5	1∶2酞青蓝浆0.04phr，1∶2钛白粉浆0.6phr
湖蓝	酞青蓝，酞青绿	7~8	4	4~5	1∶2酞青蓝浆0.05phr，1∶2酞青绿浆0.05phr
蓝灰	酞青蓝，塑料红GR	6~7	4	4~5	2%酞青蓝母料0.3phr，4%塑料红GR母料0.1phr①
灰色	钛白粉，炭黑	6~7	4~5	4~5	1∶2钛白粉浆1.0phr，1∶4炭黑浆0.05phr
茄紫	塑料紫RL	6~7	5	3	1∶3塑料紫RL浆0.4phr
青莲	塑料紫RL	5	4	4	1∶3塑料紫RL浆0.06phr
棕色	塑料红GR，炭黑，桔铬黄	7~8	4	4	1∶2塑料红GR浆0.15phr，1∶4炭黑浆0.2phr，1∶1桔铬黄浆1.4phr
黑色	炭黑	7~8	4~5	4~5	1∶4炭黑浆2phr
白色	钛白粉	6~7	4	5	1∶2钛白粉浆4phr

① 4%塑料红GR母料的组分为（phr）：聚氯乙烯树脂150，DOP60，硬脂酸钡2，塑料红GR粉8.8。

② 2%酞青蓝母料的组分为（phr）：聚氯乙烯树脂150，DOP55，硬脂酸钡2，酞青蓝浆15.6。

③ 1%酞青绿母料的组分为（phr）；聚氯乙烯树脂150，DOP56，硬脂酸钡2，酞青绿浆6.5。

2.7 交联剂

把线型高分子转变为体型（三维网状结构）高分子的过程称为交联。促进或调节聚合物分子链间共价键或离子键形成的物质称为交联剂。交联剂在不同行业中有不同叫法，例如在橡胶工业中称为硫化剂；在粘结剂工业中称为固化剂；在塑料工业中，对于热塑性塑料，一般称为交联剂，对于热固性塑料，则称为固化剂。

交联剂按化学结构可分为：有机过氧化物、胺类、肟类、有机硫化物、酚树脂类等。电线电缆常用的是有机过氧化物，如二枯基过氧化物（DCP）等。电线电缆用过氧化物交联剂和助交联剂的特性和用途见表11-2-38。

表11-2-38 电线电缆用过氧化物交联剂和助交联剂的特性和用途

名称	代号	分子结构	性能和用途
二枯基过氧化物	DCP	$C_6H_5-C(CH_3)_2-O-O-C(CH_3)_2-C_6H_5$	又名过氧化二异丙苯。白色至微黄色粉末。相对分子质量为270.36，密度为1.082g/cm^3，熔点39℃，易溶于苯、甲苯、异丙苯等芳烃，不溶于水。分解温度为132℃，分解产物主要为苯乙酮，有臭味。口服毒性（大鼠）LD_{50}为3500~4000mg/kg。用作聚乙烯的交联剂和乙丙橡胶的硫化剂。用量为2~4phr

（续）

名称	代号	分子结构	性能和用途
二叔丁基过氧化物	DBP	CH_3 $H_3C-C(CH_3)-O-O-C(CH_3)-CH_3$ CH_3	无色或微黄色液体，相对分子质量 146.23，易燃，闪点 18℃，密度为 0.7940g/cm^3。沸点为 110℃，分解温度为 100～120℃。溶于有机溶剂，有潮解性。用作聚合引发剂和橡胶硫化剂。对硅橡胶，用量为 0.5～1.0phr。对酸的敏感性比 DCP 小，防焦烧性能优良
过氧化苯甲酰	BPO	$C_6H_5-C(=O)-O-O-C(=O)-C_6H_5$	又名过氧化二苯甲酰。白色粉末，稍有气味。相对分子质量为 242.23。熔点为 103～106℃（分解并爆炸），闪点 125℃。强氧化剂，易燃易爆。加入硫酸可燃烧。口服毒性（小鼠）LD_{50} 为 3.949mg/kg。用作硅橡胶的硫化剂。一般用量为 1.5～6.0phr，但不能用于有炭黑的配方中
2,5-二甲基-2,5-双（叔丁过氧基）己烷	AD	$CH_3\ \ \ \ CH_3$ $CH_3-C-CH_2-CH_2-C-CH_3$ $O\ \ \ \ O$ $O\ \ \ \ O$ $CH_3-C-CH_3\ \ CH_3-C-CH_3$ $CH_3\ \ \ \ CH_3$	浅黄色油状液体，相对分子质量为 290.44。熔点 8℃。密度为 0.8650g/cm^3。分解温度 140～150℃。半衰期 179℃ 1min，118℃ 10h。用作乙烯基硅橡胶的高温硫化剂、聚氨酯橡胶的硫化剂和不饱和聚酯的固化剂
过氧化苯甲酸叔丁酯	TPB	CH_3 $CH_3-C-O-O-CO-C_6H_5$ CH_3	无色至浅黄色液体，相对分子质量 194.23。凝固点 8～9℃（纯度大于 98%时）。分解温度 138～149℃。闪点 118℃。不溶于水，溶于几乎所有有机溶剂。口服毒性（小鼠）LD_{50} 为 2500mg/kg。用作硅橡胶硫化剂
2,5-二甲基-2,5-双（叔丁过氧基）己炔-3	YD	$CH_3\ \ \ \ CH_3$ $CH_3-C-C\equiv C-C-CH_3$ $O\ \ \ \ O$ $O\ \ \ \ O$ $CH_3-C-CH_3\ \ CH_3-C-CH_3$ $CH_3\ \ \ \ CH_3$	浅黄色液体，密度为 0.8860g/cm^3。熔点 8℃。用作乙丙橡胶、硅橡胶的硫化剂。防焦烧性能好，气味小。适用于较厚及慢速硫化的大型制品
1,1-双（叔丁过氧基）-3,3,5-三甲基环己烷		$CH_3-C(CH_3)_2-O-O-$ 与 $CH_3-C(CH_3)_2-O-O-$ 连于环上 C；环：$C-CH_2-CH(CH_3)-CH_2-C(CH_3)_2-CH_2-$	液体，临界温度为 70℃，易燃，贮存温度不宜超过 25℃。用作乙丙橡胶、硅橡胶、丁腈橡胶及氯磺化聚乙烯的硫化剂
异氰尿酸三（烯丙酯）（助交联剂）	TAIC	三嗪环（C=O 与 N 交替）：$CH_2=CHCH_2-N$，$N-CH_2CH=CH_2$，$N-CH_2CH=CH_2$；三个 $C=O$	无色液体，密度为 1.155（30℃）g/cm^3，沸点 144℃，熔点 25～27℃，闪点 355℃。难溶于水，易溶于苯、甲醇、丙酮、庚烷及四氯化碳等有机溶剂，用作氯丁橡胶、EVA、三元乙丙橡胶、氟橡胶和聚乙烯等过氧化物交联的助交联剂，也用作辐照交联的助交联剂

（续）

名称	代号	分子结构	性能和用途
1,1,1-三羟甲基丙烷三（甲基丙烯酸）酯		$[CH_2C(CH_3)COO]_3CH_2CH_2C(CH_2OH)_3$	浅黄色液体。密度为1.064g/cm^3。沸点大于190℃（133.32Pa）。口服毒性（大鼠）LD_{50}大于5000mg/kg。用作乙丙橡胶交联剂、聚乙烯辐照交联助交联剂，用量为5phr。也可用于印字油墨的紫外线固化剂

选用交联剂时必须符合下列要求：

1）交联剂的分解温度既要高于交联剂本身的熔点，也要高于合成材料的成型温度。这样可保证在分解前先熔化，在成型加工时不交联。

2）交联剂在未达到分解温度之前不易分解，但一旦达到分解温度便能迅速完全分解，且不生成对材料性能有不良影响的副产物。

3）交联剂应具有足够的安全加工时间，良好的工艺性能以及较高的交联效率。

4）纯度高、用量少、挥发性低。

5）对制品的物理力学性能、电气性能以及耐热性、耐寒性、耐油性、耐候性等无不良影响。

此外，温水交联用的交联剂是硅烷偶联剂，见本章2.8节。

2.8　偶联剂

2.8.1　原理

填料的表面对聚合物表现出不同的亲和力，因此它们和基材的相容性也各不相同，从而影响填料在基材中的分散和性能。为了控制填料表面的功能性，经过合适的特殊处理进行改性的方法和材料都得到了发展。实际上，所有的表面处理都是将有机分子以物理的或化学的方式粘合或键合到填料表面上。如果需要化学键合，则必须使用双官能团分子即“偶联剂”。这些偶联剂以化学键的方式将填料和基材连接起来，从而起到将填料在基材中分散，提高基材性能的作用。

2.8.2　种类

偶联剂的种类很多，作用机理也各不相同，所以不同的偶联剂有不同的适用范围。目前常见的偶联剂主要包括硅烷偶联剂、钛酸酯偶联剂、酸酐类偶联剂等。

1. 硅烷偶联剂

硅烷偶联剂分子是具有两种以上不同反应基团的有机硅单体，化学式为$RSiX_3$。其中，X为水解性官能团，如甲氧基、乙氧基等，遇水生成硅醇，可与无机材料发生缩合反应而形成共价键；R为有机官能团，如乙烯基、氨基、环氧基、甲基丙酰基、巯基等，可与聚合物反应而偶联。不过，R对聚合物的反应有选择性。对聚烯烃选用乙烯基为好，而环氧树脂、聚酰胺则宜选用氨基。表11-2-39列出了有代表性的硅烷偶联剂。

表11-2-39　硅烷偶联剂

偶联剂名称	相对分子质量	密度(25℃)/(g/cm^3)	折射率(25℃)	闪点/℃	沸点/℃(0.1MPa)
乙烯基三氯硅烷(A-150)	161.5	1.26	1.432	21	91
乙烯基三乙氧基硅烷(A-151)	190.3	0.93	1.395	54	161
乙烯基三(β-甲氧乙氧基)硅烷(A-172)	280.4	1.04	1.428	66	285
γ-缩水甘油丙基·三甲氧基硅烷	236.1	1.07	1.427	135	290
γ-甲基丙烯酰氧基丙基·三甲氧基硅烷	248.1	1.04	1.429	138	255
N-β(氨乙基)γ-氨丙基·三甲氧基硅烷	222.1	1.03	1.445	140	259
N-β(氨乙基)γ-氨丙基,甲基·三甲氧基硅烷	206.1	0.98	1.445	140	234
γ-氯丙基·三甲氧基硅烷	198.5	1.08	1.418	78	192
γ-巯丙基·三甲氧基硅烷	196.1	1.06	1.439	102	212
γ-氨丙基·三甲氧基硅烷	221.0	0.94	1.419	104	217

硅烷偶联剂常用于无机填料或无机阻燃剂的表面处理和玻璃纤维的表面处理，以提高其与合成树脂的相容性或粘结强度。硅烷偶联剂又是温水交联聚乙烯的交联剂，通过聚乙烯与硅烷接枝共聚或与硅烷发生缩合反应而交联。

2. 钛酸酯偶联剂

钛酸酯偶联剂是含有4个官能团的偶联剂，其功能与硅烷偶联剂类似。钛酸酯偶联剂的结构通式为RO-Ti-$(O\text{-}X)_3$，可以假设看成原钛酸Ti$(OH)_4$的衍生物，RO-是能水解的单烷氧基或新烷氧基基团，X表示能够键合到聚合物基材上的反应性基团。新烷氧基的类型是为适于高温条件而特殊设计的，如可在热塑性塑料的复合过程中原位添加。钛酸酯不仅适合于表面含有羟基的填料，也适用于碳酸盐和炭黑。钛酸酯偶联剂的添加量一般为填料质量的0.2%~2%。除此之外，当钛酸酯和酚类化合物（如热稳定剂）混合使用时，经常会使材料出现不希望的变色，应用时需注意。钛酸酯偶联剂一般可用于处理轻、重质碳酸钙、陶土、硅灰石、滑石、粘土、金属氧化物等填料、颜料等。基材可用于聚烯烃、天然橡胶、合成橡胶等聚合物。使用时，可先将偶联剂稀释，然后喷洒于高速搅拌状态下的颜料或填料，继续搅拌5~15min，然后再投入其他配方，按原工艺生产。

3. 酸酐类偶联剂

在电缆料中使用的偶联剂，很大一部分是用马来酸酐接枝到聚烯烃大分子上改性成的接枝聚合物。此类聚合物习惯上被称为“相容剂”。目前是低烟无卤阻燃聚烯烃电缆料中的主要偶联剂。此接枝聚合物，能有效地提高阻燃剂（氢氧化铝、氢氧化镁等）与聚烯烃的相容性，提高材料拉伸强度和断裂伸长率。此类偶联剂的生产方法一般是将马来酸酐、过氧化物引发剂以及基体树脂（EVA、聚乙烯）在高速混合机中混合均匀，然后经过双螺杆反应挤出制成。此材料中马来酸酐的接枝率在1%左右。在低烟无卤聚烯烃电缆料中的添加量一般为5%~20%。

4. 其他偶联剂

除了上述三大类偶联剂之外，铝酸酯、锆酸酯等也是偶联剂中的较大品种。另外，高级脂肪酸及其金属盐如硬脂酸、硬脂酸钙、硬脂酸锌也有类似偶联剂的作用，可改善无机填料和高聚物的亲和性。

2.9 发泡剂

发泡剂是用于制造泡沫塑料的添加剂，大多数发泡剂为有机化学品，也有些无机物可作为发泡剂。发泡剂加入塑料中通过受热分解而产生气体，并均匀地分布于塑料之中而形成泡沫塑料。使用最广的是有机的化学发泡剂。对发泡剂有如下要求：

1）加热温度与聚乙烯熔融温度相适应。

2）发泡速度适当，能与挤塑工艺相适应，以确保塑料在挤出机头时正处于发泡状态。

3）发泡生成的气体要多，残渣量要少。

常用的发泡剂的类型和特性分列于下。

2.9.1 偶氮二甲酰胺（AC）

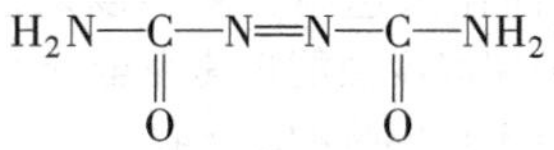

$$H_2N-\underset{\underset{O}{\|}}{C}-N=N-\underset{\underset{O}{\|}}{C}-NH_2$$

本品为淡黄色粉末，密度为1.63~1.65g/cm^3。它的分解温度在空气中为195~200℃，在树脂中为160~200℃；发气量为250~300mL/g；溶于碱、二甲基甲酰胺等，在冷醇、汽油、苯、吡啶、丙酮、二氯乙烷和水中不溶；不助燃，且有自熄性；无毒，无味，不污染，不变色；粒子细小，很容易在塑料中分散。它是发气量最高的有机发泡剂，气体成分（体积分数）为：氮气65%，一氧化碳32%，二氧化碳3%。由于它分解温度较高，故工艺温度要求也较高。适用于聚氯乙烯、聚乙烯、聚苯乙烯和橡胶，用量为0.1~2.0phr。

2.9.2 偶氮二异丁腈（N）

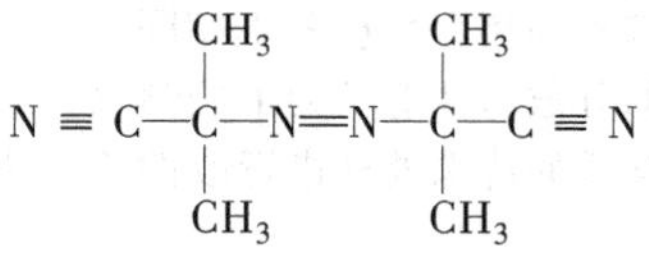

$$N\equiv C-\overset{\overset{CH_3}{|}}{\underset{\underset{CH_3}{|}}{C}}-N=N-\overset{\overset{CH_3}{|}}{\underset{\underset{CH_3}{|}}{C}}-C\equiv N$$

本品为白色结晶粉末，密度为1.11~1.13g/cm^3。它的分解温度为100~115℃；发气量为130~155mL/g，气体成分为氮气；分解产物四甲基丁二腈有毒，故使用时要通风；在80℃下，在紫外线照射下易分解，不污染，不变色。适用于聚氯乙烯、聚乙烯、聚苯乙烯和橡胶，用量为0.1~2.0phr。

2.9.3 苯磺酰肼（BSH）

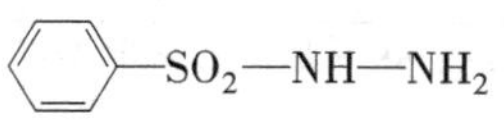

$$C_6H_5-SO_2-NH-NH_2$$

本品为微细的白色粉末至浅黄色晶体或粉末，密度为1.41~1.43g/cm^3。在塑料中分解温度为95~100℃，发气量130mL/g，分解后有恶臭，分散性较差。适用于聚氯乙烯及橡胶，用量为0.1~2.0phr。

2.9.4　二（苯磺酰肼）醚（OB）

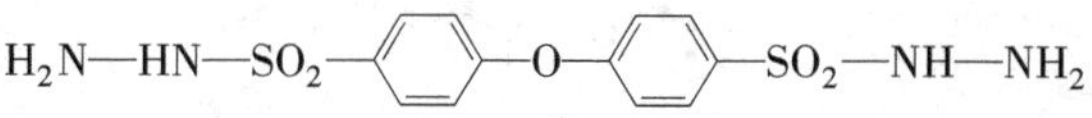

$$H_2N—HN—SO_2—C_6H_4—O—C_6H_4—SO_2—NH—NH_2$$

本品又称对氧二（苯磺酰肼），为白色至淡黄色结晶粉末，密度为 1.52g/cm³，分解温度为 150℃，无味，无毒，易于分散，工艺性能好。适用于低密度聚乙烯、聚氯乙烯及橡胶，用量为 0.1~2.0phr。

2.9.5　重氮氨基苯（AN）

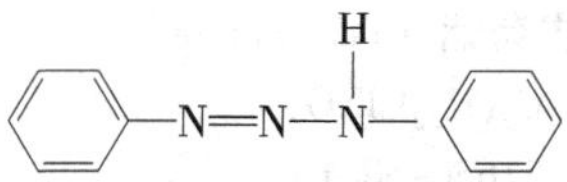

$$C_6H_5—N{=}N—NH—C_6H_5$$

本品为金黄色有光泽叶状结晶，密度为 1.52g/cm³，熔点为 96~98℃，分解温度为 150℃，发气量为 115mL/g；稍有塑解剂作用，有毒，有污染并有特殊气味。适用于各种橡胶，用量为 1~4phr。

2.9.6　N，N′-二亚硝基五次甲基四胺（H，BN，DPT）

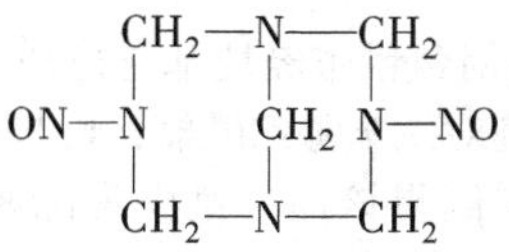

```
      CH2—N——CH2
       |   |    |
ON—N   CH2  N—NO
       |   |    |
      CH2—N——CH2
```

本品为乳黄色细粉末，密度为 1.4~1.45g/cm³，分解温度为 200℃，发气量为 250mL/g；易溶于丙酮，略溶于水和酒精，微溶于氯仿，不溶于乙醚；易燃，与酸或酸雾接触也能起火；无污染性，易于分散，工艺性好，发泡效率高，但分解产物有臭味。适用于橡胶及塑料，用量为 2~10phr。

无机类的发泡剂主要为碳酸氢钠等。碳酸氢钠是最古老和最简单的发泡剂，但是用这类发泡剂很难得到高质量的发泡体，因为它们在基体中分散比较困难。以碳酸氢铵为发泡剂时，易形成较粗的泡孔，且分布不均匀。碳酸氢钠是白色粉末，也称焙粉或发酵粉。它的分解温度为 130~180℃，产气量为 125mL/g，这实际上接近它的理论 CO_2 含量。碳酸氢钠分解的一个副产物是水。碳酸氢钠易吸水，存储时需注意。

2.10　防霉剂

凡加入塑料和橡胶中，用以防止霉菌生长的物质，统称为防霉剂。

电线电缆用防霉剂的要求有：

1）对人无毒性或毒性较小，而对霉菌则具有强烈的抑菌作用或杀菌作用。

2）对材料性能及外观没有影响或影响较小。

3）经过处理加工工艺后（如加热）仍具有良好的防霉效果。

4）防霉处理工艺简单，材料来源可靠，价格低廉。

常用的防霉剂有下列几种。

2.10.1　水杨酰苯胺（$C_{13}H_{11}O_2N$）

本品由水杨酸和苯胺在三氯化磷的接触下转化而成，是微黄色或粉红色的粉末，熔点 134~135℃，未化合的水杨酰呈负反应，水杨酰含量在 95%以上，水分含量不得大于 1%。用作橡胶及塑料的防霉剂。

2.10.2　8-羟基喹啉铜[$(C_9H_6ON)_2Cu$]

本品是由 8-羟基喹啉和硫酸铜缩合而成的黄绿色无臭粉末。8-羟基喹啉铜含量不低于 85%，水分含量不大于 5%，细度不低于 120 目。不溶于水和大多数溶剂，高温下易分解变色。用作乙烯基塑料的防霉剂。

2.10.3　可溶性 8-羟基喹啉铜

本品由 8-羟基喹啉铜与环烷酸在 180℃下加热 4h 而成，为蓝褐色粘稠状液体。8-羟基喹啉铜含量为 13%~16%，环烷酸的酸值不低于 120。用作塑料及电缆浇注剂的防霉剂。

2.10.4　三乙基硫酸锡（S57）

本品为锡有机化合物，系白色或微黄色固体，360℃以下不熔（360℃变灰色），具有特殊臭味，水分含量不大于 5%，含有效成分不低于 85%，在无水甲醇中的不溶解物不大于 1%。用作塑料的防霉剂。

2.10.5　二氯苯并恶唑酮（$C_7H_3Cl_2NO$）

本品密度为 1.522g/cm³，熔点为 49~51℃，用作塑料的防霉剂。

2.11　驱避剂

塑料电线电缆在长期使用过程中，特别是在热带和湿热带的条件下，可能受到鼠类及白蚁等的危害，为了避免生物的侵蚀，常在塑料中添加一定量的驱避剂。驱避剂对某些生物有驱避或毒杀的作用。但应注意其对人体的毒害性。

在电线电缆工业中使用的驱避剂有两种：一种是防蚁剂，另一种是避鼠剂。

2.11.1 防蚁剂

常用的防蚁剂有下列各种。

1. 有机酯类

(1) 氯菊酯 (Permethrin)

分子式 $C_{21}H_{20}Cl_2O_3$

CAS 号：52645-53-1

相对分子质量：391.3

化学结构式：

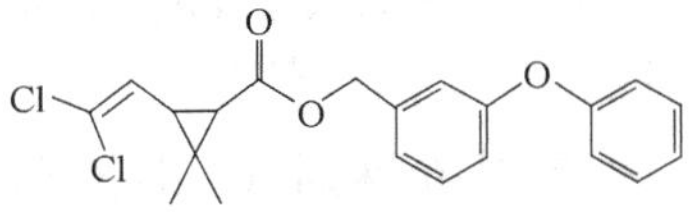

本品以三氯乙醛与异丁烯合成1,1,1-三氯-4-甲基-4-戊烯-2-醇，经转位后即得1,1,1-三氯-4-甲基-3-戊烯-2-醇，再与原乙酸三乙酯缩合重排而得3,3-二甲基-4,6,6-三氯-5-己烯酸乙酯，进一步在乙醇钠作用下环合为2,2-二甲基-3-(2,2-二氯乙烯基)环丙烷羧酸乙酯，经皂化成钠盐，再与氯化-3-苯氧基苄基三乙胺反应而制得二氯苯醚菊酯。熔点为34~35℃，密度为1.19g/cm³；纯品为固体，原药为棕黄色黏稠液体或半固体。30℃时，在丙酮、甲醇、乙醚、二甲苯中溶解度>50%，在乙二醇中<3%；在水中<0.03mg/L。氯菊酯属于低毒杀虫剂。对兔皮肤无刺激作用，对眼睛有轻度刺激作用，在体内蓄积性很小，在试验条件下无致畸、致突变、致癌作用。对鱼类高毒、蜜蜂高毒、对鸟类低毒。其作用方式以触杀和胃毒为主，无内吸熏蒸作用，杀虫谱广，在碱性介质及土壤中易分解失效。对高等动物毒性低，在阳光照射下易分解。适用于害虫的防治。在印度尼西亚进行的试验结果表明，D ragnet 380 EC（有效成分为氯菊酯）对土栖性白蚁、大家白蚁和干木白蚁的丘额白蚁及其他主要蛀木害虫有效，可用于防治家白蚁属、异白蚁属、散白蚁属、动白蚁属白蚁。

(2) 氯氰菊酯 (Cypermethrin)

分子式：$C_{22}H_{19}Cl_2NO_3$

CAS 号：71697-59-1

相对分子质量：416.3

化学结构式：

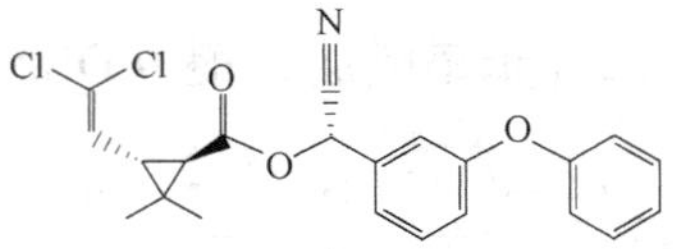

本品有多种合成方法，其中可由二氯菊酰氯、醛和氰化钠在相转移催化剂存在下反应制得。氯氰菊酯熔点为64~71℃（峰值67℃），不能溶于水。对皮肤有轻微的刺激作用，对眼睛有中度刺激作用；生物活性较高，具有触杀和胃毒作用；杀虫谱广，击倒速度快，杀虫活性较高。氯氰菊酯毒性数据有关资料相差较大，可能是不同试验条件所致。

(3) 氰戊菊酯 (Fenvalerate)

化学式：$C_{25}H_{22}ClNO_3$

CAS 号：51630-58-1

相对分子质量：419.9

化学结构式：

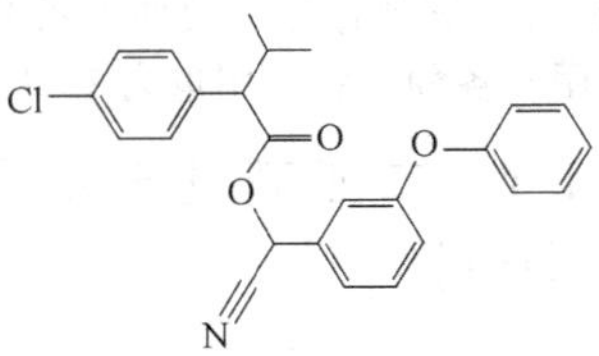

本品可由对氯氰苄经烷基化反应、水解、氯化制备α-异丙基对氯苯基乙酰氯，再与间苯氧基甲醛及氰化钠反应制得该品。氰戊菊酯密度为1.26g/cm³（26℃），沸点大于200℃（1.0mmHg），熔点为59.0~60.2℃；几乎不溶于水，易溶于二甲苯、丙酮、氯仿等有机溶剂；燃点420℃，闪点大于200℃，常温贮存稳定性在两年以上。氰戊菊酯杀虫谱广，对天敌无选择性，以触杀和胃毒作用为主，无内吸和熏蒸作用。日本住友化学株式会社生产的白蚁灵（Sumi2alpha，5FL）悬浮剂，有效成分为S-氰戊菊酯（Esfenvalerate），推荐使用浓度为0.8%（质量分数）。

(4) 联苯菊酯 (Bifenthrin)

分子式：$C_{23}H_{22}ClF_3O_2$

CAS 号：83322-02-5

相对分子质量：422.9

化学结构式：

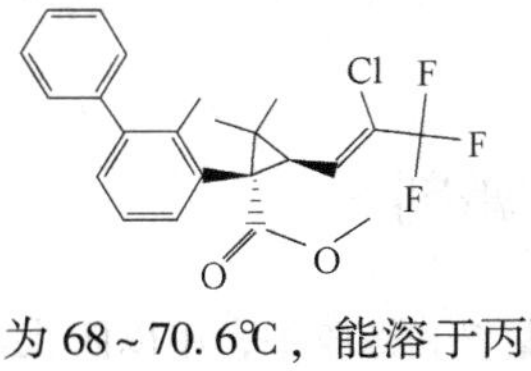

本品熔点为68~70.6℃，能溶于丙酮（1.25kg/L）、氯仿、二氯甲烷、甲苯、乙醚，稍溶于庚烷和甲醇，不溶于水；原药在常温下稳定1年以上。联

苯菊酯可防治各种白蚁，包括家白蚁属、异白蚁属、散白蚁属和动白蚁属白蚁，使用剂量低（约为0.06%质量分数）。

（5）溴氰菊酯（Deltamethrin）

分子式：$C_{22}H_{19}Br_2NO_3$

CAS号：52820-00-5

相对分子质量：505.2

化学结构式：

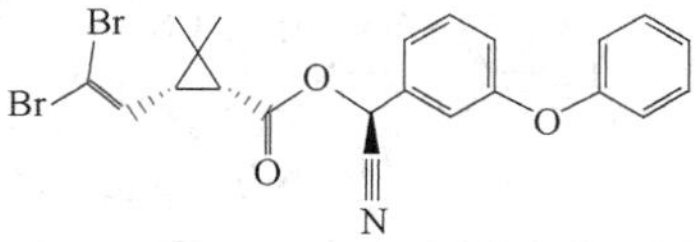

溴氰菊酯熔点（98%）为101℃，难溶解于水，是一种杀虫活性高、杀虫谱广、药效迅速、对作物安全的拟除虫菊酯杀虫剂。原艾格福公司生产，在我国注册的考登（Kordon，250FC）悬浮剂，有效成分为2.5%溴氰菊酯（Deltamethrin），推荐使用浓度为0.06%（质量分数），对白蚁、黑翅土白蚁防治效果良好。

2. 有机氟类

（1）硫酰氟（Sulfurylfluoride）

分子式：F_2O_2S

CAS号：2699-79-8

相对分子质量：102.1

化学结构式：

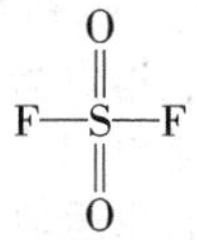

本品在常温常压下为无色无臭气体。在400℃时仍是稳定的，反应性不太强。硫酰氟具有扩散渗透性强、广谱杀虫、用药量省、残留量低、杀虫速度快、散气时间短、低温使用方便、毒性较低等特点。我国于20世纪80年代初就已开始试制硫酰氟。

（2）氟虫胺（Sulfluramid）

分子式：$CF_3(CF_2)_7SO_2NHCH_2CH_3$

CAS号：4151-50-2

相对分子质量：527.2

化学结构式：

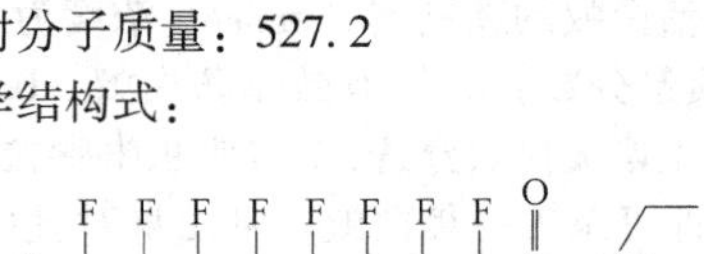

本品为无色晶体，熔点为96℃，不溶于水，易溶于乙醇。它是20世纪80年代出现的含氟杀虫剂，可由全氟辛基磺酰氯与乙胺反应制取。商品名Finitron，可防治蚂蚁、蜚蠊和白蚁，该杀虫剂在1989年由Griffin公司在美国投产，获有专利US3380943（1968）、DE 2015332（1970）。

（3）氟蚁腙（伏蚁腙）（Hydramethylnon）

分子式：$C_{25}H_{24}F_6N_4$

CAS号：67485-29-4

相对分子质量：494.48

化学结构式：

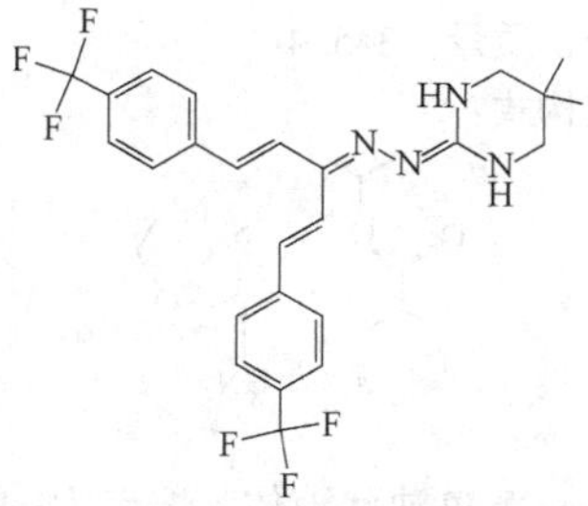

氟蚁腙又名5,5-二甲基全氢化嘧啶-2-酮4-三氟甲基-a-(4-三氟甲基苯乙烯基）肉桂叉腙，为黄色到橙色结晶，熔点为185.0~190.0℃，由4-三氟甲基甲苯侧链溴化后，得到一溴代和二溴代混合物，然后与六亚甲基四胺反应，得到4-三氟甲基苯甲醛，再与丙酮缩合，缩合产物与氢化嘧啶基肼类化合物反应，即制得伏蚁腙。伏蚁腙是一种十分有效的白蚂蚁和火蚁的防治药物，由美国氰胺（American Cyanamid）公司开发，它对昆虫的作用主要是影响昆虫的呼吸代谢，用于防治白蚁、蚂蚁和蟑螂，也可防治蜚蠊，饵剂用量为1.12~1.68 kg/ha。

除上述防蚁剂外，还有南京军区军事医学研究所生产的硫氟酰胺（N-butylperfluorooctanesulfonamide）85%粒剂，推荐使用浓度为0.1%（质量分数），是一种能量合成阻断剂，抑制白蚁体内细胞中用于产生基本化学能量分子ATP线粒体质子流。

3. 有机磷类

（1）毒死蜱（Chlorpyrifos）

分子式：$C_9H_{11}Cl_3NO_3PS$

CAS号：2921-88-2

相对分子质量：350.6

化学结构式：

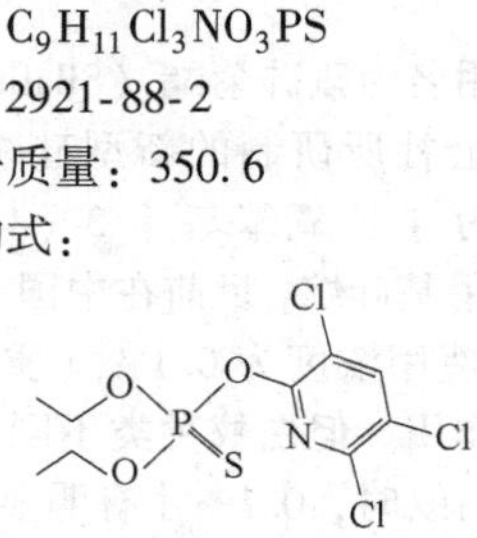

原药为白色颗粒状结晶，室温下稳定，有硫醇

臭味，密度为 1.398g/cm³（43.5℃），熔点为 41.5~43.5℃，水中溶解度为 1.2mg/L，溶于大多数有机溶剂。该类有机磷杀虫剂的热分解温度大都在 165℃左右。毒死蜱是一种有机磷类高效白蚁防治剂，触杀、胃毒和熏蒸作用强烈，长效、广谱、低残留。在 20 世纪 80 年代末至 90 年代初，以毒死蜱为有效成分的杀虫剂曾占美国白蚁防治剂的 75%。

（2）异柳磷（Isofenphos）

分子式：$C_{14}H_{22}NO_4PS$

CAS 号：25312-71-1

相对分子质量：345.4

化学结构式：

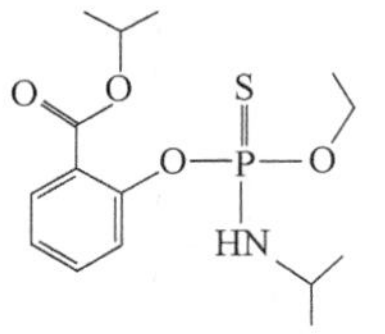

本品为亮黄色油状液体，熔点为-12℃，沸点 120℃（1.33Pa），在 20℃水中溶解度为 23.8mg/kg，在二氯甲烷中溶解度大于 600g/kg，溶于丙酮、醇、醚、苯。本品为 20 世纪 70 年代开发成功的有机磷杀虫剂，可用 O-乙基 O-(2-异丙氧基羰基苯基）硫代磷酰氯与异丙胺反应制取。对昆虫有触杀、胃毒作用，用于防治稻螟、叶蝉、蚜虫、红蜘蛛及金针虫、蛴螬、根蛆等地下害虫。制剂有乳油、颗粒剂。

4. 硅烷类

硅白灵（Silonen）

分子式：$C_{25}H_{29}FO_2Si$

CAS 号：105024-66-6

相对分子质量：408.586

化学结构式：

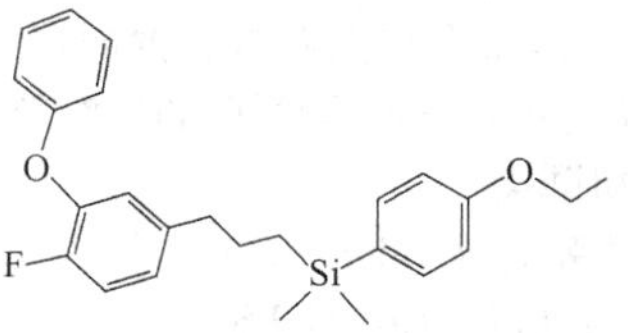

硅白灵通用名为氟硅菊酯（Silafluofen），是日本除虫菊株式会社所研制的新型硅烷类有机杀虫剂，有效成分为 4-乙氧苯基［3-(4-氟-3-苯氧苯基）丙基］二甲基硅烷，目前在中国注册的剂型为 5%乳油，推荐使用浓度为 0.1%（质量分数），具有触杀和驱避作用。但白蚁种类不同，则防治浓度不同，防治家白蚁时，0.1%才有明显的预防作用，预防散白蚁和土白蚁则只要 0.05%。

5. 有机杂环类

有机杂环类防蚁剂是目前的研究热点，氟虫腈和吡虫啉即是其中代表。

（1）氟虫腈（Fipronil）

分子式：$C_{12}H_4Cl_2F_6N_4OS$

CAS 号：120068-37-3

相对分子质量：437.1

化学结构式：

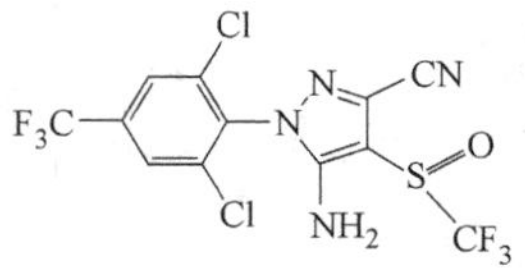

含氟吡唑类广谱性杀虫剂，活性高，应用范围广，对半翅目、缨翅目、鞘翅目、鳞翅目等害虫及菊酯类、氨基甲酸酯类杀虫剂已产生抗性害虫也显示出极高的敏感性。推荐用量为 12.5~150g/hm²。

（2）吡虫啉（Imidacloprid）

分子式：$C_9H_{10}ClN_5O_2$

CAS 号：138261-41-3

相对分子质量：255.7

化学结构式：

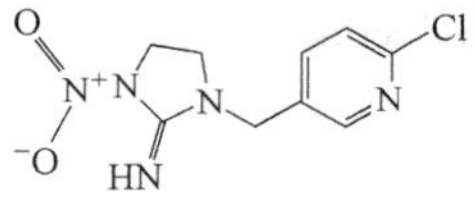

本品又名咪蚜胺，纯品为白色或无色晶体，有微弱气味，熔点为 143.8℃（晶体形式 1）、136.4℃（晶体形式 2）。原药有效成分含量≥80%，外观为浅橘黄色结晶，熔点为 128~132℃。吡虫啉是硝基亚甲基类内吸杀虫剂，是烟酸乙酰胆碱酯酶受体的作用体，干扰害虫运动神经系统使化学信号传递失灵，无交互抗性问题。用于防治刺吸式口器害虫及其抗性品系。

本品是由原法国罗纳·普朗克公司研制生产的，属于苯基吡唑类杀虫剂，只需少量即可控制白蚁，可进行土壤处理、叶面喷雾、毒饵和种子处理。吡虫啉是 20 世纪 80 年代中期由德国拜耳公司和日本特殊农药公司共同开发的一种新型高效氯代烟碱类杀虫剂，其结构类似于乙酰胆碱，可与突触神经纤维中的乙酰胆碱受体相结合。1992 年德国开发了吡虫啉防治白蚁的新制剂 Premise，浓度为 0.05%~0.3%（质量分数）即可有效预防白蚁。0.1%吡虫啉处理的土壤无白蚁穿透，70%吡虫啉颗粒剂 0.15g 或 0.30g 即可杀灭一巢白蚁。吡虫啉对乳白蚁工蚁的触杀效果比兵蚁更好。

6. 氨基甲酸酯类

目前应用的氨基甲酸酯类白蚁防治剂种类也不

多。日本住友化学株式会社生产的白捕特（Bak-top）微胶囊剂，有效成分为 15%仲丁威（BPMC），推荐使用质量浓度为 0.1%，是日本白蚁防治协会和日本木材保护协会认定的产品。由于采用微胶囊技术，而使有效成分缓慢释放，实现了长效的目的。

2.11.2　避鼠剂

老鼠属于啮齿类动物，其门齿发达，再生能力强，同时又需要借助磨牙来抑制门齿的再度生长，并且其珐琅质坚硬，只有硬度超过合金钢的物质才可以保证不被鼠类咬坏，而塑料的硬度却正好合适。电线电缆大多采用橡塑材料，易受鼠类攻击，容易造成漏电、停电、爆炸及火灾等重大事故。

为了防止鼠类对电线电缆的啃咬，可通过在线缆中添加或在表面涂覆避鼠剂，使电缆本身具有老鼠厌恶或难以接受的特殊气味或味道，或者具有特殊的粘着性，使老鼠畏惧，从而达到防鼠咬的目的。同时为区别于利用高硬度的金属或非金属原料包裹线缆（如金属铠装、玻璃纤维铠装等），依靠护套所具有的高硬度、光洁度和厚度来防止老鼠对电缆的啃咬破坏的方式，于线缆中添加或涂覆避鼠剂的方法称为化学防鼠法。

虽然目前可查的避鼠剂的品种繁多，但由于评价方式、使用环境、驱避对象的不同，不同种类的避鼠剂的实际使用效果相差极大，应用时必须注意。但选用环境友好、对人畜无害的避鼠剂已经成为当前发展的主流。

以下为文献介绍的各种避鼠剂：

（1）环己酰亚胺（Cycloheximide）

分子式：$C_{15}H_{23}NO_4$

结构式：

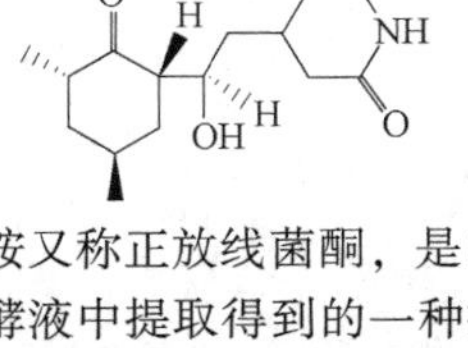

环己酰亚胺又称正放线菌酮，是由产生放线菌酮的放线菌发酵液中提取得到的一种抗生素，也可由链霉素、制霉菌素等发酵液中的副产物制得；纯品为无色晶体，易溶于甲醇、乙醇和丙酮，微溶于水，有剧毒；耐酸、耐热，在碱性情况下易分解；对酵母菌、霉菌、原虫等病原菌等有抑制作用，对细菌无显著抑制作用，是鼠类、兔子、狗熊、野猪等的忌避剂；日光照射下也很稳定，混入橡胶、塑料中需制成微胶囊，以减少加热损失。配制防鼠涂料可直接应用。

（2）二硫化二甲氨基甲酸叔丁基次磺酰胺

分子式：$C_7H_{15}NS_3$

结构式：

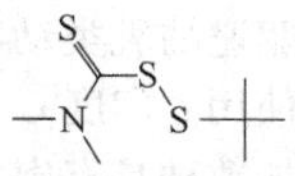

本品是美国菲利浦公司产品（R-55）；油性结晶体，可溶于芳香族溶剂中；对热、氧、臭氧稳定；可与各种合成树脂配合进行混炼、挤出、注射等成型加工，在约 230℃下功效不变；但臭味重，加工场所应有换气设施；适用于橡胶、聚氨酯，在聚乙烯和聚氯乙烯中也有效；与煤油混合后也用于毒土处理。

（3）辣椒素　辣椒素类物质具有的强烈辛辣味，能使鼠类动物的口腔粘膜和味觉神经受到强烈刺激（痛觉）而厌弃嚼切，系当前应用范围最广、效果最为显著的避鼠剂品种，可直接于电缆料生产过程中添加，或涂覆于成缆表面。目前应用于线缆产品的辣椒素类物质构成复杂，其有效成分主要为 N-(4-羟基-3-甲氧基苄基）壬酰胺（合成辣椒素）。辣椒素初制品为黏稠液体或呈膏状，不易于添加至塑料当中。针对此问题，现已开发出微胶囊粉化处理的辣椒素粉剂和辣椒素塑胶母料类产品。

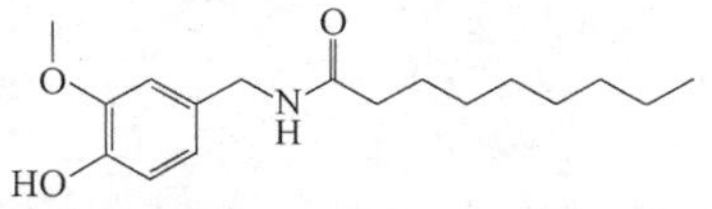

虽然辣椒素类物质具有良好的防鼠效果，但也正因其强烈的刺激性使线缆产品的生产环境急剧恶化。特别是在高温挤出的过程中，即使微量的辣椒素挥发至气相环境中，也会有明显的辛辣味，对操作人员的呼吸道、口腔黏膜、眼部黏膜等具有强烈的刺激性。并且，如果不慎皮肤直接触碰该类物质，则会产生长时的灼烧感，特别是眼睛与口舌部位，其产生的灼烧效应即使经过充分清洗后，也有可能会持续数天的时间。因此，使用辣椒素时必须加强通风，并应穿防护服，戴乳胶手套和眼镜。

（4）苯甲地那铵

分子式：$C_{28}H_{34}N_2O_3$

结构式：

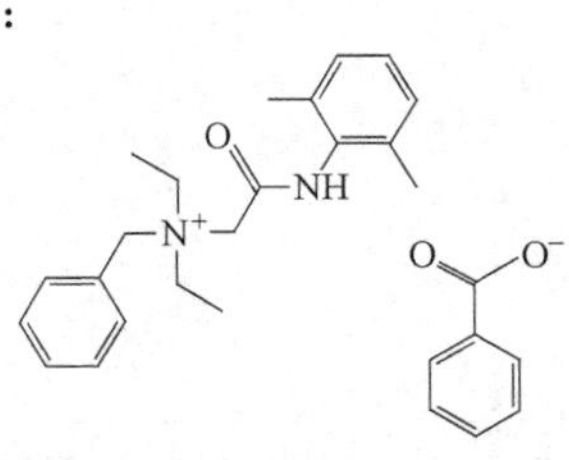

苯甲地那铵又称苦精，为白色晶体，具有轻微

的芳香气味，直接与皮肤接触无短期刺激性，但具有极强烈的苦味，是目前世界上已知的最苦化合物。常被用作厌恶剂，以避免人们误食其他有毒却无味的物质，以及驱避哺乳类动物，在食品工业中也作为风味调节剂使用。印度 C tech 公司以苯甲地那铵为基材，并添加数种具有肉食动物尿液气味的嘌呤类物质而开发出 Rodrepel 系列避鼠剂，具有广谱避鼠性，但被动物或人摄入后并无毒性，同时避免了辣椒素类物质在加工过程中产生的强烈刺激性气味。类似产品还有美国 PolyOne 公司的 OnCap 系列功能母料。

（5）穿心莲内酯

分子式：$C_{20}H_{30}O_5$

结构式：

O H OH OH OH

穿心莲内酯是从爵床科植物穿心莲中提取到的二萜内酯类化合物，是中药穿心莲的主要有效成分之一，外观为白色方棱形或片状结晶，无臭，味苦。穿心莲内酯在沸乙醇中溶解，在甲醇或乙醇中略溶，极微溶于氯仿，在水或乙醚中几乎不溶。对细菌性与病毒性上呼吸道感染及痢疾有特殊疗效，为天然抗生素药物。美国 Aversion Technologies 公司的 Repela 系列避鼠剂的有效成分即以辣椒素、苯甲地那铵和穿心莲内酯等构成，可满足注塑、吹塑、挤出、涂覆等多种工艺条件。

第3章

聚氯乙烯塑料

聚氯乙烯（简称PVC）塑料，是以聚氯乙烯树脂为基础，加入各种配合剂的多组分混合材料。由于其力学性能优越，耐化学腐蚀，不延燃，耐候性好，有足够的电绝缘性以及加工容易，成本较低，因此广泛用作电线电缆的绝缘和护层材料。同时随着树脂品种的发展或改性、配合剂品种的发展、配方的研究改善和提高，聚氯乙烯塑料的性能仍在不断提高，品种不断发展，因此在各种电线电缆，如电力、船用、控制、通信电缆、家用电器和布电线方面的应用范围仍在不断地扩大。

3.1 聚氯乙烯树脂

3.1.1 分子结构

聚氯乙烯树脂是由氯乙烯聚合而成的线型热塑性高分子化合物，其分子结构为

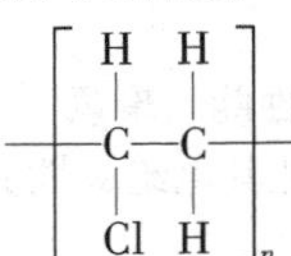

从其分子结构以碳链为主链，呈线型，含有氯原子的 C—Cl 极性键等特性来看，聚氯乙烯树脂将具有下列基本特性：

1）是具有热塑性的高分子材料，可塑性和柔软性较好。

2）由于C—Cl极性键的存在，树脂具有较大的极性，因此介电常数和介质损耗因数均较大，在低频情况下有较高的介电强度。同时，由于极性键的存在，分子间的作用力较大，机械强度较高。

3）分子结构中含有氯原子，树脂具有不延燃性和较好的耐化学腐蚀和耐气候性；但也破坏了分子的晶体结构，使树脂具有无定型聚合物的特性，同时树脂的耐热性和耐寒性较差。

在实用中，加入配合剂，可改善树脂的性能，扩大了聚氯乙烯塑料的应用范围。

3.1.2 电线电缆用聚氯乙烯树脂的技术要求

氯乙烯的聚合方法有悬浮聚合、乳液聚合、本体聚合和溶液聚合四种。电线电缆一般采用悬浮法制取聚氯乙烯树脂。

聚氯乙烯树脂是相对分子质量大小不等的聚氯乙烯分子的多分散体系，通常用平均相对分子质量表示。平均相对分子质量的表示方法有许多种，一般是用绝对粘度、相对粘度、特性粘度、*K*值和粘数等表示，它们之间存在一定的关系。现将适用于电缆料的聚氯乙烯树脂的各种表征分子量特性值之间对照关系列于表11-3-1中。

表11-3-1 聚氯乙烯树脂相对分子质量表示法对照表

粘数 *VN*	平均聚合度 $\overline{P}$	*K*值	相对粘度 η_r	特性粘度 $[\eta]$	绝对粘度 η
126	1100	70.2	1.63	104.8	1.898
128	1140	70.9	1.64	106.2	1.921
130	1170	71.4	1.65	107.6	1.944
132	1190	71.8	1.66	109.0	1.969
134	1210	72.2	1.67	110.4	1.992
136	1240	72.0	1.68	111.8	2.017
138	1270	73.2	1.69	113.2	2.042
140	1300	73.6	1.70	114.6	2.067
142	1320	74.0	1.71	116.0	2.090
144	1360	74.6	1.72	117.4	2.118
146	1390	75.1	1.73	118.8	2.148
148	1420	75.5	1.74	120.1	2.172
150	1440	75.8	1.75	121.4	2.198
152	1480	76.5	1.76	122.8	2.226
154	1510	76.9	1.77	124.1	2.252
160	1590	78.0	1.80	128.2	2.332
170	1750	80.0	1.85	134.8	2.498

注：*VN*——粘数（mL/g），100mL环己酮含0.5gPVC的溶液，25℃下的粘数；

$\overline{P}$——平均聚合度；

*K*值——PVC在环己酮溶液中的Fikentscher *K*值；

η_r——相对粘度，100mL二氯乙烷含0.5gPVC的溶液，25℃；

$[\eta]$——特性粘度（mL/g），PVC在环己酮溶液中，25℃；

η——绝对粘度（cP），$1cP = 10^{-3} Pa \cdot s$，1% PVC的二氯乙烷溶液，20℃。

电线电缆用聚氯乙烯塑料一般采用GB/T 5761—2006（悬浮法聚氯乙烯树脂）中PVC-SG2和PVC-SG3中的优等品，特殊要求的电缆料可采用PVC-SG1。上述三种聚氯乙烯树脂的技术要求见表11-3-2。

表11-3-2 电缆用PVC树脂技术要求

序号	指标名称 \ 型号与级别			PVC-SG1优等品	PVC-SG2优等品	PVC-SG3优等品
1	粘数/(mL/g) (或K值) [或平均聚合度]			156~144 (77~75) [1785~1536]	143~136 (74~73) [1535~1371]	135~127 (72~71) [1370~1251]
2	杂质粒子数/个		≤	16	16	16
3	挥发物(包括水)质量分数(%)		≤	0.30	0.30	0.30
4	表观密度/(g/mL)		≥	0.45	0.45	0.45
5	筛余物质量分数(%)	250μm筛孔	≤	2.0	2.0	2.0
		63μm筛孔	≥	95	95	95
6	"鱼眼"数/(个/400cm^2)		≤	20	20	20
7	100g树脂增塑剂吸收量/g		≥	27	27	26
8	白度(160℃,10min)(%)		≥	78	78	78
9	水萃取物电导率/[μS/(cm·g)]		≤	5	5	5
10	残留氯乙烯单体含量/(μg/g)		≤	5	5	5

3.2 聚氯乙烯塑料性能及组分的选择

聚氯乙烯塑料是多组分塑料，由聚氯乙烯树脂和各种配合剂组成，配合剂包括增塑剂、稳定剂、填充剂、着色剂以及其他特种配合剂。

3.2.1 聚氯乙烯塑料的主要性能

（1）物理力学性能 聚氯乙烯树脂为无定型聚合物，分子链中存在着两种运动单元，即分子链整体运动和链段运动。由于运动单元的双重性，使聚氯乙烯在不同温度下具有三种物理状态，即玻璃态、高弹态和粘流态。聚氯乙烯的玻璃化温度在80℃左右，室温下处于玻璃态，不能满足电线电缆使用要求。为此，需加入增塑剂，调节玻璃化温度，增加塑性，改进柔软性。

（2）老化稳定性 从分子结构看，聚氯乙烯分子中的氯原子都与仲碳原子相连，应具有较高的耐老化稳定性。但是，在生产过程中，由于聚合温度控制不好及聚合添加剂在树脂中的残余，会影响树脂的结构和纯度，因此，分子结构中存在着一定的活性基团，如链端和链中的双键，尤其是一种烯丙基型碳氯的分子链结构：

$$-CH_2-\underset{\displaystyle Cl}{\underset{|}{CH}}-CH{=}CH-CH_2-\underset{\displaystyle Cl}{\underset{|}{CH}}-$$

这种结构在热和机械力的作用下，极易分解放出氯化氢。氯化氢有自催化作用，促使聚氯乙烯继续脱氯化氢，产生共轭双键：

$$-\overset{\displaystyle H}{\overset{|}{C}}{=}\overset{\displaystyle H}{\overset{|}{C}}-\overset{\displaystyle H}{\overset{|}{C}}{=}\overset{\displaystyle H}{\overset{|}{C}}-\overset{\displaystyle H}{\overset{|}{C}}{=}\overset{\displaystyle H}{\overset{|}{C}}-$$

具有共轭双键的聚氯乙烯分子在氧作用下很容易发生降解或交联，导致材料变色发脆，物理力学性能显著下降，电绝缘性能恶化，这就是聚氯乙烯的老化。为改善聚氯乙烯的耐老化性，必须添加一定的稳定剂。

（3）电绝缘性能 聚氯乙烯树脂是一种极性较大的电介质，因此其电绝缘性能比非极性材料（如聚乙烯等）稍差。

聚氯乙烯树脂的体积电阻率大于$10^{15}\Omega\cdot cm$。它的电导主要是由树脂中所残留的杂质引起的离子电导，因此树脂的纯度对绝缘性能影响很大。温度对聚氯乙烯树脂体积电阻率的影响很大，符合离子电导随温度直线上升的规律。

聚氯乙烯树脂在25℃和50Hz频率下的相对介电常数ε_r为3.4~3.6；当温度和频率变化时，介电常数也随之有明显的变化，如图11-3-1所示。

聚氯乙烯的介质损耗取决于两个因素：一个是分子中含有离子杂质所产生的电导损耗；另一个是大分子中的碳氢键偶极极化所引起的偶极损耗。图11-3-2表示了可增塑的聚氯乙烯的损耗因数（介电常数与介质损耗因数的乘积）随温度而变化的情况。

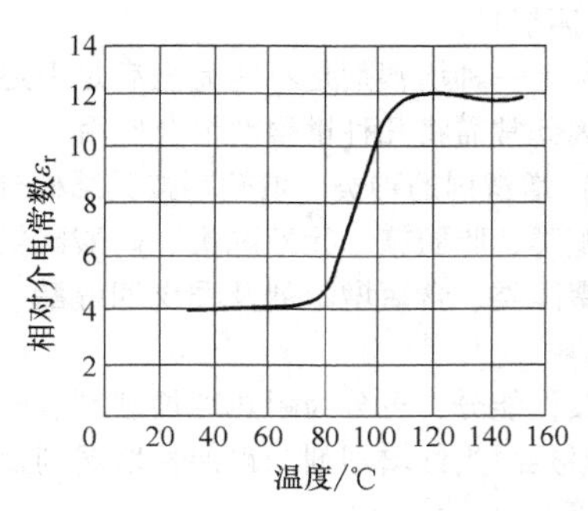

图 11-3-1　聚氯乙烯树脂的相对介电常数与温度的关系

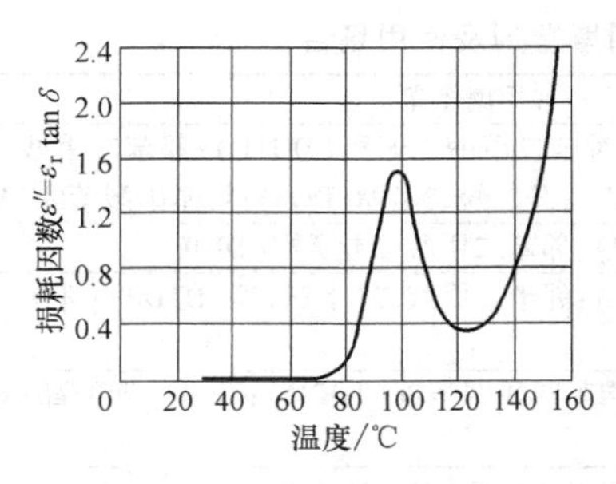

图 11-3-2　聚氯乙烯的损耗因数与温度的关系

聚氯乙烯的介电强度基本上不受极性的影响。聚氯乙烯中，碳氯键可使分子排列致密紧凑，因此它在室温和工频条件下，介电强度比较高，能和其他高电绝缘性的绝缘材料相比。

聚氯乙烯的介质损耗较大，因而不适用于高频和高压的场合。通常广泛用作 15kV 及以下的低压和中压电缆的绝缘材料。

3.2.2　聚氯乙烯塑料组分的选择

1. 树脂

聚氯乙烯树脂是聚氯乙烯塑料的基料，它的种类、性能和用量对塑料性能有很大影响。

（1）平均相对分子质量　聚氯乙烯树脂的平均相对分子质量对于塑料的性能影响很大。它和加热变形的关系如图 11-3-3 所示。由图可见树脂的平均相对分子质量增加，加热变形下降。树脂聚合度对塑料脆化温度、拉伸强度和断裂伸长率的影响如图 11-3-4 所示。由图可见，随着聚合度的增加，脆化温度有所降低，拉伸强度得到提高。在聚合度较低时，增加聚合度能提高断裂伸长率；当聚合度大于 1300 时，如聚合度再增加，断裂伸长率反而略有下降。

一般聚氯乙烯绝缘或护套料，选用 PVC-SG2 和 PVC-SG3 树脂。对于耐热聚氯乙烯电缆料由于要求具有优良的耐热变形性，因而应选用 PVC-SG1 或更高聚合度的树脂。

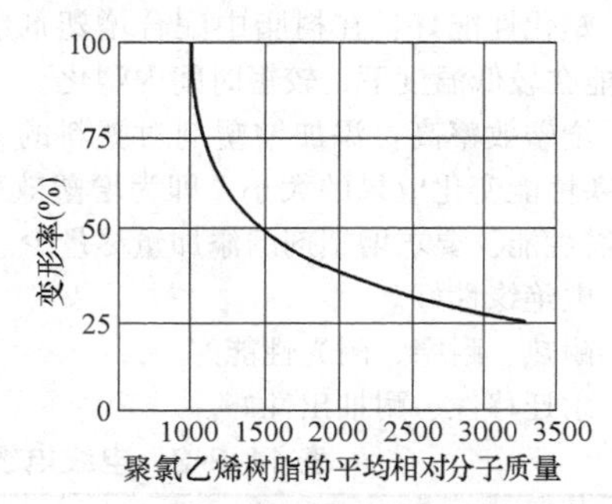

图 11-3-3　140℃时 PVC 树脂平均相对分子质量与加热变形的关系材料配方（phr）：PVC100，增塑剂 50，稳定剂 10，润滑剂 1

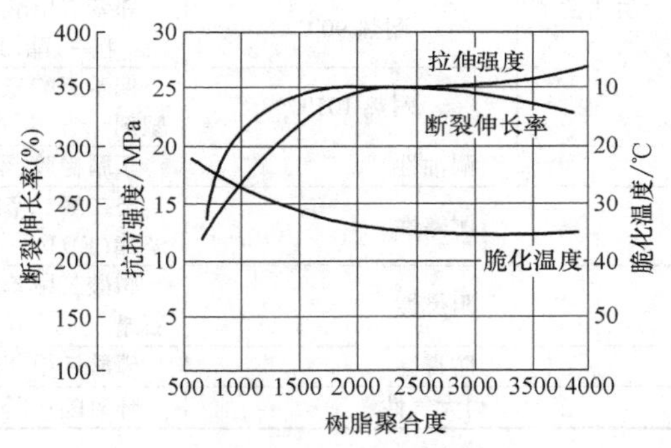

图 11-3-4　PVC 聚合度与脆化温度、拉伸强度和断裂伸长率的关系材料配方：PVC100，增塑剂 50，稳定剂 3，润滑剂 1

（2）晶点　晶点就是指在加工过程中尚未塑化的树脂颗粒。其产生原因除受加工条件影响外，很大程度是由树脂颗粒的不均匀性所引起的。在聚合过程中，由于种种原因造成某些树脂颗粒过度聚合，这些颗粒比通常的颗粒大，结构更为紧密，所以在一般加工条件下不能塑化，即构成所谓晶点。

晶点不仅影响制品外观，而且由于其吸收增塑剂、稳定剂等助剂不足，容易分解变色，严重影响塑料性能。所以应对树脂在单位面积内的晶点数加以控制。

2. 增塑剂

增塑剂是电线电缆用聚氯乙烯塑料中重要的配合剂。增塑剂由于它能在聚氯乙烯分子结构的极性基团之间起溶剂化作用，将聚氯乙烯分子间的距离拉大并起稀释作用，所以能增加塑性，调整物理力学性能，改进工艺性能。

(1) 增塑剂的性能要求

1）相容性好。

2）塑化性能好：在树脂中配合增塑剂制成制品时，能在较低温度下、较短时间内塑化。

3）增塑效率高：添加增塑剂对塑料的力学性能或耐寒性能变化效果的大小，即为增塑效率。为取得所需性能，要求增塑剂的添加量尽量少。

4）电绝缘性好。

5）耐热、耐寒、耐光性能好。

6）耐迁移性、耐抽出性好。

7）阻燃性。

实际上一种增塑剂是不能完全满足上述性能要求的，因此常需将几种增塑剂组合使用。

(2) 增塑剂的种类 增塑剂按其结构分，有苯二甲酸酯类、脂肪族二元酸酯类、磷酸酯类、环氧酯类、聚酯类、含氯增塑剂及季戊四醇酯、苯多酸酯等。

按其性能分，可分为耐热性增塑剂、耐寒性增塑剂、耐热耐光性增塑剂、耐油性增塑剂及阻燃性增塑剂等。

电线电缆聚氯乙烯塑料常用的增塑剂及其使用场合见表 11-3-3。

表 11-3-3 电线电缆聚氯乙烯塑料常用增塑剂及使用场合

塑料用途和要求		常用增塑剂
耐热性	耐热 60~70℃	邻苯二甲酸二辛酯(DOP)；对苯二甲酸二辛酯(DOTP)；邻苯二甲酸二异壬酯(DINP)；磷酸三甲苯酯(TCP)；癸二酸二辛酯(DOS)；烷基磺酸苯酯(M-50)
	耐热 80℃	邻苯二甲酸二异壬酯(DINP)；邻苯二甲酸二异癸酯(DIDP)
	耐热 90℃	邻苯二甲酸二异癸酯(DIDP)；邻苯二甲酸二(十三)酯(DTDP)；邻苯二甲酸二(十一)酯(DUP)
	耐热 105℃	偏苯三酸三辛酯(TOTM)；均苯四酸四辛酯(TOPM)；双季戊四醇酯；聚酯增塑剂
耐油性		丁腈橡胶；聚酯增塑剂
耐寒性		癸二醛二辛酯(DOS)；己二酸二辛酯(DOA)；磷酸三辛酯(TOP)环氧十八酸辛酯(ED3)
阻燃性		磷酸三甲苯酯(TCP)；磷酸三(二甲苯)酯(TXP)；含氯含溴磷酸酯；氯化石蜡
防霉性		磷酸三甲苯酯(TCP)；氯化石蜡；邻苯二甲酸二辛酯(DOP)
耐大气性		环氧酯；邻苯二甲酸辛癸酯(ODP)

(3) 增塑剂对聚氯乙烯塑料性能的影响 增塑剂的种类、结构和用量，对软聚氯乙烯塑料的电绝缘性能、物理力学性能、耐老化性能、耐抽出性、耐迁移性及加工性能都有很大的影响。

1）相容性和塑化性能：为使增塑剂与聚乙烯相容，必须使它和聚氯乙烯溶剂化，因此在增塑剂中必须有一个以上的溶解中心（极性基）。聚氯乙烯溶剂化的极性强弱顺序大致如下：

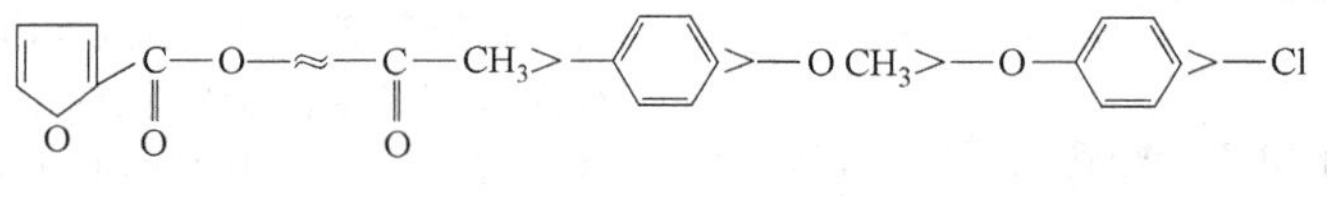

呋喃(酯基) —C(=O)—O—≈ > 乙酰基 —C(=O)—CH$_3$ > 苯基 —⟨苯环⟩ > 甲氧基 —O CH$_3$ > 苯氧基 —O—⟨苯环⟩ > 氯 —Cl

呋喃(酯基)　乙酰基　苯基　甲氧基　苯氧基　氯

这些极性基种类和数量配置的不同，可使相容性不同。为使酯类增塑剂相容性好，酯基必须在 2 个以上。

对于相同有机酸的增塑剂，醇（烷基部分）的碳原子少，相容性好；烷基的分枝多，相容性好。

相容性好的增塑剂，其塑化性能也较好。

2）增塑效率：增塑效率通常以添加 50 份 DOP 的塑料为比较基准。在苯二甲酸酯类中以 DBP 增塑效率为最好，相对分子质量较 DBP 大或小的增塑剂都较 DBP 差。聚酯、磷酸酯、含氯增塑剂一般增塑效率差。

3）力学性能：增塑剂的种类和用量对于软聚氯乙烯塑料拉伸强度和断裂伸长率的影响如图 11-3-5 所示。

由图 11-3-5 可知，增塑剂用量增加时，塑料拉伸强度下降，断裂伸长率提高。当增塑剂用量相同时，带有强极性基增塑剂（TCP 及 DINP），拉伸强度高，断裂伸长率低；极性较弱的脂肪族二元酸酯类（DOS）拉伸强度低，断裂伸长率大；DOP 及 DIDP 介于二者之间。

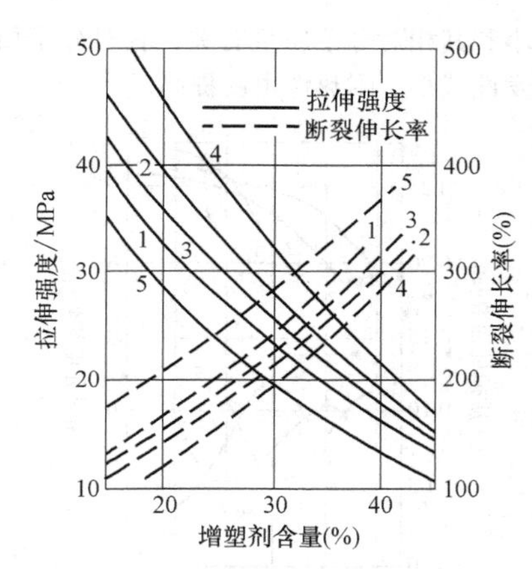

图 11-3-5 增塑剂的种类和用量对软聚氯乙烯塑料力学性能影响

1—DOP 2—DINP 3—DIDP 4—TCP 5—DOS

4）电绝缘性能：作为低压绝缘用塑料，要求有较高的体积电阻率 ρ_V。中压（6~35kV）使用的绝缘料除应具有较高的 ρ_V 值外，还应在工作温度区间内具有较低的介电常数和介质损耗。这些性能在很大程度上取决于所添加的增塑剂的种类、用量和纯度。

增塑剂中混入杂质，将导致塑料绝缘性能下降。因此作为绝缘使用的增塑剂要特别注意纯度，含离子杂质尽可能少。

增塑剂的种类不同，其相容性、增塑效率、相对分子质量和吸湿性不同，将明显影响塑料的电绝缘性能。硬质聚氯乙烯的 ρ_V 值高，约为 $1\times10^{16}\Omega\cdot cm$，但当增塑剂用量增加时，$\rho_V$ 值下降，这可从图 11-3-6 看出。通常添加 TCP、TOTM、TOPM 等溶剂化作用

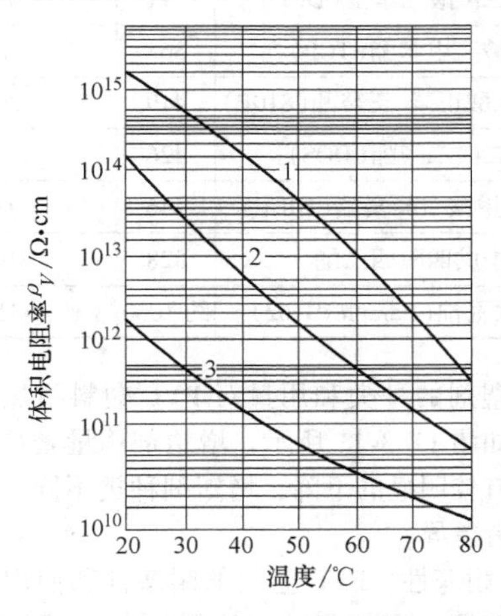

图 11-3-6 不同用量增塑剂与软聚氯乙烯塑料 ρ_V 和温度的关系

1—DOP 为 25 重量份 2—DOP 为 43 重量份 3—DOP 为 66.6 重量份（其他材料的重量份为：PVC 树脂 100，三盐基性硫酸铅 4，硬脂酸铅 1）

大的增塑剂及 DNP、氯化石蜡等增塑效率差的增塑剂的塑料，可使 ρ_V 值较高。不同种类的增塑剂对聚氯乙烯塑料 ρ_V 和温度的影响如图11-3-7所示。由图 11-3-7 可见，TCP 和 DINP 能使塑料具有较高的 ρ_V 值；而溶剂化作用较少的 DOS 使塑料 ρ_V 值较低。

塑料的电绝缘性能很大程度上取决于增塑剂的种类和用量。增塑剂的相对分子质量和增塑效率的差异，使塑料的电绝缘性能也不相同。

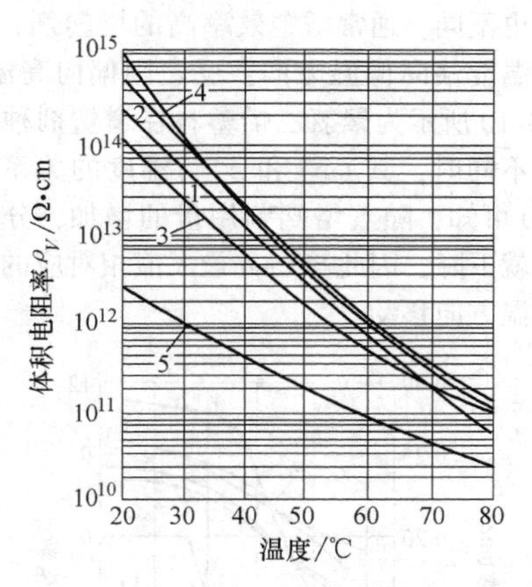

图 11-3-7 不同种类增塑剂与软聚氯乙烯塑料 ρ_V 和温度的关系

1—添加 DOP 2—添加 DINP 3—添加 DIDP 4—添加 TCP 5—添加 DOS（材料配方为：PVC 树脂 100，增塑剂 43，三盐基性硫酸铅 4，硬脂酸铅 1）

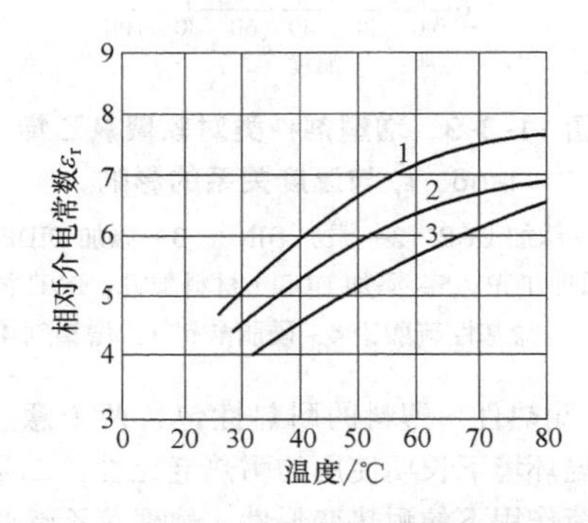

图 11-3-8 增塑剂种类对软聚氯乙烯相对介电常数 ε_r 与温度关系曲线的影响

1—添加 DOP 2—添加 DIDP 3—添加 DTDP（材料配方：PVC 树脂 100，三盐基性硫酸铅 4，硬脂酸铅 1，增塑剂 35）

不同种类增塑剂的相对分子质量是各不相同的。增塑剂相对分子质量越大，介电常数随温度的变化越小，这可从图 11-3-8 及图 11-3-9 看出，

DIDP 和 DTDP 的相对分子质量比 DOP 大，所以它们的电绝缘性比 DOP 好。另外如 TOTM 也具有较好的电绝缘性能。聚氯乙烯塑料添加不同种类增塑剂时，其介质损耗因数 $\tan\delta$ 和相对介电常数 ε_r 与温度的关系如图 11-3-9 所示。由图 11-3-9 可知，$\tan\delta$ 在较低温度区内有一最大值，并随温度升高而下降；当温度升高到一定程度时，$\tan\delta$ 又开始上升。图 11-3-9 中也表明，即使增塑剂用量相同，但因种类及增塑效率的不同，与 $\tan\delta$ 最大值相对应的温度也不同。通常增塑效率高的增塑剂，$\tan\delta$ 最大值的温度偏向低温方向；反之则偏向高温方向。图 11-3-10 所示为聚氯乙烯塑料在增塑剂种类相同而用量不同时，其 $\tan\delta$ 和 ε_r 与温度的关系。由图 11-3-10 可知，随着增塑剂用量的增加，分子内部的粘度就下降，因此与 $\tan\delta$ 最大值相对应的温度也就向低温方向移动。

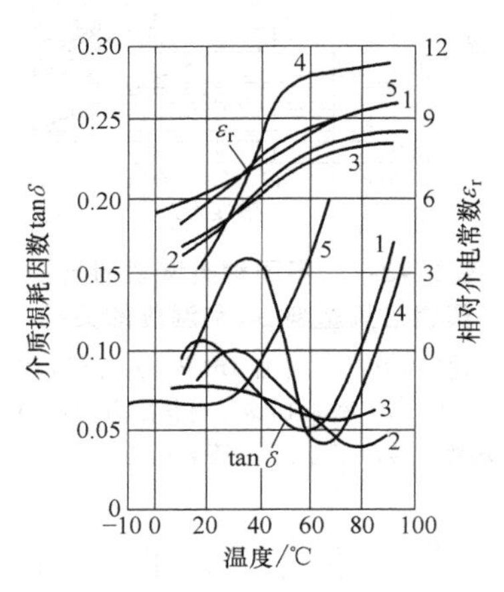

图 11-3-9 增塑剂种类对软聚氯乙烯 $\tan\delta$、ε_r 与温度关系的影响

1—添加 DOP 2—添加 DINP 3—添加 DIDP 4—添加 TCP 5—添加 DOS（材料配方：PVC 树脂 100，三盐基性硫酸铅 4，硬脂酸铅 1，增塑剂 43）

5）耐热性：塑料的耐热性包含两个意义，一是在高温环境下长期使用的耐热老化性；二是在高温及负荷作用下的耐热变形性。软聚氯乙烯塑料在高温条件下，除因树脂脱氯化氢而降解和交联外，主要是由于增塑剂的挥发和氧化，从而使塑料失去柔软性，进而发脆，不能使用。塑料的耐热性很大程度上取决于所选用的增塑剂的种类和用量。增塑剂的挥发性大小将直接影响塑料的耐热等级。一些增塑剂蒸气压为 0.05μmHg 时所对应的温度见表 11-3-4。由表可见，DBP 的耐热性较差，不宜作为电缆用塑料的增塑剂。此外，也可看出，增塑剂挥发性大小和其相对分子质量有关，相对分子质量增大，挥发性减小，耐热性也就提高。

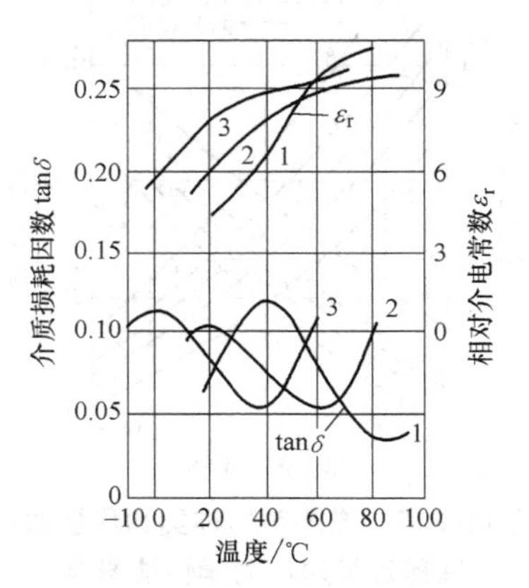

图 11-3-10 增塑剂含量对软聚氯乙烯 $\tan\delta$、ε_r 与温度关系的影响

1—DOP 为 25 份 2—DOP 为 43 份 3—DOP 为 66.6 份（材料配方中其他组分（phr）：PVC 树脂 100，三盐基性硫酸铅 4，硬脂酸铅 1）

表 11-3-4 增塑剂蒸气压为 0.05μmHg 时所对应的温度

增塑剂名称	相对分子质量	最高允许温度/℃（蒸汽压为 0.05μmHg 时所对应的温度）
邻苯二甲酸二丁酯(DBP)	278	29
己二酸二辛酯(DOA)	371	58
邻苯二甲酸二辛酯(DOP)	391	68
磷酸三甲苯酯(TCP)	368	78
邻苯二甲酸正辛、正癸酯(810P)	419	80
癸二酸二辛酯(DOS)	426	84
邻苯二甲酸二异癸酯(DIDP)	446	92
季戊四醇四己酯	528	108
环氧大豆油(ParaplexG-62)	约 1000	>150

增塑剂的种类和用量对 PVC 塑料耐热变形率的影响如图 11-3-11 所示。增塑剂用量增加，耐热变形性有较明显的下降；增塑剂种类不同，耐热变形性也有差异。

6）耐寒性：PVC 塑料的耐寒性和使用的增塑剂种类和用量密切相关，从图 11-3-12 可以看出，增塑剂用量增加，脆化温度降低，耐低温性提高。脂肪族二元酸酯类的耐寒性比芳香族的好；DOS 的耐寒性明显地优于 TCP。

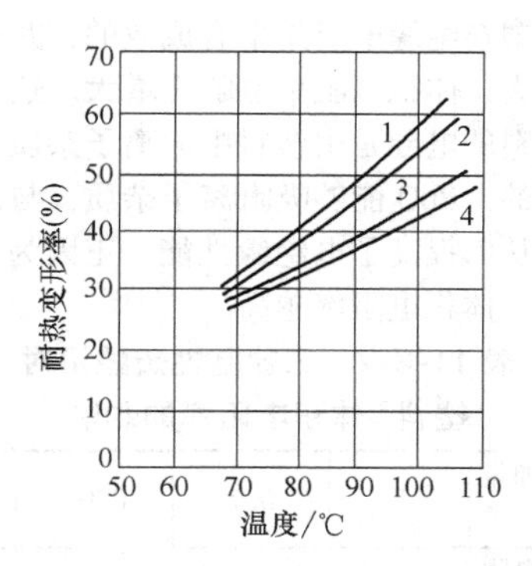

图 11-3-11 不同增塑剂种类和用量对软聚氯乙烯塑料耐热变形率的影响

1—添加增塑剂A，32phr 2—添加增塑剂B，32phr
3—添加增塑剂A，27phr 4—添加增塑剂B，27phr

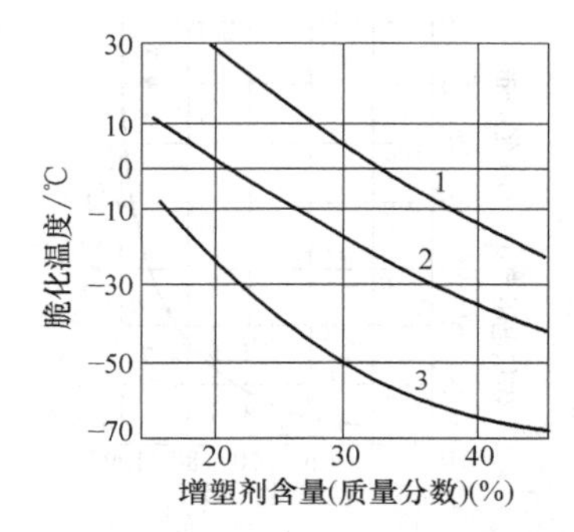

图 11-3-12 不同增塑剂种类和用量对软聚氯乙烯塑料脆化温度的影响

1—TCP 2—DOP 3—DOS

同样有机酸的酯，烷基部分的碳原子增加时，耐寒性增加。烷基的分枝程度对耐寒性影响也很大，直链的耐寒性好，分枝的耐寒性差，如邻苯二甲酸二正辛酯（DNOP）耐寒性就优于分枝的邻苯二甲酸二异辛酯（DIOP）。烷基中导入醚基与氯基时耐寒性恶化。

7）耐迁移性及耐抽出性：增塑剂对所接触的固体的迁移性或对所接触的液体的抽出性，与增塑剂对接触物质的亲和力及它在塑料中的扩散速度有关。极性小的增塑剂向极性小的物质迁移（或抽出）性大，极性大的增塑剂向极性大的物质迁移（或抽出）性大。增塑剂的烷基减少，则极性增大。如DBP极性较DOP大，所以它向水、醇（极性物质）的抽出性也大。聚酯、丁腈橡胶等高分子量增塑剂扩散速度慢，因此迁移及抽出性小，可作非迁移（抽出）性的增塑剂。

8）阻燃性：软PVC塑料的燃烧性与增塑剂的种类和用量有关。分子中含磷（P）、溴（Br）与氯（Cl）的增塑剂，如TCP及氯化石蜡等称为阻燃性增塑剂。其他增塑剂几乎都可燃。

9）环保安全性：早在2008年，欧盟REACH法规有关受限物质的要求中就对邻苯二甲酸类增塑剂（DBP、DEHP、BBP、DNOP、DINP、DIDP）进行了限值规定。人们对增塑剂毒性的关注一个是其本身的毒性，另一个是其从制品中抽出的可能性。目前PVC电缆材料中可用的环保类增塑剂有偏苯型（如偏苯三酸三辛酯）、环氧类（如环氧大豆油）、柠檬酸酯类、聚酯类和对苯类等。

一些代表性增塑剂的性能见表11-3-5。由表可见，DOP具有较好综合性能，DBP塑化效率高，但挥发性大，不宜使用；DOS的耐寒性突出。

增塑剂的物理性能优劣顺序见表11-3-6。

表 11-3-5 代表性增塑剂的性能

增塑剂名称	塑化效率/phr	低温柔软性 T_f/℃	挥发减量（150℃，24h）	耐水性（25℃，24h）
DBP	41	-12	36.0	0.45
DIDP	49	-20	1.9	0.02
DOP	50	-23	4.1	0.02
DOS	54	-57.5	1.0	0.10
TCP	57	+1.5	1.5	0.04

表 11-3-6 增塑剂的物理性能优劣顺序

特性	顺序
相容性	（良）DBP→DOP、TCP、DIDP→聚酯、DOA→氯化石蜡（差）
挥发性	（大）DBP→DOA→DOP→氯化石蜡→TCP→DIDP→聚酯（小）
硬度	（软）DBP→DOA→DIDP、TCP→聚酯、氯化石蜡（硬）
耐寒性	（良）DOA→DOP、DIDP→DBP→氯化石蜡→聚酯→TCP（差）
电气绝缘性	（高）聚酯、TCP→DIDP、氯化石蜡→DOP→DOA→DBP（低）
水抽出性	（大）DBP→DOA→聚酯→DOP、DIDP→氯化石蜡、TCP（小）
石油抽出性	（大）DOA→DIDP、DOP→DBP→氯化石蜡、TCP→聚酯（小）
燃烧性	（大）DBP、DOP、DOA、DIDP→聚酯→氯化石蜡、TCP（小）
热老化性	（差）DBP→DOA→氯化石蜡→DOP→DIDP→聚酯（良）

3. 稳定剂

稳定剂是聚氯乙烯塑料中重要的配合剂，它能抑制聚氯乙烯树脂在加工和使用过程中由于热、光作用而引起的降解和变色。

(1) 对稳定剂的要求

1) 能吸收氯化氢，与氯化氢形成的产物是中性物质。

2) 不损害塑料的物理力学性能和电绝缘性能。

3) 加工性好，与树脂、增塑剂相容性好，加工时不易发生表面析出。

(2) 稳定剂的类型 有关稳定剂的种类详见本篇 2.1.2 节。

(3) 稳定剂的并用和用量 实践证明，任何一种稳定剂单独使用时，都各有优缺点，因而都有一定的应用范围和局限性。在实用中，为了适应各种使用场合的要求，往往采用几种稳定剂并用，配合恰当能起协同作用，增强稳定效果。电线电缆用聚氯乙烯塑料一般采用盐基性铅盐为主稳定剂，辅之以皂类稳定剂。对于有环保要求的产品，常用的是钙/锌复合稳定剂。

稳定剂种类及用量对聚氯乙烯分解温度的影响如图 11-3-13 所示。由图可见，随着稳定剂用量的增加，热分解温度逐渐提高，但达到一定用量后渐趋于平稳。图中各类稳定剂以三盐基性硫酸铅的稳定能力最高。在配方中，盐基性铅盐的用量一般为 5~10phr；皂类稳定剂由于容易产生喷霜现象，用量一般为 1~2phr。

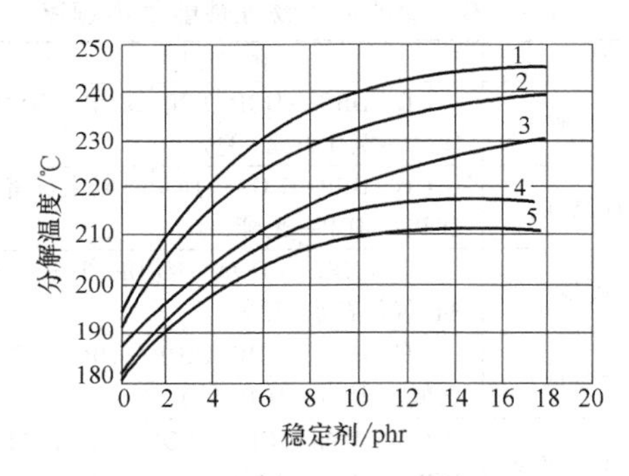

图 11-3-13 不同稳定剂用量与聚氯乙烯分解温度的关系

1—三盐基性硫酸铅 2—硬脂酸铅 3—硬脂酸钡 4—硬脂酸钙 5—环氧树脂

(4) 稳定剂对聚氯乙烯塑料性能的影响 盐基性铅盐稳定剂能改善聚氯乙烯塑料的绝缘电阻。表 11-3-7 列出了不同用量的三盐基性硫酸铅对聚氯乙烯塑料体积电阻率的影响。

图 11-3-14 表示了铅盐稳定剂的盐基度对体积电阻率 ρ_V 的影响。

由图 11-3-14 及表 11-3-7 可见，盐基性铅盐加入对提高塑料绝缘电阻是卓有成效的，并且随着盐基度的增大，体积电阻率也随之增大。这是因为聚氯乙烯塑料的电导是由塑料中的离子杂质及分解产物所引起的，PbO 能够吸附离子杂质，与之进行离子交换，从而提高了电绝缘性能。正因为如此，盐基度越高，体积电阻率越高。

表 11-3-7 三盐基性硫酸铅对塑料① 体积电阻率的影响

稳定剂添加量/phr	7	0.7	0.07	0
塑料体积电阻率/Ω·cm	1.3×10^{14}	0.32×10^{14}	0.15×10^{14}	0.099×10^{14}

① 塑料配方 (phr)：PVC100，DOP50，稳定剂如表列。

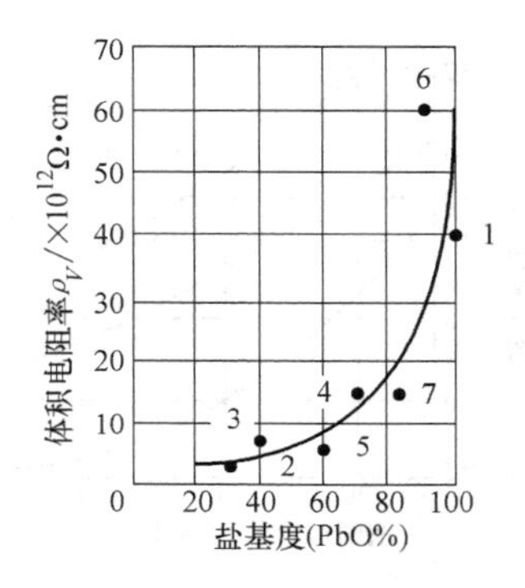

图 11-3-14 稳定剂的盐基度对体积电阻率 ρ_V 的影响 (30℃)

1—PbO 2—盐基性硫酸铅 3—二盐基性硫硅酸铅 4—三盐基性硫硅酸铅 5—硅酸铅与二氧化硅凝胶共沉淀物 6—二盐基性亚磷酸铅 7—二盐基性苯二甲酸铅 (材料配方 (phr)：PVC 树脂 100，DOP50，稳定剂)

(5) 各种稳定剂对塑料性能的影响 各种稳定剂的对比见表 11-3-8。由表可见，以有机锡作稳定剂的塑料，电绝缘性能差，所以在电线电缆用塑料中一般不宜采用。电缆用塑料一般不要求透明性，所以宜采用稳定效果好、电绝缘性能优良的盐基性铅盐。

4. 抗氧剂

为了防止塑料在加工过程中，以及在长期使用过程中由于氧的作用而产生降解、交联，常在塑料中加入抗氧剂，这对于耐热聚氯乙烯塑料更具重要意义。

抗氧剂在聚氯乙烯塑料中，有双重作用，一是防止聚氯乙烯树脂的氧化裂解，二是保护增塑剂免受氧化。

表 11-3-8 各种稳定剂的对比①

性能	二盐基性亚磷酸铅	三盐基性硫酸铅	二盐基性苯二甲酸铅	硫醇锡
ρ_V(30℃)/$10^{12}\Omega\cdot$cm	248	120	70.8	0.824
浸水7天ρ_V(30℃)/$10^{12}\Omega\cdot$cm	133	81.6	58.2	0.505
介电强度/(kV/mm)	26.6	24.4	23.3	24.0
拉伸强度/(kg/cm²)	260	257	274	261
断裂伸长率(%)	315	325	318	332
脆化温度/℃	-30	-28	-29	30

① 配方（phr）：PVC100，增塑剂 50，二盐基性硬脂酸铅 1，稳定剂 5。

具有下述结构的桥式酚，有着良好的抗氧效果：

HO—(苯环, R)—X—(苯环, R)—OH

式中，X 为—CR_1R_2—（R_1 及 R_2 为 H 或烷基），或—S—，或—SO—；R 为 C_1 或烷基（C=1~3）。

此类中，双酚 A（二酚基丙烷）性能较佳。不同抗氧剂对聚氯乙烯塑料热老化性能的影响如图 11-3-15 所示。由图可见，以双酚 A 最佳，MB 最差。热老化初期抗氧剂都能抑制聚氯乙烯老化，但在较长时期（12~18 天后），除双酚 A 和 N-苯基-2-萘胺外，几乎都加速了聚氯乙烯的老化。双酚 A 的用量对聚氯乙烯热老化效果的影响如图 11-3-16 所示。由图可见，用量增加能提高耐热性能。

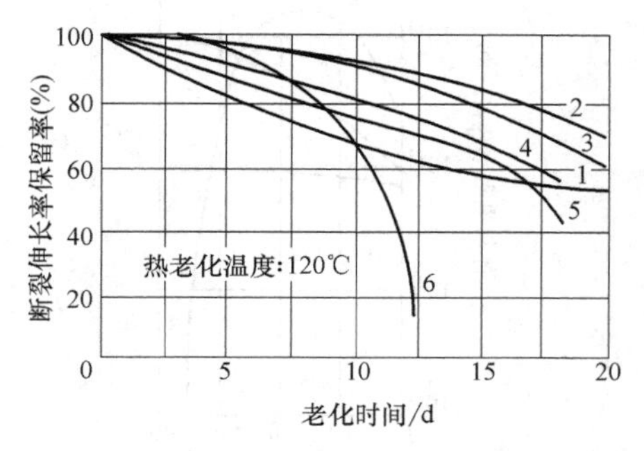

图 11-3-15 不同抗氧剂对软聚氯乙烯塑料热老化性能的影响

1—不加抗氧剂 2—1%二酚基丙烷 3—1%N-苯基 2-萘胺 4—1%N，N′-二苯基对苯二胺 5—2.5%MBT 钙盐 6—1%MB

5. 填充剂

电线电缆用聚氯乙烯塑料中添加填充剂的目的：一是降低产品成本，起增量剂的作用；二是改善某些性能，如电气绝缘性、耐热变形性、耐光性、耐热稳定性。但添加填充剂会导致塑料拉伸强度、断裂伸长率、耐低温性能、柔软性能有不同程度的下降，这些均应在配方设计中加以考虑。

（1）填充剂的要求及类型

1）价格低廉。

2）对塑料的物理力学性能损害少。在水、油、溶剂中溶解量少。

3）对塑料的电绝缘性能无不利影响，甚至可以作为塑料的电性改良剂。

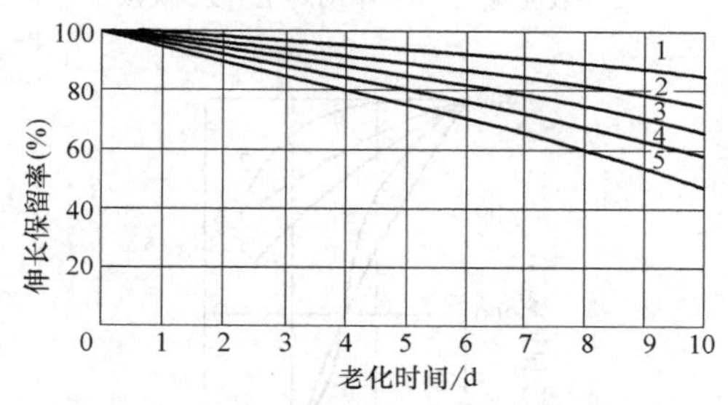

图 11-3-16 双酚 A（BPA）的用量对软聚氯乙烯热老化性能的影响

1—0.4BPA 2—0.3BPA 3—0.2BPA 4—0.1BPA 5—不加 BPA（配方中其他组分：PVC 树脂 100，耐热增塑剂 50，稳定剂 4，润滑剂 1）

4）纯度高，不应含有对聚氯乙烯老化起有害作用的成分，如铁盐、锌盐。

电线电缆中常用的填充剂有碳酸钙、陶土、煅烧陶土、炭黑、滑石粉、白炭黑和钛白粉等。

（2）填充剂对 PVC 塑料性能的影响

1）物理力学性能：填充剂的种类和用量对塑料的拉伸强度、断裂伸长率、低温弯曲温度及吸水量的影响如图 11-3-17~图 11-3-20 所示。图 11-3-17表明，当炭黑用量在 15%~20%或陶土用量在 50%~10%时塑料强度最高，之后则直线下降；碳酸钙的加入使强度直线下降。图 11-3-18 表明，填料的加入会降低断裂伸长率，其中碳酸钙对伸长率的影响最小，炭黑和硅酸钙的影响最大。图 11-3-19表明，填料的加入使耐寒性降低，以碳酸钙的影响较小，炭黑的影响最大。图 11-3-20 表明，碳酸钙和煅烧陶土的吸水性小；随着填料用量增加，陶土及硅酸钙的吸水性也增加；但当硅酸钙用量大于20%后，吸水量反而下降。

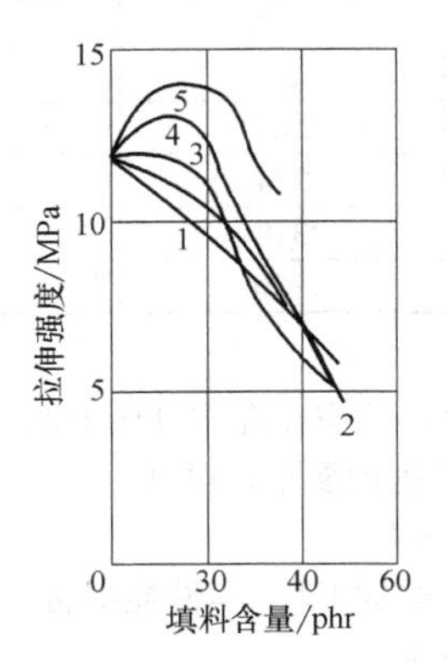

图 11-3-17　填料与 PVC 塑料拉伸强度的关系

1—沉淀 $CaCO_3$　2—硬脂酸处理的天然 $CaCO_3$

3—煅烧陶土　4—精细陶土　5—炭黑

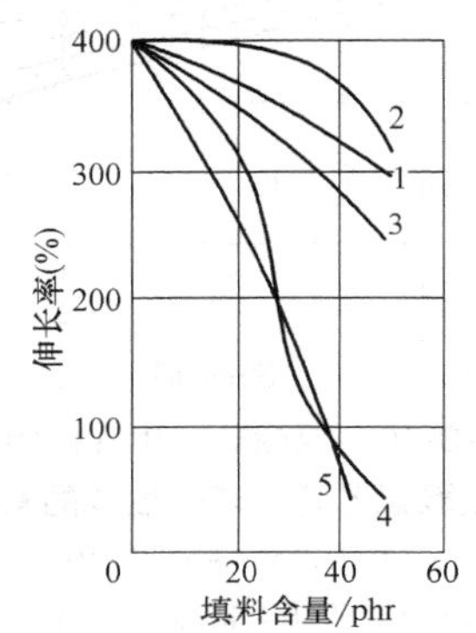

图 11-3-18　填料与 PVC 塑料断裂伸长率的关系

1— 沉淀 $CaCO_3$　2—硬脂酸处理的天然 $CaCO_3$

3—煅烧陶土　4—碳酸钙　5—炭黑

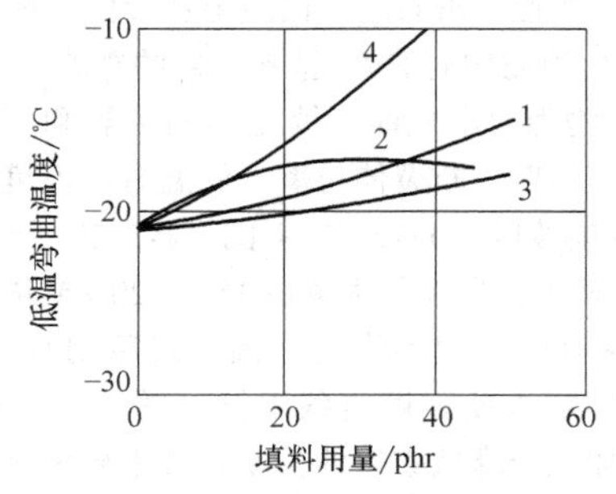

图 11-3-19　填料与 PVC 塑料的低温弯曲温度的关系

1—精制陶土　2—硅酸钙　3—天然 $CaCO_3$　4—炭黑

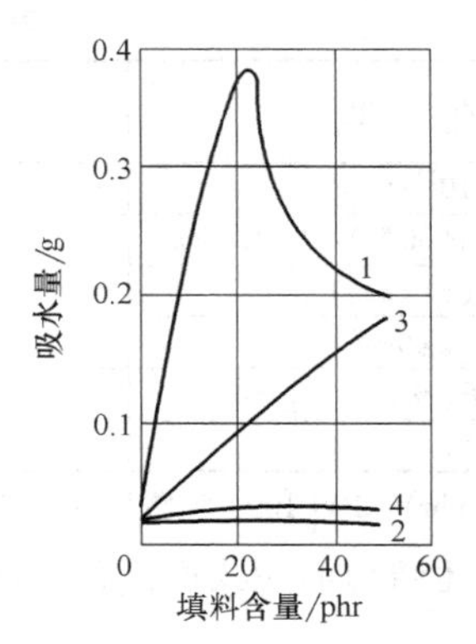

图 11-3-20　填料与 PVC 塑料的吸水量的关系

1—硅酸钙　2—煅烧陶土　3—陶土　4—碳酸钙

2）电绝缘性能：填料的种类和用量对 PVC 塑料体积电阻率 ρ_V 的影响如图 11-3-21 所示。由图 11-3-21 可见，碳酸钙的添加，对体积电阻率的影响不大。适量炭黑的添加，对提高 PVC 塑料的体积电阻率是有利的，但过量的添加则使体积电阻率迅速下降。煅烧陶土随着用量的增加，能显著地提高塑料的体积电阻率。

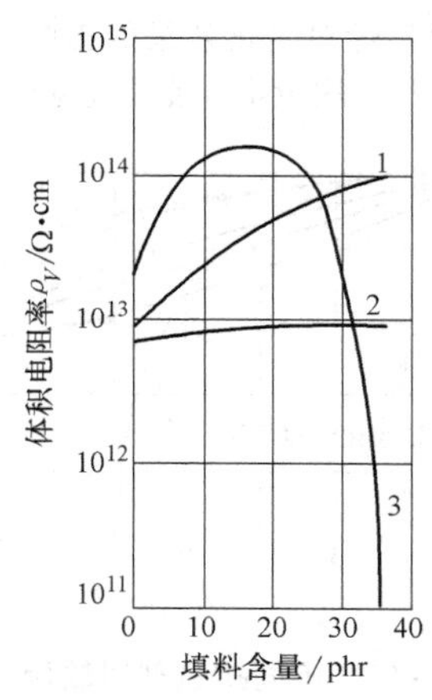

图 11-3-21　填料的种类和用量对 PVC 塑料体积电阻率 ρ_V 的影响

1—轻质煅烧陶土　2—碳酸钙　3—炭黑

煅烧陶土作为电性改良剂，广泛地使用在绝缘用聚氯乙烯塑料的配方中。煅烧陶土对塑料电性改善的程度，与原料高岭土的产地与煅烧工艺密切相关。煅烧陶土的原料——高岭土是六角板状层状结晶结构，不同产地的高岭土的结构是有差别的，它在600℃左右时，结构中产生了脱水（结晶水）反应，原来的结晶结构被破坏，从而生成了很多吸附中心。这些吸附中心对塑料中的离子吸附力强，从而使自由离子浓度减小，电绝缘性能得到提高。但是煅烧温度如升高到1000℃左右，此时将生成新的富铝红柱石结晶，这将失去吸附能力，因而对提高绝缘性能毫无益处。故在600~800℃下煅烧最为适宜。煅烧陶土如以有机硅氧烷进行表面处理，能改善其浸水时的电气特性，使塑料的性能更为理想。

添加煅烧陶土的软PVC的绝缘电阻如图11-3-22所示。由图11-3-22可见，当添加量为10份时，绝缘电阻几乎提高10倍。煅烧陶土添加量对PVC塑料的体积电阻率与温度关系的影响如图11-3-23所示。煅烧陶土的添加，将使塑料在高温下的介质损耗因数明显地下降，这可以从图11-3-24看出。

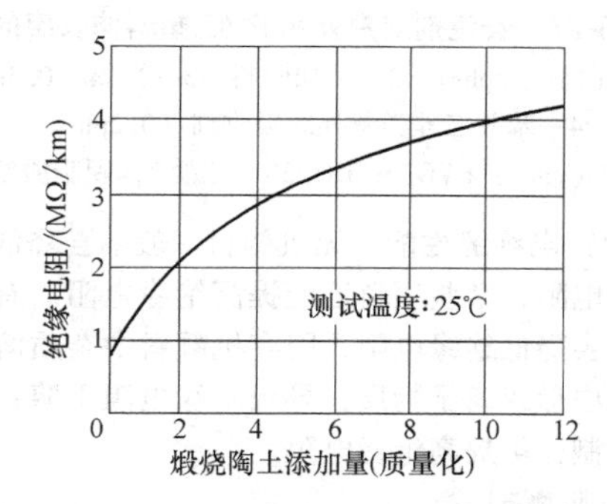

图11-3-22 添加煅烧陶土的软PVC的绝缘电阻

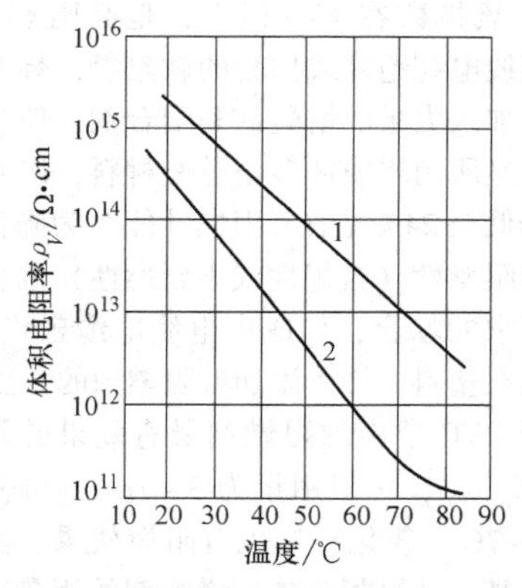

图11-3-23 煅烧陶土添加量对PVC塑料体积电阻率与温度关系的影响

1—添加煅烧陶土（5份） 2—不加煅烧陶土

[配方中其他组分（phr）：PVC树脂100，增塑剂35，稳定剂6，硬脂酸盐2，双酚A0.5]

用硬脂酸表面处理的碳酸钙，对塑料ρ_V值提高有一些效果，当它与用硬脂酸处理的三盐基性硫酸铅并用时，能明显地提高塑料的ρ_V值，这可从图11-3-25看出。

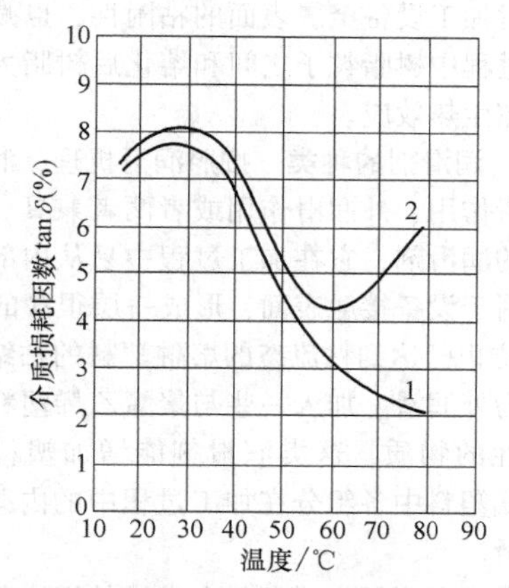

图11-3-24 煅烧陶土添加量对PVC塑料的介质损耗因数与温度关系的影响

1—添加煅烧陶土（0.5份） 2—不加煅烧陶土

（配方中其他组分同图11-3-23）

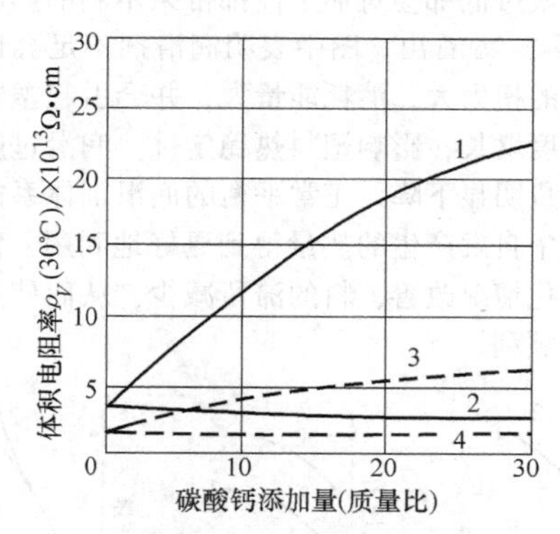

图11-3-25 表面处理的$CaCO_3$和稳定剂与未经处理的ρ_V对比

1—表面处理$CaCO_3$+处理过的三盐基性硫酸铅

2—表面处理$CaCO_3$+三盐基性硫酸铅

3—$CaCO_3$+处理过的三盐基性硫酸铅

4—CaO_3+三盐基性硫酸铅

[配方（phr）：PVC树脂100，二盐硬脂酸铅0.5，DIDP55，稳定剂7，$CaCO_3$ 0~30]

（3）填充剂的选用 护层用塑料中宜采用碳酸钙，它对塑料的物理力学性能的影响小，能降低塑料的成本，降低树脂、增塑剂的消耗。护层级中加入少量炭黑，对提高耐大气性能是很有效的。绝缘用塑料宜采用煅烧陶土，它能有效地提高绝缘料的电绝缘性能，对中压电缆绝缘用塑料，尤为必要。

6. 润滑剂

润滑剂用量虽少，但却是聚氯乙烯塑料不可缺少的一种添加剂。润滑剂的加入，减少了摩擦效应和塑料对加工设备金属表面的粘附性，也减少了树脂熔化过程中树脂粒子之间和熔化后树脂大分子之间的摩擦生热效应。

(1) 润滑剂的种类 按照润滑机理，润滑剂可起内润滑作用、外润滑作用或者两者兼具。加入相容性差的润滑剂，它在加工过程中易从内部析至表面而粘附于设备接触表面，形成一层很薄的“润滑薄膜”防止已达到粘流态的熔融塑料的粘结，这种作用称为外润滑。加入一些与聚氯乙烯塑料具有一定相容性的物质，这类润滑剂能增加塑料的流动性，降低塑料中各组分在加工过程中的内摩擦，称为内润滑。

在电缆用聚氯乙烯塑料中常用的润滑剂有金属皂类（如硬脂酸铅、硬脂酸钡、硬脂酸钙等）、硬脂酸、石蜡和聚乙烯蜡等。

(2) 润滑剂对塑料加工性能的影响 润滑剂用量过高或过低都会对加工性都带来不利的影响，可从图 11-3-26 看出。图中表明润滑剂不足会使挤出机螺杆的扭力大，消耗能量大，并会引起塑料温度较大幅度增长，影响塑料热稳定性。润滑过度则会使挤出量明显下降。正常平衡的润滑剂体系能使加工过程中自发产生的热量得到更好地利用，使加工物料熔化情况改善，料的滞留减少，从而使加工过程比较顺利。

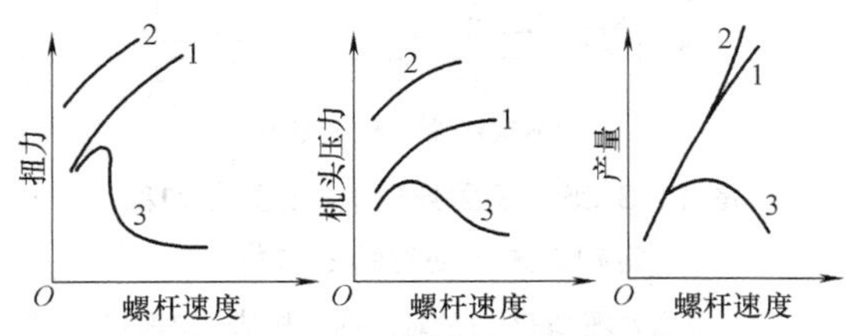

图 11-3-26 润滑状况与加工性

1—良好的润滑状况时 2—缺少内部润滑作用或全部润滑作用不足时 3—过度润滑时

7. 着色剂

聚氯乙烯塑料的着色除了使制品有鲜艳的色泽，满足美观的需要外，还能改进耐气候性，延长使用寿命。给塑料通信电缆和电力电缆的线芯赋予不同的颜色，从而便于安装、使用和检修。

有关电缆用聚氯乙烯塑料所用的着色剂的种类和要求参见本篇 2.6 节。

着色剂对塑料性能的影响如下：

(1) 耐气候性 选择合适的着色剂，能大大地提高聚氯乙烯塑料的户外使用寿命。着色剂对户外使用的聚氯乙烯塑料伸长率的影响如图 11-3-27 所示。由图 11-3-27 表明，加入一定量的炭黑或钛白粉，能延缓塑料力学性能的变化。特别是炭黑，经户外试验 4 年后，断裂伸长率几乎没有变化。所以户外使用的着色剂一般应选用炭黑、钛白粉和酞青蓝等。

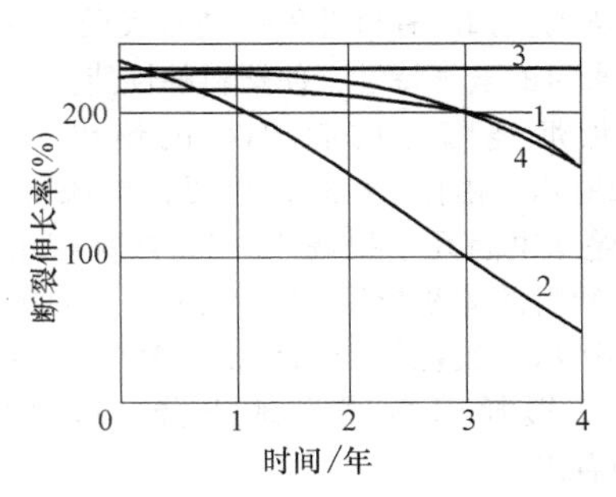

图 11-3-27 着色剂对户外用 PVC 塑料伸长率的影响

1—钛白粉（2phr） 2—不加颜料 3—炭黑（0.5phr） 4—苯并三唑类紫外线吸收剂（0.2phr）

［配方（phr）：PVC70，DOP30，三盐 3，硬脂酸铅 1］

(2) 电绝缘性能 无机颜料一般不会降低塑料的绝缘电阻，某些颜料还能提高绝缘电阻。有机颜料大多会降低绝缘电阻，因有机颜料中杂质溶解在增塑剂中形成离子物质，导致绝缘电阻下降；如将颜料精制，可提高绝缘电阻。

8. 阻燃剂

聚氯乙烯树脂含有阻燃元素氯，且含氯量高达 56.48%，氧指数在 45%以上，是高阻燃性材料。但用作电线电缆绝缘或护套的软聚氯乙烯塑料，因在树脂中加入大量的增塑剂和配合剂，使含氯量相对降低，且所用增塑剂多是易燃材料，以致塑料的氧指数降低至 24%左右，阻燃性能大为降低，只能满足一般阻燃性（自熄性或不延燃性）的要求。在高阻燃要求的场合，如成束电线电缆敷设的场合，通常采用在塑料中掺入添加型阻燃剂的方法。

用于 PVC 塑料的阻燃剂最有效果的是三氧化二锑（Sb_2O_3），一般用量为 3～7phr，可使氧指数提高 5%～7%。氯化石蜡也有阻燃效果，其使含氯量相对增高，并可相应减少增塑剂的用量，降低成本，一般用量为 10～15phr。此外，还有氢氧化铝、氢氧化镁和磷酸酯类增塑剂等。

有关阻燃剂的种类、性能和用途，详见本篇 2.3 节。

9. 共混改性剂

聚氯乙烯可以通过添加高分子改性剂进行改性，以提高制品性能，从而扩大应用范围。

高聚物共混，主要用溶解度参数（δ）来预测，当两种聚合物溶解度参数差值（$\delta_1-\delta_2$）≤1.5时，有较好相容性，差值越小，相容性越好。

两种聚合物溶解度差值>1.5时，相界面上两种聚合物分子间相互作用力小，链段间相互扩散倾向很小，相界面明显，外力不能有效地在相间传递和分配，达不到共混目的。两种聚合物如溶解度参数差值相差极小，分子间相互作用力很强，而成均相体，共混物性能是多组分平均值，也达不到共混改性的目的。具有一定程度相容性的聚合物，能组成具有优异性能共混物，达到共混改性的目的。

在聚氯乙烯电缆料中常用的共混改性剂有：

（1）丁腈橡胶（NBR）　PVC-NBR复合物是传统而应用较多的共混制品。用于和PVC共混的丁腈橡胶中丙烯腈的含量为23%~45%。丁腈橡胶可视为聚氯乙烯的高分子量增塑剂，其本身具有优良的耐油性和柔软性。因此，PVC-NBR共混物广泛用于耐油、耐寒和柔软的电线电缆作为绝缘和护套材料。

为使聚氯乙烯和橡胶态的丁腈橡胶有良好的共混状态，必须充分重视高聚物共混工艺，如果应用粉状丁腈橡胶可获得较好的共混效果。但是丁腈橡胶存在不饱和双键，因此易氧化和紫外线分解。

（2）氯化聚乙烯　聚乙烯经氯化，按含氯量不同，可由硬质塑料→橡胶弹性体→软质塑料。用于改性的聚氯乙烯多采用弹性态的氯化聚乙烯，含氯量多为25%~40%。由氯化聚乙烯改性的聚氯乙烯具有较好的耐候性。

（3）乙烯醋酸乙烯共聚物（EVA）　EVA和PVC的相容性主要取决于醋酸乙烯（VA）的含量。当VA含量达到45%时，与PVC部分相容；VA含量达65%~70%时，与PVC完全相容；当VA含量超过80%时，与PVC不相容。为使在VA含量较低的情况下也能使EVA和PVC达到较好相容性，可使用E（乙烯）/VA/CO或E/VA/SO_2三元共聚物，这种三元聚合物在相当宽的比例范围内和PVC是相容的。美国杜邦公司的ElVAloy即是此类三元共聚物，它能提高硬PVC抗冲性，提高软PVC塑料的柔软性和弹性。

（4）其他　其他高聚物如MBS、ABS和热塑性聚氨酯（TPU）等均可改性PVC。

3.3 电线电缆用聚氯乙烯塑料品种和配方

电线电缆根据不同的使用条件，对聚氯乙烯塑料提出了不同的性能要求。聚氯乙烯塑料是多组分塑料，根据不同的使用条件和要求，变换树脂和配合剂的品种和用量，可以制得不同品种的电线电缆用聚氯乙烯塑料。在进行塑料配方设计和研究试验时，应从不同品种的性能要求、原材料来源、价格及成型加工工艺要求等多方面综合考虑。

3.3.1 电线电缆用聚氯乙烯塑料品种、用途和要求

国家标准GB/T 8815—2008《电线电缆用软聚氯乙烯塑料》中列入的塑料品种和用途见表11-3-9。各种品种的性能要求见表11-3-10。这些品种基本满足了我国现行国家及行业颁布的电线电缆标准中对聚氯乙烯电缆料的性能要求。

表11-3-9　电线电缆用聚氯乙烯塑料品种和用途

型号	名　　称	导体线芯最高允许工作温度/℃	主要用途
J-70	70℃绝缘级软聚氯乙烯塑料	70	仪表通信电缆、0.6/1kV及以下电缆的绝缘层
JR-70	70℃柔软绝缘级软聚氯乙烯塑料	70	450/750V及以下柔软电线电缆的绝缘层
H-70	70℃护层级软聚氯乙烯塑料	70	450/750V及以下电线电缆的护层
		80	26/35kV及以下电力电缆的护层
HR-70	70℃柔软护层级软聚氯乙烯塑料	70	450/750V及以下柔软电线电缆的护层
JGD-70	70℃高电性能绝缘级软聚氯乙烯塑料	70	3.6/6kV及以下电力电缆的绝缘层
HI-90	Ⅰ型90℃护层级软聚氯乙烯塑料	90	35kV及以下电力电缆及其他类似电缆护层
HII-90	Ⅱ型90℃护层级软聚氯乙烯塑料	90	450/750V及以下柔软电线电缆的护层
J-90	90℃绝缘级软聚氯乙烯塑料	90	450/750V及以下耐热电线电缆的绝缘层

表 11-3-10 电线电缆用聚氯乙烯塑料性能指标

			J-70	JR-70	H-70	HR-70	JGD-70	HⅠ-90	HⅡ-90	J-90
拉伸强度/MPa		≥	15.0	15.0	15.0	12.5	16.0	16.0	16.0	16.0
断裂拉伸应变(%)		≥	150	180	180	200	150	180	180	180
热老化	试验温度/℃		100±2	100±2	100±2	100±2	100±2	100±2	135±2	135±2
	试验时间/h		168	168	168	168	168	240	240	240
	老化后拉伸强度/MPa	≥	15.0	15.0	15.0	12.5	16.0	16.0	16.0	16.0
	拉伸强度最大变化率(%)		±20	±20	±20	±20	±20	±20	±20	±20
	老化后断裂拉伸应变(%)	≥	150	180	180	200	150	180	180	180
	断裂拉伸应变最大变化率(%)		±20	±20	±20	±20	±20	±20	±20	±20
热老化质量损失	试验温度/℃		100±2	100±2	100±2	100±2	100±2	100±2	115±2	115±2
	试验时间/h		168	168	168	168	168	240	240	240
	质量损失/(g/m^2)	≤	20	20	23	25	20	15	20	20
热变形(%)		≤	40	50	50	65	30	40	40	30
冲击脆化温度/℃			-15	-20	-25	-30	-15	-20	-20	-15
200℃时热稳定时间/min		≥	60	60	50	60	100	80	180	180
20℃时体积电阻率/Ω·m		≥	1.0×10^{12}	1.0×10^{11}	1.0×10^{8}	1.0×10^{8}	3.0×10^{12}	1.0×10^{9}	1.0×10^{9}	1.0×10^{12}
介电强度/(MV/m)		≥	20	20	18	18	25	18	18	20
介质损耗角正切		≤	—	—	—	—	0.1	—	—	—
工作温度时体积电阻率	试验温度/℃		70±1	70±1	—	—	70±1	—	—	95±1
	体积电阻率/Ω·m	≥	1.0×10^{9}	1.0×10^{8}	—	—	5.0×10^{9}	—	—	5.0×10^{8}

除此之外，尚有很多 PVC 品种未列入国家标准，如符合 UL 标准的耐热分别为 60℃、75℃、80℃、90℃及 105℃等品种；耐油、耐溶剂、耐气候、耐寒、柔软、阻燃、防霉、防白蚁、防鼠以及交联等的绝缘和护层材料。

3.3.2 绝缘用聚氯乙烯塑料

(1) 70℃聚氯乙烯绝缘料 70℃聚氯乙烯绝缘料有绝缘级、柔软绝缘级和高电性能绝缘级等品种。这些品种的性能及用途见表 11-3-9 和表 11-3-10。此三种品种在电性能或柔软性要求上各不相同，它们的配方示例见表 11-3-11。除此之外，尚有阻燃、耐油、耐溶剂、耐气候等绝缘料。

表 11-3-11 70℃聚氯乙烯绝缘料配方示例

组分名称	用量(范围)/phr		
	绝缘级	柔软绝缘级	高电性能绝缘级
聚氯乙烯树脂 SG5 型	100	100	100
环氧大豆油	4	4	2
对苯二甲酸二辛酯	42	52	42
钙锌复合稳定剂	5	5	5
聚乙烯蜡	2	1	1
煅烧陶土	5	5	10
碳酸钙	30	20	10

(2) 耐热聚氯乙烯绝缘料 耐热聚氯乙烯绝缘料的耐热等级为 90℃，配方示例见表 11-3-12。除此之外，尚有耐热的阻燃、耐油、耐溶剂等品种。

表 11-3-12 耐热聚氯乙烯绝缘料（J-90）配方示例

组分名称	用量(范围)/phr
聚氯乙烯树脂 SG2 型	100
环氧大豆油	2
偏苯三酸三辛酯	50
钙锌复合稳定剂	8
聚乙烯蜡	1
双酚 A	0.5
煅烧陶土	5
碳酸钙	30

3.3.3 护层用聚氯乙烯塑料

(1) 70℃聚氯乙烯护层料 70℃聚氯乙烯护层料有一般护层级和柔软护层级等。它们的配方示例见表 11-3-13。除此之外，尚有阻燃、耐油、耐气候、防蚁、防鼠等护层料。

表 11-3-13 70℃聚氯乙烯护层料配方示例

组分名称	用量(范围)/phr	
	护层级	柔软护层级
聚氯乙烯树脂	100	100
环氧大豆油	5	5
邻苯二甲酸二辛酯	47	55
钙锌复合稳定剂	5	5
聚乙烯蜡	1	1
碳酸钙	50	40

(2) **耐热聚氯乙烯护层料**　耐热聚氯乙烯护层料有HⅠ-90，HⅡ-90等护层，配方示例见表11-3-14。

表11-3-14　90℃聚氯乙烯耐热护层料配方示例

组分名称	用量(范围)/phr	
	HⅠ-90	HⅡ-90
聚氯乙烯树脂SG2型	100	100
环氧大豆油	4	2
对苯二甲酸二辛酯	48	—
偏苯三酸三辛酯	—	52
复合稳定剂	6	8
聚乙烯蜡	1	1
双酚A	—	0.5
碳酸钙	50	40

(3) **共混掺和物**　为改善聚氯乙烯塑料的弹性、柔软性、耐油性、耐溶剂性及耐迁移性等，可以采用聚氯乙烯共聚物或和其他高聚物的共混物。例如，聚氯乙烯和丁腈橡胶共混物可以制成耐油和柔软的护层材料。此外，聚氯乙烯还可以和氯化聚乙烯、乙烯醋酸乙烯共聚物等共混。采用共混方式可以制成具有类似橡胶弹性的护层材料。聚氯乙烯和丁腈的复合物配方示例见表11-3-15。

表11-3-15　聚氯乙烯/丁腈复合物的配方示例

组分名称	用量(范围)/phr		
	柔软耐油绝缘级	耐溶剂耐油绝缘级	耐油护层级
聚氯乙烯树脂	100	100	100
丁腈橡胶	8~20	30~40	20~40
增塑剂	40~50	50~60	50~60
盐基性铅盐	6	6	6
双酚A	0.3	0.3	0.3
填料	适量	适量	适量

3.3.4　半导电聚氯乙烯塑料

半导电聚氯乙烯塑料可用作中压聚氯乙烯绝缘电缆的屏蔽材料，改善电缆的电场分布。半导电屏蔽料的配方示例见表11-3-16。

表11-3-16　屏蔽用半导电聚氯乙烯塑料配方示例

组分名称	用量(范围)/phr
聚氯乙烯树脂	100
增塑剂	60~80
乙炔炭黑	60~80
硬脂酸钙	2
硬脂酸丁酯	1
三盐基性硫酸铅	6

配方中加大乙炔炭黑或导电炭黑的用量，能降低塑料的体积电阻率；但超过一定的用量，对体积电阻率降低的效果较小，反而会严重影响塑料的拉伸强度、伸长率和耐寒性等。

低体积电阻率的半导电塑料，可用作高阻尼点相线的导电线芯及代替金属编织层等。

3.3.5　交联聚氯乙烯

聚氯乙烯可以采用辐照或化学方法进行交联，制得交联聚氯乙烯。交联聚氯乙烯具有网状结构高分子材料的性能，因而改善了聚氯乙烯的耐热变形性、耐热熔化性、耐热老化性，并能提高机械强度。交联聚氯乙烯用作电线的绝缘材料，能改良塑料电线电缆的缺点，提高使用温度，提高电流的过载能力，提高焊接作业的安全性。

交联聚氯乙烯具有优异的性能，能制成特种耐热电线，例如作轻小型化的电子设备的安装用线。

(1) **辐照交联聚氯乙烯**　聚氯乙烯在射线的辐照下，在发生交联反应的同时伴随着分子的降解。聚氯乙烯辐照交联需要很大的辐照剂量，而且在大的剂量下，交联效率仍然极低，同时剂量增大，分子裂解更强烈。为此，必须添加具有几个不饱和链的多官能团的单体，它能使聚氯乙烯在较小的剂量下获得较高的交联效率。辐照交联聚氯乙烯塑料的配方示例见表11-3-17。

表11-3-17　辐照交联聚氯乙烯塑料配方示例

组分名称	用量(范围)/phr
聚氯乙烯树脂	100
增塑剂	50
多官能团单体	5~15
稳定剂	10
润滑剂	1

(2) **化学交联聚氯乙烯**　聚氯乙烯加入交联剂可以制成化学交联聚氯乙烯，例如，加入有机过氧化物进行交联。但是，单加入过氧化物，不仅很难发生交联，而且即使发生交联也伴随产生由分子裂解而引起的剧烈的着色反应。因此，必须添加多官能团单体。由于聚氯乙烯的成型温度较高，而且与分解温度较为接近，又极易分解，因此尚有不少问题需研究。

3.3.6　阻燃聚氯乙烯塑料

由于电缆引起火灾，或火势沿电缆而蔓延，在国内外都有沉痛教训，因此，各国都致力于发展阻燃电缆。聚氯乙烯阻燃电缆是重要的阻燃电缆品种之一。

随着用户对阻燃电缆认识的深入，在人员及重要设备密集之处，不仅要求电缆阻燃，而且要求电缆在燃烧时发烟量小和毒性小。为此，发展了低卤低烟阻燃聚氯乙烯电缆料。

阻燃聚氯乙烯塑料，一般要求氧指数大于30%。但是，由于电缆不同品种和不同结构有的也有要求氧指数大于28%，或者大于35%。低卤低烟阻燃聚氯乙烯电缆料燃烧时发烟量相对较小，燃烧时HCI发生量仅为一般阻燃聚氯乙烯电缆料的1/3或1/5，故对人的器官刺激和对设备的腐蚀有较大幅降低。

聚氯乙烯电缆料按不同使用场合，有不同的耐热等级和不同的品种，因此，阻燃及低卤低烟阻燃聚氯乙烯电缆料也有不同耐热等级与之相配合，以适用不同的场合。

阻燃聚氯乙烯电缆料的配方示例见表11-3-18和表11-3-19。

表11-3-18 70℃阻燃聚氯乙烯绝缘料配方示例

组分名称	用量(范围)/phr
聚氯乙烯树脂SG5型	100
环氧大豆油	4
对苯二甲酸二辛酯	42
钙锌复合稳定剂	5
聚乙烯蜡	2
煅烧陶土	5
三氧化二锑	5
碳酸钙	26

表11-3-19 70℃阻燃聚氯乙烯护层料配方示例

组分名称	用量(范围)/phr
聚氯乙烯树脂	100
环氧大豆油	5
邻苯二甲酸二辛酯	47
钙锌复合稳定剂	5
聚乙烯蜡	1
氢氧化镁	10
三氧化二锑	5
碳酸钙	35

低卤低烟阻燃聚氯乙烯电缆料的配方示例见表11-3-20。

表11-3-20 低卤低烟阻燃聚氯乙烯电缆料配方示例

组分名称	用量(范围)/phr
聚氯乙烯树脂	100
增塑剂	52
稳定剂	5
氢氧化镁	25
HCl吸收剂	1
碳酸钙	15

3.3.7 环保型聚氯乙烯塑料

聚氯乙烯（PVC）绝缘和护套电线电缆是量大而面广的产品，当该产品已超过了安全使用期，或者与之相配的电子电气设备已报废，要求将这些废弃的电线电缆回收并处理，这时必须考虑这类产品对环境的污染。例如，当采用通常焚烧法处理时，如果产生重金属、二噁英等，将对环境和人类造成危害。

环保型PVC电缆料最初称无铅PVC，要求限定重金属的含量，经欧洲议会和欧盟部长理事会批准的《关于在电子电气设备中禁止使用某些有害物质指令》，简称RoHS指令，于2006年7月1日开始正式执行，对电子电气产品所用各部件均需按RoHS标准要求生产。除此之外，如索尼等一些规范对数十种有害物质也提出不能添加和含有的要求。环保型PVC电缆料作为PVC电缆料发展的一个大方向，市场上已有较多厂家进行开发生产。

在了解了对PVC环保料的有害物质的具体要求后，对PVC电缆料的配方组分分析如下：

(1) 无铅稳定剂 众所周知，环保PVC电缆料和其他PVC制品一样必须添加稳定剂。传统的PVC电缆料中使用的为铅盐类稳定剂，它的优点是稳定效果优良、价格适中、电性能良好。然而对环保型PVC料，铅是重金属，是需要控制和不能使用的材料。为此，必须采用其他的无铅稳定剂，最典型的是钙/锌复合稳定剂，很多国外公司生产的产品在我国国内均有销售，国内的企业也在研制或已有产品投入市场，根据其稳定剂效果有很多牌号可选用。由于无铅PVC电缆料几乎覆盖原有有铅品种。因此，应按不同用途选用适宜的稳定剂。现在市场对用无铅稳定剂制成的环保PVC料存在的问题如颜色稳定性不够、部分有析出、铜线变色或有气味等，均需在配方配制中予以重视。

(2) 增塑剂 使用无铅PVC料的客户常询问材料中是否含有卤化烃类物质，因此配方中以不加氯化石蜡为好。某些进入欧洲市场客户也提出不含 DOP 或邻苯二甲酸酯类增塑剂的要求，应予以考虑。

(3) 颜料　关于颜料方面问题往往会容易忽略。但是通常使用的颜料中有些产品含有较大比例的铅、镉和铬，例如镉红、镉黄、铬黄等。某些颜料中还含有少量比例的氯、溴、钡等。不重视这些问题会导致制品有害物质明显超标。

(4) 其他组分　要搞清其他组分的化学成分和它们可能存在的杂质重金属含量等。

3.4　电线电缆用聚氯乙烯塑料的生产工艺

聚氯乙烯电缆料的生产工艺可综合为图 11-3-28所示工艺。

从图 11-3-28 可看出，聚氯乙烯电缆料的工艺流程主要有三种：

1）经密炼、滚压、切粒制成粒料：这条流程设备定型、工艺成熟、生产能力大、塑化良好，且不易混入气泡，经技术改造可形成连续生产流水线。但是，有开放操作部分，易混入杂质。

2）经挤压、塑化、造粒制成粒料：此流程由高速捏和机和挤出造粒机组组成，以具有良好塑化能力的特殊单螺杆或双螺杆挤出造粒机组代替庞大的密炼机、滚压机和切粒机，组成一条劳动强度及占地面积较小的连续密闭式的工艺流水线。

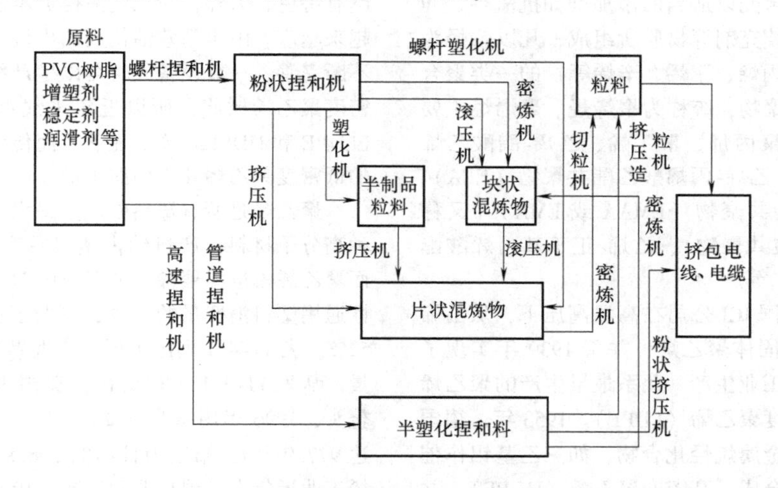

图 11-3-28　聚氯乙烯电缆料的生产工艺

3）经粉料挤压机直接挤出电线电缆：此工艺不需要塑化造粒设备，使制造电线流程缩短，有利于耐热性和电气性能的提高。但采用此工艺时，粉料挤压机设计要求高，制造复杂，对螺杆过滤板，模具、机头都有特殊要求，并必须附有放气装置，实际生产中很少采用。

参考标准

GB/T 8815—2008　电线电缆用软聚氯乙烯塑料

GB/T 5761—2006　悬浮法通用型聚氯乙烯树脂

第4章

聚乙烯及其共聚物

聚乙烯（Polyethylene，缩写为PE）树脂是由乙烯聚合或乙烯与少量α-烯烃共聚合所制得的高聚物。聚乙烯塑料（Polyethylene Plastics）是以聚乙烯树脂为基材再配以适当的添加剂如抗氧剂、润滑剂、改性剂和填充剂等物质所组成，凡以烯烃为单体（如乙烯、丙烯、丁烯、辛烯等）的一类聚合物，包括它的共聚物，统称为聚烯烃。聚烯烃主要品种有聚乙烯、聚丙烯、聚丁烯、乙烯-醋酸乙烯共聚物（EVA）、乙烯-丙烯酸乙酯共聚物（EEA）、乙烯-丙烯酸甲酯共聚物（EMAA或EMA）（又称乙烯-甲基丙烯酸共聚物）、乙烯-正丁基丙烯酸酯共聚物（ENBA）等。

1933年，英国ICI公司在高温高压下，从乙烯制得白色蜡状的固体聚乙烯，并于1939年实现了聚乙烯的高压法工业生产。此系最早生产的聚乙烯品种，现称低密度聚乙烯（LDPE）。1953年，德国科学家齐格勒用金属烷烃化合物，如三乙基铝作催化剂，在低压下合成了高密度聚乙烯（HDPE），并于1955年由德国Hoechest公司实现工业化。几乎与此同时，美国菲利浦石油化学公司和美孚石油公司用复合金属氧化物，如氧化铬和二氧化硅，在中压下制成了高密度聚乙烯，并于1956年开始工业化，1959年，在中、低压法生产聚乙烯的基础上，由乙烯与少量α-烯烃共聚合制得线型低密度聚乙烯（LLDPE）。1977年，美国联合碳化物公司开发了气相法生产线型低密度聚乙烯的新方法。随后，陶氏化学公司、日本三井石油化学公司各自开发了溶液法生产线型低密度聚乙烯的新工艺。1958年，具有非常优异性能的超高分子量聚乙烯（UHMW-PE）在日本三井石油化学公司投入生产。1970年美国菲利浦斯石油化学公司用泥浆法制出了中密度聚乙烯（MDPE），1971年美国联合碳化物公司用Unipol（气相法）法制成了MDPE。1960年初，利用高压法聚乙烯的聚合反应器生产出了乙烯-醋酸乙烯共聚物（EVA），于1962年又成功生产了乙烯-丙烯酸乙酯共聚物（EEA）。

由于科学家的努力，聚乙烯的制造方法不断创新，不但聚乙烯的品种越来越多，而且性能也越来越有特色，另外，新工艺使得成本降低，因而应用越来越广。由于高效催化剂的出现和低压聚合工艺不断完善，一套设备同时可以生产线型低密度和高密度聚乙烯树脂，所以近年来线型聚乙烯（包括LLDPE和HDPE）增长显著，而传统的高压法生产的低密度聚乙烯几乎停滞不前。

聚乙烯是所有塑料中产量最大、应用最广的一种高分子材料，产量约占塑料总产量的四分之一。而聚乙烯占世界聚烯烃消费量的70%，占总的热塑性通用塑料消费量的44%，消费了世界乙烯产量的52%。表11-4-1列出了近年来世界各国的聚乙烯用量。从表11-4-1可以看出，美国聚乙烯用量独占鳌头，1996年用量高达1302.7万t，其次为西欧，达977.9万t，第三为日本的296.8万t。我国聚乙烯工业近年来发展也非常迅速，1996年聚乙烯消费量已达260.3万t，仅次于美国、西欧和日本，排名世界第四。聚乙烯生产的发展趋势显示，生产消费逐步向亚洲地区转移，中国日渐成为最重要的消费市场。尽管2008年至2009年全球经济衰退抑制了PE的需求，全球PE需求量仍从2008年的6610万t增长到2013年约8271.7万t。

中国对聚乙烯的需求量2011年大约为2000万t/年，较2010年增长了7.5%。由于中国下游需求不断增长，仍有接近半数的国内需求被进口料所囊括。但是，伴随中国国内新增产能释放，进口依存度近年来有所降低。由于2008年全球经济危机抑制了中国国内销售市场及美国和欧洲出口市场的需求，2009年进口依存度有极大的回升，达48%。不过进口料的增长并未于2010年得到持续，由于2009年第四季度国内新增产能的释放，进口依存度跌至42%。2011年，欧债危机使进口依存度进一步跌至40%，与2008经济危机的进口依存度水平持平。

表 11-4-1　近年来世界各国聚乙烯的消耗量　（单位：万 t）

国家及地区	聚乙烯种类	1990 年	1991 年	1992 年	1993 年	1994 年	1995 年	1996 年
西欧	LDPE	525.7	541.9	447.9	441.0	456.5	452.0	452.4
	LLDPE	—	—	106.1	116.6	130.6	142.6	154.3
	HDPE	297.4	301.9	326.2	326.4	360.9	357.0	371.2
	合计	823.1	843.8	880.2	884.0	948.0	951.6	977.9
美国	LDPE	327.7	336.5	341.0	349.2	346.9	282.2	331.8
	LLDPE	216.6	224.6	246.7	255.8	285.4	346.1	361.6
	HDPE	402.1	425.3	460.0	479.0	492.6	542.3	609.3
	合计	946.4	986.4	1047.7	1084.0	1124.9	1170.6	1302.7
日本	LDPE	160.2	163.6	170.1	160.8	164.2	103.9	103.5
	LLDPE	—	—	—	—	—	68.1	69.2
	HDPE	112.7	112.1	113.2	105.2	113.8	122.8	124.1
	合计	272.9	275.7	283.3	266.0	278.0	294.8	296.8
加拿大	LDPE	116.8	116.1	105.8	102.9	121.6	130.8	141.5
	HDPE	34.2	43.5	59.6	61.4	70.7	76.5	74.5
	合计	151.0	159.6	165.4	164.3	192.3	207.3	216.0
中国	LDPE	—	—	—	—	—	80.9	103.1
	LLDPE	—	—	—	—	—	47.7	97.6
	HDPE	—	—	—	—	—	43.2	59.6
	合计	—	—	—	—	—	171.8	260.3
新加坡	LDPE	—	—	—	—	—	11.9	14.5
	HDPE	—	—	—	—	—	13.1	16.0
	合计	—	—	—	—	—	25.0	30.5
韩国	LDPE	—	—	—	—	—	52.2	63.6
	LLDPE	—	—	—	—	—	54.2	74.0
	HDPE	—	—	—	—	—	76.5	93.1
	合计	—	—	—	—	—	182.9	230.7
泰国	LDPE	—	—	—	—	—	20.5	25.0
	LLDPE	—	—	—	—	—	4.9	6.0
	HDPE	—	—	—	—	—	32.9	40.0
	合计	—	—	—	—	—	58.3	71.0
中国台湾	LDPE	—	—	—	—	—	19.7	24.0
	LLDPE	—	—	—	—	—	9.9	12.0
	HDPE	—	—	—	—	—	16.4	20.0
	合计	—	—	—	—	—	46.0	56.0
印度	LDPE	—	—	—	—	—	15.6	19.0
	LLDPE	—	—	—	—	—	32.9	49.0
	HDPE	—	—	—	—	—	17.7	29.0
	合计	—	—	—	—	—	66.2	97.0
澳大利亚	LDPE	—	—	—	—	—	11.1	11.1
	LLDPE	—	—	—	—	—	7.4	19.8
	HDPE	—	—	—	—	—	35.3	35.2
	合计	—	—	—	—	—	53.8	66.1
墨西哥	LDPE	—	34.0	30.0	30.2	34.4	41.5	45.0
	HDPE	—	20.0	20.0	20.1	25.1	28.4	36.0
	合计	—	54.0	50.0	50.3	59.5	69.9	81.0
巴西	LDPE	—	—	—	—	50.0	59.0	61.1
	LLDPE	—	—	—	—	12.1	15.0	27.5
	HDPE	—	—	—	—	38.5	49.5	47.0
	合计	—	—	—	—	101.2	123.5	135.6
阿根廷	LDPE	—	—	—	—	—	10.3	13.0
	LLDPE	—	—	—	—	—	9.9	12.0
	HDPE	—	—	—	—	—	5.1	6.0
	合计	—	—	—	—	—	25.3	31.0
委内瑞拉	LDPE	—	—	—	—	—	9.8	12.0
	LLDPE	—	—	—	—	—	12.3	30.0
	HDPE	—	—	—	—	—	8.2	10.0
	合计	—	—	—	—	—	30.36	52.0

注：凡无 LLDPE 数值的，LDPE 的数值是 LDPE、LLDPE 和 EVA 的总和。有 LLDPE 数值的，LDPE 的数值是 LDPE 和 EVA 的总和。

1983 年世界聚乙烯总生产能力仅为 2465 万 t，在建装置能力为 316 万 t。2011 年最新统计结果，全球产能已达到 9600 万 t；2008 年至 2013 年全球净增 PE 产能约 2000 万 t，大部分在中东和东北亚地区。预计未来 5 年全球 PE 产能将增加约 2500 万 t。从 2013 年的 1.33 亿 t 预计增长到 2018 年的 1.65 亿 t。

中国聚乙烯（PE）行业年产能从 2009 年底的 885 万 t 增加到 2011 年的 1060 万 t，年平均增长率在 10%。根据数据统计，由于仍有聚乙烯新增产能计划投产，因此，2009 年至 2012 年的年平均增长率将在 11%。至 2011 年底，中国有 23 家聚乙烯生产商，平均年产能约 46 万 t。隶属于中石油的独山子石化，隶属于中石化的茂名石化以及中外合资的福建联合为目前中国 3 家产能最大的聚乙烯生产厂家，它们的产能规模均大于 80 万 t/年，其中独山子以 112 万 t/年的产能居榜首。

聚乙烯在电线电缆工业中也获得了极为广泛的应用。无论是电力电缆还是通信电缆，无论是绝缘材料还是护套材料，无论是屏蔽材料还是阻燃材料，聚乙烯都是主要选用的材料之一。聚乙烯电缆料的使用量 20 世纪 80 年代各国都逐年递增。但到了 20 世纪 90 年代初，日本和加拿大开始停止不前，至 20 世纪 90 年代中叶，西欧和美国的使用量也开始有下降的迹象。这主要是由于光缆迅速崛起所致。因为光缆直径小，通信容量大，绝缘又不用聚乙烯，所以同样通信容量的电缆，光缆所用的聚乙烯要比聚乙烯绝缘和聚乙烯护套通信电缆少得多。因此虽然电力电缆部分的聚乙烯需用量仍逐步增加，但总用量却有所下降。从聚乙烯的品种来看，LDPE 所占比例逐渐减小，LLDPE 和 HDPE 的比例逐年增加。特别是 LLDPE 因为耐环境应力开裂性能、耐刺透性能以及韧性和伸长率等比 LDPE 优越得多，而且价格低廉，所以护套料绝大部分 LDPE 被 LLDPE 替代，因此 LLDPE 在电线电缆工业上很有发展前途。

我国电线电缆工业在 20 世纪 70 年代才开始使用聚乙烯。由于当时国产聚乙烯量少品种更少，所以全部使用进口料。到 20 世纪 70 年代末，年用量还不足 3000t。20 世纪 80 年代改革开放后，特别是 20 世纪 80 年代末以来，电力和通信得到了优先发展，大大促进了与此配套的交联聚乙烯绝缘电缆和聚乙烯绝缘、聚乙烯护套通信电缆的发展。与这种形势相适应的各种聚乙烯电缆料生产厂也应运而生，发展极为迅速。现在除少数因聚乙烯基料不能满足的特殊品种外，多数聚乙烯电缆料品种的生产技术已掌握，质量也逐年提高，进口聚乙烯电缆料的比重逐年下降，为电力和通信事业的高速发展打下了基础。

4.1 聚乙烯的制造与分类

4.1.1 聚乙烯的制造

聚乙烯是由乙烯（$CH_2=CH_2$）单体聚合或乙烯与少量 α-烯烃共聚合而成。乙烯和 α-烯烃可由石油高温裂解，天然气中乙烷、丙烷裂解，酒精脱水，炼油厂废气中乙烯回收等途径制得。聚合时对单体纯度要求很高，通常达 99.8%~99.9%。

聚乙烯的制造方法可分为高压法、中压法和低压法三种。生产方法不同，所得的聚乙烯性能也不同。一般说来，用高压法生产的聚乙烯为低密度（LDPE，密度为 0.910~0.925g/cm³）；用中压法生产的聚乙烯为中密度（MDPE，密度为 0.926~0.940g/cm³）；用低压法生产的聚乙烯为高密度（HDPE，密度为 0.941~0.970g/cm³）。但目前，三种生产技术互相渗透，用低压法也能生产低密度聚乙烯，用高压法也能生产高密度聚乙烯。特别是低压法中的泥浆法和气相法，可以生产出全密度的聚乙烯，即它除可以生产出低密度、中密度和高密度聚乙烯外，还可以生产出超低密度聚乙烯（ULDPF，密度为 0.880~0.915g/cm³）。这种方法已逐渐成为发展方向。用低压法生产的低密度聚乙烯称为线型低密度聚乙烯（LLDPE），标准的密度范围为 0.915~0.935g/cm³，由于它制造成本低，性能更有特色，受到世界塑料工业界的注意，号称第三代聚乙烯，给聚乙烯工业带来“革命性”影响。

1. 低密度聚乙烯的制造

(1) 高压气相本体聚合法 该法是目前生产 LDPE 最重要的方法，因此历史上 LDPE 又称高压聚乙烯。它以高纯度乙烯为原料，以微量氧、有机或无机过氧化物作引发剂，在气相高压下进行游离基加聚反应。按照反应器类型可为釜式法流程和管式法流程。首先用一次压缩机分段压缩，将新鲜的乙烯和循环来的乙烯压缩到 20~30MPa，冷却除去低分子乙烯聚合物等杂质。再用二次压缩机分段压缩到 100~300MPa。送入釜式反应器或管式反应器进行聚合反应。反应温度为 150~330℃。釜式法流程单程转化率为 20%~25%。反应产物依次送入高低压分离器，分离出未反应乙烯。熔融的 LDPE 经挤出（此时加入必要的添加剂）、造粒、干燥、筛分、混合、包装出厂。用釜式和管式两种流程生产的 LDPE 各有特色。一般说来，以管式反应器生产的聚乙烯，因反应器内压力梯度和温度分布大，反应时间短，所得的聚乙烯长支链较少，相对分子质量分布较宽，适宜制造薄膜和挤出产品及共聚物等。虽然单程转化率较高，但存在器内粘壁、堵塞等问题。釜式反应器反应压力要比管式低，但单程转化率也较低。由于反应时间长，停留时间分布大，产品聚乙烯的长支链分子较多，相对分子质量分布较窄，富于韧性，耐环境应力开裂性较管式法好，适宜生产注塑、模塑成型产品，但也存在搅拌器装置设计较困难等问题。

（2）中压法　中压法合成 LDPE 是新近开发的离子型聚合方法。聚合反应用 Cr-Si 或 Al-Ti 系载体型催化剂。一般在原料乙烯中加入少量丙烯、1-丁烯或 1-己烯等调节剂调节聚合物的密度。聚合反应或在釜式反应器中于溶剂（饱和烷烃、环烷烃）或泥浆中进行或在沸腾床反应器中进行。聚合压力为 2~6MPa，温度为 60~80℃，乙烯总收率≥95%。

2. 线型低密度聚乙烯的制造

线型低密度聚乙烯（即 LLDPE）是以乙烯和α-烯烃为原料、过渡金属为催化剂，用低压法生产的。它实际上是乙烯与α-烯烃的共聚物。与乙烯共聚的α-烯烃有丙烯、1-丁烯、1-己烯、1-辛烯，最常用的是 1-丁烯。工业生产采用的有气相法、溶液法、淤浆法和高压法四种。

（1）气相法　将精制的乙烯、共聚单体（1-丁烯）、相对分子质量调节剂（氢气）连续地加入到气相流化床反应器中，在 0.7~2.1MPa 压力和 80℃~100℃条件下，在铬系催化剂或新型高活性钛系催化剂作用下，使乙烯与 1-丁烯进行共聚合反应。通过调节氢气的加入量控制产品相对分子质量；控制共聚单体的加入量调节产品的密度。通过大量未反应的单体循环而移去聚合反应热。反应产物经过脱气槽、产品贮槽以细颗粒料形式包装出厂，或细颗粒料进一步造粒出厂。该法是最常用最成熟的方法。如齐鲁石化、大庆石化和吉化的 LLDPE 就是采用美国 U. C. C.（DOW）的 UNIPOL 气相法生产的。用该套装置也可以生产 HDPE。

（2）溶液法　溶液法又分低压溶液法和中压溶液法两种。低压溶液法的压力为 0.21~4.1MPa，温度为 80~250℃，使用齐格勒催化剂，在支链烷烃中使乙烯与 1-辛烯共聚。中压溶液法的压力为 10.3MPa，温度为 15~310℃，使用钛系催化剂，在环己烷溶液中使乙烯与 1-丁烯共聚。工艺大致为：溶剂在吸收工段吸收乙烯，在进入反应釜给料泵之前，加入α-烯烃共聚单体。该反应物料经加热后，进入反应器，在催化作用下进行共聚合反应，用氢气调节产品相对分子质量。当乙烯转化率达到 95%时，即可出料。

（3）淤浆法　使用釜式反应器，钛系催化剂，异丁烷稀释剂，反应压力为 2.3MPa，用氢气作相对分子质量调节剂，连续地进入反应器，在低于聚合物熔点的温度下进行聚合反应。聚合后的浆液经闪蒸除去稀释剂及未反应的乙烯。聚合物在流化床干燥器中干燥，添加助剂、造粒、包装出厂。

（4）高压法　该法可通过改造原有的高压法低密度聚乙烯装置生产 LLDPE。其流程与高压聚乙烯类似，可采用管式法和釜式法。该法以 1-丁烯为共聚单体，在 200℃和 137.2MPa 条件下，在齐格勒高效催化剂作用下，进行聚合反应。聚合物熔体经高压分离器和低压分离器分离后，用挤出机造粒得产品。

3. 高密度聚乙烯的制造

高密度聚乙烯（HDPE）系由聚合级乙烯在常压至几兆帕及一定温度下，在金属有机铬化物或金属氧化物为主要组分的载体型或非载体型催化剂作用下聚合而成的。有时加入少量α-烯烃作为共聚单体，以调节 HDPE 的密度和活性。由于采用了高活性催化剂，聚合所得的产品中催化剂残渣含量极低，所以现在都省掉了脱催化剂残渣工序。其生产方法有淤浆法、气相法和溶液法。最近它也可以在高压（101.3~202.6MPa）下，在齐格勒催化剂作用下，由乙烯气相本体聚合制得。

（1）淤浆法　该法在聚合物熔点以下的温度聚合。单体溶于溶剂，聚合物不溶于溶剂，而以淤浆颗粒形式存在。这些溶剂又称稀释剂，一般用己烷、戊烷、庚烷等。反应温度 60~80℃，压力 0~0.04MPa，多用齐格勒型催化剂，少数使用氧化铬型催化剂，用氢气作相对分子质量调节剂。乙烯、催化剂、稀释剂、相对分子质量调节剂在反应釜中聚合，生成淤浆状聚合物，经闪蒸除去乙烯，脱除氢气、水分、回收溶剂、离心和干燥，即得 HDPE 粉末，添加各种助剂后造粒即得产品。

（2）气相法　将高纯乙烯和少量共聚单体如丙烯、1-丁烯、相对分子质量调节剂氢气与催化剂连续地加入到流化床反应器中，控制反应温度为 95~105℃，压力在 2.06MPa 左右，聚合 6h。乙烯既为原料，也作为流态化所需的气流，催化剂为沸腾床，聚合物颗粒悬浮在气相中。乙烯单程转化率为2%~3%，乙烯循环的量约为聚合物的50倍。催化效率为60万gPE/gTi。聚乙烯粉末通过反应器内床层高度自动控制出料，然后加入添加剂，经挤出造粒，即得产品。该法最早由美国联合碳化物公司（U.C.C.）（DOW）发明，近年来发展较快，美国阿莫科公司、法国石油化公司和我国的齐鲁石化、吉化等都采用此法。用该套装置还可以生产LLDPE。

(3) 溶液法 该法在聚合物熔点温度以上聚合，乙烯及聚乙烯均溶解于溶剂呈均相反应体。将原料乙烯压缩至3.43MPa，使乙烯溶于己烷溶剂，同时加入相对分子质量调节剂（氢气），然后将含有乙烯的溶剂用泵压至4.9~5.88MPa后，加入反应器中，在180℃和4.9~5.88MPa压力下进行反应。聚合时间约为10min。聚合后闪蒸除去乙烯，加入稀释剂降低粘度，离心分离除去催化剂，浓缩、冷却析出聚合物。进入挤出机，加入各种助剂，造粒得产品。荷兰国家矿业公司的DSM就是这种方法。

(4) 高压法 其工艺过程与高压聚乙烯生产方法类似，只不过用齐格勒催化剂取代游离基引发剂。首先将乙烯及共聚单体经一次压缩机和二次压缩机压缩，压力升至147MPa左右，然后进入高压聚合反应器，在齐格勒催化剂作用下聚合。物料经高低压分离器底部出来成熔融聚合物，再添加助剂挤出造粒，即得产品。

4. 中密度聚乙烯的制造

中密度聚乙烯的密度为0.926~0.940g/cm^{3}的聚乙烯。其生产方法有以下几种：

(1) 掺混法 将高密度聚乙烯与低密度聚乙烯按一定比例掺混，使产品密度控制在中密度范围。例如，将50%密度为0.96g/cm^{3}的HDPE与50%密度为0.916g/cm^{3}的LDPE相掺混，即可得到密度为0.938g/cm^{3}的中密度聚乙烯（MDPE）。

(2) 合成法 采用淤浆法、溶液法或美国U.C.C.气相法制造高密度聚乙烯的生产工艺，也可采用改造高压聚乙烯生产装置，改用齐格勒催化剂的工艺，通过乙烯与适量丙烯、1-丁烯、1-辛烯、1-己烯等第二单体共聚合，便可制得MDPE。通过调节第二单体的加入量，或采用含有可调节产品密度的催化剂，使共聚产品的密度控制在中密度范围。分子的主链中平均每1000个碳原子引入20个甲基支链或13个乙基支链，便可制得密度为0.93g/cm^{3}的MDPE。与上述密度对应的共聚单体丙烯或1-丁烯的量都是5%~6%（质量分数）。

4.1.2 聚乙烯的分类与命名

1. 聚乙烯的分类

各种不同的生产方法所得的聚乙烯，不仅密度不同，而且物理力学性能也有不同。过去聚乙烯曾按生产方法分类和命名，即高压聚乙烯、中压聚乙烯和低压聚乙烯。但是人们发现，聚乙烯性能上的差异和它的密度、相对分子质量、支化情况和相对分子质量分布有更密切的关系，特别是在20世纪70年代末，在低压下又能制成线型低密度聚乙烯，所以，目前多采用密度或相对分子质量来给聚乙烯分类，见表11-4-2。

在每一类聚乙烯中，又根据不同的相对分子质量或熔融指数或密度，分为许多种聚乙烯牌号，以满足不同的用途。

表11-4-2 聚乙烯的分类

类别	代号	特征
低密度聚乙烯	LDPE	密度0.910~0.925g/cm^3
中密度聚乙烯	MDPE	密度0.926~0.940g/cm^3
高密度聚乙烯	HDPE	密度0.941~0.967g/cm^3
超低密度聚乙烯	ULDPE	密度0.89~0.915g/cm^3,线性聚乙烯的一种
线性低密度聚乙烯	LLDPE	密度与LDPE相同,但为线性
高分子量高密度聚乙烯	HMW-HDPE	密度0.940~0.960g/cm^3,平均相对分子质量20万~50万
超高分子量聚乙烯	UHMW-PE	平均相对分子质量300万~600万

2. 聚乙烯和乙烯共聚物材料的命名

GB/T 1845.1—2016《聚乙烯（PE）模塑和挤出材料 第1部分：命名系统和分类基础》修改采用ISO 17855—1：2014。标准规定的命名方法基于下列标准模式：

<table>
<tr><th colspan="7">命名</th></tr>
<tr><td rowspan="3">说明组
（可选的）</td><td colspan="6">识别组</td></tr>
<tr><td rowspan="2"></td><td colspan="5">特征项目组</td></tr>
<tr><td>字符组1</td><td>字符组2</td><td>字符组3</td><td>字符组4</td><td>字符组5</td></tr>
</table>

命名由一个可选择的写作“热塑性塑料”的说明组和包括国家标准编号和特征项目组的识别组构成，为了使命名更加明确，特征项目组又分成下列五个字符组：

字符组1：按照GB/T 1844.1—2008规定的聚乙烯塑料代号。

字符组2：填料或增强材料及其标称含量。

字符组3：位置1：推荐用途和加工方法。

位置2~8：重要性能、添加剂及附加说明。

字符组4：特征性能。

字符组5：为达到分类的目的，可在第5字符组里添加附加信息。

特征项目组的第一个字符是连字符。字符组彼此间用逗号“,”隔开，如果某个字符组不同，就要用两个逗号即“,,”隔开。

(1) 命名和分类系统

字符组1：用“PE-VLD”作超低密度聚乙烯的代号，用“PE-LD”作低密度聚乙烯的代号，用“PE-LLD”作线型低密度聚乙烯的代号，“PE-MD”作中密度聚乙烯的代号，“PE-HD”作高密度聚乙烯的代号。

字符组2：位置1用一个字母表示填料和(或)增强材料的类型，位置2用一个字母表示其物理形态，代号的具体规定见表11-4-3。在位置3和位置4用两个数字为代号表示其质量分类。

表11-4-3 字符组2中填料和增强材料的字母代号

字母代号	材料(位置1)	字母代号	形态(位置2)
B	硼	B	球状、珠状
C	碳①		
		D	粉末状
		F	纤维状
G	玻璃	G	颗粒(碎纤维)状
		H	晶须
K	(白垩)碳酸钙		
L	纤维素①		
M	矿物①,金属①		
S	有机合成材料①	S	鳞状,片状
T	滑石粉		
W	木粉		
X	未说明	X	未说明
Z	其他①	Z	其他①

注：多种材料和（或）多种形态材料的混合物，可用“+”号将相应的代号组合放在括号内表示。例如：含有25%玻璃纤维（GF）和10%矿物粉（MD）的混合物可表示为（GF25+MD10）。

① 这些材料可用其化学符号或有关标准中规定的附加符号进一步明确表示。对于金属（M），用其化学符号表示金属类型非常重要。

字符组3：位置1给出有关的推荐用途和（或）加工方法的说明，位置2~8给出有关重要性能、添加剂和颜色的说明。所用字母代号的规定见表11-4-4。

由于很多聚乙烯材料有多种用途的加工方法，位置1仅给出其主要的应用和（或）加工方法。

如果在位置2~8有说明内容，而在位置1未给出说明时，则应位置1插入字母X。

如果聚乙烯为本色和（或）颗粒时，在命名时可以省略本色（N）和（或）颗粒（G）的代号。

表11-4-4 字符组3中所用字母代号

字母代号	位置1	字母代号	位置2~8
		A	加工稳定的
B	吹塑	B	抗粘连
C	压延	C	着色的
		D	粉末状
E	挤出管材,型材和片材	E	可发性的
F	挤出薄膜	F	特殊燃烧性
G	通用	G	颗粒、碎料
H	涂覆	H	热老化稳定的
J	电线电缆绝缘	J	耐热的
K	电缆电线护套	K	金属钝化的
L	挤出单丝	M	光和气候稳定的
M	注塑	N	成核的
		P	本色(为着色的)
Q	压塑		
R	旋转模塑	R	脱模剂
S	烧结	S	润滑的
T	窄带(挤出扁丝)	T	改进透明的
X	未说明	X	交联的
		Y	提高导电性的
		Z	抗静电的

字符组4：用两个数字组成的代号表示密度（表11-4-5），用一个字母和三个数字组成的代号表示熔体质量流动速率（表11-4-6）。两特征性能代号之间用“-”隔开。

表11-4-5 字符组4中密度使用代号及范围

数字代号	密度范围(23℃±2℃)/(kg/m²)	分类
00	≤901	超低密度聚乙烯 PE-VLD
03	>901~906	
08	>906~911	
13	>911~916	低密度聚乙烯 PE-LD 或线型低密度聚乙烯 PE-LLD
18	>916~921	
23	>921~925	
27	>925~930	中密度聚乙烯 PE-MD
33	>930~936	
40	>936~940	
44	>940~948	高密度聚乙烯 PE-HD
50	>948~954	
57	>954~960	
62	>960	

表 11-4-6 字符组 4 中熔体质量流动速率使用代号及范围

数字代号	MFR 范围/(g/10min)
000	≤0.10
001	>0.10~0.20
003	>0.20~0.40
006	>0.40~0.80
012	>0.80~1.5
022	>1.5~3.0
045	>3.0~6.0
090	>6.0~12
200	>12~25
400	>25~50
600	>50~75
800	>75~100
900	>100~130
910	>130~160
920	>160~200

注：熔体质量流动速率试验条件：D（190℃，2.16kg）、T（190℃，5.00kg）、G（190℃，21.6kg）

字符组 5：这个可选用的字符组表明附加要求。例如对已确定规格的产品可参考合适的国家标准或类似标准进行。

（2）命名示例 某种线型低密度聚乙烯热塑性材料（PE-LLD），用于电缆护套（K），耐候（L），着色（C），密度（基础树脂）为 920kg/m³（18），熔体质量流动速率为（MFR 190/2.16）（D）0.22g/10min（003），命名为

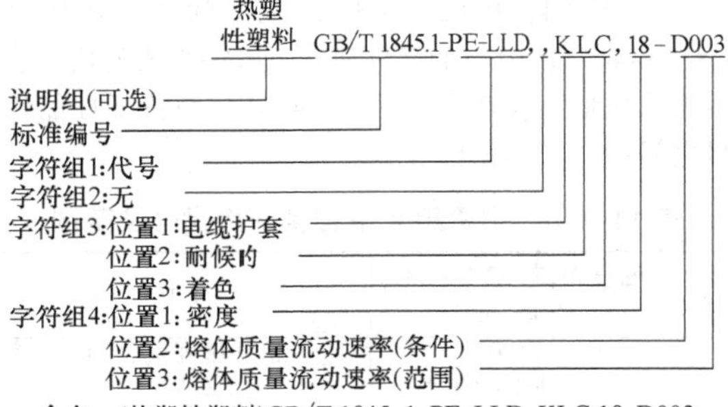

命名：(热塑性塑料)GB/T 1845.1-PE-LLD,,KLC,18-D003

某种高密度聚乙烯热塑性材料（PE-HD），用于注塑成型（M），抗静电（Z），着色（C），含25%玻璃纤维（GF）和 10%矿物粉（MD），密度（基础树脂）为 946kg/m³（44），熔体质量流动速率为（MFR 190/2.16）（D）36g/10min（400），命名为

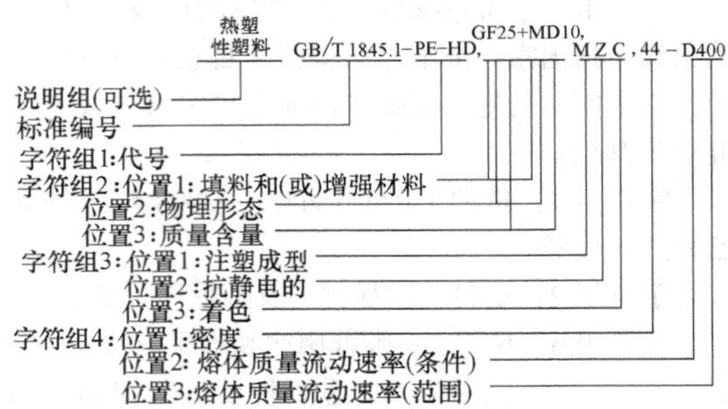

命名：(热塑性塑料)GB/T,1845.1-PE-HD,GF25+MD10,MZC,44-D400

4.1.3 我国聚乙烯树脂生产概况

2012 年我国聚乙烯的产能扩大情况见表 11-4-7。另外，还有宁波乙烯工程（LDPE，生产能力 6 万 t/年）、大庆石化总厂（HDPE，生产能力 10 万 t/年）和广东惠州乙烯工程（LLDPE，生产能力 18 万 t/年）等。EVA 专业生产厂有北京有机化工厂，生产能力为 4 万 t/年，在上海石化总厂塑料厂和大庆石化总厂塑料厂的 LDPE 生产线上也少量生产 EVA。

表 11-4-7 2012 年我国聚乙烯的产能扩大情况

生产企业	扩能/(万 t/年)
LLDPF	
大庆石化	30
抚顺石化	45
成都乙烯	30
武汉石化	30
HDPE	
抚顺石化	30
成都乙烯	30
武汉石化	30
全密度	
神华宁煤集团	30
合计	255

4.2 聚乙烯的结构和性能

4.2.1 聚乙烯的结构

聚乙烯是一种只含有碳和氢两种元素的高分子聚合物，其通式可用（$—CH_2—CH_2—$）n 表示。其中 n 为 10^2 ~ 10^6。由于乙烯聚合时需加入催化剂，所以聚乙烯还含有少量残余的催化剂杂质。聚乙烯的分子并不是一般长，由于聚合反应器内的温度、压力和催化剂含量的差异，乙烯聚合反应的过程，

如链增长、链传递和链终止反应都不尽相同，所以得到的聚乙烯最终产品实际上是大大小小各种不同相对分子质量的聚乙烯分子的混合物。因此实际上聚乙烯的化学结构并不是这样简单，而是较为复杂的。其分子主链上有不少短的甲基支链和较长的烷基支链，并且分子中还存在着双键的可能，根据双键位置的不同，又可分为 $\mathrm{R{-}CH{=}CH_2}$ 型端基双键、$\mathrm{(R)(R)C{=}CH_2}$ 型次甲基支链和 $\mathrm{R{-}CH{=}CH{-}R}$ 型双键等。

高压法低密度聚乙烯，由于是游离基反应聚合而成的，所以分子支化度较高。特别是釜式法，因反应停留时间长，使得长支链较多。而中、低压法聚乙烯由于是离子型聚合，所以分子支化度很少，基本上呈直链结构，不存在长支链，短支链也极少。但线型低密度聚乙烯和超低密度聚乙烯的短支链要多些，短支链的长度和数量取决于其聚单体的碳链长度和数量，一般短支链长度为 $C_1 \sim C_8$。低密度聚乙烯、高密度聚乙烯和线型低密度聚乙烯的分子示意如图 11-4-1 所示。

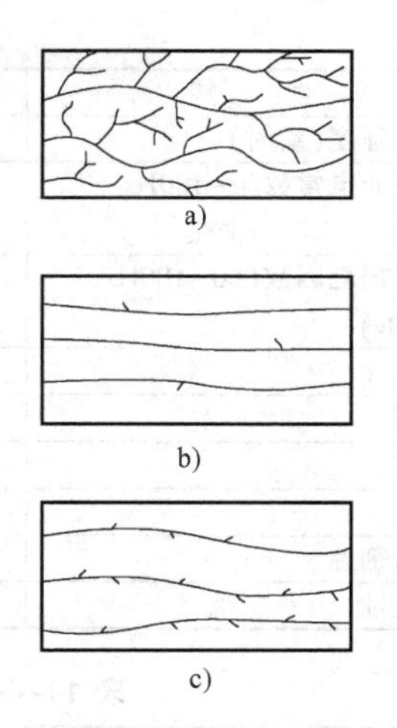

图 11-4-1 聚乙烯分子示意图

a）低密度聚乙烯（LDPE） b）高密度聚乙烯（HDPE） c）线型低密度聚乙烯（LLDPE）

4.2.2 聚乙烯的性能

聚乙烯是一种热塑性塑料，外观为乳白色，薄时半透明，厚时不透明，表面呈腊状。它具有优异的介电性能，广泛用于国防工业、无线电工业、雷达、电线电缆和电信装置等绝缘材料。低温性能好，能在低达-70℃的低温条件下使用，不脆裂，不硬化，化学稳定性好，耐水性、耐老化性优良，密度小于 $1\mathrm{g/cm^3}$。但遇火时容易燃烧和熔融，并放出与石蜡燃烧时同样的气味。熔融温度在 110～135℃之间，能用挤出、注射、吹塑、模压和粘贴等各种方法加工成型。

聚乙烯的一般性能见表 11-4-8。

电线电缆绝缘用聚乙烯树脂（GB/T 11115—2009）的一般性能见表 11-4-9。

表 11-4-8 聚乙烯的一般性能

序号	性能	单位	LDPE	LLDPE	HDPE
1	密度	$\mathrm{g/cm^3}$	0.910～0.925	0.926～0.940	0.941～0.970
2	透明性		半透明	半透明～不透明	半透明～不透明
3	透气速率	相对值	1	$\frac{1}{3}$	$\frac{1}{3}$
4	吸水性(质量分数)(24h)	%	<0.015	<0.01	<0.01
5	拉伸强度	MPa	8～16	8～26	20～40
6	伸长率	%	400～600	50～800	15～1000
7	弹性模量	MPa	100～300	200～400	400～1200
8	弯曲模量	MPa	250	—	1000
9	邵氏 D 硬度	HD	41～46	50～60	60～70
10	结晶熔点	℃	108～126	120～130	126～135
11	热变形温度(荷重 $186\mathrm{N/cm^2}$)	℃	32～41	41～49	43～49
12	线膨胀系数	m/(m·℃)	2.2×10^{-4}	1.7×10^{-4}	1.5×10^{-4}
13	热导率	W/(m·℃)	0.35	—	0.48
14	长期使用温度	℃	65～70	75～80	80
15	脆化温度	℃	<-70	<-70	<-70
16	体积电阻率	Ω·cm	$>10^{16}$	$>10^{16}$	$>10^{16}$

（续）

序号	性　　能	单　　位	LDPE	LLDPE	HDPE
17	击穿强度(瞬时)	kV/mm	18~40	18~40	18~40
18	相对介电常数60~100Hz 10^6Hz		2.25~2.35 2.25~2.35	2.25~2.35 2.25~2.35	2.30~2.35 2.30~2.35
19	介电损耗因数(60~100Hz,10^6Hz)		<0.0005	<0.0005	<0.0005
20	耐弧性	s	135~160	200~235	>200
21	弱酸		耐	很耐	很耐
22	强酸		受氧化酸侵蚀	受氧化酸侵蚀较慢	受氧化酸侵蚀较慢
23	碱		耐	很耐	很耐
24	耐溶剂性		常温下不受侵入	常温下不受侵入	常温下不受侵入
25	燃烧性		易燃	易燃	易燃

表 11-4-9　电线电缆绝缘用聚乙烯的一般性能

序号	项　　目		单位	PE,JA,23D021			PE,JA,45D007		
				优等品	一等品	合格品	优等品	一等品	合格品
1	颗粒外观	色粒	个/kg	≤10	≤20	≤40	≤10	≤20	≤40
2	密度(D法)	标称值	g/cm^3	0.923			0.945		
		偏差		±0.003		±0.004	±0.003		±0.004
3	熔体质量流动速率 MFR	标称值	g/10min	2.1			0.7		
		偏差		±0.20		±0.30	±0.20		±0.30
4	拉伸屈服应力	MPa	—			≥15			
	拉伸断裂应力	MPa	≥10			—			
	拉伸断裂标称应变	%	≥80			≥50			
5	相对电容率		由供方提供数据			≤2.4			
试样制备			M			Q			

注：Q 表示压塑，M 表示注塑。

1. 聚乙烯的物理力学性能

聚乙烯的物理力学性能主要取决于它的密度、相对分子质量和相对分子质量分布，详见4.2.3节。

2. 聚乙烯的介电性能

聚乙烯分子结构对称，不含有极性基团，是一种非极性材料，因此具有卓越的介电性能。聚乙烯的相对分子质量对其介电性能不发生影响，但若含有杂质，如金属杂质及分子中存在的极性基团（羟基、羧基）等，则对介电常数、介电损耗等会产生不良的影响。聚乙烯的电气性能参见表 11-4-10。

表 11-4-10　聚乙烯的电气性能

性　　能		LDPE	MDPE	HDPE
体积电阻率/(Ω·cm)		$>10^{16}$	$>10^{16}$	$>10^{16}$
绝缘介电强度(短时)/(kV/mm)		18~40	18~40	18~20
相对介电常数	60Hz 10^3Hz 10^6Hz	2.25~2.35 2.25~2.35 2.25~2.35	2.25~2.35 2.25~2.35 2.25~2.35	2.30~2.35 2.30~2.35 2.30~2.35
介质损耗因数	60Hz 10^3Hz 10^6Hz	<0.0005 <0.0005 <0.0005	<0.0005 <0.0005 <0.0005	<0.0002 <0.0003 <0.0003
耐弧性/s		135~160	200~235	>200

聚乙烯的介电常数在塑料中是比较小的，其介电常数与聚乙烯密度有关，如图 11-4-2 所示。

在广阔的频率范围内，介电常数几乎不变，见表 11-4-10。随着温度升高，介电常数变化也不大，如图 11-4-3 所示。

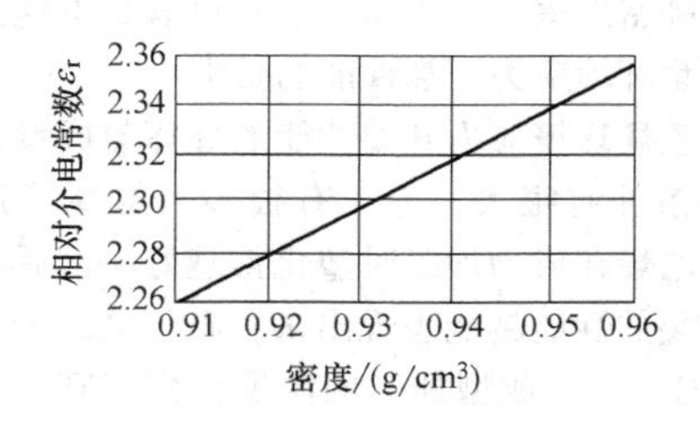

图 11-4-2　聚乙烯介电常数与密度的关系

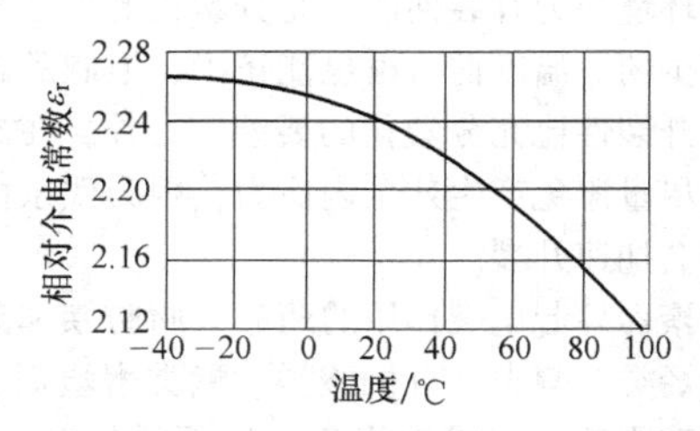

图 11-4-3　聚乙烯介电常数与温度的关系

聚乙烯介质损耗很小。但聚乙烯分子中含有少量极性基团，如羰基、羟基及羧基等时，对介质损耗有显著影响。聚乙烯的介质损耗角正切值随频率和温度的变化，分别如图 11-4-4 和图 11-4-5 所示。在频率为 50Hz，温度为 20℃的条件下，聚乙烯的介质损耗因数 tanδ 与电场强度的关系如图 11-4-6 所示。由图 11-4-6 可见，不论是低密度聚乙烯还是高密度聚乙烯，都几乎同时在 7kV/mm 开始发生游离。

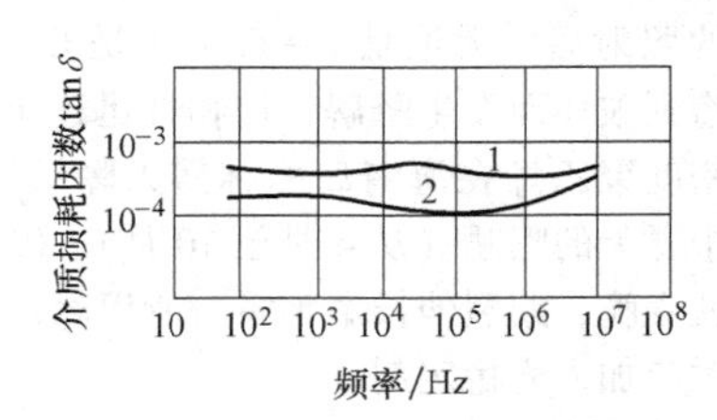

图 11-4-4　聚乙烯介质损耗因数与频率的关系

1—低密度聚乙烯　2—高密度聚乙烯

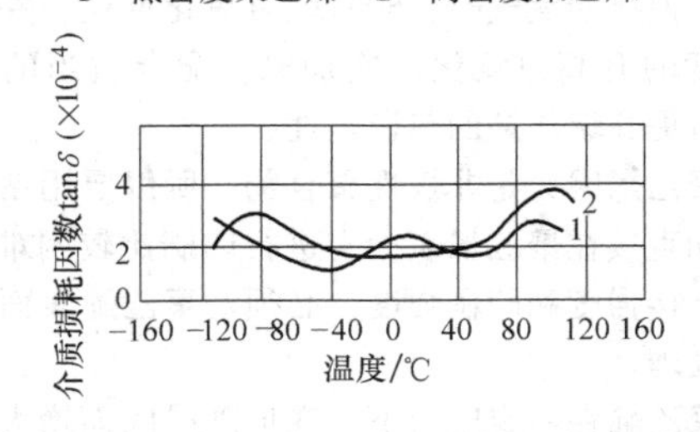

图 11-4-5　聚乙烯介质损耗因数与温度的关系

1—低密度聚乙烯　2—高密度聚乙烯

聚乙烯的体积电阻率很高，一般在 $10^{16}\Omega\cdot cm$ 以上。低密度聚乙烯体积电阻率和温度的关系如图 11-4-7 所示。

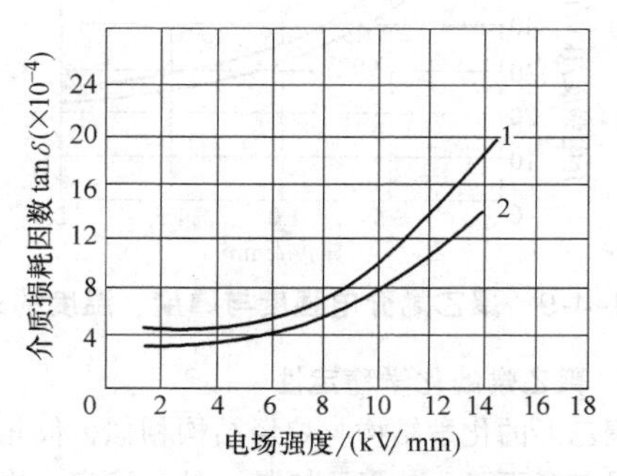

图 11-4-6　聚乙烯介质损耗因数与电场强度的关系

1—低密度聚乙烯　2—高密度聚乙烯

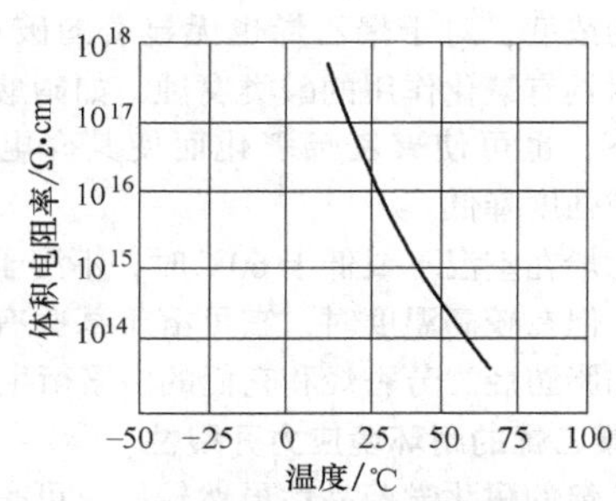

图 11-4-7　低密度聚乙烯体积电阻率和温度的关系

聚乙烯的介电强度随温度升高而逐渐降低，如图 11-4-8 所示。在温度超过 60℃后，不管是低密度聚乙烯还是高密度聚乙烯，其介电强度都将急剧下降。聚乙烯的介电强度也与其厚度有关，随厚度减薄而增加，如图 11-4-9 所示。

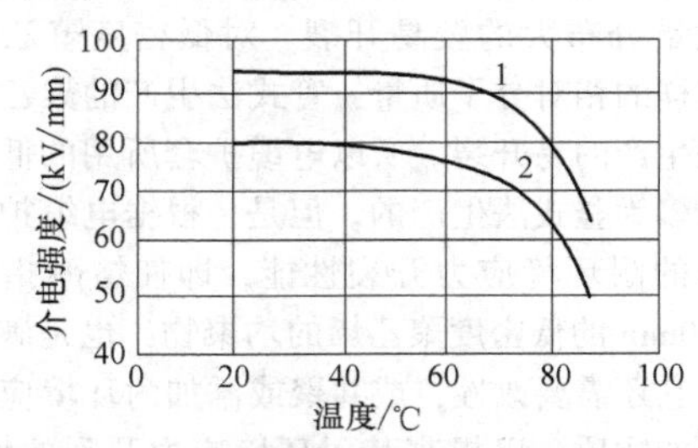

图 11-4-8　聚乙烯介电强度与温度的关系

1—高密度聚乙烯　2—低密度聚乙烯

但是，聚乙烯的耐电晕性和耐电痕性多少有点问题，当长期通电或浸水通电时，绝缘常发生树状破坏，如“电树”“水树”，在存在硫化物的场合，则易发生“硫化树”。

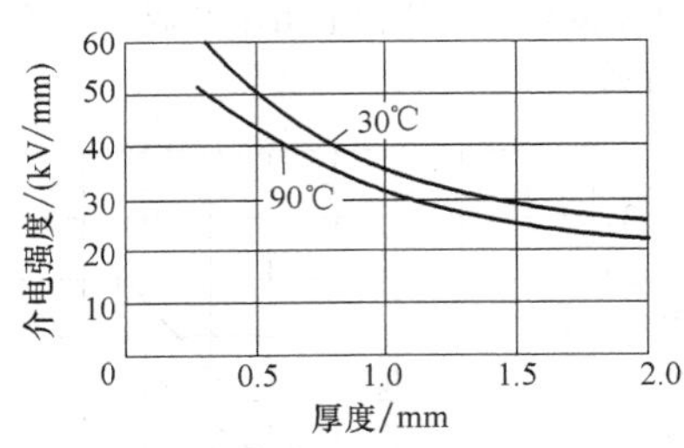

图 11-4-9 聚乙烯介电强度与厚度、温度的关系

3. 聚乙烯的化学稳定性

聚乙烯的化学结构与烷烃结构相似，仅相对分子质量较高而已，故聚乙烯是一种最稳定、惰性最强的聚合物，具有良好的化学稳定性。

聚乙烯在一般情况下可耐酸、碱及盐类水溶液的腐蚀作用，例如盐酸、氢氟酸以及硫酸等，即使在很高的浓度，对于聚乙烯也无显著的破坏作用。但它不耐具有氧化作用的酸类腐蚀，如硝酸在较低的浓度下，也可使聚乙烯氧化而使其介电性能变坏，机械强度降低。

聚乙烯在室温下或低于60℃时，不溶于一般有机溶剂，但在较高温度时，它可溶于某些有机溶剂之中，如脂肪烃、芳香烃和它们的卤素衍生物。

4. 聚乙烯的耐环境应力开裂性

聚乙烯的耐化学药品性虽然较好，可是制品在受应力的状态下或成型加工时残留有内应力时，当接触某种液体或蒸气时常会发生龟裂，这种现象称为环境应力开裂。聚乙烯电缆，尤其是护套，如果聚乙烯的品种选择得不合适或加工工艺条件不恰当，那么在使用过程中常会出现护套开裂的现象。一般相对分子质量越小（即熔融指数越高），聚乙烯开裂的倾向越显著。同样的相对分子质量，相对分子质量分布大的较易开裂。对低密度聚乙烯来说，同样的相对分子质量，管式法生产的聚乙烯较釜式法生产的易开裂。所以电缆护套所用的低密度聚乙烯多为釜式法生产的。但是，根据电缆护套上所要求的耐环境应力开裂性能，即使熔融指数为0.3g/10min的低密度聚乙烯的均聚物，也是满足不了的。它还需要改性，或共聚或添加耐环境应力开裂性好的物质，以提高其耐环境应力开裂的性能。有人发现，密度在0.950g/cm^{3}左右，熔融指数较小的高密度聚乙烯品种，耐环境应力开裂性能较好，故常用这档密度的聚乙烯作为海底电缆的护套。随着高密度聚乙烯生产技术的不断提高，现已很容易获得熔融指数在2.0g/10min以下而且加工性能很好的中密度聚乙烯和高密度聚乙烯品种，所以此种高密度聚乙烯不需改性就可满足电缆护套上苛刻的耐环境应力开裂性能的要求。

聚乙烯环境应力开裂性能的好坏与成型加工时的工艺条件有很大关系。有很多人忽视了这一因素。聚乙烯在成型加工时塑化得越好，其后耐环境应力开裂的性能越能表现出来。由于聚乙烯的熔点在130℃以下，成型加工的温度范围很宽。如挤出条件下，熔融指数为0.3g/10min的LDPE，在170~250℃的温度下都可能挤出，但要使聚乙烯获得较好的耐环境应力开裂性能，充分塑化的工艺条件是必不可少的。温度低时虽也能挤出，但制品的耐环境应力开裂性比充分塑化的要差。另外，在成型加工时应尽量避免产生残余内应力，因为残余内应力的存在会加速开裂。

对聚乙烯起龟裂作用的药品有脂肪族和芳香族的液态烃类、醇类、有机酸类、酯类增塑剂、动植物油、矿物油、合成洗涤剂、界面活性剂、碱水、强碱、硅油等。

5. 聚乙烯的耐光性

纯聚乙烯的耐光性较差，受日光照射后很容易发生降解。这主要是在太阳光光谱中存在有290nm~400nm的紫外光线的缘故。这部分光线虽然只占整个太阳光能量的5%~6%，但290nm~310nm的紫外线，其放射能可达400kJ/mol。而聚乙烯分子中主要是C—C键和C—H键。它们的键能分别为245kJ/mol和365kJ/mol，所以受日光中紫外部分的照射后，无论是C—C键还是C—H键都很容易遭到破坏而发生降解，使物性迅速下降。例如纯低密度聚乙烯在海南岛榆林露天曝晒试验场，经过一个夏天的曝晒（从4月至10月），0.2mm厚的试样就变脆，断裂伸长率为零。所以聚乙烯在户外使用时应加入光稳定剂。

6. 其他性能

聚乙烯在无氧气存在时，升温到300℃才开始分解。但接触氧气时，50℃就有氧化反应，并且随着温度的升高，氧化反应加剧。配合适当的抗氧剂，可提高聚乙烯的热稳定性。

聚乙烯因为是非极性聚合物，所以要用粘结剂粘接和直接在聚乙烯表面上进行印刷比较困难。要提高粘接强度和印刷强度，必须对聚乙烯表面进行氧化处理。

聚乙烯在一定应力下，变形随时间而增大，即会发生蠕变现象。蠕变在常温、小变形的情况时，主要与结晶度有关，与相对分子质量关系不大，因此“退火”可使蠕变减小。

聚乙烯有高度的耐水特点。聚乙烯长期浸于蒸馏水中（2 年以上），介电性能保持不变。所以海底电缆或水下电缆的绝缘和护套常采用聚乙烯。

极性液体的蒸气透过聚乙烯的速度极小，而非极性物质的蒸气通过聚乙烯的速度要大得多。聚乙烯的水蒸气透过率较低。

7. 线型低密度聚乙烯的特性

线型低密度聚乙烯是乙烯与 α-烯烃的共聚物，它的分子结构特点是在线型的乙烯主链上带有非常短小的共聚单体支链。它没有 LDPE 那样的长支链，支化度也比高压法的聚乙烯少，但比低压法的高密度聚乙烯多。它可以通过合理选择适当的催化剂和共聚单体的种类及用量来控制主链的长度和短支链的数量，来达到需要的分子形态。所以在一定程度上也可以说，线型低密度聚乙烯树脂的结构是可以进行分子设计的。

由于线型低密度聚乙烯的分子结构介于线型高密度聚乙烯和带有卷曲状长支链的高压法低密度聚乙烯之间，所以性能也介于两者之间。但是，它的物理化学性能比普通低密度聚乙烯要好得多，加之它制造时耗能少、产量高，用途也相当广泛，所以近年来高压法几乎没有什么发展，而 LLDPE 却突飞猛进，正在迅速地占据 LDPE 的市场。据估计最终将取代 70%的普通低密度聚乙烯制品。

线型低密度聚乙烯与普通低密度聚乙烯和高密度聚乙烯物理力学性能方面的比较见表 11-4-11。LLDPE 的物理力学性能主要取决于平均相对分子质量、相对分子质量分布、短链支化分布程度、短链长度和结晶度。同样的平均相对分子质量和密度，LLDPE 比 LDPE 的模数高 40%～50%，熔点高 15℃，允许使用温度高 10～15℃。在低速力学性能方面，LLDPE 比 LDPE 的抗拉强度高 50%～70%，伸长率高 50%以上，刺穿强度和韧性也大大改善。这是因为 LLDPE 分子增加了紧密性的缘故。在高速力学性能方面，如撕裂强度、抗冲击强度，LLDPE 也较 LDPE 优越，其中用丁烯共聚的 LLDPE 比 LDPE 提高了 20%～40%，用己烯和辛烯共聚的 LLDPE 又比相同熔体流动速率和密度的用丁烯共聚的 LLDPE 提高了 200%～300%。这是由于较长端链支化所起的作用。但对抗拉强度一类的性能，共聚单体的长度增加，仅略有改善。LLDPE 的耐环境应力开裂性比 LDPE 优越得多，熔体流动速率为 0.3g/10min 的 LDPE 还不如熔体流动速率为 2.0g/10min 的 LLDPE 好，所以对耐环境应力开裂性能要求较高的电缆护套很合适。此外，LLDPE 的热封和热粘接强度、低温韧性都比 LDPE 优越。不过由于 LLDPE 具有较大较完整的结晶，故薄膜的透明度和光泽较 LDPE 差。

表 11-4-11　线型低密度聚乙烯与普通低密度聚乙烯物理力学性能比较表

性　能	与 LDPE 相比	与 HDPE 相比
拉伸强度	较高	较低
断裂伸长率	较高	较高
冲击强度	较好	接近
耐环境应力开裂性	较好	略好
耐热性	较高	较低
硬度	较高	较低
翘曲	较少	相同
加工性能	较难	接近
雾度	较差	较好
光泽	较差	较好
透明度	较差	较好
熔体强度	较高	较低
熔点范围	较高	较低

LLDPE 的熔体粘度与温度的关系不如 LDPE 明显，在高温下有较高的熔体强度，因此用一般加工 LDPE 的设备有时不太合适。特别是挤出成型，加工 LLDPE 时应采用特殊设计的螺杆，增加螺槽深度，加大模口缝隙，以减少熔体破裂，否则挤出物表面容易产生鲨鱼皮状现象。在相同的熔体流动速率和相等的挤塑加工条件下，LLDPE 比 LDPE 扭矩高，电流大，能耗大。

4.2.3　影响聚乙烯性能的主要因素

影响聚乙烯性能的主要因素有密度、平均相对分子质量、相对分子质量分布、支链长度和频率以及共聚单体的类型和含量。

1. 密度

当聚乙烯分子的乙烯主链之间，某些链段如果互相平行排列，成为束状时，在此位置由于分子间力的作用，表现出有微晶结构，显示了结晶区域。不能够呈束状排列的链段即是无定型区域。在结晶区的聚乙烯密度约为 1.0g/cm^3。在无定型区的密度约为 0.8g/cm^3，所以聚乙烯密度随结晶度升高而增加，呈正比关系。

由 X 光衍射法和核磁共振法可以确定聚乙烯的结晶度，用通常高压法生产的聚乙烯，因长支链较多（每个分子约有 30 个长支链），妨碍了分子的有序排列，通常结晶度只有 60%～70%，密度为

0.910～0.925g/cm³。用中、低压法生产的聚乙烯，因为是离子型聚合，所以分子大致呈理想的直链状，不存在长支链，只有少量的短支链（每1000个碳原子长的主链上短支链数量不超过10个），所以分子比较容易排列整齐，结晶度较高。低压法的聚乙烯结晶度为80%～90%，中压法的在90%以上，此时相对应的密度为0.941～0.970g/cm³。中、低压法生产的聚乙烯可以是纯乙烯聚合的（称为均聚型聚乙烯或聚乙烯均聚物）也可以是乙烯和α-烯烃共聚合的（称为共聚型聚乙烯或聚乙烯共聚物）。特别是现在高效催化剂的出现，几乎可以实现聚乙烯的分子设计。即利用控制主链上的支化频率和利用共聚单体的类型控制短支链的长度，控制聚乙烯的结晶区域，从而达到控制密度的目的，所以共聚型聚乙烯的密度现在可以从0.880g/cm³一直到0.965g/cm³。例如线型低密度聚乙烯的短链支化度控制在每1000个碳原子长的主链上有10～30个短支链。短支链的长度就是共聚单体长度，一般为C_3、C_4和C_6，也可以达C_8。标准的线型低密度聚乙烯密度为0.915～0.935g/cm³，特殊规格的超低密度可以达0.880g/cm³～0.912g/cm³。

在聚乙烯结晶区域内，有球晶结构存在。球晶大小超过可见光波长时，由于反射而呈现乳白色。所以聚乙烯在常温下呈半透明状，随密度增加乳白状也增加。另外，线型低密度聚乙烯因为是线型结构，与低密度聚乙烯相比有较大较完整的结晶，所以同样的密度，线型低密度聚乙烯的透明度不如低密度聚乙烯好。

聚乙烯的结晶度除与分子结构有关外，还与冷却速度有关。熔融状态的聚乙烯，骤冷的话，由于大分子来不及整齐排列，故能降低结晶度。缓慢冷却的话，因大分子有充分的时间进行整齐排列，结晶较充分。不过骤冷的聚乙烯，随着时间的流逝，大分子局部链段会在室温下慢慢定向，故结晶度会逐步提高。

聚乙烯密度的变化，几乎影响了除电气性能以外的所有的聚乙烯的物理、力学、热学和化学性能。从表11-4-13可以看出，随密度的提高，聚乙烯的物理、力学、热学和化学性能都有不同程度的提高。但是加工性能变差，刚性增加，透明度降低。

聚乙烯密度的测定应按GB/T 1033.1—2008/ISO 1183—1：2004《塑料　非泡沫塑料密度的测定　第1部分　浸渍法、液体比重瓶法和滴定法》进行。

不同密度的聚乙烯都具有优良的电气性能，很适合电线电缆的要求，所以都可以应用。相对来说密度低的柔软性较好，加工容易；密度高的机械强度较高，刚性较大，耐热性较高，但加工性能较差，能耗较大。所以电缆工业根据各种电缆的特性和使用要求来选择所需要的密度。例如，LDPE主要用于电力电缆、通信和信号电缆、交联电缆的绝缘，一般电缆的护套。MDPE和HDPE主要用于市话电缆高速加工的实心绝缘、泡沫绝缘或泡沫薄绝缘；高压电缆、海底电缆的绝缘和护套；光纤电缆的护套；架空电缆的绝缘等。LLDPE由于有突出的耐环境应力开裂性和耐刺透性（有极高的韧性），所以特别适合作电话电缆和电力电缆的外护套，西欧等国还推荐用于光缆的护套。在护套方面，美国已有95%以上用LLDPE取代了LDPE。LLDPE也可用于热塑性电缆的绝缘及硅烷交联低压电缆绝缘。

2. 相对分子质量

一般聚乙烯的相对分子质量为几万至几十万，且化学稳定性很好，常温下找不到合适的溶剂，所以测定其相对分子质量必须在一定温度下（在此温度下，溶剂能溶解聚乙烯），采用特殊的仪器进行，非常复杂。所以通常聚乙烯并不直接用相对分子质量的大小来表示，而是采用聚乙烯熔融流动状态的指标——熔体质量流动速率或熔融指数（简称MFR）来表示。所谓熔体质量流动速率就是指标准数量的聚乙烯在190℃的条件下，在荷重为2160g的作用下，10min通过内径为2.095mm，长度为8.0mm的小孔时所流出的克数。例如MFR为2.0g/10min，就是指10min内在上述的条件下，流出的聚乙烯为2.0g。不过，当上述条件下测得的MFR小于0.1g/10min时，荷重应使用5000g；如果在这一条件下测得的MFR仍小于0.1g/10min，则荷重建议使用21.6kg，在聚乙烯命名中也在字符组4中特别要求表明测试时的荷重（D表示2.16kg；T表示5.00kg，G表示21.60kg），不注意这点会引起误会。例如，齐鲁石油化工公司生产的牌号为DGDA6098的高密度聚乙烯，一般介绍它的熔体流动速率为11g/10min。但实际上它是在21.60kg的荷重下的数值，而不是2.16kg下的数值。如果用2.16kg荷重测定它的熔体流动速率仅为0.08g/10min左右。我国熔体流动速率试验方法的国家标准为GB/T 3682—2000《热塑性塑料熔体质量流动速率和熔体体积流动速率的测定》。

高压法聚乙烯的熔体质量流动速率和平均相对分子质量的对应关系大致见表11-4-12。

表 11-4-12　高压法聚乙烯的熔体质量流动速率与平均相对分子质量的关系

熔体质量流动速率/(g/10min)	200	70	20	7	2	0.7	0.2
平均相对分子质量	19000	21000	24000	28000	32000	37000	48000

聚乙烯的相对分子质量会影响拉伸强度、断裂伸长率、低温性能、耐环境应力开裂性、耐化学稳定性、成型加工性及其他力学物理热性能。一般说来，随着相对分子质量的提高，大多数力学物理性能都趋向优良，但成型加工性趋向困难。聚乙烯熔体质量流动速率与其物性的关系见表 11-4-13。

表 11-4-13　密度、熔体质量流动速率（MFR）、相对分子质量分布对聚乙烯性能的影响

性　　能	密度变化	MFR 变化	相对分子质量分布变化
耐磨性	↗	↘	↘
抗粘性(开口性)	↗	↘	—
耐脆性	↘	↘	↘
脆化温度	↘	↗	↘
耐化学性	↘	↗	—
耐冷流性	↗	↘	↘
介电常数	↗(稍)	—	—
光泽	↗	↗	—
硬度	↗	↙(稍)	—
冲击强度	↗	↘	↘
长期载荷能力	↗	↘	↗
熔融延伸性	—	↗	↘
熔融弹性	—	↗	↗
熔融强度	—	↗	↗
熔融粘度	—	↘	—
成型后收缩率	↗	↘	—
渗透性(气体、水蒸气)	↘	(稍)	—
破碎时的临界切应力	—	↗	↘
软化温度	↗	↘	↗
刚性	↗	↘(稍)	—
耐环境应力龟裂性	↘	↘	↘
定向薄膜撕裂强度	↘	↘	—
断裂伸长率	↗	↘	—
拉伸模量	↗	↘(稍)	—
断裂时拉伸强度	↗	↘	—
拉伸屈服应力	↗	↘(稍)	—
热导率	↗	—	—
热膨胀性	↘	—	—
透明性	↘	↗	—

电线电缆所用的聚乙烯，熔体质量流动速率一般为 0.1~2.2g/10min。其中熔体质量流动速率在 2.0g/10min 左右的低密度聚乙烯，因为低温下流动性能好，加入交联剂后可在 130℃以下挤出，所以主要用于交联聚乙烯的绝缘料。其他场合的电缆，一般都要求有较高的耐环境应力开裂性能、耐磨性、机械强度以及良好的挤出加工性能，所以选用的聚乙烯熔体质量流动速率都比较小，通常在 0.5g/10min 以下。但是 LLDPE 因具有优良的耐环境应力开裂性、抗刺透性和良好的力学性能，所以电缆用的 LLDPE 熔体质量流动速率放宽到 1.0g/10min 以下，有的甚至允许采用 2.0g/10min 等级的 LLDPE。

3. 相对分子质量分布

通常高聚物总是要经过链引发、链增长、链传递和链终止等过程，由单体聚合成高分子。由于反应瞬间各种条件的差异，如反应器内各点温度、压力、催化剂含量等的差异，使得每个高分子中的单体数量也有差异。因此一种高分子，其每个大分子的长短是不一样的，总是由不同长短的各种大分子混合而成。平时所称的相对分子质量，实际上是各种长短不一的大分子的平均值。每一种长度的大分子在整个高分子中所占的比例，就是相对分子质量分布。所谓某一相对分子质量的聚乙烯，实际上只是此值附近的聚乙烯分子所占的比例较多，它同时还存在一些较低分子量的聚乙烯分子和较高分子量的聚乙烯分子。一般聚乙烯的相对分子质量分布情况如图 11-4-10 所示。图中曲线平坦的表示相对分子质量分布较宽，曲线陡峭的表示相对分子质量分布较窄。控制各种聚合反应的参数，可使曲线变得宽而平坦，也可使曲线变得狭而陡峭，也可使曲线的高分子量尾巴延长。相对分子质量分布不同，对聚乙烯的加工成型和物理力学性能影响很大。一般说来，注塑级聚乙烯的相对分子质量分布较窄，吹

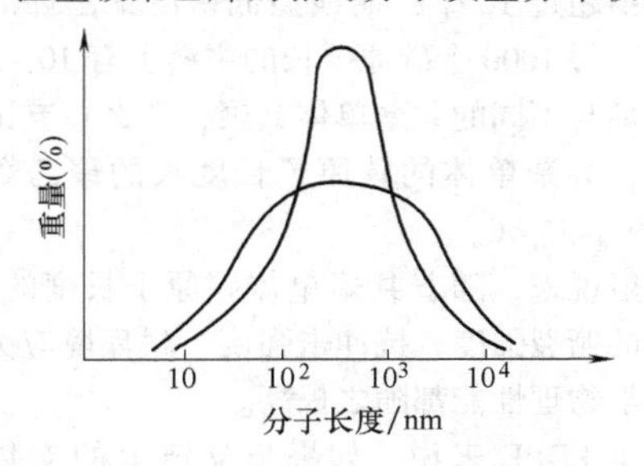

图 11-4-10　聚乙烯相对分子质量分布图

塑级聚乙烯相对分子质量分布中等到宽，而挤塑级的聚乙烯相对分子质量分布要看制品而定，一般包装材料和单丝的相对分子质量分布窄，电线电缆包覆材料和管材的相对分子质量分布宽到很宽。同样的相对分子质量，LLDPE 的相对分子质量分布比 LDPE 窄。用齐格勒-纳塔型催化剂生产的聚乙烯相对分子质量分布较窄，用铬系催化剂生产的聚乙烯相对分子质量分布较宽。

相对分子质量分布可以用 $\overline{M}_w$（重均分子量）/$\overline{M}_n$（数均分子量）的比值来表示。比值越大，相对分子质量分布越宽。但相对分子质量分布的测定非常麻烦，仪器也非常昂贵，所以工业应用上也有用不同荷重下的熔体流动速率的比值来粗略表示相对分子质量的分布。一般采用 MFR（21.60kg）/MFR（2.16kg）的比值表示。比值越大，表示聚乙烯的相对分子质量分布越宽。一般情况，低密度聚乙烯较高密度聚乙烯和线型低密度的相对分子质量分布宽。低密度聚乙烯的 $\overline{M}_w/\overline{M}_n$ 值在 6~35 之间。相对分子质量分布对性能的影响见表 11-4-13。

电线电缆用聚乙烯，其相对分子质量分布宽度一般在中等到宽的范围。如果要求有高速挤出的性能，宜选用相对分子质量分布较宽至很宽的聚乙烯。

综上所述，密度、熔体质量流动速率、相对分子质量分布对聚乙烯性能的影响可归纳在表11-4-13。

4. 支链长度和频率

LDPE 具有长支链，LLDPE、MDPE 和 HDPE 只有短支链无长支链。LLDPE、MDPE 和 HDPE 三者实质上的差别，仅是短支链出现频率的差别。如果乙烯与相同的共聚单体共聚，那么短支链个数（即频率）HDPE<MDPE<LLDPE。所以聚乙烯的密度与主链上短支链的数量成反比，一般高密度聚乙烯的短支链个数，每 1000 个碳原子长的主链上仅几个，不超过 10 个，而线型低密度聚乙烯的短支链个数，每 1000 个碳原子长的主链上有 10~30 个。如果乙烯与不同的共聚单体共聚，那么短支链数量相同时，共聚单体的碳原子长度长的聚乙烯密度低，即 $C_8<C_6<C_4$。

一般说来，随着共聚单体碳原子长度的增加，聚乙烯的撕裂强度、抗冲击强度、耐环境应力开裂性等力学物理性能都随之提高。

对于 LDPE 来说，如果长支链上的支化度增多，它的溶胀比就较大。也就是说聚乙烯从模口出来后体积膨胀率较大，因此采用挤出电缆等工艺时，要考虑聚乙烯的溶胀比来配适当的模芯模套。普通的 LDPE 的溶胀比在 1.70 以下。

4.3 主要的乙烯共聚物及其性能

乙烯能与醋酸乙烯、甲基丙烯酸及其酯类、丙烯酸及其酯类以及其他一些含有双键的单体共聚。下面介绍最主要的几种。

4.3.1 乙烯-醋酸乙烯共聚物（EVA）

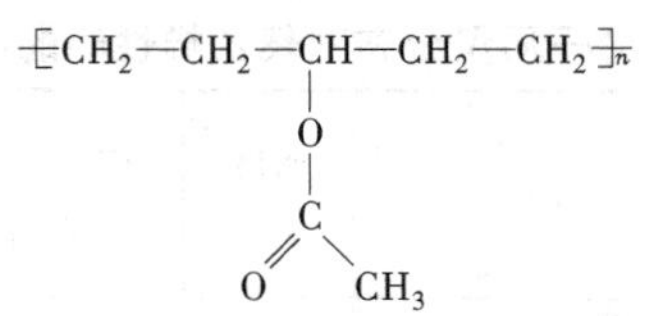

EVA 由乙烯和醋酸乙烯在压力大于 120MPa，温度为 200~320℃ 于高压法聚乙烯用的釜式反应器或管式反应器中，进行游离基聚合反应而制成的。引发剂采用过氧化物或过酸酯，相对分子质量调节剂用丙烯或异丁烯。因为乙烯和醋酸乙烯的反应速率十分接近，所以最终的共聚物中的醋酸基团是随意分布的。随着醋酸乙烯含量的提高，EVA 可以从热塑性塑料变化到弹性体。典型的醋酸乙烯含量在 5%~50%（质量分数）之间，小于 5%的产品被认为是改性的聚乙烯，性能与 LDPE 仅有一点点差别。质量分数大于 50%的产品类似于橡胶，可认为是醋酸乙烯和乙烯的共聚物（VAE）。

EVA 含有与 LDPE 一样的分支形式和程度，短支链主要是醋酸基团，它悬垂在分子内部的主链上。长支链一般碳原子长度超过 50，发生在分子间的链传递活性点上。

EVA 树脂与聚乙烯相比，由于分子链上引入醋酸乙烯单体，从而降低了结晶度，提高了柔韧性、耐冲击性、填料混入性和热密封性，产品在较宽的温度范围内具有良好的柔韧性、耐冲击强度、耐环境应力开裂性和良好的光学性能、耐低温及无毒性能。

一般来说，EVA 树脂的物理、化学性能主要取决于分子链上醋酸乙烯的含量（以下称 VA%）及其熔体流动速率（以下称 MFR）。

当 VA%增加时，各种性能的变化（在 MFR 为恒量值的条件下）如下：

增加	降低
在寒冷状态下的韧性	强度

耐冲击性	硬度
柔软性	熔融点
耐应力开裂性	耐化学性
光泽度	屈伸应力
密度	热变形
耐气候性	隔声性能
粘性	电性能
填料的容纳能力	
热密封性	
焊接性	
辐照交联性	
反复弯曲性	

这些性能的变化，都是由于VA破坏了正常的结晶和给予了极性所致。

当MFR值增加时，在VA%恒量值的条件下，引起下述性能变化：

增加	降低	不受影响
熔融体流动性	相对分子质量	屈伸应力
	熔体粘度	断裂伸长率
	韧性	热封强度
		耐应力开裂性
		抗拉强度
		维卡软化点
		耐冲击性

硬度
电性能

EVA具有良好的弹性和低温可挠性、耐化学药品性、耐候性。但耐油性能差，且能溶于芳烃或氯代烃中。

VA含量低的EVA树脂与低密度聚乙烯相似，柔软而抗冲击强度好，宜制造重负荷包装袋和复合材料。VA含量为10%~20%的EVA，则透明性良好，宜制作农业和收缩包装薄膜。VA含量更大的EVA可作粘结剂、涂层、涂料之用，也可制成EVA泡沫塑料。在电缆工业中，EVA常用来改性低密度聚乙烯树脂以获得较佳的耐环境应力开裂性。高VA含量、低MFR的EVA也用作半导电屏蔽材料和阻燃基料，高VA含量、高MFR的EVA可用于电缆附件或电缆护套的粘结剂。

按VA含量不同分类的EVA及其应用见表11-4-14。

表11-4-14 按VA含量不同分类的EVA及其应用

种类	VA含量	生产方法	用途	前景
EVA树脂	<40%	高压法连续本体聚合工艺	制鞋、农膜、热熔胶、电线电缆料	随着功能性农膜产量不断增加，国内EVA树脂在农膜方面的需求量也将会大幅增加，年均增长率将达到14%，2010年我国EVA树脂在薄膜方面的消费量达到了190kt
EVA弹性体	40%~70%	中压溶液聚合工艺	汽车部件、橡胶弹性体和聚氯乙烯(PVC)改性剂	汽车工业作为我国支柱性产业，在国家大力扶持下有较好的发展前景，也为EVA产品提供了较好的市场环境
EVA乳液	70%~95%	乳液聚合工艺	黏结剂、涂料	造纸原料的EVA乳液助剂得到较为广泛的应用

EVA易于加工成型，可以挤出成型、注射成型、吹塑成型和热成型。它的成型加工方法和设备与普通低密度聚乙烯通用，只是加工温度较低，温度超过205℃时，醋酸基键开始断裂并生成醋酸。所以用EVA改性的聚乙烯塑料，挤出温度不宜超过220℃。

EVA的商业应用始于1960年初。20世纪80年代初，上海石油化工总厂在原有的高压法聚乙烯生产装置（管式法）基础上改造，生产了VA含量为14%，MFR为5 g/10min的EVA。该厂已可生产10种牌号的EVA，VA含量为4.5%~15%，MFR为0.5~15g/10min，年生产2000~3000t。

我国EVA的生产集中在江苏、北京、浙江等地区，这些地区生产的EVA产品份额占到了全国的70%以上。目前，国内有能力生产EVA的企业主要有：北京有机化工厂（4万t/年）、扬子石化—巴斯夫有限责任公司（简称扬—巴公司）（20万t/年）、中国石油化工股份有限公司北京燕山分公司（简称燕山石化）（20万t/年）、中国石油大庆分公司（简称大庆石化）。

国际上北美、西欧、中东、日本、韩国等国家与地区的EVA生产能力在保持低速增长，而亚洲其他国家和地区以及中南美地区仍会有较大的增长。据2010年数据统计，全球EVA需求量超过3000kt，其中北美占25%，西欧占36%。EVA主要用于薄膜生产，特别是在西欧，用于薄膜生产的约占EVA消费总量的50%，其次是热熔胶，约占需求总量的25%。

其他区域生产 EVA 的主要企业美国有杜邦，韩国有现代石油化学、三星道达尔公司、韩华综合化学，法国有阿托芬纳，加拿大有 AT 公司，中国台湾有台塑、台湾聚合品化学公司，比利时有埃克森美孚化工公司，新加坡有聚烯烃私营有限公司，日本有三井、东曹、住友公司等。

4.3.2 乙烯-丙烯酸乙酯共聚物（EEA）

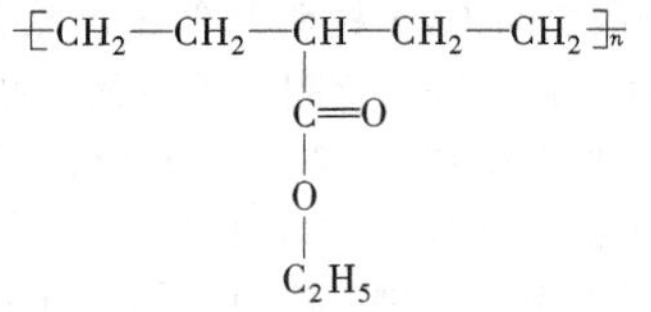

$$\left[CH_2-CH_2-\underset{\underset{\underset{\underset{C_2H_5}{|}}{O}}{|}}{\underset{C=O}{\overset{|}{CH}}}-CH_2-CH_2\right]_n$$

EEA 是在改进的高压法聚乙烯反应器中生成的，是最具韧性和柔软性的聚烯烃材料之一。在共聚物中，乙烯和丙烯酸乙酯（EA）呈无序排列，故为橡胶态。典型的组成（质量分数）为 EA 占 15%～30%。随着 EA 含量的增加，柔软性、韧性、弹性、粘接性、耐应力开裂、耐低温性、耐冲击性和耐挠曲疲劳性能等均有所提高，但摩擦系数增高、熔点降低，使用温度也有所降低。与 EVA 比较，EEA 的热稳定性较好，且不产生腐蚀性的降解产物，因此加工范围更宽，无论是挤出、注塑或吹塑加工，通常均不需加入添加剂。

EEA 共聚物能与所有的烯烃聚合物相容，如 VLDPE、LDPE、LLDPE、HDPE 和聚丙烯等。EEA 与其他聚烯烃混配在一起，一般用来生产一种模量能达到专门要求的，又保留了所想要的 EEA 特性的产品。高模量聚合物如聚酰胺和聚酯，添加了 EEA 共聚物后，抗冲击性能显著提高。EEA 共聚物也用来生产热熔性粘结剂类产品，比乙烯共聚物有更宽的使用温度范围。EEA 热熔性粘结剂有一些独特的综合性能，包括：很高的剪切破坏温度和低温韧度，以及对非极性基质有优良的粘结力。在薄膜应用领域，EEA 共聚物被用作多层薄膜的连结层，并用于和其他聚合物混配以改进低温韧度和抗应力断裂性能。EEA 共聚物对填料有很高的容纳量，以 EEA 和炭黑为原料的半导体薄膜及管材被制成微型芯片的包装材料、甘油炸药袋，以及多种医院方面的防静电用途。

EEA 价格比 LDPE 高，一般以不改性粒料出售。在电缆工业中，主要用作 Al-EEA 复合带来制作电缆的粘结组合护层，以及用作特种高填充物的基材如电缆用半导电屏蔽料、阻燃基料和胶粘剂等。

4.3.3 乙烯-甲基丙烯酸酯共聚物（EMA）

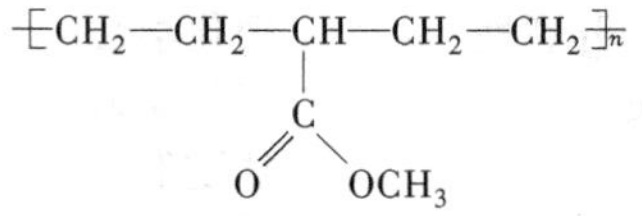

$$\left[CH_2-CH_2-\underset{\underset{O\quad OCH_3}{\underset{|}{C}}}{CH}-CH_2-CH_2\right]_n$$

EMA 类似于 EVA，但在挤出和制造柔软薄膜时，显示出更大的热稳定性。因此 EMA 可用于医药包装、卫生手套、装潢覆盖和电缆用配合物等。

4.3.4 乙烯-丙烯酸丁酯共聚物（EBA）

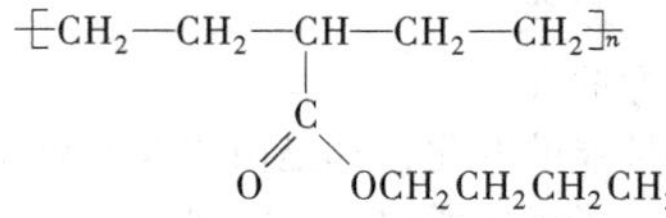

$$\left[CH_2-CH_2-\underset{\underset{O\quad OCH_2CH_2CH_2CH_3}{\underset{|}{C}}}{CH}-CH_2-CH_2\right]_n$$

EBA 用于生产在低温下仍十分柔软的薄膜，如冰冻食物的包装袋或电缆用复合带。

4.3.5 乙烯-丙烯酸共聚物（EAA）

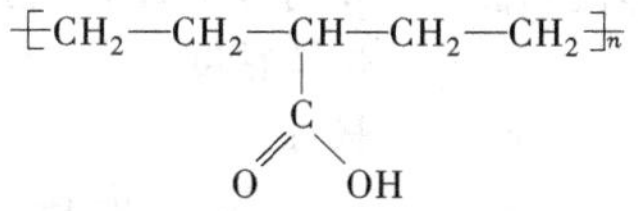

$$\left[CH_2-CH_2-\underset{\underset{O\quad OH}{\underset{|}{C}}}{CH}-CH_2-CH_2\right]_n$$

EAA 在强度、韧性、热粘结性方面优于 LDPE，适用于铝箔和其他聚合物的挤出涂层。以其制成的 Al-EAA 复合带，可用于制作电缆的粘结组合护层。

4.3.6 乙烯-甲基丙烯酸共聚物（EMAA）

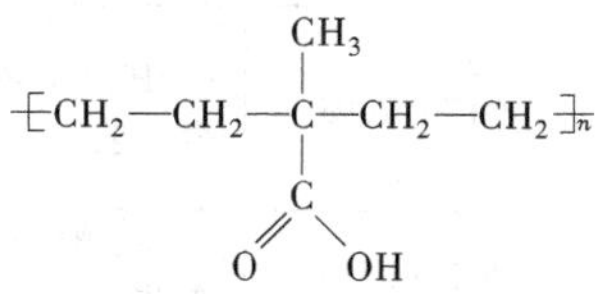

$$\left[CH_2-CH_2-\overset{\overset{CH_3}{|}}{\underset{\underset{O\quad OH}{\underset{|}{C}}}{C}}-CH_2-CH_2\right]_n$$

EMAA 在热封性能方面比 EAA 好，用途同 EAA。

EAA 和 EMAA 可用加工 LDPE 的设备进行挤出，加工条件也类似于 LDPE，树脂不需要干燥或特殊的贮藏，喂料段温度略可降低，设备应是耐腐蚀金属或表面涂铬或镍，熔融段温度应尽可能低。开车或停车时，挤出机应用 LDPE 清洗。机器不应该在有 EAA 或 EMAA 的情况下关机，因为长期的热历程会使它们交联。

4.4 电线电缆用聚乙烯及其共聚物

聚乙烯树脂具有电气性能卓越、机械强度适中、不需添加增塑剂、挤出和加工中无有毒气体释出、密度小、易于加工、耐化学腐蚀性能优良、水蒸气透过率小、低温下力学物理性能优越等特点，特别受到电缆工业的青睐。根据电缆的使用场合，可分别选用高、中、低不同密度的聚乙烯。它既可作绝缘又可作护层。选用特种聚烯烃和添加特种助剂，还可以做成电缆的屏蔽层、复合粘结材料、阻燃材料和交联材料等。所以聚乙烯在电线电缆上应用极其宽广。

在国外，像美国陶氏化学公司（DOW）、瑞典BOREALIS、英国BP公司等很多聚乙烯树脂生产厂，都考虑了电线电缆的特殊需要，对所生产的聚乙烯树脂进行后处理，添加各种不同用途的助剂，再加工造粒，配制成具有各种特色的电线电缆用聚乙烯电缆料，每个公司都有几十种电线电缆专用聚乙烯牌号，都是大型生产厂。电缆厂可以直接根据自己所生产的电缆种类，从这些聚乙烯树脂生产厂购得相应的聚乙烯电缆料。这样的电缆料，因为是聚乙烯树脂生产厂特意加工的，考虑了电缆上的特殊要求，调整了相对分子质量、相对分子质量分布和支链的长度及频率，所以质量稳定。

目前国内各聚乙烯树脂生产厂生产的各种用途的电缆用聚乙烯，它所含有的抗氧剂种类和数量仅能满足二次加工时聚乙烯不受氧化，并不能满足电缆长期使用寿命的要求。鉴于此种情况，国内应运而生了许多专门生产各种聚乙烯电缆料的加工厂，它们将聚乙烯或聚乙烯共聚物，通过各种混炼设备，把各种助剂加进去，配制成有各种特色的、电缆厂能直接使用的聚乙烯电缆料。

由于国内电缆料生产厂规模都不大，故无力要求聚乙烯树脂生产厂专门为它们生产专用聚乙烯树脂（只有交联聚乙烯用基料除外），所以国内生产的各种聚乙烯电缆料的基料，除交联聚乙烯外，几乎都不是特制的，而是电缆料厂根据市场上的现货采购的。常有可能购不到合适的电缆用聚乙烯基料而用代用品。故国内电缆料的质量，常会受到聚乙烯树脂的生产厂家、牌号、批号的影响。因此电缆厂使用国内聚乙烯电缆料时，应注意批号及性能，不同批号的聚乙烯要经过试验才能在一起使用。

电线电缆用聚乙烯根据用途大致可分为绝缘用、屏蔽用和护套用三大类。根据国内电缆工业的使用实况，就护套料、绝缘料、交联料、屏蔽料和阻燃料进行介绍。

4.4.1　聚乙烯绝缘料

聚乙烯绝缘料根据用途可分成电力电缆用聚乙烯绝缘料、通信电缆用聚乙烯绝缘料等。根据化学结构可分为热塑型聚乙烯绝缘料和交联型聚乙烯绝缘料。由于使用场合和要求有很大不同，故品种很多，不能一一介绍。

1. 一般用聚乙烯绝缘料

一般用聚乙烯绝缘料常指不经改性处理的聚乙烯树脂添加适当的抗氧剂和润滑剂所组成的绝缘料。主要用于低速加工的电话绞线对绝缘、一般信号和控制电缆绝缘、射频电缆绝缘、高频同轴电缆绝缘和低压电缆绝缘等。

一般用聚乙烯绝缘料的聚乙烯基料，其MFR（g/10min）：LDPE 应≤0.35，HDPE 应≤0.5，LLDPE 应≤1.0。

抗氧剂应采用非污染型、热稳定性好、挥发性小、抗氧效能高、对制品电性能影响小的种类。常用的抗氧剂有1010、DLTP、1076等，与铜、铁、镍等重金属接触时，还需添加重金属抑制剂，或兼有抗重金属作用的抗氧剂，如MD-1024（一种含有亚磷酸酯的受阻酚）等。用量一般在0.1%~0.5%之间，其200℃氧化诱导期应≥30min。

2. 高速挤出用聚乙烯绝缘料

随着市内通信量不断上升，薄绝缘大对数市话电缆有了很大发展。为了提高生产效率，单线薄绝缘的挤出速度越来越快。目前进口的市话电缆芯线制造设备，线速度可达2500~3000m/min，这就要求聚乙烯绝缘料也能适应这种速度。

过去，采用管式法高分子量低密度聚乙烯（如UBEC-180），再加入5%左右的高分子量聚丙烯和高密度聚乙烯，使其具有高速挤出性能的同时，还改善了普通低密度聚乙烯的耐磨性，但是现在的对绞、成缆等设备的制造速度较过去有很大提高，对薄绝缘层的表面耐磨性要求提高，所以低密度聚乙烯即使再提高密度也难以满足要求，故现在已由MDPE或HDPE来代替。特别是能高速挤出的高分子量高密度聚乙烯绝缘料，耐磨性很好，在绝缘线对和成缆过程中，因表面刮伤导致高压击穿的故障率大大降低，受到用户的青睐。目前国内已能采用国产的聚乙烯制造出高速挤出的高密度聚乙烯绝缘料，并有较大规模的生产能力和生产厂。

YD/T 760—1995《市内通信电缆用聚烯烃绝缘料》和GB/T 13849—2013《聚烯烃绝缘聚烯烃护套市内通信电缆》对实心聚乙烯绝缘料的技术要求，参见表11-4-15和表11-4-16。从这些技术要求可以看出，市话电缆所用的高速挤出绝缘料，除拥有优良的绝缘性能、加工性能和耐磨性能外，还应具备优良的耐环境应力开裂性、耐石油膏性能和抗铜害性能。氧化诱导期试验有用铝杯和铜杯进行试验之分，当聚乙烯使用时与铜接触的话，必须要用铜杯做试验。铜离子能加速聚乙烯的催化氧化，如果抗氧系统没有抗铜害性能的话，虽然用铝杯进行氧化诱导期≥30min，但用铜杯做同样温度下的氧化诱导期要短得多。所以氧化稳定系统，除热氧化外还要添加抗铜氧化剂或者一种兼有此两种性能的抗氧剂。国外常用的抗氧剂是MD-1024。

表 11-4-15 实心聚乙烯绝缘材料的技术要求（摘自 YD/T 760—1995）

序号	项　目	单位	性能指标		
			低密度聚乙烯	中密度聚乙烯	高密度聚乙烯
1	颜色		本色	本色	本色
2	熔体流动速率	g/10min	≤0.4	≤1.0	≤1.0
3	密度	g/cm^3	≤0.925	0.926~0.940	0.941~0.959
4	拉伸强度	MPa	≥12	≥17	≥19
5	断裂伸长率	%	≥500	≥400	≥400
6	介电常数 1MHz、100kHz		≤2.33	≤2.36	≤2.40
7	介质损耗因数 1MHz、100kHz		$\leqslant 5\times10^{-4}$	$\leqslant 5\times10^{-4}$	$\leqslant 5\times10^{-4}$
8	体积电阻率	Ω·cm	$\geqslant 1\times10^{15}$	$\geqslant 1\times10^{15}$	$\geqslant 1\times10^{15}$
9	氧化诱导期(Cu杯,190℃)	min	≥30	≥30	≥30
11	脆化温度(-76℃)	失效数	≤2/20	≤2/10	≤2/20
12	脆化温度(-15℃)	失效数	—	—	—
13	耐环境应力开裂(96h)	失效数	—	—	0/9
14	耐环境应力开裂(48h)	失效数	—	≤2/20	≤2/20
15	浸入稳定性(24±1℃蒸馏水14天)		满足本表6、7项要求	满足本表6、7项要求	满足本表6、7项要求
16	水分	%	≤0.1	≤0.1	≤0.1
17	与填充化合物的相容性重量变化	%	—	≤15	≤15
	缠绕		—	不开裂	不开裂

表 11-4-16 实心聚乙烯绝缘的机械物理性能（摘自 GB/T 13849.1—2013）

序号	性能项目及试验条件	单位	LDPE	MDPE	HDPE
1	拉伸强度中值	MPa	≥10	≥12	≥16
2	断裂伸长率中值	%	≥300	≥300	≥300
3	热收缩率(有效长度 L=200mm)	%	≤5	≤5	≤5
	试验处理温度	℃	100±2	100±2	115±2
	试验处理时间	h	1	1	1
4	空气箱热老化后耐卷绕		不开裂	不开裂	不开裂
	试验处理温度	℃	100±2	100±2	115±2
	试验处理时间	h	24×14	24×14	24×14
5	低温卷绕失效数/试样数	个	≤0/10	≤0/10	≤0/10
	试验处理温度	℃	-55±1	-55±1	-55±1
	试验处理时间	h	1	1	1
6	抗压缩性		导体间不碰触	导体间不碰触	导体间不碰触
	加力时间	min	≥1	≥1	≥1
	施加压力	N	67	67	67

3. 可发泡聚乙烯绝缘料

市话电缆聚乙烯绝缘线芯，自1971年起，国外开始发展泡沫聚乙烯线芯和泡沫/皮聚乙烯线芯结构。由于发泡的聚乙烯介电常数较实心的小，只有原来的65%~75%（根据发泡度不同而异），所以可使电缆外径缩小。泡沫和带皮泡沫聚乙烯绝缘线芯结构的电缆质量只有实心结构的82%。这样，每只电缆盘可多装电缆，从而使整个工程中减少电缆的连接接头。由于外径缩小，在原来的电缆管道中可以穿过对数更多的电缆。

通信电缆所用的可发泡聚乙烯，要求发泡后孔细，数量多，分布均匀一致，彼此间不连通并且表面要光滑平整。泡沫聚乙烯的性能与其发泡度有密切关系。通常，密度、抗拉强度、断裂伸长率、介电常数和击穿场强等性能随发泡度增加而显著下降。体积电阻率则基本与实心的相同。由于低密度泡沫聚乙烯绝缘料的耐磨性太差，已遭淘汰，各国标准中允许使用 MDPE 和 HDPE 作泡沫绝缘料。

泡沫聚烯烃绝缘的机械物理性能见表 11-4-17。

表 11-4-17　泡沫聚烯烃绝缘的机械物理性能（摘自 GB/T 13849.1—2013）

序号	性能项目及试验条件	单位	带皮泡沫聚烯烃	泡沫 MDPE	泡沫 HDPE
1	拉伸强度中值	MPa	≥10	≥7	≥10
2	断裂伸长率中值	%	≥200	≥200	≥200
3	热收缩率(有效长度 L=200mm)	%	≤5	≤5	≤5
	试验处理温度	℃	100±2	100±2	115±2
	试验处理时间	h	1	1	1
4	空气箱热老化后耐卷绕性能		不开裂	不开裂	不开裂
	试验处理温度	℃	100±2	100±2	115±2
	试验处理时间	h	24×14	24×14	24×14
5	低温卷绕失效数/试样数	个	≤0/10	≤0/10	≤0/10
	试验处理温度	℃	-55±1	-55±1	-55±1
	试验处理时间	h	1	1	1
6	抗压缩性		导体间不碰触	导体间不碰触	导体间不碰触
	加力时间	min	≥1	≥1	≥1
	施加压力	N	67	67	67

可发泡聚乙烯是预先在聚乙烯中混入化学发泡剂，然后通过对挤出温度的控制，来得到不同的发泡度。使用的发泡剂应用量少、产气多、分解温度与聚乙烯加工温度接近、分解后残渣不影响电气性能等。目前广泛使用的是偶氮二甲酰胺（AC）发泡剂。

发泡剂 AC 是唯一的耐燃性发泡剂，使用操作上极为安全，且发气量大。它的泡细而多，孔是密闭的，可用水进行冷却。因发泡剂 AC 的分解温度较高，工艺幅度窄小，挤出较难控制，故常加入助发泡剂来降低其分解温度。有效的助发泡剂为：尿素乙醇胺、氧化锌、碳酸铅、硬脂酸铅和二元醇等。加入各种助发泡剂后，发泡剂 AC 的分解温度可下降 40~50℃。

发泡剂在聚乙烯中的含量（质量分数）一般在 0.47%~0.63%。

发泡度在电话线对的泡沫绝缘层中为 35%；在电话线对的泡沫/皮绝缘中为 50%；在同轴电缆的绝缘中要高于 50%。

聚乙烯的熔体质量流动速率应≤1.0g/10min。

化学发泡方法的优缺点：

1）无需专门的生产设备，可以利用普通挤出机加工。

2）鉴于以上特点，因而应用方便，资金投入少。

3）发泡度一般不超过 65%。

4）发泡度受挤出机温度变化影响较大，绝缘均匀性不理想。

5）化学发泡材料价格相对较高。

早期的化学发泡，就是用人工或机械方法，将发泡剂（N 型或 AC 型）按一定比例混入聚乙烯材料中，然后通过挤出机挤出。现今，发泡剂多已在聚合过程中加入聚乙烯材料中。

除化学发泡外，现在使用较多的是充入惰性气体的物理发泡方法。

物理发泡绝缘生产线设备的关键部分是：气体注入和气体流量控制系统，挤出机和机头，冷却水槽长度和牵引控制，直径/电容自动反馈控制系统。

物理发泡聚乙烯绝缘使用的材料，是以一定配比的高密度聚乙烯和低密度聚乙烯为主，加入少量的成核剂，通过注入惰性气体（氮气）来获得发泡绝缘结构。

1）LDPE 低密度聚乙烯，用量为 35%~15%。

2）HDPE 高密度聚乙烯，用量为 60%~80%。

3）成核剂，通常用量为 0.1%~0.3%。

LDPE（高压聚乙烯），它具有较长的主链和高的延伸粘度，有助于较小和更加均匀的泡沫产生。HDPE（低压聚乙烯）提供的低粘度使气体容易混合，为高发泡度下的有韧度的泡沫绝缘提供了保证。成核剂是一种细密微粒、散热化学吹塑剂；在物理发泡和获得良好的泡沫结构、并使电缆具有良好的电性能方面，成核剂起着至关重要的作用。成核剂类型对泡沫绝缘结构和绝缘电性能影响较大。成核剂的浓度在保证最佳电性能基础上，应使其尽可能最小。在物理发泡过程中，成核剂和基本树脂PE、PP、FEP混合在一起，成核剂可以使气泡大小均匀，气泡分布均匀。

物理发泡绝缘材料，新开发研究的目标是提供一体化、充分混合的物理发泡聚合物材料，使得使用更方便并能够获得良好的加工性能。

物理发泡方法的优缺点如下：

1）发泡度高，可达到80%左右的高发泡度。

2）较低的介电常数和介质损耗角，从而大大降低了电缆衰减。

3）发泡均匀性好、发泡孔细密、密闭。

4）需要专门设备，设备投资较大，投入资金较多。

5）设备的维修、保养要求高。

由上可见，物理发泡方法具有发泡度高、较低的介电常数和介质损耗角，降低了电缆衰减，发泡均匀性好、发泡孔细密、密闭、生产效率高等一系列优点和好处，适应了当今通信发展传输频率越来越高，要求传输电缆的带宽越来越宽的要求。因为绝缘是信号传输的介质，要求其材料和结构选择得保证电缆有尽可能低的损耗 ε、$\tan\delta$，并须有足够的机械强度，以保证绝缘结构稳定、可靠。物理发泡绝缘正是适应这种需要的绝缘形式，从而它在CATV、数字传输系统、要求低衰减传输测试等电缆上，获得广泛采用。

4. 海底通信电缆用聚乙烯绝缘料

海底通信电缆绝缘用聚乙烯对电气性能要求很高，特别是 $\tan\delta$ 越小越好。在太平洋和大西洋里敷设的海底通信电缆绝缘用聚乙烯，其 $\tan\delta$ 指标小于 47×10^{-6}（一般海底电缆的聚乙烯绝缘层也要小于 60×10^{-6}）。聚乙烯的 $\tan\delta$ 与MFR无关，但随密度升高而变小，随频率升高而变大。由于聚乙烯中的甲基含量与密度呈反比关系，所以可以调整反应温度和压力来使聚乙烯中的甲基含量减少。另外，发现抗氧剂的种类对 $\tan\delta$ 的影响很大。其中以抗氧剂330影响最小，一般用量为0.5%～0.7%。

5. 架空电缆用聚乙烯绝缘料

过去架空采用裸线，在金属导体外面没有保护层，这样很不安全。狂风暴雨袭击后，经常因电线杆吹倒或断线致使伤亡事故。故20世纪80年代中叶开始，我国要求城市架空电缆必须要有保护层。此保护层既起绝缘作用又起护层作用。现在已逐步制定了一些有关标准。如GB/T 12527—2008《额定电压1kV及以下架空绝缘电缆》和GB/T 14049—2008《额定电压10kV架空绝缘电缆》等。架空绝缘电缆的绝缘材料有耐候型PVC、黑色聚乙烯绝缘料和黑色交联聚乙烯绝缘料。

黑色聚乙烯架空绝缘料根据GB/T 15065—2009《电线电缆用黑色聚乙烯塑料》，可分成4种，其名称和用途见表11-4-18，技术要求见表11-4-19。

黑色聚乙烯架空绝缘料和黑色聚乙烯护套料从力学、物理性能来看，仅熔体质量流动速率绝缘料略低一些，其他指标都是一样的，所以有人就用护套料当作绝缘料来销售。其实，高密度聚乙烯绝缘料和护套料在电性能指标上是有差距的，绝缘料的介电常数和介质损耗角正切较护套料小，按护套料的配方是难以达到的。这两个电性能指标主要影响电力传输时的电力损耗。另外，绝缘料的介电强度也较高，所以高密度聚乙烯架空绝缘料应精心配制。应该适当降低炭黑含量，使人工气候老化试验和电气性能取得平衡。

表 11-4-18 黑色聚乙烯架空绝缘料种类和用途

代号	产品名称	主要用途
NDJ	黑色耐候低密度聚乙烯绝缘料	用于1kV及以下架空电缆或其他类似场合，最高工作温度70℃
NLDJ	黑色耐候线性低密度聚乙烯绝缘料	
NMJ	黑色耐候中密度聚乙烯绝缘料	用于10kV及以下架空电缆或其他类似场合，最高工作温度80℃
NGJ	黑色耐候高密度聚乙烯绝缘料	

表 11-4-19 黑色聚乙烯架空绝缘料性能要求

序号	项目		NDJ	NLDJ	NMJ	NGJ
1	熔体质量流动速率/(g/10min)	≤	0.4	1.0	1.5	0.4
2	密度/(g/cm³)		≤0.940	≤0.940	0.940～0.955	0.955～0.978

（续）

序号	项目				NDJ	NLDJ	NMJ	NGJ
3	拉伸强度/MPa			≥	13.0	14.0	17.0	20.0
4	拉伸屈服应力/MPa			≥	—	—	—	16.0
5	断裂拉伸应变(%)			≥	500	600	600	650
6	低温冲击脆化温度,-76℃				通过	通过	通过	通过
7	耐环境应力开裂 F_0/h			≥	96	500	500	500
8	维卡软化点/℃				—	—	110	110
9	空气烘箱热老化	老化条件	温度/℃		100±2	100±2	100±2	100±2
			时间/h		240	240	240	240
		拉伸强度/MPa		≥	12.0	13.0	16.0	20.0
		断裂拉伸应变(%)		≥	400	500	500	650
10	低温断裂伸长率(-18℃)(%)			≥	—	—	—	175
11	人工气候老化 0h~1008h	拉伸强度变化率(%)			±25	±25	±25	±25
		断裂拉伸应变变化率(%)			±25	±25	±25	±25
	人工气候老化 504h~1008h	拉伸强度变化率(%)			±15	±15	±15	±15
		断裂拉伸应变变化率(%)			±15	±15	±15	±15
12	耐热应力开裂 F_0/h			≥	—	—	—	96
13	介电强度/(kV/mm)			≥	25	25	35	35
14	体积电阻率/Ω·m			≥	1×10^{14}	1×10^{14}	1×10^{14}	1×10^{14}
15	介电常数(50Hz)			≤	—	—	2.45	2.45
16	介质损耗因数(50Hz)			≤	—	—	0.001	0.001

4.4.2 聚乙烯护套料

1. 聚乙烯护套料的种类和用途

根据GB/T 15065—2009《电线电缆用黑色聚乙烯塑料》和最近发展的趋势，聚乙烯护套料的种类和用途见表11-4-20。

表11-4-20 聚乙烯护套料的种类和用途

代号	名称	主要用途
DH	黑色耐环境开裂低密度聚乙烯护套料	用于耐环境应力开裂要求较高的通信电缆、控制电缆、信号电缆和电力电缆的护层，最高工作温度70℃
LDH	黑色线性低密度聚乙烯护套料	
MH	黑色中密度聚乙烯护套料	用于通信电缆、光缆、海底电缆、电力电缆的护层，最高工作温度90℃
GH	黑色高密度聚乙烯护套料	

2. 聚乙烯护套料的性能要求

聚乙烯护套料必须具备以下几个基本特性：要有优越的耐光耐候性能；要有杰出的耐环境应力开裂性能；要有良好的加工性能；要有30~50年及以上的使用寿命。下面就这些基本要求作详细介绍。

(1) 聚乙烯的耐光耐候性 本色聚乙烯受到日光照射时，特别是受到300nm左右波长的紫外线照射时，很容易发生降解。如前所述，本色聚乙烯使用寿命只有一个夏天。所以护套用聚乙烯必须添加光稳定剂。

光稳定聚乙烯是在聚乙烯中加入紫外光吸收剂或光屏蔽剂。在无色彩要求时，一般采用既经济又高效的光屏蔽剂——炭黑。耐光耐候聚乙烯护套料主要组分由聚乙烯树脂、抗氧剂和炭黑所组成。

聚乙烯耐候性的好坏，关键在于炭黑的粒径、含量和分散度。各国为此都在产品标准中提出具体考核指标，并且要求都几乎一样。这就是炭黑的粒径在20~25nm以下；可以是槽法炭黑，也可采用炉法炭黑；炭黑的含量为2.0%~3.0%；炭黑必须很均匀地分散在聚乙烯之中。

当炭黑粒径增大时，由于炭黑颗粒之间缝隙变大，不能有效地遮住所有光线，遮光效果变差。例如采用粒径为99nm的喷雾炭黑配制的黑色聚乙烯，试样厚度为0.5mm，在上海户外大气曝晒一年后，断裂伸长率就显著下降，从原始值520%降到250%，两年后仅为150%。所以炭黑粒径对耐光性能影响极大。

炭黑含量对聚乙烯耐光性能的影响如图11-4-11和图11-4-12所示。

从图11-4-12中可见，本色聚乙烯在阳光型气候箱的碳弧灯照射下，约经过250h伸长率就急剧下降，相当于户外老化的一年。而添加2.0~3.0phr

炭黑的聚乙烯，经过4500h的照射，伸长保留率仍在90%以上。也就是说相当于本色聚乙烯照射18年后仍基本保持不变，因此户外使用20年是毫无问题的。

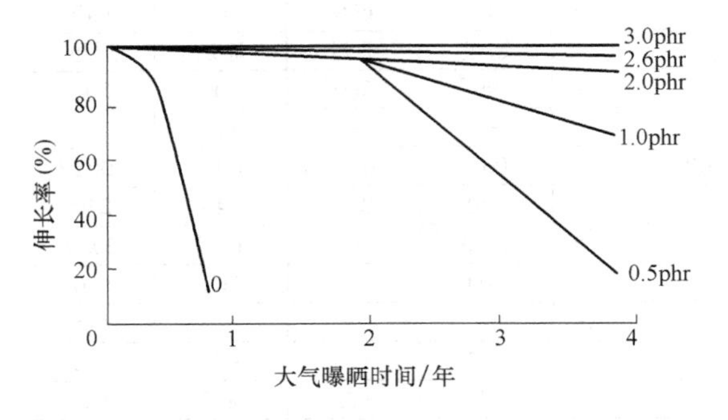

图11-4-11 炭黑含量（phr）对聚乙烯耐光性的影响

注：试样厚度0.5mm，曝晒角度31°，曝晒地点：上海漕河泾气象观察站，时间：从1972年12月29日~1976年11月29日。

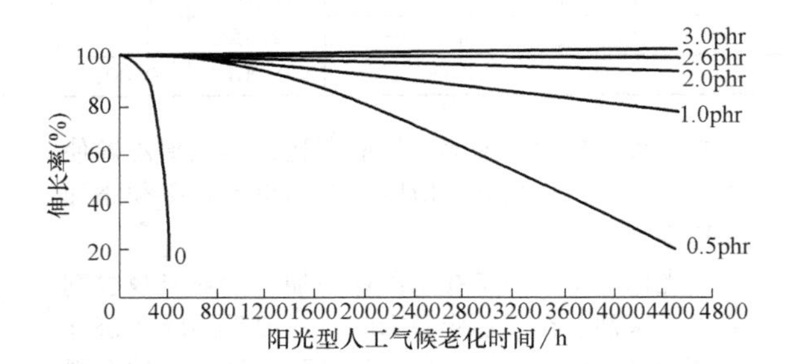

图11-4-12 炭黑含量（phr）对聚乙烯耐人工光老化的影响

（试样厚度0.15mm）

炭黑分散得不好，遮光效果就差，聚乙烯也就容易发生光老化。另外，炭黑分散得不好还使聚乙烯的一些物性变差，如脆化温度上升、耐环境应力龟裂性变差、断裂伸长率和拉伸强度下降等。检查炭黑分散度的方法有用显微镜观察和用分光光度计测定两种。前者较直观，易定性；后者数字化，能定量，可减少人为误差。为了使炭黑均匀地分散在聚乙烯中，应先制成高含量炭黑的聚乙烯混合物（母料），再逐渐稀释成所需的含炭黑聚乙烯。

炭黑只能防止光氧化，对热氧化无多大作用。所以耐光耐候聚乙烯电缆料中必须加入抗氧剂。加有炭黑的聚乙烯，使用抗氧剂时应注意抗氧剂和炭黑之间的相互影响。一般含硫抗氧剂，如硫代酚类抗氧剂和炭黑并用有协同效应，而酚类及胺类抗氧剂和炭黑并用时，热稳定性反而降低，如图11-4-13所示。

聚乙烯的分子量和密度与耐光性无关。所以耐光耐候聚乙烯电缆料采用的聚乙烯树脂的密度和熔体质量流动速率，应按电缆的使用要求进行选择。

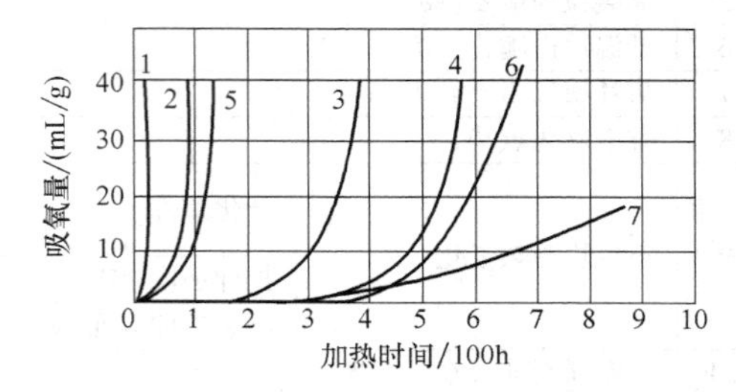

图11-4-13 聚乙烯中抗氧剂和炭黑的并用效果（140℃）

1—聚乙烯树脂 2—含抗氧剂2246（0.1phr）、炭黑（3phr）的聚乙烯 3—含抗氧剂2246（0.1phr）的聚乙烯 4—含抗氧剂DPPD（0.1phr）的聚乙烯 5—含抗氧剂DPPD（0.1phr）、炭黑（3phr）的聚乙烯 6—含抗氧剂300（0.1phr）的聚乙烯 7—含抗氧剂300（0.1phr）、炭黑（3phr）的聚乙烯

（2）聚乙烯的耐环境应力开裂 聚乙烯护套电缆在地下敷设时，常在直径较小的人孔中进行接续，这时电缆弯曲半径较小，护套要受到较大的弯曲应力。另外，时间长了人孔中都会积满水，使电缆浸在水中。这种水主要是生活用水或工厂的污水，含有洗涤剂、化学物质和肥皂等成分。一般的聚乙烯在受到这两种环境应力同时作用时，很快会发生表面开裂现象，所以像地下敷设等环境应力较大的场合下，聚乙烯护套电缆要求采用耐环境应力开裂性能较好的聚乙烯。

现在国内实行的电缆和电缆料标准中，对聚乙烯的耐环境应力开裂试验与国际标准是一致的。试样均需要退火处理（注意：这点非常重要，退火与不退火试验结果差别极大），即LDPE试样为145℃±2℃；MDPE试样为155℃±2℃；HDPE试样为165℃±2℃，在此条件下保持1h，然后以（5±2）℃/h的速度冷却至30℃，试样处理后先冲制成矩形试片，然后在矩形试片上刻刀痕，对于聚乙烯护套料密度≤0.940g/cm³时（即低密度聚乙烯），刻痕深度为0.50~0.65mm；对于聚乙烯护套料密度>0.940g/cm³时（即高、中密度聚乙烯），刻痕深度为0.30~0.40mm，接着将试片弯曲，放入铜槽（试片架），插入玻璃试管，注入含表面活性剂的溶液，塞上包铝箔的塞子，再将此玻璃管放入

50℃±0.5℃的恒温水浴中进行试验。普通型LDPE护套料要求48h内一片不裂，耐环境应力开裂型LDPE护套料要求96h内一片不裂，而LLDPE、HDPE和MDPE护套料要求500h内一片不裂。

聚乙烯的MFR对耐环境应力开裂性能影响很大，护套用的聚乙烯要求MFR很小。对均聚型聚乙烯来说，MFR应在0.15g/10min以下，对于共聚型聚乙烯来说，MFR应在0.5g/10min以下，但LLDPE的耐环境应力开裂性能非常优越，MFR在2.0g/10min时就可达到上述要求。目前由于树脂性能的改善，在材料标准中MDPE、HDPE为基料的护套料也是要求MFR≤2.0g/10min。

对低密度聚乙烯而言，同样的MFR，釜式法生产的比管式法生产的耐环境应力开裂性好。经验指出，均聚型LDPE如果不经过改性很难通得过96h不开裂的要求。目前最常用的改性方法是掺和LLDPE和EVA。添加的量由它们的MFR和VA含量所制约。原则是既要满足耐环境应力开裂性能的要求，又要满足MFR的要求，对于用LLDPE改性的还要考虑挤出加工的性能。

共聚型聚乙烯或乙烯共聚物能大大改善聚乙烯耐环境应力开裂性能。较有实用意义的是低MFR、低VA含量的聚乙烯或EVA。

（3）聚乙烯的使用寿命 聚乙烯护套料是电缆的最外层，外护层的完整情况直接影响电缆的使用寿命。聚乙烯护套料除了日光和环境应力能促使聚乙烯降解和开裂外，环境的因素，如热氧程度、和铜导体接触情况等也能使聚乙烯发生老化。为了延缓聚乙烯的老化速度，常加入抗氧剂、抗铜剂等。加入抗氧剂和抗铜剂的聚乙烯，要等到这些抗氧剂和抗铜剂内的捕捉活性游离基的功能团耗尽后才开始氧化和老化，所以抗氧剂或抗铜剂的捕捉活性游离基的能力和它本身的挥发性及迁移性是影响聚乙烯热氧老化的关键。护套一般不直接和铜接触，所以聚乙烯护套料一般只加入优秀的抗氧剂。抗氧剂的选择原则是在聚乙烯加工温度下要挥发性小、与聚乙烯有一定的相容性、不易迁移、捕捉活性游离基的能力强以及与所用的炭黑有匹配性。

常用的抗氧剂有1010，化学名：四［3-（3′,5′-二叔丁基-4′-羟基苯基）丙酸］季戊四醇酯；300，化学名：4,4′-硫代双（6-叔丁基-3-甲基苯酚）；330，化学名：1,3,5-三甲基-2,4,6-三（3,5-二叔丁基-4-羟基-苄基）苯；1076，化学名：β-(4-羟基-3,5-二叔丁基苯基）丙酸正十八碳醇酯；DLTP，化学名：硫代二丙酸二月桂酯；CA，化学名：1,1,3-三（2-甲基-4-羟基-5-叔丁基苯基）丁烷；WSP，化学名：2,2′-二羟基-3,3′-二（α-甲基环已基)-5,5′-二甲基二苯基甲烷；DNP，化学名：N,N′-二-β-萘基对苯二胺等等。用量应使聚乙烯护套料成品的200℃氧化诱导期≥30min。

氧化诱导期是判断聚乙烯是否开始发生老化的一个标志。它是将聚乙烯样品放在差热分析仪中，在一定温度下通以氧气，开始因为聚乙烯含有抗氧剂，所以聚乙烯分子并不与氧气发生反应。当抗氧剂的能力耗尽后，聚乙烯分子受氧的攻击开始发生氧化反应，产生C=O基。聚乙烯开始氧化的时间，称为氧化诱导期，这时会有热量变化，利用这一特性可以计算出在一定温度下聚乙烯的氧化诱导期。目前国际上试验温度多数定为200℃±0.5℃，但也有厂商定在190℃，或其他温度。我国定为200℃±0.5℃。根据不同温度下测得的聚乙烯氧化诱导期，进行外推，当200℃时氧化诱导期≥30min时，聚乙烯在常温下的理论使用寿命可大于20年。

电缆的使用寿命，受日光、环境应力、热氧程度、与铜接触情况等各种环境因素综合作用。此外，电缆的加工条件是否恰当，也极为重要，所以要考虑到每一种的影响因素，才能获得满意的使用寿命。

（4）聚乙烯的加工性能 聚乙烯的加工性能与采用的聚乙烯基料有很大关系。一般说MFR大的，相对分子质量分布比较宽的容易加工。各种聚乙烯中，LDPE最易加工，MDPE和HDPE次之，LLDPE用通用的挤出机加工较困难，只有加入特殊的加工助剂后才能顺利加工。

由于护套用聚乙烯的MFR都很小，而且电缆料生产厂选用的聚乙烯基料并不是聚乙烯树脂生产厂为电缆工业特制的，所以加工性能随聚乙烯树脂的生产厂家、牌号、批号和配方的不同而有较大差异。电缆料生产厂和电缆料标准中，目前还没有一项指标能反映加工性能的好坏，所以评判聚乙烯的加工性能只能在挤出机上实地试验。为了电缆生产企业能对聚乙烯的加工性能满意，建议电缆料生产厂添置一台小型挤出机，如ϕ20mm挤出机，对生产的聚乙烯电缆料进行挤出性能试验，有问题时及时调整配方，并向电缆厂提供较佳的挤出工艺参数。电缆生产企业在使用黑色聚乙烯电缆料时，建议预先在70~90℃热风干燥器内干燥30min以上（对LDPE和LLDPE为70~80℃，对MDPE和HDPE为80~90℃），因为聚乙烯里的炭黑在常温下能吸收环境周围的潮气，挤出的护套表面会产生气泡。

典型的挤出工艺条件（从加料区至模口的温度）如下：低密度聚乙烯护套料是160~220℃；线型低密度聚乙烯护套料是170~220℃；中密度聚乙烯护套料是180~250℃；高密度聚乙烯护套料是190~260℃。冷却水槽的温度一般室温即可，但如果挤出的护套厚度大于2.0mm时，为减少电缆成品上护套的收缩率，应该分段冷却。对于四段冷却水槽的，温度分布应为90℃、75℃、50℃和室温，对于三段冷却水槽的，温度分布应为90℃、60℃和室温。

按GB/T 15065—2009标准要求，聚乙烯护套料的物性指标应符合表11-4-21的要求。

表11-4-21　各种聚乙烯护套料的性能指标

序号	项目				NDH	LDH	MH	GH
1	熔体质量流动速率/(g/10min)			≤	2.0	2.0	2.0	2.0
2	密度/(g/cm^3)				≤0.940	≤0.940	0.940~0.955	0.955~0.978
3	拉伸强度/MPa			≥	13.0	14.0	17.0	20.0
4	拉伸屈服应力/MPa			≥	—	—	—	16.0
5	断裂拉伸应变(%)			≥	500	600	600	650
6	低温冲击脆化温度,-76℃				通过	通过	通过	通过
7	耐环境应力开裂 F_0/h			≥	96	500	500	500
8	200℃氧化诱导期/min			≥	30			
9	炭黑含量(%)			≥	2.60±0.25			
10	炭黑分散度/级			≥	3			
11	维卡软化点/℃			≥	—	—	110	110
12	空气烘箱热老化	老化条件	温度/℃		—	100±2	110±2	110±2
			时间/h		—	240	240	240
		拉伸强度/MPa		≥	—	13.0	16.0	20.0
		断裂拉伸应变(%)		≥	—	500	500	650
13	低温断裂伸长率(-18℃)(%)			≥	—	—	—	175
14	介电强度/(kV/mm)			≥	25	25	25	25
15	体积电阻率/Ω·m			≥	1×10^{14}	1×10^{14}	1×10^{14}	1×10^{14}
16	介电常数(100kHz)			≤	2.80	2.80	2.75	2.75
17	介质损耗因数(100kHz)			≤	—	—	0.005	0.005

4.4.3 交联聚乙烯电缆料

聚乙烯受到高能射线或交联剂的作用，在一定条件下能从线型分子结构转变成体型三维结构，同时由热塑性塑料转变成不溶不熔的热固性塑料。交联聚乙烯与热塑性聚乙烯比较，提高了耐热变形性，改善了高温下的力学性能，改进了耐环境应力开裂与耐热老化的性能，增强了耐化学稳定性和耐溶剂性，减少了冷流性，基本保持了原来的电气性能。所以使用了交联聚乙烯可使电缆的长期工作温度从70℃提高到90℃，特殊配方的交联聚乙烯，长期工作温度可达125℃和150℃。交联聚乙烯绝缘的电缆，也提高了短路时的承受能力，其短时承受温度可达250℃。因此同样厚度的电缆，交联聚乙烯的载流量就大得多。以上众多优越性能使交联聚乙烯特别适合于电力输配电用的电缆绝缘。目前世界各国都在大力发展交联聚乙烯绝缘电缆。一些先进工业国家如美国、日本等，交联聚乙烯绝缘电力电缆的用铜量已占整个电力电缆用铜量的85%以上。

我国近十多年来，交联聚乙烯绝缘电力电缆生产流水线建立了几百条，发展非常迅速，年消耗可交联聚乙烯绝缘料已超过40万t。另外，辐照交联聚乙烯绝缘电缆和硅烷交联聚乙烯绝缘也有很大发展。交联聚乙烯绝缘电缆已是我国电力电缆中需要量最大的品种。我国已制定了十几种可以或必须采用交联聚乙烯绝缘的电缆标准，为进一步发展和提高可交联聚乙烯绝缘料打下了基础。

1. 过氧化物交联聚乙烯

过氧化物交联聚乙烯是先用聚乙烯树脂配合适量的交联剂和抗氧剂，根据需要有时还加入填充剂和软化剂等组分，充分混合，制成可交联的聚乙烯混合物颗粒。然后用挤出机等设备将此混合物挤包在导体上，加工成型，再将包有可交联聚乙烯混合物的导体，通过一个有一定压力和一定温度的交联管道设备，使聚乙烯中的交联剂引发，分解成化学活性很高的游离基，夺取聚乙烯分子中的氢原子，使聚乙烯主链的某些碳原子转变为活性游离基，两个大分子链上的游离基相互结合，即产生交联，交联好的电缆绝缘线芯尚需经过冷却，再卷绕收线。

在配制可交联聚乙烯电缆料的过程中，要严格控制温度，不能使交联剂先期分解而烧焦。若以过氧化二异丙苯（DCP）为交联剂时，整个配制过程温度不得超过135℃。

化学交联聚乙烯的交联剂一般是有机过氧化物。因为过氧化物的交联效果很好，可以不必添加助交联剂。常用的过氧化物为过氧化二异丙苯（DCP），但也有采用2,5-二甲基-2,5-双（叔丁过氧基）己烷、2,5-二甲基-2,5-双（叔丁过氧基）己炔-3和α,α′双（叔丁过氧基）二异丙苯。它们的一般性能可见本篇第2章。

以过氧化二异丙苯（DCP）为例，其与聚乙烯的交联反应如下：

$$C_6H_5-C(CH_3)_2-O-O-C(CH_3)_2-C_6H_5 \xrightarrow{\text{加热}} C_6H_5-C(CH_3)_2-O\cdot + \cdot O-C(CH_3)_2-C_6H_5$$

活性游离基

$$C_6H_5-C(CH_3)_2-O\cdot + -CH_2-CH_2-CH_2-CH_2- \longrightarrow C_6H_5-C(CH_3)_2-OH + -CH_2-\dot{C}H-CH_2-CH_2-$$

活性游离基　聚乙烯　带活性游离基的聚乙烯

$$-CH_2-\dot{C}H-CH_2-CH_2- + -\dot{C}H-CH_2-CH_2-CH_2- \longrightarrow$$

交联聚乙烯

交联剂的种类和用量对聚乙烯的物性和加工工艺影响很大。如图11-4-14和图11-4-15所示，不同交联剂对聚乙烯的交联作用是不同的，DCP要比过氧化己烷的交联速度快，过正交联点后，它们的交联曲线都比较平坦。力学性能不再发生明显变化。不过，过氧化己烷的交联速度可通过提高温度来加快，换句话说，加过氧化己烷的交联料可比加DCP的交联料加工温度高，所以工艺安全性较好。

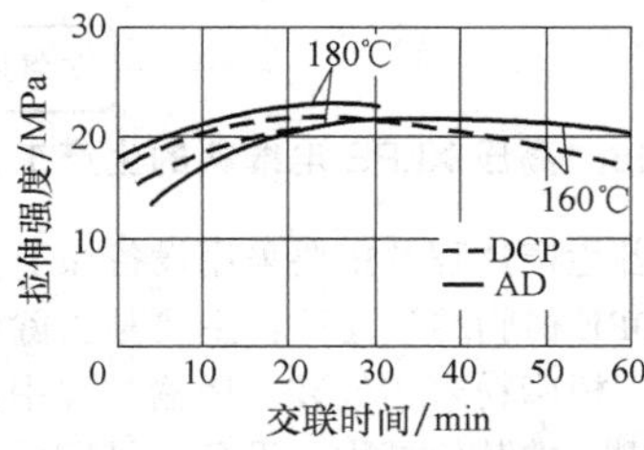

图11-4-14　交联剂（2phr）对聚乙烯强度的影响

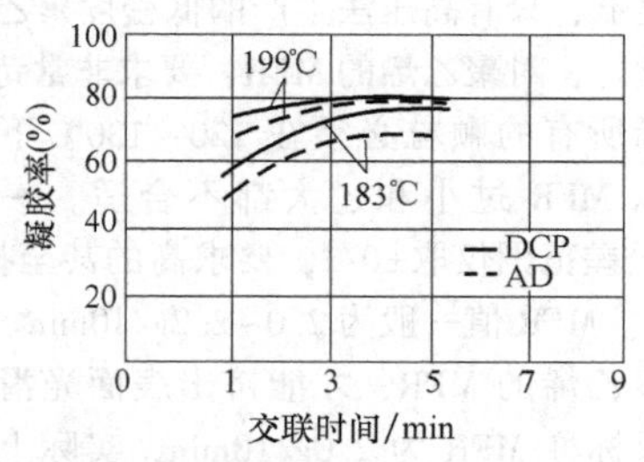

图11-4-15　交联剂（2phr）对聚乙烯凝胶率的影响

交联剂的用量对聚乙烯交联作用的影响如图11-4-16所示。由图可知，随着交联剂用量的增加，交联速度和交联度（即凝胶率）增加，但交联效率下降。图11-4-17表示了随DCP含量的增加，力学性能略有下降。

电缆工业绝缘用的可交联聚乙烯，大多采用DCP交联剂。DCP在135℃以上就会大量分解，所

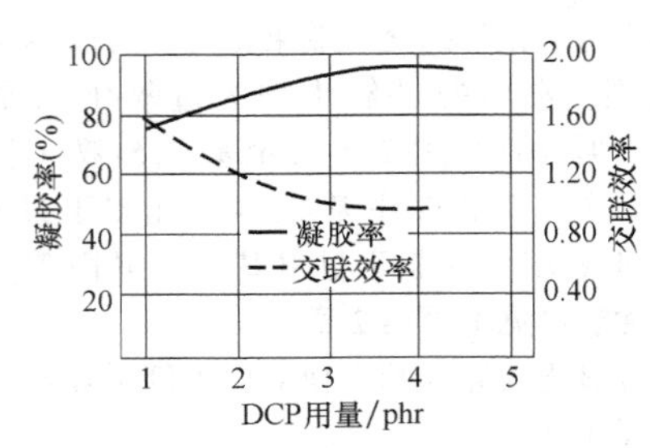

图 11-4-16 交联剂 DCP 用量对聚乙烯凝胶率和交联效率的影响

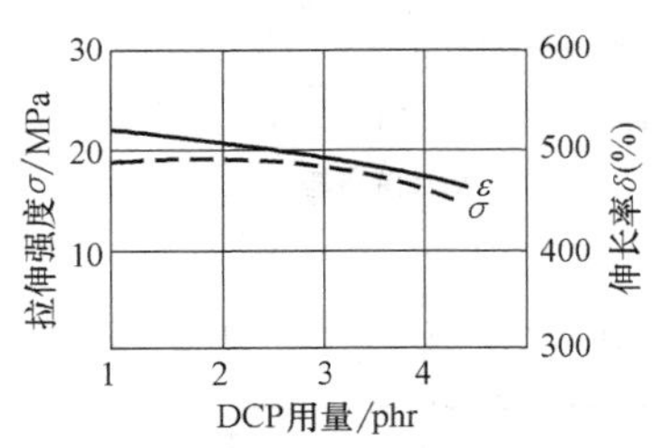

图 11-4-17 交联剂 DCP 含量对聚乙烯力学性能的影响

以加工温度一般不应超过 130℃，若超过 135℃ 就会在挤出机中先期交联。程度轻者，电缆表面起疙瘩，程度重者，可使挤出机损坏。所以可交联聚乙烯必须选择流动性很好的、能在较低温度下（120～130℃）挤出的聚乙烯。这就要求聚乙烯要有较宽的相对分子质量分布且高分子量部分要少。这样釜式法生产的聚乙烯就不太适合。生产可交联聚乙烯电缆料的厂家，一般采用管式法生产聚乙烯。因为加工温度低，只有高压法生产的低密度聚乙烯才能满足。此外，对聚乙烯的 MFR，要求非常苛刻。因为聚乙烯所有的颗粒必须在 120～130℃ 下同时塑化，所以 MFR 过小和过大都不合适。一般要求 MFR 的公差范围仅取±0.2，要求高的甚至控制在±0.1 以下。MFR 值一般为 2.0～2.2g/10min。只有严格控制聚乙烯的 MFR，才能挤出表面光滑的电缆来。如果标称 MFR 为 2.0g/10min，实际上还含有 MFR 为 1.5g/10min 的粒子，那么电缆表面就挤不光滑。现在也有采用聚乙烯 MFR 为 1.0g/10min 的报道，以改善熔融状态下聚乙烯的力学性能。这时，交联剂就应该采用分解温度较高的品种。

交联剂的用量一般在 2～3 份/100 份聚乙烯。但有时因交联管的温度不够高，或线速度较高，也有交联度不足的现象。因此，可以加入适当的助交联剂帮助提高交联速度。助交联剂一般是具有双键结构的单体或聚合物，例如：苯二甲酸二烯丙酯（DAP）、三聚氰酸三（烯丙酯）（TAC）和 1,2-聚丁二烯（相对分子质量 1000～4000）等。

由于抗氧剂既能防止聚乙烯氧化时产生的过氧化物自由基，同时又能吸收过氧化物分解出来的游离基。所以可交联聚乙烯中的抗氧剂，不可避免地要与交联剂所分解的游离基反应。因此在选择抗氧剂时，必须既有较高的抗氧效果，又对交联剂所分解的游离基反应较小，即抗氧剂的加入，对聚乙烯的交联速度、凝胶率影响较小。过去，国内电缆厂在交联聚乙烯中采用的抗氧剂是 RD（2,2,4-三甲基-1,2-二氢化喹啉聚合物）和 DNP（N,N′-二-β-萘基对苯二胺），但是，它们都是污染性抗氧剂，虽然抗氧化效能很好，但制品呈灰色、褐色，且受阳光作用后会变色，所以逐渐改用非污染性的酚类和硫代酚类抗氧剂。目前常用的抗氧剂是 300、DLTP 和 1010 等。其用量因有一部分要与交联剂反应，所以加入量要比不交联的多。如果抗氧剂的用量增加，也应适当增加交联剂的用量，否则会引起交联不足等现象。

（1）高压、超高压电缆用可交联聚乙烯（XLPE）绝缘料 超净交联聚乙烯绝缘料是指用于额定电压为 66kV 及以上高压、超高压交联聚乙烯绝缘电缆的化学交联聚乙烯电缆料。超高压交联聚乙烯绝缘料的基础树脂为高压低密度聚乙烯（LDPE）、抗氧剂、过氧化物交联剂，它们的配合与中低压交联聚乙烯基本相同，但由于高压及超高压电缆与中低压电缆相比，其工作场强高、绝缘厚度厚，因此对高压 XLPE 电缆料的电性能、工艺性能等要求比中低压电缆料严格得多。

1）超高压电缆用可交联聚乙烯绝缘料的生产工艺：生产工艺流程如图 11-4-18 所示。

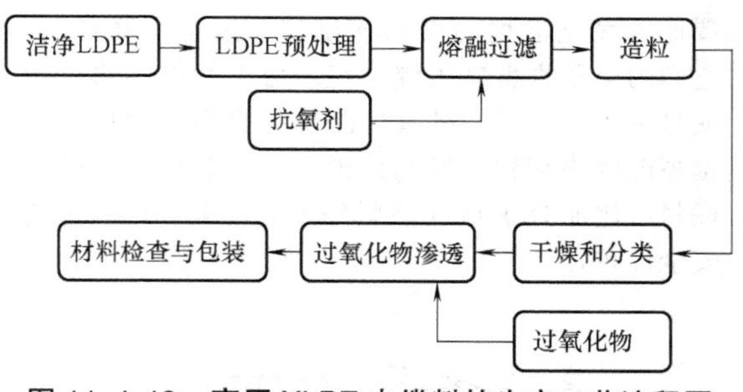

图 11-4-18 高压 XLPE 电缆料的生产工艺流程图

其中各生产过程及主要采用设备如下：

① LDPE 树脂的预处理：主要是去除树脂中的金属杂质、树脂粉末和包装、运输过程中的污染物以及外界引入的其他异物。设备：早期使用水洗装

置，现在一般使用带有金属杂质去除装置的振动风选装置。

② 熔融过滤：将树脂和抗氧剂混合、熔融、脱挥、过滤，除去树脂中的低分子挥发物及超过标准要求尺寸的物理杂质。设备：混合、熔融、脱挥过程时使用带有脱挥装置的双螺杆挤出机，或往复式单螺杆挤出机，过滤设备有熔体泵加过滤器和单螺杆挤出机加过滤器两种，高精度过滤器可不停机换网，过滤器应有温度和压力显示装置和控制系统。

③ 造粒：把经过混合、脱挥和过滤的混合树脂重新造粒，一般选择水下造粒或水环造粒设备。

④ 干燥和分级：对过滤后的混合树脂粒子进行干燥处理，使其达到标准要求的含水量，干燥后的树脂粒子，通过在线比例抽样光学杂质检测或批量抽样挤带式杂质检测，根据所含杂质大小、数量对过滤树脂分级，不同级别的树脂，用于生产不同电压等级的电缆料。

⑤ 过氧化物渗透（浸泡）：将经过过滤的过氧化物交联剂混合渗透到过滤后的树脂中，成为 XLPE 电缆绝缘料。使用设备：高精度的可加温和控温的混合机，以及具有气体保护功能的渗透罐。

⑥ 电缆料检查和包装：把渗透和冷却后的 XLPE 电缆绝缘料，通过在线比例抽样光学检测或批量抽样挤带式杂质检测后，进行分级包装，不同级别的电缆料，用于不同电压等级的电缆。

上述生产过程全部处于封闭条件或在净化环境中进行，与电缆料接触的空气必须净化，冷却水应使用去离子水。

2）净化度控制：超高压电缆用可交联聚乙烯绝缘料对聚乙烯基础树脂要求很高，特别是杂质含量必须降低到最低限度。超高压 XLPE 对聚乙烯基础树脂的性能要求见表 11-4-22，经熔融过滤后树脂性能应能达到表 11-4-23 的要求。

除超净聚乙烯树脂基料外，在可交联聚乙烯绝缘料的配制生产中、贮存运输中以及在使用过程中，自始至终各个环节都必须净化。交联剂和抗氧剂的纯度应很高。在超高压可交联聚乙烯绝缘中，除必要的交联剂外，抗氧剂越少越好。因为在高电场下抗氧剂也是一种杂质。

超高压电缆用可交联聚乙烯绝缘料对杂质含量有着严格的规定，瑞典 UNIFOS 公司的规定见表 11-4-24，美国陶氏公司（DOW）的规定见表 11-4-25。国内生产的超净聚乙烯绝缘料的性能及洁净度要求见表 11-4-26 及表 11-4-27。

表 11-4-22　超高压 XLPE 对聚乙烯基础树脂的性能要求

项目	测试项目		单位	标准值
颗粒外观	杂质		—	无
	水分		ppm	≤400
	粉末		ppm	≤500
	黑粒		个/kg	0
	色粒		个/kg	≤10
	大粒和小粒		个/kg	≤10
基本性能	MFR[2.16kg]		g/10min	2.0±0.2
	密度		g/cm³	0.922±0.002
	拉伸强度		MPa	≥12
	伸长率		%	≥500
	介电常数		—	≤0.22
	击穿场强		kV/mm	≥40
薄膜性能	鱼眼（个/1520cm²）	≤0.8mm		≤8
		≥0.4mm，≤0.8mm		≤40
	雾度		%	≤15

注：杂质为除本体外的其他物质；
黑粒是黑色的或深褐色的粒子；
色粒是除黑粒和树脂应有颜色外的其他颜色的粒子；
大粒和小粒是大于和小于规定尺寸的粒子包括连粒。

表 11-4-23　过滤后树脂的检查和要求

项目		测试项目	单位	标准值
颗粒外观		杂质	—	无
		水分	ppm	≤200
		粉末	ppm	≤200
		黑粒	个/kg	0
		色粒	个/kg	≤5
		结团	—	无
		大粒和小粒	个/kg	≤10
杂质	110kV	>100μm	个/kg	0
		70~100μm	个/kg	≤10
	220kV	>100μm	个/kg	0
		70~100μm	个/kg	≤5
	500kV	>70μm	个/kg	0
		50~70μm	个/kg	≤10

表 11-4-24　聚乙烯绝缘料对杂质含量的规定（UNIFOS）

杂质大小/mm	允许数量	
	一般料（HFDB-4201）	超净料（HFDS-4201）
0.12~0.25	15	10
0.26~0.50	6	1
0.51~1.00	1	0
>1.00	0	0

表 11-4-25 聚乙烯绝缘料对杂质含量的要求（DOW）

杂质大小 /mm	允许数量	
	一般料(HFDB-4201)	超净料(HFDS-4201EC)
0.127~0.229	3	3
0.254~0.635	2	0
>0.630	0	0

注：每批取样在不用滤网情况下挤成 100 条薄膜（每条 80g），再从中抽取 20 条（总重 1600g），放大 50 倍检查，最大杂质尺寸的数量必须符合表列要求。

表 11-4-26 XLPE 高压电缆绝缘料的性能要求

序号	项目名称	单位	指标
1	拉伸强度	MPa	≥17.0
2	断裂伸长率	%	≥500
3	热老化拉伸强度变化率 热老化断裂伸长率变化率 135℃,168h	% %	≤±20 ≤±20
4	热延伸 200℃,0.2MPa,15min 负荷下伸长率 冷却后永久变形	% %	≤75 ≤5
5	甲醇清洗	ppm	≤1000
6	水分	ppm	≤200
7	相对介电常数 50Hz,20℃		≤2.35
8	介质损耗因数 50Hz,20℃		$\leqslant 3\times10^{-4}$
9	介电强度	MV/m	≥40
10	体积电阻率 20℃	Ω · cm	$\geqslant 1\times10^{16}$

表 11-4-27 XLPE 高压电缆绝缘料洁净度要求

杂质大小 \ 电压	66~110kV	220kV	330~500kV
>100μm	0	0	0
70~100μm	10	5	0
50~70μm	—	—	10

注：每批随机取 1kg 的测试样品，杂质的尺寸和数量必须符合表列要求。

3）杂质检测：超高压电缆用可交联聚乙烯绝缘料的关键是对基料和绝缘料杂质的检测和控制。常规检测方法包括：

① 颗粒外观检查：参照 SH/T 1541—2006《热塑性塑料颗粒外观试验方法》。

② 鱼眼检查：按 GB/T 11115—2009《聚乙烯（PE）树脂》的规定。

③ 雾度检查：采用 GB/T 2410—2008《透明塑料透光率和雾度的测定》。杂质检测除在“光源板”进行人工检测分析外，常用检测手段有薄膜光学检测和颗粒光学检测两种。薄膜光学检测为批量抽样检测，颗粒光学检测能实现在线按比例抽样检测。现在已有设备能以 500kg/h、1000kg/h 的检测能力对全部颗粒进行检测，并能自动剔除所检测出的杂质，实现电缆材料的 100%检测和控制。

以下是几种实际采用的检测方法。

① 薄膜光学检测：薄膜光学杂质检测的工作原理是将被检测的聚烯烃材料，经过单螺杆挤出系统的平模模具挤出后，再经压延或流延制成表面光洁、平整、透明度好的薄带试样。试样在恒张力卷曲装置的拖动下，快速、均匀、连续地经过电子摄像单元。在透射光照射下，摄像单元获取材料中缺陷微粒的光学信号，光学信号经过处理、放大转换为电信号输入到计算机，计算机通过专用软件将检测到的信号在显示屏上还原为杂质颗粒的颜色、尺寸、个数、位置及分布等信息。薄膜光学杂质检测的主要检测设备是薄膜光学杂质检测仪，由测控系统、单螺杆挤出平台、压延机（流延机）、膜质量检测系统等构成，如图 11-4-19 所示。测控系统主要由计算机、数据测控系统、驱动系统及转速、转矩测量系统构成。单螺杆挤出平台由驱动装置、加料装置、螺筒、螺杆和模具等几个部分组成。压延机由压延辊（流延辊）、机架和驱动装置组成。膜质量检测系统是由高性能、高速工业级线扫描摄像机与高度平滑 LED 线光源组成的高精度测量系统。

图 11-4-19 流延薄膜光学杂质检测仪

② 颗粒光学检测：颗粒光学检测的基本原理是使被检测的聚烯烃颗粒通过落料装置，在输送通道上形成无叠加的单层排列，在振动的作用下，塑料颗粒沿输送通道以一定的速度，均匀、连续地经过 CCD 摄像单元。在透射光照射下，摄像单元获取颗粒中缺陷微粒的信号，信号经检测评估单元和计算处理后，由系统的检测界面给出杂质缺陷的颜色、尺寸、个数、位置及分布等信息。颗粒光学检测仪器由颗粒输送装置、光源测量装置、控制及测量分析系统组成，如图 11-4-20 所示。

确定超高压电缆用可交联聚乙烯绝缘料洁净度等级的第一步是在线杂质检测，它是与包装同时进

图 11-4-20 颗粒光学检测仪器

行的；第二步是非在线检测，非在线检测所使用的样品颗粒也是在包装时通过侧线抽样得到的。

③ 在线检测：在生产车间的无尘室内，安装了一套具有高分辨率的专用在线薄膜光学检测仪或颗粒光学检测仪。检测仪用于按一定比例连续抽样检测正在包装的绝缘料，待检材料是通过密闭管道连接到包装室抽取的。如果在线检测仪没有发现任何大于 C_2 大小的杂质并且在每千克样品中 C_1 大小的杂质不超过要求的数量，见表 11-4-28，那么这个批号就可以直接定级，而不必再进行非在线薄带检测。如果发现大于 C_2 大小的杂质或 C_1 大小的杂质超过要求的数量，就要进一步进行非在线薄带检测，以确定材料的洁净度等级。

④ 非在线薄带检测：在每批电缆料进行包装的同时，采用颗粒取样器均匀地从侧线抽取 5kg 样品。样品被装入双层聚乙烯样品袋中防止样品被交叉污染，所抽取的样品按图 11-4-21 规定的程序检测和判定。

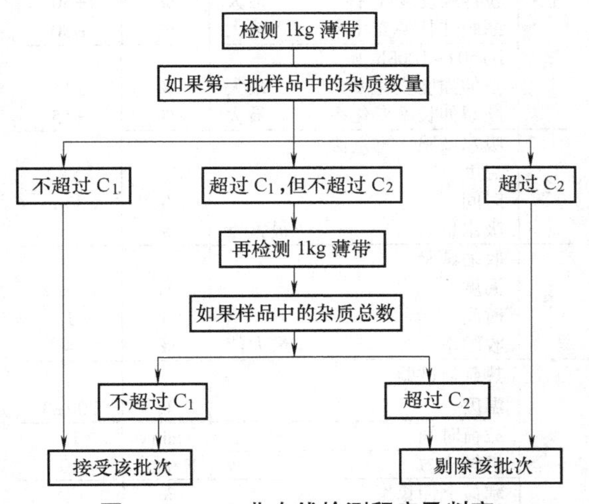

图 11-4-21 非在线检测程序及判定

表 11-4-28 高压 XLPE 绝缘料的洁净度分级

电压 / 杂质个数 / 杂质尺寸	110kV		220kV		500kV	
	C_1	C_2	C_1	C_2	C_1	C_2
50~70μm	—	—	—	—	10	—
71~100μm	10	—	5	—	0	1
101~200μm	0	1	0	1	—	—

对于"超净级"产品还需多抽取 8kg 颗粒样品。将这些样品放在"光源板"上进行人工分析检测，并将检测到的所有杂质记录在案。

超高压电缆用可交联聚乙烯绝缘料具有很好的储存稳定性。但是，长期储存总会增加电缆专用料受杂质污染和受潮的危险，低温下添加剂也会析出。因此，建议在温度为 10~30℃、相对湿度在 85%以下的室内储存，并且在原包装未发生破损的前提条件下，储存期不大于 12 个月。

目前国内具有生产超净绝缘料的厂家主要有青岛汉缆股份有限公司、浙江万马高分子材料有限公司等。

（2）35kV 及以下中低压交联聚乙烯电缆用绝缘料 35kV 及以下中低压交联聚乙烯绝缘电线电缆一般不用超净聚乙烯树脂也可满足使用要求，多用不填充的可交联聚乙烯。上海石化股份有限公司塑料厂的 DJ210 聚乙烯、大庆石化公司经过改性的 18D 聚乙烯和北京燕山石化有限公司的 BW100 树脂可用作 35kV 级交联聚乙烯的基础树脂，上海石化股份有限公司的 DJ200 聚乙烯可用作 10kV 及以下交联聚乙烯的基础树脂。

机械行业标准 JB/T 10437—2004《电线电缆用可交联聚乙烯绝缘料》，对 35kV 及以下交联聚乙烯绝缘电线电缆用可交联聚乙烯绝缘料的技术要求、试验方法、检验规则、包装、标志、运输和贮存进行了规定。标准适用于以低密度聚乙烯为基料，掺有交联剂等助剂经塑化造粒制成的过氧化物交联聚乙烯、硅烷交联聚乙烯和辐照交联聚乙烯的交联料。10kV 及 35kV 过氧化物交联聚乙烯绝缘的物理力学和电性能要求规定见表 11-4-29。35kV 可交联聚乙烯绝缘料在 1kg 的样品带上的杂质含量的规定见表 11-4-30。

在生产 35kV 级可交联聚乙烯绝缘料时，应特别注意聚乙烯基础树脂的熔体流动速率的分级情况，不能混入 MFR 小于 1.8g/10min 的聚乙烯颗粒。在配制过程中，除整个环境需保持清洁外，还应特别注意温度控制，不能局部区域有过热现象，以免产生个别先期交联的聚乙烯粒子。

表 11-4-29 中压可交联聚乙烯绝缘料物理力学和电性能要求

序号	项目	YJ-10	YJ-35
1	拉伸强度/MPa	≥13.5	≥13.5
2	断裂伸长率(%)	≥350	≥350
3	冲击脆化温度 试验温度/℃ 冲击脆化性能(失效数)	 -76 ≤15/30	 -76 ≤15/30
4	135℃,168h 空气箱热老化后: 拉伸强度变化率(%) 断裂伸长变化率(%)	 不超过±20 不超过±20	 不超过±20 不超过±20
5	热延伸(200℃,0.2MPa,15min) 负荷下伸长率(%) 冷却后永久变形(%)	 ≤80 ≤5	 ≤80 ≤5
6	凝胶含量(%)	≥80	≥80
7	相对介电常数(50Hz,20℃)	≤2.35	≤2.35
8	介质损耗因数(50Hz,20℃)	$\leq 1\times10^{-3}$	$\leq 1\times10^{-3}$
9	体积电阻率(1kV,20℃)/Ω·m	$\geq 1\times10^{14}$	$\geq 1\times10^{14}$
10	介电强度(20℃)/(kV/mm)	≥25	≥25

表 11-4-30 35kV 可交联聚乙烯绝缘料杂质含量要求

杂质粒径/mm	要求颗粒数
0.175~0.250	≤5
>0.250	0

(3) 耐水树型中压交联聚乙烯绝缘料 交联聚乙烯绝缘电缆由于水分的侵入，在长期电场作用下，绝缘内会产生树枝状放电通道。随着水树的生长，水树枝尖端的电场会更加集中，局部的高电场最终会导致水树枝尖端引发电树枝，电树枝一旦形成，即可能生成交联聚乙烯电缆绝缘，在短期内击穿。一般认为水树形成有三个要素：水、电场及引发点(气隙、缺陷、尖突等)，电场和水无法避免，所以抑制水树一般从去除微隙、杂质和尖突等诱因入手。另外，还可以使用添加剂来抑制水树，添加剂的作用一是缓和交联聚乙烯绝缘中缺陷产生的局部高场强，二是增加气隙内的化学势，预防气隙内进水。

在欧洲和北美电力市场的中压交联电缆领域，抗水树交联电缆拥有高达95%的市场占有率和成熟的运行经验，近几年国内也进行了系统的科学研究，并形成了电力行业标准，DL/T 1070—2007《中压交联电缆抗水树性能鉴定试验方法和要求》。抗水树交联聚乙烯绝缘材料国产化研究虽然取得了很大进展，但商业化生产还有待稳定和认可。

2. 低压电缆用可交联聚烯烃绝缘料

聚烯烃交联较热塑性聚乙烯有一个明显的特点，就是能大量加入填充料而不显著降低其伸长率。因此1kV级及以下电缆所用的交联聚烯烃，由于使用电压低，而聚乙烯或聚烯烃本身的介电性能优异，所以常常加入粉料以获得某些特殊的性能。例如：配合热裂法，炭黑可提高拉伸强度和伸长率，改善耐候性；配合阻燃剂，可使易燃的聚乙烯变为阻燃；配合特殊的抗氧剂和阻燃剂，可组成125℃和150℃的机车车辆用绝缘电缆和电机绕组引接线等。当填料用量较大时，可以掺和部分乙烯共聚物或全部采用乙烯共聚物。非填充型可交联聚乙烯绝缘料常用于电力输电线路上传输电能的电缆绝缘。当用于架空电缆时，可交联聚乙烯绝缘料应采用黑色耐候型的。黑色耐候型交联聚乙烯绝缘材料的电气、物理力学性能要求见标准 GB/T 12527—2008《额定电压1kV及以下架空绝缘电缆》和 GB/T 14049—2008《额定电压10kV架空绝缘电缆》。1kV架空绝缘电缆绝缘层主要性能指标见表11-4-31。

表 11-4-31 1kV 架空绝缘电缆交联聚乙烯绝缘层主要性能要求

序号	项目		单位	性能要求
1	拉伸强度和断裂伸长率			
1.1	原始性能			
	拉伸强度	最小	MPa	12.5
	断裂伸长率	最小	%	200
1.2	空气箱老化试验			
	老化温度		℃	135±2
	老化时间		h	168
	拉伸强度变化率	最大	%	±25
	断裂伸长率变化率	最大	%	±25
1.3	人工气候老化试验			
	老化时间		h	1008
	试验结果			
	a)0~1008h			
	拉伸强度变化率	最大	%	±30
	断裂伸长率变化率	最大	%	±30
	b)504~1008h			
	拉伸强度变化率	最大	%	±15
	断裂伸长率变化率	最大	%	±15
2	吸水试验 重量法			
	温度		℃	85±2
	时间		h	336
	吸水量	最大量	%	1
3	收缩试验			
	温度		℃	130±2
	时间		h	1
	收缩率	最大值	%	4
4	热延伸试验			
	温度		℃	200±3
	载荷时间		min	15
	机械应力		N/cm^2	20
	载荷下伸长率		%	175
	冷却后永久伸长率		%	15

10kV 架空绝缘电缆，有绝缘屏蔽电缆绝缘层的基本性能和 10kV 交联电力电缆一致，无绝缘屏蔽架空电缆绝缘层的性能要求除表 11-4-31 之外，还应注意电缆有耐电痕性能要求，所以 10kV 架空绝缘电缆用耐候性交联聚乙烯绝缘料中炭黑含量一般应控制在小于 1%。

(1) 硅烷交联聚乙烯　硅烷交联聚乙烯也是一种化学交联聚乙烯。其主要机理是首先使过氧化物引发剂受热分解，使之成为化学活性很高的游离基。这些游离基夺取聚合物分子中的氢原子使聚合物主链变为活性游离基，然后再与硅烷交联剂产生接枝反应，接枝后的聚乙烯在有机锡的催化作用下，发生水解缩合形成—Si—。—Si—交联键即得到硅烷交联聚乙烯。关键是先将通式为 $RSi(OR_1)(OR_2)(OR_3)$ 的有机硅氧烷和聚乙烯在特定条件下，如在机械力、有机过氧化物和热的同时作用下，使聚乙烯生成具有烷氧甲硅基交联活性点的接枝共聚物，然后在催化剂（常用二月桂酸二丁基锡）和水的存在下，缩聚交联。反应方程式加下：

1）硅烷接枝：

$$\text{—}CH_2\text{—}CH_2\text{—}CH_2\text{—}CH_2\text{—} + R\text{—}Si(OR_1)(OR_3)\text{—}OR_2 \xrightarrow[\text{有机过氧化物}]{\text{加热}} \text{—}CH_2\text{—}CH[Si(OR_1)(OR_2)(OR_3)]\text{—}CH_2\text{—}CH_2\text{—}$$

聚乙烯　如乙烯基三甲氧基硅烷　氧硅烷接枝聚乙烯

2）温水交联：

$$\text{—}CH_2\text{—}CH[Si(OR_1)(OR_3)\text{—}OR_2]\text{—}CH_2\text{—}CH_2\text{—} + C_{11}H_{23}COOSn(C_4H_9)_2\text{—}OOCH_{23}C_{11} + R_2O\text{—}Si(OR_1)(OR_3)\text{—}CH(CH_2\text{—})\text{—}CH_2\text{—}CH_2\text{—}$$

氧硅烷接枝聚乙烯　二月桂酸二丁基锡　氧硅烷接枝聚乙烯

$$\xrightarrow[\text{缩聚反应}]{\text{温水}} \text{—}CH_2\text{—}CH[Si(OR_1)(OR_3)]\text{—O—}Sn(C_4H_9)_2\text{—O—}[Si(OR_1)(OR_3)]CH\text{—}CH_2\text{—}CH_2\text{—} + 2C_{11}H_{23}COOR_2$$

硅烷交联聚乙烯　月桂酸酯

此法的特点是：

① 所用的聚乙烯不受 MFR 的限制，MFR 小到零点几也可以，因为交联反应要在水或潮气的存在下才会进行，在挤出时并不产生交联反应，所以挤出时不受温度限制，可以选择聚乙烯的最佳加工温度下加工。同时，可以在一般加工聚乙烯的通用设备上进行加工。

② 平时，它呈两种组分保存。A 组分是硅烷接枝共聚的聚乙烯，B 组分是含有缩合催化剂的聚乙烯母料。在加工前才以 95∶5（A∶B）的比例混合，再挤包成电缆，为了便于催化剂母料的分散，A 组分和 B 组分料也有按 1∶1 比例配混的。如果混合过早，由于空气中的水分，也会引起先期交联。这种绝缘料接枝和挤出分开进行的称为二步法硅烷交联工艺。

③ 成品接触水分（包括空气中的潮气）后开始发生交联反应，反应速度随温度升高而加快，一般在 80℃的水温下，交联反应要进行 24h。当然室温下也可进行交联，不过时间相当长。

④ 交联度一般在 60%左右。但其成品性能就与过氧化物交联的交联聚乙烯（交联度一般在 80%以上）相当。

⑤ 硅烷交联绝缘料的性能要求见表 11-4-32。此法目前多用于绝缘厚度为 0.2~0.7mm 的低电压电线产品，10kV 及 35kV 级的中压交联聚乙烯绝缘电力电缆也可制造，但效率较低，不推荐采用。

表 11-4-32 硅烷交联绝缘料的主要性能要求

序号	项目	YJG-3	YJG-10	YJG-35
1	拉伸强度/MPa	≥13.5	≥13.5	≥13.5
2	断裂伸长率(%)	≥350	≥350	≥350
3	冲击脆化温度 试验温度/℃ 冲击脆化性能(失效数)	 -76 ≤15/30	 -76 ≤15/30	 -76 ≤15/30
4	135℃,168h 空气箱热老化后: 抗拉强度变化率(%) 断裂伸长变化率(%)	 ≤±20 ≤±20	 ≤±20 ≤±200	 ≤±20 ≤±20
5	热延伸(200℃,0.2MPa,15min) 负荷下伸长率(%) 冷却后永久变形(%)	 ≤100 ≤5	 ≤100 ≤5	 ≤100 ≤5
6	凝胶含量(%)	≥60	≥60	≥60
7	相对介电常数(50Hz,20℃)	—	≤2.35	≤2.35
8	介质损耗因数(50Hz,20℃)	—	$\leq 1\times10^{-3}$	$\leq 1\times10^{-4}$
9	体积电阻率(1kV,20℃)/Ω·m	$\geq 1\times10^{14}$	$\geq 1\times10^{14}$	$\geq 1\times10^{14}$
10	介电强度(20℃)/(kV/mm)	≥25	≥25	≥25

硅烷交联聚乙烯由于可以采用通用的设备、通用的聚乙烯，又不需昂贵的交联管道，所以得到人们的重视，并在提高交联速度、提高厚绝缘的交联度以及一步法加工等方面都取得了较大的进展。例如：用钛化物或锆化物（如正钛酸四丁酯、正锆酸四丁酯）代替二月桂酸二丁基锡作缩合催化剂，可使交联速度大大提高，并且还能提高交联度。如交联度达60%的交联时间可从24h缩短到5h（浸于80℃的水中），最高交联度可达到80%左右。

在乙烯聚合时，将有机硅氧烷的单体与乙烯共聚，则可直接得到硅烷接枝的乙烯共聚物，因为无须自行用聚乙烯进行接枝共聚，使用和贮存更加方便。

从设备着手，把挤出机的长径比提高到30∶1以增强塑化效率，并在挤出机上装有2~3个加料口。这样，在挤出机的前部先进行聚乙烯的接枝共聚，然后再加入含有缩合催化剂的聚乙烯母粒，在挤出机的后阶段，使聚乙烯硅烷接枝共聚物与催化剂充分混合均匀，最后挤包在导体上制成电线。这就是所谓“一步法”制造工艺。

一步法及两步法绝缘线芯制品均需在热水或低压蒸汽下进行交联，但前提是材料的接枝必须充分，否则后续的蒸煮是无法弥补的。

室温自然交联绝缘一般采用二步法硅烷交联料，只是在绝缘料中加入了高效催化剂，在室温自然条件下依靠材料和空气中存有的微量水就可实现交联，省去了绝缘线芯挤出成型后温水（或蒸汽）蒸煮的过程。由于中国幅员辽阔，四季分明，不同地区、不同季节温度和湿度差异较大，需要关注自然交联材料不同气候条件下的适应性和稳定性。

硅烷交联聚乙烯所采用的基础树脂，可以采用低密度聚乙烯、线型低密度聚乙烯、EVA、EEA和高密度聚乙烯等，烯烃的均聚物和共聚物都可被不饱和硅烷接枝交联。不同PE因其结构不同，接枝前后熔体流动速率下降的程度是不同的。具体生产中，单独的一种树脂很难满足综合性能要求，通常采用几种树脂共混的办法来调节树脂的基本特性，以希望制成预期的PE交联制品。另外，硅烷接枝对聚合物的含水量有严格要求。硅烷遇到聚合物中的水分会发生水解并产生预交联，将严重影响产品的质量。所以聚合物在使用前要进行干燥处理。

硅烷接枝交联聚乙烯常用的引发剂为DCP，其分解温度及半衰期都能满足PE树脂与有机硅单体熔融接枝反应条件。当其他条件一定的情况下，随着DCP用量的增加，聚乙烯接枝效率有所变化。DCP的用量一般为0.05~0.5份。

交联剂一般采用乙烯基不饱和硅烷作为交联剂，典型的有机硅氧烷为：乙烯基三甲氧基硅烷、乙烯三乙氧基硅烷等。一般用量为1~5phr。

抗氧剂若在接枝之前加入，会对硅烷接枝反应产生明显影响，尤其是自由基的捕获剂类型的抗氧剂，因为它们会捕获PE自由基，抑制接枝反应。所以接枝过程中抗氧剂的添加要慎重，应选择合适的抗氧剂。常用的抗氧剂有抗氧剂330、168、1010及其他芳香胺类稳定剂，也可采用复配抗氧剂。一般抗氧剂含量不大于1份。

交联典型的缩合催化剂最常用的是二月桂酸二丁基锡（DBDTL），其用量为0.02~0.15phr。

在硅烷接枝和交联过程中不可避免地会发生很多副反应，这些副反应对交联聚乙烯的加工和储存不利，所以应尽量减少这类反应的发生。为了降低这些副反应，采取的方法是在接枝过程中加入复配阻聚剂。

目前已有硅烷交联乙丙橡胶电缆料等面市，但因价格竞争性较弱，市场份额没有得到有效放大。

(2) 辐照交联聚乙烯 辐照交联聚乙烯是利用高能射线，如γ射线、α射线、电子射线等能量，使聚乙烯大分子中的碳原子激发成活性而进行交联的。电线电缆常用的高能射线为电子加速器产生的电子射线。因该交联是依靠物理能量进行的，故属于物理交联。

聚乙烯经高能射线辐照后，可以产生下列结构变化：

1）放出氢气和低级烷烃气体，如甲烷、乙烷、丙烷等。

2）聚乙烯大分子与大分子间生成—C—C—键，即生成长支链或产生交联。

3）在主链上产生 >C═C< 双键。

4）结晶度降低。

5）空气存在时，聚乙烯表面发生氧化作用。

6）当辐照量甚高时，聚乙烯将有些变色，颜色随剂量加大而变深。

辐照交联聚乙烯除具有化学交联聚乙烯的一般特性外，还有下列特点：

1）电性能基本上与未交联的一样。

2）交联度不能太高，一般在60%~70%。

3）因辐射源能量的关系，现阶段主要用于绝缘厚度不太厚的电线电缆或薄膜。

聚乙烯绝缘线缆只有在吸收了0.1~0.2MGy（10~20Mrad）的剂量后才能有效地交联。由于能量（剂量）是功率和时间的乘积，为使聚合物绝缘电线电缆在短时间内（如几秒钟）有效地交联，只有大功率的辐照源才行。现在电子加速器能提供10^5~10^6MGy/min的剂量率，且辐照均匀，可以调节，所以电子加速器比钴60（α射线）和X射线辐照剂量大且便于控制，是电线电缆最佳的辐照源。

辐照交联的关键是电子加速器。世界上电线电缆使用较多的是美国辐照动力公司（Radiation Dynamics Inc. 简称RDI）生产的地那米加速器（Dynamitron），属于高频高压型。目前国内已能生产的该类加速器范围能量为0.5~5.0MeV，功率为30~200kW；另一类是谐振变压器型，如俄罗斯ELV（r）型加速器，国内该类加速器已可加工2.5MeV、100kW。

对电线电缆而言，选用1.0~4.0MeV、10~60mA的加速器比较合适。用于薄膜或热收缩管，以及小尺寸的电线，加速器的能量可选小的。我国目前加速器主要的生产企业有江苏达胜加速器制造有限公司、无锡爱邦辐射技术有限公司、中广核中科海维科技发展有限公司等。

辐照交联的速度取决于电子射线的能量大小，在有足够的能量时，交联速度是很快的。例如辐照源电压为1MeV、电子流强度为50mA，输出功率为50kW时，被辐照线缆往复6次通过时的速度：1.5~4.0mm^2为500m/min；被辐照线缆往复15次通过时的速度：1.5mm^2为1250m/min、4.0mm^2为1000m/min。所以辐照交联聚乙烯绝缘生产设备虽然初期投资较大，但以后维修和生产时的费用较小且生产率较高，特别是对小直径电线电缆，过氧化物交联在工艺上很难实现，只能选用硅烷交联或辐照交联。而硅烷交联在制成线缆后，尚需在80℃温水下处理数小时，这样辐照交联就很有竞争力了。

辐照电线电缆的工艺是先将聚乙烯塑料或聚乙烯共聚物挤包在导体或缆芯上，然后将此半成品送进辐照室，用电子加速器进行辐照处理。整个过程犹如将电线从这一线盘复绕到另一线盘一样简单。在辐照处理中，辐照源的高能射线应按所需剂量均匀分布于聚乙烯层。为了辐照均匀和充分利用电子射线的能量，电线应在辐照窗下往复来回多次，使电线的上半部和下半部都能照到射线。对于直径较粗的电缆，在通过辐照窗的射线束时，同时应旋转一个角度，以确保射线能均匀射到电线的整个表面。在辐照时因有大量热量伴随发生，应采用强迫风冷。

聚乙烯和各种乙烯共聚物用较低的辐照剂量就可以实现交联，所以不加其他特殊物质也可制得辐照交联聚乙烯。但为了提高生产速度或使用能量较小的电子加速器，尚需加入助交联剂。试验证明，加入多官能团单体可提高辐照交联聚乙烯的交联度和降低辐照剂量。常用的助交联剂有：三烯丙基异腈脲酸酯（或称三聚异氰酸三烯丙酯）（TAIC）、三烯丙基腈脲酸酯（或称三聚氰酸三烯丙酯）（TAC）和三（甲基丙烯酸三羟甲基）丙烷酯等。

由于辐照交联前的聚乙烯是热塑性的，可以在通常的聚乙烯挤出机上用通常的加工温度挤出，不会产生先期交联，所以比较适合制造耐高温阻燃电缆。因为聚乙烯本身是易燃的，氧指数只有18%，要成为阻燃料需加入大量的阻燃剂，阻燃剂的用量往往比聚乙烯树脂还要多。所以熔融状态下阻燃料粘度很大。用过氧化物交联的聚乙烯，因加工温度不能提高，所以要制成阻燃电缆，挤出工艺的难度较大。然而，辐照交联聚乙烯的挤出温度不受交联剂的限制，可以和普通料一样挤出加工。相对来说要制成耐热阻燃料，工艺上难度要小些，尤其是低烟无卤阻燃交联料，由于添加了大量的 $Al(OH)_3$、$Mg(OH)_2$ 阻燃剂，这些阻燃剂在280℃左右就会分解放出结晶水，降低材料的阻燃性和力学性能，所以低烟无卤阻燃绝缘材料和护套材料均无法经过化学交联方式实现交联。电子束辐照交联是低烟无卤阻燃材料最有效的交联方式。辐照交联适用的材料很广泛，如聚氯乙烯、聚偏氟乙烯、乙丙橡胶、CSM橡胶、改性聚丙烯、EVA等聚烯烃、高密度聚乙烯等许多材料可通过电子束辐照完成交联。现已有耐125℃燃辐照交联聚烯烃绝缘电缆（石油平台钻井电缆）；耐125℃和耐150℃阻燃辐照交联聚烯烃绝缘的铁路机车车辆线；各种仪器仪表、彩色电视机高压回路用的耐热辐照交联聚烯烃绝缘电线；辐照交联聚乙烯绝缘1~10kV架空电缆以及辐照交联泡沫聚乙烯绝缘阻燃型无线电装置用电线；辐照交联核电站电缆、光伏电缆等产品。辐照交联聚烯烃还用于生产电线电缆的各种附件，如热收缩管、端帽、手套和热收缩带等。

普通辐照交联聚乙烯绝缘料的性能要求和过氧化物交联绝缘料相同。对于不同温度等级的可交联低烟无卤阻燃电缆料的性能要求见表11-4-47和表11-4-48。

（3）紫外线照射交联聚乙烯 20世纪80年代初在国内投入工业应用的紫外线照射交联为我国交联电缆生产技术开拓了一条新的途径，其原理为：以聚烯烃为主要原料掺入适量的光引发剂，用紫外线照射，通过光引发剂吸收特定波长的紫外光线从而生成聚乙烯大分子自由基并发生一系列快速的聚合反应，生成具有三维网状结构的交联聚乙烯绝缘。

紫外光交联在技术原理上类似于高能电子束辐射法，但是它采用低能的紫外光作为辐射源。适合于紫外光交联的光波波长范围为320~330nm，聚乙烯对此波长范围的紫外光吸收比最大，相对于聚乙烯的透射比可达80%。此种交联方法的工艺设备简单，投资少，操作简单，防护容易，不易造成环境污染。因此，聚乙烯紫外光交联技术越来越受到人们的重视。

聚乙烯的紫外光交联的要点：

1）选用高功率高压汞灯代替低压汞灯，不仅提高了光强，而且使其发射波长范围适合于所用的光引发剂的吸收。

2）采用熔融态进行交联，一方面使紫外光容易穿透聚乙烯厚样品，另一方面由于温度的提高增加了待交联的大分子自由基的运动性，从而加快了反应速度，提高了交联的均匀性。

3）采用多官能团交联剂与光引发剂配合的高效引发体系，使交联过程在最初引发阶段的短时间内完成，不仅提高了交联引发速度，而且将交联的深度由0.3mm提高到3mm以上。

4.4.4 半导电聚烯烃屏蔽料

半导电聚烯烃屏蔽料用于6kV以上电力电缆的导体屏蔽（内屏蔽）和绝缘屏蔽（外屏蔽），以均匀绝缘层中的电场分布防止局部放电。半导电屏蔽层如果自身不能保证电性光滑（表面粗糙，甚至有尖锐的突出），存在不平的凹坑或有裂缝、断口，与绝缘接触不良等缺陷，就难以起到均匀电场的作用，甚至有可能引起严重的电场集中，导致局部放电或绝缘击穿。所以半导电屏蔽料除应具有优良的导电性能外，还必须具备良好的挤出性能，挤出物的界面应有高度光滑性。

半导电聚烯烃的导电性能通常是用加入导电炭黑的方法获得的。炭黑的导电机理一般认为是在形成连锁结构的炭黑粒子间，或炭黑粒子间的距离在零点几纳米以内时，这时施加电压后，炭黑粒子表面的π电子就可连续传递，形成电流，表现为图11-4-22所示的等价回路模式。

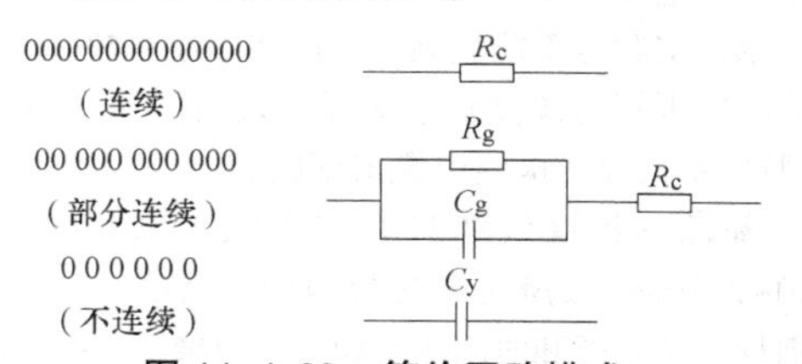

图11-4-22 等价回路模式

从炭黑的连锁导电机理考虑，炭黑的加入量是支配体积电阻率（ρ_V）值的最大因素，只有加到一定数量后，才显示出导电性能，并随炭黑的增加而迅速降低，直至接近各炭黑自己的特性值为止。从炭黑粒子形成连锁而导电这点看，当然，炭黑的粒径越小、表面积越大越好，因为在单位容积里颗粒数增加，粒子间互相接触的几率升高。但是有时还受到炭黑其他因素的影响，如炭黑的表面状态和杂质的影响，会出现一些特殊情况。

炭黑是化学性能极为活泼的粉末。其表面存在有醌基、羟基或羧基等含氧及含氢原子的游离基，这些游离基可看作是炭黑的杂质，因为这些游离基能捕捉起导电作用的 π 电子，所以成为降低导电性的因素。炭黑在 1500℃热处理后，体积电阻率可大幅度下降，这样的高温热处理，不仅除去了能捕捉 π 电子的表面杂质，而且能推进炭黑粒子的表面石墨化。

炭黑是由烃类化合物经热分解而成的。以脂肪烃为主要成分的天然气和以脂肪烃与芳香烃混合物为主要成分的重油均可作为制备炭黑的原料。在热分解过程中，烃类化合物先形成碳的六元环，并进一步脱氢缩合形成多环式六角形网状结构层面。这种层面 3~5 个重叠则成为晶子，大量晶子无规则的堆砌，就形成了炭黑的球形颗粒。在制备过程中，炭黑的初级球形颗粒彼此凝聚，形成大小不等的二级链状聚集体，称为炭黑的结构。链状聚集体越多，称为结构越高。炭黑的结构因其制备方法和所用原料的不同而异。炭黑的结构高低可用吸油值大小来衡量，吸油值定义为 100g 炭黑可吸收的亚麻子油的量。在粒径相同的情况下，吸油值越大，表示结构越高。

炭黑的生产有许多种方法，因此品种繁多，性能各异。若按生产方法分类，基本上可分为三大类：一类是接触法炭黑，包括天然气槽法炭黑、滚筒法炭黑、圆盘法炭黑、槽法混气炭黑、无槽混气炭黑等；第二类是炉法炭黑，包括气炉法炭黑、油炉法炭黑、油气炉法炭黑、乙炔炭黑等；第三类是热裂解法炭黑。

根据制备方法与导电特性的不同，现在导电炭黑有导电槽黑、导电炉黑、超导电炉黑、特导电炉黑和乙炔炭黑五种。

可以采用下面几种方法选择导电炭黑：

1）吸油值，即炭黑的结构，高结构的炭黑导电性能好。

2）灰分、杂质、筛余物等非碳物，减小非碳物的含量，相对增加炭黑在胶料中的含量。

3）粒径小，一般为 20~40nm，一般导电炭黑的粒径都集中在这个区域。

4）挥发份低，表面含氧基团少，表现是炭黑呈中性。

5）溶剂抽出物低，不易形成绝缘层。

6）高吸碘，空壳炭黑最好。

7）分散要好，炭黑分散均匀对炭黑有效成分增加有直接关系。

8）加热后处理炭黑更好。

9）尽可能的多加量（在成本和不影响胶料性能的情况下）。

早期采用的导电炭黑是乙炔炭黑。乙炔炭黑是用纯乙炔气体在高温下热分解而制得的。它有下列发热反应式：$C_2H_2 \rightarrow +2C+H_2+226kJ$，由于平衡时的分解温度在 1800℃左右，在这种高温下，使乙炔炭黑含氢、氧等杂质较少，同时石墨化程度亦高。另外，炭黑的一次粒子连锁状连结的结构高度发达（称为高结构）。所以乙炔炭黑有优良的导电性能。乙炔炭黑的基本性能和其他种类炭黑的一般性能比较列于表 11-4-33。

荷兰 AKZO 公司开发了一种新的超导电炭黑，其牌号是 Ketjen Black EC。基本性能见表 11-4-34。Ketjen Black EC 的特点是导电性能和加工性能非常好。同一用量比一般的导电炭黑，导电高 3~4 倍。所以同样的导电度，其用量只需四分之一左右。例如 100 份 LDPE 中加 8 份此种炭黑，20℃时的导电率就可降到 100Ω · cm，相当于一般导电炭黑加 40 份的效果。这样就大大地改善了屏蔽料的挤出加工性。另外，Ketjen Black EC 在配制混炼过程中，剪切力的强弱和混炼时间长短没有乙炔炭黑那样敏感，所以配成的半导电料性能比较稳定，很适合交联型半导电屏蔽料。从电子显微镜观察得知，它的粒子本身显示出一种称为中空薄壳结构的形态，每单位质量的体积很大，也就是比表面积很大，比较表 11-4-33 和表 11-4-34，Ketjen Black EC 的吸氮法比表面积、吸碘值和 DBP 吸油量比乙炔炭黑大得多，与电子显微镜的观察是一致的。

表 11-4-33　乙炔炭黑和其他炭黑性能对比

	单位	乙炔炭黑标准性能	其他炭黑性能
元素分析：C	%	99.81	95~99
H	%	0.04	0.3~0.8
O	%	0.13	0.1~0 2
其他	%	0.02	0.00~0.7
性能：水分	%	0.05	0.03~0.3
丙酮抽出物	%	0.1	0.1~3
灰分(质量分数)	%	0.07	0.1~0.7
粗粒分	%	<0.001	0.001~0.1
吸碘值	mg/g	105	10~180
平均粒径	nm	42	15~400
吸氮法比表面积	m^2/g	61	5~500
密度	g/cm^3	1.95	1.7~1.9
DBP 吸油量	mL/100g	125	25~120
盐酸吸液量	mL/5g	15.5	—
pH 值	—	6~8	3~11
体积电阻率 5MPa 时	Ω · cm	0.193	0.23~10
11.2MPa 时	Ω · cm	0.124	—

表 11-4-34 Ketjen Black EC 的基本性能

项　目	单位	性能
吸碘值	mg/g	950
吸氮法比表面积	m^2/g	1000
DBP 吸油量	mL/100g	340
挥发分	%	0.8
pH 值	—	9.5
灰分(质量分数)	%	最大 0.5
粒径	nm	20~30

美国卡博特公司在中国建立了导电炭黑的生产工厂，以炉法导电炭黑为主，主要牌号有 BP-2、BP-7、BP2000 及 BP3200，已在国内大量使用。近年导电炭黑又有了新品种，卡博特的商品名为 Vulcan XC 的导电炭黑，原来只有 2 个品种。近几年，该公司又向市场上投放了 4 个品种。例如，适用于高压电缆屏蔽料的 Vulcan XC200 和 Vulcan XC500，适用于抗静电制品的 Vulcan XC305 和 Vulcan XC605 等。另外，还有哥伦比亚化学公司的 Conductex 975U，是超纯的导电炭黑新品种。

聚乙烯中加入大量导电炭黑后（一般导电炭黑的用量在 40phr 以上），物料变硬，流动性变差，性能变脆。特别是交联型半导电料，因加工温度低，挤出更为困难。为了能适应挤出工艺和满足必要的力学物理性能，基础树脂不采用聚乙烯均聚物，而选用具有弹性体特性的乙烯共聚物，如 EVA、FEA 等。如果采用 EVA 时，其 VA 含量应至少大于 15%，MFR 也应稍大，以满足 130℃以下的挤出工艺。但是，用 EVA 配制的半导电料，导电率的温度系数比 EEA 大。

由于半导电屏蔽料中导电炭黑的添加量较大，通常达到 30~50phr，所以适量的炭黑分散剂和润滑剂是必要的，如液状石蜡、硬脂酸锌等。这些助剂的选择在关注它对屏蔽料导电性的影响的同时，还要考虑挤出加工后的析出性。

由于半导电料的导电性能取决于导电炭黑的连锁情况，所以半导电料的配制工艺很重要。如果混炼时间不够，炭黑集结的大颗粒（炭黑颗粒之间，由于内聚力的作用，常集结成大颗粒）没有充分分散，将影响将来挤出物的表面平整和力学物理性能。如果混炼时间太长，由于强烈的机械剪切力会破坏炭黑的结构，降低了连锁状态，影响导电性能。

1. 35kV 及以下聚烯烃半导电屏蔽料

中压聚烯烃半导电电缆料可分为热塑型、可交联型和可剥离交联型三种。对于热塑型半导电聚烯烃，考虑到机械强度和耐环境应力开裂性能，乙烯共聚物的 MFR 应小些。而对于可交联型，要考虑其低温加工性，这时乙烯共聚物的 MFR 要大些，且共聚单体的含量要高些。

可交联型半导电聚烯烃用作外屏蔽时，往往要求它与绝缘层易于剥离。这样施工就比较方便，也不会损伤绝缘。这种半导电料称作可剥离交联型半导电料（简称可剥离半导电料）。因其与绝缘层共挤出，或与屏蔽层、绝缘层三层共挤出，然后一起进入交联管进行交联，所以它的基础树脂既要与绝缘层有适当的接着性，同时还要有良好的可剥离性。因此，此种基料既有和聚乙烯能亲和相容的基团，又应有和聚乙烯不相容的基团，通过调节它们的比例来达到最佳要求。常用的基料有 EVA、EEA 和乙丙橡胶，再掺和氯化聚乙烯、丁腈橡胶、氯磺化聚乙烯或聚氯乙烯等极性材料组成。

国内 35kV 以下 XLPE 电缆用半导电屏蔽料生产厂多使用密炼机把 EVA、炭黑及其他助剂密炼、挤出造粒，用过氧化二异丙苯浸润后吸收、干燥、包装；或用 BUSS 挤出机自动计量加料挤出造粒，再用二异丙苯浸润后吸收。一般 BUSS 挤出机有两个下料口，一个用于乙烯-乙酸乙烯共聚物（EVA）原料，另一个用于炭黑料，这种下料方式减少了炭黑的挥发。相对于 BUSS 挤出机，密炼机效率低且污染环境，但 BUSS 挤出机对原料要求较高。

我国机械行业标准 JB/T 10738—2007《额定电压 35kV 及以下挤包绝缘电缆用半导电屏蔽料》对挤包绝缘电缆用半导电屏蔽料进行了系统规范。其产品型号与名称见表 11-4-35。交联聚乙烯绝缘电缆用以及热塑型半导电屏蔽料的性能应符合表 11-4-36的规定。

2. 高压及超高压聚烯烃半导电屏蔽料

用于高压超高压电缆的半导电屏蔽料目前没有统一的材料标准，基本物理机械及导电性能性能指标参见相关电缆产品标准，主要指标列于表11-4-37。

表 11-4-35 交联聚烯烃半导电屏蔽料的型号和名称

型号	名　称	型号	名　称
PYJD	交联聚乙烯绝缘电缆导体用过氧化物交联型半导电屏蔽料	PYJGD	交联聚乙烯绝缘电缆导体用硅烷交联型半导电屏蔽料

（续）

型号	名　称	型号	名　称
PYJFD	交联聚乙烯绝缘电缆导体用辐照交联型半导电屏蔽料	PYJGBJ	交联聚乙烯绝缘电缆绝缘用硅烷交联型可剥离半导电屏蔽料
PYJJ	交联聚乙烯绝缘电缆绝缘用过氧化物交联型半导电屏蔽料	PYJFBJ	交联聚乙烯绝缘电缆绝缘用辐照交联型可剥离半导电屏蔽料
PYJGJ	交联聚乙烯绝缘电缆绝缘用硅烷交联型半导电屏蔽料	PSD	导体用热塑型半导电屏蔽料
PYJFJ	交联聚乙烯绝缘电缆绝缘用辐照交联型半导电屏蔽料	PEJD	乙丙橡胶绝缘电缆导体用过氧化物交联型半导电屏蔽料
PYJBJ	交联聚乙烯绝缘电缆绝缘用过氧化物交联型可剥离半导电屏蔽料	PEJJ	乙丙橡胶绝缘电缆绝缘用过氧化物交联型半导电屏蔽料

表 11-4-36　交联聚乙烯绝缘电缆用以及热塑型半导电屏蔽料的技术要求

序号	试验项目	单位	指标									
			PYJD	PYJGD	PYJFD	PYJJ	PYJGJ	PYJFJ	PYJBJ	PYJGBJ	PYJFBJ	PSD
1	密度（20℃）	g/cm³	≤1.20	≤1.20	≤1.20	≤1.20	≤1.20	≤1.20	≤1.20	≤1.20	≤1.20	≤1.20
2	拉伸强度	MPa	≥12.0	≥12.0	≥12.0	≥10.0	≥10.0	≥10.0	≥10.0	≥10.0	≥10.0	≥10.0
3	断裂伸长率	%	≥180	≥180	≥180	≥200	≥200	≥200	≥200	≥200	≥200	≥200
4	空气箱热老化试验 试验条件：热老化温度 持续时间 拉伸强度变化率　≤ 伸长率变化率　≤	 ℃ h % %	 135±2 168 ±30 ±30	 135±2 168 ±30 ±30	 135±2 168 ±30 ±30	 135±2 168 ±30 ±30	 135±2 168 ±30 ±30	 135±2 168 ±30 ±30	 135±2 168 ±30 ±30	 135±2 168 ±30 ±30	 135±2 168 ±30 ±30	 135±2 168 ±30 ±30
5	冲击脆化 试验条件：试验温度 冲击脆化性能	 ℃ 失效数	 -40 ≤15/30	 -40 ≤15/30	 -40 ≤15/30	 -40 ≤15/30	 -40 ≤15/30	 -40 ≤15/30	 -40 ≤15/30	 -45 ≤15/30	 -45 ≤15/30	 -10 ≤15/30
6	热延伸 试验条件：温度 机械负荷 负荷时间 负荷下伸长率 冷却后永久变形	 ℃ MPa min % %	 200±2 0.2 15 ≤100 ≤15	 200±2 0.2 15 ≤100 ≤15	 200±2 0.2 15 ≤100 ≤15	 200±2 0.2 15 ≤100 ≤15	 200±2 0.2 15 ≤100 ≤15	 200±2 0.2 15 ≤100 ≤15	 200±2 0.2 15 ≤100 ≤15	 200±2 0.2 15 ≤100 ≤15	 200±2 0.2 15 ≤100 ≤15	 — — — — —
7	20℃时体积电阻率	Ω·m	≤100	≤100	≤100	≤100	≤100	≤100	≤100	≤100	≤100	≤100
8	90℃（70℃）时体积电阻率	Ω·m	≤5000	≤5000	≤5000	≤2500	≤2500	≤2500	≤2500	≤2500	≤2500	≤1000
9	空气箱热老化后 体积电阻率 试验条件：老化温度 持续时间 90℃（70℃）时体积电阻率	 ℃ h Ω·cm	 100±2 168 ≤1000	 100±2 168 ≤1000	 100±2 168 ≤1000	 100±2 168 ≤1000	 100±2 168 ≤1000	 100±2 168 ≤1000	 100±2 168 ≤1000	 100±2 168 ≤1000	 100±2 168 ≤1000	 100±2 168 ≤1000
10	剥离强度	N/cm	—	—	—	—	—	—	10~45	10~45	10~45	—
11	空气箱热老化后 剥离强度 试验条件：老化温度 持续时间 剥离强度	 ℃ h N/cm							 100±2 168 10~45	 100±2 168 10~45	 100±2 168 10~45	 — — —

表 11-4-37　高压电缆半导电屏蔽料的性能要求

项　目	单位	电缆额定电压等级/kV		
		110	220	500
拉伸强度	MPa	≥12.0	≥12.0	≥12.0
断裂伸长率	%	≥150	≥150	180

（续）

项　　目	单位	电缆额定电压等级/kV		
		110	220	500
热延伸试验(200±3℃,0.20MPa,15min)				
负荷下伸长率	%	≤100	≤100	≤100
永久变形	%	≤10	≤10	≤10
体积电阻率				
23℃	Ω·m	<1.0	<1.0	<0.35
90℃	Ω·m	<3.5	<3.5	

屏蔽层与绝缘层的粘结性、屏蔽层与绝缘层的界面光滑性、半导电屏蔽料中的杂质等对交联电缆的性能影响很大。

（1）炭黑的特殊要求　高压半导电屏蔽料的关键在于导电炭黑的选用，所需炭黑的特殊要求如下：

1）表面氧基团：引起导电性的波动，无连贯的导电通道。

2）内存杂质：硫、镁、钠、铝的离子及挥发分的控制，杂质的形成。

3）高结构性（DBPA值）：提高粘度、改善分散性、增加导电性，与XLPE界面的高粘结性。

4）高孔隙率：减少用量反而能增加导电性，提高混合料粘度，降低质量百分比，提高与其接触的界面稳定性。

5）低吸潮性：炭黑比表面积影响。

以上五点是针对生产高压半导电屏蔽料所需的特殊炭黑的最基本的要求，因为高压半导电层的界面需要极光滑平整，应无任何凹凸面形成，这样将提供一个连续导电及同电位的“电通”通道，以实现电压力的抑制。而影响其光滑的主要因素就是炭黑中存在筛余物及硫等含量、挥发物、灰分、表面氧基团及低离子的杂质含量，这些物质将直接影响炭黑颗粒群体的分散及导电通道的建立，所以超光滑高压半导电屏蔽料所选用的炭黑必须经过系统比对。

（2）界面微孔和突起的要求　高压交联电缆绝缘和屏蔽界面缺陷尺寸要求见表11-4-38。

表11-4-38　高压交联电缆绝缘和屏蔽界面缺陷尺寸要求

项目要求	电缆额定电压等级		
	110kV	220kV	500kV
半导电屏蔽层与绝缘层界面上的微孔	应无大于0.05mm的微孔	应无大于0.05mm的微孔	应无大于0.05mm的微孔
导体半导电屏蔽层与绝缘层界面上的进入绝缘层的突起以及进入屏蔽层的突起	应无大于0.125mm的突起	应无大于0.08mm的突起	应无大于0.02mm的突起
绝缘半导电屏蔽层与绝缘层界面上的进入绝缘层的突起以及进入屏蔽层的突起	应无大于0.125mm的突起	应无大于0.08mm的突起	应无大于0.02mm的突起

（3）主要加工工艺　超光滑高压半导电屏蔽料的加工生产必须是全封闭式的，整个生产系统的物流必须严格控制，以尽量避免不必要的加工污染，对生产环境的要求是：温度小于40℃，空气湿度小于80%。

高压电缆屏蔽料生产工艺过程包括喂料、挤出造粒、浸润、装料等，其中，喂料单元包括原料料斗、炭黑料斗、添加剂料斗、除尘过滤器。将乙烯-丙烯酸丁酯共聚物、炭黑、聚乙烯蜡以及其他助剂经过带有自动称量的料斗加入双螺杆挤出机中，炭黑料斗带有自动除尘装置，可以降低炭黑中的杂质含量，BUSS二阶式混炼式造粒机组是目前比较理想的超光滑高压半导电屏蔽料的生产设备。除尘过滤器可以通过逆流的净化空气进行吹扫。挤出后的物料通过齿轮泵（使高压熔融物料降低到最佳操作压力），再通过直管到达换网器（过滤），经过水环切粒后干燥，直接进入浸润料仓浸润一定时间，干燥后包装。

高压半导电屏蔽料的洁净度是另一关键指标，在生产工艺的控制中，对涉及物料的所有工序过程，不管直接的，或是间接的，都必须严格控制。光滑度检测过程中所谓的“粒结”就是来自于原料内部的或外来的杂质、原料中的结晶体（超大分子量的产物）、炭黑被加工过程中所形成的“死碳”——炭黑的焦烧及无法混炼消除和过滤不尽的带塑性不定型物等，再加之交联速度过快所形成的预交联“粒结”等。

对于以上所形成的“粒结”，可把它们分成“外来物理型”和“自身化学型”两种。对于“化学型”粒结通过强调配方的正确性、工艺（混炼、塑化、过滤）的合理性来逐步降低它。而对于“物理性”的粒结，主要从以下几点解决：

1）原材料的包装问题：自洁型防尘膜大包装，使用前高负压吸尘后打开防尘膜使用。

2）空气中的尘埃问题：光电微尘控制，静电过滤捕捉。

3）水中的杂质问题：电渗析，离子膜处理后过滤使用。

4）工作服中的纤维杂质问题：抗静电无尘太空服。

5）工段连接的控制问题：板块式风淋中空隔断。

6）产品包装问题：恒温无尘负压铝膜中空包装。

（4）绝缘与半导电层缺陷试验方法　绝缘与半导电屏蔽层界面突起试验：

试验设备：最小放大倍数为 15 倍的显微镜；最小放大倍数为 40 倍的测量显微镜。

切片机：普通用途的切片机或具有类似功能的其他设备。

试样制备：从约 50mm 长的电缆绝缘线芯样品上沿径向切取 80 个含有导体屏蔽、绝缘和绝缘屏蔽的圆形或螺旋形薄试片，试片的厚度为 0.4~0.7mm。切割用的刀片应锋利，以便使获得的试片有均匀的厚度和很光滑的表面。应非常小心地保持试片表面清洁，并防止擦伤。

试验步骤：应采用透射光普遍检查全部 80 个试片绝缘内的微孔、不透明杂质和半透明棕色物质，以及绝缘与半导电屏蔽层界面处的微孔和突起。

应采用最小放大倍数为 15 倍的显微镜检测在上述普遍检查中可疑的 20 个连续试片（或相等圈数的螺旋试片）的全部区域。依据不同电压等级电缆产品对绝缘层和屏蔽层界面微孔和界面突起要求的各类缺陷进行记录和统计。

应采用最小放大倍数为 40 倍的测量显微镜对绝缘层和半导电层界面的最大的微孔以及突起在其最大尺寸方向上测量其尺寸。

3. 高压及超高压电力电缆用半导电护套料

对于 66kV 及以上的高压及超高压交联聚乙烯绝缘电力电缆，为了考量非金属护套的完整性，电缆产品出厂时及施工安装完成后，都要进行护套直流耐压试验。这就要求非金属外护套外表面有一层均匀的半导电层作试验电极。该半导电层有两种形式：一种是涂覆半导电石墨粉；另一种是挤出半导电层，考虑到施工环境的洁净性和外半导电层的长期稳定性，越来越多的客户采用挤出型半导电层。对于半导电护套料的基本性能要求可参见表 11-4-39或相关产品标准。

表 11-4-39　高压电缆挤出型半导电护套料的性能要求

序号	项　目	单位	半导电护套料
1	拉伸强度	MPa	≥12.0
2	断裂伸长率	%	≥150
3	体积电阻率(23℃)	Ω·m	<1.0

因为外半导电护套实现完整包覆即可，所以应关注材料的挤出工艺性能和与非金属护套的粘接性能。一般聚乙烯外护套配合挤出聚烯烃半导电材料，聚氯乙烯基外护套应该配合挤出聚氯乙烯基的半导电材料。

4.4.5　阻燃聚烯烃

聚烯烃的结构主要由 C—H、C—C 键和共聚单体的基本结构所组成。氢原子和碳原子占多数，是易燃材料。聚烯烃氧指数在 18 左右，要成为阻燃材料必须添加大量的阻燃元素。聚烯烃在燃烧时易产生滴落现象，即使交联后也由于燃烧使高分子降解而早期产生蜡状滴落物。这在电缆燃烧试验要求中是不允许的。所以要制造出阻燃性能好，又要有良好加工性能和力学物理性能的阻燃聚烯烃难度较大。

阻燃聚烯烃有含卤、低卤和无卤之分。现在主要向低卤和无卤方向发展。特别是发现火灾时，大多数人是因火灾中释放出的有毒气体窒息而死，或因烟气太大，辨不出方向，找不到安全出口而延误时间被烧死是伤亡的主要原因后，无卤低烟阻燃聚烯烃是追求的目标。

聚烯烃使用的阻燃添加剂应具备以下特征：

1）燃烧时表面要形成骨架性质的炭化层，避免熔融滴落。

2）添加的阻燃剂造成力学性能的降低要尽量少。

3）易于加工，便于挤出，表面良好。

4）要具有综合平衡的各种性能。

5）要具有实用价值。

聚烯烃常用的含卤阻燃剂是全氯戊环癸烷(Dechlorane)、双(六氯环戊二烯)环辛烷(Dechlorane plas 2520)和十溴联苯醚等。含卤阻燃剂的阻燃作用主要是在气相发挥阻燃效果。当聚合物燃烧时含卤阻燃剂受热放出卤化氢气体，它能使燃烧反应改变方向或停止，同时起到了遮盖和隔绝空气与热的作用。另外在固相和液相里也显示有一定的效果。所以含卤阻燃剂的阻燃效果很好。特别是与 Sb_2O_3 并用时更有相乘效应。并用时的配比以卤：Sb=3：1 效果最为显著。由于高含卤的阻燃聚烯烃在性能和成本上，与阻燃 PVC 相比没有优势，所以主要用于低卤低烟的场合。例如：添加 15~25 份全氯戊环癸烷或双(六氯环戊二烯)环辛烷和 5~10 份 Sb_2O_3、5~25 份 $Al(OH)_3$，再加入 0.1 份含铁化合物可制得低烟阻燃聚烯烃。

无卤阻燃剂主要采用 $Al(OH)_3$、$Mg(OH)_2$、硼酸锌等，无机阻燃剂的阻燃效果不如含卤阻燃剂，添加量要多些。常用的阻燃填充料有煅烧陶土、白炭黑、碳酸钙和滑石粉等。

现在无卤低烟阻燃聚烯烃常用 $Al(OH)_3$ 或 $Mg(OH)_2$ 作阻燃剂。由于添加量要 150 份以上才显示有较强的阻燃效果，所以要求 $Al(OH)_3$ 或 $Mg(OH)_2$ 粉末的细度很细，一般在 5μm 以下，最好为 1~2μm，否则力学性能太差，阻燃效果也受影响。用偶联剂对 $Al(OH)_3$ 等进行表面处理，可提高加工性能。

$Al(OH)_3$(水合氧化铝)的阻燃机理是：

$$2Al(OH)_3 \rightarrow Al_2O_3+3H_2O$$

即它在 200℃左右开始分解，释出水分子(1g 水合氧化铝含结晶水 34.6%)而吸收热量(1g 水合氧化铝的吸热量约为 1.00~1.97kJ)，降低了周围的温度，水蒸气又起到了稀释气相中可燃性气体浓度的效果。生成的 Al_2O_3 和燃烧的塑料表面的碳化物结合，形成保护膜，切断了热能和氧气的侵入，起到了阻燃作用。此外，水合氧化铝还有低烟和减少 CO 产生的效果。

无卤低烟阻燃聚烯烃的挤出工艺和阻燃效果是相互矛盾的，往往阻燃性能通过了但挤出工艺过不了关，特别是热塑型阻燃聚烯烃。所以选择合适的聚烯烃是制造无卤低烟阻燃聚烯烃的关键。合适的聚烯烃应能混入 1.5~3.0 倍质量的 $Al(OH)_3$，且仍有良好的挤出加工性和一般的力学物理性能。有报道采用 VA 含量为 45%~50%、MFR 为 2.0 的 EVA 可作阻燃料的基料。另外，也可采用特殊的 EEA 和乙烯高弹性体共聚物作阻燃料基料。

为防燃烧时产生滴落，可加入少量的赤磷和硅橡胶。

1. 含卤阻燃聚烯烃

含卤阻燃聚烯烃的阻燃原理与阻燃聚氯乙烯的阻燃原理相同。当含卤高聚物燃烧时，含卤阻燃剂受热放出卤化氢气体，它能使燃烧反应改变方向或停止，同时起到了遮盖和隔绝空气与热的作用，另外在固相和液相也显示有一定的效果，特别是与三氧化二锑并用时更有相乘效应，并用时的配比以卤元素：锑=3：1 效果最为显著。

电线电缆用含卤阻燃聚烯烃一般采用十溴联苯醚和三氧化二锑并用作为其阻燃体系。十溴联苯醚的溴含量高达 84%，具有添加量少、高效的特点。尽管十溴联苯醚目前未被 RoHS 指令禁止，但由于十溴联苯醚中会含有少量九溴、八溴等物质，所以当阻燃聚烯烃需满足 RoHS 指令时，采用 RoHS 非禁止物质十溴联苯乙烷代替十溴联苯醚作为阻燃剂。

热塑性含卤阻燃聚烯烃可应用于 110kV 及以上阻燃超高压电缆的护套，其制成电缆后的性能应满足 GB/T 11017—2014《额定电压 110kV(Um=126kV)交联聚乙烯绝缘电力电缆及其附件》和 GB/Z 18890—2002《额定电压 220kV(Um=252kV)交联聚乙烯绝缘电力电缆及其附件》标准中的 ST7 要求。选用不同氧指数的含卤阻燃聚烯烃，可制成不同阻燃要求的超高压电缆。该类热塑性含卤阻燃聚烯烃的典型性能见表 11-4-40。

表 11-4-40 热塑性含卤阻燃聚烯烃的典型性能

序号	项目名称	单位	典型值
1	熔体流动速率(190℃×2.16kg)	g/10min	0.36
2	密度	g/cm³	1.240
3	拉伸强度	MPa	14.5
4	断裂伸长率	%	550
5	空气烘箱热老化后(100℃×240h)		
	拉伸强度变化率	%	-10
	断裂伸长率变化率	%	-12
6	耐环境应力开裂(500h)	—	通过
7	低温冲击脆化温度(-50℃)	—	通过
8	20℃体积电阻率	Ω·m	1.0×10^{12}
9	介电强度	MV/m	25
10	氧指数	%	26

辐照交联型含卤阻燃聚烯烃可应用于 UL 标准耐 125℃、150℃高温的阻燃电线，其性能应符合 UL 相应标准要求，也可应用于耐 125℃、150℃汽

车用导线，其性能应符合 ISO 6722-1—2011《道路车辆　60V 和 600V 单芯电缆　第 1 部分：铜芯电缆的尺寸、试验方法及要求》、ISO 6722-2—2013《道路车辆　60V 和 600V 单芯电缆　第 2 部分：铝芯电缆的尺寸、试验方法及要求》及 JASO D 611—2009《汽车零件——低压非屏蔽电线》标准要求。表 11-4-41 列出了 JB/T 10436—2004《电线电缆用可交联阻燃聚烯烃料》标准中交联型有卤阻燃聚烯烃料的性能要求，相应的 JB/T 10491—2004《额定电压 450/750V 及以下交联聚烯烃绝缘电线和电缆》标准中规定了交联型阻燃电线的性能要求。

表 11-4-41　交联型有卤阻燃聚烯烃料的性能要求

序号	项　目	单位	YJZF-90	YJZF-105	YJZF-125	YJZF-150	HYJZF-90	HYJZF-105	HYJZF-125
1	拉伸强度	MPa	≥12.5	≥12.5	≥12.5	≥12.5	≥10.5	≥10.5	≥10.5
2	断裂伸长率	%	≥250	≥250	≥250	≥250	≥250	≥250	≥250
3	空气热老化								
	试验条件：								
	热老化温度	℃	121±2	136±2	158±2	180±2	121±2	136±2	158±2
	持续时间	h	168	168	168	168	168	168	168
3.1	拉伸强度变化率	%	±20	±20	±20	±20	±20	±20	±20
3.2	断裂伸长率变化率	%	±20	±20	±20	±20	±20	±20	±20
4	冲击脆化温度								
	试验温度	℃	-40	-40	-40	-40	-40	-40	-40
	冲击脆化性能	失效数	≤15/30	≤15/30	≤15/30	≤15/30	≤15/30	≤15/30	≤15/30
5	热延伸 试验条件：200℃，0.2MPa，15min								
	负荷下伸长率	%	≤175	≤175	≤175	≤175	≤175	≤175	≤175
	冷却后永久变形	%	≤15	≤15	≤15	≤15	≤15	≤15	≤15
6	20℃体积电阻率	Ω·m	$\geq 1.0\times10^{12}$	$\geq 1.0\times10^{12}$	$\geq 1.0\times10^{12}$	$\geq 1.0\times10^{12}$	$\geq 1.0\times10^{10}$	$\geq 1.0\times10^{10}$	$\geq 1.0\times10^{10}$
7	介电强度	MV/m	≥20	≥20	≥20	≥20	≥18	≥18	≥18
8	氧指数	%	≥27	≥27	≥27	≥27	≥29	≥29	≥29

2. 无卤低烟阻燃聚烯烃

（1）概述　橡胶与塑料聚合物是制造电线电缆的绝缘和护套的主要材料，它们多数是容易燃烧和延燃的。随着电线电缆用量不断增大，电气火灾事故的频繁发生，电线电缆的阻燃问题逐渐引起世界各国的重视。早在 20 世纪 70 年代，国内外相继开发了阻燃电缆，但是这些阻燃电缆几乎都是含卤的，虽然有一定的阻燃效果，但在火灾发生时，燃烧的电线电缆仍然会产生大量的烟雾、毒气和腐蚀性气体，这不仅影响救灾工作的顺利进行，而且也会对生命财产造成“第二次灾害”。据统计，在火灾中造成人员伤亡的主要原因是火灾中的烟气，火灾中 85%以上的死因与烟气有关。

随着全球经济的飞速发展及人类环保意识的不断加强，绿色、低碳环保电缆已成为行业的发展趋势。20 世纪 90 年代中期，无卤低烟阻燃电缆应运而生。电缆的无卤、低烟、阻燃的特性，可使得火灾发生时，火焰蔓延速度减慢，产烟浓度低，可见度高，腐蚀性有害气体释放量小，便于人员撤离。由于优异的无卤、低烟、阻燃的性能，使得该类材料的应用范围不断扩大，还会根据不同的使用场合提出很多特殊要求，并随着产品升级，标准要求提高，无卤低烟阻燃材料在电线电缆行业中不断推出性能更加优异的产品。

（2）无卤低烟阻燃聚烯烃的制造原理　使用 $Al(OH)_3$ 和 $Mg(OH)_2$ 作为阻燃剂制造无卤低烟阻燃聚烯烃电缆料是通行和成熟的方法。其阻燃原理是 $Al(OH)_3$ 和 $Mg(OH)_2$ 在受热时发生分解，吸收燃烧物表面热量抑制聚合物升温；同时释放出大量水气稀释燃物表面的氧气；分解生成的活性 Al_2O_3 和 MgO 附着于可燃物表面，隔绝氧气又进一步阻止了燃烧的进行。$Al(OH)_3$ 和 $Mg(OH)_2$ 在整个阻燃过程中不但没有任何有害物质产生，而且其分解的产物在阻燃的同时还能够大量吸收高分子燃烧所产生的有害气体和烟雾，从而使燃烧很快停止的同时消除烟雾。

$$2Al(OH)_3 \xrightarrow{>200℃} Al_2O_3+3H_2O+1051J/g$$

$$Mg(OH)_2 \xrightarrow{>340℃} MgO+H_2O+1316J/g$$

磷氮类膨胀型阻燃剂用于制造无卤低烟阻燃聚烯烃电缆料近年来得到较多的研究。阻燃机理可分为凝聚相阻燃和气相阻燃。

1）凝聚相阻燃：这是膨胀型阻燃剂的主要阻燃作用。其机理为：在较低的温度下（150℃左右，具体温度取决于酸源和其他组分的性质），由酸源释放出能酯化多元醇和可作为脱水剂的无机酸，在温度高于释放酸的温度下，无机酸与多元醇发生酯化反应，催化剂为体系中的胺，其能加速酯化反应。此时，体系在酯化前或酯化过程中熔化，体系中生成的水蒸气和由气源产生的不燃性气体如NO和NH_3（吸热，降低材料表面的温度，并且隔绝氧的进入），使熔融状态的体系膨胀发泡。同时多元醇和酯脱水成炭，体系进一步发泡，反应接近完成时，体系胶化和固化，形成多孔泡沫炭层。为了发泡，各步反应必须几乎同时发生，但又必须按严格的顺序进行。

2）气相阻燃：磷-氮-碳体系的胺类化合物受热可分解产生氨气、水蒸气、氮氧化合物，前两种气体可稀释火焰区的氧浓度，后者可使燃烧赖以进行的自由基淬灭而使链反应终止。同时自由基也可能与组成泡沫体的微粒碰撞，相互反应生成稳定的分子，致使链反应中断。

该类阻燃剂由于价格昂贵，且烟生成较大，阻碍了其在电线电缆领域的广泛使用。

由于$Al(OH)_3$和$Mg(OH)_2$阻燃剂的阻燃效率较低，只有大量的加入，一般质量分数为60%左右，才能使材料的阻燃性能满足电线电缆的阻燃要求。大量阻燃剂的加入会严重影响材料的物理力学性能和加工工艺性能，使用马来酸酐接枝聚烯烃能较好地解决这一矛盾。马来酸酐接枝物作为相容剂被广泛应用于塑料合金的制造，是因为马来酸酐接枝物中，酸酐基团在高温和螺杆剪切的作用下，能够与极性基团（$—NH_2$、—OH）发生广义的脱水反应并形成化学键。解决大量阻燃剂的加入劣化材料物理力学性能的问题，也可采用另一种方法，即在配方中加入微量交联剂并配以一定量的硅烷偶联剂。这类方法制造无卤低烟阻燃聚烯烃电缆料的关键在于有效保证了微量交联剂和硅烷偶联剂的充分均匀分散。制造高品质无卤低烟阻燃聚烯烃电缆料，除了配方的调配是一关键点外，生产装备和生产工艺也颇为重要。配方各组分经失重式计量称连续计量加入双螺杆与单螺杆挤出机组造粒，这一流程是经济、可靠、节能、环保高效的生产工艺流程，其中双螺杆的螺杆组合及与之相对应的挤出温度设置也是生产工艺中的关键，其基本原则为既要使无卤低烟阻燃聚烯烃电缆料得到充分的混合塑化，又不能使材料中阻燃剂分解产生气孔，同时又必须兼顾生产效率。

（3）配方组成 无卤低烟阻燃聚烯烃电缆料一般由基础树脂、相容剂、阻燃剂、抗氧剂、润滑剂、交联剂及其他助剂经特定工艺混合加工而成。通过配方中各组分的调配，可制得性能各异的材料，满足不同无卤低烟阻燃电线电缆对绝缘及护套材料的要求。

1）基础树脂：乙烯-醋酸乙烯共聚物（EVA）被广泛应用于制造无卤低烟阻燃聚烯烃电缆料。EVA树脂的基本性能见本章4.3.1节，无卤低烟阻燃聚烯烃电缆料一般采用VA含量为14%～40%，MFR（190℃，2.16kg）为3～6g/10min的EVA树脂。一般情况下VA含量越高，其吸纳阻燃剂能力越强；MFR越小，其拉伸强度越好。常用的EVA树脂牌号的性能见表11-4-42。

表11-4-42 常用的EVA树脂牌号的性能

生产厂家	型号	熔融指数/(g/10min)	密度/(g/cm^3)	VA含量(%)	维卡软化点/℃	熔点/℃	邵氏A硬度
美国杜邦	265	3	0.951	28	49	73	—
	260	6	0.955	28	46	75	80
中国台湾台塑集团	7470M	6.0	0.948	26	—	76	82
扬子巴斯夫	6110M	6.0	0.948	28	52	75	84
韩国三星	180F	2.0	—	18	64	93	—
美国塞拉尼斯	2803A	3.0	0.952	28	44	—	84
韩国LG	15006	6.0	0.936	15	—	89	92
	18002	2.5	0.939	18	—	84	85
韩国韩华	1826	4.5	0.949	26	48	76	82
	1828	4	0.95	28	44	75	79

乙烯丙烯酸酯类共聚物如 EEA、EMA、EBA 等也可用于无卤低烟阻燃聚烯烃电缆料的制造，相比于 EVA 树脂，该类树脂具有较高的耐热性能，但由于价格较高，在国内应用较少。高丙烯酸酯含量的乙烯-丙烯酸酯共聚物常用于耐热、耐油的无卤低烟阻燃聚烯烃电缆料。常用的乙烯-丙烯酸酯类共聚物牌号及性能见表 11-4-43。

表 11-4-43　乙烯-丙烯酸酯类共聚物牌号及性能

生产厂家	型号	熔融指数/(g/10min)	密度/(g/cm³)	酯含量(%)	熔点/℃	维卡软化点/℃	邵氏硬度A
美国杜邦	EMA 1126 AC	0.6	0.944	26	26	26	26
法国阿科玛	EBA 35BA40	35~45	0.93	33~37	66	<40	70
	EBA 28BA175	26~30	0.93	150~200	75	40	80
	EMA 20MA08	7~9	0.94	18~22	76	46	83
	EMA 24MA02	1~3	0.94	23~26	68	49	79
	EEA 4700	7	0.94	29	65	<40	—
	EEA AX8900	6	0.94	24	65	<40	64

POE 树脂是一种利用茂金属催化技术合成的新型聚烯烃树脂，通俗地讲，可分为 4 碳、6 碳、8 碳的 POE 树脂，其 4 碳、6 碳、8 碳的含量不同，其树脂的密度不同以及 MFR 不同形成了众多 POE 树脂牌号，一般较为常见的 POE 树脂 MFR 为 2~6g/10min。POE 树脂比 EVA 树脂具有更强的吸纳阻燃剂的能力，对提高无卤低烟阻燃聚烯烃电缆料的断裂伸长率具有很好的作用，但其阻燃性能比使用 EVA 树脂的差。常用的 POE 树脂牌号及性能见表 11-4-44。

表 11-4-44　常用的 POE 树脂牌号及性能

生产厂家	型号	共聚单体含量(%)	熔融指数/(g/10min)	密度/(g/cm³)	熔点/℃	维卡软化点/℃	门尼粘度	邵氏 A 硬度
日本三井	DF940	—	3.6	0.893	77	61	—	92
	DF840	—	3.6	0.885	66	55	—	86
	DF7350	—	35	0.970	55	41	—	70
	DF610	—	1.2	0.862	<50	—	—	57
陶氏化学	POE8150	39	0.5	0.868	55	39	35	75
	POE8200	38	5.0	0.870	60	—	8	75
	POE8445	16	3.5	0.910	103	93	—	96
	POE8402	22	30	0.902	98	76	—	94

LLDPE 作为无卤低烟阻燃聚烯烃电缆料的基础树脂，可调节材料的软硬度，改善材料的热变形性能、加工流动性能，同时由于 LLDPE 较 EVA、POE 等价格低，也起到了降低材料成本的作用。茂金属 mLLDPE 也可用于无卤低烟阻燃聚烯烃电缆料的制造。与 LLDPE 相比，对于大量阻燃剂的加入，mLLDPE 对材料的物理力学性能的劣化影响相对较小。常用的 LLDPE 树脂及 mLLDPE 树脂牌号及性能表 11-4-45。

表 11-4-45　常用的 LLDPE 树脂及 mLLDPE 树脂牌号及性能

生产厂家	型号	熔融指数/(g/10min)	密度/(g/cm³)	熔点/℃	拉伸强度纵/横/MPa	断裂伸长率(%)	雾度(%)	光泽度
北欧化工	LLDPE FB2230	0.25	0.923	124	50/40	550/750	70	7
	LLDPE FB2310	0.2	0.931	127	50/40	400/700	80	7
	mLLDPE FM5220	1.3	0.922	—	46/46	630/620	10	95
埃克森美孚	LLDPE 1001XV	1	0.918	120	57/38	590/860	9	11
	mLLDPE 3518CB	3.5	0.918	114	74/47	510/680	2.4	86
	mLLDPE 3505HH	0.50	0.935	123	60/38	590/860	9	47

2）相容剂：使用 $Al(OH)_3$ 和 $Mg(OH)_2$ 作为阻燃剂制造无卤低烟阻燃聚烯烃电缆料，其加入量必须达到60%（质量分数）左右才能使材料的阻燃性能满足要求，大量阻燃剂的加入严重劣化了材料的物理力学性能，在配方中，加入一定量的相容剂能较好地解决这一矛盾。相容剂加强了阻燃剂和基础树脂间的结合，并有助于阻燃剂的分散。通常使用的相容剂为马来酸酐接枝聚烯烃，如 LLDPE-g-MAH、EVA-g-MAH、POE-g-MAH 等，还有一类为马来酸酐作为单体共聚而成的聚烯烃相容剂，如乙烯-丙烯酸酯-马来酸酐共聚物，共聚型比接枝型的马来酸酐含量更高，对改善大量阻燃剂加入对材料力学性能的劣化更有效。在配方中，相容剂的使用量一般为3%～10%（质量分数），随着相容剂量的增加，材料拉伸强度增加，断裂伸长率降低，挤出扭矩增大。

解决大量阻燃剂的加入劣化材料物理力学性能的问题，也可采用另一种方法，即在配方中加入微量交联剂并配以一定量的硅烷偶联剂，这类方法制造无卤低烟阻燃聚烯烃电缆料的关键在于有效保证微量交联剂和硅烷偶联剂的充分均匀分散。

3）阻燃剂：无卤低烟阻燃聚烯烃电缆料一般采用 $Al(OH)_3$ 和 $Mg(OH)_2$ 作为阻燃剂，其用量一般为60%（质量分数）左右，不同粒径和比表面积的 $Al(OH)_3$ 和 $Mg(OH)_2$ 对材料的物理机械性能及阻燃性能的影响，以雅宝氢氧化铝为例，如图 11-4-23～图 11-4-26 所示。

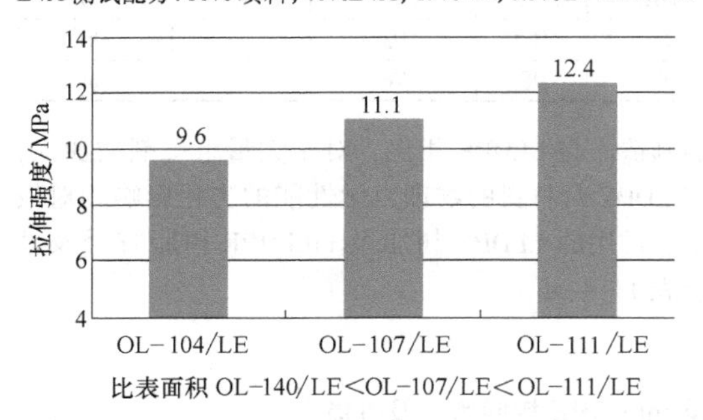

图 11-4-23 不同比表面积对拉伸强度的影响

对 $Al(OH)_3$ 和 $Mg(OH)_2$ 进行的表面处理也会对材料的性能产生影响，以雅宝氢氧化镁为例，如图 11-4-27 和图 11-4-28 所示，加入少量的红磷可对无卤低烟阻燃聚烯烃电缆料的阻燃性能，尤其是自熄性能有较大提升，但由于其颜色为红色，只能用于黑色无卤低烟阻燃聚烯烃电缆料。

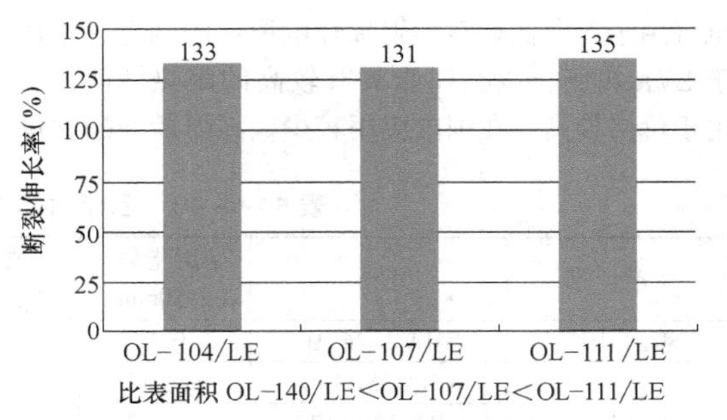

图 11-4-24 不同比表面积对断裂伸长率的影响

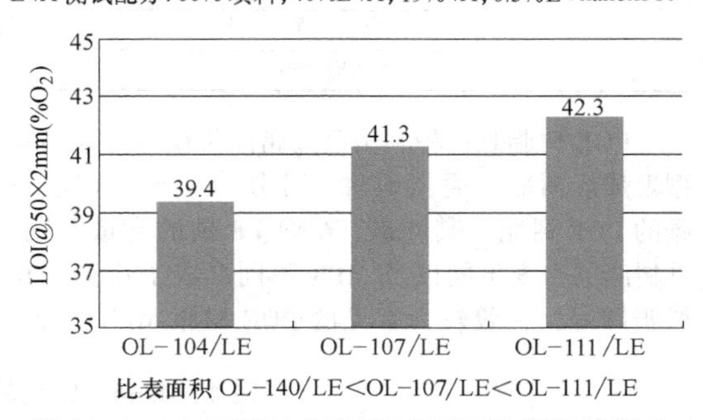

图 11-4-25 不同比表面积对极限氧指数的影响

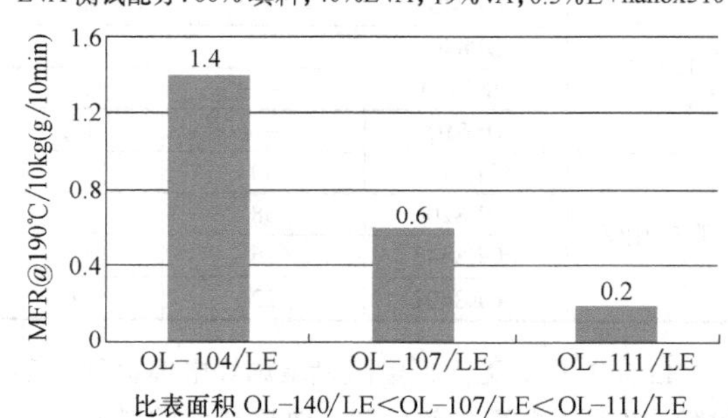

图 11-4-26 不同比表面积对熔体质量流动速率的影响

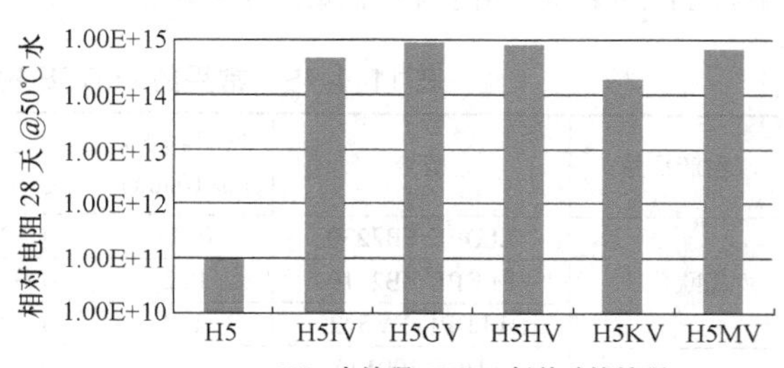

图 11-4-27 不同比表面处理方式对相对电阻的影响

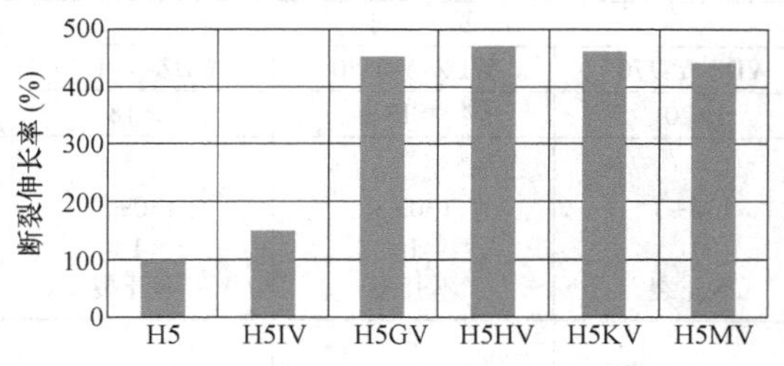

图 11-4-28　不同表面处理方式对断裂伸长率的影响

4）抗氧剂：无卤低烟阻燃聚烃电缆料所用抗氧剂基本性能见本篇 2.1.1 节，一般以酚类抗氧剂为主抗氧剂（如抗氧剂 1010），硫代酯类抗氧剂为辅助抗氧剂（如 DSTP、DLTP），并配以适量亚磷酸酯类抗氧剂。在制造耐热等级较高的无卤低烟阻燃聚烯烃电缆料时，往往会加大抗氧剂的用量，这时应注意抗氧剂在材料表面的析出，调整抗氧剂品种，使用相容性较好的抗氧剂。受阻胺类抗氧剂对提高聚烯烃的长期热稳定性有效。

5）润滑剂：无卤低烟阻燃聚烯烃电缆料的加工流动性能，除了与所选择的基础树脂及阻燃剂有关外，与润滑剂的选用也有较大关联。无卤低烟阻燃聚烯烃电缆料除采用常规的润滑剂。如硬脂酸盐、石蜡、聚乙烯蜡、EVA 蜡等外，还多采用硅酮作为润滑剂。硅酮一般以母粒形式加入，它除了具有较好的润滑作用外，还较有利于阻燃剂的分散，对材料的阻燃性能有协效作用。

6）交联剂：无卤低烟阻燃聚烯烃电缆料制成电线电缆后，使材料交联，能使电线电缆产品具有更高的耐热性能及耐油性能等，满足相应的指标要求。橡胶型无卤低烟阻燃聚烯烃料较多采用化学交联形式使材料交联，塑料型无卤低烟阻燃聚烯烃料往往采用辐照交联形式和硅烷交联形式使材料交联。辐照交联无卤低烟阻燃聚烯烃料采用的助交联剂一般为 TAIC 或 TMPTMA，其基本性状见本篇 2.7 节，粉状助交联剂有利于在材料中的分散，使交联更均匀。

（4）无卤低烟阻燃聚烯烃电缆料的性能与应用　采用无卤低烟阻燃材料作为绝缘和护套制造电线电缆已有十多年历史，在这十多年间电线电缆用无卤低烟阻燃材料无论是在技术、产品品种还是使用量上都有长足的发展。较为常用的可分为热塑性无卤低烟阻燃聚烯烃料和热固性无卤低烟阻燃聚烯烃料。

1）热塑性无卤低烟阻燃聚烯烃料：该材料主要包括热塑性无卤低烟阻燃聚烯烃护套料和热塑性无卤低烟阻燃聚烯烃绝缘料，是目前使用量最大、应用面最广的无卤低烟阻燃电缆用材料，应用于电力电缆、控制及信号电缆、通信电缆、光缆等电缆。目前国内关于这类电缆料的标准有 YD/T 1113—2015《通信电缆光缆用无卤低烟阻燃材料》和 JB/T 10707—2007《热塑性无卤低烟阻燃电缆料》，一般通信电缆行业采用 YD/T 1113—2015 较多，电力电缆行业采用 JB/T 10707—2007 较多。而使用该类电缆料制成的电缆的标准较多，根据不同的电缆种类有相应的标准，如 IEC 60092-359、IEC 60502、EN 50290、BS 6755、GB/T 19666、GB/T 12706.1～12706.4、YD/T 1092、YD/T 1120、YD/T 901 等。热塑性无卤低烟阻燃聚烯烃料的性能要求见表 11-4-46。

表 11-4-46　热塑性无卤低烟阻燃聚烯烃料的性能

序号	检验项目	单位	要求		
			WDZ-Y-J70	WDZ-Y-H70	WDZ-Y-H90
1	拉伸强度	MPa	≥10.0	≥10.0	≥10.0
2	断裂伸长率	%	≥160	≥160	≥160
3	空气箱热老化				
	老化温度	℃	100±2	100±2	110±2
	老化时间	h	168	168	240
	拉伸强度最大变化率	%	±25	±25	±25
	断裂伸长率最大变化率	%	±25	±25	±25
4	热变形				
	试验温度	℃	90±2	90±2	90±2
	试验结果	%	≤50	≤50	≤50
5	20℃体积电阻率	Ω·m	$\geqslant 1.0\times10^{12}$	$\geqslant 1.0\times10^{10}$	$\geqslant 1.0\times10^{10}$
6	工作温度时体积电阻率				
	试验温度	℃	70±1	—	—
	体积电阻率	Ω·m	$\geqslant 2.0\times10^{8}$	—	—

（续）

序号	检 验 项 目	单位	要　求		
			WDZ-Y-J70	WDZ-Y-H70	WDZ-Y-H90
7	介电强度	MV/m	≥20	≥18	≥18
8	耐热冲击试验				
	试验温度	℃	130±3	130±3	130±3
	试验时间	h	1	1	1
	试验结果	—	不开裂	不开裂	不开裂
9	冲击脆化温度				
	试验温度	℃	-25	-25	-25
	试验结果	失效数	≤15/30	≤15/30	≤15/30
10	耐臭氧试验				
	试验温度	℃	—	25±2	25±2
	试验时间	h	—	24	24
	臭氧浓度	ppm	—	250~300	250~300
	试验结果	—	—	不开裂	不开裂
11	浸热水试验				
	试验温度	℃	—	70±2	70±2
	试验时间	h	—	168	168
	拉伸强度最大变化率	%	—	±30	±30
	断裂伸长率最大变化率	%	—	±35	±35
12	氧指数	%	≥28	≥30	≥30
13	烟密度				
	无焰	—	≤350	≤350	≤350
	有焰	—	≤100	≤100	≤100
14	燃烧释放气体酸性				
	HCl 和 HBr 含量	%	≤0.5	≤0.5	≤0.5
	HF 含量	%	≤0.1	≤0.1	≤0.1
	pH 值	—	≥4.3	≥4.3	≥4.3
	电导率	μS/mm	≤10	≤10	≤10
15	材料产烟毒性危害	根据产品应用场合需求，由供需双方协商			

2）热固性无卤低烟阻燃聚烯烃料：电缆材料通过交联可使材料的耐温等级、耐短路温度提高，使材料具有耐油、耐磨等性能。电缆材料的交联一般有化学交联、辐照交联和硅烷交联等交联方式，三种交联方式各有所长，适用于不同的电缆。不同用途的交联型无卤低烟阻燃电缆对材料的要求各不相同，选用合适的交联型无卤低烟阻燃材料较为重要。目前国内关于这类电缆料的标准有 JB/T 10436—2004《电线电缆用可交联阻燃聚烯烃料》和 GB/T 32129—2015《电线电缆用无卤低烟阻燃电缆料》，不同耐温等级的可交联型无卤低烟阻燃电缆料的性能要求见表 11-4-47 和表 11-4-48。

表 11-4-47　不同耐温等级的可交联型无卤低烟阻燃聚烯烃绝缘料的性能要求

序号	检 验 项 目	单位	要　求				
			WDZ-YJ-J70	WDZ-YJ-J90	WDZ-YJ-J105	WDZ-YJ-J125	WDZ-YJ-J150
1	拉伸强度	MPa	≥10.0	≥10.0	≥10.0	≥10.0	≥10.0
2	断裂伸长率	%	≥150	≥150	≥150	≥150	≥150
3	空气箱热老化						
	老化温度	℃	100±2	120±2	135±2	158±2	180±2
	老化时间	h	168	168	168	168	168
	拉伸强度变化率，最大值	%	±25	±25	±25	±25	±25
	断裂伸长率变化率，最大值	%	±25	±25	±25	±25	±25
4	20℃时体积电阻率	Ω·m	$\geq 1.0\times10^{12}$	$\geq 1.0\times10^{12}$	$\geq 1.0\times10^{12}$	$\geq 1.0\times10^{12}$	$\geq 1.0\times10^{12}$

（续）

序号	检验项目	单位	要求				
			WDZ-YJ-J70	WDZ-YJ-J90	WDZ-YJ-J105	WDZ-YJ-J125	WDZ-YJ-J150
5	工作温度体积电阻率 试验温度 体积电阻率	 ℃ Ω·m	 70±2 $\geqslant 2.0\times10^8$	 90±2 $\geqslant 2.0\times10^8$	 105±2 $\geqslant 2.0\times10^8$	 125±2 $\geqslant 2.0\times10^8$	 150±2 $\geqslant 2.0\times10^8$
6	介电强度	MV/m	≥20	≥20	≥20	≥20	≥20
7	冲击脆化温度 试验温度 试验结果	 ℃ 失效数	 -25 ≤15/30	 -25 ≤15/30	 -25 ≤15/30	 -25 ≤15/30	 -25 ≤15/30
8	热延伸 温度 处理时间 机械应力 载荷下伸长率 冷却后最大永久变形	 ℃ min MPa % %	 200±3 15 0.2 ≤100 ≤25	 200±3 15 0.2 ≤100 ≤25	 200±3 15 0.2 ≤100 ≤25	 200±3 15 0.2 ≤100 ≤25	 200±3 15 0.2 ≤100 ≤25
9	氧指数	%	≥28	≥28	≥28	≥28	≥28
10	烟密度 无焰 有焰	 — —	 ≤350 ≤100	 ≤350 ≤100	 ≤350 ≤100	 ≤350 ≤100	 ≤350 ≤100
11	燃烧释放气体酸性 HCl 和 HBr 含量 HF 含量 pH 值 电导率	 % % — μS/mm	 ≤0.5 ≤0.1 ≥4.3 ≤10	 ≤0.5 ≤0.1 ≥4.3 ≤10	 ≤0.5 ≤0.1 ≥4.3 ≤10	 ≤0.5 ≤0.1 ≥4.3 ≤10	 ≤0.5 ≤0.1 ≥4.3 ≤10
12	材料产烟毒害性能	根据产品应用场合需求，由供需双方协商					

表 11-4-48 不同耐温等级的可交联型无卤低烟阻燃聚烯烃护套料性能要求

序号	检验项目	单位	要求				
			WDZ-YJ-H70	WDZ-YJ-H90	WDZ-YJ-H105	WDZ-YJ-H125	WDZ-YJ-H150
1	拉伸强度	MPa	≥9.0	≥9.0	≥9.0	≥9.0	≥9.0
2	断裂伸长率	%	≥150	≥150	≥150	≥150	≥150
3	空气箱热老化 老化温度 老化时间 拉伸强度变化率，最大值 断裂伸长率变化率，最大值	 ℃ h % %	 100±2 168 ±25 ±25	 120±2 168 ±25 ±25	 135±2 168 ±25 ±25	 158±2 168 ±25 ±25	 180±2 168 ±25 ±25
4	20℃时体积电阻率	Ω·m	$\geqslant 1.0\times10^{12}$	$\geqslant 1.0\times10^{10}$	$\geqslant 1.0\times10^{10}$	$\geqslant 1.0\times10^{10}$	$\geqslant 1.0\times10^{10}$
5	介电强度	MV/m	≥18	≥18	≥18	≥18	≥18
6	冲击脆化温度 试验温度 试验结果	 ℃ 失效数	 -25 ≤15/30	 -25 ≤15/30	 -25 ≤15/30	 -25 ≤15/30	 -25 ≤15/30
7	热延伸 温度 处理时间 机械应力 载荷下伸长率 冷却后最大永久变形	 ℃ min MPa % %	 200±3 15 0.2 ≤100 ≤25	 200±3 15 0.2 ≤100 ≤25	 200±3 15 0.2 ≤100 ≤25	 200±3 15 0.2 ≤100 ≤25	 200±3 15 0.2 ≤100 ≤25
8	耐臭氧试验 试验温度 试验时间 臭氧浓度 结果要求	 ℃ h ppm —	 25±2 24 250~300 未开裂	 25±2 24 250~300 未开裂	 25±2 24 250~300 未开裂	 25±2 24 250~300 未开裂	 25±2 24 250~300 未开裂

（续）

序号	检验项目	单位	要求				
			WDZ-YJ-H70	WDZ-YJ-H90	WDZ-YJ-H105	WDZ-YJ-H125	WDZ-YJ-H150
9	浸热水试验 试验温度 试验时间 拉伸强度最大变化率 断裂伸长率最大变化率	 ℃ h % %	 70±2 168 ±30 ±35	 70±2 168 ±30 ±35	 70±2 168 ±30 ±35	 70±2 168 ±30 ±35	 70±2 168 ±30 ±35
10	氧指数	%	≥30	≥30	≥30	≥30	≥30
11	烟密度 无焰 有焰	 — —	 ≤350 ≤100	 ≤350 ≤100	 ≤350 ≤100	 ≤350 ≤100	 ≤350 ≤100
12	燃烧释放气体酸性 HCl 和 HBr 含量 HF 含量 pH 值 电导率	 % % — μS/mm	 ≤0.5 ≤0.1 ≥4.3 ≤10	 ≤0.5 ≤0.1 ≥4.3 ≤10	 ≤0.5 ≤0.1 ≥4.3 ≤10	 ≤0.5 ≤0.1 ≥4.3 ≤10	 ≤0.5 ≤0.1 ≥4.3 ≤10
13	材料产烟毒性危害	根据产品应用场合需求，由供需双方协商					

热固性无卤低烟阻燃聚烯烃电缆料制成的电缆：

① 船用电缆：民用船用电缆一般采用 IEC 60351、IEC 60359 标准，军用舰船用电缆一般采用 MIL 24643 标准。

船用交联型无卤低烟阻燃电缆一般采用辐照交联无卤低烟阻燃护套，其性能能满足标准所要求的耐热、耐油、抗撕、低烟无卤等特性，制成的电缆能通过成束 A 类阻燃试验。

对于较大规格的电缆辐照后，其护套易产生辐照不均匀，导致热延伸不均匀，从而耐油性能不均匀的问题。所以，国外有采用硅烷交联无卤低烟阻燃料作为船用电缆护套。

耐泥浆电缆是在船用无卤低烟阻燃电缆的基础上，要求其护套能耐燃料油、溴化钙、海水、认为辐照交联型无卤低烟护套较难达到该要求。采用化学交联方法可使材料交联密度提高以满足耐泥浆的要求。

② 机车车辆用电缆：该类电缆应符合 EN 50264、EN 50306、NFF 63808、GB/T 12528、GB/T 1408 等标准。

机车车辆电缆用交联无卤低烟阻燃材料除满足适当的拉伸性能、低温性能、低烟无卤阻燃等性能外，还要满足苛刻的耐油性能、耐热性能（125℃等级）、浸水耐直流电压性能。

化学交联方式能使无卤低烟阻燃材料具有较高的交联密度，更容易通过苛刻的耐油要求。而辐照交联无卤低烟阻燃材料必须加大辐照剂量，使材料交联充分以满足苛刻的耐油要求，同时要兼顾热老化性能和低温性能

对于 NFF 63808、GB/T 12528 标准中 150℃耐温等级的薄型绝缘，目前的交联型无卤低烟阻燃材料无法达到要求，较多采用 PEEK 作为绝缘材料。

③ 核电电缆：核电 K3 类电缆中的仪控电缆的绝缘，采用辐照交联无卤低烟阻燃材料。该仪控电缆的绝缘线要求有较高电绝缘性能，而目前国内辐照交联无卤低烟阻燃绝缘料的电性能稍有欠缺，故而该绝缘线的绝缘一般采用双层结构，内层为非阻燃的辐照交联绝缘料以保证电绝缘性能，外层为辐照交联无卤低烟阻燃材料。由于该绝缘线要求通过单根垂直燃烧试验，而内层为较易燃烧的材料，所以外层的材料需有出色的阻燃性能。该辐照交联无卤低烟阻燃绝缘料在 90℃耐温等级下应具有 60 年寿命。

核电 K1 类电缆较多采用具有抗辐射能力的交联无卤低烟阻燃乙丙材料。

④ 太阳能电缆：德国莱茵公司标准 2 pfg 1169 中规定光伏设备用电缆须满足无卤低烟阻燃特性。而 UL 4703 中并不要求该类电缆需具有无卤低烟特性。符合 2 pfg 1169 的太阳能电缆的绝缘和护套材料采用辐照交联无卤低烟阻燃材料，该类材料在 120℃下应具有 25 年的寿命，有较高的电绝缘性能，能通过浸水耐直流电压试验，又有抗紫外线性能。目前国内有少数材料生产厂的辐照交联无卤阻燃材料经多家电线电缆厂生产的太阳能电缆通过了 TUV 认证，该类电缆及材料应该具有广阔的发展

前景。

⑤ 汽车用导线：我国的汽车用导线采用德国标准、美国标准、法国标准、日本标准等不同标准，但近年来有趋同的倾向，其基础的标准为 ISO 6722 标准。国外的 C 级（125℃）及 D 级（150℃）汽车线有的采用辐照交联无卤低烟阻燃材料作为绝缘，该类材料的难点在于其制造小截面（$0.35mm^2$ 或 $0.5mm^2$）薄壁电线时的耐刮磨试验不易通过。目前，国内用于 C 级汽车线的辐照无卤低烟阻燃材料已开发成功，能通过小截面薄壁电线耐刮磨试验。

⑥ WDZ-BYJ 型电线：以往，该类电线大多采用 105℃辐照交联无卤低烟阻燃绝缘料作为绝缘材料应用于建筑布线领域。随着硅烷交联无卤低烟阻燃材料的日益成熟，使用硅烷交联无卤低烟阻燃材料制造该类电线可省去电线的辐照过程，节省成本，对于没有辐照设备的工厂，也免去了电线来回搬运的麻烦，提高了生产率及交货及时性。目前，已有多家电线电缆厂采用硅烷交联无卤低烟阻燃料来制造 WDZ-BYJ 型电线。

（5）无卤低烟阻燃聚烯烃电缆料的生产工艺流程　目前无卤低烟阻燃聚烯烃电缆料的生产工艺流程主要有以下几种：

1）配方组分经混合机混合均匀后，通过双螺杆单螺杆机组挤出造粒后包装，如图 11-4-29 所示。

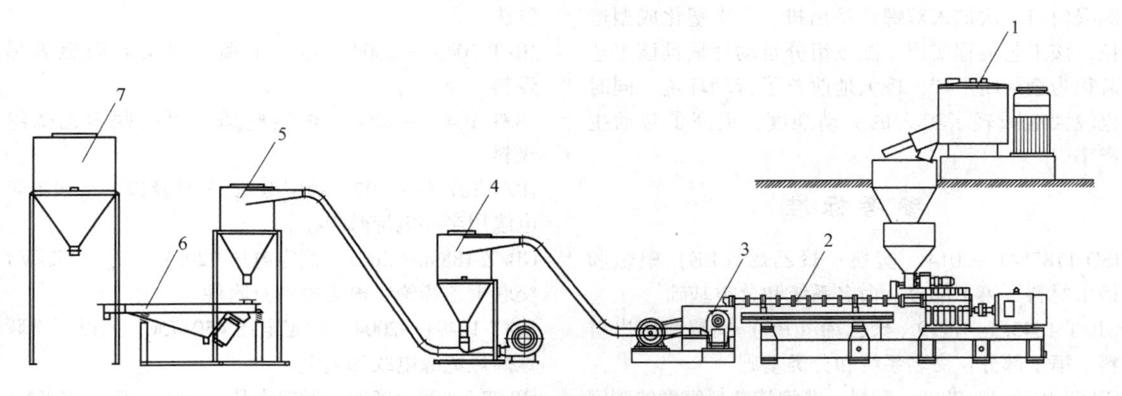

图 11-4-29　无卤低烟阻燃聚烯烃电缆料的生产工艺流程一

1—搅拌机　2—双螺杆　3—单螺杆　4—一级旋风分离器　5—二级旋风分离器　6—振动筛　7—旋风料仓

配方组分中含有约 60%（质量分数）阻燃剂，一次造粒成型比较困难，故该生产工艺一般二次加工成型：第一次，由所有基础树脂同 30%~40%的阻燃剂及其他助剂混合挤出造粒成半成品粒料；第二次，再将半成品粒料同剩余的 20%~30%的阻燃剂及其他助剂再混合挤出造粒为成品粒子。该工艺流程的缺点为配方中各组分虽经混合，但粒料与粉料在下料过程中可能会造成不均匀现象，另外，经二次造粒制造成本高。

2）配方所有组分经密炼机密炼后，再通过双螺杆单螺杆机组挤出造粒后包装，如图 11-4-30 所示。

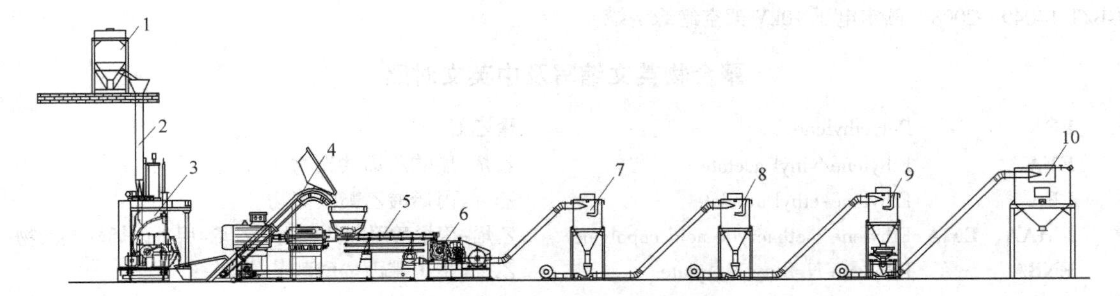

图 11-4-30　无卤低烟阻燃聚烯烃电缆料的生产工艺流程二

1—搅拌机　2—下料管道　3—液压密炼机　4—自动提升机　5—双螺杆　6—单螺杆
7—一级旋风分离器　8—二级旋风分离器　9—三级旋风分离器　10—旋风料仓

该工艺流程为一次性完成造粒，且各组分经密炼机密炼后其均匀性得到保证。该工艺流程的缺点为密炼机一般不能保证有较好的密封性能，会引起较大的粉尘污染，且密炼机中物料的翻转、停留时间需由人工控制，会发生一锅与一锅不一致的可能。

3）配方各组分经失重式计量称连续计量加入Buss往复式机组造粒后包装。

该工艺流程自动化程度高，产品品质能得到保证，但其投资成本较高。

4）配方各组分经失重式计量称连续计量加入双螺杆单螺杆机组挤出造粒后包装。

同样地该工艺流程中阻燃剂分别在主喂料口及侧喂料口二次加入双螺杆挤出机，一次塑化成型造粒。该工艺流程实现了配方组分自动计量且该工艺流程为全封闭生产，极大地改善了劳动环境，同时也较大地减轻了工人的劳动强度，提高了劳动生产率。

参考标准

ISO 17855-1—2014　塑料　聚乙烯（PE）模塑和挤出材料　第1部分：命名系统和分类基础

GB/T 1845.1—1999　聚乙烯（PE）模塑和挤出材料　第1部分：命名系统和分类基础

GB/T 1033.1—2008　塑料　非泡沫塑料密度的测定　第1部分：浸渍法、液体比重瓶法和滴定法

GB/T 3682—2000　热塑性塑料熔体质量流动速率和熔体体积流动速率的测定

GB/T 15065—2009　电线电缆用黑色聚乙烯塑料

GB/T 13849.1—2013　聚烯烃绝缘聚烯烃护套市内通信电缆　第1部分：总则

GB/T 12527—2008　额定电压1KV及以下架空绝缘电缆

GB/T 14049—2008　额定电压10kV架空绝缘电缆

GB/T 12706—2008　额定电压1kV（U_{m} = 1.2kV）到35kV（U_{m} = 40.5kV）挤包绝缘电力电缆及附件

GB/T 11017—2014　额定电压110kV（U_{m} = 126kV）交联聚乙烯绝缘电力电缆及其附件

GB/T 9330.3—2008　交联聚乙烯绝缘控制电缆　第3部分：交联聚乙烯绝缘控制电缆

GB/T 9331—2008　船舶电气装置　额定电压1kV和3kV挤包绝缘非径向电场单芯和多芯电力电缆

GB/T 9332—2008　船舶电气装置　控制和仪器回路用150/250V（300V）电缆

SH/T 1541—2006　热塑性塑料颗粒外观试验方法

GB/T 11115—2009　聚乙烯PE树脂

GB/T 2410—2008　透明塑料透光率和雾度试验方法

JB/T 10436—2004　电线电缆用可交联阻燃聚烯烃料

JB/T 10437—2004　电线电缆用可交联聚乙烯绝缘料

JB/T 10738—2007　额定电压35kV及以下挤包绝缘电缆用半导电屏蔽料

GB/Z 18890—2002　额定电压220kV（U_{m} = 252kV）交联聚乙烯绝缘电力电缆及附件

JB/T 10491—2004　额定电压450/750V及以下交联聚烯烃绝缘电线和电缆

GB/T 22078—2008　额定电压500kV（U_{m} = 550kV）交联聚乙烯绝缘电力电缆及附件

DL/T 1070—2007　中压交联电缆抗水树性能鉴定试验方法和要求

JB/T 11167.1—2011　额定电压10kV（U_{m} = 12kV）至110kV（U_{m} = 126kV）交联聚乙烯绝缘大长度交流海底电缆及附件　第1部分：试验方法和要求

GB/T 32129—2015　电线电缆用无卤低烟阻燃电缆料

聚合物英文缩写及中英文对照

PE	Polyethylene	聚乙烯
EVA	Ethylene/vinyl acetate	乙烯-醋酸乙烯共聚物
EEA	Ethylene-ethyl acrylate	乙烯-丙烯酸乙酯共聚物
EMAA、EMA	Ethylene methacrylic acid copolymer	乙烯-丙烯酸甲酯共聚物、乙烯-甲基丙烯酸共聚物
ENBA	Ethylene N-Butyl Acrylate	乙烯-正丁基丙烯酸酯共聚物
LDPE	Low-Density Polyethylene	低密度聚乙烯
HDPE	High-Density Polyethylene	高密度聚乙烯
LLDPE	Linear Low Density Polyethylene	线型低密度聚乙烯
UHMW-PE	Ultra-high Molecular ultra-Polyethylene	超高分子量聚乙烯

MDPE	Medium Density Polyethylene	中密度聚乙烯
VAE	Vinyl-Acetate Ethylene	醋酸乙烯
EBA	Ethylene Butyl Acrylate copolymer	乙烯-丙烯酸丁酯共聚物
EAA	ethylene-acrylic acid copolymer	乙烯-丙烯酸共聚物
XLPE	Cross Linked Polyethylene	交联聚乙烯
PTFE、TFE	Polytetrafluoroethylene	聚四氟乙烯
FEP	Fluorinated Ethylene Propylene	聚全氟乙丙烯
PETFE	Ethylene-Tetrafluoroethylene	四氟乙烯-乙烯共聚物
PFA	Polytetrafluoro ethylene	四氟乙烯-全氟烷基乙烯基醚共聚物
PVDF	Polyvinylidene Fluoride	聚偏氟乙烯
PCTFE	Polychlorotrifluoroethylene	聚三氟氯乙烯

第5章

氟塑料

凡分子结构中含有氟原子的塑料，通称为氟塑料。

氟塑料由含氟单体，如四氟乙烯、六氟丙烯、三氟氯乙烯、偏氟乙烯及氟乙烯等，通过均聚或共聚反应制得。

随着高分子技术的不断发展，氟塑料品种正在逐步增多，应用范围日益扩大。由于氟塑料分子结构中含有氟原子，所以具有许多优异的性能，如优良的电绝缘性能，高度的耐热性，突出的耐油性、耐溶剂和耐磨性能，良好的耐湿性和耐低温性等。因此，氟塑料在国防、机电、冶金、石油化工等系统都占有重要的地位。

氟塑料包括聚四氟乙烯（PTFE）、聚偏氟乙烯（PVDF）、聚全氟乙丙烯（FEP）、四氟乙烯-乙烯共聚物（ETFE）、四氟乙烯全氟烷基乙烯基醚共聚物（PFA）、乙烯三氟氯乙烯（ECTFE）、聚氟乙烯（PVF）、聚三氟氯乙烯（PCTFE）等，其中聚四氟乙烯、聚偏氟乙烯和聚全氟乙丙烯这三种氟塑料的用量最大，且聚四氟乙烯的产量约占世界氟塑料总产量的60%~70%。

在电线电缆的生产中，常用的氟塑料有聚四氟乙烯、聚全氟乙丙烯、聚偏氟乙烯、四氟乙烯-乙烯共聚物等，用以制造各种耐热高温绝缘电线，测（油）井电缆、地质探测电缆、加热电缆、F级和H级电机引接线、耐辐照电线、电磁线和射频同轴电缆等。

氟塑料三大品种性能见表11-5-1。

表11-5-1　氟塑料三大品种性能比较

性　能		试验方法	PTFE	FEP	ETFE
密度/(g/cm^3)		D792	2.1~2.2	2.12~2.17	1.7~1.75
熔点/℃		—	372	262~282	265~270
拉伸强度/MPa(23℃)		D638	27.44~61.74	19.6~31.36	41.16~49.98
伸长率(%)(23℃)		D638	200~400	300	100~300
弯曲弹性模量/MPa(23℃)		D790	392	656.6	2646
洛氏硬度		D785	R25	R25	R50
连续使用温度/℃		—	260	200	160~180
体积电阻率/Ω·cm		D257	$>10^{18}$	$>10^{16}$	$>10^{16}$
相对介电常数	60Hz	D150	2.1	2.1	2.6
	10^3Hz	D150	2.1	2.1	2.6
	10^6Hz	D150	2.1	2.1	2.6
介质损耗因数	60Hz	D150	0.0002	0.0002	0.0006
	10^3Hz		0.0002	0.0002	0.0008
	10^6Hz		0.0002	0.0005	0.0005
介电强度/(MV/m)		D149	16~24	20~24	16
耐化学药品性		D643	优	优	优
耐燃性		D653	不燃	不燃	不燃
吸水率(%)		D570	0.01	0.01	0.03
耐辐照性能			差	差	优

5.1 聚四氟乙烯

聚四氟乙烯简称 F-4，中文商品又名特富龙、特氟龙和铁氟龙，是一种工程塑料，它具有其他各种工程塑料的特点，而其优异性能是其他各种工程塑料所不可比拟的；它广泛的频率范围及高低温使用范围、优异的化学稳定性、高的电绝缘性、突出的表面不粘性及耐大气老化性能，使聚四氟乙烯在解决工业部门的有关技术中，处于其他塑料之上。

目前，各类聚四氟乙烯制品已在化工、机械、电子、电器、军工、航天、环保和桥梁等国民经济领域中起到了举足轻重的作用。

5.1.1 聚四氟乙烯的种类、用途及国内外牌号

聚四氟乙烯按聚合方法的不同，分为悬浮聚四氟乙烯和分散聚四氟乙烯两大类。

悬浮聚四氟乙烯树脂系白色粉末，颗粒较大，经适当的后处理，可得到不同颗粒度的粉末。这种粉状树脂用于模压、压延加工成型，而不直接用于电线电缆的生产。用作电线电缆绝缘时，应将悬浮聚四氟乙烯模压，烧结成圆柱形坯料，再在车床上车削成聚四氟乙烯薄膜。这种薄膜又称熟料带，供电线电缆绕包绝缘用。

分散聚四氟乙烯又可分为粉末和浓缩分散液两种形态。其中，粉状分散树脂在加入一定量的助剂（如石油醚）及填料（如石英粉）经混合后，专供推压成型，适用于电线电缆等薄壁制品的推压加工，在目前电线生产中应用较多；也可将粉状分散树脂推压成型，然后滚压成薄膜（又称生料带），供细线径电线绝缘或电线护套绕包用。聚四氟乙烯浓缩分散液主要用作浸渍多孔材料（如石棉、玻璃纤维编织）及粉末冶金法制成的金属轴承的表面涂层。聚四氟乙烯绝缘电磁线及耐高温电线的玻璃纤维编织层就是采用聚四氟乙烯浓缩分散液涂制的。

1. 国产聚四氟乙烯制品的型号和规格（见表 11-5-2）

表 11-5-2 国产聚四氟乙烯制品的型号规格

名称	型号	规格	主要用途
薄膜	SFM-1 定向	厚度/μm:6、8、10、15、20、30、40 宽度/mm:60、90	电容器
	SFM-2 定向	厚度/μm:10、15、20、25、30、35、40、50、60、70、80、90、100 宽度/mm:60、90	导线绝缘
	SFM-2 半定向	厚度/μm:40、50、60、80、90、100 宽度/mm:60、90	导线绝缘
	SFM-2 不定向	厚度/μm:30、35、40、50、60、70、80、90、100、120、140、160、180、200 宽度/mm:60、90	导线绝缘
	SFM-3 定向	厚度/μm:10、15、20、25、30、40、50、60、70、80、90、100 宽度/mm:60、90	电器仪表绝缘
	SFM-3 不定向	厚度/μm:20、25、30、35、40、50、60、70、80、90、100、110、120、140、160、180、200 宽度/mm:60、90	电器仪表绝缘
	SFM-4 不定向	厚度/μm:200、300、400、500 宽度/mm:60、90、120	电器绝缘和衬垫
车削板	SFB 车-1 （电器板）	厚度/μm:0.6~1.5 宽度/mm:60、90、120	各种频率下使用的绝缘零件
	SFB 车-2 （机械板）	厚度/μm:0.6~1.5 宽度/mm60、90、120	腐蚀介质中的衬垫密封减摩零件
模压薄板	SFB 薄-1 （电器板）	厚度/mm:1、1.5、2、2.5 面积:250mm^2	各种频率下的零件
	SFB 薄-1 （机械板）	厚度/mm:1、1.5、2、2.5 面积:250mm^2	腐蚀介质中的衬垫密封减摩零件
模压板	SFB 模-1 （电器板）	厚度:3~40mm 面积:120~420mm^2	各种频率下的绝缘零件

（续）

名称	型号	规　　格	主 要 用 途
模压板	SFB 模-2 （机械板）	厚度：3～40mm 面积：120～420mm^2	腐蚀介质中的衬垫密封减摩零件
模压套管	SFTAN	外径：30～200mm 壁厚：7～20mm	耐腐蚀及一般电性能的介质密封零件
模压棒	SFBN-1	长度：100mm 直径：18～200mm	绝缘零件及腐蚀介质中的衬垫密封减摩零件
推压棒	SFBN-2	长度：100mm 直径：2～16mm	绝缘零件及腐蚀介质中的衬垫密封减摩零件
推压管	SFG-1 （推压管）	长度：100～300mm 直径：5～30mm 长度：200～500mm	制造输送低压流体的导管和导线绝缘零件
	SFG-2 （微型管）	内径：0. 5～4mm 壁厚：0. 2～0. 5mm 长度：200～2000mm	制造输送低压流体的导管和导线绝缘零件
生料带	SFS	厚度：0. 1mm 宽度/mm：20、30	管件、阀门接头的密封

2. 国外聚四氟乙烯主要生产厂家制品的型号及用途

（1）美国杜邦公司（Du Pont，见表 11-5-3 和表 11-5-4） PTFE 微粉又称低分子量 PTFE 微粉，或 PTFE 超细粉，或 PTFE 蜡，为白色微粉状树脂，由四氟乙烯经调聚反应得到分散液，再通过凝聚、洗涤、干燥而制得，具有优良的耐热性、耐候性、耐寒性、低摩擦性、不粘性、化学稳定性和电绝缘性能等优异性能。另外由于其平均粒径小，所以具有很好的分散性，容易均匀地与其他材料共混。

表 11-5-3　商品名称：Teflon

牌号	聚合方法	类别	性能及用途
7A X	悬浮法	细粉料	粒径 35μm，拉伸强度高达 38MPa，具有最大的耐化学性。制成品有卓越的物理和电气特性
7C X		细粉料	粒径 20μm，拉伸强度高达 40MPa，通常用于需要极好弯曲寿命的应用。制成品具有卓越的物理和电气特性
8A X		造粒料	粒径 510μm，拉伸强度高达 30MPa。该树脂微粒的预成型采用的是较低的预成型压力。制成品具有卓越的物理和电气特性
807N X		造粒料	多用途聚四氟乙烯树脂，由于具有高填充密度，因此产出很高。具有卓越的可操作性、加工性、切削性和最终使用性能
NXT 70		改性料	细粉料树脂，旨在用于块材和片材的模压成型，以及作为填充料的基料树脂使用
NXT 75		改性料	细粉料树脂，旨在用于块材和片材的一般模压成型，以及作为填充料的基料树脂使用
NXT 85		改性料	化学改性自由流动颗粒模塑树脂，可通过等压成型、坯料成型和板材成型以及柱塞式挤出
DISP 30		水性乳液	60%固含量，多用途树脂，包含非离子润湿剂和稳定剂
DISP 40		水性乳液	60%固含量，具有良好的光泽性，高剪切稳定性和良好的焊接性；具有更高的耐磨性、更长的弯曲寿命以及更优质的颜色方案，包含非离子润湿剂和稳定剂
DISP 33		水性乳液	61%固含量，包含非离子润湿剂和稳定剂
DISP 35		水性乳液	35%固含量，包含非离子润湿剂
6CN X 6C X	分散法	糊状挤出料	通用树脂，中等压缩比，颜色和透明度好，与填料混合非常好
60 X		糊状挤出料	低压缩比，高压树脂

（续）

牌号	聚合方法	类别	性能及用途
62 X 62N X	分散法	糊状挤出料	可提供最高程度的热稳定性、耐应力开裂性、弯曲寿命以及各等级透明度，低到中压缩比
62XT X		糊状挤出料	具有更强的热稳定性、优质的弯曲寿命、出众的耐应力开裂性、低渗透性和高透明性，中到高压缩比
601 A-X		糊状挤出料	高分子量，低压缩比，卓越的热稳定性
602 A-X		糊状挤出料	低压缩比，中分子量，卓越的热稳定性
613A X		糊状挤出料	低压缩比
640XT X		糊状挤出料	旨在用于各种挤塑压缩比(250：1~5000：1)条件下的加工处理，即使在极端压缩比情况下仍具有卓越性能。在极低的润滑等级下仍可进行挤塑
669N X 669 X		糊状挤出料	旨在用于从极低到中等压缩比范围内(10：1~500：1)的加工处理，特别适用于管套和一般管材
605XT X		糊状挤出料	旨在用于从极低到中等压缩比范围内(10：1~300：1)的加工处理，特别适用于生料带和具有卓越力学性能的烧结产品
CFP 6000 X		糊状挤出料	高压缩比，低压树脂

表 11-5-4　商品名称：Zonyl（Zonyl®低分子量 PTFE 微粉）

型号	平均粒径	比表面/(m^2/g)	树脂性质	主要用途
MP-1000	8~15	7~10	易碎的氟碳物粉末	塑料/橡胶添加剂
MP-1100	1~4	5~10	易碎的氟碳物粉末	油墨/涂料/润滑剂
MP-1200	2.5~4.5	2.3~4.5	不易碎的氟碳物粉末	油墨/涂料
MP-1300	8~15	2.3~4.5	不易碎的氟碳物粉末	油墨/塑料
MP-1400	7~12	2.3~4.5	不易碎的氟碳物粉末	FDA认证，应用同 MP-1300
MP-1500J	20	8~12	易碎的氟碳物粉末	橡胶/接触食品的应用
MP-1600N	4~12	8~12	易碎的氟碳物粉末	接触食品的应用/润滑剂/涂料/油脂应用

聚四氟乙烯微粉可以单独作为固体润滑剂使用，也可以作为塑料、橡胶、涂料、油墨、润滑油和润滑脂等的添加剂。与塑料或橡胶混合时可用各种典型的粉末加工方法，如共混等，加入量为5%~20%，在油和油脂中添加聚四氟乙烯微粉，可降低摩擦系数，只要加百分之几，就可提高润滑油的寿命。其有机溶剂分散液还可用作脱模剂。

(2) 日本旭硝子株式会社（Asahi Glass Co.，Ltd.，见表 11-5-5）

(3) 索尔维集团（Solvay Group，见表 11-5-6）

Algoflon 型号（聚四氟乙烯）挤压粉料说明 Algoflon 挤压粉料与模压不同，其流动性比较好，易于给柱塞式挤压机或螺杆式挤压机自动喂料。

Algoflon-E 是能自由流动的白色粉末，平均粒径为 550μm，表观密度为 650/dm^3。Algoflon-E 填料级，是加有填料的粉末，它可以通过挤压的方法来加工。Algoflon 挤压糊状料，是白色粉料的凝聚物，平均粒径为 500μm，它由四氟乙烯分散树脂通过凝胶的方法而获得。

这种粒状粉料可以吸收大量（20%）的有机溶剂，由聚四氟乙烯和溶剂而得到的糊状料可以在低压下，在圆筒状模中成型，在柱塞式挤压机中通过冷模口挤压，然后干燥、烧结。

在采用这种特殊的技术时，有可能得到很低的缩小比（挤压物的横截面积与预成型物面积之比）的制品、薄壁制品、小管和小棒。

Algoflon DP/N 缩小比为 1∶2500，特别适用于很薄的管，主要用于电线电缆的包覆。

(4) 日本大金工业株式会社（Daikin Kogyo Co.，Ltd.）商品名称：Polyflon，主要分为模塑粉（M 系列）、微粉（F 系列）和乳液（D 系列）等类型，分别见表 11-5-7~表 11-5-9。

表 11-5-5　商品名称：Fluon

牌号	平均粒径/μm	堆积密度/(g/L)	性能及用途
G163	25	330	细小颗粒粉体，高拉伸强度、表面佳，适合大型模塑制品和薄带
G190	25	440	细小颗粒粉体，高堆积密度、高拉伸强度、表面佳，适合大型模塑制品和薄带

（续）

牌号	平均粒径/μm	堆积密度/(g/L)	性能及用途
G192	25	460	细小颗粒粉体,高堆积密度、高拉伸强度、表面佳,适合大型模塑制品和薄带
G201	550	630	预烧结聚合物,高流动性粉料,结晶度比G307低,适用于棒材、管材的柱塞挤出
G307	650	750	杰出流动性的未烧结粉料,可用于自动模压、液压成型及挤压成型
G340	350	820	未烧结聚合物,高堆积密度,适用于棒材、管材的等静压成型、柱塞挤出等
G350	350	920	未烧结聚合物,高堆积密度,适用于棒材、管材的等静压成型、柱塞挤出等

表 11-5-6　商品名称：Algoflon

型　　号	性能及用途
Algoflon G	通用级,是白色粒状粉料,平均粒径为550μm,表观密度500g/dm^3
Algoflon P	白色粉末,模压一般制品,平均粒径为350μm,表观密度约450g/dm^3
Algoflon F	非常细小的粉末,适用于加工切削生料带的料坯,用于电绝缘和模压低孔率的制品,平均粒径为35μm,表观密度为350g/dm^3
Algoflon-E(填料级)	是含有填料的Algoflon粉末,可以采用模压法来加工

表 11-5-7　商品名称：Polyflon（模塑粉）

牌号	平均粒径/μm	堆积密度/(g/L)	性能及用途
M-12	50	290	适用于制成优良电气性能的车削薄膜
M-18	40	450	更高的堆积密度,适用于更大规格坯体,成品性能等同M-12
M-18F	25	330	因粒径小、粒径分布窄,模塑制品性能卓越,适合与多种填料混合
M-111	27	360	卓越的抗蠕变性能、高延伸率、高电气强度、超光滑表面,适合制成导管线和垫圈等
M-112	20	360	模塑制品具有超长弯曲寿命,适合制成波纹管和隔膜等
M-139	400	920	卓越的流动性能及高堆积密度,卓越的抗蠕变性能,良好的二次加工性,如焊接性等,适合自动压模加工
M-391S	350	800	良好的流动性,粒径小,粒径分布窄,低静电电荷性能,模塑制品具有超光滑表面,因其卓越的填充性能,可采用薄壁缺口模与等静压模成型,可在铸模机压力不足的情况下成型,如大尺寸薄片、一侧加压等
M-392	400	860	良好的流动性,粒径小,粒径分布窄,低静电电荷性能,因其卓越的填充性能,可采用薄壁缺口模与等静压模成型
M-393	500	930	高堆积密度,良好的流动性,粒径小,粒径分布窄,低静电电荷性能,适用于模具深充及粉料的空气输送
M-532	450	820	良好的流动性,粒径小,粒径分布窄,低静电电荷性能,因其卓越的填充性能,可采用薄壁缺口模与等静压模成型

表 11-5-8　商品名称：Polyflon（微粉）

牌号	平均粒径/μm	减速比	性能及用途
F-104	400~650	<500	适用于管、生料薄膜及厚壁同轴电缆
F—201	450~650	>200	适用于管、电线包覆层的标准牌号
F—205	400~650	200~1200	优良的自熔性、透明性,适用于管、耐热电线包覆层
F—208	450~650	>200	适用于薄壁管、耐热电线包覆层
F-302	450~600	<1200	自熔性较好,适用于管

表 11-5-9　商品名称：Polyflon（乳液）

牌号	平均粒径/μm	质量分数(%)	性能及用途
D-210	0. 22~0. 25	59~61	玻璃纤维布浸渍
D-210C	0. 22~0. 25	59~61	金属浸渍、电池用粘合剂
D-310	0. 22~0. 25	59~61	水性不粘涂料
D-410	0. 22~0. 25	59~61	水性不粘涂料
D-610	0. 26~0. 30	59~61	水性不粘涂料
D-610C	0. 26~0. 30	59~61	水性不粘涂料

3. 国内外聚四氟乙烯商标及制造厂（见表11-5-10）

表11-5-10 国内外聚四氟乙烯商标及制造厂

制造厂	商标
美国杜邦公司	Teflon®、Zonyl®
美国3M公司	Dyneon™
日本大金公司	Neoflon™
日本旭硝子公司	Fluon®
比利时索尔维	Algoflon®
上海三爱富	3f®
浙江巨化	巨化牌®
山东东岳	东岳联邦®
中昊晨光	晨光®
金华永和	耐氟隆牌®
江苏梅兰	Miflon®

5.1.2 聚四氟乙烯的结构特点

聚四氟乙烯由四氟乙烯聚合而成，其分子结构为

$$\left[\begin{array}{c} \mathrm{F}\quad \mathrm{F} \\ | \quad\ | \\ -\mathrm{C}-\mathrm{C}- \\ | \quad\ | \\ \mathrm{F}\quad \mathrm{F} \end{array} \right]_n$$

聚四氟乙烯是分子结构完全对称的无枝化线性聚合物，密度为2.280～2.295g/cm^3，结晶度达93%～98%，几乎是一个完全结晶的聚合物。

在已知的高分子键中，C—F键是最牢固的键之一，键能高达460kJ/mol（110kcal/mol），大分子主碳链的周围被氟原子的紧密层包围着，使C—C主链不受一般活泼分子的侵袭。此外，氟原子体积较大，相互排斥，整个大分子链呈螺旋状，在大分子的主链上具有对称的氟原子，所以电性中和，整个分子不带极性。这种结构的特殊性，使聚四氟乙烯具有优良的耐热性、耐化学药品性和耐溶剂的稳定性、高电绝缘性、表面不粘性和润滑性，并具有极高的熔融粘度。

悬浮聚四氟乙烯和分散聚四氟乙烯的分子结构是相同的，它们的基本性能相似。

5.1.3 聚四氟乙烯的性能

1. 物理性能

聚四氟乙烯是一种高结晶度的聚合物，它的螺旋状结晶的晶格距离变化在19℃、29℃和327℃有转折点，即晶体在这三个温度左右，其体积比会发生突变。因此，19℃和327℃这两个温度的转变点，对聚四氟乙烯的加工工艺来说是很重要的。

19℃的晶体转变温度，主要对加工聚四氟乙烯坯料极为重要。用聚四氟乙烯制作薄膜或推挤电线绝缘层时，都有一个将聚四氟乙烯粉状树脂模压成坯料的过程。如果压制坯料的温度低于19℃，而当制成坯料处于19℃以上的温度时，其晶格距离就会变大，使预成型制品变形，最终导致烧结后的制品内部存在开裂。

327℃是聚四氟乙烯的熔点，严格地说，在此温度以上时，结晶结构消失，转变为透明的无定形凝胶状态，并伴随体积增大25%。这种凝胶状熔体粘度，在360℃时高达10^{10}～10^{11}Pa·s，仍然不能流动。该特性决定了聚四氟乙烯不能采取与一般热塑性树脂相同的方法（如熔融挤出）进行成型加工，而是用类似粉末冶金的加压与烧结相结合的方法加工。由于聚四氟乙烯的热导率较低，熔点左右温度时体积变化较大，所以在烧结过程中，在熔点附近加热速率必须缓慢，以使制品内外温度均匀；否则会造成制品内部存在应力，严重时甚至开裂。

聚四氟乙烯结晶度的大小，对电线的物理和力学性能有一定的影响。通常，结晶度大，聚四氟乙烯的密度也大，物理、力学性能有所提高；反之则小。所以，在加工过程中应对聚四氟乙烯的结晶度加以控制。

聚四氟乙烯的结晶度与相对分子质量大小和烧结后的冷却速度有关。在相同的冷却速率下，相对分子质量越小，越易结晶，结晶速度也越高。在相对分子质量相同的情况下，极其缓慢的冷却速度，有助于聚四氟乙烯大分子的重结晶，因而制品的结晶度高，最高可达75%左右；如果迅速冷却，能阻止无定形凝胶的重结晶，结晶度就小，但即使是最快的冷却速率，其结晶度一般也在50%左右。所以冷却速率不同，烧结后聚四氟乙烯的结晶度通常在50%～70%之间，在310～315℃温度范围内有最大的结晶速度。

悬浮聚四氟乙烯的平均分子质量约在100万以上，分散聚四氟乙烯的相对分子质量约在数十万至将近一百万。因为聚四氟乙烯不溶于任何溶剂，故无法用稀溶液粘度的方法来测定它的相对分子质量。但是，利用它的相对分子质量与密度（或结晶度）之间的关系，可以近似估算其相对分子质量：

$$\lg\overline{M}_{\mathrm{n}}=\frac{2.611-D_{\mathrm{s}}}{0.0579} \qquad (11\text{-}5\text{-}1)$$

式中 $\overline{M}_{\mathrm{n}}$——聚四氟乙烯的平均相对分子质量；

D_{s}——聚四氟乙烯制品在一定热处理条件下的密度。

从式（11-5-1）可看出，密度是相对分子质量

的函数。通过密度的测定可以比较同类制品的相对分子质量，也可以了解烧结条件是否正常。所以，在生产中可以采用测定聚四氟乙烯密度的方法，作为质量控制的手段。

图 11-5-1 所示为聚四氟乙烯的密度与结晶度之间的函数关系，图 11-5-2 所示为聚四氟乙烯的标准密度与其相对分子质量之间的关系。

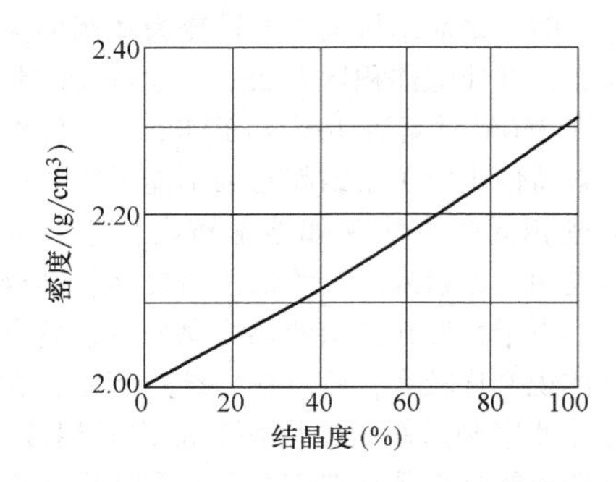

图 11-5-1 聚四氟乙烯的密度和结晶度函数的关系

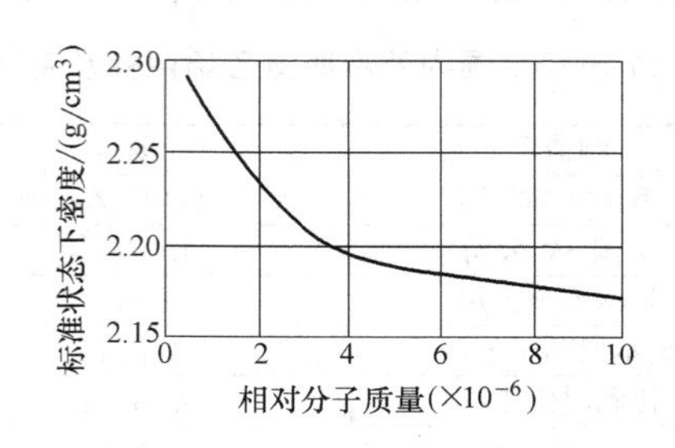

图 11-5-2 聚四氟乙烯的标准密度与其相对分子质量之间的函数关系

聚四氟乙烯是一种坚韧、柔软、没有弹性、拉伸强度适中的材料，低温性极好，当温度低至 4K（−269℃）时，在受压的情况下，聚四氟乙烯仍然具有延展性。表 11-5-11 列入了聚四氟乙烯和其他含氟热塑性塑料的性能。图 11-5-3 说明了温度对聚四氟乙烯的断裂应力和断裂伸长率的影响。

表 11-5-11 聚四氟乙烯和其他含氟热塑性塑料的性能

性能		ASTM 试验方法	PTFE	PCTFE	PVF③	PVDF	TFE-HFP	TFE-乙烯	PFA
密度/(g/cm^3)		D792	2.1~2.3	2.1	1.38~1.57*	1.76	2.16	1.70	2.15
拉伸强度(23℃)/(lbf/in^2)④		D638	2500~5800	4300~5700	9.16~19 $\times10^3$*	7000	2700~3100	6500	4200
拉伸强度(23℃)/MPa		—	17~21	30~39	66~131	48	19~22	45	29
断裂伸长率(23℃)(%)		D638	200~300	100~200	110~260*	100~300	250~350	150	300
悬臂梁冲击强度(23℃)/(ft·lbf/in)④		D256	2.0	1.2~1.3	—	3.5	2.9	—	—
挠曲温度/℃(负荷为 66lbf/in^2)④		D648	121	58	—	150	88	104	—
吸水率(%)		D570	0.005	可忽略不	<0.5	0.04	忽略不计	<0.02	0.03
摩擦系数①		—	0.09~0.12	0.4	—	—	0.08~0.425	0.4	—
介质损耗因数	60Hz	D150	>0.003	0.010	0.01(100c/s)	0.049	<0.0003	0.0006	—
	10^6Hz	D150	<0.003	0.010	0.08(10^4c/s)	0.17	<0.003	0.005	—
相对介电常数	60Hz	D150	2.1	3.0	6.8~8.5(10^3Hz)	8.4	2.1	2.6	—
	10^6Hz	D150	2.1	2.5	—	6.6	2.1	2.6	—
体积电阻率/Ω·m		D257	$>20^{20}$	10^{20}	10^{15}~10^{16}	10^{16}	$>10^{20}$	$>10^{16}$	—
介电强度②/(V/0.001in)④		D149	400~500	530	3000~6000*	260	500~600	—	—

① 聚合物对金属而言。
② 短时间在 0.080in 厚的薄片上。
③ Tedla（美国杜邦公司 PVF 的商品名，特得拉）薄膜试验，包括“*”处的不同试验方法；PFA——全氟烷氧基树脂。
④ 1lbf=4.448N，1in=0.0254m，1ft=0.3048m。

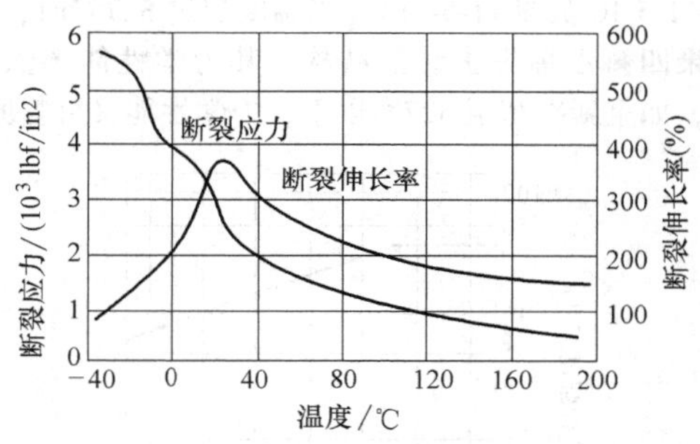

图 11-5-3 温度对聚四氟乙烯的断裂应力和断裂伸长率的影响

注：$1lbf/in^2 = 6894.76Pa$

2. 电绝缘性能

在广阔的温度和频率范围内，聚四氟乙烯具有优异的电绝缘性能。由于聚四氟乙烯分子链中的氟原子对称、均匀分布，不存在固有的偶极距，使介质损耗因数 $\tan\delta$ 和相对介电常数 ε_r，在工频到 10^9Hz 范围内变化很小（见图 11-5-4 及图 11-5-5）。

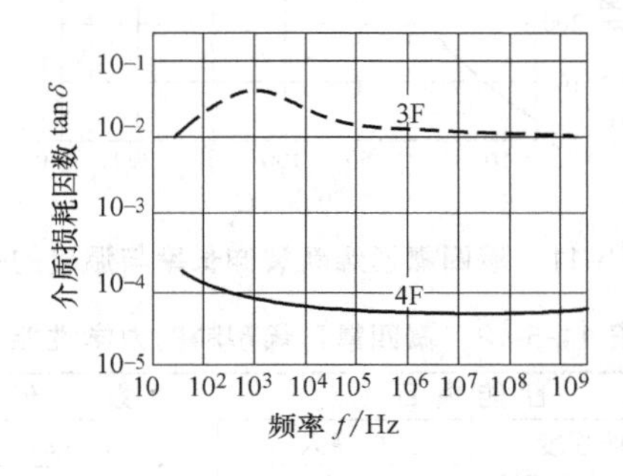

图 11-5-4 聚四氟乙烯介质损耗因数 tanδ 与频率 f 的关系

从室温到 300℃之间，聚四氟乙烯的 $\tan\delta$ 值实际变化很小，而 ε_r 随温度升高有所下降（见图 11-5-6）。

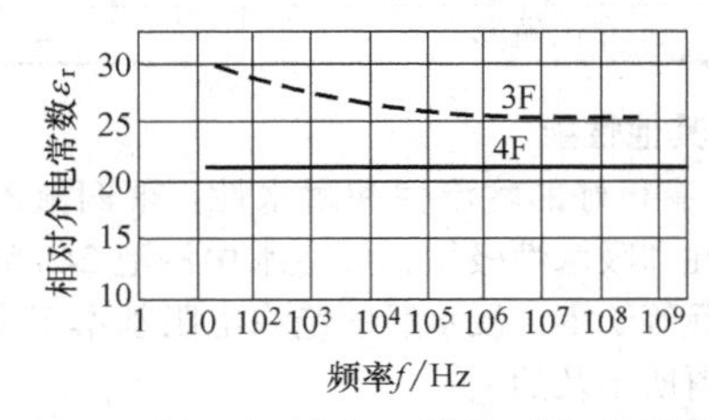

图 11-5-5 聚四氟乙烯相对介电常数 ε_r 与频率 f 的关系

聚四氟乙烯的绝缘电阻很高，其体积电阻率 ρ_v 一般大于 $10^{17}\Omega \cdot cm$，表面电阻率 ρ_s 大于 $10^{16}\Omega$，即使长期浸于水中变化也不显著，随温度变化也不大（见图 11-5-7）。

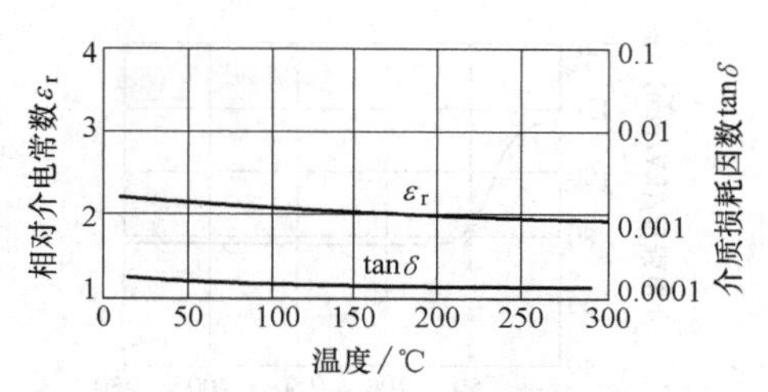

图 11-5-6 1000Hz 时聚四氟乙烯的 tanδ、ε_r 与温度的关系

聚四氟乙烯的介电强度很高，很薄的聚四氟乙烯薄膜，其介电强度可达 200kV/mm；但随着厚度的增大，介电强度逐渐降低，变化规律如图 11-5-8 所示。温度的变化对介电强度影响不大（见图 11-5-9）。

聚四氟乙烯对电弧的作用极为稳定，通常耐电弧性大于 300s。这是因为在高电压表面放电时，不会因碳化而引起短路，仅分解成气体。即使长期在露天暴露，受到尘埃雨雾的污染情况下，也不影响其绝缘性。

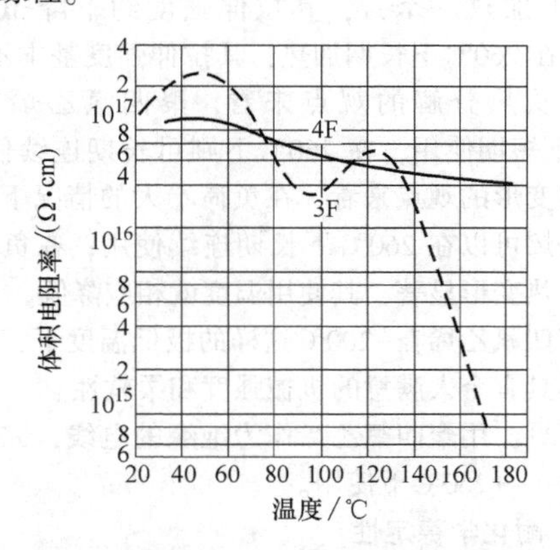

图 11-5-7 聚四氟乙烯体积电阻率与温度的关系

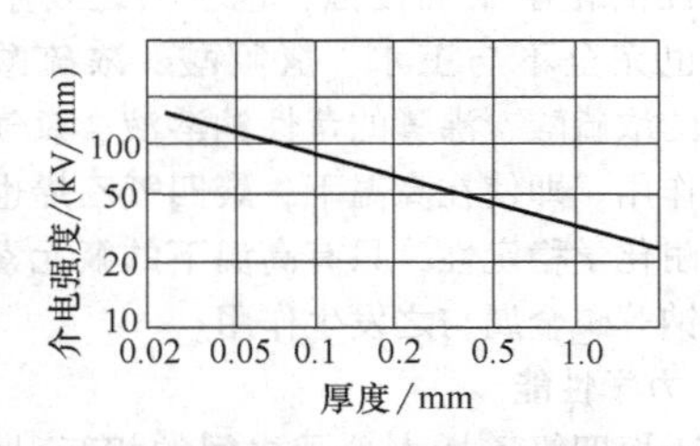

图 11-5-8 聚四氟乙烯介电强度与厚度的关系

但是，由于聚四氟乙烯中氟原子的负电性很高，1~2eV 的电子就会使其游离分解，所以它的耐电晕性不佳。

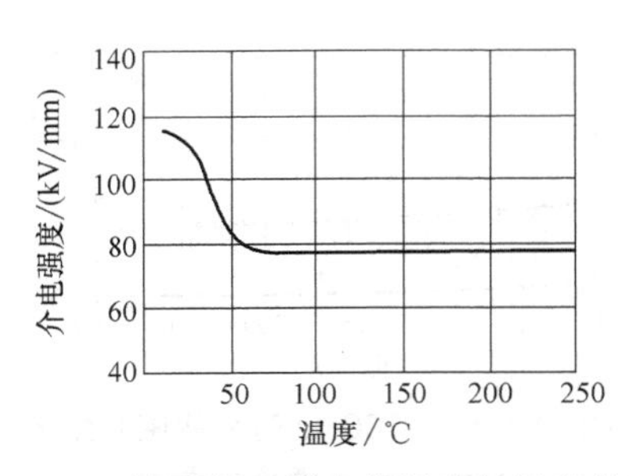

图 11-5-9 聚四氟乙烯介电强度与温度的关系

3. 热性能

聚四氟乙烯具有相当高的耐热性和耐低温性能。

聚四氟乙烯的耐热性在现有工程塑料中是很高的。它虽在200℃时开始有微量的分解物出现，但从200℃至熔点（327℃）以上温度，其分解速度仍然非常缓慢，几乎可以忽略不计；只是在400℃，才发生显著分解，每小时的重量损失约0.01%。经热分解的聚四氟乙烯，相对分子质量平均有所下降，结晶度则有所增加，拉伸强度降低。当在300℃下加热一个月，其拉伸强度约下降10%～20%；在260℃下长期加热，其拉伸强度基本不变。因此，从热分解的观点来看，聚四氟乙烯可在300℃下短期使用，在260℃下则可长期连续使用。若从热变形的观点来看，在负荷不大的情况下，聚四氟乙烯可以在260℃下长期连续使用；在负荷较大时，热变形显著，其使用温度就相应降低。

聚四氟乙烯在-200℃这样的极低温度下，不硬脆，仍具有令人满意的机械强度和柔软性。

可见，用聚四氟乙烯作为绝缘的电线，完全可以在-60～+260℃下使用。

4. 耐化学稳定性

聚四氟乙烯具有突出的耐化学稳定性。它不受强腐蚀性的化学试剂侵蚀，也不与之发生任何作用；它也完全不与王水、氢氟酸、浓硫酸、氯磺酸、热的浓硫酸、沸腾的苛性钠溶液、氯气以及过氧化氢作用。即使在高温下，聚四氟乙烯也能保持很好的耐化学稳定性，只有高温下的氟元素和熔融的钾、钠等碱金属与之发生作用。

5. 力学性能

由于聚四氟乙烯大分子之间的相互引力较小，因此它只有中等的拉伸强度。由表 11- 5-12 可以看出，聚四氟乙烯塑料的拉伸强度和断裂伸长率是符合电线电缆的使用要求的。在高温下，当温度不超过250℃时，聚四氟乙烯的力学性能变化不大（见图 11-5-10 及图 11-5-11）；当温度超过327℃时，由于聚四氟乙烯失去结晶结构，其力学性能突然变坏，如重新冷却至327℃以下，力学性能又可复原。

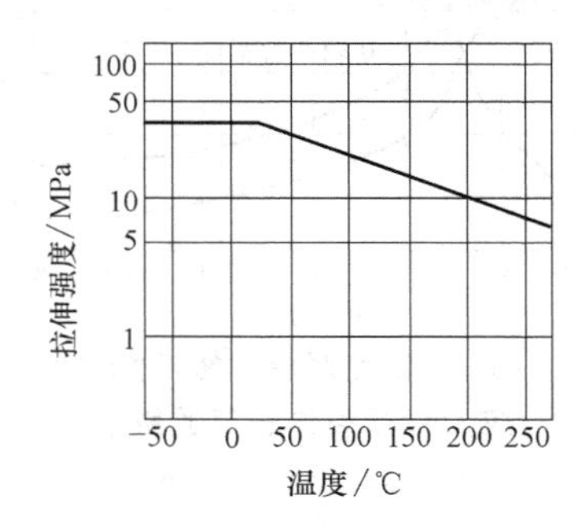

图 11-5-10 聚四氟乙烯拉伸强度与温度的关系

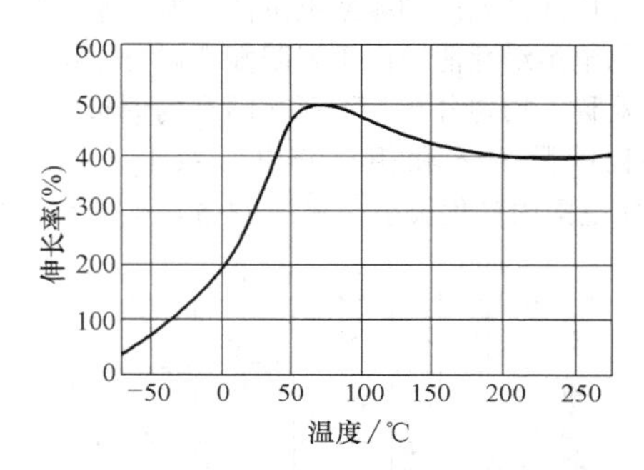

图 11-5-11 聚四氟乙烯断裂伸长率与温度的关系

表 11-5-12 聚四氟乙烯塑料的力学性能

性能项目		数值
拉伸强度（20℃±2℃）/MPa	小淬火	14～24
	淬火	16～26
断裂伸长率（20℃±2℃）(%)	不淬火	150～350
	淬火	160～300
弯曲强度/MPa		12～14
弹性模量/MPa	±2℃	470～850
	-60℃	1320～2780
布氏硬度		3～4

6. 其他性能

1）有很好的耐湿性和耐水性：聚四氟乙烯本身透湿性和吸水性极微，放在水中浸泡24h后，吸水性实际等于零，浸水后的绝缘电阻基本不变，是其他材料所不及的。

2）耐气候性优良：在大气环境中，由于聚四氟乙烯分子中不存在光敏基团，臭氧也不能与其作用，使其在炎热、高温度的热带和湿热带气候条件下，聚四氟乙烯可不加保护长期使用，性能不变。

3）耐辐照性欠佳：聚四氟乙烯在真空中，吸收剂量达10^4Gy（10^6rad）时，发生显著分解。在大气环境中，吸收剂量达 200Gy（2×10^4rad）时，伸长率就会发生变化；至 10^4Gy（10^6rad）时，拉伸强度下降为原始值的 50%，伸长率已很低。

聚四氟乙烯虽有很多优点，但作为电线电缆绝缘材料还有一些缺点，例如，聚四氟乙烯加工比较困难，工艺性能较差，不能连续挤制，生产效率低；在连续负荷作用下有冷流现象，耐切割性不良；耐电游离性能及耐辐射性能不良。因此，聚四氟乙烯的应用范围受到了限制。

5.1.4 聚四氟乙烯树脂和薄膜的技术要求

1）电线电缆用分散聚四氟乙烯树脂的技术要求见表 11-5-13（GJB 773A—2000）。

表 11-5-13 电线电缆用分散聚四氟乙烯树脂主要的技术要求

性能项目	技术指标
拉伸强度(23℃)/MPa	≥24
断裂伸长率(%)	≥200①
熔点(DSC 法)/℃	320~335
介电常数(1MHz)	1.8~2.2
介质损耗因数(1MHz)	$\leqslant2.5\times10^{-4}$
体积电阻率(23℃)/Ω·m	$\leqslant1\times10^{15}$
热老化 K_1(313℃±3℃,120h)	≥0.5
压缩比	≥500

① 无机填料、增强的耐磨聚四氟乙烯最小平均伸长率不小于 100%。

2）电线电缆用聚四氟乙烯生料带基本技术要求见表 11-5-14（GJB 773A—2000）。

3）电线电缆用聚四氟乙烯薄膜技术要求见表 11-5-15（GJB 773A—2000）。

表 11-5-14 电线电缆用聚四氟乙烯生料带基本技术要求

性能项目		技术要求
厚度公差(%)		≤±10
拉伸强度/MPa	纵向	≥10
	横向	≥1
断裂伸长率(%)	纵向	≥80
	横向	≥350
介电强度/(kV/mm)		≥30

5.1.5 聚四氟乙烯在电线电缆中的应用

聚四氟乙烯具有各种优异性能，频率范围广，高低温使用范围宽，化学稳定性优异，电绝缘强度高，机械强度高，耐大气老化性能好，因此用聚四氟乙烯绝缘的电线都具有上述优异特性。用聚四氟乙烯作为绝缘的电线广泛用于宇宙航空中的各类布线。美国的军用标准 MIL-W-22759 中大部分电线都用此类电线。其突出优点是耐温等级高达 250℃，在此温度下长期使用，其机械强度和电性能不受影响，同时低温性能优异，此电线能在低温-60℃下长期使用。其次由于聚四氟乙烯的宽频率范围，常用作同轴电缆的绝缘；以及用作热电偶线绝缘和 H 级、F 级电机引出线等。

表 11-5-15 电线电缆用聚四氟乙烯薄膜的技术要求

性能项目	技术要求
厚度公差(%)	≤±10
拉伸强度/MPa	≥28
断裂伸长率(%)	≥200
介电常数(1MHz)	1.8~2.2
介质损耗因数(1MHz)	$\leqslant2.5\times10^{-4}$
体积电阻率(23℃)/Ω·m	$\geqslant1\times10^{14}$
介电强度/(kV/mm)	≥60

5.1.6 聚四氟乙烯塑料推挤工艺要点

聚四氟乙烯的熔融粘度高达 $10^{10}\sim10^{11}$Pa·s，因此在电线生产中根本不能采用熔融螺杆挤出工艺。一般在聚四氟乙烯绝缘电线制造中采用三种工艺方法：

1）在铜导体上绕包聚四氟乙烯薄膜带，然后进行高温烧结。此种工艺不能保证绝缘层成为一个密实的整体。

2）将聚四氟乙烯分散树脂乳液涂敷在导电线芯上并进行烧结，此方法主要用于电磁线生产。

3）采用聚四氟乙烯塑料的推压挤出工艺，然后进行高温烧结。此工艺是目前聚四氟乙烯绝缘电线的最常用方法。

现就聚四氟乙烯绝缘电线的推挤工艺简介如下：

① 配料：在分散聚四氟乙烯树脂中加 20%左右的石油醚，并同时加入适量的颜料及 15%精制石英粉（有的不加石英粉，加石英粉主要改善塑料的耐磨性能）。将配好的料置于容器内，然后在振动器上混合 24h，使粉料和石油醚充分混合均匀。

有关着色用颜料的要求，应在聚四氟乙烯烧结温度及电线电缆最高允许工作温度下，具有良好的耐热稳定性，不分解，不褪色；不严重影响绝缘的各项性能，特别是对电绝缘性能的影响要小；且应具有着色性好，色泽鲜艳，在聚四氟乙烯中分散性好、迁移性好、不沾污模具的特点。常用的着色剂及其用量见表 11-5-16。

表 11-5-16 聚四氟乙烯塑料的着色剂及其用量

色谱	颜料名称	用量(重量份)
红	钛白+镉红	0.1+0.5
黄	钛白+奶黄	0.1+0.75
蓝	钛白+天蓝	0.1+0.4
绿	钛白+铬绿	0.1+0.4
白	钛白	0.3
黑	钛白+炭黑	0.1+0.3
橙	钛白+镉红+奶黄	0.1+0.1+0.5
褐	钛白+咖啡	0.1+0.5
紫	钛白+RN 永固紫	0.1+0.5
粉红	钛白+镉红	0.1+0.2
灰	钛白+炭黑	0.1+0.001

② 制作坯料：将混合后的配料放在圆柱形模子中进行预成型。由于聚四氟乙烯绝缘电线绝缘层外层及其与导电线芯接触的一层，由不加石英粉的聚四氟乙烯组成，中间一层则加有石英粉，故预成型时也应制成中间层混有石英粉的聚四氟乙烯坯料，然后在模具中加压 3.5MPa 保持 15min，制成坯体。

③ 推挤绝缘：把坯体装入挤压机的料筒进行冷挤。挤出模具有挤压式和挤管式两种，但挤管式所制得的绝缘层与导体之间包覆较松，易收缩，故常采用挤压式。采用挤压式时，要特别注意模套和模芯的间隙调节，合理控制推挤压力，否则易造成绝缘层中存在内裂纹；模具温度一般控制在 50~60℃。

④ 烘干：冷挤后的电线应先烘干，烘干即助挤剂的挥发。在烘干阶段必须使助挤剂逐步地充分挥发掉。如果烧结速度太快，助挤剂未充分地逸出，电线即进入烧结区，烧结后的电线会产生纵向开裂，造成电压的击穿。一般烘干温度控制在 100~300℃。

⑤ 烧结：烧结温度应高于树脂的熔点 327℃，烧结温度根据绝缘的厚度而定。一般对于薄壁绝缘层，烧结温度控制在 400~420℃，对于厚壁绝缘层，温度控制在 360~380℃。烧结温度过高会造成绝缘的老化或热分解，使绝缘层的电气性能和力学性能降低。如果过低，则孔隙无法完全消除，同样也会使绝缘性能变差。

烧结过程是一种物理过程，未经烧结的聚四氟乙烯大分子是一种晶区与处于高弹态的非晶区的混合物。当温度达到 327℃时晶区开始消失，转变成无定型的胶态，这时大分子链开始扩散，同时也有分子链的松弛过程，最佳的烧结温度可以使分子链的扩散过程迅速地进行。分子链的运动结果，填补了助剂挥发所留下来的孔隙，消除了树脂颗粒因推挤过程中定向纤维化等所产生的内应力，使树脂分界面消失，大分子紧密地连在一起。适当地提高温度，有利于扩散过程的进行，但是由于聚四氟乙烯的导热性差，在绝缘层中容易产生很大的温度梯度，也就是说温度过高，烧结速度不恰当地加快，会使绝缘表面分解，而其内表面尚未“烧熟”，这种绝缘层外表面过烧而内表面烧结不足的现象，导致绝缘层纵向开裂。因此对于厚壁的绝缘产品，烧结时一般适当地采用较低的温度、较低的速度，绝缘层的质量较好。

⑥ 冷却：为使处于烧结的聚四氟乙烯结晶终止并定型，必须进行冷却，冷却速度的快慢直接影响绝缘层的结晶和收缩率，同时也与绝缘层中的应力有关系。一般来说冷却速度快，使绝缘层的结晶率低，收缩率小，这对电线电缆产品是有益的。但是不适当地快速冷却，因绝缘层内外的温度梯度太大而导致应力增加，严重时也会造成应力开裂。260℃时聚四氟乙烯的结晶终止，因此一般把冷却温度定为 260℃以下至室温。

5.2 聚全氟乙丙烯

聚全氟乙丙烯简称 F-46，是四氟乙烯和六氟丙烯的共聚物，六氟丙烯的质量分数约为 15%，是聚四氟乙烯的改性材料。

F-46 树脂既具有与聚四氟乙烯相似的特性，又具有热塑性塑料的良好加工性能，因而它弥补了聚四氟乙烯加工困难的不足，使其成为代替聚四氟乙烯的材料，在电线电缆生产中广泛应用于高温高频下使用的电子设备传输电线、电子计算机内部的连接线、航空宇宙用电线及其特种用途安装线、油泵电缆和潜油泵电机绕组线的绝缘层。

根据加工需要，F-46 可分为粒料、分散液和漆料三种。其中，粒料按其熔融指数不同，可供模压、挤出和注射成型用；分散液供浸渍烧结用；漆料供喷涂等用。

5.2.1 聚全氟乙丙烯的结构特点

F-46 树脂和聚四氟乙烯一样，也是完全氟化的结构，不同的是聚四氟乙烯主链的部分氟原子被三氟甲基（—CF_3）所取代，结构式如下：

```
                    F                   F
                    |                   |
 F  F  F  F—C—F  F  F  F—C—F
 |  |  |            |  |  |             |
—C—C—C——C——C—C——C—
 |  |  |      |      |  |      |
 F  F  F      F      F  F      F
```

由此可见，F-46树脂和聚四氟乙烯虽都由碳、氟元素组成，碳链周围完全被氟原子包围着，但F-46大分子的主链上有分支和侧链。这种结构上的差别对于材料在长期应力下的温度范围上限来看，有很大的影响，F-46的上限温度为200℃，而聚四氟乙烯的最高使用温度是260℃。但是，这种结构上的差别，却使F-46树脂具有相当确定的熔点，并可用一般的热塑性加工方法成型加工，使加工工艺大为简化，这是聚四氟乙烯所不具备的。这便是用六氟丙烯改性聚四氟乙烯的主要目的。

5.2.2 聚全氟乙丙烯的性能

F-46中六氟丙烯的含量对共聚体的性能有一定的影响。目前生产的F-46树脂的六氟丙烯的含量，通常为14%~25%（质量分数）。

1. 物理性能

F-46树脂的相对分子质量，目前尚无可行的测定方法。但它在380℃时的熔融粘度要比聚四氟乙烯低，为$10^3 \sim 10^4$Pa·s。可见F-46的相对分子质量比聚四氟乙烯低得多。

F-46的熔点随共聚体的组分不同而有一定的差异，共聚体中六氟丙烯的含量增加时，熔点变低。按差热分析法所测得的结果，国产F-46树脂的熔点大多在250~270℃之间，比聚四氟乙烯低。

F-46树脂是一种结晶性高聚物，结晶度比聚四氟乙烯低一些。当F-46熔体缓慢冷却到晶体熔点以下温度时，大分子重新进行结晶，结晶度在50%~60%之间；当熔体以淬火方式迅速冷却时，结晶度较小，在40%~50%之间。F-46的晶体结构形态均为球晶结构，并随树脂和加工成型温度及热处理方式的不同而有一定的差异。

2. 电绝缘性能

F-46的电绝缘性能和聚四氟乙烯十分相近。它的介电常数从低温到最高工作温度，从50Hz到10^{10}Hz超高频的广阔范围内几乎不变，仅2.1左右。介质损耗因数随频率的变化则有些变化（见图11-5-12），但随温度变化不大。

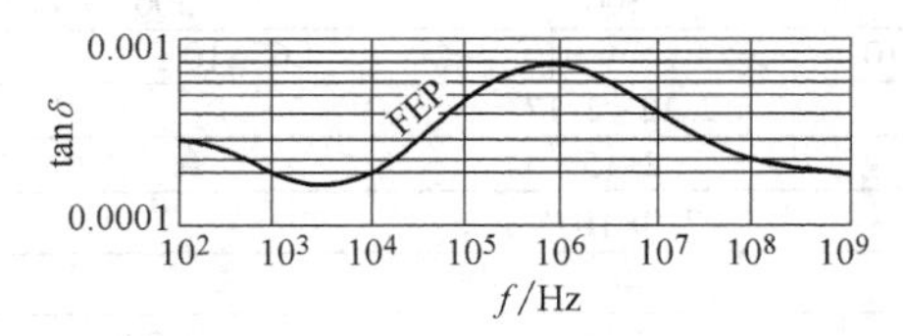

图11-5-12 F-46的tanδ与频率f的关系（23℃）

F-46树脂的体积电阻率很高，一般大于10^{15}Ω·m，且随温度变化甚微，也不受水和潮气的影响。耐电弧大于165s。

F-46的介电强度随厚度的减少而提高，当厚度大于1mm时，介电强度在30kV/mm以上，但不随温度的变化而变化。

3. 热性能

F-46树脂的耐热性能仅次于聚四氟乙烯，能在-85~200℃的温度范围内连续使用。即使在-200℃和+260℃的极限情况下，其性能也不恶化，可以短时间使用。

F-46树脂的热分解温度高于熔点温度，在400℃以上才发生显著的热分解，分解产物主要是四氟乙烯和六氟丙烯。由于F-46大分子通常带有的 $-\overset{\overset{\displaystyle O}{\|}}{C}-F$ 、 $-\underset{\underset{\displaystyle F}{|}}{\overset{\overset{\displaystyle F}{|}}{C}}-H$ 等端基在熔点以上温度时也会分解，因此在300℃以上进行加工时也必须注意适当的通风。F-46在熔点温度以下是相当稳定的，但在200℃高温下机械强度损失较大。图11-5-13是F-46树脂的熔融指数在恒温下的瞬时变化情况，熔融指数表示F-46在372℃，5000g重力下，10min内流过规定孔径的克数，因此，可用熔融指数的增加来分析熔体粘度的减小及共聚物发生热分解的情况。图11-5-14是F-46与F-4绝缘电线的寿命曲线。

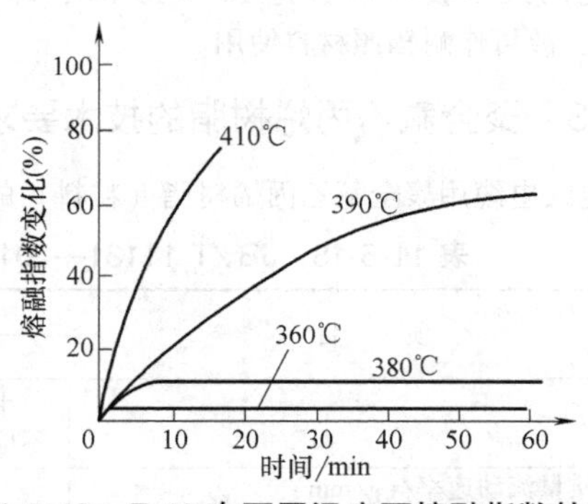

图11-5-13 F-46在不同温度下熔融指数的变化

F-46在-250℃时仍不完全硬脆，还保持有很小的伸长率和一定的曲挠性，比聚四氟乙烯甚至更好些，是其他所有各类塑料所不及的。

4. 耐化学稳定性

F-46与聚四氟乙烯相似，具有优异的耐化学稳定性。除与高温下的氟元素、熔融的碱金属和三氟化氯等发生反应外，与其他化学药品接触时均不被腐蚀。

5. 力学性能

F-46 与聚四氟乙烯相比，硬度及拉伸强度略有提高，摩擦系数也比聚四氟乙烯略大。常温下，F-46 具有较好的耐蠕变性能；但当温度高于 100℃时，耐蠕变性能反而不及聚四氟乙烯。

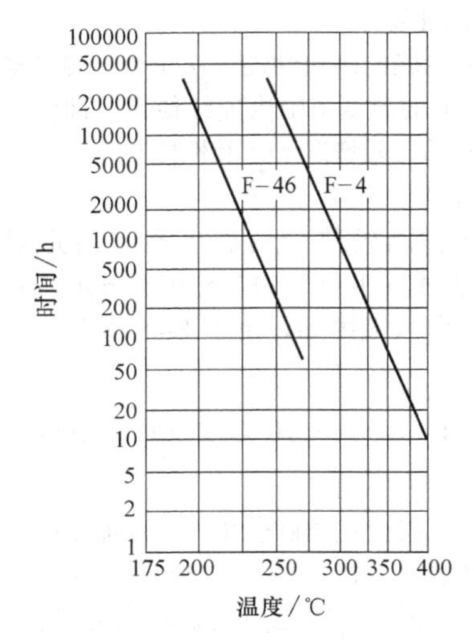

图 11-5-14 F-46 和 F-4 绝缘电线的寿命曲线

6. 其他性能

F-46 树脂在大气中抗氧化性能非常好，耐大气稳定性高。F-46 的耐辐照性要比聚四氟乙烯好，略逊于聚乙烯。在空气中和室温下，F-46 开始出现性能变化的最小吸收剂量为 $10^5 \sim 10^6$rad，即 $10^3 \sim 10^4$Gy，故可作耐辐照材料使用。

5.2.3 聚全氟乙丙烯树脂的技术要求

电线电缆用聚全氟乙丙烯树脂（粒料）的技术要求见表 11-5-17（GJB 773A—2000），JB/T 11131—2011《电线电缆用聚全氟乙丙烯树脂》的技术要求见表 11-5-18，材料的选用范围更宽。国产 F-46 基本上可符合表 11-5-18 的要求。

表 11-5-17 中的两种 FEP 型号分别适用于做不同规格的电线绝缘。FEP460 相当于美国杜邦公司的产品 Teflon FEP100，该型号的树脂有较好的工艺性能，但耐开裂性能一般，适用于耐开裂性能要求不高的电线绝缘，航空线中一般用作小线径电线的绝缘，如标称截面面积在 0.3mm² 及以下的电线。FEP461 是一种耐开裂性能较好的树脂，相当于美国杜邦公司的产品 Teflon FEP140，适用于耐开裂性能要求较高的电线绝缘，航空线中标称截面面积在 0.5mm² 及以上的规格都应用此型号树脂作为绝缘和护层。F-46 树脂选择的基本要素是挤出工艺良好、性能符合相关线缆产品绝缘和护套的机械电气性能要求。

表 11-5-17 电线电缆用 F-46 树脂（粒料）的技术要求（GJB 773A—2000）

性能项目		技术要求	
		FEP460	FEP461
熔体质量流动速率/(g/10min)		0.41~1.00	0.21~0.40
拉伸强度(25℃)/MPa	≥	21	25
断裂伸长率(%)	≥	300	300
熔点/℃		255~266	255~266
比挥发度(%)	≤	0.1	0.1
耐应力开裂(弯条法)		—	10 根试样全不开裂
相对介电常数(1MHz)		2.0~2.2	2.0~2.2
介质损耗因数(1MHz)	≤	7×10^{-4}	7×10^{-4}
体积电阻率/Ω·cm	≥	1×10^{14}	1×10^{14}

表 11-5-18 JB/T 11131—2011《电线电缆用聚全氟乙丙烯树脂》的技术要求

项目			技术要求		
			FEP W-1	FEP W-2	FEP W-3
外观			半透明颗粒，其中不应夹带金属屑和砂粒等杂质，含有可见黑点的粒子不应超过 0.1%		
熔体质量流动速率/(g/min)			>12.0	4.0~12.0	2.1~3.9
拉伸强度/MPa		≥	21.0	23.0	28.0
断裂伸长率(%)		≥	275	300	300
熔点/℃			260±10		265±10
密度/(g/cm³)			2.12~2.17		
介电常数		≤	2.15		
介质损耗因数		≤	7.0×10^{-4}		
介电强度/(kV/mm)		≥	40		
挥发分(%)		≤	0.30	0.20	0.20
耐热应力开裂			—	—	不开裂
热老化性能(232℃,168h)	拉伸强度最小保留率(%)		80		
	断裂伸长率最小保留率(%)		80		

5.2.4　聚全氟乙丙烯挤出工艺要点

F-46具有较好的加工工艺性能，可采用通常的挤出法包覆电线电缆的绝缘层。为了正确设计挤出机和模具，控制和掌握F-46树脂的加工条件，首先应了解F-46的流变性能。图11-5-15所示为F-46在390℃温度下剪切应力与剪切速率的关系。图中曲线的斜率表示其粘度，随剪切速率增加而下降；曲线A处的剪切速率为200s^{-1}，是F-46的临界剪切速率。如果剪切速率超过此数值，就会引起塑料流动的不均匀，结果使制品表面粗糙，无光泽并起层。F-46的临界剪切速率值与聚乙烯、尼龙相比相差悬殊，因而熔融破裂问题尤为严重。F-46树脂在加工中有两个特征，即具有熔融破裂的倾向和熔融状态时有特高的可拉伸性。为了在电线电缆生产中尽量消除或改善熔融破裂和提高生产率，通常采取以下措施：第一，采用挤管式模具，扩大模子的开口，以减慢聚合物在模口的流速，使之在低于临界剪切速率的适中挤出速度下挤出树脂，并提高生产率；第二，在不致使树脂分解的前提下，尽可能提高熔融树脂的温度，以降低树脂粘度，从而提高其临界剪切速率。

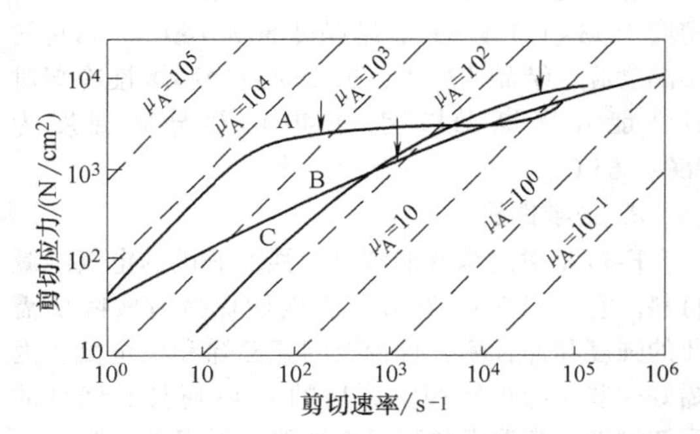

图11-5-15　F-46的剪切应力和剪切速率的关系（390℃）

A—聚全氟乙丙烯　B—聚乙烯　C—尼龙66

（图中虚线为等粘度线，粘度单位为Pa·s；↓处为熔融破裂点）

1. 挤出机螺杆的主要参数

F-46的挤出机，采用单头全螺纹、等距、突变压缩型螺杆。为保证F-46树脂的充分塑化，螺杆的均化区长度通常占螺杆全长的25%左右；螺杆顶端呈圆锥形，以防止树脂的停滞和分解。螺杆的主要技术参数如下：

长径比 L/D	20
螺距	$1D$
加料区长度	$15.5D$
压缩区长度	$0.5D$
均化区长度	$4D$
螺纹宽度	$0.1D$
加料区螺纹槽深（h_1）	$1/6D$
均化区螺纹槽深（h_2）	$1/18D$
压缩比（h_1/h_2）	3

2. F-46绝缘电线挤出工艺要点

1）供料：F-46挤出前，先在120℃下预烘3h左右为宜。

2）导电线芯预热：为保证挤出的F-46绝缘层内外温度均一，导电线芯应预热至300~350℃。

3）挤出机的温度分布：挤出机一般以280（进料口）~380℃（机头）直线上升的温度分布为好；机头温度波动范围不大于±5℃，并应在不致使树脂分解的前提下，尽量提高机头温度，以降低树脂的熔融粘度。挤出机机身（自进料口至机头）、机头、模套的参考温度如下：

机身	第一段	280~310℃
	第二段	310~330℃
	第三段	340~360℃
	第四段	360~380℃
机头		380℃
模套		380~410℃

4）模套的拉伸比：宜选择在50~200范围内。

5）螺杆的转速：协同温度将螺杆转速调好后，在F-46树脂挤出加工过程中不要变动频繁，如有必要可稍加调整。螺杆转速应随导电线芯截面的大小而有所不同，一般可取5~15r/min。

6）模具模口保温：保温区应布满整个拉伸区，保温温度在350~380℃，以避免F-46的锥体成型之前，由于表面骤冷而形成应力，从而导致绝缘开裂。

7）绝缘电线冷却：从挤出机挤出后的电线采用水冷。模口与水槽距离以较近为宜，建议不大于20cm。

8）设置滤网：为改善F-46树脂的塑化和混合质量，增加反压力，挤出机螺杆端部应加2~3层滤网为宜。

9）每批F-46材料应力求以最佳情况挤出，保证塑化良好，锥体透亮，无气泡，表面光滑，锥体与模套间无“眼屎”。每批料要做好工艺记录，以便积累资料和工艺数据，有利于质量分析。

F-46绝缘电线在树脂质量不佳和挤出工艺不当时，绝缘层会发生开裂现象，其主要原因是：

① 绝缘层有内应力。产生内应力的原因很多，例如加工过程中树脂组成不均所引起的塑化不良和加工工艺不当等。

② 绝缘中大球晶、片晶交界面联系分子链少，或球晶过大、脆弱。

③ 不稳定基团产生的大分子的断链。

④ 树脂相对分子质量过小或分布过宽，使材料承受强度降低。

⑤ 六氟丙烯含量过低，组成分布不均匀。

对于F-46的开裂问题，如果选用质量符合表11-5-18中规定要求的树脂和上述推荐的工艺条件，可以得到减轻和避免。此外，在80℃隔绝氧气的情况下，以2.6×10^4Gy（2.6×10^6rad）的吸收剂量照射后，F-46绝缘电线的开裂问题也能得到改善。

5.2.5 聚全氟乙丙烯在电线电缆中的应用

聚全氟乙丙烯树脂具有与聚四氟乙烯相似的特性，又有热塑性材料的良好加工工艺，因而使之成为代替聚四氟乙烯的重要材料。F-46在电线电缆生产中广泛应用于高温高频下使用的电子设备传输线，电子计算机内部的连接线，航空宇宙用电线，及其他特种用途电力电缆、安装线、油矿测井电缆、潜油电机绕组线、微电机引出线等。

国内外主要生产厂家及商品代号见表11-5-19。

表11-5-19 F-46主要生产厂家及商品代号

生产厂家	商品代号
美国Du Pont公司	Teflon FEP100
	FEP110
	FEP120
	FEP140
	FEP160
济南化工厂	F-46
中国科学院上海有机化学研究所	F-46
上海三爱富公司	F-46

5.3 四氟乙烯-乙烯共聚物

四氟乙烯-乙烯共聚物（ETFE）是分子式中含有—C_2F_4—C_2H_4—结构的线性聚合物，简称F-40。

最初，F-40纯属四氟乙烯和乙烯经共聚而得的材料，但此共聚物熔点较高，流动性欠佳，加工性能差，影响了使用。为了克服这些缺点，在共聚体系中，引入了少量的第三单体，如全氟（丙基乙烯基）醚等，以破坏其结晶性，使F-40的熔点稍有降低，熔融时流动性能得到改善，它的加工性能与一般的热塑性塑料无大区别；又因它的性能优良，成本低，为F-40的广泛应用开辟了新的途径。在电线电缆生产中，F-40成为代替聚全氟乙丙烯的材料，用于各种仪器仪表的连接线、航空用电线及其他特种用途的电线电缆。

5.3.1 四氟乙烯-乙烯共聚物的结构特点

F-40是四氟乙烯与乙烯的共聚物，其分子结构如下：

$$\left[-\overset{\displaystyle F}{\underset{\displaystyle F}{\overset{|}{\underset{|}{C}}}}-\overset{\displaystyle F}{\underset{\displaystyle F}{\overset{|}{\underset{|}{C}}}}- \right]_m \qquad \left[-\overset{\displaystyle H}{\underset{\displaystyle H}{\overset{|}{\underset{|}{C}}}}-\overset{\displaystyle H}{\underset{\displaystyle H}{\overset{|}{\underset{|}{C}}}}- \right]_n$$

从F-40结构式可见，F-40树脂的大分子是聚四氟乙烯的长碳链和乙烯长碳链组成的线性聚合物。这种聚合物的结构具有较高的规整性，因此结晶度高，熔点也高，使F-40的成型加工十分困难。为了改善F-40的工艺性能，需在共聚体系中，引入少量第三单体，以破坏其分子结构的规整性。

5.3.2 四氟乙烯-乙烯共聚物的性能

1. 物理性能

F-40是一种结晶性高聚物，熔点265~270℃，密度1.73~1.75g/cm^3，结晶度50%~60%。因它的结晶度高，结晶速度大，加工时急冷和缓慢冷却对其性能几乎毫无影响，F-40的热分解温度为360~365℃。

2. 力学性能

F-40是电绝缘性能和机械强度兼优的电气绝缘材料。它在-200~180℃范围内能保持有实际所需要的强度和伸长率，且较聚四氟乙烯和聚全氟乙丙烯好一些。经过辐照交联后的F-40还具有优良的耐切割性，高温下的耐蠕变性能和低温下的耐冲击性能均优于聚四氟乙烯。

3. 电气性能

F-40的电绝缘性能仅次于聚四氟乙烯和F-46树脂，介电系数ε_r在1000Hz时为2.6，当频率在1MHz以上时，ε_r反而有变小的倾向，而且随温度变化很稳定。F-40的介质损耗因数$\tan\delta$在1000Hz时为0.008，它与频率的变化关系，与聚四氟乙烯及F-46相同，在10^8Hz附近有极大值，而曲线两侧比较小。F-40绝缘电阻很高，随温度的变化很小，室温时体积电阻率可达到$10^{14}\Omega\cdot$cm。它的介电强度与F-40相仿，随温度变化较小。

4. 化学性质

F-40树脂与其他氟塑料一样，耐化学药品性是卓越的，对一部分代表性药品的浸渍试验结果表明，仅对高温的卤素系列溶剂、酯类有稍微溶胀，而对大部分试剂显示了极大的耐受性。F-40的其他化学性质（如吸水率、气体透过系数、透湿率等）都与聚乙烯、聚丙烯极为相似，耐大气老化性能优良，耐辐照性能也好。

5. 耐热性

F-40的耐热性较好，最高使用温度为180℃，经过辐照交联后连续使用温度可达到200℃，最低使用温度为-190℃。在180℃温度下长期老化10年，其伸长率仅下降至原始值的一半。

5.3.3 四氟乙烯-乙烯共聚物的技术要求

电线电缆用F-40树脂（粒料）的技术要求见表11-5-20。

表11-5-20 电线电缆用F-40树脂（粒料）的技术要求

项目			单位	指标
熔融指数			g/10min	0.8~1.3
拉伸强度		≥	MPa	40
断裂伸长率		≥	%	300
体积电阻率		≥	Ω·cm	10^{15}
相对介电常数($60\sim10^9$Hz)				2.426
介质损耗因数	10^3Hz			0.0005
	10^6Hz			0.0032
	10^9Hz			0.01
介电强度		>	V/25μm	700

5.3.4 四氟乙烯-乙烯共聚物的挤出工艺要点

F-40在成型温度下的粘度和流动活化能是氟塑料中最低的一种，300~330℃时的熔融粘度为$10^2\sim10^4$Pa·s，流动活化能为44.4kJ/mol（10.6kcal/mol），所以有特好的加工性能，可用一般的热塑性塑料加工方法，挤出、注射、模压形成复杂壁厚而口径大的管子、薄膜、电线电缆绝缘、热收缩管和化工设备的衬里，电器部件、衬垫和各种密封件等。F-40绝缘电线常采用熔融挤出法加工，其标准挤出成型条件如下：

螺杆直径 D		30mm
长径比 L/D		22
压缩比		2.6
机身温度	第一段	240℃
	第二段	270℃
	第三段	295℃
模具温度		350~360℃

综上所述，因为F-40的电线绝缘性能和F-46相近，机械强度高，且耐应力开裂性好，重量轻，成本低，可用电子束辐照交联，既提高了使用温度，又提高了机械强度，故用它作为电线电缆的绝缘材料显示了很大的优点，用于电子工业、宇航工业和其他特殊环境的F-40绝缘电线，数量正在迅速地增加。

5.3.5 四氟乙烯-乙烯共聚物电线的辐照交联

F-40树脂是一种线性的高分子聚合物，在一定程度上对环境应力开裂和热应力开裂抵抗性是极其有限的，耐开裂性能亚于F-46。因此用一般的F-40树脂作为电线的绝缘层耐开裂性能是不够理想的。为了改善此类电线的耐开裂性，一般对此电线进行交联改性。F-40绝缘电线的交联通常用辐照交联法。当F-40材料有多官能单体存在时，经高能电子束的照射，F-40的大分子链之间可相互联结形成网状结构，成为不溶不熔的热固性材料，使电线的绝缘层具有高度的抗开裂性，并提高了耐热性，电线的耐热温度提高到200℃。因此，国外的F-40绝缘电线普遍采用辐照交联改性，美国的军用标准MIL-W-22759中有明确的规定。经研究表明，F-40的辐照交联并不一定需要多官能单体的存在。在没有多官能单体时，F-40也能得到满意的辐照交联效果，因此F-40辐照交联技术必将得到广泛应用。

5.3.6 四氟乙烯-乙烯共聚物在电线电缆中的应用

F-40是电线电缆工业中近几年来采用的新材料，由于它的工艺性能好，辐照改性后的电线各种性能优越，使之用途十分广泛，主要用作航空电线、各类仪器仪表的连接线、耐辐照电线、宇宙飞船用电线、油矿测井电缆，及其他有高温要求的各种信号传输线等。

5.3.7 国外主要商品名和生产厂家

国外F-40主要商品名和生产厂家见表11-5-21。

表11-5-21 国外F-40主要生产厂家及商品名

商品名	公司	国家
Tefzel ETFE200、280等	Du Pont	美国
Dyneon ET 6210AZ等	3M	美国
Fluon C55AP等	AGC	日本
Neoflon EP-506等	Daikin	日本

5.4 四氟乙烯-全氟烷基乙烯基醚共聚物

四氟乙烯-全氟烷基乙烯基醚共聚物是由全氟烷基乙烯基醚改性聚四氟乙烯而得的树脂，简称PFA。它改善了聚四氟乙烯加工困难的缺点，又使其性能和长期使用温度基本接近或保持聚四氟乙烯的水平。

5.4.1 四氟乙烯-全氟烷基乙烯基醚共聚物的结构特点

PFA树脂的分子结构如下：

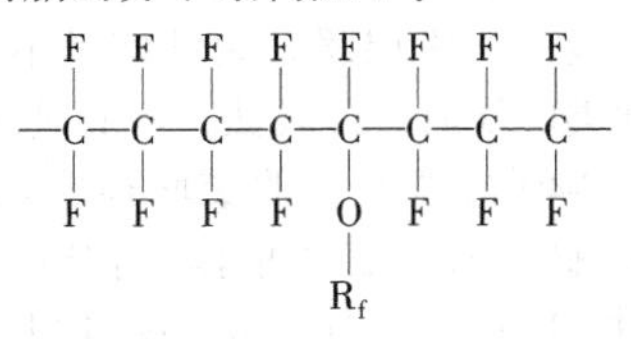

从PFA树脂的分子结构可以看出，具有聚四氟乙烯相似的氟-碳骨架，但含有部分全氟烷基醚侧链（$-OR_f$）。这种全氟烷氧基侧链较F-46树脂分子结构中的$-CF_3$侧链长得多，并通过氧原子结合构成特异分子结构，而侧链数却又比F-46中的$-CF_3$少得多，因此PFA具有明显的熔点，能够熔融加工，但又保持了聚四氟乙烯的全部特点，故称为"可熔性聚四氟乙烯"。

PFA树脂的熔点为302~310℃，介于F-4和F-46之间，密度为2.1~2.2g/cm^3。

5.4.2 四氟乙烯-全氟烷基乙烯基醚共聚物的性能

1. 力学特性

PFA树脂在室温下的机械强度与F-4和F-46相仿，但高温（250℃）时却高于后两者，坚韧而柔软，使PFA树脂的力学性能非常突出。表11-5-22列出了PFA、TFE、FEP三者的比较值。

表11-5-22 氟塑料力学性能比较

项目		Teflon PFA		Teflon TFE	Teflon FEP
		TE-9704	TE-9705		160
拉伸强度/MPa	23℃	28	30	28~35	30
	100℃		24	—	—
	250℃		11	8.5	2.1
断裂伸长率(%)	23℃	300	300	300	300
	100℃		380	—	—
	250℃		500	250	250
弯曲弹性率	23℃	670	700	300~650	700
	250℃		60	30	20
弯曲寿命(0.18~0.20mm)/次		500	300000~500000	—	—
邵氏硬度		63~66	—	59~63	63~66

2. 电气特性

PFA树脂的电绝缘性能几乎与聚四氟乙烯无什么差别，其$\tan\delta$和ε受频率的影响很小，介电特性优良。表11-5-23为PFA、TFE和FEP三种氟塑料的电性能比较。

表11-5-23 氟塑料的电性能比较

项目		Teflon PFA	Teflon TFE	Teflon FEP
体积电阻率/Ω·cm		$>10^{18}$	$>10^{18}$	$>10^{18}$
表面电阻率/Ω		$>10^{16}$	$>10^{16}$	$>10^{16}$
相对介电常数	60Hz	2.1	<2.1	2.1
	10^3Hz	2.1	<2.1	2.1
	10^6Hz	2.1	<2.1	2.1
介质损耗因数	60Hz	0.0002	<0.0002	<0.0002
	10^3Hz	0.0002	<0.0002	<0.0002
	10^6Hz	0.0003	<0.0002	<0.0005
介电强度/(kV/0.1mm)		8	7	8

3. 耐热性能

PFA树脂的熔点在F-4和F-46之间，使用温度与F-4相同，为260℃，即使在285℃下经过了2500h后，仍能保持原有力学性能，显示了它优异的热稳定性能。

4. 耐化学性和其他特性

PFA树脂的耐化学药品性能优良，与F-4和F-46树脂的化学稳定性相同。PFA树脂具有不粘、不燃、低摩擦系数和耐环境应力开裂的优点。

5.4.3 四氟乙烯-全氟烷基乙烯基醚共聚物的技术要求

电线电缆用PFA树脂（粒料）的技术要求见表11-5-24。表11-5-25和表11-5-26分别表示国产和日本产PFA的性能。

表 11-5-24　电线电缆用 PFA 树脂（粒料）的技术要求

性能项目		技术要求
拉伸强度(25℃)/MPa	≥	28
断裂伸长率(%)	≥	300
相对介电常数(1MHz)		2.0~2.2
介质损耗因数(1MHz)	≤	1×10^{-3}
体积电阻率/Ω·cm	≥	1×10^{-16}

表 11-5-25　上海有机氟材料研究所可熔性聚四氟乙烯（PFA）的性能

指标名称	F4100G	F4100D
密度/(g/cm^3)	2.12~2.17	2.12~2.17
熔融指数/(g/10min)	1~3	7~12
熔点/℃	302~310	302~310
拉伸强度/MPa	27	22
伸长率(%)	300	275
体积电阻率/Ω·cm	10^{17}	10^{17}
相对介电常数(1MHz)	2.2	2.2
介质损耗因数(1MHz)	0.0005	0.0005

表 11-5-26　日本三井氟化学工业公司可熔性聚四氟乙烯（PFA）的性能

指标名称	PFA340	PFA350
密度/(g/cm^3)	2.12~2.17	2.12-2.17
熔融指数/(g/10min)	9~12	1.8
熔点/℃	302~310	302~310
拉伸强度/MPa	28	30
伸长率(%)	300	300
体积电阻率/Ω·cm	10^{18}	10^{18}
相对介电常数(1MHz)	2.1	2.1
介质损耗因数(1MHz)	$(2\sim3)\times10^{-4}$	$(2\sim3)\times10^{-4}$

5.4.4　四氟乙烯-全氟烷基乙烯基醚共聚物的挤出工艺要点

PFA 树脂与聚四氟乙烯相比，除基本保持了聚四氟乙烯的各种特性外，主要易于加工，在熔点以上能熔融流动，可用挤出和模塑等方法加工。因而，凡要求具有聚四氟乙烯特性而用聚四氟乙烯不能或难以加工者，都可用 PFA 树脂代替。挤制 PFA 树脂的挤塑机与 F-46 相同，在电线绝缘挤出中，PFA 树脂的熔融温度在 340~430℃的范围内，一般认为 390~400℃较宜。当树脂的熔体温度≥415℃时，分解速率变大，所以，PFA 的加工温度不宜超过 425℃。

PFA 在电线电缆挤出加工中所用的模具与 F-46 树脂相同，宜采用挤管式拉伸模具。

5.4.5　四氟乙烯-全氟烷基乙烯基醚共聚物在电线电缆中的应用

PFA 树脂的基本特性与聚四氟乙烯相同，但能用熔融挤出法加工。因此，在电线电缆产品中凡要求具有聚四氟乙烯特性而用聚四氟乙烯不能加工者，都可以用 PFA 树脂代替。电线电缆生产中，PFA 树脂常用于制造大长度、大外径的耐高温电线，如耐高温航空电线、同轴电缆、石油勘探电缆等。

5.5　聚偏氟乙烯

聚偏氟乙烯（PVDF）是具有—CF_2—CH 分子式的结晶性均聚物，简称 F-2。根据品种的不同，其相对分子质量也不同，大约在 25000~1000000 之间，而供电缆行业使用的聚偏氟乙烯树脂的相对分子质量大约在数十万。F-2 的熔点在 165~185℃，密度为 1.76g/cm^3 左右。

聚偏氟乙烯非常坚韧，拉伸强度、压缩强度、冲击强度都比其他含氟塑料高，而且耐磨性能好，蠕变小。与聚四氟乙烯相比，F-2 具有聚四氟乙烯两倍的拉伸强度，六倍的压缩强度。耐磨性能相当于尼龙，而耐切割性能超过尼龙。例如，聚氯乙烯绝缘尼龙护套电线荷重 3.5kg 时，经 5~15min 即切通；而相同规格的 F-2 电线荷重 4kg 时，才切通。在 30kg 负荷下，F-2 的热变形温度为 150℃，这比聚四氟乙烯高 30℃。

F-2 吸湿性小，耐大气老化，对 γ 射线的辐照稳定（10^8rad），对燃烧有自熄性。但耐化学药品性比其他氟塑料差，丙酮、二噁烷和二甲基甲酰胺等都能溶解 F-2。

F-2 的分子结构不对称，极性较大。频率为 60Hz 时，其介电常数 ε 为 8.4，介质损耗因数 $\tan\delta$ 为 0.05，体积电阻率约为 $10^{14}\Omega\cdot cm$，远逊于其他氟塑料；在 1MHz 时，$\tan\delta$ 值更大，达 0.16。

F-2 树脂的热稳定性好，长期使用温度为 135~150℃，受辐照时，使用温度降低。F-2 的最低使用温度为-60℃。F-2 的性能指标见表 11-5-27。

电线电缆用 F-2 树脂的主要技术要求见表11-5-28。

F-2 树脂的国外主要厂商见表 11-5-29。

表 11-5-27　F-2 的性能指标

性　　能		数　　值
拉伸强度/MPa	25℃	34.3
	100℃	29.4
伸长率(%)	25℃	300
	100℃	400
弯曲强度/MPa		36.26
压缩强度/MPa		68.6
冲击强度(缺口)/(kJ/m²)		19.6
邵氏硬度		D80
相对介电常数	60Hz	8.4
	10^6Hz	7.7
介质损耗因数	60Hz	0.05
	10^6Hz	0.018
体积电阻率/Ω·cm		2×10^{14}
介电强度(0.2mm)/(MV/m)		54

表 11-5-28　电线电缆用 F-2 树脂的主要技术要求

性能项目		技术要求
拉伸强度(25℃)/MPa	≥	35
断裂伸长率(%)	≥	250
熔点/℃		265～275
相对介电常数(1MHz)		2.5～2.7
介质损耗因数(1MHz)		7×10^{-4}
体积电阻率/Ω·cm	≥	1×10^{16}

表 11-5-29　F-2 树脂的国外主要厂商

商　品　名	公　　司	国家
Kyanr200、300 等	Pennwalt Chem	美国
KF Polymer 1000、1100 等	吴明化学	日本
Diflor	Dynamit Nobel	德国
Dyflon 200	Dynamit Nobel	德国
Dulite	Du Pont	美国
Fluorel 2140、2160	3M	美国
Foreflon	PUK	法国
Solef	Solvay	比利时

F-2 树脂有粉料、粒料和乳液等，在应用中采用模压、挤出、注射及涂覆等方法加工成型。电线电缆常用挤出成型方法，挤塑机的螺杆为等距不等深的均化型压缩螺杆。当挤制较薄绝缘时，电线可用水冷却；当厚度较大时，应在加热炉中缓慢冷却。电线电缆的挤出工艺主要参数为

螺杆长径比 *L/D*　　20

螺杆压缩比　　3

料筒温度　　170～260℃

模具温度　　270～280℃

F-2 大多用于电线电缆的外护套及耐热辐照电线电缆的绝缘。

5.6　聚三氟氯乙烯

聚三氟氯乙烯（PCTFE）是具有—CF_2—CFCl—结构的链状结晶性高聚物，简称 F-3。

F-3 有高聚物和低聚物两种。低聚物作为氟油使用。高聚物相对分子质量随用途的不同而分类，我国根据其失强温度分为两档，第一档的失强温度在 240～270℃，第二档在 270～300℃。失强温度在 270～300℃之间的 F-3，相对分子质量约为 3×10^5～6×10^5，熔点为 212～217℃，平均密度为 2.11～2.13g/cm³。

F-3 的性能与它的结晶度、相对分子质量有关。F-3 的结晶速度是很快的，从熔点以上缓慢冷却，结晶度可达 85%～90%；快速冷却时则结晶度很小，仅 35%～40%。若用反复淬火的办法降低其结晶度，可改善 F-3 的某些性能，如可提高其柔软性和伸长率。F-3 的相对分子质量不仅影响结晶度，还直接影响其性能和使用寿命。相对分子质量越高，机械和耐热性能也越高。因此，对 F-3 的加工与使用温度，以及冷却条件，应特别注意，以便控制它的结晶度和防止热裂解。

在 F-3 分子结构中，由于一个氯原子取代了聚四氟乙烯中的一个氟原子，故它的性能和聚四氟乙烯有一定的差异。F-3 的最高使用温度为 130～150℃，最低使用温度为-50℃，但两者均比其他普通塑料高。氯原子的存在，也破坏了 F-3 分子结构的对称性，因而电绝缘性能较聚四氟乙烯有所下降，在广阔的温度和频率范围里，$\tan\delta$ 和 ε 没有聚四氟乙烯稳定；但仍具有较高的体积电阻率（10^{16} Ω·cm），且随温度变化不大，即使在 160℃时，还保持在 10^{15}Ω·cm，介电强度较高。F-3 的耐化学稳定性仅次于聚四氟乙烯，在卤素、浓硫酸、氢氟酸、次氯酸、强碱、发烟硝酸、王水及强烈的氧化剂中，经长时间高温加热后才会微受影响。不溶于常温下的各种溶剂；若温度略高，则在乙醚、三氯乙烯、四氯化碳、醋酸乙酯及甲苯中微有溶胀现象。F-3 的机械强度较聚四氟乙烯高些，有良好的耐冷流、耐大气老化和光老化性能，且比大多数氟塑料更耐辐照 3×10^5Gy（3×10^7rad），耐水和耐湿性也好。

F-3 比聚四氟乙烯易于加工，熔融时有一定的流动性，可用挤出法加工。但它的软化温度和分解温度很接近，且流动性小，所以加工条件要严格控制。为使加工方便起见，在粉状 F-3 中添加约 5%

的增塑剂——邻苯二甲酸二丁酯，可降低软化点，提高流动性；挤出所得的制品中仅留存1.5%的增塑剂，其余都已挥发，故对制品性能影响极微。

F-3主要用作耐高温安装线的绝缘和护套材料。

上述各种电线电缆用氟塑料的性能对比，见表11-5-30。

表11-5-30 各种电线电缆用氟塑料的性能对比

性能项目		聚四氟乙烯(F-4)	聚全氟乙丙烯(F-46)	聚偏氟乙烯(F-2)
密度/(g/cm^3)		2.1~2.2	2.14~2.17	1.75~1.78
吸水率(24h)(%)		<0.01	<0.01	0.03
氧指数(OI)		>95	95	43
硬度		50~65(邵氏)	45(洛氏)	110~115(洛氏)
动态摩擦系数		0.03	—	0.14~0.17
拉伸强度/MPa		20~30(悬浮) 16~25(分散)	20~30	40~45
拉伸屈服强度/MPa		19~21	14	29~31
压缩强度(压缩0.1%时)/MPa		0.48~12	11	8.9~9.6
断裂伸长率(%)		250~400	250~330	100~120
拉伸弹性模量/MPa		490~630	420~560	1190~1400
压缩弹性模量/MPa		0.25~0.59	不断裂	0.37
热变形温度/℃	负荷4.0kg/cm^2	121	70	148.9
	负荷18.5kg/cm^2	54	51	54~90
热膨胀系数/(10^{-5}℃)		10	8~11	15
低温脆化温度/℃		<-80	<-80	-80
最高使用温度/℃		260	205	150
介电强度/(MV/m)		20	20~25	10
体积电阻率/Ω·cm		10^{18}	2×10^{18}	2×10^{14}~5×10^{15}
耐电弧/s		360	>165	50~60
相对介电常数	1kHz	0.0002	0.0002	0.02
	1MHz	0.0002	0.0007	0.07
介质损耗因数	1kHz	0.0002	0.0002	0.02
	1MHz	0.0002	0.0007	0.07
耐辐照性能		差	差	优
性能项目		四氟乙烯-乙烯共聚物(F-40)	四氟乙烯-全氟烷基乙烯基醚共聚物(PFA)	聚三氟氯乙烯(F-3)
密度/(g/cm^3)		1.73~1.75	2.12~2.17	2.10~2.15
吸水率(24h)(%)		<0.01	0.03	<0.01
氧指数(OI)		21	—	>95
硬度		50(洛氏)	60(邵氏)	110~115(洛氏)
动态摩擦系数		0.4	—	—
拉伸强度/MPa		42~51	31	30~40
拉伸屈服强度/MPa		27	14	24~25
压缩强度(压缩0.1%时)/MPa		—	—	14
断裂伸长率(%)		100~400	300	125~175
拉伸弹性模量/MPa		—	—	1260
压缩弹性模量/MPa		不断裂	—	0.34~0.35
热变形温度/℃	负荷4.0kg/cm^2	104.4	—	91.1~143.9
	负荷18.5kg/cm^2	71	—	66~81
热膨胀系数/(10^{-5}℃$^{-1}$)		15	12	5~7
低温脆化温度/℃		<-80	<-80	<-80
最高使用温度/℃		180	200	180
介电强度(MV/m)		16	20~25	20
体积电阻率/Ω·cm		10^{16}	10^{18}	10^{15}
耐电弧/s		72	—	360

（续）

性 能 项 目		四氟乙烯-乙烯共聚物（F-40）	四氟乙烯-全氟烷基乙烯基醚共聚物（PFA）	聚三氟氯乙烯（F-3）
相对介电常数	1kHz	2.6	2.1	2.8
	1MHz	2.6	2.1	2.5~2.7
介质损耗因数	1kHz	0.0008	0.002	0.01~0.024
	1MHz	0.005	0.003	0.01
耐辐照性能		优	优	稍差

5.7 FFR发泡氟塑料

FFR发泡氟塑料主要用于通信线缆的绝缘，为电缆提供更好的性能。通过发泡，可以降低FFR的介电常数和介质损耗因数，从而降低电缆的电容和衰减。同时，可以减轻电缆的重量，减少线缆的尺寸，节省电缆的安装空间。目前，FFR发泡氟树脂已经广泛应用于局域网线、航空航天、电信、电子产品等行业，使同轴电缆或绞线具有更快的传输速率，适用于更高的传输频率。

目前FFR发泡主要通过氮气注入的方式实现，相对于传统的实心熔融挤出设备，其需要特殊设计的发泡螺杆、氮气增压机及氮气喷嘴。发泡螺杆比实心挤出螺杆多氮气注入段和混合段，使氮气在高温高压下能充分溶解并均匀分散于熔体中。氮气增压机需提供足够的压力使氮气能注入高压熔体中，而氮气喷嘴需根据发泡线缆的尺寸、发泡度和挤出速度等设计。

基于挤出设备、线缆尺寸，发泡度、泡孔尺寸、泡孔分布会略有不同。外皮和内皮挤出可改善产品的性能、外观和附着力。

介电常数如图11-5-16所示。

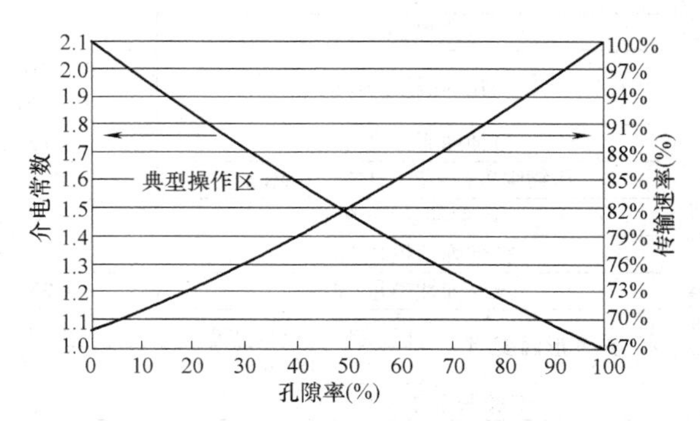

图11-5-16 介电常数

挤出螺杆如图11-5-17所示。

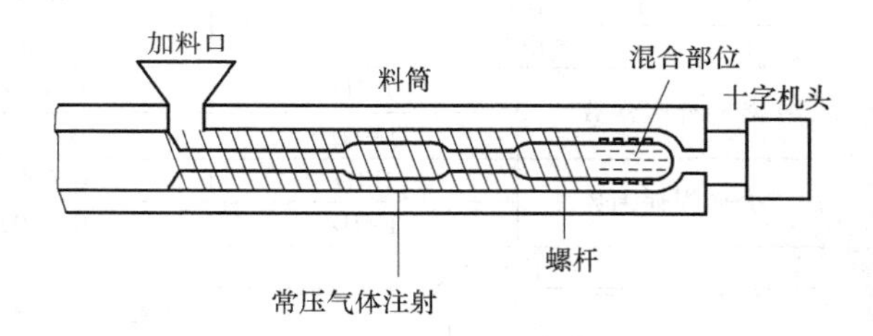

图11-5-17 挤出螺杆

FFR各牌号性能见表11-5-31。

表11-5-31 FFR各牌号性能

牌号	熔体质量流动速率MFR/(g/10min)	长期使用温度/℃	特征	成型法	典型用途
FFR550	14	200	较好的介电性能，很好的附着力	熔融挤出物理发泡	HDMI电缆
FFR750	14	260	熔体强度高，耐温性能优越		射频微波低损电缆
FFR770	30	200	流动性能好，介电性能优越		微细发泡同轴电缆，局域网线
FFR880	42	260	流动性能极佳，耐温性能优越		微细发泡同轴电缆，局域网线

5.8 乙烯-三氟氯乙烯共聚物

乙烯-三氟氯乙烯共聚物简称ECTFE。

5.8.1 乙烯-三氟氯乙烯共聚物的结构特点

ECTFE树脂的分子结构如下：

$$\left[\begin{array}{cccc} F & Cl & H & H \\ | & | & | & | \\ -C- & C- & C- & C- \\ | & | & | & | \\ F & F & H & H \end{array}\right]_n$$

ECTFE树脂是乙烯和三氟氯乙烯1：1的交替共聚物，熔点为242℃，密度为1.68g/cm^3。此材料从低温到330℃的性能良好，其强度、耐磨性、抗蠕变性大大高于PTFE、FEP和PFA。它在室温和高温下耐大多数腐蚀性化学品和有机溶剂。它的介电常数低（2.6），在很宽的温度和频率范围内性能稳定。ECTFE不着火，可防止火焰扩散，当暴露在火焰中时，将分解成硬质的碳。ECTFE可制成用于模塑和挤塑的粒料及用于旋转模塑、流化床涂饰、静电涂饰的粉状产品。可在传统挤塑设备中用化学发泡法加工成泡沫状产品，特别适用于计算机用电线的领域。在电线电缆领域，最重要的应用是用于增压电缆、公共交通车用电缆、火警电缆和阳极保护电缆。

5.8.2 乙烯-三氟氯乙烯共聚物的物理性能

ECTFE共聚物密度不高，韧性好，硬度高，它比PTFE和FEP共聚物表现出更优异的耐磨损和耐腐蚀性能，以及优异的耐候性。ECTFE共聚物力学性能要求的适用温度范围是-100~175℃，最佳适用温度是150℃。

5.8.3 乙烯-三氟氯乙烯共聚物的电性能

ECTFE共聚物的介电常数为2.5~2.6，且与频率和温度无关。介质损耗因数较低，在0.002~0.016之间，其值大小取决于温度和频率。

5.8.4 乙烯-三氟氯乙烯共聚物的耐化学品腐蚀性

ECTFE共聚物耐酸、大多数强碱、强氧化剂及其他化学品。对一些无机溶液（包括水和盐溶液）具有优良的稳定性。现有溶剂中还没有哪种溶剂能在温度不高于120℃时溶解ECTFE或使它发生应力开裂的。ECTFE耐化学试剂腐蚀性能和全氟聚合物相当，优于聚偏氟乙烯。

参考标准

HG 2167—1991 聚三氟氯乙烯树脂

HG/T 2904—1997 模塑和挤塑用聚全氟乙丙烯树脂

HG/T 3792—2014 交联型氟树脂涂料

HG/T 3793—2005 热熔型氟树脂（PVDF）涂料

JB/T 11131—2011 电线电缆用聚全氟乙丙烯树脂

GJB 773A—2000 航空航天用含氟聚合物绝缘电线电缆通用规范

ASTM D4894-15 Standard Specification for Polytetrafluoroethylene (PTFE) Granular Molding and Ram Extrusion Materials 聚四氟乙烯模塑及挤压材料规格

ASTM D5675-13 Standard Classification for Low Molecular Weight PTFE and FEP Micronized Powders 含氟聚合物超细粉规格

ASTM D3307-16 Standard Specification for Perfluoroalkoxy (PFA)-Fluorocarbon Resin Molding and Extrusion Materials 全氟烷氧基（PFA）-碳氟树脂模塑及挤压材料规格

ASTM D6867-03 (2014) Standard Specification for Perfluoroalkoxy (PFA)-Fluoropolymer Tubing 全氟烷氧基（PFA）-含氟聚合物管规格

ASTM D3159-15 Standard Specification for Modified ETFE Fluoropolymer Molding and Extrusion Materials 改性ETFE-氟化高聚物模塑及挤压材料规格

ASTM D3275-08 (2013) Standard Classification System for E-CTFE-Fluoroplastic Molding, Extrusion, and Coating Materials E-CTFE-氟塑料模塑、挤压和涂覆材料规格

ASTM D3222-05 (2015) Standard Specification for Unmodified Poly (Vinylidene Fluoride) (PVDF) Molding Extrusion and Coating Materials 未改性聚偏二氟乙烯模塑、挤压和涂覆材料规格

ASTM D1430-11 (2016) Standard Classification System for Polychlorotrifluoroethylene (PCTFE) Plastics 聚氯三氟乙烯塑料规格

SAE AS L1 22759 Wire, Electrical, Fluoropolymer-Insulated, Copper or Copper Alloy 铜或铜合金含氟聚合物绝缘电线

SAE AS L1 81044 Wire, Electrical, Crosslinked Polyalkene, Crosslinked Alkane-Imide Polymer, or Polyarlyene Insulated, Copper or Copper Alloy 铜或铜合金交联聚烯烃、聚酸亚胺或聚芳硫醚砜绝缘电线

参考文献

[1] 钱知勉，包永忠. 氟塑料加工与应用 [M]. 北京：化学工业出版社，2010.
[2] 张永明，李虹，张恒. 含氟功能材料 [M]. 北京：化学工业出版社，2008.
[3] Sina Ebnesajjad. Fluoroplastics [M]. 2nd ed. Amsterdam: Elsevier. 2015.
[4] 顾明浩，张军，王晓琳. 聚偏氟乙烯的晶体结构 [J]. 高分子通报，2006 (7)：82-87.
[5] Dennis W Smith Jr, Scott T Iacono, Suresh S Iyer. Handbook of Fluoropolymer Science and Technology [M]. Wiley, 2014.
[6] 郑伟，王新营，严波. 航空线用 X-ETFE 绝缘料的制备及性能表征 [J]. 绝缘材料，2013, 46 (3)：70-72.
[7] 占晓强. 乙烯-四氟乙烯共聚物的结构和性能表征 [D]. 杭州：浙江大学，2010.

第6章

其他塑料

本章节主要阐述电线电缆行业用量相对较少、性能特殊的热塑性塑料。这类塑料一般具有较高的电阻率、很高的耐温性、高介电强度、低介电常数、低介质损耗因数等。

6.1 聚丙烯

聚丙烯是丙烯的聚合物，简称PP。它具有优良的力学和电绝缘性能，良好的耐化学腐蚀性，而且耐热性好，因此PP的应用范围很广。在电线电缆方面，由于聚丙烯具有优异的电绝缘性能，且不受湿度的影响，工艺上可连续挤包或以薄膜绕包制造电线电缆，故特别适用于调频通信电缆、大长度油矿测井电缆的绝缘、10kV及以下的电力电缆及电缆终端盒。

6.1.1 聚丙烯的结构特点

聚丙烯的分子结构式如下：

$$\left[\begin{array}{c} CH - CH_2 \\ | \\ CH_3 \end{array} \right]_n$$

聚丙烯是典型的立体规整性高聚物，其性能除和相对分子质量有关外，还受到立体规整性的影响。

聚丙烯具有高度的结晶性。当熔融状聚丙烯冷却时，便生成结晶，在杂质或内应力集中处首先生成晶核，然后从晶核向四周以球形成长，形成球晶。冷却速度大，则生成的球晶小；缓慢冷却时，球晶的大小为急冷时的数倍。球晶的数量、大小和种类，对聚丙烯的物性及工艺性能有很大的影响。球晶越大则越脆。

聚丙烯等规度越高，结晶度越大。此外，在通常情况下，相对分子质量依存性越大，分子链的扩散越难，结晶度则下降。但即使同样的相对分子质量，由于成型条件的不同，或以后加热方式的不同，结晶度也会变化。结晶度的大小直接影响聚丙烯的密度。聚丙烯非结晶部分的密度为0.85g/cm^3，结晶部分的密度为0.935g/cm^3。一般聚丙烯的结晶度介于30%~70%之间，密度为0.90g/cm^{3}左右。当聚丙烯结晶结构、结晶薄片的厚度、球晶结构、无定形部分状态产生变化时，即使结晶度相等，其物理性能也不同。一般说来，球晶小的，在急冷和低温下热处理处，结晶度即使相等，但拉伸屈服强度和冲击强度等也会变大。

聚丙烯的相对分子质量及其分布情况，对熔融时的流动性能（即加工性能）有很大的影响，其规律与一般高分子材料相同。

6.1.2 聚丙烯的性能

电线电缆用聚丙烯有粒料和薄膜两种。

1. 物理力学性能

聚丙烯为白色蜡状材料，外观很像高密度聚乙烯，易燃烧，离开火后能继续燃烧，并发出石油气味，它的透气性与聚乙烯相同。

由于聚丙烯为结晶性高聚物，其力学性能不仅与相对分子质量有关，而且与结晶性有关。如果球晶大而结晶度高，则聚丙烯的硬度、强度增大，但柔软性变差。聚丙烯的拉伸强度比聚乙烯、聚苯乙烯等塑料大，特别是当温度超过80℃时，随着温度上升，聚丙烯拉伸强度的下降比较小，即使在100℃以上，仍可保留常温时拉伸强度值的一半。

聚丙烯的表面硬度比聚乙烯高，比聚苯乙烯低。

聚丙烯的耐磨性比较好。聚丙烯还具有良好的耐弯曲变形的能力和较好的耐环境应力开裂性。

2. 电绝缘性能

等规聚丙烯是非极性材料，有很好的电绝缘性能。因为聚丙烯吸水性很小，所以，绝缘性能基本上不受湿度的影响。聚丙烯相对介电常数很小（2.0~2.6），介质损耗因数很低（0.0005），在温度和频率变化时，相对介电常数和介质损耗因数的值变化较小。聚丙烯具有很高的绝缘电阻（$10^{14}\Omega\cdot m$以上），在温度升高时，体积电阻率逐渐下降。聚丙烯的介电强度也较高（30kV/mm），随着温度上升，介电强度反而上升，因此可以制造耐热绝缘材料。

3. 热性能

聚丙烯的耐热性能较好，在聚烯烃类塑料中是最高的。熔点为165～170℃，即使在荷重时，也可在100℃下连续使用，若无负荷，使用温度可更高。

聚丙烯的耐寒性较差，低温脆化温度为-5℃左右。聚丙烯的耐寒性与等规度及平均相对分子质量有关。当等规度相同时，熔融指数越小，其脆化温度越低；反之，熔融指数相同而等规度较高时，则脆化温度也较高。为改善聚丙烯的耐寒性，可采取与乙烯共聚改性，常见的有丙烯-乙烯无规共聚和丙烯-乙烯嵌段共聚。也可采用其他塑料和弹性体共混改性，常见的有聚乙烯、聚异丁烯和乙丙橡胶等。

4. 耐化学稳定性

聚丙烯和聚乙烯一样，耐化学药品良好。它对于一般无机化学药品，表现出高度的稳定性，例如耐硫酸、盐酸及氢氧化钠的能力较聚乙烯、聚氯乙烯为好，而且耐受温度较高，对质量分数为80%的硫酸及浓盐酸的耐受温度可达100℃。但是聚丙烯分子结构有叔碳原子，容易被氧化性药品侵蚀；对于有机化学药品和同类的非极性溶剂，有互溶性，在室温下溶胀，随着温度上升，溶胀度和溶解度也增加。聚丙烯还有高度的耐极性溶剂性，但也有例外，如在卤代烃中比在非极性溶剂中更容易溶解。

5. 其他性能

聚丙烯虽有许多优点，但由于化学结构的关系，它在高温下对氧很敏感，容易氧化老化，特别在有紫外线和铜存在的情况下，更能加速这一老化过程。为了改善聚丙烯的耐老化性能，在实践中，聚丙烯中加入抗氧剂、紫外光吸收剂和金属钝化剂等防老剂，以制止由于光能或热能在聚丙烯中形成受激励部分和产生游离基，并捕获已产生的游离基，使之不引起链式反应；分解已生成的过氧化氢化合物；钝化在聚丙烯中存在的重金属。紫外线吸收剂的吸收峰最好与聚丙烯对紫外线的敏感波长相吻合，常用的紫外线吸收剂有UV-531、UV-327和DOBP等，用量为0.1～0.5重量份。聚丙烯常用的光屏蔽剂有氧化锌、钛白粉和炭黑。

抗氧剂的作用是捕捉已经生成的游离基，并使其形成稳定化的物质。聚丙烯常用的抗氧剂大多为酚的衍生物，如四［β-(3,5-二叔丁基-4-羟基苯基)丙酸］季戊四醇酯，即抗氧剂1010；4,4′-硫代双(6-叔丁基-3-甲基苯酚)，即抗氧剂300；1,1,3-三(2-甲基-4-羟基-5-叔丁基苯基)丁烷，即抗氧剂CA；硫代二丙酸二月桂酯（DLTP）、硫代二丙酸二(十八)酯，即DSTP，它们的用量一般在0.5～1phr。

抗氧化的聚丙烯用于铜线外时，通常会使抗氧剂的效果大为降低。即使在铜线上采取镀锡或在聚丙烯中加大抗氧剂的用量，也不能改善绝缘的耐老化性能。实践证明，铜对聚丙烯的加速老化作用非常严重。为防止铜的接触作用，可采用一些能和铜生成稳定化合物并控制铜作用的钝化剂，使在反应过程中捕捉所生成的活性基团。最常用的金属钝化剂有双水杨酰肼、硫代二丙酸二月桂酯、苯并三唑等，用量为0.1～0.5重量份。防老剂和钝化剂并用有协同效应。

电缆工业用聚丙烯主要技术要求见表11-6-1。

表11-6-1 电缆工业用聚丙烯主要技术要求

项　目	单位	指　标
密度	g/cm^3	0.895～0.915
灰分	%	≤0.04
熔体质量流动速率	g/10min	≤5
低温脆化性能(-15℃)	失效数	≤2/10
拉伸屈服强度	MPa	≥23
断裂伸长率	%	≥200
耐热应力开裂(96h)	失效数	0/9
耐环境应力开裂(96h)	失效数	0/10
相对介电常数(100kHz～1MHz)		2.24～2.27
介质损耗因数(100kHz～1MHz)		≤0.0005
体积电阻率	Ω·m	≥1×10^{13}
氧化诱导期(200℃,Cu杯)	min	≥30

6.1.3 聚丙烯在电缆工业中的应用及加工工艺要点

聚丙烯在电线电缆工业中主要用作大长度油矿电缆的绝缘、通信电缆的薄层绝缘、光导纤维的二次增强、10kV及以下的电力电缆的绝缘及电缆终端盒。也可用聚丙烯薄膜作为电缆的绕包绝缘，用聚丙烯撕裂纤维绳作为电缆的填充层。

在电缆工业中，聚丙烯较多用熔融挤出法加工，采用挤压式模具，加工温度较高，机头和模具温度高达200℃以上，工艺性能优良。

6.2 聚苯乙烯

聚苯乙烯（PS）是苯乙烯的聚合物，分子结构式如下：

$$\left[\!-CH_2-\underset{\displaystyle C_6H_5}{\underset{|}{CH}}-\!\right]_n$$

聚苯乙烯属于高分子烃类。作为塑料用的聚苯乙烯，其相对分子质量约在20000～30000之间。根据生产方法的不同，相对分子质量大小不同，透明度和力学性能也有所差异。聚苯乙烯的高频电绝缘性能优良，耐水性和耐化学腐蚀性好，加上它成型加工方便，故在电缆工业上，可用来制造长途通信电缆的绝缘。

6.2.1 聚苯乙烯的技术要求

用作长途通信电缆绝缘的聚苯乙烯，有聚苯乙烯绳和聚苯乙烯薄膜两种。聚苯乙烯绳有时也作为通信电缆线芯间的填充。聚苯乙烯绳的技术要求见表11-6-2。聚苯乙烯薄膜的规格和技术要求，分别见表11-6-3和表11-6-4。

表11-6-2　聚苯乙烯绳的技术要求

项　目	指　标		
	工作线对绝缘用	信号线绝缘用	填充用
直径/mm	0.8±0.02	0.65±0.03	1.1±0.03
密度/(g/cm³)	1.05	1.05	1.05
24h 吸水率(%)	0～0.05	0～0.05	0～0.05
拉伸强度(20℃±5℃)/MPa　≥	70	70	55
断裂伸长率(20℃±5℃)(%)　≥	3.1	3.1	3.1
双面耐折数/次	4	7	2
体积电阻率/Ω·cm　≥	10^{15}	10^{15}	10^{15}
相对介电常数　≤	2.70	2.70	2.70
介质损耗因数　≤	5.0×10^{-4}	5.0×10^{-4}	5.0×10^{-4}

表11-6-3　聚苯乙烯薄膜的规格

厚度/mm	宽度/mm	长度/mm
0.02+0.002	250	≥400
0.03+0.003	280	≥400
0.04±0.004	300	≥300
0.05+0.005	300	≥300

表11-6-4　聚苯乙烯薄膜的技术要求

项　目	指　标
拉伸强度/MPa	40～75
断裂伸长率(%)	2～4
介电强度/(MV/m)　≥	50
体积电阻率/Ω·cm　≥	10^{16}
介质损耗因数(1MHz)	0.0002～0.0004
介电常数(1MHz)	2.1

6.2.2 聚苯乙烯的性能

1. 物理力学性能

聚苯乙烯是无色透明或不透明的热塑性塑料，密度约为1.05g/cm³，易于燃烧，透湿性在0.02%以下（比聚乙烯小），即使在相对湿度很高的情况下，仍能维持电绝缘性能，此外它的尺寸稳定性好。

聚苯乙烯的冲击强度、拉伸强度、弯曲强度和断裂伸长率，随相对分子质量的增加而增加，随温度的升高而下降。它耐磨性不佳，较硬，主要缺点是脆性较大。为了改善其脆性，可采用其他单体（如丁二烯、丙烯腈等）共聚。

2. 电绝缘性能

聚苯乙烯为微极性材料，具有优良的电绝缘性能。它的体积电阻率高达10^{16}Ω·cm以上；介电常数为2.4～2.65；tanδ很小（约为0.0001～0.0003）；平均介电强度在25MV/m以上。更可贵的是，它在频率很高的情况下，电绝缘性能比较稳定，是一种良好的高频绝缘材料。又因其吸水性极低，故表面电阻率较高。聚苯乙烯还具有良好的耐电弧性。

3. 耐热性能

聚苯乙烯的耐热性不高。它的热变形温度为70～90℃，玻璃化温度为80～82℃，最高使用温度为60～80℃。当温度高于82℃时，则转变为高弹态。聚苯乙烯的热导率较低，线膨胀系数较大，燃烧时有大量黑烟。

4. 耐化学稳定性

聚苯乙烯的主链是饱和烃链，其上附有苯基，因此耐化学腐蚀性较好。但由于苯环可使α位置上的—CH—活化，所以易于氧化为过氧化物。聚苯乙烯长时间受空气中氧的作用后，相对分子质量会减小，导致老化。

聚苯乙烯能耐碱及任何浓度的硫酸、磷酸、硼酸，10%～30%（质量分数，下同）的盐酸，25%以下的醋酸，10%～90%的甲酸和其他有机酸的作用，但不能耐氧化性酸（如硝酸以及氧化剂）的作用。它对水、乙醇、汽油、植物油以及各种盐溶液，有足够的抵抗能力。不溶于脂肪烃、低级醇和乙醚等化合物中；但芳香烃化合物（苯、甲苯和乙苯等）、酯类、氯代烃类（氯仿和氯苯等）及酮类等有机溶剂，对聚苯乙烯有溶解作用。

6.3 氯化聚醚

氯化聚醚是3.3′-双（氯甲基）环氯丙烷的聚合物，是具有氯甲基侧键的线型聚醚。

由于氯化聚醚具有突出的耐化学稳定性，在潮湿状态下有非常好的电绝缘性能，故常用作潜油电机的绕组线和潜油、潜水电线电缆的绝缘和护套。

6.3.1 氯化聚醚的结构特点

氯化聚醚的分子式如下：

$$\left[-CH_2-\underset{\displaystyle CH_2Cl}{\overset{\displaystyle CH_2Cl}{\underset{|}{\overset{|}{C}}}}-CH_2-O- \right]_n$$

氯化聚醚结构中氯的质量分数高达45.5%，故具有不可燃性。由于氯化聚醚中与氯甲基相邻的碳原子上没有氢原子存在，故加热时不易脱离氯化氢，不会像聚氯乙烯那样分解出氯化氢，并促使聚合物进一步分解，所以耐热性较高。

在氯化聚醚分子链上虽含有极性的氯甲基，但由于分子对称，故不显示极性，并具有较高的熔点和结晶性、极低的吸水性和较高的电绝缘性能。

氯化聚醚为晶形结构，有两种同素异构体。熔融状氯化聚醚在空气中缓慢冷却或在110~120℃介质中冷却时，可得坚硬、几乎不透明的α型晶体；如果在温水中冷却，便得到柔软的、半透明的β型晶体；在冰水中冷却，则得到透明的无定形体。α型结晶比较稳定，只有在熔化时才能变为其他形态。β型结晶在120℃以下是稳定的，若加热至130~150℃以上，则逐渐转变为α型结晶。无定型氯化聚醚是不稳定的，在室温下就能较快地转变成β型结晶体。

6.3.2 氯化聚醚的性能

1. 物理力学性能

氯化聚醚是一种韧性的稻草黄色半透明材料，厚度较薄时是半软质。它的平均相对分子质量在25万~35万之间，密度为1.4g/cm^3，无明显的熔点（约180℃）。

氯化聚醚的力学性能与其结晶度、结晶形态和相对分子质量有关。一般说来，力学性能随结晶度增加而提高，含有α型结晶的拉伸强度比含有β型结晶的高；其伸长率则随结晶度的增加而下降。同其他高聚物一样，氯化聚醚的拉伸强度随相对分子质量的增加而有所提高，但当特性粘度大于1.0~1.2以后便不显著。

在温度交变和潮湿的情况下，氯化聚醚仍能保持良好的力学性能。温度对其拉伸强度和弹性模量的影响如图11-6-1所示，均随温度升高而下降；特别是高弹性模量下降尤为显著，在玻璃化温度附近（一般为7℃以上）有一个明显转折点，这说明在低温下，氯化聚醚呈现出一定的脆性。由于氯化聚醚的玻璃化温度接近于室温，因此，进行力学性能测试时，应在恒温下进行。氯化聚醚的耐磨性优于聚酰胺（尼龙），硬度与聚酰胺及聚氯乙烯相仿。

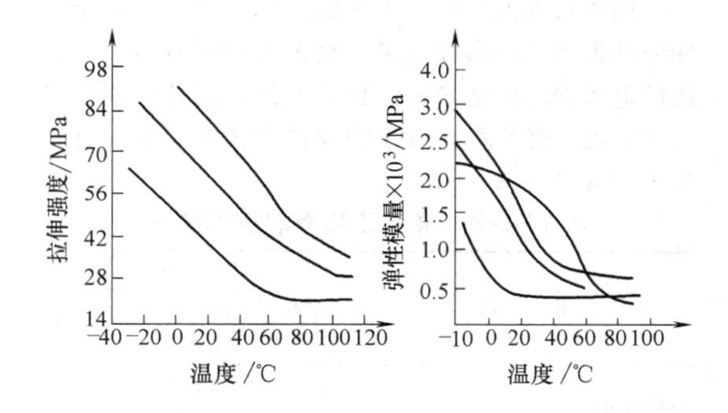

图11-6-1 拉伸强度、弹性模量与温度的关系

用氯化聚醚作电线绝缘时，其抗冲击性差，容易开裂，这可用在氯化聚醚中加增塑剂（如DOP、DOS）或丁腈橡胶的方法，加以改善。

2. 电绝缘性能

氯化聚醚的电绝缘性能较好，与聚三氟氯乙烯相似，特别在升温、潮湿及腐蚀介质中使用时更显优越。如在水中浸一年后的表面电阻率，仅从5×10^{15}Ω下降为3×10^{15}Ω。此外，在频率变化的情况下，它的介电常数和介质损耗因数也比较稳定。表11-6-5为氯化聚醚的电绝缘性能。图11-6-2为环境温度变化时对它的体积电阻率和介质损耗因数的影响。

3. 耐热性能

氯化聚醚的耐热性能比聚氯乙烯好，可在120℃下长期使用；在没有氧化媒质和低负载下，可在130~140℃下短时使用。

表 11-6-5　氯化聚醚的电绝缘性能

性　能		数　值
体积电阻率/Ω · cm	室温	$3\times10^{16}\sim7\times10^{16}$
	120℃	2×10^{13}
表面电阻率/Ω	室温	$1.6\times10^{15}\sim6.4\times10^{15}$
	120℃	2.7×10^{14}
相对介电常数(50Hz)	室温	3.3
	120℃	3.6
介质损耗因数(50Hz)	室温	8×10^{-3}
	120℃	5×10^{-2}
介电强度/(MV/m)	—	20~25

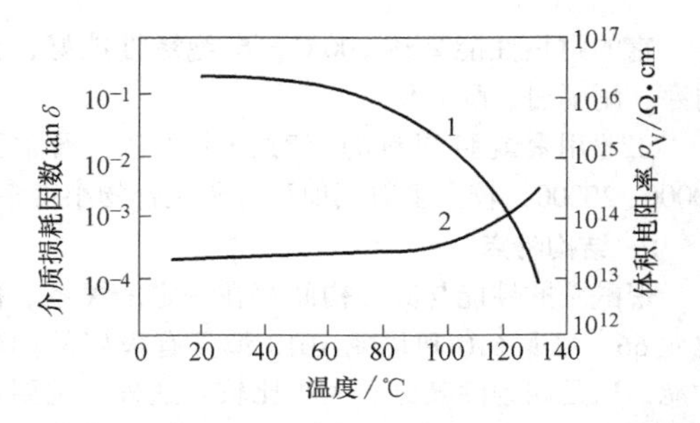

图 11-6-2　体积电阻率、介质损耗因数与温度的关系
1—体积电阻率　2—介质损耗因数

氯化聚醚的耐热稳定性也较聚氯乙烯优越，但加热至 160~180℃时发生分解，释放出氯化氢。加入 DNP、2246 或三盐基性硫酸铅等防老剂，可显著提高它的分解温度。如加入 0.02%~0.2%（质量分数，下同）的 2246，分解温度即由 174℃提高到 255~270℃；加入 0.1% 的 DNP，分解温度达 290℃；加入 6~8 份三盐基性硫酸铅，分解温度为 217~240℃。

由于在电线电缆挤包氯化聚醚时温度较高，所以必须加入防老剂，以提高氯化聚醚的耐热稳定性。

4. 耐化学稳定性

氯化聚醚的结晶及在分子中醚键结构的高度稳定性，使其具有卓越的耐化学腐蚀性。一般说来，它的耐化学稳定性比聚乙烯好，而略低于聚四氟乙烯。

它耐油、耐溶剂。在室温下，烃类、醇类、醚类、酮类、羧酸等一般有机溶剂，均不能使其溶解或溶胀；即使在升温情况下，也不致使其有明显的破坏。各种矿物油、植物油脂在正常的工作温度范围内，不会使氯化聚醚产生任何永久性的变化。只有很少几种强极性溶剂，在加热情况下，才可使之溶解或溶胀，如在 50℃以上能逐渐溶于环己酮；100℃以上能溶于邻二氯苯、硝基苯、吡啶、四氢呋喃等；处于沸点下的芳香烃氯烃、醋酸酯和乙二胺等，也能使之溶胀。

氯化聚醚在相当广的温度范围内，能耐大多数无机酸、碱、盐溶液而不腐蚀。但是 98%浓硫酸、浓硝酸、过氧化氢、液氯、氟、溴等强氧化剂，在室温下会使其腐蚀；浓氯磺酸、高氯酸、100%氢氟酸、三氯氧磷、液态二氧化硫，也能对氯化聚醚进行明显腐蚀。

5. 其他性能

（1）吸水性　氯化聚醚的吸水性小，室温下浸水 24h 后，吸水率小于 0.01%；在 100℃水中煮沸 7 天，也只增重 0.09%。

（2）耐气候老化性能及耐辐射性能　氯化聚醚的耐大气老化性能比聚乙烯好。但耐辐射性能不够好，10^6R（$1R=2.58\times10^{-4}$C/kg）剂量电子照射后，相对分子质量急剧下降。

6.3.3　氯化聚醚的工艺要点

氯化聚醚无明显熔点，只有一定的软化温度范围，故在挤出成型时，和其他热塑性塑料无多大差异。为了获得较好的挤出效果，对挤塑机宜选用长径比（*L/D*）为 16~20、压缩比为 1∶3 的聚酰胺型螺杆。氯化聚醚在挤出加工前应进行预热。挤出时应严格控制温度，以防热分解。通常，挤塑机的温度分布如下：

机头　　240~250℃
机身　　220℃
加料区　180℃

在保证质量的前提下，应尽量采用较低的挤出温度。

6.4　聚酰胺

聚酰胺是指许多由酰胺基（$-\overset{\underset{\|}{O}}{C}-N-$）和若干个次甲基（$-CH_2-$）或其他环烷基、芳香基组成的结构单元所联结起来的长链高分子量材料，俗称尼龙。

6.4.1　聚酰胺的种类和技术要求

根据单体的不同，聚酰胺树脂主要有尼龙 6、尼龙 66、尼龙 610、尼龙 12、尼龙 1010 等几种。

电线电缆常用的聚酰胺塑料有尼龙 66、尼龙 610、尼龙 6、尼龙 12 和尼龙 1010。它们主要用作挤包电线的护层，以代替诸如飞机、汽车、轨道交通、安装布线用电线的棉纱编织腊克层，还用于防鼠防白蚁的外护套。但是，用上述单元尼龙制作的电线柔软性较差。为改善这个缺陷，又发展采用了二元或三元共聚尼龙，如尼龙6/66、尼龙66/1010和尼龙6/610等。至于大规格（$10mm^2$以上）的这类电线，则大多采用聚酰胺纤维编织涂聚酰胺漆的护层，以改善电线的柔软性，便于电线的安装敷设。

聚酰胺纤维除用作电线的编织护层外，还常用聚酰胺绳（尼龙绳）作为某些电缆（如电梯用电缆）的增强芯，以代替钢丝绳。

新型的芳香族聚酰胺常以薄膜和漆的形态应用于电线电缆。漆用于编织层的浸涂。这种漆膜的耐电压可达5000~6000V，耐刮达77~169次，并能经受200℃×24h的老化试验，耐化学稳定性也较好；但漆膜弹性较差。

6.4.2 聚酰胺的结构特点

1. 分子结构

聚酰胺的分子结构基本有两种形式。

一种是：$\text{-}[\text{NH—}(\text{CH}_2)_{y-1}\text{CO}]_n\text{-}$，为氨基酸及其内酰胺所制得的聚酰胺。式中$y$是指氨基酸及其内酰胺中的碳原子数，习惯上命名为尼龙y。

另一种是：$\text{-}[\text{NH—}(\text{CH}_2)_x\text{—NHCO—}(\text{CH}_2)_{y-2}\text{CO}]_n\text{-}$，为二元胺和二元酸制得的聚酰胺。式中$x$和$y$分别为二元胺和二元酸中的碳原子数，习惯上命名为尼龙xy。

电线电缆常用的几种聚酰胺的分子结构如下：

(1) 聚己二酰己二胺 即尼龙66。其分子结构为

$$\text{-}[\text{NH}-(\text{CH})_6-\text{NH}-\overset{\text{O}}{\overset{\|}{\text{C}}}-(\text{CH}_2)_4-\overset{\text{O}}{\overset{\|}{\text{C}}}]_n\text{-}$$

它机械强度高，耐蠕变、耐疲劳、耐磨及耐环境应力龟裂性好，电绝缘性能也较好。

(2) 聚癸二酰己二胺 即尼龙610。其分子结构为

$$\text{-}[\text{NH}-(\text{CH}_2)_6-\text{NH}-\overset{\text{O}}{\overset{\|}{\text{C}}}-(\text{CH}_2)_8-\overset{\text{O}}{\overset{\|}{\text{C}}}]_n\text{-}$$

它的性能同尼龙66，且吸水性较小，熔点较低，柔软，耐光、耐油性较好，易于加工。

(3) 聚癸二酰癸二胺 即尼龙1010。其分子结构为

$$\text{-}[\text{NH}-(\text{CH}_2)_{10}-\text{NH}-\overset{\text{O}}{\overset{\|}{\text{C}}}-(\text{CH}_2)_8-\overset{\text{O}}{\overset{\|}{\text{C}}}]_n\text{-}$$

它吸水性较小，并具有较好的耐寒、耐热、耐老化、耐化学溶剂、耐油、耐磨和电绝缘性能。

(4) 聚间苯二甲酰间苯二胺 即芳香族聚酰胺。其分子结构为

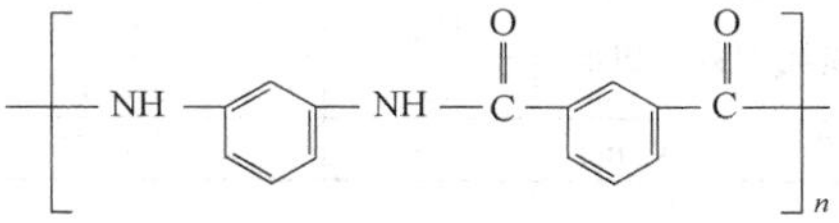

$$\left[-\text{NH}-\langle\text{C}_6\text{H}_4\rangle-\text{NH}-\overset{\text{O}}{\overset{\|}{\text{C}}}-\langle\text{C}_6\text{H}_4\rangle-\overset{\text{O}}{\overset{\|}{\text{C}}}-\right]_n$$

它的耐热性能高达200℃，电绝缘性能好，且耐寒、耐辐射、耐老化。

工业用聚酰胺塑料的相对分子质量，通常为10000~20000，较大多数其他高分子化合物小得多。

2. 结构特点

聚酰胺的性能与其结构间存在一定的关系。像尼龙66、尼龙610和尼龙1010都具有极好的抽丝性能，这是因为除其分子大小比较合适外，主要是聚酰胺主链上的酰胺基具有 $-\underset{\text{O}}{\underset{\|}{\text{C}}}-\underset{\text{H}}{\underset{|}{\text{N}}}-$ 结构，相邻分子的酰胺基可以互相作用，形成氢键，在分子链内部具有高度吸引力。这类聚酰胺在定向状态时具有高强度。但酰胺基具有 $-\underset{\text{O}}{\underset{\|}{\text{C}}}-\underset{\text{CH}_3}{\underset{|}{\text{N}}}-$ 结构的这一类聚酰胺中，多数类似橡胶物质，不能抽丝。

聚酰胺的熔点，与制成聚酰胺原料的化学结构有极大关系。在脂肪族的二元酸与二元胺的缩合物系中，酰胺基间的碳链越长，其熔点越低。以酸中或胺中的碳原子数来说，单数碳原子产物的熔点低于其上下两个双数碳原子数的产物，这是因为在两个相邻的分链间的NH—基与CO—基之间可能形成氢键，这种氢键只有在酸分子中及胺分子的CH_2-基为偶数时可能形成得最多。而在氨基酸的缩合物系中，其碳原子数与产物熔点的关系，恰恰相反，双数的熔点比单数的低些。

此外，聚酰胺单体的碳链越长，在空气中的吸水性越小。

6.4.3 聚酰胺的性能

聚酰胺是一种类似角质的透光材料，色泽由无色到黄褐色。熔点取决于它们的结构，特别是氢键的数量，一般介于180~280℃之间。

聚酰胺的结构与蛋白质结构相似，故对人体无

害，并对霉菌、细菌及酶等的作用非常稳定。

1. 力学性能

聚酰胺的拉伸强度较高，伸长率基本符合电线电缆的使用要求。经拉伸后的聚酰胺，由于个别分子链与晶粒的排列变得整齐，故拉伸强度大大提高。此外，它表面硬度大，耐蠕变性较好，抗弯强度和冲击强度高，延性好，耐磨性高，并具有自润滑性。

2. 电绝缘性能

聚酰胺在干燥的情况下，具有良好的电绝缘性能。但由于有极性结构以及由此所产生的或大或小的亲水性，因此在空气湿度或水的直接作用下，电绝缘性能有不同程度的恶化，这不仅与聚酰胺的组成有关，而且与上述作用的时间有关（见图 11-6-3 和图 11-6-4）。这是聚酰胺只供作电线电缆护层（而不是绝缘）材料的主要原因。由于吸水量与聚酰胺碳链的长短有关，所以尼龙 1010 的吸水量比其他尼龙小得多，仅 1%左右，具有比较稳定的电绝缘性能。

聚酰胺的电绝缘性能随温度升高而恶化，这表现为介质损耗因数和介电常数的升高，绝缘电阻和介电强度的下降。聚酰胺的电绝缘性能还和频率有特殊关系。由图 11-6-3 和图 11-6-4 可见，频率越高，ε_r 和 $\tan\delta$ 越小。

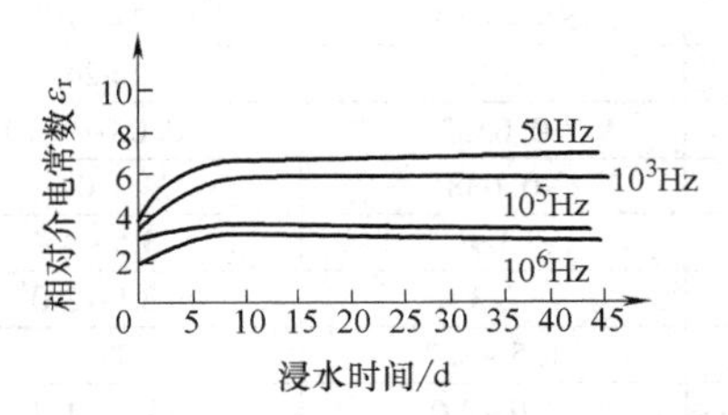

图 11-6-3　聚酰胺的相对介电常数与浸水时间及频率的关系

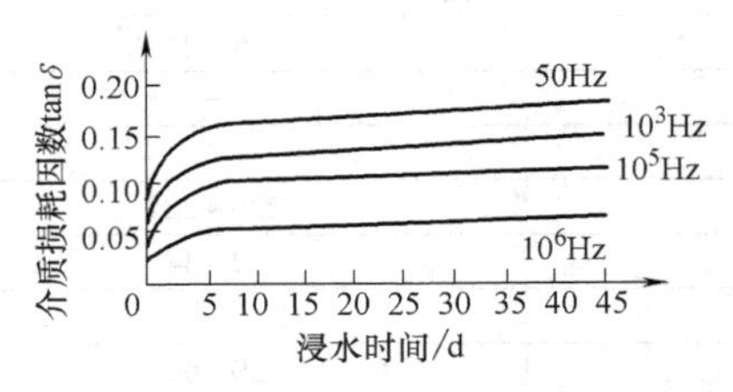

图 11-6-4　聚酰胺的 tanδ 与浸水时间及频率的关系

3. 耐热性能

聚酰胺不像其他热塑性塑料那样，随温度的升高而逐渐软化，它具有明显的熔点。聚酰胺一般只宜在 80℃以下长期使用；随品种的不同，也可在 120~150℃下短时使用。聚酰胺在 90~100℃下长期暴露在空气中时，与空气中氧接触后会发生氧化，分子链断裂，使其色泽逐渐变黄，导致力学性能下降，如图 11-6-5 所示。温度越高，机械强度下降越迅速，熔态时与氧接触更易。为了提高聚酰胺的耐热性，可采取添加稳定剂的措施。

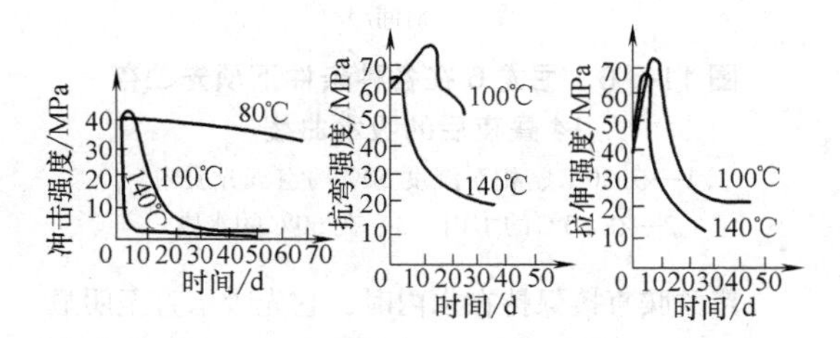

图 11-6-5　尼龙 1010 热老化时间与冲击强度、抗弯强度、拉伸强度的关系

聚酰胺是一种难引燃的物质。如果与火焰接触，则能燃烧，燃烧时发出蓝色火焰。在燃烧过程中，熔融的聚酰胺可以牵伸成线状液滴流动，并逸出类似动物烧焦的特殊气味。

4. 耐化学稳定性

聚酰胺对大多数化学药品具有良好的稳定性。它不溶于碳氢化合物、脂类等大部分非极性溶剂。但是，对含有强极性基的溶剂（如苯酚、甲酚和苯间二酚等芳香族羟基化合物）以及浓硫酸、浓硝酸、蚁酸、水合氯醛和酰胺等不很稳定，易被溶解。某些盐类，如氯化钙、氯化镁的醇溶液，由于它们的离解作用，也是聚酰胺的良好溶剂。一般的低级醇（如甲醇、乙醇），在高温下也能溶解聚酰胺。

此外，聚酰胺对碱的作用相当稳定，对矿物油、植物油、动物油和油脂具有惰性。

5. 吸水性能

聚酰胺具有与蛋白质相似的化学结构，因此易于吸水。聚酰胺中水分的含量，与外界大气的湿度相平衡，并随后者的变化而改变（见图 11-6-6）。聚酰胺的吸水性也随其品种（即化学结构）的不同而有差异，有的饱和吸水量可达 8%（质量分数，下同）以上，但含 CH_2—基长链的缩聚物则吸水率较低，如尼龙 1010 最大吸水率仅 1%~2%。聚酰胺中的水分经常压或真空干燥后能除去，如将经干燥过的聚酰胺再置于空气中，仍能吸水直至平衡。这种吸水性会引起制品的线型尺寸变化，且对制品的机械强度有益，因而在完全干燥的情况下制品反而容易变脆。

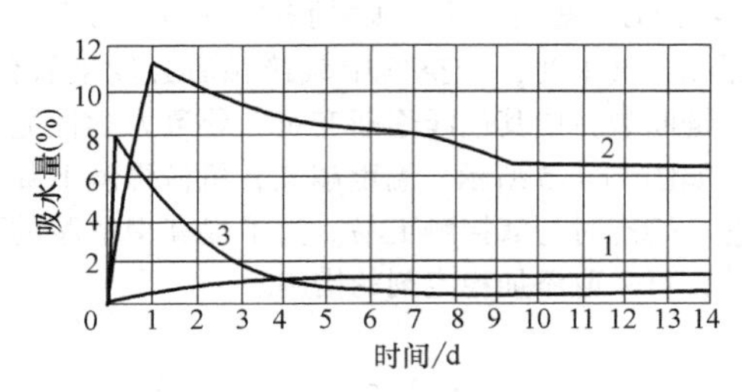

图 11-6-6 尼龙 6 在各种条件下预先贮存 14 昼夜后的吸水曲线

1—在 20℃、相对湿度 50%的空气介质内
2—在 20℃的水内 3—在 60℃的水内

聚酰胺直接保持在水内时，它先吸水直至明显的饱和程度；此时如继续在水中放置，则由于水溶性组分的损失，重量会降低。聚酰胺制品在水中，特别在沸水中保持后，会变得较软，弹性及挠性同时增加，而本身形状却无显著变化；在干燥后，其硬度和强韧性反而比未受水作用前更高，这是因为起软化剂作用的水溶性低分子组分损失所致。

6. 耐日光老化性能

聚酰胺主链上含有酰胺基团，经太阳光照射或受紫外线长期照射后，分子链会受到影响，引起机械强度下降，但下降得不多。

电线电缆用尼龙 66、尼龙 610、尼龙 1010、尼龙 6/66、尼龙 66/1010 及芳香族聚酰胺薄膜的技术性能，分别见表 11-6-6~表 11-6-8。

表 11-6-6 尼龙 66、尼龙 610 和尼龙 1010 的技术性能

项目		数值		
		尼龙 66	尼龙 610	尼龙 1010
密度/(g/cm³)		1.13	1.09~1.13	1.04~1.05
熔点/℃		250~260	204~215	195~205
低温脆化温度/℃		-30	—	-60
拉伸强度/MPa		70~75	60~70	50~60
断裂伸长率(%)		40~230	200~300	100~250
弯曲强度/MPa		100~120	70~90	78~80
冲击强度/(kJ/m²)	带缺口	>20	>10	>5
	无缺口	>100	>100	>100
体积电阻率/Ω·cm		$>4.2\times10^{13}$	$>4.8\times10^{14}$	2×10^{14}
表面电阻率/Ω		$>3.1\times10^{13}$	$>5.4\times10^{14}$	2×10^{14}
介电强度/(MV/m)		>20	>20	>24
介质损耗因数	50Hz	>0.0208	0.0532	0.08~0.10
	1MHz	0.044	0.038	0.04
相对介电常数	50Hz	4.0	3.9	3.5~4.4
	1MHz	2.67	2.3	2.5~3.0
吸水率(%)		7~8	1.5~2.7	1~2
收缩率(%)		1.5~2.0	1.0~2.0	1.2~1.7

表 11-6-7 尼龙 6/66 和尼龙 66/1010 的技术性能

项目	数值	
	尼龙 6/66①	尼龙 66/1010②
密度/(g/cm³)	1.11	—
相对粘度	1.7~2.4	2
熔点/℃	170~171	220~224
拉伸强度/MPa	34	42~44
断裂伸长率(%)	280	—
弯曲强度/MPa	—	60~65
冲击强度/(kJ/m²)	—	30~40
表面电阻率/Ω	—	5.0×10^{12}
体积电阻率/Ω·cm	—	2.4×10^{15}
外观	白色透明固体	透明或半透明固体

① 尼龙 6/66 的摩尔比为：尼龙 6=70，尼龙 66=30。
② 尼龙 66/1010 的重量比为：尼龙 66=75，尼龙 1010=25。

表 11-6-8　芳香族聚酰胺薄膜的技术性能

项　　目		数　值		
		平均值	最大值	最小值
拉伸强度/MPa		104	115	925
断裂伸长率(%)		7.08	10	5.5
体积电阻率/Ω·cm	室温	1.16×10^{15}	1.31×10^{15}	1.07×10^{15}
	130℃	3.95×10^{12}	5.85×10^{12}	2.60×10^{12}
	180℃	3.0×10^{12}	4.52×10^{12}	1.17×10^{12}
受潮 24h 后介电强度/(MV/m)	室温	112.08	127	88.15
	130℃	89.93	96.46	88.15
	180℃	61.24	73.08	47.47
受潮 24h 后收缩率(%)		1.08	1.3	1.0

6.4.4　聚酰胺的挤出工艺要点

聚酰胺本身具有以下特点：

① 较易吸潮，高温时易氧化变色；

② 熔点较高，而熔融温度范围较窄；

③ 熔融体粘度小，流动性大；

④ 熔融体的冷却速度，对结构及性能有很大影响；

⑤ 收缩率较大。

为了保证电线尼龙护层的质量，在挤包时，必须根据上述特点，合理选择工艺条件。其中，最关键的是在挤包前对尼龙进行干燥处理，使水分控制在 0.05%～0.2%范围内（最好在 0.1%以下）。由于高温下尼龙易氧化，有降解和变色的倾向，故宜采用真空干燥，干燥温度为 80～100℃，真空度大于 0.0933MPa（700mmHg），干燥时间约为 8～12h。干燥后，切忌将尼龙长期放在空气中。

在挤包尼龙 1010 时，挤塑机的螺杆，最好为单线等距全螺纹，加料区及均化区采用等深、压缩突变形式，长径比（L/D）为 18～20，压缩比为 3～1。挤包温度为

料筒前部温度　　240～260℃

料筒后部温度　　150～220℃

机头温度　　240～260℃

6.5　聚酰亚胺

含有酰胺基团（$-\overset{\overset{O}{\|}}{C}-N-\overset{\overset{O}{\|}}{C}-$）的聚合物通称聚酰亚胺（PI），它由二元酸酐和二元胺缩聚而得，属于芳杂环聚合物。

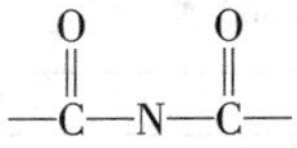

聚酰亚胺是所有有机高分子聚合物中综合性能最佳者之一。其主要优点是：

1）电绝缘性能较好：体积电阻率达 10^{15}Ω·cm 以上，相对介电常数为 3.4 左右，tanδ 小（0.002～0.003），并耐电晕和局部放电，耐电弧达 230s。高温下电绝缘性能无变化。

2）耐热性好：其连续使用温度为 200～260℃。在−200～400℃范围内，具有良好的力学性能，且耐热氧老化。

3）耐辐照：例如聚酰亚胺薄膜在 Co^{60} γ 射线照射下，当剂量达 3.56×10^{7}Gy 时，拉伸强度仍在原始值的 88%以上，伸长率只下降 38%。此外，在辐射场中，电绝缘性能也比较稳定。

4）力学性能好，拉伸强度比聚酰胺高。

5）耐有机溶剂，耐臭氧，防霉，耐腐蚀性好。

6）透气性好，高真空及高温下具有耐挥发性，不吸水，不燃，对火焰有自熄性。

聚酰亚胺的缺点是，不耐高温水，不耐碱，伸长率较小，成本较高。

正因聚酰亚胺具有以上优异性能，所以常用作要求耐高温、耐辐照以及宇航工业用特种电线电缆的绝缘和护层。

按单体的不同，聚酰亚胺大致可分为不熔性、可熔性及改性三大类。

不熔性聚酰亚胺通常是聚均苯四酰亚胺，通式为

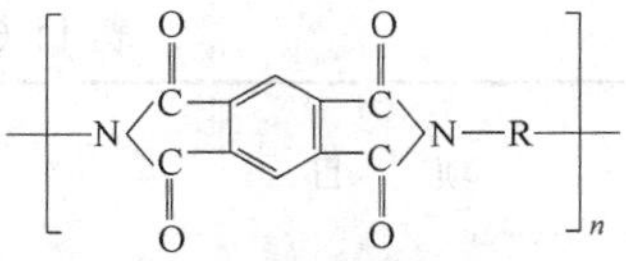

不熔性聚酰亚胺最常见的是聚均苯四酰二苯醚亚胺，分子式为

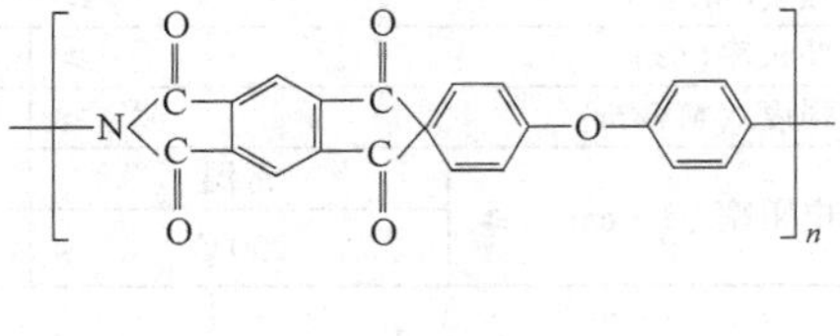

不熔性聚酰亚胺具有优异的耐热性。但是，由于它无明显的熔点或软化点，加工成型较困难，故常用其薄膜或漆料制作电线电缆。

可熔性聚酰亚胺与不熔性聚酰亚胺在结构上的差别，主要是以二苯醚四酸二酐或三苯醚四酸二酐代替了均苯四酸二酐，分子式为

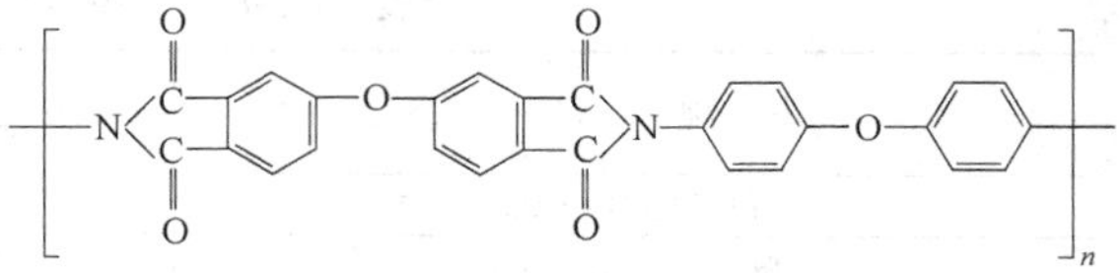

或

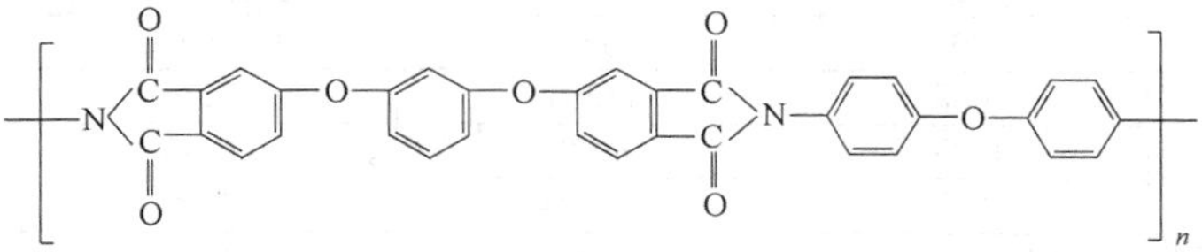

可熔性聚酰亚胺与不熔性聚酰亚胺相比，加工性能大为改善，可熔融挤出，这对电线电缆生产更有实际意义，但耐热性不如不熔性聚酰亚胺。

改性聚酰亚胺目前常见的有聚酰胺-酰亚胺、聚酯-酰亚胺、咪唑-亚胺共聚物、聚双马来酰亚胺等。

聚酰亚胺塑料的技术性能见表 11-6-9。

聚酰亚胺薄膜是由预聚物聚酰胺酸的溶液，以流延法成膜的，然后经高温处理而成。目前生产的聚酰亚胺薄膜的厚度为 20~150μm。聚酰亚胺薄膜的技术性能见表 11-6-10。

聚酰亚胺薄膜本身没有明显的熔点，所以，在作为电线电缆绝缘用的绕包薄膜时，需以有机硅或氟树脂等作为粘合剂。为便于电线生产，聚酰亚胺薄膜常制成涂有上述粘合剂的复合薄膜（俗称 HF 薄膜），绝缘绕包以后，只要在 380~410℃下烧结，即可形成整体绝缘。而可熔性聚酰亚胺薄膜具有自粘性。

表 11-6-9　聚酰亚胺塑料的技术性能

项　目	数　值		
	聚酰亚胺	单醚酐可熔性聚酰亚胺	双醚酐可熔性聚酰亚胺
密度/(g/cm³)	1.4~1.6	1.34~1.4	1.36~1.37
拉伸强度/MPa	94.5	120	110
断裂伸长率(%)	6~8	6~10	—
弯曲强度/MPa	>100	200~210	166
冲击强度/(kJ/m²)	3.8(有缺口)	12(有缺口)	>150(无缺口)
长期使用温度/℃	260	200~230	200
体积电阻率/Ω·cm	10^{17}	10^{15}~10^{16}	10^{17}
介电强度/(MV/m)	>40	18	—
相对介电常数(60Hz)	3~4	3.1~3.5	3.4
介质损耗因数(60Hz)	0.003	0.001~0.005	0.002~0.003
耐电弧性/s	230	—	—
吸水率(24h)(%)	0.2~0.3	—	—

表 11-6-10　聚酰亚胺薄膜的技术性能

项　目		数　值		
		299 薄膜	2860 薄膜	双醚酐可熔性聚酰亚胺薄膜
耐热等级①		H	H	H
密度/(g/cm³)		1.30~1.41	1.30~1.40	1.36~1.37
拉伸强度/MPa ≥		100	100	145
断裂伸长率(%) ≥		15	15	50
介电强度/(MV/m) ≥		110	110	110
体积电阻率/Ω·cm ≥	常温	10^{15}	10^{16}	3.1×10^{17}
	250℃	10^{12}	10^{12}	—

（续）

项目		299 薄膜	2860 薄膜	双醚酐可熔性聚酰亚胺薄膜
		数值		
介质损耗因数 ≤	1MHz	0.01	0.05	0.002
	50Hz(250℃)	0.03	0.01	—
相对介电常数	1MHz	—	3	—
	50Hz	—	3	3.4

① H 级为 180℃。

6.6 有机硅-聚酰亚胺共聚物

有机硅-聚酰亚胺共聚物是一种无卤的高弹性的热塑性材料。由美国通用电气公司开发，1988 年末进入商用。商品名为 SILTEM STM-1500。因其把有机硅的宽温度特性和耐候性与聚酰亚胺的韧性和强度予以综合发挥，故有良好的物理、力学、电气、阻燃和消烟性能，见表 11-6-11。

表 11-6-11 有机硅-聚酰亚胺共聚物（STM-1500）的技术性能

项目			数值	试验方法
颜色			淡黄色半透明	
密度/(g/cm³)			1.18	ASTM D 792
熔融指数(6.6kg/10min,300℃)			25	ASTM D 1238
Taber 磨耗(H18,轮 500g)/(mg/1000r)			60	ASTM D 1044
邵氏硬度/HA			69	ASTM D 2240
电线耐热等级/℃			150	
拉伸强度/MPa			24.8	ASTM D 638
断裂伸长率(%)			105~150	ASTM D 638
拉伸模量/MPa			241.4	ASTM D 638
弯曲模量/MPa			413.8	ASTM D 790
相对介电常数	100Hz		3.0	ASTM D 150
	1kHz		2.9	
	100kHz		2.8	
介质损耗因数	100Hz		0.013	ASTM D 150
	1kHz		0.014	
	100kHz		0.013	
体积电阻率/Ω·m			3.5×10^{16}	ASTM D 257
介电强度(厚 0.18mm)/(MV/m)			61	ASTM D 149
氧指数(OI)			46	ASTM D 2863
燃烧性(厚 1.6mm)			UL94 V-0 级	UL94
NBS 烟浓度	有焰	4min	50.0	ASTM E 662
		D_{max}	300.0	
	无焰	4min	0.1	
		D_{max}	8.0	

有机硅-聚酰亚胺共聚物可以用一般的模压或挤出加工。这种材料的吸潮率为 24h 0.3%，在加工前应先在 110℃ 的温度下干燥 6h，使水分降到 0.05%~0.1%，然后在 321℃左右的温度进行加工。采用挤包时挤出机的温度为

料筒后部温度　　232~288℃
料筒前部温度　　288~304℃
机头后部温度　　288~316℃
机头（模子）温度　299~321℃

有机硅-聚酰亚胺共聚物的密度仅为 1.18g/cm³。可用专用浓色母粒着成电线电缆所需的标准颜色。连续使用温度为 150℃，内部结构为无定型形态，力学性能和电性能良好，而且是高阻燃不含卤的低烟材料。可用普通挤出工艺获得厚度小到 0.127mm 的薄绝缘或护套电线电缆产品，无须交联或补强。此外，有机硅-聚酰亚胺共聚物还有挤出

速度快、生产效率高、柔软性好等特点，因此，它是取代价格昂贵的氟塑料的一种新型材料。

6.7 聚酯

饱和的二元酸和二元醇通过缩聚反应，可以制得线型热塑性饱和聚酯树脂。由于二元酸和二元醇的种类不同，饱和聚酯的种类也很多。电线电缆常用的是聚对苯二甲酸乙二醇酯（PET）和聚对苯二甲酸丁二醇酯（PBT）。

6.7.1 聚对苯二甲酸乙二醇酯

聚对苯二甲酸乙二醇酯（PET）是以对苯二甲酸二甲酯（DMT）与乙二醇反应得到对苯二甲酸双羟乙酯，而后进行缩聚反应而成的，俗称涤纶树脂。PET 的结构式如下：

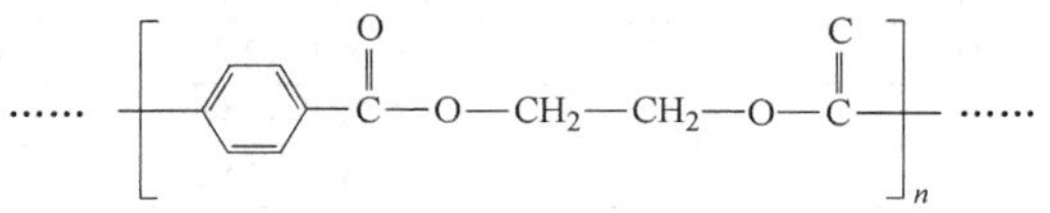

$$\cdots\cdots \left[-C_6H_4-\overset{O}{\overset{\|}{C}}-O-CH_2-CH_2-O-\overset{C}{\overset{\|}{C}}- \right]_n \cdots\cdots$$

PET 树脂是高结晶型聚合物，相对分子质量为 20000~30000，熔点为 260℃，玻璃化转变温度为 80℃，有优良的力学性能。PET 薄膜是热塑性塑料薄膜中机械强度和韧性最好者之一，冲击强度高，耐摩擦，有良好的耐蠕变性，刚性高，硬度大。它吸水性很小，尺寸稳定性好，在较宽的温度范围内保持优良的物理力学性能，可在 120~130℃ 长期使用，能在 150℃ 短期使用，在 -100℃ 至更低的温度中仍有柔性。280℃ 以上时，即使在氮气中也会有部分降解。而在 125℃ 空气中加热 1000h 后，薄膜的强度和弹性模量只降低 10%~15%。涤纶薄膜的拉伸强度可与铝膜相匹敌，为聚乙烯薄膜的 9 倍，聚碳酸酯膜的 3 倍，但撕裂强度低。PET 膜的透光率可达 90%。PET 树脂电性能优良，对大多数有机溶剂和无机酸类稳定，但不耐碱，在热水中煮沸易降解。具体性能指标见表 11-6-12。

PET 树脂在塑料方面多用于挤出成膜，挤出温度在 280℃ 左右，经口模挤出成片，然后双向拉伸而得薄膜。

注射成型 PET 树脂时，一般采用添加结晶成核剂促进结晶，添加玻璃纤维或碳纤维增加强度，或者与其他热塑性树脂掺混的方法，注射温度一般为 260~280℃，但模具温度要求高，一般应控制在 100℃ 以上。

表 11-6-12 PET 树脂具体性能指标

性能	纯 PET	Rynite530（GF30%）
密度/(g/cm³)	1.38	1.56
吸水率(%)	0.26	0.05
成型收缩率(%)	1.8	0.2~0.9
拉伸强度/MPa	78.4	156.8
拉伸模量/GPa	2.84	—
断裂伸长率(%)	200	2.7
弯曲强度/MPa	114.66	231.28
冲击强度/(kJ/m²)	3.92	96.01
洛氏硬度	—	R120
线膨胀系数/(10^{-5}℃$^{-1}$)	6.0	2.9
熔点/℃	260	254
热变形温度(1.82MPa)/℃	85	224
介电强度/(MV/m)	>30	29.6
体积电阻率/Ω·cm	10^{15}	10^{15}
相对介电常数	3.4	3.6
介质损耗因数	—	0.012

PET 树脂除了大量用作纤维外，多用于制作薄膜。由于电性能优良，在电气、电子工业中用作 B 级（130℃）绝缘材料，广泛用于制作电动机、变压器、电容器、印制电路、电线电缆的绝缘材料等。注塑制品坚韧耐磨，吸湿性小，尺寸稳定，弹性模量高并具有优良的电性能和耐化学性，主要用于机械、电气电子精密结构件，如线圈骨架、配电开关、继电器元件等。

PET 聚酯通常以薄膜状态应用于电线电缆，供作电线电缆结构的绝缘带，如机车车辆用电线及耐热电线的绝缘等。它的表面应光洁，不应有颗粒、气泡、裂纹、皱折、导电杂质以及污垢、油渍等脏物，薄膜边缘应整齐，无破损，展开时应平整。聚酯薄膜的技术要求见表 11-6-13。国外主要厂商见表 11-6-14。国内主要生产厂有北京燕山石油化工公司、化学工业部第二胶片厂、辽阳市化纤联合总厂、上海金山石化总厂。

6.7.2 聚对苯二甲酸丁二醇酯

聚对苯二甲酸丁二醇酯（PBT）是以对苯二甲酸二甲酯（DMT）与 1.4-BD 为原料，直接酯化得到的产物经缩聚而成的产品，简称 PBT 或 PBTP，其结构式如下：

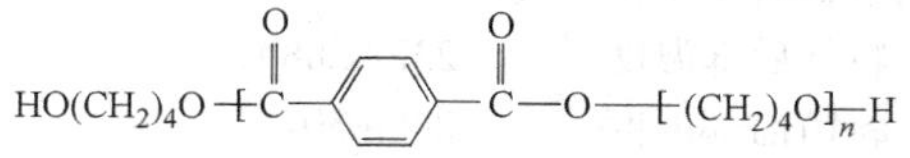

$$HO(CH_2)_4O\left[\overset{O}{\overset{\|}{C}}-C_6H_4-\overset{O}{\overset{\|}{C}}-O-(CH_2)_4O\right]_nH$$

表 11-6-13 聚酯薄膜的技术要求

项目			指标
密度/(g/cm³)			1.38~1.40
吸水性(%)20℃±5℃下浸水 24h		≤	0.5
(160±2)℃下加热 7 天后的伸长率(%)		≥	10
拉伸强度/MPa	≥	纵向	140
		横向	140
断裂伸长率(%)		纵向	4~130
		横向	4~130
收缩率(%)	≤	纵向	3
		横向	3
熔点/℃		≥	253
相对介电常数		50Hz	3.2±0.2
		1MHz	3.2±0.2
介电强度/(kV/mm)	≥	20℃±5℃	130
		130℃±5℃	100
最低击穿电压(25℃±5℃)/kV	≥	0.04mm	4.0
		0.05mm	5.0
		0.075mm	7.5
		0.100mm	10.0
体积电阻率/Ω·cm	≥	25℃±5℃	1×10^{16}
		130℃±5℃	1×10^{13}
介质损耗因数	≤	50Hz	0.005
		1MHz	0.02

表 11-6-14 聚酯薄膜国外主要厂商

商品名	公司	国家
Melinex(薄膜)	ICI	英国
Mylar(薄膜)	Du Pont	美国
Montivel(薄膜)	Montecatini	意大利
Hostaphan(薄膜)	Kalle	德国
ルミラ(薄膜)	东洋人造丝	日本
ダイポイル(薄膜)	三菱	日本

PBT 树脂为结晶型热塑性聚酯，无味、无臭、无毒，熔点为 225℃，密度为 1.31g/cm³，玻璃化转变温度为 27℃。纯 PBT 树脂在 1.82MPa 负荷下热变形温度为 58℃，但 0.45MPa 的低负荷下可达 150℃。吸水率低，约为 0.07%。耐化学药品及耐油性优良，除强碱外，能耐一般浓度的酸、盐类，对有机溶剂（如醇类、醚类、脂肪烃、高分子量脂类等）稳定，特别能耐汽油、机油及一般清洗剂。电性能优良，体积电阻率为 10^{16}Ω·cm，耐电弧性为 190s，为其他工程塑料所不及。耐热性高，长期使用温度可达 120℃以上。纯 PBT 树脂力学性能一般。PBT 树脂加入阻燃剂后，不影响其性能，耐燃烧性能可达 UL94 V-0 级。增强阻燃产品大量用于电气、电子工业。PBT 的典型性能见表 11-6-15。

表 11-6-15 PBT 的典型性能

性能	纯 PBT	玻纤增强 PBT	阻燃增强 PBT
密度/(g/cm³)	1.31	1.53	1.67
吸水率(%)	0.09	0.07	0.07
成型收缩率(%)	—	0.5~1.0	0.5~1.2
拉伸强度/MPa	54.88	137.2	137.2
断裂伸长率(%)	200~300	4	4
弯曲强度/MPa	85.26	196	196
弯曲模量/GPa	2.35	8.82	8.82
冲击强度(缺口)/(kJ/m²)	4.31	7.84	6.86
洛氏硬度	M72	R121	M90
热膨胀系数/(10^{-5}℃$^{-1}$)	8.8~9.6	4~7.5	4~7.5
热变形温度(1.82MPa)/℃	58	220	220~230
长期使用温度/℃	120	120~140	120~140
体积电阻率/Ω·cm	10^{16}	$>10^{16}$	$>10^{16}$
相对介电常数($60\sim10^6$Hz)	3.1	3.7	3.7
介电强度/(MV/m)	17	23	26
燃烧性 UL94	HB	HB	V-0

PBT树脂可注射、挤出成型、也可抽丝做成纤维，电缆工业中主要用于挤出加工。

由于PBT具有低的吸水性，高的刚度和硬度，卓越的耐化学性、低的介质损耗因数，并且价格低，在电缆工业中广泛用作光缆中光纤纤维的二次增强。目前用作光纤二次增强的PBT主要品种及性能见表11-6-16。国外主要厂商见表11-6-17。国内主要生产厂有北京市化工研究院、上海涤纶厂、南通星辰合成材料有限公司等。

表11-6-16 光纤用PBT树脂主要品种及性能

性能		单位	VESTODUR3000 VESTODUR3001 VESTODUR3030	VESTODUR X7390	VESTAMID L1940
密度(25℃)		g/cm^3	1.31	1.28	1.01
熔融范围(DSC)		℃	221~226	220~225	175~178
熔融指数(250℃/2.16kg)		$cm^3/10min$	9	8	—
线膨胀系数(23~80℃)		$10^{-4}K^{-1}$	1.3	0.8	1.5
吸水率		%	0.45	—	1.5
拉伸屈服强度		MPa	55	61	45
屈服伸长率		%	9	6.5	5
断裂伸长率		%	>50	>50	>50
拉伸弹性模量		MPa	2600	2400	1350
3.5%应变时的弯曲强度		MPa	75	—	38
弯曲强度		MPa	90	—	56
最大应力的外纤维应变		%	7	—	8
断裂时外纤维应变		%	无要求	—	无要求
邵氏硬度		—	77	87	72
悬臂梁冲击强度(无缺口)	23℃	kJ/m^2	不断裂	不断裂	不断裂
	-40℃	kJ/m^2	195	不断裂	不断裂
悬臂梁缺口冲击强度	23℃	kJ/m^2	6.5	6	6
	-40℃	kJ/m^2	5.3	5	6

表11-6-17 PBT树脂国外主要厂商

商品名	公司	国家
Valox	General Electric	美国
Celanex	Celanese	美国
Gafite	GAF	美国
Pocan	Bayer	德国
Crastin	Ciba-Geigy	瑞士
東レPBT	东丽	日本
テイジン	帝人	日本
ノバドュール	三菱化成	日本

6.8 环氧树脂

在大分子的主链上大多含有醚键的，同时在其两端含有环氧基团（$CH_2—CH$，二者间以O桥接）的聚合物称为环氧树脂（Epoxy Resin）。它是由双酚A或多元醇、多元酚、多元酸、多元胺与环氧氯丙烷经缩聚反应而成的。环氧树脂在未固化前是线型热塑性树脂，据其相对分子质量大小，可以从液态到固态。由于在环氧树脂分子链中有很多活性基团，在各种变定剂的作用下能交联为网状体型结构。因此，它是一种热固性树脂。经固化后的环氧树脂才能体现出优良的性能。

6.8.1 环氧树脂的种类

目前，国内外生产的环氧树脂品种繁多，按类型大致可分为双酚A型、双酚F型、双酚S型环氧树脂和脂环族、脂肪族环氧树脂及酚醛环氧、缩水甘油酯型环氧、丙烯酸酯类环氧树脂等。但其中产量最大、用途最广的是双酚A型环氧树脂，占环氧树脂总产量的90%左右。由于它具有优良的粘接性、电性能、化学稳定性、耐热性和低的吸水率、成型收缩率小以及良好的机械强度等特点，广泛地用作涂料、电绝缘材料、玻璃钢增强塑料及胶粘剂等，在电缆工业中主要用作电缆接头的浇注剂。

6.8.2　环氧树脂的结构特点

双酚 A 型环氧树脂学名双酚 A 二缩水甘油醚，结构式如下：

$$\underset{\diagdown O \diagup}{CH_2—CH}—CH_2—O\!\left[\!—C_6H_4—\overset{CH_3}{\underset{CH_3}{C}}—C_6H_4—O—CH_2—\underset{OH}{CH}—CH_2—O—\right]_n$$

$$—C_6H_4—\overset{CH_3}{\underset{CH_3}{C}}—C_6H_4—O—CH_2—\underset{\diagdown O \diagup}{CH—CH_2}$$

双酚 A 型环氧树脂是由双酚 A 和环氧氯丙烷缩聚而得的，根据原料配比、反应条件及所用的不同方法，可以制得不同聚合度的低分子量粘稠液体和高分子量、高软化点的固体。该类环氧树脂通常具有六个特性参数：

1）树脂粘度（液态树脂）；

2）环氧当量；

3）羟基当量；

4）平均相对分子质量（和相对分子质量分布）；

5）熔点（固态树脂）；

6）固态树脂的热畸变温度（载荷下挠曲温度）。

6.8.3　环氧树脂的性能

环氧树脂本身是热塑性线型聚合物。受热时，液态树脂粘度降低；固态树脂软化乃至熔融。它溶于丙酮、甲基异丁基酮、苯、甲苯等有机溶剂。环氧树脂只有与固化剂共用，经固化后才能体现出优良的性能。固化物的性能依固化剂种类、添加剂（稀释剂、增韧剂、填料）、固化条件不同而定。一般说具有如下特点：

1）环氧树脂与固化剂混合后，可在低温、低压下固化成型。

2）分子主链中存在着极性羟基和醚键，对金属、陶瓷、玻璃、木材等具有优异的粘接能力。

3）固化时无低分子物析出，因此收缩率低。

4）固化产物具有优良的物理力学性能及电绝缘性能。

5）能对一般化学药品，特别对碱性介质有优良的稳定性。

6）可用各种方法，如掺入各种添加剂、改性剂等进行改性。

双酚 A 环氧树脂经过固化后的典型性能见表 11-6-18。

表 11-6-18　环氧树脂的性能

性　能	浇注料	模塑料（玻璃纤维）	玻璃钢
密度/(g/cm³)	1.15~1.25	2~2.1	1.6~1.8
吸水率(24h)(%)	0.07~0.16	0.05~0.1	0.15~0.4
拉伸强度/MPa(kgf/cm²)	30.97~85.75 (316~875)	41.16~102.9 (420~1050)	78.4~411.5 (800~4200)
压缩强度/MPa(kgf/cm²)	61.74~156.8 (630~1600)	102.9~205.8 (1050~2100)	103.88~411.6 (1060~4200)
弯曲强度/MPa(kgf/cm²)	68.89~151.9 (703~1550)	88.2~137.2 (900~1400)	137.2~617.1 (1400~6300)
断裂伸长率(%)	1~7	4	1.7~6.0
耐热性/℃	100~275	200~250	100~275
体积电阻率/Ω·cm	10^{10}~10^{17}	10^{14}~10^{15}	10^{10}~10^{17}
介电强度/(MV/m)	13.8~19.7	0.98~13.8	11.8~17.7
介质损耗因数(10^6Hz)	0.015~0.05	0.01~0.02	0.015~0.05
相对介电常数(10^6Hz)	3~4.2	4.5~5.5	3~5

6.8.4　环氧树脂的固化

环氧树脂的优异特性都要通过环氧树脂的交联固化来实现，因此，环氧树脂固化体系的选择是保证其优异特性的重要条件。一般说来环氧树脂的交联由环氧基和羟基来完成，因此，它的交联体系可以包括催化和交联两个体系。下面就各种交联体系做一论述。

1. 胺类固化剂

胺类固化剂是催化交联环氧树脂。通常用伯胺、仲胺作为反应固化剂，而叔胺则用作催化剂。

二亚乙基三胺和三亚乙基四胺是高活性的带有5个和6个活泼氢原子的主要脂肪族胺，可各自地用作交联。这两种物质均能在室温下固化缩水甘油醚。有时优先选用二甲氨基丙胺和二乙氨基丙胺，它们显示出类似的性质，但其活性较小，因而适用期较长。

一般来说，主要脂肪族胺类通常作为室温下使用的快速固化剂。固化树脂的化学稳定性根据所用的固化剂而异，用未改性的胺作稳定剂时其化学稳定性比较好。除了二亚乙基三胺外，固化树脂的耐热温度较低，很少有超过100℃的。通过不同固化剂的掺混，可以提高树脂的性能指标范围。某些芳香族胺类也有交联剂的作用，因将刚性的苯环结构结合到交联网络中，故所得产物的热畸变温度比用脂肪族胺类时有显著提高。

间苯二胺能使固化树脂的热畸变温度达150℃，并且化学稳定性良好。适用期时间较长，即使在150℃下完全固化所需要的时间是4~6h，4、4′-亚甲基苯胺（二氨基二苯基甲烷）和二氨基苯砜连同促进剂配合使用可使固化树脂的热畸变温度进一步提高，但对化学稳定性有些损失。

许多其他胺类也具有催化作用，其中之一为哌啶。叔胺类是更为重要的催化固化剂，如三乙胺用于胶粘剂的配方。芳香族胺类，如苯基二甲基胺和二甲基二氨基苯酚都是常用的催化固化剂。

典型的胺类固化剂见表11-6-19，其特性汇总在表11-6-20中。大多数对人的皮肤有过敏性。

表11-6-19　环氧树脂的典型胺类固化剂

主要脂肪族胺类	
1. 二亚乙基三胺(DET)	$NH_2—CH_2—CH_2—NH—CH_2—CH_2—NH_2$
2. 三亚乙基四胺(TET)	$NH_2—(CH_2)_2—NH—(CH_2)_2—NH—(CH_2)_2—NH_3$
3. 二甲基氨基丙胺(DMAP)	CH_3 $\rangle N—CH_2—CH_2—CH_2—NH_2$ CH_3
4. 二乙基氨基丙胺(DEAP)	C_2H_5 $\rangle N—CH_2—CH_2—CH_2—NH_2$ C_2H_5
脂肪族胺加合物	
5. 氨基-缩水甘油基加合物	$R—CH_2—CH—(OH)—CH_2—NH(CH_2)_2NH—$ $(CH_2)_2—NH_2$　由二亚乙基三胺而得
6. 氨基-亚乙基氧化物加合物	$HO—CH_2—CH_2—NH—(CH_2)_2—NH—(CH_2)_2—NH_2$
7. 氰乙基化产物	$CN—CH_2—CH_2—NH—(CH_2)_2—NH—(CH_2)_2—NH_2$
芳香族胺类	
8. 间苯二胺(MPD)	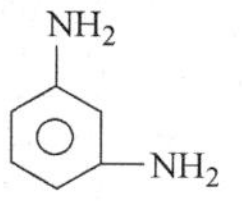 苯环（1位 NH_2，3位 NH_2）
9. 二氨基二苯基甲烷(DDPM)	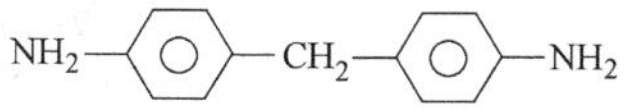 NH_2—⌬—CH_2—⌬—NH_2
10. 二氨基二苯砜(DDPS)	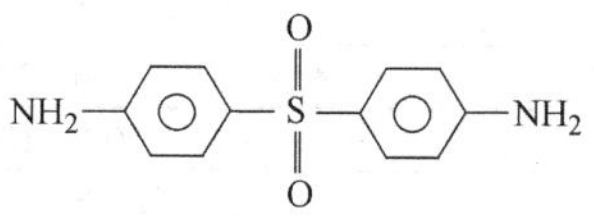 NH_2—⌬—$S(=O)_2$—⌬—NH_2
环状脂肪族胺类	
11. 哌啶	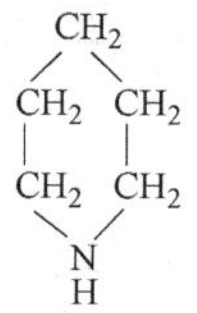 CH_2 CH_2　CH_2 CH_2　CH_2 N H

（续）

叔胺	
12. 三乙胺	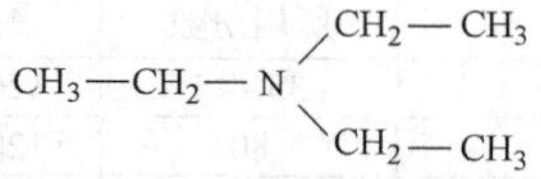 $CH_3—CH_2—N(CH_2—CH_3)_2$
13. 苄基二甲基胺(BDA)	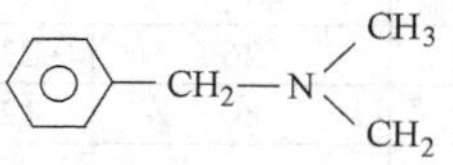 $C_6H_5—CH_2—N(CH_3)CH_2$
14. 二甲基氨基甲酚(DMAMP)	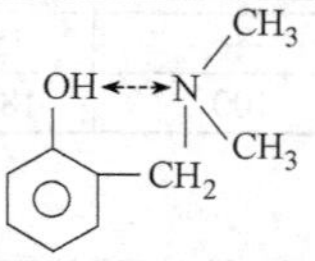 OH←→N(CH_3)_2，$C_6H_4—CH_2$
15. 三(二甲氨基甲基)苯酚(TDMAMP)	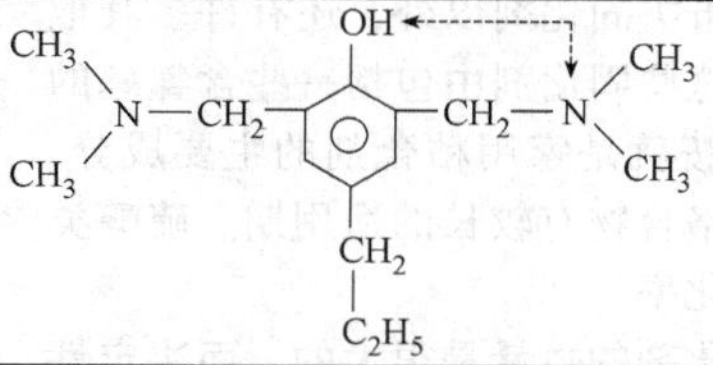 $(CH_3)_2N—CH_2—C_6H_2(OH)—CH_2—N(CH_3)_2$，$CH_2—C_2H_5$
16. 三(二甲氨基甲基)苯酚的三-2-乙基己酸酯盐	$X[HOOC—CH_2—CH(C_2H_5)—CH_2—CH_2—CH_2]_3$ X=三(二甲氨基甲基)苯酚

表 11-6-20 用于低分子量的缩水甘油醚的胺类固化剂的一些特性

固化剂	100份树脂所用份数	适用期(每批量500g)	典型固化额定温度	皮肤刺激性	最大HDT固化树脂/℃	性能	应用
DET	10~11	20min	室温	有	110	冷固化	通用
DEAP	7	140min	室温	有	97	比DET固化微慢	通用
DET-缩水甘油基加合物	25	10min	室温	有	75	快速固化	粘合层压料
DET-乙烯氧化加合物	20	16min	室温	减小	92	刺激性最小	—
DET-氰乙基加合物②	≤37.5	60~80min	①	有	100	较慢固化	—
MPD	14~15	>6h	150℃,4~6h	有	150	化学稳定性好	层压制件
DDPM	28.5	—	165℃,4~6h	有	160	高HDT	层压制件
DDPS	30	—	160℃,8h	有	175	与加速剂同用	层压制件
哌啶	5~7	8h	100℃,3h	有	75	—	通用
三乙胺	10	7h	室温	有	—	—	粘合剂
BDA	15	75min	室温	有	—	—	粘合剂
TDMAMP	6	30min	室温	有	64	—	粘合涂料
高于2-乙基己酸酯盐	10~14	3~6h	—	有	—	适用期长	密封料

① 在70℃为2h，100℃时为3h，110℃时为1h。
② 高级取代胺的结果。

2. 酸和酸酐类固化体系

供环氧树脂用的酸性固化体系早期被限制使用，直至1956年后才被逐渐应用。与胺固化体系比较，它们对皮肤的过敏性较小，通常放热较少。有些体系提供热畸变很高的树脂，并普遍具有很好的物理、电和化学性能，但其耐碱性比胺类固化体系要小。实际应用中，酸酐类固化剂较酚类更合适，在酸酐类固化体系中不会在固化时释放出水而导致产品起泡。酸酐类固化剂可分三类，即室温时为固体、室温时是液体和氯化酸酐。表11-6-21列出一些常用的酸酐类固化剂的特性。

表 11-6-21 酸酐类固化剂的特性

酸酐类固化剂	每百份树脂所用份数	典型固化额定时间	物理形状	固化树脂最大 HDT/℃	用途
苯二甲酸	35~45	120℃,24h	粉末	110	铸塑
六氢苯二甲酸(促进剂)	80	120℃,24h	玻璃态固体	130	铸塑
马来酸	—	—	固体	—	二级固化剂
均苯二酸(二酸酐)	26	220℃,20h	粉末	290	高 HDT
甲酸内亚甲基四氢酸	80	120℃,16h	液体	202	高 HDT
十二碳烯琥珀酸	—	100℃,2h	粘稠状	38	增韧剂
(促进剂)	—	150℃,2h	油状	—	—
氯菌酸	100	180℃,24h	白色	180	阻火剂

3. 其他固化体系

除了胺、酸和酐类固化剂以外，还有许多其他固化剂可供使用，这些固化剂中包括一些含氨基的酰胺类，其中聚酰胺就是家用粘合剂的主要成分。三氟化硼和胺类的络合物有较长的适用期。硫醇类则可达到很高的固化率。

工业上所用固化剂的数量是很大的，而决定性的选择是根据经济上的相对价值，如加工是否方便，适用期，固化速率，对人体的刺激作用和固化产品的力学、化学、热和电性能。由于这些性能在应用过程中是不同的，所以不同使用场合应选择合适的固化剂。

6.8.5 环氧树脂用稀释剂、增塑剂和其他添加剂

未经改性的环氧树脂在某些用途方面可能有一定的缺点：高粘性，高价格和对某些特殊应用中的过大刚性。为此在环氧树脂中常常加入稀释剂、填料和增塑剂来改性。

稀释剂是自由流动的液体，加到环氧树脂中后可降低树脂粘度，从而使其加工简便。现在常用苯基缩水甘油醚、丁基缩水甘油醚和氧化辛烯（1,2-环氧辛烷）等有反应活性的稀释剂。

稀释剂在物理性能方面多有反作用，也可引起延缓固化。许多稀释剂也是皮肤刺激物，必须小心使用，其用量是每百份树脂不要超过 10 份。常用稀释剂见表 11-6-22。

填充剂用于工具加工和注塑，能降低成本和树脂固化收缩率，减少其膨胀系数，降低固化时的温升作用，并且可以增加其热导性。石英砂是常用的内部填充剂，而无机粉末和金属氧化物填充剂则用于表面层。金属棉和石棉填充剂则用来改进冲击强度。

表 11-6-22 环氧树脂稀释剂

项目	外观目测	环氧值(当量/100g)盐酸丙酮法	有机氯值(当量/100g)银量法	无机氯值(当量/100g)银量法	粘度/(10^{-3} Pa·s) 25℃	其他指标	备注
Zh-122(600)	无色透明液体	1.16~1.30			4~6	沸程 90~120℃/20mmHg 折光率 η_D^{25} 为 1.4489~1.4553	二缩水甘油醚
Zh-41(630)	黄至琥珀色粘稠液体	0.35~0.58			40~120	折光率 η_D^{25} 为 1.4665~1.4820	多缩水甘油醚
Zh-50A(660A)	无色透明液体	≥0.6	≤2×10^{-2}	≤5×10^{-3}		沸程 130~200℃	环氧丙烷丁基醚
Zh-50(660)	黄色透明液体	≥0.5	≤2×10^{-2}	≤6×10^{-3}	pH 值中性(试纸)	初馏点≥120℃/常压	环氧丙烷丁基醚
Zh-60(669)	淡黄色透明液体	≥0.65	≤5×10^{-2}	<6×10^{-3}	Bz-4≤25s	相当于 0.1Pa·s(25℃)	乙二醇二缩水甘油醚
690	黄色透明液体	≥0.5	≤2×10^{-2}	≤5×10^{-3}			环氧丙烷苯基醚
678	微黄透明液体	0.66~0.72	<2×10^{-2}		≤15		新戊二醇二缩水甘油醚
501	微黄透明液体	0.50	0.02	0.001			环氧丙烷丁基醚

注：1mmHg=133.32Pa。

为了增加柔软性，可以添加增塑剂和软化剂来改良树脂的刚性。常用的增塑剂为低分子量聚酰胺、低分子量多硫化物、多胺和聚乙烯醇双氧化合物。表11-6-23列出了软化剂对环氧树脂的影响。

表11-6-23 软化剂对环氧树脂的影响

软化剂	二官能团胺			多硫化物			聚酰胺	
	—	25	25	50	25	50	43	100
环氧树脂	100	100	100	100	100	100	100	100
胺类固化剂	20	13.2	20	20	20	20	—	—
适用期(1lb)/min	20	69	44	76	13	6	150	140
粘度(25℃)/cP②	3700	1070	870	490	—	—	210000	210000
弯曲强度/MPa	110	99	122	—	105	—	73	80
压缩强度/MPa	103	96	98	—	85	—	88	73
冲击强度/(ft·lbf/½in)①缺口	0.7	0.82	1.03	8.0	0.5	1.7	0.3	0.32
热畸变温度/℃	95	44	40	<25	53	32	81	49

① 1ft·1bf/½in=266.9mN·m/cm。
② 1cP=1mPa·s。

环氧树脂的国外主要厂商见表11-6-24。国内主要生产厂有无锡树脂厂、上海树脂厂有限公司、岳阳石油化工总厂环氧树脂厂、南通第二化工厂、天津市津东化工厂、沈阳树脂有限公司等。

表11-6-24 环氧树脂的国外主要厂商

商品名	公司	国家
Epon	Shell Chem	美国
Araldite	Ciba-Geigy	瑞士
D. E. R	Huntsman Dow Chem	美国
ERL	Union Carbide	美国
Epikote	三菱油化	日本
YD	东都化成	日本
エピクロン	大日本油墨	日本
Eurepox	Schering	德国
эA		苏联

6.9 聚醚醚酮

聚醚醚酮（PEEK）是一种线性芳香高分子化合物。其大分子主链上含有大量的芳环和极性酮基，赋予聚合物以耐热性和力学强度；另外，大分子中含有大量的醚键，又赋予聚合物以韧性。PEEK树脂不仅耐热性比其他耐高温塑料优异，而且具有高强度、高模量、高断裂韧性以及优良的尺寸稳定性；PEEK树脂在高温下能保持较高的强度，它在200℃时的弯曲强度达24MPa左右，在250℃下弯曲强度和压缩强度仍有12~13MPa；PEEK树脂的刚性较大，尺寸稳定性较好，线膨胀系数较小，非常接近于金属铝材料；PEEK树脂具有优异的耐化学药品性，在通常的化学药品中，只有浓硫酸能溶解或者破坏它，它的耐腐蚀性与镍钢相近，同时其自身具有阻燃性，在火焰条件下释放烟和有毒气体少，抗辐射能力强；PEEK树脂的韧性好，对交变应力的优良耐疲劳性是所有塑料中最出众的，可与合金材料媲美；PEEK树脂具有突出的摩擦学特性，耐滑动磨损和微动磨损性能优异，尤其是能在250℃下保持高的耐磨性和低的摩擦系数；PEEK树脂易于挤出和注射成型，加工性能优异，成型效率较高。此外，PEEK还具有自润滑性好、易加工、绝缘性稳定、耐水解等优异性能，使得其在工业、航空航天、汽车制造、电子电气、医疗和食品加工等领域具有广泛的应用，开发利用前景十分广阔。电线电缆工业，一般用作军事、宇宙航天、矿井油井、核电原子能、化工设备等要求高温、高湿、高压、有辐射等恶劣场所。

6.9.1 聚醚醚酮的结构

聚醚醚酮的分子结构式如下：

$$\left[O-\langle\bigcirc\rangle-O-\langle\bigcirc\rangle-\overset{O}{\overset{\|}{C}}-\langle\bigcirc\rangle \right]_n$$

聚醚醚酮是一种耐高温的结晶型热塑性工程塑料。聚醚醚酮玻璃化转变温度为143℃，熔点为334℃，具有很高的耐热性，长期工作温度为250℃，短期耐热可达315℃。耐热水性能突出，在80℃热水中浸泡800h后拉伸强度和断裂伸长率几乎不发生变化，耐热水性能超过聚醚砜（PES）和聚苯硫醚（PPS），即使在200℃蒸汽中，其物理性能和外观也不会发生明显变化，可长期使用。

6.9.2 聚醚醚酮的性能

聚醚醚酮是一种在主链结构上有两个醚键和一个酮键的重复单元所构成的高聚物，是一种芳香族的结晶型热塑性高分子材料。作为一种特种工程塑料，聚醚醚酮性能十分稳定，不会因温度、湿度、化学侵蚀或压力等变化而改变其属性，具有很强的耐高温、自润滑性、耐腐蚀、阻燃、易剥离、耐疲劳、耐辐射、耐水解等优异性能。

1）耐热性：聚醚醚酮是耐热性极优的热塑性塑料，其连续使用温度为250℃，用玻纤增强后可达315℃。

2）力学性能：聚醚醚酮是强韧性塑料，具有优异的抗冲击性，其耐疲劳性在合成树脂中是最好的。

3）阻燃性和发烟性：聚醚醚酮本身难燃，未添加阻燃剂的厚度1.45mm试样可通过UL94 V0标准，燃烧时发烟量很少，产生气体成分为CO_2和CO。

4）耐药品性和耐水解性：聚醚醚酮能耐大多数有机或无机溶剂的侵蚀，在常规溶剂中不溶，有超强的耐蒸汽及耐高压热水的能力。

5）耐磨性：聚醚醚酮摩擦系数低，具有优异的耐磨耗和自润滑性。可用于制作轴承轴套和压缩机部件等。

6）耐辐射性：聚醚醚酮的结构决定其具有优异的耐辐射性能（见图11-6-7）。

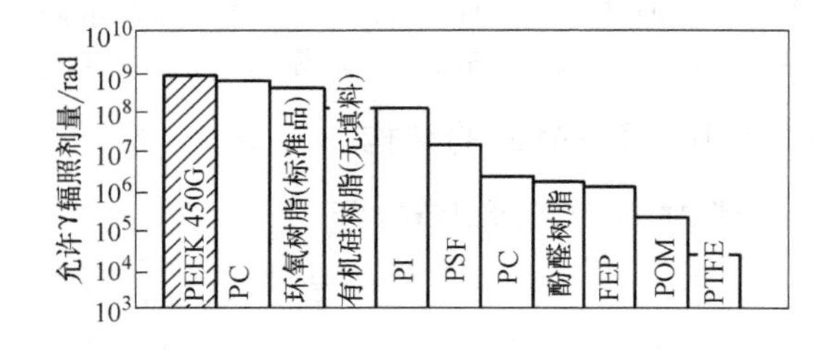

图11-6-7 聚醚醚酮的耐辐射性能比较

7）电性能：聚醚醚酮的电性能优异，其介电常数、介质损耗因数、介电强度在较宽的温度、频率范围内均有较好的性能。

6.9.3 聚醚醚酮在电线电缆中的应用

世界上聚醚醚酮的主要生产厂商有英国威格斯Victrex、德国赢创Evonik、比利时苏威Solvay、美国LNP、荷兰DSM、美国RTP和日本住友等公司。以核电和石油勘探电缆用材料为例，列举聚醚醚酮的典型性能，见表11-6-25。

聚醚醚酮加工工艺（见表11-6-26）：聚醚醚酮塑化速度慢，在出料口容易出现下垂，挤出速度、牵引速度、温度设定不匹配很容易造成线材不圆整，对此可以有针对性地对挤出机螺杆、模具、水槽位置等进行改进，同时加装导体预热装置。且在生产前要将胶料进行烘干处理，具体为150℃干燥3h以上，160℃干燥2h以上。

表11-6-25 聚醚醚酮的典型性能

性　能	测试条件	数据单位	381G	450G
密度	结晶	g/cm^3	1.30	1.30
熔体粘度	400℃	Pa·s	300	350
拉伸强度	23℃	MPa	100	100
断裂伸长率	23℃	%	40	45
弯曲强度	23℃	MPa	170	165
压缩强度	23℃	MPa	120	120
邵氏硬度	23℃	HD	87	87
熔点		℃	343	343
玻璃化转变温度		℃	143	143
连续使用温度	电器	℃	260	260
氧指数	3.2mm	%	35	35
介质损耗因数	23℃，1MHz		0.003	0.003
介电常数	23℃，50Hz		3.2	3.2
体积电阻率	23℃	Ω·cm	10^{16}	10^{16}
体积电阻率	125℃	Ω·cm	10^{15}	10^{15}

表11-6-26 聚醚醚酮挤出参考工艺

温区	下料段	熔融段	机头	模具
温度/℃	350	370	380	380

注：设备为ϕ30mm，$L/D=24$，压缩比=3。

第7章

热塑性弹性体

7.1 热塑性弹性体介绍

热塑性弹性体（TPE）是一种在常温下具有橡胶性能，而在高温下可塑化成型的高分子材料，兼有橡胶和塑料的特性。20世纪60年代Philips公司及Shell公司分别工业化了苯乙烯类线型和星型嵌段共聚物SBS，由此热塑性弹性体成为一类独立的研究领域。目前热塑性弹性体的世界年增长率为6.4%，在2002年相当于橡胶产量的6.5%，2011年全球热塑性弹性体总消费量超过350万t，达137亿美元，到2018年，全球热塑性弹性体销售量将超过238亿美元。

高分子因其分子结构和织态结构不同，而表现为不同的特性。例如在外力作用下，未经硫化的橡胶很容易发生塑性形变，硫化后，橡胶大分子间生成交联点，使橡胶表现为弹性体特性。在高温下，将橡胶高度拉伸至极限，大分子产生部分结晶，模量大增，接近纤维的特性。可见，一种高分子呈现塑料、橡胶或纤维的特性，主要是织态结构的对外表现。橡胶弹性的成因，一方面是因为大分子呈现高度卷曲而分子间力又较弱，在外力下极易变形；另一方面是由于大分子间存在适量的交联点，所有外力去除后，形变就完全消失，高分子材料外形恢复到原状。这种导致复原的交联点，可以是硫化所生产的化学键，也可以是大分子中镶嵌的结晶性较强的分子短片段，它们在织态结构中形成为数众多的微晶结点，起交联作用。如果这种微晶结点在常温下是稳定的，而升温时能熔融或舒展，那么具有这种结点的高分子材料在升温时就与塑料一样可以模塑成型，而冷却至常温时，结点又能重建，从而恢复弹性。具有这种特性的高分子材料，就是所谓的“热塑性弹性体”。

热塑性弹性体英文为“Thermoplastic Elastomers”，是一种既具有热塑性，能进行热塑性加工，高温下能塑化成型，又能像橡胶一样，具有优异的弹性，在室温下拉长（原长200%）一定时间后恢复到接近原始尺寸。顾名思义，这种高分子材料兼有塑料和橡胶的特点，被称为“第三代橡胶”。热塑性弹性体的特点见表11-7-1。

表11-7-1 热塑性弹性体的特点

优　点	缺　点
1)可以用热塑性树脂的成型机械迅速加工,不需要硫化 2)不添加补强剂,TPE强度也与填充补强剂的产品相同,甚至可超过填充补强的 3)通过改变基材的化学结构,可以获得具有软质硫化橡胶到近似于塑料的宽广范围物性的弹性体 4)由于热塑性弹性体不是化学交联的,所以是热塑性的,边角料和废制品可以再利用 5)节能、环保	1)随着温度上升而物性变化大 2)高温下易发生塑性变形 3)残余永久变形大,易发生应力松弛、蠕变等现象 4)目前还不能用作车辆轮胎,汽车悬置减振件,要求高的动静态密封件,桥梁、建筑支座等高性能橡胶制品

7.2 热塑性弹性体分类

在电线电缆领域，热塑性弹性体主要应用于高柔性的拖链电缆、电梯电缆、电焊机电缆、移动电缆、风能电缆、港机电缆、机器人电缆、电动充电桩电缆，电子产品的耳机线、数据线、充电器连接线等，以及要求柔软、弹性、易弯曲、手感滑爽的场合，是柔软PVC的无卤化最佳替代品。

热塑性弹性体种类繁多，在电线电缆领域常用到的有SBC、TPU、TPV、TPO、TPEE、TPAE，见表11-7-2。

表 11-7-2 主要热塑性弹性体的种类和约束模式

分类	聚合物结构	约束模式	硬段	软段
苯乙烯类(SBC)	嵌段	冻结相	聚苯乙烯(PS)	聚丁二烯(BR)
				聚异戊二烯(IR)
				氢化丁二烯(EB)
				氢化异戊二烯(EP)
聚烯烃类(TPO)	共混或微交联	结晶相	聚丙烯(PP)	EPDM/POE
橡胶烯烃类(TPV)	共混动态交联	结晶相	聚丙烯(PP)	EPDM/NBR/IIR/ACM
聚氨酯类(TPU)	嵌段	氢键	氰酸酯	聚酯多元醇
		结晶相		聚醚多元醇
聚酯类(TPEE)	嵌段	结晶相	芳香族聚酯	脂肪族聚酯
				脂肪族聚醚
聚酰胺类(TPAE)	嵌段	氢键	聚酰胺	聚酯
		结晶相		聚醚

7.3 苯乙烯类热塑性弹性体

7.3.1 发展历程

苯乙烯类热塑性弹性体即苯乙烯嵌段共聚物(Styrenic Block Copolymers, SBC)。20 世纪 30 年代初，Ziegler 和同事一起通过用碱金属（锂）及其有机衍生物（烷基锂）作为引发剂，对丁二烯、异戊二烯和 1,3-戊二烯进行聚合的研究，奠定了活性聚合的基础，并且证明是无终止反应体系，但所得聚合物的相对分子质量较低，主要是 1,2-加成聚丁二烯或 3,4-加成聚异戊二烯，聚合物的玻璃化转变温度较高，实质上不是橡胶状，而是树脂状，这给工业生产和贮存带来了严重问题。针对这一问题，Shell Chemical（壳牌）公司的研究人员制备不同相对分子质量的聚二烯烃弹性体，发现聚苯乙烯短嵌段的嵌段共聚物（在聚二烯烃分子链的一端或者两端）表现出非牛顿流体的特性，即剪切速度趋于零时，粘度趋于无限大，在其他剪切速率时，粘度也异常大。三嵌段共聚物的物理性质更加异常，表现出常规硫化橡胶的性质，即高拉伸强度、高断裂伸长率以及快速且近乎完全的回缩。为解释这一异常现象，提出了相畴理论，即聚苯乙烯嵌段相互聚集，形成微区（相畴），当温度低于聚苯乙烯的玻璃化转变温度时，这些聚苯乙烯微区（相畴）起到了交联点的作用，因此嵌段共聚物好像是网状交联的。这种三嵌段的共聚物很快就被工业化。

7.3.2 结构

作为热塑性弹性体的聚苯乙烯/聚二烯烃嵌段共聚物具有如下基本结构：聚（苯乙烯-丁二烯-苯乙烯）或聚（苯乙烯-异戊二烯-苯乙烯），它们被命名为 S-B-S 和 S-I-S。室温下，在 S-B-S 和 S-I-S 嵌段共聚物中聚苯乙烯相是强、硬的，聚二烯烃相是软、弹性的。聚苯乙烯相为分离的球形区域（相畴），每个聚二烯烃分子链的两端都被聚苯乙烯链段封端，因此这种硬的聚苯乙烯的相畴作为多功能连接点得到了交联的网络结构，这与常规硫化橡胶在很多方面相似。但是这种交联是通过物理过程而不是化学过程形成的，因此不稳定，室温下这种嵌段共聚物具有硫化橡胶很多性能，当受热后，嵌段共聚物中苯乙烯相畴软化，交联网络的强度下降，最终嵌段共聚物得以流动，当冷却后，聚苯乙烯相畴又重新变硬，原有的性能恢复。同样，这种嵌段共聚物也可以溶于溶剂（可同时溶解各自均聚物的溶剂），待溶剂挥发后得以恢复同样的相态结构，如图 11-7-1 所示。

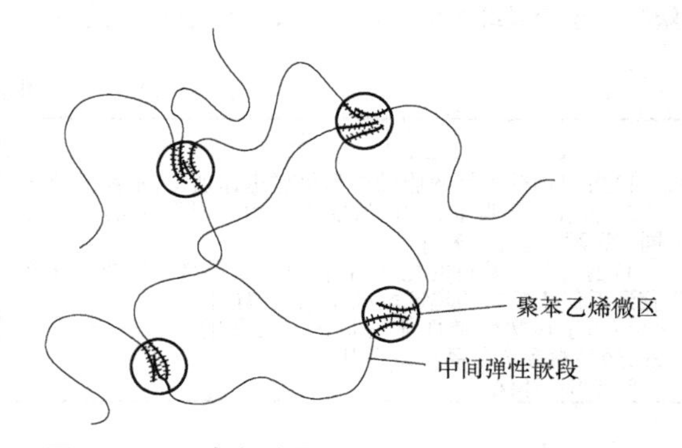

图 11-7-1 嵌段共聚物 S-B-S 相态结构示意图

7.3.3 性能和应用

S-B-S 和 S-I-S 加氢后可得到中间为饱和弹性嵌段的共聚物，称为 SEBS 和 SEPS，其稳定性极其优异，对氧、臭氧、热、光、溶剂等的耐老化能力大大提高，它和聚丙烯、白油、填料或阻燃剂共混造粒后（这种共混物常被称为“TPS”），强度高、柔软，具有橡胶的弹性，优异的电性能和永久变形，因而作为电线电缆包覆材料得到广泛应用。

国内外SEBS和SEPS主要生产商为美国科腾Kraton、日本可乐丽、日本旭化成、意大利埃尼、西班牙戴纳索、中国台湾台橡、中国台湾李长荣LCY和巴陵石化。下面以科腾SEBS为例，列举SEBS的典型性能，见表11-7-3。

表11-7-3　Kraton® G SEBS典型性能

性　能	1650	1651	1652	1654	1657
拉伸强度/psi①	5000	5500	4500	3500	3400
300%模量/psi	800	900	700	900	350
断裂伸长率(%)	500	—	500	700	750
邵氏A硬度(10s)/HA	72	61	69	63	47
密度/(g/cm³)	0.91	0.91	0.91	0.92	0.90
熔融指数/(g/10min)②	<15	<15	55	<15	22
溶液粘度(甲苯)	8000	>50000	1800	>50000	4200
苯乙烯/丁二烯(S/B)比例	30/70	33/67	30/70	31/69	13/87
外观	粉末粒子	粉末粒子	粉末粒子	粉末粒子	致密粒子

① 1MPa=145psi。
② 熔融指数测试条件：200℃×5kg。

7.4　烯烃类热塑性弹性体

7.4.1　发展历程

聚烯烃广泛用于弹性体和热塑性硬塑料，与其他聚合物相比，聚烯烃具有化学惰性好、密度小、成本低等优点，这些促进了聚烯烃类热塑性弹性体的研究进展。

烯烃类热塑性弹性体TPE最常见的是以聚丙烯PP为硬段，乙丙橡胶EPDM为软段共混而成的TPO。需要指出的是，很多无规嵌段共聚物（如乙烯-α-烯烃共聚物）和立构嵌段共聚物（如立构嵌段聚丙烯）也被称为TPO，因属于化学合成原材料范畴，在本章节不做详解，本章只研究共混嵌段共聚物。

烯烃类热塑性弹性体由于密度小（最小为0.88g/cm³），耐热好，耐气候性和耐臭氧性能也好，常被用于汽车和家电领域。1981年美国Mansanto公司开发成功以Santoprere命名的完全动态硫化型TPO之后，性能又大为改观，最高使用温度可达120℃。这种动态硫化型的TPO被称为TPV（Thermoplastic Vulcanizate），主要是在PP与EPDM熔融共混时加入能使其硫化的交联剂，利用密炼机、双螺杆等机械高度剪切力，使其完全硫化的EPDM交联粒子，充分分散到PP连续相中。通过这种交联橡胶的“粒子效果”，使TPV的耐压缩变形、耐热性、耐油性等都得到了明显改善，甚至达到氯丁橡胶的水平，因而人们又将其称为热塑性硫化胶。

7.4.2　制备方法

许多塑料和橡胶之间可形成热塑性硫化胶TPV，但是仅有个别共混物经动态硫化后具有实用价值，商业化的有PP/PE/EPDM、PP/NBR、PP/ACM。通过研究发现，要得到最佳性能的橡胶/热塑性塑料的动态硫化共混物，必须满足以下条件：

1）塑料和橡胶两种聚合物的表面能互相匹配。

2）橡胶缠结分子链长度较短。

3）塑料的结晶度大于15%，当塑料与橡胶之间的极性或表面能差别比较大的情况下，添加合适的相容剂，再进行动态硫化，也可以得到性能优良的共混物。

全动态硫化热塑性乙丙橡胶（以下简称EPDM/PP-TPV）是由EPDM与PP在硫化体系存在下，高温、高剪切力的作用下，在共混的同时，被打碎的EPDM粒子实现高度（>95%）交联。海相（连续相）为塑料（PP）、岛相（分散相）为<2μm的交联EPDM微粒的粒子尺寸对应力-应变性能有很大影响，粒子越小，应力-应变性能越佳（见图11-7-2）。而且，随着橡胶粒子硫化程度的增加，拉伸性能也会发生相应变化（见表11-7-4）。

7.4.3　性能和应用

热塑性硫化橡胶TPV，可以进行注塑、挤出、吹塑、压延成型，而且环保节能，可重复使用，主要应用在汽车防尘罩、密封条、内饰，还可用作软管、电线、家用电器以及运动器材等制品。

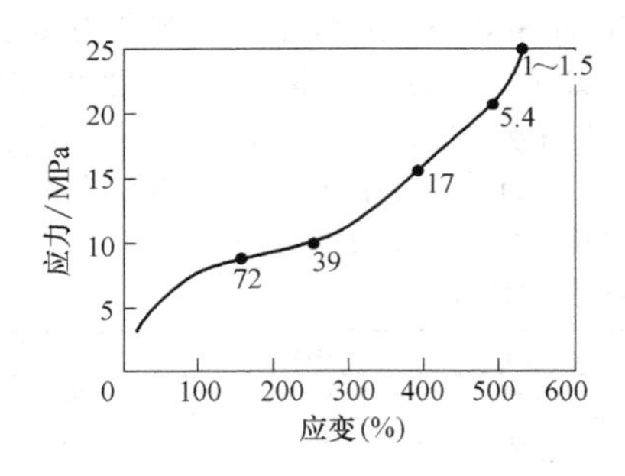

图 11-7-2 EPDM/PP-TPV 中橡胶粒径与应力-应变的关系（图中数字表示粒径/μm）

表 11-7-4 不同硫化程度 EPDM/PP 混合物的性能对比

性　　能	物理共混 TPO	部分硫化 TPO	全硫化 TPV
拉伸强度/MPa	4.6	9.6	12.8
断裂伸长率(%)	420	580	550
拉伸变形(%)	110	85	38
压缩永久变形(%)	108	82	48
体积溶胀(%)	—	250	92
交联度(%)	0	65	97
邵氏 A 硬度/HA	80	83	87

热塑性硫化橡胶 TPV 与其他热塑性弹性体相比，具有密度小、回弹性好、耐老化、耐高温、耐溶剂、电性能好、易加工、环保可回收的优点，很适合作为电线电缆材料。比较常见的是用来生产汽车和炉具点火线，还有一些耐油、耐溶剂的场合。

国内外知名热塑性硫化橡胶 TPV 生产商有美国 AES（Monsanto）、荷兰 DSM、日本住友、日本三井、韩国 SK、美国 Teknor、山东道恩和南京奥普特等。以南京奥普特产品为例，列举 TPV 的典型性能，见表 11-7-5。

表 11-7-5 南京奥普特百可韧® TPV 典型性能

性　能	6365N	6375N	6385N	6390N	6395N
邵氏硬度/HA	65A	75A	85A	40D	50D
密度/(g/cm³)	0.96	0.96	0.96	0.96	0.96
拉伸强度/MPa	6.0	8.0	13.5	18.5	20.5
断裂伸长率/%	414	462	484	502	524
撕裂强度/(kN/m)	25.0	33.1	55.0	78.0	102.0
压缩变形(22h/70℃)/%	32.5	35.0	38.2	42.0	47.0
脆化温度/℃	-60	-60	-55	-50	-50

7.5 聚氨酯类热塑性弹性体

7.5.1 发展历程

聚氨酯弹性体学名聚氨基甲酸酯，又称聚氨酯橡胶 PUR，按加工方法不同，分为混炼型聚氨酯橡胶（MPU）、浇注型聚氨酯橡胶（CPU）、热塑性聚氨酯弹性体 Thermoplastic polyurethane（TPU）。热塑性聚氨酯弹性体（TPU）之所以具有热塑性，是由于其分子间的氢键交联和偶极作用，而随着温度升高或下降，这两种交联形式具有可逆性。聚氨酯弹性体的特点是富有卓越的弹性，耐磨性优异，具有良好的机械强度、耐油性和耐臭氧性，低温性能也很出色。电线电缆行业常用热塑性聚氨酯弹性体来制作高强度、抗撕裂、抗弯曲、耐油等高要求的电缆。

最早开展聚氨酯研究的是 Bayer A G 公司的 Otto Bayer 和他的同事们（1937 年）。热塑性聚氨酯弹性体则是在 1958 年由 B. F. Goodrich 公司的 Schollenberger 发明并报道。此后，人们致力于研究热塑性聚氨酯弹性体加工和性能之间的关系，产品线也日趋成熟，出现了美国 Goodrich 的 Estane®和 Bayer 公司的 Desmopan® 以及 Elastogran 公司的 Elastollan®等产品，从此热塑性聚氨酯弹性体步入快速发展阶段。

7.5.2 结构

目前大家公认多嵌段聚氨酯为热塑性弹性体的原因是它产生了相分离，形成了微区结构。热塑性聚氨酯弹性体由两种嵌段构成：一种为硬嵌段，它是由扩链剂（如丁二醇）加成到二异氰酸酯（如 MDI）上形成的；另一种为软嵌段，是由镶嵌在两个硬段之间的长链聚醚或聚酯构成的。室温下，低熔点的软段与极性、高熔点的硬段是不相容的，从而导致微相分离。相分离的另外一部分推动力是硬段的结晶，当加热至硬段的熔点以上时，热塑性聚氨酯形成了均一的熔体，可以用热塑性加工技术进行加工，如注射成型、挤出成型和吹塑成型等，冷却后，硬段、软段重新相分离，从而恢复弹性。

根据聚合反应中二元醇的不同，热塑性聚氨酯弹性体分为聚酯型 TPU 和聚醚型 TPU 两大类。聚酯型 TPU 具有良好的耐油、耐热性能，用作高硬度制品较多，如轴承、耐油耐磨层压件和杂件。不耐水解是聚酯型 TPU 的一大弱点。聚醚型 TPU 具有良好的低温性能和耐水解性能，用作低硬度制品较多，如鞋面、皮革等，柔软性好，手感好，但是价格比聚酯型TPU要贵很多。

7.5.3 性能和应用

在电线电缆领域聚酯型和聚醚型TPU都很常用，聚酯型常用来做室内缆，适用于对耐水没有很高要求的场合；聚醚型用来做户外缆，适用于要求耐水的场合。

热塑性聚氨酯弹性体TPU具有优异的物理力学性能，如拉伸强度、抗撕裂性能非常好，还有一大优点是耐磨性好，TPU与其他材料耐磨性的比较见表11-7-6。

目前国内外主流生产热塑性聚氨酯弹性体TPU的厂家有美国路博润（诺誉）、德国巴斯夫、德国拜耳、美国亨斯迈、中国台湾高鼎和烟台万华等。以路博润（诺誉）产品为例，列举TPU的典型性能，见表11-7-7。

表11-7-6 TPU与其他材料耐磨性的比较

台伯尔(Taber)磨耗试验①			旋转辊筒磨耗试验②	
材料		磨耗量/mg	材料	磨耗量/mm^3
TPU	低硬度(80A)	16	TPU	65.6
			天然橡胶	167.5
	高硬度(98A)	4.7	氯丁橡胶	151.9
尼龙6		7.4	丁腈橡胶	112.5
尼龙66		7.9		
尼龙610		8.8		
聚甲醛		15.2		
聚丙烯		24.6		

① 载荷980N，转数1000r，磨轮CS-17。
② DIN 53516。

表11-7-7 路博润（诺誉）Estane® TPU的典型性能

性 能	58300	58214	58315	58887	58212	58863	58437	58206
聚酯/聚醚	聚醚	聚醚	聚醚	聚醚	聚醚	聚醚	聚酯	聚酯
邵氏硬度/HA	83	85	85	88	94	85	86	85
密度/(g/cm^3)	1.10	1.12	1.12	1.13	1.15	1.13	1.18	1.20
拉伸强度/MPa	28	35	37	42	36	39	39	46
300%拉伸应力/MPa	8.3	9	9	11	18.4	10.1	10.6	7.5
断裂伸长率(%)	725	650	650	610	530	665	540	600
压缩变形(24h/70℃)(%)	70	70	70	75	70	64	60	53
撕裂强度/(kN/m)	50	54	53	65	94	57	60	68
磨损量/mm^3	70	35	35	35	40	34	40	20
维卡转化温度/℃	60	67	72	79	80	98	80	75
低温冲击脆化温度/℃	-70	-70	-70	-70	-70	-70	-70	-70

7.6 热塑性聚酯弹性体

7.6.1 发展历程

热塑性聚酯弹性体（TPEE）是含有聚酯硬段和聚醚软段的嵌段共聚物。其中聚醚软段和未结晶的聚酯形成非晶相，聚酯硬段部分结晶形成结晶微区，起物理交联点的作用。TPEE具有橡胶的弹性和工程塑料的强度；软段赋予它弹性，使它像橡胶；硬段赋予它加工性能，使它像塑料；与橡胶相比，它具有更好的加工性能和更长的使用寿命；与工程塑料相比，同样具有强度高的特点，而柔韧性和动态力学性能更好。

聚酯嵌段共聚物弹性体的研究始于1950年左右，当时是为了开发新型可熔融纺丝的合成纤维。1969年，Witsiepe开始用对苯二甲酸二甲酯、1,4-丁二醇和PTMO二元醇制得聚酯嵌段共聚物。这类聚酯弹性体具有优异的回弹性、撕裂强度、耐溶剂性、低温柔软性和高温强度，并且更重要的是可以从熔体状态迅速结晶，这使得它们能用典型的热塑性塑料的成型方法进行加工。到1972年，杜邦公司将这类聚酯弹性体商业化，商品名称为Hytrel。

7.6.2 结构和特点

热塑性聚酯弹性体TPEE中的硬段一般选择高硬度结晶型PBT，软段则选择非结晶型Tan的聚醚（如聚乙二醇醚PEG、聚丙二醇醚PPG、聚丁二醇醚PTMG等）或聚酯（如聚丙交酯PLLA、聚乙交酯PGA、聚己内酯PCL等脂肪族聚酯）。不同聚醚软链段与PBT的相容性次序为PEG>PTMG>PTMG-PPG>PPG。PBT和PTMG或PEG反应，可以合成特性粘数［η］在1.3~1.8以上的PTMG-PBT和PEG-PBT多嵌段共聚物。PTMG-PBT共聚物较

PEG-PBT共聚酯的强度和耐水稳定性高得多，而PEG-PBT共聚酯在油中的溶胀性比PTMG-PBT共聚物小得多，两种共聚物各有自己的优点，可用于不同领域。制备PTMG-PBT或PEG-PBT共聚酯主要以对苯二甲酸二甲酯（DMT），1,4-丁二醇（BG）和PTMG或PEG为原料。

热塑性聚酯弹性体（Thermoplastic Polyether Ester Elastomers）是一种线型嵌段共聚物，它是热塑性弹性体中引起普遍重视的新品种。这种材料除了具有硫化橡胶所特有的性能，特别是在室温和低温条件下的抗压及耐屈挠性优越外，兼有热塑性塑料的加工特性。热塑性聚酯弹性体TPEE兼具橡胶优良的弹性和热塑性塑料的易加工性，软硬度可调，设计自由，是热塑性弹性体中备受关注的新品种。

由于热塑性聚酯弹性体TPEE具有突出的机械强度、优良的回弹性和宽广的使用温度等综合性能，主要用于要求减震、耐冲击、耐曲挠、密封性和弹性、耐油、耐化学品并要求足够强度的领域，如聚合物改性、汽车部件、耐高低温电线护套、液压软管、鞋材、传动带、旋转成型轮胎、挠性联轴节、消音齿轮、电梯滑道、化工设备管道阀件等领域得到了广泛的应用，其中在汽车工业中的应用最广，占70%以上。

7.6.3 应用

TPEE主要用于有耐油、耐高温要求的机车缆，耐曲挠、耐溶剂的机器人电缆，耐高温、耐冲击的光缆行业，以及一些船用、军用、矿用、航天等有特殊要求的领域。目前世界主流生产商有美国杜邦、美国伊士曼、荷兰DSM、中国台湾长春、日本东丽、韩国LG化学。国内中蓝晨光化工研究院有限公司、中纺投资、湖北省化学研究所等都有生产。以杜邦产品为例，列举TPEE的典型性能，见表11-7-8。

表11-7-8 杜邦 Hytrel® TPEE的典型性能

性能	4056	4556	5556	6356	7246
邵氏硬度/HA	40	45	55	63	72
密度/(g/cm^3)	1.17	1.14	1.20	1.22	1.25
拉伸强度/MPa	30	31	40	46	53
断裂伸长率(%)	700	600	500	420	360
熔体流动速率①	5.3	8.5	7.5	8.5	12.5
弯曲模量(23℃)/MPa	62	94	207	330	570
热变形温度/℃	50	43	49	115	130
熔融温度/℃	150	193	203	211	218
低温脆化温度/℃	<-100	—	—	<-100	-97
低温冲击泰伯磨耗量/(mg/1000rv)②	—	72	64	—	47

① 190℃/2.16kg，ASTM D1238。

② H18磨轮。

7.7 其他弹性体

7.7.1 热塑性聚酰胺弹性体

热塑性聚酰胺弹性体TPAE由有规的线型刚性聚酰胺链段以柔顺的聚醚链段隔开所组成，其通式可写成

$$\mathrm{HO}\left[\underset{\substack{\|\\ \mathrm{O}}}{\mathrm{C}}-\mathrm{PA}-\underset{\substack{\|\\ \mathrm{O}}}{\mathrm{C}}-\mathrm{PE}-\mathrm{O}\right]_n\mathrm{H}$$

其中，PA为聚酰胺链段，PE为聚醚链段。其硬段可为芳族聚酰胺或脂肪族聚酰胺，由芳族酰胺制得聚酯酰胺（PEA）和聚醚酯酰胺（PEEA），由脂肪族酰胺衍生出聚醚嵌段酰胺（PEBAX或VESTAMID）的硬段。最为出名的就是法国阿科玛（ARKEMA）公司尼龙弹性体，其商品名是Pebax®，还有德国德固赛的Vestamid®。

热塑性聚酰胺弹性体具有如下特性，在无增塑剂和低温下，具有优异的韧性和曲挠性，密度小，尺寸稳定性高，耐化学品性良好，抗环境应力开裂性较佳，回弹性和动态性能良好，易加工。热塑性聚酰胺弹性体具有使用温度高、耐热老化性和耐化学品性好等特点，可填补热塑性聚氨酯和有机硅聚合物之间的空白，在汽车工业和电线电缆的耐高温绝缘和护套方面有很大的潜在市场。

7.7.2 有机硅类热塑性弹性体

以TPSiV为例，TPSiV是热塑性有机硅弹性体（Thermo Plastic Silicone Vulcanizate）的简称及注册商标。它是应用道康宁所独有的动态硫化交联技术将充分硫化的硅橡胶微粒，均匀分散在热塑性材料的连续相中所形成的一种稳定的TPV高分子合金。与高分子合成方法制备的热塑性弹性体TPE相比，TPSiV具有以下特点：

1）具有特殊的海-岛相态结构，其中微小的硅橡胶粒子呈分散相存在，而热塑性基体则以连续相包覆在硅橡胶粒子周围。

2）整个有机硅橡胶的硫化过程是清洁化学反应：无副产物、无气味、无挥发物。TPSiV独特的结构赋予了其优良的物理力学性能和热塑加工性。

用此动态硫化技术研发而成的TPSiV，与通常的热塑性弹性体相比，具有如下特性：

1）配方中不含有溶剂油和增塑剂等易导致黄变的添加剂，可以根据需求染成各种颜色。

2）表面不易吸附灰尘。

3）抗油性和抗化学性好，不易污染。

4）与许多热塑性工程塑料（如PC、PC/ABS、ABS、PA、PVC等）有优异的粘接性，可用于共挤和双色注塑成型。

5）150℃热空气或150℃高温老化后依然可以保持较高的机械强度。

6）可用于丝印、移印、喷漆等二次加工。正因为这些特性，TPSiV未来逐步应用于医疗、食品、卫生行业，以及与人接触的消费级电线等高端市场。

7.7.3　氟类热塑性弹性体

含氟热塑性弹性体是以四氟乙烯-乙烯共聚物或偏氟乙烯均聚物为硬段，以偏氟乙烯、六氟乙烯及四氟乙烯三聚物为软段。其特点是耐化学性好，透明度高，可重复使用，可辐照交联。

1957年旭硝子公司合成四氟乙烯和丙烯的交替共聚物，商品名为AFLAS，具有杰出的耐热性（可在连续230℃或更高温度下使用）；优秀的耐化学介质性，在高温下与强酸、强碱接触不会变质或很少变质；非常高的电阻率。目前此材料应用于发动机油封和电线护套。

7.7.4　热塑性乙丙弹性体

热塑性乙丙弹性体属于聚烯烃系热塑性弹性体。它可由乙烯、丙烯直接合成或由乙丙橡胶和聚烯烃（聚丙烯、聚乙烯、乙烯丙烯嵌段共聚物）机械混合制成，成为嵌段型结构的热塑性弹性体。

热塑性乙丙弹性体分子内既有热塑性的分子凝集力大的聚合物链段，也有显示橡胶弹性的链段。热塑性聚合物链段在室温下则成为交联点，使热塑性乙丙弹性体显示出橡胶弹性。在加热时，此交联点具有流动性，显示出热塑性行为，因而成型加工比较容易。

热塑性乙丙橡胶的特性见表11-7-9。

表11-7-9　热塑性乙丙橡胶（Esprene）的特性

项　目		8901	8911	8721	8914(814)
密度/(g/cm^3)		0.88	0.88	0.88	0.90
熔融指数(230℃,2.16kg)		0.89	2.10	0.87	0.81
屈服强度/MPa		12.7	—	—	—
100%定伸强度/MPa		—	8.7	3.6	11.6
拉伸强度/MPa		14.5	9.2	3.6	14.5
断裂伸长率(%)		420	450	380	370
永久变形率(%)		43	40	21	38
弯曲模量/MPa		145.0	53.0	6.0	—
扭曲模量(20℃)/MPa		40.0	19.0	5.7	26.0
低温冲击脆化温度/℃		<-70	<-70	<-70	<-70
冲击强度/(1kJ/m^2)摆锤	-20℃	不折	不折	不折	不折
	-40℃	不折	不折	不折	不折
维卡软化点(荷重0.5kg)/℃		100	50	32	60
表面硬度(邵氏A)/HA		95	89	70	94
压缩永久变形(70℃,22h)		79	84	85	72
回弹率(%)		50	50	50	50
耐磨耗/mg		128	280	450	—
相对介电常数(23℃,50% RH)		2.22	2.14	2.16	—
介质损耗因数(23℃,50% RH)		6×10^{-4}	6×10^{-4}	6×10^{-4}	—
体积电阻率/Ω·m		5.6×10^{14}	$1.0X10^{15}$	2.6×10^{14}	—

热塑性乙丙弹性体适用作软线、中高压电缆绝缘材料，尤其乙丙橡胶与聚丙烯共混，加入少量过氧化物，具有局部交联的产品，在130~150℃下有较低的热变形和耐热性，可用于中高压绝缘。热塑性乙丙橡胶挤出温度为190~230℃。

7.8　热塑性弹性体改性

热塑性弹性体TPE具有橡胶和塑料的部分特性，并取得了长足的发展，但现阶段仍不能完全取代传统的硫化橡胶。TPE在超高回弹、高温压缩变形、耐油等性能方面不如硫化橡胶，但是TPE的密度小、柔软、加工方便、环保节能、可回收、无卤素等特性是其他材料不具有的，正是凭借这些优点，TPE成了柔软PVC的最佳替代品。

在电线电缆领域，想用TPE替代传统PVC和橡胶材料，必须降低TPE成本，提高产品性能、拓宽应用领域，因此有必要对TPE进行改性。弹性体改性是用化学或物理的方法改变大分子链结构及其分布、结合或聚集状态，从而使聚合物显示新的性能。弹性体改性分为物理改性和化学改性。

物理改性是通过添加其他组分来改变热塑性弹性体的性能，按添加组分不同，又分为聚合物共混改性和无机物或有机物改性。聚合物共混改性，目的是降低热塑性弹性体的成本，且改善加工工艺，比如SEBS、PP、白油一起共混经机械力剪切塑化后，得到TPS粒子，其流动性和强度、伸长率等性能都得到了极大改观；无机物改性是通过添加碳酸钙、氢氧化镁、磷氮阻燃剂等成分，降低成本，改善收缩、增加阻燃性能等，常见的非阻燃TPE电缆多为这种改性后的共混物。有机物改性主要是添加有机次磷酸盐阻燃剂和有机助剂等，改善抗粘连、耐热老化、表面爽滑性、阻燃性等。大体制造工艺如下：

配料 ⟶ 预混 ⟶ 混炼塑化 ⟶ 造粒

化学改性是通过过氧化物交联、硅烷交联、辐照交联等形成立体网状结构，改变分子链结构，从而提高耐热性、耐环境应力、耐油、抗紫外线、强度等性能。

电线电缆领域最常用的是阻燃改性料，目前世界上研究成果最明显的公司是美国GLS（普立万）、美国Teeknor Apex、荷兰DSM、沙比克Sabic、英国AlphaGary、德国胶宝（Kraiburg）、瑞典VTC，均有成熟阻燃TPE产品面市。

由于对弹性体结构和性能之间相关性的研究越来越深入，改性技术也越来越富有成效，再加上不断涌现的改性手段，目前弹性体的研究和改性已经进入了全速发展的时代。

第8章

塑料的试验方法

8.1 物理力学性能测试

8.1.1 密度

塑料密度的测定通常有五种试验方法，见表11-8-1。

表11-8-1 塑料密度的试验方法

种类	方法名称	试样状态
A法	浸渍法	适用于除粉料外无气孔的固体塑料
B法	液体比重瓶法	适用于粉料、片料、粒料或制品部件的小切片
C法	滴定法	适用于无孔的塑料
D法	密度梯度柱法	适用于模塑或挤出的无孔非泡沫塑料固体颗粒
E法	气体比重瓶法	适用于内部不含孔隙的任何形状的固体非泡沫塑料

根据不同的试样状态，应选用不同的试验方法。下面介绍常用的A法和B法。

1. 浸渍法

(1) 试验设备

1）分析天平：或为测密度而专门设计的仪器，精确到0.1mg。

2）浸渍容器：烧杯或其他适用于盛放浸渍液的大口径容器。

3）固定支架：如容器支架，可将浸渍容器支放在水平面板上。

4）温度计：最小分度值为0.1℃，范围为0~30℃。

5）金属丝：具有耐腐蚀性且直径不大于0.5mm，用于浸渍液中悬挂试样。

6）重锤：具有适当的质量。当试样的密度小于浸渍液的密度时，可将重锤悬挂在试样托盘下端，使试样完全浸在浸渍液中。

7）比重瓶：其容积为50mL，有侧臂式溢流毛细管，用来测定浸渍液的密度。比重瓶应配备分度值为0.1℃，范围为0~30℃的温度计。

8）液浴：在测定浸渍液的密度时，可以恒温在±0.5℃范围内。

(2) 试样及浸渍液

1）试样为除粉料以外的任何无气孔材料，试样尺寸应适宜，从而在样品和浸渍容器之间产生足够的间隙，试样质量至少为1g。

当从较大的样品中切取试样时，应使用合适的设备，以确保材料的性能不发生变化。试样表面应光滑，无凹陷，以减少浸渍液中试样表面凹陷处可能存留的气泡，否则就会引入误差。

2）浸渍液选用新鲜蒸馏水或去离子水，或其他适宜的液体（含有不大于0.1%的润湿剂，以除去浸渍液中的气泡）。在测试过程中，试样与该液体或溶液接触时，对试样应无影响。如果除蒸馏水以外的其他浸渍液来源可靠且附有检验证书，则不必再进行密度测试。

(3) 试验步骤及结果表示

1）在标准环境温度下（测试环境应符合GB/T 2918—1998的规定），在空气中称量用金属丝悬挂着的试样。试样质量不大于10g，精确到0.1mg；试样质量大于10g，精确到1mg，并记录试样的质量。然后将悬挂着的试样全部浸入温度控制在23℃±2℃（或27℃±2℃）的浸渍液中（浸渍液放在有固定支架的烧杯或其他容器里）。试样表面不能粘附空气泡，如有，可用细金属丝除去粘附在试样上的气泡。称量试样在浸渍液中的质量，精确到0.1mg。

2）如果浸渍液不是水，浸渍液的密度需要用下列方法进行测定：称量空比重瓶质量，然后在23℃±0.5℃（或27℃±0.5℃）下，充满新鲜蒸馏水或去离子水后再称量。将比重瓶倒空并清洗干燥后，同样在23℃±0.5℃（或27℃±0.5℃）温度下充满浸渍液并称量。用液浴来调节水或浸渍液以达到合适的温度。

按下式计算23℃或27℃时浸渍液的密度：

$$\rho_{IL}=\frac{m_{IL}}{m_W}\rho_W \qquad (11\text{-}8\text{-}1)$$

式中 ρ_{IL}——23℃或27℃时浸渍液的密度（g/cm³）；

m_{IL}——浸渍液的质量（g）；

m_W——水的质量（g）；

ρ_W——23℃或27℃时水的密度（g/cm³）。

按下式计算23℃或27℃时试样的密度：

$$\rho_S=\frac{m_{S,A}\rho_{IL}}{m_{S,A}-m_{S,IL}} \qquad (11\text{-}8\text{-}2)$$

式中 ρ_S——23℃或27℃时试样的密度（g/cm³）；

$m_{S,A}$——试样在空气中的质量（g）；

$m_{S,IL}$——试样在浸渍液中的表观质量（g）；

ρ_{IL}——23℃或27℃时浸渍液的密度（g/cm³），可由供货商提供或按式（11-8-1）计算得出。

3）当试样密度小于浸渍液密度时，仍按上述方法进行测定，但需在悬挂金属丝上加一个材质与浸渍液不起作用的重锤，以保证试样浸没于浸渍液中。在浸渍时，重锤可以认为是悬挂金属丝的一部分。在这种情况下，浸渍液对重锤产生的向上浮力是可以允许的。试样的密度按下式计算：

$$\rho_S=\frac{m_{S,A}\rho_{IL}}{m_{S,A}+m_{K,IL}-m_{S+K,IL}} \qquad (11\text{-}8\text{-}3)$$

式中 ρ_S——23℃或27℃时试样的密度（g/cm³）；

$m_{K,IL}$——重锤在浸渍液中的表观质量（g）；

$m_{S+K,IL}$——试样加重锤在浸渍液中的表观质量（g）。

4）对每个试样的密度，至少进行三次测定，取平均值作为试验结果，结果保留到小数点后第三位。

（4）备注

1）为了简化试验，可以用头发丝代替金属丝；浸渍液密度可以用比重计测量，但有争议的必须按以上条件进行；试样上端距液面不小于10mm，这样可尽量减少浸渍液表面张力对试验的影响。

2）水在标准环境下的密度见表11-8-2。

表11-8-2 标准环境下水的密度

标准环境温度/℃	水的密度/(g/cm³)
20	0.9982
23	0.9976
27	0.9965

2. 液体比重瓶法

（1）试验设备

1）天平：精确到0.1mg。

2）比重瓶：其容积为50mL，有侧臂式溢流毛细管，用来测定浸渍液的密度。比重瓶应配备分度值为0.1℃，范围为0~30℃的温度计。

（2）试样及浸渍液

1）试样应为接收状态的粉料、颗粒或片材材料。试样的质量应在1~5g的范围内。

2）浸渍液选用新鲜蒸馏水或去离子水，或其他适宜的液体（含有不大于0.1%的润湿剂，以除去浸渍液中的气泡）。在测试过程中，试样与该液体或溶液接触时，对试样应无影响。如果除蒸馏水以外的其他浸渍液来源可靠且附有检验证书，则不必再进行密度测试。

（3）步骤及结果表示 在标准环境温度下（测试环境应符合GB/T 2918—1998的规定），称量干燥过的空比重瓶重量，将适量的试样装入比重瓶中，并称重。注入浸渍液浸没试样，将比重瓶抽真空，排除试样吸附的全部空气。中止抽真空，然后将比重瓶装满浸渍液，将其放入23℃±0.5℃（或27℃±0.5℃）的恒温液浴中恒温，然后将浸渍液准确充满至比重瓶容量所能容纳的极限处。

将比重瓶擦干，称量盛有试样和浸渍液的比重瓶。

将比重瓶倒空清洁后烘干，装入煮沸过的蒸馏水或去离子水，再用上述方法排除空气，在测试温度下称量比重瓶和内容物的质量。

如果浸渍液不是水，还应按上述浸渍法中的规定计算浸渍液的密度。

试样在23℃或27℃时的密度按下式计算：

$$\rho_S=\frac{m_S\rho_{IL}}{m_1-m_2} \qquad (11\text{-}8\text{-}4)$$

式中 ρ_S——23℃或27℃时试样的密度（g/cm³）；

m_S——试样的表观质量（g）；

m_1——充满空比重瓶所需液体的表观质量（g）；

m_2——充满容有试样的比重瓶所需液体的表观质量（g）；

ρ_{IL}——由供货商提供的或按上述浸渍法中的规定计算得到的在23℃或27℃时的浸渍液密度（g/cm³）。

对每个试样的密度，至少进行三次测定，取平均值作为试验结果，结果保留到小数点后第三位。

8.1.2 吸水性

大多数塑料的吸水性试验按 GB/T 1034—2008 有关规定进行，但该标准不适用于具有吸水性和毛细管效应的泡沫塑料、颗粒或粉末。以下介绍的是均质塑料最常用的 GB/T 1034—2008 中规定的方法 1。

1. 试验设备

1）天平：精度为±0.1mg。

2）烘箱：具有强制对流或真空系统，能控制在（50±2）℃或其他商定温度的烘箱。

3）容器：用以盛有蒸馏水或同等纯度的水，装有能控制水温在规定温度的加热装置。

4）干燥器：装有干燥剂（如 P_2O_5）。

5）测定试样尺寸的量具：精度为±0.1mm。

2. 试样

除非相关方有其他规定，试样为方形，尺寸为(60±2)mm×(60±2)mm，厚度为 1.0mm±0.1mm，详见 GB/T 17037.3—2003 的规定。

3. 试验步骤

将试样放入（50±2）℃烘箱中干燥至少 24h。然后在干燥器内冷却到室温，称量每个试样，精确至 0.1mg（质量 m_1）。重复本步骤至试样的质量变化在±0.1mg 内。

将试样放入盛有蒸馏水的容器中，按产品标准要求控制水温和浸水时间，如无相关标准规定，水温公差为±1.0℃，时间公差为±1h。

浸水时间结束后，取出试样，用清洁、干燥的布或滤纸迅速擦去试样表面所有的水，再次称量每个试样，精确至 0.1mg（质量 m_2）。试样从水中取出到称量完毕必须在 1min 之内完成。

若要测量饱和吸水量，则需要再浸泡一定时间后重新称量。标准浸泡时间通常为 24h、48h、96h、192h 等。经过这其中每一段时间±1h 后，从水中取出试样，擦去表面的水并在 1min 内重新称量，精确至 0.1mg。

4. 结果计算

用吸水质量分数表示：

$$c=\frac{m_2-m_1}{m_1}\times 100\% \qquad (11\text{-}8\text{-}5)$$

式中 c——试样的吸水质量分数（%）；

m_1——浸水前试样的质量（mg）；

m_2——浸水后试样的质量（mg）。

试验结果以在相同暴露条件下得到的三个结果的算术平均值表示。

5. 备注

1）试样表面应平整、光滑、清洁。当试样表面有影响吸水性的材料污染时，应使用对塑料及其吸水性能无影响的清洁剂擦拭。试样清洁后，在 23℃±2℃、相对湿度 50%±10%环境下干燥至少 2h 再开始试验。处理样品时应戴干净的手套，以防止污染试样。

2）在浸水过程中应至少使每平方厘米试样有 8mL 蒸馏水，或每个试样至少用 300mL 蒸馏水。

3）组成相同或经证实互不相干的几个或几组试样，可放入同一容器内完成浸水步骤，但试样之间及试样与容器之间不能有面接触。

4）每天至少搅动容器中的水一次。

8.1.3 凝胶含量

塑料凝胶含量的测定方法有应力-应变法、平衡溶胀法及化学法三类。近年来，出现了一些快速测定方法，如薄膜溶胀法、投影法和色谱法等。在交联电缆中常用热延伸试验（应力-应变法）和平衡溶胀法来考核交联程度。现以交联聚乙烯为例介绍平衡溶胀法的测试方法。

1. 试验设备

1）分析天平：精度为±0.1mg。

2）空气烘箱：温度精度±2℃。

3）真空干燥箱：带有能建立真空度至少为 710mm 汞柱的抽真空装置，并安装能测量 150℃的温度计。

4）100mL 磨口瓶。

5）孔宽 0.12mm 的不锈钢丝网。

6）干燥器。

2. 试样

1）试样制备：将试样切制成尺寸约 0.5mm×0.5mm×0.5mm 的颗粒。

2）试验进行前，试样应在温度为（23±2）℃，相对湿度为（50±5）%的条件下放置不少于 40h。如有争议，温度误差应为±1℃，相对湿度误差应为±2%。

3）每次试验最少取两个试样。每个试样重(0.500±0.020)g，称重精度为 0.001g。

3. 试验步骤

试验应在（23±2）℃和相对湿度为（50±5）%的标准试验室大气环境中进行。将筛网折成约 40mm×40mm 的方形口袋，称其重量为 W_1。将约 0.5g 的试样装入筛网，封口后称其重量为 W_2，然后将试样连小袋一起装入磨口瓶中。在磨口瓶中注入二甲苯，直至液面高于口袋10mm以上，盖紧磨口瓶盖，置于温度为（110±2）℃的空气烘箱中恒温24h。取出磨口瓶，倾出二甲苯，敞开瓶盖，置于真空烘箱内，在110℃下，真空干燥24h。取出磨口瓶，放入干燥器内冷却至室温，取出网袋，称重为W_3。

4. 结果计算

凝胶含量按下式计算：

$$凝胶含量=\frac{W_3-W_1}{W_2-W_1}\times100\% \qquad (11\text{-}8\text{-}6)$$

试验结果取所有试样测试值的算术平均数，取两位有效数字。

5. 备注

对于其他塑料的凝胶含量测试，应选取对该塑料溶胀能力较好且毒性较低的溶剂，并根据该塑料和溶剂的特性，选择溶胀温度和时间。

8.1.4 发泡塑料的表观密度

泡沫塑料的表观密度是单位体积的泡沫材料在规定温度和相对湿度时的质量。

1. 测试仪器

1）天平：称量误差在0.1%之内。

2）量具：千分尺分度值为0.05mm，游标卡尺分度值为0.1mm，金属直尺分度值为0.5mm。

2. 试样

试样的形状应便于体积的计算，切割试样时，不可使材料的原始泡孔结构产生变形。试样的体积至少为100cm^3，最少取五个试样。

3. 试验步骤

选择合适的量具测量试样的尺寸，计算出试样的体积。用天平称量试样重量。

4. 结果计算

由下式计算试样的表观密度：

$$\rho=\frac{m}{V\times10^6} \qquad (11\text{-}8\text{-}7)$$

式中 ρ——表观密度（kg/m^3）；

m——试样的质量（g）；

V——试样的体积（mm^3）。

8.1.5 拉伸强度和断裂拉伸应变（或断裂标称应变）

拉伸强度指拉伸试验中，试样直至断裂为止所承受的最大拉伸应力。断裂拉伸应变是试样未发生屈服而断裂时，与断裂应力相对应的拉伸应变，用量纲为一的比值或百分数（%）表示。断裂标称应变是试样在屈服后断裂时，与拉伸断裂应力相对应的拉伸标称应变，用量纲为一的比值或百分数（%）表示。

1. 模塑和挤塑塑料（不适用于纺织纤维增强的复合材料、硬质微孔材料或含有微孔材料夹层结构的材料，也不适用于厚度小于1mm的塑料薄片和薄膜）

（1）试样 试样类型和尺寸有以下四种：

1A型和1B型试样，如图11-8-1所示。

1BA型和1BB型试样，如图11-8-2所示。

5A型和5B型试样，如图11-8-3所示。

试样的选择应根据有关产品标准要求选取。

试验速度的选择应根据产品标准的规定进行。如未规定，试验速度应是使试样能在0.5~5min的试验时间内断裂的最低速度。

应按照相关材料规范制备，当无规范或其他规定时，应按照ISO 293—2004、GB/T 17037.1—1997、ISO 295—2004以适宜的方法从材料直接压塑或注塑制备试样，可用锋利的切样刀在衬垫物上冲切。或按ISO 2818由压塑或注塑板材经机加工制备试样。所有试样表面应无可见裂痕、划痕或其他缺陷。如果模塑试样存在毛刺应去掉，注意不要损伤模塑表面。由制件机加工制备试样时，应取平面或曲率最小的区域。除非确实需要，对于增强塑料试样，不宜使用机加工来减少厚度。每组试样数量不少于五个。对各向异性的板材，应分别从平行于主轴和垂直于主轴的方向各取一组。

（2）试验设备

1）试验机：任何能满足以上试验要求的具有多种移动速度的试验机均可使用。试验机示值应在每级表盘满刻度的10%~90%范围内，示值误差应在±1%之内。

2）形变测量装置：测量误差应在±1%之内。

（3）试验步骤 试样在环境温度为（23±2）℃、常压、常湿条件下进行状态调节后，在试样中间平行部分做标线示明标距，测量平行部分的宽度和厚度，宽度精确至0.1mm，厚度精确至0.02mm。每个试样测量三点，取算术平均值。

将试样夹持到夹具上，按规定试验速度，开动试验机进行试验。记录断裂负荷及相应的标距间伸长值。若试样断裂在中间平行部分之外时，此试样作废。

（4）结果计算 拉伸强度按式（11-8-8）计算，断裂拉伸应变（或断裂标称应变）按式（11-8-9）计算。

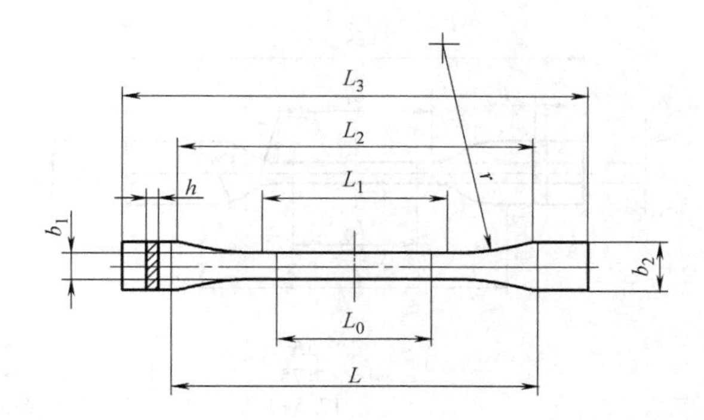

试样类型	1A	1B
L_3—总长度	≥150°	
L_1—窄平行部分的长度	80±2	60. 0±0. 5
r—半径	20~25	≥60[b]
L_2—宽平行部分间的距离	104~113°	106~120°
b_2—端部宽度	20. 0±0. 2	
b_1—窄部分宽度	10. 0±0. 2	
h—优选厚度	4. 0±0. 2	
L_0—标距	50. 0±0. 5	
L—头具间的初始距离	115±1	$(L_2)^{+5}_{0}$

注：1A 型试样为优先使用的直接模塑的多用途试样，1B 型试样为机加工试样。

[a] 对有些材料柄端长度需要延长（如 L_3=200mm），以防止在试验夹具内断裂或滑动。

[b] $r=[(L_2-L_1)^2+(b_2-b_1)^2]/4(b_2-b_1)$。

[c] 由 L_1、r、b_1 和 b_2 获得的结果应在规定的允差范围内。

图 11-8-1 1A 型和 1B 型试样

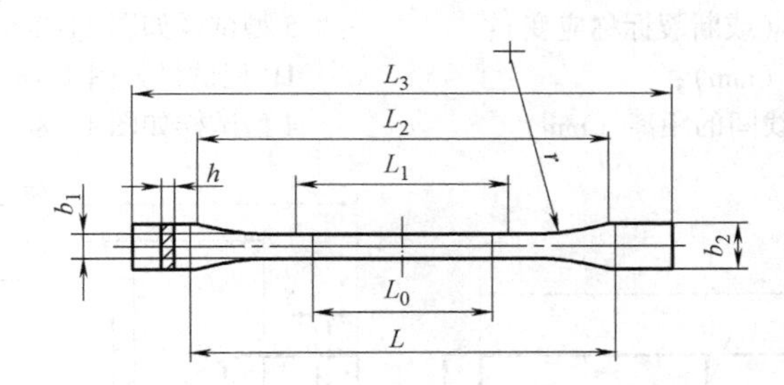

试样类型	1BA	1BB
L_3—总长度	≥75	≥30
L_1—窄平行部分的长度	30±0. 5	12±0. 5
r—半径	≥30	≥12
L_2—窄平行部分间的距离	58±2	23±2
b_2—端部宽度	10±0. 5	4±0. 2
b_1—窄部分宽度	5±0. 5	2±0. 2
h—厚度	≥2	≥2
L_0—标距	25±0. 5	10±0. 2
L—夹具间的初始距离	$(L_2)^{+2}_{0}$	$(L_2)^{+1}_{0}$

注：除厚度外，1BA 型和 1BB 型试样分别比照 1B 型试样按 1∶2 和 1∶5 比例系数缩小。

图 11-8-2 1BA 型和 1BB 型试样

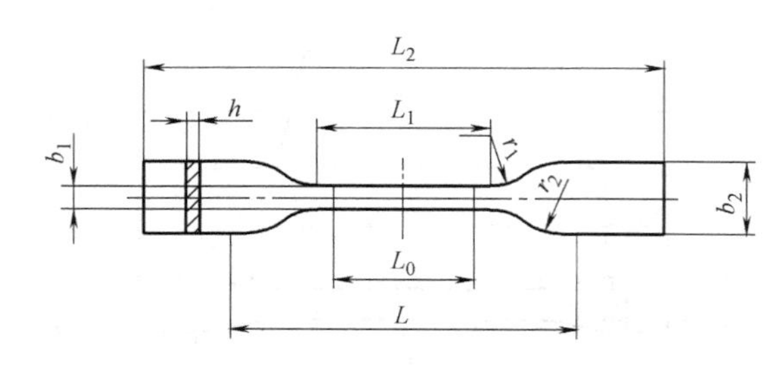

试样类型	5A	5B
L_2—总长度	≥75	≥35
b_2—端部宽度	12.5±1	6±0.5
L_1—窄平行部分的长度	25±1	12±0.5
b_1—窄部分宽度	4±0.1	2±0.1
r_1—小半径	8±0.5	3±0.1
r_2—大半径	12.5±1	3±0.1
L—夹具间的初始距离	50±2	20±2
L_0—标距	20±0.5	10±0.2
h—厚度	≥2	≥1

注：5A 和 5B 型试样与 GB/T 1040.3 中的 5 型试样近似成比例，并分别相当于 ISO 37：1994 中的 2 型和 4 型试样。

图 11-8-3　5A 型和 5B 型试样

$$\sigma_t = P/(bd) \tag{11-8-8}$$

式中　σ_t——拉伸强度（MPa）；

P——最大负荷（N）；

b——试样宽度（mm）；

d——试样厚度（mm）。

$$\varepsilon(\%) = \frac{L_1 - L_0}{L_0} \times 100\% \tag{11-8-9}$$

式中　ε——断裂拉伸应变（或断裂标称应变）；

L_0——试样原始标距（mm）；

L_1——试样断裂时标线间的距离（mm）。

计算结果以算术平均值表示，σ_t 取三位有效数字，ε_r 取两位有效数字。

2. 薄膜和薄片

本方法适用测定厚度小于 1mm 的塑料薄膜或薄片，但通常不适用于测定泡沫塑料或纺织纤维增强塑料。

（1）试样　试样类型和尺寸有以下四种：

2 型试样如图 11-8-4 所示。

5 型试样如图 11-8-5 所示。

1B 型试样如图 11-8-6 所示。

4 型试样如图 11-8-7 所示。

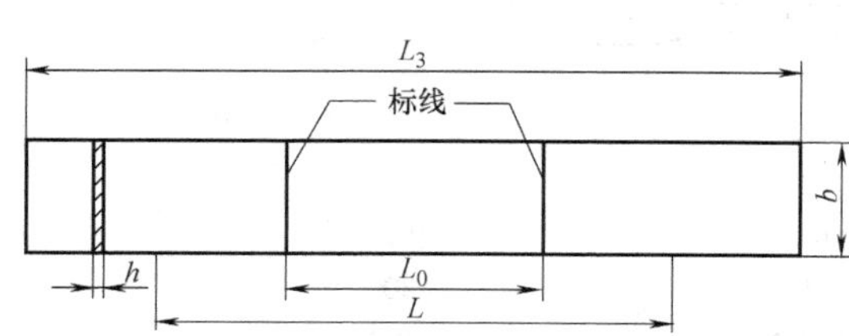

b—宽度：10~25mm

h—厚度：≤1mm

L_0—标距长度：50mm±0.5mm

L—夹具间的初始距度：100mm±5mm

L_3—总长度：≥150mm

图 11-8-4　2 型试样

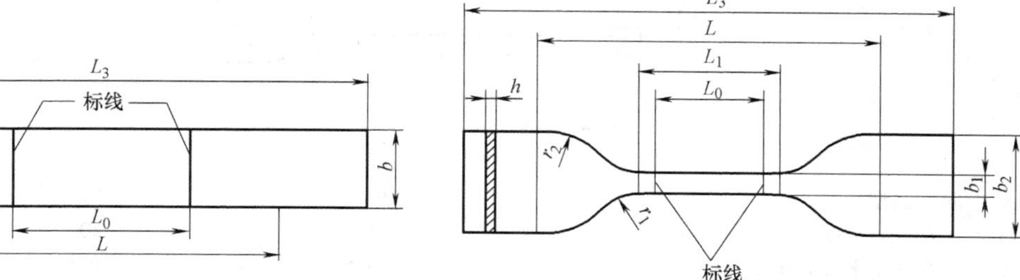

b_1—窄平行部分宽度：6mm±0.4mm

b_2—端部宽度：25mm±1mm

h—厚度：≤1mm

L_0—标距长度：25mm±0.25mm

L_1—窄平行部分的长度：33mm±2mm

L—夹具间的初始距离：80mm±5mm

L_3—总长：≥115mm

r_1—小半径：14mm±1mm

r_2—大半径：25mm±2mm

图 11-8-5　5 型试样

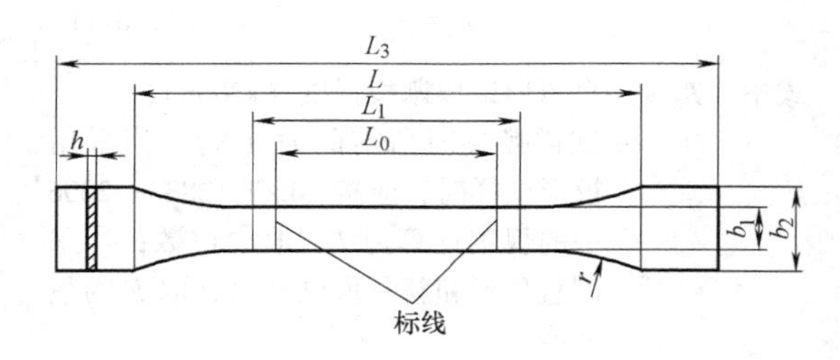

b_1—窄平行部分宽度：10mm±0.2mm

b_2—端部宽度：20mm±0.5mm

h—厚度：≤1mm

L_0—标距长度：50mm±0.5mm

L_1—窄平行部分的长度：60mm±0.5mm

L—夹具间的初始距离：115mm±5mm

L_3—总长度：≥150mm

r—半径：≥60.0mm，推荐半径为 60mm±0.5mm

图 11-8-6　1B 型试样

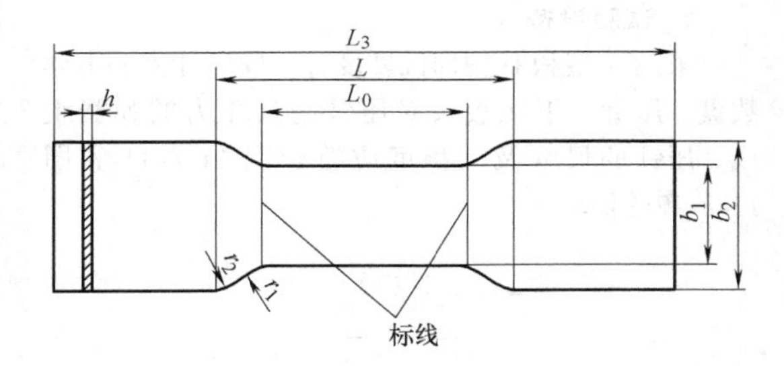

b_1—窄平行部分宽度：25.4mm±0.1mm

b_2—端部宽度：38mm

h—端部厚度：≤1mm

L_0—标距长度：50mm±0.5mm

L—夹具间的初始距离：98mm

L_3—总长度：152mm

r_1—小半径：22mm

r_2—大半径：25.4mm

图 11-8-7　4 型试样

试样的选择按有关产品标准的规定进行。试样用冲刀冲制，长条形试样也可用其他裁刀裁取。试样边缘应平滑无缺口。每组试样数量不少于 5 个。对各向异性的薄膜和薄片，应分别从平行于主轴和垂直于主轴的方向各取一组。试验速度可根据产品标准的规定进行选择。

(2) 试验设备　详见“1. 模塑和挤塑塑料”中的规定。

(3) 试验步骤　详见“1. 模塑和挤塑塑料”中的规定。

(4) 结果计算　详见“1. 模塑和挤塑塑料”中的规定。

8.1.6　拉伸回缩率

1. 试样

采用“2. 薄膜和薄片”中规定的 5 型试样，试样厚度为 (1.0±0.1)mm。共取五个试样。

2. 试验设备

1) 试验机：任何能满足试验要求的具有多种移动速度的试验机均可使用。

2) 形变测量装置：测量误差应在±1%之内。

3. 试验步骤

试样在温度 (23±2)℃，相对湿度为 45%～55%的环境中至少放置 4h。在试样上划好标距线 G_0（为 25mm）。将试样夹在拉力机的上、下夹具上，以 250mm/min 的速度将试样拉长至原来标距的 2 倍，并保持 1min；然后撤去拉力，从拉力机上取下试样；将试样平放在平面上 1min，测量两标距线间的距离 G_1（mm）。重复以上步骤，测得其他四个试样的 G_2、G_3、G_4、G_5。

4. 结果计算

每个试样的拉伸回缩率按下式计算：

$$\delta_n = \frac{G_n}{G_0} \times 100\% \qquad (11\text{-}8\text{-}10)$$

式中　G_n——测得的标距线间的距离（n=1、2、3、4、5）。

以五个试样拉伸回缩率 δ_1、δ_2、δ_3、δ_4、δ_5 的算术平均值作为测试结果 δ，结果应按 GB/T 8170—2008 规定修约，并保留两位有效数字。

8.1.7　撕裂强度

1. 试样

试样的形状和尺寸如图 11-8-8～图 11-8-10 所示，试样厚度为 (2.0±0.2)mm。每组试样至少五片。裁切试样时，撕裂割口的方向需与压延方向一致。

试样撕裂时的裂口扩展方向：裤形试样应平行于试样的长度，直角形和新月形试样应垂直于试样的长度方向。

2. 试验仪器

1) 符合拉伸试验要求的拉伸试验机。

2) 符合 GB/T 6672—2001 要求的测厚仪。

3. 试验步骤

测量试样直角处的厚度作为试样厚度。将试样

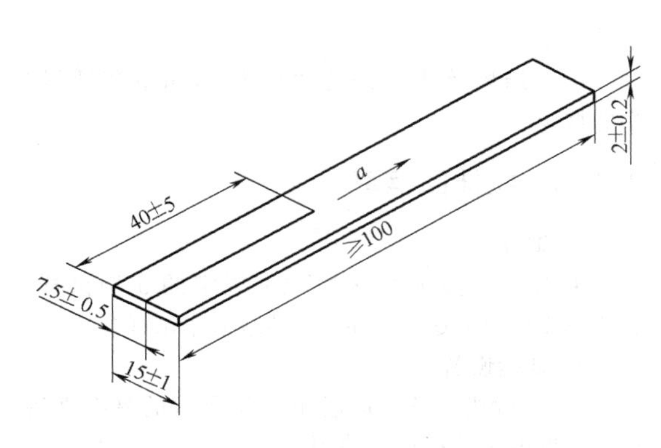

a—切口方向

图 11-8-8 裤形撕裂试样

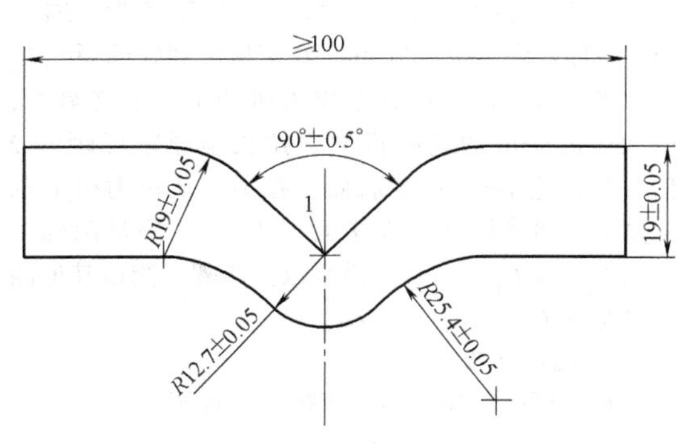

1—有割口试样的割口位置

图 11-8-9 直角形撕裂试样

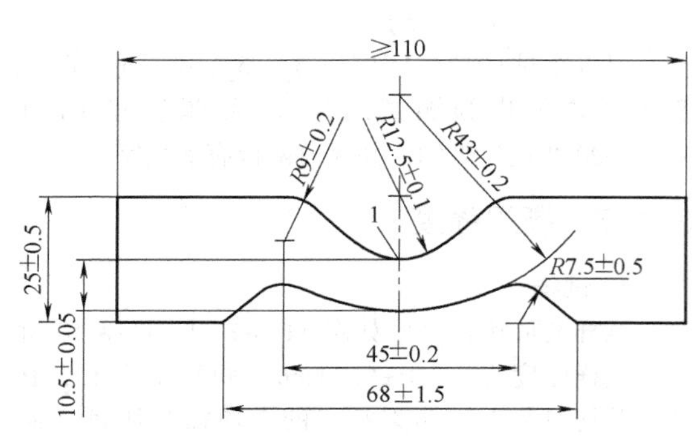

1—割口位置

图 11-8-10 新月形撕裂试样

夹在试验机的两夹具中，裤形试样拉伸速度为(100±10)mm/min，直角形和新月形试样拉伸速度为（500±50)mm/min，记录试验过程中的最大负荷值。

4. 结果计算

直角形试样撕裂强度计算按下式：

$$T_s=\frac{F}{d} \tag{11-8-11}$$

式中 T_s——直角形试样撕裂强度（kN/m）；

F——试样撕裂时所需的力（N），当采用裤形试样时，应按 GB/T 12833—2006 中的规定计算力 F，取中位数；当采用直角形和新月形试样时，取 F 的最大值；

d——试样厚度的中位数（mm）。

试验结果如产品标准未加规定，以每个方向的最大值、中位值、最小值共同表示，取整数位。

8.1.8 邵氏硬度

在规定的测试条件下，将规定形状的压针在标准的弹簧压力下压入试样，把压针压入试样的深度转换为硬度值来表示塑料的邵氏硬度。

邵氏硬度分为邵氏 A 型和邵氏 D 型。邵氏 A 型适用于较软的塑料，邵氏 D 型适用于较硬的塑料。

1. 试验设备

采用 A 型和 D 型邵氏硬度计。硬度计主要由读数盘、压针、下压板及对压针施加压力的弹簧组成。压针的尺寸及其精度应符合图 11-8-11 和图 11-8-12的要求。

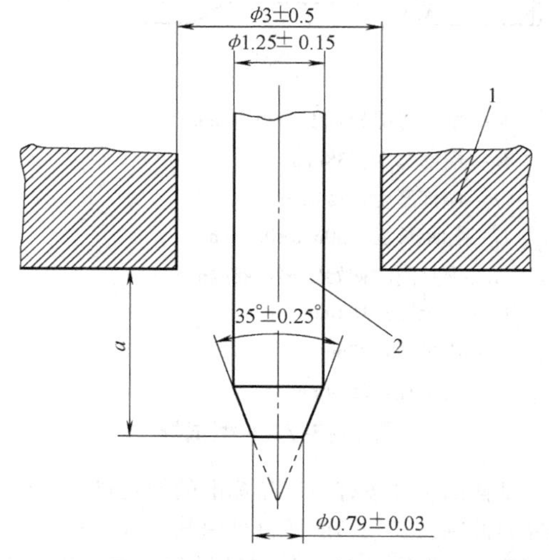

图 11-8-11 A 型硬度计压针

1—压座 2—压针 a—全部伸出：2.5±0.04

当试样用 A 型硬度计测量硬度值大于 90 时，建议改用邵氏 D 型硬度计测量硬度。用 D 型硬度计测量硬度值低于 20 时，建议改用 A 型硬度计测量。

2. 试样

试样应厚度均匀，表面光滑，无气泡，无机械

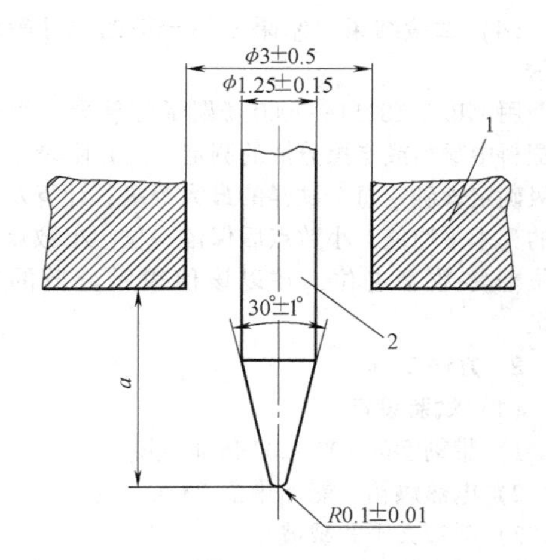

图 11-8-12　D 型硬度计压针

1—压座　2—压针　a—全部伸出：2.5±0.04

损伤及杂质等。

试样厚度应不小于 4mm，可以用较薄的几层叠合成所需的厚度。由于各层之间的表面接触不完全，因此，试验结果可能与单片试样所测结果不同。

试样尺寸应足够大，以保证离任一边缘至少 9mm 进行测量，除非已知离边缘较小的距离进行测量所得结果相同。试样表面应平整，压座与试样接触时覆盖的区域至少离压针顶端有 6mm 的半径。

3. 试验步骤

试样应在规定的试验环境中至少放置 1h。调整读数盘指针位置，当重锤作用下，硬度计下压板与压针端部处于同一水平面时，此时读数盘指针应指示“100”。当指针完全离开下压板时，指针应为“0”。否则，调整下压板的水平及读数盘指针，直至准确为止。允许最大偏差为±1 个邵氏硬度值。

把试样放置于测定架的试样平台上，使压针头离试样边缘至少 9mm，平稳而无冲击地使硬度计在规定重锤的作用下压在试样上，从下压板与试样完全接触 15s±1 s 后立即读数。如果规定要瞬时读数，则在下压板与试样完全接触后 1s 内读数。

在同一试样上至少相隔 6mm 测量硬度五次，并取其算术平均值。

8.1.9　炭黑含量

1. 聚乙烯中炭黑含量和（或）矿物质填料含量的测定——直接燃烧法

（1）试验设备

1）试验装置主要组成部分应符合下列要求：

管状电炉：0~800℃。

燃烧舟：长约 75mm。

硬质耐热玻璃管：管子内径约为 30mm，管子长度为（400±50）mm。

热电偶：测量范围为 300~650℃。

2）分析天平：精度为±0.1mg。

3）氮气：氧的体积分数小于 0.01%

（2）试样　从产品中切取（1.0±0.1）g 的试样，将试样切成小块，任何一边的大小应不超过 5mm。

（3）试验步骤　将燃烧舟加热至灼热，移至干燥器中冷却至少 30min，称重精确到 0.0001g。

将质量为（1.0±0.1）g 的聚乙烯试样放在燃烧舟中，称量燃烧舟和试样的总质量，精确到 0.0001g。总质量减去燃烧舟的质量，得聚乙烯的质量 A，精确到 0.0001g。

将装有试样的燃烧舟放于硬质玻璃燃烧管的中部，然后将热电偶和一只供氮气的管子的塞子插进燃烧管的一端，热电偶的端部触及燃烧舟，燃烧管的另一端（排气口）与两只串联的盛有三氯乙烯的冷凝器连接。第一个冷凝器需用干冰冷却，第二个冷凝器的排气管通向通风橱或户外。也允许将燃烧管的出口管直接通到户外。

加热过程中通以氮气，氮气流量为（1.7±0.3）L/min。

炉子在 10min 内加热到 300~350℃，再加热 10min 约达 450℃，继续加热 10min，使温度达到（600±5）℃，然后在此温度下保持 10min。如使用冷却收集器，在加热结束时要将排气和冷却收集器分开，把装有瓷舟的管子从炉中取出，冷却 5min，氮气仍保持流速不变。

从燃烧管的氮气输入端取出燃烧舟，在干燥器中冷却 20~30min 并重新称重，测得残留物的质量精确到 0.0001g [残留物的质量 B]。

再将瓷舟放入燃烧管内，在（600±20）℃温度下，以适当流速将空气或氧气代替氮气，通到燃烧管内，应使残留炭黑燃烧。待试验装置完全冷却以后，取出瓷舟，再称重，测定残留物的质量精确到 0.0001g [残留物的质量 C]。

（4）结果计算　测量结果按式（11-8-12）、式（11-8-13）和式（11-8-14）计算：

$$炭黑含量=\frac{B-C}{A}\times 100\% \qquad (11\text{-}8\text{-}12)$$

$$矿物质填料含量=\frac{C}{A}\times 100\% \qquad (11\text{-}8\text{-}13)$$

$$填料含量=\frac{B}{A}\times 100\% \qquad (11\text{-}8\text{-}14)$$

2. 热重分析法测量聚烯烃混合物中的炭黑含量

本方法可以作为直接燃烧法的替代方法，但有争议时需用直接燃烧法作为基准方法。

(1) 试验设备

1) 热重分析仪；

2) 气体转换开关；

3) 分析天平：精度为±0.1mg。

(2) 试样 试样尽可能切成薄片状，并称重5~10mg。

(3) 试验步骤 按仪器制造商的说明书操作设备。将试样放在坩埚底部。开始加热前用氮气吹洗至少5min，确保获得无氧气氛。开始加热，加热速率为20K/min，继续用不含氧气的干燥氮气吹洗试样。温度达到850℃时，将干燥氮气换成“混合空气”此时炭黑开始燃烧，温度为950℃时终止加热。

(4) 试验结果评定 混合物的炭黑含量由每一单独试样在850~950℃干燥“混合空气”中燃烧时的质量改变确定。950℃同时产生的燃烧残渣是灰分。

8.1.10 炭黑分散度

本方法是用显微镜观察试样中炭黑颗粒的大小，以评分的方法来表示炭黑在聚乙烯中的分散程度。

1. 方法一

(1) 试验设备

1) 显微镜：最大放大倍率为×100，带有校准的正交移动标尺，能够测量出粒子和粒团的尺寸。

2) 载玻片：厚度约为1mm。

3) 加热设备：烘箱、热板等，可在150~210℃之间的控制温度下操作。

4) 小刀。

5) 压紧装置：重物或弹簧夹。

(2) 试样 在六个不同颗粒上削取微量的样品(约0.25mg±0.05mg)。

(3) 试验步骤

1) 在六个不同颗粒上削取微量的样品(约0.25mg±0.05mg)近似等距排放在两片载玻片之间，用夹子夹紧或用重物压紧。

2) 将上述样品移至烘箱内，于150~210℃下加热约5~10min，使聚乙烯熔融后呈半透明状。

3) 取出冷却至室温后，除去夹子，然后放在显微镜下观察，测量并记录每个粒子和粒团的尺寸，小于5μm的忽略不计。

(4) 试验结果 结果采用分散的尺寸等级来表示。

用GB/T 18251—2000《聚烯烃管材、管件和混配料中颜料或炭黑分散的测定方法》附录A试样等级确定表确定每个试样的最大等级，计算六个等级的算术平均值，小数点后保留一位，小数点后第二位非零数字进位，并以该值表示分散的尺寸等级。

2. 方法二

(1) 试验设备

1) 带刻度的100~200倍显微镜。

2) 电热烘箱：能加热至200℃。

3) 弹簧夹子和载玻片。

(2) 试样 在三个不同颗粒上削取微量的样品(约1mg)。

(3) 试验步骤

1) 在三个不同颗粒上削取微量的样品(约1mg)置于两片载玻片之间，用夹子夹紧。

2) 将上述样品移至烘箱内，于180~200℃下加热约5~10min，使聚乙烯熔融后呈半透明状。

3) 取出冷却至室温后，除去夹子，然后放在显微镜下观察。

(4) 试验结果 试验结果采取评分方法。

评分标准：Ⅰ级为3分，Ⅱ级为2分，Ⅲ级为1分，三个样品加起来的总分大于或等于6分为合格品，小于6分为不合格品。

样品在2mm×2mm的观察范围中，等级判定标准如下：

Ⅰ级：允许有两颗直径为0.015mm的炭黑颗粒；

Ⅱ级：允许有两颗直径为0.020mm或面积相当的炭黑颗粒；

Ⅲ级：允许有两颗直径为0.040mm或面积相当的炭黑颗粒或五颗直径为0.020mm的炭黑颗粒。

8.1.11 塑料弯曲性能

用于在规定条件下研究热塑性模塑和挤塑材料及热固性模塑材料的弯曲特性，测定弯曲强度、弯曲模量和弯曲应力-应变关系。适用于两端自由支撑、中央加荷的试验(三点加荷试验)。

1. 试验设备

1) 试验机：应具有表11-8-3所规定的试验速度。

2) 支座和压头：两个支座和中心压头的位置情况如图11-8-13所示。

表 11-8-3 试验速度的推荐值

速度 v/(mm/min)	公差(%)
1	±20
2	±20
5	±20
10	±20
20	±10
50	±10
100	±10
200	±10
500	±10

注：厚度在 1～3.5mm 之间的试样，用最低速度，即 1mm/min。

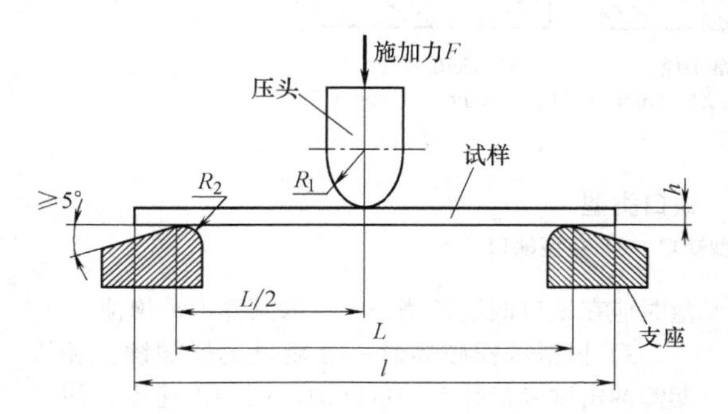

图 11-8-13 试验开始时的试样位置

压头半径 R_1 和支座半径 R_2 的尺寸如下：

R_1=5.0mm±0.1mm；

R_2=2.0mm±0.2mm，试样厚度≤3mm；

R_2=5.0mm±0.2mm，试样厚度>3mm。

跨度 L 应可调节。

注 1：为了正确地调整和定位试样，以免影响应力-应变曲线的起始位置，有必要对试样施加预应力。

3）负荷和挠度指示装置：力值的示值误差不应超过实际值的 1%，挠度的示值误差不应超过实际值的 1%。

2. 试样

1）试样尺寸应符合相关的材料标准。当没有规定时，推荐试样尺寸：长度 l=80mm±2mm，宽度 b=10.0mm±0.2mm，厚度 h=4.0mm±0.2mm。其他试样尺寸应符合 l/h=20±1。

2）每组试样至少为五个。

注 2：试样不可扭曲，表面应相互垂直或平行，表面和棱角上应无刮痕、麻点、凹陷和飞边。

3. 试验步骤

1）试验应在受试材料标准规定的环境中进行。

2）测量试样中部的宽度 b，精确至 0.1mm；厚度 h，精确至 0.1mm，计算一组试样厚度的平均值 $\bar{h}$。剔除厚度超过平均公差±2%的试样。调节宽度 L，使之符合 $L=(16\pm1)\bar{h}$，并测量调节好的跨度，精确到 0.5%。

3）按受试材料标准规定设置试验速度。若无相关标准，按表 11-8-3 选一速度值，使弯曲应变速率尽可能接近 1%/min。对于推荐的试样，给定的试验速度为 2mm/min。

4）把试样对称地放在两个支座上，并于跨度中心施加力。

注 3：试样在跨度中部 1/3 外断裂的试验结果应予以作废，并应重新取样进行试验。

4. 结果计算

1）按下式计算弯曲应力：

$$\sigma_f=\frac{3FL}{2bh^2} \tag{11-8-15}$$

式中 σ_f——弯曲应力（MPa）；

F——施加的力（N）；

L——跨度（mm）；

b——试样宽度（mm）；

h——试样厚度（mm）。

2）按式（11-8-16）或式（11-8-17）计算弯曲应变：

$$\varepsilon_f=\frac{6sh}{L^2} \tag{11-8-16}$$

$$\varepsilon_f=\frac{600sh}{L^2}\% \tag{11-8-17}$$

式中 ε_f——弯曲应变，用量纲为一的比或百分数表示；

s——挠度（mm）；

L——跨度（mm）；

h——试样厚度（mm）。

3）计算弯曲模量：根据给定的弯曲应变 ε_{f1}=0.0005 和 ε_{f2}=0.0025，按式（11-8-18）计算相应的挠度 s_1 和 s_2。

$$s_i=\varepsilon_{fi}L^2/(6h)\ (i=1,2) \tag{11-8-18}$$

式中 s_i——单个挠度（mm）；

ε_{fi}——相应的弯曲应变；

L——跨度（mm）；

h——试样厚度（mm）。

再根据下式计算弯曲模量 E_f，即

$$E_f=\frac{\sigma_{f2}-\sigma_{f1}}{\varepsilon_{f2}-\varepsilon_{f1}} \tag{11-8-19}$$

式中 E_f——弯曲模量（MPa）；

σ_{f1}——挠度为 s_1 时的弯曲应力（MPa）；

σ_{f2}——挠度为 s_2 时的弯曲应力（MPa）。

8.1.12 简支梁冲击性能

1. 试验设备

简支梁试验机。

2. 试样

按产品标准规定制备试样。

如未规定，对于模塑材料，优先采用A型缺口。缺口试样如图11-8-14和图11-8-15所示。对于大多数材料的无缺口试样或A型单缺口试样，宜采用侧向冲击。如果A型缺口试样在试验中不破坏，应采用C型缺口试样。每组试样至少10个，试样表面应平整，无气泡、裂纹、分层、明显杂质和加工损伤等缺陷。试样尺寸（厚度 h，宽度 b 和长度 l 见表11-8-4）应符合 $h \leqslant b < l$ 的规定。

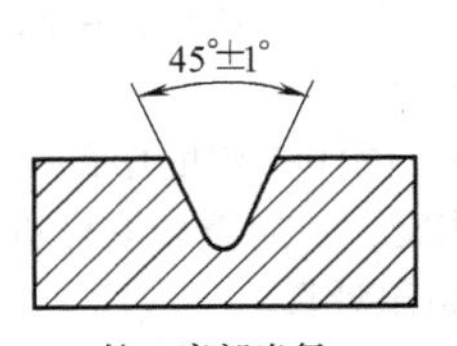

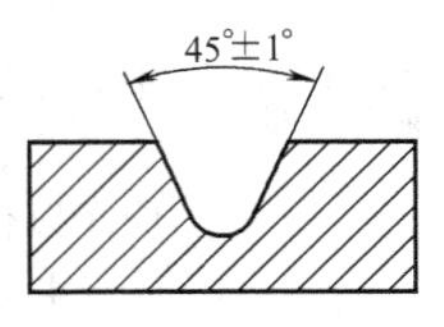

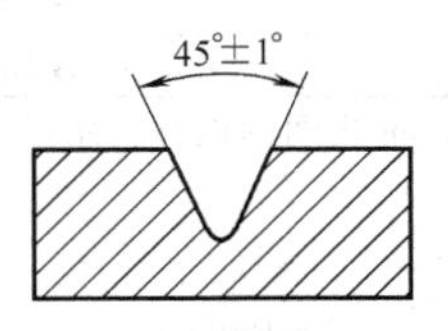

图11-8-14 缺口类型

a）A型缺口 b）B型缺口 c）C型缺口

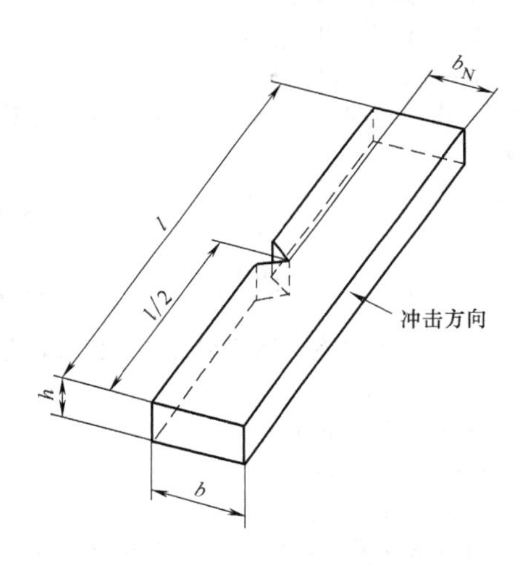

图11-8-15 单缺口试样的简支梁侧向冲击

表11-8-4 1型试样的尺寸和跨距

长度 l/mm	宽度 b/mm	厚度 h/mm	跨距 L/mm
80±2	10.0±0.2	4.0±0.2	62.0~62.5

3. 试验步骤

1）除受试材料另有规定外，试样应在温度23℃±2℃和相对湿度50%±5%的条件下调节16h以上，或按有关各方协商的条件。缺口试样应在缺口加工后计算调节时间。

2）测量试样中部的宽度和厚度，准确至0.02mm。缺口试样应测量缺口处的剩余厚度，测量时应在缺口两端各测一次，取其算术平均值。

3）根据试样破坏时所需能量选择摆锤，确认摆锤冲击试验机是否能达到规定的冲击速度，使消耗的能量在摆锤总能量的10%~80%范围内。

4）抬起并锁住摆锤，把试样按规定放置在两支撑块上，试样支撑面紧贴在支撑块上，使冲击刀刃对准试样中心，缺口试样刀刃对准缺口背向的中心位置。

5）平稳释放摆锤，从刻度盘上读取试样吸收的冲击能量。

4. 结果计算

1）无缺口试样：无缺口试样简支梁冲击强度 a_{cU} 按下式计算，单位为 kJ/mm²：

$$a_{cU}=\frac{E_c}{hb}\times 10^3 \quad (11\text{-}8\text{-}20)$$

式中 E_c——已修正的试样破坏时吸收的能量（J）；

h——试样厚度（mm）；

b——试样宽度（mm）。

2）缺口试样：缺口试样简支梁冲击强度 a_{cN} 按下式计算，缺口为A、B、C型，单位为 kJ/mm²：

$$a_{cN}=\frac{E_c}{hb_N}\times 10^3 \quad (11\text{-}8\text{-}21)$$

式中 E_c——已修正的试样破坏时吸收的能量（J）；

h——试样厚度（mm）；

b_N——试样宽度（mm）。

3）计算10个试样试验结果的算术平均值。计算结果用两位有效数字表示。

5. 注意事项

如果同种材料可以观察到一种以上的破坏类型，需在报告中标明每种破坏类型的平均冲击值和试样破坏的百分数。不同破坏类型的结果不能进行比较。

8.1.13　弹性体耐磨性能

耐磨性能的测定是在规定的接触压力下和给定的面积上，测定试样在一定级别的砂布上进行摩擦而产生的磨耗量。

1. 试验设备

（1）旋转辊筒式磨耗机　旋转辊筒式磨耗机由固定砂布的旋转滚筒和可水平移动的试样夹持器组成，结构示意图如图11-8-16所示。

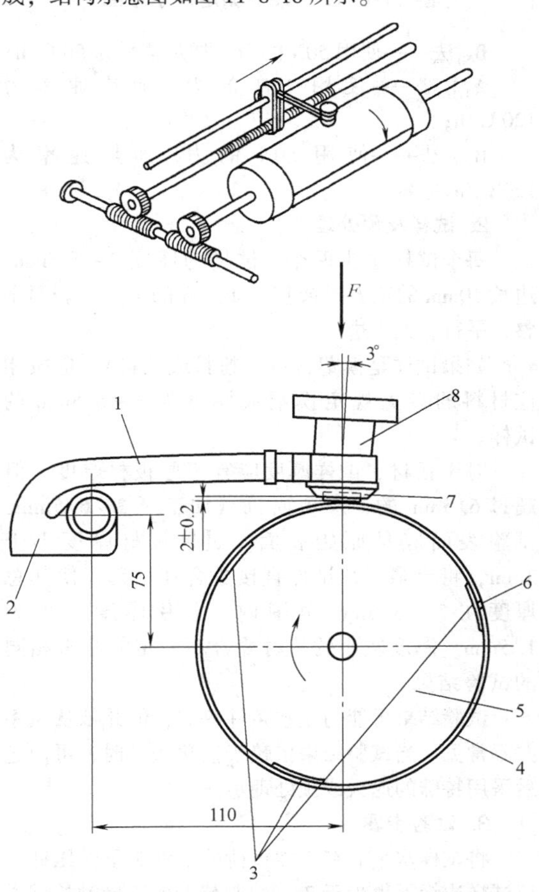

图11-8-16　旋转辊筒式磨耗机结构示意图

1—滑动臂　2—滑板　3—双面胶带　4—砂布　5—辊筒　6—间隙（间隙≤2mm）　7—试样　8—试样夹持器

（2）砂布　砂布长度为474mm±1mm，宽度最小为400mm，平均厚度为1mm。

（3）裁刀　旋转频率最少为1000r/min。

（4）标准胶

2. 试样

试样为圆柱形，其直径为16mm±0.2mm，高度为6~10mm。试验胶为三个试样，参照胶为六个试样。

3. 试验步骤

1）除非受试材料规范另有规定，否则试样应在温度23℃±2℃，相对湿度50%±10%的环境下调节不少于88h。

2）试验前用毛刷去掉砂布上的胶屑，毛刷规格为长约70mm，高约55mm。

3）用精度为±0.001g的天平称量试样的质量。

4）将称量好的试样放入夹持器中，并使试样从夹持器中伸出的长度为2mm±0.1mm。

5）把带有试样的夹持器从滑道移到滚筒的起点处，并放在带有砂布的滚筒上。

6）用10N±0.2N的垂直力把试样紧压在滚筒上。

7）开动机器进行检验。当磨损行程达40m时自动停机，试验结束。如果在40m行程内试样磨耗量大于400mg，试验可在20m行程停止，然后把试样伸长长度重新调至2mm±0.2mm后再进行试验，直到40m停机。若在40m行程内试样磨耗量大于600mg，试验应只进行20m，然后将磨耗量乘以2，从而得到40m行程时的磨耗量。

8）试验结束，把夹持器移动到试验起始位置，取出试样除去飞边及胶屑以后，称取试样的质量。

9）按上述步骤，测定试验胶和参照胶的磨耗量。试验胶做三个试样，参照胶要在试验胶的前和后各做三个试样。

10）测定参照胶和试验胶的密度。

4. 结果计算

磨耗指数ARI按下式计算：

$$ARI=(\Delta m_r\rho_t)/(\Delta m_t\rho_r)\times 100 \quad (11\text{-}8\text{-}22)$$

式中　ARI——磨耗指数（%）；

Δm_r——参照胶的质量损失值（mg）；

ρ_r——参照胶的密度（g/cm^3）；

Δm_t——试验胶的质量损失值（mg）；

ρ_t——试验胶的密度（g/cm^3）。

$$\Delta V_{rel}=(\Delta m_t\Delta m_{const})/(\rho_t\Delta m_r) \quad (11\text{-}8\text{-}23)$$

式中　ΔV_{rel}——相对体积磨耗量；

Δm_t——试验胶的质量损失值（mg）；

Δm_{const}——参照胶的固定质量损失值（mg）；

ρ_t——试验胶的密度（mg/mm^3）；

Δm_r——参照胶的质量损失值（mg）。

分别用试验胶三个试样的算术平均值和参照胶六个试样的算术平均值计算结果，并以整数表示。

8.1.14 可剥离半导电屏蔽料剥离力

1. 试样制备

详见 JB/T 10738—2007《额定电压 35kV 及以下挤包绝缘电缆用半导电屏蔽料》。

2. 试验步骤

试验应在（23±2）℃和相对湿度（50±5）%的标准状态中进行。试样在标准状态待调节时间应不少于 6h。

剥离试验前标定条状试样的标定线，将分离段对称地夹在上下夹具内。在拉伸速度为 50mm/min 的条件下，在条状试样的标定线内测定剥离力。

3. 试验结果处理

剥离力以 N 为单位，计算相应的剥离强度，以五个条状试样的平均值作为试验结果。

$$\delta_T = P/b \qquad (11\text{-}8\text{-}24)$$

式中 δ_T——剥离强度（N/cm）；

P——剥离力（N）；

b——试样宽度（cm）。

剥离试验中被测试样剥离界面应清晰和无粘附物出现。

8.2 热性能和耐化学品性能

8.2.1 热塑性塑料维卡软化温度（VST）

维卡软化温度适用于控制质量和作为鉴定新品种热性能的一个指标，但不代表材料的使用温度。该方法是测定热塑性塑料于热介质中在一定的负荷、一定的等速升温条件下，试样开始迅速软化，标准压针刺入表面 1mm 时的温度。

1. 试验设备

VST 测定仪主要包括负载杆、压针头、千分表、负荷板、加热设备和测温仪器等，仪器示意图如图 11-8-17 所示。

目前采用以下四种试验方法：

A_{50}法——使用 10N 的力，加热速率为 50℃/h；

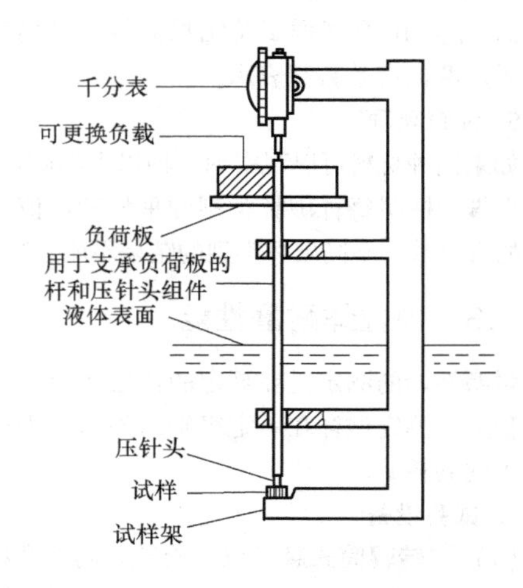

图 11-8-17 VST 测定仪示意图

B_{50}法——使用 50N 的力，加热速率为 50℃/h；

A_{120} 法——使用 10N 的力，加热速率为 120℃/h；

B_{120} 法——使用 50N 的力，加热速率为 120℃/h。

2. 试样及预处理

每个试样至少两个，试样为厚度 3～6.5mm，边长 10mm 的正方形或直径 10mm 的圆形，表面平整、平行、无飞边。

如果试样是模塑材料（粉料或粒料），应按相应材料的有关规定模塑成厚度为 3～6.5mm 的试样。

对于板材，试样厚度应等于原板材厚度，但超过 6.5mm 的，应单面机械加工至 3～6.5mm，试验表面应是原始表面。如果板材厚度小于 3mm，将至多三片试样直接叠合在一起，使其总厚度在 3～6.5mm 范围内，上片厚度至少为 1.5mm。厚度较小的片材叠合不一定能测得相同的试验结果。

试验结果可能与模塑条件有关，但此依从关系并不常见。当试验结果依赖于模塑条件时，可商定后采用特殊的退火或预处理步骤。

3. 试验步骤

将试样水平放在未加负荷的压针头下。压针头离试样边缘不得少于 3mm，与仪器底座接触的试样表面应平整。

将组合件放入加热装置中，启动搅拌器，在每项试验开始时，加热装置的温度应为 20～23℃。

当使用加热浴时，温度计的水银球或测温仪器的传感部件应与试样在同一水平面，并尽可能靠近试样。

5min 后，压针头处于静止位置，将足量砝码加到负荷板上，以使加在试样上的总推力，对于 A_{50} 和 A_{120} 为 10N±0.2N，对于 B_{50} 和 B_{120} 为 50N±1N，然后，记录千分表的读数或将仪器调零。

以 50℃/h±5℃/h 或 120℃/h±10℃/h 的速度匀速升高加热装置的温度；当使用加热浴时，试验过程中要充分搅拌液体；对于仲裁试验，应使用 50℃/h 的升温速率。对某些材料，用较高升温速率（120℃/h）时，测得值可能高出 10℃。

当压针头刺入试样的深度超过起始位置 1mm±0.01mm 时，记下传感器测得的油浴温度，即为试样的维卡软化温度。

受试材料的维卡软化温度以试样维卡软化温度的算术平均值来表示。如果单个试验结果差的范围超过 2℃，记下单个试验结果，并用另一组至少两个试样重复进行一次试验。

8.2.2 热塑性塑料熔体质量流动速率和熔体体积流动速率

熔体流动速率是指热塑性塑料在规定的温度和负荷条件下，熔体每 10min 通过标准口模的质量或体积。

1. 试样及预处理

试样只要能装入料筒内壁，可为任何形状，例如颗粒、粉料、小块、薄片。有些粉状材料若不经预先压制，试验时将不能得到无气泡的小条。试样的形状对确定试验结果的再现性有很重要的作用，因此应控制试样形状，增加试验结果间的可比性，并减少试验差异。试验前应按照材料规范，对材料进行状态调节，必要时，还应进行稳定化处理。

2. 试验仪器

采用专用的熔体流动速率测定仪。其仪器结构如图 11-8-18 所示。

3. 试验步骤

（1）方法 A：质量测量方法

1）选择温度和负荷：参照材料规范中规定的试验条件。如果没有材料规范的规定，或未规定 MFR 或 MVR 的测试条件，可以依据表 11-8-5 和表 11-8-6 中已知材料熔点或制造商推荐使用的试验条件确定。

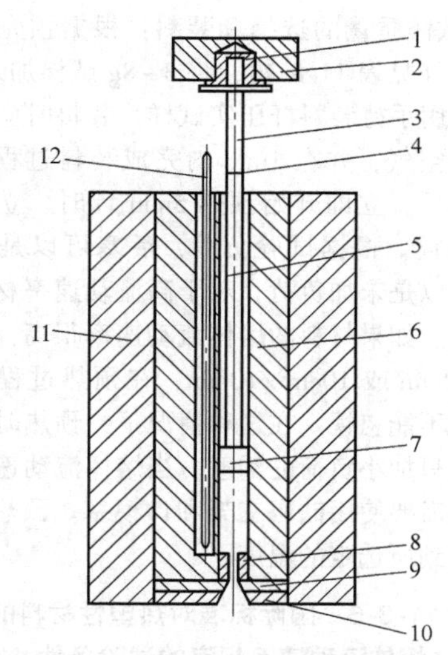

图 11-8-18　熔体流动速率测定仪

1—绝缘体　2—可卸负荷　3—活塞　4—上参照标线　5—下参照标线　6—钢筒　7—活塞头　8—口模　9—口模挡板　10—绝热板　11—绝缘体　12—温度传感器

表 11-8-5　测定熔体流动速率的试验条件

试验温度 T/℃
100
125
150
190
200
220
230
235
240
250
260
265
275
280
300
标称负荷(组合) m_{nom}/kg
0.325
1.20
2.16
3.80
5.00
10.00
21.60

注：建议没有材料标准或没有规定这样的试验条件时，要为新热塑性塑料列出温度和负荷。任何温度和负荷的组合都可能用到。然而，温度和负荷的选择应根据材料的流变性能。

2）试样质量的选择和装料：根据预先估计的流动速率（见表 11-8-7），将 3～8g 试样加入料筒。装料时，用手持装料杆压实试样。装料时应尽可能避免接触空气，并在 1min 内完成装料过程。装料压实完成后，立即开始预热 5min 计时。立即将活塞放入料筒。根据试验负荷，活塞可以是加负荷的，也可以是未加负荷，对于高流动速率材料，用较小负荷。如果材料的熔体流动速率很高，例如大于 10g/10min 或 $10cm^3/10min$，在预热过程中试样的损失就不能忽视。在这种情况下，预热时就要不加负荷或只加小负荷的活塞。当熔体流动速率非常高时，则需要使用砝码支架和口模塞。预热时，温度应恢复到所选定的温度。

表 11-8-6 国际标准对热塑性材料的熔体流动速率规定的试验条件

材　　料	国际标准
ABS	ISO 2580
ASA,ACS,AEDPS	ISO 6402
E/VAC	ISO 4613
MABS	ISO 10366
PB①	ISO 8986 ISO 15494 ISO 15876
PC	ISO 7391
PE①	ISO 1872 ISO 4427 ISO 4437 ISO 15494 ISO 22391
PMMA	ISO 8257
POM	ISO 9988
PP①	ISO 1873 ISO 15494 ISO 15874
PS	ISO 1622
PS-1	ISO 2897
SAN	ISO 4894

① 材料标准中可能包括这种材料的熔体密度值。

注 1：压实材料时的压力变化，会导致试验结果重复性差。在分析相似 MFR 或 MVR 的材料时，所有试验中用相同质量的试样，可减少数据上的变化。

注 2：对于易氧化降解的材料，接触空气会明显影响结果。

3）测量：在预热结束后，如果在预热时没有加负荷或负荷不足，此时应把选定的负荷加到活塞上。如果预热时用口模塞，并且没有加负荷或负荷不足，要把选定的负荷加到活塞上，让材料稳定几秒钟，再移走口模塞。如果负荷支架和口模塞都用到，则先移除负荷支架。

让活塞在重力的作用下下降，直到挤出没有气泡的细条。应避免在测试开始前用手动或额外的负荷来强制性挤压试样。如果需要任何强制性的挤压，也就是在规定时间内完成操作，则必须保证此动作完成 2min 后开始正式试验，所有强制性挤压过程应在 1min 内完成。用刀具切断挤出物并丢弃，继续让加上负荷的活塞在重力作用下下降。

当活塞杆下标线达到料筒顶面时，开始用计时器计时，同时切断挤出物并丢弃。

逐一收集按一定时间间隔的挤出物切段，以测定挤出速率，切段的长度不应短于 10mm，最好为 10～20mm。

对于 MFR（和 MVR）较小和（或）口模处膨胀较高的材料，在 240s 的最大切段间隔内，不能获得等于或大于 10mm 的切段长度。在这种情况下，仅在 240s 得到的每个切段质量达到 0.04g 以上时，才能使用质量测量方法，否则应使用位移测量方法。

当活塞杆的上标线达到机筒顶面时停止切割。丢弃有肉眼可见气泡的切段。冷却后，将保留下来的样段（至少是三个或以上）逐一称量，准确到 1mg，计算它们的平均质量。若所切取样段中的质量最大值和最小值之差超过其平均值的 15%，则试验重做。

每次试验后，必须用纱布擦净标准口模表面、活塞和料筒，模孔用直径合适的黄铜丝或木钉趁热将余料顶出后用纱布擦净。

注 1：有些材料可能需要较短的预热时间，以防止材料降解。对于高熔点、高 T_g（玻璃化转变温度）、低热导率的材料，为获得测试结果的重复性，则需要较长的预热时间。

注 2：建议按照挤出次序称量切段，如果质量持续变化明显，应为非正常现象。

注 3：从装料到切断最后一个样条的时间不应超过 25min。为了防止测试过程中材料降解或交联，有些材料可能需要减少试验。在这种情况下，建议采用标准 ISO 1133-2。

表 11-8-7　试验参数指导

MFR/(g/10min) MVR/(cm^3/10min)①	料筒中样品质量 b_{ce}/g	挤出物切断时间间隔 f/s
>0.1, ≤0.15	3~5	240
>0.15, ≤0.4	3~5	120
>0.4, ≤1	4~6	40
>1, ≤2	4~6	20
>2, ≤5	4~8	10
>5②	4~8	5

① 如果本试验中所测定的数值小于 0.1g/10min，建议不测熔体流动速率。当 MFR>100g/10min 时，仅当计时器的分辨率是 0.01s 且使用体积法时，才可以使用标准口模。或者在质量法中使用半口模。

② 当测定 MFR>10g/10min 的材料时，为获得足够的准确度，要么进一步提高测量时间的精度，并且选用更长的切断时间间隔，要么使用位移测量方法。

注：1. 当材料密度大于 1.0g/cm^3 时，可能需增加试样量。低密度试样用小的试样量。

2. 试样量是确定试验重复性的重要因素，可能需要将试样量的变化控制到 0.1g，以减少各次试验间的差异。

3. 当使用半口模时，应加更多量试样，以弥补口模减少的体积，所需额外试样的体积约为 0.3cm^3。

4. 切断时间间隔应满足挤出料条的长度在 10~20mm 范围内。在此限制条件下操作，特别是对于测定挤出切断时间间隔较短的高 MFR 试样时，有时可能无法实现。采用更长的切断时间间隔可以减少试验误差。仪器分辨率对误差的影响根据仪器的不同而不同，可通过不确定度预估分析来进行评估。

（2）方法 B——位移测量方法

1）选择温度和负荷：同质量测量方法。

2）试样质量的选择和装料：同质量测量方法。

3）测量：在预热结束后，如果在预热时没有加负荷或负荷不足，此时应把选定的负荷加到活塞上。如果预热时用口模塞，并且没有加负荷或负荷不足，要把选定的负荷加到活塞上，让材料稳定几秒钟，再移走口模塞。如果负荷支架和口模塞都用到，则先移除负荷支架。

让活塞在重力的作用下下降，直到挤出没有气泡的细条。应避免在测试开始前用手动或额外的负荷来强制性挤压试样。如果需要任何强制性的挤压也就是在规定时间内完成操作，则必须保证此动作完成 2min 后开始正式试验，所有强制性挤压过程应在 1min 内完成。用切断刀具切断挤出物并丢弃，继续让加上负荷的活塞在重力作用下下降。

当活塞杆下标线达到料筒顶面时，开始用计时器计时，同时用切断工具切断挤出物并丢弃。

测量采用如下两条原则之一：

① 测定在规定时间内活塞移动的距离；

② 测定活塞移动规定距离所用的时间。

对于有些材料，测量结果可能由于活塞移动的位移而改变。为了提高重复性，每次试验都应保持相同位移。

当活塞杆的上标线达到料筒顶面时停止切割。

注 1：有些材料可能需要较短的预热时间，以防止材料降解。对于高熔点、高玻璃化转变温度、低热导率的材料，为获得测试结果的重复性，则需要较长的预热时间。

注 2：从装料到切断最后一个样条的时间不应超过 25min。为了防止测试过程中材料降解或交联，有些材料可能需要减少试验。在这种情况下，建议采用标准 ISO 1133-2。

4. 结果计算

（1）方法 A——质量测量方法

1）标准口模：熔体质量流动速率可按下式计算：

$$\mathrm{MFR}(T, m_{nom}) = \frac{600m}{t} \qquad (11\text{-}8\text{-}25)$$

式中　T——试验温度（℃）；

m_{nom}——标称负荷（kg）；

600——用于转换 g/s 为 g/10min（600s）的系数；

m——切段的平均质量（g）；

t——切段的时间间隔（s）。

熔体体积流动速率可按下式计算：

$$\mathrm{MVR}(T, m_{nom}) = \frac{\mathrm{MFR}(T, m_{nom})}{\rho} \qquad (11\text{-}8\text{-}26)$$

式中　ρ——熔体密度（g/cm^3）。

密度的值可能会由材料标准规定，或可根据式（11-8-30）计算而得。

结果用三位有效数字表示，小数点后最多保留两位小数，并记录试验温度和使用的负荷。

2）半口模：当使用半口模记录试验结果时，要加下角标“h”，即 $\mathrm{MFR_h}$ 或 $\mathrm{MVR_h}$。计算 $\mathrm{MFR_h}$ 或 $\mathrm{MVR_h}$ 用标准口模的公式。

（2）方法 B——位移测量方法

1）标准口模：熔体体积流动速率可按下式计算：

$$\mathrm{MVR}(T, m_{nom}) = \frac{A \times 600l}{t} \qquad (11\text{-}8\text{-}27)$$

式中　T——试验温度（℃）；

m_{nom}——标称负荷（kg）；

A——料筒标准横截面面积和活塞头横截面面积的平均值（等于 0.711cm^2）；

600——用于转换 g/s 为 g/10min（600s）的

系数；

l——活塞移动预定测量距离或各个测量距离的平均值（cm）；

t——预定测量时间或各个测量时间的平均值（s）。

熔体质量流动速率可按下式计算：

$$\mathrm{MFR}(T,m_{\mathrm{nom}})=\frac{A\times 600l\rho}{t} \qquad (11\text{-}8\text{-}28)$$

式中 ρ——熔体密度（g/cm^3），可按下式计算：

$$\rho=\frac{m}{Al} \qquad (11\text{-}8\text{-}29)$$

式中 m——活塞移动 1cm 时挤出的试样质量。

密度的值可能会由材料标准规定，或可根据式（11-8-29）计算而得。

结果用三位有效数字表示，小数点后最多保留两位小数，并记录试验温度和使用的负荷。

2）半口模：当使用半口模记录试验结果时，要加下角标“h”，即 $\mathrm{MFR_h}$ 或 $\mathrm{MVR_h}$。计算 $\mathrm{MFR_h}$ 或 $\mathrm{MVR_h}$ 用标准口模的公式。

8.2.3 塑料负荷变形温度

标准试样以平放（优选的）或侧立方式承受三点弯曲恒定负荷，使其产生规定的一种弯曲应力。在匀速升温条件下，测量达到与规定的弯曲应变增量相对应的标准挠度时的温度。

1. 试验设备

1）产生弯曲应力的装置：该装置由一个刚性金属框架构成，基本结构如图 11-8-19 所示。

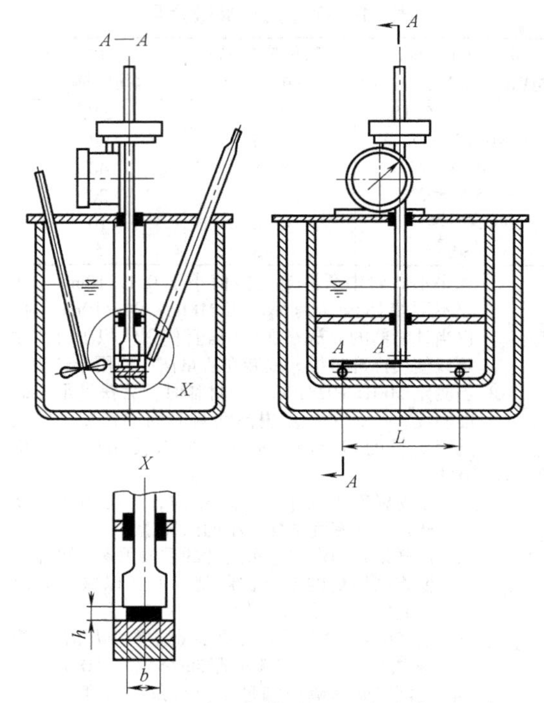

图 11-8-19 测定负荷变形温度的典型设备

2）加热装置：加热装置应为热浴，热浴内装有适宜的液体传热介质，试样在其中应至少浸没 50mm 深，并应装有高效搅拌器。应装有控制元件，以使温度能以（120±10）℃/h 的均匀速率上升。

3）砝码：应备有一组砝码，以使试样加荷达到所需的弯曲应力。

注 1：必须能以 1g 的增量调节这些砝码。

4）温度测量仪器：可以使用任何适宜的，经过校准的温度测量仪器，应具有适当范围，并能读到 0.5℃或更精确。

5）挠度测量仪器：可以是已校正过的直读式测微计或其他合适的仪器，在试样支座跨度中点测得的挠曲应精确到 0.01mm 内。

2. 试样

1）试样为截面是矩形的长条，其长度 l、宽度 b、厚度 h 应满足 $l>b>h$。每个试样中间部分（占长度 1/3）的厚度和宽度，任何地方都不能偏离平均值 2%以上。试样优先考虑平放进行试验，试样尺寸：长度 $l=(80.0\pm2.0)$mm，宽度 $b=(10\pm0.2)$mm，厚度 $h=(4\pm0.2)$mm；如一定要侧立试验，试样尺寸：长度 $l=(120\pm10)$mm，宽度 $b=9.8\sim15$mm，厚度 $h=3.0\sim4.2$mm。

2）试样应无扭曲，其相邻表面应互相垂直。所有表面和邻边均应无划痕、麻点、凹痕和飞边等。

3）每组试样至少为两个。

3. 试验步骤

1）除非受试材料规范另有规定，否则试样应在温度 23℃±2℃，相对湿度 50%±10%的环境下调节不少于 88h。

2）施加力的计算：施加的弯曲应力，应为三者之一（具体按照材料规范选择）：1.80MPa，命名为 A 法；0.45MPa，命名为 B 法；8.00MPa，命名为 C 法。

优选（平放）放置方式：

$$F=\frac{2\sigma_{\mathrm{f}}bh^2}{3L} \qquad (11\text{-}8\text{-}30)$$

备选（侧立）放置方式：

$$F=\frac{2\sigma_{\mathrm{f}}hb^2}{3L} \qquad (11\text{-}8\text{-}31)$$

式中　F——负荷（N）；

σ_f——试样表面承受的弯曲应力（MPa）；

b——试样宽度（mm）；

h——试样厚度（mm）；

L——跨度（mm）。

测量 b 和 h 时，应精确到0.1mm；测量 L 时，应精确到0.5mm。

平放放置方式跨度 L 为（64±1）mm，侧立放置方式跨度 L 为（100±1）mm。

施加试验力 F 时，应考虑加荷杆质量的影响，应把它作为试验力的一部分。如果使用弹簧施荷仪器，如表盘式测微计，还应考虑弹簧施加力的大小和对总力的方向，即是正还是负。

3）每次试验时，加热装置的温度应低于27℃。除非以前的试验已表明，该类材料在较高的温度下开始试验不会引起误差。

4）将试样放在支座上，使试样长轴垂直于支座。将加荷装置放入热浴中，对试样施加计算的负荷，以使试样表面产生符合规定的弯曲应力。让力作用5min，记录挠曲测量装置的读数，或者将读数调整为零。以（120±10）℃/h匀速升高热浴的温度，记下样条初始挠度净增加量达到标准挠度时的温度，见表11-8-8及表11-8-9。

至少应进行两次试验，每个试样只应使用一次。

优选（平放）放置方式：

$$\Delta s=\frac{L^2\Delta\varepsilon_f}{600h} \tag{11-8-32}$$

备选（侧立）放置方式：

$$\Delta s=\frac{L^2\Delta\varepsilon_f}{600b} \tag{11-8-33}$$

式中　Δs——标准挠度（mm）；

L——跨度（mm）；

$\Delta\varepsilon_f$——弯曲应变模量（%）；

h——试样厚度（mm）；

b——试样宽度（mm）。

表11-8-8　对应不同试样高度的标准挠度（平放试验）

试样高度（试样厚度 h）/mm	标准挠度/mm
3.8	0.36
3.9	0.35
4.0	0.34
4.1	0.33
4.2	0.32

表11-8-9　对应不同试样高度的标准挠度（侧立试验）

试样高度（试样宽度 b）/mm	标准挠度/mm
9.8~9.9	0.33
10.0~10.3	0.32
10.4~10.6	0.31
10.7~10.9	0.30
11.0~11.4	0.29
11.5~11.9	0.28
12.0~12.3	0.27
12.4~12.7	0.26
12.8~13.2	0.25
13.3~13.7	0.24
13.8~14.1	0.23
14.2~14.6	0.22
14.7~15.0	0.21

4. 结果表示

以受试试样负荷变形温度的算术平均值表示受试材料的负荷变形温度。

8.2.4　热延伸

参见GB/T 2951.21—2008。

8.2.5　氧化诱导期（OIT）

本试验方法是通过测定试样在高温氧气条件下，开始发生自动催化氧化反应的时间，来判断试样的热稳定性能。适用于电线电缆用聚烯烃绝缘和护套材料。

1. 仪器与设备

1）热分析仪：差示扫描量热仪或其他类似的热分析仪。

2）分析天平：精度为±0.1mg。

3）试样杯：ϕ5mm×2.5mm的铝杯或铜杯（需氧化处理）。

2. 试样

削取约1mm×1mm×0.5mm粒状或厚度约0.2mm的薄片状试样。

3. 试验步骤

用锋利的刀片在清洁的试样上切取3~5mg试样，并放入试样杯中。把试样杯和空杯一起放入热分析仪的样品支架上。

用流量为（50±5）mL/min的氮气吹洗设备5min，同时设备以20K/min的速度升温至试验规定的温度，控制在±1℃的范围，停止程序加热，使试样温度达到恒温。一旦温度达到平衡后，将吹洗气体切换成氧气，调节流量达产品标准规定，如没有规定，按（50±5）mL/min 进行试验。把氧气吹洗的转折点当作试验起始时间。继续等温操作，直到曲线上出现氧化放热后达到的最大偏移。试验结束后，将气体选择器阀门切换成氮气，使仪器冷却到起始温度。在新试样上再重复进行三次全过程试验，这样总共获得四条温度曲线。

4. 结果计算

沿时间的起点向外延伸基线至氧化放热处，再将放热所形成的曲线最陡的部分外推至与基线的延伸线相交如图 11-8-20 中⑦所示。相交点为氧化起始点。氧化诱导期为试验起始时间到氧化起始点的时间间隔，试验结果取四个试样结果的算术平均值，并注明试验用试样杯的材质。

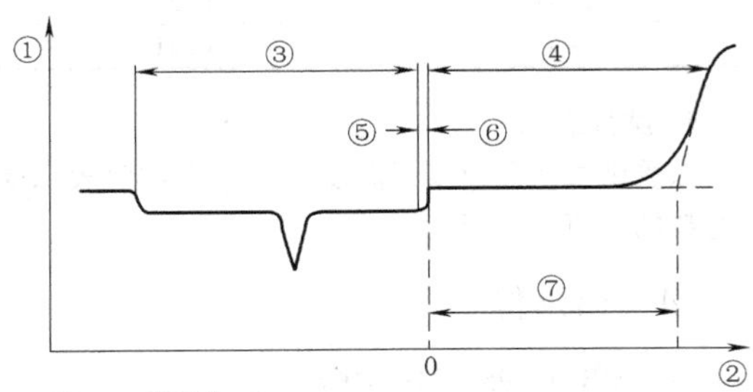

图 11-8-20 从记录的时间-温度曲线上求取 OIT

8.2.6 熔点

1. 试验设备

1）差示扫描量热仪。

2）样品皿：在测量条件下，样品皿不与试样和气氛发生物理或化学变化，应具有良好的导热性能，能够加盖和密封，并能承受在测量过程中产生的过压。

3）天平：称量准确度为±0.01mg。

4）标准样品。

5）气源：分析级氮气。

2. 试样

试样可为粉末、颗粒、细粒或从样品上切成的碎片状。试样应能代表受试样品，并小心制备和处理。如果是从样片上切取试样，应小心，以防止聚合物受热重新取向或其他可能改变其性能的现象发生。应避免研磨等类似操作，以防止受热重新取向和改变试样的热历史。应取两个或更多的试样。

注：不正确的试样制备会影响待测聚合物的性能。

除非材料的标准另有规定，试样量采用 5～10mg。称量试样，精确到 0.1mg。

3. 试验步骤

1）测定前，除非规定了其他条件，否则试样应在温度 23℃±2℃，相对湿度 50%±10%的环境下调节不少于 88h。

2）接通仪器电源，使其平衡至少 30min。采用氮气（分析级），流速为 50mL/min。经有关双方的同意，可以采用其他惰性气体和流速。

3）将试样放在样品皿内。样品皿的底部应平整，且皿和试样支持器之间接触良好。用镊子或戴手套处理试样。

4）把样品皿放入仪器内。

5）温度扫描：在开始升温操作之前，用氮气预先清洁 5min，以 20℃/min 的速率开始升温并记录。将试样皿加热到足够高的温度，以消除试验材料以前的热历史。通常高于熔融外推终止温度（T_{efm}）约 30℃。样品和试样的热历史及形态对测试结果有较大影响。进行预热循环并进行第二次升温扫描测量是非常重要的。保持温度 5min，以 20℃/min 的速率进行降温并记录，直到比预期的结晶温度 T_{efc} 低约 50℃。保持温度 5min。以 20℃/min 的速率进行第二次升温并记录，加热到比外推终止温度（T_{efm}）高约 30℃。将仪器冷却到室温，取出试样皿，观察试样皿是否变形或试样是否溢出。重新称量皿和试样，精确到±0.1mg。如有任何质量损失，应怀疑发生了化学变化，打开皿并检查试样。如果试样已降解，舍弃此试验结果，选择较低的上限温度重新试验，变形的样品皿不能再用于其他试验。如果在测试过程中有试样溢出，应清理样品支持器组件。清理按照仪器制造商的说明进行，并用至少一种标准样品进行温度和能量的校准，确认仪器有效。

4. 结果表示

调整 DSC 曲线图，使峰覆盖的范围能达到满量程的 25%。通过连接峰（熔融是吸热峰）开始偏离基线的两点画一条基线，如图 11-8-21 所示。一般取熔融峰温（T_{pm}）为熔点。如果存在多个峰，对每一个峰要画一条基线。

如果需要，对熔融转变部分曲线，应测量每一个峰并报告下列值：外推熔融起始温度 T_{eim}；熔融峰温 T_{pm}；外推熔融终止温度 T_{efm}。

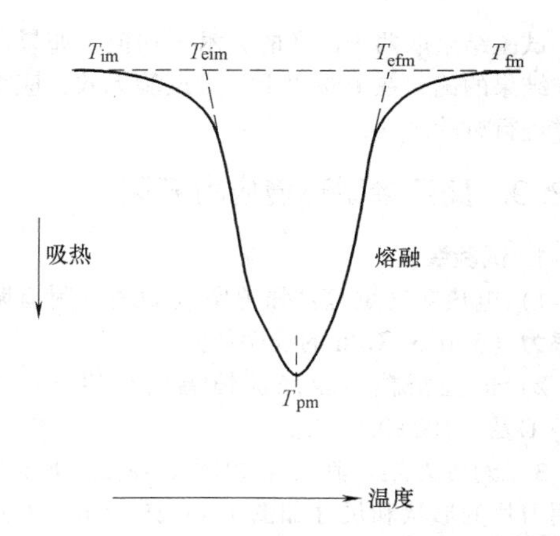

图 11-8-21　特征温度测定示例

8.2.7　200℃热稳定时间

本试验方法是通过测定试样在 200℃高温条件下，开始发生分解反应的时间，来判断试样的热稳定性能，适用于绝缘和护套材料。

1. 方法一（电线电缆用聚氯乙烯 70℃产品系列及 HⅠ-90 的热稳定时间的测定）

(1) 试样　约 4mm×4mm×3mm 的颗粒状。

(2) 试验装置　其装置如图 11-8-22 所示。

1）玻璃烧杯：容量 1000mL，杯盖中间有一个放温度计的小孔，周围有六个放试管的小孔。

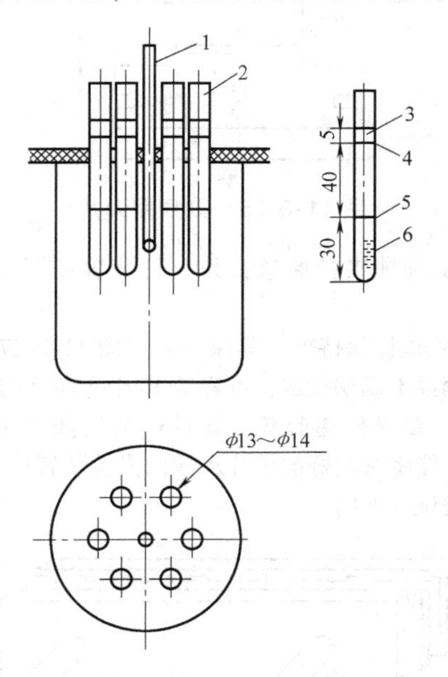

图 11-8-22　热稳定试验装置

1—温度计　2—试管　3—刚果红试纸环
4—上标记　5—下标记　6—试样

2）玻璃试管：内径 12～13mm，高 95mm。试管上刻有两条环形标记，下标记距管底 30mm，上标记距管底 70mm。

3）温度计：最高刻度 300℃，精度±0.1℃。

4）秒表或合适的计时器。

(3) 试验步骤　将粒状试样放入试管内至下标记水平面处，再把宽 5mm 的刚果红试纸环放在试管内，使试纸环的下边缘在上标记处。然后用软木塞塞住试管，放入盛有甘油（油位应使试样全部浸入）的温度为（200±2)℃的烧杯内，开始计时，准确到分钟。到刚果红试纸下边缘开始变蓝时所经过的时间即为热稳定时间。

(4) 结果计算　试验结果取两个试样热稳定时间的算术平均值。

2. 方法二（电线电缆用聚氯乙烯 J-90 及 HⅡ-90 的热稳定时间的测定）

(1) 试样　每个试样包括两个或三个长为 20～30mm 的窄条，重约（50±5）mg。

(2) 试验装置　其装置如图 11-8-22 所示，但精度应控制在（200±0.5)℃，应优先使用油浴。型式试验及在有争议的情况下均应使用油浴。

1）玻璃烧杯：容量 1000mL，杯盖中间有一个放温度计的小孔，周围有六个放试管的小孔。

2）玻璃管：内径为 3.5～4.5mm，外径约为 5mm，高为 110mm。

3）温度计：精度为 0.1℃。

4）秒表或合适的计时器。

(3) 试验步骤　将已称量好的试样放入玻璃管，试样应不高出玻璃管底部 30mm。再把一条约 15mm 长，3mm 宽的干燥通用 pH 试纸，插入玻璃管的开口端（顶部)，纸带伸出管口约 5mm，并将其弯折固定在该位置。将玻璃管放入已加热到规定试验温度的加热装置中至深度 60mm。开始计时，准确到 1min。测定通用 pH 试纸的颜色从 pH 值 5 改变到 pH 值 2～3 之间所用的时间；或者试验一直持续到在规定的试验时间试纸颜色不发生变化为止。当对应于 pH 值 2～3 之间的通用试纸上的红颜色开始出现时，则认为已达到颜色变化点了。在预计试验时间即将结束时，通用 pH 试纸应每隔 5～10min 更换一次，以使变化点较易看清。

(4) 结果计算　试验结果取三个试样热稳定时间的算术平均值。

8.2.8　热变形

本试验方法是测定试样在高温条件下，在一定负荷作用时的变形情况。适用于电线电缆用聚氯乙烯绝缘和护套材料及无卤料。

1. 试样

试样为直径 12mm 的圆形片，或边长 12mm 的正方形片，厚度为（1.25±0.15）mm。

2. 试验装置

试验装置如图 11-8-23 所示。其主要由以下装置组成：

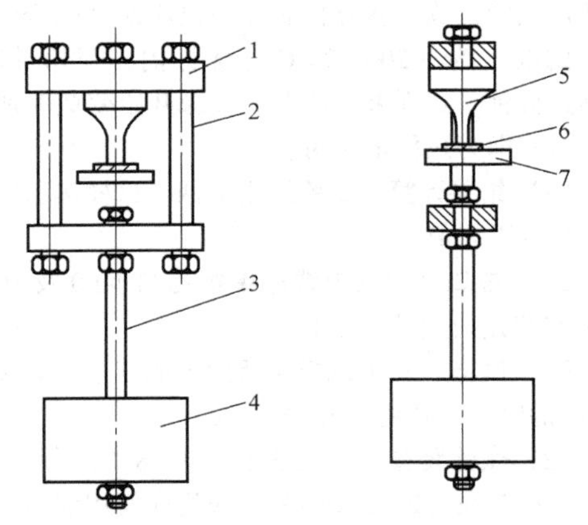

图 11-8-23 热变形试验设备

1—夹板 2—定位螺栓 3—托重螺栓 4—重锤
5—圆柱形压棒 6—试样 7—水平支架

1）夹板。

2）重锤：其质量应使作用于圆柱形压棒上的向下总压力为（3.50±0.02）N 或 1kg（具体按产品标准规定进行）。

3）圆柱形压棒：压棒的端部为平面，直径为（3.15±0.03）mm。

4）水平支架 供放置试样用。

3. 试验步骤

在室温下测量试样加压处的厚度。将试验装置和试样分开放入烘箱内，放置位置应无振动，保持温度为（120±2）℃或（90±2）℃（具体按产品标准规定进行）。1h 后，将试样放在水平支架上，让圆柱形重锤放置到试样加压处，再恒温 1h 或 4h（具体按产品标准规定进行）。从烘箱中取出整个试验装置，在室温下冷却 1h。然后取下试样，立即用试验开始时所用仪器测量试样变形部分的厚度。

4. 结果计算

热变形 D_t（%）按下式计算：

$$D_t = \frac{d_0 - d}{d_0} \times 100\% \qquad (11\text{-}8\text{-}34)$$

式中 d_0——试样原始厚度（mm）；

d——试样试验后厚度（mm）。

试验结果取两个试样的算术平均值。如果两个试样结果的偏差在 10%以上，则试验无效，应重新取样进行试验。

8.2.9 聚乙烯耐环境应力开裂

1. 试验装置

1）电热空气烘箱：强迫空气循环并附有降温速率为（5±0.5）℃/h 的程序装置。

2）恒温浴槽：能保证恒温浴温度为（50±0.5）℃及（100±0.5）℃。

3）刻痕刀架：其刀架如图 11-8-24 所示。刻痕用刀片的形状和尺寸如图 11-8-25 所示。刀片每正常使用 30 次后应予以检查，刀刃一旦变钝或磨损就应及时更换。每把刀片刻痕次数应不超过 100 次。

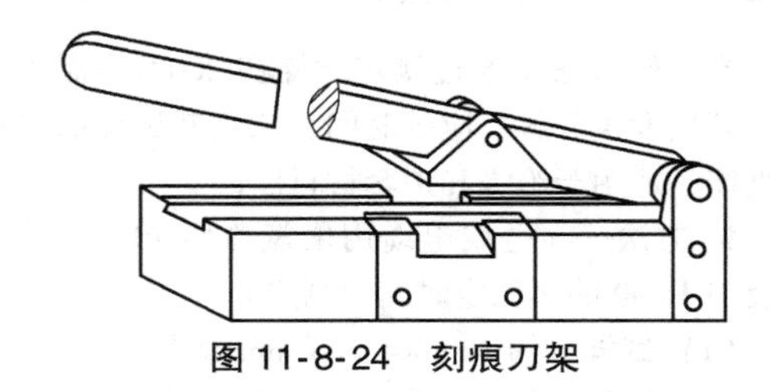

图 11-8-24 刻痕刀架

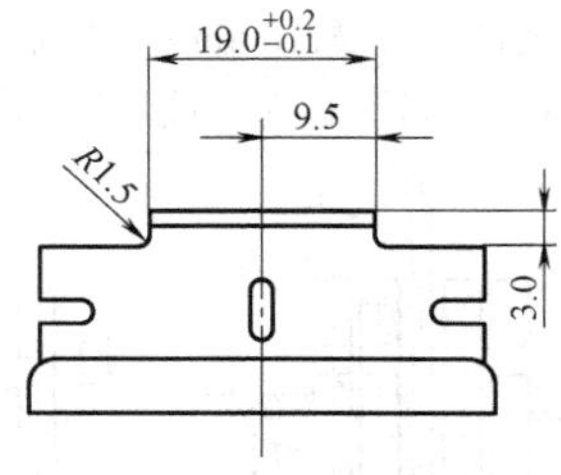

图 11-8-25 刻痕用刀片

4）弯曲夹持装置：其夹持装置如图 11-8-26 所示。

5）试样保持架：其保持架如图 11-8-27 所示。用黄铜或不锈钢做成，可容纳 10 个弯曲好的试片。

6）试样传递装置：其传递装置如图 11-8-28 所示。能将弯曲好的试片从弯曲夹持装置中传递到黄铜槽试片架内。

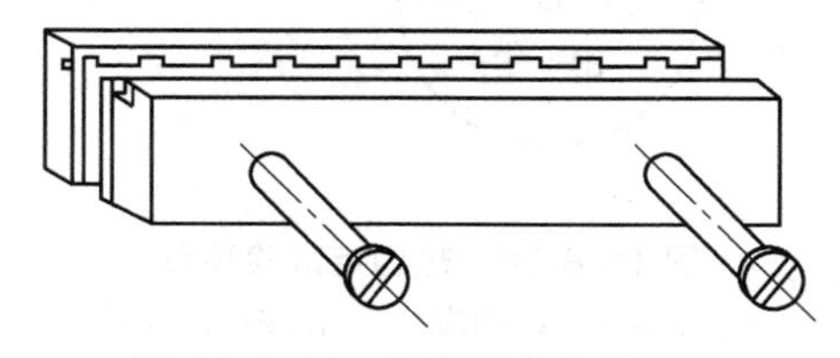

图 11-8-26 试样弯曲夹持装置

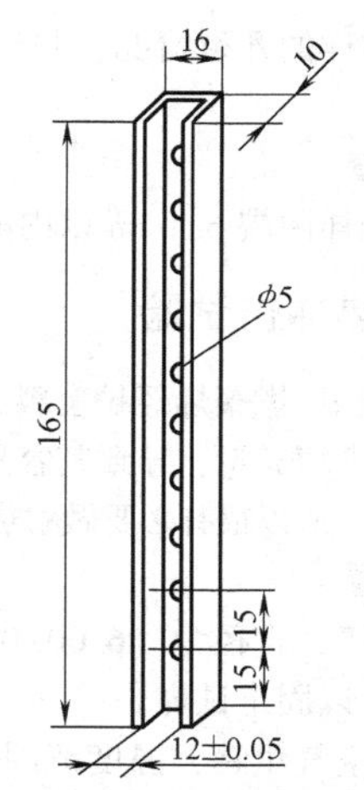

图 11-8-27　试样保持架

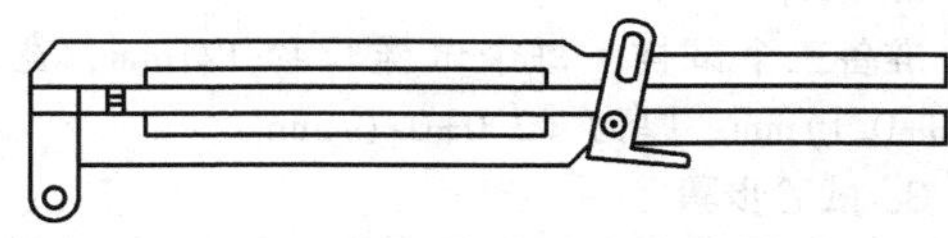

图 11-8-28　试样传递装置

7）硬质玻璃试管：其玻璃试管如图 11-8-29 所示。尺寸为 200mm×ϕ32mm，能容纳装有试片的试片架，采用包有铝箔的软木塞塞住试管口。

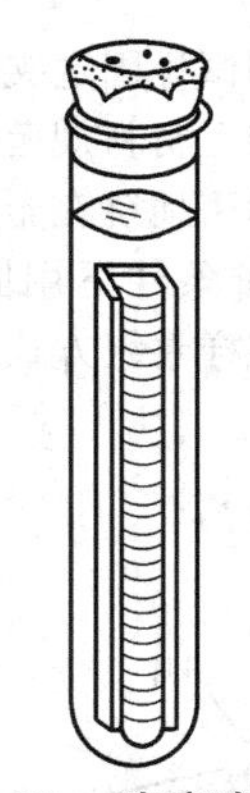

图 11-8-29　玻璃试管和试样

8）试剂：采用 lgepal CO-630（AntaroxCO-630）或 TX-10（仲辛基聚乙烯醚）水溶液，常用的含量有 100%、10%（体积分数）和 20%（质量分数）。应按有关产品标准要求选择溶液含量。水溶液的配制应在 60~70℃时用搅拌器搅拌至少 1h 后才能使用。配制好的水溶液应在一个星期内使用，并只能使用一次，不得重复使用。

2. 试样制备

按产品标准压塑试片。用矩形切刀和冲压机冲制 10 个试样，试样应光滑、平整，无气泡。试样的尺寸应符合图 11-8-30 的要求。

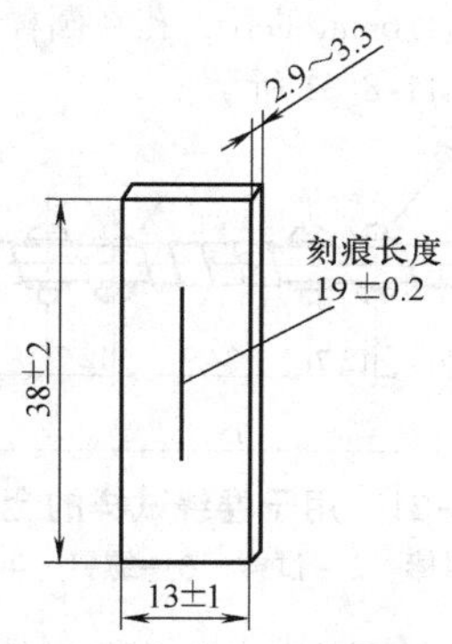

图 11-8-30　试样尺寸

3. 试验步骤

用带刀片的刻痕刀架在试样上刻痕，刻痕深度按产品标准规定进行。如未规定，则刻痕为 0.5~0.65mm（密度≤0.940g/cm³时）或 0.30~0.40mm（密度>0.940g/cm³时）。再将试样放入弯曲夹持装置中，刻痕朝上，借助台虎钳或合适的装置，在规定的时间内闭合夹持装置。用传递试样装置将试样递至试片架内，把试样架插入玻璃管中，然后注入试剂至浸没试样架。用软木塞塞住试管口后将试管放入已达到温度要求的恒温浴槽中，并开始计时。应注意试验时不使刻痕与试管壁接触。按下列时间检查试样并记录试样破损数目及相应的破损时间：0.1h，0.25h，0.5h，1h，1.5h，2h，3h，4h，5h，6h，7h，8h，12h，16h，20h，24h，32h，40h，48h。48h 以后，每 24h 观察一次。

4. 结果计算

用目视观察试样上出现第一个裂纹时，该试片即为失效试片，并记录时间，该时间即 F_0时间。失效试片达到 50%时的时间即为 F_{50}时间。

8.2.10　聚乙烯耐热应力开裂

1. 试样

将模压好的试片在温度为（23±2）℃，相对湿度为（50±2）%的环境下处理 8h 以上。然后从试片上裁下 9 个试样，每个试样的尺寸为 127mm×6.4mm×（1.27±0.13）mm，在试样的两端分别冲压直径为 1.6mm 的孔，每个孔与试样终端的距离为 3.2mm。

2. 试验设备

1）裁刀：刀口尺寸为 127mm×6.4mm。

2）冲孔机：孔径为 1.6mm。

3）金属圆棒：长度为 165mm，直径为（6.40±

0.05)mm 的黄铜或不锈钢棒三根，在每根金属棒上有六个直径为 1.6mm 的孔，孔在圆棒上必须平行，孔的间隔如图 11-8-31 所示。

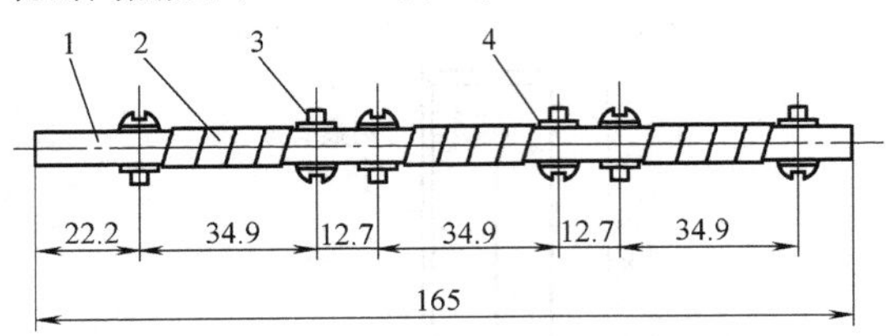

图 11-8-31 用于卷绕试样的金属圆棒

1—金属棒 2—试样 3—螺钉 4—螺母

4）螺钉：直径为 1.4mm，长度为 12.5mm，配有螺母、垫片。

5）试管：长为 200mm，外径为 32mm 的玻璃管，配有带气孔的橡皮塞或软木塞。

6）恒温浴槽或烘箱：温度范围在（100±1）℃。

7）试管架。

8）台钳。

3. 试验步骤

将九个试样分为三组，每一金属棒上缠绕三个试样。将金属圆棒的一端固定在台钳上，试样的一端用螺钉固定在圆棒上，将试样在金属圆棒上缠绕四圈半后，用螺钉将另一端固定。用同样方法将另外两个试样固定，然后将固定好试样的金属圆棒放进试管中，并做好标记，用塞子盖紧。

用上述方法装好另外两组试样。用试管架将三个装好试样的试管放入已恒温至（100±1）℃的烘箱或恒温浴槽里，并记下开始试验的时间。

在试验进行到 96h 时，从烘箱或恒温浴槽中取出试管，检查试样的开裂情况，并记下时间和试样破损总数。

4. 结果检查

观察距离试样两端 6.4mm 以内的开裂情况。

8.2.11 耐热冲击试验

由于低烟无卤阻燃聚烯烃护套料的阻燃性能要求较高，材料具有高填充量，导致其容易在某些极端的环境下发生开裂，所以很有必要做耐热冲击试验。

1. 试验装置

1）金属圆棒，直径为（6.00±0.05）mm，圆棒上配有固定夹，以固定试样。

2）热老化空气烘箱，温度范围：室温~200℃，温度偏差±3℃。

2. 试样

准备三个试样，每个试样长约 127mm，宽为（6.0±0.1）mm，厚为（3.0±0.1）mm。

3. 试验步骤

制备好的试样在温度为（23±2）℃，相对湿度为 45%~55%的环境状态下放置不低于 4h。

将直径为（6.00±0.05）mm 的金属圆棒按与地面约呈 12°倾斜角固定，以便试样在卷绕过程中形成紧密整齐的排列。

将试样的一端用试样固定夹固定，试样的另一端用强力夹夹住并挂上材料规范中规定的负荷，转动金属圆棒使试样紧密地绕在金属圆棒上，卷绕圈数为六圈，并在负重条件下用固定夹固定好另一端，再拆除砝码。试样卷绕方式及卷绕后的试样如图 11-8-32 所示。

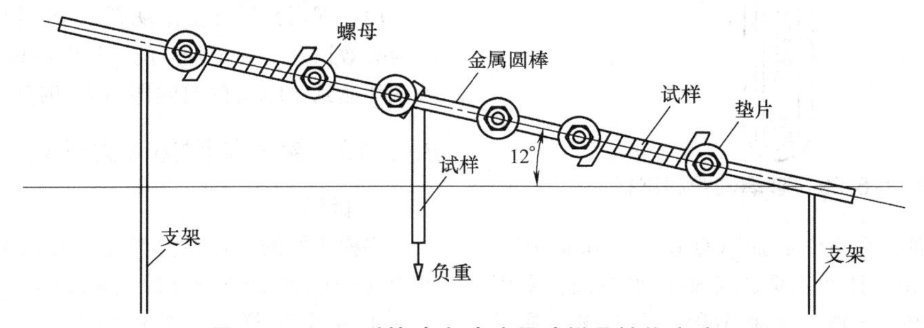

图 11-8-32 耐热冲击试验用试样及缠绕方式

将卷绕后的试样及金属圆棒放入预热到规定温度的烘箱中，并保持 1h，之后将试样及金属圆棒从烘箱中取出并冷却至室温。

安装试样时，固定夹对试样的固定程度应适中，以恰好保证试样不松动为准。若过松，会导致试样松动，若过紧，可能会导致试样在夹口处开裂。

4. 结果表示

用正常视力或矫正后的视力而不用放大镜进行检查时，试样应无裂纹。

8.2.12 低温冲击脆化温度

本方法适用于测定拉伸弹性模量小于 70MPa 的软

质塑料的脆化温度。其原理是将在夹具中呈悬臂梁固定的试样置于精确控制温度的传热介质中，按规定时间进行状态调节后，以规定试验速度单次摆动冲头冲击试样，使试样沿规定半径的夹具下钳口圆弧弯曲成90°。当试样破坏概率为50%时的温度称为脆化温度。按照试验机和试样类型的不同分为两种方法，即使用A型试验机和A型试样的A法，使用B型试验机和B型试样的B法。下面介绍的是最常用的A法。

1. 仪器

1）试验机：主要由低温浴、搅拌器、试样架装置、试样夹具和冲锤构成，冲锤、试样和夹具之间的尺寸关系如图 11-8-33 所示。

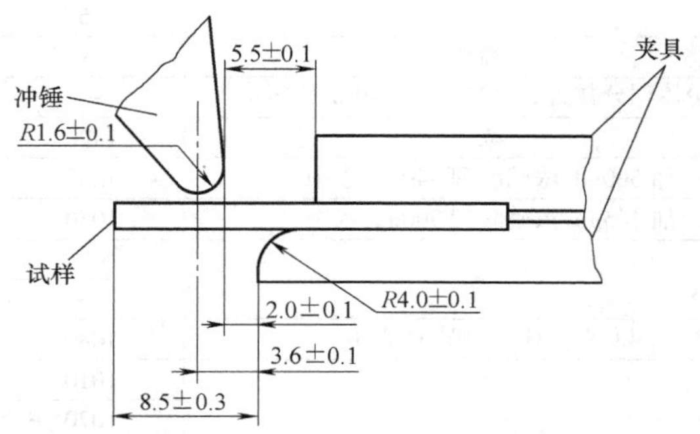

图 11-8-33 冲锤、试样和夹具

2）温度指示器。

3）传热介质：一般采用工业酒精。

4）秒表。

2. 试样

试样应先模塑成厚度为（2.00±0.10）mm 的片材，要求试样表面平坦、光滑，无气泡，无裂纹和其他明显的肉眼可见缺陷。利用冲切机将试样冲切成长（20.00±0.25）mm、宽（2.50±0.05）mm。

如产品标准未做规定，试样条厚（2.00±0.10）mm。每个试验温度点取 30 条试样。

3. 试验步骤

预定一种材料的脆化温度时，推荐在预期能达到50%破损率的温度条件下进行试验。在该温度下至少用 10 个试样进行试验。如果试样全部破损，把浴槽温度升高 10℃，用新试样重新进行试验；如果试样全部不破损，把浴槽的温度降低 10℃，用新试样重新进行试验；如果不知道大致的脆化温度，起始温度可以任意选择。

开动试验机的搅拌器，在低温浴内加入液体传热介质后开始制冷，使浴温达到所需试验温度的±0.5℃范围内。将试样固定在夹具中，然后置于试验机的试样架上。将试样架装置浸没在控制到所需试验温度的液体传热介质中保温 3min±0.5min。起动试验机的冲锤，冲击试样。

将夹具从试验仪器中移开，并把每个试样都从夹具中取出，逐个检查试样确定是否破损。所谓磨损，即试样彻底被分成两段或更多部分，或者目测可见试样上带有裂痕。如果试样没有完全分离，可以沿着冲击所造成的弯曲方向把试样弯至 90°，然后检查弯曲部分的裂缝。记录试样破损数目和试验温度。试样弯曲时的温度应高于试样被冲击时的温度。

以 2℃或 5℃的温度增量升高或降低浴槽温度，重复上述步骤，直到测出没有试样破损时的最低温度和试样全部破损时的最高温度。每次试验都用新试样。

在 10%~90%破损范围内进行四个或更多个温度点的试验（用图解法测定 T_{50}时，不包含 0%和100%破损时的温度点）。

4. 结果表示

（1）图解法 在概率图纸上标出任一温度下试验温度与对应破损百分数的点，并通过这些点画出一条最理想的直线。线上与 50%概率相交的点所指示的温度即为脆化温度。

（2）计算法 用每个试验温度下的试样破坏数目计算试样破坏百分率，然后按下式求取脆化温度：

$$T_{50}=T_{\mathrm{h}}+\Delta T\left(\frac{S}{100}-\frac{1}{2}\right) \tag{11-8-35}$$

式中 T_{50}——脆化温度（℃）；

T_{h}——所有试样破损时的最高温度（℃）；

ΔT——两次试验间相同的适当温度增量（℃）；

S——每个温度点破损百分率的总和（从没有发生断裂现象的温度开始下降直至包括 T_{h}）。

把试验结果表示为一个最靠近的摄氏温度整数值。

8.2.13 耐化学药品性

本方法规定了塑料试样在不受任何外界影响的情况下，浸泡于液体化学药品（包括水）中所引起性能变化的测定方法。性能变化指试样质量、尺寸和外观的变化或试样物理性能（机械、热、光等性能）的变化。对于室温易挥发试液，应采用浸泡干燥后立即测定的方法，以确定材料在试液挥发之后的状态。也可采用浸泡后立即测定的方法，但必须在规定的时间内完成。对于室温不易挥发的试液，应采用浸泡后立即测定的方法，以确定材料继续受试液作用时的状态。如有需要，再采用浸泡干燥后立即测定的方法，以确定材料在试液挥发之后的状态。试液的选用应根据产品标准要求，或参考表11-8-10中Ⅰ和Ⅱ的典型试液。浸泡温度和试验周期根据产品标准要求而定，测量性能变化时的温度为（23±2）℃。

表11-8-10　各种典型试液

Ⅰ．化学试剂

试剂①	试液含量		预防措施②	注　　释	密度(20℃)/(kg/m³)
	质量分数(%)	质量浓度/(kg/m³)			
乙醚	100	—	B,C		719
蒸馏水	100	—	—		—
乙醇	—	770	B	体积分数为96%	802
乙醇	50	460	—	1000mL体积分数为96%的乙醇加740mL水	—
盐酸	36	—	A,C	浓	1180
盐酸	10	105	A,C	加250mL浓盐酸到750mL水中	—
氢氟酸	40	450	A,C		1160
过氧化氢	30	330	A	不稀释	—
过氧化氢	3	31	A	10份体积分数为30% H_2O_2 加90份体积水	—
硝酸	70	—	A,C	浓	1420
硝酸	40	500	A	加500mL浓硝酸到540mL水中	1250
硝酸	10	105	A	加105mL浓硝酸到900mL水中	1050
油酸	100	—	—		890
苯酚	5	50	A		—
碳酸钠	20	216	A	以 $Na_2CO_3 \cdot 10H_2O$ 表示	1080
碳酸钠	2	20	—		1010
氯化钠	10	108	—		1070
氢氧化钠	40	575	A		1430
氢氧化钠	1	10	A		1010
次氯酸钠	10	—	A,C	质量分数为9.5%的活性氯	—
硫酸	98	—	A	浓	1840
硫酸	75	1250	A	加695mL浓硫酸到420mL水中	1670
硫酸	30	366	A	加200mL浓硫酸到850mL水中	1220
硫酸	3	—	A	加17mL浓硫酸到990mL水中	1020
甲苯	100	—	B		871
2,2,4-三甲基戊烷	100	—	B		698

Ⅱ．化工产品

试液	说明	预防措施②
矿物油		—
绝缘油		—
橄榄油	规定其性质	—
棉籽油	规定其性质	—
溶剂混合物		B
肥皂液	用皂片制得质量分数为1%的肥皂溶液	—
清洗剂	规定产品的纯度和浓度	—
松节油		B
煤油	规定其性质	B
石油(汽油)	规定其性质	B

① 所有试剂都是化学纯及以上的。

② 试液在处理时的危险性及预防措施如下：

A——腐蚀性试液，绝不能与皮肤或衣物接触，应用移液管移取。

B——易燃试液，不得靠近火源。

C——产生刺激性气味或毒气的试液，必须在通风橱里操作。

1. 试样

试样的形状和尺寸根据塑料本身的形状、性质以及浸泡后的测试项目而定。每组试样至少三个。

2. 操作步骤

试液的用量按试样总表面积计算，每平方厘米至少需要试液 8mL。每组试样放在规定的容器中，并完全浸泡在试液里。当试液密度大于试样密度时，则需在试样上系一重块。相同成分的几组试样，可放于同一容器中。试样表面不允许相互接触，也不允许与器壁及所系重块明显接触。试验过程中，每 24h 应至少搅动试液一次。对不稳定的试液，应定期更换等量新配试液。

试样浸泡周期终了时，将试样从试液中移出，选用对试样没有影响且与试液相溶的液体冲洗，再用滤纸或无绒棉布擦拭。

3. 试验结果的表示

记录浸泡前、后的测定结果，计算浸泡后性能值对浸泡前性能值的变化率。

8.2.14　耐油试验

耐油试验可参照 8.2.13 节。油的种类、浸油时间和温度应根据产品标准规定进行。

8.2.15　线膨胀系数（石英膨胀计法）

适用于测定线膨胀系数大于 $1\times10^{-6}℃^{-1}$ 的塑料材料。将已测量原始长度的试样装入石英膨胀计（见图 11-8-34）中，然后将膨胀计先后插入不同温度的恒温浴内，在试样温度与恒温浴温度平衡，测量长度变化的仪器指示值稳定后，记录读数，由试样膨胀值和收缩值，即可计算试样的线膨胀系数。

1. 试验设备

1）石英膨胀计。

2）测量长度变化的仪器：误差在±0.1μm。

3）卡尺：测量试样的初始长度精度在±0.5%。

4）可控温环境：为测试样品提供恒温环境，温度控制在±0.2℃。

5）温度计或热电偶：精度±0.1℃。

2. 试样

试样长度应该在 50~125mm 之间。试样截面应为圆形、正方形或矩形，应能够使样品很容易放入膨胀计内，而不应有过多的摩擦。横截面应该足够大，以能够保证样品不弯曲扭转。试样的截面一般为：12.5mm × 6.3mm，12.5mm × 3mm，直径 12.5mm 或 6.3mm。

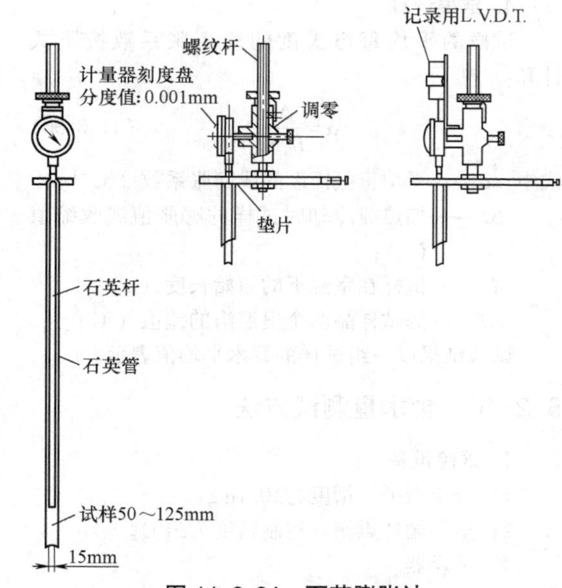

图 11-8-34　石英膨胀计

注 1：如果样品长度小于 50mm，灵敏度会降低。如果长度超过 125mm，试样温度梯度就很难控制在所需的范围之内。使用的长度应根据设备的测量范围、灵敏度以及伸长量和精度而定。

注 2：在试样两端垂直于试样长轴方向切平整。如果试样在膨胀计中收缩，则需要平滑的、薄的铁或者铝金属片粘牢试样，帮助其在膨胀计中定位。该金属片厚度在 0.3~0.5mm 之间。

3. 试验步骤

1）将试样在温度 23℃±2℃，相对湿度 50%±5%的环境下调节不少于 40h。

2）用卡尺测量试样，精确到 0.2mm。

3）将铁片粘在试样底端，以防止收缩，并重新测量试样的长度。

4）每个试样均使用同一个膨胀计，小心放入-30℃的环境中，如果使用液体浴，应确保试样高度在液面以下至少 50mm，保持液体浴温度在（-32~-28℃）±0.2℃之间，待试样温度与恒温浴温度平衡，测量仪表读数稳定 5~10min 后，记录实测温度和测量仪读数。

5）在不引起振动和晃动的条件下，小心将石英膨胀计平稳地置于-30℃的恒温浴中。重复步骤 4）。

6）测量试样在室温下的最终长度。

7）如果试样每摄氏度的膨胀值与收缩值之差超过其平均值的 10%，则应查明原因。重新进行试验，直到符合要求为止。

4. 结果计算

试样的平均每摄氏度的线膨胀系数按下式计算：

$$\alpha=\frac{\Delta L}{L_0\Delta T} \qquad (11\text{-}8\text{-}36)$$

式中 α——平均每摄氏度的线膨胀系数（$℃^{-1}$）；

ΔL——加热或冷却时试样的膨胀值或收缩值（m）；

L_0——试样在室温下的原始长度（m）；

ΔT——测试样品两个恒温浴的差值（℃）。

试验结果以一组试样的算术平均值表示。

8.2.16 含水量测试方法

1. 试验设备

1）分析天平：精度为±0.1mg。

2）空气循环烘箱：控制精度为±1℃。

3）干燥器。

4）称量皿。

2. 试样

约取10g试样。

3. 试验步骤

在100℃下对称量皿进行干燥处理，取出放在干燥器内冷却至室温后恒重，重量记作 W_0，精确到0.0001g。

约取10g试样放在恒重的称量皿中称重，重量记作 W_1，精确到0.0001g，这一过程要在10min内完成。

将试样放入100℃的烘箱中4h，取出试样于干燥器中冷却至室温，立即称重，重量记作 W_2，精确到0.0001g。

4. 结果计算

水分（η）按测试的结果表示方法如下：

$$\eta(\%)=\frac{W_1-W_2}{W_1-W_0}\times100\% \qquad (11\text{-}8\text{-}37)$$

8.3 燃烧性能测试

8.3.1 氧指数

氧指数是在规定条件下，试样在氧、氮混合气流中，维持稳定燃烧所需的最低氧含量，是评价材料在实验室条件下燃烧性能的一种方法。

1. 试验设备

1）氧指数测定仪：装置示意图如图11-8-35所示。

2）气源：可采用纯度（质量分数）不低于98%的氧气和（或）氮气，和（或）清洁的空气（氧气的体积分数为20.9%）作为气源。

3）点火器：由一根末端直径为（2±1）mm的管子构成。火焰的燃料应为未混有空气的丙烷，火焰高度为（16±4）mm。

4）计时器：测量时间可达5min，准确度±0.5s。

5）游标卡尺。

2. 试样制备

电缆料氧指数试样尺寸：长70mm~150mm，宽（6.5±0.5）mm、厚（3.0±0.25）mm。试样表面应平整光滑，无气泡、飞边、毛刺等缺陷。每组试样应准备至少15根。

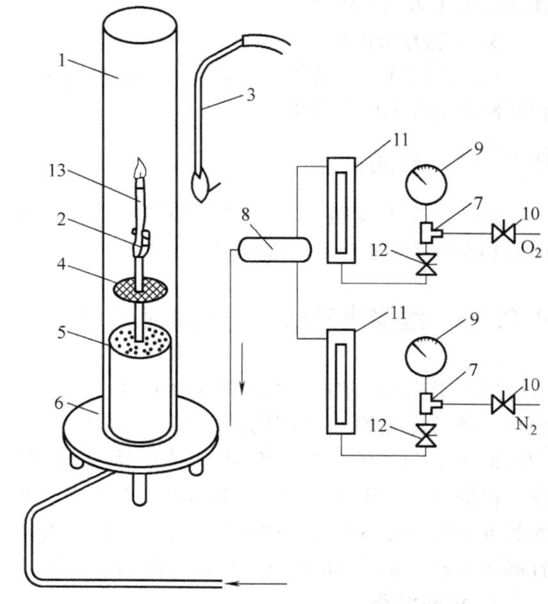

图11-8-35 氧指数测定仪

1—燃烧筒 2—试样夹 3—点火器 4—金属网 5—放玻璃珠的筒 6—底座 7—三通 8—气体混合器 9—压力表 10—稳压阀 11—转子流量计 12—调节阀 13—燃烧着的试样

3. 试验步骤

（1）开始试验时氧浓度的确定 根据经验或试样在空气中点燃的情况，估计开始试验时的氧浓度。如在空气中快速燃烧，氧浓度为18%；缓慢燃烧或时断时续为21%；当离开点火源即灭，则至少为25%。

（2）调整仪器和点燃试样

1）安装试样：将试样夹在夹具上，垂直地安装在燃烧筒的中心装置上。

2）调节气体控制装置：调节气体混合及流量控制装置，使混合气体中的氧浓度为开始试验时确定的氧浓度，以（40±2）mm/s 的速度流经燃烧筒，洗涤燃烧筒至少 30s。

3）点燃试样（点燃方式按相关的材料规范中规定）：

① 方法 A——顶端点燃法（试样的标线划在距点燃端 50mm 处）：使火焰的最低可见部分接触试样顶端并覆盖整个顶端表面，勿使火焰碰到试样的棱边和侧表面。在确认试样顶端全部着火后，立即移去点火器，开始计时或观察试样烧掉的长度。点燃试样时，施加火焰 30s，每隔 5s 左右稍移开点火器观察试样，若在 30s 内不能点燃，则应增大氧浓度，直至 30s 内点燃为止。

② 方法 B——扩散点燃法（试样的标线划在距点燃端 10mm 和 60mm 处）：充分降低和移动点火器，使火焰可见部分施加于试样顶端表面，同时施加于垂直侧表面约 6mm 长。点燃试样时，施加火焰 30s，每隔 5s 左右稍移开点火器观察试样，直至垂直侧表面稳定燃烧或可见燃烧部分的前锋到达上标线处，立即移去点火器，开始计时或观察试样燃烧长度。

若 30s 内不能点燃试样，则增大氧浓度，直至 30s 内点燃为止。

4. 燃烧行为的评价（见表 11-8-11）

表 11-8-11

点燃方式	评价准则(两者取一)	
	燃烧时间/s	燃烧长度
A 法	180	燃烧前锋超过上标线
B 法		燃烧前锋超过下标线

如此反复，直至符合 GB/T 2406.2—2009 规定的要求。

5. 备注

1）氧指数的测定结果受试样厚度、气体流速、气体纯度、点燃方式、环境温度和湿度等影响。

① 试样厚度：氧指数随试样厚度增加而提高。因为试样越薄，就越容易燃烧。

② 气体流速：标准规定，燃烧筒出口内径应缩小到 40mm，这样出口流速增加，就可防止外界空气进入燃烧筒内。

③ 气体纯度：气体纯度越低，误差越大，所以氧气、氮气的纯度（质量分数）不能低于 98%。而且在使用过程中，随着钢瓶的气体压力逐渐下降，气体湿度会随之增加，这也会对测试结果带来影响。所以其使用压力不应低于 1MPa。

④ 环境温度和湿度：随着环境温度升高，大多数材料（特别是对环境敏感的材料）的氧指数会下降，所以温度控制在 23℃±2℃ 为宜。而随着环境湿度升高，材料的氧指数会增加，所以湿度控制在 50%±5% 为宜。

⑤ 燃烧筒温度：燃烧筒应在常温下使用，因为燃烧筒温度直接影响试样周围温度。如果燃烧筒温度过高，会加剧试样的燃烧。

2）氧指数点燃方式按照产品标准规定进行。不同的点燃方式测试结果没有比对性。

8.3.2 闪燃温度和自燃温度

塑料材料受热分解放出可燃气体，刚刚能被外界小的火焰点着，这时试样周围空气的最低初始温度，叫作该材料的闪燃温度，简称闪点。

塑料材料受热达到一定温度后，不用外界点火源点燃而自行发生的有焰燃烧、无焰燃烧或爆炸，此时试样周围空气的最低初始温度叫作该材料的自燃温度，简称自燃点。

1. 仪器与设备

1）热空气试验炉由炉壳、炉管、内管、试样盘、电加热装置、隔热层、热电偶、空气源等组成，如图 11-8-36 所示。

2）控温装置：要求温度测量准确至 1℃ 的装置。

3）点火器：内径为（1.8±0.3）mm，火焰长度为（20±2）mm 的点火装置。燃气为体积分数不低于 94%的丙烷。

4）天平：精度为 100mg。

5）秒表。

6）通风橱。

2. 试样

可用粉状、粒状和块状试样，试样重量为（3±0.2）g。

3. 试验步骤

1）测定闪点、自燃点的第一近似值：从炉膛中取出试样盘，装入试样，将热电偶 TC_1 安放在试样中心，然后放入炉内。打开空气进气阀，将流速调节到 25mm/s。接通加热电源，控制炉温（用 TC_2 测试）以 600℃/h（±10%）的速度升温。打开燃气阀，点燃点火器，将点火器置于炉盖分解气出口上方约 6.5mm 处。观察试样分解放出的气体被点火器点着时，TC_2 指示的空气温度及 TC_1 指示的试样温度。若试样温度迅速升高，此时 TC_2 指示的就是闪

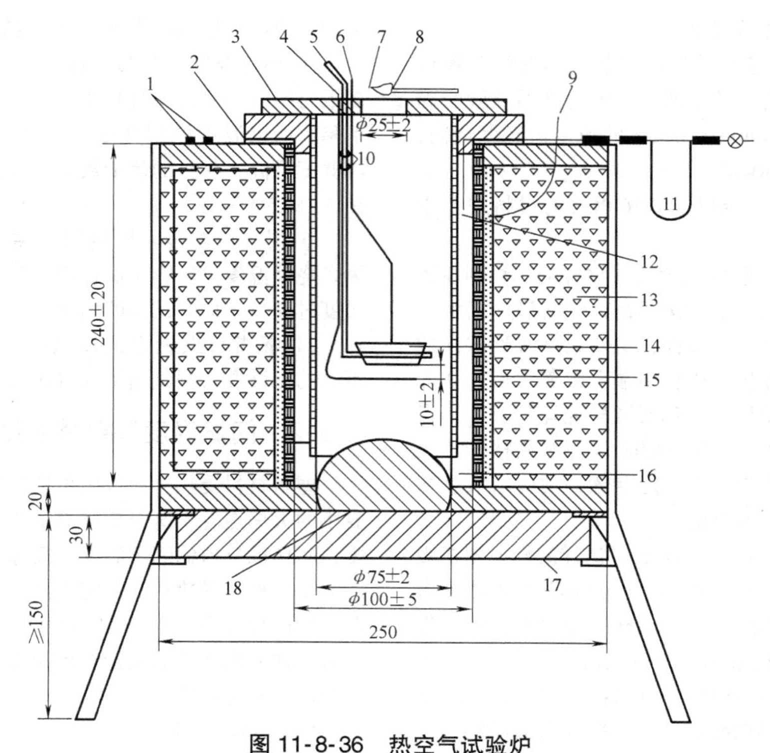

图 11-8-36 热空气试验炉

1—加热终端 2—垫圈 3—圆形耐火隔板 4—热电偶 TC_2 5—支杆 6—热电偶 TC_1 7—空气供应器 8—引燃火焰 9—热电偶 TC_3 10—金属纽扣 11—空气流动仪表（不属于炉装置） 12—气流相切缸 13—隔热层 14—试样盘 15—加热金属丝 16—耐火垫块 17—热绝缘（可移动式） 18—检查塞（可移动式）

点的第一近似值。关闭燃气阀停止加热，关闭空气进气阀，打开通风橱的排风扇，清理试验盘。待试验炉冷却至50℃以下时再分别用50mm/s、100mm/s的空气流速，测定闪点的另两个第一近似值。用以上的试验方法但在没有点火源时观察并记录在30mm/s、50mm/s、100mm/s三种空气流速情况下试样爆炸、有焰燃烧或无焰燃烧时三个 TC_2 指示的空气温度，即三个自燃点的第一近似值。

2）测定闪点、自燃点的第二近似值：选用以上三个闪点近似值中最低值时所采用的空气流速，控制空气温度的升温速度为300℃/h(±10%)，测出试样的闪点近似值即为试样闪点的第二近似值。

3）最低着火温度的确定：用测定第二闪点近似值时的空气流速开始试验，使温度控制仪 TC_2 的温度设定在闪点的第二近似值，恒定15min。把试样放入试验炉，点燃点火器。观察试样释放出的可燃气是否着火。如果着火，把 TC_2 指示值调低10℃重复测定，直至30min内不着火。当 TC_1 指示的温度下不发生着火时，在此温度下重复一次试验，重复试验时若着火，则把 TC_2 指示温度值再调低10℃重复测定。把 TC_1 指示的发生着火的最低空气温度作为闪点。

用测定第二自燃点近似值时的空气流速开始试验，使温度控制仪 TC_2 的温度设定在闪点的第二近似值，恒定15min。把试样放入试验炉，观察试样是否出现爆炸、有焰燃烧或无焰燃烧，如果出现上述现象，把 TC_2 指示值调低10℃重复测定，直至30min内不着火。当 TC_1 指示的温度下不发生着火时，在此温度下重复一次试验，重复试验时若着火，则把 TC_2 指示的温度值再调低10℃重复测定。把 TC_1 指示的发生着火的最低空气温度作为自燃点。

8.3.3 卤酸气体总量、pH值、电导率

pH值、电导率的测定参见IEC 60754—1：2011。卤酸气体总量的测定参见IEC 60754—2：2011。

8.3.4 烟密度

烟密度的测定参见ASTM E662-2015和GB/T 8323.2—2008。

8.3.5 水平及垂直燃烧试验

在塑料阻燃性能试验方法中，水平及垂直燃烧试验最具代表性，它测定塑料表面火焰传播性能。但它不适用于施加火焰后未点燃而产生卷缩的材料。

1. 设备

1）实验室通风橱试验箱：内部容积至少0.5m³。

2）试验室喷灯：应符合 IEC 60695-11-4 火焰A、B、C 的要求。

3）计时设备：至少应有0.5s的分辨率。

4）空气循环烘箱：提供70℃±2℃的处理温度，除非相关标准另有规定，否则每小时不低于五次的换气速率。

5）量尺：分度值应为1mm。

6）其他：如环形支架、棉花垫、金属丝网等。

2. 试样

条状试样尺寸应为：长125mm±5mm，宽13.0mm±0.5mm，厚度不超过13mm。方法A制备6根试样，方法B制备20根试样。

3. 方法A（水平燃烧）

1）除非相关标准另有要求，一组三根条状试样应在23℃±2℃和50%±5%相对湿度下至少调节48h，取出试样后应在1h内进行测试。

2）每个试样在垂直于样条纵轴处标记两条线，各自离点燃端25mm±1mm和100mm±1mm。

3）在离25mm标线最远端夹住试样，使横轴近似水平而喷灯与水平面成45°±2°的夹角，如图11-8-37所示。在试样的下面夹住一片呈水平状态的金属丝网，试样的下底边与金属丝网间的距离为10mm±1mm，而试样的自由端与金属丝网的自由端对齐。如果试样的自由端下弯同时不能保持规定的10mm±1mm的距离时，应使用图11-8-38所示的支撑架。

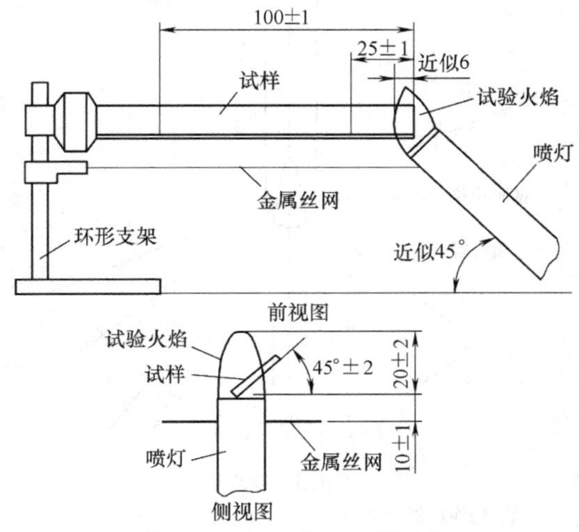

图 11-8-37 水平燃烧设备

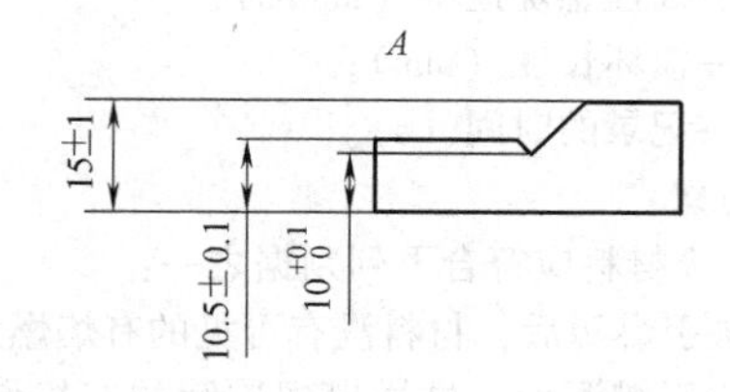

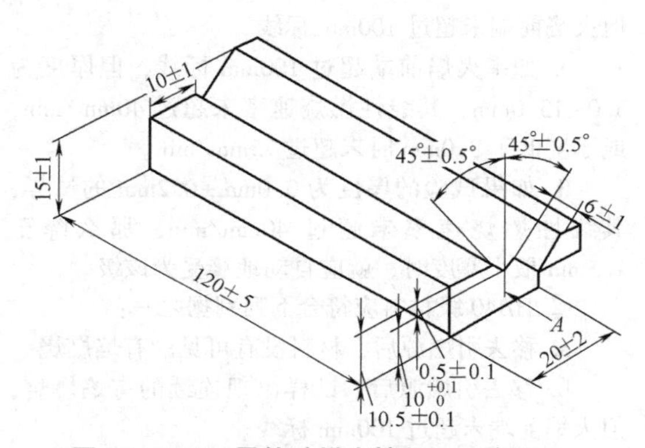

图 11-8-38 柔软试样支撑架——方法A

4）使喷灯的中心轴线垂直，把喷灯放在远离试样的地方，同时调整喷灯到稳定状态，使其产生符合 IEC 60695-11-4A\B\C 的标准 50W 试验火焰。

5）保持喷灯管中心轴与水平面近似成45°角，同时斜向试样自由端，把火焰加到试样自由端的底边（见图11-8-37）。喷灯的位置应使火焰侵入试样自由端近似6mm的长度。

6）不改变火焰的位置施加火焰30s±1s，如果低于30s，试样上的火焰前端达到25mm处，就立即移开火焰。当火焰前端达到25mm标线时，重新启动计时器。

7）在移开试验火焰后，若试样继续燃烧，记录经过的时间 t，火焰前端通过100mm标线时，要记录损坏长度 L 为75mm。如果火焰前端通过25mm标线但未通过100mm标线，要记录经过的时间 t，同时还要记录25mm标线与火焰停止前标痕间的损坏长度 L。

8）另外再试验两个试样。如果第一组三个试样中仅一个试样不符合要求，应再试验另一组三个试样。第二组所有试样应符合相关级别的判据。

9）计算：火焰前端通过100mm标线时，每个试样的线性燃烧速率v采用下式计算：

$$v=\frac{60L}{t} \qquad (11\text{-}8\text{-}38)$$

式中 v——线性燃烧速率（mm/s）；

L——损坏长度（mm）；

t——记录的时间（s）。

10）分级：

① HB级材料应符合下列判据之一：

a. 移去引燃源后，材料没有可见的有焰燃烧。

b. 移去引燃源后，试样出现连续的有焰燃烧，但火焰前端未超过100mm标线。

c. 如果火焰前端超过100mm标线，但厚度为3.0~13.0mm，其线性燃烧速率未超过40mm/min，或厚度低于3.0mm时未超过75mm/min。

d. 如果试验的厚度为3.0mm±0.2mm的试样，其线性燃烧速率未超过40mm/min，那么降至1.5mm最小厚度时，就应自动地接受为该级。

② HB40级材料应符合下列判据之一：

a. 移去引燃源后，材料没有可见的有焰燃烧。

b. 移去引燃源后，试样出现连续的有焰燃烧，但火焰前端未超过100mm标线。

c. 如果火焰前端超过100mm标线，线性燃烧速率未超过40mm/min。

③ HB75级材料应符合下列判据：如果火焰前端超过100mm标线，线性燃烧速率不应超过75mm/min。

4. 方法B（垂直燃烧）

1）除非相关标准另有要求，一组五根条状试样应在23℃±2℃和50%±5%相对湿度下至少调节48h，取出试样后应在1h内进行测试。

2）一组五根条状试样应在70℃±2℃的空气循环烘箱内处理168h±2h后，在干燥器中至少冷却4h。取出试样后应在30min内进行测试。

3）所有试样应在15~35℃和45%~75%相对湿度的环境中进行试验。

4）夹住试样上端6mm的长度，纵轴垂直，使试样下端高出水平棉层300mm±10mm，如图11-8-39所示。

5）使喷灯的中心轴线垂直，把喷灯放在远离试样的地方，同时调整喷灯到稳定状态，使其产生符合IEC 60695-11-4A\B\C的标准50W试验火焰。图11-8-40指明了试样、操作员和喷灯间的排列方位。

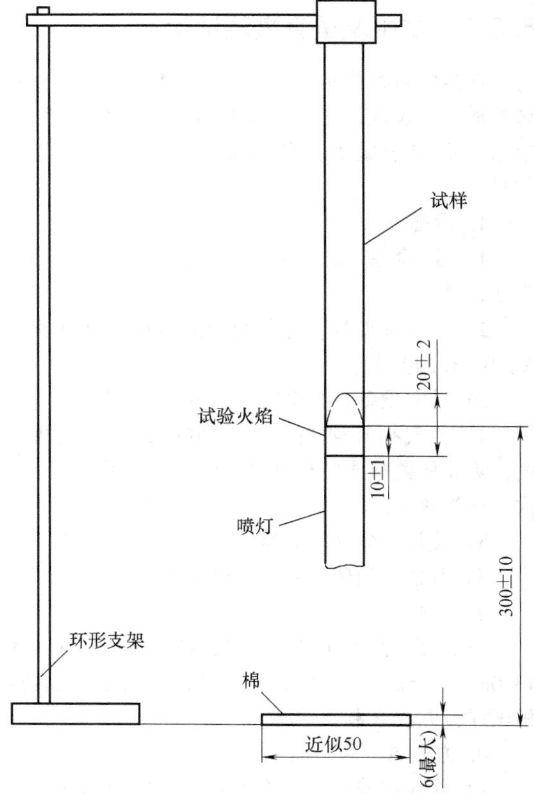

图 11-8-39 垂直燃烧设备——方法B

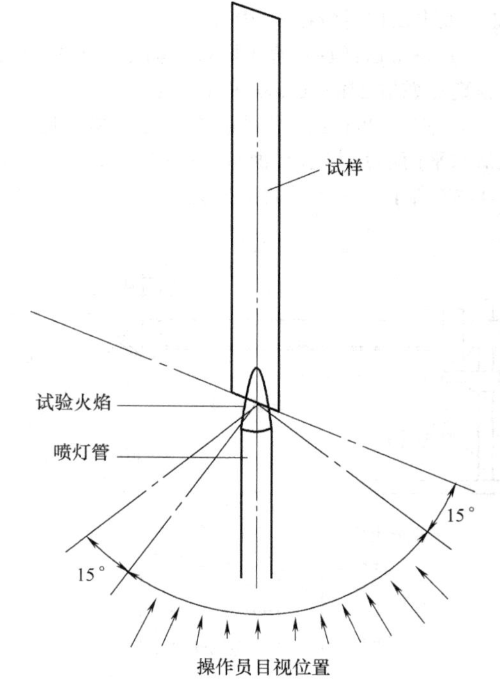

注：操作员视角是60°。

图 11-8-40 喷灯/操作员/试样的排列方位

6）将火焰中心加到试样底边的中点，同时使喷灯顶端比该点低 10mm±1mm，保持 10s±0.5s。如果在施加火焰过程中，试样有熔融物或燃烧物滴落，则将喷灯倾斜 45°角，并从试样下方后撤足够距离，防止滴落物进入灯管，同时保持灯管出口中心与试样残留部分间距离仍为 10mm±1mm。

7）对试样施加火焰 10s±0.5s 之后，立即将喷灯撤到足够距离，同时记录余焰时间 t_1。

8）当试样余焰熄灭后，立即重新把试验火焰放在试样下面，使喷灯管的中心轴保持垂直的位置，并使喷灯的顶端处于试样底端以下 10mm±1mm 的距离，保持 10s±0.5s。然后立即熄灭喷灯或将其远离试样，同时记录余焰时间 t_2 和余辉时间 t_3，还要注意和记录是否有任何颗粒从试样上落下并且观察是否将棉垫引燃。

9）重复以上步骤，直到测完以上两组状态调节过的试样，共计 10 根试样。

10）如果在给定条件下处理的一组五根试样，其中仅一根试样不符合某种分级的所有判据，应试验经受同样状态调节处理的另一组五根试样。作为余焰时间的总秒数，对于 V-0 级，如果余焰总时间在 51～55s，或对于 V-1 和 V-2 级为 251～255s 时，要外加一组五个试样进行试验。第二组所有的试样应符合该级所有规定的判据。

11）分级（见表 11-8-12）。

表 11-8-12　垂直燃烧级别

判　据	级　别		
	V-0	V-1	V-2
单个试样余焰时间（t_1 和 t_2）	≤10s	≤30s	≤30s
任一状态调节的一组试样总的余焰时间（t_1+t_2）	≤50s	≤250s	≤250s
第二次施加火焰后单个试样的余焰加上余辉时间（t_2+t_3）	≤30s	≤60s	≤60s
余焰和（或）余辉是否蔓延至夹具	否	否	否
火焰颗粒或滴落物是否引燃棉层	否	否	是

8.4 电性能测试

8.4.1 体积电阻率和表面电阻率

体积电阻率指在绝缘材料里面的直流电场强度与稳定电流密度之比，即单位体积内的体积电阻。

表面电阻率指在绝缘材料表面层的直流电场强度与线电流密度之比，即单位面积内的表面电阻。

测量高电阻常用的方法是直接法和比较法。这里介绍直接法的一种——直流放大法，即高阻计法。其他方法参见 GB/T 1410—2006《固体绝缘材料体积电阻率和表面电阻率试验方法》。

1. 试验仪器

1）高阻计：测量原理图如图 11-8-41 所示。

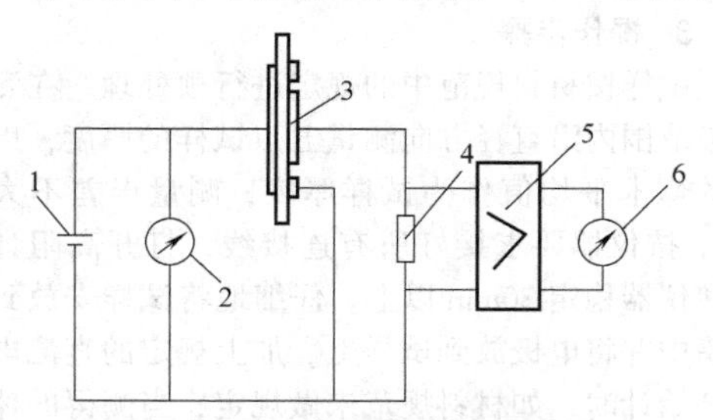

图 11-8-41　高阻计法测量原理图

1—电源　2—电压表　3—试样电阻　4—标准电阻　5—直流放大器　6—检流计

2）电极：电极材料采用黄铜、不锈钢，工作面粗糙度值为 Ra0.80μm 以下；或其他电极材料（如真空镀膜和金属喷镀电极、液体电极、胶体石墨、导电橡皮、金属箔）。电极材料应容易加到试样上，能与试样表面紧密接触，且不致因电极电阻或对试样污染而产生可观的误差。电极的配置如图 11-8-42 所示。测定体积电阻率时，图 11-8-42 中电极①为被保护电极（测量电极），电极②为保护电极，电极③为不保护电极。推荐使用的电极尺寸为：$d_1=50$mm，$d_2=54$mm，$d_3=d_4=74$mm。测定表面电阻率时，图 11-8-42 中电极①为被保护电极（测量电极），电极②为保护电极，电极③为不保护

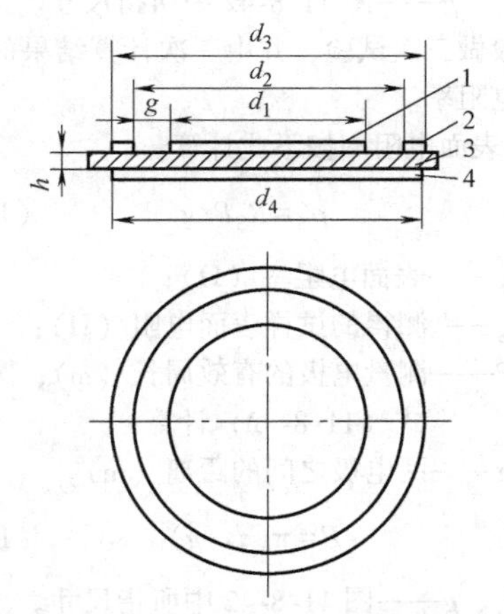

图 11-8-42　平板试样的电极配置

1—电极①　2—电极②　3—试样　4—电极③

电极。推荐使用的电极尺寸为：$d_1=50\text{mm}$，$d_2=60\text{mm}$，$d_3=d_4=80\text{mm}$。

3）测厚仪。

2. 试样

试样应比电极的最大尺寸每边多至7mm，如产品标准未做规定，试样的厚度应为（1.0±0.1）mm。每组试样至少三个。

3. 操作步骤

试样按材料规范中的规定进行预处理。在测量电极范围内沿直径方向测量五点试样的厚度，以五点的算术平均值作为试样厚度，测量误差不大于1%。按仪器要求接好所有连接线，打开高阻计电源使仪器稳定30min以上。仔细地将试样安放到电极箱中并将电极放到试样上。加上规定的直流电压并开始计时，如材料规范未做规定，当测得的体积电阻在$1\times10^{14}\Omega$及以下时，1min后读取体积电阻值。当体积电阻在$1\times10^{14}\Omega$以上时，读取体积电阻的时间为2min。而表面电阻应在1min的电化时间后测量，即使在此时间内电流还没有达到稳定的状态。

4. 结果计算

1）体积电阻率按下式计算：

$$\rho_V=R_x\frac{A}{h} \qquad (11\text{-}8\text{-}39)$$

式中 ρ_V——体积电阻率（Ω·m）；

R_x——测得的试样体积电阻（Ω）；

A——测量电极的有效面积（m^2），圆电极按式（11-8-41）计算；

h——试样的平均厚度（m）。

$$A=\pi(d_1+g)^2/4 \qquad (11\text{-}8\text{-}40)$$

式中 d_1、g——图11-8-42中所指尺寸。

一般做三次试验，并由三次计算结果的中值作为体积电阻率。

2）表面电阻率按下式计算：

$$\rho_S=R_SP/g \qquad (11\text{-}8\text{-}41)$$

式中 ρ_S——表面电阻率（Ω）；

R_S——测得的试样表面电阻（Ω）；

P——测量电极的有效周长（m），圆电极按式（11-8-42）计算；

g——两电极之间的距离（m）。

$$P=\pi(d_1+g) \qquad (11\text{-}8\text{-}42)$$

式中 d_1、g——图11-8-42中所指尺寸。

一般做三次试验，并由三次计算结果的中值作为表面电阻率。

8.4.2 介电强度

介电强度指在规定的试验条件下发生击穿时的电压与承受外施电压的两极间距离之比。在工频下测定片材塑料的短时介电强度的方法如下：

1. 试样

试样平面应平整光滑，厚度为（1.0±0.1）mm。

2. 试验设备

1）变压器：输出电流≥40A。

2）电极箱：采用黄铜、不锈钢或其他金属圆柱体作为电极，电极的尺寸与配置如图11-8-43所示。

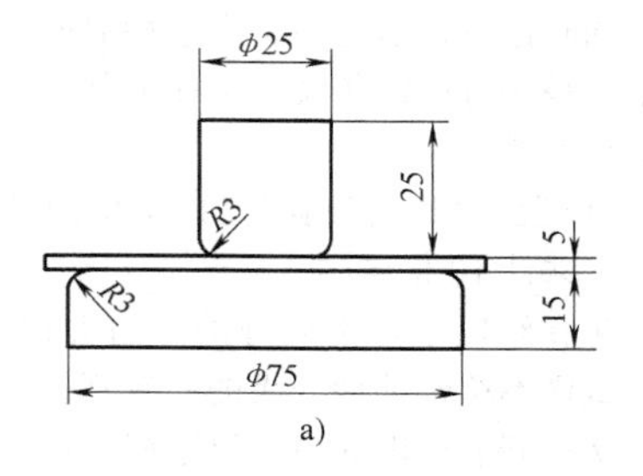

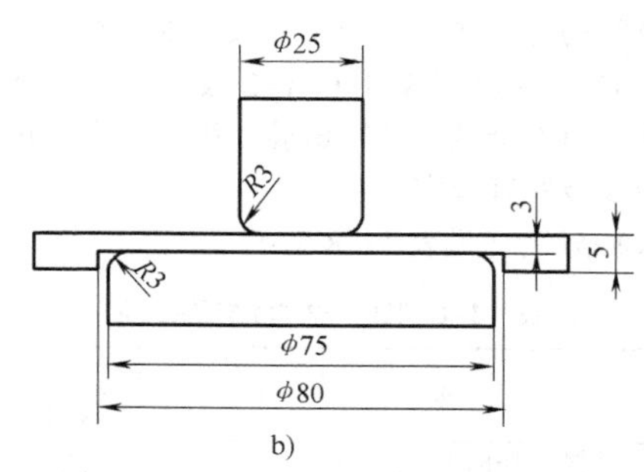

图11-8-43 电极的尺寸与配置

a）未经削薄的材料（$s\leq3\text{mm}$）的电极装置

b）材料（$s>3\text{mm}$）经削薄到有效厚度3mm后的电极配置

3）液体媒质：清洁的变压器油。

4）测厚仪。

3. 试验步骤

试样放入两电极中间，将较大的电极连接到变压器接地端上，较小的电极连接到变压器的高压输出端。在电极箱中倒入清洁的变压器油，使两电极浸没在油中。

打开变压器电源，以均匀的速度使电压从零开始升压，以使试样在10~20s之间发生击穿。要注意试样击穿的判断，以防因闪络、漏电、媒质先击穿等原因而判断错误。肉眼应能看到真正的击穿通道。

4. 结果计算

介电强度按下式计算：

$$E_b = U_b / d \qquad (11\text{-}8\text{-}43)$$

式中　E_b——介电强度（MV/m）；

U_b——击穿电压（MV）；

d——试样厚度（m）。

一般做五次试验，并由五次计算结果的中值作为介电强度。

8.4.3　相对介电常数和介质损耗因数

绝缘材料的相对介电常数 ε_r，是电极间及其周围的空间全部充以绝缘材料时，其电容 C_x 与同样构型的真空电容器的电容 C_0 之比。介质损耗因数 $\tan\delta$ 是介质损耗角 δ 的正切。这里介绍用有保护环的圆盘状电极测试片状试样的情况。其他情况参见 GB/T 1409—2006《测量电气绝缘材料在工频、音频、高频（包括米波波长在内）下电容率和介质损耗因数的推荐方法》。

1. 试样和电极

采用平整的厚度为 1.0~1.5mm 的片状试样，其尺寸应稍大于电极的尺寸。电极采用金属材料，与试样的配置见表 11-8-13。若要改善电极与试样的接触情况，可采用其他导电材料。

2. 试验步骤

测量试样的厚度，应精确到 ±（0.2% ± 0.005mm）以内，测量点应均匀地分布在整个测量面上。按所使用仪器的操作规范进行电气测量。其精度要求通常是：相对介电常数精度为±1%，介质损耗因数精度为±(5%±0.0005)。

3. 结果计算

一般相对介电常数 ε_r 是用有保护环的圆盘状电极测量的，按下式计算：

$$\varepsilon_r = 14.387 h C_x / (d_1 + g)^2 \qquad (11\text{-}8\text{-}44)$$

式中　C_x——充有绝缘材料时电容器的电极电容；

d_1 和 g——见表 11-8-13 的尺寸。

介质损耗因数 $\tan\delta$ 按照测量装置给定的公式算出或直接从仪器上读出。

一般做三次试验，并由三次计算结果的平均值作为介质损耗因数和相对介电常数。

表 11-8-13　真空电容的计算和边缘电容的修正

	法向极间电容/pF	边缘电容的修正/pF
1. 有保护环的圆盘状电极		
（图：g、d_1、h）	$C_0 = \varepsilon_0 \dfrac{A}{h} = 0.0885 \dfrac{A}{h}$ $A = \dfrac{\pi}{4}(d_1+g)^2$	$C_e = 0$
2. 没有保护环的圆盘电极		
a) 电极直径=试样直径（图：a、h、d_1）	$C_0 = \varepsilon_0 \dfrac{\pi}{4}\dfrac{d_1^2}{h} = 0.06951 \dfrac{d_1^2}{h}$	当 $a \leqslant h$ 时 $\dfrac{C_e}{P} = 0.029 - 0.058 \lg h$ $P = \pi d_1$
b) 上下电极相等，但比试样小（图：a、h、d_1）		$\dfrac{C_e}{P} = 0.019\varepsilon_1 - 0.058 \lg h + 0.010$ $P = \pi d_1$ 式中　ε_1——试样相对介电常数的近似值，并且 $a \leqslant h$
c) 上下电极不等（图：d_1、a、h）		$\dfrac{C_e}{P} = 0.014\varepsilon_1 - 0.077 \lg h + 0.045$ $P = \pi d_1$ 式中　ε_1——试样相对介电常数的近似值，并且 $a \leqslant h$

注：1. 表中长度单位为 cm。
2. 介质损耗因数 $\tan\delta$ 按照测量装置给定的公式算出或直接从仪器上读出。

8.4.4 半导电屏蔽料体积电阻率

试验方法标准见 GB/T 3048.3—2007。

8.5 老化性能测试

8.5.1 空气烘箱热老化

1. 试验设备

根据产品标准要求选用自然通风的电热老化箱或压力下通风的老化箱。空气进入箱内的方式应使空气均匀地流过试片表面，然后从老化箱顶部附近排出。在规定的老化温度下，一般箱内全部空气更换次数每小时为 8~20 次。

2. 试样制备

按试样老化后性能测试的要求选择试样形状和尺寸。一般五张试样为一组。

3. 试验步骤

按产品标准中的规定控制空气老化箱的温度，待温度恒定后，将试样放入空气老化箱中，并开始计时。试样应垂直悬挂于老化箱中的有效工作区内。每个试样相互间的距离应不少于 20mm。若进行失重试验，则试样的体积占有老化箱的容积应≤0.5%。试样成分组成不同，不能放在同一老化箱中同时老化。老化时间根据产品标准规定，老化结束后应立即从老化箱中取出试样，在环境温度下存放至少 16h，且应避免阳光直接照射。

4. 结果计算

试验结果用老化前后的性能变化率（%）表示。拉伸强度的变化率（%）按下式计算：

$$TS=\frac{\sigma_1-\sigma_0}{\sigma_0}\times100\% \tag{11-8-45}$$

式中 TS——拉伸强度变化率（%）；

σ_0——老化前拉伸强度（MPa）；

σ_1——老化后拉伸强度（MPa）。

断裂拉伸应变的变化率（%）按下式计算：

$$EB=\frac{\varepsilon_1-\varepsilon_0}{\varepsilon_0}\times100\% \tag{11-8-46}$$

式中 EB——断裂拉伸应变的变化率（%）；

ε_0——老化前断裂拉伸应变（%）；

ε_1——老化后断裂拉伸应变（%）。

8.5.2 自然气候暴露

自然气候暴露试验是将塑料试样置于自然气候环境下暴露，使其经受日光、温度、氧等气候因素的综合作用，通过测定其性能的变化来评价塑料的耐候性。

1. 试验场地

暴露场应根据试验目的、要求选择有代表性的地区。场地应平坦空旷，无有害气体和尘粒的影响。

2. 试验装置

1）暴露架：可用钢铁或木材制造，并涂上防护漆。暴露架正面应朝正南方向，倾角一般为 45°，暴露架的行距以不遮阳光和便于工作为原则。

2）试样固定框架：可用木条或其他惰性材料制成。

3. 试样

按暴露后所测性能的试验要求制备试样。

4. 试验步骤

试验前应拟定试验方案，根据估计的老化寿命，制备一定数量的试样固定在木框上，再把木框用钢丝固定在暴露架上，并开始计时。到测试周期时，从暴露架上取下试样，用经水浸湿的纱布仔细抹去试样表面上的灰尘和污垢，按有关性能的试验要求进行性能测试。试验期限应根据试验目的、要求和结果而定，当主要性能指标已降至实际使用的最低允许值或某一保留率以下时，试验便可结束。

5. 试验结果

塑料的耐候性，以其试样在该试验场气候条件下被测指标的变化达到规定值时的暴露时间来表示。

8.5.3 氙灯光源暴露（方法 A：人工气候老化）

塑料氙灯光源暴露试验是用人工方法模拟和强化在自然气候中受到的光、热、氧、湿气、降雨为主要老化破坏的环境因素，特别是光，以加速塑料的老化。

1. 试验装置

1）氙灯：石英套管的氙弧灯的光谱范围包括波长大于 270nm 的紫外光、可见光和红外辐射。为了模拟直接的自然暴露，辐射光源必须过滤，以便提供与地球上的日光相似的光谱能量分布。

氙弧灯的特性在使用时会因老化而变化，因此应定时更换。此外，其积聚污垢也会改变其特性，因此应定时清洗。

氙灯冷却水用蒸馏水或去离子水。

2）试验箱：箱内有一个固定试样架的转鼓，

设有氙灯功率、温度、湿度、喷水周期等指示及自控装置，以及干湿球温度自动记录仪计时器。

3）试样架。

4）黑板温度计。

5）辐射量测定仪。

2. 试验条件

1）辐射强度：试样受到290~890nm波长的辐射，其辐射强度为550W/m^2。若经有关方面协商，也可选择其他的辐照度。

2）黑板温度：选择以下两种黑板温度在暴露试验时参考：(63±3)℃或（100±3)℃。当有关方面协商一致时，也可选择其他温度。

注1：较高的温度为特殊试验而设，它有可能使试样更加容易经受热降解而影响试验结果。

注2：因为不同颜色和厚度的试样的温度不同，所以试验箱内测得的相对湿度不一定等于试样表面邻近空气的相对湿度。

3）相对湿度：试验所用的相对湿度应由有关方面商定。但是，最好选用以下任一种条件：(50±5)%或（65±5)%。

4）喷水周期：试验所用的喷水周期应由有关方面商定。但最好选用喷水周期为18min/102min（喷水时间/不喷水时间）。

5）黑暗周期：黑暗周期是可选用的更复杂的循环周期，比如具有较高相对湿度的黑暗周期，在该周期内提高试验箱温度并形成凝露。

3. 试样

试样的规格按有关性能测试标准制备。试样的总数量由有关性能测试方法的要求、暴露周期数及必要的备用试样确定。

4. 试验步骤

1）试样固定于试样架，应避免在试样中产生外应力。

2）辐射量的测定：可用专用仪器测定总辐射量。

3）性能测定：用目测或仪器检测来评定暴露前后试样表面的龟裂、斑点、颜色变化及尺寸稳定性等。力学性能及其他性能按有关塑料测试标准进行。

5. 结果表示

材料的耐候性可用性能降至某一规定值时的暴露时间或辐射量表示，也可用达到某一规定的暴露时间或辐射量时的性能变化值表示。

8.5.4 荧光紫外灯光源暴露

荧光紫外灯光源暴露试验是通过模拟自然气候中的日光紫外线部分、温度、湿度对塑料的影响，使塑料的性能产生改变，从而预知塑料的耐紫外线的老化性能。

1. 试验装置

1）光源：常用的荧光紫外灯有三种：

① UVA-340：其辐射峰值在340 nm，在对非金属材料的光化学反应有重要影响的短波区域，该种灯的紫外辐射与户外阳光相符，更能模拟日光300~340nm的光谱分布。

② UVA-351：其辐射峰值在351 nm。

③ UVA-313：其辐射峰值在313 nm。

2）暴露室：由惰性材料制成，并能提供符合要求的均匀辐射以及控制温度的装置，需要时应能在试样表面凝露或提供喷水，或者能提供暴露室内控制湿度的方法。

3）试样架：应用不影响试验结果的惰性材料制成。

4）黑板温度计或黑标温度计。

5）辐射计。

6）供湿装置：在设备中通过湿气冷凝机理使试样暴露面凝露润湿。水蒸气是由设置在试样架下方容器内的水加热而产生的，或可采用控制暴露室内相对湿度的方法以及用纯水或模拟酸雨的水溶液喷淋试样的方法。

2. 试验条件

试样表面温度是一个重要参数。一般地，温度高会使聚合物降解过程加快，允许的试验温度应根据受试材料和老化性能评价指标而定。

荧光紫外灯发出的红外线少，试样表面的加热作用基本上是由热空气对流形成的，因此，黑板温度计、试样表面和暴露室空气之间的温差是很少的。

推荐以下两种暴露方式，经协商也可采用其他方式。

(1) 暴露方式1 试样经一段光暴露期后，继之为无辐照期（其温度发生变化和试样上形成凝露）的循环试验。试验期按有关标准规定进行。如无规定，可以采用下述循环：在黑标准温度（60±3)℃下暴露4h或8h，然后在黑标准温度（50±3)℃下无辐照冷凝暴露4h。注意，有些聚合物如PVC的老化降解对于温度很敏感，这种情况下建议采用低于60℃的辐照暴露温度，以模拟较冷的气候。

(2) 暴露方式2 试样连续进行辐照暴露而且有定时喷水的循环试验。试验期按有关标准规定进行。如无规定，可以采用下述试验条件进行：在黑标准温度（50±3）℃，空气相对湿度（10±5）%条件下辐照暴露5h，然后在黑标准温度（20±3）℃下继续辐照并喷水1h。

3. 试验步骤

1）试样固定于试样架，使试样暴露面朝向光源。如需要，用黑色平板填补所有空处，以保证均匀的暴露条件。

2）按选定的条件和程序以及要求的循环次数连续进行试验。

3）性能测定：用目测或仪器检测来评定暴露前后试样表面的龟裂、斑点、颜色变化及尺寸稳定性等。力学性能及其他性能按有关塑料测试标准进行。

4. 结果表示

材料的耐候性可用性能降至某一规定值时的暴露时间或辐射量表示，也可用达到某一规定的暴露时间或辐射量时的性能变化值表示。

参考标准

GB/T 529—2008　硫化橡胶或热塑性橡胶撕裂强度的测定（裤形、直角形和新月形试样）

GB/T 1033.1—2008　塑料　非泡沫塑料密度的测定　第1部分：浸渍法、液体比重瓶法和滴定法

GB/T 1034—2008　塑料　吸水性的测定

GB/T 1036—2008　塑料-30℃~30℃线膨胀系数的测定　石英膨胀计法

GB/T 1040.1~1040.4—2006　塑料　拉伸性能的测定

GB/T 1043.1—2008　塑料　简支梁冲击性能的测定　第1部分：非仪器化冲击试验

GB/T 1408.1—2006　绝缘材料电气强度试验方法　第1部分：工频下试验

GB/T 1409—2006　测量电气绝缘材料在工频、音频、高频（包括米波波长在内）下电容率和介质损耗因数的推荐方法

GB/T 1410—2006　固体绝缘材料体积电阻率和表面电阻率试验方法

GB/T 1633—2000　热塑性塑料维卡软化温度（VST）的测定

GB/T 1634.1~1634.3—2004　塑料　负荷变形温度的测定

GB/T 2406.2—2009　塑料　用氧指数法测定燃烧行为　第2部分：室温试验

GB/T 2408—2008　塑料　燃烧性能的测定　水平法和垂直法

GB/T 2411—2008　塑料和硬橡胶　使用硬度计测定压痕硬度（邵氏硬度）

GB/T 2951—2008　电缆和光缆绝缘和护套材料通用试验方法

GB/T 5470—2008　塑料　冲击法脆化温度的测定

GB/T 6343—2009　泡沫塑料及橡胶　表观密度的测定

GB/T 8815—2008　电线电缆用软聚氯乙烯塑料

GB/T 9341—2008　塑料　弯曲性能的测定

GB/T 9867—2008　硫化橡胶或热塑性橡胶耐磨性能的测定（旋转辊筒式磨耗机法）

GB/T 15065—2009　电线电缆用黑色聚乙烯塑料

GB/T 16422.2~16422.4—2014　塑料　实验室光源暴露试验方法

GB/T 18251—2000　聚烯烃管材、管件和混配料中颜料或炭黑分散的测定方法

GB/T 19466.1~19466.3—2004　塑料　差示扫描量热法（DSC）

ISO 1133—2011　塑料　热塑性塑料熔体质量流动速率（MFR）和熔体体积流动速率（MVR）的测定

YD/T 760—1995　市内通信电缆用聚烯烃绝缘料

JB/T 10437—2004　电线电缆用可交联聚乙烯绝缘料

第 12 篇

橡胶和橡皮

第1章

概　述

橡胶，是国民经济各部门不可或缺的材料。不可或缺，概因其不可替代的性能。这些性能包括，良好的物理力学性能，拉伸强度高，伸长率大，柔软且富有弹性，优异的电气性能，足够的密封性能和良好的加工性能；某些橡胶品种具有突出的个性，如耐油、耐溶剂、耐臭氧、耐高温、不延燃等。因此，橡胶被广泛地应用于电线电缆产品中。

本篇中有部分橡胶品种如天然橡胶、丁苯橡胶，在电线电缆中已逐步被替代，现已较少使用，但为使其曾经作为线缆绝缘和护套材料的性能特性、工艺特点得以继续为行业参考，故本篇中保留了相关橡胶品种、配合剂、加工工艺等内容的描述。

1.1　橡胶和橡皮的种类、用途和特性

1.1.1　橡胶的种类、用途和特性

橡胶一般分为天然橡胶和合成橡胶两大类。天然橡胶是电线电缆产品最早应用的橡胶品种。合成橡胶品种繁多，且各具特性，随着石油化学工业的迅速发展，用于电线电缆的品种和数量也在不断增加。下面分别介绍电缆工业常用的一些橡胶种类、用途和特性。

1. 电线电缆常用橡胶的种类和基本用途

(1) 天然橡胶（NR）　天然橡胶具有优良的电性能，且其拉伸强度、伸长率、柔软性和弹性优于大多数合成橡胶，加之具有较好的加工性能，最早应用于电线电缆。

用于电线电缆，天然橡胶既可用于绝缘，也可用于护套。作为绝缘，天然橡胶过去多用于导体工作温度在70℃及以下的多种电线电缆。但是，由于天然橡胶必须使用硫磺或含硫化合物进行硫化，长期运行中，在游离硫作用下，往往出现铜导体发黑、橡皮老化发粘现象，加之成本优势丧失，因此，国际电工委员会（IEC）决定淘汰天然橡胶绝缘橡皮（IE1），而以乙丙绝缘橡皮（IE4）取代之，这已体现在现行标准中，例如，GB/T 5013.1～7—2008，JB/T 8735.1～3—2016 等。然而，即使不再常用于绝缘，天然橡胶作为优良的护套材料，仍然可用于绝缘电线、软线和通用橡套电缆上。

天然橡胶的缺点是，耐油、耐溶剂性能差，耐大气老化性较差，且容易燃烧。

(2) 丁苯橡胶（SBR）　丁苯橡胶的性能与天然橡胶相近，耐热性较好而力学性能较差。在电缆工业中通常是与天然橡胶混合使用。混用后，天然橡胶可加强丁苯橡胶的拉伸强度，而丁苯橡胶可改善天然橡胶的耐热老化性，并可减少硫化前的压扁现象。

(3) 氯丁橡胶（CR）　氯丁橡胶的力学性能优良，与天然橡胶相近。氯原子的存在，使之具有不延燃性、耐大气老化性、耐臭氧性和一定的耐油、耐溶剂性；但因其电性能较差，故主要用于船用、矿用及户外用电线电缆的护套材料。

(4) 丁基橡胶（IIR）　丁基橡胶具有优异的电性能和耐热老化性能，其耐臭氧、耐电晕、耐化学溶剂性和气密性均较好。但丁基橡胶的力学性能较低，弹性差，易燃烧，不耐矿物油且加工困难（如不易混炼、硫化难控制）。通过掺和聚乙烯或通过卤化，可对丁基橡胶进行改性。丁基橡胶主要用于导体工作温度在85℃及以下电线电缆的绝缘材料，也可用于6kV以上中压电缆的绝缘材料，如船用电缆、电力电缆和高压电机引接线等。

(5) 乙丙橡胶（EPR/EPDM）　乙丙橡胶的各种性能略优于丁基橡胶，且加工性能较好，因此在电线电缆产品中适用范围很广，尤其是技术性能要求较高的产品，如电力电缆、直流高压电缆、电机引接线、船用电缆、矿用电缆和海底电缆等，既可用于绝缘，也可用于护套。乙丙橡胶也是易燃

材料。

(6) 丁腈橡胶（NBR）　丁腈橡胶的耐油性仅次于价格较高的聚硫橡胶、氯醚橡胶及氟橡胶，其耐热性介于乙丙橡胶与丁苯橡胶之间，但电性能较差，也易燃。随着橡胶中丙烯腈含量的增加，其耐油性和硬度、定伸强度等随之提高，而电性能、透气性、耐化学药品性、耐寒性则随之下降。

丁腈橡胶主要用于与油类有较多接触的电线电缆的护套材料，如油、气井用电线电缆，电机引接线，机车车辆用线等。

丁腈橡胶与聚氯乙烯塑料掺和，可形成丁腈-聚氯乙烯复合物，复合物兼有两者的共同特性，与单独使用丁腈橡胶相比，提高了耐油性、耐臭氧性、不延燃性和电性能，因此已为通用绝缘电线、软线和电机引接线等产品广泛采用。

(7) 氯醚橡胶（ECO）　氯醚橡胶具有优异的耐臭氧性、耐油性、耐寒性和耐热老化性；但低温柔软性较差，加工性能差，材料密度大。当氯含量为 37%~38%（CHR 型）时，氯醚橡胶具有不延燃性。氯醚橡胶的特点是耐油性，潜油电机以及其他要求耐油并耐高温的电线电缆均可采用。

(8) 氯磺化聚乙烯橡胶（CSP/CSM）　氯磺化聚乙烯是聚乙烯的衍生物，因其具有橡胶材料的特性而归入橡胶类。其电性能、耐大气老化、耐臭氧、不延燃、耐热老化和耐化学药品性能均优于氯丁橡胶，但力学性能略逊之。在电线电缆工业中，氯磺化聚乙烯可用作各种高压点火线和低压户外电线的绝缘材料，也可用作船用、矿用、机车车辆、电光源等电线电缆的护套材料。氯磺化聚乙烯橡胶可与多种橡胶混用，改善这些橡胶的耐臭氧和耐气候性能。

(9) 氯化聚乙烯橡胶（CPE/CM）　氯含量较低时，氯化聚乙烯呈塑料状；当氯含量大于 25% 时，氯化聚乙烯呈橡胶状。由于氯化聚乙烯分子链的饱和性及氯原子的存在，使之具有许多优点：良好的耐热老化性、耐环境应力开裂性能和耐大气老化性能，优良的耐臭氧老化和耐电晕性，良好的耐油性和耐化学药品性，良好的物理力学性能和较好的阻燃性。氯化聚乙烯橡胶的电性能较差，但优于氯丁橡胶。

氯化聚乙烯橡胶可用于低压电线的绝缘，更多作为电线电缆的护套材料使用。氯化聚乙烯还可用于半导电橡皮，也可与天然橡胶、丁苯橡胶、丁腈橡胶等并用，以提高其物理性能或加工性能。

(10) 硅橡胶（Q）　硅橡胶是有机聚硅氧烷弹性体的统称，随着结构组成的变化，性能范围很宽，尤其是其极宽的工作温度范围（-100~+180℃）。电缆工业常用的是甲基乙烯基硅橡胶（MVQ）。硅橡胶主要用于船用控制电缆、航空电线、H 级电机引接线和特种电力电缆，如耐火电缆，主要用作绝缘材料，也可作为宇宙飞船用电线电缆的烧蚀覆盖层。

(11) 氟橡胶（FR）　氟橡胶品种很多，电缆工业常用的是全氟丙烯和偏二氟乙烯的共聚物（称为维通-A）。在目前的橡胶品种中，以氟橡胶的耐热老化性为最好。氟橡胶还具有优异的耐油性、耐溶剂性和良好的阻燃性。在电缆工业中，氟橡胶主要用作耐高温特种电线的绝缘和护套材料。

(12) 聚氨酯橡胶（PUR/PU）　按照分子链中柔性链的结构又可分为两类：①聚酯型，柔性链段为聚酯；②聚醚型，柔性链段为聚醚。

聚氨酯橡胶具有橡胶王之称。在橡胶材料中，聚氨酯橡胶具有最高的拉伸强度，一般可达 28.0~42.0MPa；撕裂强度高达 63.0kN/m；拉断伸长率可达 1000%；耐磨性最好，是天然橡胶的 9 倍；邵氏 A 硬度为 10~95；粘合性较好，在胶粘领域被广泛应用；气密性与丁基橡胶相当；其低温性能，聚酯型可在-40℃下使用，聚醚型则可在-70℃下使用；其耐油性较好，但耐水性和耐高温性能欠佳。聚氨酯橡胶是不可多得的护套材料，多用于高拖曳、高撕裂、高耐磨等极端场合。

(13) 乙烯-乙酸乙烯酯橡胶（EVA）　乙烯-乙酸乙烯酯橡胶（EVA）是由乙烯与乙酸乙烯酯（VA）共聚而成，其性质取决于 VA 含量。VA 含量低于 20%者，一般不用于电线电缆；VA 含量为 20%~40%之间者，为半结晶状，具有塑料的性质，多用于交联聚乙烯绝缘电缆的内外屏蔽料的基料；当 VA 含量大于 40%时，具有橡胶的性质，不仅具有良好的柔软性、耐候性和耐臭氧性，而且具有优良的耐低温性能、耐屈挠性和耐化学药品性能。EVA 具有较好的粘结性、可交联性、着色性和高填充性，但耐油性较差。EVA 多用于低烟无卤阻燃电缆护套材料的基料和橡套电缆的内外屏蔽料基料；作为绝缘材料，可用于 110℃低压电线，这也正是 GB/T 5013.7—2008《额定电压 450/750V 及以下橡皮绝缘电缆　第 7 部分：耐热乙烯-乙酸乙烯酯橡皮绝缘电缆》所推荐的材料。

(14) 聚烯烃弹性体（POE）　聚烯烃弹性体是采用茂金属催化剂的多功能乙烯 α 烯烃共聚物。其分子结构中不含不饱和双键，分子量分布窄，具有优良的耐老化性能和较好的流动性，可通过过氧化物或辐射的方式有效地交联，同时具有密度小、价格低、强度高等特点。它可与其他橡胶共混使用。

（15）粉末橡胶 粉末橡胶不是单独的胶种名称而是指其物理形态，即粉末状的橡胶。

1）按照BS 2955的定义，粉末橡胶以其粒径大小分为以下4个等级：

① 粗胶粉，粒径为500~1500μm（12~30目）；

② 细胶粉，粒径为300~500μm（30~47目）；

③ 精细胶粉，粒径为75~300μm（47~200目）；

④ 超细胶粉，粒径小于75μm（大于200目）。

2）粉末橡胶起步于20世纪30年代，飞速发展于20世纪90年代，美国、日本、韩国、欧洲和我国都可生产。预计未来粉末橡胶的产量将占橡胶总产量的50%左右。目前，与多种块状橡胶对应的粉末橡胶均已出现，而且已应用于橡皮产品。粉末橡胶形成了4个系列，分别是：

① 与各种块状橡胶对应的纯胶系列；

② 含有填充料的填充系列；

③ 接枝粉末橡胶系列；

④ 废旧橡胶粉末系列。

3）对于橡胶应用行业而言，粉末橡胶具有以下优势：

① 粉末橡胶可自由流动，便于计量，能实现计量自动化、生产连续化；

② 能够简化加工工艺并提高产品质量；

③ 能够缩短混炼时间；

④ 不需要重型、高耗能加工设备；

⑤ 可实现加工过程的连续化、自动化、大型化；

⑥ 节约投资；

⑦ 减轻劳动强度，改善劳动环境；

⑧ 可直接以挤出、注射等方式加工。

这就是说，采用粉末橡胶后，橡胶加工系统可以摒弃开炼机、密炼机、加压捏合机等重型设备，而将混炼、成型合成一个工序，通过挤出连续完成，同时实现计量、混炼、成型、硫化的连续化。对于橡皮绝缘和护套电缆制造而言，这无疑是一次工艺革命。但在目前状况下，受制于国产粉末橡胶的品种和价格，这样的系统尚未出现。

2. 电线电缆常用橡胶的基本性能

表12-1-1中列出了电缆工业常用橡胶的一些主要性能参数。

表12-1-1 电线电缆常用橡胶的基本性能

性能	天然橡胶（NR）	丁苯橡胶（SBR）	氯丁橡胶（CR）	丁基橡胶（IIR）	乙丙橡胶（EPDM）	丁腈橡胶（NBR）	氯磺化聚乙烯（CSM/CSP）
体积电阻率/（Ω·m）	$(1\sim6)\times10^{13}$	$10^{11}\sim10^{13}$	$10^{7}\sim10^{10}$	$>10^{13}$	6×10^{13}	$10^{8}\sim10^{9}$	10^{10}
击穿强度/（kV/mm）	20~30	20~30	20	24	28~30	20	20~25
相对介电常数（1kHz）	2.3~3.0	2.9	9.0	2.1~2.4	3.0~3.5	13.0	7~10
介质损耗角正切（1kHz）	0.0023~0.0030	0.0032	0.030	0.0030	0.004（60Hz）	0.055	0.03~0.7
拉伸强度/MPa							
纯胶	17.15~20.58	13.7~27.4	20.58~27.44	12.74	13.7	3.43~6.17	>6
加补强剂	24.01~30.87	17.15~24.00	20.58~24.00	9.80~19.60	5.49~24.00	15.09~24.70	10~35
拉断伸长率（%）（纯胶）	750~850	400~800	400~900	400~800	300~800	450~700	200~500
邵氏A硬度	20~100	35~100	20~100	15~75	30~90	10~100	40~95
密度/（g/cm^3）	0.85~0.93	0.94	1.23~1.25	0.90	0.86	0.96~1.02	1.15~1.27
脆化温度/℃	-62	-55~-60	-40~-61	-62	-51~-71	-15~-57	-40~-60
硬化温度/℃	-29~-46	-18~-46	-11~-31	-18~-31	-40	-1~-31	-11~-31
最高连续使用温度/℃	60~65	65~70	75~85	80~85	80~90	75~80	90~105
回弹性	很高	中	高	低	中	中	中
抗压缩变形	良~优	良~优	可	可	良	良	可
加工性	优	良	良	良	良	良	良
抗氧性	良	良	优	良~优	优	可	优
抗臭氧	差~可	差~可	优	优	优	差	优
抗撕性	很好	可	良	良	可~良	良	可
耐磨性	优	良~优	优	良	良~优	优	优

（续）

性能	天然橡胶（NR）	丁苯橡胶（SBR）	氯丁橡胶（CR）	丁基橡胶（IIR）	乙丙橡胶（EPDM）	丁腈橡胶（NBR）	氯磺化聚乙烯（CSM/CSP）
耐辐照	可	可	差	差	—	可	可~良
耐稀酸	可~良	可~良	优	优	优	良	优
耐浓酸	可~良	可	良	优	优	良	很好
耐碱	可~良	可~良	良	优	优	可	良
耐溶剂							
脂肪烃	差	差	良	差	差	优	良
芳香烃	差	差	可	差	差	良	可
氯烃	很差	很差	很差	差	差	很差	差
汽油	很差	很差	良	很差	差	可~良	良
动植物油	差	可~良	良	优	良~优	优	良
吸水性	优	优	良	优	优	优	良
耐阳光	差	差	良	优	优	差	优
耐热老化	良	良	良	良	优	良	优
耐燃性	差	差	良	差	差	差	良

性能	氯化聚乙烯橡胶（CPE/CM）	硅橡胶（Q）	氟橡胶（FR）	聚氨酯橡胶（PU/PUR）	乙烯-乙酸乙烯酯橡胶（EVA）	聚烯烃弹性体（POE）
体积电阻率/（Ω·m）	10^{10}~10^{12}	10^{9}~10^{15}	10^{11}	10^{8}~10^{12}	10^{10}~10^{13}	10^{12}~10^{14}
击穿强度/（kV/mm）	18~25	15~20	20~25	16	20	20~25
相对介电常数（1kHz）	5.6~7.4	3.0~3.5	5.9	—	13.0	2.4
介质损耗角正切（1kHz）	0.03~0.7	0.001~0.01	0.3~0.4	—	0.055	0.0005
拉伸强度/MPa						
纯胶	>8.5	2.7~8.2	>13.72	15.0~40.0	14	>14.2
加补强剂	10~35	4.12~12.35	>13.72	—	—	—
拉断伸长率（%）（纯胶）	>600	200~800	300~350	350~700	550~900	>600
邵氏A硬度	40~65	30~80	>60	65~96	>80	50~90
密度/（g/cm³）	1.12~1.25	0.97	1.85	1.10~1.27	0.95	0.88
脆化温度/℃	-60~-32	-68~-128	-44	—	—	-70
硬化温度/℃	-20~-35	-51~-85	—	—	—	—
最高连续使用温度/℃	90~120	140~180	200~220	70~90	70~150	60~90
回弹性	中	很低~高	中	优	差	差
抗压缩变形	可	良~优	很好	优	可	很好
加工性	良	可~优	—	良	良	可
抗氧性	优	优	优	良	优	优
抗臭氧	优	优	优	良	优	优
抗撕性	良	可~良	可	优	良	良
耐磨性	优	差~良	良	优	优	良
耐辐照	可~良	可~优	优	良	可	优
耐稀酸	优	优	优	可	良	优
耐浓酸	很好	可	优	差	可	可
耐碱	良	差~良	很好	差	可	很好
耐溶剂						
脂肪烃	良	差	优	优	可~良	差
芳香烃	可	差	优	差	可~良	差
氯烃	差	很差	很好	差	可~良	差

（续）

性能	氯化聚乙烯橡胶（CPE/CM）	硅橡胶（Q）	氟橡胶（FR）	聚氨酯橡胶（PU/PUR）	乙烯-乙酸乙烯酯橡胶（EVA）	聚烯烃弹性体（POE）
汽油	良	差~良	优	优	可~良	差
动植物油	优	优	优	差	可~良	良~优
吸水性	良	优	很好	差	良	很好
耐阳光	优	优	很好	差	优	很好
耐热老化	优	优	优	良	良	优
耐燃性	良	可~优	良	可~优	可~优	差

1.1.2 橡皮的组成

橡胶，无论是天然橡胶还是合成橡胶，应用于电线电缆就构成了橡皮。橡皮是橡胶及其配合剂经过均匀混合和硫化的产物。通常，把橡胶及其配合剂的均匀混合物称为橡料、胶料或混炼胶。经过硫化的混合物称为硫化胶，俗称橡皮。如果是仅有橡胶和硫化剂两种材料，硫化后的产物称为纯胶橡皮。橡胶是橡皮的基础材料，橡皮的名称一般以橡胶的名称来确定，例如，乙丙绝缘橡皮、氯丁护套橡皮等。

橡皮的组成是指橡皮中所含橡胶和各种配合剂的品种和分量，其具体表示就是通常意义上的橡皮配方。

橡皮的性能首先取决于橡胶，但所用配合剂的性能和组分对橡皮的性能影响极大。橡皮的研发和应用，必须系统研究橡胶和配合剂对橡皮的共同作用。配合剂在橡皮中的作用，一般可分为下列几种体系。

1. 硫化体系

一般来说，橡胶自身是线状结构的高分子材料，具有较大的塑性，只有在加入某些元素或材料后，方能使橡胶由线状结构交联成网状结构。只有交联成网状结构，才有其弹性和其他稳定的特性。由于最早是采用硫磺使天然橡胶实现了交联，而在以后的发展过程中，无论是采用何种材料以实现交联反应的，都称为“硫化”。在橡皮中，直接发生硫化的，为硫化剂；能够促进硫化剂发挥效能的，为硫化促进剂；能够使硫化剂、促进剂增大活性的，为活性剂。具有上述作用的三类材料构成了橡皮的硫化体系。

橡胶分子链间的硫化（交联）反应能力取决于其结构。不饱和的二烯类橡胶（如天然橡胶、丁苯橡胶和丁腈橡胶等）分子链中含有不饱和双键，可与硫磺、酚醛树脂、有机过氧化物等通过取代或加成反应形成分子间的交联。饱和橡胶一般用具有一定能量的自由基（如有机过氧化物）和高能辐射等进行交联。含有特别官能团的橡胶（如氯磺化聚乙烯等），则通过各种官能团与既定物质的特定反应形成交联，如橡胶中的亚磺酰胺基通过与金属氧化物、胺类反应而进行交联。

2. 防护体系

橡皮在存贮和正常使用过程中，会产生硬化、软化、发粘、龟裂和弹性降低等现象，严重时丧失其使用功能，此现象被称为橡皮老化。所以，必须在橡皮中加入某些材料以防止或延缓其老化。这些加入橡料中用来防止或延缓橡皮老化的材料，就构成了橡皮的防护体系。

造成橡皮老化的原因有很多，总体上可分为外部和内部两种因素。外部因素有氧、臭氧、热、光、电、射线、机械疲劳、有害金属（铜、锰、铁等）离子、微生物等；内部因素有胶种、配合剂种类、加工工艺等。

防护体系所用配合剂，按其用途可分为防老剂（包括抗氧剂、抗臭氧剂、有害金属抑制剂、光吸收剂等）、防止鼠害的避鼠剂、防止蚁害的杀蚁剂和防霉剂等。

3. 增塑（软化）体系

凡能够提高橡料塑性、提高其分散性和流动性的材料统称为增塑剂。增塑剂的集合即为橡胶的增塑体系。

橡胶增塑剂通常是分子量较低的化合物。加入橡胶后，增塑剂能够降低橡胶分子间的作用力，使粉状配合剂与橡胶能够很好地浸润，从而改善橡料混炼工艺，使配合剂分散均匀，缩短混炼时间，降低能耗，并减少混炼过程中的生热现象，同时增加橡料的可塑性、流动性、粘着性，便于挤出成型等工艺操作。橡胶的增塑体系还能改善橡皮的某些物理力学性能，如降低橡皮的硬度和定伸应力，赋予橡皮较高的弹性和柔软性，提高其耐寒性。另外，某些增塑剂具有降低橡皮成本的作用。

增塑体系中的材料，依其作用可分为化学增塑和物理增塑（软化）两种。电线电缆多用物理增塑剂。

4. 补强填充体系

这一体系的配合剂主要有两种。一种是补强剂，加入后能提高橡胶的有关物理力学性能，如拉伸强度、定伸强度、耐磨性、抗撕裂性及弹性等。另一种是填充剂，其作用是减少橡皮中橡胶的含量，降低成本，以及改善橡皮工艺性能等。

5. 特殊添加剂

特殊添加剂是根据产品的特殊使用要求而加入的材料，如着色剂——使橡皮具有某种颜色；阻燃剂——使橡皮不易燃烧或延燃；导电剂——使橡皮具有半导电性能，用作屏蔽层材料等。

1.1.3 电线电缆用橡皮的分类和性能要求

橡皮用于电线电缆，主要作为绝缘和护套材料，还可用作填充材料、半导电材料和修补材料，因此依其用途可分为绝缘橡皮、护套橡皮、填充橡皮、半导电橡皮和修补橡皮。对此五种橡皮的性能，有通用要求和性能要求。

1. 通用要求

(1) 工艺性能良好 所谓工艺性能良好，是指从原材料到橡皮成品的全过程顺畅可控。这个过程主要包括配比、称量、投料、混炼、成型、硫化，其中最重要的是后四个过程。切莫小看投料过程！如果认为只是简单地将橡胶和物料投入混炼设备中，那就错了。投料包括加料顺序和一次加入量。例如，以分散均匀为目的，一开始就把某些促进剂、活性剂与橡胶一起混炼，很可能引起先期硫化，虽然这些还称不上是典型的硫化剂；再如，若把数十千克碳酸钙一次投入混炼，很可能造成硬质颗粒物，即使再费工费时，也很难将之分散均匀。混炼工艺性能良好，莫过于在尽可能短的时间内，将加入的各种材料混炼均匀，并达到期望的塑性。成型，通常是指能够顺利挤出，不仅具有预期形状，而且尺寸及精度符合要求。硫化性能良好，是指在特定温度、压力、时间条件下，橡皮达到正硫化，各项指标能够达到预期要求。

(2) 价格低廉 物美价廉是市场经济的追逐目标。橡皮性能再优异，但市场说价格高，产品卖不出去，那就失去了其存在价值。所以，橡皮应是在满足标准或使用要求的前提下，成本最低。虽然橡皮成本不只是由所用材料决定的，但材料成本低，是基本要求。

2. 性能要求

(1) 绝缘橡皮 电线电缆的橡皮绝缘，是承载电压的关键构件，绝缘橡皮必须满足承载电压的所有要求。橡套电缆的电压，常用的有450/750V及以下，0.6/1kV，3.6/6kV，8.7/10kV，也有高达26/35kV的。所以，应根据运行电压区别对待。另外，还必须考虑橡皮绝缘的特点。之所以选择橡皮绝缘，首先是其柔软与弹性，只有同时满足电性能和物理力学性能的绝缘橡皮，才能真正满足需要。泛而论之，绝缘橡皮应满足下列要求：

1）电性能良好且长期稳定。450/750V及以下橡皮绝缘，产品标准对绝缘电阻已无具体规定，只要满足火花、浸水和例行电压试验即可。以此为条件，首要任务是绝缘在整个制造过程中，不发生击穿，保证条件是在整个制造过程中无水分、杂质侵入，绝缘内部无气孔产生。这同样适用于电压更高者。0.6/1kV及以上者，有明确的绝缘电阻指标，3.6/6kV及以上者，更有严格的局部放电要求。局部放电，不仅是对绝缘整体连续、纯净的考核，更是对绝缘整体工艺水平的考核。标准虽未规定橡皮绝缘本身应具备的击穿强度以及$\tan\delta$（介质损耗角正切值）等电气指标，但在绝缘设计时，必须综合考虑。另外，要满足特殊产品对电气性能的特殊要求，例如，高压直流电缆要求绝缘橡皮具有很高的击穿强度，高压点火线的绝缘橡皮应有很高的表面电阻和耐电压能力，有些产品（如航空或海上地质仪检测用的电缆）要求极高的绝缘电阻等。

2）足够的物理力学性能和一定的柔软性和弹性。因为要用于移动、弯曲场合，方选择橡皮绝缘电线电缆，所以电缆的柔软和弹性与其电性能同等重要。移动、弯曲必然有外力的介入，矿用电缆还要具备外力（煤块、岩石）冲击、挤压、撕裂、拖曳的能力，绝缘橡皮必须适应这些要求。

3）优良的耐老化性能。耐老化，首先是耐热、氧老化。热环境取决于导体长期运行温度，绝缘橡皮应具有与此温度相适应的抗老化性能。为避免铜离子催化老化，橡皮应采用不含硫的硫化体系。

4）其他性能要求。有些电线产品只有一层橡皮，兼具绝缘和护套功能。此时，橡皮除电性能符合要求外，还应满足护套的一般要求，如耐候性、耐油性。用于严寒地区（如-35℃以下）的还应具有耐寒性，用于高压的还应耐臭氧老化等要求。

(2) 护套橡皮

1）优良的力学性能。各种使用环境和条件对橡皮护套均有一定的力学性能要求，如承受轻度的外力，产品施放时的拉力和弯曲应力等。对于移动使用的产品，柔软性、弹性和拉伸强度等要求较高。用于承受机械外力较多的产品，如矿用电缆和重型橡套电缆等，护套应有很高的弹性、抗撕裂等性能。

2）优良的耐气候老化性能。护套橡皮均应具有在一般大气条件下长期工作的性能，耐气候老化性能的好坏直接影响产品的寿命。用于特殊气候条件下的产品，橡皮应具有相应的耐日光或耐寒等要求。

3）耐热老化性能。护套橡皮耐热老化性能的要求一般可低于相配合的绝缘橡皮，但当产品的工作温度为85℃及以上时，护套橡皮的耐热老化性能也是一项重要的指标。

4）各种特殊防护性能。除了上述几种基本要求外，在不同的特殊环境或使用条件下，对护套橡皮各有某些特殊的性能要求，这些性能对产品能否在这些条件下使用关系极大。如耐油性、阻燃、防霉、防鼠、防白蚁等。

（3）填充用橡皮 按使用要求分，填充橡皮有三种。

1）间隙填充芯。此种情况下，对橡皮的物理力学性能及耐老化性要求不高，只要不伤害绝缘和护套橡皮，可采用低成本橡皮，如低含胶量或加入一些再生胶等。

2）缓冲结构元件。此种情况下，除了具有填充芯间间隙的作用外，橡皮本身还具有缓冲芯间外力的作用。这要求橡皮不仅具有足够的弹性和耐老化性能，而且应具有合理的外形。

3）功能包覆层。在缆芯与护套之间，包覆一层具有特殊性能的橡皮，以提高电缆的某一功能，如阻燃、防水、耐火等。此时对橡皮的要求是，功能的寿命应与绝缘和护套相当。

（4）半导电橡皮 半导电橡皮用于电线电缆产品的屏蔽层，其一般性能要求近于绝缘橡皮，其特点是具有半导电性能。按使用要求，绝缘电阻范围有所不同。用于6kV及以下的，在绝缘表面起均匀电场并与事故控制回路相连的屏蔽层（如矿用屏蔽电缆），半导电橡皮的体积电阻率应为$10^3\Omega\cdot cm$左右。用于高压电缆导线表面和绝缘表面起均匀电场，吸附游离杂质和对外界屏蔽强电场作用的半导电橡皮，体积电阻率应为$10^5 \sim 10^7\Omega\cdot cm$。

对半导电橡皮的要求是，电阻均匀、稳定，导电物质不易析出。

（5）修补用橡皮 修补用橡皮与被修补的绝缘或护套橡皮应具有相同的性能，并在修补界面上能够形成交联粘合。修补用橡皮有冷补与热补之分。冷补橡皮应具有室温下硫化的特性，热补橡皮应具有在电热模压硫化过程中不产生气孔的特性。

3. 电线电缆常用橡皮型号和技术参数

说到电线电缆常用橡皮的型号和技术参数，就不得不提及GB 7594.1～11—1987《电线电缆橡皮绝缘和橡皮护套》系列标准（简称“橡皮标准”）。这是电线电缆用橡皮非电性能的基础标准。在20世纪80年代末期，这一系列标准集众家之长，把所用主要（绝缘和护套）橡皮集中起来，对推动我国电线电缆标准化，提高橡皮绝缘、橡皮护套电缆水平，具有重要的历史意义。然而，随着改革开放的不断深入，机电产品进出口贸易规模不断扩大，我国电线电缆标准体系逐步接轨于IEC（国际电工委员会）标准，因此，在以后的标准化历程中，每当IEC标准有所变化，与之对应的国家标准和行业标准都将变动。时至今日，许多产品标准已经是一而再、再而三地进行了修订，而其中不乏与橡皮有关的产品。虽然与橡皮有关，但并没有推动橡皮标准的更新，原因在于IEC标准对于橡皮的处理方法的不同。在IEC电线电缆标准中，没有设置专门的橡皮标准，凡涉及橡皮者，均将橡皮型号、技术要求及试验方法等单列于绝缘或护套条款中。这些条款具有严谨的可操作性。

（1）电线电缆用橡皮型号及命名方法 GB 7594.1～11—1987系列标准，规定了橡皮型号和命名方法，共包含了4种绝缘橡皮和6种护套橡皮，详见表12-1-2。型号由汉语拼音字母和两位数字组成，其中，X代表橡皮，J代表绝缘，H代表护套；数字的第1位0、1、2、3、8，分别代表橡皮所适用的导体工作温度，依次是65℃、70℃、85℃、90℃和180℃；第2位0、1、2、3分别代表橡皮特性，依次是一般、一般不延燃、重型和重型不延燃。

为便于对照，下面给出了GB/T 5013.1～7—2008、GB/T 5013.8—2013《额定电压450/750V及以下橡皮绝缘电缆》系列标准和JB/T 8735.1～3—2016《额定电压450/750V及以下橡皮绝缘软线和软电缆》系列标准中有关橡皮的型号、名称及工作温度，详见表12-1-3。

表 12-1-2　GB 7594 系列标准中规定的绝缘和护套橡皮型号和命名

序号	橡皮型号	橡皮名称	导体工作温度/℃
1	XJ-00	工作温度为 65℃的电线电缆一般橡皮绝缘	65
2	XJ-10	工作温度为 70℃的电线电缆一般橡皮绝缘	70
3	XJ-30	工作温度为 90℃的电线电缆一般橡皮绝缘	90
4	XJ-80	工作温度为 180℃的电线电缆一般橡皮绝缘	180
5	XH-00	工作温度为 65℃的电线电缆一般橡皮护套	65
6	XH-01	工作温度为 65℃的电线电缆一般不延燃橡皮护套	65
7	XH-02	工作温度为 65℃的电线电缆重型橡皮护套	65
8	XH-03	工作温度为 65℃的电线电缆重型不延燃橡皮护套	65
9	XH-21	工作温度为 85℃的电线电缆一般不延燃橡皮护套	85
10	XH-31	工作温度为 90℃的电线电缆一般不延燃橡皮护套	90

表 12-1-3　GB/T 5013 和 JB/T 8735 系列标准中绝缘和护套橡皮型号和名称

序号	橡皮型号	橡皮名称	导体工作温度/℃
1	IE1①	普通橡皮混合物绝缘	60
2	IE2	硅橡胶绝缘	180
3	IE3	乙烯-乙酸乙烯酯橡皮混合物或相当材料绝缘	110
4	IE4	乙丙橡皮混合物或其他相当的合成弹性体混合物绝缘	60
5	SE3	橡皮混合物护套	60
6	SE4	氯丁混合物或其他相当的合成弹性体护套	60

① 表示 GB/T 5013 自 2008 版起，取消 IE1 型绝缘橡皮。

对照两种型号、名称及其适用温度，不难看出其不同。在 GB/T 5013 和 JB/T 8735 系列标准中，橡皮型号中的字母只是一英语缩略语，如，IE——Insulating Elastomer（绝缘弹性体），SE——Sheathing Elastomer（护套弹性体）。型号中的数字仅仅是一序号，与橡皮特性没有任何关联。

（2）橡皮技术要求　关于橡皮性能，需要说明的是 XJ-00（10），即 65（70）℃绝缘橡皮。针对 65（70）℃绝缘橡皮，GB 7594.1～11—1987 系列标准专门设置了试验要求图解，如图 12-1-1 所示。

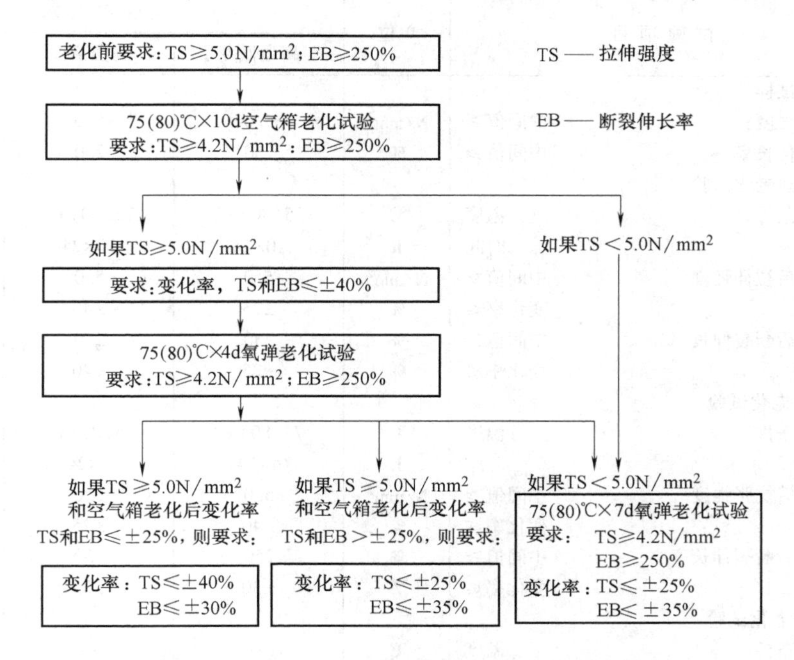

图 12-1-1　65（70）℃橡皮绝缘的老化试验要求

（注：括号内数据，适用于 70℃绝缘橡皮）

65℃和70℃绝缘橡皮，多是以天然（或天然-丁苯）橡胶为基料，橡皮的力学性能、耐热性和抗氧性，是决定橡皮性能和寿命的关键因素。判定橡皮合格与否，取决于以下四大条件：

1）橡皮原始力学性能合格。

2）空气箱老化后，物理力学性能合格。

3）氧弹老化试验后，物理力学性能合格。

4）热延伸试验合格。

说到氧弹老化试验，情况有些复杂。复杂在于氧弹试验有4d和7d之分，需要根据空气箱老化后的实际数据进行选择。选择的三个原则如下：

1）4d氧弹试验——“高强低变”原则。所谓高强低变，是指空气箱老化试验后，拉伸强度大（TS≥5.0N/mm²），变化率小（TS、EB≤±25%），当然，EB≥250%是必须满足的。满足上述条件后，应选择4d氧弹老化试验。经4d氧弹试验后，橡皮合格的条件是，TS≥5.0N/mm²、EB≥250%；变化率TS≤±40%、EB≤±30%。

2）4d氧弹试验——“高强高变”原则。所谓高强高变，是指空气箱老化后，拉伸强度大（TS≥5.0N/mm²），变化率大（TS或EB>±25%，但≤±40%），当然，EB≥250%是必须满足的。满足上述条件后，应选择4d氧弹老化试验。经4d氧弹试验后，橡皮合格的条件是，TS≥5.0N/mm²、EB≥250%；变化率TS≤±25%、EB≤±35%。

3）7d氧弹试验——“低强”原则。所谓低强，是指经空气箱老化后，拉伸强度低（TS<5.0N/mm²），此时，应选择7d氧弹老化试验。经7d氧弹老化后，橡皮合格的条件是，TS≥4.2N/mm²、EB≥250%；变化率TS≤±25%、EB≤±35%。

选择7d氧弹试验，只是根据空气箱老化后的TS<5N/mm²来确定的，似乎与TS变化率没有关联。然而，TS的变化率究竟是多少？标准虽未给出，但可以简单地推算出来。根据TS变化率的定义和空气箱老化后的合格条件——TS≥4.2N/mm²和变化率TS≤±40%，可推得TS的变化率为-40%～-16%。

应当指出的是，诸如“高强低变”等原则，并非出于标准，而是为便于叙述，将之如此归结。若究其是否合理，实不可强求之。

以上，便是对65（70）℃绝缘橡皮试验要求（见图12-1-1）的解释。

这样，判定65（70）℃绝缘橡皮合格的条件，定性说是原始力学性能合格、空气箱老化试验合格、氧弹老化试验合格和热延伸试验合格，具体见表12-1-4。

表12-1-4 GB 7594系列标准中XJ-00（10）型65（70）℃一般橡皮绝缘性能

序号	试验项目		单位	技术要求		
				高强低变	高强高变	低强
1	老化前试样					
	拉伸强度	中间值≥	N/mm²	5.0	5.0	5.0
	断裂伸长率	中间值≥	%	250	250	250
2	空气箱热老化试验					
	老化条件	温度	℃	75(80)±2	75(80)±2	75(80)±2
		时间	h	10×24	10×24	10×24
	老化后拉伸强度	中间值≥	N/mm²	5.0	5.0	4.2
		变化率≤	%	±25	±40	-40
	老化后断裂伸长率	中间值≥	%	250	250	250
		变化率≤	%	±25	±40	±40
3	4d氧弹老化试验					
	老化条件	温度	℃	75(80)±2	75(80)±2	—
		时间	h	4×24	4×24	—
	老化后抗张强度	中间值≥	N/mm²	5.0	5.0	—
		变化率≤	%	±40	±25	—
	老化后断裂伸长率	中间值≥	%	250	250	—
		变化率≤	%	±30	±35	—
4	7d氧弹老化试验					
	老化条件	温度	℃	—	—	75(80)±2
		时间	h	—	—	7×24
	老化后抗张强度	中间值≥	N/mm²	—	—	4.2

（续）

序号	试验项目		单位	技术要求		
				高强低变	高强高变	低强
		变化率≤	%	—	—	±25
	老化后断裂伸长率	中间值≥	%	—	—	250
		变化率≤	%	—	—	±35
5	热延伸试验					
	试验条件	空气温度	℃	200±3	200±3	200±3
		载荷时间	min	15	15	15
		机械应力	N/cm^2	20	20	20
	载荷下伸长率	≤	%	175	175	175
	冷却后永久变形	≤	%	25(20)	25(20)	25(20)

注：括号内数据，适于70℃绝缘橡皮。

对照表12-1-4不难看出，对同一用途的绝缘橡皮，区别以不同试验条件和结果，从而保证其性能。仅以拉伸强度考量，对于高强低变和高强高变的绝缘橡皮，极端情况是，在空气箱和氧弹试验后，拉伸强度下降了65%，那么，则其原始拉伸强度应不低于14.3N/mm^2。这就是说，橡皮是以充足的设计余量满足最终不低于5N/mm^2的要求，以保证其安全使用；对于低强绝缘橡皮，原始拉伸强度最高只有8.2N/mm^2，仅是14.3N/mm^2的57%，但由于其抗热、氧能力强，经两种老化后，损失较小，最终仍不低于4.2N/mm^2，足可以保证其安全运行。从橡皮配方设计角度看，后者优于前者；从橡皮使用角度看，两者不分伯仲，所以，图12-1-1所示试验要求是一个兼收并蓄的方案，也是绝缘橡皮配方的经典含义所在。

GB 7594.1~11—1987系列标准中90℃、180℃橡皮绝缘的性能，见表12-1-5。

表12-1-5 GB 7594系列标准中XJ-30、XJ-80橡皮绝缘性能

序号	试验项目		单位	技术要求	
				XJ-30(90℃)	XJ-80(180℃)
1	老化前试样				
	拉伸强度	中间值≥	N/mm^2	4.2	5.0
	断裂伸长率	中间值≥	%	200	150
2	空气箱热老化试验				
	老化条件	温度	℃	135±2	200±2
		时间	h	7×24	10×24
	老化后拉伸强度	中间值≥	N/mm^2	—	4.0
		变化率≤	%	±30	—
	老化后断裂伸长率	中间值≥	%	—	120
		变化率≤	%	±30	—
3	空气弹老化试验				
	老化条件	温度	℃	127±1	—
		时间	h	40	—
	老化后抗张强度	中间值≥	N/mm^2	—	—
		变化率≤	%	±30	—
	老化后断裂伸长率	中间值≥	%	—	—
		变化率≤	%	±30	—
4	热延伸试验				
	试验条件	空气温度	℃	250±3	200±3
		载荷时间	min	15	15
		机械应力	N/cm^2	20	20
	载荷下伸长率	≤	%	175	175
	冷却后永久变形	≤	%	15	25
5	耐臭氧试验				
	试验条件	臭氧浓度(按体积)	%	0.025~0.030	
		时间	h	30	—
	表面变化			无开裂	—

GB 7594.1～11—1987 系列标准中普通橡皮护套的性能，见表 12-1-6。

表 12-1-6 GB 7594 系列标准中 XH-00、XH-02 普通橡皮护套性能

序号	试验项目		单位	技术要求	
				XH-00(65℃一般)	XH-02(65℃重型)
1	老化前试样				
	拉伸强度	中间值≥	N/mm^2	7.0	12.0
	断裂伸长率	中间值≥	%	300	300
2	空气箱热老化试验				
	老化条件	温度	℃	75±2	75±2
		时间	h	10×24	10×24
	老化后拉伸强度	中间值≥	N/mm^2	—	—
		变化率≤	%	±20	±20
	老化后断裂伸长率	中间值≥	%	250	250
		变化率≤	%	±20	±20
3	热延伸试验				
	试验条件	空气温度	℃	200±3	200±3
		载荷时间	min	15	15
		机械应力	N/cm^2	20	20
	载荷下伸长率	≤	%	175	175
	冷却后永久变形	≤	%	25	25

GB 7594.1～11—1987 系列标准中不延燃橡皮护套的性能，见表 12-1-7。

表 12-1-7 GB 7594 系列标准中不延燃橡皮护套性能

序号	试验项目		单位	技术要求			
				XH-01(65℃一般不延燃)	XH-03(65℃重型不延燃)	XH-21(85℃一般不延燃)	XH-31(90℃一般不延燃)
1	老化前试样						
	拉伸强度	中间值≥	N/mm^2	10.0	11.0	10.0	10.0
	断裂伸长率	中间值≥	%	300	250	300	250
2	空气箱热老化试验						
	老化条件	温度	℃	75±2	75±2	100±2	120±2
		时间	h	10×24	10×24	7×24	7×24
	老化后拉伸强度	中间值≥	N/mm^2	—	—	—	—
		变化率≤	%	-15①	-15①	±30	±30
	老化后断裂伸长率	中间值≥	%	250	250	250	—
		变化率≤	%	-25①	-25①	±40	-40①
3	热延伸试验						
	试验条件	空气温度	℃	200±3	200±3	200±3	200±3
		载荷时间	min	15	15	15	15
		机械应力	N/cm^2	20	20	20	20
	载荷下伸长率	≤	%	175	175	175	175
	冷却后永久变形	≤	%	25	25	15	15
4	浸油试验						
	试验条件	油液温度	℃	100±2	100±2	100±2	100±2
		浸油时间	h	24	24	24	24
	浸油后拉伸强度	变化率≤	%	±40	±40	±40	-40①
	浸油后断裂伸长率	变化率≤	%	±40	±40	±40	-40①
5	抗撕试验						
	撕裂强度	中间值≥	N/mm		5.0		

注：浸油试验时用 20 号机油，仲裁时采用 ASTM 2 号油。

① 不规定上限值。

GB/T 5013.1~7—2008、GB/T 5013—2013 系列标准和 JB/T 8735.1~3—2016 系列标准中所用橡皮性能见表 12-1-8 和表 12-1-9。

表 12-1-8 GB/T 5013 和 JB/T 8735 系列标准中橡皮绝缘非电性能技术要求

序号	试验项目		单位	IE1①	IE2	IE3	IE4
1	交货状态原始性能						
	拉伸强度原始值	中间值≥	N/mm^2	5.0	5.0	6.5	5.0
	断裂伸长率原始值	中间值≥	%	250	150	200	200
2	空气烘箱老化后性能						
	老化条件	温度	℃	80±2	200±2	150±2	100±2
		处理时间	h	7×24	10×24	7×24	7×24
	老化后拉伸强度	中间值≥	N/mm^2	4.2	4.0	—	4.2
		变化率≤	%	±25	—	±30	±25
	老化后断裂伸长率	中间值≥	%	250	120	—	200
		变化率≤	%	±25	—	±30	±25
3	氧弹老化后的性能						
	老化条件	温度	℃	70±1	—	—	—
		处理时间	h	4×24	—	—	—
	老化后拉伸强度	中间值≥	N/mm^2	4.2	—	—	—
		变化率≤	%	±25	—	—	—
	老化后断裂伸长率	中间值≥	%	250	—	—	—
		变化率≤	%	±25	—	—	—
4	空气弹老化后的性能						
	老化条件	温度	℃	—	—	150±3	127±2
		处理时间	h	—	—	7×24	40
	老化后拉伸强度	中间值≥	N/mm^2	—	—	6.0	—
		变化率≤	%	—	—	—	±30
	老化后断裂伸长率	变化率≤	%	—	—	-30②	±30
5	热延伸试验						
	试验条件	温度	℃	200±3	200±3	200±3	200±3
		处理时间	min	15	15	15	15
		机械应力	N/mm^2	0.20	0.20	0.20	0.20
	试验结果						
	载荷下的伸长率	≤	%	175	175	100	100
	冷却后的伸长率	≤	%	25	25	25	25
6	高温压力试验						
	试验条件	由刀片施加的压力	N	—	—	X	—
		载荷下的加热时间	h	—	—	X	—
		温度	℃	—	—	150±2	—
	试验结果						
	压痕深度	中间值≥		—	—	50	—
7	耐臭氧试验						
	试验条件	试验温度	℃	—	—	—	25±2
		试验时间	h	—	—	—	24
		臭氧浓度	%	—	—	—	0.025~0.030
	试验结果			—	—	—	无裂纹

注：试验方法按 GB/T 2951—2008《电缆和光缆绝缘和护套材料通用试验方法》系列标准进行；标有“X”处，需按标准规定计算后确定。

① 表示自 2008 版起，取消 IE1 型橡皮绝缘。

② 表示不规定正偏差。

表 12-1-9 GB/T 5013 和 JB/T 8735 系列标准中橡皮护套非电性能技术要求

序号	试验项目		单位	SE3	SE4
1	交货状态原始性能				
	拉伸强度原始值	中间值≥	N/mm²	7.0	10.0
	断裂伸长率原始值	中间值≥	%	300	300
2	空气烘箱老化后性能				
	老化条件	温度	℃	70±2	70±2
		处理时间	h	10×24	10×24
	老化后拉伸强度	变化率≤	%	±20	-15①
	老化后断裂伸长率	中间值≥	%	250	250
		变化率≤	%	±20	-25①
3	浸矿物油后力学性能				
	试验条件	油温	℃	—	100±2
		浸油时间	h	—	24
	浸油后拉伸强度	变化率≤	%	—	±40
	浸油后断裂伸长率	变化率≤	%	—	±40
4	热延伸试验				
	试验条件	温度	℃	200±3	200±3
		处理时间	min	15	15
		机械应力	N/mm²	0.20	0.20
	试验结果				
	载荷下的伸长率	≤	%	175	175
	冷却后的伸长率	≤	%	25	25
5	低温弯曲试验				
	试验条件	温度	℃	—	-35±2
		施加低温时间	h	—	X
	试验结果			—	无裂纹
6	低温拉伸试验				
	试验条件	温度	℃	—	-35±2
		施加低温时间	h	—	X
	试验结果				
	未断裂时的伸长率	≥	%	—	30

注：试验方法按 GB/T 2951—2008《电缆和光缆绝缘和护套材料通用试验方法》系列标准进行；标有“X”处，需按标准规定计算后确定。

① 表示不规定正偏差。

对照 GB 7594.1~11—1987 和 GB/T 5013.1~7—2008、GB/T 5013.8—2013、JB/T 8735.1~3—2016 系列标准，在同一适用范围内，不难看出其橡皮水平。其中，XJ-80 等同于 IE2；XJ-10 相当于 IE1 型，但空气箱老化时间要多出 72h；XH-00 橡皮相当于 SE3，但空气箱老化温度较后者高出 5℃；除低温弯曲试验和低温拉伸试验外，XH-01 橡皮相当于 SE4，但空气箱老化温度较后者高出 5℃。XJ-30 与 IE4，从原始性能看，前者的拉伸强度为 4.2N/mm²，低于 IE4 的 5.0N/mm²，但是，前者的老化条件（135℃±2℃）远苛刻于后者（100℃±2℃），前者的热延伸试验温度则比后者高出 50℃。这就是说，在可比范围内，GB 7594.1~11—1987 系列标准的橡皮水平不逊于现行标准水平。

1.2 橡胶和橡皮常用名词及其含义

1.2.1 塑性

在一定温度和时间条件下，原料橡胶或未硫化混炼胶在撤除外力作用后变形的保持率，称为塑性。利用压缩变形原理测试胶料塑性的常用仪器有威廉姆塑性计、德佛塑性计和快速塑性计。利用威廉姆塑性计测得的塑性，称为威氏塑性。基本测试方法是，在 70℃ 的恒温箱中，将试样预热 3min，然后在试样上施加固定载荷，保持 3min，测量试样的变形量，计算其塑性值。威氏塑性具有简单快捷的优点，常用于加工温度较低的橡料的中间控制，例如，天然丁苯、氯丁、氯磺化聚乙烯等橡胶系列。然而，威氏塑性对于加工温度较高的橡料，不具指导性，例如乙丙橡胶、氯化聚乙烯等，因为在此试验条件下，试样变形极小。若坚持此法，就应改变试验条件，温度、时间、载荷三要素都可以改变，只要对橡料加工质量能够有效监控即可。

值得一提的还有利用快速塑性计进行塑性试验。GB/T 3510—2006 规定了未硫化胶快速塑性值的测定方法，其全部测试时间仅需 30s，效率更高，更能满足工艺高速化的需要。

胶料塑性越高，意味其流动性越好。

1.2.2　门尼粘度

未硫化胶料在一定温度、压力和时间内的抗剪切能力，用门尼粘度表示。门尼粘度也是用来表征橡料流动性的物理量。门尼粘度大说明橡胶的分子量大，可塑性小，因此反映了橡胶塑炼的能力。门尼粘度小，说明橡料流动性好，门尼粘度过低，橡胶容易发粘；过大，则橡胶弹性大而不易塑炼，因此会使塑炼发生困难。利用门尼粘度计，通过测定转子在转动过程中转动力矩的大小来判定橡料的流动性。门尼粘度的试验结果可表示为 50M*L*（1+4）100℃（GB/T 1232.1—2000），其中，50M 表示粘度，以门尼值为单位；*L* 表示大转子；“1”表示预热时间为 1min，“4”表示转子转动时间为 4min；“100℃”表示试验温度。门尼粘度的试验温度和转子转动时间都可以改变，所以，必须确认其试验条件。通过变换试验温度，可以测试出橡料流动性与温度的关系，对橡皮加工颇具意义。在配方和混炼工艺确定后，门尼粘度是很好的中间控制指标。

1.2.3　焦烧、焦烧时间和硫化指数

1. 焦烧

含有硫化剂的橡料，在加工、存贮过程中发生了局部先期硫化现象，使局部的橡胶硬化或开裂，称为焦烧。在橡料加工、存贮过程中，应尽可能避免焦烧。焦烧与橡胶自身结构、硫化体系、分散程度、温度和时间都有关系。焦烧一旦发生，必须剔除这个“局部”并调整工艺条件后方可继续加工。

2. 焦烧时间

焦烧时间是门尼焦烧时间的简称。在一定温度和时间条件下，交联密度随硫化时间而增大，橡料的门尼粘度将随之升高，因此，可利用门尼粘度计测定橡料的早期硫化时间。国家标准 GB/T 1233—2008 规定了焦烧时间的定义：从最小门尼粘度上升至规定值所需的最短时间，包括预热时间。当使用大转子时规定上升至 5 个门尼值或 35 个门尼值，当使用小转子时规定上升至 3 个门尼值或 18 个门尼值。对应的初期硫化时间分别用 t_5 或 t_{35} 和 t_3 或 t_{18} 表示，以分钟计。焦烧时间，是在特定时间、温度条件下的硫化起步时间，对于橡料的安全加工与存贮，具有重要意义。

3. 硫化指数

硫化指数试验是焦烧试验的继续，通常把从最低门尼粘度上升 35 个门尼值时对应的时间（t_{35}）与焦烧时间（t_5）的差值，定义为硫化指数。硫化指数 $\Delta t_{30}=t_{35}-t_5$。硫化指数可以表征硫化速度，硫化指数小，硫化速度快，反之则慢。

焦烧时间和硫化指数曲线如图 12-1-2 所示。

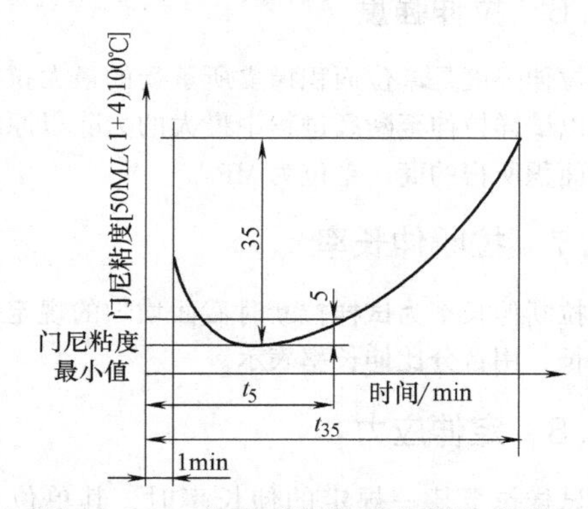

图 12-1-2　焦烧时间和硫化指数曲线

1.2.4　硫化、正硫化点和硫化返原

1. 硫化

在一定条件下（通常包括加热），通过改变橡胶的化学结构（例如交联）而赋予橡胶弹性，或改善、提高并使橡胶弹性扩展到更宽温度范围的过程称为硫化。在某些情况下，此过程进行到橡胶硬化为止，如硬质胶。

2. 正硫化点

硫化时，使橡皮的各项物理力学性能达到较佳平衡或选定性能达到最佳值的硫化条件，称为正硫化；与正硫化所对应的压力、温度和时间，称为正硫化点。正硫化点是达到正硫化的充分必要条件。

3. 硫化返原

超过正硫化点继续硫化，由于继续曝露于硫化温度下而引起过硫时，出现的硫化胶模量和与模量

有关的性能不升反降，称为硫化返原。硫化返原是因交联密度减小所致。硫化返原后，橡皮的拉伸强度、定伸应力及动态疲劳性能降低。

1.2.5 橡料硫化特性

塑性、门尼粘度、焦烧时间、正硫化点等，都是有关橡料加工、橡皮形成过程的关键参数，且都可通过独立试验而获得，而真正能够全面描述含“硫”橡料硫化过程中全部性能变化的是硫化特性。橡料硫化特性包括初始粘度、焦烧时间、正硫化时间、硫化速度、硫化平坦期、过硫化（返原）状态，以及达到某一硫化程度所需时间等。橡料硫化特性可用硫化仪连续、迅速、精确测定。通过硫化仪，不仅可以了解橡料整个硫化过程和橡料在硫化过程中的主要参数，而且能直观地描绘出整个硫化过程的硫化曲线。硫化仪是橡皮研发的必备手段。

1.2.6 拉伸强度

拉伸强度是单位面积橡皮所承受的最大拉伸应力。以试样拉伸至断裂过程中最大的力除以原始横截面面积所得的商，单位为 MPa。

1.2.7 拉断伸长率

拉断伸长率为试样拉断时截面均匀的规定部分的伸长，用百分比伸长率表示。

1.2.8 定伸应力

试样拉至某一规定的伸长率时，其单位面积（以原始横截面计算）所受的力称为定伸应力，主要反映材料弹性变形的特性。橡皮的定伸应力与材料的结构特性和硫化等工艺有关，一般与分子键的交联程度和硫化程度成正比。因此，定伸应力常作为评定是否达到正硫化的一项指标。

1.2.9 弹性

材料在受力时产生显著形变，在力释放后能够迅速恢复到接近其原有形状和尺寸的性质，称为弹性。正因橡皮具有优异的弹性，才能够承受使用过程中的各种机械应力，如拉伸、压缩、扭转、冲击、撕裂等。

1.2.10 永久变形

橡皮因受力而变形，当力解除后不能恢复原状的变形部分，称为永久变形。一般而言，永久变形大则弹性差。橡皮的永久变形，以试样拉断后（静置 3min）的长度增加值与试样原始长度的比值百分数来表示。

1.2.11 热延伸

橡皮在规定温度、时间、载荷作用下的伸长和永久变形称为热延伸。热延伸用来判定交联程度，用载荷下伸长率和冷却后永久变形表示。载荷下伸长率大且永久变形大，意味着交联程度低，反之，则交联程度高。热延伸与凝胶含量有对应关系。

1.2.12 撕裂强度

撕裂强度反映了材料承受切应力的能力。橡皮的撕裂强度是将规定形状的试片（裤形、直角形和新月形，有的预先按规定加上割口），在拉力试验机上以一定速度拉伸至撕断，以拉断力与拉断部位原始厚度中位值之比来表示，单位为 N/mm。

1.2.13 耐磨性

橡皮因抵抗摩擦力作用而发生表面磨损（微观破损和宏观脱落）的能力，称为耐磨性。判断橡皮的耐磨性有多种方法，常用的试验方法有阿克隆磨耗试验、邵坡尔磨耗试验、格拉西里磨耗试验、皮克磨耗试验和 GHK 磨耗试验，通常以耐磨指数表示。

1.2.14 绝缘电阻和绝缘电阻率

当在绝缘材料上施加直流电压时，绝缘材料中将有泄漏电流产生。这个电压与电流的比值定义为材料的绝缘电阻，而电场强度与电流密度之比则为绝缘电阻率。绝缘电阻率是描述材料固有的阻止电流泄漏能力的物理量。与流经绝缘材料内部电流对应的电阻率为体积电阻率；同理，与流经绝缘材料表面电流对应的电阻率为表面电阻率。影响绝缘电阻的因素很多，对表面绝缘电阻来说主要是湿度，对体积绝缘电阻来说主要是温度。如不特别说明，绝缘电阻均指体积绝缘电阻，单位为 Ω · cm。

1.2.15 介电常数

介电常数是表征绝缘材料电容的物理量，其本质是绝缘材料在电场作用下的介质极化。一般将绝缘材料介质电容量与同样形状和尺寸真空电容量之比定义为相对介电常数，通常又将此相对介电常数称为介电常数。

1.2.16 介质损耗和介质损耗角正切

绝缘材料在交变电场作用下，由于介质电导和介质极化的滞后效应，在其内部产生电能损耗，称为介质损耗。介质损耗与电压的二次方成正比。介质损耗能量与其存贮能量的比值，即为介质损耗角正切（$\tan\delta$）。当电缆电压较低时，介质损耗可以忽略不计；而当电压较高时，介质损耗就成为介质自身生热的重要因素，所以，电缆依其工作电压对$\tan\delta$提出不同要求。以GB/T 12706.1～4—2008系列标准中的EPR橡皮绝缘电缆为例，额定电压6/10kV及以下电缆，不考核$\tan\delta$；30kV电缆，$\tan\delta$应不大于0.04；而35kV电缆，$\tan\delta$应不大于0.005。在相同条件下，$\tan\delta$越小，则意味着材料中的杂质含量更低、粒径更小。

1.2.17 击穿电压强度

材料在不同形式电压（直流、交流、冲击）作用下发生击穿，击穿电压与试样厚度之比称为材料的击穿强度，单位为kV/mm。电压形式不同，击穿电压强度也不同，因此，击穿电压强度必须区别电压性质。

一般而论，橡皮的击穿电压强度分散性较大，概因于橡皮是橡胶和多种配合剂的混合物。混合物中任何一种材料的差异，都将导致击穿电压强度的分散性，加之加工工艺的复杂性，如干燥、过筛、混炼、挤包、硫化等，任何工序的差异，也将导致其击穿电压强度的分散性。

1.2.18 耐热性

橡皮在长期工作温度下，或在短时高温下能够保持其使用特性的能力，称为耐热性。一般来说，橡皮在长期工作温度下的耐热性主要取决于其耐热老化性能；而短时耐热性，是指在短时过载、短路情况下，橡皮仍具有足够的绝缘和物理力学性能。

橡皮的长期工作温度，无论是绝缘还是护套，皆定义为导体的长期工作温度。

1.2.19 耐寒性

橡皮在低温环境下满足使用要求的能力称为耐寒性。一般而言，橡皮的变形能力将随着温度的降低而下降，当低至某一温度时，橡皮变硬变脆，甚至自然开裂。当然，橡皮的最低使用温度不应该且不能以冻裂为极限。如前所述，之所以采用橡皮，首先是其柔软性和弹性。当其失柔、失弹并可能发生机械破坏时的最低温度，方是其使用的极限低温。

橡皮的耐寒性主要取决于橡胶的两个基本特性——玻璃化转变和结晶。对于非结晶型橡胶而言，其耐寒性可用玻璃化温度来表征。但实际上，即使在高于玻璃化温度的一定范围内，橡胶的玻璃化转变过程已经开始，脆性随之出现。这一温度范围的上限为脆性温度，这就是说，橡皮只有在高于脆性温度时才有使用价值。对于结晶型橡胶而言，结晶温度往往高于玻璃化温度，结晶一旦出现就意味着弹性的降低，因此不能以玻璃化温度来衡量。结晶温度有一范围，且存在结晶速度最快的温度，因此，结晶型橡胶的最低使用温度应在开始结晶与最快结晶的温度之间。

橡皮的耐寒性取决于橡胶的玻璃化转变温度和结晶温度，而此两者都与胶种有关。一般来说，非极性橡胶要优于极性橡胶。判定橡皮的耐寒性有多种试验方法，例如耐寒系数、低温冲击脆化温度、低温扭转模量、玻璃化温度等。

1.2.20 阻燃性

橡皮的阻燃性是指其能够延缓着火、降低火焰传播速度，且在离开外部火焰后，能够迅速自行熄灭的能力。阻燃性有时也叫作不延燃性。橡皮的阻燃性首先取决于胶种。在常用橡胶中，天然橡胶、丁苯橡胶、丁基橡胶、乙丙橡胶和丁腈橡胶是易燃胶种；而含有卤素的橡胶，如氯丁橡胶、氯化聚乙烯橡胶、氯磺化聚乙烯橡胶、氟橡胶等则具有阻燃性。硅橡胶中虽不含卤素，但当硅含量足够大时，也具有阻燃性。

易燃或阻燃都是对材料的燃烧难易程度的定性描述。橡胶行业常用氧指数（OI）法来判定材料的燃烧性能。一般来说，OI值$<22\%$的为易燃材料，OI值在22%～27%的属难燃材料，OI值$>27\%$的为阻燃材料。前述天然橡胶、丁苯橡胶、丁基橡胶、乙丙橡胶和丁腈橡胶的OI值均小于22%，氯丁橡胶、氯化聚乙烯橡胶、氯磺化聚乙烯橡胶的OI值均大于25%，而氟橡胶的OI值则高达42%，硅橡胶的OI值在22%～43%之间。

要提高橡皮的阻燃性，除选择具有阻燃性的橡胶外，还应加入有效的阻燃剂，并尽可能减少可燃性添加剂。

1.2.21 耐候性

耐候性就是耐气候性。橡皮的耐候性是指在一般大气条件下，橡皮抵抗环境因素（如阳光、风雨、大气污染、氧、热等）的综合能力。若是特殊环境条件，如强烈日照、臭氧浓度高、严寒等，均应对橡皮提出针对性的要求。

1.2.22 耐日光性

橡皮的耐日光性是指其在强烈日光（特别是紫外线）照射下保持使用特性的能力。护套橡皮即使在一般环境条件下，也应具有足够的耐日光性，而当它用于热带、高原等地区时，适应强烈日照条件便成为特殊要求。

1.2.23 耐电晕性

在电晕放电氛围中，橡皮保持使用特性的能力，称为耐电晕性。电晕放电发生在电场集中区域，如裸导线表面、电缆中间、终端接头的绝缘表面。电晕放电的本质是气体局部游离。游离生成的离子和电子轰击橡皮，破坏橡胶分子结构，造成断链，加之同时出现的臭氧和局部发热的共同作用，从而导致橡皮变硬变脆以至龟裂，丧失使用功能。

1.2.24 耐臭氧性

橡皮的耐臭氧性是指橡皮在一定臭氧浓度和一定温度、时间条件下，保持使用特性的能力。

臭氧是一种强氧化剂。当臭氧与橡皮接触时，它在橡胶分子链的双键处生成臭氧环化物。这种环化物极不稳定，很快破裂，从而使橡胶分子断链并形成裂纹。如果橡皮处于拉伸状态，臭氧破坏更甚，典型特征是，在垂直于应力的方向迅速出现分布不均的裂纹。

1.2.25 耐辐照性

橡皮的耐辐照性是指其在γ射线、β射线、X射线、带电粒子射线、中子射线等高能射线辐照下保持使用特性的能力。

高分子材料经上述射线辐照后，要么发生断链，要么出现交联，从而使其分子量和分子结构发生变化，最后导致其性能发生变化。一般来说，二烯烃类橡胶，如天然橡胶、顺丁橡胶、氯丁橡胶、丁腈橡胶等，辐照时以交联为主，丁基橡胶等以裂解为主。

1.2.26 耐湿性

橡皮在浸水或相对湿度很高的情况下，保持使用性能的能力，称为耐湿性，分别用吸水性和吸湿性来表示。

吸水性是指材料浸泡在水中时吸收水分的能力。

吸湿性是指材料曝露在温度为20℃、相对湿度为97%~98%的空气中时吸收水蒸气的能力。

1.2.27 防霉性和防生物性

橡皮在一定温度、湿度条件下抵抗霉菌繁殖的能力称为防霉性，以不同的长霉等级来判断。同样，橡皮防止有关生物（如虫、蚁、鼠等）侵害的能力称为防生物性。

1.2.28 耐油性和耐溶剂性

橡皮在与各种油类（如燃料油、润滑油等）接触时，能抵抗油类对橡皮分子的溶解或溶胀的能力称为耐油性。同样，橡皮耐受有关溶剂侵蚀的能力称为耐溶剂性。

1.2.29 耐老化性

橡胶和橡皮在加工、贮运和使用过程中，由于经受热、光、氧气、臭氧、电场力、机械、化学介质和微生物等外因的作用，使其分子结构发生变化，从而使其物理力学性能和电绝缘性能逐步恶化，直至丧失使用功能，这个过程称为老化。

橡皮最常见的老化形式为热氧老化、日光老化，其次为臭氧老化、电压老化等。有时几种老化因素会同时存在。

橡胶和橡皮的老化，在分子结构的变化方面包括分子交联、降解、溶解于其他物质或起化学反应等，在外观上表现为材料发硬、变脆、龟裂或变色、发粘等。

在有关条件下，材料能够长期保持其使用性能的能力，称为耐老化性。

1.3 橡皮的配方设计

橡胶必须加入有关配合剂并经过一定的工艺加工成为橡皮后，才能具有电线电缆产品所需要的各种使用特性。一种橡皮所采用的原料橡胶和有关配合剂的品种，以及这些材料的数量比称为橡皮的配方。制订橡皮的配方，以及确定它的主要工艺过程和参数的工作称为配方设计，这对保证产品的性能、合理使用材料和提高生产效率是极为重要的一项工作。

1.3.1 配方设计的基本要求

由于橡胶的品种、结构、特性变化范围极为广阔，所用配合剂的种类、品种、特性差异很大；在橡胶与配合剂混合、塑炼、硫化过程中以及长期使用中，橡胶与各种配合剂相互之间的物理、化学变化极为复杂。因此，根据不同的使用特性要求制订橡皮配方时，用一定的公式来精确设计目前还是不可能的。另外，由于化学工业和基础理论的发展，对于各种材料的结构，几种材料之间的化学物理反应的某些规律性已有较多的了解，橡胶工业本身已积累了许多有实用价值的经验。因此，橡皮的配方设计是根据积累的经验（理论与实践方面的经验）和继续进行配方试验的方法进行的。

电线电缆产品用的橡皮配方，必须时刻考虑电性能要求（绝缘橡皮）和防护特性（护套橡皮）。

橡皮配方设计的基本要求如下：

1）应能得到满足产品使用要求的最佳综合性能；

2）应能满足实际生产工艺的要求，有利于提高劳动生产率；

3）应有较高的技术经济指标；

4）应有可靠的材料来源。

上述四点要求，在考虑上虽有所侧重与先后，但必须全面综合平衡，通盘考虑，才能制订合理的配方。

1.3.2 配方设计的步骤

设计一个新的橡皮配方，一般按下列步骤进行。对于已有配方的改进，或因材料、工艺条件的变化而调整配方时，也可参照进行。

1. 调查研究，收集资料，明确要求

制订某一个橡皮的配方，首先应确切了解橡皮的使用要求，如工作温度、电气、物理力学性能、长期工作寿命及其他特殊性能（如耐油、不延燃和耐臭氧等）。同时，应分清使用要求中的主次关系和相互影响。在此基础上对橡皮配方提出一个性能指标草案，作为拟定橡皮配方的性能要求。

其次，应了解工厂的设备条件和工艺参数范围，便于制订配方时综合考虑。

2. 选择材料品种

按照橡皮配方的基本要求，根据对各种材料品种的结构性能的了解，同时参照国内外同类型的配方和本单位长期积累的配方经验，选择橡胶和各种配合剂的品种和规格。选择材料一般按下列次序考虑：

1）橡胶的类别和牌号、规格；

2）硫化体系用的主要配合剂；

3）防护体系用的主要配合剂；

4）其他配合剂，如补强剂、填充剂、软化剂等；

5）特殊性能要求的配合剂，如着色剂、防霉剂等。

选择材料时不仅要考虑其类别，更要考虑其结构、性能和相应的质量指标。这是因为同一名称的材料在结构、性能和质量等各方面有很大差异。同时，除了考虑单一材料的性能外，更应注意各种材料并用时的相互影响（对性能是促进、抵消还是无关）。选用恰当，同一体系的两种或三种材料并用，可使橡皮具有更好的综合性能，如橡胶原材料中天然橡胶和丁苯橡胶的并用。

3. 拟订试验配方的方案

橡胶品种和各配合体系的主要品种初步选定之后，就可以拟定具体的配方，也就是每一材料在配方中的含量。在这一过程中，除了进一步分析橡皮应达到的综合性能外，还应重点考虑正常生产时的工艺条件，以及各种配合剂的加入次序和方式等。

由于拟订的配方方案，需要经过工艺试验后才能得到证实，能满足要求的配方也不一定是达到配方基本要求的最佳方案，为此，拟订配方时一般先提出一两个基本配方，再提出数个或数十个平行方案，作为实验室第一次配方试验的依据。

配方平行方案数量的多少，取决于经验的积累和试验的设计。过去习惯采用的单因素均分变量试验法，其缺点是平行方案数量很多，工作量大。目前，有些单位采用了优选法、等高线法、正交设计法等，并运用电子计算机进行计算，可以大大缩短配方试验的过程。

4. 实验室配方试验

将拟订的配方在实验室进行配制，做出橡皮试样，进行性能测试，选出其中一个或几个综合性能最佳或较好的配方。

在这个过程中，先要根据橡皮的使用要求选定能确切反映橡皮特性的试验方法，作为鉴别配方性能的依据。同时，实验室制作橡皮的工艺条件，应力求接近与车间大量生产的条件，并严格控制。

如果一批配方方案工艺试验的结果不很理想，或特征不够明显，应修改配方，重新进行。

5. 小批量生产性试验

将实验室初步选定的配方，在车间生产设备上进行小批量配制，取出样品，测定硫化前后的一系列性能。同时，以此胶料试制电线电缆产品，进行产品试验。

6. 修订配方，重复试验，最后确定

根据生产性工艺试验和产品试制后测试的结

果，进行分析，修订配方，再重复试验，以最后确定配方。一般情况下，重复的过程在一次以上，以保证配方的稳定性和可靠性。

1.3.3 配方的表示方法

生产中使用的橡皮配方，应包括下列内容：橡料的名称和代号，橡料的用途，生胶含量，各配合剂的名称、牌号和含量，橡料的主要特性（如密度、物理性能、电性能），以及加料程序和主要工艺参数要求等。各种材料的编排顺序一般是天然橡胶、合成橡胶、硫化剂、促进剂、促进助剂、防老剂、补强剂、填充剂、软化剂、着色剂及其他助剂等。

橡皮配方中各种材料的重量比例有四种表示方式，均以生橡胶的含量作为基准。四种表示方法均可按需要进行换算。

1. 重量份数表示法

以所用的橡胶重量作为 100 份，每一种配合剂的重量均以橡胶的重量份数（phr）来表示，称为重量份数表示法。这是配方设计中最基本的表示方式，下面三种方式均是这种方式的换算形式。

2. 重量百分率表示法

以配成的橡皮胶料的总重作为 100%，所有材料以在总重中占有的重量百分率表示。这种方式有利于看出各种材料的比例关系。

3. 体积百分率表示法

以配成的橡皮胶料的总体积作为 100%，所有材料以在总体积中占有的体积百分率表示。这种方式有利于按胶料的体积来核算经济价值，在工厂生产中比较实用。

由重量百分率换算为体积百分率表示法的步骤如下：

1）查出各种材料的密度数值。

2）将重量份的份数值作为克数，如橡胶 100 份，作为 100g，……。以每一材料的克数除以对应的密度，得出某一材料在这一重量时的体积 V_1、V_2、…、V_n。

3）将 V_1、V_2、…、V_n 加起来，求出橡皮材料在这一总重量时的总体积 V。

4）将 V_1、V_2、…、V_n 分别除以总体积 V，并乘以 100%，就是每一材料在橡皮配方中含有的体积百分率。

4. 生产配方（重量配方）

根据工厂实际设备的每一投料批量的最大范围，计算每一次各种材料的实际投料重量。因此，这种表示法是工厂生产车间中的实用配方。

现将上述四种表示方式举一个配方为例，列于表 12-1-10。

表 12-1-10 同一橡皮胶料配方的四种表示方法

材料名称 类　别	重量份数 (phr)	重量百分率 (%)	体积百分率 (%)	生产配方 /kg
橡胶	100.00	40.00	67.16	16.00
硫化剂	2.75	1.10	0.51	0.44
促进剂	0.25	0.10	0.79	0.04
活化剂	5.00	2.00	0.38	0.08
软化剂	3.00	1.20	1.16	0.48
防老剂	1.00	0.40	0.42	0.16
填充剂和补强剂	138.00	55.20	29.58	22.80
合计	250.00	100.00	100.00	40.00

第2章

橡胶配合剂

各种橡胶必须加入适量的有关配合剂，才能制成有实用价值的橡胶制品。加入配合剂，除了满足加工工艺的需要外，还可改善橡胶的性能，使之满足相应的使用要求，并具有降低橡胶制品成本的作用。

橡胶配合剂的种类很多，在橡胶中的作用也很复杂。根据配合剂在橡胶中的主要作用，可将之分为硫化剂、硫化促进剂、防老剂、软化剂、补强剂、填充剂、着色剂以及特殊用途的配合剂。同一种配合剂，在不同的橡胶中可起不同的作用，在同一橡胶中也可起几种作用，故分类时一般以其主要作用为代表，选用时应特别注意。

为保证橡胶制品的质量，除应正确选择橡胶配合剂的材料及其用量外，橡胶配合剂的基本性能还应符合以下要求：

1）具有高度的分散性；

2）容易被橡胶湿润；

3）含水量少；

4）不应有对橡胶产生不利影响的杂质，如铜、锰等；

5）不应含有无机酸和能水解的盐类；

6）无毒或毒性小；

7）对电线电缆而言，还必须有良好的电绝缘性能；

8）价格便宜，来源可靠。

2.1 硫化剂

硫化剂是一种最重要的橡胶配合剂。它能与橡胶起化学作用，经过硫化过程可改进橡胶的化学结构，使橡胶由可塑性物质转变为弹性物质。硫化剂的种类很多，除常用的硫磺外，其他还有含硫化合物、过氧化物、醌类、胺类、树脂类和金属氧化物等。硫化剂的选用，主要取决于橡胶的种类及其制品的用途。

2.1.1 硫磺

硫磺适用于不饱和橡胶，广泛应用于天然橡胶及部分合成橡胶中。常用的硫磺有硫磺粉、升华硫磺（又称硫磺华）和沉淀硫磺三种。其中电线电缆工业使用最广的是硫磺粉，用量为（0.2～2.0）phr（重量份数）。它对铜导体有腐蚀作用。

硫磺有结晶形和无定形两种同分异构体。由8个硫原子环状结构构成的硫磺分子，通常以斜方形硫（S_α）、单斜形硫（S_β）及无定形硫（S_λ、S_μ、S_π）三种形态存在。固体硫受热熔化时，其形态和性质随温度的升高而发生显著变化：

$$S_\alpha \xrightleftharpoons{94.5℃} S_\beta \xrightleftharpoons{120℃} S_\lambda \xrightleftharpoons{160℃} S_\mu \xrightleftharpoons{444.6℃} S_8 \xrightleftharpoons{1000℃} S_2$$

固态（S_α、S_β）；液态（S_λ、S_μ）S_π；气态（S_8、S_2）S_6、S_4、(S_λ)

因此，在温度为114～160℃的液体硫磺内，有S_λ、S_μ及S_π三种形态的硫分子，其中S_μ的化学活性最大。所以，橡胶制品的硫化温度一般在120～150℃之间。

1. 硫磺粉

硫磺粉由硫铁矿煅烧、熔融冷却结晶成的硫磺块，再经粉碎、筛选而得。其熔点为114～118℃。电线电缆采用的一级硫磺粉是斜方形结晶，粒度较粗。

2. 升华硫磺

它是将天然硫磺或硫磺粉升华所得的纯度很高的游离硫磺；或由煅烧炉中干馏硫铁矿，将分解出的硫磺气体导入冷却室后，升华而得。其熔点为110～113℃。它通常含70%的斜方形硫，其余为无定形不溶性硫磺。它受空气和水分作用后，常在粒子表面吸附少量亚硫酸，会迟延硫化历程。升华硫磺成本高，一般只用于要求高的橡胶制品上。

3. 沉淀硫磺

沉淀硫磺是将多硫化物，如多硫化钠、多硫化钾或多硫化钙的溶液，用稀酸中和到微量碱性，沉淀出元素硫磺后，再经洗净干燥而得。如加保护胶体使硫磺在水中成稳定的悬浮体，即成胶体硫磺，应用于各种橡胶。沉淀硫磺的纯度高，粒子细，很容易分散于橡胶之中。其熔点为117℃。它大多用于高级橡皮配方中。

电线电缆橡皮用硫磺的技术要求参考GB/T 2449.1—2014《工业硫磺　第1部分：固体产品》、HG/T 2525—2011《橡胶用不溶性硫磺》，见表12-2-1。

表12-2-1　硫磺的技术要求

项　目		技术指标		
		优等品	一等品	合格品
硫(S)(以干基计),w/% ≥		99.95	99.50	99.00
水分,w/% ≤		2.0	2.0	2.0
灰分(以干基计),w/% ≤		0.03	0.10	0.20
酸度(以 H_2SO_4 计)(以干基计),w/% ≤		0.003	0.005	0.02
有机物(以C计)(以干基计),w/% ≤		0.03	0.30	0.80
砷(As)(以干基计),w/% ≤		0.0001	0.01	0.05
铁(Fe)(以干基计),w/% ≤		0.003	0.005	—
筛余物①,w/%	粒径>150μm ≤	0	0	3.0
	粒径为75~150μm ≤	0.5	1.0	4.0

① 筛余物指标仅用于粉状硫磺。

2.1.2 含硫化合物

1. 脂肪基的多硫化物

其结构式为—R—Sn—R—。R为一种脂肪族醚。

其商品名称为JL-1。

它是一种稍有气味的琥珀色液体。其密度为1.42~1.47g/cm³。它适用于天然橡胶、丁苯橡胶、丁腈橡胶及其他不饱和橡胶，通常用量为0.4phr~1.25phr。其特点是，硫以结合状态存在，无游离硫，易分散，不喷霜，对铜不起腐蚀作用，硫化效率比用硫磺高。若用于合成橡胶中，在121~149℃的高温下进行硫化后，其物理力学性能良好。脂肪基的多硫化物的技术要求见表12-2-2。

表12-2-2　JL-1的技术要求

项　目		指　标
26.74℃时粘度/Pa·s		5~10
总含硫量(%)		48~52
总含氯量(%)	≤	4
水分(%)	≤	0.1
硫指数		4.0+0.1
pH值		6~8

2. 二硫化四甲基秋兰姆

$$(H_3C)_2N-\overset{S}{\overset{\|}{C}}-S-S-\overset{S}{\overset{\|}{C}}-N(CH_3)_2$$

其商品名称为促进剂TMTD、促进剂TT。

它为白色或灰白色粉末，无味，无毒，但有刺激作用。其密度为1.29g/cm³，熔点不低于140℃，加热至100℃以上，即徐徐分解出游离硫，有效硫磺含量约为13.3%，可作为无硫橡皮的硫化剂，用量一般为1.0phr~3.0phr。用它作为硫化剂的橡皮，耐热、耐老化性能好，硫化曲线平坦，不易发生焦烧，故在电线电缆绝缘橡皮的配方中广泛使用。

2.1.3 过氧化物

1. 过氧化二异丙苯（二枯基过氧化物、二枯茗过氧）

$$C_6H_5-C(CH_3)_2-O-O-C(CH_3)_2-C_6H_5$$

其商品名称为硫化剂（交联剂）DCP。

它为无色、无臭透明菱形结晶。其密度为1.082g/cm³，折射指数为1.5360，熔点为39℃，不溶于水，溶于乙醇、丙酮、四氯化碳和苯。它适用于天然橡胶和合成橡胶（丁基橡胶除外），用量为2.0phr~4.0phr，可制得耐热、耐老化的橡胶制品。它对酸很敏感，需调整胶料的pH值。DCP的技术要求见表12-2-3。

表12-2-3　DCP的技术要求

项　目	指　标
外观	白色晶体
熔点/℃	38.8~40
总挥发物含量(%)	0.3

2. 过氧化苯甲酰

$$C_6H_5-\overset{O}{\overset{\|}{C}}-O-O-\overset{O}{\overset{\|}{C}}-C_6H_5$$

本品为无色结晶至白色粒状固体。其熔点为 103.5℃，溶于苯、三氯甲烷、乙醚，稍溶于水及乙醇。它适用于硅橡胶，有时也用于硫化由偏氟乙烯和三氟氯乙烯共聚制得的氟橡胶。其一般用量为 1.5phr~3.0phr，在甲基硅橡胶中用量为 4.0phr~6.0phr。酸性物质对其硫化影响比其他过氧化物小；但它不能用于有炭黑的配方中，否则会干扰硫化。

3. 二叔丁基过氧化物

$$H_3C-C(CH_3)_2-O-O-C(CH_3)_2-CH_3$$

其商品名称为硫化剂 DTBP。

它为易燃液体。其闪点为 18℃，密度为 0.7940g/cm^3，折射指数为 1.3890，能溶于有机溶剂中，有潮解性。它主要用于硅橡胶，用量为 0.5phr~1.0phr。对酸的敏感性要比芳烃基过氧化物（如 DCP）小，临界温度高，防焦烧性能优良。

4. 1,1-双（叔丁基过氧基)-3,3,5-三甲基环己烷

$$3,3,5\text{-}(CH_3)_3C_6H_9\text{-}1,1\text{-}[O-O-C(CH_3)_3]_2$$

本品为液体。其临界温度为 70℃，应避火、避热，贮存温度不宜超过 25℃。它适用于乙丙橡胶、丁腈橡胶、硅橡胶及氯磺化聚乙烯用硫化剂。

5. 双叔丁基过氧基二异丙基苯

$$H_3C-C(CH_3)_2-O-O-C(CH_3)_2-C_6H_4-C(CH_3)_2-O-O-C(CH_3)_2-CH_3$$

其商品名称为硫化剂 BIPB。

本品为浅棕色粉末，应密封，不能近火、近热，贮存温度不宜高于 25℃。它适用于二元及三元乙丙橡胶、丁腈橡胶、硅橡胶的硫化剂。硫化丁腈橡胶时效率高，可提高硫化胶的耐热性，改善压缩变形，也能降低脆性温度，从而改善低温屈挠性能。

6. 2,5-二甲基-2,5-双（叔丁基过氧基）己炔-3

$$H_3C-C(CH_3)_2-O-O-C(CH_3)_2-C\equiv C-C(CH_3)_2-O-O-C(CH_3)_2-CH_3$$

本品为浅黄色液体。其密度为 0.8860g/cm^3，熔点为 8℃，粘度为 0.0074Pa·s。它可作为乙丙橡胶、硅橡胶的硫化剂，且橡胶制品的防焦烧性能好，气味小，适用于较厚及慢速硫化的大型制品。

7. 过氧化双（2,4-二氯苯甲酰）

$$Cl-C_6H_3(Cl)-\overset{O}{\overset{\|}{C}}-O-O-\overset{O}{\overset{\|}{C}}-C_6H_3(Cl)-Cl$$

其商品名称为硫化剂双 2，4（DCBP）。

它适用于硅橡胶在无外压的条件下的交联剂，所生产的硅橡胶制品抗黄性好，透明度高，添加量较少，喷霜少，气味小，适合生产高透明挤出制品。

8. 2,5-二甲基-2,5-双（叔丁基过氧基）己烷

$$H_3C-C(CH_3)_2-O-O-C(CH_3)_2-CH_2-CH_2-C(CH_3)_2-O-O-C(CH_3)_2-CH_3$$

其商品名称为硫化剂双 2，5（DBPMH）。

本品为浅黄色液体。其密度为 0.8650g/cm^3，熔点为 8℃，粘度为 0.65Pa·s。它是乙烯基硅橡胶用有效的高温硫化剂。橡胶制品的拉伸强度、硬度大，伸长及压缩变形小，气味也少。其技术要求见表 12-2-4。

表 12-2-4　2,5-二甲基-2,5-双（叔丁基过氧基)-己烷的技术要求

项　目	指　标
外观	浅黄色透明液体
纯度(%)　≥	85
分解温度/℃	140~145
pH 值	6.5~7.0
折射率	1.418~1.419

2.1.4　醌类

1. 对醌二肟

$$HO-N=C_6H_4=N-OH$$

其商品名称为 GMF。

本品为深棕色粉状物质。其密度为 1.2~1.4g/cm^3，高于 215℃即分解，易燃，贮存稳定。氧化铅（如 PbO_2、Pb_3O_4）对它有活化作用。其临界温度比较低，有焦烧倾向。加入某些防焦剂（如苯酐等）、秋兰姆、噻唑类促进剂，能有效改善操作安全性。它特别适用于要求定伸强度高、硫化速度快的丁基橡胶，用量为 1.0phr~2.0phr；也可用于天然橡胶、丁苯橡胶以及聚硫橡胶等。

2. 对，对′-苯甲酰苯醌二肟

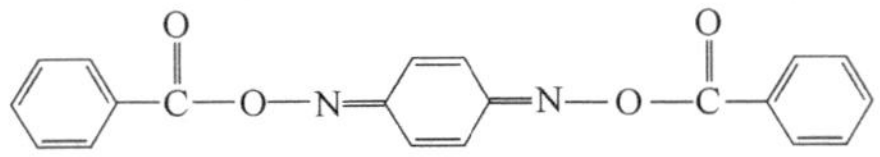

其商品名称为 DBQD。

本品为棕色粉末，无毒。其密度为 1.37g/cm^3，温度高于 200℃即分解，易分散、污染、变色。其性能与对醌二肟相似，但抗焦烧性能较好。它需要金属氧化物活化剂，硫化速度快，定伸强度高。它特别适合于丁基橡胶（如电线电缆丁基橡皮绝缘）作硫化剂，用量一般为 6phr 左右；也可用于天然橡胶和丁苯橡胶。

2.1.5 树脂类

1. 叔丁基苯酚甲醛树脂

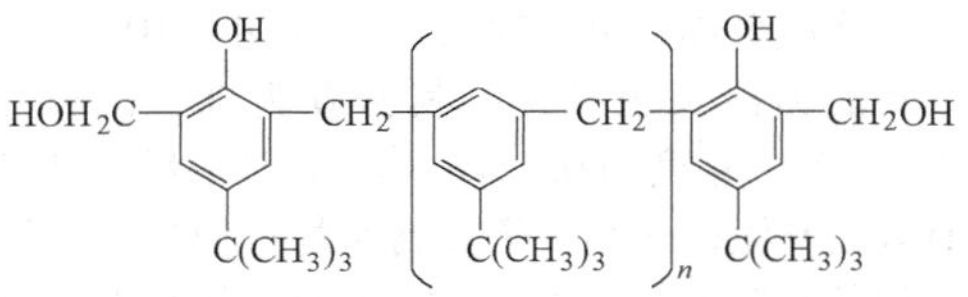

其商品名称为 2402#树脂或 101#树脂。

本品为浅黄色透明松香状固体。其软化点为 80~105℃。它是用于丁基橡胶、天然橡胶、丁苯橡胶和丁腈橡胶的有效硫化剂，主要用于丁基橡胶。其硫化胶具有优越的耐热性能，压缩变形小。通常需配以卤素化合物（如氯丁橡胶、氯磺化聚乙烯等），以提高其活性。当金属氧化物用作硫化活性剂时，不宜使用氧化锌，因其不但不能改善耐热性，反而会增大永久变形。若以氯磺化聚乙烯等作为活性剂时，加入氧化锌则能增加耐热性，也能减小压缩变形。

2. 溴化甲基烷基苯酚甲醛树脂

其商品名称为 201#树脂。

本品为黄棕色透明树脂状固体。其密度为1.0~1.1g/cm^3，软化点为 49~57.3℃，稍有卤味。它主要用于丁基橡胶，可不加活化剂，也可用于其他橡胶。在通常操作温度下，它易分散，易操作；硫化速度快，在 166~177℃时，10~60min 即能充分硫化。其防焦烧性能良好。用它硫化的丁基橡胶热老化性能较好，广泛用作耐热制品。其用量一般为 12phr 左右；为提高耐臭氧性，也可增至 15phr。

2.1.6 胺类

1. 己二胺（六甲撑二胺）

$$H_2N—CH_2—(CH_2)_4—CH_2—NH_2$$

本品为无色片状晶体。其熔点为 39~42℃，沸点为 205℃，微溶于水，溶于乙醇、乙醚和苯，适用于氟橡胶的硫化。其硫化胶具有优良的强力性能和优异的耐油、耐矿物酸的性能。其用量一般为 3phr。

2. 四乙撑五胺

$$NH_2—C_2H_4—NH—C_2H_4—NH—C_2H_4—NH—C_2H_4—NH_2$$

本品为液体。其密度为 0.999g/cm^3，沸点为 151~152℃，折射指数为 1.5015（20℃），溶于水。它用于氟橡胶硫化，用量为 6phr 左右。

3. 六甲撑二胺氨基甲酸酯（己二胺氨基甲酸酯）

$$H_2N—(CH_2)_6—NH—\overset{O}{\overset{\|}{C}}—OH[H_3N^+—(CH_2)_6—NH—COO^-]$$

其商品名称为硫化剂 Diak 1#。

本品为白色粉末，有毒，微具氨味。其密度为 1.15g/cm^3，熔点为 152~155℃，溶于水，不溶于非极性溶剂。用作氟橡胶快速硫化剂时，硫化胶的物理性能，特别是抗压缩变形及耐老化性能良好。如用于氯醚橡胶，则硫化胶的抗压缩性能尤佳。其用量一般为 1phr~2phr。

4. N,N-甲基亚硝基对亚硝基苯胺

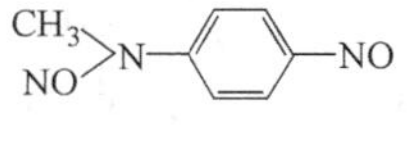

本品为浅色粉末。其密度为 2.05~2.16g/cm^3，熔点为 90℃±2℃。用作丁基橡胶的增进剂，能提高丁基橡胶的弹性、定伸强度和耐磨性，并且有良好的低温柔韧性与电绝缘性。其一般用量为 0.5phr~1.25phr。它也可作为氯磺化聚乙烯橡胶或丁基橡胶的硫化剂。

5. 金属氧化物

用作硫化剂的金属氧化物有氧化锌、氧化镁、一氧化铅以及四氧化三铅等。详见本篇 2.3 节。

2.2 硫化促进剂

在橡胶胶料中注入少量硫化促进剂，能使硫化剂活化，大大促进橡胶与硫化剂之间的反应，提高硫化速度、降低硫化温度、缩短硫化时间、减少硫化剂用量，同时相应提高硫化胶的性能。因此，硫化促进剂是橡胶配合剂中的重要材料。

硫化促进剂可分为无机促进剂和有机促进剂两大类。无机促进剂因其效率低，硫化胶性能较差，除在个别情况下仍少量使用外，已被有机促进剂所取代，现多用作有机促进剂的活化剂。有机促进剂的种类很多，按化学成分可分为噻唑类、胍类、秋兰姆类、硫脲类、次磺酰胺类及二硫代氨基甲酸盐类。

2.2.1 噻唑类

1. 2-硫醇基苯并噻唑

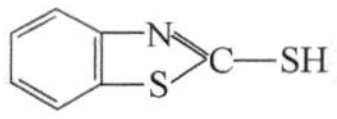

本商品名称为促进剂 M，又称促进剂 MBT。

本品为浅黄色粉末，有微臭和特殊苦味，无毒。其密度为 1.42g/cm^3，熔点不低于 171℃，贮存稳定，临界温度为 125℃。对天然橡胶及一般合成橡胶都具有快速的促进作用，但在氯丁橡胶中则起迟延剂作用。因临界温度较低，混炼时易发生早期硫化。氧化锌和硬脂酸对其有增加活性的效能，在有秋兰姆类、醛胺类、胍类、二磺酸类促进剂及碱性配合剂存在时，也能增加其活性。本品可作为化学增塑剂，一般在橡胶塑炼时加入。本品在橡胶中易分散，不污染，硫化曲线平坦性宽，不易过硫化，一般用量为 0.5phr~2.5phr。硫化胶具有良好的柔软性，较高的耐老化性能、拉伸强度和伸长率。其技术要求见表 12-2-5。

表 12-2-5 促进剂 M 的技术要求

项目		指标
外观		黄色粉末
纯度(%)	≥	98
熔点/℃	≥	171
水分(%)	≤	0.5
灰分(%)	≤	0.3
灰分中盐酸不溶物含量(%)	≤	0.04
铁及其化合物被磁铁吸出量(%)	≤	0.008
100 目筛余物(%)		无

注：表中百分数均为质量分数。

2. 二硫化二苯并噻唑

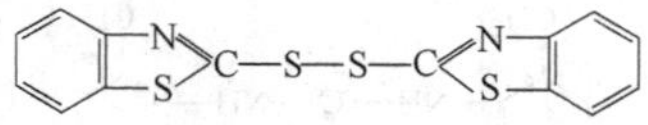

其商品名称为促进剂 DM。

本品为淡黄色粉末，无臭，无毒，有苦味。其密度约为 1.50g/cm^3，熔点不低于 160℃，无吸湿性，为稳定的化合物，临界温度 130℃，是天然橡胶及合成橡胶通用的促进剂，活性稍小于促进剂 M。由于其临界温度较高，操作安全，不易早期硫化，硫化曲线平坦。在氯丁橡胶塑炼时，加入 DM 有增塑效应，可作为氯丁橡胶的防焦烧剂。它在胶料中易分散，不污染。其硫化胶老化性能优良，一般用量为 0.75phr~4.0phr。其技术要求见表 12-2-6。

表 12-2-6 促进剂 DM 的技术要求

项目		指标
外观		淡黄色粉末
熔点/℃	≥	165
纯度(%)	≥	95
水分(%)	≤	0.5
灰分(%)	≤	0.5
游离 M 含量(%)	≤	3.0
灰分中盐酸不溶物(%)	≤	0.04
铁及其化合物被磁铁吸出量(%)	≤	0.008
100 目筛余物(%)		无

2.2.2 胍类

1. 二苯胍

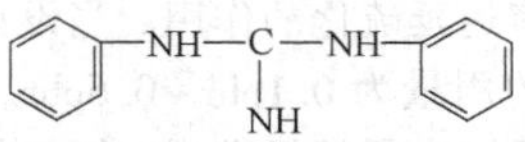

其商品名称为促进剂 D，又称促进剂 DPG。

本品为白色粉末，无毒，但对皮肤有刺激性。其密度为 1.13~1.19g/cm^3，熔点不低于 144℃，贮存稳定，在天然和合成橡胶中用作中速促进剂，临界温度为 141℃。其硫化平坦性较差，所得制品耐老化性能好。它用于氯丁橡胶中有增塑作用。其用量一般为 0.3phr~1.5phr。其技术要求见表 12-2-7。

表 12-2-7 促进剂 D 的技术要求

项目		指标	
		一级	二级
纯度		98	97
熔点/℃	≥	145	144
灰分(%)	≤	0.3	0.4
磁铁吸出量(%)	≤	0.008	0.008
100 目筛余物(%)		无	无
二苯基硫脲含量(%)		无	无
水分(%)	≤	0.2	0.3

2. 二邻甲苯胍

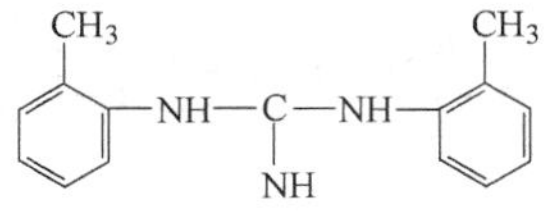

其商品名称为促进剂 DOTAN。

本品为白色粉末，微苦，无臭，无毒。其密度为 1.10～1.22g/cm^3，熔点为 168～175℃，贮存稳定。它用于天然橡胶和合成橡胶，操作安全，硫化曲线平坦性较好，临界温度为 141℃。其制品定伸强度高，但耐老化性能稍差。它在氯丁橡胶中有辅助增塑作用，也是室温硫化氯磺化聚乙烯促进体系的成分之一。其一般用量为 0.1phr～1.5phr。

2.2.3 秋兰姆类

1. 二硫化四甲基秋兰姆

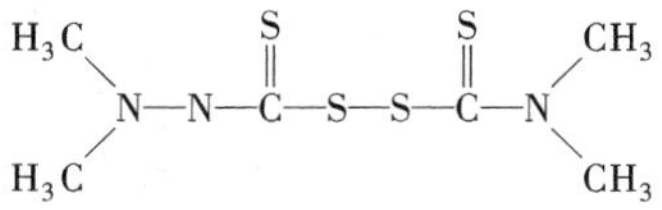

其商品名称为促进剂 TMTD，又称促进剂 TT。

本品除在橡胶中作为无硫磺硫化时的硫化剂外，也大量作为促进剂使用。其临界温度为 100～102℃，促进作用大，在混炼、挤出等操作过程中能防止早期硫化。胶料中加入硬脂酸，在氧化锌存在时其活性作用很大；但有碱土金属的氧化物（如氧化镁等）存在时，其活性降低。陶土、氧化铅、炭黑等对其有迟延硫化的作用。当设计配方时，促进剂 TMTD 的用量为 0.1phr～0.6phr。本品在天然橡胶和合成橡胶中属超促进剂，但必须加入氧化锌才能发挥效力。其技术要求见表 12-2-8。

表 12-2-8 促进剂 TMTD 的技术要求

项目		指标
外观		白色或灰白色粉末
熔点/℃	≥	140
水分(%)	≤	0.5
灰分(%)	≤	0.3
灰分中盐酸不溶物(%)	≤	0.04
铁及其化合物被磁铁吸出量(%)	≤	0.008
100 目筛余物(%)		无

2. 二硫化四乙基秋兰姆

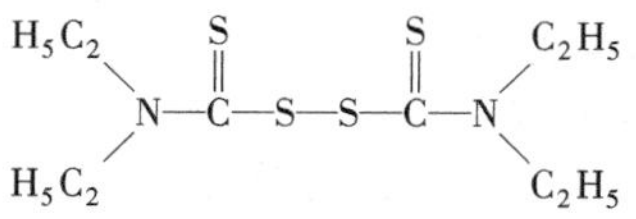

其商品名称为促进剂 TETD。

本品为白色粉末，无臭，无味，无毒。其密度为 1.17～1.30g/cm^3，熔点为 65～73℃。贮存稳定。它可作为天然橡胶、丁苯橡胶、丁腈橡胶、丁基橡胶和顺丁橡胶的超促进剂。其性能与 TMTD 相似，但活性稍低，不易焦烧，操作安全。本品在胶料中易分散，不污染，不变色。用量按其作用而异。其技术要求见表 12-2-9。

表 12-2-9 促进剂 TETD 的技术要求

项目		指标	
		一等品	合格品
外观		淡黄色粉末	淡黄色粉末
熔点/℃	≥	66	65
灰分(%)	≤	0.30	0.35
加热减量(%)	≤	0.40	0.50
筛余物 0.85mm(%)		无	无

2.2.4 硫脲类

1. N,N′二苯硫脲

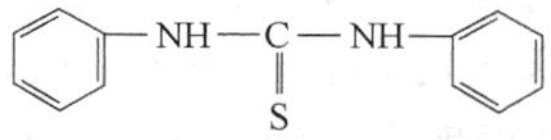

其商品名称为促进剂 CA。

本品为白色鳞片状或细粉，稍有特殊气味，有苦味，无毒。其密度为 1.26～1.32g/cm^3，熔点不低于 148℃，是硫化速度较快的一种促进剂。其临界温度为 80℃，混炼时应防止其早期硫化，使用时必须配以氧化锌。所得制品坚韧，拉伸强度和屈挠疲劳性能优良。其用量一般为 3.5phr～4.0phr，硫磺为 3.5phr～2.0phr。对 CA 的技术要求见表 12-2-10。

表 12-2-10 促进剂 CA 的技术要求

项目		指标
熔点/℃	≥	148
水分(%)	≤	0.25
灰分(%)	≤	0.30
酒精不溶物(%)	≤	微量
铁屑夹杂物(%)		无
游离苯胺(%)	≤	0.10
100 目筛余物(%)	≤	0.30

2. 乙撑硫脲（或 2-硫醇基咪唑啉，又称乙烯基硫脲）

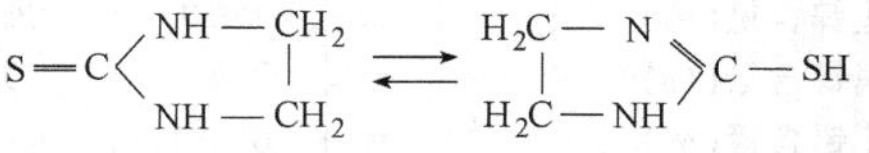

$S{=}C\langle NH{-}CH_2 / NH{-}CH_2 \rangle \rightleftharpoons H_2C{-}N / H_2C{-}NH \rangle C{-}SH$

乙撑硫脲　　　　2-硫醇基咪唑啉

其商品名称为促进剂 NA-22。

本品为白色结晶粉末，苦味，无毒。其密度为 1.43g/cm^3，熔点不低于 193℃，贮存稳定，适用于各种类型氯丁橡胶、氯磺化聚乙烯橡胶、氯醚橡胶作促进剂。与金属氧化物硫化剂，尤以氧化镁、氧化锌配合使用时，效果更好。其操作安全，不易焦烧，硫化胶耐热性能好。它在胶料中易分散，不污染，不变色。其用量为 0.2phr～1.5phr。其技术要求见表 12-2-11。

表 12-2-11　促进剂 NA-22 的技术要求

项　目		指　标
外观		白色结晶粉末，不含机械杂质
熔点/℃	≥	193
水分(%)	≤	0.2
灰分(%)	≤	0.3
100 目筛余物(%)	≤	0.1

2.2.5　次磺酰胺类

1. N 环己基-2-苯并噻唑次磺酰胺

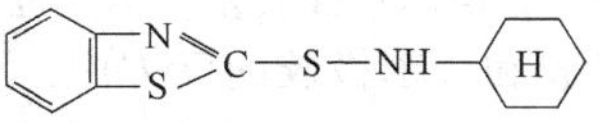

(苯并噻唑)$C{-}S{-}NH{-}$(环己基 H)

其商品名称为促进剂 CZ。

本品为淡黄色粉末，稍有气味，无毒。其密度为 1.31～1.34g/cm^3，熔点不低于 94℃，贮存稳定，但易产生结团现象，这并不影响使用。它属于后效性促进剂，抗焦烧性能优良，硫化时间短。它尤其适用于含碱性较高的油炉法炭黑的天然橡胶和合成橡胶。其硫化胶耐老化性能优良，一般用量为 0.5phr～2.0phr。其技术要求见表 12-2-12。

表 12-2-12　促进剂 CZ 的技术要求

项　目		指　标
外观		淡黄色粉末
熔点/℃	≥	94
灰分(%)	≤	0.3
水分(%)	≤	0.5
加热减量(%)	≤	0.5
灰分中盐酸不溶物(%)	≤	0.04

2. N-氧二乙撑-2-苯并噻唑次磺酰胺或 2-(4-吗啡啉基硫代）苯并噻唑

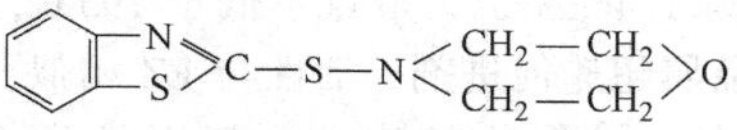

(苯并噻唑)$C{-}S{-}N\langle CH_2{-}CH_2 / CH_2{-}CH_2 \rangle O$

其商品名称为促进剂 NOBS。

本品为淡黄色粉末，无毒。其密度为 1.34～1.40g/cm^3，熔点为 80～86℃，遇热时逐渐分解，应低温贮存。若贮存时间长（如超过 6 个月以上），胶料的焦烧倾向增加。本品属后效性快速硫化促进剂，功用与 CZ 相似。其一般用量为 0.5phr～2.5phr，并配以 2.0phr～0.5phr 的硫磺。其技术要求见表 12-2-13。

表 12-2-13　促进剂 NOBS 的技术要求

项　目		指　标
熔点/℃		80～86
灰分(%)	≤	0.3
加热减量(%)	≤	0.5
机械杂质		无

2.2.6　二硫代氨基甲酸盐类

1. 二乙基二硫代氨基甲酸锌

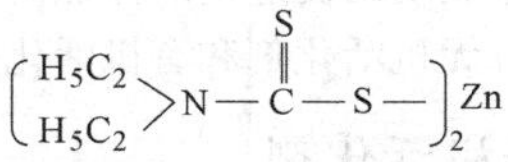

$\left[(H_5C_2)_2N{-}C({=}S){-}S{-}\right]_2Zn$

其商品名称为促进剂 EZ，也称促进剂 ZDC。

本品为白色或灰白色粉末，无味，无毒。其密度为 1.45～1.51g/cm^3，熔点不低于 175℃。它适用于天然橡胶、丁基橡胶、三元乙丙橡胶的促进剂。胶料在 120～135℃时硫化速度很快；若硫化温度再升高，硫化曲线平坦性较窄，易产生过硫。其一般用量为 0.3phr～3.0phr。其技术要求见表 12-2-14。

表 12-2-14　促进剂 EZ（ZDC）的技术要求

项　目		指　标
外观		白色或灰白色粉末
熔点/℃	≥	175
水分(%)	≤	0.5
磁铁吸出物(%)	≤	0.008
灰分中盐酸不溶物(%)	≤	0.04
100 目筛余物(%)		无

2. 乙基苯基二硫代氨基甲酸锌

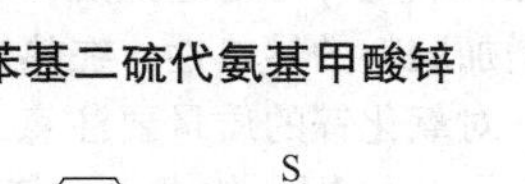

$\left[(C_6H_5)(H_5C_2)N{-}C({=}S){-}S{-}\right]_2Zn$

其商品名称为促进剂PX。

本品为白色或黄色粉末，无臭，无味，无毒。其密度为1.46g/cm^3，熔点不低于195℃，贮存稳定。本品属超速促进剂，活性与EZ相似，而抗焦烧性稍佳，操作比较安全。其用量为0.2phr～1.5phr。它在85～125℃温度范围内可供天然橡胶、丁苯橡胶、丁腈橡胶硫化时使用。其技术要求见表12-2-15。

表12-2-15 促进剂PX的技术要求

项 目		指 标
外观		白色或浅黄色粉末
熔点/℃	≥	195
水分(%)	≤	0.3
灰分(%)	≤	2.1
100目筛余物(%)		无

2.3 活化剂（促进助剂）

凡能促使有机促进剂发挥其活性的物质称为硫化活化剂。几乎所有的有机促进剂，都要借助活化剂才能显著地表现出促进剂的性能。

活化剂分无机活化剂和有机活化剂两大类。

2.3.1 无机活化剂

1. 氧化锌（ZnO）

本品为采用间接法制得的白色粉末，无味，无毒。其密度为5.6g/cm^3。它在氯丁橡胶中作硫化剂使用，主要用作天然橡胶、合成橡胶促进剂的活化剂，也可作补强剂和着色剂。氧化锌作活化剂既能加快硫化速度，又能提高硫化程度。在用噻唑类、次磺酰胺类、秋兰姆类、胍类促进剂时，氧化锌均可增加其活性。当用含锌促进剂时不必添加氧化锌。

氧化锌在氯丁橡胶中还起酸接受体作用。单用氧化锌作硫化剂时，力学性能差，易焦烧，宜与氧化镁并用。在氯磺化聚乙烯橡胶中，因氧化锌会催化生成氯化氢，故不使用。在丁基橡胶采用醌类硫化体系时，加入氧化锌可延迟焦烧，增加其热稳定性，本品可增加胶料的导热性，在热空气硫化工艺上非常重要。对氧化锌的质量要注意，应尽量降低有害金属含量（如铜、铁等）。其一般用量为5.0phr～10.0phr，与超促进剂并用时为1.0phr～2.0phr。其技术要求见表12-2-16。

表12-2-16 间接法氧化锌的技术要求

项 目		指 标	
		特级	一级
氧化锌含量(%)	≥	99.7	99.5
金属锌含量(%)	≤	无	无
氧化铅含量(%)	≤	0.037	0.05
锰含量(%)	≤	0.0001	0.0001
氧化铜含量(%)	≤	0.0002	0.0002
盐酸不溶物含量(%)	≤	0.006	0.008
灼烧减量(%)	≤	0.2	0.2
筛余物200目(%)	≤	—	0.1
325目(%)	≤	0.2	—
水溶物盐(%)	≤	0.1	0.1
遮盖力/(g/m^2)	≤	85	100
着色率(%)	≤	95	95
吸油量(%)	≤	14	20

2. 轻质氧化镁（MgO）

本品为白色疏松粉末，密度为3.20～3.23g/cm^3，在空气中能逐渐吸收水分和二氧化碳，而使活性降低，故应严格密封。

它除作氯丁橡胶的硫化剂外，兼作活化剂和无机促进剂，但胶料耐水性差。在氯丁橡胶中使用氧化锌必须加入氧化镁，其用量较氧化锌低时，有焦烧危险。本品能提高氯丁橡胶的拉伸强度、定伸强度和硬度，能中和卤化橡胶等在硫化期间或产品在其他氧化条件下所产生的少量氯化氢。对氯磺化聚乙烯橡胶能赋予其良好的物理力学性能，特别是永久变形比较小；但耐水性较差。本品也可用于氟橡胶、天然橡胶和丁苯橡胶的配方中，用量一般为2.0phr～7.0phr。表12-2-17所示为橡胶用轻质氧化镁的技术要求。

表12-2-17 橡胶用轻质氧化镁的技术要求

项 目		指 标
氧化镁含量(%)	≥	95
灼烧失重(%)	≤	3.5
氧化钙含量(%)	≤	1
盐酸不溶物含量(%)	≤	0.1
氯化物(以氯计)含量(%)	≤	0.035
硫酸盐(以SO_4计)含量(%)	≤	0.2
铁盐(以铁计)含量(%)	≤	0.05
锰盐(以锰计)含量(%)	≤	0.003
100目筛余物(%)	≤	0.1
视比容/(cm^3/g)	≥	7

3. 一氧化铅（PbO，黄丹）

本品为黄色粉末，无味，有毒。其密度为9.1～9.7g/cm^3，吸潮后易结团，影响在胶料中的分散性。

在氯丁橡胶和氯磺化聚乙烯橡胶中作硫化剂时，易产生早期硫化，加入硬脂酸和松焦油能减少胶料的焦烧倾向。但在氯丁橡胶中能提高硫化胶的耐酸及耐水性能。与氧化镁并用时，硫化胶具有优良的耐热性能。在氯醚橡胶中加入一氧化铅，能改善其耐热空气老化性能。它对采用醌类硫化剂的三元乙丙橡胶有活化作用。由于一氧化铅密度大，有毒，一般避免使用，用量为 10phr～25phr。其技术要求见表 12-2-18。

表 12-2-18 一氧化铅的技术要求

项目		指标
硝酸不溶物含量(%)	≤	0.2
一氧化铅含量(%)	≥	99.0
金属铅含量(%)	≤	0.1
过氧化铅含量(%)	≤	0.2
325 目筛余物(%)	≤	0.2

4. 四氧化三铅（Pb_3O_4，红丹）

本品为橙红色粉末，无味，有毒。其密度为 8.3～9.2g/cm^3。它可作天然橡胶、丁苯橡胶和丁腈橡胶的硫化活化剂，也可作氯丁橡胶、氯磺化聚乙烯橡胶的硫化剂。其用途与一氧化铅相似，但不适于热硫化。它在丁基橡胶中能提高硫化程度。在氟橡胶中除作活化剂外，还可作氟化氢接受体。其一般用量为 1.0phr～15phr。由于它有毒，使用时应注意。表 12-2-19 所示为四氧化三铅的技术要求。

表 12-2-19 四氧化三铅的技术要求

项目		指标
四氧化三铅含量(%)	≥	98
硝酸不溶物含量(%)	≤	0.15
325 目筛余物(%)	≤	0.02
水分(%)	≤	0.2
水溶性物(%)	≤	0.3

2.3.2 有机活化剂

1. 硬脂酸

$$CH_3(CH_2)_{16}COOH$$

本品为白色或微黄色蜡状固体，稍有脂肪味，无毒，密度为 0.9g/cm^3，在胶料中起活化剂和软化剂的作用。金属氧化物在有脂肪酸存在的情况下，能使促进剂有较大的活性。脂肪酸能使硫磺及其他粉末配合剂在胶料中分散，尤其是对炭黑、氧化锌的分散性更好。它适用于天然橡胶和合成橡胶，用量不可太多，否则容易喷出橡皮表面，腐蚀铜导电线芯。其一般用量为 0.3phr～10phr。其技术要求见表 12-2-20。

表 12-2-20 硬脂酸的技术要求

项目		指标	
		一级	二级
碘值	≤	2	4
皂化值		206～211	203～214
酸值		205～210	202～212
凝固点/℃	≥	54～57	54
水分(%)	≤	0.2	0.2
灰分(%)	≤	0.03	0.03
无机酸(%)	≤	0.001	0.001

2. 硬脂酸锌

$$[CH_3(CH_2)_{16}COO]Zn$$

本品为纯白色粉末，有特殊气味，无毒，吸入肺部有刺激作用。其密度为 1.05～1.10g/cm^3，熔点为 115～120℃。它常用作活化剂和隔离剂，也可作增塑剂和软化剂。它适用于天然和合成橡胶，用量为 1.0phr～2.0phr。

3. 三乙醇胺

$$N(CH_2—CH_2—OH)_3$$

本品为无色至褐色粘稠液体，稍有氨味，有毒。其密度为 1.10～1.13g/cm^3，熔点约为 21℃，沸点约为 360℃，闪点约为 180℃，pH 值（25%水溶液）为 11.2，吸湿性强。它适用于天然橡胶和合成橡胶。它用于丁苯橡胶时，在含白油膏的胶料中与促进剂 M 和 D 并用时，活化作用较强。它能中和陶土的酸性，改善操作性能，增加制品的气密性和抗撕裂性能。

4. 二乙醇胺

$$HN(CH_2—CH_2—OH)_2$$

本品为无色透明粘稠液体，稍有氨味。其密度为 1.088～1.095g/cm^3，熔点约为 28℃，沸点约为 269℃，闪点约为 138℃。它主要作非炭黑补强填料的活性剂，其次作操作助剂。它用于氯丁橡胶、丁腈橡胶及丁苯橡胶。

2.4 防焦剂（硫化延缓剂）

在加工过程中防止橡料焦烧（先期硫化）的

材料统称为防焦剂，又称硫化延缓剂。其基本作用在于提高橡胶加工的安全性，延长橡料贮存期限。这对保证产品质量，防止浪费作用很大。但加入防焦剂时，应不妨碍在硫化温度下促进剂的正常作用，不应对橡胶的物理力学性能产生有害影响。

在氯丁橡胶中，常用促进剂 M 和 DM 作防焦剂。

2.4.1 N-亚硝基二苯胺

其商品名称为防焦剂 NA。

本品是黄色或黄褐色结晶粉末。其密度为 $1.24g/cm^3$，熔点不低于 63℃，贮存稳定。它一般用作天然橡胶和合成橡胶（丁基橡胶除外）的防焦剂，易分散，不喷霜，对含噻唑类、秋兰姆类、二硫代氨基甲酸盐类促进剂很有效，对克服因用炉黑引起的焦烧具有特殊功效，但不适用于秋兰姆无硫硫化胶料。其一般用量为 0.3phr~1.0phr。

2.4.2 水杨酸（邻羟基苯甲酸）

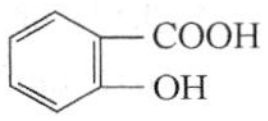

本品为白色微带黄色或淡粉红色的块状或粉末，无味，对皮肤有侵蚀作用。其密度为 $1.443g/cm^3$，熔点不低于 156℃，闪点为 160℃，贮存稳定。它在天然橡胶和合成橡胶中用作酸性促进剂的硫化延缓剂，混炼时有显著的抗焦烧性能。它不变色，不污染，易分散。其用量为促进剂的 1/4~1/2。

2.4.3 邻苯二甲酸酐

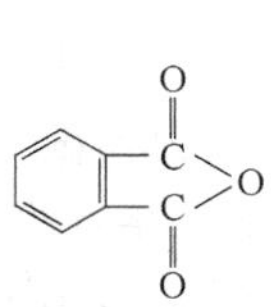

本品为白色针状结晶。其密度为 $1.53g/cm^3$，熔点不低于 130℃，沸点为 284.5℃，能升华，贮存稳定。它是天然橡胶、丁苯橡胶、丁腈橡胶、顺丁橡胶的通用型防焦剂。它易分散，不喷霜，污染小。其效果同 N-亚硝基二苯胺，用量为 0.25phr~1.0phr，用量太多会延迟硫化时间。

2.4.4 N-亚硝基苯基-β-萘胺

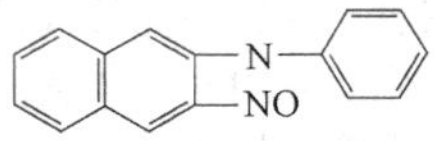

本品为灰褐色粉末。其熔点不低于 90℃。它在天然橡胶、丁苯橡胶和丁腈橡胶中能延缓硫化，防止胶料在操作温度下的焦烧现象，并具有防老剂 D 的作用。

2.4.5 二氯二甲基乙内酰脲

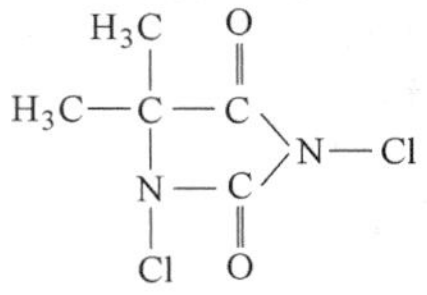

本品为天然橡胶和丁苯橡胶的防焦剂，能使胶料有良好的抗焦烧性能。它在硫化温度下不延迟硫化；在阳光、紫外光线照射下，制品不变色，也不改变力学性能和耐老化性能。

2.5 助交联剂

助交联剂多是具有一个或两个以上官能团的不饱和低分子化合物。助交联剂应用于硫化体系中，可以抑制橡胶分子链裂解副反应，加快硫化速度并提高交联性。此外，还可改善胶料的耐热、模量、拉伸强度、撕裂强度和磨耗性，在降低胶料门尼粘度的同时相应增加硫化胶硬度，并显著改善压缩永久变形。根据其对硫化速度的影响，常用的助交联剂分为两大类：一类是含有烯丙基氢的分子；另一类是分子中不含烯丙基氢的，如甲基丙烯酸酯和 N，N′-间苯撑双马来酰亚胺等，以加成而非氢取代参与交联反应。

2.5.1 三羟甲基丙烷三丙烯酸酯（TMPTA）

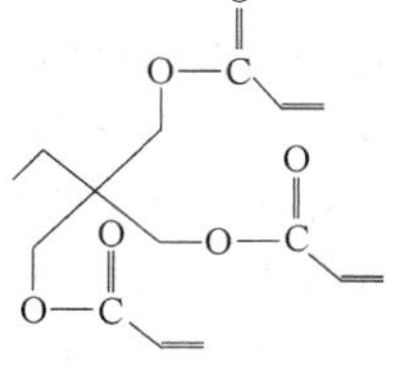

本品具有高沸点、高反应活性、高交联密度、低挥发、低刺激、固化速度快等特性。其主要技术要求见表 12-2-21。

表 12-2-21　三羟甲基丙烷三丙烯酸酯的技术要求

项　目	单　位	要　求
色度(APHA)	—	60
分子量	g/mol	296
密度(25℃)	g/cm^3	1.09~1.12
粘度(25℃)	Pa·s	$(70\sim110)\times10^{-3}$
酸值	mgKOH/g	0.2
折射率 n_D	—	1.472
表面张力	N/cm	35.0×10^{-5}
阻聚剂(MEHQ)含量	mg/kg	100~300
特性	—	高光泽与硬度佳，高反应性与高交联密度，耐磨性佳

2.5.2　三羟甲基丙烷三甲基丙烯酸酯(TMPTMA)

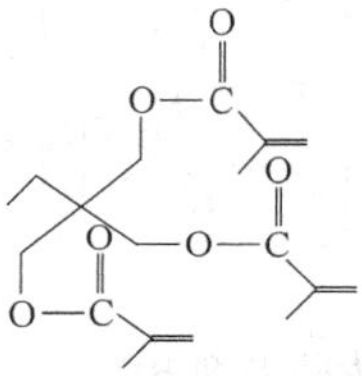

合成橡胶用过氧化物硫化时，用 TMPTMA 可改善耐蚀性、耐老化性及提高硬度、耐热性，而且能吸收过氧化物硫化时产生的气味。TMPTMA 还能减少辐射剂量，缩短辐射时间，提高交联密度。其主要技术要求见表 12-2-22。

表 12-2-22　三羟甲基丙烷三甲基丙烯酸酯的技术要求

项　目	单　位	要　求
色度(APHA)	—	100
分子量	g/mol	338
密度(25℃)	g/cm^3	1.06~1.07
粘度(25℃)	Pa·s	$(35\sim50)\times10^{-3}$
酸值	mgKOH/g	0.2
折射率 n_D	—	1.471
表面张力	N/cm	32.2×10^{-5}
阻聚剂(MEHQ)含量	mg/kg	150~400
特性	—	耐热与耐溶剂性佳，高交联密度，硬度与耐刮性佳

2.5.3　三烯丙基异氰酸酯（TAIC）

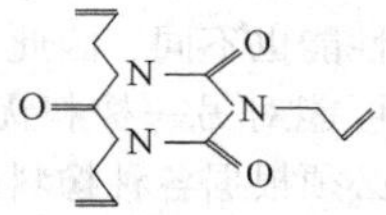

本品是一种含芳杂环的多功能烯烃单体，无毒，不溶于水，微溶于烷烃，全溶于芳烃、乙醇、丙酮、卤代烃等。它广泛用于多种塑料、橡胶的助交联剂。其主要技术要求见表 12-2-23。

表 12-2-23　三烯丙基异氰酸酯的技术指标

级别	普通 TAIC	精品 TAIC	光伏级 TAIC（太阳能 EVA 胶膜专用）	粉化品（TAIC-70）
外观	微黄色油状液体或结晶体	几乎无色油状液体或结晶体	无色透明液体或结晶体	白色粉末
色相(铂-钴法)	<150	<50	<30	—
含量(%)	≥95.0	≥98.0	≥99.0	TAIC：70±1 SiO_2：30±1
酸值/(mgKOH/g)	≤0.5	≤0.3	≤0.2	—

2.5.4　三烯丙基氰酸酯（TAC）

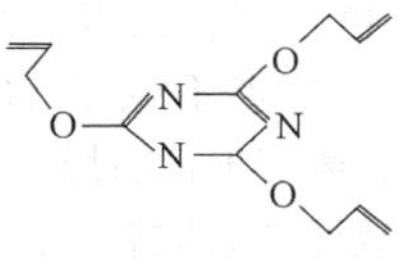

TAC 为三官能团化合物，可作为橡胶和塑料的硫化辅助交联剂。其主要技术要求见表 12-2-24。

表 12-2-24　三烯丙基氰酸酯的技术指标

项　目		单　位	要　求
外观		—	无色液体或结晶体
含量(%)	≥	—	99
凝固点		℃	26~28
色度	≤	—	30
灼烧残渣(%)	≤	—	—

2.6 防老剂

橡胶及其制品在长期存放或使用中，逐渐降低以至失去原有的物理力学性能的过程，称为老化。橡胶老化不是一个简单的过程。导致这种老化的因素主要有热氧化作用，在机械应力参与下的氧化作用（屈挠龟裂）和臭氧作用（臭氧龟裂），光和紫外光参与下的氧化作用（细微龟裂），重金属参与下的氧化作用，热水、蒸汽和水分的水解作用（水解老化），单纯热作用（热分解、后硫化、环化和硫化返原）以及霉菌的腐蚀等。

为了延长橡胶制品的使用寿命，就要在胶料中配入一些能抑制上述各种老化现象的物质，这些物质，称为老化防止剂，简称防老剂。

2.6.1 防老剂的选用要点

1）由于每种防老剂有不同的特点，而且不同配方橡料的老化性能也不同，因此，对某一橡料最有效的防老剂，可能对另一橡料无效，甚至有害。所以，对防老剂必须根据各种橡料的老化性能、防老化要求以及各种防老剂的特性加以合理选择。

2）当一种防老剂难以满足要求时，应采用两种或多种防老剂并用，使其产生协同效应（即比单用时效力高）。

3）有些防老剂对橡皮有着色作用和污染现象。一般说来，酚类防老剂防护作用差，如取代酚是完全不污染的，双酚类污染较轻（效力稍强）。而防护作用较高的胺类防老剂，却会使橡皮污染，变色严重。这些矛盾，在选用时应统筹考虑。

4）防老剂用量不宜超过在橡胶中的溶解度，以防止喷霜，污染橡皮表面质量。

5）胺类防老剂对橡料焦烧有不良影响，酚类防老剂能延迟硫化，在选用时应当注意。

2.6.2 电线电缆橡皮常用的防老剂

1. 3-羟基丁醛-α-苯胺（高分子量）

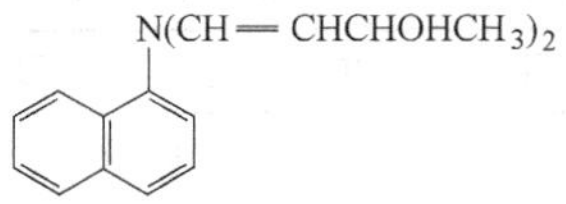

$$N(CH{=}CHCHOHCH_3)_2$$

（α-萘基结构式）

其商品名称为防老剂 AH。

本品为淡黄色至红棕色脆性玻璃状树脂，有特殊气味。其密度为 1.15～1.16g/cm^3，软化点为 65～75℃。它溶于丙酮、苯、氯仿、二硫化碳、乙酸乙酯、四氯化碳，微溶于乙醇、汽油中，不溶于水。它用作天然橡胶和合成橡胶的抗氧剂，有优良的抗氧及抗热性能，还能抑制铜、铁、锰等金属的有害作用，其最大缺点是污染、变色严重。其用量为 0.5phr～1.5phr。其技术要求见表 12-2-25。

表 12-2-25 防老剂 AH 的技术要求

项 目		指 标
熔点/℃		65～75
灰分(%)	≤	0.3
加热减量(%)	≤	0.8
机械杂质(%)	≤	0.15

2. 2,2,4-三甲基-1,2-二氢化喹啉聚合体（树脂状）

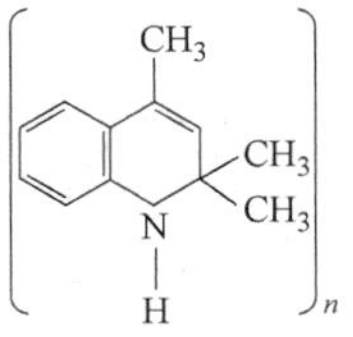

（结构式：2,2,4-三甲基-1,2-二氢化喹啉单元 $[\ ]_n$，含 CH_3、CH_3、CH_3、N—H）

其商品名称为防老剂 RD。

本品为琥珀色至灰白色树脂状粉末，无毒，可燃。其软化点不低于 74℃。它能溶于丙酮、苯、氯仿、二硫化碳中，微溶于石油烃，不溶于水。它用作天然橡胶、丁苯橡胶和丁腈橡胶的抗氧剂，能抑制较苛刻的铜等有害金属离子的催化氧化、热老化及气候老化。其一般用量为 0.5phr～2phr，最高为 3phr。其技术要求见表 12-2-26。

表 12-2-26 防老剂 RD 的技术要求

项 目		指 标
外观		琥珀色片状或粉状，无外来机械杂质
熔点/℃	≥	74
灰分(%)	≤	0.3
加热减量(%)	≤	0.3

3. 2,2,4-三甲基-1,2-二氢化喹啉聚合物（粉末状）

结构式同上。其商品名称为防老剂 124。

本品为灰白色粉末，无毒，可燃。其密度为 1.01～1.08g/cm^3，熔点不低于 114℃。它能溶于苯、丙酮、氯仿，微溶于石油烃，不溶于水。它用作天然橡胶和合成橡胶的抗氧剂，对热、氧及气候老化有优良的防护性能。其一般用量为 0.5phr～3.0phr，最高可达 5phr。其技术要求见表 12-2-27。

表 12-2-27 防老剂124的技术要求

项　目		指　标
外观		灰白色粉末
熔点/℃	≥	114
灰分(%)	≤	1.0

4. 6-乙氧基-2,2,4-三甲基-1,2-二氢化喹啉

其商品名称为防老剂AW。

本品为褐色粘稠液体，无毒。其密度为1.029～1.031g/cm^3（25℃），沸点为169℃（1.47kPa），折射指数为1.596～1.671。它溶于丙酮、苯、二氯乙烷、乙醇和汽油，不溶于水。它用作天然橡胶和合成橡胶的抗氧剂，也能有效地防护气候老化、热老化和屈挠龟裂，在丁苯橡胶中效果更好。本品不易喷霜，但污染性大，不宜用作浅色和艳色制品。其一般用量为1phr～2phr，也可用3phr～4phr。其技术要求见表12-2-28。

表 12-2-28 防老剂AW的技术要求

项　目		指　标
外观		褐色粘稠液体
挥发物(%)	≤	1.0
灰分(%)	≤	0.1
苯中不溶物		痕迹

5. 丙酮和苯基-β-萘胺低温反应产物

其商品名称为防老剂APN。

本品为褐色或灰色粉末。其密度为1.16g/cm^3，熔点不低于120℃。它溶于丙酮、苯、二氯乙烷，不溶于水和汽油，贮存稳定。它用作氯丁橡胶、天然橡胶及丁苯橡胶的抗热、抗氧、抗屈挠疲劳防老剂。其一般用量为0.25phr～1.0phr。对于耐老化性能要求较高的电线电缆用橡皮，用量可达2phr～3phr。

6. N-苯基-α-苯胺

其商品名称为防老剂甲（防老剂A）。

本品为黄褐色至紫色结晶状物质，纯品为无色片状结晶，有毒性。其密度为1.16～1.17g/cm^3，熔点不低于52℃，沸点为335℃，闪点为188℃，易燃。它易溶于丙酮、乙酸乙酯、苯、乙醇、氯仿、四氯化碳，可溶于汽油，不溶于水。它为天然橡胶、氯丁橡胶通用型防老剂，对热、氧、屈挠、气候老化、疲劳有良好的防护作用，在氯丁橡胶中兼有抗臭氧老化性能，对有害金属也有一定的抑制。其一般用量为1phr～2phr。防老剂甲的技术要求见表12-2-29。

表 12-2-29 防老剂甲的技术要求

项　目		指　标
外观		黄色或紫红色片状物
凝固点/℃	≥	53.0
水分(%)		0.2
游离胺(以苯胺计)含量(%)	≤	0.2
机械杂质(%)	≤	0.1

7. N-苯基-β-萘胺

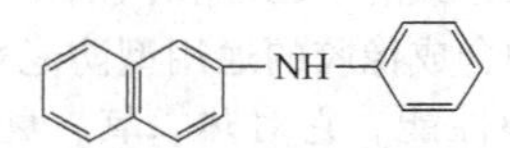

其商品名称为防老剂丁（防老剂D）。

本品为浅灰色至浅棕色粉末，纯品为白色粉末，易燃。其密度为1.18g/cm^3，熔点不低于105℃，沸点为395.5℃。它易溶于丙酮、乙酸乙酯、二硫化碳、氯仿，可溶于乙醇、四氯化碳，不溶于汽油和水。它用作天然、丁腈、丁苯及氯丁橡胶的通用型防老剂。它对热、氧、屈挠龟裂及一般老化有良好的防护作用，并稍优于防老剂甲，对有害金属有抑制作用。其用量一般为0.5phr～2phr。其技术要求见表12-2-30。

表 12-2-30 防老剂丁的技术要求

项　目		指　标
水分(%)	≤	0.15
熔点/℃		105
苯胺含量		经定性检验不呈紫色反应
2-萘酚含量(%)	≤	0.2
灰分(%)	≤	0.2
100目筛余物(%)	≤	0.1
磁铁吸出物(%)	≤	0.008

8. 辛基化二苯胺

其商品名称为防老剂OD。

本品为浅灰色或灰色颗粒。其密度为0.98～1.12g/cm^3，熔点为85～90℃。它溶于苯、二氯乙烷、二硫化碳、乙醇、丙酮和汽油，不溶于水。它

用作天然、丁苯、丁腈和氯丁橡胶的抗氧剂，对热、氧、屈挠裂口有防护作用。其一般用量为0.5phr～2phr。

9. 壬基化二苯胺

本品为褐色液体，有氨味。其密度为0.95g/cm³。它溶于汽油、苯、二氯乙烷和丙酮，不溶于水。其用途与辛基化二苯胺相似。

10. N,N′-二苯基对苯二胺

（结构式：C₆H₅—NH—C₆H₄—NH—C₆H₅）

其商品名称为防老剂H（防老剂DPPD、防老剂PPD）。

本品为灰褐色粉末，纯品为银白色片状结晶，易燃。其密度为1.18～1.22g/cm³，熔点不低于140℃。它可溶于苯、甲苯、丙酮、乙醚、二氯乙烷、二硫化碳，微溶于乙醇和汽油，不溶于水。它为天然橡胶和合成橡胶的通用型防老剂，具有优良的抗屈挠龟裂性能。它对热、氧、臭氧、光老化，特别是铜害和锰害的防护作用甚佳，尤其适用于天然橡胶和合成橡胶并用的体系。其一般用量为0.2phr～3.0phr。其技术要求见表12-2-31。

表12-2-31 防老剂H（DPPD、PPD）的技术要求

项目		指标
熔点/℃		140
灰分(%)	≤	0.3
加热减量(%)	≤	0.4
100目筛余物(%)	≤	0.1

11. N,N′-二（β-萘基）对苯二胺

（结构式：C₁₀H₇—NH—C₆H₄—NH—C₁₀H₇）

其商品名称为防老剂DNP（防老剂DNPD）。

本品为浅灰色粉末，纯品为浅色亮片状结晶。其密度为1.26g/cm³，熔点不低于225℃。它易溶于热苯胺和硝基苯，可溶于热醋酸，不易溶于苯、乙酸乙醇、氯甲烷、乙醇、乙醚及丙酮，不溶于汽油、四氯化碳、碱及水。它是天然橡胶和合成橡胶通用型防老剂，它既是链断裂抑制剂，又是金属络合剂，有优越的耐热、耐气候和抗铜、锰等有害金属的作用。其一般用量为0.2phr～1.0phr。其技术要求见表12-2-32。

表12-2-32 防老剂DNP（DNPD）的技术要求

项目		指标
外观		浅灰色粉末
熔点/℃		225
水分(%)	≤	0.2
灰分(%)	≤	0.5
2-萘酚含量(%)	≤	0.3
加热减量(%)	≤	0.5
100目筛余物(%)	≤	99.5

12. N-异丙基-N′-甲基苯基对苯二胺

（结构式：(H₃C)₂HC—NH—C₆H₄—NH—C₆H₄—CH₃）

其商品名称为防老剂4010NA，防老剂IPPD。

本品为灰至淡紫色结晶粉末，熔点为70℃。它用作天然橡胶和合成橡胶的优良抗臭氧剂，对屈挠疲劳、氧、热、臭氧等均有较佳的防护效能。本品有污染性，不宜作浅色制品。

13. N-(1,3-二甲基丁基)-N′-苯基对苯二胺

（结构式：H₃C—CH(CH₃)—CH₂—CH(CH₃)—NH—C₆H₄—NH—C₆H₅）

其商品名称为防老剂4020。

本品为灰黑色固体，皮肤和眼睛应避免与其接触。其密度为0.986g/cm³，熔点为40～45℃。它溶于苯、丙酮、乙酸乙酯、二氯乙烷、甲苯，不溶于水。它用作天然橡胶和合成橡胶的抗臭氧剂和抗氧剂，对疲劳和臭氧龟裂防护性能优良，对热、氧和铜、锰等有害金属也有较好的防护作用。本品有污染性，变色也较严重。其一般用量为0.5phr～1.5phr。

14. N-(对甲苯基磺酰基)-N′-苯基对苯二胺

（结构式：H₃C—C₆H₄—SO₂—NH—C₆H₄—NH—C₆H₅）

其商品名称为TPPD。

本品为灰色粉末，无毒。其密度为1.32g/cm³，熔点不低于135℃。它溶于丙酮，微溶于二氯乙烷、苯、热水和热碱溶液，不溶于汽油和水，贮存稳定。它用作天然橡胶和合成橡胶的防老剂，对热老化防护作用中等，对臭氧、氧老化的防护作用良好，还能抑制铜和锰的有害作用。它在氯丁橡胶中的一般用量为2phr～4phr。

15. 2,6-二叔丁基-4-甲基苯酚

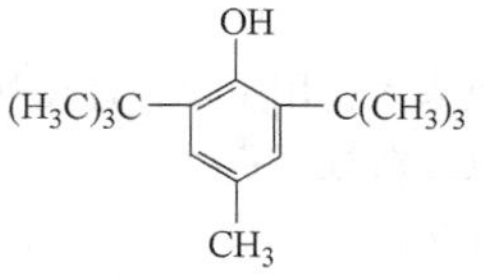

$$(H_3C)_3C-C_6H_2(OH)(CH_3)-C(CH_3)_3$$

其商品名称为防老剂264。

本品为白至黄色结晶粉末，毒性小。其密度为1.048g/cm^3，熔点为68～70℃，沸点为257～265℃，闪点为126.6℃。它可溶于苯、醇、丙酮、甲苯、四氯化碳、乙酸乙酯和汽油，几乎不溶于水和稀碱液。它是天然橡胶和合成橡胶最普通的酚类防老剂。其一般用量为0.5phr～3phr。其技术要求见表12-2-33。

表12-2-33 防老剂264的技术要求

项 目		指 标
外观		白色至浅黄色结晶
熔点/℃	≥	68
灰分(%)	≤	0.3
易挥发物(%)	≤	0.5

16. 2,2′-甲撑双（4-甲基-6-叔丁基苯酚）

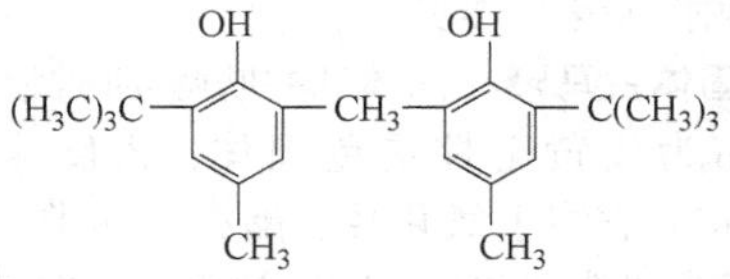

$$(H_3C)_3C-C_6H_2(OH)(CH_3)-CH_2-C_6H_2(OH)(CH_3)-C(CH_3)_3$$

其商品名称为防老剂2246。

本品为白至乳黄色粉末，稍有酚味，在正常情况下无毒，但应避免吸入其粉尘。其密度约为1.04g/cm^3，熔点不低于120℃。它易溶于乙醇、丙酮、乙酸乙酯、四氯化碳和苯，不溶于水。它用作天然橡胶和合成橡胶的抗氧剂，是酚类防老剂中较优良品种之一。其一般用量为0.5phr～1.5phr。其技术要求见表12-2-34。

表12-2-34 防老剂2246的技术要求

项 目		指 标
外观		白至乳黄色粉末
熔点/℃	≥	120
灰分(%)	≤	0.4
加热减量(%)	≤	2.0
100目筛余物(%)	≥	99.5

17. 苯乙烯化苯酚

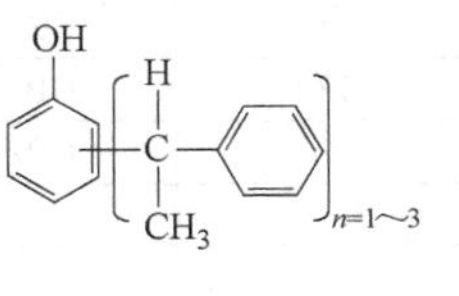

$$HO-C_6H_4-[CH(CH_3)-C_6H_5]_{n}, \quad n=1\sim3$$

其商品名称为防老剂SP。

本品为浅黄色至琥珀色粘稠液体。其密度为1.08g/cm^3，沸点高于250℃，闪点为182℃。它溶于乙醇、丙酮、脂肪烃、芳烃和三氯乙烷，不溶于水。本品低毒，低污染，作天然橡胶、丁苯橡胶、氯橡胶和乙丙橡胶的防老剂。它具有优良的抗老化作用，可提高制品的耐热氧老化性能。其用量为0.5phr～3.0phr。

18. 2-硫醇基苯并咪唑

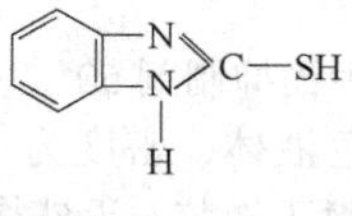

$$C_6H_4(N)(NH)C-SH$$

其商品名称为防老剂MB。

本品为白色或淡黄色结晶粉末，有苦味，无毒。其密度为1.40～1.44g/cm^3，熔点为285～290℃。它可溶于乙醇、丙酮、乙酸乙酯，难溶于二氯甲烷，不溶于四氯化碳、苯和水。它用作天然橡胶和合成橡胶的抗氧剂，对氧、气候老化有中等防护效能。其一般用量为1.0phr～1.5phr。其技术要求见表12-2-35。

表12-2-35 防老剂MB的技术要求

项 目		指 标
外观		白或淡黄色粉末
熔点/℃	≥	290
加热减量(%)	≤	0.3
灰分(%)	≤	0.5
水分(%)	≤	0.5

19. 二丁基二硫代氨基甲酸镍

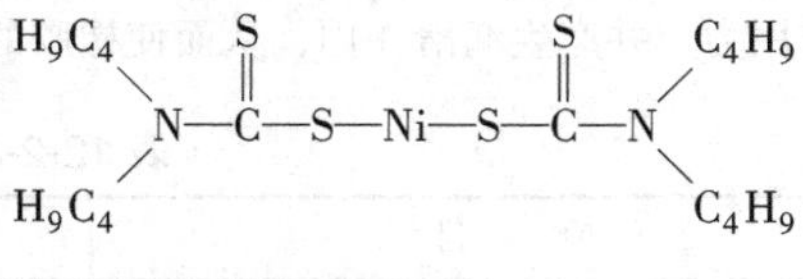

$$(H_9C_4)_2N-C(=S)-S-Ni-S-C(=S)-N(C_4H_9)_2$$

其商品名称为防老剂NBC。

本品为深绿色粉末，熔点不低于83℃，不溶于水和汽油。它用作氯丁橡胶、氯醚橡胶、氯磺化聚乙烯橡胶、丁苯橡胶和丁腈橡胶的抗臭氧剂。在氯丁橡胶中的用量为1phr～2phr，在丁苯橡胶中的用量为0.5phr～3.0phr。

20. 三壬基苯基亚磷酸酯

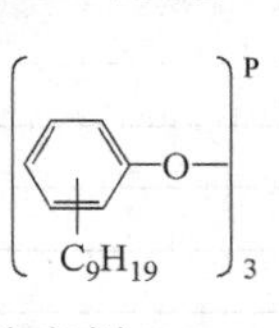

$$P[O-C_6H_4-C_9H_{19}]_3$$

其商品名称为防老剂TNP。

本品为淡黄色粘稠液体，密度为 0.97～0.995g/cm^3。它溶于丙酮、乙醇、苯、四氯化碳，不溶于水。它用作天然橡胶和合成橡胶用稳定剂和抗氧剂，能赋予合成橡胶良好的耐热性能。其一般用量为 0.3phr～1.0phr。

21. N,N′-二水杨叉-1,2-丙二胺 50%溶液

CH$_3$

—CH—N—CH$_2$—CH—N—CH—

OH　　OH

其商品名称为铜抑制剂 50#。

本品为琥珀色液体，密度为 1.03g/cm^3，闪点为 36℃。它加入氯丁橡胶、天然橡胶和丁苯橡胶中能防止铜的有害作用。

2.7 软化剂（增塑剂）

能使橡胶等高分子材料增加塑性，易于加工，并能改善制品某些性能的物质称为增塑剂。增塑剂按作用机理分为物理增塑剂和化学增塑剂两种。电线电缆的橡皮通常配入物理增塑剂。物理增塑剂即为软化剂。

2.7.1 对软化剂的要求

由于软化剂分子量比橡胶小得多，容易活动，加上软化剂和橡胶都是碳氢化合物，两者容易互相渗透、扩散、溶解，所以软化剂在橡胶中的增塑软化机理，是推开橡胶相邻分子的链节，使蜷曲的橡胶分子稍微伸长，增大分子链间的距离，减小分子间的作用力，并产生润滑作用，从而使橡胶的弹性降低，塑性增加。因此，对软化剂有以下基本要求：

1）增塑效果大，用量少，速度快；

2）与橡胶互溶性好；

3）挥发性小；

4）电绝缘性能好。

实际上，目前还没有真正能全部满足上述要求的软化剂。所以，多数情况是把两种或两种以上的软化剂并用。

2.7.2 电线电缆橡皮常用的软化剂

1. 变压器油

本品为浅黄色液体，凝固点为-25℃。它是较常用的石油系软化剂，耐氧化，有较好的耐寒性及电绝缘性。其技术要求见表 12-2-36。

2. 工业用石蜡

工业用石蜡有白蜡和黄蜡两种，为晶体结构，密度在 0.9g/cm^3 以下，熔点为 48～58℃。它对橡胶有润滑作用，使胶料易于挤出，并能改善制品外观。它又是物理防老剂，能提高制品的耐臭氧、耐水和耐日光老化等性能。其一般用量在 2phr 以下。其技术要求见表 12-2-37。

3. 固体古马隆（固体苯并呋喃-茚树脂）

本品为浅黄至棕褐色固体，密度为 1.05～1.10g/cm^3。它溶于氯化烃、酯类、酮类、硝基苯及苯胺等有机溶剂和多数脂肪油中。它有助于炭黑的分散和改善胶料挤出工艺性能。它能溶解硫磺，使之均匀分散和防止焦烧，并提高硫化胶的物理力学性能及耐老化性能。它在丁苯、丁腈和氯丁橡胶中起一定的补强作用。其技术要求见表 12-2-38。

表 12-2-36 变压器油的技术要求

项目		质量指标			试验方法
牌号		10	25	45	
外观		透明，无悬浮物和机械杂质			目测①
密度(20℃)/(kg/m^3)	≤	895			GB/T 1884—2000 GB/T 1885—1998
运动粘度/(mm^2/s)					GB/T 265—1988
40℃	≤	13	13	11	
-10℃	≤	—	200	—	
-30℃	≤	—	—	—	
倾点/℃	≤	-7	-22	报告	GB/T 3535—2006②
凝点/℃	≤	—		-45	GB/T 510—1983
闪点(闭口)/℃	≥	140		135	GB/T 261—2008
酸值/(mgKOH/g)	≤	0.03			GB/T 264—1983
腐蚀性硫		非腐蚀性			SY2689

（续）

项　目		质量指标			试验方法
牌　号		10	25	45	
氧化安定性③					ZB E38 003
氧化后酸值/(mgKOH/g)	≤		0.2		
氧化后沉淀(%)	≤		0.05		
水溶性酸或碱			无		GB/T 259—1988
击穿电压(间距2.5mm交货时)④/kV	≥		35		GB/T 507—2002⑤
介质损耗因数(90℃)	≤		0.005		GB/T 5654—2007
界面张力/(mN/m)	≥	40		38	GB/T 6541—1986
水分/(mg/kg)			报告		ZB E38 004

① 把产品注入100mL量筒中，在20℃±5℃下目测，如有争议时，按GB/T 511—2010测定机械杂质含量为无。

② 以新疆原油和大港原油生产的变压器油测定倾点时，允许用定性滤纸过滤。倾点指标，根据生产和使用实际经验与用户协商，可不受本标准限制。

③ 氧化安定性为保证项目，每年至少测定一次。

④ 击穿电压为保证项目，每年至少测定一次。用户使用前必须进行过滤并重新测定。

⑤ 测定击穿电压允许用定性滤纸过滤。

表12-2-37　工业用石蜡的技术要求

项　目		指标											
		白蜡						黄蜡					
		48#	50#	52#	54#	56#	58#	48#	50#	52#	54#	56#	58#
外观		白色结晶						黄色结晶					
臭味		无						无					
颜色稳定性/d		7						7					
机械杂质		无						无					
熔点/℃	≥	48	50	52	54	56	58	48	50	52	54	56	58
含油量(%)	≤	2.3	2.1	1.8	1.6	1.4	1.2	2.8	2.5	2.2	2.0	1.8	1.6

表12-2-38　固体古马隆的技术要求

项　目		指　标
外观		浅黄色至棕褐色固体
软化点(环球法)/℃		80~90
灰分(%)	≤	0.05
酸碱度(%)	≤	0.05
pH值		—
水分(%)	≤	0.3
机械杂质		—
碘值		—

4. 松焦油

本品为褐色粘性液体，有污染性。其密度为1.01~1.06g/cm³，沸点为240~400℃。它微溶于水，溶于乙醇、乙醚、氯仿、丙酮、冰醋酸、氢氧化钠溶液等。它有助于配合剂在胶料中的分散，并有增加粘性的作用，可提高制品的耐寒性，属通用性软化剂。其技术要求见表12-2-39。

5. 松香

本品为浅黄色及黄红色透明固体，密度为1.1~1.5g/cm³。它不溶于水，溶于乙醇、乙醚、丙酮、苯、二硫化碳、松节油、油类和碱溶液。它能增加胶料的粘着性能，主要用于胶浆中。它是不饱和化合物，能促使胶料老化，并延迟硫化，因此在制品中不能多用。其技术要求见表12-2-40。

表12-2-39　松焦油的技术要求

项　目		指标		
		1#	2#	3#
水分(%)	≤	0.5	0.5	0.5
挥发分(%)	≤	6.0	6.0	6.0
灰分(%)	≤	0.5	0.5	0.5
恩氏粘度/s		200~300	300~400	400~500
酸度(%)	≤	0.3	0.3	0.3
机械杂质		无	无	无

6. 机械油

本品为褐色油状体，无污染性。其密度为0.91~0.93g/cm³。它属于润滑性软化剂，工艺性能较好。机械油的主要技术要求见表12-2-41。而电线电缆用橡皮中常用的是20#（HJ-20）机械油。

表 12-2-40 松香的技术要求

项目		指标					
		特级	一级	二级	三级	四级	五级
色泽		微黄	淡黄	黄	深黄	黄棕	黄红
外观		透明	透明	透明	透明	透明	透明
软化点(环球法)/℃	≥	76	76	75	75	74	74
酸值/(mgKOH/g)	≥	166	166	165	165	164	164
皂化物(%)	≤	5	5	5	5	6	6
乙醇不溶物(%)	≤	0.03	0.03	0.03	0.03	0.04	0.04
灰分(%)	≤	0.02	0.02	0.03	0.03	0.04	0.04

表 12-2-41 机械油的技术要求

项目		指标				
		HJ-10	HJ-20	HJ-30	HJ-40	HJ-50
动力粘度(50℃)/(10^{-3}Pa·s)		7~13	17~23	27~33	37~33	45~53
凝固点/℃	≤	-15	-15	-10	-10	-10
残炭(%)	≤	0.15	0.15	0.25	0.25	0.3
灰分(%)	≤	0.007	0.007	0.007	0.007	0.007
水溶性酸及碱		无	无	无	无	无
酸值/(mgKOH/g)	≤	0.14	0.16	0.20	0.35	0.35
机械杂质(%)	≤	0.005	0.005	0.007	0.007	0.007
水分		无	无	无	无	无
闪点(开口)/℃	≥	165	170	180	190	200
腐蚀(T3 铜片)		合格	合格	合格	合格	合格

7. 硬脂酸

参见本章第 2.3 节“活化剂（促进助剂）”中的有机活化剂。

2.8 补强剂

凡是加入橡胶中，经硫化后能显著提高橡胶的拉伸强度、定伸强度、硬度、弹性和耐磨性等物理力学性能的配合剂称为补强剂。常用的有炭黑、陶土等。

2.8.1 补强剂的基本作用

补强剂的细小粒子填充到橡胶的分子结构中，其表面与橡胶分子的表面接触而产生化学结合和物理吸附，从而对橡胶起到补强作用。这种补强作用，主要取决于补强剂的粒径、结构、表面性质以及它在橡胶中的分散均匀程度。

(1) 补强剂的粒度 补强剂的粒度越小，补强作用越大。因为粒子越细，就越易于填充到硫化橡皮的网状组织之中，并与橡胶分子有较大的接触面。

(2) 补强剂粒子的表面性质 补强剂粒子的表面性质是决定橡胶与被强剂之间能否相互湿润、增大吸引力的主要因素。以炭黑为例，由于其表面能吸附很多活性基团（如—OH、—COOH、>C =O等），这些基团与橡胶的碳氢分子链界面形成复杂的化学反应，结果使橡胶分子脱氢而形成炭黑凝胶，这也相应提高了炭黑的补强效果。

(3) 粒子形状和结晶构造 补强剂的粒子越小，表面积越大，补强作用越显著。补强剂粒子有球形和非球形，在粒子体积相同的情况下，球形的表面积最大。炭黑一般为无定形和微结晶的集合体，近似于球形，故补强效果大，而陶土一般为针状或片状的结晶性形态，补强效果比炭黑略差，但定伸应力会有提高。

(4) 粒子的结构性 补强剂的粒子聚集在一起成为链状结构，称为补强剂的结构性。其联结粒子链的大小或形状，即为结构程度。通常，称这种“联结”为结构化。结构化程度一般用吸油值表示。在粒径相同的条件下，吸油值大表示结构化程度高，此时补强剂能使橡皮的定伸应力、硬度和导电性能有所提高，易于混合；但焦烧倾向大。

2.8.2 电线电缆橡皮常用的补强剂

电线电缆护套用橡皮，需配入大量的补强剂，最常用的是炭黑，其次有陶土、白炭黑等。

表 12-2-42　橡胶用炭黑的技术要求

项　目	技术指标																				
	天然气槽法炭黑		混气槽法炭黑		滚筒法炭黑		中超耐磨炉法炭黑		高耐磨炉法炭黑		低结构高耐磨炉法炭黑		通用炉法炭黑		油基半补强炉法炭黑		天然气半补强炉法炭黑		喷雾炉法炭黑		快压出炉法炭黑
	一级	二级	一级	二级	一级	二级	一级	二级	一级	二级	一级	二级	一级	二级	一级	二级	一级	二级	一级	二级	—
商品代号	S301						N220		N330		N219		N660	N660			N770				N550
平均粒径/nm	25~32		30~38		28~35		22~26		27~34		27~34		50~70	S0~80	60~100		80~130		100~130		36~？9
吸碘值/(mg/g)	≥130		≥80		≥90		100~130		75~100		75~100		25~40	20~35	20~30		10~25		10~20		—
水分(%)　≤	4.0		3.5		3.5		3.0		2.0		2.0		1.5		1.5		1.5		1.0		0.1~2.0
灰分(%)　≤	0.10	0.20	0.08	0.15	0.10		0.30	0.50	0.25	0.40	0.55		一级 0.30 二级 0.50		0.30	0.50	0.30	0.50	0.30	0.50	0.2~0.7
二苯胍吸着率(%)	12~19	10~22	10~15		5~9		7~9.5		4~7.5		3.5~7.5		0.5~3.0		0.8~2.5		≤3.0		—		—
吸油值/(mL/g)	0.90~1.20		0.90~1.10		0.90~1.10		0.90~1.20		0.90~1.20		0.60~0.90		0.70~1.00	0.50~0.70	0.50~0.80		0.40~0.70		1.00~1.30		1.0~1.2
酸值/(mgKOH/g)	3.5~4.5	3.2~4.5	2.9~3.5		4.0~5.5		6.0~10.0		6.0~10.0		6.5~9.5		7.0~10.5		8.0~10.5		8.0~10.5		8.0~10.5		5.8~9.5
丙酮抽出物(%)　≤	—		—		—		—		—		—		—		—		0.4	0.7	0.3		—
100 目筛余物(%)　≤	0.02	0.06	0.02	0.05	0.02	0.06	0.02	0.06	0.02	0.06	0.02	0.06	一级 0.02 二级 0.08	0.03 0.08	0.03	0.08	0.03	0.08	0.03	0.08	325 目 0.02
杂质	无		无		无		无		无		无		无		无		无		无		无
拉伸强度/MPa　≥	30	29	29	28	29	28	29	28	27	26	29	28	25	24	24	22	24	22	19		—
伸长率(%)　≥	650		630	600	600		530		500		580	560	560	600	600		620		570	550	—
300%定伸应力/MPa	5.5~8.5		7~10		7~10		11.5~15		12~15.5		9~12		7~9.5	5~8	4~7		3.5~7		6~8		—
磨损体积/(mL/1.61km)　≤	0.60		0.60		0.60		0.25		0.30		0.40		—	—	—		—		—		

1. 炭黑

炭黑的种类很多，但按其对橡胶的补强效果不同，主要分为活性炭黑和半补强炭黑两大类。

活性炭黑具有高补强作用，能使橡胶具有高的耐磨性、拉伸强度、撕裂强度和定伸应力等性能。活性炭黑又可分为高强力型（如槽法炭黑）、通用型（如滚筒法炭黑）和耐磨型（各种耐磨炭黑）三类。

半补强炭黑具有一定的补强效果，能使制品获得高弹性和一定的定伸应力。它在混炼时发热小。半补强炭黑又可分为高定伸应力型（如喷雾法炭黑）和弹性型两类。

若按生产方法不同，炭黑可分为槽法炭黑、炉法炭黑、热裂法炭黑、灯烟法炭黑、乙炔法炭黑和滚筒法炭黑等。其中，常用的有高耐磨炉法炭黑、半补强炉法炭黑、混气槽法炭黑以及乙炔炭黑等。乙炔炭黑主要用于半导电层或作为导电橡胶的配合剂。

由于槽法炭黑混炼时困难，延迟硫化、生热大；而炉法炭黑加工容易，生热小，但补强性能差，故一般将两者并用，以获得最佳的补强效果和加工工艺性能。此外，不同种类的橡胶对炭黑的补强效能也会显示出不同效果，如丁苯橡胶可显示出很好的效果，而氯丁橡胶则不明显。

各种炭黑的技术要求见表 12-2-42。

2. 陶土

陶土即为含水硅酸铝（$Al_2O_3 \cdot SiO_2 \cdot nH_2O$），为浅灰色至灰黄色粉末，微溶于醋酸或盐酸，掺用陶土的胶料，易于加工。它能赋予胶料耐酸、耐碱、耐油和耐磨等性能，有很好的耐热性，拉伸强度和定伸应力比较高。其缺点是质量不稳定，由于粒子具有各向异性的性质，因而撕裂强度较差；又因它对二苯胍吸着率较大，故有延迟硫化的作用。其主要技术要求见表 12-2-43。

3. 白炭黑

白炭黑的组成为水合二氧化硅（$SiO_2 \cdot nH_2O$），实际上并无碳原子。其补强作用和炭黑相似。它主要用在浅色制品中，是硅橡胶优良的补强剂，在乙丙橡胶、氯丁橡胶和丁苯橡胶中也可使用。配有白炭黑的胶料，其促进剂、硫磺和硬脂酸的用量，比使用炭黑作补强剂时增加 10%～15%。白炭黑用量视用途而别，一般为 50phr～60phr。

白炭黑有气相法和沉淀法两种，以前者使用为多。其技术要求分别列于表 12-2-44 和表 12-2-45。

表 12-2-43 陶土的技术要求

项　目	指　标	项　目	指　标
SiO_2 含量(%)	40～50	二苯胍吸着率(%)	6～12
Al_2O_3 含量(%)	40～30	沉降体积(%)	4～3
Fe_2O_3 含量(%)	1.2～2.0	酸值/(mgKOH/g)	5～8
Mn 含量(%)	0.0045～0.007	密度/(g/cm^3)	2.5～2.6
灼烧减量(%)	12～11	折射率	1.56
加热减量(%)	1.5	传热系数/[$J/(cm^2 \cdot s \cdot K)$]	0.00444
100 目筛余物(%)	—		

表 12-2-44 气相法白炭黑的技术要求

项　目		指　标			
		2#	3#	4#	5#
二氧化硅含量(%)	≥	99.5	99.5	99.5	99.5
游离水含量(%)	≤	3	4	4	5
灼烧减量(%)	≤	5	5	6	7
铁含量(%)		0.01	0.01	0.005	0.01
铝含量(%)		0.02	0.02	0.02	0.02
铵含量(%)		0.03	—	—	0.03
酸值/(mgKOH/g)		4～6	4～6	3.5～5	4～6
机械杂质		微量	微量	极微量	微量
比表面积(吸附法)/(m^2/g)		80～120	80～150	150～200	80～150
吸油值/(mg/g)		2.6～2.8	2.8～3.5	3.5 以上	2.8～3.5
体积密度/(g/mL)		0.03～0.05	0.03～0.05	0.04～0.06	0.03～0.05

表 12-2-45　沉淀法白炭黑的技术要求

项　目	指　标	
	1#	2#
粒径(nm)	43.9	26.6
比表面积(电镜法)/(m^2/g)	65.7	101
比表面积(BET 法)/(m^2/g)	73.4	177.4
吸油值/(mL/g)	2.33	2.65
酸值/(mgKOH/g)	8.5	8.8
水分(%)	6.7	7.4
灼烧减量(%)	10.4	10.6
200 目筛余物	0.005	0.003
比容/(mL/g)	263.2	161.8
密度/(g/cm^3)	1.18	1.15
SiO_2(以干基计)(%)	95.07	96.43

2.9　填充剂

填充剂与补强剂之间无明显的界限。只对橡胶补强作用不大，但可增加胶料体积，降低成本，改进工艺性能，而又无损于橡胶性能的物质，统称填充剂。

电线电缆橡皮常用的填充剂有以下几种。

2.9.1　滑石粉

主要成分为含水硅酸镁（$3MgO \cdot 4SiO_2 \cdot H_2O$），为白色或淡黄色有光泽的片状结晶。其化学性质不活泼，有滑腻感。其密度为 2.7~2.8g/cm^3，加热减量不大于 0.5%。它是电线电缆橡皮中普遍使用的一种填充剂，适用于天然橡胶和合成橡胶。其技术要求见表 12-2-46。

表 12-2-46　滑石粉的技术要求

项　目		指　标
盐酸不溶物(纯度)(%)	≥	90
水分(%)	≤	0.5
磁铁吸出物(%)	≤	0.04
氧化铁(%)	≤	0.2
灼烧失重(%)	≤	6
筛余物(%)	≤	
200 目		无
300 目		2

2.9.2　轻质碳酸钙

轻质碳酸钙一般是指沉淀碳酸钙（$CaCO_3$），为无味、无毒的白色粉末。其密度为 2.4~2.7g/cm^3。其粒子较细，平均在 1~3μm 之间。它可被酸分解出二氧化碳，不溶于水。它在胶料中作为白色填充剂使用，在胶料中易分散，不影响硫化。其技术要求见表 12-2-47。

表 12-2-47　轻质碳酸钙的技术要求

项　目		指　标	
		一级	二级
碳酸钙含量(以干基计)(%)	≥	98.2	96.5
水分(%)	≤	0.30	0.40
盐酸不溶物(%)	≤	0.10	0.20
氧化铁(Fe_2O_3)含量(%)	≤	0.15	0.20
游离碱含量(以 CaO 计)(%)	≤	0.10	0.15
锰含量(%)	≤	0.0045	0.0045
120 目筛余物(%)	≤	0	0.005
沉降体积/(mL/g)		2.8	2.8
硫化物含量(%)		无	无

2.9.3　活性轻质碳酸钙

本品是由轻质碳酸钙用硬脂酸进行表面处理所制得的，比碳酸钙活性大，多作为浅色补强剂和一般制品的填充剂。活性轻质碳酸钙为无味白色粉末，粒子较细。其补强性能比轻质碳酸钙大，可作为白色制品的填充剂和补强剂使用。其补强性能随粒子大小而异，粒子越细，补强效果越大。它在合成橡胶中的补强效果较显著，硫化橡胶的拉断伸长率、撕裂强度、耐屈挠性能比一般碳酸钙高。其主要技术指标见表 12-2-48。

表 12-2-48　活性轻质碳酸钙的技术要求

项　目		指　标
碳酸钙含量(%)	≥	95
硬脂酸含量(%)		2.5±0.2
氧化铁(Fe_2O3)含量(%)	≤	0.1
盐酸不溶物(%)	≤	0.3
锰含量(%)	≤	0.0045
100 目筛余物(%)	≤	0
加热减量(%)	≤	0.5

2.10　着色剂

加入橡胶胶料用以改变制品颜色为目的的物质统称为着色剂。着色剂通常分为无机着色剂和有机着色剂两大类。

2.10.1　二氧化钛（钛白粉）

二氧化钛为橡胶用白色着色剂，有板钛型、锐钛型和金红石型三种晶型。工业上利用的主要是后两种，金红石型相对密度为 4.26g/cm^3，熔点为 1830~1850℃。锐钛型相对密度 3.84g/cm^3。二氧化钛的化学性质相当稳定，不溶于水、有机酸和弱无机酸，可溶于浓硫酸、碱和氢氟酸，化学性能稳定。二氧化钛具有较强的消色力、遮盖力等优良的颜料性能。金红石型二氧化钛的主要技术要求见表12-2-49。

表 12-2-49 金红石型二氧化钛的技术要求

项目	指标
TiO_2 含量(%)	93
Al_2O_3 含量(%)	4.3
SiO_2 含量(%)	1.4
密度(20℃)/(g/cm³)	1.40
白度	99.8
平均粒径/μm	0.40
吸油量	16.2

2.10.2 三氧化二铁（铁红）

三氧化二铁一般为红色粉末。因其制造方法、工艺条件、结晶状态或成分的差异，产品的色彩从赤黄色、深红色至暗红色不等。其主要技术要求见表 12-2-50。

表 12-2-50 三氧化二铁的技术要求

项目		指标
Fe_2O_3(%)	≥	80
水分(%)	≤	0.5
水溶物(%)	≤	1.0
pH 值		7.0
吸油量		15
筛余物(%)	≤	0.5

2.10.3 群青

群青是含硫的硅酸铝的复合物，为蓝色粉末，具有极佳的耐光性和耐热性。它不溶于水，耐碱，但不耐酸，遇酸分解变色。其主要技术要求见表12-2-51。

表 12-2-51 群青的技术要求

项目		指标
游离硫(%)	≤	0.03
可溶盐(%)	≤	0.05
挥发物（105℃×2h）(%)	≤	1.75
密度(20℃)/(g/cm³)		2.35
吸油量(%)		37.5
筛余物(45μm)(%)	≤	0.05

2.10.4 炭黑

炭黑是一种非常细且着色力非常高的无机颜料，通过对其粒径的控制，其色相可分为蓝色调和棕色调。它有很好的紫外线吸收能力。与其他颜料相比，炭黑有更好的着色力和遮盖力，且有非常优异的耐热性。耐化学性和耐光性。由于炭黑的粒径只有几个纳米到几十个纳米，孔隙率达 90%，又是无机材料，因此它可以稳定地分散到有机的树脂体系中。

2.11 偶联剂

偶联剂是一种能增进无机物与有机物之间结合性能的助剂。按化学结构分，偶联剂有硅烷类、钛酸酯类、有机铬络合物类等。其中，硅烷偶联剂是偶联剂中品种最多、用量最大的偶联剂。

2.11.1 乙烯基三（β-甲氧基乙氧基）硅烷

$CH_2=CHSi(OC_2H_4OCH_3)_3$

乙烯基三（β-甲氧基乙氧基）硅烷的主要技术要求见表 12-2-52。

表 12-2-52 乙烯基三（β-甲氧基乙氧基）硅烷的技术要求

项目		指标
外观		无色透明液体
密度(20℃)/(g/cm³)		1.0120~1.0240
折光率 n		1.4200~1.4450
沸点/℃		285
含量(%)	≥	98.0

2.11.2 γ-氨丙基三乙氧基硅烷

$H_2NCH_2CH_2CH_2Si(OC_2H_5)_3$

本品有碱性，通用性强。γ-氨丙基三乙氧基硅烷的主要技术要求见表 12-2-53。

表 12-2-53 γ-氨丙基三乙氧基硅烷的技术要求

项目		指标
外观		无色透明液体
密度(25℃)/(g/cm³)		0.946
折光率 n		1.420
沸点/℃		217
含量(%)	≥	98.0

2.11.3 γ-甲基丙烯酰氧基丙基三甲氧基硅烷

$CH_2=C(CH_3)COO(CH_2)_3Si(OCH_3)_3$

本品有碱性，通用性强，γ-甲基丙烯酰氧基丙基三甲氧基硅烷的主要技术要求见表 12-2-54。

表 12-2-54 γ-甲基丙烯酰氧基丙基三甲氧基硅烷的技术要求

项 目	指 标
外观	无色透明液体
密度(25℃)/(g/cm^3)	1.043~1.053
折光率 n	1.4285~1.4310
沸点/℃	255
含量(%) ≥	97.0

2.11.4 双(γ-三乙氧基硅丙基)-四硫化物

$(C_2H_5O)_3SiCH_2CH_2CH_2S_4CH_2CH_2Si(OC_2H_5)_3$

本品为含硫硅烷偶联剂，溶于醇、丙酮、苯等有机溶剂，不溶解于水。双(γ-三乙氧基硅丙基)-四硫化物的主要技术要求见表 12-2-55。

表 12-2-55 双(γ-三乙氧基硅丙基)-四硫化物的技术要求

项 目	指 标
外观	棕黄色透明液体
密度(25℃)/(g/cm^3)	1.069
折光率 n	1.493
闪点/℃ ≥	100
含硫量(%) ≥	22.5

2.11.5 单烷氧基钛酸酯偶联剂

本品处理填料时，反应活性高，分散性好，热稳定性好，是一种性能优良的无机材料表面处理剂。单烷氧基钛酸酯偶联剂的主要技术要求见表 12-2-56。

表 12-2-56 单烷氧基钛酸酯偶联剂的技术要求

项 目	指 标
外观	酒红色粘稠液体
密度(25℃)/(g/cm^3)	0.976
折光率 n	1.447
闪点/℃	96
分解温度/℃	260

2.11.6 单烷氧基不饱和脂肪酸钛酸酯偶联剂

本品适用于非极性、半极性材料。单烷氧基不饱和脂肪酸钛酸酯偶联剂的主要技术要求见表12-2-57。

表 12-2-57 单烷氧基不饱和脂肪酸钛酸酯偶联剂的技术要求

项 目	指 标
外观	酒红色粘稠液体
密度(25℃)/(g/cm^3)	0.934
折光率 n	1.42
闪点/℃	100
分解温度/℃	255

2.12 特殊用途加入剂

能使橡皮具有某种特殊性能的配合剂，称为特殊用途加入剂，如导电剂、静电防止剂(抗静电剂)、隔离剂等。

2.12.1 导电剂

导电剂是制造电线电缆用半导电橡皮和半导电塑料必不可少的材料。常用的导电剂有以下几种。

1. 乙炔炭黑

乙炔炭黑的主要技术要求见表 12-2-58。

表 12-2-58 乙炔炭黑的技术要求

项 目		指 标	
		一级	二级
水分(%)	≤	0.3	0.3
灰分(%)	≤	0.2	0.2
吸油值/(mL/g)	≥	2.2	2.0
100 目筛余物(%)	≤	0.1	0.2
杂质		无	无
吸碘值/(mg/g)		60~80	60~80
平均粒径/nm		35~45	35~45
1MN 压力时电阻率/(Ω·cm)		15	15

2. 导电炭黑

其商品名称为导电炭黑 N293。

本品是采用油炉法生产，并经后处理而得的细粒径炭黑，又称导电炉黑。它除具有导电作用外，对橡胶也有补强作用，但生热较大。其用量为 50phr 时，在天然橡胶中电阻率可达 40Ω·cm 左右；用量为 20phr 时，在聚氯乙烯塑料中电阻率可达 1450Ω·cm 左右。其主要技术要求见表 12-2-59。

表 12-2-59 导电炭黑的技术要求

项 目	指 标
平均粒径/nm	21~29
比表面积(BET 法)/(m^2/g)	125~200
吸油值/(mL/g)	1.3
酸值/(mgKOH/g)	8~9
吸碘量/(mg/g)	164.7
挥发分(%)	1.5~2.0

3. 特导电炭黑

其商品名称为特导电炭黑 N472。

本品是用油炉法生产，并经后处理而得的产品，又称特导电炉黑。本品在天然橡胶及合成橡胶中加工性能良好，其硫化胶的电阻率较低，优于上述导电炉黑。其用量为 50phr 时，在天然胶中其电阻率可达 14Ω · cm；用量为 20phr 时，在聚氯乙烯塑料中其电阻率约达 22Ω · cm。其主要技术要求见表 12-2-60。

表 12-2-60 特导电炭黑的技术要求

项 目	指 标
平均粒径/nm	25~35
比表面积(BET 法)/(m^2/g)	225~285
吸碘量/(mg/g)	505.7
吸油值/(mL/g)	2.60
pH 值	7.1
挥发分(%)	0.03
灰分(%)	0.26

4. 石墨

本品为无定形碳，为黑色粉末。其密度为 2.2g/cm^3。它呈弱碱性，化学性质不活泼。其主要技术要求见表 12-2-61。

表 12-2-61 石墨的技术要求

项 目		指 标
外观		无机械杂质
挥发分(%)	≤	1.0
铜含量(%)	≤	0.05
钴、镍、铅和砷		痕迹
灰分(%)	≤	10~14
水分(%)	≤	1.0
筛余物(%)		
100 目	≤	10.0
200 目	≤	45.0

2.12.2 抗静电剂

加工过程中，橡胶和塑料在动态应力和摩擦作用下，常产生表面电荷集聚，有引起触电、着火和爆炸等危险。为防止静电作用，需加入抗静电剂。

1. 十八酰胺乙基-二甲基-β-羟乙基铵之硝酸盐

$$\left(C_{17}H_{35}-\overset{O}{\overset{\|}{C}}-NH-CH_2-CH_2-\underset{CH_3}{\underset{|}{\overset{CH_3}{\overset{|}{N}}}}-CH_2-CH_2OH\right)^+ NO_3^-$$

其商品名称为抗静电剂 SN。

本品为棕红色油状粘稠液体，易溶于丙酮、醋酸、丁醇、氯仿等有机溶剂，对 5%酸、碱溶液稳定。其温度高于 180℃ 时要分解，季铵盐含量为 60%±5%，酸值为 4~6。它可防止橡胶、塑料、树脂等各种物质的表面电荷积累，能直接混入橡胶之中。

2. 十八酰胺丙基-二甲基-β-羟乙基铵之磷酸二氢盐

$$\left(C_{17}H_{35}-\overset{O}{\overset{\|}{C}}-NH-(CH_2)_3-\underset{CH_3}{\underset{|}{\overset{CH_3}{\overset{|}{N}}}}-C_2H_5OH\right)^+ H_2PO_4^-$$

其商品名称为抗静电剂 SP。

本品 35%溶液时为浅黄色液体，用于塑料、树脂及其他物质之用。

3. 硬脂酸聚氧乙烯醇酯

$$C_{17}H_{35}COO(CH_2CH_2O)_6H$$

其商品名称为抗静电剂 PES。

本品为黄褐色蜡状物质；中性，对酸碱稳定；溶于乙醇，在碱性水溶液中加热则水解；可直接混入胶料，热稳定性良好。

2.12.3 阻燃剂

一般电线电缆用橡皮均为易燃的碳氢化合物。配入阻燃剂可使橡皮难以着火或抑制火焰的蔓延。

氯丁橡胶或氯磺化聚乙烯因含有阻燃元素氯而具有良好的自熄性，但在阻燃要求高的场合，也需要配以适当的阻燃剂。

橡皮常用的阻燃剂为卤系阻燃剂（如氯化石蜡、十溴二苯醚、十二氯代环癸烷）和无机阻燃剂（如三氧化二锑、硼酸锌、氢氧化铝、氢氧化镁和瓷土等）。详见第 11 篇有关内容。

2.12.4 抗水解稳定剂

抗水解稳定剂用于含酯和酰胺基团的高分子材料，它可以除酸除水，防止自催化降解，起到稳定作用。它可改善和提高聚合物的使用寿命，特别是在高温潮湿及酸碱介质等苛刻使用条件下的抗水解稳定性能。

1. N,N-二（2,6-二异丙基苯基）碳二亚胺

$C_{25}H_{34}N_2$

N,N-二（2,6-二异丙基苯基）碳二亚胺与分解产物羧酸或水发生反应，可以生成对母体材料的稳定性没有任何负面作用或影响的脲基化合物。N,N-二（2,6-二异丙基苯基）碳二亚胺还可以防止聚合物在加工过程中的分子量降低。其主要技术要求见表 12-2-62。

表 12-2-62 N,N-二（2,6-二异丙基苯基）碳二亚胺的技术要求

项目	指标
外观	无色或类白色粉末
含量(%)	99.5
熔点/℃	49
异氰酸盐含量/(mg/g)	10

2. 聚碳化二亚胺

聚碳化二亚胺通常反应活性很低，常温或稍高温度下和过氧化物等强氧化剂、硫酸、促进剂等还原剂都没有反应性，是性能很稳定的化学品；高温下可以和水、硫化氢、苯酚、醇和酰胺起加成反应；和羧酸、磺酸有很强的反应性，生成结构稳定的酰脲，可以通过这个反应，消除高分子材料中的酯基、缩二脲基、脲基甲酸酯基、氨基甲酸酯基、脲基等易水解基团水解产生的羧基，有效终止高分子材料的自引发裂解的进程；由于分子中含一个或更多反应基团，在水解严重的材料中，可以产生断链再接效果，使体系强度提高；在水解过程中不断提高修补连接断链，使材料的使用寿命延长，通常用量建议为 0.5%~2%，水解严重的材料可以视情况多添加。其主要技术要求见表 12-2-63。

表 12-2-63 聚碳化二亚胺的技术要求

项目	指标
外观	浅黄色透明固体
含量(%)	99
密度(20℃)/(g/cm³)	1.05
熔点/℃	80
分解温度/℃	130
异氰酸盐含量/(mg/g)	10

2.13 润滑剂

润滑剂通常是一类分子量较低的化合物，表面张力小，加入橡胶后通过降低橡胶分子间的作用力，能使粉末状配合剂与生胶很好地浸润，从而改善橡胶及其胶料在加压下的流动性，以提高压出、注射工艺的操作效率，或者降低半成品的不合格率，模压制品充模效果好，容易脱模。此外，润滑剂还可以改善胶料的辊筒操作性。

目前常用的润滑剂有脂肪酸金属盐类、脂肪酸酰胺、硬脂酸、烃类。

2.13.1 硬脂酸酰胺

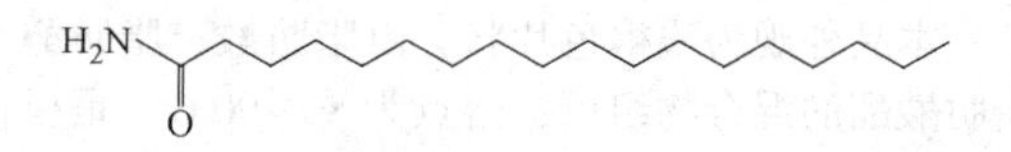

本品为白色或淡黄褪色粉末。它在乙醇中重结晶后为无色叶状结晶，溶于热乙醇、氯仿、乙醚，难溶于冷乙醇，不溶于水。其相对密度为 0.96g/cm^3，熔点为 108.5~109℃，沸点为 250℃（1599.86 Pa）。其润滑性比脂低，持续性较短，热稳定性较差，有初期着色性。它与少量高级醇（C16~18）配合可以克服上述缺点。

2.13.2 油酸酰胺

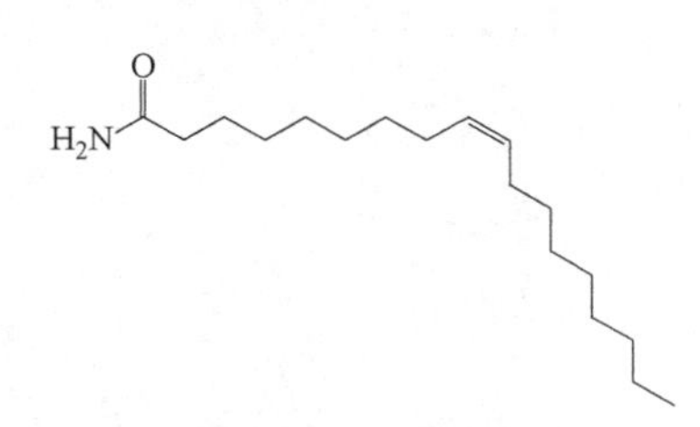

本品在室温下为白色粉状或片状，无毒，不溶于水，溶于热乙醇、乙醚等有机溶剂。它由植物油精制而成，具有特殊的内外润滑作用，对热、氧、紫外线较稳定。它具有抗粘结、爽滑、增滑、流平、防水、防湿、防沉淀、抗污损、抗静电、分散等功效，防粘、抗粘、抗静电和分散性强，无吸湿性。

2.13.3 莱茵 Aflux16

本品外观为米色粒状，由天然脂肪酸钙盐与酰胺酯蜡的混合物组成。其熔点为 80~105℃。它主要用作 EPDM、ACM、BR、IR、CR 的加工助剂，特别适用于 EPDM 和 IR。它可降低橡胶混合物的粘度来提高胶料的流动性，使挤出速率更高，尺寸稳定性更好及口型膨胀更小。它可减少混合体系对硫化产品的束缚，有助于脱模。

2.13.4 莱茵 Aflux25

本品由脂肪酸与异烷烃蜡的混合物组成，外观为白色颗粒，熔点为 70℃。它是天然橡胶与特种橡胶（如丙烯酸酯橡胶，氯丁橡胶，氟橡胶，氢化丁腈橡胶，丁腈橡胶等）的润滑剂，用于硫化产品的成型与挤出，有助于挤出与注塑成型。经欧洲 BGVV 认证推荐，它可用于食品包装橡胶材料中。

2.13.5 莱茵 Aflux42

本品外观为浅褐色片状，由脂肪酸、脂肪醇与脂肪酸酯的混合物组成，熔点为 80~90℃，是极佳的填料和化学品分散剂。它适用于包括三元乙丙橡胶和氯丁橡胶在内的所有橡胶，以及所有挤出成型和注塑橡胶材料中，包括鞋类。它应用于连续硫化加工与注塑成型中，对硫化特性无影响。

2.13.6 聚乙烯蜡

本品价格低廉，与乙丙橡胶相容性好，具有低熔点和低熔融粘度，可改善胶料的分散性，不影响硫化和物理性能，绝缘性好。

第3章

电线电缆常用橡胶和橡皮

3.1 天然橡胶和橡皮

3.1.1 分类、特性和用途

1. 天然橡胶的主要成分和分子结构

天然橡胶是从（三叶）橡胶树采集胶乳，然后经加酸凝固、压片、熏烟干燥或造粒等加工而成的高弹性固体材料。天然橡胶的主要成分是橡胶烃和少量的非橡胶烃。其中，橡胶烃含量为92%~95%，非橡胶烃含量为5%~8%。非橡胶烃的成分是蛋白质、脂肪酸、糖类、灰分和水分。非橡胶烃的成分见表12-3-1。

表12-3-1 非橡胶烃的成分

成分名称	含量(%)	成分名称	含量(%)
蛋白质	2.0~3.0	灰分	0.2~0.5
丙酮抽取物	1.5~4.5	水分	0.3~1.0

非橡胶烃成分中，蛋白质具有促进硫化和抑制老化的作用，但也有易吸水致使橡胶发霉、电性能下降的副作用；丙酮抽取物是一些高级脂肪酸及固醇类物质，其中有一些具有防老和促进硫化的作用，有一些具有帮助粉状配合剂的分散和软化橡胶的作用；灰分中主要成分是磷酸镁、磷酸钙等盐类以及铜、锰、铁等金属化合物，这些变价金属离子对橡胶具有促进老化的作用。

微观看，天然橡胶是由大小不等的粒子组成的。粒子呈圆球状，直径为0.02~3μm，且具有外、中、内三层结构。外层是由蛋白质、卵磷脂、脂肪酸及其他表面物质组成的。中层和内层皆为橡胶烃，由于聚合度不同，内层为粘稠的溶胶体，中层为凝胶体。

橡胶烃是由异戊二烯链节组成的不饱和天然高分子聚合物，其分子结构代表式为

$$-\!\!\left[CH_2-\underset{}{\overset{CH_3}{\overset{|}{C}}}=CH-CH_2 \right]\!\!-_n$$

天然橡胶的分子量分布在3万~3000万之间，分子量分布指数在2.8~10之间，平均分子量约为70万，平均聚合度为10000左右。

天然橡胶是异戊二烯聚合物，异戊二烯分子有顺式和反式两种结构，其中顺式为1，4-异戊二烯，反式为3，4-异戊二烯。天然橡胶中，顺式1，4-异戊二烯占97%以上。

天然橡胶的分子结构具有下列特点：

1）主链具有较高的不饱和度，每个异戊二烯加成结构就含有一个双键。

2）与双键相邻的碳原子上的氢原子（常称为α-氢原子），受双键和甲基斥电子性影响，因而特别活泼，容易被其他物质夺去。

3）顺式1，4-聚异戊二烯没有极性基团和庞大的侧链，分子极性很小；分子链十分规整，相邻两个甲基之间的距离为0.816nm（8.16Å），具有较长的恒等周期，分子链柔顺性很好。

2. 天然橡胶的主要性能

（1）物理性能 天然橡胶没有一定的熔点，加热后慢慢软化，当温度达到130~140℃时，将完全软化到熔化状态；当温度至200℃左右时，开始分解，270℃时则急剧分解。常温下，天然橡胶稍有塑性，随温度降低而逐渐变硬；当温度低至0℃时，弹性大大减低；若将其冷却到-70℃，则变成脆性物质。如将冷冻的橡胶加热到常温，可以恢复原状。

天然橡胶的物理性能见表12-3-2。

（2）机械强度 天然橡胶是一种拉伸结晶性橡胶，无论是纯胶橡皮还是标准填料补强橡皮，都具有非常好的机械强度。纯胶橡皮的拉伸强度可达18MPa以上，经炭黑补强的橡皮抗拉强度则高达25~35MPa。

（3）弹性 天然橡胶极性很小，且分子具有较长的恒定周期，使之具有独特的柔软性和弹性。在各种橡胶中，当属天然橡胶的弹性为最好，其弹性

伸长率高达1000%，当外力解除后，仍能迅速恢复，且永久变形很小；在350%以内伸缩时，其回弹率达85%以上。

表 12-3-2 天然橡胶的物理性能

物理性能	数值
密度/(g/cm^3)	0.9~0.95
热导率(45~100℃)/[W/(m·K)]	0.15
门尼粘度[50ML(1+4)100℃]	90~150
玻璃化转变温度/℃	-70~-75
透气率(15℃)/[cm^3/(cm^2·24h)]	
空气	2.5
CO_2	2.8
CO	1.88
H_2	11.2
N_2	1.38
O_2	4.5

(4) 电绝缘性能 天然橡胶具有较好的电绝缘性能，尤其是除去蛋白质者，体积电阻率可高达$10^{15}\Omega \cdot m$。普通天然橡胶的电绝缘性能见表12-3-3。

表 12-3-3 普通天然橡胶的电绝缘性能

电绝缘性能	数值
体积电阻率/Ω·m	$(1\sim6)\times10^{13}$
击穿强度/(MV/m)	20~30
相对介电常数(1kHz)	2.4~2.6
介质损耗因数 $\tan\delta$(1kHz)	0.0023~0.0030

(5) 化学性能 天然橡胶分子结构中含有不饱和双键，化学反应能力强，硫化后能形成富有弹性的橡皮；同理，在热、氧作用下，易生成过氧化物，发生自催化的连锁反应，导致断链、发粘或龟裂。另外，天然橡胶不耐气候老化，耐臭氧和耐电晕性差，微量的铜、锰等重金属盐存在时，还可加速其老化。

天然橡胶是非极性橡胶，只能耐受一些极性溶剂，但不耐油和有机溶剂。

3. 天然橡胶的分类和质量分级

天然橡胶可分为三个类别：通用类、特种类和改性类。通用类又可分为标准（颗粒）胶、烟片胶、风干胶和绉片胶。电线电缆所使用的是通用类的前两者。

通用天然橡胶一般按两种方法进行质量分级：一是按外观质量分级，如烟片胶和绉片胶；二是按理化指标分级，一般标准（颗粒）橡胶即是按这种方法分级的。

(1) 烟片胶分级 我国国家标准将烟片胶分为五个等级，电线电缆常用一级、二级和三级。各种烟片胶均有标准胶样，以便对照。烟片胶包装较大，一般必须分切使用。国际上规定每包质量为102~104kg，体积为0.14m^3。我国规定每包质重为50kg，体积为0.06m^3。电缆工业用国产烟片胶分级及质量要求详见表12-3-4。

表 12-3-4 电缆工业用国产烟片胶分级及质量要求

项目	一级	二级	三级
外观质量	黄棕色带烟味，干燥、清洁、强韧的产品。无氧化发粘和不熟胶，允许有少量气泡	黄棕色带烟味，干燥、清洁、强韧的产品。无氧化发粘和不熟胶，允许有少量气泡和轻微的胶锈	干燥、强韧、无氧化发粘和不熟胶，允许有明显易见的气泡
拉伸强度/MPa ≥	20	20	18
伸长率(%) ≥	750	750	700
挥发物(%) ≤	0.75	0.95	1.00
水溶物(%) ≤	0.60	1.40	1.50
铜含量(10^{-4}%) ≤	8	8	8
锰含量(10^{-4}%) ≤	20	20	20
丙酮抽取物(%) ≤	4.0	4.0	4.5

(2) 标准天然橡胶分级 标准橡胶是指按照机械杂质、塑性保持率、塑性初值、氮含量、挥发物含量、灰分含量、颜色指数等理化指标进行分级的天然橡胶。无论其物理状态是颗粒还是其他，只要以此方法进行分级，就是标准橡胶。包括我国在内的多个国家和国际标准化组织（ISO）已建立了完善的标准橡胶标准化体系。其中，国际标准天然橡胶和中国标准橡胶的分级分别见表12-3-5和表12-3-6。

4. 天然橡胶的用途

天然橡胶的拉伸强度和弹性优于大多数合成橡胶，加之低温柔软，电绝缘和加工性能较好，因此被广泛用于电线电缆的绝缘和护套。

关于天然橡胶绝缘橡皮，有必要多介绍一下。

过去，天然橡胶常用于导体工作温度在70℃及以下的绝缘橡皮，具有长期使用和运行经验，其安全性也得以充分验证。然而，IEC最终决定且经绝大多数会员国一致同意——淘汰IE1绝缘橡皮（以天然橡胶为基的橡皮绝缘），而以IE4（乙丙橡皮绝缘）取代之，这已体现在现行电线电缆标准中，如GB/T 5013.1～7—2008、GB/T 5013.8—2013《额定电压450/750V及以下橡皮绝缘电缆》系列标准及JB/T 8735—2011《额定电压450/750V及以下橡皮绝缘软线和软电缆》系列标准，其主要原因如下：

表12-3-5 国际标准天然橡胶（ISO 2000：2014）

性能		各级橡胶的极限值					检验方法
		SL	5	10	20	50	
		颜色带的色泽					
		绿	绿	褐	红	黄	
留在45μm筛网上的杂质含量(%)	≤	0.05	0.05	0.10	0.20	0.50	ISO 249
塑性初值	≥	30	30	30	30	30	ISO 2007
塑性保持率(PRI)(%)	≥	60	60	50	40	30	ISO 2930
氮含量①(%)	≤	0.6	0.6	0.6	0.6	0.6	ISO 1656
挥发物含量②(%)	≤	1.0	1.0	1.0	1.0	1.0	ISO 2481(烘箱法100℃±5℃)
灰分②(%)	≤	0.6	0.6	0.75	1.0	1.5	ISO 247
颜色指数	≤	6	—	—	—	—	ISO 4660

① 对原浓度凝固的橡胶（ICR），氮含量不应超过0.7%。

② 对原浓度凝固的橡胶（ICR），挥发物和灰分应与有关单位协商解决，且这两项都不应超过1.5%。

表12-3-6 中国标准橡胶规格（GB/T 8081—2008）

质量项目		级别的极限值				
		5号	10号	20号	50号	检验方法
杂质含量(%)	≤	0.05	0.10	0.20	0.50	GB/T 8086—2008
塑性初值	≥	30	30	30	30	GB/T 3510—2006
塑性保持率(PRI)(%)	≥	60	50	40	30	GB/T 3517—2014
氮含量①(%)	≤	0.6	0.6	0.6	0.6	GB/T 8088—2008
挥发物含量②(%)	≤	1.0	1.0	1.0	1.0	GB/T 64313—2009
灰分含量②(%)	≤	0.6	0.75	1.0	15	GB/T 4498.1—2013

① 对原浓度凝固橡胶，其氮含量不应超过0.7%。

② 对原浓度凝固橡胶，其挥发物和灰分应与有关单位协商解决，但这两项都不应超过1.5%。

1）天然橡胶绝缘橡皮必须采用硫磺或含硫化合物硫化，即使采取隔离措施，仍不可避免绝缘橡皮老化发粘和铜导体发黑的问题。

2）天然橡胶绝缘橡皮必须进行氧弹试验。这种试验具有一定的危险性，但没有有效的替代试验方法。

3）从资源上看，欧洲长于合成橡胶而短于天然橡胶。

4）国产天然橡胶远远不能满足国内市场需要，目前进口量已占总量的3/4，其价格已与进口乙丙橡胶相差无几。所以，以乙丙橡皮绝缘代替天然橡胶橡皮绝缘，自是水到渠成。然而，天然橡胶绝缘橡皮，除其缺点外，毕竟有着不可替代的优势，如柔软、弹性，在某些情况下，非其莫属。这就是说，天然橡胶之于电线电缆的研究和应用成果，仍具有保留和继承价值。

天然橡胶用于电线电缆，一般有下列几种方式：①单独使用；②与合成橡胶并用；③与合成树脂共混成为热塑性天然橡胶，或经动态硫化形成热塑性弹性体。

3.1.2 橡皮配方

1. 绝缘橡皮配方

（1）一般橡皮绝缘的物理力学性能要求 电线电缆用一般橡皮绝缘，其橡皮应由天然橡胶或合成橡胶，或者并用混合组成。一般橡皮绝缘的物理力学性能详见本篇第1章。

（2）绝缘橡皮配方概要

1）天然橡胶的选用和并用。绝缘橡皮所用天然橡胶，一般应选择标准橡胶和一级烟片胶。

一般来说，绝缘橡皮不单纯使用天然橡胶，而是天然橡胶与丁苯橡胶并用，并用比例通常为1∶1，这也是通常所说的二合一橡皮。两者并用后，虽然橡皮的强度和抗撕性能有所下降，但可提高橡皮的抗氧化能力，这对PLCV（加压盐浴）连续硫化尤为重要。两者并用还可以大大改善挤出性能和产品外观，同时也有降低成本的作用。

2）硫化体系和配合体系。天然-丁苯绝缘橡皮的硫化体系，主要有秋兰姆硫化体系和液体多硫化物 JL-1（又名 VA-7）硫化体系。当然也可以采用硫磺硫化，但因其存在许多缺点，即使是护套橡皮，也很少采用之。首先，是键能问题。键能是指破坏某一化学键所需的最低能量。硫磺硫化形成的是多硫键，JL-1 形成的是 2~4 个硫键，而秋兰姆形成的则是单硫键。其键能见表 12-3-7。键能越高，橡皮的耐热性能越好。采用硫磺硫化，还存在其他问题，具体原因，详见护套橡皮。

表 12-3-7 各种横键的键能

横键形式	结构式	键能/(4.1868kJ/mol)
多硫键	—C—S_x—C—	<64
双硫键	—C—S—S—C	64
单硫键	—C—S—C—	68
碳-碳键	—C—C—	83

① 秋兰姆硫化绝缘橡皮。秋兰姆硫化剂多为二硫化四甲基秋兰姆（TMTD），一般用量为 2.4phr~3.0phr。当用量超过 3.0phr 时，橡皮耐热性虽有提高，但铜导体发黑严重。

相较于硫磺直接硫化，秋兰姆类含硫化合物的硫化常被称为“无硫硫化”，尽管橡皮仍是含硫的。即使是无硫硫化，仍然避免不了绝缘橡皮发粘和铜导体发黑的问题。其主要原因是，硫化剂直接作用于铜表面，一方面导致导体发黑，另一方面形成活性铜基团，并不断迁移到橡皮中。这种活性铜对橡皮具有催化老化作用，致使橡皮发粘。这种发粘过程是，由内向外，由粘至软，直至硬化。例如，铜导体橡皮绝缘线芯导体直径为 1.76mm，绝缘厚度为 1.0mm，硫化前后以及老化后橡皮中的铜含量分别为：

硫化前　0.003%
硫化后　0.009%
120℃×4d 老化后　0.054%

图 12-3-1 所示为不同金属对含防老剂 D 的秋兰姆硫化绝缘橡皮加速老化的影响。

因采用 TMTD 硫化而致橡皮发粘、导体发黑，是彼此相关、相互影响的，这只能通过配方设计加以解决。另外，还有其他一些因素，也可能导致发黑、发粘。例如，欠硫，可使橡皮发粘；导体表面油污，也可使导体发黑；塑炼工艺、材料及空气中的水分、微量的硫，也可使导体发黑。这些与硫化剂造成的发黑，本质是不同的，与之对应的解决办法也是不同的，且不可混淆之。

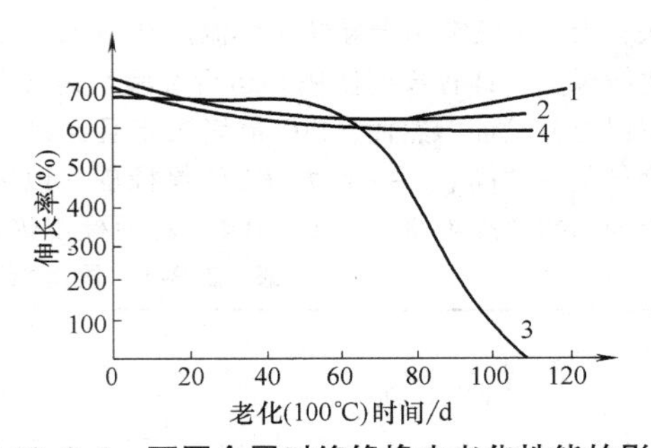

图 12-3-1 不同金属对绝缘橡皮老化性能的影响
（天然橡胶与双烯类橡胶的配比为 1∶1）
1—无导体 2—铝导体 3—铜导体 4—镀锡铜导体

为解决因采用 TMTD 硫化而致橡皮发粘、导体发黑问题，人们进行了大量探索，结果发现，以秋兰姆为硫化剂的绝缘橡皮，如果配方中不用硬脂酸，且采用 MB（2-硫醇基苯并咪唑）和 DNP［NN′-二(β-萘基)对苯二胺］防老剂并用，是非常有效的。防老剂 MB 在硫化过程中能钝化铜表面，形成化学较稳定的金黄色保护膜；在老化过程中，MB 还能增进分子间的交联。防老剂 DNP 是卓越的铜抑制剂，它与活性铜离子形成稳定的螯合物，从而可抑制活性铜对橡皮的催化老化。防老剂 MB 也有类似的作用。防老剂 MB 和 DNP 有协同效果，不仅可以防止铜芯发黑和绝缘橡皮发粘，而且赋予绝缘橡皮优异的耐热性。试验证明，防老剂 MB 用量为 2phr~2.5phr，效果最佳；DNP 在橡胶中溶解度低，用量为 0.25phr~0.75phr 时较合适，超过 0.75phr，会发生喷霜。分别以防老剂 MB 2.5phr/DNP 0.5phr 和防老剂 D 2.0phr 两种防老剂体系组成天然橡胶配方，并制作直径为 1.76mm 铜芯橡皮绝缘玻璃丝编织涂蜡电线，对比试验可充分说明其效果，详见表 12-3-8 和图 12-3-2。

表 12-3-8 橡皮绝缘成品电线 90℃老化过程的变化

老化时间/d	防老体系	
	防老剂 D	防老剂 MB/DNP
硫化后	铜芯表面变褐色 绝缘内壁呈黄色	铜芯表面呈金黄色 绝缘内壁颜色正常
20	绝缘内壁开始发粘	不发粘，不发黑
30	整个绝缘发粘	不发粘，不发黑
40	绝缘呈塑性，流动	不发粘，不发黑
45	绝缘硬化	不发粘，不发黑

对于 TMTD 硫化体系而言，氧化锌是很好的活性剂。随着用量的增加，橡皮的耐热老化性能有所提高，用量一般为 5phr~10phr。硬脂酸是氧化锌的分散剂和助活化剂。若不添加硬脂酸，将对连续硫

化的速度有较大影响；若添加硬脂酸，则对橡皮发粘和铜导体发黑产生不良影响。试验证明，当使用1phr硬脂酸时，铜导体表面变暗；使用2phr硬脂酸时，成为褐色；使用4phr硬脂酸时，则呈黑褐色。因此，在TMTD硫化体系中，硬脂酸的用量应尽可能少，一般不大于0.5phr。

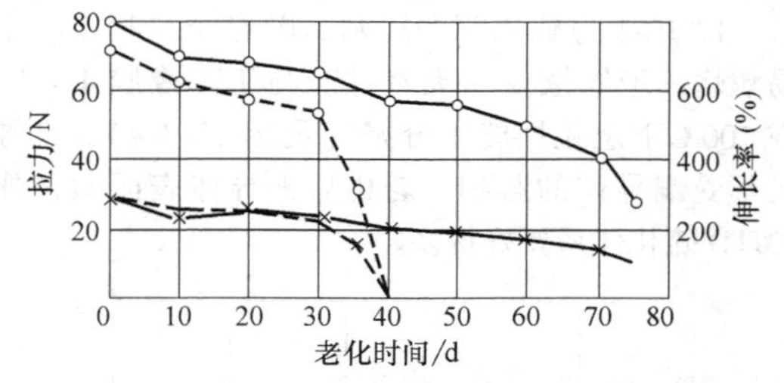

图12-3-2　成品电线在90℃烘箱中绝缘橡皮的老化曲线

——防老剂MB/DNP　-----防老剂D

—○—拉力　—×—伸长率

在TMTD为硫化体系的绝缘橡皮中，若加入促进剂ZDC（二乙基二硫代氨基甲酸锌），不仅可以提高橡皮的硫化程度，而且可以提高橡皮的耐热特性，当添加0.5phr～1.5phr时，效果已非常显著。若将ZDC、MB以及少量胺类防老剂并用，则可将橡皮的工作温度提高到75℃。详见图12-3-3。但是，混炼后若要滤橡，ZDC不能在混炼工序加入，否则将导致焦烧。

在TMTD硫化体系中，噻唑类促进剂（如促进剂M），几乎不起促进硫化的作用，然而仍作为重要添加剂使用，原因有二：①促进剂M是天然橡胶的化学增塑剂，只需加入0.1phr～0.2phr，就可有效提高天然橡胶的塑性；②促进剂M能够提高绝缘橡皮的耐热老化性能，当用量为0.5phr～0.75phr时，效果最优，如果再增加用量，将延长焦烧时间和降低硫化速度。促进剂M对胶料焦烧的影响，详见表12-3-9。

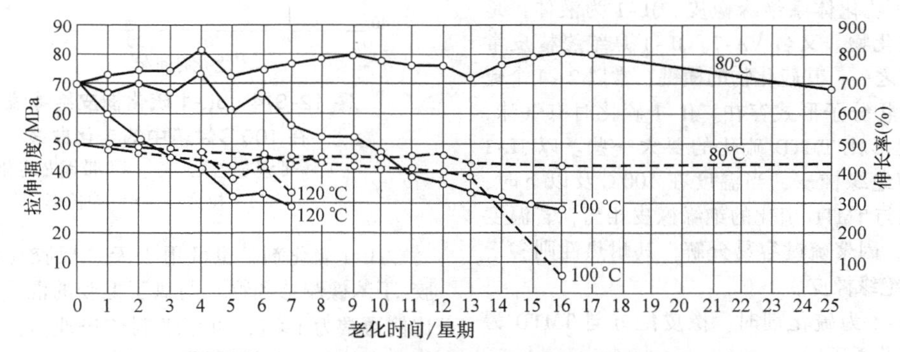

图12-3-3　TMTD硫化橡皮试片的烘箱耐老化曲线

天然橡胶：丁苯橡胶为1∶1；ZDC 1.5phr；MB 2.0phr；DNP 0.5phr；DPPD 1.0phr

——拉伸强度　-----伸长率

表12-3-9　促进剂M对胶料焦烧时间的影响

促进剂M(phr)	0.25	0.5	0.75	1.0
门尼焦烧时间/min(110℃时，上升2个门尼粘度时间)	18	20	26	31

防老剂MB的硫醇基（—SH）对硫化有延迟作用，若采用防老剂MBZ（2-硫醇基苯并咪唑锌），可提高硫化速度，其耐热老化和防发粘发黑效果与MB相当（见表12-3-10）。

当不考虑铜导体发黑时，若采用防老剂RD（2，2，4-三甲基-1，2-二氢化喹啉），可提高橡皮的耐热性。若RD与MB并用，将产生很好的协同效应，耐热效果更好。

次磺酰胺类促进剂，如促进剂CZ，具有延迟胶料焦烧和硫化速度的作用，有利于提高胶料的加

表12-3-10　防老剂MB和MBZ的耐热老化试验结果①

120℃时老化时间②/d	防老剂MB		防老剂MBZ	
	K_1	K_2	K_1	K_2
4	0.86	0.99	0.88	1.02
8	0.81	1.08	0.77	0.99
12	0.60	0.96	0.68	0.93
16	0.47	0.82	0.44	0.82

① 绝缘橡皮中，天然橡胶与丁苯橡胶按1∶1并用。

② 直径为2.24mm铜导体与橡皮绝缘整体老化。

工安全性，但明显的缺点是，降低绝缘电阻，而且会引起绝缘橡皮发粘和铜芯发黑。另外，早期也使用过促进剂A-1（二苯基硫脲）和促进剂DPG（二苯胍），此类促进剂对连续硫化虽有一定促进作用，但导致橡皮发粘、导体发黑，特别是在天然橡胶和

丁苯橡胶并用时，会显著降低橡皮绝缘电阻，故被淘汰。

下面，简要介绍软化剂和填充剂。

软化剂一般采用石蜡，用量为5phr~10phr。

填充剂一般为滑石粉和化学碳酸钙。化学碳酸钙的耐热性好，可塑性高，挤出方便。在低压绝缘橡皮中，化学碳酸钙用量占多数，滑石粉为50phr上下；若采用罐式硫化，滑石粉用量应可适当增加，以防止绝缘压扁。滑石粉的电绝缘性能，特别是击穿强度比化学碳酸钙高，故高压用绝缘橡皮的填充剂多采用滑石粉而少用碳酸钙。滑石粉的细度越高，其击穿强度越佳。应当指出，滑石粉中微量铁元素，对击穿强度影响很大，因此，当其用于绝缘橡皮时，应严格控制铁含量。

此外，掺入10phr聚乙烯或采用煅烧陶土，也可改进天然橡胶绝缘橡皮的电气性能，尤其是击穿强度。

② JL-1硫化体系绝缘橡皮。JL-1为液体，是脂肪族多硫化物，又名VA-7。JL-1是绝缘橡皮常用的硫化剂之一，其硫化物的横键，常以2~4个硫的聚硫化合物分子形式存在。JL-1硫化时有气味，橡皮永久变形比TMTD硫化的要大一些。以JL-1为硫化剂的绝缘橡皮，当温度在100℃及以下时，其耐热性能与TMTD硫化的绝缘橡皮相当；若温度超过100℃，因聚硫键容易分解，其耐热性则劣于TMTD硫化绝缘橡皮。

当以JL-1为硫化剂时，橡皮配方与TMTD为硫化剂者有若干不同。

通常，JL-1用量约为1.25phr，而且必须采用促进剂与之配合。其中，促进剂ZDC和DM配合使用，效果明显。ZDC即使是微量变化，也能显著改变其硫化速度，而DM具有抑制焦烧和迟延硫化速度的作用。改变两者的比例，即可控制胶料的焦烧速度和硫化速度。另外，少量的促进剂M能增加起始硫化速度。还应指出，秋兰姆也是JL-1硫化体系的超促进剂，但会导致橡皮粘连铜导体，使用时应予小心。表12-3-11是JL-1硫化绝缘橡皮促进剂体系的推荐值。

表12-3-11 JL-1硫化绝缘橡皮促进剂体系的推荐值

促进剂名称	促进剂体系组成(phr)	
	连续硫化用	非连续硫化用
促进剂ZDC	0.7~0.85	0.4
促进剂DM	2.0	1.75
促进剂M	—	0.2

在JL-1硫化绝缘橡皮配方中，活性剂氧化锌也是必需的，用量为5phr~10phr；在JL-1硫化体系中，防老剂MB 2.5phr/DNP 0.5phr，依然有防止铜芯发黑和橡皮发粘的效果，而且不受硬脂酸存在的影响；硬脂酸用量不大于3phr时，铜芯表面可保持金黄色，这对连续硫化非常有利。

以JL-1为硫化剂的胶料，贮存十分稳定，不易焦烧。绝缘橡皮（天然橡胶与丁苯橡胶1：1）在100℃下老化性能十分好（见图12-3-4），且橡皮不受铜导体的影响，老化后铜导体表面颜色比TMTD硫化体系要好得多。

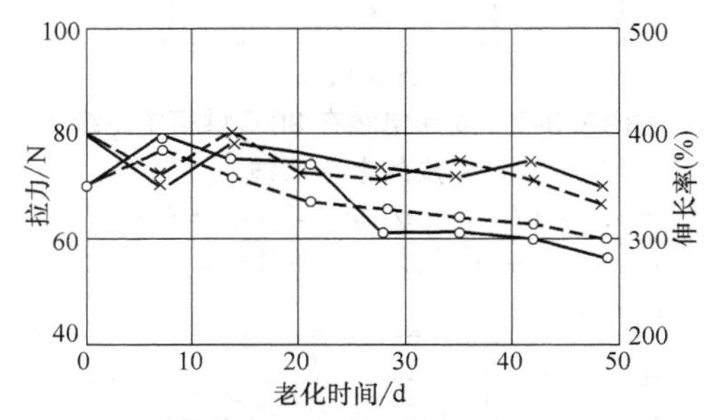

图12-3-4 JL-1硫化橡皮绝缘线芯在100℃烘箱中的老化曲线

——带铜芯老化 -----不带铜芯老化

—○—拉力 —×—伸长率

JL-1硫化剂，也可用于天然橡胶（或天然橡胶-丁苯橡胶掺和物）与氯丁橡胶的混合物，混合比例通常为1：1，可用来制作户外用橡皮绝缘电线。当然，在此情况下，必须考虑氯丁橡胶的共硫化问题，即不仅要使天然橡胶（或天然橡胶-丁苯橡胶掺和物）硫化，而且要使氯丁橡胶充分硫化。氯丁橡胶的常用硫化体系是Pb_3O_4、ZnO和促进剂NA-22。因此，天然橡胶（或天然橡胶-丁苯橡胶掺和物）与氯丁橡胶混合物的硫化体系应是：Pb_3O_4、ZnO、NA-22和JL1、ZDC、DM。其用量通常是：Pb_3O_4，3phr；ZnO，5phr；NA-22，0.2phr；JL-1，0.4phr；ZDC，0.3phr；DM，1.0phr。在这种橡皮绝缘配方中，防老剂体系仍采用MB与DNP并用，一般用量为MB 2.5phr，DNP 0.5phr，即可做到铜导体不发黑、橡皮不发粘。需要说明的是，这种混合配方的组分复杂，往往有交互作用，因此，必须通过反复试验，方可取得较好的共硫化效果。

3）绝缘橡皮配方举例。

例1 65℃绝缘橡皮的配方及其性能（见表12-3-12和表12-3-13）。

表12-3-12 65℃绝缘橡皮的配方①

配合材料	用量(phr)
天然橡胶	50.0
丁苯橡胶	50.0
氧化锌	10.0
促进剂M	1.0
防老剂MB	2.5
防老剂DNP	0.5
石蜡	10.0
化学碳酸钙	132.8
滑石粉	74.0
TMTD(秋兰姆)	2.6
合计	333.4

① 硫化条件为：143℃，30min。

表12-3-13 65℃绝缘橡皮的性能

性能项目	数值
老化前试样	
拉伸强度/MPa	7.5
拉断伸长度(%)	540
空气箱热老化试验后(75℃,10d)	
拉伸强度/MPa	6.4
拉伸强度变化率(%)	-15
拉断伸长率(%)	480
拉断伸长率变化率(%)	-11.1
氧弹老化试验后(75℃,4d)	
拉伸强度/MPa	6.2
拉伸强度变化率(%)	-18
拉断伸长率(%)	530
拉断伸长率变化率(%)	-1.9
热延伸试验(200℃,15min,20N/cm^2)	
载荷下伸长率(%)	15
冷却后永久变形(%)	5

例2 直流高压绝缘橡皮的配方及其性能（见表12-3-14和表12-3-15）。

表12-3-14 直流高压绝缘橡皮的配方

配合材料	用量(phr)
天然橡胶	100.0
高压聚乙烯MI 2.0	10.0
氧化锌	10.0
促进剂M	1.0
硬脂酸	1.0
防老剂MB	2.5
石蜡	3.0
滑石粉	120.5
混气炭黑	0.3
TMTD(秋兰姆)	0.7
硫磺	1.0
合计	250.0

表12-3-15 直流高压绝缘橡皮的性能①

性能项目	数值
老化前试样	
拉伸强度/MPa	15.7
拉断伸长率(%)	450
空气箱热老化试验后(70℃×4d)	
拉伸强度变化率(%)	-19
拉断伸长率变化率(%)	+1
体积电阻率/Ω·m	9.5×10^{13}
介电损耗因数	0.0107
介电常数	2.73
击穿强度/(MV/m)	31

① 硫化条件为：141℃，15min。

2. 护套橡皮配方

(1) 橡皮护套的物理力学性能要求 电线电缆用一般橡皮护套和重型橡皮护套，其橡皮应由天然橡胶或合成橡胶，或两者并用混合组成。其机械力学性能详见本篇第1章。

(2) 护套橡皮配方概要

1）天然橡胶的选用和并用。一般而论，标准胶及三级及以上烟片胶都可以用于护套橡皮。

随着氯丁橡胶和乙丙橡胶的发展，天然橡胶护套橡皮使用量已逐渐减少，但在对弹性、柔软性有特殊要求的场合，仍有其不可替代的作用。

就一般和重型护套橡皮的要求而言，可以全部使用天然橡胶，也可与丁苯橡胶或氯丁橡胶并用。天然橡胶、丁苯橡胶掺和使用，对于PLCV连续硫化尤为重要。但是，在掺入丁苯橡胶后，橡皮的抗撕性能明显下降；当丁苯橡胶超过30phr时，拉伸强度有较大损失。天然橡胶与氯丁橡胶并用，主要用来提高橡皮的抗撕性能。例如，单层结构的电焊机电缆用橡皮，兼具绝缘和护套的作用，往往采用两者并用，当加入20phr的氯丁橡胶时，橡皮的抗撕性能即可满足要求。

2）硫化体系和配合体系。

① 硫化剂。天然橡胶护套橡皮的硫化体系，主要有硫磺、秋兰姆和液体多硫化物JL-1。

在上述硫化剂当中，当以硫磺为硫化剂时，橡皮的弹性最好，机械强度最高。但是，橡套橡皮中的硫磺常向绝缘橡皮和导体表面迁移，从而改变TMTD硫化绝缘橡皮的组成，不仅损害其耐热性，而且加深铜导体发黑（见图12-3-5）。这种迁移，从硫化前开始发生，硫化时加速，硫化后仍缓慢地扩散；迁移速度与温度及游离硫的含量有关。特别是包覆护套后，硫化前的游离硫含量最高，迁移十分显著，若是罐式硫化，必须予以重视，不可停放太久。若采用中等硫磺量（2.0phr~2.5phr）或低硫磺量（1.25phr~1.5phr）能减轻上述影响。当然，采用氯丁橡皮护套，或在符合电线电缆产品要求情况下采用无硫护套橡皮，更能彻底解决迁移问题。

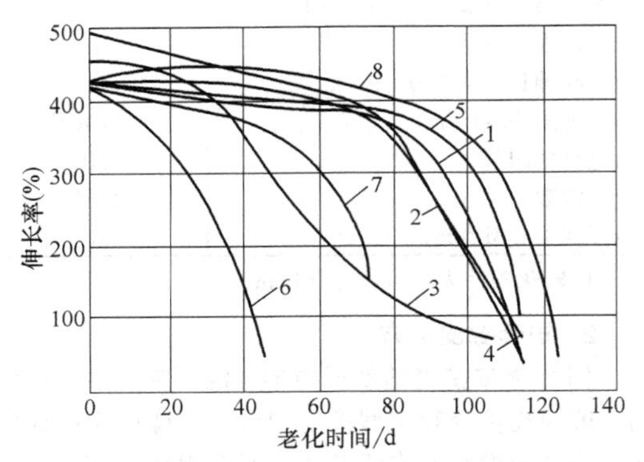

图 12-3-5 不同橡皮护套对绝缘橡皮（天然橡胶和双烯类橡胶的配比为 1：1）热老化的影响

1—无护套 2—氯丁橡皮护套
3—硫磺硫化橡皮护套 4—秋兰姆硫化橡皮护套
5—棉纱编织护层 6—棉纱编织涂蜡护层
7—聚氯乙烯塑料护套 8—铅护套

此外，应当重视的是，绝缘橡皮中的 TMTD 也能够迁移至含硫的护套橡皮中，并起到超促进剂的作用，从而使硫磺硫化的橡皮加速硫化和老化。这种迁移，在绝缘和护套同时硫化的产品中尤为剧烈。为避免这种情况发生，可将绝缘橡皮的硫化剂改为 JL-1。

② 促进剂。在硫磺硫化体系中，最为常用的是噻唑类促进剂（如 M、DM）和次磺酰胺类促进剂（如 AZ、CZ、NOBS），其中以促进剂 M 和 CZ 应用最广，其特点是硫化快，硫化曲线平坦，耐热性佳。在中等硫磺量配方中，其用量一般为 0.8phr~1.0phr；在低硫磺配方中，其用量一般为 1.5phr~1.75phr。其典型的配比如下：

a. 硫磺 2.0phr，促进剂 M 1.0phr；

b. 硫磺 2.25phr，促进剂 CZ 0.8phr；

c. 硫磺 1.25phr，促进剂 CZ 1.75phr。

噻唑类促进剂和次磺酰胺类促进剂属迟效性促进剂，可延迟焦烧。此类材料的焦烧时间，按下列顺序延长：M→DM→AZ→CZ→NOBS。在炉法炭黑补强体系中，含有次磺酰胺类促进剂的橡料，混炼加工十分安全。炭黑补强橡皮，采用促进剂 CZ 较之促进剂 M，有更高的定伸强度、拉伸强度和更好的耐热性能。

在硫磺硫化体系中，TMTD 是超促进剂，其用量对硫化速度有很大影响。为了提高护套的硫化速度，往往采取噻唑类促进剂或次磺酰胺类促进剂与 TMTD 并用，恰当调节两者的并用量，即可获得硫化速度和焦烧时间适宜的配方。适于高温高速直接蒸汽硫化的典型配比如下：

a. 促进剂 CZ 2.0phr，TMTD 0.4phr，硫磺 1.25phr；

b. 促进剂 M 1.2phr，TMTD 0.2phr，硫磺 2.0phr。

胍类促进剂，如促进剂 DPG（二苯胍）和促进剂 DOTAN（二邻甲苯胍）可显著加速次磺酰胺类促进剂的硫化速度，与噻唑类促进剂（如 M）并用时，具有超速促进剂的效果。必须指出的是，在加工过程中，决不可将两种材料相互混合后加入，避免相互污染，防止胶料局部先期硫化。

③ 活化剂。常用活化剂和助活化剂分别为氧化锌和硬脂酸，氧化锌用量一般为 5phr~10phr，硬脂酸用量一般为 0.5phr，最多不超过 2phr。

④ 补强剂。炭黑是最好的补强剂。混气槽法炭黑、滚筒法炭黑、通用炉法炭黑和高耐磨炉法炭黑均能使护套橡皮具有足够的机械强度和抗撕裂性能。槽法炭黑抗大气性能较好，定伸强度中等；高耐磨炉法炭黑（N330）二次结构强，定伸强度高，硫化胶硬度高；通用炉法炭黑（N660）在加工性和物理力学性能方面两者兼具。根据用途、成本和加工性，炭黑的用量一般为 30phr~45phr。某些场合，要求护套橡皮具有一定的绝缘电阻，如护套和绝缘橡皮是单层结构时，应选用槽法炭黑或半补强炭黑（N770），用量应不超过 25phr，否则橡皮的绝缘电阻会显著降低。

⑤ 填充剂。无机填充剂是必不可缺少的，常用的有滑石粉、化学碳酸钙和陶土。填充剂对橡皮的性能和胶料的加工性能有相当大的影响，以 50phr 炭黑补强、含胶量 50% 的护套橡皮为例，配入 31.8phr 的不同填充剂，橡皮的性能见表 12-3-16。

表 12-3-16 填充剂对护套橡皮性能的影响

项　目	护套橡皮性能数值		
	化学碳酸钙	陶土	滑石粉
拉伸强度/MPa	16.0	13.8	17.2
拉断伸长率(%)	460	530	400
300%定伸强度/MPa	10.1	6.9	13.0
永久变形(%)	21	32	34
撕裂强度/(N/cm)	9.7	7.9	5.4

细度高的滑石粉具有一定补强作用，但因其片

状结构，橡皮抗撕性能最差；陶土的补强作用不大，且因粒子有各向异性，橡皮抗撕裂性也不好，但胶料流动性好，挤出表面光滑；化学碳酸钙具有最高的撕裂强度，综合性能优良，许多要求护套有较好坚韧性的场合，宜首选之。此外，气相法白炭黑具有良好的补强效果，但因其成本高、混炼困难、吸水性强，仅用于某些特殊场合，例如，非黑色及高机械强度的橡皮护套。白炭黑用量一般为10phr~20phr。

⑥ 软化剂。软化剂大多采用石蜡、松焦油、石油脂或吹气沥青等。少量的石蜡是必需的，它可析出护套表面，起物理防护作用。倘若石蜡过量，会产生喷霜，影响制品外观。石油脂也是很好的软化剂，不仅能够改进胶料的加工性能，而且可提高制品的外观质量。石油脂用量一般为3phr~5phr。

3）护套橡皮配方举例。

例1 天然橡胶护套橡皮配方（见表12-3-17和表12-3-18）。

表12-3-17 天然橡胶护套橡皮配方

配合材料	用量(phr)
天然橡胶	100.0
氧化锌	8.0
促进剂CZ	0.8
防老剂D	2.0
防老剂4010	0.5
硬脂酸	4.0
石蜡	5.0
混气槽法炭黑	35.0
半补强炭黑	10.0
化学碳酸钙	52.7
陶土	30.0
硫磺	2.0
合计	250.0

表12-3-18 天然橡胶护套橡皮性能①

性能	数值
300%定伸强度/MPa	10.7
拉伸强度/MPa	18.3
拉断伸长率(%)	470
永久变形(%)	35
空气箱热老化试验(75℃,10d)	
拉伸强度变化率(%)	0
拉断伸长率(%)	420

① 硫化条件为：143℃，25min。

例2 天然橡胶与氯丁橡胺并用护套橡皮配方及其性能（见表12-3-19和表12-3-20）。

表12-3-19 天然橡胶与氯丁并用护套橡皮配方

配合材料	用量(phr)
天然橡胶	20.0
氯丁橡胶	80.0
氧化锌	5.0
氧化镁	3.0
硬脂酸	2.0
促进剂TMTD	0.5
促进剂M	0.5
防老剂D	2.0
石蜡	4.0
邻苯二甲酸二辛酯	3.0
磷酸三甲苯酯	5.0
混气炭黑	40.0
陶土	20.0
化学碳酸钙	15.0
合计	200.0

表12-3-20 天然橡胶与氯丁并用护套橡皮的性能①

性能项目	数值
拉伸强度/MPa	13.6
拉断伸长率(%)	570
300%定伸强度/MPa	6.0
永久变形(%)	28
空气箱热老化试验(75℃,10d)	
拉伸强度保留率(%)	0
拉断伸长率保留率(%)	-9

① 硫化条件为：151℃，24min。

3.1.3 工艺要点

关于天然橡胶及橡皮加工工艺要点，在本篇第4章中有专门论述，在此仅提示如下：

1）天然橡胶一般要进行塑炼；塑炼胶料和混炼胶料，都需充分停放后方可使用。

2）天然橡胶一般是与丁苯橡胶并用，尤其是PLCV（加压盐浴）连续硫化时，必须是两者并用。

3）若要滤橡，ZDC（二乙基二硫代氨基甲酸锌）等促进剂，只应在加入硫化剂时一同加入。若在混炼阶段加入，将致滤橡焦烧。

4）噻唑类促进剂（如M）和胍类促进剂（如DPG），不可相互混合后使用。

3.2 丁苯橡胶和橡皮

3.2.1 分类、特性和用途

1. 丁苯橡胶的分子结构、分类和特性

丁苯橡胶是丁二烯和苯乙烯的共聚物，其分子

结构一般表示为

$$\left[\left(CH_2-CH=CH-CH_2\right)_x-\left(CH_2-\underset{\underset{\underset{CH}{\|}}{CH}}{CH}\right)_y-\left(CH_2-\underset{C_6H_5}{CH}\right)_z\right]_n$$

作为通用型橡胶，丁苯橡胶的产量位于合成橡胶的首位，但在电缆工业上的使用量则位于氯丁橡胶和乙丙橡胶之下。

从聚合方法上看，丁苯橡胶有乳聚丁苯橡胶和溶聚丁苯橡胶之分，其主要品种系列如下：

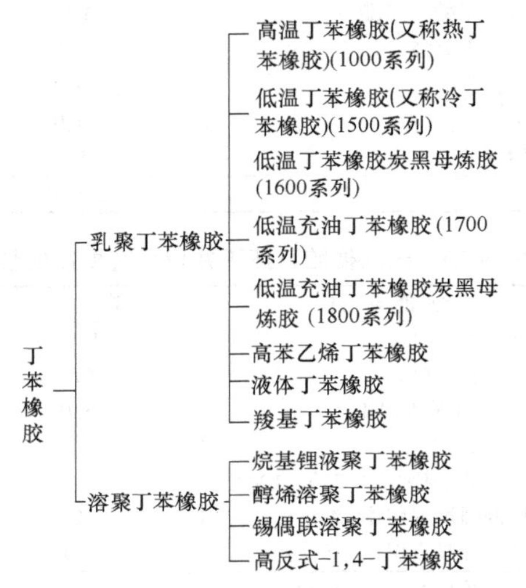

(1) 乳聚丁苯橡胶 乳聚丁苯橡胶可分为六大类，根据国际合成橡胶生产者协会（IISRP）术语，用数字表示其类别如下：

1000 系列：高温（又称热）乳聚丁苯橡胶，在约 50℃的聚合温度下制造的丁苯橡胶。

1100 系列：高温乳聚丁苯橡胶炭黑母炼胶，把炭黑直接分散到高温乳聚丁苯橡胶乳中，并使其凝聚而制得。

1500 系列：低温（又称冷）乳聚丁苯橡胶，在约 5℃聚合的丁苯橡胶。根据其稳定系统的不同可分为污染型及非污染型。

1600 系列：低温乳聚丁苯橡胶炭黑母炼胶，把炭黑直接分散到低温丁苯乳胶中，并使之凝聚而制得。

1700 系列：低温乳聚充油丁苯橡胶，把乳状非挥发填充油与聚合度较高、物理性能比一般丁苯橡胶好的丁苯胶乳掺和，使其凝聚而得充油橡胶。填充油可以是环烷油、芳烃油或高芳烃油。

1800 系列：低温乳聚填充油和炭黑丁苯橡胶，即在低温乳聚丁苯橡胶中填充了油和炭黑。填充油包括环烷油、芳烃油和高芳烃油；填充炭黑包括高耐磨炭黑（HAF，N330）和中超耐磨炭黑（ISAF，N220）。

每个大类中还有细分数字，例如 1001、1103、1503、1605、1706、1812 等。

乳聚丁苯橡胶的分子结构，随聚合方法和聚合条件不同差异甚大。热丁苯橡胶分子量分布广，支链多，凝胶量达 22%，非硫化的低分子量部分有 30%~40%，因而物理力学性能低，加工性能差。冷丁苯橡胶的分子量分布狭，支链少，几乎没有凝胶，非硫化的低分子部分在 10%以下，大部分是反式 1,4-丁二烯结构，形成较规整的易结晶分子结构（见表 12-3-21），因此，低温聚合有利于改善物理力学性能、硫化均一和加工工艺。冷丁苯橡胶可以采用机械塑炼，除耐光性和耐寒性外，其他性能均优于热丁苯橡胶，热丁苯橡胶已逐步被淘汰。

冷丁苯橡胶中，1000、1100、1600、1700、1800 系列很少为电缆所用，电线电缆常用的多为 1500 系列。1500 系列乳聚丁苯橡胶的品种和特征详见表 12-3-22。

表 12-3-21 不同种类丁苯橡胶中各种丁二烯结构含量

种 类	反式 1,4-丁二烯含量(%)	顺式 1,4-丁二烯含量(%)	1,2-丁二烯含量(%)
乳聚丁苯橡胶			
热丁苯橡胶	5	21	18
冷丁苯橡胶	76	7	16
溶聚丁苯橡胶	41~56	32~36	9~27

表 12-3-22 1500 系列乳聚丁苯橡胶品种及特征

名称	结合苯乙烯(%)	门尼粘度[50ML(1+4)100℃]	乳化剂	凝聚剂	稳定剂	聚合温度/℃	聚合终止剂
1500	23.5	52	松香酸皂	酸或盐-酸	污染	5	氨基甲酸盐
1501	23.5	52	松香酸皂	酸或盐-酸	微污染	5	氨基甲酸盐
1502	23.5	52	混合酸皂	酸或盐-酸	非污染	5	氨基甲酸盐
1503	23.5	55	脂肪酸皂	骨胶酸	非污染	5	氨基甲酸盐

（续）

名称	结合苯乙烯（%）	门尼粘度［50ML(1+4)100℃］	乳化剂	凝聚剂	稳定剂	聚合温度/℃	聚合终止剂
1504	12	52	脂肪酸皂	骨胶酸	非污染	5	氨基甲酸盐
1505	9.5	40	松香酸皂	酸	非污染	5	氨基甲酸盐
1506	23.5	25	混合酸皂	明矾	非污染	6	氨基甲酸盐
1507	23.5	35	混合酸皂	酸或盐-酸	非污染	6	氨基甲酸盐
1508	23.5	52	脂肪酸皂	酸或盐-酸	非污染	5	氨基甲酸盐
1509	23.5	34	混合酸皂	明矾	非污染	5	氨基甲酸盐

乳聚丁苯橡胶中，苯乙烯含量通常在23.5%左右。苯乙烯含量增加，分子间力增强，拉伸强度和撕裂强度提高，耐脂肪族碳氢化合物能力增强，透气性降低，但低温脆性增大，永久变形也增大。苯乙烯含量为40%~55%的称为自补强丁苯橡胶，苯乙烯含量为70%~90%的称为高苯乙烯树脂。高苯乙烯树脂可与普通丁苯橡胶或天然橡胶并用，以改善工艺性能。

1500系列及1502系列是通用型丁苯橡胶，其中1500系列为污染型，1502系列为非污染型。国产松香软丁苯橡胶相当于1500系列。1503系列丁苯橡胶采用结合膨胀干燥工艺，乳化剂用脂肪酸，凝聚剂用骨胶-硫酸，常用的非污染防老剂有三壬基苯基亚磷酸酯和苯乙烯化苯酚等，具有灰分低（0.25%以下），可溶性灰分少（0.06%以下），电绝缘性能好，吸湿小，非污染，加工性好（混炼时不易生成凝胶），收缩性小等特点，是电线电缆绝缘用丁苯橡胶的代表性型号。1503系列丁苯橡胶的电绝缘性能见表12-3-23。

表 12-3-23 1503 系列丁苯橡胶的电气性能

试验条件	$\rho_V/\Omega\cdot m$	$\tan\delta$	ε	击穿强度/(MV/m)
浸水前	3.42×10^{14}	0.0014	2.69	35.4
室温浸水 1d	1.26×10^{14}	0.0016	2.71	32.6
室温浸水 21d	4.32×10^{14}	0.0055	2.90	33.3

（2）**溶聚丁苯橡胶** 溶聚丁苯橡胶分为有无规型和嵌段型两种。溶聚丁苯橡胶分子量狭窄，支链少，聚合配方简单，胶中灰分更低，电绝缘性能比乳聚丁苯橡胶更好，且容易加工。嵌段型溶聚丁苯橡胶热塑性高，收缩性小，挤出时速度快且表面光滑，并有良好的耐低温性；无规型溶聚丁苯橡胶中，顺式1,4-丁二烯含量为30%~40%，性能优良，耐磨性、耐屈挠性和弹性优于乳聚丁苯橡胶，拉伸强度和定伸强度与乳聚丁苯橡胶相同。国外采用溶聚丁苯橡胶与高不饱和EPDM橡胶并用，效果很好，在电线电缆工业上可代替氯丁橡胶使用。几种溶聚丁苯橡胶的牌号和特性见表12-3-24。

表 12-3-24 几种溶聚丁苯橡胶的牌号和特性

型号	单体排列	结合苯乙烯（%）	充油类别（%）	门尼粘度［50ML(1+4)100℃］	丁二烯结构 1,4-顺式	1,4-反式	1,2-式	稳定剂
Solprene 1204	无规型	25		56	32	41	27	非污染
Solprene 1205	嵌段	25		47	35	56	9	非污染
Solprene 1206	无规型	25		33	32	41	27	非污染
Solprene 301	无规型	25		75	32	41	27	非污染
Solprene 303	无规型	48		45	32	41	27	非污染
Solprene 375	无规型	25	A类 37.5	46	32	41	27	非污染
Solprene 376	无规型	25	A类 50	46	32	41	27	非污染
Solprene 377	无规型	25	B类 37.5	50	32	41	27	污染
Duradene 1000R	无规型	18		45	36			非污染
Duradene 2000R	无规型	25		45	36			非污染
Duradene 2003	嵌段	25			36			非污染
Duradene 4003	嵌段	40			36			非污染
Duradene 1530	无规型	18	B类 37.5	37	36			污染
Duradene 2630	无规型	25	A类 37.5	37	36			非污染

注：A类，环烷系油；B类，高芳香族油。

除菲利普 Solprene 和日本桥石 Duradene 外，还有壳牌荷兰化学公司等近十个公司生产此类产品。壳牌荷兰化学公司和邓录普公司共同开发的溶聚丁苯橡胶 Cariflex SSCP901，其乙烯基含量高达 50%，且分子链末端苯乙烯含量提高。此外，Europrene SOLR 也是适用于电缆的品种。

(3) 丁二烯-苯乙烯热塑弹性体 丁二烯-苯乙烯热塑弹性体是 20 世纪 70 年代初发展的品种，它是由丁二烯与苯乙烯共聚的嵌段共聚物。代表性商品有：

Chell Chemical	Cariflex TR
	Kraton G
Phillips Petroleun	Solprene-T
ANIC	Europrene SOLT
旭化成	タワプレン
日本ユラストマ	ソルプレン—T

从结构上看，丁二烯-苯乙烯热塑弹性体可分为两大类：线性嵌段型（SBS 型）和星型 [$(SB)_n$R 型]。其结构示意图如图 12-3-6 所示。

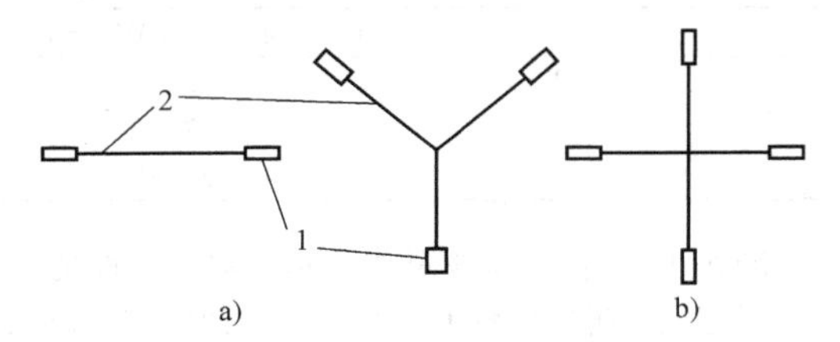

图 12-3-6 热塑性丁二烯-苯乙烯弹性体嵌段结构示意图

a) SBS 线性嵌段共聚物 b) $(SB)_n$R 星型嵌段共聚物
1—聚苯乙烯链段 2—聚丁二烯链段

丁二烯-苯乙烯热塑弹性体中的苯乙烯含量为 30%～50%，由几百条高分子链的末端聚苯乙烯链段组合在一起，形成 20～30nm 的聚集相。这些聚集相分布于聚丁二烯橡胶相或称软链段之中，在聚苯乙烯玻璃化温度以下，起到交联点和补强作用，而在玻璃化温度以上，能够塑性流动，故可进行塑性加工。塑性加工温度通常为 140～230℃。其微观结构图如图 12-3-7 所示。

线性嵌段型和星型商品的代表性能见表 12-3-25 和表 12-3-26。

星型嵌段共聚物在温度升高时，拉伸强度下降远比线性嵌段共聚物小得多。20 世纪 80 年代后期，开发出第二代产品，特点是通过加氢而使双键饱和，从而大大改善了材料的热稳定性和耐老化性能，材料的使用温度因之提高。美国 shell chemical 公司首先推出加氢 SEBS 材料，商品名称为 Kraton G；日本旭化成工业公司、中国石化总公司都进行了加氢苯乙烯嵌段共聚物的研究和开发。商品 Solprene 512、Elexar 8421 等也属 SEBS 之列。Kraton G 的基本性能见表 12-3-27。

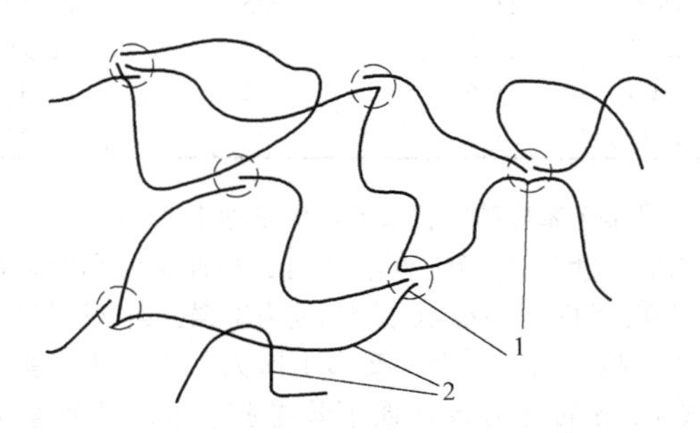

图 12-3-7 热塑性丁二烯-苯乙烯微观结构图

1—聚集相（聚苯乙烯无规嵌段）
2—橡胶相（聚丁二烯嵌段）

表 12-3-25 线性嵌段型 Cariflex TR 的基本性能

牌号	TR-1101	TR-1102	TR-4113	TR-4122
溶液粘度/10^{-3}Pa·s	400	120		
密度/(g/cm^3)	0.94	0.94	0.94	0.94
邵氏 A 硬度	72	70	49	70
熔融指数/(g/10min)	<1	6	22	22
拉伸强度/MPa	33	33	20	16
300%定伸强度/MPa	2.9	2.9	2.3	2.5
拉断伸长率(%)	880	880	1300	1200
油含量(%)			11	35
苯乙烯/丁二烯比	30/70	28/72	35/65	50/50

表 12-3-26 星型 Solprene 的基本性能

牌号	406	411	415	416	475	480
丁二烯/苯乙烯比	60/40	70/30	60/40	70/30	60/40	70/30
环烷油含量(%)					50	50
分子量/×1000	250	300	170	160	250	250
密度/(g/cm^3)	0.95	0.94	0.95	0.94	0.93	0.93
拉伸强度/MPa	26.0	—	25.0	18.0	18.5	—
拉断伸长度(%)	700	—	700	800	1000	—
邵氏 A 硬度	92	80	92	70	60	40

表 12-3-27 Kraton G 的基本性能

牌号	G 1650	G 1652
拉伸强度/MPa	35.0	31.5
300%定伸强度/MPa	5.6	5.0
拉断伸长率(%)	500	500
密度/(g/cm^3)	0.91	0.91
溶液粘度/(10^{-3}Pa·s)	1500	550
苯乙烯/丁二烯比	28/72	29/71

丁二烯-苯乙烯热塑弹性体具有高强度，高弹性，良好的低温性和耐酸碱性，可以作为耐热 60℃ 绝缘使用，尤其是 Kraton G，兼有优良的耐热性和耐气候性能，更适合用于电线电缆产品。

2. 丁苯橡胶的技术要求

(1) 丁苯橡胶 SBR 1500 技术的要求　国产丁苯橡胶 SBR 1500 与日本 JSR 1500 的技术要求见表 12-3-28。

(2) 丁苯橡胶 SBR 1502 的技术要求　国产丁苯橡胶 SBR 1502 与日本 JSR 1502 的技术要求见表 12-3-29。

(3) 丁苯橡胶 SBR 1503 的技术要求　国产丁苯橡胶 SBR1503 和意大利 ANIC1503 的技术要求见表 12-3-30。

表 12-3-28　国产 SBR 1500 和日本 JSR 1500 的技术要求

项　目		SBR 1500		JSR 1500
		1 级品	2 级品	
挥发分(%)	≤	0.75	1.00	0.75
总灰分(%)	≤	1.50	1.50	1.50
防老剂(%)		1.00~1.75	≥1.00	1.00~1.75
松香酸(%)		5.00~7.25	5.00~7.25	5.00~7.25
松香皂(%)	≤	0.50	1.00	0.50
结合苯乙烯(%)		22.5~24.5	22.5~24.5	22.5~24.5
门尼粘度[50ML(1+4)100℃]		45~59	44~60	46~58
硫化条件		145℃,35min 和 50min		145℃,35min
拉伸强度/MPa	≥	21.1	21.1	25.0
拉断伸长率(%)	≥	480	480	470
300%定伸强度/MPa		10.3~16.2	9.8~16.7	7.1~11.1

注：SBR 1500 基本配方，丁苯橡胶 100；氧化锌 3.0；硬脂酸 1.0；促进剂 TBBS 1.0；HAF 炭黑 50.0；硫磺 1.75；共计 156.75。

JSR 1500 基本配方，丁苯橡胶 100；氧化锌 3.0；硬脂酸 1.0；促进剂 TBBS 1.0；HAF 炭黑 50.0；硫磺 1.75；共计 156.75。

表 12-3-29　国产 SBR 1502 丁苯橡胶与日本 JSR 1502 的技术要求

项　目		SBR 1502			JSR 1502
		特级	一级	二级	
挥发分(%)	≤	0.75	0.75	1.00	0.75
总灰分(%)	≤	0.75	1.0	1.5	1.5
有机酸(%)		4.50~6.95	4.50~7.00	4.50~7.00	4.75~7.00
松香酸皂(%)	≤	0.5	0.5	0.5	0.5
结合苯乙烯(%)		22.5~24.5	22.5~24.5	22.5~24.5	23.0+1.0
门尼粘度[50ML(1+4)100℃]		40~55	44~56	43~57	46.0~58.0
混炼胶门尼粘度[50ML(1+4)100℃]	≤	90	90	90	
硫化 35min					
拉断伸长率 (%)	≥	410	400	400	350
拉伸强度/MPa	≥	23.5	22.5	22.5	25.0
300%定伸强度/MPa					
硫化 25min		11.3~15.8	10.8~16.3		
硫化 35min		14.1~18.6	13.6~19.1		
硫化 50min		14.9~19.4	14.4~19.9	13.0~19.5	—

注：SBR 1502 基本配方，丁苯橡胶 100；氧化锌 3.0；硬脂酸 1.0；促进剂 TBBS 1.0；HAF 炭黑 50.0；硫磺 1.75；共计 156.75。

JSR 1502 基本配方：丁苯橡胶 100；氧化锌 3.0；硬脂酸 1.0；促进剂 TBBS 1.0；HAF 炭黑 50.0；硫磺 1.75；共计 156.75。

表 12-3-30 国产丁苯橡胶 SBR 1503 和意大利 ANIC1503 的技术要求

项 目		SBR 1503	ANIC 1503
挥发分(%)	≤	0.40	0.50
灰分(%)	≤	0.2	0.25
防老剂类型		非污染型	非污染型
有机酸(%)		4.80~7.00	4.75~7.00
皂含量(%)	≤	0.15	0.25
结合苯乙烯(%)		23.5±1.0	22.5~24.5
水溶性物质(%)	≤	—	0.15
门尼粘度[50ML(1+4)100℃]		52±6	45~48
拉伸强度/MPa		≥26.5	29.0
拉断伸长率(%)		≥370	510

注：SBR 1503 基本配方，丁苯橡胶 100；氧化锌 3.0；硬脂酸 1.0；高耐磨炭黑 50.0；促进剂 TBBS 1.0；硫磺 1.75；共计 156.75。

3. 丁苯橡胶的特性和用途

与天然橡胶相比，丁苯橡胶的主要特点如下：

1）分子规整性差，不具结晶性；

2）主链上的双键数量相对较少；

3）双键旁没有甲基侧链；

4）侧链为苯环。

大分子的这些特点决定了丁苯橡胶的性能。由于分子不具结晶性，且双键数量少，决定了橡胶自身和橡皮强度将低于天然橡胶及橡皮。双键数量少，决定了丁苯橡胶的硫化速度低于天然橡胶，但加工的安全性则优于天然橡胶。天然橡胶分子双键旁的甲基侧链，具有斥电子性，极易发生化学反应，尤其是与氧的反应。丁苯橡胶中没有此种甲基侧链，从而决定了其抗氧能力优于天然橡胶。丁苯橡胶的苯环侧链，热稳定性很高，从而使其耐热老化性能优于天然橡胶；苯环侧链体积较大，因此其柔顺性、耐寒性、抗撕性劣于天然橡胶，抗撕性能仅有天然橡胶的一半，但耐磨性能因之较好。丁苯橡胶的电性能也略低于天然橡胶，且随温度变化较大。

在加工工艺方面，丁苯橡料压延和挤出时收缩大，挤出模口膨胀率大，胶料粘性差，硫化速度慢，而硫化曲线平坦，不易焦烧和硫化压扁。

在电线电缆工业中，丁苯橡胶一般不单独使用，主要与天然橡胶并用，作为导体工作温度在70℃及以下的电线电缆绝缘橡皮，以及无耐油要求和高抗撕裂性的护套橡皮。

3.2.2 橡皮配方

1. 天然橡胶和丁苯橡胶并用的特点

在实际生产中，基本上采用天然橡胶与丁苯橡胶掺和使用，比例约为 1：1。

天然橡胶的老化，本质上是降解，老化时变软发粘；而丁苯橡胶的老化，则表现为结构化（交联），伸长率下降，硬度增大。两者并用可相辅相成，使橡皮具有良好的耐热老化性能。按照 IEC 60216《电气绝缘材料、耐热性能》系列标准试验方法和评定原则，天然绝缘橡皮-丁苯绝缘橡皮 XJ-00 的热寿命评定曲线如图 12-3-8 所示。40000h 寿命时间使用温度极限为 74.8℃，从而说明其适用于导体长期允许工作温度在 70℃及以下的绝缘产品。

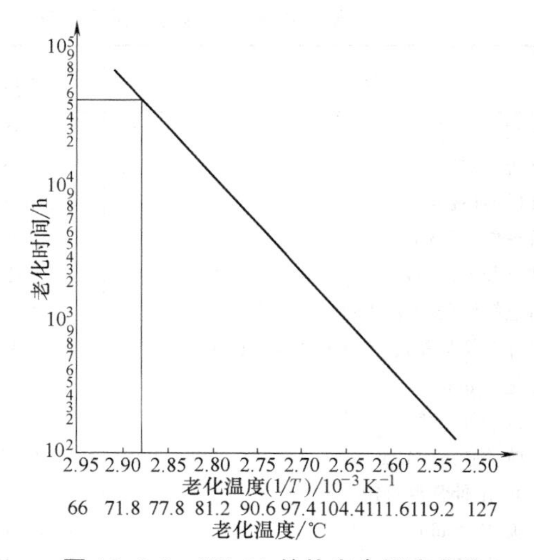

图 12-3-8 XJ-00 的热寿命评定曲线

另外，天然橡胶和丁苯橡胶在性能上和工艺上能相互补充。天然橡胶优良的弹性和力学性能以及加工性，可弥补丁苯橡胶机械强度不足，改善丁苯橡胶的收缩性；而丁苯橡胶可改善电线电缆硫化过程中的压扁现象。

2. 配方要点

(1) 硫化剂和促进剂 丁苯橡胶的硫化体系与天然橡胶相同。绝缘橡皮的硫化剂常用TMTD，也可以用JL-1。护套橡皮的硫化剂常用硫磺，使之具有较高的机械强度和弹性；考虑硫磺迁移对绝缘橡皮发粘和铜导电线芯发黑的影响，也可用无硫硫化。

由于丁苯橡胶的硫化速度慢，硫化曲线平坦，并在老化过程中因横键增加而导致硬化，因此，为提高它的硫化速度和耐老化性能，在硫磺硫化体系或JL-1硫化体系中，其配方的特点是采用低硫化剂量和高促进剂量。硫磺用量一般为1.5phr~1.75phr，常用的促进剂为噻唑类促进剂、次磺酰胺类促进剂或秋兰姆超促进剂。JL-1用量约为1.25phr，所用促进剂体系如上述3.1节所述。在TMTD硫化体系中，TMTD的用量应较全天然橡胶配方适当增加，在2.6phr~3.0phr之间。

(2) 活化剂和助活化剂 氧化锌作为活化剂，在配方中是不可少的，常用量为5phr~10phr。氧化锌用量增加，可提高橡皮的耐热性能。

乳聚丁苯橡胶本身已含有脂肪酸，能够起到助活化剂的作用，因此，配方中不加入硬脂酸，也不会影响胶料的硫化速度。如果另加硬脂酸于TMTD硫化的绝缘橡皮中，则可能因为脂肪酸的过量，而在一定程度上影响铜导体的表面颜色。

(3) 填充剂和补强剂 丁苯橡胶没有结晶性，纯丁苯橡胶硫化橡皮的拉伸强度低，约只有2MPa，补强后的橡皮则可提高到25~28MPa。炭黑是最有效的补强剂，它可使丁苯橡胶的拉伸强度提高到与天然橡胶相近的水平。高结构炭黑的胶料，门尼粘度大，挤出速度快，凝胶收缩率少，表面光滑。白炭黑补强性好，但硫化慢，难以分散，若加入5%~10%的乙二醇，则能改善硫化速度且有利于分散，也有利于提高橡皮的物理力学性能；硅酸钙有相当的补强作用；滑石粉、化学碳酸钙和陶土是常用的价廉而有效的填充剂。各种炭黑和无机填料对橡皮性能的影响，大致与3.1节所述相同。通常，配合量大有利于加工，收缩率少，挤出速度快。

(4) 防老剂 如3.1节所述，丁苯橡胶和天然橡胶混合使用，有相辅相成、改善硫化胶的耐热老化性能的作用。为了防止绝缘橡皮发粘和铜导体发黑，需要用防老剂MB与DNP并用，并添加促进剂ZDC，以利于提高橡皮的耐热性。

在护套橡皮中，常用防老剂D，其用量为1phr~2phr。为改善护套橡皮的耐气候老化和耐臭氧老化性能，也可加入防老剂AW（6-乙氧基-2,2,4-三甲基-1,2-二氢化喹啉）、防老剂4010（N-环己基-N′-苯基对苯二胺）以及一定量的石蜡。

(5) 软化剂 丁苯橡胶的收缩性大，粘性差，所以除采用适当的塑炼和混炼工艺外，还必须加入大量的软化剂。

最常用的软化剂是古马隆树脂，软化点在60℃以下的古马隆树脂有增粘作用。高软化点的古马隆树脂除能增加橡胶的粘性和塑性外，还有利于填充剂的分散，提高拉伸强度和抗撕裂性能，起到补强作用。例如纵包用天然橡胶-丁苯橡胶绝缘胶料中，加入2phr的古马隆树脂后，可以改善纵包轧缝的粘合性能。但大量的古马隆树脂会损害橡皮的耐寒性能。

常用的软化剂还有吹气沥青、松焦油、邻苯二甲酸二辛酯和石蜡等。配有吹气沥青的胶料在挤橡时，膨胀小，加工性能好，并能提高抗撕性。松焦油与丁苯橡胶相溶性好，能提高胶料的粘性，改进硫化胶的物理性能，但用量过多会迟延硫化。

高苯乙烯树脂能改善丁苯橡胶胶料的加工工艺。

3. 配方举例

例1 导体工作温度为70℃的绝缘橡皮的配方及其性能（见表12-3-31和表12-3-32）。

表12-3-31 导体工作温度为70℃的绝缘橡皮的配方

配合材料	用量(phr)
天然橡胶	50.0
丁苯橡胶	50.0
氧化锌	10.0
硬脂酸	0.5
促进剂ZDC	1.5
促进剂M	0.5
防老剂MB	2.5
防老剂DNP	0.5
石蜡	10.0
滑石粉	50.0
化学碳酸钙	106.5
促进剂TMTD	3.0
合计	285

注：硫化条件为143℃，30min。

例2 导体工作温度为65℃的一般护套橡皮的配方及其性能（见表12-3-33和表12-3-34）。

表 12-3-32 导体工作温度为 70℃的绝缘橡皮的性能

性能项目	典型数值
老化前性能	
拉伸强度/MPa	9.8
断裂伸长率(%)	500
空气箱热老化试验后(80℃,10d)	
拉伸强度/MPa	10.0
拉伸强度变化率(%)	+2
拉断伸长率(%)	480
拉断伸长率变化率(%)	-4
氧弹老化试验后(80℃,4d)	
拉伸强度/MPa	9.0
拉伸强度变化率(%)	-9
拉断伸长率(%)	460
拉断伸长率变化率(%)	-8
热延伸试验(200℃,15min,0.2MPa)	
载荷下伸长率(%)	15
冷却后永久变形(%)	5

表 12-3-33 导体工作温度为 65℃的一般护套橡皮的配方

配合材料	用量(phr)
天然橡胶	70.0
丁苯橡胶	30.0
氧化锌	5.0
硬脂酸	1.2
促进剂 M	1.0
防老剂 IJ	2.0
石蜡	5.0
陶土	30.0
化学碳酸钙	25.0
高耐磨炭黑	20.0
硫磺	1.8
合计	200.0

注：硫化条件为 143℃，30min。

表 12-3-34 导体工作温度为 65℃的一般护套橡皮的性能

项目	典型数值
老化前性能	
抗拉强度/MPa	19.3
断裂伸长率(%)	440
空气箱热老化试验后(75℃,10d)	
拉伸强度/MPa	18.5
拉伸强度变化率(%)	-5
拉断伸长率(%)	390
拉断伸长率变化率(%)	-11
热延伸试验(200℃,15min,0.2MPa)	
载荷下伸长率(%)	10
冷却后永久变形(%)	3

3.2.3 工艺要点

1. 塑炼

门尼粘度在 46~58 的丁苯橡胶，最适合于加工，可以不进行塑炼；即使塑炼，门尼粘度几乎不变。乳聚丁苯橡胶存在松香酸或脂肪酸 5%~7%，且包于橡胶粒子表面，通过密炼机的塑炼，能使组织均匀化，成为混溶状态，有利于填充剂和补强剂分散，缩短混炼时间和以后的加工。所以，在一般情况下，丁苯橡胶应进行适当的塑炼；当丁苯橡胶与天然橡胶掺和使用时，丁苯橡胶可不经塑炼，直接与天然橡胶的塑炼胶掺和，进行第二段塑炼。

塑炼温度高于 140℃时，丁苯橡胶容易生成凝胶。凝胶虽能改善辗压收缩和表面光滑度等加工性能，但却降低了硫化胶的物理性能。塑炼应以不生成凝胶，达到组织均匀化和高分子量部分断链为适度。凝胶的生成，除与温度和时间有关外，还与丁苯橡胶所含的防老剂类型有密切关系，如 TNP（三壬基苯基亚磷酸酯）和 4010 等对苯二胺类防老剂，能抑制凝胶的生成；而对苯二酚的衍生物，则促进凝胶的生成。

2. 混炼

丁苯橡胶单独使用时，混合物的收缩性大，易断裂和脱辊；当与天然橡胶并用时，其混炼工艺与天然橡胶相近。

延长混炼时间，能改善填充剂的分散程度，对改善收缩有显著效果。一般来说，含补强性的填充剂的胶料比非补强填料的胶料硬度大而收缩小；高结构炭黑比吸油值低的炭黑的混合物收缩性小；芳香族操作油与丁苯橡胶相溶性好，改善填料的收缩和填充剂的分散程度，但过量的操作油反而使填料分散不良，操作油应在添加填料的后期加入。密炼机混炼过程，全部加入配合剂后，密炼机负荷下降到最低点之后，上升至第二个高峰点，混炼可以结束卸料，将得到最佳混炼状态。

3. 挤出

挤出温度见本篇第 4 章。

3.3 乙丙橡胶和橡皮

3.3.1 分类、特性和用途

1. 乙丙橡胶的分子结构、分类和特性

乙丙橡胶是在催化剂作用下，以乙烯、丙烯或乙烯、丙烯及少量非共轭双烯为单体，共聚而成的无规共聚物。聚合方法有溶液法、悬浮法和气相法。催化剂有齐格勒-纳塔（Zeigler-Natta）系、茂金属系（Metallocene）等。乙烯、丙烯共聚物称为二元乙丙橡胶（缩写为 EPR 或 EPM），乙烯、丙烯及少量非共轭双烯共聚物称为三元乙丙橡胶（缩写为 EPDM 或 EPT）。所以，从大类上看，只有二元乙丙橡胶和三元乙丙橡胶之分。

二元乙丙橡胶的分子结构：

$$\mathrm{-[(CH_2-CH_2)_x(CH_2-\underset{\displaystyle CH_3}{\underset{|}{CH}})_y]_n}$$

三元乙丙橡胶，根据第三单体的不同，分子结构有下列三种形式：

(1) 双环戊二烯三元乙丙橡胶（DCPD-EPDM）的分子结构

$$\mathrm{-[(CH_2-CH_2)_x(\underset{\displaystyle CH_3}{\underset{|}{CH}}-CH_2)_y(CH-CH)_z]_n}$$

(2) 亚乙基（乙叉）降冰片烯三元丙橡胶（ENB-EPDM）的分子结构

$$\mathrm{-[(CH_2-CH_2)_x(\underset{\displaystyle CH_3}{\underset{|}{CH}}-CH_2)_y(CH-CH)_z]_n}\quad (=CH-CH_3)$$

(3) 1,4-己二烯三元乙丙橡胶（HD-EDPM）的分子结构

$$\mathrm{-[(CH_2-CH_2)_x(\underset{\displaystyle CH_3}{\underset{|}{CH}}-CH_2)_y(CH_2-\underset{\displaystyle CH_2-CH=CH-CH_3}{\underset{|}{CH}})_z]_n}$$

根据国际标准化组织标准 ISO 1629、美国材料试验学会标准 ASTM D1418 和我国国家标准 GB/T 5576—1997，二元乙丙橡胶和不同三元乙丙橡胶的命名和英文代号见表 12-3-35。从种类和名称上看，这已是世界上乙丙橡胶的全貌。

表 12-3-35　乙丙橡胶命名和英文代号

英文代号	中文名称
EPR	乙丙橡胶
EPM	二元乙丙橡胶
EPDM	三元乙丙橡胶
ENB-EPDM	亚乙基降冰片烯三元丙橡胶
DCPD-EPDM	双环戊二烯三元乙丙橡胶
HD-EPDM	1,4-己二烯三元乙丙橡胶

2. 乙丙橡胶的分子结构对性能的影响

二元乙丙橡胶是乙烯、丙烯共聚物，其分子链是完全饱和的直链型结构。分子链上的乙烯与丙烯单体呈无规则排列，使之丧失了分子结构的规整性，因而成为具有弹性的橡胶。

三元乙丙橡胶的分子主链结构与二元乙丙橡胶一样，也是饱和的，只是在分子侧链上引入了第三单体，使之具有少量不饱和双键。因此，三元乙丙橡胶不仅具有二元乙丙橡胶的特性，而且可以采用硫磺硫化。

乙丙橡胶的性能主要取决于平均分子量、分子量分布、乙烯和丙烯的比例、第三单体类型和含量、单体嵌段性与结晶、分子支化度。

(1) 分子量对乙丙橡胶性能的影响　乙丙橡胶的重均分子量（$\overline{M}_w$）为 20 万~40 万，数均分子量（$\overline{M}_n$）为 4 万~20 万，粘均分子量（$\overline{M}_v$）为 10 万~40 万。

重均分子量（$\overline{M}_w$）与其门尼粘度密切相关，即可以以门尼粘度反映其重均分子量。乙丙橡胶的门尼粘度［50ML（1+4）100℃］范围一般在 20~110 之间。门尼粘度过低或过高，都将导致加工困难。一些超高分子量的乙丙橡胶，可在 120℃、125℃、150℃或更高温度下测量其门尼粘度。

重均分子量（$\overline{M}_w$）与数均分子量（$\overline{M}_n$）的比值定义为分子量分布指数。大多数乙丙橡胶的分子量分布指数在 2~5 之间，最高可达 8~9。分布指数小，说明其分子量分布窄；分布指数大，则分子量分布宽。若分子量分布指数为 1，则说明分子量完全均一。

分子量分布窄的乙丙橡胶，通常具有优异的物理力学性能，且性能均匀一致，但加工往往困难；反之，分子量分布宽时，橡胶中的低分子量部分可起到内润滑作用，具有较好的流动性和塑性，易混炼，收缩小，挤出膨胀小，但其物理力学性能往往不及分子量分布窄者。

分子量分布指数对乙丙橡胶性能的影响趋势见表 12-3-36。

表 12-3-36　分子量分布指数对乙丙橡胶性能的影响趋势

结构特征	分子量分布指数增加
纯胶	强度提高；冷流性下降；与二烯烃橡胶的共硫化性提高
混炼胶	可填充性提高；开炼加工性能提高；密炼性加工性能下降；挤出速度提高；压延性提高；表面光滑性提高；硫化速度降低
橡皮	交联密度降低；硬度提高；拉伸强度和定伸应力下降；伸长率提高；压缩永久变形增大；耐磨性下降；耐寒性下降、低温（<20℃）和高温（>100℃）弹性下降；低温永久变形增大；抗屈挠龟裂性提高；溶胀增大；应力松弛下降

(2) 门尼粘度对纯胶和橡皮性能的影响　如图

12-3-9~图 12-3-11 所示。

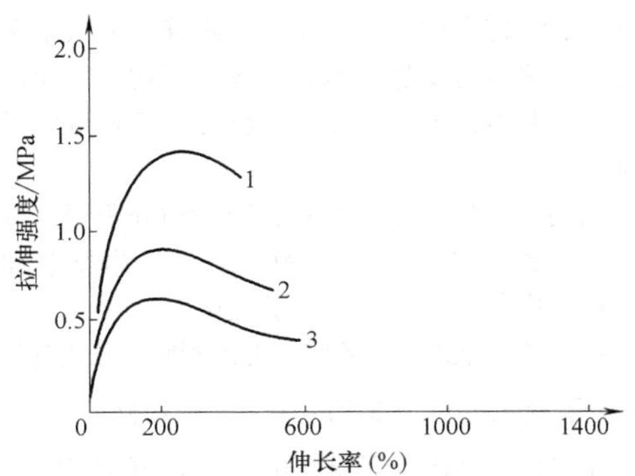

图 12-3-9 乙丙橡胶门尼粘度对纯胶强度的影响［乙烯含量 50%（mol）］

1—50ML(1+4)100℃=300 2—50ML(1+4)100℃=90 3—50ML(1+4)100℃=40

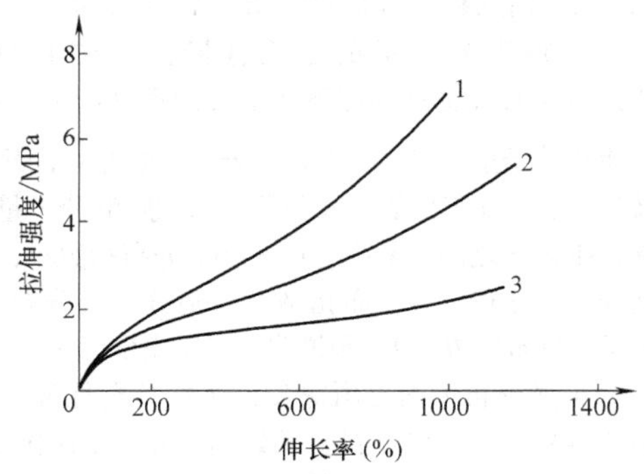

图 12-3-10 乙丙橡胶门尼粘度对纯胶强度的影响［乙烯含量 70%（mol）］

1—50ML(1+4)100℃=300 2—50ML(1+4)100℃=90 3—50ML(1+4)100℃=40

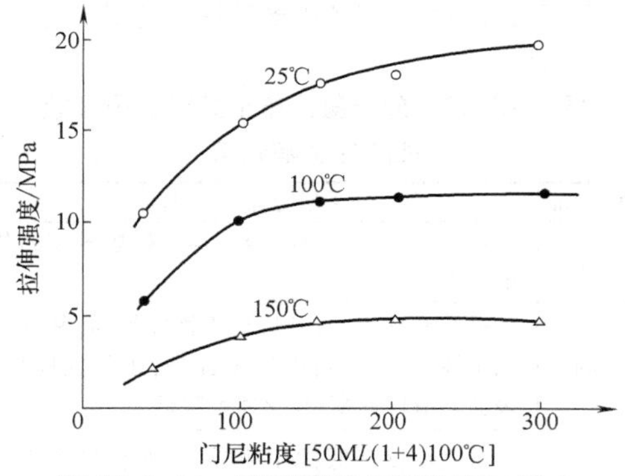

图 12-3-11 乙丙橡胶门尼粘度对橡皮（不同温度下）拉伸强度的影响

生胶特性：ENB-EPDM，乙烯含量 67%（mol），碘值 13
配方（phr）：EPDM 100，快压出炉黑 50，石蜡系油 100，氧化锌 5，硬脂酸 1.0，促进剂 MBT 1.5，促进剂 DPTT 0.8，促进剂 ZnBDC 0.8，硫磺 1.5

（3）乙烯、丙烯含量以及单体嵌段对乙丙橡胶性能的影响 乙丙橡胶的性能在很大程度上取决于乙烯/丙烯的比例。

以质量分数论，乙烯含量可在 20%~80%之间变化。随着乙烯含量的增加，乙烯-丙烯共聚物逐渐偏离无定型性（非晶态），而向结晶的聚乙烯塑料方向转化；若乙烯含量低于 20%，共聚物则表现出聚丙烯属性。当乙烯含量低于 62%时，共聚物在室温下不会出现结晶。通常，乙烯含量为 45%~70%，而丙烯含量则为 55%~30%。在此范围内，乙烯含量高的共聚物，一般具有较高的强度、填充性和塑性，但橡皮经压缩和拉伸后，永久变形均较大；乙烯含量较低的聚合物，则具有典型的橡胶特性：高弹性和良好的低温性能。乙烯含量增加对乙丙橡胶性能的影响趋势见表 12-3-37。

表 12-3-37 乙烯含量增加对乙丙橡胶性能的影响趋势

结构特征	乙烯含量增加
纯胶	结晶性提高;纯胶强度提高;可造料性提高;与二烯烃橡胶的共硫化性提高
混炼胶	(油、填充剂)可填充性提高;开炼加工性能下降;密炼性加工性能提高;挤出机喂料性提高;低温流动性下降;高温流动性提高;高温挤出速度提高;外观质量提高;低温下尺寸稳定性提高;高温下尺寸稳定性下降;粘着性降低;硫化速度提高
橡皮	总体物理力学性能提高;硬度提高;拉伸强度、伸长率和定伸应力提高;耐磨性、抗撕性提高;耐寒性、低温(<20℃)弹性下降;低温柔软性变差;低温永久变形增大;耐热性、耐臭氧性、耐候性提高;应力松弛加快

以摩尔分数论，当乙烯含量为 20%~40%（mol）时，乙丙橡胶的玻璃化温度约为-60℃，其低温性能好（如低温压缩变形、低温弹性），但耐热性能则较差；当乙烯含量为 50%~70%（mol）时，聚合物完全是无定型、非结晶态，具有最高的弹性。在此范围之外，乙烯摩尔分数增加，则会生成大的乙烯单体嵌段，引起部分结晶；丙烯摩尔分数增加，则会形成大的丙烯单体嵌段，将影响橡皮的力学性能和弹性。单体嵌段对乙丙橡胶聚合物性能的影响见表 12-3-38。一般认为乙烯含量在 50%（mol）左右，乙丙橡胶的加工性能和橡皮的物理力学性能均较好。

（4）第三单体对乙丙橡胶性能的影响 二元乙丙橡胶是纯粹的乙烯、丙烯共聚物，分子链已完全饱和，不能以硫磺硫化，只能以过氧化物硫化或以辐照方式“硫化”，其应用因之受到极大限制。三元乙丙橡胶由于引入了第三单体，增加了分子链的不饱和性，从而实现了硫磺硫化，极大地扩展了应用范围。目前所用乙丙橡胶中，绝大多数为三元乙丙橡胶。

表 12-3-38　单体嵌段对乙丙橡胶聚合物性能的影响

结构特征	单体嵌段增大
纯胶	强度提高；与二烯烃橡胶的共硫化性提高
混炼胶	（油、填充剂）可填充性提高；开炼加工性能提高；密炼性加工性能下降；挤出速度提高
橡皮	硬度提高；拉伸强度和定伸应力提高；耐磨性提高；回弹性降低；永久变形增大；耐寒性下降；耐臭氧、耐候性下降；生热增大；抗屈挠龟裂性提高；应力松弛加快

如前所述，三元乙丙橡胶所用第三单体分别为ENB（亚乙基降冰片烯）、DCPD（双环戊二烯）和HD（1,4-己二烯）三种。其中，ENB-EPDM的硫化速度快，生产效率高，应用广，故品种、牌号很多；DCPD-EPDM以硫磺为硫化剂时，硫化速度较慢，但过氧化物硫化速度相对较快，因此应用也较广。目前，绝大多数三元乙丙橡胶都以ENB和DCPD为第三单体，其中以ENB者为最多，而HD-EPDM因其应用领域狭窄，十年前已停止商品化生产。

第三单体的含量对硫化速度和橡皮的物理力学性能均有直接影响。第三单体含量，既可用占聚合物的质量分数直接表示，也可用碘值表示。碘值，定义为100g胶用碘滴定时所消耗碘的质量，单位为g碘/100g胶。碘值越高，说明聚合物中第三单体的含量越高，即不饱和度越高。碘值高，硫化速度快，对硫化胶物理力学性能如定伸应力、生热、压缩变形等均有改善，但焦烧时间缩短，耐热性能有所下降。碘值与第三单体质量分数有对应关系，以ENB含量计，见表12-3-39。乙丙橡胶的碘值范围为6~30g碘/100g胶，大多数则是15g碘/100g胶左右。

三元乙丙橡胶所用三种第三单体中，以硫磺硫化为参照，当属DCPD硫化速度最慢。

表 12-3-39　三元乙丙橡胶碘值、ENB含量、硫化性能与并用特性

碘值/（g碘/100g胶）	ENB含量（%）	硫化速度	与二烯类橡胶并用特性
6~10	1.5~2.5	慢速硫化型	可与低不饱和胶（如IR）并用，但不能与高不饱和胶（如NR）并用
15	4.5	快速硫化型	可与次不饱和橡胶并用
20	6	高速硫化型	可与高不饱和胶并用
25~30	7~9	超速硫化型	可与高不饱和胶任意比例并用

第三单体直接决定了三元乙丙橡胶的支化度，原因在于聚合反应时双键的活性。双键活性越大，聚合反应速度快，支化度则越高。在三种第三单体中，聚合反应速度由快到慢的顺次为DCPD、HD、ENB。因此，就三种三元乙丙橡胶的支化度而言，由高到低的顺次为DCPD-EPDM、HD-EPDM、ENB-EPDM。不同第三单体三元乙丙橡胶的性能比较见表12-3-40。

如前所述，第三单体的性质影响三元乙丙橡胶的支化度。然而，即使是同一单体，现代聚合技术已能够控制长链的支化度，因此，可制造不同支化度的三元乙丙橡胶。分子链支化度对三元乙丙橡胶性能的影响见表12-3-41。

表 12-3-40　不同第三单体三元乙丙橡胶的性能比较

项　目	ENB-EPDM	HD-EPDM	DCPD-EPDM
支化度	少量	较低	高
耐热性	高	中	低
耐臭氧性	中	低	高
硫磺硫化速度	快	中	慢
过氧化物硫化速度	中	慢	快
特性	用途最广，用量最大；硫化胶强度高，永久变形小；可形成线性或支链聚合物；可与二烯烃橡胶并用	已停止生产；不易焦烧；可形成线性聚合物	用途广，用量居第二位；硫化后永久变形小；易混炼；聚合物支链结构高；有臭味

表 12-3-41 分子链支化度对三元乙丙橡胶性能的影响

结构特征	分子链支化度提高
纯胶	强度提高；与二烯烃橡胶的共硫化性提高
混炼胶	（油、填充剂）可填充性提高；开炼加工性能提高；密炼性加工性能下降；挤出速度提高，硫化速度提高
橡皮	硬度提高；拉伸强度和定伸应力提高；伸长率下降；回弹性提高；压缩永久变形下降；耐磨性提高；耐寒性下降；耐热性下降；耐臭氧、耐候性提高；生热下降；抗屈挠龟裂性下降；应力松弛下降

3. 乙丙橡胶的基本性能

乙丙橡胶具有如下优越的性能：

（1）优良的耐老化性能 乙丙橡胶的耐热老化性，耐臭氧和耐气候性，远比主链含双键的二烯类橡胶优越，而且优于氯丁橡胶和丁基橡胶。

乙丙橡胶长期使用工作温度为 90℃（$1/T=2.755\times10^{-3}K^{-1}$），短时可达 150℃（$1/T=2.364\times10^{-3}K^{-1}$，参见图 12-3-12）；炭黑配合时，暴露于日光下 3 年不会产生裂纹，甚至有 10 年未见异常的例证；在臭氧浓度 $100\times10^{-4}\%$（100ppm）的介质中，2400h 不会发生裂纹，实际上，可以说是无限长（见图 12-3-13）；耐水蒸气性比热空气老化性好。即使是 200℃左右的高温，其特性也只是稍有下降。

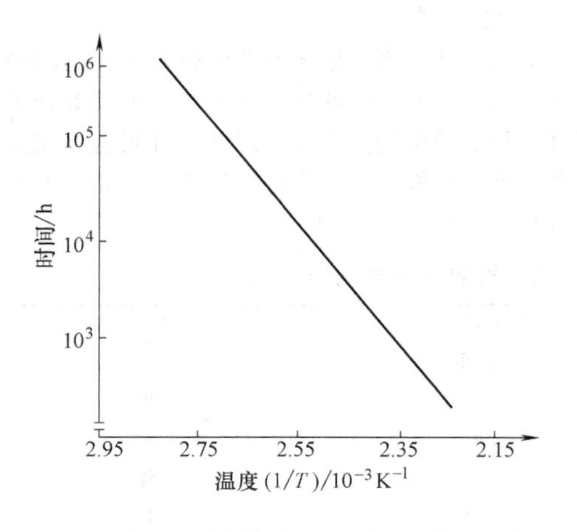

图 12-3-12 三元乙丙橡胶（EPDM）的热寿命曲线

（2）卓越的电绝缘性能 乙丙橡胶的电绝缘性能可与丁基橡胶相媲美。耐电晕、耐漏电痕和耐电压性能方面，则超过丁基橡胶（见图 12-3-15、表 12-3-42 及表 12-3-43）。长时交流击穿强度比丁基绝缘电缆高 30%～50%，短时交流击穿电压高 10%～20%，脉冲击穿强度高 10%。

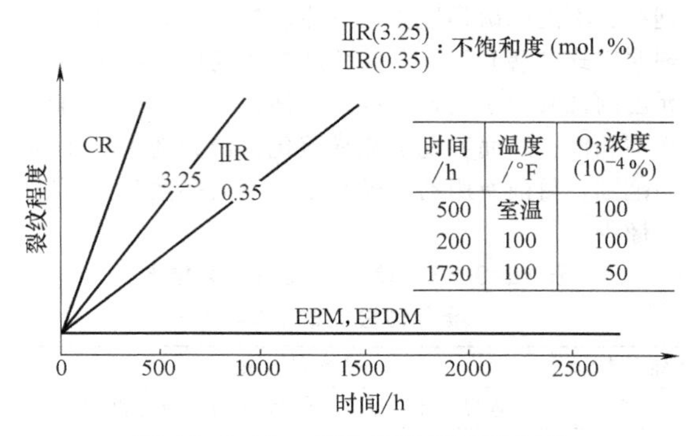

图 12-3-13 各种橡胶的耐臭氧性

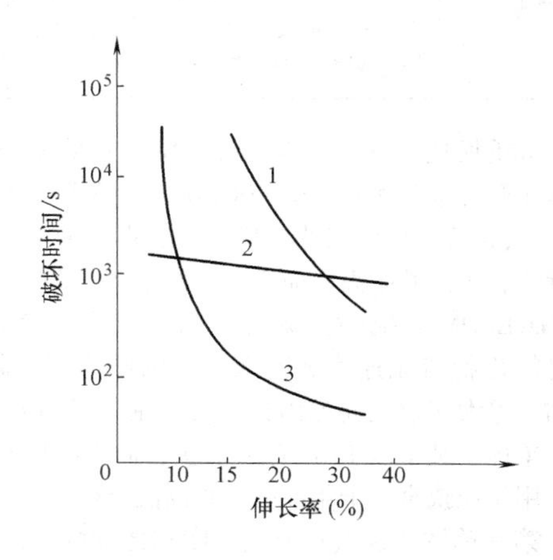

图 12-3-14 各种橡胶的耐电晕性

1—三元乙丙橡胶 2—氯磺化聚乙烯橡胶 3—丁基橡胶

表 12-3-42 乙丙橡胶和丁基橡胶绝缘橡皮的电性能

性 能 项 目	乙丙橡胶	丁基橡胶
体积电阻率/Ω·m	10^{13}～10^{14}	10^{13}～10^{14}
介质损耗因数	0.3～0.15	0.4～0.15
相对介电常数	2.5～3.5	3～4
击穿强度/(MV/m)		
交流	35～45	25～35
直流	70～100	55～70

（3）卓越的低温动态特性 EPM、EPDM 的回弹性与温度的关系和 NR 一样，比 SBR 卓越。EPDM 的脆化温度极低，−55℃也有屈挠性，仅次于顺丁橡胶。

（4）较好的化学稳定性 乙丙橡胶的 SP（溶

解度参数）值约为 7.9，对酒精、酮、乙二醇等极性比较强的溶剂、无机盐类的溶液，酸和碱有较大的抗耐性，长期接触后性能非常稳定。

表 12-3-43　各种材料的耐漏电痕性

材　　料	漏电痕破坏时间/min
三元乙丙橡胶(黑)	>120,稍腐蚀
耐漏电性丁基橡胶	>120,腐蚀
一般绝缘用丁基橡胶	11~20,漏电
交联聚乙烯(白)	>120,稍腐蚀
交联聚乙烯(黑)	15~27
氯丁橡胶(白)	2~3
氯丁橡胶(黑)	>1,漏电
聚氯乙烯(白)	<1,漏电

(5) 颜色稳定性良好　乙丙橡胶的着色性强且稳定性好；与其他橡胶相比，高二烯品种和充油品种，可进行更高填充，对加入着色剂非常有利。

乙丙橡胶的缺点：硫化速度慢，与不饱和度高的橡胶并用时，共硫化性不好；不耐油类和可燃烧；自粘性和互粘性差，加工工艺比较困难。

4. 乙丙橡胶的品种分类和技术要求

(1) 品种分类和代表性牌号特点　乙丙橡胶尚未有统一的国际命名和分类标准，各公司产品各有特色，大致可按以下分类（见表 12-3-44）：

(2) 世界乙丙橡胶生产国、公司（或厂家）及商品名称　见表 12-3-45。

表 12-3-44　乙丙橡胶的分类表

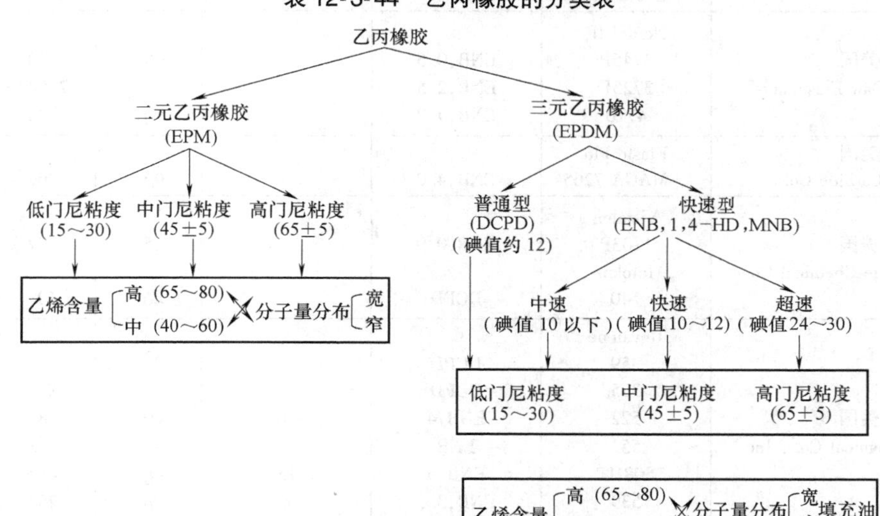

表 12-3-45　世界乙丙橡胶生产国、公司及商品名称

国家	生产公司或厂家	生产地	聚合方法	商品名称	生产品种
美国	Du Pont-Daw Elesto mers	美国	溶液法	Nordel	EPM,ENB-EPDM
	Uniroyal Chemical Co., Inc.	美国	溶液法	Royalene	EPM,ENB-EPDM,DCPD-EPDM
	B. F. Goodrich Chemical Division	美国	悬浮法	Epcar	EPM,ENB-EPDM
	Exxon Mobil Chemical Co.	美国、法国	溶液法	Vistalon	EPM,ENB-EPDM
		英国		Intolan	EPM,ENB-EPDM,DCPD-EPDM
	Union Carbide Co.	美国	气相法	Elesto Flo	EPM,ENB-EPDM
荷兰	DSM Elestomers	荷兰	溶液法	Keltan	EPM,ENB-EPDM,DCPD-EPDM
		日本、美国		Epsyn	EPM,ENB-EPDM,DCPD-EPDM
日本	Mitsui Petrochemical Industries,Ltd.	日本	溶液法	Mitsui EPT	EPM,ENB-EPDM,DCPD-EPDM
	Sumitomo Chemical Co.,Ltd.	日本	溶液法	Esprene	EPM,ENB-EPDM,DCPD-EPDM
	JSR Co.	日本	溶液法	JSR EP	EPM,ENB-EPDM,DCPD-EPDM
意大利	EniChem Elestomeri Sri	意大利	悬浮法	Dutral CO	EPM,ENB-EPDM,DCPD-EPDM
		英国		Dutral TER	
德国	Lanxess①	美国	悬浮法	Buna EP T	EPM,ENB-EPDM,DCPD-EPDM
		德国	溶液法	Buna EP G	EPM,ENB-EPDM,DCPD-EPDM

（续）

国家	生产公司或厂家	生产地	聚合方法	商品名称	生产品种
俄罗斯	V/O Ranznoimport	俄罗斯	溶液法 悬浮法	SKEPT SKEP	EPM, ENB-EPDM, DCPD-EPDM
韩国	Yu Kong Limited	韩国	溶液法	Suprene	EPM, ENB-EPDM, DCPD-EPDM
巴西	Nitriflex S. A. Industriae Comerecio	巴西	溶液法	Nitriflex EP	EPM, ENB-EPDM
印度	Herdillia Unimers Limited	印度	溶液法	Herlene	EPM, ENB-EPDM, DCPD-EPDM
中国	吉林化学工业股份有限公司	中国	溶液法	双力牌	EPM, ENB-EPDM, DCPD-EPDM

① Lanxess，即朗盛化工公司，为隶属于德国拜尔集团（Bayer AG）的跨国公司。

最新的信息是，2013 年，朗盛（Lanxess）在中国常州投资 2.35 亿欧元，建设年产 16 万 t 的乙丙橡胶生产基地。另外，朗盛于 2011 年已将荷兰 DSM 乙丙橡胶纳入其旗下。

（3）电线电缆常用三元乙丙橡胶商品牌号 见表 12-3-46。

表 12-3-46 电线电缆常用三元乙丙橡胶商品牌号

生产国和制造商	乙丙橡胶型号、规格	第三单体及含量（%）	碘值/（g 碘/100g 胶）	门尼粘度	丙烯/乙烯比（%）	填充量（phr）
美国 Du Pont-Daw Elastomers	Nordel IP					
	3745P	ENB, 0.5		45[d]	/70	
	3725P	ENB, 2.5		25[d]	27.5/70	
	4770	ENB, 4.9		70[d]	/70	
美国 Union Carbide Co.	Elasto Flo					
	MAGA 7265	ENB, 4.0		92[d]	/67	20(C)
美国 Exxon Mobile Chemical Co.	Vistalon					
	1703P	ENB, 0.9		25[d]	/77	
	Intolan					
	140	DCPD		40[c]	40/	
美国 Uniroyal Chemical Co., Inc.	Royalene					
	359	DCPD		53[b]		
	375	DCPD		48[b]	低/	
	522	ENB, 4	10	60[a]	48/	
	552	ENB		50[b]	低/	
	508HT	ENB, 5	15	60[a]	45/	
	539	ENB, 3.5	8	80[b]	25/	
	611	ENB, 3.5	8	25[a]		
美国 DSM Copolymer Inc.	Epsyn					
	40	ENB	7	40[d]		
	40-A	ENB	高	40[d]	中/	
	2308	ENB	高	23[d]		
	2506	ENB		25[d]		
	5508	ENB	高	55[d]	低/	
	5509	ENB	高	55[d]	低/	
德国 Lanxess	Keltan					
	520	DCPD, 4.5		46[d]	/58	
	2360A	ENB, 3.0		20[d]	/67	
	2470B	DCPD, 3.2		25[d]	/62	
	Buna EP G					
	6170	ENB, 1.5		59[d]	/72	
	2470	ENB, 4.0		24[d]	/69	
	2470LM	ENB, 3.0		20[d]	/73	
	6470	ENB, 4.5		59[d]	/71	30(O)
	3850	ENB/8.0		28[d]	/48	
	3963	ENB/9.0		34[d]	/66	30(O)
	Buna EP T					
	2370	ENB/3.0		16[d]	/71	

（续）

生产国和制造商	乙丙橡胶型号、规格	第三单体及含量(%)	碘值/(g碘/100g胶)	门尼粘度	丙烯/乙烯比(%)	填充量(phr)
意大利 EniChem Elestomeri Sri	Dutral TER 4028 4033 4038 4044	 ENB/4.5 ENB/5.0 ENB/4.5 ENB/4.0		 60[d] 30[a] 60[d] 44[a]	 24/ 24/ 27/ 35/	
日本 Sumitomo Chemical Co.,Ltd	Esprene 501	ENB	12	55[a]		
日本 Mitsui Petrochemical Industries Ltd	Mitsui EPT 1070L 3045	 DCPD ENB	 12	 51[a] 38[a]	 40/	
日本 JSR Co.	JSR EP 21 51	 ENB/6.0 ENB/6.0	 19 19	 38[a] 38[a]	 /61 /67	
韩国 Yu Kong Limited	Suprene 301 301A 514F	 DCPD DCPD ENB	 10 10 12	 55[a] 43[a] 37[a]	 /65 /50 /80	
中国 吉林化学工业股份有限公司	双力 J-4045 J-3045	 ENB ENB	 22 13	 45[a] 40[a]	 /56 /56	

注：1. 门尼粘度试验条件，a 为 50*ML*（1+4）100℃；b 为 *ML*（1+4）121℃；c 为 *ML*（1+8）121℃；d 为 50*ML*（1+4）125℃。

2. 填充物，C 为炭黑；O 为石蜡油。

表 12-3-46 列举了部分制造商可用于电线电缆的三元乙丙橡胶的商品牌号。这些牌号的乙丙橡胶多用于电缆绝缘，而用于阻燃电缆和护套的乙丙橡胶并未列出。

所有牌号的乙丙橡胶均有耐热、耐臭氧、耐气候性、耐低温性和电绝缘性优良的共通特性。从电缆用途和工艺角度讲，二元乙丙橡胶是完全饱和的橡胶，适用于高压电缆和特别耐热的产品；三元乙丙橡胶主要用于中低压电线电缆产品，其中，普通型和快速型中低二烯含量的品种，具有较佳的耐热老化性，用于耐热要求高的电线电缆产品，随着第三单体含量增加，硫化速度加快，碘值为 24~30 的品种，主要用作与其他主链含双键的烯烃类橡胶并用。

各类型乙丙橡胶中，具有中门尼粘度（30~50），中乙烯含量（40%~60%）和宽分子量分布的牌号，是通用型牌号，也是电线电缆绝缘常用品种，它可在密炼机和开炼机上加工，工艺适应性宽，综合性能适中；高门尼粘度（>50）的牌号，允许填充大量的油和填料，保持较好力学性能，热态生胶强度高，抗硫化压扁性好，可用于厚绝缘和电线电缆护套；低门尼粘度（<30）的牌号有最佳的加工性能，可用于不能添加可燃性加工油的阻燃橡皮。另外，不同门尼粘度的乙丙橡胶搭配使用，空间巨大，例如，Dutral TER 4038 与 4044 掺和后可用于中压电缆绝缘。

(4) 部分可以相互替代的乙丙橡胶商品牌号 不争的事实是，以前中国只有一个“双力牌”乙丙橡胶，产量小，品种少，远远不能满足国内需要，用于电线电缆的乙丙橡胶，几乎是外国品牌，而且很难将所用品牌、型号和规格固定下来。每换一个品牌或型号，几乎都要从头开始，这对乙丙橡皮绝缘电缆的发展极为不利。依据橡胶行业的应用成果，给出了部分可相互替代的三元乙丙橡胶品种，详见表 12-3-47。需要说明的是，不同厂家、不同牌号的乙丙橡胶，不存在一一对应关系，因此这种替代，只可能是相近，绝不可能是相等。

表 12-3-47　部分不同牌号乙丙橡胶相互替代对照

中国 吉化	日本 JSR	荷兰 Lanxess Keltan	意大利 EniChem TER	美国 Uniroyal Royalene	美国 Exxon Vistalon	日本 Sumitomo Esprene	德国 Lanxess Buna EPG
J-3062E	EP-57C		4028	512	7000	512F	
			4038	622			248
	EP-21	714					
J-3045	EP-22	4703	4044	512	2504	501	
J-4045		314		535		505A	3850

(5) 技术要求　每个品牌及规格的乙丙橡胶都有其具体技术要求，试验方法（包括标准配方和混炼方法）也有具体规定。表 12-3-48 仅列出了吉林化学工业公司部分产品的技术要求。

表 12-3-48　吉林化学工业公司（双力牌）乙丙橡胶的技术要求

项　目	3045	3062E	J-3080	J-3092E	4045	4095	4090
乙烯含量(质量,%)	53.5~59.0	68.5~74.0	68.5~74.0	57.5~62.5	53.0~59.0	53.5~59.0	53.5~58.5
碘值/[g/100g(ENB)]	10~16	8~14	8~14	10.5~15.5	19~25	19~25	20~24
充油量(phr)		17~23		17~23			
钒含量/(mg/kg)　≤	10	10	10	10	10	10	10
挥发分(质量,%)　≤	0.75	0.75	0.75	0.75	0.75	0.75	0.75
灰分(质量,%)　≤	0.10	0.10	0.10	0.10	0.10	0.10	0.10
门尼粘度							
50ML(1+4)100℃	34~46	56~72			38~52		
50ML(1+4)121℃			70~80	65~75		56~70	
50ML(1+4)125℃							60~70
定伸应力/MPa							
200%　≥						4.0	
300%　≥	6.0	8.0	8.0	9.5	10.0		10.0
拉伸强度/MPa　≥	14.0	14.0	14.0	15.0	15.0	14.0	15.0
拉断伸长率(%)≥	360	300	300	350	320	260	320

5. 乙丙橡胶在电线电缆上的应用

乙丙橡胶问世不久，即作为优良的绝缘材料而进入电线电缆领域。目前，在许多橡皮绝缘产品上，乙丙橡胶已全部取代了传统的天然橡胶、丁苯橡胶和丁基橡胶，用量占电线电缆用合成橡胶的第二位。就具体产品而言，乙丙橡胶已广泛应用于通用橡套软电缆、矿用电缆、机车电缆、船用电缆、35kV 及以下电力电缆、X 射线机用直流高压电缆、静电集尘器电缆、电机电器引接线、移动式高压电缆、原子能发电站和火力发电站用电力电缆和控制电缆、日用电器耐热连接电线和二次网络电缆，还用于电力电缆用附件材料。此外，随着无卤低烟阻燃电缆技术的发展，无论是橡皮绝缘还是橡皮护套，乙丙橡胶的应用范围正在逐步扩大中。

3.3.2　橡皮配方

1. 乙丙橡胶的选择

乙丙橡胶的分子组成和分布对绝缘性能的影响不大，所以，仅以电绝缘性能计，生胶的选择范围很宽，但从加工性和橡皮物理力学性能综合考虑，就要选择不同牌号。为获得良好的挤出性能，应选择高乙烯含量的牌号；为获得良好的耐热、耐老化性能，能够在 90℃及以上长期工作，应选择二烯烃含量不太高的牌号；为获得低介质损耗，应选择低门尼粘度的牌号，以 ML（1+4）125℃ = 25~30 为宜，同时填充量不宜过大。

2. 硫化体系

EPM 仅能用过氧化物硫化，而 EPDM 不仅可用过氧化物硫化，也可用硫磺、酚醛树脂及其他硫化体系硫化，每种硫化体系都有与之相对应的配合体系。

(1) 过氧化物硫化体系

1）过氧化物。过氧化物硫化一般认为要经过三个过程：①过氧化物在热作用下均裂成两个烷氧自由基；②烷氧自由基从聚合物分子链上夺取氢原子而形成大分子自由基；③相邻两个大分子自由基偶合形成碳-碳交联键。在整个过程中，过氧化物一旦生成活性自由基，其余反应可在很短时间内完成，所以，过氧化物的分解速度和用量决定了橡胶的硫化速度。

活性自由基从聚合物链上夺取氢原子的能力，取决于含氢原子基团的性质，由易至难的顺序是：①酚基和芳氨基；②苄基；③烯丙基；④叔烷基；⑤仲烷基；⑥伯烷基；⑦芳香基和乙烯基。

对于二元乙丙橡胶（EPM）来说，活性自由基所夺取的主要是主链上的氢原子，反应活性低；对于三元乙丙橡胶（EPDM）来说，活性自由基除可以夺取主链上的氢原子外，更重要的是侧链上的双键，处于烯丙基位的氢原子更加活泼，更易夺取之，所以，聚合物自由基主要是此种形式。

聚合物自由基因偶合而形成交联，也可与另一大分子侧链双键发生自由基加成反应，通过夺氢的自由基转移而形成交联。然而，在硫化反应过程中，在乙丙橡胶大分子主链上，同时发生着丙烯链节的断链反应；若橡料中有酸性和还原性物质，还会产生离子型分解。离子型分解物不仅消耗过氧化物，而且加剧聚合物的降解。

过氧化物硫化所形成的是碳-碳键，刚性大、稳定性高，较之硫磺硫化，橡皮的耐热性好，压缩永久变形小，定伸应力大，回弹性高，其缺点是橡皮的伸长率小，抗撕裂性差。

过氧化物的分解速度与其分解活化能有关，而其活性则取决于其分子结构中取代基的类型。通常，用特定温度下的半衰期（$t_{1/2}$）来表示过氧化物的分解速度或活性，半衰期越长，其分解越慢，活性则越低。乙丙橡胶常用过氧化物的典型硫化温度、特定半衰期时的分解温度和特定温度下的半衰期，见表12-3-49。

表12-3-49 常用过氧化物特定半衰期下的分解温度和典型硫化温度

化学名称	代号	$t_{1/2}$ 10h时温度/℃	$t_{1/2}$ 1min时温度/℃	典型硫化温度/℃	160℃下 $t_{1/2}$/min	170℃下 $t_{1/2}$/min	常温性状及特征
过氧化二异丙苯	DCP	117	171	160	3.6	1.1	白色颗粒;通用型,硫化后分解物异味很大
1,4-双(叔丁基过氧基二异丙基)苯	P-F	118	179	170	4.0	1.5	白色结晶或粉末;含有两个官能基,分解温度高于DCP,分解物异味小于DCP
1,3-双(叔丁基过氧基二异丙基)苯	BIPB	121	182	170	7.7	3.0	白色结晶;特征同上
4,4′-双(叔丁基过氧基)戊酸正丁酯	V	105	166	154	1.7	0.7	黄色液体;交联温度低且速度快,分解物臭味小
2,5-二甲基-2,5-(二叔丁基过氧基)己烷	双-2,5或DPBMH	118	179	166	5.8	2.2	浅黄色液体;交联温度和效率较DCP高,分解物无臭味
2,5-二甲基-2,5-(二叔丁基过氧基)-3-己炔	3H或3-己炔	135	193	177	32	11	浅黄色液体;交联温度更高,分解物无臭味
1,1-二叔丁过氧基-3,3,5-三甲基己烷	3M	90	148	141	0.4	0.2	无色液体;交联温度低,分解物臭味小

在上述过氧化物中，DCP活性适中，贮存稳定且价格低廉，故应用最广，但其最大的缺点是，硫化后产生的枯基分解物的刺激气味逸散空中，且可在产品中长期残留。虽说无毒性，但终归是恶化操作环境。表12-3-49中已给出了少味或无味的过氧化物，但因其硫化温度较高，能量投入大，加之其价格高，故使用较少。另外，还应注意的是，过氧化物分解物可能造成产品表面喷霜。

过氧化物的用量，按有效官能基计算约为0.01mol/100phr橡胶，例如DCP的用量为2.7phr~3.0phr。若是二元乙丙橡胶，由于其硫化效率仅是三元乙丙橡胶的一半，过氧化物用量应相应增加。

2）过氧化物的活性剂和防焦剂。与过氧化物硫化剂配合使用的活性剂，一般是多双键物质。过氧化物常用活性剂见表12-3-50。

在过氧化物硫化剂中配合使用这些活性剂，可以提高橡皮的硫化速度、定伸应力、拉伸强度、硬度、交联度和耐热性，降低橡皮的压缩永久变形，但其伸长率、抗撕裂性则有所下降。在这些活性剂中，就反应活性而言，甲基丙烯酸酯基团要高于烯丙基基团。

表 12-3-50 过氧化物常用活性剂

代 号	化 学 名 称	常 温 性 状
TAC	三烯丙基氰脲酸酯	白色液体或结晶
TAIC	三烯丙基异氰脲酸酯	黄褐色液体或固体
TATM	偏苯三酸三烯丙酯	淡黄色液体
TMPTMA(或 TMPT,TRIM)	三甲基丙烯酸三羟甲基丙烷酯	透明液体
EDMA	双甲基丙烯酸乙二醇酯	透明液体
VP-4	N,N′-双亚糠基丙酮	红色粉末
HVA-2	N,N′-间亚苯基双马来酰亚胺	淡黄色粉末
—	1,2-聚丁二烯	淡黄色粘稠液体

过氧化物硫化的防焦剂，一般采用 BHT（2,6-二叔丁基-对-甲酚），用量为过氧化物的 0.2%~0.3%。

3）影响过氧化物硫化的重要因素。

① 酸性物质降低交联效率。DCP、双-2,5 等过氧化物，不含酸性基团，对酸性物质很敏感，而这些酸性物质又是常用的，如槽法炭黑、白炭黑、硬质陶土等。在酸性物质作用下，过氧化物很容易发生异裂或离子型分解，结果是不能形成活性自由基，因而不能形成交联。除前述酸性填料外，硬脂酸的用量也不宜过大。

② 含有活泼氢原子的防老剂降低交联效率。重要的是酚类和胺类防老剂，例如防老剂 4010NA（N-异丙基-N′-甲基苯基对苯二胺），因其含有非常活泼的氢原子，能够优先与活性自由基发生反应，从而降低交联效率。所以，在过氧化物硫化体系中，此类防老剂不宜多用，一般不超过 0.5phr。对过氧化物硫化影响最小的防老剂是 RD（2,2,4-三甲基-1,2-二氢化喹啉）。

③ 芳香油、环烷油等增塑剂降低交联效率。环烷类或芳烃类操作油中含有苄基和烯丙基，氢原子含量高且比大分子上的氢原子活泼，易与自由基发生反应，从而降低过氧化物的交联效率。所以，在过氧化物硫化体系中，多以石蜡油为增塑剂。即使是石蜡油，用量也不宜超过 30phr。

④ 空气中的氧气也有降低交联效率的作用。当聚合物自由基接触空气时，便与氧分子偶合而形成烃过氧自由基，从而使聚合物降解。如果是以热风或微波连续硫化方式生产过氧化物硫化的乙丙橡皮产品，产品表面就会发粘，呈欠硫状态，原因就在于此。在本篇第 4 章橡皮加工技术中，再次指出罐式蒸汽硫化不适于过氧化物，原因也在于此。应当指出的是，若将硫化罐中的空气排出，罐式蒸汽硫化也适于过氧化物，如果能够充以氮气，效果将会更好些。

（2）硫磺、含硫化合物硫化体系 如前所述，三元乙丙橡胶可用硫磺及含硫化合物（秋兰姆）硫化，硫化理论与前述二烯烃类橡胶相同，促进体系是以秋兰姆或二硫代氨基甲酸盐为主，与噻唑类或次磺酰胺类促进剂并用。但最大的问题有二：一是硫磺及含硫化合物对铜导体的腐蚀作用，致使铜导体发黑；二是橡皮的耐热性低于过氧化物硫化橡皮。

以硫磺作硫化剂时，用量为 1.0phr~1.5phr，硫化胶有最好的机械强度；若超过 1.5phr，硫化曲线不平坦。

以硫磺作为硫化剂，一般可分为标准、快速和低硫三种硫化体系，详见表 12-3-51。

表 12-3-51 硫磺硫化的三种硫化体系

标准硫化体系		快速硫化体系		低硫硫化体系	
促进剂代号	用量(phr)	促进剂代号	用量(phr)	促进剂代号	用量(phr)
TMTM	1.5	ZDC	1.0	TMTD	2.0
M	0.5	DPTT	1.0	TETD	2.0
S	1.5	M	0.5	CZ	2.0
		S	1.5	S	0.5

注：促进剂名称分别为，S—硫磺；TMTM——硫化四甲基秋兰姆；M—2-硫醇基苯并噻唑；ZDC—二乙基二硫代氨基甲酸锌；DPTT—四硫化双五次甲撑秋兰姆；TMTD—二硫化四甲基秋兰姆；TETD—二硫化四乙基秋兰姆；CZ—N-环己基-9-苯并噻唑次磺酰胺。

在标准硫化体系中，也有用促进剂 DM 代替促进剂 M，用促进剂 TMTD 或 ZDC（或两者并用）代替促进剂 TMTM 的。在低硫硫化体系中，采用促进剂 CZ 能使胶料不易焦烧。

值得注意的是，硫磺在非极性乙丙橡胶中的溶解度较低，通常用量为1phr~1.5phr，用量过大时，极易喷霜。喷霜同样涉及促进剂，各种促进剂的喷霜临界量见表12-3-52。为提高硫化速度且避免喷霜，以多品种、小剂量促进剂并用为优。另外，促进剂CED（二乙基二硫代氨基甲酸镉）是有效的不喷霜促进剂。

表12-3-52　各种促进剂的喷霜临界量

名　称	喷霜临界量(phr)
促进剂M	3.0
促进剂DM	3.0
促进剂CZ	3.0
促进剂ZDC	0.8
促进剂PZ	0.8
促进剂TMTM	0.8
促进剂TMTD	0.8
促进剂DPTT	0.8

三元乙丙橡胶（EPDM）采用硫磺硫化体系和过氧化物硫化体系的主要差异见表12-3-53。

硫磺硫化时，第三单体类型和含量对硫化速度影响极大（见表12-3-54）。根据需要可选择标准型（如EPT 1045）、快速硫化型（如EPT 3045，Vistalon 2504）或超速硫化型（如EPT 4045）。随着ENB含量增加，聚合物价格有所上升，但超速硫化型不但可以提高生产效率，同时可与高不饱和二烯烃橡胶并用，获得廉价产品。

（3）酚醛树脂及其他硫化体系　采用酚醛树脂硫化EPDM，橡皮硬度大，但其耐热性和压缩永久变形性能很好。由于酚醛树脂活性小，用量较大，例如叔丁基酚醛树脂2402，用量在10phr以上，且需配合使用相应活性剂。常用活性剂有氯化亚锡、氧化锌或含氯聚合物（CPE、CR、CSM等），若是含氯的酚醛树脂，可不添加活性剂。

表12-3-53　EPDM采用硫磺硫化体系和过氧化物硫化体系的主要差异

项　目	硫磺硫化体系	过氧化物硫化体系
交联键类型	数目不等的(—S_x—)	C—C
硫化特性		
硫化参数的可调性	很好	不好
焦烧安全性	好,可调	较差
硫化速度	快	慢
硫化还原性	有	无
硫化曲线平坦性	好	随时间增加而缓慢上升
亚硝胺伴生物	有	无
热风连续硫化的适应性	好	不适用
不同极性橡胶的共硫化性	较差	好
橡皮物理性能		
抗撕裂性	好	差
拉伸强度	高	稍低
耐磨性	好	稍差
耐热性	较差	好
回弹性	较差	好
压缩永久变形	较大	小
电绝缘性	较差	好
耐电痕性	差	好
金属腐蚀性	较大	小
着色稳定性	差	好
喷霜	较大	小
介质中的抽提物	高	低

表12-3-54　各种类型的EPDM的硫化速度

类　型	正硫化时间(60℃)/min
标准型	40
快速硫化型	20
超速硫化型	10

酚醛树脂硫化速度慢，有臭味，橡皮压缩变形大，胶料易受酸性填料的影响，故较少采用。

EPDM还可用醌肟（对醌二肟）类硫化，且需加入高活性金属氧化物，如氧化铅等。醌肟硫化橡皮的耐热老化性能优于硫磺硫化体系，但物理力学性能差，且价格昂贵，故一般很少采用。

(4) 不同硫化体系对硫化胶电性能的影响 不同硫化剂所形成的交联网络具有不同的偶极性，对橡皮的绝缘性能有较大影响。各种硫化体系对 EPDM 硫化胶电性能的影响详见表12-3-55。

表 12-3-55 各种硫化体系对 EPDM 硫化胶电性能的影响

硫化体系	体积电阻率/Ω·m		介电常数 ε		介质损耗角正切 $\tan\delta$		击穿强度/(kV/mm)		
							交流	直流	
	40℃	80℃	40℃	80℃	40℃	80℃	常温	常温	100℃
硫磺	1.5×10^{13}	3.0×10^{11}	3.0	3.0	0.90	3.10	44	83	56
含硫化合物	9.0×10^{12}	1.5×10^{11}	2.9	2.9	1.00	3.50	43	81	54
醌肟类	3.0×10^{13}	6.0×10^{11}	2.9	2.9	0.70	2.15	35	72	49
过氧化物	2.5×10^{14}	4.5×10^{12}	2.9	2.9	0.60	2.20	42	85	58

由表 12-3-55 不难算出，在四种硫化体系中，绝缘体积电阻率由高到低的顺次为过氧化物、硫磺、醌肟类、含硫化合物；介电常数，以硫磺为次；介质损耗，以过氧化物为最好，以含硫化合物和硫磺为最差；交流击穿强度，以硫磺为优，而直流击穿强度，以过氧化物为最好。

(5) 共硫化体系 共硫化剂能有效地提高乙丙橡胶的交联密度，减轻过氧化物分解的气味，同时改进乙丙橡胶绝缘橡皮的绝缘电阻的浸水稳定性和耐热老化性能。

早期乙丙橡胶的硫化，电缆工业是采用 DCP 与硫磺（约 0.3phr）并用，来抑制主链节的切断而提高交联密度，但耐热性不佳，对铜有腐蚀性，且有低分子硫醇臭味。以后发展了有机共硫化剂，常用的有对醌二肟（GMF）、对，对′-二苯甲酰苯醌二肟（DBQD）、三烯丙基氰脲酸酯（TAC）、三烯丙基三聚异氰酸酯（TAIC）、三甲羟基丙烷三甲基丙烯基丙烯酸酯（TMPM）、二甲基丙烯酸乙烯酯（EDMA）、N，N′-间-苯撑-顺丁烯二酰亚胺和高 1，2-结构丁二烯等。其中，TAC 和 TAIC 有气味，电绝缘性能和硫化程度功效最佳（见表 12-3-56）。通常用量：醌类为 0.5phr~2.0phr，高 1，2-结构丁二烯为 5phr~10phr，其他为 2.0phr~3.0phr。

表 12-3-56 不同共硫化剂对乙丙橡胶绝缘电线浸水后绝缘电阻的影响

75℃浸水时间/d	绝缘电阻/(Ω/km)	
	DCP/硫磺	DCP/TAC
1	102	410
7	3.9	430
2×7	1.0	430
3×7	0.82	410
15×7	测不出	66
20×7	测不出	63

共硫化剂的作用机理是：利用共硫化剂存在两个及两个以上不饱和活性基团，迅速与过氧化物硫化剂分解出的游离基反应，形成结构稳定的新游离基，并继续参与交联反应，从而提高过氧化物硫化剂的利用率和交联效率。例如，TAC 的反应模式如下：

P· + $CH_2=CH-CH_2-O$—C（三嗪环：C、N、C、N、C、N）—$O-CH_2-CH=CH_2$，环上另一 C 经 O 连 $CH_2-CH=CH_2$ ⟶

$P-CH_2-CH-CH_2-O$—C（三嗪环）—$O-CH_2-CH=CH_2$，环上另一 C—C—O—$CH_2-CH=CH_2$

EPDM 与 NR、SBR 和 CR 等二烯烃类橡胶并用，可以显著改进二烯类橡胶的耐臭氧性和耐气候性。这种并用，必须注意两者的共硫化速度。EPDM 和高二烯类橡胶掺和，存在相当部分的未硫化状态，通过提高 EPDM 碘值（不饱和度），可达到掺和物共硫化，拉伸强度随碘值增加直线上升，如图 12-3-15 所示；另外，通过先将 EPDM 和填充剂，或 EPDM 和硫化剂，经高温处理预硫化，然后与高不饱和二烯类橡胶掺和，可以提高掺和橡胶的硫化性，如图 12-3-16 所示。

3. 配合体系

(1) 活性剂 过氧化物硫化体系有活性剂，已在表 12-3-50 中列出。氧化锌和硬脂酸是常用活性剂，但在过氧化物硫化配方中，其性质已发生转

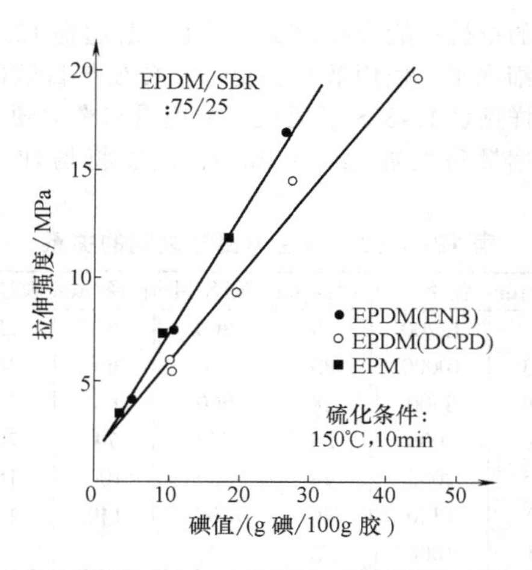

图 12-3-15 EPDM 不饱和度与掺和橡胶拉伸强度的关系

（聚合物 100、高耐磨炉黑 50、锌白 5、硬脂酸 1、TS 1.5、M 0.5、硫磺 1.5）

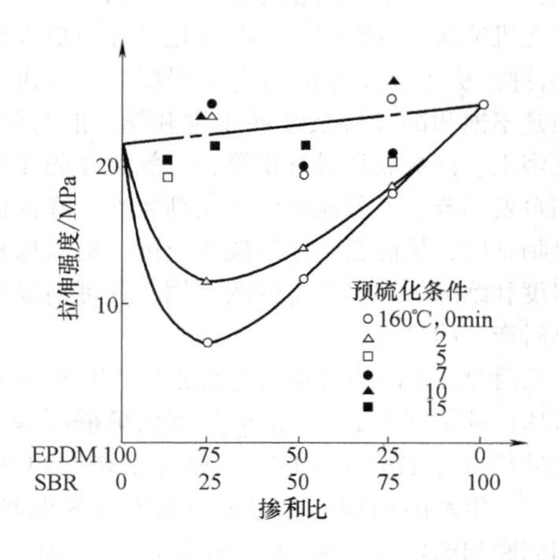

图 12-3-16 预硫化条件与拉伸强度的关系

（EPDM * +SBR100、锌白 * 5、硬脂酸 * 1、高耐磨炉黑 * 50、TS * 1.5、M * 0.5、硫磺 * 1.5，* 为预防硫化）

变，氧化锌是防老剂，用量为 5phr 左右；硬脂酸是加工助剂，用量不宜过大，否则将降低过氧化物交联效率。

(2) 防老剂 酚类和胺类防老剂，对过氧化物硫化体系的影响，前面已有论述。乙丙橡胶常用防老剂 RD 和防老剂 MB，或两者并用，耐热性好。防老剂 RD 用量为 0.5phr ~ 1.5phr 时，稍有促进硫化作用，当用量超过 1.5phr 时，反而迟延硫化。防老剂 MB 具有抑制铜老化作用，用量为 0.5phr ~ 1.5phr，在直接蒸汽硫化下，有一定的迟延作用。

(3) 补强剂和无机填充剂

1）炭黑。EPDM 可填充性很大，炭黑是很好的补强剂，用量可达 30% ~ 50%，这对护套产品极为有利。

炉法炭黑一般呈碱性（pH 值为 8.0~10.5），应用广泛，在乙丙橡胶用炭黑中，用量达 95%以上。槽法炭黑虽有很好的补强性能，但因其呈酸性，影响过氧化物的硫化效率，故在 EPDM 中较少使用。

2）白炭黑。白炭黑是补强性能最好的浅色填料，且具有良好的电绝缘性能，所以在浅色和绝缘橡皮中普遍应用。白炭黑分为气相法和沉降法两种，补强性能以前者为优。应当指出的是，虽然沉降法白炭黑的活性及补强性能不及气相法白炭黑，但因其价格低廉，在 EPDM 绝缘橡皮中应用较多。白炭黑具有一定的酸性，会降低氧化物硫化效率。

3）无机填充剂。常用有硬质陶土、煅烧陶土、滑石粉、超细滑石粉、化学碳酸钙等。

煅烧陶土具有良好的机械强度、电绝缘性能和加工工艺性能，可用作优质绝缘橡皮填充剂，但价格较高，未经表面处理的吸水性强；滑石粉电绝缘性能特别优良，吸水性最小，特别是在浸水后仍保持高的电绝缘性能，但机械强度低，胶料缺乏粘性；超细滑石粉可改善其补强性，能获得较高的机械强度；化学碳酸钙机械强度低，有吸水性，往往与超细滑石粉和滑石粉并用，改善胶料的加工性和粘性；硬质陶土有一定的补强性，具有较高的机械强度，但由于粒子表面基团酸性的影响，不仅显著迟延硫化，而且吸水性强，致使浸水后电绝缘性能迅速下降。陶土和滑石粉的吸水性以及橡皮浸水后的电性能变化见图 12-3-17、图 12-3-18 和表 12-3-57。滑石粉与陶土相比，具有吸水性低、浸水前后击穿

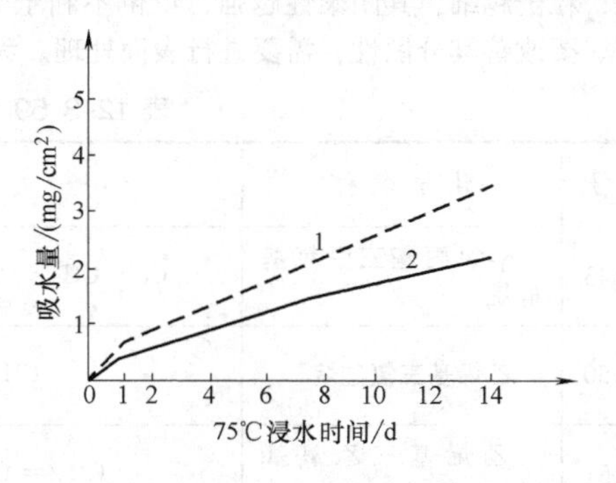

图 12-3-17 以陶土和滑石粉为填充剂的 EPT 绝缘橡皮吸水性比较

1—填充剂为陶土 2—填充剂为滑石粉

场强高等优点，其电气性能优良，即使不加耐水稳定剂，长时间浸于75℃水中变化稳定，适宜用作高压绝缘的填充剂。滑石粉、化学碳酸钙和陶土是常用的低压绝缘的填充剂。

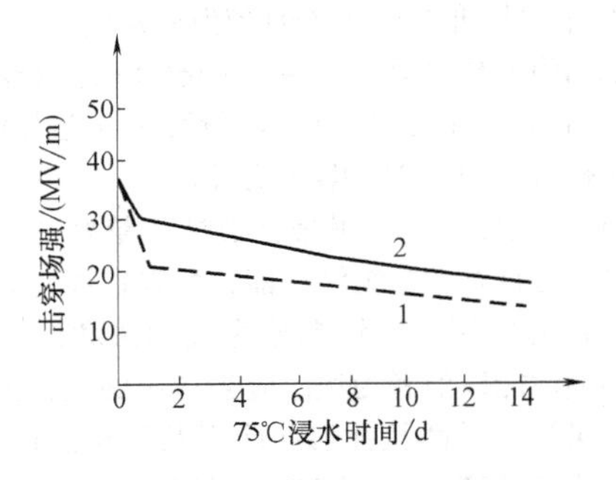

图 12-3-18 以陶土和滑石粉为填充剂的 EPM 绝缘橡皮浸水击穿场强的变化

1—填充剂为陶土 2—填充剂为滑石粉

表 12-3-57 滑石粉填充绝缘橡皮 75℃浸水前后的电绝缘性能

电绝缘性能	浸水前	浸水后		
		7d	14d	60d
体积电阻率/Ω·m	1.0×10^{14}	3.0×10^{14}	4.6×10^{13}	1.8×10^{13}
介质损耗因数 tanδ	0.0100	0.0164	0.0249	0.0500
相对介电常数	2.80	3.17	3.30	4.06

无机填充剂是在保证电性能的基础上，增加橡料体积，改善工艺性能和降低成本，如果粒径适当，无机填充剂还具有一定补强性，能够提高橡皮的物理力学性能。实践证明，粒子越细，活性越高，补强性能越好，且可使挤出物外观细腻光滑。但是，粒子越细，其团聚性越强，反倒不利于分散均匀。要改善其分散性，需要进行表面处理。无机填料的粒径一般应在300目以上，若达到1250目的超细水平，使用效果将更好。粒径与目数的关系，详见表12-3-58。无机填料用量与橡皮硬度有关，用量每增加7phr～10phr，硬度将增加1度左右。

表 12-3-58 粒径与目数之间的关系

粒径/μm	粒径/目	粒径/μm	粒径/目	粒径/μm	粒径/目
1	12700	18	800	61	250
1.3	10000	23	600	63	240
1.6	8000	28	500	65	230
2.6	5000	35	400	74	200
6.5	2000	44	325	104	150
10	1340	46	300	140	100
13	1000	53	270		

4）偶联剂。偶联剂的分子一般都含有两种性质不同的活性基团。一种活性基团能与无机填料表面形成化学键，生成有机硅单分子层，使无机填料由亲水性变为憎水性，从而提高橡皮的电性能和耐水性；另一种活性基团能与橡胶良好结合，提高橡胶对无机填料的浸润性，并在硫化过程中形成橡胶-填料键，从而提高橡皮的交联程度。具体讲，偶联剂是不饱和的硅烷及某些不饱和酯，能与陶土、煅烧陶土、白炭黑和滑石粉等含二氧化硅的无机填充剂自发偶合，显著地降低填充剂粒度，降低橡胶混合物粘度，从而起到增加硫化速度、提高橡皮拉伸强度和绝缘的耐水稳定性的作用，并可消除高温硫化时产生的气孔。

乙丙橡胶常用的偶联剂有乙烯基-三-(β-甲氧·乙氧基）硅烷（A-172）和γ-甲基丙烯酰丙基·三甲基硅烷（A-174或KH570）等（见表12-3-59）。此外，二甲基丙烯酸乙二醇酯也是有效的偶联剂。常用偶联剂的功效见表12-3-60及表12-3-61所列。偶联剂对橡皮的耐热老化性能有一定的影响，用量一般为0.5phr～2phr。

表 12-3-59 乙丙橡胶常用的偶联剂

代号	化学名称	分子结构式	密度(25℃)/(g/cm³)	折射指数	沸点/℃
A-143	γ-氯丙基三甲氧基硅烷	$Cl-CH_2-CH_2-CH_2-Si(OCH_3)_3$	1.08	1.418	192
A-150	乙烯基三氯硅烷	$CH_2=CH-SiCl_3$	1.26	1.432	91
A-151	乙烯基三乙氧基硅烷	$CH_2=CH-Si(OCH_2CH_3)_3$	0.89	1.397	161
A-172	乙烯基-三-(β-甲氧·乙氧基)硅烷	$CH_2=CH-Si(O-CH_2CH_2-O-CH_3)_3$	1.04	1.427	285

（续）

代号	化学名称	分子结构式	密度(25℃)/(g/cm³)	折射指数	沸点/℃
A-174 (KH570)	γ-甲基丙烯酸丙撑·三甲氧基硅烷	$CH_2{=}C(CH_3){-}C({=}O){-}O{-}CH_2CH_2CH_2Si(OCH_3)_3$	1.04	1.429	255
A-186	β-(3.4环氧环己基)-乙撑三甲氧硅烷	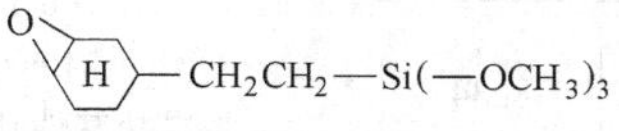 (环氧环己基) $-CH_2CH_2-Si(-OCH_3)_3$	1.05	1.449	310
A-187 (KH-560)	γ-缩水甘油基·丙撑三甲氧基硅烷	$\underset{\backslash O/}{CH_2-CH}-CH_2OCH_2-CH_2-CH_2\cdot Si(O-CH_3)_3$	1.06	1.427	290
A-188	乙烯基三乙酰氧基硅烷	$CH_2=CHSi(-OOCCH_3)_3$	115	1.420	230
A-189	γ-硫醇丙撑三甲氧基硅烷	$HS-CH_2-CH_2-CH_2-Si(-OCH_3)_3$	1.07	1.440	212
A-1100 (KH550)	γ-氨基丙撑三乙氧基硅烷	$H_2N-CH_2-CH_2-CH_2-Si(-OCH_2CH_3)_3$	0.94	1.420	217
A-1120	N-β-(氨基乙撑)-γ-氨基丙撑三甲氧基硅烷	$H_2N-CH_2CH_2-NH-CH_2-CH_2-CH_2-Si(OCH_3)_3$	1.04	1.448	259
南大-42	苯胺基甲撑三乙氧基硅烷	$C_6H_5NH\cdot CH_2\cdot Si(OC_2H_5)_3$			

表12-3-60　硅烷对乙丙橡胶（含碳酸钙）在75℃下浸水后电绝缘性能的影响

项　目	未加硅烷	A-172	A-174	A-189
相对介电常数 (1000Hz)				
原始值	3.39	3.48	3.35	3.32
75℃浸水1周	导电	18.26	6.33	9.14
75℃浸水2周	—	导电	6.7	9.80
介质损耗角正切 $\tan\delta$				
原始值	0.018	0.042	0.009	0.011
75℃浸水1周	导电	0.458	0.097	0.211
75℃浸水2周	—	导电	0.092	0.213
体积电阻率 (直流50V)/Ω·m				
原始值	4×10^{12}	5×10^{10}	2×10^{12}	1×10^{12}
75℃浸水1周	导电	6×10^{7}	2×10^{10}	6×10^{9}
75℃浸水2周	—	导电	1×10^{10}	3×10^{9}

需要指出的是表面处理煅烧陶土（如Translink37和Burgess KE）和高分散性的板状滑石粉。未经处理的普通煅烧陶土，补强性和电气性能浸水稳定性差，使用时应加入偶联剂，例如A-172；如果采用表面处理煅烧陶土，也可显著改善上述性能（见表12-3-62）。高分散性的板状滑石粉，其粒子细，形状扁平，最大粒子直径6μm以下，表面积达$20m^2/g$，表面处理后与有机物具有亲和力，补强性可与槽法炭黑相比，吸水性低，电气性能和浸水稳定性佳，击穿强度特别高（见表12-3-63和表12-3-64）。由此不难看出，这是中高压绝缘橡皮的理想填充剂。

表12-3-61　偶联剂（1phr）对滑石粉填充绝缘橡皮力学性能的影响

偶联剂	硫化时间(160℃)/min	拉伸强度 MPa	伸长率(%)	永久变形(%)
无	60	5.2	840	120
A-151	60	6.1	710	88
A-174	60	7.0	300	16
A-186	60	6.4	550	60
A-187	60	6.6	450	32
A-1100	30	6.8	420	24

5）耐水稳定剂。耐水稳定剂能有效地改善填充剂的吸水性，保证电线电缆绝缘橡皮在潮湿或浸水环境下电绝缘性能的稳定。常用耐水稳定剂有PbO_2、PbO、Pb_3O_4、三盐基硬脂酸铅和硬脂酸锌等。对于高速硫化的胶料，可采用Pb_3O_4或PbO_2

与二盐基性硬脂酸铅并用，以防止欠硫和耐热老化性能的降低，获得浸水电容稳定的绝缘橡皮。

表 12-3-62 未经处理煅烧陶土中添加 A-172 的效果

性 能	Burgess lcecap 110phr	Burgess lcecap 110phr +A-172 2phr
蒸汽硫化(1.55MPa,60s)		
拉伸强度/MPa	4.82	8.34
拉断伸长率(%)	370	200
电气性能		
体积电阻率/Ω·m	10^{12}	10^{12}
相对介电常数(90℃水中浸,1kHz)		
原始值	3.45	3.41
1 周	4.30	3.48
2.5 周	4.09	3.52
介质损耗角正切(90℃水,1kHz)		
原始值	0.52	0.50
1 周	8.98	0.44
2.5 周	6.12	0.37

表 12-3-63 板状滑石粉和表面处理煅烧陶土浸水稳定性

性 能 项 目	Burgess KE 或 Translink 37	板状滑石粉
相对介电常数(3.15MV/m, 75℃浸水)		
1~14d 增值	+1.5	+4.5
7~14d 增值	-0.5	+1.5

表 12-3-64 板状滑石粉和煅烧陶土填充的绝缘橡皮特性

性 能 项 目	橡皮中填充剂类型	
	煅烧陶土	板状滑石粉
拉伸强度/MPa	8.9	12.0
拉断伸长率(%)	480	500
体积电阻率/Ω·m		
常温	8.5×10^{12}	1.2×10^{13}
40℃	2.0×10^{11}	2.0×10^{11}
相对介电常数		
常温	3.1	3.1
40℃	3.1	3.1
介质损耗角正切		
常温	1.1	1.1
40℃	3.8	3.2
交流击穿强度/(MV/m)		
常温	41	48
直流击穿强度/(MV/m)		
常温	71	78
40℃	43	53

铅化合物对绝缘橡皮介质损耗角正切 $\tan\delta$ 浸水稳定性的影响见表 12-3-65。

表 12-3-65 铅化合物对绝缘橡皮介质损耗角正切 $\tan\delta$ 浸水稳定性的影响

铅化合物名称	$\tan\delta$ 增到 2%时时间/d	
	用量 1phr	用量 3phr
无	1	1
PbO	1	4
Pb_3O_4	1	55
PbO_2	2	65
二盐基性硬脂酸铅	7	72

6）软化剂。乙丙橡胶混合物的粘性差，加工性不太好，所以往往要加入较多的软化剂。当软化剂增多时，过氧化物用量也要适当增加。芳香油会迟延硫化，降低硫化效率，一般不推荐使用；环烷油对过氧化物硫化也有负面影响，但可以使用；常用的软化剂有石蜡油、聚乙烯蜡、液体乙丙橡胶、凡士林、液体聚异丁烯和高粘度气缸油等。合成酯类软化剂，特别是己二酸二辛酯（DOA），不但与乙丙橡胶相容性不好，且会恶化其电性能，故不宜用于绝缘橡皮中。

7）阻燃剂。乙丙橡皮阻燃电缆离不开阻燃剂，常用阻燃剂如下：

① 含氯橡胶：氯丁橡胶、氯化聚乙烯橡胶、氯磺化聚乙烯橡胶等；

② 含氯增塑剂：氯化石蜡等；

③ 无机阻燃剂：氢氧化铝、氢氧化镁、硼酸锌、三氧化二锑等。

④ 有机阻燃剂：十溴联苯醚等。

阻燃剂仅用于阻燃电缆，无论是绝缘还是护套。由于乙丙橡胶具有很高的填充性，对于阻燃电缆来说，具有较大的发展空间，尤其是低烟无卤阻燃电缆。当然，若是无卤阻燃电缆，是不能使用含卤素阻燃物质的。

4. 应用

（1）低压绝缘橡皮 按照现行产品标准，绝缘橡皮至少可分为两类：普通低压绝缘橡皮和耐热绝缘橡皮。普通低压绝缘橡皮主要是指用于 GB/T 5013《额定电压 450/750V 及以下橡皮绝缘电缆》系列标准和 JB/T 8735《额定电压 450/750V 及以下橡皮绝缘软线和软电缆》系列标准的产品，要求绝缘橡皮为 IE4 型，即乙丙橡胶混合物或相当材料的绝缘橡皮，且无绝缘电阻的要求，导体工作温度为 60℃。耐热绝缘橡皮主要是指用于 MT818《煤矿用电缆》标准下的移动电缆。MT 818 规定，0.3/0.5kV~6/10kV 的移动软电缆，绝缘橡皮不仅要适应90℃的导体长期工作温度，而且要满足绝缘电阻的严格要求，同时其拉伸强度应不低于6.5MPa。因此，应根据产品标准要求进行绝缘橡皮设计，而不能笼统地以其工作电压区分之。

1）普通低压绝缘橡皮。普通低压绝缘橡皮的关键是，不要求绝缘电阻和工作温度为60℃，橡皮所要满足的是标准规定的物理力学性能，且产品能够通过例行电压试验。这对乙丙橡胶来说，是极其容易满足的。

从乙丙橡胶本身来说，基本都可满足要求，关键是选择价格低廉、加工性能良好和供应稳定的品种，使橡皮成本达到最低。考虑生产效率，当然是选择ENB-EPDM为好。ENB含量越高，橡皮硫化速度越快。ENB含量高的EPDM，还可与价格低廉的二烯烃类橡胶并用，能够降低成本。硫化体系可以采用硫磺体系或过氧化物体系，从材料成本看，硫磺体系要低一些。促进剂可以以秋兰姆或二硫代氨基甲酸盐为主，与噻唑类或次磺酰胺类并用。防老剂可采用MB、RD、DNP等。活性剂可采用氧化锌，而硬脂酸是常用的加工助剂。填充体系可采用硬质陶土、滑石粉、碳酸钙等低成本材料；可以不使用耐水稳定剂。如果橡皮强度、老化性能不尽人意，可加入适量聚乙烯或低分子聚乙烯（POE）和适量偶联剂，加入一定量氯磺化聚乙烯对橡皮耐热稳定性大有裨益。橡皮加工过程中，橡料一定要经过不低于60目滤网过滤，连续硫化时，挤出机一定要加装不低于80目的滤网。

2）耐热绝缘橡皮。耐热绝缘橡皮的关键是，绝缘电阻高（有吸水稳定性要求），工作温度高（90℃）和拉伸强度高（≥6.5MPa），而且老化试验条件远远高于普通低压绝缘橡皮。鉴于此，耐热绝缘橡皮要比普通低压绝缘橡皮复杂且昂贵得多。

首先，从乙丙橡胶本身看，应选择低门尼粘度、可高填充、硫化速度中等（碘值10～16g碘/100g胶）的ENB-EPDM，如Vistalon 2504、DSM 2407B等牌号，是较成熟的胶种。值得指出的是，EPT X-75和Vistalon 1721等高乙烯、低双烯、低门尼粘度的三元乙丙橡胶，也是优良品种。推荐低门尼粘度的三元乙丙橡胶，主要考虑其加工性，便于混炼；高填充，是因为其中要加入大量的填充剂；碘值中等，便于硫化的控制和调整。其次，从硫化体系看，只应选择过氧化物体系。再者是配合体系：活性剂有TAC、TAIC等，氧化锌可提高橡皮的耐热性，仍是不可缺少的；硬脂酸是加工助剂，用量不能过大，否则延迟硫化；防老剂，应选择RD、MB等；增塑剂，首先应选择石蜡油类。环烷油可以使用，但过氧化物要适当增加；补强剂，应选择白炭黑；从提高绝缘电阻上看，尤其是蒸汽连续硫化，填充物应选择经表面处理的煅烧陶土、超细（活性）滑石粉和活性碳酸钙等；铅氧化物和铅盐等耐水稳定剂，是必须添加的；加入如此多的无机填充物后，必须加入适量偶联剂。另外，必须注意整个橡皮加工过程，滤橡、滤网等是非常重要的措施。

耐热绝缘橡皮，从运行电压上看，涵盖了10kV等级，已超出了传统上的以电压高低为重点，以确保电缆安全运行为前提，分别设计橡皮绝缘的理念，体现了高要求、高质量，更提高了橡皮的通用性，目的是提高电缆的安全性。追溯GB/T 5013系列标准，当低压橡套电缆采用天然橡皮-丁苯橡皮绝缘时，对绝缘电阻同样是有具体要求的，而在采用IE4绝缘后，取消了这一原则，只要求电缆须通过例行电压试验，同样可以保证电缆的安全性。通过国家强制安全认证的低压橡套电缆用于煤炭系统时，就一定不安全吗？理论上讲，用于MT 818的耐热绝缘橡皮，毫无疑问可以作为低压绝缘橡皮使用，但就其成本来说，当是昂贵的。

实际上，即使是MT 818标准下的橡皮绝缘电缆产品，也有细分的必要，例如，对于1.9/3.3kV～6/10kV的橡皮绝缘，方有吸水性试验要求，即通过规定时间内的浸水电容变化率来判断其耐水稳定性。如何协调耐热绝缘橡皮的通用与个性，需要对不同厂家、不同牌号的乙丙橡胶进行配方和工艺试验，以期物美价廉，而在乙丙橡胶供应不充分时，很难办到。

（2）阻燃绝缘橡皮 乙丙橡胶本身是可燃的，要获得阻燃特性，必须添加适当的阻燃剂，而一般阻燃剂，即使细度很高也没有补强作用，加入后往往会降低橡皮的力学性能。同时，可燃性的加工油和石蜡等助剂会降低橡皮的阻燃性，配方中要尽可能减少或避免使用。因此，阻燃橡皮用的乙丙橡胶，应有较高的机械强度，填料和加工助剂少的情况下，能容易混炼和挤出。高乙烯低门尼粘度的三元乙丙橡胶正适合于这种要求（如Vistalon 1721和EPT X-75等）。

有机卤化物和三氧化二锑并用，不同温度下发生一系列反应，生成气相的三卤化锑和液态三氧化二锑。气体的卤化锑沸点高，密度大，不仅具有OH基抑制作用，并能产生气相隔氧气的作用，而液态的氧化锑形成液膜覆盖在被燃物上，具有极强的阻燃作用。Dechlorane plus 系列和十溴联苯醚等阻燃剂，结构对称、极性小、热稳定性好、水解性小、含卤量高，它们与三氧化二锑协和使用，可获得原始电气性能和浸水稳定的阻燃绝缘。

表面处理煅烧陶土和滑石粉，在一定程度上有利于阻燃，而化学碳酸钙也可抑制燃烧，减少发烟量，但会降低氧指数。

(3) 中高压绝缘橡皮 尽管交联聚乙烯已广泛用作中高压电缆的绝缘材料，但它的低温柔软性能、耐水树、耐电树及耐电晕性能始终不尽人意。而 EPDM 在 90℃使用工作温度范围内的机械特性仅发生轻微变化，-40℃下仍然柔韧，抗热压缩变形性能好，与水接触时很难出现水树、电树破坏作用。加之随着世界化工艺水平的日益提高，三元乙丙橡胶的合成也得到了飞速发展，因此乙丙橡胶在中高电压技术方面得到了广泛应用。

1）橡皮配方。

① 橡胶的选择。中高压电缆用的绝缘材料，除要求具有良好的电气和力学性能外，还应具有优良的耐电晕、抗曲挠、热稳定和低损耗性能，因此绝缘材料宜选用乙烯含量较高的 EPDM。乙烯含量高，意味着橡胶的介电和力学性能优良，但另一方面却会影响橡胶的加工性能和低温柔软性。

② 硫化体系。电绝缘材料都应具有良好的耐热性，因此 EPDM 橡胶考虑采用过氧化物硫化。但是过氧化物的品种及纯度不同，橡胶的硫化、电气及力学性能差异较大。过氧化物的纯度越高，对橡胶的耐热性越有利，主要原因是过氧化物中的掺和物在高温时会发生分解，并影响过氧化物的正常分解，从而影响了橡胶硫化时交联键的形成。此外，可添加一定量多官能团的助交联剂来进一步提高橡胶的硫化特性和电气及力学性能。

③ 高电性能填料选择。一定量的填料能赋予橡胶必要的物理力学性能和可加工性能，但随着填料的用量增加，橡胶的介电常数和介质损耗角正切都会急剧上升，因此填充量不宜过大。填充经硅烷偶联剂处理的煅烧陶土后，橡胶材料具有较好的电绝缘性能和物理力学性能。同时，煅烧陶土的导热性较好，可降低绝缘层的热阻，降低了绝缘层的介电损耗，从而可提高电缆的电流负载能力。

④ 防老剂的选择。防老剂在所有橡胶配方中都是不可缺少的。选择防老剂时需考虑：一方面，它具有极佳的抗热氧老化能力，并且持久性好；另一方面，它对 DCP 硫化速度影响要小，对硫化橡胶的污染性要小。目前市场上的防老剂种类繁多、质量参差不齐，使用时要仔细考虑。

⑤ 加工助剂的选择。在满足加工工艺的情况下，加工助剂的加入量越少，橡胶的介电性能越好。可在橡胶中添加少量电绝缘性能较好的微晶石蜡，它不仅可以改善橡胶的加工性能，还可以提高橡胶的耐电晕性、耐热和耐臭氧性。为进一步提高橡胶的耐热性能和在水中的电气稳定性，可加入红丹和一定量低密度聚乙烯。为进一步改善填料在橡胶中的湿润性，也可在配方中添加硅烷偶联剂。

2）加工工艺。生产现场和生产设备的清洁至关重要。生产过程中任何杂质的混入，都会造成电树或水树，形成产品电气性能缺陷，导致电缆局部放电不合格或被击穿。可以采用如下技术路线：密炼、开炼、滤胶、开炼、辗页或造粒、包装。

(4) 护套橡皮 护套橡皮可采用过氧化物或硫磺硫化。应选用高门尼粘度的牌号（如 Vistalon 4608，5600，EPT 3070 等）。这些聚合物允许填充多量的填充剂、炭黑和油，而保持足够的机械强度和弹性，具有热态生胶强度高和抗压扁性的优点。

炭黑是最广泛使用和最好的补强剂。护套橡胶混合物的补强性和加工性取决于炭黑的颗粒大小和结构。最重要的炭黑品种是炉法炭黑，其次是热裂法炭黑，之后是槽法炭黑。有最小的颗粒和最高结构的炭黑能获得最高的补强性，但炭黑颗粒越小，加工越困难，价格也越高。适当的炭黑填充量与油填充量的配合，将可得到最佳的性能和加工性的综合平衡。

常用的无机填充剂有陶土、滑石粉和化学碳酸钙等。

使用过氧化物硫化时，必须注意炭黑和无机填料的酸性对硫化的影响。用碱性的炉法炭黑作补强剂时，可以单独使用过氧化物，不需加硫化助剂，同样可获得满意的硫化胶；采用酸性的槽法炭黑和陶土时，必须添加硫化助剂或促进剂（如对苯醌二肟或 N，N-甲基亚硝基对亚硝基苯胺）0.2phr~0.5phr 热处理，以抑制炭黑和陶土表面吸附的基团对过氧化物硫化及老化的影响。

(5) 半导电橡皮 半导电橡皮主要用于内屏蔽、外屏蔽和模塑应力锥。应选用低门尼粘度的聚合物（如 EPM 0045，EPT 3045，Vistalon 404，2504）。混合物中最少添加 60phr~80phr 的导电炉法炭黑（如 Vulcan XC-72），将有较低的体积电阻率。EPDM 比 EPR 显示出更低的体积电阻率，添加 20phr 左右的加工油能使胶料变软而不太改变电导率（见表 12-3-66）。

表 12-3-66 聚合物类型与 Vulcan XC-72 用量的影响

项目	Vistalon 2504			Vistalon 404		
炭黑用量(phr)	60	70	80	60	70	80
体积电阻率/Ω·cm						
DC	141	118	90	390	221	160
AC 1MHz	52	23	15	459	143	66
AC 100MHz	42	20	12	276	133	60

(6) 无卤低烟护套橡皮 乙丙橡胶是制造无卤低烟橡皮的理想材料之一。宜选高乙烯含量的 EPDM 单独或与高 VA 含量的 EVA 并用。

最有效和最常用的阻燃剂是氢氧化铝和氢氧化镁。利用氢氧化物（$Al_2O_3 \cdot 3H_2O$）在 230~300℃ 放出结晶水（约 34%）并吸收相当大的蒸发潜热（1.97kJ/mol），将燃烧物冷却来提高阻燃性（见图 12-3-19），氢氧化铝所放出的气体是水蒸气，完全对生物无毒，对金属无腐蚀性。其另一优点是火焰发烟量很低，熄灭后残留余灰状态时，不易经风后再行燃烧，如图 12-3-20 所示。

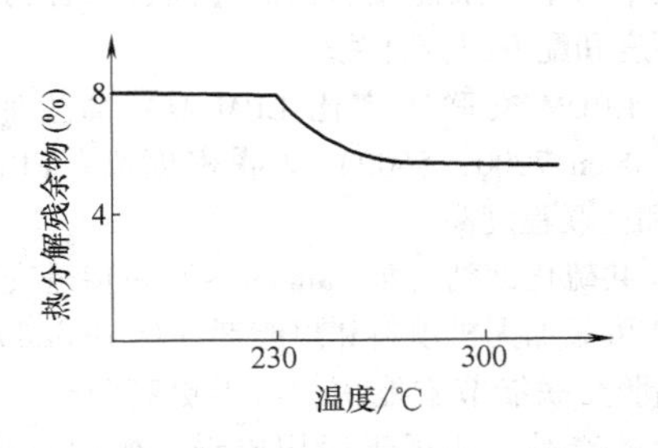

图 12-3-19 氢氧化铝的热分解

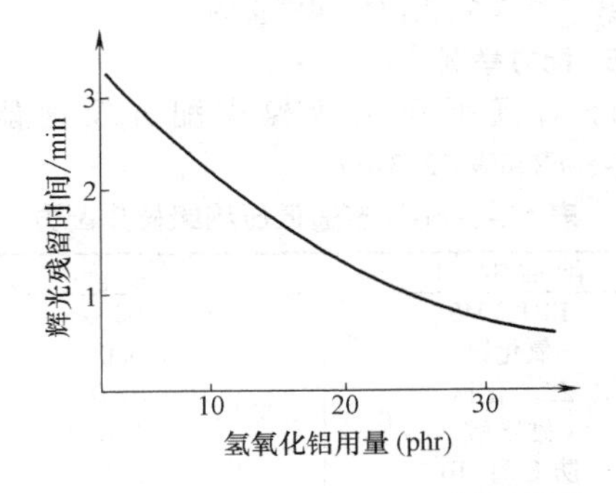

图 12-3-20 氢氧化铝的辉光效果

氢氧化物细度对物理力学性能和耐燃烧性能有显著影响（见表 12-3-67）。通常氢氧化物的用量占 36%（质量）以上才显示出阻燃效果，氢氧化铝的用量与氧指数、拉伸强度成正比，而与拉断伸长率成反比。同时带来硬度高和加工困难的新问题。这可通过 EPDM 与其他聚合物掺和改性以及添加非含卤阻燃增塑剂来改进。氢氧化铝用量与物性和氧指数的关系如图 12-3-21~图 12-3-23 所示。

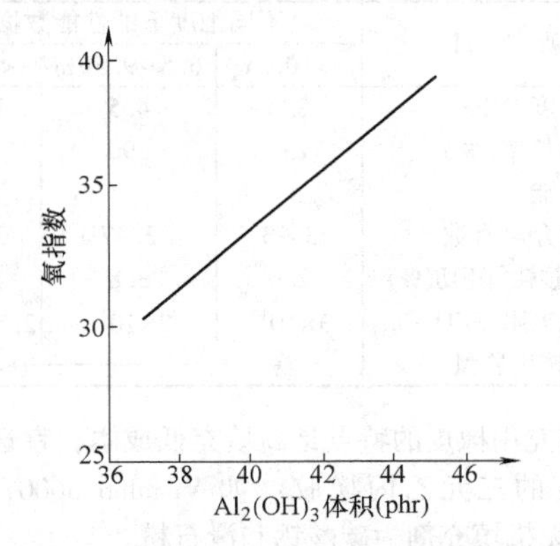

图 12-3-21 $Al_2O_3 \cdot 3H_2O$ 与氧指数的关系

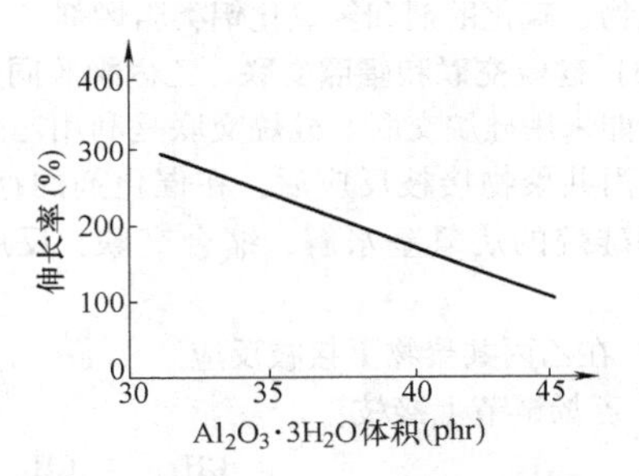

图 12-3-22 $Al_2O_3 \cdot 3H_2O$ 与伸长率的关系

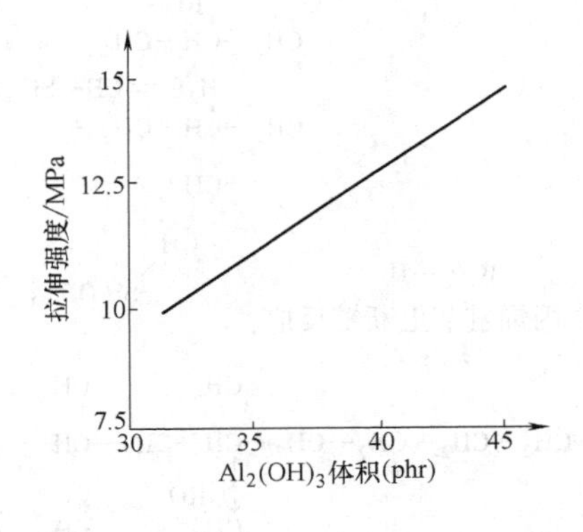

图 12-3-23 $Al_2O_3 \cdot 3H_2O$ 与拉伸强度的关系

氢氧化物经硅烷表面处理或混炼时添加硅烷，能改善吸水性，提高橡皮的物理力学性能。

无机填料或多或少可提高 EPDM 的阻燃性，微粒的二氧化硅、滑石粉效果尤佳。

(7) 填充用橡皮 填充用橡皮有一般填充橡皮和阻燃填充橡皮两种，前者为非硫化型，后者为硫化型，适用于橡胶和塑料绝缘电力电缆。

表 12-3-67 $Al_2O_3 \cdot 3H_2O$ 细度对 EPDM 的影响

项　　目	不同细度下的性能数据		
	>10μm	6.5~9.5μm	<2μm
拉伸强度/MPa	3.6	4.5	10.4
拉断伸长率(%)	230	290	270
电气性能			
相对介电常数	3.23	3.47	3.48
介质损耗角正切(%)	2.6	3.8	3.8
体积电阻率/Ω·m	3×10^{12}	2×10^{12}	2.5×10^{12}
挤出质量	差	——→	好

填充用橡皮的特点是高填充低成本，宜选高门尼粘度的三元乙丙橡胶（如 Vistalon 5600，3708 等）。无机填充剂为碳酸钙和滑石粉。

阻燃填充橡皮采用过氧化物硫化，添加适当的过氧化物、硫化助剂和氢氧化铝类阻燃剂。

(8) 硅烷交联和辐照交联 乙丙橡胶同聚乙烯一样，能采用硅烷交联。硅烷交联是利用乙烯基硅烷与乙丙共聚物接枝反应后，在催化剂的存在下，乙烯基硅烷的烷氧基水解，缩合交联，反应模式如下：

1) 在乙丙共聚物上接枝反应。

① 乙烯链节上接枝：

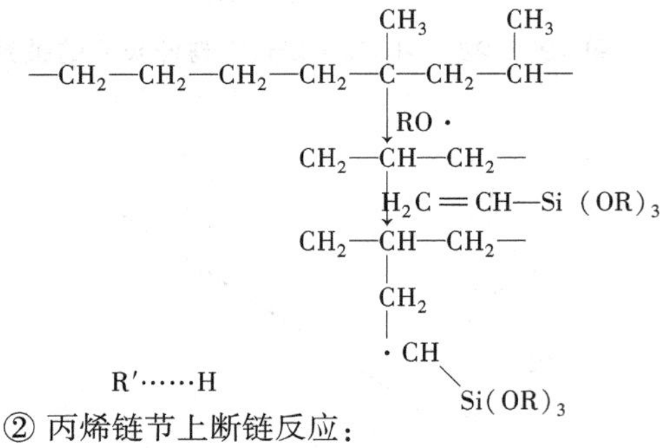

—CH_2—CH_2—CH_2—CH_2—C(CH_3)—CH_2—CH(CH_3)—

↓ RO·

CH_2—CH—CH_2—

H_2C═CH—Si $(OR)_3$

CH_2—CH—CH_2—

|

CH_2

|

·CH—Si$(OR)_3$

R′……H

② 丙烯链节上断链反应：

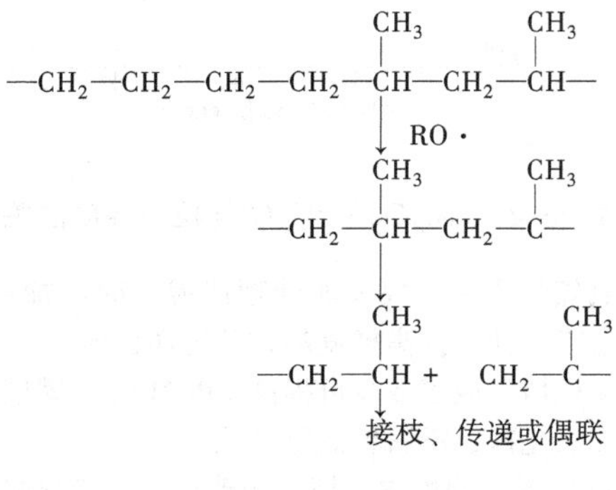

—CH_2—CH_2—CH_2—CH_2—CH(CH_3)—CH_2—CH(CH_3)—

↓ RO·

—CH_2—CH(CH_3)—CH_2—C(CH_3)—

↓

—CH_2—CH(CH_3) + CH_2—C(CH_3)—

↓

接枝、传递或偶联

2) 烷氧基硅烷接枝聚合物缩合交联：

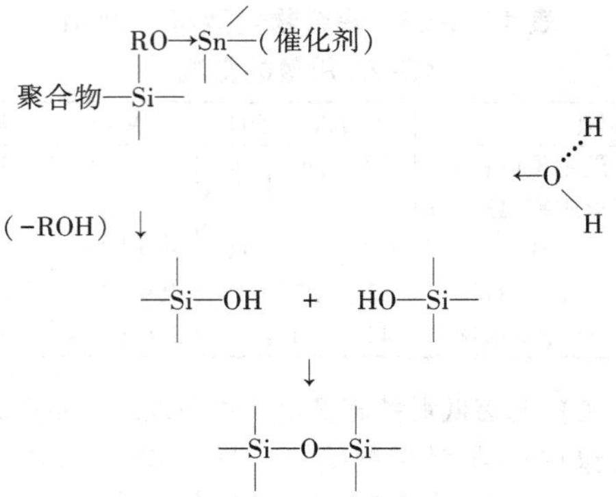

RO→Sn—(催化剂)

聚合物—Si—　　　　←O(H)(H)

(−ROH) ↓

—Si—OH + HO—Si—

↓

—Si—O—Si—

硅烷交联乙丙橡胶工艺可分为一步法（Monosil）和两步法（Sioplas）两种。高乙烯的二元共聚物和改性二元共聚物适合于硅烷交联，交联程度高（如 Vistalon 719）。

硅烷交联乙丙橡胶能制造耐热 90℃ 的电缆绝缘，适用于船用电缆、矿用电缆等电缆产品。硅烷交联工艺具有占地面积小、生产效率高、投资少的优点。

辐照交联乙丙橡胶技术尚在试生产阶段。辐照交联效率与电子束能量、辐照时间、聚合物结构、产品厚度和配方组分有关。

① EPDM 交联效率比 EPM 高；高生胶强度（如 Vistalon 7000，5600）交联密度高；EPDM 与 PE 掺和交联程度高。

② 共硫化助剂（如 Santomers）可促进交联。

③ 可添加无机填料和阻燃剂（如 Hydral）。

辐照交联能节省能源，获得更高耐热、阻燃、高质量的产品，适用于船用电缆、矿用电缆、软线、控制电缆、核电站用阻燃绝缘电缆、耐热电机连接线、无卤阻燃护套和模塑附件。

5. 配方举例

1) 普通低压绝缘橡皮配方及性能，见表 12-3-68和表 12-3-69。

表 12-3-68 普通低压绝缘橡皮配方

配合材料	用量(phr)
EPT 3045	100.0
氧化锌	5.0
二氧化钛	10.0
硬脂酸	2.0
防老剂 MB	2.5
2 号白炭黑	10.0
38 号气缸油	10.0
滑石粉	65.0
化学碳酸钙	38.0
促进剂 DM	1.0
TAIC	2.5
GMF	0.5
过氧化二异丙苯	3.5
合　　计	250.0

表 12-3-69 普通低压绝缘橡皮性能

性能项目	数值
老化前试验	
拉伸强度中间值/MPa	7.6
拉断伸长率中间值(%)	630
空气箱热老化试验(135℃±2℃,168h)	
拉伸强度变化率(%)	+6
拉断伸长率变化率(%)	-6
空气弹老化试验(127℃±1℃,40h)	
拉伸强度变化率(%)	+4
拉断伸长率变化率(%)	-6
热延伸试验(250℃±3℃,15min,0.2MPa)	
载荷下伸长率(%)	4
冷却后永久变形(%)	0
耐臭氧试验(臭氧浓度0.025%~0.030%,30h)	
表面变化	无裂纹

2）中压绝缘橡皮配方和性能，见表12-3-70和表12-3-71。

3）低成本绝缘橡皮采用EPDM/SBR掺和并用，其配方和性能见表12-3-72和表12-3-73。

表 12-3-70 中压绝缘橡胶配方

配合材料	用量(phr)
Nordel 1040	100.0
氧化锌	5.0
防老剂RD	1.5
表面处理煅烧陶土	120.0
加工油	15.0
石蜡	5.0
硅烷A-172	1
四氧化三铅	5
过氧化二异丙苯	3.5
合计	256.0

表 12-3-71 中压绝缘橡皮性能

性能项目	数值
老化前试验	
拉伸强度/MPa	7.31
拉断伸长率(%)	390
空气烘箱老化(鼓风,150次/h)(121℃,168h)	
拉伸强度保留率(%)	101
拉断伸长率保留率(%)	87
吸水性(70℃,168h)	
吸水质量/(mg/cm²)	0.77
电容增值(3150V/mm)(%)	
1~14d	0.74
7~14d	0.37
功率因数稳定性(14d)	0.01
功率因数差值(1~14d)	0.01

表 12-3-72 低成本EPDM/SBR绝缘橡皮配方

配方材料	用量(phr)
Vistalon 3708	30.0
SBR 101B	25.0
SBR 1503	45.0
防老剂RD	1.5
防老剂烷基化二苯胺	1.5
碳酸钙	50.0
陶土	125.0
古马隆树脂	30.0
微晶石蜡	5.0
硬脂酸	1.0
氧化锌	15.0
Flcxon 791油	20.0
硫磺	3.0
促进剂M	2.0
促进剂TMTDS	1.5
四氧化三铅	2.0

表 12-3-73 低成本EPDM/SBR绝缘橡皮性能

性能项目	数值		
1.6MPa下蒸汽硫化时间/s	15	30	60
邵氏A硬度	72	72	68
300%定伸强度/MPa	7.24	5.17	5.03
拉伸强度/MPa	8.48	8.21	7.31
断裂伸长率(%)	450	430	420

3.3.3 工艺要点

1. 混炼

乙丙橡胶可在开放式或密炼式炼胶机上加工，它不用塑炼，形成包辊即可投料混炼。

中乙烯含量低门尼值乙丙橡胶，能用开放式炼胶机混炼。由于乙丙橡胶粘性差，配方中往往添加大量的操作油，同时，它在高温下弹性低而缺乏收缩力，容易发生脱辊、树皮化和边角落胶粒子现象。所以，操作时应注意，前辊温度为60~75℃，后辊温度为85℃左右，辊距要适当缩小，加料顺序为：①乙丙橡胶；②氧化锌、硬脂酸；③填充剂和油交替加入（或预先混合）；④防老剂、促进剂；⑤硫化剂。

乙丙橡胶在密炼机混炼时，容易分散，操作方便，通常投料量比其他橡胶标准量高10%~15%。混炼工艺可分常规混炼和逆混炼法（Upsidedown）两种。

常规混炼工艺与其他橡胶混炼程序类似，典型的混炼程序如下：

0min　　EPDM或EPM；

1~1.5min　　1/2（填料、油、硅烷），氧化

锌，防老剂，硫化助剂；

3min　1/2（填料、油、硅烷），增塑剂；

5min　清扫；

6~8min　卸料。

如果某些配方的胶料机械强度对混炼敏感，则其卸料温度应低一些，为100~110℃。

逆混炼法适于高乙烯牌号及高填充配方，典型程序如下：

0min　填料、硅烷、氧化锌、硫化助剂，油和增塑剂，EPDM或EPM；

1min　上顶栓降下；

3min　清扫；

4~6min　卸料。

密炼机负荷下降开始平稳，或温度达100~110℃卸料。

此外，热处理工艺是电缆工业常用的工艺，适用于以煅烧陶土、陶土、槽法炭黑和白炭黑为填充剂的配方，它是将密炼机或开炼机温度提高到160~180℃，再加入生胶、填充剂和热处理增进剂、氧化锌、操作油、硬脂酸、防老剂等（不含促进剂和硫化剂），混炼7~10min，卸料后，在开炼机或密炼机第二段加入硫化剂和促进剂，温度控制在100℃以下。

2. 挤橡

乙丙橡胶挤出时，在螺杆上有打滑现象，容易在喂料口梗塞，使自供料困难，特别是掺有10phr~30phr聚乙烯的胶料，更易打滑，挤出表面粗糙。为克服这个问题，乙丙橡胶的挤出螺杆的长径比应比天然橡胶大些，以16∶1~20∶1为宜；螺杆通水冷却；加料区应有锯齿深沟，螺杆有适当的压缩比，或使用塑化螺杆，以提高挤出效率；挤出机最好设有切入式供料箱或辊式供料装置，使供胶均匀。

高门尼粘度或高乙烯含量的乙丙橡胶，具有较高的生胶强度，可改善自供料状况。乙丙橡胶挤出宜用冷喂料，挤出温度比天然橡胶和一般合成橡胶为高，正常的挤出条件如下：

螺杆　水冷却

机身　60~70℃

机头　70~90℃

模口　90~110℃

非连续硫化时，模具必须采用电加热或喷灯加热；连续硫化时，则模具与蒸汽直接接触，可保证挤出表面光滑。

为使挤出截面紧密，并与导体或内层良好贴合，通常应增加模芯的承线长度，如绝缘外径小的电缆，采用承线长度与挤出外径之比为1∶1~1∶1.25，同时将模套的距离适当放长。

3.4 丁基橡胶和橡皮

丁基橡胶是一种通用型合成橡胶。丁基橡胶具有优良的耐热老化、耐臭氧、耐潮湿性能和很好的电绝缘性能，其绝缘电阻随温度的波动较小，特别是吸水率和透潮率，即使在高温下依然很低，因而它在电缆工业中得以广泛应用。

3.4.1 分类、特性和用途

1. 分子结构和特性

丁基橡胶是由异丁烯与少量异戊二烯在催化剂存在下低温共聚而得的。其化学结构式为

$$\left[\begin{array}{c} CH_3 \\ | \\ -C-CH_2- \\ | \\ CH_3 \end{array}\right]_m -CH_2-\underset{}{\overset{\overset{\displaystyle CH_3}{|}}{C}}=CH-CH_2- \left[\begin{array}{c} CH_3 \\ | \\ -C-CH_2- \\ | \\ CH_3 \end{array}\right]_n$$

由于丁基橡胶中异戊二烯含量很低，因此它的饱和度高，许多性质均由异丁烯含量所决定。

丁基橡胶的分子结构特点是：它是首尾结合的低不饱和度的线型高聚物，化学上比较稳定，耐老化；侧链上含有许多甲基，从而使橡胶结构高度紧密。独特的分子结构赋予丁基橡胶许多优点：

1）电绝缘性能优异，且耐电晕和耐电游离。

2）耐热性能好，长期使用温度为85℃，短时可用于140℃。

3）耐候性好。在日光和空气中长期暴露后，性能变化很小；其耐臭氧性能比天然橡胶高十倍以上。

4）吸水率和透气性极小。硫化胶在20℃的水中浸168h以后，吸水量仅为0.26mg/cm^2（天然橡胶在同等条件下为1.0mg/cm^2），即使在80℃的水中浸70d，吸水量也只有2.41mg/cm^2。而丁基橡胶的透气率，在所有橡胶中几乎是最低的。

5）良好的化学稳定性。它在酒精、醋酸等极性溶剂中溶胀甚微，除高浓度氧化性强酸外，对酸、碱及氧化还原溶液有极好的耐蚀性，但在脂肪族溶剂中，溶胀较快。

丁基橡胶的缺点是：硫化速度较慢，用过氧化物硫化极其困难；与其他合成橡胶并用时，硫化不够理想；与其他合成橡胶、金属或织物的黏附性很差。卤化丁基橡胶和交联丁基橡胶，可以弥补这些不足。

2. 分类和技术要求

丁基橡胶的分类及国外主要牌号对照见表12-3-74。丁基橡胶的一些技术参数见表12-3-75。

表 12-3-74　丁基橡胶的分类及国外主要牌号对照

不饱和度(mol,%)	门尼粘度[50ML(1+8),100℃]	稳定剂类型	丁基橡胶牌号			
			Polysar Butyl（加拿大）	Enjay Butyl（美国）	Esso Butyl（英国）	Soca Butyl（法国）
0.6~1.0	41~50	污染性	100	035	035	S 04
	41~50	非污染性	101	—	065	N 04
	61~70	非污染性	—	—	077	—
	71~80	非污染性	—	—	078	—
1.1~1.5	41~50	污染性	200	150	150	S 14
	41~50	非污染性	—	165	165	N 14
1.6~2.0	41~50	污染性	300	215	215	S 24
	41~50	非污染性	—	—	265	—
	61~70	污染性	—	217	217	S 26
	61~70	非污染性	—	—	267	—
	71~80	污染性	—	218	218	S 27
	71~80	非污染性	301	268	268	N 27
2.1~2.5	41~50	污染性	400	325	325	S 34
	41~50	非污染性	402	365	365	N 34
	71~80	非污染性	450	—	—	—
2.6~3.3	41~50	污染性	500	—	—	—
	41~50	非污染性	600	—	—	—

表 12-3-75　丁基橡胶的技术参数

项　目	数值
密度/(g/cm³)	0.92
比热容/[J/(g·K)]	1.5
热导率/[W/(m·K)]	0.091
玻璃化温度/℃	-69
拉伸强度/MPa	16
拉断伸长率(%)	500
体积电阻率/Ω·m	10^{14}
表面电阻率/Ω	10^{14}
击穿强度/(MV/m)	16~32
相对介电常数	2.1~2.4
介质损耗角正切 $\tan\delta$	0.0030

3. 用途

在电缆工业，丁基橡胶主要用作绝缘，也可用于制作护套，也有用于绝缘与护套一层挤出的。从电缆品种上看，丁基橡胶多用于舰船用电缆、海底电缆、矿用电缆、电力电缆、机车车辆电缆、X 射线机用电缆及电机引接线等。

3.4.2　橡皮配方

1. 丁基橡胶的类型及含胶量

不同牌号的丁基橡胶所适用的场合，主要取决于其不饱和度、粘度以及污染类型。应用于电缆的丁基橡胶，以 Polysar Butyl 为例，主要有以下几种：

P. B. 100 和 P. B. 101，因其不饱和度最低，主要应用于要求高抗臭氧的场合，如高压电缆。

P. B. 301 是通用品种，使用最为广泛，常用于低压电缆。

我国电缆工业用得最多的是 P. B. 301 和 P. B. 400。这两种丁基橡胶试验配方的基本特性见表 12-3-76。其焦烧曲线和吸水量分别如图 12-3-24 和图 12-3-25 所示。由这些图表可见，在相同配方条件下，P. B. 301 比 P. B. 400 的焦烧时间短，而拉伸强度较高，吸水率略低。

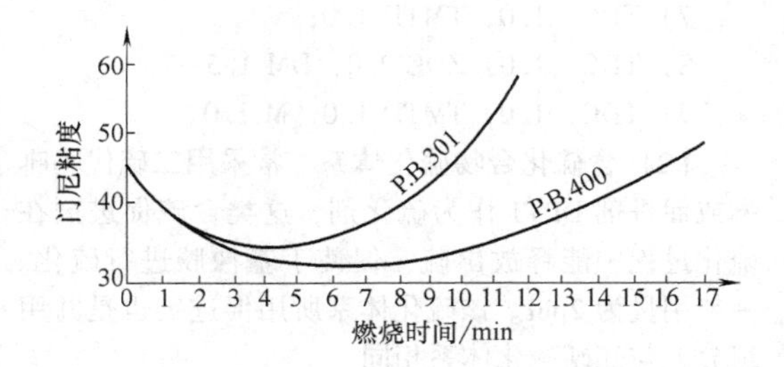

图 12-3-24　丁基橡胶的焦烧曲线（120℃，小转子）

2. 硫化体系

丁基橡胶常用的硫化体系有以下四种：

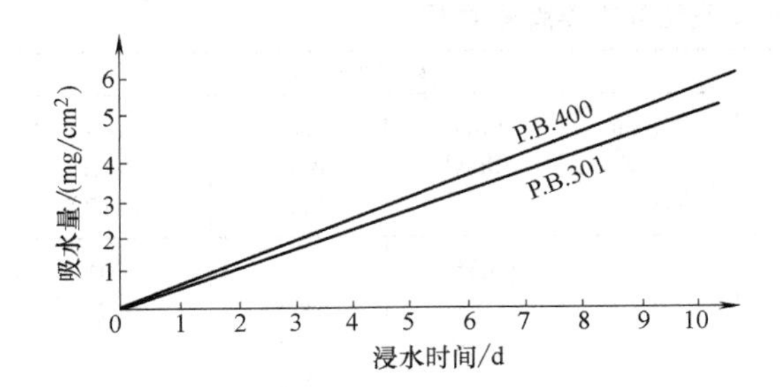

图 12-3-25 丁基橡胶的吸水性能（80℃）

(1) 硫磺硫化体系 由于丁基橡胶的不饱和度很低，因而用硫磺硫化的丁基橡胶胶料需配入促进剂，通常采用的是 TMTD 和二硫代氨基甲酸盐类促进剂 ZDC、TDC 等，硫磺用量一般为 1.5phr，过多会引起喷霜。促进剂一般为组合使用，常用的组分（phr）有：

1）TMTD 1.2，ZDC 0.6；

2）TMTD 1.5，M 1.0；

3）TMTD 1.5，DM 1.5；

表 12-3-76 两种丁基橡胶的工艺特性[①]

项 目	橡胶类型	
	P. B. 301	P. B. 400
最低门尼粘度[50ML(1+8)100℃]	25	16.5
焦烧时间/min,120℃小转子上升三格	6	7.2
硫化条件	158℃,10min	158℃,10min
300%定伸强度/MPa	2.4	2.2
拉伸强度/MPa	6.8	5.8

① 两种橡胶的试验配方相同。即：丁基橡胶 100phr，GMF 2phr，Pb_3O_4 5phr，促进剂 DM 4phr，硬脂酸 0.2phr，石蜡 10phr，氧化锌 5phr，防老剂 D 2phr，半补强炭黑 10phr，滑石粉与碳酸钙（1∶3）250phr。

4）TMTD 1.5，ZPD 0.6；

5）TMTD 2.0，ZDC 2.0，M 1.0；

6）TMTD 1.5，D 1.0；

7）TDC 1.0，TMTD 1.0；

8）TDC 1.0，ZDC 2.0，DM 1.5；

9）TDC 1.0，TMTD 1.0，M 1.0。

(2) 含硫化合物硫化体系 常采用二硫代吗啡啉或促进剂 DPTT 作为硫化剂，这类含硫促进剂在硫化过程中能释放出硫，促使丁基橡胶进行硫化。一般用量为 2phr。该硫化体系所用促进剂也是并用组分，与硫磺硫化体系相同。

(3) 醌类硫化体系 实际应用的是硫化剂 GMF（对醌二肟）或硫化剂 DBQD（对，对′-二苯甲酰苯醌二肟）。严格来说，GMF 和 DBQD 本身都不是硫化剂，它们必须首先氧化成对-二亚硝基苯后才变得有效。因此，真正的硫化剂是极富活性的对-二亚硝基苯。硫化时，对-二亚硝基苯从橡胶分子链上的异戊二烯基上夺取一个活性氢，形成羟氨基类型的键合。显然，C—N 键比 C—S—S—C 键或 C—S—C 键的热稳定性好。所以，对丁基橡胶来说，用醌类硫化比用硫磺或含硫化合物硫化具有更好的耐热老化性能。

促成 GMF 或 DBQD 的氧化，通常的方法是加入 Pb_3O_4 和促进剂 DM。因此，电线电缆用丁基绝缘橡皮的典型硫化体系是：GMF2phr；DM4phr；Pb_3O_4 6phr。

此外，诸如氯化甲苯磺酰胺、二氯二甲基己内酰脲等卤素给予体和 PbO_2 等都是极强的氧化剂，仅适用于自硫化或室温硫化的场合，至于包含在槽法炭黑表面的氧，也可使 GMF 和 DBQD 氧化成对-二亚硝基苯，故在选用炭黑时应予注意。

(4) 羟甲基苯酚树脂硫化体系 羟甲基苯酚树脂是丁基橡胶的耐高温硫化剂。该硫化体系的组分除树脂（一般为 12phr）外，必须加入载卤活化剂。后者通常采用无机卤化物或含卤高聚物，例如：$SnCl_2 \cdot 2H_2O$ 及 $FeCl_3 \cdot 6H_2O$（一般用 2phr），或者氯丁橡胶、氯磺化聚乙烯和卤化丁基橡胶（一般用 8phr）等。如果树脂中羟甲基的 OH 以 Br 取代，则在硫化过程中树脂会产生自活化，无须另外卤素给予体。

由于树脂硫化胶的吸水量大，故不宜用于电线电缆的丁基绝缘橡皮。

不同硫化体系对硫化胶的电绝缘性能和物理力学性能影响很大，见表 12-3-77 及表 12-3-78。综合考虑之，电线电缆丁基绝缘橡皮配方应首选醌类硫化体系。

从图 12-3-26 中不难看出，对醌二肟硫化胶料较易焦烧。但试验证明，只要将对醌二肟用量控制在适当范围内，则可延长其焦烧时间，且对其物理力学性能的影响不大（见表 12-3-79）。如果对醌二肟用量过多，对橡皮的耐热老化也不利。此外，醌二肟粒径的大小对胶料的焦烧和硫化胶的性能（特别是拉伸强度）都有影响。

硬脂酸与氧化锌都是丁基橡胶的硫化活性剂，直接影响醌类硫化体系的焦烧曲线与硫化速度，须严格控制用量。另外，硬脂酸又是丁基橡胶很好的润滑剂，有利于克服胶料的粘辊和提高挤橡的质量。为提高橡料润滑性，可在丁基胶料中添加石蜡，用量达 6phr 或更多，不致引起喷霜。硫化油膏对挤橡也有帮助。

防焦剂在丁基橡胶中一般不是很有效。实践证明，二苯基硫脲、十二烷基胺、二苯胺、对，对'-氨基-二苯甲烷和苯甲酸等防焦剂，对丁基胶基本无效。

表 12-3-77 不同硫化体系对丁基橡皮电绝缘性能的影响

项目	75℃下浸水时间/d	数值	
		低硫/TMTD 体系	DBQD/Pb_3O_4 体系
橡皮基本配方(phr)		丁基橡胶(P. B. 301) 100,氧化锌 5,硬脂酸 3,石蜡 6,煅烧陶土 140,硫磺 1,TMTD 2,ZDC 1,MB 1	丁基橡胶(P. B. 301) 100,氧化锌 5,硬脂酸 3,石蜡 6,煅烧陶土 140,DBQD 6,氧化铅 10
体积电阻率/Ω · cm	0	1.2×10^{15}	4.0×10^{15}
	1	9×10^{14}	3.9×10^{15}
	7	3×10^{14}	3.8×10^{15}
	14	1×10^{14}	3.4×10^{15}
	28	8×10^{13}	3.2×10^{15}
相对介电常数	0	2.9	3.2
	1	3.3	3.3
	7	3.6	3.35
	14	4.0	3.4
	28	4.2	3.5
介质损耗角正切 tanδ	0	0.015	0.024
	1	0.020	0.023
	7	0.024	0.026
	14	0.042	0.027
	28	0.058	0.030

表 12-3-78 不同硫化体系对丁基橡皮物理力学性能的影响

性能	数值	
	低硫/TMTD 体系	GMF/DM 体系
拉伸强度/MPa	5.9	5.3
拉断伸长度(%)	600	640
吸水率(80℃水)/(mg/cm²)		
浸 3d	0.96	0.67
浸 10d	2.20	1.50
浸 21d	3.32	2.20

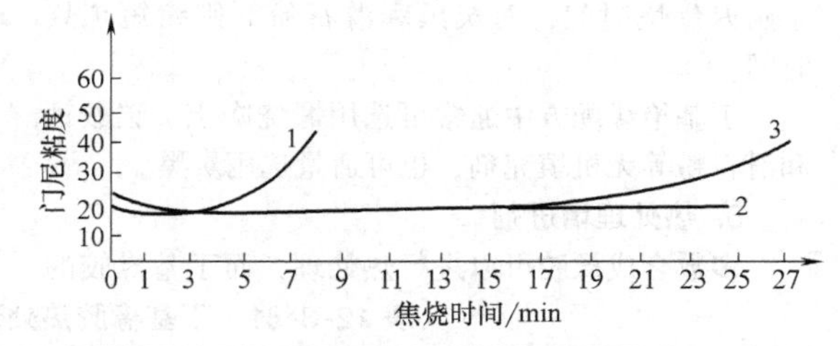

图 12-3-26 不同硫化体系胶料的焦烧曲线

1—对醌二肟/DM 体系 2—TMTD/ZDC-M 并用体系 3—低硫/TMTD 体系

表 12-3-79 不同对醌二肟用量对胶料焦烧时间和硫化胶物理力学性能的影响①

性能	不同对醌二肟用量时的实测值							
	0.6phr	0.8phr	1.0phr	1.2phr	1.4phr	1.6phr	1.8phr	2.0phr
焦烧时间/min	11.5	11.1	10.2	10.3	10.5	10.8	10.5	10.1
300%定伸强度/MPa	1.5	1.7	1.9	2.0	2.2	2.2	2.4	2.4
拉伸强度/MPa	4.7	5.6	6.1	6.4	6.0	7.0	6.5	6.8
拉断伸长率(%)	790	805	780	794	754	783	758	778

① 硫化条件为：158℃，5min。

3. 防护体系

在丁基橡胶配方中，防老剂的作用远不如在天然橡胶、丁苯橡胶等不饱和橡胶中明显（见表 12-3-80）。所以，低压丁基绝缘配方可考虑不用防老剂；但在高压丁基绝缘配方中，必须加入抗臭氧效能高的防老剂，如 N,N'-二辛基对苯二胺，同时，最好使用微晶蜡和不相溶蜡（如 N,N'-己撑双硬脂酰胺）的混合物作为防老剂载体，确保析出橡皮表面，以增强抗臭氧效力。

此外，防老剂对胶料的焦烧时间有不可忽视的影响，特别是采用醌类硫化体系的丁基胶料，更应小心选用。

表 12-3-80 防老剂对丁基硫化胶耐热老化性能的影响

100℃热老化		用不同防老剂时的数值				
时间/d	老化系数	无防老剂	RD 1.5phr DNP 0.5phr	MB 1.5phr	"264" 1.5phr	RD 1.5phr DNP 0.5phr 古马隆树脂 12phr
7	K_1	0.94	1.06	0.96	1.00	0.94
	K_2	0.88	0.96	0.88	0.94	0.86
14	K_1	0.77	0.90	0.83	0.83	0.73
	K_2	0.88	0.97	0.93	0.92	0.86
28	K_1	0.77	0.83	0.79	0.81	0.75
	K_2	0.85	0.96	0.84	0.83	0.80

4. 补强填充体系

丁基橡胶属于结晶型橡胶，即使采用补强型填充剂，对提高拉伸强度的作用不大。因此，在丁基橡胶中配入炭黑及填充剂的目的，主要在于改善胶料的工艺性能，提高硫化胶的某些力学性能、耐老化性能和化学稳定性，并降低成本。

实践表明，各种填充剂对丁基胶料的焦烧时间都会产生不同程度的影响。例如用对醌二肟作硫化剂的配方中，白炭黑、陶土等酸性补强填充剂一般是延迟焦烧时间，而炭黑和滑石粉等则缩短焦烧时间。

丁基绝缘配方中通常可选用煅烧陶土、碳酸钙和滑石粉等无机填充剂，也可适量选用炭黑。

5. 热处理增进剂

多数合成橡胶可以进行热处理，而丁基橡胶的热处理更具有实用价值。

对丁基橡胶进行热处理有如下好处：改进硫化胶的定伸强度、磨耗、回弹性和电绝缘等性能；降低胶料的冷流性；改善挤橡等工艺性能。热处理基本上有动态法和静止法两种，此外尚有循环法及往返法。动态法较实用，它是在高温密炼机内或高温混橡机上进行的。静止法则是将胶料热泡于高温蒸汽中。为获得较好的热处理效果，任何方法均常采用热处理增进剂。热处理助剂品种很多，最常用的有 N,N-甲基亚硝基对亚硝基苯胺和对-二亚硝基苯，以及对醌二肟。丁基橡胶热处理的一些要点见表 12-3-81 及表 12-3-82。

6. 配方举例

丁基绝缘橡皮配方举例及其性能分别见表 12-3-83及表 12-3-84。

表 12-3-81 丁基橡胶热处理要点（加热处理增进剂）

热处理增进剂		补强剂	工艺要点			
名称	用量(phr)		预热温度/℃	混合温度/℃	时间/min	其他
对-二亚硝基苯	0.5~1.0 0.5	槽法炭黑 炉法炭黑 白炭黑	约 200	170~200	10~20	可与静止法并用
N,N-甲基亚硝基对亚硝基苯胺	0.6~1.2 0.6~1.8 0.6~1.0	槽法炭黑 炉法炭黑 陶土或白炭黑	约 150	160~130	10	可与静止法并用
对醌二肟	0.5 0.5 <0.5	槽法炭黑 炉法炭黑 陶土或白炭黑	约 170	约 160	10	允许用橡胶加部分炭黑的胶料进行热处理后，再加入其余炭黑来稀释

表 12-3-82 丁基橡胶热处理要点
（不加热处理增进剂）

热处理方法	工艺要点
往返法	高温，开放式与密闭式炼胶机往返混合
静止法	蒸汽中加热，160℃，2~4h
动态法	高温密炼机，200℃，40min

3.4.3 工艺要点

1. 塑炼

常采用高温化学塑炼，温度在 120℃以上，DCP 作为化学增塑剂。若是门尼粘度较低的丁基橡胶，也可不进行塑炼。

表 12-3-83 含胶量为 40%的丁基绝缘橡皮配方

配合材料	用量(phr)	
	配方 1	配方 2
丁基橡胶 P. B. 301	100	—
丁基橡胶 P. B. 400	—	100
硫磺	0.4~0.5	—
对醌二肟(GMF)	—	2
促进剂 TMTD	1~1.5	—
促进剂 ZDC	3	—
促进剂 M	1~1.2	—
促进剂 DM	—	2~4
氧化锌	10	10
Pb_3O_4	—	3~5
防老剂 D	1.5~2	—
石蜡	2~4	3~5
硬脂酸	0.5~1	0.2~0.5
滑石粉	40~50	30~50
化学碳酸钙	50~100	50~100

表 12-3-84 丁基绝缘橡皮的性能

项 目		数 值
密度/(g/cm³)		1.48
200%定伸强度/MPa		2.0~3.5
拉伸强度/MPa		6.5~7.0
拉断伸长率(%)		680~740
永久变形(%)		50~70
老化系数		
(100℃,96h)	K_1	0.85
	K_2	0.88
(120℃,96h)	K_1	0.72
	K_2	0.89
体积电阻率/Ω·cm		
20℃浸水前		2.46×10^{15}~2×10^{16}
20℃浸水后		1.65×10^{15}~1.95×10^{16}
70℃		1.45×10^{14}~5.26×10^{14}
相对介电常数 ε		2.96~3.96
介质损耗角正切 $\tan\delta$		0.0159~0.0369
击穿强度/(MV/m)		30~38

2. 混橡

宜在较高温度（130~140℃）进行。在开放式炼胶机上混炼时，由于丁基橡胶的回缩性大，不易包辊，这时可用引料法或薄通法解决。为防止粘辊，可加入硬脂酸或硬脂酸盐消除之；粘辊严重时，可用加磷酸三（丁氧基乙酯）或升高辊温的办法，使胶料脱辊。混橡的加料顺序为：

1）丁基橡胶；

2）促进剂 DM、防老剂及 Pb_3O_4（2min）；

3）氧化锌（3~4min）；

4）滑石粉等无机填充剂和炭黑（5min）；

5）石蜡与硬脂酸（7min）。

3. 滤橡

可采用两层 40 孔筛网进行滤橡，借此除去一些杂质和结团物，保证胶料清洁。

4. 存放

应保证胶料在室温下停放 24h 以上，这样使橡胶分子链有充分时间进行布朗运动，使各种配方组分进一步相互扩散，分散均匀；同时消除压延效应，改善挤出表面质量；停放时由于胶料冷却收缩，还可减少气泡。

5. 加硫化剂

在胶料完全冷却后方可加入对醌二肟，并使之充分混合均匀。

6. 热处理

如前所述方法进行。

7. 挤橡

丁基胶料挤出时比较困难，宜采用螺杆长径比大的挤橡机。通常，机身温度为 30~40℃，机头温度为 50~60℃，模套温度为 110℃。

8. 硫化

硫化速度较丁苯橡胶或氯丁橡胶要慢些。

3.5 氯丁橡胶和橡皮

3.5.1 分类、特性和用途

1. 分子结构与特性

氯丁橡胶是在适当的催化剂、乳化剂、调节剂和防老剂等存在的情况下，由 2-氯丁二烯-1,3 聚合而成的。其分子链由单体以加成的方式构成，约 98%是 1,4-加成，1.5%是 1,2-加成。其分子结构式为

$$\sim CH_2-\underset{(1,4\text{-加成})}{\overset{Cl}{\overset{|}{C}}=CH-CH_2} \sim\sim\sim CH_2-\overset{Cl}{\overset{|}{C}}-\cdots\cdots$$

（其中 1,2-加成单元的侧基为 $-CH=CH_2$，标注 (1,2-加成)）

氯丁橡胶的分子量通常为 20000~950000，最大分布在 10000~200000 附近。

由于氯丁橡胶分子链中部分碳原子上连结着氯原子，使得氯丁橡胶能用某些金属氧化物硫化，并赋予其许多优良性能。

氯丁橡胶作为电线电缆的护套材料，突出的特点是高阻燃、耐气候。在通用橡胶中，氯丁橡胶的

阻燃性是最好的；氯丁橡皮护套电线电缆在户外使用十多年后，尚未出现肉眼可见的裂纹。

氯丁橡胶的耐油、耐臭氧和耐热性能优良。在通用橡胶中，其耐油性次于丁腈橡胶，耐臭氧性仅次于乙丙橡胶与丁基橡胶，耐热性则与丁腈橡胶和丁腈橡胶-聚氯乙烯复合物相当。

氯丁橡胶在冷冻或伸长时会产生结晶，属自补强性橡胶，其物理力学性能好。氯丁橡胶与天然橡胶某些物理力学性能的比较见表 12-3-85。

但是，也应看到，由于氯丁橡胶分子链上氯原子的存在，使其电绝缘性能比天然橡胶低劣，玻璃化温度比天然橡胶高，回弹性比天然橡胶稍差，贮存稳定性比天然橡胶明显下降，密度也大幅度增加。

表 12-3-85　氯丁橡胶与天然橡胶某些物理力学性能的比较

性能		氯丁橡胶	天然橡胶
纯胶配合	拉伸强度/MPa	21~28	18~25
	拉断伸长率(%)	800~900	780~850
炭黑配合	拉伸强度/MPa	21~25	25~32
	拉断伸长率(%)	500~600	550~650
弹性		良	优
抗撕裂性		优	优
耐磨性		优	优
玻璃化转变温度/℃		-50	-70

氯丁橡胶的常用技术参数见表 12-3-86。

表 12-3-86　氯丁橡胶的常用技术参数

项目	数值
密度/(g/cm³)	1.23~1.25
比热容/[J/(g·K)]	2.2
热导率/[W/(m·K)]	0.19
体积膨胀系数/K^{-1}	61×10^{-5}
相对介电常数	7~8
介质损耗因数 $\tan\delta$	1.0~6.0
体积电阻率/Ω·m	10^7~10^{10}
击穿强度/(MV/m)	20

2. 分类和技术要求

为适应不同用途要求或改善贮存、加工等性能，在国际上，氯丁橡胶有许多牌号，但大体上都分属硫磺调节型与非硫调节型两大类。现以美国杜邦公司产品为例，可供电缆工业选用的氯丁橡胶牌号详见表 12-3-87。

我国生产的氯丁橡胶有 CR120 系列（相当于 G 型）、CR230 系列（界于 G 型与 W 型之间）、CR320 系列和 CR240 系列（属粘接型）。前三个可供电缆工业选用，其技术要求分别见表 12-3-88~表 12-3-90。

表 12-3-87　可供电缆工业选用的美国杜邦公司的氯丁橡胶牌号

类型	牌号	生胶贮存稳定性	门尼粘度[50ML(1+4)100℃]	结晶速率
G 型	GW	中	34~52	慢
	GN	可	37~61	中
	GNA	中	37~61	中
	GRT	中	36~55	慢
	FB	中		中
W 型	W-M1	良	34~41	快
	W	良	42~51	快
	WHV-100	良	90~105	快
	WHV	良	106~125	快
	WRT	良	41~51	很慢
	WD	良	100~120	很慢
	WK	良	68~79	很慢
	WB	良	43~52	中
T 型	TW	良	42~52	快
	TW-100	良	85~102	快
	TRT	良	42~52	很慢

表 12-3-88　国产 CR121 的技术要求

项目			指标		
			优等品	一级品	合格品
门尼粘度[50ML(1+4)100℃]	CR1211		20~40	20~40	20~40
	CR1212		41~60	41~60	41~60
	CR1213		61~75	61~75	61~75
焦烧时间 MS_{t5}/min			30~60	≥25	≥20
拉伸强度/MPa		≥	23.0	22.0	20.0
拉断伸长率(%)		≥	900	850	800
500%定伸应力/MPa			1~4	1~5	1~5
挥发分(%)		≤	1.3	1.5	1.5
灰分(%)		≤	1.3	1.3	1.5

注：根据 GB/T 5577—2008《合成橡胶牌号规范》规定：CR 指氯丁橡胶；第一位数字指调节剂类型；第二位数字指结晶速率；第三位数字指防老剂的污染类型；第四位数字指门尼粘度大小。

表 12-3-89　国产 CR321、CR322 的技术要求

项目			指标		
			优等品	一等品	合格品
门尼粘度[50ML(1+4)100℃]	CR3211、CR3221		25~40	25-40	25~40
	CR3212、CR3222		41~60	41~60	41~60
	CR3213、CR3223		61~80	61~80	61~80
拉伸强度/MPa		≥	25	22	20
拉断伸长率(%)		≥	800	780	750
500%定伸应力/MPa			1~5	1~5	1~5
焦烧时间 MS_{t5}/min		≥	25	20	16
挥发分(%)		≤	1.3	1.5	1.5
灰分(%)		≤	1.3	1.3	1.5

表 12-3-90　国产 CR232 的技术要求

项　目		指　标
门尼粘度[50ML(1+4)100℃]	CR2321	35~45
	CR2322	45~55
	CR2323	55~65
拉伸强度/MPa	≥	12
拉断伸长率(%)	≥	750
500%定伸应力/MPa		1~5
焦烧时间 MS_{t5}/min	≥	11
挥发分(%)	≤	1.5
灰分(%)	≤	1.5

注：CR232 仅为长寿化工总厂企业标准，尚无国家标准。

3. 用途

氯丁橡胶素有多面橡胶之称，广泛应用于各个工业领域，是我国电缆工业用量较大的合成橡胶胶种之一，已大量用于矿用电缆、船用电缆、户外用电缆和软线以及多种阻燃电缆、耐油电缆等。

由于氯丁橡胶的电绝缘性能差，一般用于电缆护套，若作为绝缘使用，只限用于某些低压配电线、用户引入线和电焊机电缆等。

3.5.2　橡皮配方

氯丁橡胶的硫化体系不同于天然橡胶和许多合成橡胶，通常，硫化氯丁橡胶必须用金属氧化物，而最常用的方法是，氧化锌与氧化镁并用。只要用量适中，即可达到较为满意的焦烧性和硫化程度。

然而，氧化镁并非真正的硫化剂，故氧化镁是不能单独使用的。在与氧化锌并用体系中，氧化镁主要作为酸接受体，用来以清除硫化过程中产生的氯离子。反应时除去氯离子的速度和程度，对硫化过程有明显的影响。一般来说，氯丁胶料中氧化镁的活性（表面积）越大，清除氯离子的功效则越高，橡料焦烧倾向随之迅速减小，而橡皮的拉伸强度也有所增加。所以，在氯丁橡胶配方中，要求选用超轻或轻质氧化镁。应当注意的是，大气中的潮气和二氧化碳会导致氧化镁转化成相应的氢氧化物和碳酸盐，从而失去其酸接受体的作用。

至于氧化锌，重要的是其分散性，而其粒子细度对氯丁胶料的加工安全性并无多大影响。若单用氧化锌，胶料易焦烧，橡皮的物理力学性能也不够理想。

当要求氯丁橡皮具有最大抗水膨胀能力时，应采用铅氧化物作硫化剂，如铅丹及氧化铅等。采用铅氧化物时，一般不并用氧化锌和氧化镁。含铅氧化物的氯丁胶料，其焦烧倾向大，应予足够重视。

其他金属氧化物，对氯丁橡胶硫化基本无效。

氯丁橡胶最常用的促进剂是乙烯硫脲（NA-22），效力与性能均佳，但加工安全性略差。此外，应用较多的促进剂还有二丁基硫脲、二乙基硫脲、二氨基二苯甲烷（NA-11）和二邻甲苯胍的邻苯二酚硼酸盐等。低温硫化胶料，可采用邻苯二酚、对苯二酚和一些醛胺类促进剂。CR120 系列氯丁橡胶可不用促进剂。

作为氯丁橡胶（CR120 系列与 CR320 系列）的硫化迟延剂，通常采用促进剂 DM 和 TMTD。其他硫化迟延剂，如醋酸钠、苯二甲酸酐等，在氯丁橡皮中罕有使用。

上述硫化体系，对以下介绍的电线电缆用各种氯丁橡胶配方均适用。

1. 阻燃橡皮配方

氯丁橡胶因在受热分解时会释放出不燃烧气体，所以具有明显的自熄性。但从配方角度考虑，欲提高其阻燃性能，一般可采取如下措施（配方见表 12-3-91）：

表 12-3-91　阻燃氯丁橡胶护套配方

材　料	配比(phr)
CR232	100
氧化镁(特级)	4
FEF 炭黑	25
SRF 炭黑	15
陶土	50
氢氧化铝	30
氧化锌	5
NA-22	1.2
DM	0.5
石蜡	3
硬脂酸	0.5
DOP	10
防老剂 ODA	4

1）添加阻燃剂。这里值得一提的是三氧化二锑。严格地说，它是一种阻燃协合剂，在含卤素给予体的场合，能大大增加橡皮的阻燃能力。

2）正确选用填充剂。氢氧化铝、陶土等都是很有效的阻燃型填充剂。

3）降低软化剂用量。

4）在满足性能要求的前提下，减低配方的含胶量。

2. 耐大气护套配方

该配方的要点是含胶量高且硫化充分；补强填充剂以粒细的槽法炭黑为佳；无机填充剂最好采用

陶土。耐大气氯丁橡胶护套配方见表 12-3-92。

表 12-3-92　耐大气氯丁橡胶护套配方

材　料	配比(phr)
CR322	100
氧化镁	4
混气炭黑	30
SRF 炭黑	15
陶土	65
氧化锌	5
NA22	0.8
DM	0.6
微晶蜡	4
防老剂 ODA	4
DOP	10
硬脂酸	0.5

3. 耐油护套配方

该配方的要点是含胶量低且硫化充分。含胶量低，可以减少在油中的膨胀；适量选用软化剂。耐油氯丁橡胶护套配方见表 12-3-93。

表 12-3-93　耐油氯丁橡胶护套配方

材　料	配比(phr)
CR122	100
氧化镁	4
ISAF 炭黑	30
SRF 炭黑	15
轻质碳酸钙	50
滑石粉	20
氧化锌	5
NA-22	0.5
DM	0.5
石蜡	4
防老剂 ODA	4
20#机油	12
硬脂酸	0.5

4. 耐热护套配方

生胶宜用非硫调节型；最有效的防老剂是 ODA 与 TPPD 并用；无机填充剂以轻质碳酸钙为佳，炭黑则以软质为宜；软化剂用量宜少并选用低挥发性的；硫化体系中，氧化锌用量可适量增加，并配入 NA-22。耐热氯丁橡胶护套配方见表 12-3-94。

5. 耐臭氧护套配方

防老剂 D、DPPD 与 4,4-二甲氧基二苯胺并用，用量都略偏高。氧化镁可用亚油酸钙替代。微晶蜡、石蜡等的用量提高，它们被视作防老剂的载体而喷霜至表面，增强耐臭氧能力。用亚麻子油作软化剂。炭黑用量适中。耐臭氧氯丁橡胶护套配方见表 12-3-95。

表 12-3-94　耐热氯丁橡胶护套配方

材　料	配比(phr)
CR232	100
氧化镁	4
MT 炭黑	30
SRF 炭黑	15
轻质碳酸钙	50
氧化锌	10~15
NA-22	1.2
DM	0.6
石蜡	3
防老剂 ODA	4
防老剂 Aranox	1
菜籽油	8
硬脂酸	0.5

表 12-3-95　耐臭氧氯丁橡胶护套配方

材　料	配比(phr)
CR232	100
氧化锌	5
氧化镁	4
防老剂 DPPD	2
防老剂 4010NA	3
硬质陶土	70
FEF 炭黑	15
SRF 炭黑	10
石蜡	5
微晶蜡	5
生亚麻籽油	12
NA-22	1.2
硬脂酸	0.5
DM	0.5

6. 半导电配方

主要用于矿用电缆以及 X 射线机用电缆、飞机汽车高压点火线等的屏蔽层。配方关键是引入导电性物质，如导电炭黑、石墨等，同时还要兼顾工艺性能。半导电氯丁橡胶配方见表 12-3-96。

表 12-3-96　半导电氯丁橡胶配方

材　料	配比(phr)
CR122	100
氧化锌	5
氧化镁	4
DOP	6
凡士林	1
EC 炭黑	45
TMTD	1.5
DOTAN	0.4
防老剂 ODA	3
硫磺	0.3
硬脂酸	0.5

3.5.3 工艺要点

氯丁橡胶可利用天然橡胶加工设备来加工，但其工艺性能不及天然橡胶。氯丁橡胶属极性橡胶，性态的变化对温度很敏感，故被称为热敏性橡胶。因此，严格控制工艺条件对氯丁橡胶显得尤为重要。

一般来说，非硫调节型胶比硫磺调节型胶稳定，可在较宽温度范围内保持胶料的弹性，加工时能较好保持牢固的胶片，因而焦烧、粘辊倾向较小，混橡过程对温度的要求也不及硫磺调节型胶苛刻，挤橡的温度范围也稍宽。

1. 塑炼

氯丁橡胶可不必单独塑炼。混橡前用冷辊辗炼数次（先大辊距，再逐渐紧辊），使其变软，呈带状，同时也使聚合时残留在胶内的各种物质分散均匀。氯丁橡胶因低温放置而结晶，胶体很硬，使用前应先行加热处理（譬如在 40℃左右预热 12h）。

2. 混橡

可在开放式或密闭式炼胶机上进行。

（1）开放式混橡的基本要点

1）保持正确的混橡容量，以利于操作安全，分散良好。通常，混橡容量（重量计）约为天然橡胶的 2/3。

2）保持辊温在 50℃以下，为此要以充足的冷水冷却辊筒，辊速宜低，速比宜小。

3）在氧化镁首先加入之后，使在冷辊上的胶料依然呈带状，然后加着色剂、防老剂、防焦剂和硬脂酸。

4）加入硬质填充剂，如细粒子炭黑、白炭黑等，以保证较大的剪切力，取得良好分散，然后再加入软质填充剂，如热裂法炭黑与无机填充剂。

5）软化剂可与软质填充剂混合在一起加入，石蜡也在此时加入，但应避免胶料在辊筒上所形成的胶带破裂。

6）最后加入氧化锌与促进剂。

7）薄通后出片，并及时给予充分冷却。

（2）密闭式混橡的基本要点 采用密闭式混橡比较方便，但出片温度不易控制，容易发生粘辊或焦烧；同时负荷大，常出现混橡不均现象。为此，应采取如下措施：

1）采用低速密闭式炼胶机。

2）压缩混橡时间，特别是加炭黑后的加压时间。

3）将油、酯类等液体软化剂提前加入。

4）增高软化剂用量以及加大冷却水。

密闭式混橡容量与开放式一样，比天然橡胶小。其简单计算公式如下：

混橡容量 = 密炼机容积×胶料密度×0.55

通常，多采用二次混橡法，氧化锌和促进剂在开放式炼胶机上加入。

3. 挤出

挤橡一般都采用冷机身、温机头、热模套的原则。具体为：机身 40~45℃，机头 60~70℃，模套 80~90℃。

挤橡过程中常出现的一些问题及其引起的可能原因是：

（1）挤出表面粗糙 往往由于粉料分散太差，胶料焦烧，胶料收缩性过大或胶料温度低而引起。

（2）挤出后收缩大 从氯丁橡胶本身来说，压缩膨胀系数较天然橡胶大，而挤出速度快、规格小、模套锥度大也会使膨胀加剧；此外，与含胶量、炭黑品种和用量、软化剂品种和用量、胶料的可塑度等都有密切关系。

（3）气孔 胶料含水分，含易产生气体物质，pH 值较小，硫化速度缓慢和硫化程度低以及挤橡机反压力不足等，都可能造成气孔。

3.6 硅橡胶和橡皮

硅橡胶是由二甲基硅氧烷与其他有机硅单体在催化剂存在条件下制得的。由于硅橡胶的使用温度范围极宽，能适合于很多种用途，因此它的发展非常迅速。

3.6.1 分类、特性和用途

1. 分子结构和特性

硅橡胶的分子主链为硅氧链，硅原子上连接有一个或两个有机基团，如甲基、乙烯基或苯基等。其分子结构通式为

$$R-\overset{\displaystyle R}{\underset{\displaystyle R}{Si}}-O-\left(\overset{\displaystyle R}{\underset{\displaystyle R}{Si}}-O\right)_n-\overset{\displaystyle R}{\underset{\displaystyle R}{Si}}-R$$

（1）硅橡胶的特点 从分子结构可看出硅橡胶有如下特点：

1）因硅氧键的键能很高，使之具有很高的热稳定性。

2）分子侧链上连接着有机基团，且分子的可移性和链的可旋性较大，使硅橡胶兼具有机高分子的特性。

3）分子结构中没有双键，属饱和性橡胶，故耐老化和耐臭氧性能优异；又因分子链的负电性小，氢键键能小，使其具有较好的疏水性。

4）分子结构的对称性使硅橡胶具有非极性。

(2) 硅橡胶的性能 以上结构上的特点，使硅橡胶较之其他合成橡胶具有下列优良性能：

1）很高的耐热性和优异的耐寒性。硅橡胶的长期使用温度范围为-90～250℃，这在所有橡胶中是最宽广的。硅橡胶在不同温度下的大致连续使用时间，见表12-3-97。

2）优良的电绝缘性能。即使在温度和频率变化时，或受潮时，硅橡胶的电绝缘性能仍比较稳定；而且在燃烧后生成的二氧化硅仍为绝缘体。这对航空航天用电线是非常有利的。此外，它还具有良好的耐电晕和耐电弧等性能。

3）耐臭氧老化、氧老化、光老化和大气老化性能优异。硅橡皮置于室外曝晒几年后，性能几乎无变化。

4）具有特殊的表面性能。除疏水性外，对许多材料不粘。

表12-3-97 硅橡胶在不同温度下的连续使用时间

使用温度/℃	连续使用时间
120	10～20年
150	5～10年
205	2～5年
260	3月～2年
315	7d～2月
370	6h～2d
425	10min～2h

5）硅橡皮经长期存放后，吸水量不超过0.015%，对各种藻类和霉菌无滋生作用，防霉性良好。因此，用它制作的电线电缆适合于热带、湿热带使用。不同品牌的硅橡胶，还分别具有阻燃、耐辐照和耐油等特性。

6）导热性好，为普通橡胶的两倍。这对提高电线电缆的载流量很有好处。

7）透气率比普通橡胶大数十至数百倍，而且对不同气体的透过性相差很大。

8）无臭无毒，极好的抗血栓性和生物惰性。

硅橡胶的主要缺点：由于分子间引力较小，且为非晶体结构，因此力学性能明显不及普通橡胶；耐高温水蒸气性能和耐酸碱性能差；价格较昂贵。

2. 品种类别

硅橡胶的品种大致有如下几种。

(1) 甲基硅橡胶

$$\left[\begin{array}{c} CH_3 \\ | \\ -Si-O- \\ | \\ CH_3 \end{array}\right]_n$$

$(n=5000\sim10000)$

其硫化活性低，压缩永久变形较大，为硅橡胶的最早品种，目前已被淘汰。

(2) 甲基乙烯基硅橡胶

$$\left[\begin{array}{c} CH_3 \\ | \\ -Si-O- \\ | \\ CH_3 \end{array}\right]_m\left[\begin{array}{c} CH_3 \\ | \\ -Si-O- \\ | \\ CH=CH_2 \end{array}\right]_n$$

$(m=5000\sim10000,\ n=10\sim20)$

它具有易硫化，压缩永久变形小，耐热老化和工艺性能好的特点。掺用导电炭黑可制成半导电橡皮。它为最通用的一种硅橡胶，常用于电线电缆。

(3) 甲基苯基硅橡胶

$$\left[\begin{array}{c} CH_3 \\ | \\ -Si-O- \\ | \\ CH_3 \end{array}\right]_m\left[\begin{array}{c} C_6H_5 \\ | \\ -Si-O- \\ | \\ C_6H_5 \end{array}\right]_n\left[\begin{array}{c} CH_3 \\ | \\ -Si-O- \\ | \\ CH=CH_2 \end{array}\right]_p$$

低苯基硅橡胶（苯基含量为6%～11%），耐热范围相当宽，可达-90～260℃；中苯基硅橡胶（苯基含量为20%～40%），耐燃特性好；高苯基硅橡胶（苯基含量为40%～50%），耐辐照。它们均适用于电线电缆。

(4) 氟硅橡胶

$$\left[\begin{array}{c} CH_3 \\ | \\ -Si-O- \\ | \\ CH_2CH_2CF_3 \end{array}\right]_m\left[\begin{array}{c} CH_3 \\ | \\ -Si-O- \\ | \\ CH=CH_2 \end{array}\right]_n$$

它具有优良的耐油、耐溶剂性能，耐温范围为-50～250℃。

(5) 腈硅橡胶

$$\left[\begin{array}{c} CH_3 \\ | \\ -Si-O- \\ | \\ CH_3 \end{array}\right]_m\left[\begin{array}{c} CH_3 \\ | \\ -Si-O- \\ | \\ (CH_2)_nCN \end{array}\right]_p\left[\begin{array}{c} CH_3 \\ | \\ -Si-O- \\ | \\ CH=CH_2 \end{array}\right]_q$$

其耐油、耐溶剂性能与氟硅橡胶相近，耐温范围为-70～200℃。

(6) 硼硅橡胶

$$\left[\begin{array}{c} CH_3 \\ | \\ -Si-CB_{10}H_{10}C- \\ | \\ CH_3 \end{array}\begin{array}{c} CH_3 \\ | \\ Si \\ | \\ C_6H_5 \end{array}-O-\begin{array}{c} C_6H_5 \\ | \\ Si \\ | \\ CH_3 \end{array}-O-\begin{array}{c} CH_3 \\ | \\ Si \\ | \\ CH_3 \end{array}-O-\begin{array}{c} C_6H_5 \\ | \\ Si \\ | \\ C_6H_5 \end{array}-O-\right]_n$$

其耐温范围为-60~400℃，用于要求极高的某些特种产品，也用于耐热、耐寒的自粘性绝缘带。

（7）苯撑硅橡胶

$$\left[Si(CH_3)_2-C_6H_4-Si(CH_3)_2-O\right]_m\left[Si(C_6H_5)_2-O\right]_n\left[Si(CH_3)_2-O\right]_p\left[Si(CH_3)(CH{=}CH_2)-O\right]_q$$

其耐辐照极佳，此外，强度高、阻燃性好。其耐温范围为-20~300℃。

（8）苯醚撑硅橡胶

$$\left[Si(CH_3)_2-C_6H_4-O-C_6H_4-Si(CH_3)_2-O\right]_m\left[Si(CH_3)_2-C_6H_4-Si(CH_3)_2-O\right]_n\left[Si(CH_3)(CH{=}CH_2)-O\right]_p$$

其耐辐照极佳，拉伸强度可高达15~20MPa，耐温范围为60~250℃。

3. 用途

硅橡胶在电缆工业的应用在不断发展，主要用作舰船电缆、航空电线、电机引接线、加热电线以及许多特种用途（如核能工业、航天工业、冶金工业等）电线电缆的绝缘。此外，硅橡胶还用于制造自粘性绝缘带。

3.6.2 橡皮配方

类似于其他橡皮，硅橡胶橡皮主要由生胶、硫化剂、补强填充剂及某些特殊配合剂构成。

1. 生胶

硅橡胶生胶种类较多，各有特点，必须根据电线电缆的使用要求，选择适用的种类，见表12-3-98。

表12-3-98 硅橡胶的适用场合

电线电缆种类	使用要求	选择胶种
电视机引接线、H级电机引接线、起重机用电线电缆	通用	甲基硅橡胶 甲基乙烯基硅橡胶
船用电力电缆和控制电缆	耐高温	甲基乙烯基硅橡胶 低苯基硅橡胶硼硅橡胶
高空飞机用电线	耐低温	低苯基硅橡胶
核能工业及宇宙飞船用电线电缆	耐辐射 耐燃烧	苯撑硅橡胶 苯醚撑硅橡胶 硼硅橡胶

2. 硫化剂

硅橡胶最常用的硫化剂是有机过氧化物。多数硅橡胶的硫化是自由基引发反应的，硫化发生于有机侧链基团之间。这些侧链基团的硫化活性顺序为：乙烯基→甲基→三氟丙基→苯→γ-腈丙基。

硅橡胶用有机过氧化物硫化剂，按其硫化活性的高低分为通用型（活性强，可硫化任意一种硅橡胶）和乙烯基专用型两大类。

（1）通用型

1）过氧化苯甲酰（硫化剂BP）。其分解温度为105~128℃，分解产物为易挥发的苯、苯甲酸和二氧化碳等。对于甲基乙烯硅橡胶，其用量为0.5phr~2.0phr。其硫化温度为110~135℃。

2）2,4-二氯过氧化苯甲酰（硫化剂DCPB）。其分解温度约为45℃，分解产物为2,4-二氯苯甲酸和2,4-二氯苯，均不易挥发。胶料易焦烧。其用量与硫化剂BP相同，硫化温度为100~120℃。

$$Cl-C_6H_3(Cl)-\overset{O}{\overset{\|}{C}}-O-O-\overset{O}{\overset{\|}{C}}-C_6H_3(Cl)-Cl$$

3）过苯甲酸叔丁酯（硫化剂TBPB）。其分解温度为138~149℃。其用量为0.5phr~1.5phr，硫化温度为135~155℃。

$$C_6H_5-\overset{O}{\overset{\|}{C}}-O-O-C(CH_3)_2-CH_3$$

（2）甲基乙烯基硅橡胶专用型

1）二叔丁基过氧化物（硫化剂DTBP）。本品极易挥发，沸点为110℃，分解温度为150~172℃。因分解前会沸腾，故硫化过程必须加压。其分解产物为丙酮、甲烷。它不与炭黑、空气起反应。其用量为0.5phr~1.0phr，硫化温度为160~180℃。

2）过氧化二异丙苯（硫化剂DCP）。其分解温度为139~150℃，分解产物为2,2-二甲基苯甲醇、苯乙酮，后者有奇臭，但均不易挥发。本品可用于含炭黑的胶料。其用量为0.5phr~1.0phr，硫化温度为150~160℃。

3）2,5-二甲基-2,5-双（叔丁基过氧）己烷（硫化剂2,5B）。

$$H_3C-C(CH_3)_2-O-O-C(CH_3)_2-CH_2-CH_2-C(CH_3)_2-O-O-C(CH_3)_2-CH_3$$

其分解温度为150~172℃，分解产物挥发性高。它可用于含炭黑胶料。其用量为0.5phr~1.0phr，硫化温度为160~170℃。

此外，硅橡胶分子链中引入乙烯基之后，除可用过氧化物进行常规的高温硫化之外，尚可进行加成硫化。所谓加成硫化，就是利用含氢有机化合物，在催化剂存在下与乙烯基加成反应。

3. 补强填充剂

由于硅绝缘橡皮在高温下使用，耐酸碱性和力学性能差，因此，正确选用补强、填充剂，对提高硫化胶的性能和延长电线电缆的寿命具有很重要的意义。

补强剂主要采用白炭黑，其粒径为 10~50nm，比表面积为 70~300m^2/g。采用气相法白炭黑的胶料，物理力学性能高，耐水和电绝缘性能良好。采用沉淀法白炭黑的胶料，物理力学性能较低，耐水及电绝缘性能略差，但价廉。采用表面处理白炭黑的胶料，工艺性能好，拉伸强度也较高。硅橡胶一般不用炭黑补强，如果是半导电橡皮，可采用导电炭黑或乙炔炭黑。

硅橡胶绝缘橡皮常用的填充剂有钛白粉、氧化锌、硅藻土、石英粉、轻质碳酸钙、硅酸锆和氧化铁等。这些材料与白炭黑并用，可改进胶料的工艺性能，调节硫化胶的某些性能和降低成本。

常用补强剂与填充剂对硅橡皮力学性能的影响见表 12-3-99。

表 12-3-99 常用补强剂与填充剂对硅橡皮力学性能的影响

类别	补强填充剂		硫化胶力学性能	
	名称	用量(phr)	拉伸强度/MPa	拉断伸长率(%)
补强剂	气相白炭黑	30~60	4~9	200~600
	沉淀法白炭黑	30~60	3~6	200~400
	表面处理白炭黑①	30~60	4~9	200~600
	表面处理白炭黑②	40~80	7~14	400~800
	乙炔炭黑	—	4~6	200~350
填充剂	硅藻土	50~200	3~6	75~200
	钛白粉	50~300	1.5~3.5	300~400
	轻质碳酸钙	—	3~4	100~300
	氧化铁	—	1.5~3.5	100~300
	石英粉	50~150	—	—
	氧化锌	—	1.5~3.5	100~300

① 用八甲基环四硅氧烷（D4）处理气相白炭黑表面。
② 用有机硅处理沉淀法白炭黑表面。

4. 结构控制剂

用气相法白炭黑补强的硅橡胶胶料，在存放过程中，因气相法白炭黑表面的游离羟基与硅橡胶的羟基发生反应，致使胶料可塑度降低，逐渐失去返炼和加工性能，此现象称为结构化。

为防止或减弱结构化倾向，在添加气相法白炭黑的硅橡胶胶料中，必须加入结构控制剂。结构控制剂是含有以下分子结构的有机化合物：

$$XO\left(\begin{array}{c}R\\|\\Si-O\\|\\R\end{array}\right)_n X$$

式中 R——羟基；

X——氢或羟基；

n——介于 1~5 之间。

常用的结构控制剂如下：

(1) 二苯基硅二醇

$$(C_6H_5)_2Si(OH)_2$$

本品为固体结晶，纯度在 95%以上，熔点为 145~155℃，能改善胶料的热老化性能；通常用量为 2phr~5phr，与白炭黑的用量比为 1∶10~1∶20；使用时需热处理。

(2) 甲基苯基二甲氧基硅烷

$$H_3C(C_6H_5)Si(OCH_3)_2$$

本品为液体，贮存稳定。掺入本品后可减少硫化剂用量；使用时不必热处理。

(3) 甲基苯基二乙氧基硅烷

$$H_3C(C_6H_5)Si(OC_2H_5)_2$$

本品形态及性能与甲基苯基二甲氧基硅烷类同。

(4) 四甲基乙撑二氧二甲基硅烷

$$(H_3C)_2C-O \; / \; (H_3C)_2C-O \;\; \rangle Si(CH_3)_2$$

本品为液体，用量在10phr以下，使用时不必热处理。

（5）二甲基羟聚硅氧烷 本品为液体，用量在10phr以下，不需要热处理。

（6）低分子量羟基硅油 本品为液体，用量在10phr以下，不需要热处理。

5. 其他配合剂

为改进硅橡胶硫化胶的耐热老化性能，还常加入三氧化二铁、二氧化锰和氧化铜等耐热助剂。其中最常用的是三氧化二铁，用量为2phr~5phr。

此外，根据色泽要求，可使用着色剂，但硅橡胶对着色剂的要求较为苛刻。

6. 配方举例

电线电缆硅橡胶绝缘橡皮的配方及其性能见表12-3-100和表12-3-101。

表12-3-100 电线电缆用硅橡胶绝缘橡皮配方

原材料名称	用量(phr)	
	配方Ⅰ	配方Ⅱ
甲基乙烯基硅橡胶	100	100
硫化剂DCBP	1.0	—
硫化剂2,5B	—	0.5
气相法白炭黑	35	40
钛白粉	5	—
二苯基硅二醇	2~4	2~4
三氧化二铁	—	5

表12-3-101 电线电缆用硅橡胶绝缘橡皮性能

项　目	数　值	
	配方Ⅰ	配方Ⅱ
拉伸强度/MPa	5.7	7.4
拉断伸长率(%)	430	540
邵氏A硬度	46~53	46~52
200℃,72h的老化系数		
K_1	0.97	0.95
K_2	0.80	0.82
体积电阻率/Ω·cm	8.8×10^{12}	9.0×10^{12}
相对介电常数	3.1	3.1
介质损耗角正切值tanδ	0.005	0.005
介电强度/(kV/mm)	19	20

3.6.3 工艺要点

1. 混炼

硅橡胶无须塑炼。在开炼机上混炼时，先包前辊，随后很快就包后辊，故须两面操作。辊筒速比可适当小，如1.1∶1或1.2∶1。前辊温度为30~35℃，后辊温度为25~30℃。辊距为5~6mm。加粉状过氧化物硫化剂时，必要时须有防爆措施。白炭黑易飞扬，应加防护。

在密闭式炼胶机上混炼时，要严格控制时间和温度，注意加料顺序。装料系数为0.55~0.74。混炼时间为15~25min。卸料温度为70℃左右。

2. 存放与返炼

配有结构控制剂的橡料，在混橡完毕后须在室温下停放至少24h，一般为96h。挤橡前，要进行返炼。返炼在开炼机上进行，辊距在开始时为3~5mm，以后逐渐缩小到0.5mm左右，待橡料充分柔软，表面光滑平整时，即可卸料出片。

3. 挤橡

采用低温挤橡最为合适，温度以不超过40℃为宜。如用2，5B硫化剂时，则可提高挤橡温度，例如80℃。在挤橡机的机头若加装80~120目的滤网，可改善挤橡质量。挤出后的电线电缆应立即采取隔离，或直接进行连续硫化。

4. 硫化

通常，硅橡胶胶料应进行两次硫化。每次硫化的作用和要求各有不同。

（1）一次硫化 使胶料由塑性态变为弹性态。硫化时应排除空气，防止焦烧，并控制硫化时间和温度，以使胶料达到足够的硫化程度。此外，要尽量快速排除硫化时分解出来的挥发物，防止引起变形。

（2）二次硫化 目的是清除硫化剂在硫化过程中所产生的分解物，防止硅橡胶受热降解，提高耐热性；同时，去除各配合剂中的水分，防止喷霜，使硅橡皮的力学性能及电绝缘性能趋于稳定甚至得到某些改善。二次硫化的温度应略高于使用温度。

再有，制造硅橡胶电线电缆，可采用热空气连续硫化。由于硫化过程在常压下进行，因此，如何防止和克服硅橡胶绝缘橡皮起泡是必须注意的。

3.7 氯磺化聚乙烯及其橡皮

氯磺化聚乙烯简称CSM或CSP。它是由聚乙烯进行氯磺化处理后制成的。聚乙烯经氯化和磺化后，结构的规整性受到破坏，变成了可硫化的弹性体。

3.7.1 分类、特性和用途

1. 分子结构和特性

氯磺化聚乙烯的分子结构为

$$\left[\left(CH_2-CH_2-CH_2-\underset{\displaystyle Cl}{\underset{|}{CH}}-CH_2-CH_2-CH_2\right)_m\underset{\displaystyle SO_2Cl}{\underset{|}{CH}}\right]_n$$

(1) **氯磺化聚乙烯的特点** 从分子结构可看出氯磺化聚乙烯有以下特点：

1）它是以聚乙烯为主链的不含双键的饱和型橡胶，因此，聚乙烯分子量和分支结构对氯磺化聚乙烯的性能有很大影响：分子量过低，粘性大，拉伸强度低；分子量提高，物理力学性能也随之提高，但分子量达到一定限度后，物理力学性能就基本不再变化。所以，聚乙烯的分子量一般采用2万~10万。

如果聚乙烯没有支链，则氯磺化聚乙烯的物理力学性能好，但因结晶度大，故加工困难；如果分支多，则工艺性能好，而物理力学性能稍差。

2）分子结构中氯原子的存在，使氯磺化聚乙烯具有许多特点。氯的引入，打破了聚乙烯的晶体结构，随着氯含量增加，刚度减小，当含氯为25%~38%时，刚度最小，完全处于橡胶适宜的弹性范围内；当氯含量再继续增加，刚度反而急剧增大。氯含量增加，还可改善耐燃、耐油、耐溶剂性能和高温下的机械强度，但永久变形及耐寒性都相对下降。

3）分子结构中氯磺酰基的存在，使氯磺化聚乙烯可以硫化（交联），并可影响工艺性能和物理力学性能。氯磺酰基含量一般以1.5%为宜，过多易于焦烧。

(2) **氯磺化聚乙烯的性能** 以上结构上的特点，决定了氯磺化聚乙烯的特性。氯磺化聚乙烯的各种性能如下：

1）物理力学性能。它属自补强型橡胶，即使不采用补强剂，其硫化胶也具有较高的拉伸强度和耐磨性。其缺点是压缩永久变形较大，抗撕性较差。

2）热老化性能。氯磺化聚乙烯的长期工作温度比氯丁橡胶和丁腈橡胶高，长期使用温度为90~105℃。如果胶料中防老剂和填充剂选择得当，还可提高其耐热性，可在120℃以下使用。例如，氯磺化聚乙烯在121℃下经100d老化后，拉伸强度变化不大。在141℃下经6d老化后，拉伸强度仍保持在20MPa，伸长率由480%下降到220%，其变化规律如图12-3-27所示。

3）耐气候老化性能。它具有优异的耐气候老化性能，对日光、气温变化、盐雾、烟雾及尘埃的污染和臭氧的作用，都很稳定。在恶劣的大气环境中，氯磺化聚乙烯的力学性能的变化见表12-3-102。

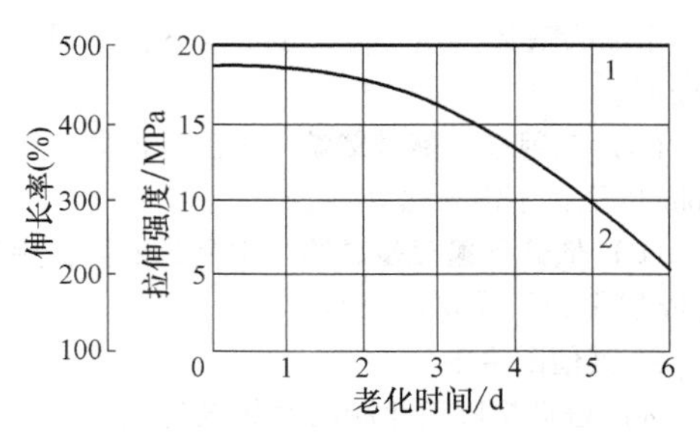

图 12-3-27 氯磺化聚乙烯在141℃老化时力学性能的变化

1—拉伸强度 2—伸长率

表 12-3-102 在大气媒质作用下氯磺化聚乙烯的力学性能

大气媒质的条件	力学性能的变化	
	拉伸强度/MPa	拉断伸长率(%)
在空气中的原始值	15.5	445
在空气中700h后	16.5	320
在盐雾中700h后	17.0	305
在二氧化硫或二氧化碳中700h后	14.0	400

试验表明，在相同大气环境条件下，氯磺化聚乙烯橡皮护套的使用寿命要比氯丁橡皮护套长一倍。如果合理选择配方，则可使氯磺化聚乙烯的耐气候老化性能更臻完善。此外，它还能经受各种生物和微生物的侵蚀和破坏，所以可在热带和湿热带使用。

4）耐湿性和耐寒性。氯磺化聚乙烯橡皮对湿度不敏感，吸水性很差。例如，氯磺化聚乙烯绝缘电缆浸水两年后，力学性能变化不大，拉伸强度保持在14MPa左右，伸长率约为320%。当然，其吸水性也与所用配合剂及硫化程度有关。

但是，氯磺化聚乙烯的耐寒性不佳。要改善它的耐寒性，必须合理选择胶种，或与耐寒性好的其他橡胶并用，限制填充剂用量和加入酯类增塑剂，这些措施均可改善其耐寒性（可达-60℃）。

5）电绝缘性能。氯磺化聚乙烯的电绝缘性能主要取决于它的分子结构和类型，硫化剂和填充剂也有很大的影响。氯磺化聚乙烯由于存在氯原子和氯磺酰基，具有偶极性，所以电绝缘性能不如非极性橡胶。它在0~150℃时的介质损耗角正切、相对介电常数、体积电阻率及浸水后对其电性能的影响，分别如图12-3-28~图12-3-33所示。由这些图可见，氯磺化聚乙烯的电绝缘性能在极性橡胶中是最好的，绝缘电阻受湿度的影响不大；介电常数在长期浸水后的变化甚小。因此，氯磺化聚乙烯可用作低压电线电缆的绝缘。

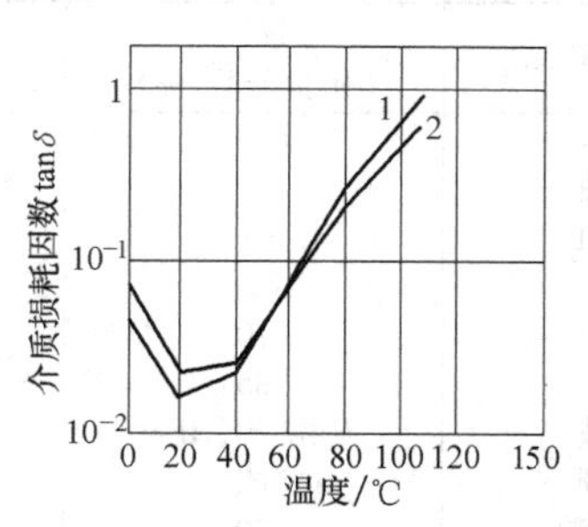

图 12-3-28　氯磺化聚乙烯的介质损耗角正切与温度的关系

1—CSM-20　2—CSM-40

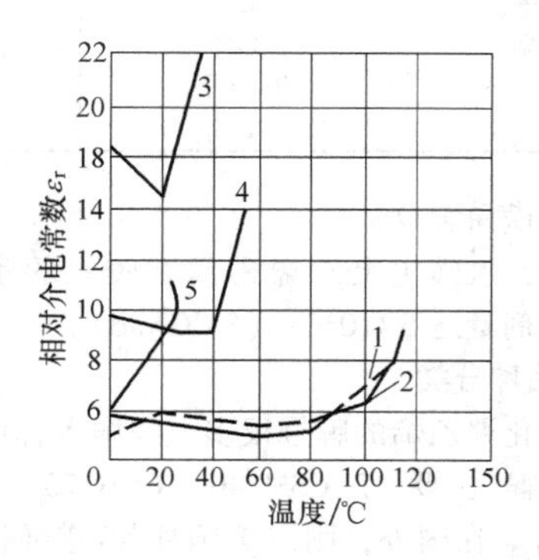

图 12-3-29　氯磺化聚乙烯与其他极性橡胶相对介电常数与温度的关系

1—CSM-20　2—CSM-40　3—腈橡胶
4—氟橡胶　5—氯丁橡胶

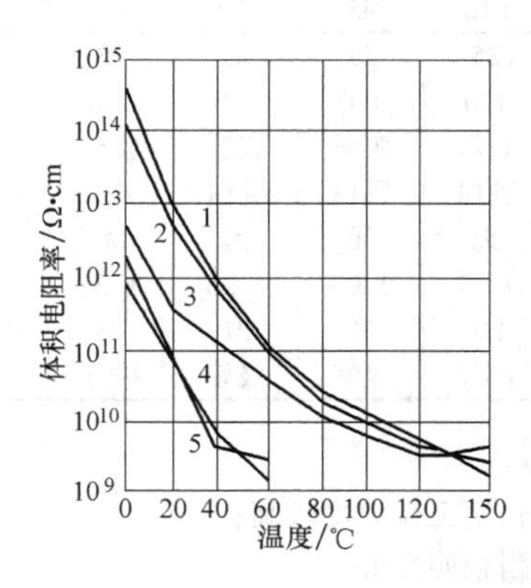

图 12-3-30　氯磺化聚乙烯及其他极性橡胶的体积电阻率与温度的关系

1—CSM-20　2—CSM-40　3—氟橡胶
4—丁腈橡胶　5—氯丁橡胶

6）耐油性及耐化学药品性。氯磺化聚乙烯的

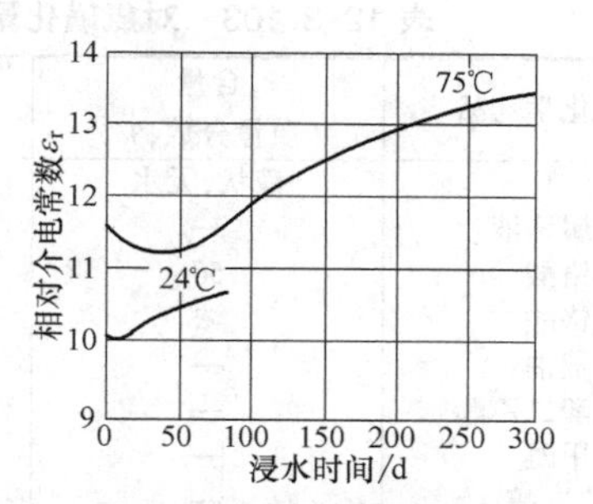

图 12-3-31　浸水时间对氯磺化聚乙烯相对介电常数的影响

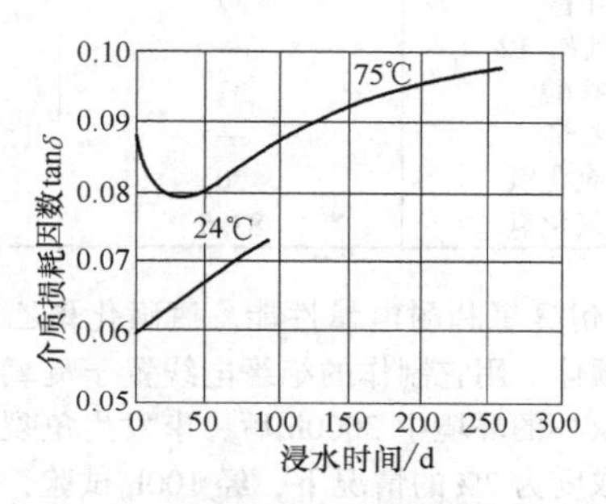

图 12-3-32　浸水时间对氯磺化聚乙烯介质损耗角正切的影响

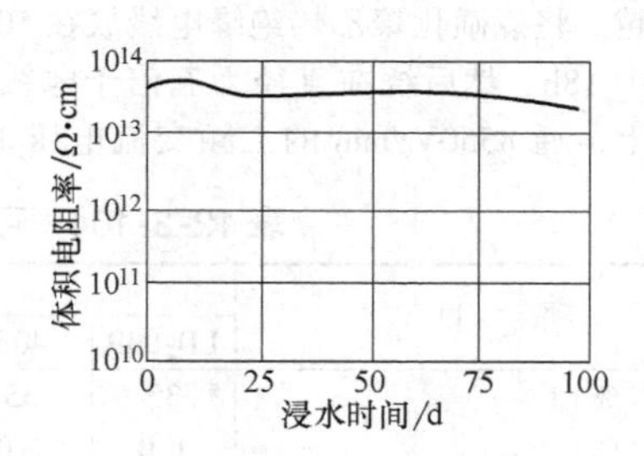

图 12-3-33　浸水时间对氯磺化聚乙烯（CSM-20）体积电阻率的影响

耐油性中等，并与分子中氯含量有关，氯含量越高，耐油性越好。如将氯磺化聚乙烯橡皮在120℃下浸在石油质机械油中18h，拉伸强度和伸长率约下降15%。

氯磺化聚乙烯具有耐酸、耐碱及其他化学药品性能，对强氧化剂亦较稳定，其硫化橡皮在室温下浸于酸碱中4周后，力学性能变化不明显：在醋酸中拉伸强度约下降8%，伸长率约下降4%；在盐酸中拉伸强度下降1%，伸长率下降9%；在氢氧化钠中拉伸强度下降1%，伸长率下降8%。

对氯磺化聚乙烯无影响或仅有轻微影响的油类及化学药品见表12-3-103。

表 12-3-103　对氯磺化聚乙烯无影响或仅有轻微影响的油类及化学药品

油或化学药品	含量（质量分数,%）	温度/℃	油或化学药品	含量（质量分数,%）	温度/℃
氨	液状,无水	室温	甲醇	—	室温
金属铬液	—	60	矿物油	—	室温
铬酸	50	93	马达油	—	室温
铬酸	浓	室温	硝酸	<20	70
棉油	—	室温	硝酸	70	室温
癸二酸二乙酯	—	室温	硝酸	85	93
甲醚	—	室温	酸洗液	硝酸 20,HF4	70
乙二醇	—	70	苛性钾	浓	室温
氯化铁	15	93	重铬酸钠	20	室温
氯化铁	饱和	室温	苛性钠	20	93
甲醛	37	室温	苛性钠	50	70
氟利昂-12	—	室温	次氯酸钠	20	93
盐酸	37	50	氯化亚锡	15	93
盐酸	—	70	二氧化硫	液状	室温
过氧化氢	50	100	硫酸	50 以下	93
过氧化氢	88.5	室温	硫酸	80 以下	70

7）耐臭氧和耐电晕性能。氯磺化聚乙烯的耐臭氧性颇佳。用它制作的绝缘电线置于臭氧体积浓度为 0.06%的环境中 3000h 后，未发生龟裂；在臭氧体积浓度为 7%的情况下，经 100h 试验，也未出现肉眼可见的龟裂、裂纹或其他损坏现象。

氯磺化聚乙烯的耐电晕性和耐局部放电的性能也很卓越。将氯磺化聚乙烯绝缘电线放在 50℃盐水和煤油中 18h，然后绕在直径为五倍于电线外径的金属棒上，通 8550V/mm 的工频交流电压 12h，绝缘表面无横向裂纹。

此外，氯磺化聚乙烯还具有较好的耐辐照性能，吸收剂量达 5×10^5Gy（5×10^7rad）。

2. 品种分类

氯磺化聚乙烯的牌号很多。我国吉林电石厂生产的品牌主要有 CSM-40、CSM-20、CSM-30、CSM-45等。在国外，则以美国杜邦-道弹性体公司的品牌为最全，现将该公司出品的可供电缆工业选用的若干牌号列于表 12-3-104。

表 12-3-104　可供电线电缆使用的 HYPALON 牌号

项　　目	HYPALON 牌号								
	LD-999	40S	40	4085	610	45	623	48	18S
含氯量(%)	35	35	35	36	35	23	23	43	43
含硫量(%)	1.0	1.0	1.0	1.0	1.0	1.0	1.0	1.0	1.0
外观	胶屑	胶屑	胶屑	胶屑	胶屑	胶屑	胶屑	胶屑	胶屑
颜色	乳白	乳白	乳白	乳白	乳白	乳白	乳白	乳白	乳白
气味	无	无	无	无	无	无	无	无	无
密度/(g/cm³)	1.17	1.17	1.17	1.19	1.17	1.05	1.26	1.26	1.26
门尼粘度[50ML(1+4)100℃]	30	46	56	95	110	37	21	78	62
贮存稳定性	极好	极好	极好	极好	极好	极好	极好	极好	极好

3. 用途

氯磺化聚乙烯广用于电缆工业，例如铁路机车车辆电缆、矿用电缆、船用电缆、电机引接线、汽车高压点火线、电力与照明电缆、软电缆与软线以及低烟低卤阻燃电缆等。

3.7.2　橡皮配方

1. 品牌选择

与氯丁橡胶相比，氯磺化聚乙烯具有如下几个显著特点：

1）长期工作温度较高；

2）耐辐照性好；

3）可制成鲜艳而稳定的色泽。

氯磺化聚乙烯自身的含氯量，将影响其耐油性、低温柔软性和阻燃性。

CSM-40 为一通用牌号，各种性能均比较均衡，也是电缆工业较常用的品牌。

氯磺化聚乙烯多单独使用，有时也与其他橡胶并用，并用体系和效果见表12-3-105。

表12-3-105 氯磺化聚乙烯与其他橡胶并用体系和效果

掺和胶种	基本效果	掺和配比
天然橡胶	1)可改进天然橡胶的耐臭氧及耐磨性,耐油性,硬度及定伸强度 2)天然橡胶是氯磺化聚乙烯的软化剂,可降低后者的硬度,改善工艺性能,并可改进电绝缘性能	1)以天然橡胶为主,加入20%~50%的氯磺化聚乙烯 2)以氯磺化聚乙烯为主,加入5%~20%的天然橡胶
丁基橡胶	改善丁基橡胶耐臭氧性,提高耐热性,增大定伸强度,伸长率却有所下降	以丁基橡胶为主,加入10%的氯磺化聚乙烯
丁腈橡胶	高丙烯腈的丁腈橡胶与氯磺化聚乙烯并用,可提高丁腈橡胶的耐油性、耐臭氧性及耐低温性能,这样的掺和橡胶可不用增塑剂,耐低温曲折性可达-55℃	以丁腈橡胶为主,加入35%~50%的氯磺化聚乙烯
乙丙橡胶	提高耐热性	加入5%~10%的氯磺化聚乙烯
氯丁橡胶	改进耐臭氧性,提高耐磨性	以氯丁橡胶为主,加入20%~40%的氯磺化聚乙烯
氯化聚乙烯	提高耐大气、耐臭氧、耐化学稳定性及耐热性	任何比例

2. 硫化体系

(1) 硫化剂及硫化机理 氯磺化聚乙烯为饱和型橡胶，硫化机理与一般不饱和型橡胶不同，其硫化是由下列因素决定的：

1) 氯磺酰基的存在，能与金属氧化物、胺类物质起反应；

2) 分子结构中的活化氯原子能与胺、硫醇等反应，放出氯化氢；

3) 因放出氯化氢（或同时放出二氧化硫）而形成双键。

因此，氯磺化聚乙烯常用的硫化剂有金属氧化物、环氧树脂和二元及三元胺等，见表12-3-106。

表12-3-106 氯磺化聚乙烯用硫化剂类型及特性

硫化剂类型及组成	常用材料	主要优缺点
金属氧化物/硫化促进剂/有机酸	一氧化铅、氧化镁、二盐基顺丁烯酸铅、四硫化双五甲撑秋兰姆、氢化松香、硬脂酸	强度高,耐热性和耐寒性好,压缩变形小,易焦烧,贮存期短
季戊四醇/硫/金属氧化物	季戊四醇、硫、氧化镁	强度低,耐热老化性能差,压缩变形小,工艺性能良好,不易焦烧
环氧树脂	环氧树脂	耐水性、耐煤油性好,耐热性和工艺性较好
二元胺及多元胺(酸接受体)	二元胺及多元胺	柔软,拉伸强度低,吸湿性大,耐热老化性一般
过氧化物/活性助剂	DCP、HVA-2、TAC	可着色,低吸潮,电性好,耐热佳,伸长率低

就电缆工业而言，主要采用一氧化铅和氧化镁作氯磺化聚乙烯的硫化剂。它们在硫化时，不仅参与胶料的硫化反应，而且是氯化氢的吸收体，起着稳定剂的作用。因此，它们的实际用量要比理论量多一些，可达10phr~40phr。

用一氧化铅作硫化剂时，橡皮的拉伸强度高，耐水性好，可长期连续浸水使用，户外长期（6年以上）曝晒后，仍保持柔软性；但在胶料中不易分散，硫化速度较慢，胶料易焦烧，相对密度大，有毒及污染性，故应予先做成母胶片。其一般用量为20phr~40phr。

用氧化镁作硫化剂时，其活性对硫化效果影响很大，在贮存过程中氧化镁易吸潮，活性下降，硫化效果随之恶化。与用一氧化铅作硫化剂相比，用氧化镁的橡皮的耐水性较差，仅可用于短时或断续浸水场合，而且在户外长期曝晒后，橡皮会硬化，如加入防老剂NBC，可改善它的耐气候老化性能。

为了提高氯磺化聚乙烯橡皮的耐热性，常采用一氧化铅和氧化镁并用，用量分别为 20phr 和 10phr。

金属氧化物中的二盐基顺丁烯酸铅和铅丹，硫化速度慢，氧化锌能加速氯磺化聚乙烯的分解（脱氯化氢），故在电缆工业中都不宜采用。氯磺化聚乙烯硫化剂的选用要点见表 12-3-107。

表 12-3-107 氯磺化聚乙烯硫化剂的选用要点

使用要求	推荐的硫化剂	使用要求	推荐的硫化剂
耐磨耗	PbO 或 MgO	低相对密度	MgO
耐化学药品		耐寒性	PbO 或 MgO
浓或不含水	MgO	耐油性	PbO 或 MgO
有水存在	PbO	耐臭氧	PbO 或 MgO
抗压缩变形	MgO	抗撕裂性	PbO 或 MgO
电绝缘性能	PbO	耐水性	PbO
耐燃烧	PbO 或 MgO	耐大气老化	
弯曲性能	PbO 或 MgO	黑色或深色橡皮	PbO
耐热性	PbO+MgO	白色或淡色橡皮	MgO
低透气性	PbO 或 MgO		

在用一氧化铅或氧化镁等金属氧化物作硫化剂时，还应加入有机酸，其中氢化松香最为适用，用量为 2.5phr～5.0phr。硬脂酸容易引起胶料焦烧，不宜采用。金属氧化物和有机酸对氯磺化聚乙烯的硫化机理为：有机酸与金属氧化物反应生成的水，使氯磺化聚乙烯分子中的氯磺酰基（$-SO_2Cl$）水解成氯化氢和磺酸，氯化氢被金属氧化物吸收，磺酸与金属氧化物反应生成离子型横键（交联）。若以 RSO_2Cl 表示氯磺化聚乙烯，R′COOH 表示有机酸，M 表示金属，其反应如下：

$$2R'COOH+MO \longrightarrow (R'COO)_2M+H_2O$$

$$2RSO_2Cl+2H_2O \longrightarrow 2HCl+2RSO_2OH$$

$$MO+2HCl \longrightarrow H_2O+MCl_2$$

$$MO+2RSO_2OH \longrightarrow H_2O+(RSO_2O)_2M$$

$$2RSO_2Cl+2MO \longrightarrow MCl_2+(RSO_2O_2)_2M$$

由此可见，有机酸对氯磺化聚乙烯的硫化起引发作用，水是硫化的引发剂。只有胶料中有水，而且在氯磺酰基充分水解时，硫化才能进行。增加水的含量可提高硫化速度；水分太多，容易焦烧。因此，能放出水或易吸水的物质都将影响硫化速度。

此外，采用环氧树脂作硫化剂的氯磺化聚乙烯橡皮，也有许多优点，如物理力学性能好，耐水，耐化学腐蚀，耐热老化，易于加工等；但不含炭黑的硫化胶用于户外时，耐气候老化性差。因此，用环氧树脂作硫化剂时，胶料中必须配有炭黑。

（2）促进剂 不同的硫化剂需配以相应的促进剂。常用的有促进剂 DM、四硫化双五甲撑秋兰姆、促进剂 D 等。其中，DM 对一氧化铅和环氧树脂效果好，促进剂 M 虽硫化速度快，但加工安全性不如 DM。四硫化双五甲撑秋兰姆对氧化镁作用较好，若与 DM 并用，也适用于一氧化铅。以 0.25phr～0.5phr 的促进剂 D 或 DOTAN 与噻唑类促进剂并用，能提高氯磺化聚乙烯的交联密度。

（3）电线电缆常用的硫化体系 电线电缆最常用的硫化体系就是前面所述的金属氧化物/有机活性剂体系，举例见表 12-3-108。此外，过氧化物硫化体系与高能辐射硫化体系也是较常用的。

表 12-3-108 电线电缆氯磺化聚乙烯橡皮常用的硫化体系

配合材料	不同体系的用量(phr)		
	氧化镁	一氧化铅	氧化镁与一氧化铅并用
CSM-40	100	100	100
氧化镁	10		5
一氧化铅		25	10
四硫化双五甲撑秋兰姆	2	2	2
促进剂 DM		0.5	0.5
氢化松香	2.5	2.5	2.5

（4）纯离子型交联 氯磺化聚乙烯在硫化（150～160℃）过程中，氯磺酰基很不稳定，分解损失达 40%～60%，并产生双键：

$$RSO_2Cl \xrightarrow{加热} RCl+SO_2$$

$$-\underset{\displaystyle SO_2Cl}{\underset{|}{CH}}-CH_2- \xrightarrow{加热} -CH=CH-+SO_2+HCl$$

因此，硫化体系内加入促进剂 TMTD、四硫化双五甲撑秋兰姆或元素硫时，交联键除离子型键外，也有共价键。离子型横键的力学性能和耐热性比较好，但压缩永久变形大。共价键具有较小的压缩永久变形，但与电线电缆的铜导体直接接触时，能使导体变黑，橡皮粘着导体。

硫化体系若加入 0. 1phr～0. 2phr 的游离基吸收剂（如对-亚硝基苯酚、二苯甲酰对醌二肟等），以氧化铅或氢氧化镁、氢氧化钙为硫化剂，同时加入 2. 5phr～5. 0phr 的氢化松香，而不采用四硫化双五甲撑秋兰姆、TMTD 及其他含硫的促进剂，生成的交联键主要为离子型键，用于电缆时，可消除含硫的硫化体系橡皮粘导体和使导体变黑的缺陷。

3. 补强填充体系

氯磺化聚乙烯胶料常用的是炭黑、白炭黑、陶土、化学碳酸钙和滑石粉等。

炭黑一般是采用半补强炭黑，其特点是硫化胶的拉伸强度和拉断伸长率较高，并有良好的耐磨性。为使橡皮具有良好的综合性能，半补强炭黑需与无机补强填充剂并用。与炭黑相比，无机填充剂的伸长率大，抗撕性好，但定伸强度、拉伸强度、耐水性和耐磨性较差。在无机补强填充剂中，白炭黑的拉伸强度和撕裂强度最高，具有良好的耐磨性，但吸水性较强；硬质陶土的工艺性好，硫化胶的强度较高，吸水性较弱，软质陶土加工安全，但橡皮的强度较低；化学碳酸钙的耐热老化性能好，可提高橡皮的耐气候老化性能，但吸水性较强；细粒经滑石粉加工安全，橡皮的定伸强度高，耐热性和电绝缘性能较好。氯磺化聚乙烯胶料常用的补强填充剂见表 12-3-109。

表 12-3-109　氯磺化聚乙烯胶料常用的补强填充剂

材料名称	主要优缺点	参考用量(phr)
白炭黑	抗撕性好，耐热，耐寒，耐酸碱，伸长率大，压缩变形大，吸水性强，不易混合均匀	30～50
化学碳酸钙	耐热性好，低温柔软性好，耐气候老化性好，降低拉伸强度，吸水性较强	40
槽法炭黑	拉伸强度大，伸长率下降，可改善耐酸碱性能，耐热老化性差	40～50
热裂法炭黑	硬度小，耐压缩弯曲变形小，耐酸性提高	20～50
陶土	改进工艺性能，提高耐热性和耐水性	60
滑石粉	定伸强度高，耐热和电绝缘性能较好	50～100

4. 防老体系

氯磺化聚乙烯橡皮在 120℃左右使用时，加入 1phr 的防老剂 NBC 和 1phr 的防老剂 Antox 效果最好。

此外，有的着色剂（如钛白粉）可起到光屏蔽剂的作用，能提高硫化胶的耐气候老化性能。

5. 软化剂和增塑剂

氯磺化聚乙烯橡胶常用的软化（增塑）剂有石油系（包括凡士林、沥青等），石油系软化剂用量最多为 15phr～20phr。

对要求低温柔软的橡皮，需采用酯类增塑剂，如 DOS、DOP 或油酸丁酯等。DOS 耐寒性好。但酯类增塑剂的电绝缘性能不如石油系软化剂。

氯化石蜡可改善氯磺化聚乙烯的阻燃性，同时硫化胶的拉伸强度和热老化后的拉断伸长率保留值较高。含氯量为 40% 的氯化石蜡效果较好；含氯量在 50%以上时，阻燃性虽好，但低温柔软性下降。

6. 加工助剂

为了防止混橡时氯磺化聚乙烯粘着辊筒，改进挤出性能，可加入微晶石蜡。在 77℃以下加工，可加入聚乙烯醇。在 77℃以上加工，可加入低分子量聚乙烯。上述三种材料，都是氯磺化聚乙烯的有效加工助剂。此外，氯磺化聚乙烯和天然橡胶、丁苯橡胶或聚丁二烯橡胶并用，也能改善它的粘着性和加工性能。特加是加入 3phr～5phr 的聚丁二烯橡胶后，其加工性能显著提高。

硬脂酸及其衍生物虽能改善氯磺化聚乙烯的加工性能，但胶料以一氧化铅作硫化剂时，容易引起焦烧。

7. 着色剂

着色剂应根据橡皮颜色的需要选配，被选用的着色剂应能吸收紫外线、耐曝晒和色泽长期稳定。表 12-3-110 列出了氯磺化聚乙烯的常用着色剂及其用量。

8. 配方举例

（1）氯磺化聚乙烯绝缘橡皮配方　氯磺化聚乙烯绝缘橡皮的配方及性能见表 12-3-111 和表12-3-112。

在绝缘橡皮配方中，掺入一定数量的天然橡胶，可以改善氯磺化聚乙烯的耐寒性、柔软性和工艺性能，并提高它的电绝缘性能。图 12-3-34 及图 12-3-35 所示分别为加入天然橡胶对氯磺化聚乙烯绝缘橡皮力学性能的影响。

表 12-3-110 氯磺化聚乙烯的常用着色剂及用量

颜色	着色剂名称	最低用量(phr)	颜色	着色剂名称	最低用量(phr)
白	金红石型钛白粉	35	红	甲苯胺红	6
黄	铬黄	6	绿	酞青绿	3
黄	甲苯胺黄	6	蓝	酞青蓝	3
橙	钼橙	6	黑	炭黑	3

表 12-3-111 氯磺化聚乙烯绝缘橡皮的配方

配合材料	用量(phr)
氯磺化聚乙烯-40	80
天然橡胶	20
一氧化铅	20
氧化镁	5
硬脂酸	0.5
促进剂 DM	2
四硫化双五甲撑秋兰姆	1
沥青	5
白石蜡	5
增塑剂 DOP	8
混气炭黑	5
滑石粉	50~90
合计	201.5~241.5

表 12-3-112 氯磺化聚乙烯绝缘橡皮的性能

主要性能	数值
拉伸强度/MPa	10~12
拉断伸长率(%)	450~550
永久变形(%)	55~65
老化系数(120℃,96h)	
K_1	0.81~0.85
K_2	0.855~0.90
体积电阻率/Ω·cm	1.21×10^{14}
介质损耗因数	0.0147~0.0179
相对介电常数	6.5~7.16
击穿场强/(kV/mm)	25~27
脆化温度/℃	-70~-60

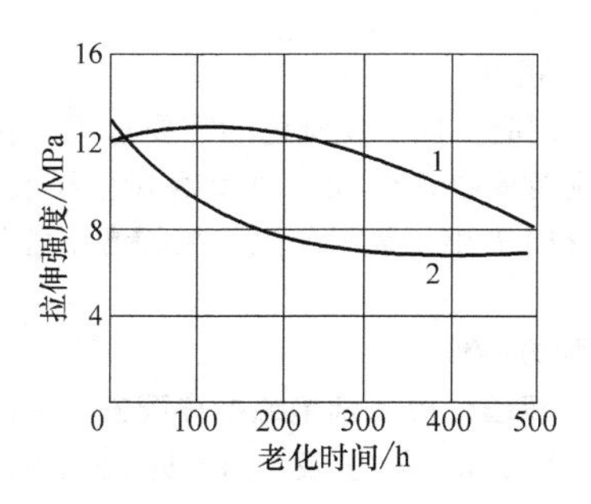

图 12-3-34 120℃老化对氯磺化聚乙烯绝缘橡皮拉伸强度的影响

1—纯氯磺化聚乙烯 2—加 20%天然橡胶

(2) 氯磺化聚乙烯护套橡皮 氯磺化聚乙烯护套橡皮的配方及其性能见表 12-3-113 及表12-3-114。

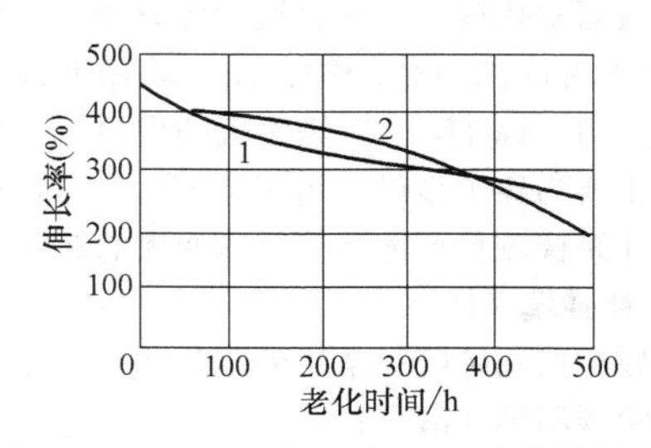

图 12-3-35 120℃老化对氯磺化聚乙烯绝缘橡皮伸长率的影响

1—纯氯磺化聚乙烯 2—加 20%天然橡胶

表 12-3-113 氯磺化聚乙烯护套橡皮的配方

配合材料	用量(phr)
氯磺化聚乙烯-40	100
一氧化铅	40
四硫化双五甲撑秋兰姆	1
促进剂 DM	2
硬脂酸	0.5
沥青	5
204 机油	8
防老剂 D	2
高耐磨炭黑	30
滑石粉	37.5
合计	226

表 12-3-114 氯磺化聚乙烯护套橡皮的性能①

主要性能	数值
拉伸强度/MPa	17~20
拉断伸长率(%)	450~540
永久变形(%)	50
老化系数(120℃,96h)	
K_1	0.80~0.85
K_2	0.83~0.87
耐寒性/℃	-50

① 硫化条件为：150℃，45min。

3.7.3 工艺要点

氯磺化聚乙烯可用通常的橡胶加工设备加工。氯磺化聚乙烯不必单独塑炼。

1. 混橡

氯磺化聚乙烯混橡用开炼机或密炼机均可。用开炼机时，加料顺序可参照通用橡胶，但两辊辊温宜低，以避免粘辊趋向，尤其是对于含氯量高的氯磺化聚乙烯更是如此。表 12-3-115 为典型的氯磺化聚乙烯密炼机混炼程序。

表 12-3-115 典型的氯磺化聚乙烯密炼机混炼程序

操 作 顺 序	时间/min
配方含氧化铅(填充系数 0.60~0.65,通冷水)	
CSM,蜡,其他润滑剂,随后其他组分	0
扫清余料(82℃)	3~4
卸料(93~100℃)	6~7
配方含氧化镁(填充系数 0.65~0.70,通冷水)	
CSM,除硬脂酸外的其他所有组分	0
扫清余料并加硬脂酸(82℃)	3~4
卸料(93~100℃)	5~6
配方用高量增塑剂(填充系数 0.70,通冷水)	
CSM,润滑剂,防老剂,硫化剂,1/2 填料	0
剩余填料,2/3 油(88℃)	3
剩余油的一半(93℃)	5
剩余油的一半(93℃)	7
卸料(93℃)	9

无论是用开炼机混橡或是用密炼机混橡，均应避免酸性物质（如硬脂酸）与氧化镁反应生成镁盐而影响分散。

2. 挤橡

为得到更光滑的挤出表面，挤橡机长径比宜大些，例如 *L/D* 为 12。

推荐挤橡机各部位温度：螺杆，35~40℃；机筒，50~70℃；机头，70~80℃。

3. 硫化

虽说氯磺化聚乙烯可用罐式硫化，但它更适合采用高压蒸汽硫化（即连续硫化）。当采用罐式硫化时，蒸汽压力可选择为 0.4~0.5MPa，硫化时间为 30~50min。当采用连续硫化时，则视电缆规格大小可适当调整蒸汽压力与时间，例如，挤出的氯磺化聚乙烯厚度为 1.0~1.6mm，可采用蒸汽压力为 1.5~1.7MPa，时间为 60~30s；而挤出大规格的矿用电缆，因挤出的氯磺化聚乙烯层很厚，此时可采用蒸汽压力为 0.7~0.9MPa，时间为 16~8min。

3.8 氯化聚乙烯及其橡皮

氯化聚乙烯简称 CM 或 CP，它是高密度聚乙烯的氯化产物。其生产方法主要有两种：将聚乙烯溶于四氯化碳或氯苯等有机溶剂中进行氯化，称为溶液法；将聚乙烯悬浮于水介质中进行氯化，称为水相悬浮法。

3.8.1 特性和用途

1. 分子结构和特性

氯化聚乙烯的化学结构，可以看作是乙烯、氯乙烯和二氯乙烯的三元共聚物，这三者随氯化程度的不同，其含量也相应发生变化，如图 12-3-36 所示。

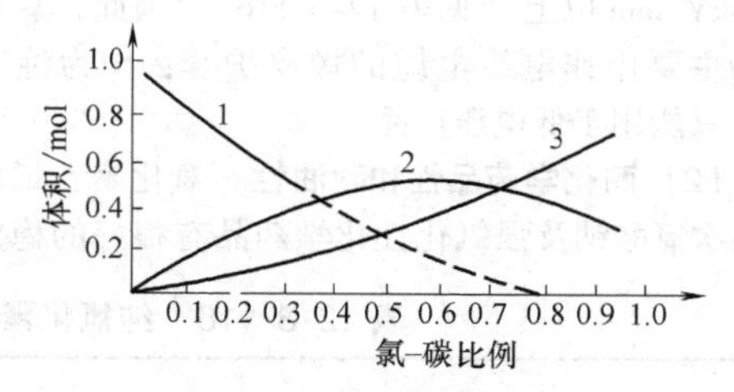

图 12-3-36 氯化聚乙烯的组成

1—乙烯 2—氯乙烯 3—1,2 二氯乙烯

聚乙烯分子中引入氯原子后，破坏了结构的规整性，使结晶度和软化温度降低。因此，氯化聚乙烯的性能与氯含量密切相关，同时也受聚乙烯的类型、分子量大小及分布、熔融指数、氯原子在分子链上的分布、残余结晶度和氯化方法的影响。根据氯化程度、残余结晶的多少和分子量的大小，氯化聚乙烯可为弹性体或刚性塑料。氯含量为 25%~40%者，属弹性体，玻璃化温度为-20~-30℃；氯含量为 68%~73.2%者，则属刚性塑料，玻璃化温度为 100~180℃。所以，氯含量低的氯化聚乙烯，其性能接近于聚乙烯；氯含量高的，性能接近聚氯乙烯。氯含量在 30%~40%之间的氯化聚乙烯，具有类似橡胶的特性，很适用于电线电缆的制造。随着氯含量的提高，氯化聚乙烯的挤出性能及耐油、耐磨、阻燃性能得到相应改善，密度增加，而弹性和耐寒性下降。此外，氯化聚乙烯分子中的氯原子的分布是不规则的，在热和光作用下虽会分解（脱氯化氢），但与聚氯乙烯的分解不同，不致发生连锁反应。但是，为了进一步提高氯化聚乙烯的热老化性能，还需加入吸收氯化氢的稳定剂和防老剂等。

采用分子量较大（10 万以上）、熔融指数较低的高密度聚乙烯制成的氯化聚乙烯，具有较好的综合性能。由溶液法生产的氯化聚乙烯，其氯原子分布均匀，门尼粘度较低，比较柔软，弹性较好。由水相悬浮法生产的氯化聚乙烯，其氯原子分布及残余结晶度的高低取决于氯化反应温度，只有在聚乙烯熔融以上的温度进行氯化，才能制得非结晶型的弹性体。

氯化聚乙烯在硫脲、二胺或多胺化合物和有机过氧化物的作用下，可以进行硫化。由于氯化聚乙烯分子结构的饱和性及氯原子的存在，其主要性能如下：

(1) 电绝缘性能 氯化聚乙烯的电绝缘性能不佳，40℃时的体积电阻率为 $8\times10^{11}\sim7.1\times10^{12}$ Ω·cm，相对介电常数为5.7~7.4，而击穿场强在25.4kV/mm以上（见表12-3-116）。因此，氯化聚乙烯主要用作电线电缆的橡皮护套；作为绝缘橡皮，只能用于低电压产品。

(2) 耐化学药品性和耐油性 氯化聚乙烯对铬酸、次氯酸钠及强氧化性化学药品有很好的稳定性（见表12-3-117），耐油性能良好（见表12-3-118）。

(3) 其他性能 氯化聚乙烯的耐热老化性能、耐气候老化性能、耐臭氧及电晕性能、阻燃性能均佳，并具有良好的抗撕、耐屈挠及耐磨等物理力学性能。

2. 技术要求

电缆工业常用氯含量为30%~40%的氯化聚乙烯，对不同氯含量氯化聚乙烯的技术要求，见表12-3-119。

表12-3-116 纯氯化聚乙烯及氯化聚乙烯橡皮的电绝缘性能

性能项目	数值			
	氯含量为30%的氯化聚乙烯	氯含量为40%的氯化聚乙烯	氯化聚乙烯,100;氧化镁,10;NA-22,4	氯化聚乙烯,100;环氧酯,5;DCP,3;TAIC,3
体积电阻率/Ω·cm				
40℃	7.1×10^{12}	7.0×10^{12}	8.4×10^{11}	2.8×10^{12}
60℃	1.0×10^{12}	2.1×10^{12}	9.2×10^{10}	2.9×10^{11}
介质损耗角正切				
40℃	0.0058	0.0041	0.0286	0.0076
60℃	0.0252	0.0136	>0.110	0.0527
相对介电常数				
40℃	7.4	5.7	7.6	7.2
60℃	6.9	5.5	—	6.7
击穿场强/(kV/mm)	26.0	26.8	26.2	25.4

表12-3-117 氯化聚乙烯的耐化学药品性①

在化学药品中浸泡条件	体积变化(%)	在化学药品中浸泡条件	体积变化(%)
25%铬酸 80℃×7d	+1.0	60%硝酸 室温×60d	+5.0
50%铬酸 80℃×7d	-5.8	35%盐酸 室温×30d	+2.7
5%次氯酸钠 80℃×7d	+10.4		

① 氯化聚乙烯橡皮基本配方：氯含量40%的氯化聚乙烯100phr，半补强炭黑50phr，增塑剂DOP10phr，一氧化铅25phr. 硫化剂NA-22.4phr。

表12-3-118 氯化聚乙烯的耐油性①

耐矿物油性能（浸油121℃,70h）	采用不同硫化剂时的数值		
	DCP 6.75phr	DCP 13.5phr	NA-22 8phr,硫磺1phr
拉伸强度保留率(%)	62.5	65.0	44.7
拉断伸长率保留率(%)	79.2	82.0	53.5
硬度变化(%)	-23	-15	-28
体积变化(%)	+45.3	+35.8	+73.8

① 一氯化聚乙烯橡皮基本配方：氯化聚乙烯100phr，环氧酯6phr，氯化石蜡75phr，快压出炭黑60phr。硫化条件：160℃，19min。

表12-3-119 电线电缆用氯化聚乙烯的技术要求（供参考）

项目		指标		
		氯含量30%	氯含量35%	氯含量40%
外观(水相悬浮法)		白色微粒	白色微粒	白色微粒
聚乙烯分子量	≥	10^5	10^5	10^5
密度/(g/cm³)		1.14	1.15	1.24
挥发物(%)	≤	0.1	0.1	0.1
残余结晶(%)		2~10	无	无
100%定伸强度/MPa		2.0~2.5	1.0~1.5	1.0~1.5

（续）

项　　目		指　　标		
		氯含量30%	氯含量35%	氯含量40%
拉伸强度/MPa	≤	8~10	9~12	10~12
拉断伸长率(%)		700~800	750~850	750~900
脆化温度/℃		-70	-70	-70
邵氏A硬度		70~75	65~70	65~70

表12-3-120所列为美国杜邦-道弹性体公司生产的两个氯化聚乙烯弹性体牌号的试验配方及典型物理力学性能。

表12-3-120　TYRIN弹性体的试验配方及典型物理力学性能

试验配方	CM566	CM0136
TYRIN	100	
K202M(80)①	10	
N-550炭黑	40	
TOTM	15	
TAIC	2	
DCP	2.8	
力学性能	CM566	CM0136
拉伸强度/MPa	18.6	20.7
200%定伸强度/MPa	11.7	11.7
拉断伸长率(%)	340	310
邵尔A硬度	70	65
物理性能	CM566	CM0136
氯含量(%)	36	36
熔化热/(J/g)　≤	0.84	0.84
挥发分(%)	0.5	0.5
门尼粘度[50ML(1+4)121℃]　≥	80	80
密度/(g/cm³)	1.16	1.16

① K202M（80）为含铅分散体。

3. 用途

氯化聚乙烯主要用作电线电缆的护套材料，例如船用电缆、机车车辆用电线、油矿电缆、汽车点火线、电焊机用电缆、矿用电缆、电力电缆和控制电缆等。若用作绝缘，只限于低压电线。氯化聚乙烯的长期使用温度与氯磺化聚乙烯相当。

3.8.2　橡皮配方

1. 生胶

氯化聚乙烯在电线电缆橡料中，除通常的单独应用外，还可以与其他橡胶并用。

氯化聚乙烯和氯磺化聚乙烯都具有优异的耐气候老化、耐热老化、耐燃、耐臭氧和耐化学稳定性能，并用后，仍保持着原有的特性。图12-3-37所示为氯化聚乙烯与氯磺化聚乙烯不同配比对硫化胶老化前后力学性能的影响。

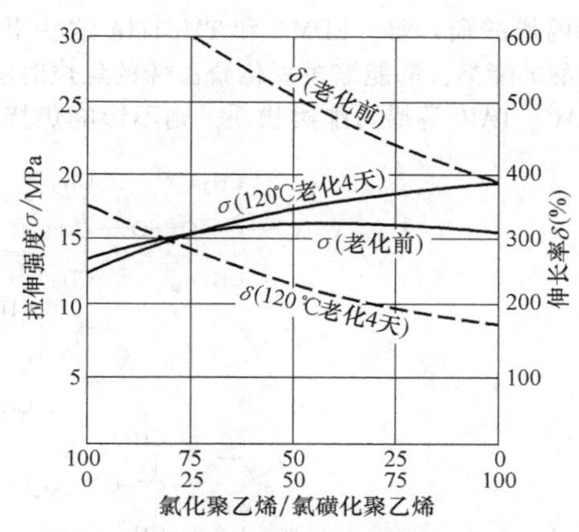

图12-3-37　氯化聚乙烯与氯磺化聚乙烯不同配比对硫化胶老化前后力学性能的影响

2. 硫化体系

氯化聚乙烯的硫化剂大体分为硫脲类、胺类及有机过氧化物三种。氯含量不同的氯化聚乙烯，对三种硫化体系的适应性也不相同。例如：氯含量高的氯化聚乙烯，以硫脲类（NA-22、DETU等）作硫化剂效果最佳，硫化胶的力学性能好，但耐热老化性能不够理想；用胺类（氨基甲酸六次甲基二胺、N,N′二肉桂叉-1,6-己二胺、三乙撑四胺等）作硫化剂时，硫化胶的压缩永久变形较大。而氯含量低的氯化聚乙烯，则主要采用有机过氧化物作硫化剂，现着重介绍如下：

电线电缆用氯化聚乙烯胶料常用的有机过氧化物硫化剂有过氧化二异丙苯（DCP）、1,1-双（叔丁过氧基）-3,3,5三甲基环己烷（3M）、1,4-双(叔丁基过氧异丙基）苯（P）、2,5-二甲基-2,5双(叔丁过氧基)-己烷（2.5B）、2,5-二甲基2,5双(叔丁过氧基)-己炔-3（Hexyne-3）、叔丁基异丙苯基过氧化物（C）等。其中，3M的硫化速度比DCP快，且气味小。

以有机过氧化物为硫化剂，混炼温度应比有机过氧化物半衰期为1min时的温度约低50℃，同时不高于半衰期为10h的温度。硫化时间为半衰期的5~10倍，效果较好。例如某有机过氧化物在150℃时的半衰期为1min，则在150℃时的硫化时间为5~

10min；如果 150℃时的半衰期为 3min，则 150℃时的硫化时间为 15~30min。

有机过氧化物与共硫化剂并用，可显著提高硫化效果（见表 12-3-121）。常用的共硫化剂有 TAC（三聚氰酸三烯丙酯）、TAIC（三聚异氰酸三烯丙酯）、EDMA（二甲基丙烯酸乙二醇酯）、DAP（邻苯二甲酸二烯丙酯）和 TMPTMA（三羟甲基丙烷三甲基丙烯酸酯）等。EDMA 和 TMPTMA 这些甲基丙烯酸的酯类，都能缩短氯化聚乙烯的焦烧时间；而 TAC、TAIC 等烯丙酯类物质，则不影响焦烧时间，是氯化聚乙烯的优良共硫化剂。

氯化聚乙烯以有机过氧化物作硫化剂时，形成的交联键为 C—C 键（键能为 0.261mJ/mol），硫化胶的耐热老化性能、耐油性能和压缩永久变形，比硫脲或胺类硫化体系均为优越。

有机过氧化物的硫化反应是通过游离基实现的。如果填料呈酸性，则有机过氧化物在酸性介质中发生离子型分解，影响了游离基的生成，从而阻碍硫化的进行。以硫化剂 DCP 为例，它在酸性介质中的反应如下：

$$C_6H_5{-}C(CH_3)_2{-}O{-}O{-}C(CH_3)_2{-}C_6H_5 \xrightarrow{H^+} C_6H_5{-}C(CH_3)_2{-}OH + C_6H_5{-}C(CH_3)_2{-}O^+$$

$$C_6H_5{-}C(CH_3)_2{-}OH \xrightarrow{H^+} C_6H_5{-}C(CH_3){=}CH_2 + H_2O$$

$$C_6H_5{-}C(CH_3)_2{-}O^+ + H_2O \longrightarrow C_6H_5{-}OH + CH_3{-}\overset{O}{\overset{\|}{C}}{-}CH_3 + H^+$$

表 12-3-121　各种共硫化剂与过氧化物并用在 160℃硫化时的效果①

项　目	数　值				
	无共硫化剂	TAIC 3phr	TAC 3phr	EDMA 3phr	DAP 3phr
门尼粘度[50ML(1+4)121℃]	47.0	45.0	46.0	40.5	44.0
121℃门尼焦烧时间/min	>30	>30	>30	10′20″	>30
300%定伸强度/MPa					
20min	16.4	20.1	20.2	18.8	17.4
30min	16.7	20.1	20.1	19.1	17.6
拉伸强度/MPa					
20min	17.8	21.5	21.3	21.6	20.5
30min	18.3	21.7	21.6	22.4	20.7
拉断伸长率(%)					
20min	590	420	420	530	570
30min	570	400	400	530	550
邵氏 A 硬度					
20min	65	67	67	73	66
30min	66	68	67	74	66
压缩永久变形(%)(100℃,22h 35min)	41.5	12.0	13.1	21.0	25.3

① 基本配方：氯化聚乙烯 100phr，硫化剂 DCP 4phr，增塑剂 DOP 20phr，半补强炭黑 50phr，环氧酯 5phr。

由此可见，在酸性介质中，DCP 的分解产物为丙烯基苯、丙酮、苯酚和水，均属易挥发性物质，不但不能进行硫化，而且还严重起泡。因此，在选用配方组分时必须注意：凡与游离基起反应的配合剂（如游离基终止型胺类和酚类防老剂，带有芳核或环烷的增塑剂，含有不饱和键的油类，呈酸性的补强填充剂以及白炭黑、硬质陶土、槽法炭黑、硬脂酸等，均不宜采用。欲改善上述情况，可考虑加入适量的碱性物质，如三乙醇胺、六次甲基四胺（促进剂 H）、二苯胍（促进剂 D）、氧化镁、聚乙二醇和氢氧化钙等。

3. 补强填充体系

高耐磨炭黑的补强效果甚好，但用量不宜过多，否则门尼粘度提高，使加工不便。半补强炭黑用量多时对胶料门尼粘度影响不大，故可大量掺用。高耐磨炭黑和半补强炭黑并用（例如，各20phr），效果较好。

硅酸盐填充剂虽补强效果显著，但门尼粘度上升，所以用量不能太多。硬质陶土、碳酸钙和微粒径滑石粉能赋予胶料良好的挤出性能。

4. 防老剂和稳定剂

氯化聚乙烯用的防老剂有 RD、DSTP、DLTP 及 TNP 等。

常用的稳定剂有氧化镁、一氧化铅、环氧酯（如环氧硬脂酸辛酯），以及用于聚氯乙烯的铅盐稳定剂（如二盐基性苯二甲酸铅、硬脂酸铅）等。当采用 NA-22 作硫化剂时，用一氧化铅要比用氧化镁的效果好。

5. 增塑剂和软化剂

氯化聚乙烯的 SP 值（溶解参数）为 9.2~9.3，凡是 SP 值与此相近的增塑剂（如酯类增塑剂）和软化剂（如石油系的芳香族软化剂），都同氯化聚乙烯有良好的相溶性。为了保证氯化聚乙烯硫化的顺利进行，宜用分子量大而挥发性小的增塑剂，如 DOP、DOS、DOA 和 TOTM 等。

此外，环氧酯既是稳定剂，又是增塑剂，用量约为 5phr。

6. 配方举例

氯化聚乙烯护套橡皮的配方及其性能见表 12-3-122及表 12-3-123。

表 12-3-122　氯化聚乙烯护套橡皮的配方

配合材料	用量(phr)			
	配方 1	配方 2	配方 3	配方 4
氯化聚乙烯	100	100	100	100
促进剂 NA-22(作硫化剂)	4	—	—	—
四硫化双五甲撑秋兰姆	0.5	—	—	—
氧化镁	15	15	15	15
高耐磨炭黑	20	20	20	20
半补强炭黑	20	20	20	20
化学碳酸钙	13.5	17.5	18.5	18
增塑剂 DOS	10	10	10	10
邻-苯三甲酸辛醇十三醇混合酯	10	—	—	—
硬脂酸铅	1	1	1	1
环氧硬脂酸锌酯	5	5	5	5
防老剂 DSTP	1	—	—	—
硫化剂 DCP	—	3.5	3.5	—
共硫化剂 EDMA	—	—	3.0	—
共硫化剂 DAP	—	4.0	—	4.0
氢氧化钙	—	4.0	4.0	4.0
硫化剂 2.5B	—	—	—	3.0
合计	200	200	200	200

表 12-3-123　氯化聚乙烯护套橡皮的性能①

主要性能	数值			
	配方 1	配方 2	配方 3	配方 4
300%定伸强度/MPa	12.0	12.5	12.9	13.7
拉伸强度/MPa	14.8	16.6	16.4	17.1
拉断伸长率(%)	394	400	420	380
永久变形(%)	28	21	27	20
老化系数(老化 7d)				
120℃：K_1	0.94	0.97	1.00	0.91
K_2	0.59	0.82	0.8	0.86
110℃：K_1	1.00	—	—	—
K_2	0.62	—	—	—
耐油系数(浸油 24h)				
100℃，20 号机油：Y_1	0.95	1.13	0.92	1.00
Y_2	0.70	1.02	0.93	0.95
50℃，0 号柴油：Y_1	0.90	0.98	1.13	0.91
Y_2	0.93	0.98	0.93	0.95

① 配方 1 的硫化条件为 160℃，45min；其余三个配方为 160℃，30min。

3.8.3 工艺要点

氯化聚乙烯的主链不含双键，塑炼时主链不易断链，因此，塑炼效果不大。

采用开放式炼胶机混橡时，辊筒温度为50~70℃，氯化聚乙烯成片后薄通3~5次，加料顺序为：氧化镁、一氧化铅→补强填充剂、增塑剂或软化剂→硫化剂。混橡时，生胶温度上升，应通冷水冷却，以免粘着辊筒。

采用密炼机混橡时，生胶与增塑剂同时加入效果较好，生胶温度宜控制在130~150℃。

氯化聚乙烯胶料可用普通挤橡机挤出，螺杆长径比（L/D）小于8∶1时，最好采用热喂料挤橡；长径比为12∶1时，冷喂料或热喂料均可。挤出机头温度为100~105℃，硫化温度为140~160℃。

氯化聚乙烯胶料不易焦烧，贮存稳定，可以连续硫化。

3.9 氯醚橡胶

3.9.1 分类、特性和用途

1. 分子结构、分类和特性

氯醚橡胶是以无定形为主的弹性体，某些品种也含有一定数量的结晶体。

氯醚橡胶分为两大类：一类是以环氧氯丙烷为单体开环聚合的均聚弹性体，称为均聚型氯醚橡胶（又称CHR）；另一类是以环氧氯丙烷与环氧乙烯（摩尔比为1∶1）的共聚弹性体，称为共聚型氯醚橡胶（又称CHC）。其分子结构如下：

均聚型氯醚橡胶

$$\left(\mathrm{CH_2-\underset{\underset{\displaystyle CH_2Cl}{|}}{CH}-O}\right)_n$$

共聚型氯醚橡胶

$$\left(\mathrm{CH_2-\underset{\underset{\displaystyle CH_2Cl}{|}}{CH}-O}\right)_n\left(\mathrm{CH_2-CH_2-O}\right)_m$$

从氯醚橡胶分子的化学组成和结构可以看它的特点如下：

1）分子侧链具有氯甲基分子，均聚型氯醚橡胶和共聚型氯醚橡胶的氯含量分别达38%及26%。

2）分子结构中不存在不饱和键。

3）主链上有很多醚基，并以庞大的强极性氯甲基为侧链，故整个分子具有强极性。

这些特点决定了氯醚橡胶具有优异的耐油、耐溶剂、耐气候老化及耐臭氧老化性能，优良的阻燃性能，并且耐热性较好，其长期使用温度可达105℃。其缺点是：电绝缘性能不佳，机械强度不高，耐磨性和耐寒性较差。

此外，均聚型氯醚橡胶的气密性极好。氯醚橡胶的一般性能及与其他合成橡胶的特性比较分别见表12-3-124及表12-3-125。

2. 用途

氯醚橡胶可用作某些电线电缆的护套橡皮。均聚型氯醚橡胶多用于阻燃和耐油的场合，如油矿电缆、电机引接线。

表12-3-124 氯醚橡胶的一般性能

项目	均聚型	共聚型	项目	均聚型	共聚型
色泽①	淡黄	淡黄	分子量	50万~80万	60万~130万
氯含量(%)	38	26	溶剂	苯、四氢呋喃	苯、四氢呋喃
氧含量(%)	17	23	硫酸盐灰分(%)	0.2	0.02~0.04
密度/(g/cm^3)	1.38	1.25	凝胶(%)	无~少量	无~少量
门尼粘度[50ML(1+4)100℃]	50~70	80~120	加工性能	优	良

① 色泽受防老剂影响。

表12-3-125 氯醚橡胶与其他合成橡胶的特性比较

项目	特性比较				
	均聚型氯醚橡胶	共聚型氯醚橡胶	氯丁橡胶	丁腈橡胶	丁基橡胶
弹性	可	良	优	良	差
耐热性	优	良	良	良	优
耐寒性	可	良	良	可	良
耐油性	优	优	良	良	良
气密性	优	良	良	良	优
耐气候老化性	优	优	良	可	优
耐臭氧老化性	优	优	良	良	优

（续）

项　目	特性比较				
	均聚型氯醚橡胶	共聚型氯醚橡胶	氯丁橡胶	丁腈橡胶	丁基橡胶
耐磨性	可	良	优	良	可
电绝缘性能	差	差	良	差	优
不延燃性	良	良	良	可	可
耐压缩性能	可	可	良	良	可

3.9.2 橡皮配方

1. 硫化体系

氯醚橡胶的硫化主要是通过侧链上的氯甲基产生双烷基化完成的。

凡与氯甲基基团产生二官能反应的物质，均可作为聚醚橡胶的硫化剂，最常用的有NA-22、三甲基硫脲和六次甲基氨基甲酸铵等。稳定剂的加入，可吸收氯醚橡胶在硫化时所分解出的氯化氢，提高硫化胶的耐热老化性能，所以稳定剂在配方中是不可缺的。常用的稳定剂有铅丹（Pb_3O_4）、铅白（二盐基性碳酸铅）、二盐基性亚磷酸铅、二盐基性苯二甲酸铅等。

用NA-22硫化的橡胶，具有良好的物理力学性能和耐热老化性能，因此NA-22被推荐作为氯醚胶的标准硫化剂，一般用量为1.5phr。很多铅盐都可作稳定剂，而铅丹是该硫化体系的最佳稳定剂，所制得的硫化胶的综合性能最好。若将铅丹改为氧化锌和季戊四醇并用，则可延长焦烧时间，提高耐热性和具有不污染性。

NA-22与硫磺并用，可显著提高含有炭黑或白炭黑的均聚型氯醚硫化胶的拉伸强度和伸长率；若再加入DOTAN，则具有良好的抗焦烧性能。

用三甲基硫脲（1.2phr）硫化氯醚橡胶时，硫化速度慢，但抗焦烧性能好。该硫化体系以铅白作稳定剂时，活性和硫化胶的综合性能较好。铅丹、二盐基性亚磷酸铅和二盐基性苯二甲酸铅也是三甲基硫脲硫化体系的有效稳定剂，用量约为5phr。

以六次甲基氨基甲酸铵作硫化剂时（用量为0.75phr~1.5phr），能赋予硫化胶优良的力学性能，特别是抗压缩变形性能。与此配合的稳定剂通常是铅白。

此外，2-二丁基氨基-4，6-二硫基-S-三氧化镁硫化体系与NA-22和铅丹或六次甲基甲酸铵和铅丹硫化体系相比，前者硫化胶的耐热性及力学性将更好些。

2. 防老剂

虽然氯醚橡胶主链上没有双键，而且在聚合时已加有防老剂，但为了得到较好的耐热和其他耐老化性能，还须加入相应的防老剂。常用的防老剂有NBC、MB、RD和D等，一般用量为1phr~2phr。

3. 增塑剂

增塑剂DOP、DOS、DOA和磷酸酯都能显著降低氯醚橡胶的门尼粘度，延长焦烧时间，改善耐寒性能。例如加入15phr的DOP，可使均聚型氯醚硫化胶的低温屈挠性能从-18℃降低到-25℃，但老化前的力学性能有所下降。

此外，加入低分子聚醚作增塑剂，可使氯醚橡胶的耐寒性得到更大的改善。均聚型氯醚橡胶与顺丁二烯橡胶以80：20的比例掺和，低温脆化温度为-37℃，并保持良好的耐油性和拉伸强度。

由于增塑剂在胶料中的稀释作用，所以应适当增加硫化剂的用量，以NA-22为例，可由1.5phr增至2phr。

4. 补强填充剂

氯醚橡胶拉伸强度较低，需加入炭黑或白炭黑作补强剂。在炭黑中，快挤出炭黑的工艺性能和综合性能好，混气炭黑、半补强炭黑、高耐磨炭黑都有不同程度的补强效果（见表12-3-126）。各种炭黑和白炭黑的用量一般都不超过50phr。使用混气槽黑等酸性物质时，必须增加硫化剂用量。

表12-3-126 各种炭黑对氯醚橡胶的补强效果（用量50phr）

硫化胶物理力学性能	通用炭黑	半补强炭黑	快挤出炭黑	高耐磨炭黑	混气槽黑
200%定伸强度/MPa	7.2	5.8	10.1	10.4	9.1
拉伸强度/MPa	12.0	10.8	14.4	14.4	16.5
拉断伸长率(%)	393	497	360	337	436
邵氏A硬度	69	60	70	81	76
永久变形(%)	8.9	14.5	5	10.8	10.5

氯醚橡胶的填充剂通常采用陶土和滑石粉，用量大多在 50phr 以下。

此外，氯醚橡胶在混炼时宜加入润滑剂，以防粘辊。常用的润滑剂为硬脂酸锌、硬脂酸钙和山梨糖醇的月桂酸酯。

5. 配方举例

（1）氯醚护套橡皮 氯醚护套橡皮的配方及主要性能见表 12-3-127。

（2）氯醚橡胶间并用或与其他橡胶并用的护套橡皮 为了改进氯醚护套橡皮的性能，降低成本，常将氯醚橡胶与其他橡胶并用。并用时，应注意氯醚橡胶和其他橡胶的共硫化问题。如果并用胶种能用同一硫化剂硫化最为理想，否则，需选择具有相同硫化速度和硫化状态的、适合于不同并用胶种的各自的硫化剂。另一需解决的问题是，并用胶的相溶性要好，这就要求两种橡胶有接近的溶解参数和门尼粘度。

1）均聚型氯醚橡胶与共聚型氯醚橡胶并用的护套橡皮。虽然均聚型氯醚橡胶和共聚型氯醚橡胶在性能上有差异，但两者有相溶性，而且硫化体系相同。因此，两者并用可改善均聚型氯醚橡胶的低温性和弹性，以及改善共聚型氯醚橡胶的气密性和耐热性。两者并用比例不受限制。表 12-3-128 和表 12-3-129 分别为并用胶护套橡皮的配方及相应的性能。

2）氯醚橡胶与氯丁橡胶并用护套橡皮。氯醚橡胶和氯丁橡胶的硫化体系大致相同，两者易于混合。并用后，硫化胶的耐油性和抗压缩永久变形性能，较之全氯醚硫化胶有所下降。并用的目的主要是改善氯醚橡胶的加工性能，并降低成本。含胶量 50%的氯醚橡胶与氯丁橡胶并用护套橡皮的配方及性能见表 12-3-130 和表 12-3-131。

表 12-3-127 氯醚护套橡皮的配方及主要性能

项目		配合用量(phr)及性能数值			
		均聚型氯醚护套橡皮			共聚型氯醚护套橡皮
		配方 1	配方 2	配方 3	
配合材料	氯醚橡胶	100	100	100	100
	硬脂酸锌	1	—	—	1
	铅丹	5	—	5	5
	NA-22	1.5	—	1.5~2	1.5~2
	六次甲基氨基甲酸铵	—	0.75~1.2	—	—
	防老剂 NBC	2	—	—	2
	防老剂 RD	—	1~2	1~2	—
	铅白	—	5	—	—
	增塑剂 DOP	—	10~15	10	—
	快挤出炭黑	—	50	50	50
	混气炭黑	—	10	—	—
	高耐磨炭黑	40	—	—	—
性能	硫化条件(℃×min)	155×(30~45)	155×(30~45)	155×(30~45)	155×(30~45)
	门尼焦烧时间/min	7	>40	9~12	7
	拉伸强度/MPa	15~16	13~16	15~17	15~16
	拉断伸长率(%)	300~320	350~410	270~300	270~300

表 12-3-128 均聚型氯醚橡胶和共聚型氯醚橡胶并用护套橡皮的配方

配合材料	用量(phr)		
	配方 1	配方 2	配方 3
共聚型氯醚橡胶	75	50	25
均聚型氯醚橡胶	25	50	75
硬脂酸锌	1	1	1
快挤出炭黑	50	50	50
铅丹	5	5	5
防老剂 NBC	2	2	2
NA-22	1.5	1.5	1.5

表 12-3-129　均聚型氯醚橡胶和共聚型氯醚橡胶并用护套橡皮的性能①

主要性能	数值					
	配方 1		配方 2		配方 3	
	老化前	老化后②	老化前	老化后②	老化前	老化后②
200%定伸强度/MPa	14.8	—	15.3	—	15.9	—
拉伸强度/MPa	16.2	7.7	15.7	10.8	16.4	13.4
拉断伸长率(%)	290	190	235	170	235	160
邵氏 A 硬度	80	69	81	73	81	78
低温屈挠性/℃	-31	—	-27	—	-22	—

① 硫化条件均为 155℃，45min。

② 老化条件：148℃，7d。

表 12-3-130　氯醚橡胶与氯丁橡胶并用护套橡皮的配方

配合材料	用量(phr)
氯醚橡胶	50
氯丁橡胶	50
NA-22	1.5
氧化锌	15
氧化镁	4
硬脂酸	1
防老剂 NBC	2
半补强炭黑	50
软化剂 TCP、石蜡、凡士林	15~20
铅片	2.5
轻质碳酸钙	19~14
合计	200

表 12-3-131　氯醚橡胶与氯丁橡胶并用护套橡皮的性能①

项目	数值
200%定伸强度/MPa	5.8
拉伸强度/MPa	1.0
拉断伸长率(%)	420
永久变形(%)	65
邵氏 A 硬度	12

① 硫化条件为 147℃，15min。

3）丁腈橡胶与氯醚橡胶并用护套橡皮。丁腈橡胶和氯醚橡胶的并用，不但保持了它们良好的耐热性和很高的耐油、耐溶剂性能，而且物理力学性能较好，克服了丁腈橡胶耐臭氧、耐日光老化、阻燃性较差的缺点。

有关并用胶的共硫化问题，配方中必须配入过氧化物（如 DCP）作为丁腈橡胶的硫化剂，而氯醚橡胶的硫化剂 NA-22 用量应增至 3phr，否则，会使硫化胶产生硫化不均匀现象，而且物理力学性能比丁腈橡胶、氯醚橡胶单用时的平均值还要低。为了适应连续硫化工艺的需要，DCP 和 NA-22 硫化体系的配方中，应加入硫化促进剂（如 DM、ZDC 等）。

表 12-3-132 及表 12-3-133 分别为含胶量 50%的丁腈橡胶与氯醚橡胶并用护套橡皮的配方及性能。

表 12-3-132　丁腈橡胶与氯醚橡胶并用护套橡皮的配方

配合材料	用量(phr)	配合材料	用量(phr)
丁腈橡胶	70	铅丹	1.5
氯醚橡胶	30	软化剂 TCP	15
硫化剂 DCP	1~1.2	三氧化二锑	15
NA-22	0.8~1	混气炭黑	25~30
硫磺	0~0.3	半补强炭黑	25~30
促进剂 DM	1.5~2	氧化锌	5
防老剂 NBC	2	硬脂酸	0.5

表 12-3-133　丁腈橡胶与氯醚橡胶并用护套橡皮的性能①

项目	数值
100%定伸强度/MPa	9~10
拉伸强度/MPa	15~17
拉断伸长率(%)	400~550
永久变形(%)	10~15
邵氏 A 硬度	60~70
老化系数(110℃,7d)	
K_1	>0.7
K_2	>0.6

① 硫化条件为 150℃，20min。

3.9.3　工艺要点

混橡可在开放式或密闭式炼胶机上进行。在开放式炼胶机上混橡时，均聚型氯醚橡胶初期易粘辊，在配方中加入 0.75phr~2phr 的硬脂酸锌作润滑剂，可减轻粘辊现象；共聚型氯醚橡胶则不易包辊，此时可适当地使用一些增粘剂。在密炼机上混橡，氯醚橡胶工艺性能很好。

氯醚橡胶与其他橡胶并用时，必须使两者的门尼粘度尽可能接近，这样可增强互混性。

氯醚橡胶的硫化温度通常为 150~160℃，然后进行后硫化（如150℃，6h）；也可采用热空气、高温蒸汽或盐浴连续硫化。

3.10 氟橡胶和橡皮

氟橡胶（FKM）是指主链或侧链的碳原子上含有氟原子的高分子弹性体。按其化学组成可分为含氟二烯类橡胶、含氟聚丙烯酸酯橡胶、含氟聚酯类橡胶、含氟烯烃共聚物、氟硅橡胶、亚硝基类氟橡胶和其他氟橡胶。其中，含氟烯烃共聚物应用最广，产量最大，电缆工业用的也是这一类。

3.10.1 分类、特性和用途

1. 分子结构、分类和特性

含氟烯烃共聚物主要有两种类型，即23型氟橡胶和26型氟橡胶。

23型氟橡胶是偏氟乙烯与三氟氯乙烯的共聚物。由于它加工困难，在电缆工业中实际上不采用。

26型氟橡胶是通用型氟橡胶，品种较多，可适用于多种用途。就电缆工业而言，主要采用26型氟橡胶这一品种。26型氟橡胶为偏氟乙烯与六氟丙烯的乳液共聚体，其分子结构式为

$$\left(CH_2-\underset{\displaystyle CH_2Cl}{\underset{|}{CH}}-O \right)_n \left(CH_2-CH_2-O \right)_m$$

26型氟橡胶的结构特点如下：

1）分子主链为C—C链，因此氟橡胶具有一般聚烯烃类化合物的特性。

2）氟是负电性最强的元素，具有极大的吸电子效应。当它与碳原子结合时，便生成键能很高的碳氟（C—F）键；同时，氟原子的存在，既增加了碳碳键（C—C）的能量，又能使氟化碳原子与别的元素结合的键能提高。这就使得氟橡胶具有很高的耐热、耐氧和耐化学药品性。

3）氟原子的半径接近碳碳键长的一半，能够紧密排列在碳原子周围，形成全氟烃；同时碳氟键的键长较大，可对碳碳键起到很好的屏蔽作用，从而保证碳碳键具有很高的热稳定性和化学惰性。当然，氟原子也给氟橡胶带来不利影响，如弹性低、耐寒性差等。

4）分子结构不对称，具有一定偶极性，故电绝缘性能中等。

结构上的这些特点，使26型氟橡胶具有很高的耐热性和优异的耐油、耐溶剂及耐化学药品的性能，耐大气老化性能和耐臭氧性也很好。例如，它可长期用于200~250℃的环境中；化学稳定性（见表12-3-134）在各种橡胶中居首位。此外，它对火焰有自熄性，耐湿，防霉。其缺点是在高温下力学性能波动幅度较大，耐寒性、弹性较差，对高温水蒸气不够稳定。

表12-3-134 26型氟橡胶对各种介质的稳定性

介质	浸泡条件		浸泡后性能	
	时间/d	温度/℃	拉伸强度保持率(%)	体积膨胀率(%)
氯苯	4	24	—	10
环己烷	7	24	—	4
四氯化碳	7	21	85	1.3
醋酸乙酯	1	24	—	280
丙烯酸乙酯	7	24	—	230
丙酮	7	150	—	9.2
苯	4	121	—	6.6
乙醚	7	24	97	1.7
水	180	70	74	9.8
汽油	7	24	96	1.3
己烷	21	24	—	13
甘油	5	121	—	1.4
二氯苯	28	150	83	25
二氯乙烷	7	24	—	16
醋酸	7	24	—	62
氟利昂11	28	24	61	34
氟利昂12	7	150	36	20
重煤油	28	70	94	7.4
煤油	28	50	56	20
丙烯酸甲酯	7	24	—	210
异戊酮(2)	7	24	—	290
丁酮	7	24	—	458
矿物油	7	150	95	2.5
甲醇	21	24	—	18

（续）

介　　质	浸泡条件		浸泡后性能	
	时间/d	温度/℃	拉伸强度保持率(%)	体积膨胀率(%)
硝基苯	10	24	—	15
橄榄油	7	24	—	4
吡啶	3	24	—	120
丙醇	21	24	—	2.0
磷酸三甲酚酯	7	150	93	24
三氯乙烷	21	24	—	2.7
三氯乙烷	21	100	31	46
三氯乙烯	21	24	—	10
三氯乙烯	28	70	61	15
苛性钠溶液(46.5%)	7	24	75	2.1
苛性钠溶液(30.0%)	7	24	—	0.2
苛性钾溶液(46.5%)	7	24	75	2.1
次氯酸钾溶液(20%)	28	70	89	24
氢氟酸(48%)	7	24	98	1.5
氢氟酸(75%)	5	5	81	—
氢氟酸(75%)	5	70	60	—
硝酸(60%)	7	24	—	4.4
发烟硝酸	7	24	—	28
硫酸(60%)	28	70	60	0.5
硫酸(60%)	28	121	90	10
硫酸(95%)	28	70	88	4.8
最浓的盐酸	7	24	58	2.0
盐酸(37%)	7	24	—	1.5
盐酸(37%)	365	43	75	7.2
盐酸(37%)	7	70	86	3.2
磷酸(60%)	28	100	89	4.2

氟橡胶是美国杜邦公司于 1957 年首先推出市场的，商品名称为维通（VITON），目前，它主要有三大系列产品：VITON A、VITON B 和 VITON F。A 系列为偏氟乙烯与六氟丙烯二聚物，即 26 型氟橡胶，后两者均为偏氟乙烯、六氟丙烯与四氟乙烯三聚物。

2. 技术要求

氟橡胶-26-41 的技术要求见表 12-3-135。

表 12-3-135　氟橡胶-26-41 的技术要求①

项　　目		指标
密度/(g/cm^3)		1.82±0.02
门尼粘度[50ML(1+4)100℃]		150±40
玻璃化转变温度/℃		-17±2
1kHz 时相对介电常数	≤	13
1kHz 时介质损耗因数	≤	0.05
体积电阻率/Ω·cm	≥	1×10^{12}
击穿场强/(mV/m)	≥	15
拉伸强度/MPa		7~12
老化后拉伸强度保持率(%)(250℃,200h)	≥	80
拉断伸长率(%)		150~300
老化后拉断伸长率保持率(%)(250℃,200h)	≥	90
压缩永久变形(%)(200℃,24h 压缩率 30%)	≤	60
在 20℃的 TC-1 煤油中浸 24h 后增重(%)	≤	60
20℃下在 96%硝酸中浸 168h 后增重(%)	≤	25

① 氟橡胶-26-41 即为偏氟乙烯与六氟丙烯摩尔比为 4∶1 的 26 型氟橡胶。性能测定的基本配方：生胶 100phr，氧化镁 15phr，六次甲基氨基甲酸胺 1.3phr。硫化条件：平板 150℃，30min；烘箱 200℃，24h。

3. 用途

由于氟橡胶具有耐高温、耐油及优良的化学稳定性，故主要用作特殊电线电缆的护套橡皮，例如耐高温航空用电线、轧钢机信号电缆、深井油矿电缆、H 级电机引接线，以及要求特别耐有机溶剂、化学药品侵蚀的电线电缆等。

3.10.2　橡皮配方

1. 硫化体系

26 型氟橡胶是一种高饱和的含氟聚合物，因此不能用一般硫磺硫化。氟橡胶的硫化剂为多胺类，而 26 型氟橡胶则主要采用六甲撑二胺氨基甲酸酯（又称己二胺氨基甲酸酯，1 号硫化剂）和 N,N′7-双肉桂叉-1,6-己二胺（又称 3 号硫化剂）两种。

氟橡胶在硫化过程中会释放出氟化氢、水分和二氧化碳，所以必须采用稳定剂，以防止起泡。常用的稳定剂有 CaO、MgO、$Ca(OH)_2$、ZnO、PbO 和碱式亚磷酸铅等。用氧化镁作稳定剂时，硫化胶的耐热性好，压缩永久变形小，但吸潮性大。以氧化锌和二盐基性亚磷酸铅并用作稳定剂时，硫化胶耐高温水蒸气性能有所改善。氧化铝能显著提高氟橡胶对强酸或强氧化剂的稳定性，但耐热性不如用氧化镁的胶料。氧化钙有利于改善硫化胶的耐热性和压缩永久变形，但易吸潮。

26 型氟橡胶的硫化剂和稳定剂的配比举例见表 12-3-136。

表 12-3-136　26 型氟橡胶硫化剂和稳定剂配比举例

配合剂	橡皮特性			
	通用	耐热、压缩变形小	耐化学药品	耐高温水蒸气
硫化剂	己二胺(1phr) 1 号硫化剂(1phr) 3 号硫化剂(1phr)	1 号硫化剂(1phr) 3 号硫化剂(1phr)	1 号硫化剂(1phr) 3 号硫化剂(3phr)	1 号硫化剂(1phr) 3 号硫化剂(3phr)
稳定剂	氧化镁(20phr)	氧化钙(20phr)	氧化铅(20phr)	氧化锌(20phr)和二盐基性亚磷酸铅

从 20 世纪 80 年代中期开始，市场上又出现了一种新的氟橡胶硫化剂，名为双酚 AF 及改进型双酚 AF，这类硫化体系有优异的焦烧安全性，而硫化速度快、压缩变形小。目前，它已得到广泛使用。此外，一些品牌的氟橡胶也可用过氧化物硫化，其特点是加工安全、硫化速度快、耐高温水蒸气和耐酸性能极佳。

2. 补强填充剂

氟橡胶属自补强型橡胶。电线电缆用氟橡胶护套橡皮，可采用中细粒径的热裂法炭黑和化学碳酸钙作补强填充剂。其中，中细粒径的热裂法炭黑对胶料硫化有促进作用，能改善工艺性能（易于混橡、挤橡），用量一般在 30phr 以下；化学碳酸钙有利于提高硫化胶的耐热性，电绝缘性能较好，压缩变形较小，但工艺性能较差，用量一般不超过 40phr。

3. 配方举例（表 12-3-137）

表 12-3-137　电线电缆用氟橡皮配方举例

配合材料	用量(phr)	
	配方 1	配方 2
26 型氟橡胶	100	100
氧化镁	15	15
3 号硫化剂	2	3.5
化学碳酸钙	—	30
中细粒径热裂法炭黑	20	—

3.10.3　工艺要点

1. 混橡与存放

氟橡胶门尼粘度大，分子链刚性大，塑炼无效，可直接混橡。混橡可在开炼机上进行。由于氟橡胶硬度大、导热差、混合生热多，可导致粘辊或焦烧，因此在混橡时必须采用低温，并加强冷却，混橡温度应控制在 40℃ 以下；前辊转速约为 28r/min，后辊转速约为 40r/min，辊筒速比为 1∶1.25；混橡时间不宜过长，一般为 12～15min。加料时先加稳定剂和补强填充剂，最后加硫化剂。当采用 3 号硫化剂时，应防止其呈液态而流失，这时可拌以少许填充剂后同时加入。

经混橡后的胶料应放置在低温干燥的地方存放 24h 以下。使用前可再薄通 5min。

2. 挤橡

胶料应先温橡，随后趁热挤出。在挤橡时，胶料的发热量大，故必须注意调整螺杆转速或加强冷却。为减小膨胀率，确保挤制尺寸的稳定，应尽量降低螺杆转速，改进挤橡机机头结构和放大模具承线部分长度。挤 26 型氟橡胶的胶料时，挤橡机各部分的温度：机身为 30～40℃，螺杆为 50℃，机头为 50～60℃，模口为 60～75℃。

3. 硫化

挤包氟橡胶的电线电缆，可在硫化罐内（例如蒸汽压力为 0.5MPa）预硫化 30min，或在高压蒸汽中连续硫化后，再经分阶段硫化，例如 100℃×1h、120℃×1h、180℃×1h、200℃×24h，以排除硫化胶中在硫化时所形成的低分子物（氟化氢、氯化氢、水分、二氧化碳）以及过氧化物的分解产物等，从而提高交联密度，稳定和提高橡皮性能，减少收缩率。

第4章

电缆用橡皮加工技术

橡皮加工技术，包含了从橡胶到橡皮形成的整个过程，一般包括橡胶塑炼、掺和、混炼、加入硫化剂和硫化。

4.1 塑炼与掺和

4.1.1 塑炼

塑炼是指在机械应力、热、氧或塑解剂等作用下，使橡胶大分子链断裂，由长变短，从而提高橡胶的塑性，使之符合进一步加工要求。一般将经过塑炼的橡胶称为塑炼胶。塑炼的目的大致如下：

1）使橡胶具有适合后续加工的塑性；

2）提高橡料的流动性；

3）便于橡胶与配合剂在混炼过程中的混合、分散均匀；

4）便于压延、挤出等加工。其中，获得适当的塑性是首要任务，没有适当的塑性，就没有后续的加工性能。

既然是适当的塑性，那就是说，塑性不是越高越好。如果塑炼过度，将使橡皮的强度、弹性、耐磨性能有所下降。所以，塑炼程度只应以满足后续加工工艺为前提。后续工艺，对于电线电缆而言，最终是挤出成型。挤出成型后进入硫化过程，可以是连续硫化，也可以是间歇式罐式硫化。罐式硫化的橡皮配方与连续硫化的明显不同之处，首先是橡料的塑性，应小于连续硫化者，因此，塑炼胶的塑性也应小一些。

值得指出的是，塑炼是耗能、耗时的工艺，并非适用于所有橡胶。纵观诸多胶种，唯有天然橡胶的塑炼是不可或缺的工序，而对于大多数合成橡胶而言，如氯丁橡胶、氯化聚乙烯、氯磺化聚乙烯、丁苯橡胶、顺丁橡胶、乙丙橡胶、丁基橡胶、软质丁腈橡胶等，一般不需要塑炼，主要原因是，塑炼对提高其塑性作用不大。普通丁腈橡胶需要塑炼，但只能在开炼机上进行，若用密炼机塑炼，易生成凝胶；即使是天然橡胶，若门尼粘度小于60者，也可不经塑炼而直接进入掺和或混炼工序，当然，切割、破碎是不可少的。

块状天然橡胶包括标准胶和烟片胶，不能直接进行塑炼，而是需要经过烘胶、切胶和破碎等准备工作。烘胶是为了便于切割和进一步加工。天然橡胶，常因低温结晶而硬化，只有通过加热方能解除其结晶，使之变软。烘胶的温度一般为50~60℃，时间为24~36h；切割是为了方便输送和操作，以每块10~20kg为宜。如果是开炼机塑炼，最好是经破胶机将切割胶破碎处置；如果是密炼机塑炼，则可将切割胶直接投入之。

塑炼胶若是在开炼机上完成的，一般是在开炼机上直接分切为块或卷，其大小无特别要求，只要便于搬运、存放、称量和后续操作即可，重要的是，块、卷之间一定要有效隔离，以防粘连。开炼塑炼胶也可经压片机压制成片，经冷却后切割成块，需要强调的仍是防止粘连。密炼机塑炼胶的处置方法与开炼机类似，应注意的是，密炼机排胶温度高，需要在开炼机翻滚下散热至一定程度，以便后续操作。

塑炼胶必须停放12h后才能投入混炼。充分停放的目的：一是使橡胶分子充分恢复到塑炼胶的本质状态；二是充分冷却，以便后续加工的控制；三是如果施有增塑剂或化学增塑剂等物质时，使之能够充分吸收、扩散。例如，促进剂M和DM对天然橡胶有很好的化学增塑作用，塑炼时按1%~2%的比例加入，能够迅速提高天然橡胶的塑性，缩短塑炼时间，但这部分用量应计算在配料总量中。

下面分别介绍开炼机塑炼和密炼机塑炼。

1. 开炼机塑炼

(1) 开炼机的工作原理 开炼机的主要工作部分是两个速度不等、相对回转的空心辊筒。开炼机的结构如图12-4-1所示。当置胶料于其上时，借助

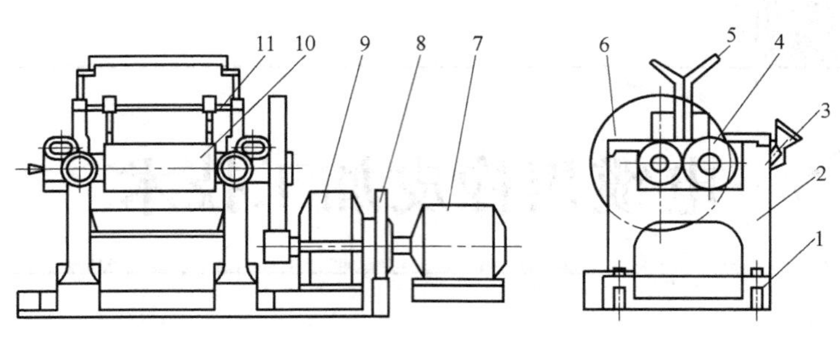

图 12-4-1 开炼机的结构

1—底座 2—机架 3—调距装置 4—速比齿轮 5—安全装置 6—大齿轮 7—电动机 8—制动装置 9—减速器 10—辊筒 11—挡胶板

橡胶与两个辊筒面之间的摩擦力，橡胶被强行带入两个辊筒间，并受到强烈的挤压、剪切和撕裂作用，橡胶自身温度迅速上升，在热、氧、机械力的共同作用下，橡胶分子发生机械断链和氧化断链，经多次反复后，即可达到塑炼的目的。

（2）影响开炼机塑炼的因素

1）辊温。辊温低，橡胶粘度大，剪切力大，塑炼效果好。通常塑炼温度应控制在45~55℃之间。辊温高，塑炼效果反而不好，而且易出现“假塑性”现象，即在高温下看似塑性很好，但随着冷却过程，其塑性将逐步降低，出现弹性回复。

2）辊距。在相同速比下，辊距小，剪切力大，塑炼效果好。另外，辊距小则胶片厚度小，易散热，可使橡胶提高粘度，从而受到更大的剪切力，有助于提高塑炼效果。

3）塑炼时间。在开炼开始后的10~15min内，橡胶的塑性上升很快，随后将趋于平稳。天然橡胶塑炼时间一般不超过20min。

4）装胶量。最佳装胶量取决于开炼机规格。一般来说，装胶量过大，易出现堆积浮动且不易散热，塑炼效果差。常用开炼机的装胶量见表12-4-1。

5）化学增塑剂。在机械塑炼过程中施以化学增塑剂，可提高塑炼效率，并可减小弹性复原现象，但塑炼温度应适当提高。

表 12-4-1 常用开炼机的装胶量

型号	辊筒规格		装胶量	辊筒速比	辊筒速度/(m/min)		备注
	直径/mm	长度/mm	/kg		前	后	
S(X)K-160	160	320	1~2	1/1~1/1.5			试验室用
XK-160	160	320	1~2	1/1.35~1/1.22	8.74	11.8	试验室用
φ160×230	160	320	1~2	1/1.22	11	11.35	试验室用
XK-360	360	900	20~25	1/1.25	16.25	20.30	全能
XK-400	400	1000	25~30	1/1.23	19.24	23.60	全能
XK-450	450	1200	40~50	1/1.23	30.4	37.1	全能
XK-550	550	1500	50~60	1/1.2	27.5	33	全能
XK-650	650	2100	135~165	1/1.08	32	34.6	压片

应当指出的是，塑炼开始时，一般不是把破碎胶或切割胶直接放在开炼机上，而是先用一部分相同的塑炼胶做引胶，经包辊、加热后，再放入需要开炼的橡胶。塑炼完毕卸料时，仍要留下一部分做下一车的引胶。

2. 密炼机塑炼

（1）密炼机的工作原理 密炼机主要由密炼室、两个转子、上顶栓、下顶栓，以及冷却、润滑、密封和传动系统组成，如图 12-4-2 所示。两个转子置于密炼室内，其转速不等、转向相对（与开炼机辊筒类似），上、下顶栓分置于转子上、下两侧，上顶栓可以移动、加压。进入密炼室的橡胶，首先落在转速不等、转向相对的转子上，在上顶栓的压力和摩擦力的作用下，橡胶被强行带入两个转子间，受到强烈捏炼；然后，下顶栓将来自转子间隙的橡胶流一分为二，在两个转子的分别带动下，进入密炼室壁与转子之间，受到强烈的机械剪切和撕裂后，两股橡胶以不同的速度返回密炼室上部，如此不断循环。由此可见，在密炼机中，全部胶料同时受到机械捏炼作用，橡胶因剧烈摩擦而大量生热，温度一般可达 120～140℃。如果提高转速、加大上顶栓压力，温度可达 160℃以上。这样，在剧烈机械力和氧化裂解作用下，橡胶塑性得以迅速提高。

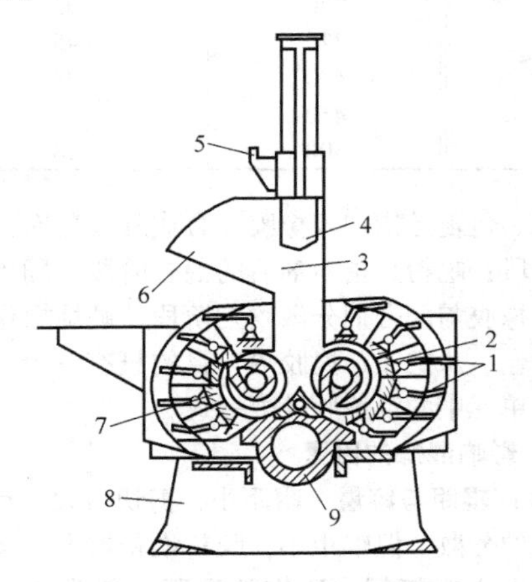

图 12-4-2　密炼机的结构

1—冷却水管　2—混炼室机体　3—加料口　4—上顶栓　5—除尘抽风设备接口　6—加料口折合门　7—机座　8—转子　9—下顶栓

(2) 影响密炼机塑炼的因素

1) 转子速度。转子速度越高，橡胶生热越大，氧化裂解越剧烈，塑炼效果好且效率高。

2) 温度。温度高则热氧化裂解快，塑炼效果好。但是，若温度过高，将导致橡胶分子过度裂解，致其物理力学性能下降，这是应避免的。天然橡胶的排胶温度一般控制在 120～140℃。

3) 时间。与开炼机塑炼不同，橡胶在密炼机中塑炼时，其塑性随着时间的延长而不断增加。因此，只能以所需塑性而确定塑炼时间。

4) 装胶量。装胶量过小，达不到密炼机最低容量，机械力、热、氧作用小，塑炼效果差；反之，若装胶量过大，会使橡胶翻滚不均匀，且可能使排胶温度过高，因而塑炼效果差。另外，装胶量过大，有可能因负载过大而伤害设备。

5) 上顶栓压力。在装胶量适当的情况下，增加上顶栓压力，有助于提高塑炼胶的塑性。

4.1.2　掺和

掺和是指将两种及以上橡胶均匀地混合在一起。掺和后的橡胶称为掺和胶。天然橡胶、丁苯橡胶并用时，掺和是一道重要工序。天然橡胶和丁苯橡胶的掺和，应在天然橡胶塑炼、停放后进行。前述开炼机和密炼机的塑炼原则和方法，同样适用于掺和操作。

掺和并不是不可缺少的工序，对于不需要塑炼的胶种，可以将掺和与混炼一起进行。

掺和胶也应经 12h 停放后，方可投入混炼。

4.2　混炼和滤橡

4.2.1　概述

混炼是指在炼胶机上将各种配合剂均匀地混合到橡胶（塑炼胶、掺和胶或非塑炼胶）中，形成橡料的整个过程。橡料的混炼质量对其进一步加工和成品质量具有决定性影响。换言之，如果混炼不到位，例如配合剂分散不均，塑性忽高忽低，即使再好的橡皮配方，也难以形成优质的橡皮制品。

混炼方法通常有两种：开炼机混炼或密炼机混炼。开炼机混炼适于小批量及特殊橡料，密炼机混炼则适于大批量产品。混炼过程多有粉料，开炼机混炼因粉尘飞扬而致操作环境恶劣，操作者必须有严格的防护措施；另外，操作者须直接在旋转的辊筒上操作，具有危险性，机电制动必须做到万无一失。密炼机混炼往往与上辅机（贮料、供料系统）和下辅机（开炼机、压片机、冷却干燥设备等）系统组成一体，通过程序控制，自动计量、自动下料，程序混炼，不仅可以保持混炼质量的一致性，而且操作安全、环境清洁。虽然，密炼机系统中也离不开开炼机，但它只是输送的过渡手段，其操作的危险性要远远小于开炼机混炼。粉尘问题可能存在，一般而论，经密炼机混炼后，粉料已完全分散于橡料中，卸料时，不会粉尘飞扬，但在压片后若采用滑石粉隔离，后续依然有粉尘出现，而且将涉及挤出和连续硫化工序平台，严重时将殃及电气控制装置，所以，考虑保持整个工艺路线清洁，最好采用水溶性隔离剂，并辅以彻底的烘干措施。

滤橡是指利用螺杆挤出式滤橡机，通过数层滤网的过滤，除去胶料中的外来杂质和粉团等颗粒物，以保证橡料的绝缘性能，同时也有一定增塑作用。滤网目数与过滤物粒径之间的对应关系见表 12-4-2。用于绝缘的胶料，应在出片前进行滤橡。用于电缆护套的橡料，似乎没有必要耗工耗时地过滤之，然而若经过滤，不仅无“大块头”杂质的“万一”之虞，而且可以提高产品断面及外观，更加细腻。滤橡的关键是与混炼的顺畅衔接和选择合适的滤网。顺畅衔接，就是要充分利用混炼后的塑性，便于挤出过滤，所以，无论是开炼机混炼还是

表 12-4-2 滤网目数与过滤物最大粒径

目数	粒径/μm	目数	粒径/μm	目数	粒径/μm
20	850	60	250	200	75
25	710	70	212	230	63
30	600	80	180	270	53
35	500	100	150	325	45
40	425	120	125	400	38
45	355	140	106	450	32
50	300	170	90	500	28

密炼机混炼，滤橡机都设置在开炼机旁边，通过输送装置联系起来。至于合适的滤网，通常是支撑网和过滤网相搭配，由外及里的设置是：护套橡料，10目+20目；低压绝缘用橡料，20目+40目；大于1kV的绝缘橡料，20目+40目+80目。关键是有效滤网的目数，应不小于推荐者。另外，应根据实际情况及时更换滤网，切不可等到滤网破了才更换。

有必要指出的是，若是天然-丁苯橡胶，并以ZDC（二乙基二硫代氨基甲酸锌）为硫化促进剂时，ZDC不能在混炼时加入，否则滤橡将导致先期硫化。

通常混炼质量优劣的判定方法是测定下列指标：威氏塑性（或门尼粘度）、相对密度、分散度等。必要时，取小样加入硫化剂，硫化后测定其硬度及物理力学性能，并与配方目标值进行对照。塑性是混炼后胶料的重要质量指标，其对产品质量的影响，犹如塑性之于塑炼胶对产品的影响，所以，必须把塑性控制在合理范围内；通过多点测定密度，可以判定混炼的均匀性，也可判断配料遗漏及称量错误。分散度的测量有直接测定法和间接测定法，都需要专门仪器。

混炼完毕的橡料，应至少停放12h方可加硫。类似于塑炼胶充分停放的目的：一是使橡胶分子充分恢复；二是充分冷却，以便后续加工的控制；三是使所有配合剂得以充分吸收、扩散。

4.2.2 开炼机混炼

1. 混炼过程

开炼机混炼操作可分为三个阶段：包辊、吃粉和翻炼。包辊是指加入橡胶（合成胶或塑炼胶）的软化阶段；吃粉是指粉剂后的混合阶段；翻炼是指吃粉后橡胶与配合剂分散均匀阶段。翻炼操作方法有三角包、八把刀、捣胶等，目的只有一个，使这个混炼单元中的混炼胶处处一致。

2. 影响混炼的因素

（1）辊距与容量 辊距小，剪切力大，有利于配合剂的分散。但辊距小，胶料堆积增大，又使胶料难以进入辊筒间。适宜的辊距一般为4~8mm，也可按下述经验公式计算：

$$V=0.17\times10^{-3}LD \qquad (12\text{-}4\text{-}1)$$

式中 V——开炼机上橡料体积（L）；

L——辊筒长度（cm）；

D——辊筒直径（cm）。

（2）辊筒的转速和速比 转速过低，混炼效率低，过大则操作不安全，一般应控制在16~18r/min。速比大，剪切力大，利于配合剂的分散，但生热大，而且配合剂易被压成硬块或鳞片。速比过小，则不能使配合剂有效分散，适宜的速比是1∶(1.1~1.2)。

（3）辊温 辊温主要影响橡胶在开炼机上的包辊性。各种橡胶在开炼机上的适用辊温见表12-4-3。为方便操作，橡胶通常都是包前辊，但是，不同的橡胶包辊性有所不同，天然橡胶包热辊，而多数合成橡胶包冷辊。所以，混炼时的辊温，若是天然橡胶，应是前高后低，合成胶则应前低后高。

表 12-4-3 各种橡胶在开炼机上的适用辊温

胶种	辊温/℃		胶种	辊温/℃	
	前	后		前	后
天然橡胶	55~60	50~55	氯醚橡胶	70~75	85~90
丁苯橡胶	45~50	50~60	氯磺化聚乙烯	40~70	40~70
丁腈橡胶	35~45	40~50	氟橡胶 23~27	77~87	77~87
氯丁橡胶	≤40	≤45	氟橡胶 23~11	49~55	47~55
丁基橡胶	40~45	55~60	丙烯酸酯橡胶	40~55	30~50
顺丁橡胶	40~60	40~60	聚氨酯橡胶	50~60	55~60
三元乙丙橡胶	60~75	85 左右	聚硫橡胶	45~60	40~50

（4）**混炼时间**　混炼时间应根据开炼机转速、速比、混炼容量和配合剂用量决定，以保证混炼质量为前提，以最短时间完成混炼为佳。混炼时间过长，不仅生产效率低，而且会因过炼而致橡料物理力学性能下降。

（5）**加料顺序**　加料顺序是决定开炼机混炼质量的重要一环，若加料顺序不当，将导致分散不均、脱辊、过炼，甚至出现焦烧等质量问题。加料顺序的一般原则是：用量少、难分散的配合剂先加入；用量大、易分散者后加入。通常，加料顺序为：橡胶→固体软化剂→小料（促进剂、活性剂、防老剂）→补强剂、填充剂→液体软化剂→薄通→捣胶、下片。液体软化剂一般应待粉料吃尽后加入，如此可以避免粉料结团和胶料打滑；若补强剂、填充剂和液体软化剂用量较大时，应分次交替加入，这样可以加速混合均匀。一般不将混炼和加硫（硫化剂和超促进剂）合二为一，但如果为了节省时间和能量，则必须待胶料冷却到适当程度后再加入，若把握不好，将有焦烧危险。

4.2.3　密炼机混炼

1. 密炼机混炼方法

密炼机的混炼过程可分为湿润、分散和捏炼三个阶段。密炼机混炼方法分常规法和逆混法两种。无论哪种方法，现代密炼机系统都能够按程序设定的加料顺序、加料数量、转子转速、上顶栓压力、持续时间等完成混炼。如果不是程序控制，只能严格按照加料顺序并严格控制每段时间、压力和主机电流负荷变化。在压力、转速恒定时，电流稳定与否是判断混炼均匀与否的重要依据。

（1）**常规混炼**　加料顺序一般是：橡胶（塑炼胶或非塑炼胶）→小料→补强剂、填充剂（用量大者分两次加入）→油类软化剂→排料→出片。

（2）**逆混法**　逆混法的加料顺序刚好与常规法相反，其顺序为：用量大的补强剂、填充剂→橡胶→小料、软化剂→加压→混炼→排料→出片。逆混法的优点是可以充分利用密炼机的装料容积，减少混炼时间（因所有配合剂都是一次加入，减少了上顶栓的升降次数）。

2. 影响密炼机混炼的因素

（1）**装料容量**　容量过大，胶料在密炼机中翻转不开，不易混炼均匀；容量过小，胶料不能受到充分剪切，同样不易混炼均匀。合理的容量与胶料性质、设备条件关系极大，一般容量应根据密炼机的填充系数来考虑。填充系数为一次装料容量与密炼机混炼室总容量之比，一般应控制在0.48~0.75。

（2）**上顶栓压力**　若压力不足，上顶栓易被胶料顶起并浮动，使上顶栓与室壁上方加料口处形成死角，出现局部失炼；上顶栓压力增大，胶料受压大，剪切力因之增大，有利于配合剂的分散，缩短混炼时间，而且可以防止排料时发生散料现象。上顶栓压力一般控制在0.6MPa以上。应当指出的是，加入粉料后，应将上顶栓慢慢放至最低位置，再提升到一定高度，然后再完全放下，并加足压力。如果加压过快，空气急速流动，物料顺势飞出密炼机，其一是粉尘飞扬，其二是飞出的物料有可能卡住上顶栓，其三是粉剂易结团，难以分散。

（3）**转子速度**　转速大，剪切力大，利于分散均匀和缩短混炼时间。

（4）**混炼温度**　温度低，橡胶粘度大，不利于橡胶对配合剂的湿润；温度高，胶料粘度低，剪切力小，不利于配合剂的分散。所以，混炼时应注意温度控制。混炼室的温度一般控制在100~150℃，因胶种不同而有所变化。

（5）**加料顺序**

1）加入小料。小料是指用量较少的配合剂，一般包括硫化剂、促进剂和活性剂。促进剂、活性剂都可在混橡时加入。但如果要滤橡，就必须十分谨慎。由于滤橡必须借助混炼胶的塑性，必然延长橡料的高温时段，某些促进剂很难适应此种条件，如前所述之ZDC等，很可能导致焦烧，此类小料只应放在加硫工序。

2）加入大料。大料是指用量大的粉料，例如炭黑、滑石粉、碳酸钙等。大料，如前所述，切忌一次加完。若一次加完，极易生成硬质粉团，不仅没有应有的作用，而且会恶化橡皮。

4.3　加硫

加硫就是在足时停放的混炼胶中加入硫化剂和促进剂，并混合均匀。之所以将混炼和加硫分设为单独工序，纯粹是出于加工安全的考虑。尤其是当混炼之后必须滤橡时，如果已经加入了硫化剂、促进剂，将很可能出现焦烧现象。

加硫类似于混炼，可以在开炼机上进行，也可以在密炼机上进行，上述混炼原则同样适于加硫操作。一般来说，加硫前，首先要在混炼机上对橡料二次混炼，使之具有适当的温度和足够的塑性，以便在最短时间内吃进硫化剂并分散均匀。加硫过程的温度与时间，依据胶种和硫化剂性质不同而不同，泛言之，应低于硫化剂所允许的最高操作温度，以不出现焦烧为原则。一般来讲，在开炼机上加硫，只要不是人为加热辊筒，橡料不会温度过高，操作是非常安全的。有必要指出的是，在开炼机上操作，一开始就应把硫化剂均匀散布于辊筒上，以利于其分散均匀和缩短加硫时间。为使分散均匀，三角包等操作是必不可少的；在密炼机上加硫，应采用低速混炼，转子转速应不大于 20r/min，以避免胶料温度剧烈升高。密炼机加硫的排胶温度参考表 12-4-4 中的推荐值。一般来说，从加入硫化剂到排胶，时间应限制在 1min 内。排胶至开炼机时，开炼机应强迫冷却，并通过划刀等操作，迅速辗压块状胶料，并利用机械臂强制翻转，使之尽快散热，然后迅速压片、冷却和隔离。

加硫后的胶料也应放置至少 24h 以上，方可使用。

表 12-4-4 密炼机加硫的排胶温度

硫化剂名称	适用橡皮	密炼机排胶温度/℃	说　明
硫磺、秋兰姆	天然橡胶-丁苯橡皮	<100	
金属氧化物	氯丁橡皮、氯磺化聚乙烯橡皮	<90	
过氧化物	乙丙橡皮、氯化聚乙烯橡皮	<110	不适于双 2,4

含硫胶料的质量一般是通过测定以下数据判定的：①橡料的焦烧特性；②橡皮试片的原始拉伸强度和伸长率；③橡皮试样的硬度；④胶料的硫化特性。经与配方典型值及典型曲线的比对，结合混炼胶料的试验数据，即可做出结论。

4.4 成型和硫化

成型就是使可塑的橡料具有所需形状。

硫化就是使成型的橡料成为最终的橡皮制品。

4.4.1 成型

对于电线电缆来说，通常都是挤出成型。20 世纪 70 年代前常用的纵包成型已完成了历史使命。挤出成型离不开挤出机和成型装置。成型装置包括机头和模具。

1. 挤出机

挤出机通常由螺杆、机筒、机架以及加热、冷却和传动装置等组成。

机筒和螺杆是挤出机的关键部件。机筒前端设有加料口，机筒上设有加热、冷却装置。螺杆与传动装置联接，并密封安装在机筒内。胶料通过加料口进入机筒和螺杆间，在螺杆旋转挤压下，胶料受到剪切并被推向机头出口。

螺杆的关键是螺纹、螺槽、长径比和压缩比。

螺纹可分为单线螺纹、双线螺纹和复合螺纹三种。单线螺纹多用于简单输送，例如滤胶机；双线螺纹可用于挤出造型。复合螺纹一般是把螺杆分为三个区段：输送段、塑化段和挤出段。输送段通常是单线螺纹，挤出段通常是双线螺纹，塑化段变化较多，如主、辅螺纹相结合。

螺距有等距和变距之分，螺槽有等深和变深之分，通常为等距不等深或等深不等距。所谓等距不等深就是说全部螺纹间距相等，但螺槽深度从加料端起逐渐变浅；而等深不等距则是说螺槽深度相等，但螺距从加料端起逐渐变小。

螺杆长径比定义为螺杆有效长度（L）与螺杆自身直径（D）的比值。螺杆长径比越大，胶料在机筒内的行程越长，橡料受到的剪切、混炼和挤压作用就越大，塑化好、挤出稳定，但阻力因之增大，能量消耗也就更大。螺杆的长径比可粗略地分为 4～10、12～16、18 及以上几个级别。

一般来说，长径比为 4～10 者多用于热喂料挤出。所谓热喂料是指橡料必须在热状态下喂入挤出机，例如，把室温下的含硫橡料经开炼机温橡至适当温度后，用刀切分并成为卷状或条状，喂入挤出机，以挤出成型。热喂料挤出的关键有二，一是喂料（给料量）的连续稳定，二是挤出机各段的温度要合理、稳定。

长径比为 12～16 者用于多种橡料的冷喂料挤出，简称为“冷挤”。冷挤是把常温下的含硫橡页、橡条等直接喂料进入挤出机，当其到达出口端时，已具有很好的流动性，能够顺利成型。冷喂料挤出有如下优点：

1）无须二次混炼，故节省人力和设备。

2）胶料温度均匀。冷喂料不同于热喂料，不会出现因混炼时间及批次不同出现胶料的温度波动。凭借长螺杆的强力搅拌，橡料在机筒内完成热炼、塑化，所有胶料温度均匀，从而使挤出物质量稳定，并可降低焦烧危险。

3）适用范围大，即使高门尼粘度的胶料，也可顺利挤出。

长径比为 20∶1 的螺杆多用于冷喂料抽真空式挤出机（也叫排气式挤出机）。这种螺杆的中间部分专门设计了排气段。与排气段对应的机筒上设置有抽真空装置。这个抽真空装置可以抽出胶料中的空气、水分和其他挥发物。这种挤出机多用于常压连续硫化，由于排出了橡料中的大部分气体，可大大降低常压硫化时橡皮中的气孔产生。冷喂料抽真空式挤出机多用于大批量精密橡胶密封件的生产，少见于电线电缆。

挤出机的规格一般以螺杆直径命名，例如，45 挤出机、150 挤出机即是指其螺杆直径分别为 45mm 和 150mm。

螺杆压缩比是指螺杆加料端一个螺槽的容积与出料端一个螺槽的容积比。螺杆压缩比表示胶料在挤出机内所受到的压缩程度。热喂料挤出机的螺杆压缩比一般为 1.3~1.4，冷喂料挤出机的螺杆压缩比一般为 1.6~1.8。适当的螺杆压缩比是使挤出物内部密实、外表光滑的重要条件。

2. 机头

机头是将挤出机压出的胶料引导到成型模具的机械装置，一般由橡料腔体（流道）、机体连接、模具支撑以及加热、冷却装置组成。对于电线电缆来讲，若是单层挤包，机头一般与挤出机呈直角布置；若是双层挤包，机头可以处于两台挤出机中间，也可以位于两台挤出机的一侧；若是三层共挤，机头则处于挤出机的交叉位置，挤出机一般呈 Y 形布置。

现代意义上讲，机头已成为一独立的复杂、精密装置，不仅具有导流、汇集橡料的作用，而且具有精密的温度控制功能。导流是指把来自某一挤出机的橡料流引导至成型模具处；汇集是指把来自不同挤出机、不同性质的橡料，经过各自流道汇集到成型模具处。看得见的是，除了单层挤出成型外，双层共挤系统、三层共挤系统已成为常态，此即为通常所说的双层共挤机头和三层共挤机头，例如，绝缘+护套双层共挤，导体屏蔽+绝缘+绝缘屏蔽三层共挤。双层共挤机头、三层共挤机头当然可用于单层挤制。多层共挤不仅提高了生产效率，而且提高了产品质量，例如，绝缘的内、外表面可以充分光滑并保持充分洁净。

在机头出口和外模连接部位可以加装滤网。滤网设置类似于滤胶机，但目数应更高些。

3. 模具

模具是将可流动的橡料挤压为一定形状的成型装置。模具安装在机头的出口。对于电线电缆而言，一般为圆形。若是单层挤出，只有内模和外模，也有将之称为模心和模套的。内模为中空外锥形，安装于模胆（支撑机构）上；外模为中空内锥形，安装于机头的模座上。内模锥度小于外模锥度，两者构成一锥形空间，胶料在强烈挤压下流出模口，并包覆在穿过内模的导体上。内、外模的锥度无严格规定，因为一台挤出机可以适用多个电线规格，每个规格必须使用与之相配的模具，其锥度是必须变化的，关键要求是出胶顺畅，连接部位不得有任何死角，否则将有胶料残留。残留胶料往往是产品质量的硬伤，例如焦烧、电压击穿等。外模锥度越大，挤出时的反压力就越大，一旦超过设备承载限度，将损坏设备。有必要指出的是：

1）内模，其工作部分只是一截去了锥尖的锥台，一般没有柱状延伸，而其中空部分，只在出口的 10~15mm 的范围内，有精确的内径要求，以稳定导体。

2）锥端的壁厚大则不利于橡料的包覆。

3）外模，其内锥出口为光洁的圆孔，圆孔直径的大小决定了挤出物的直径；关键是圆孔的长度，长度大，摩擦阻力大，胶料与模口接触时间长，有可能出现表面毛糙甚至焦烧现象；长度小，挤出压力小，出胶量大，但可能定径不稳。

4）内、外模口间的距离，这个距离决定了内、外模间的空间。与线速相配合，空间小时为达到出料量，则必须提高挤出机转速，挤出压力大，剪切力大，温升大，则易出现焦烧；反之，空间过大，螺杆转速低，剪切力小，很可能造成塑化不良、外径不稳、表面不细腻等现象。

用于双层共挤的模具分为内模、中模和外模；用于三层共挤的模具分为内模、二模、三模和外模。其作用及关注点类似于单层挤出模具，不再赘述。仅需强调的是，二模、三模的内外表面都必须有很小的表面粗糙度值。

当然，电线电缆所使用的模具远非只是圆形，例如，扁电缆，用于单独隔离动力线芯的三半圆中心填充等，都属异形模具。异形模具的设计制造虽然复杂，但从使用上看，与圆形模具是类似的。

4. 常用挤出温度

各种胶料挤出成型的参考温度见表 12-4-5。

表 12-4-5 各种胶料挤出成型的参考温度

胶料		机身温度/℃	机头温度/℃	模口温度/℃
天然(-丁苯)橡胶		50~60	70~80	80~90
丁苯橡胶		50~70	70~80	100~105
氯丁橡胶		40~50	60~70	80~90
乙丙橡胶		60~70	70~90	90~110
丁基橡胶		30~40	50~60	90~110
氯化聚乙烯		50~60	70~90	90~110
氯磺化聚乙烯		40~50	60~70	80~90
硅橡胶	双 2,4 硫化	常温	常温	<60
	过氧化物硫化	50~60	70~90	90~110

4.4.2 硫化

硫化是使已挤出成型的橡料在一定温度、时间和压力作用下，完成硫化反应，成为真正的橡皮制品（不仅具有需要的形状，而且达到需要的物理力学性能和老化性能等）。下面分别简单介绍硫化理论和硫化方式。

1. 硫化理论

理论上，硫化历程可分为四个阶段：硫化诱导（焦烧）阶段、热硫化阶段、正硫化阶段和过硫阶段。

(1) 硫化诱导阶段 在此阶段内，交联尚未开始，胶料具有良好的流动性，能够加工成型。此阶段的长短取决于胶料的焦烧性能。至此阶段终点，胶料开始变硬并丧失其流动性。

(2) 热硫化阶段 以胶料开始变硬为标志，在热能作用下，胶料内部发生交联反应，反应速度的大小取决于橡皮配方及硫化温度。在此阶段终点，橡皮的物理力学性能接近于最佳状态。

(3) 正硫化阶段 在这一阶段，橡皮的综合性能达到了最佳状态。对应于这一阶段的温度和时间，分别称为正硫化温度和正硫化时间，统称为正硫化条件。正硫化是一个阶段，在这个阶段内，橡皮的各项物理力学性能基本上保持恒定，或者变化很小，所以也称为硫化平坦阶段。

(4) 过硫阶段 继平坦硫化阶段之后，若继续硫化，便是过硫阶段。过硫后，橡皮的物理力学性能下降，甚至老化，性能恶化。

温度、时间和压力是硫化的三个要素。除饱和蒸汽硫化外，这三个要素是相互独立的。温度和时间是实现硫化的充分、必要条件。温度为硫化剂、促进剂的分解提供足够的能量，再经过适当的时间，方可充分完成硫化反应。所以，硫化的关键是追求适当的温度和时间，以达正硫化为目的。当温度一定时，若硫化时间不够，将造成欠硫。欠硫就是交联不充分，橡皮的物理力学性能尚未达到最佳水平，若此时强行结束硫化，将导致橡皮发粘、线芯压扁等现象；若硫化时间过长，则出现过硫，过硫的危害前已提及。再说压力，压力是保证橡皮致密性的重要条件。实际上，即使是常压也可实现硫化，但由于硫化反应过程必然伴随着低分子物的产生，加之橡料中某些材料含有少量水分，这些低分子物和水分均匀分布于橡料中，若无外力约束，就在橡皮内部甚至表面形成气孔，温度越高，气孔尺度则越大，这是必须规避的，尤其是绝缘产品。所以，硫化过程必须施以压力，而且应持续到橡皮冷却至适当温度方可解除。另外，对于纤维加强型橡皮护套而言，外部压力是使内外层橡皮与加强层牢固粘结的不可或缺条件。

如前所述，除压力外，对硫化过程和正硫化的控制，关键在于硫化温度和时间。硫化温度对硫化时间的影响，通常用硫化温度系数来表示。其表达式为

$$\tau_1/\tau_2 = K^{(t_2-t_1)/2} \quad (12\text{-}4\text{-}2)$$

式中 τ_1——温度为 t_1 时所需硫化时间；

τ_2——温度为 t_2 时所需硫化时间；

K——硫化温度系数；

t_2-t_1——温度差。

硫化温度系数 K 是指在特定温度下，橡皮达到一定硫化程度所需时间与温度相差 10℃ 条件下达到相同硫化程度所需时间的比值。K 值因胶料而异，一般在 1.9~2.1 之间，通常取值为 2。这样，当温度变化时，按式（12-4-2）可求出与之对应的硫化时间。由式（12-4-2）不难算出，硫化温度每升高 10℃，硫化时间则仅为原来的一半。这也就是常说的 10℃ 定律。提高硫化温度固然可以提高硫化速度，但应注意的是，橡胶是不良导热体，达到温度平衡需要较长的时间过程，对于厚制品来说，内外温差增大，将导致内外硫化程度不一致。

2. 硫化方式

实现硫化的方式有多种，用于电线电缆的一般有罐式间歇硫化和连续硫化。所谓间歇硫化就是分批次进行硫化；连续硫化则是与挤出成型联动，边挤出，边硫化。

(1) 罐式硫化 罐式硫化装置是橡胶制品行业最早使用且现今仍在使用的硫化系统，由硫化罐及配套装置组成。从加热方式看，有蒸汽直接加热硫化和间接加热硫化。蒸汽直接加热，即罐体内直接

通入蒸汽，加热至硫化所需温度；间接加热大多采用罐内装设蒸汽散热排管，将空气加热后，硫化产品。此外，为了获得较高的硫化温度，近年来开发出了远红外硫化罐。远红外光的波长为3～1000μm，而橡胶的吸收光谱为3～100μm，正好被远红外波谱覆盖。远红外波类似于微波，具有直进性、穿透性和反射性，当照射吸收光谱与之一致的物体时，温度因之上升，而且是表里部分同步。因此，可利用远红外波直接加热胶料硫化之。远红外硫化罐内的压力可达2.2MPa。

硫化罐有立式和卧式之分，一般由罐体、罐盖、加热、加压及控制系统组成，辅之以硫化产品出入及支撑装置。最早的硫化罐为双壁夹层结构，夹层中设置蒸汽加热管路，对罐内空气加热，使之达到硫化温度。现代多用单壁结构，若是蒸汽加热，则蒸汽加热器布置于内壁上。以蒸汽为热源、以空气为硫化介质的硫化方法，可杜绝加热起步阶段的冷凝水滴落，故多用于对表面质量要求较高的橡胶制品。现代多用混气加热方式。混气加热方式，即采用蒸汽和压缩空气混合气体为硫化介质。首先是用压缩空气为硫化介质，待罐内温度达到硫化起点时，再直接通入蒸汽，直至硫化完成。此方法的特点是，克服了空气传热慢、硫化时间长的缺点，也避开了加热起步阶段的局部冷凝滴落现象，既缩短了硫化时间，又保证了产品表面质量。远红外硫化罐具有升温快、产品表面好和节能等优势。

用于电线电缆的常是卧式硫化罐，而且是蒸汽直接加热硫化。20世纪70年代及以前，橡皮多采用硫磺为硫化剂，硫磺的最佳硫化温度为143℃。为维持这一最佳硫化温度，蒸汽压力一般为0.3MPa，故只需低压罐。硫化罐的构造与橡胶制品所使用的没有差异，主要区别在于线缆容纳和支撑机构，而且有大、小线之分。

小线是指小规格的绝缘线芯和橡套软线的护套。小线的收容机构由轨道车、托盘和托盘架组成。托盘上衬以棉絮。操作过程是，首先将挤出成型的线缆浸泡于滑石粉水池中，经充分冷却和隔离后，再在托盘上以手工盘成螺线状。托盘数层叠放，进入硫化罐。这就是早期的橡套电缆生产方式。现在，这种生产方式已不采用，代之以连续硫化。

大线收容机构主要由轨道车和可以旋转的卷筒组成，是一个可移动的线缆收容系统。轨道一端连接挤出机的收线系统，通过机械传动驱动卷筒，将成型的电线、电缆卷绕在卷筒上；轨道另一端与硫化罐内轨连接，可直接进入罐内。

电线电缆的罐式硫化主要优点有：①几乎没有工艺废品，做到物尽其用；②长于制造短段电线电缆，尤其适用于小批量产品；③能够提高电线电缆的柔软性。

以上优点主要基于与连续硫化的对比上。首先说工艺废品。连续硫化时，管道长度一般都是几十米甚至上百米，往往是看不见，摸不着，一旦出现故障，例如偏心、焦烧、欠硫、进水等，每次都将造成几十米甚至上百米的废品。而罐式硫化，挤包成型可从容进行，即使出现缺陷，也可从容修补，连同工艺废品橡料都可重新使用。其次说制造长度，首先是受制于托盘和卷筒容量，其次是线芯的卷绕叠放，因自重压扁及相互粘连之虞，最好是只有一层，这就极大地限制了单根长度。为了增加单根长度，前人曾做过不少尝试，如包带硫化、压铅硫化。包带硫化，即在线芯卷绕到卷筒上之前，先施以隔离剂（如滑石粉），再包以布带，从而消除多层叠放的粘连问题，硫化后再解除包带。随之而来的问题有残留纤维、表面布痕、因包带不整造成的绉痕等。包带硫化多用于较大规格的绝缘。压铅硫化是将包带代之以铅套。铅套除有隔离作用外，还具有加压和承重的作用，因此可以多层叠放，增大长度。硫化完毕后，再用剥铅机剥除铅套。铅套本身强度低，支撑能力有限，层数不可能增加太多，因此单根长度不可能过多增加。压铅硫化多用于护套。值得一提的是，只要模具配合得当，压铅硫化所形成的橡皮表面极致细腻光滑，迄今为止，美国市场仍有需求。最后说提高电缆柔软性。在相同电缆结构下，罐式硫化可以通过控制压力和时间，在远远小于连续硫化的压力下完成硫化，因此，绝缘较疏松地包覆在导体上，护套比较疏松地包覆在缆芯上，导体和线芯因之有较大的移动空间，故柔软性好，这是加压连续硫化无可比拟的。

需要指出的是，现代电缆用橡皮多以过氧化物为硫化剂，无论是蒸汽直接加热还是混气加热，都将破坏硫化，原因在于介质中的氧气存在。氧气会消耗过氧化物所产生的自由基，使橡皮硫化不好。这就是说，传统罐式硫化不适于过氧化物硫化的产品。如果坚持采用罐式硫化，首先是排除空气，其次是更高的温度，利用远红外加热、氮气加压的硫化罐，应该是可行的。

另外要说明的是，罐式硫化的橡料不能照搬连续硫化的橡皮配方和加工工艺，首先是橡料塑性要低于连续硫化者，即在硫化过程中，尤其是起始阶段，不能出现自身压扁现象。

(2) 连续硫化 (Continuous Vulcanization, CV) 连续硫化系统由线缆系统（挤出成型、收放线等）、硫化介质、加热、加压、冷却系统组成。挤出成型有单层、双层和三层共挤系统；硫化介质有空气、氮气、饱和蒸汽、盐液、硅油等；加热方式有蒸汽、电力和微波能等。通常，以硫化介质命名连续硫化系统，如蒸汽硫化、盐浴硫化、热风硫化、氮气硫化、微波硫化等。

1）蒸汽连续硫化（Steam Continuous Vulcanization, S-CV）系统。S-CV是电线电缆最常用的连续硫化系统。该系统可简单概括为三个分系统，即线缆系统、高压蒸汽系统和冷却系统。线缆系统包括挤出成型、收放线等。高压蒸汽系统包括蒸汽锅炉、输送管道和硫化管道。硫化管道两端分别与挤出机模口和冷却管道对接。根据生产规格的大小，硫化管道被设计为倾斜式和悬链式。倾斜式适于制造25mm^{2}及以下绝缘线芯和自重相差不大的电缆护套。其工作原理是，挤出机连续不断地将含硫橡料包覆在导体或缆芯上，并进入硫化管道；由蒸汽锅炉产生的高压饱和蒸汽，经过输汽管道，送入硫化管道，并对管道中的线缆进行硫化；硫化完毕的绝缘线芯或电缆，进入冷却管道，经充分冷却后，进入收线装置。

蒸汽锅炉是产生蒸汽的核心装置。过去，多采用燃煤锅炉，为万无一失计，通常是两台配置，压力通常为2.5MPa。为防止煤尘污染以及满足系统的空间要求，燃煤锅炉一般都远离用汽点，而且必须有高高的烟囱和长长的管道，即使有很好的绝热措施，蒸汽压降依然很大，当到达连续硫化生产线时，压力达到2.0MPa，当属不易。燃煤锅炉，即使没有用汽需求，仍需要持续保温，必须维持炉膛的燃烧状态。随着环保力度加大，燃煤锅炉因烟尘排放而受到极大限制，现在一般采用燃气锅炉，以煤气或天然气为燃质。燃气锅炉虽仍是高压容器，但由于不存在粉尘污染，故可以放置于与连续硫化机最近的安全距离内，从而大大缩短了输送管道，可在几乎没有压降的情况下，直接送达连续硫化设备。燃气锅炉自动化程度很高，一般是多台小型锅炉并联运行，在维持压力情况下，可根据用汽量自动调整其运行数量。燃气锅炉的最大压力一般不超过2.0MPa。

硫化管道是完成硫化的温度和压力空间。一般原则是，包覆在导体或缆芯上的胶料，在管道规定的长度、温度和压力条件下，从出模口到进入冷却的时间应正好等于其正硫化所需时间。硫化管道中的饱和蒸汽，既是热能载体，又是加压介质，而其压力与温度存在一一对应关系。所以，硫化管道的长度和蒸汽压力是决定连续硫化速度的两个关键参数。当管道长度一定时，蒸汽压力越高，则管内温度越高，硫化速度越快，生产速度则越高；当蒸汽压力为定值时，管道越长，则硫化速度越快，生产速度则越高。具体工艺参数应结合具体生产线验证并确定之。饱和蒸汽压力与温度的对应关系见表12-4-6。有必要指出的是，当蒸汽压力达到2.0MPa后，如果继续提高压力以提高温度，从而提高硫化速度，是不经济的措施，道理很浅显，压力每上升0.1MPa，温度仅上升2℃左右，即能量转换效率很低。这应当是燃气锅炉设计压力不大于2.0MPa的关键因素。

表12-4-6 饱和蒸汽绝对压力（MPa）与温度（℃）的对照关系

整数位 \ 小数位	.0	.1	.2	.3	.4	.5	.6	.7	.8	.9
0	100	121	134	144	153	160	165	171	176	180
1	183	188	192	195	198	201	204	207	210	212
2	215	217	219	222	225	227	228	230	232	234

注：表中数据，经大间隔取整处理，过于粗劣，可能与其他文献数据不一致，仅供参考。

硫化完毕的产品应进行全性能测试，首先是物理力学性能，以判断是否达到了设计（配方）要求，必要时，应对连续硫化的工艺参数进行调整。

蒸汽连续硫化贵在连续与高速，如果蒸汽压力小于0.8MPa，就失去了连续硫化的价值。

蒸汽连续硫化过程中，可能出现的质量问题如下：

① 焦烧、欠硫或过硫。产生欠硫或过硫，只能通过调节蒸汽压力（温度）和生产线速度来解决，使之刚好达到正硫化条件；而焦烧问题，则往往由挤出温度过高所造成。应当清楚的是，挤出机的机头是与硫化管道紧密相连的，蒸汽不仅使胶料硫化，同时也在加热模具和机头，这就要求必须加强机头温度的测量和控制，必要时，采取强迫冷却。

② 露肋。所谓“露肋”，是指橡皮嵌入导体或

缆芯缝隙的痕迹。痕迹的产生，直接原因当然是蒸汽的高压，间接原因是模具选用过大或内外模间隙过小。若模具过大，挤出后形成空管，被蒸汽强行压覆在导体或缆芯上，从而形成了这种现象；若内外模之间的间隙过小，出胶量不够，没有充裕橡料填充缝隙，自然形成肋痕。

③ 鼓包或爆裂。鼓包或爆裂的产生，首要原因是局限于绝缘或护套空间内的空气和因硫化产生的低分子气体。若没有在高压约束下充分冷却，这些仍处于热状态的气体一旦脱离出口密封，将自动膨胀，首先是在绝缘或护套的薄弱处形成鼓包，一旦超出其承受能力，就会爆裂。就其出现的频率来说，绝缘甚于护套，实心导体甚于多根（股）导体，单芯电缆甚于多芯电缆。究其原因，首先是橡皮厚度，一般是绝缘小于护套；其次是容排气空间，若是实心导体，几乎没有容、排气空间，如果局部存在油渍、水分，鼓包、爆裂要严重得多；而多根导体，包括多芯电缆，因其有较大的容、排气空间，鼓包或爆裂则偶有出现；如果在多根导体外包覆了非透气性的隔离层，则类似于实心导体绝缘；单芯电缆，若非绝缘、护套双层共挤，除类似于实心导体绝缘外，同时还因绝缘二次硫化，将在绝缘和护套界面上产生较多气体，从而加剧鼓包或爆裂。鼓包或爆裂还与操作过程使用的辅助材料有关，例如，透明胶带或PVC胶粘带，往往用于端头接续以及包扎处理，殊不知，这些胶粘带的粘结材料在高温下极易分解为气体，观察表明，凡使用了此类材料的地方，几乎百分之百地出现鼓包或爆裂。

要消除鼓包或爆裂，首先是避免使用易于热分解的辅助材料，再者就是充分的高压冷却。在高压下充分冷却，要么增加冷却段长度，要么降压减速，总之，必须协调整个系统，使之完美统一。

④ 端头进水。端头进水，尤其是在高压蒸汽连续硫化条件下，往往造成几十米甚至上百米的废品。解决之道，没有成规，只能在引线和中间接头的密封上下足工夫，做到万无一失。

2）蒸汽和电力联合加热连续硫化系统。相较于单独蒸汽连续硫化系统，此系统增加了电加热功能，其优点是，即使在低压蒸汽条件下，通过调整电热功率，仍可正常连续硫化。

3）氮气连续硫化系统。此系统类似于XLPE生产线，在电加热和氮气加压条件下连续硫化。其缺点是，生产效率远远低于S-CV系统，原因是氮气的传热效率较低；其优点是，干法硫化，适用于中、高压橡皮绝缘电缆。理论和实践均证明，高压蒸汽能够侵入绝缘内部，不仅降低绝缘性能，而且有“水树”之患。

4）热风连续硫化系统。热风连续硫化，即以热空气为硫化介质且在常压下的连续硫化。加热空气的方式可采用电热丝，也可采用燃气。对于橡胶制品而言，此系统一般不单独使用，仅用作微波等硫化的后续硫化装置。对于电线电缆而言，此系统多用于以双2，4为硫化剂的硅橡胶绝缘电缆生产线，无论是绝缘还是护套都可。该系统的优点是，结构简单，一台挤出机和收、放线装置，辅以加热和冷却装置，即形成一个完整的系统。其缺点是，由于没有压力约束，难免出现气孔或气泡，绝缘内部很难致密，常用消除气孔的方法，诸如在橡料中加入干燥剂、采用排气式挤出机等，概莫助之，其原因有二，一是硅橡胶胶料是成品混炼胶，已加入了硫化剂，无须二次混炼，仅在开炼机上轧片、切条后，即挤出成型，很难再加入其他添加剂；二是挤出温度不能高于60℃，很难排出胶料中的气体，抽气无效。故热风硫化只能用于生产低压产品。

5）盐浴连续硫化。盐浴硫化，只是液体连续硫化介质（Liquid Curing Media，LCM）体系中的一种，例如，硅油、多烯烃醇、共熔金属等，都是液体硫化体系中的成员。然而，在液体硫化体系中，盐浴硫化占有率高达90%以上，LCM因之成为盐浴硫化的代称，亦即LCM就是盐浴硫化。盐浴硫化也称为熔盐硫化，即以液态盐为硫化介质。液态盐是共熔盐，有两种组分，其一是$KNO_3/NaNO_2/NaNO_3$，比例为53%/40% /7%，共熔点为143℃，密度为1.9g/cm^3；其二是$LiNO_3/KNO_3$，比例为32%/68%，共熔点也为143℃。两种熔盐的共熔点均为143℃，这恰是硫磺的最佳硫化温度。由此不难看出，硫化方法首先要满足硫磺作为硫化剂的硫化。

盐浴硫化之所以获得广泛应用，主要原因如下：

① 盐品易得，成本低廉。上述三种盐料，属常用化工产品，只需按比例混合，经溶化、结晶、破碎后，即可投入使用。

② 盐液性能稳定，温度可达230~260℃。

③ 盐液比热容大，导热效率高，硫化速度快。

④ 盐液密度大，对浸没其间的橡皮有稍许浮力作用。

⑤ 适用范围广，可用于多种条状橡胶制品。

⑥ 盐溶解于水，很易从产品表面清除。

当然，盐浴硫化也有缺点，主要如下：

① 不利于纯天然橡胶制品的硫化。高温下，硝酸盐具有氧化作用，对于纯天然橡胶制品，氧化影响表面质量和硫化效果。

② 污染。污染包括环境和职业健康。已证明硝酸盐、亚硝酸盐是致癌物质，其直接作用是，进入人体后形成亚硝酸胺，所以，操作者必须严格防护，杜绝盐从口入。做到了不从口入，硝酸盐、亚硝酸盐对操作者的影响，也许不及腌菜、火腿等对人体的伤害。对环境的影响主要是硫化后的电线电缆表面，总要残留微量的盐质，经过冷却水时，溶于水中，如果外排，其污染作用类似于化肥，通过生物、植物链，影响人类健康。

盐浴连续硫化有常压和加压之分。

常压盐浴硫化类似于热风硫化系统，只不过是将空气加热装置代之以盐槽。但是，由于盐液比热容大，传热效率高，较之热风硫化，硫化反应要剧烈得多，由此造成的问题主要如下：

① 橡皮断面上有气孔。要减少或消除橡皮断面气孔，首先是所用材料不含水分，其次是在橡料中加入干燥剂（氧化钙），最后是使用抽真空式挤出机。

② 有燃烧危险。高温硫化时必然伴随低分子物的产生，当气体积聚到一定程度且达到燃点时，易起火燃烧，因此必须有可靠的防范措施。常压盐浴硫化适用于多种橡胶制品的硫化，但少见于电线电缆制造。

加压盐浴连续硫化（Pressed Liquid salt Continuous Vulcanization，PLCV） 生产线可简单区分为四个系统：线缆系统（挤出成型和收、放线系统）、盐浴系统、加压系统（压缩空气或氮气）和冷却系统。线缆系统、加压系统和冷却系统无须细述，主要是盐浴系统。盐浴系统主要由贮盐管、盐泵、注盐枪和盐浴管组成。贮盐管呈水平放置，两端分别与盐浴管的回流口（同时也是加盐口）和盐泵相连。盐浴管呈倾斜状，高端通过伸缩管与挤出机机头相连，低端内设有注盐枪，与盐泵相连，从而形成一个闭合的盐流系统：贮盐管→盐泵→注盐枪→盐浴管→贮盐管。盐泵将来自贮盐管中的盐液经注盐枪注入盐浴硫化管道，液位由低至高，可以控制，充满盐浴管后经回流口返回贮盐管。停机时，盐浴管内的盐液可从低端直接汇入贮盐管。管道内的压力，无论是盐浴管还是冷却管，均取决于压缩气体。压缩气体从盐泵和冷却管之间注入。通常，盐液温度一般是 190～210℃，气体压力一般为 0.5～0.8MPa。

PLCV 的优点如下：

① PLCV 的硫化速度快，生产效率高。这主要取决于盐液的特性，其比热容大，且传热效率高，一般认为其硫化速度是 S-CV 的一倍以上。所以，从设备长度上看，PLCV 要远小于 S-CV 系统。

② PLCV 适于高压电缆产品。PLCV 属干法硫化，无水分侵害之虞，既可用于橡套电缆，也可生产 XLPE 电缆。

③ PLCV 适于大截面产品。能够生产大截面产品，与盐液密度大有关，电缆浸没于盐液中，在一定浮力下完成了硫化。

④ PLCV 加工安全。加工安全，莫过于挤出成型。由于伸缩管和盐液回流口将挤出机和高温盐液远远隔离开来，盐液的高温只能通过加热空气作用于机头，对模具的影响可以说是微乎其微，只要挤出机各段温度和胶料性能正常，成型状态自可轻松维持，这可以说是 PLCV 系统独有的优越性。

⑤ PLCV 生产的橡皮断面致密。致密源于系统的高压约束，从硫化起步到冷却完成的整个过程，系统内部自始至终处于等压状态，从而避免了气孔的形成。

当然，PLCV 系统也存在缺点，主要如下：

① 盐液的高温氧化作用。高温氧化作用主要表现在，首先是不能单独使用天然橡胶。若单独使用天然橡胶，无论是产品表面还是硫化质量都严重受损，因此必须采用天然橡胶-丁苯橡胶并用。其次是橡皮表面发粘。PLCV 恶化天然橡胶产品表面，是氧化发粘的极端表现，而对于过氧化物硫化的其他胶种，同样存在高温氧化发粘现象，严重时，出口密封的摩擦足以在产品表面形成划痕，形似擦管。解决之道有三种，首先是以氮气代替空气，虽不能改变盐液自身氧化的本质，但可以减少压缩气体中的氧气，此亦即氮气加压的 PLCV。其次是缩短硫化时间。缩短硫化时间，例如，提高线速度或提高橡料硫化速度，可以减少橡皮在盐浴管中的停留时间，从而降低氧化程度，当然，提高线速度应以满足硫化程度为前提。最后是降温减压。降温降压不但可以减缓盐液自身的氧化反应，同时可以减少压缩空气中的氧气密度。

② 对橡皮配方要求苛刻。由于盐液比热容大、传热效率高，较之其他硫化方式，硫化反应要剧烈得多，若配方不当，即使有高压冷却，也很难消除橡皮断面气孔。实践证明，适于 PLCV 系统的橡皮配方一定适于 S-CV 系统，而适于 S-CV 系统者未

必适于 PLCV 系统，这就充分说明盐液和蒸汽两种硫化介质的刚柔差别。

6）微波连续硫化。微波硫化，也称为超高频硫化（Ultra High Frequency Continuous Vulcanization，UHF-CV），就是用微波将胶料加热到硫化温度。微波是指频率为 200~3000MHz 的电磁波，国际上工业通用的微波频率为 2450MHz。微波加热必须借助于胶料内部的极性分子或物质。其原理是，在高频交变电场的作用下，胶料组分中的极性分子产生快速的交变取向运动，由于分子热运动和相邻分子的阻碍，极性分子便与周围分子产生摩擦，橡料因之生热。这种加热，因为是整个橡皮断面上的极性物质同时发生，故具有内外同步性。这种加热，温升极快，其速度是普通加热方式的 10~100 倍。这种加热，因周围空气不能吸收微波能量，故能量几乎被橡料全部吸收，因此能量转换效率极高，与传统加热方式相比，以加工相同的产品为条件，达到热硫化所需温度时能耗可下降 2/3。

如前所述，微波加热是利用橡料极性物质的交变转向而生热的，其中分子的热运动及周围分子的阻滞效应是重要条件。但是，随着温度的不断上升，分子的热运动因之加剧，周围分子的阻滞效应在不断减弱，当温度上升到某一极限程度时，微波能的转换效率将下降许多。此时，若要维持温度，或者继续升高温度，利用微波加热反倒是不可取的。因此，利用微波将橡料迅速加热至热硫化温度，是微波硫化的最大价值。若用微波完成硫化的全过程，从能耗角度讲，那将是得不偿失的。所以，微波硫化一般不单独使用，而是与热风硫化结合起来。两者的结合，可以充分发挥各自优势：首先利用微波将橡料迅速预热至热硫化温度，然后以热风维持或加速其硫化状态，直至完成硫化。热风温度甚至可高达 300~500℃。所以，用于电缆的微波硫化系统一般包括线缆系统、微波加热系统、热风（二次）硫化系统和冷却系统。

根据微波硫化的原理，极性分子是微波硫化的必要条件。这似乎是说，微波硫化仅适于极性橡胶，例如氯丁橡胶、丁腈橡胶、氯化聚乙烯、氯磺化聚乙烯等，而对于非极性橡胶来说，似乎不具优势。对纯胶加热而言，的确如此。例如，纯丁腈橡胶，微波加热 90s 左右，温度可达 180℃；纯氯丁橡胶，微波加热 120s，温度接近 180℃；而对于非极性、弱极性橡胶来说，温升缓慢，微波加热 8min 时的温度见表 12-4-7。

表 12-4-7 微波加热 8min 时弱极性、非极性橡胶的温度

橡胶名称	SBR 丁苯橡胶	BR 顺丁橡胶	NR 天然橡胶	EPDM 三元乙丙橡胶	IIR 丁基橡胶
温度/℃	124	114	102	84	68

然而事实是，微波硫化同样适于非极性橡胶，前提是必须赋予其“极性”。极性的得来需要通过构造橡皮配方来实现，即通过加入对微波敏感的添加剂，以适应微波硫化。试验证明，HAF（N330）高耐磨炭黑、FEF（N550）快压出炭黑、SRF（N770）半补强炭黑、水合二氧化硅（白炭黑）等，具有很好的微波加热特性，而常用的碳酸钙、滑石粉、高岭土等填充料，则对微波加热不敏感。这就是说，为适应微波硫化，必须建立新的橡皮配方体系，如果将适合其他硫化方式的橡皮配方照搬过来，很可能达不到应有的硫化效果。

微波硫化一般是在常压下进行的。常压硫化时橡皮断面的气孔问题依然存在，应采取的措施仍然是，原材料干燥处理、橡料中加入干燥剂（氧化钙）和采用排气式挤出机。

另外，有的文献指出，微波硫化不适于过氧化物，设计配方时应予足够重视。

关于硫化方式用于橡胶制品的，还有多种，例如沸腾床（BCM）连续硫化、剪切机头连续硫化等，但用于电线电缆的不多。

第5章

橡胶和橡皮的试验方法

在低压电线电缆产品中，绝缘橡皮、护套橡皮及半导电橡皮所占比例较大。为了保证电线电缆的质量，必须对橡胶和橡皮的性能进行测试，以考核其是否符合要求。这种测试分为两种：一种是对电线电缆成品上的橡皮进行性能测试；另一种是对橡胶原材料、胶料配方及橡皮进行性能测试，作为电线电缆生产中的质量中间控制手段。本章主要简述后一种测试。

根据电线电缆产品要求不同，各种橡皮的测试项目有所不同；即使项目相同，而指标要求也往往不同，但是试验方法基本一致。所以，除特殊要求的试验方法另有规定外，均按以下试验方法进行有关性能试验。

5.1 物理力学性能测试

5.1.1 一般要求

1. 试样的制备

1）半成品胶片或试样采用平板硫化机模压胶片，试验前，胶片或试样至少应存放16h。在实验室温度23℃±2℃下放置时间不应少于3h，也不准超过720h；在放置过程中不应受机械应力、热的作用及阳光的直射，不应受到易引起橡胶溶胀、腐蚀的液体介质及显著促进橡胶老化的气体侵蚀。

2）用裁片机裁切试样时，裁刀的刃口用水或中性皂液润滑；一次只准裁切一个试样，不准把胶片重叠在一起，裁切时必须一次裁断，不准重刀。

3）试样的工作部分不应有任何缺陷或机械损伤。

4）片状试样的受力方向应与胶片的压延或压出方向一致。

5）用作对比试验的试样，必须用同一方法硫化和同一方法制备，否则试验结果无可比性。

2. 试验条件

1）除了在有关试验方法中另有规定的试验项目外，所有的橡胶物理力学性能试验均应在23℃±2℃的室温中至少放置3h进行，并应将试验时的室温记录在试验报告中。

2）用拉力试验机进行各种试验时，必须保证使用负荷在试验仪器满标负荷的15%～85%的范围内。

3）试验用的各种设备、仪器和工具，应保证相应的试验方法规定的测量精度。温度计、裁刀、厚度计、硬度计、拉力试验机等各种试验仪器，须经校正合格后才能使用。

3. 试验数据的整理

标准中规定用算术平均值或中值表示试验结果的试验项目，其数据整理按以下规定进行：

1）用算术平均值表示试验结果时，先用全部试验数据计算出平均值，有些试验数据对平均值的偏差如超过表12-5-1中的规定，则应把这些数据舍去，再用剩下的数据重新算出平均值，直到每一数据对新平均值的偏差都符合表12-5-1的规定为止。

表12-5-1 试验数据的取值方法和允许偏差

试验项目	允许偏差	试验项目	允许偏差
密度	±1%	拉断伸长率	中值
拉伸强度	中值	撕裂强度	±15%
定伸应力	中值	邵氏A硬度	中值

2）用中值表示试验结果时，试验数据应按数值的递增或递减次序排列，若有效数据的个数为奇数时，则取中间的一个数值为中值；若有效数据的个数为偶数时，则取中间两个数值的平均值为中值。

3）表示试验结果平均值的试样不准少于试验方法中规定的最少个数，否则试验无效，应重做试验。

4）试验结果按表 12-5-2 所列有效数字填写试验报告。

表 12-5-2　试验报告中试验结果的有效数字

试验项目	测定值		试验结果值	
	单位	有效数字	单位	有效数字
密度	g	小数点后三位	g/cm³	小数点后两位
拉伸强度	N	小数点后一位	MPa	整数位
拉断伸长率	mm	整数位	%	整数位
定伸应力	N	小数点后一位	MPa	整数位
永久变形	mm	整数位	%	整数位
撕裂强度	N	小数点后一位	N/m	整数位
邵氏 A 硬度	度	整数位	度	整数位

5.1.2　密度（天平法）

1. 仪器与设备

1）感量为 0.001g 的天平。

2）盛有蒸馏水的烧杯，容量为 250mL。

3）试验跨架及用直径在 0.2mm 以下的铜丝或毛发制的吊环。

2. 试验步骤

1）试样在试验前应在标准实验室温度 23℃±2℃下放置不少于 2h。取质量不少于 1g 的任意形状的试样不少于 3 个。试样不得有气泡和裂缝，表面不应附有油污或杂质。用天平称出试样在空气中的质量，精确到 0.001g。

2）按图 12-5-1 所示的试验装置，把跨架放置在天平盘和吊环的空档中，彼此不能有任何部位的接触。称其在蒸馏水中的质量，精确到 0.001g。

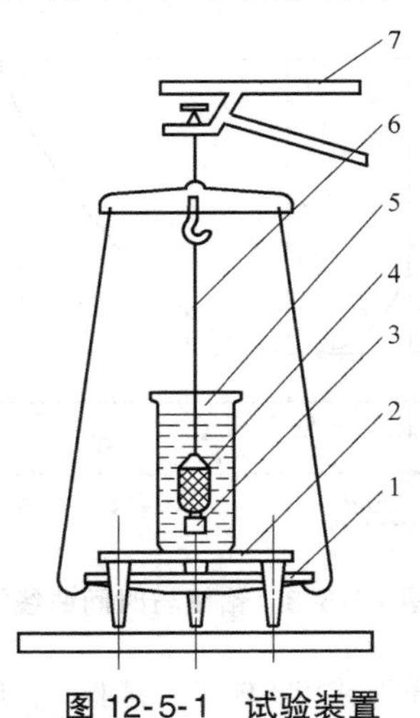

图 12-5-1　试验装置

1—天平盘　2—架子　3—坠子　4—试样　5—烧杯　6—铜丝或毛发制的吊环　7—天平梁臂

3）先用蒸馏水润湿在空气中称过质量的试样的表面，然后套在吊环上，称其在水中的质量，精确到 0.001g。

4）若橡胶的密度小于 1g/cm³ 时，则在吊环上另挂一个坠子，把试样坠入水中进行称量，但应测定坠子及吊环在蒸馏水中的质量。试样在蒸馏水中称量时，其表面不应附有气泡，试样的温度应与蒸馏水的温度相接近。

3. 结果计算

1）试样在试验温度下的密度 ρ 按下式计算：

$$\rho=\frac{m_1}{m_1-m_2}\rho_0 \qquad (12\text{-}5\text{-}1)$$

式中　ρ_0——蒸馏水在试验温度下密度（g/cm³），取 1.00g/cm³；

m_1——试样在空气中的质量（g）；

m_2——试样在水中的质量（g）。

2）当使用坠子时，计算公式为

$$\rho=\frac{m_1}{m_1+m_3+m_4}\rho_0 \qquad (12\text{-}5\text{-}2)$$

式中　m_3——坠子在水中的质量（g）；

m_4——试样和坠子在水中的质量（g）；

其他符号意义同前。

试验结果均按所有试样的算术平均值表示。

5.1.3　粘度（用门尼粘度计）

本方法用门尼粘度计测定未配合和已配合的橡胶在特定条件下，测定在充满试样的模腔中的转子转动所需的转动力矩，并将此转动力矩以门尼粘度为单位记录或指示在分度盘上。

1. 仪器与设备

门尼粘度计由转子、模腔、温度控制指示系统和转矩测量系统组成，如图 12-5-2 所示，转子转速为 2r/min，转动力矩为（84.6±0.2）kgf·cm（1kgf=9.8N），为 100 个门尼粘度值。相当于分度盘上 100 个刻度（即转动力矩 8.29N·cm 为 1 个门尼粘度），分度盘示值的波动应小于 0.5 个门尼粘度值。

2. 试验步骤

1）试样为两个圆形胶片，直径约为 45mm，厚度约为 8mm，在其中一片的中心钻一直径约为 8mm 的圆孔，试样中不应有杂质、气泡。在实验室条件下停放 2h 以上方可进行试验，但不得超过 240h。

2）把模腔和转子预热到 100℃，其波动范围不得超过 1℃。门尼粘度计在无负荷（带转子）转动时，记录仪或分度盘指针应指在零点。

3）打开模腔，将转子杆插入一个试样的中心孔内，并把转子放入模腔，然后再把另一个试样准确地放在转子上面，迅速密闭模腔预热试样，一般为1min（预热前1/2min密闭室半闭，后1/2min全闭）。起动电动机，使转子以（2±0.02）r/min的速度转动。一般把试验机转动4min时的门尼粘度值作为试样的粘度。为防发粘，允许橡胶与模腔之间衬以玻璃纸或涂隔离剂。

3. 结果计算

1）一般以转动4min的门尼粘度值表示试样的粘度，并用50ML(1+4)100℃表示，符号中50M为粘度；L为大转子；1为预热1min；4为转动4min；100℃为试验温度。

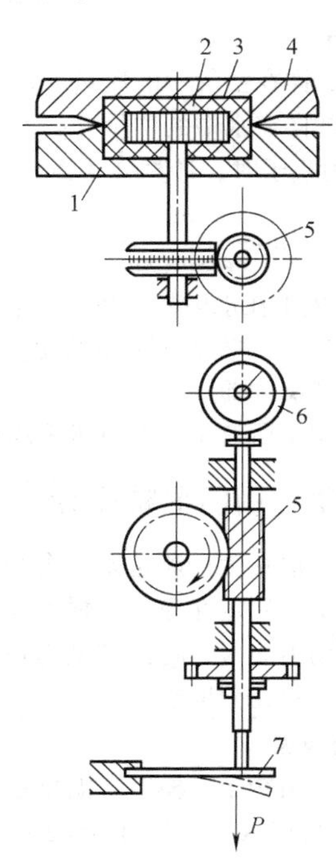

图12-5-2 门尼粘度计的结构

1—下模腔 2—转子直径（大转子：38.1mm±0.03mm，小转子：30.48mm±0.03mm，转子厚度5.54mm±0.03mm 3—模腔直径50.9mm±0.1mm，模腔深度10.59mm±0.03mm 4—上模腔 5—蜗杆 6—分度盘 7—顶杆

2）读数精确到0.5个门尼粘度值，以整数位计。

3）用不少于2个试样结果计算算术平均值，试样结果差不得大于2个门尼粘度值，否则应重复试验。

5.1.4 胶料硫化指数（焦烧）

本方法是在特定条件下，根据未硫化胶的粘度变化，测定橡胶胶料开始出现硫化现象（即焦烧）的时间和硫化指数。

1. 仪器与设备

与橡胶门尼粘度试验方法相同，但允许使用小转子。小转子除直径为30.48mm±0.03mm外，其他尺寸均与大转子相同。

2. 试验步骤

1）将模腔和转子预热到120℃±1℃。试验前使粘度计无负荷（带转子）转动时记录仪或分度盘的指针为零。

2）打开模腔，将转子杆穿入一个试样的中心孔内，并把转子放入模腔，然后再把另一个试样准确地放在转子上面。迅速密闭模腔预热试样，一般预热时间为1min（前$\frac{1}{2}$min密闭室半闭，后$\frac{1}{2}$min全闭）。为防发粘，允许橡胶与模腔之间衬以玻璃纸或涂隔离剂。

3）预热时间结束，立即开放电动机使转子以（2±0.02）r/min的速度转动，并立即记录初始门尼粘度值。然后每隔0.5min或1min记录一次门尼粘度值，直到门尼粘度值下降到最低点再转入上升5个门尼粘度值为止。若测硫化指数，则应延长至上升35个门尼粘度值为止。当用小转子时，粘度值到最低点再分别上升3个门尼粘度值或18个门尼粘度值为止。

3. 结果计算

1）从粘度与时间关系曲线（图12-5-3）上可得如下试验结果。

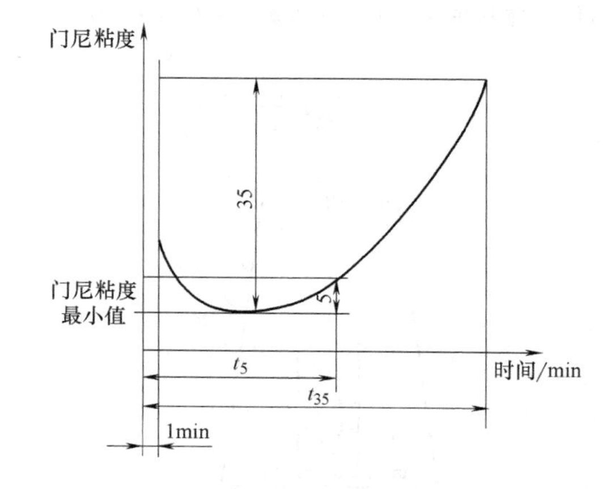

图12-5-3 粘度与时间曲线

用大转子（或用小转子）试验时，焦烧时间t_5（或t_3）为从试验开始到胶料粘度下降到最低点再转入上升5（或3）个门尼粘度值所对应的时间。

2）用大转子（或小转子）试验时，硫化指数 $\Delta t_{30}=t_{35}-t_5$（或 $\Delta t_{15}=t_{18}-t_3$）。硫化指数小，硫化速度快；反之，硫化指数大则硫化速度慢。

3）试样数量不得少于 2 个，以其算术平均值表示。焦烧时间在 20min 以下者，2 个试样的结果之差不得大于 1min. 焦烧时间在 20min 以上者，2 个试样的结果之差不得大于 2min，超过允许偏差时应重复试验。测定值精确到 0. 5min，计算结果精确到整数位。

5. 1. 5　胶料硫化特性（圆盘振荡硫化仪法）

本方法用圆盘振荡硫化仪测定橡胶胶料的硫化特性。把橡胶试样密封于有一定压力和温度的试验模内，在试样中埋入一个以一定频率和振幅振荡的双圆锥形转子，转子的振荡使试样产生剪切变形，连续测定试样对转子的反作用力矩，这样得到一条完整的转矩-时间的硫化曲线，从该曲线（图 12-5-4）上可取得硫化特征值。

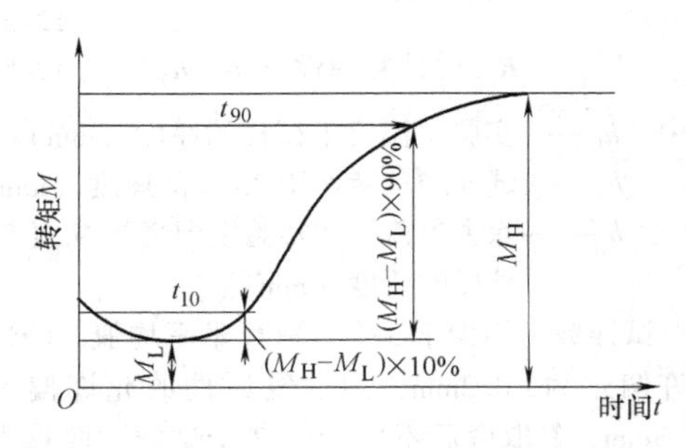

图 12-5-4　硫化曲线示意图

M_H—最高转矩　M_L—最低转矩

t_{10}—初期硫化（焦烧）时间

t_{90}—试样达到最适硫化所需要的时间

1. 仪器与设备

硫化仪由温度控制的模腔及模腔内的双圆锥形转子组成，其结构如图 12-5-5 所示。

1）转子振荡频率为 0. 05Hz±0. 002Hz（3r/min ±0. 12r/min），转子角振幅为 3°±0. 02°（总振幅为 6°）。

2）转矩记录仪指针的全行程时间不得大于 1s，记录基本误差不得超过全量程的 0. 5%。

3）温度调节范围为 80～200℃，波动范围不得超过±0. 5℃。

4）建议试验温度在 100～200℃之间，或其他商定的温度，但温度对硫化速度影响很大，必须严格控制。

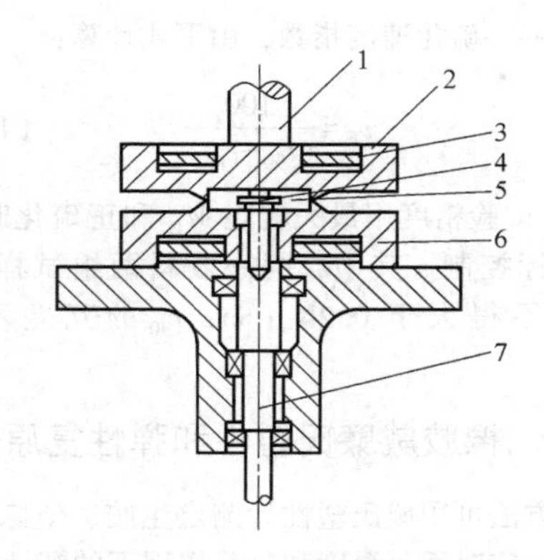

图 12-5-5　转子式硫化仪的结构

1—活塞杆　2—上平板　3—电热器　4—模腔

5—转子　6—下平板　7—主轴

2. 试验步骤

1）试样为直径约 38mm、厚度约 12. 5mm 的两个圆片，其中一个圆片的中心钻直径约为 10mm 的圆孔。试样不应有气泡、杂质和灰尘等污物，试样加工后在室温下停放 2h 即可试验，但停放时间不得超过 240h。

2）调整温度调节仪，使上、下模腔和转子加热至试验所需温度（以模腔温度计示值为准）。试验前调整记录仪指针，使之位于记录纸中间位置（即 50%处）。将一组中有圆孔的试样套在转子下面，然后放入下模腔中，另一个试样放在转子上面，合模后立即开动试验。如试样发粘，可以垫上玻璃纸或涂上隔离剂。

3）待硫化曲线平坦后，关闭试样机，起模，取出转子，清除模腔和转子上粘附的胶屑。然后再进行下一组试验。若试验 90min 以后，硫化曲线仍没有出现平衡转矩或最高转矩时，可以停止试验。

3. 结果计算

1）从硫化曲线（图 12-5-4）上一般取以下数据：

M_L——最低转矩（N · m），反映胶料在一定温度下的流动性；

M_H——到规定试验时间之后，仍然没有出现最高转矩的硫化曲线，所达到的最高转矩（N · m）；

t_{10}——初期硫化（焦烧）时间（min），即从试验开始到曲线由最低转矩上升 0. 2N · m时所对应的时间；

t_{90}——试样达到最适硫化时间（min），即由试验开始到转矩达到 $M_L+0.9(M_H-M_L)$ 时所对应的时间；

v_c——硫化速度指数，由下式计算：

$$v_c=\frac{100}{(t_{90}-t_{10})} \quad (12\text{-}5\text{-}3)$$

2）试验精度用最大转矩 M_H 和正硫化时间 t_{90} 两个指标控制。其中，同一胶料两组试样的 M_H 的互差不得大于 0.2N·m；t_{90} 的互差不得大于 4min。

5.1.6 橡胶威廉氏塑性和弹性复原性

本方法可用威氏塑性计测定生胶、塑炼胶、混炼胶在一定时间、温度和负荷作用下的塑性和弹性复原性。

1. 仪器与设备

采用图 12-5-6 所示的威廉氏塑性计。

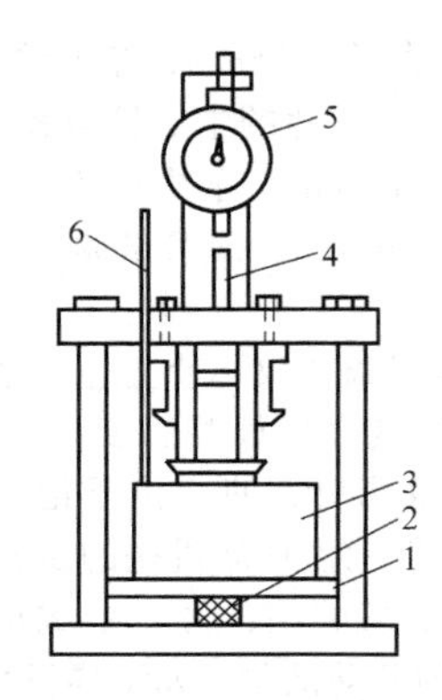

图 12-5-6 威廉氏塑性计示意图

1—上压板 2—试样 3—重锤 4—支架
5—百分表 6—温度计

塑性计的负荷由上压板与重锤等组成，其总质量为 5kg±0.005kg。在支架上装置百分表，分度为 0.01mm。试验时，塑性计垂直装在恒温箱内的架子上，离箱底不小于 60mm，重锤的温度可调节为 70℃±1℃或 100℃±1℃。

此外，还应备有厚度计，其测量面直径为 10mm±0.1mm，压重为 100g±10g。

2. 试验步骤

1）取直径为 16mm±0.5mm，高为 10mm±0.3mm 的圆柱形试样 3 个，试样不应有气泡、气孔和杂质。如果胶厚达不到要求，应在取样时立即趁热重叠粘合。

加工后的胶料在 2~24h 内制备试样进行试验。

2）用厚度计测量试样高度，精确到 0.01mm。如果试样发粘，可垫上玻璃纸，在测量高度时，应减去玻璃纸的厚度。

3）根据需要选择 70℃±1℃或 100℃±1℃的试验温度，只有同一温度试验结果才有比较性。试样在该温度下预热 3min。

4）将预热后的试样放到压板间的中心部位上压缩 3min。测量在负荷作用下的高度，精确到 0.01mm。

5）去掉负荷，取出试样，在实验室温度下放置 3min，测量恢复后的高度。

3. 结果计算

A 法：

$$\text{塑性值}=h_1\times100 \quad (12\text{-}5\text{-}4)$$

$$\text{弹性复原值}=(h_2-h_1)\times100 \quad (12\text{-}5\text{-}5)$$

B 法：

$$S(\text{柔软性})=(h_0-h_1)/(h_0+h_1) \quad (12\text{-}5\text{-}6)$$

$$R(\text{还原性})=(h_0-h_2)/(h_2-h_1) \quad (12\text{-}5\text{-}7)$$

$$P(\text{塑性})=SR=(h_0-h_2)/(h_0+h_1) \quad (12\text{-}5\text{-}8)$$

$$R'(\text{弹性复原性})=h_2-h_1 \quad (12\text{-}5\text{-}9)$$

式中 h_0——实验室温度下试样的厚度（mm）；
h_1——试样经负荷作用 3min 的厚度（mm）；
h_2——除去负荷，在实验室温度下恢复 3min 试样的厚度（mm）。

试样数量不少于 3 个，取算术平均值，塑性的允许偏差为±0.2mm，弹性复原性的允许偏差为±0.3mm，经取舍后不应少于 2 个试样，取算术平均值。

5.1.7 硫化橡胶力学性能

力学性能试验是指在规定温度下，把试样放在拉力试验机上进行拉伸，直至将试样拉断，测量并计算硫化橡胶的拉伸强度、定伸应力、拉断伸长率及永久变形等。

1. 仪器与设备

拉力试验机的测力计一般分惯性（摆锤式）和非惯性（电子式）两种。本方法介绍摆锤式拉力试验机（图 12-5-7）。试验机应附有测量试样伸长的装置以及自动记录装置。试验机的负荷分度不应大于满标负荷的 2%。测伸长的标尺分度为 1mm。

哑铃形试样裁刀的形状和尺寸应符合图 12-5-8 的规定，各部尺寸的允许偏差为±0.05mm。裁刀刃口应锋利。试样的裁切方向应与压延的压出方向一致。

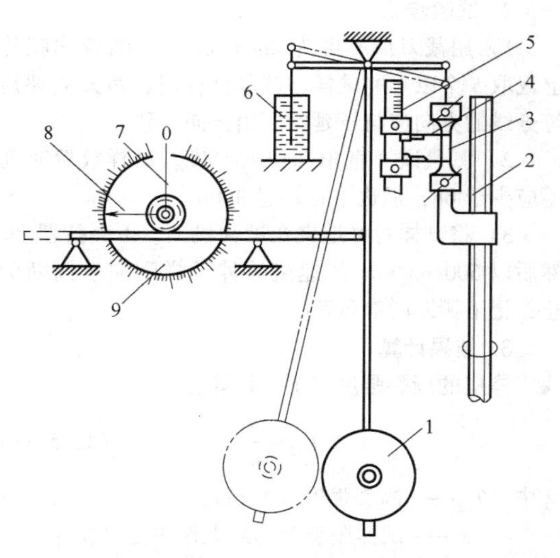

图 12-5-7　摆锤式拉力试验机

1—摆锤　2—丝杆　3—试样　4—测伸长指针　5—测伸长尺　6—缓冲器　7—负荷指示指针　8—负荷读数指针　9—负荷读数盘

2. 试验步骤

1）用哑铃形裁刀从厚度为 2mm±0. 03mm 的硫化胶片上裁取 5 个以上试样。在试样的工作部分用不影响橡胶物理性能的印色印两条距离为 25mm±0. 5mm 的平行标线，标线的宽度不应超过 0. 5mm。然后测标距内厚度，测量部位应不少于 3 点，同一试样标距内厚度的最大差值为 0. 1mm。

2）将试样对称并垂直地夹在上、下夹持器上，使下夹持器以（500±10）mm/min 的下降速度拉伸试样，并测量试样工作部分的伸长直到拉断为止。如果仪器带有自动记录和绘图装置，则可得到一条负荷伸长曲线或应力-应变曲线。在拉伸过程中，应根据试验要求，记录下试样被拉伸到规定伸长率时的负荷。

3）取下已拉断的试样，放置 3min 后，再把断裂的两部分吻合在一起，用精度为 0. 5mm 的量具测量吻合好的试样的标距，计算永久变形值。

4）试样如果在标线以外拉断或断面上有直接可见的缺陷或杂质时，则试验结果作废。

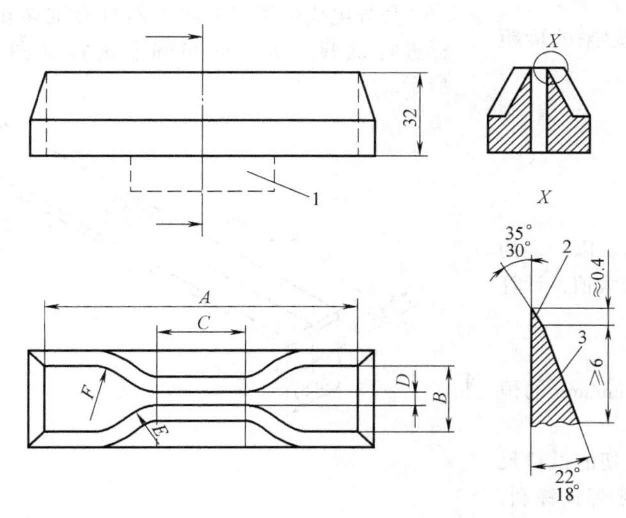

尺寸	1型	1A型	2型	3型	4型
*A*总长度(最小)①/mm	115	100	75	50	35
*B*端部宽度/mm	25.0±1.0	25.0±1.0	12.5±1.0	8.5±0.5	6.0±0.5
*C*狭窄部分长度/mm	33.0±2.0	20.0^{+1}_{0}	25.0±1.0	16.0±1.0	12.0±0.5
*D*狭窄部分宽度/mm	$6.0^{+0.4}_{0}$	5.0±0.1	4.0±0.1	4.0±0.1	2.0±0.1
*E*外侧过渡边半径/mm	14.0±1.0	11.0±1.0	8.0±0.5	7.5±0.5	3.0±0.1
*F*内侧过渡边半径/mm	25.0±2.0	25.0±2.0	12.5±1.0	10.0±0.5	3.0±0.1

① 为确保只有两端宽大部分与机器夹持器接触，增加总长度从而避免“肩部断裂”。

图 12-5-8　哑铃形裁刀的形状和尺寸

1—固定在配套机器上的刀架头　2—需研磨　3—需抛光

3. 结果计算

1）定伸应力和拉伸强度按下式计算：

$$\sigma=\frac{F}{bd} \tag{12-5-10}$$

式中 σ——定伸应力或拉伸强度（MPa）；

F——试样所受负荷（N）；

b——试样工作部分宽度（mm）；

d——试样工作部分厚度（mm）。

2）定应力伸长率和拉断伸长率按下式计算：

$$\varepsilon=\frac{L-L_0}{L_0}\times100\% \tag{12-5-11}$$

式中 ε——定应力伸长率或拉断伸长率；

L——试样达到规定应力或断裂时的标距（mm）；

L_0——试样初始标距（mm）。

3）断裂永久变形按下式计算：

$$H=\frac{L_1-L_0}{L_0}\times100\% \tag{12-5-12}$$

式中 H——断裂永久变形；

L_1——试样断裂后停放 3min 对起来的标距（mm）；

L_0——试样初始标距（mm）。

试验结果取中值。

5.1.8 撕裂强度

本方法是把直角形试样在拉力机上，以一定的速度连续拉伸到撕断为止，读取力的最大值，计算撕裂强度。

1. 仪器与设备

1）拉力试验机，以（500±10）mm/min 的恒速进行拉伸。

2）直角形撕裂强度试样裁刀所裁切的试样尺寸尺寸如图 12-5-9 所示。裁刀切口必须保证锋利，刃口不得呈锯齿状。

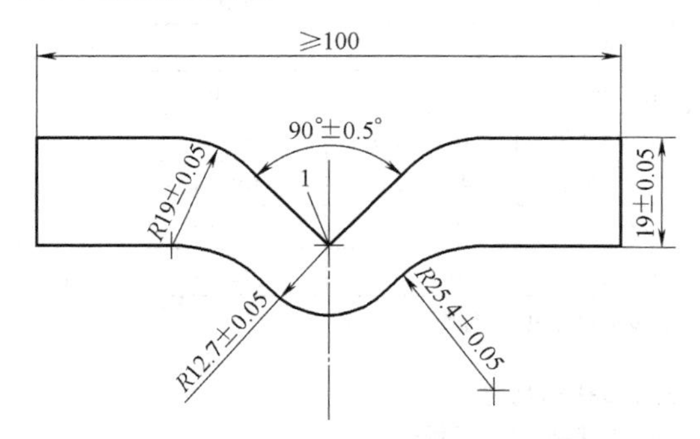

图 12-5-9 直角形撕裂强度试样裁刀的形状和尺寸

2. 试验步骤

1）用裁刀从厚度为 2mm±0.3mm 的硫化胶片上裁取 5 个以上的试样。裁取试样时，裁刀撕裂角等分线的方向应与压延的压出方向一致。

2）测量试样直角部位的厚度。试样放置时间不应少于 6h，但也不得超过 360h。

3）将试样对称地夹在试验机上、下夹持器上，然后以 500mm/min 的速度拉伸试样到完全撕断为止，记下撕断时的负荷。

3. 结果计算

橡皮的撕裂强度按下式计算：

$$T_{s2}=\frac{F}{d} \tag{12-5-13}$$

式中 T_{s2}——撕裂强度（N/m）；

F——试样撕裂时的最大作用力（N）；

d——试样厚度（m）。

计算测量结果的算术平均值，每个试样的单个数值与平均值之差不得大于 15%，经取舍后试样个数不应少于原取试样数量的 60%。

另外电线电缆产品也用新月形试样和裤形试样进行试验。新月形和裤形试样如图 12-5-10 所示。

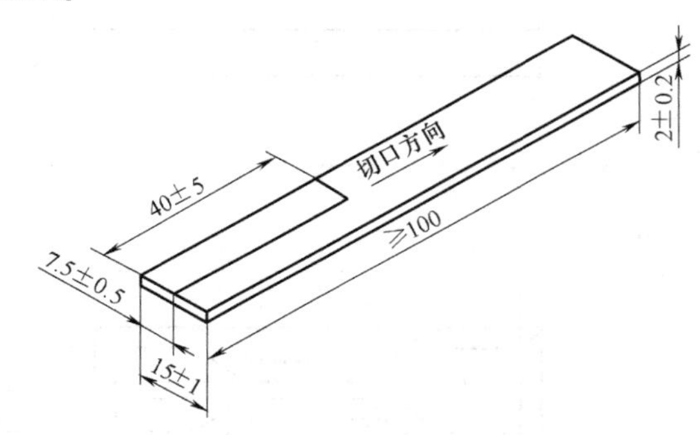

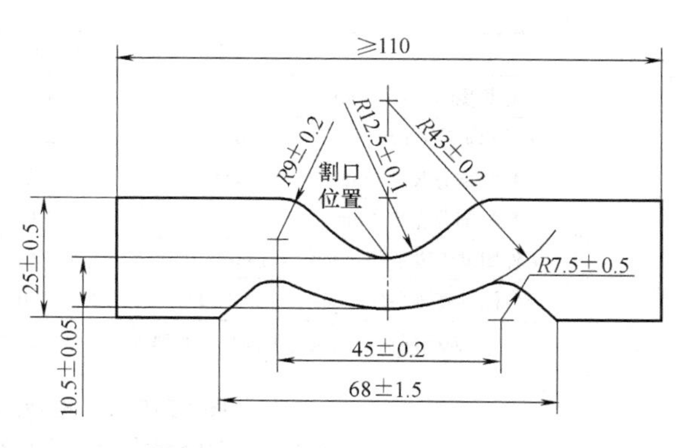

图 12-5-10 新月形和裤形试样

5.1.9　邵氏 A 硬度

用外力将硬度计压针压在硫化橡胶试样表面上，观察硬度计指针所示的度数。邵氏 A 型硬度计测量范围为 20~90 度。

1. 仪器与设备

硬度计在自由状态时，压针的形状和尺寸应符合图 12-5-11 的规定，压针应位于孔的中心，硬度计的指针应指在零度，当压针被压入小孔，其端面与硬度计底面在同一平面时，指针所指刻度应为 100 度。

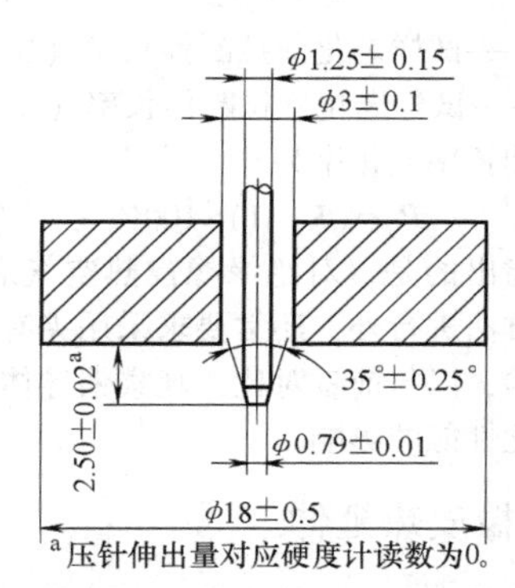

图 12-5-11　邵氏 A 型硬度计压针的形状和尺寸

邵氏 A 硬度计读数与砝码质量的关系应符合图 12-5-12 的规定，允许偏差为±0.08N（或硬度 1 度）。

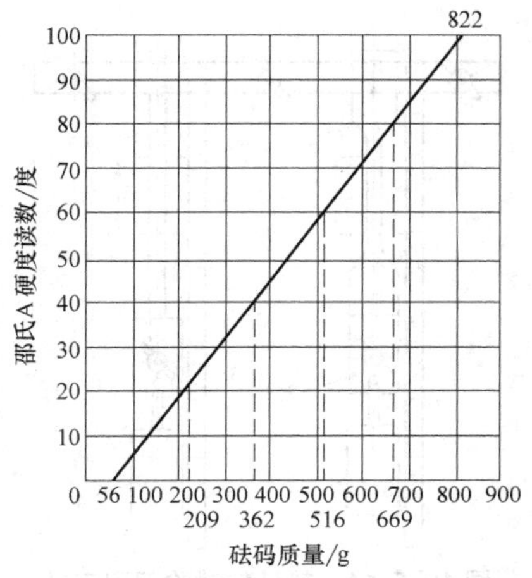

图 12-5-12　邵氏 A 硬度计读数与砝码质量的关系

2. 试验步骤

1）试样的厚度不小于 6mm，硬度计的测量位置距离任一边缘至少为 12mm。若厚度达不到要求，可以将同样的胶片重叠起来测定，但不得超过 3 层，并要求上下两面平行。

试样表面应光滑、平整，不应有缺陷、机械损伤及杂质等。试样表面如有杂物，应用纱布蘸酒精擦净。

2）硬度计用定负荷架辅助测定试祥硬度，在试样缓慢地受到 9.8N（1kgf）负荷（硬度计的底面与试样表面平稳地完全接合）时立即读数。

试样上的每一点只准测量 1 次硬度，点与点间距离不少于 6mm。

3. 结果计算

以邵氏 A 型硬度计的刻度（0~100 度）为测定值。每个试样测量点应不少于 5 点，取中值为试验结果。

5.1.10　橡皮回弹性

本方法是橡皮试样在受到外力作用时产生变形，在变形时试样吸收能量，当试样恢复原来形状时，一部分能量恢复，而另一部分能量在试样内转变为热能，作为机械能而损失。恢复能与损失能之比，也就是摆锤回弹高度和落下高度之比叫作回弹性。

1. 仪器与设备

1）试验仪是由带有试样夹持器的机座、试样夹紧装置、半圆形击锤、摆杆和一个回弹值分度盘及指针等组成的。

2）摆锤是由摆杆和击锤所组成的。

摆锤回弹试验机如图 12-5-13 所示。

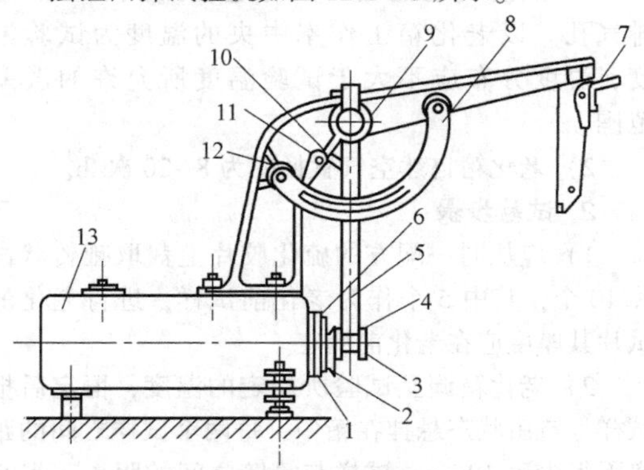

图 12-5-13　摆锤回弹试验机

1—夹持器平台　2—夹持器爪　3—击锤半圆头
4—摆击锤　5—摆杆　6—试样　7—松脱钩
8—分度盘　9—摆轴承　10—弹簧钩
11—限制器　12—指针　13—机座

2. 试验步骤

1）取试样厚度为 12.5mm±0.5mm，直径为

ϕ29mm～ϕ53mm，且不应少于2个。试样表面应平行、光滑，不得有气泡或夹有织物及增强层，如试样表面发粘，允许在试样表面撒一层薄薄的滑石粉。如试样厚度达不到要求，允许几层试片叠起测量，但不得超过3层。

2）试样硫化后必须在室温下停放16h后方可进行试验，但最长不得超过960h，试验前试样应放置在标准温度下30min后方可进行试验。

3）调整试验机呈水平，将试样平稳地夹紧在夹持器上，使摆击锤同试样表面相切，抬起摆锤至水平位置，并用机架上挂钩钩住，将指针调至零位，松开挂钩，摆锤自由落下冲击试样，前4次冲击不记回弹值，作为试样机械处理，第5次冲击时读取回弹值。

3. 结果计算

每个试样测定3点，各点之间距离不小于10mm。取3点数值的中间值为一个试样的试验结果，以2个试样中值的算术平均值作为该样品的回弹值。

5.2 热性能和耐油性能测试

5.2.1 橡皮热空气老化

本方法是硫化橡胶在常压和规定温度下检验其物理力学性能的变化。

1. 仪器与设备

1）热空气老化箱，具有连续鼓风装置、进排气孔。以老化箱工作室中央的温度为试验温度，温度分布应不大于试验温度所允许的误差范围。

2）老化箱自然空气置换率为8～20次/h。

2. 试验步骤

1）应从同一配方的硫化胶片上裁取哑铃状试片10个，其中5个作为老化前试样，进行老化的试片其厚度应在老化前测定。

2）老化箱调至试验所规定的温度，恒定后把试样呈自由状态悬挂在箱中，每两个试样之间的距离不得少于10mm，试样与箱壁之间的距离不得小于50mm。

3）试样按要求放入箱内后，即开始计算老化时间，到规定的老化时间时，立即取出试样。

4）取出的试样在23℃±2℃的温度下停放4～96h，并在这期间印上标线，然后按橡皮拉伸强度和拉断伸长率试验方法进行试验。

3. 结果计算

橡皮耐热老化性能用老化系数K_1和K_2表示，取值精确到小数点后两位。

1）老化系数K_1（拉伸强度）按下式计算：

$$K_1=\sigma_2/\sigma_1 \qquad (12\text{-}5\text{-}14)$$

式中 σ_1——试样老化前拉伸强度（MPa）；

σ_2——试样老化后拉伸强度（MPa）。

拉伸强度变化率为

$$P_1=(K_1-1)\times100\% \qquad (12\text{-}5\text{-}15)$$

2）老化系数K_2（拉断伸长率）按下式计算：

$$K_2=\varepsilon_2/\varepsilon_1 \qquad (12\text{-}5\text{-}16)$$

式中 ε_1——试样老化前拉断伸长率（%）；

ε_2——试样老化后拉断伸长率（%）。

断裂伸长率变化率为

$$P_2=(K_2-1)\times100\% \qquad (12\text{-}5\text{-}17)$$

应该指出的是，对绝缘橡皮热空气老化试验，除按上述方法进行外，还常要求采用夹有铜片的试样进行试验，以与前者对比，观察铜导体对绝缘橡皮耐热老化性能的影响。

5.2.2 橡皮热延伸

本试验是测定弹性体在热和负荷作用下的伸长及永久变形，以考核橡胶的硫化程度。

1. 仪器与设备

1）自然通风烘箱，换气率为8～20次/h。

2）热延伸试验架和夹具，如图12-5-14所示。

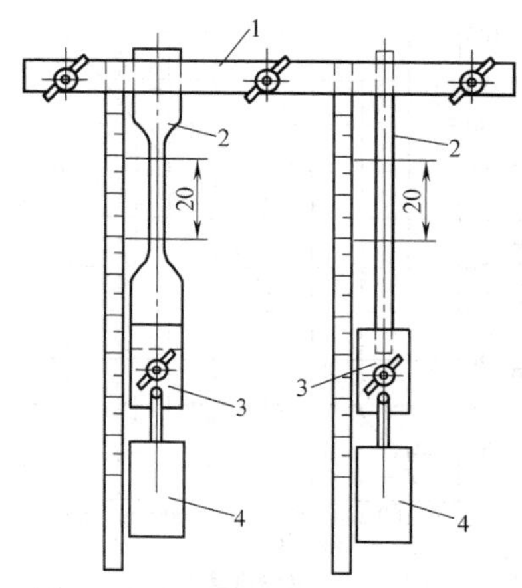

图12-5-14 热延伸试验架和夹具

1—固定装置 2—管状或哑铃状试片
3—夹具 4—重锤

3）钢直尺，分度值为1.0mm。

2. 试验步骤

1）将两个试片和钢直尺夹持在试验架上，试片下端挂上有关标准规定的负荷，如图 12-5-14 所示。

2）将装好试片的试验架放入烘箱中，达到有关标准规定的温度 15min 后，立即测量标志线间的距离，如烘箱没有观察窗，允许打开箱门进行测量，测量时间不应超过 30s。有争议时，试验应在有观察窗的烘箱内进行，并不应打开箱门测量。

3）测量后应立即除去试片下端负荷（在下夹头处剪断试样）。试片应在规定试验温度下复原 5min，然后从烘箱中取出试片，冷却至室温，测量标志线间的距离。

计算载荷下伸长率按下式计算：

$$\varepsilon=\frac{L-L_0}{L_0}\times100\% \qquad (12\text{-}5\text{-}18)$$

式中 ε——载荷下伸长率；

L——试样达到规定应力和时间时的标距（mm）；

L_0——试样初始标距（mm）。

3. 结果计算

1）在规定温度下负重 15min 后，伸长率中值应不超过有关标准的规定。

2）自然冷却后试样标志线间距离的中值与放入烘箱前标志线间距离的增量应不大于有关标准中规定的百分比。

5.2.3 耐油试验

本试验是用以测定橡皮试样经油浸泡前、后性能的测定。

1. 仪器与设备

1）自然通风烘箱。其温度波动范围应不大于试验温度允许的波动范围。

2）盛油容器。

2. 试验步骤

1）按橡皮拉伸强度和拉断伸长率试验方法的规定，裁取同一配方硫化胶的哑铃形试样不少于 10 个，浸油前测量厚度。

2）将盛油容器预热到所要求的试验温度。把 5 个试样悬挂于预热过的油内，油面与试片之间、试样与试样之间、试样与器壁之间应有适当的距离。

3）将悬挂有试样并盛有油的容器，置于所需试验温度的老化箱中。试验温度为 50℃±2℃，试验用油为 20#机油，有争议时采用 ASTM2#油。

在老化箱中经 24h 后，将容器取出，在室温下放置 1h；然后从油中取出试样，于酒精中洗涤 30s 后，再用滤纸吸净试样上的油迹。每次试验后，必须更换油。

4）将 5 个浸油后试样和 5 个未经浸油的试样，在同一时间内在拉力试验机上进行物理力学性能的测定。

3. 结果计算

橡皮耐油性能用老化系数 Y_1 和 Y_2 表示，取值精确到小数点后两位。试验结果取 5 个试样的算术平均值，经取舍后的试验数量应不少于 3 个，允许偏差为±10%。

1）耐油系数 Y_1（拉伸强度变化率）按下式计算：

$$Y_1=\sigma_2/\sigma_1 \qquad (12\text{-}5\text{-}19)$$

式中 σ_1——试样浸油前拉伸强度（MPa）；

σ_2——试样浸油后拉伸强度（MPa）。

2）耐油系数 Y_2（拉断伸长率变化率）按下式计算：

$$Y_2=\varepsilon_2/\varepsilon_1 \qquad (12\text{-}5\text{-}20)$$

式中 ε_1——试样浸油前拉断伸长率（%）

ε_2——试样浸油后拉断伸长率（%）。

5.3 其他性能测试

橡胶或橡皮的其他性能，如燃烧性能、电性能等的测试方法，均与塑料相同，详见第 11 篇 7.3 节和 7.4 节。

5.4 仪器分析

5.4.1 红外光谱

红外光谱法（IR）是利用红外辐射与物质分子振动或转动的相互作用，通过记录试样的红外吸收光谱进行定性、定量和结构分析的方法。

1. 仪器与设备

傅里叶变换红外光谱仪如图 12-5-15 所示。

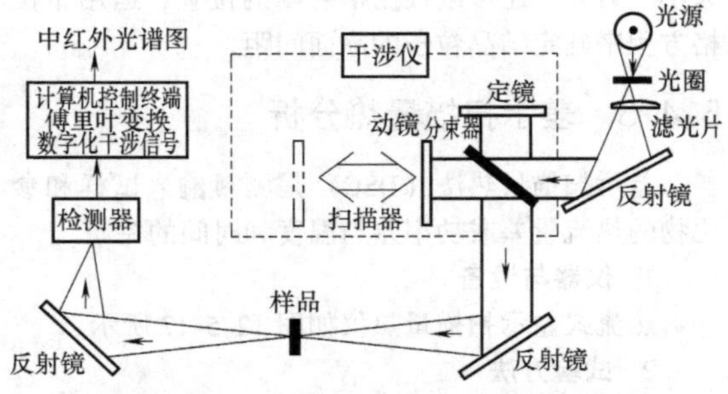

图 12-5-15 傅里叶变换红外光谱仪

2. 试验方法

采用红外光谱仪，在 400~4000cm^{-1}波数范围内进行扫描。测试温度为 23℃±2℃，采样间隔为 2.000cm^{-1}，试验前进行背景扫描，背景扫描次数为 32，样品扫描次数为 32，分辨率为 4.000cm^{-1}。

3. 结果分析

已知物的定性，可以采用标准谱图做对照。萨特勒红外谱图集是一种收集谱图最多、较多使用的图集。也可由已知组分试样制备一套参比光谱，进而在同一台仪器上对未知样品进行分析。

红外光谱的定量分析峰，应选择在待测组分的特征吸收带位置，强度尽可能大，与邻近谱带及杂质谱带干扰小。常采用的测量方法有顶点强度法和面积强度法。

5.4.2 X 射线衍射

X 射线衍射（XRD）技术是利用 X 射线在晶体、非晶体中的衍射与散射效应，进行物相的定性和定量分析，以及结构类型和不完整性分析的技术。

1. 仪器与设备

X 射线衍射仪如图 12-5-16 所示。

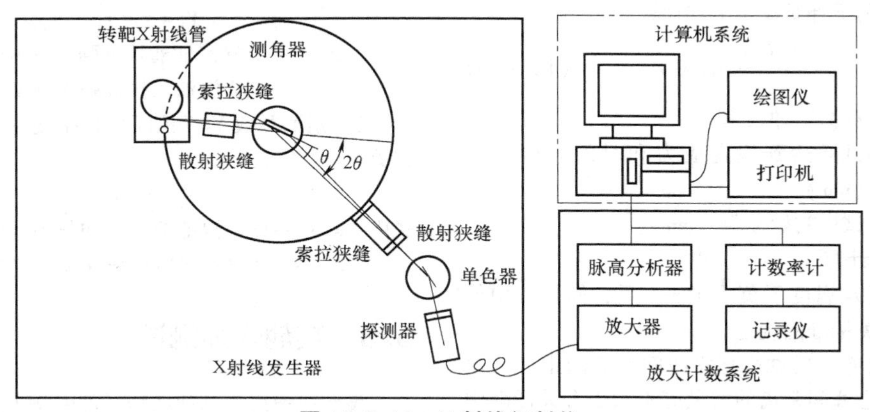

图 12-5-16 X 射线衍射仪

2. 试验方法

采用 X 射线衍射仪在 5°~ 60°范围内扫描，扫描速度为 4°/min。

3. 结果分析

对于高分子材料，非晶高分子的 X 射线衍射图是一个弥散峰，而结晶高分子的衍射图上会出现锐锋。结晶高分子实质上都是半结晶的，应用图解分析法，可以确定其结晶度。另外，根据谢乐方程，还可以计算出高分子材料的微晶尺寸。

对于结晶性的各种配合剂，可根据衍射峰进行物相鉴别。利用谢乐方程还可以确定配合剂晶粒的大小。另外，还可以根据衍射峰的位置，运用布拉格方程来确定结晶粒子的晶面间距。

5.4.3 差示扫描量热分析

差示扫描量热法（DSC）是测量输入试样和参比物的热流量差或功率差与温度和时间的关系。

1. 仪器与设备

热流式差示扫描量热仪如图 12-5-17 所示。

2. 试验方法

试验装样原则是尽可能使样品既薄又广地分布在试验坩埚内，一般使用铝坩埚。较大试样须剪切成小粒。

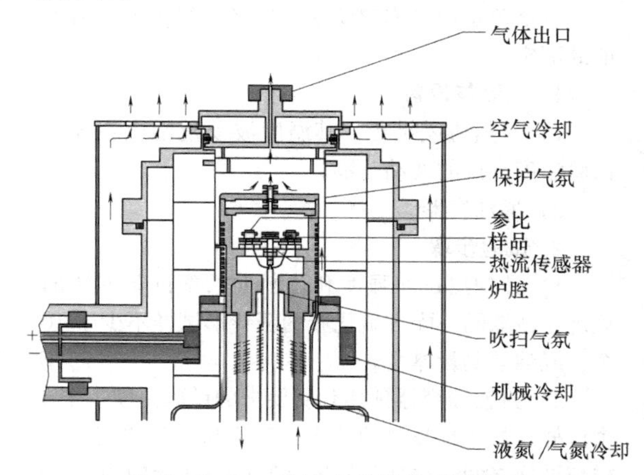

图 12-5-17 热流式差示扫描量热仪

主要影响因素样品用量及粒度，升降温速率，气氛及气流，重复扫描等。

具体试验方法需根据测试目的来编制试验程序。

3. 结果分析

1）运用 DSC 法测定聚合物的玻璃化转变温度。

通过玻璃化转变温度的测定可以研究聚合物的增塑效应和聚合物共混的相容性等。

2）运用 DSC 法测定聚合物的熔点以及结晶行为研究。聚合物的熔融温度很容易在 DSC 曲线的熔融吸热峰位置得到，从吸热峰面积计算出熔融热之后，与已知的 100%结晶的该试样的熔融热比较，可得到聚合物试样的结晶度。根据聚合物的降温曲线，还可以研究其结晶行为。

3）运用 DSC 法表征橡胶的硫化过程。橡胶的硫化反应在 DSC 曲线上会表现为放热峰。橡胶的氧化在 DSC 曲线上会呈现放热峰。聚合物的热裂解有些是放热效应有些是吸热效应。

5.4.4　热重分析法

热重分析法（TG）是在程序控制温度下，测量物质的质量与温度关系的一种技术，是一种应用广泛的热分析技术。利用热重分析可以测定物质的分解、脱水、脱溶剂温度等，还可以测出热分解反应的活化能、反应级数等。

1. 仪器与设备

热重分析仪如图 12-5-18 所示。

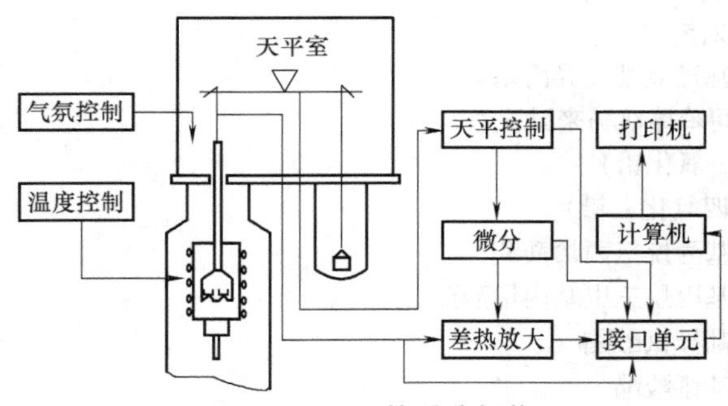

图 12-5-18　热重分析仪

2. 试验方法

1）样品用量、粒度及装置情况：样品用量要少，粒度不宜过大，而且要尽可能将样品平铺。

2）升温速率：一般以较慢的升温速率为宜。过快的升温速率有时会导致丢失某些中间产物的信息。

3）试验气氛及气流速度：可在真空、空气、惰性气体、氮气或其他气氛中测试，气流速度需稳定。

4）试验皿；选择试验皿时，应注意试验皿对试样、中间产物和最终产物应是惰性的。

5）仪器因素。

具体试验方法需根据测试目的来编制试验程序。

3. 结果分析

通常情况下，聚合物热裂解过程由于低分子组分或聚合物碎片的挥发而造成严重的失重，通过 TG 曲线可以对聚合物热稳定性进行评价。

通过 TG 曲线可以进行橡胶配方的剖析。

5.4.5　扫描电子显微镜

扫描电子显微镜法（SEM）是用细聚焦的电子束轰击样品表面，通过电子与样品相互作用产生的二次电子、背散射电子等对样品表面或断口形貌进行观察和分析。现在的 SEM 都与能谱（EDS）组合，可以进行成分分析。扫描电子显微镜是显微结构分析的主要仪器。

1. 仪器与设备

场发射扫描电子显微镜如图 12-5-19 所示。

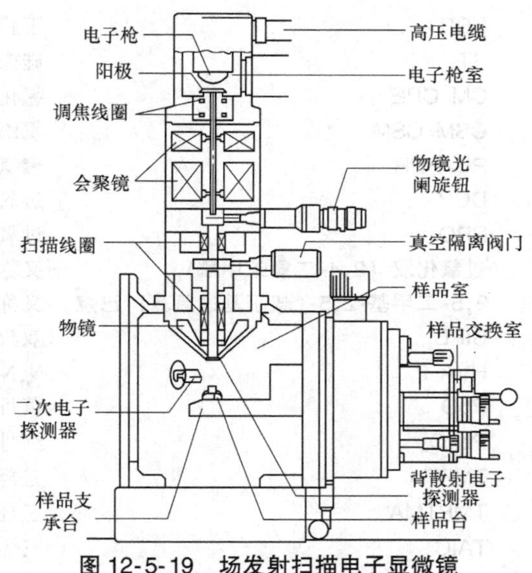

图 12-5-19　场发射扫描电子显微镜

2. 试验方法

1）粉体填料的制样：一般需要经过分散、铺放、镀导电膜三个步骤。

2）橡胶断面的观察制样：将待观察的样品面朝上，用导电胶将样品粘牢在样品台上，再进行喷金处理。

3）扫描电镜的调整：高压选择、聚光镜电流的选择、光阑的选择、聚焦与像散校正、亮度与对比度的选择。

3. 结果分析

1）采用扫描电子显微镜可直接观察到填料粒子的表面形态，了解其几何形态和聚集体状态。

2）用扫描电子显微镜可观察填料在橡胶中的分散情况、填料与橡胶的相互作用以及高分子复合体系的断面情况。

术语、缩写及商品化名称

CR	氯丁橡胶
EVA	乙烯-乙酸乙烯酯橡胶
EPR/EPDM	乙丙橡胶
NBR	丁腈橡胶
SiR	硅橡胶
CM/CPE	氯化聚乙烯橡胶
CSM/CSM	氯磺化聚乙烯橡胶
PU/PUR	聚氨酯橡胶
DCP	过氧化二异丙苯
BPO	过氧化（二）苯甲酰
过氧化双（2,4-二氯苯甲酰）	又称双2,4
2,5-二甲基-2,5-（叔丁基过氧基）己烷	又称双2,5
BIPB	双叔丁基过氧基二异丙基苯
HVA-2	N,N'-间苯撑双马来酰亚胺
PbO	黄丹（一氧化铅）
Pb_3O_4	红丹（四氧化三铅）
TMPTA	三羟甲基丙烷三丙烯酸酯
TMPTMA	三羟甲基丙烷三甲基丙烯酸酯
TAIC	三烯丙基异氰酸酯
TAC	三烯丙基氰酸酯
A-172	硅烷偶联剂
AC617	聚乙烯蜡
RD	防老剂2,2,4-三甲基-1,2-二氢化喹啉聚合体
MB	防老剂
ODA	防老剂
N330	补强炭黑
SUNPAR 2280	石蜡油
Aflux 16	润滑剂
门尼粘度	用门尼剪切圆盘式粘度计测定的生橡胶或者橡胶混炼胶粘度的量值
门尼焦烧	用门尼剪切圆盘式粘度计测定的橡胶混炼胶的早起硫化特性的量值
过硫	超过正硫化点的硫化状态
phr	百份橡胶之（几）
平板硫化机	带有两层或多层重叠加热平板，板间可加压模具的硫化机

二次硫化	为了完成硫化过程或提高橡胶的一种或几种性能水平而在第一次硫化之后利用热或辐照进行的处理
硫化胶	橡胶混炼胶的硫化产物
喷霜	迁移到橡胶表面上的液体或固体材料
钛白粉	二氧化钛
铁红	三氧化二铁
抗静电剂 SN	十八酰胺乙基-二甲基-羟乙基铵之硝酸盐
抗静电剂 PES	硬脂酸聚氧乙烯醇酯

参考标准

GB/T 528—2009　硫化橡胶或热塑性橡胶　拉伸应力应变性能的测定

GB/T 529—2008　硫化橡胶或热塑性橡胶撕裂强度的测定（裤形、直角形和新月形试样）

GB/T 531.1—2008　硫化橡胶或热塑性橡胶　压入硬度试验方法　第1部分：邵氏硬度计法（邵尔硬度）

GB/T 533—2008　硫化橡胶或热塑性橡胶　密度的测定

GB/T 1232.1—2016　未硫化橡胶　用圆盘剪切粘度计进行测定　第1部分：门尼粘度的测定

GB/T 1233—2008　未硫化橡胶初期硫化特性的测定　用圆盘剪切粘度计进行测定

GB/T 1408.1—2006　绝缘材料电气强度试验方法　第1部分：工频下试验

GB/T 1409—2006　测量电气绝缘材料在工频、音频、高频（包括米波波长在内）下电容率和介质损耗因素的推荐方法

GB/T 1410—2006　固体绝缘材料体积电阻率和表面电阻率试验方法

GB/T 1681—2009　硫化橡胶回弹性的测定

GB/T 1689—2014　硫化橡胶　耐磨性能的测定（用阿克隆磨耗试验机）

GB/T 2406.2—2009　塑料　用氧指数法测定燃烧行为　第2部分：室温试验

GB/T 2449.1—2014　工业硫磺　第1部分：固体产品

GB/T 2449.2—2015　工业硫磺　第2部分：液体产品

GB/T 2951.12—2008　电缆和光缆绝缘和护套材料通用试验方法　第12部分：通用试验方法　热老化试验方法

GB/T 2951.13—2008　电缆和光缆绝缘和护套材料通用试验方法　第13部分：通用试验方法　密度测定方法—吸水试验—收缩试验

GB/T 2951.14—2008　电缆和光缆绝缘和护套材料通用试验方法　第14部分：通用试验方法　低温试验

GB/T 2951.21—2008　电缆和光缆绝缘和护套材料通用试验方法　第21部分：弹性体混合料专用试验方法　耐臭氧试验　热延伸试验　浸矿物油试验

GB/T 3048.3—2007　电线电缆电性能试验方法　第3部分：半导电橡塑材料体积电阻率试验

GB/T 3510—2006　未硫化胶　塑性的测定　快速塑性计法

GB/T 3512—2014　硫化橡胶或热塑性橡胶　热空气加速老化和耐热试验

GB/T 7594.1~11—1987　电线电缆橡皮绝缘和橡皮护套

GB/T 7759.1—2015　硫化橡胶或热塑性橡胶　压缩永久变形的测定　第1部分：在常温及高温条件下

GB/T 7759.2—2014　硫化橡胶或热塑性橡胶　压缩永久变形的测定　第2部分：在低温条件下

GB/T 7764—2001　橡胶鉴定　红外光谱法

GB/T 9881—2008　橡胶　术语

GB/T 16584—1996　橡胶　用无转子硫化仪测定硫化特性

GB/T 25268—2010　橡胶　硫化仪使用指南

GB/T 27761—2011　热重分析仪失重和剩余量的试验方法

GB/T 29611—2013　生橡胶　玻璃化转变温度的测定　差示扫描量热法（DSC）

HG/T 2525—2011　橡胶用不溶性硫磺

JB/T 10738—2007　额定电压35kV及以下挤包绝缘电缆用半导电屏蔽料

IEC 60092　船用电气设备

EN 50363　电力电缆的绝缘、护套和包覆材料

BS 7655　电缆的绝缘及护套材料标准

DIN VDE 207　电线电缆的绝缘与护套混料

参考文献

[1] Gan T F, Shentu B Q, Weng Z X. Modification of CeO_2 and its effect on the Heat-resistance of silicone rubber [J]. Chinese Journal of Polymer Science, 2008, 26 (4): 16-19.

[2] M Jaunich, W Stark, D Wolff. A new method to evaluate the low temperature function of rubber sealing materials [J]. Polymer Testing, 2010, 29 (7): 815-823.

[3] E V Bystritskaya, T V Monakhova, V B Ivanov. TGA application for optimising the accelerated aging conditions and predictions of thermal aging of rubber [J]. Polymer Testing, 2013, 32 (2): 197-201.

[4] 冯圣玉，张杰，李美. 有机硅高分子及其应用［M］. 北京：化学工业出版社，2004.

[5] 彭亚岚，苏正涛，刘君，等. 氧化铁红对热

硫化硅橡胶热老化性能的影响［J］. 有机硅材料，2005，19（4）：14-16.

［6］ R Aguirresarobe，L Irusta，M J Fernandez-Berridi. Application of TGA/FTIR to the study of the degradation mechanism of silanized poly（ether-urethanes）［J］. Polymer Degradation and Stability，2012，97（2）：1671-1679.

［7］ Hanu L G，Simon G P，Cheng Y B. Thermal stability and flammability of silicone polymer composites［J］ Polymer Degradation & Stability，2006，91（6）：1373-1379.

［8］ Choudhury A，Bhowmick A K，Ong C，Soddemann M. Influence of molecular parameters on thermal，mechanical，and dynamic mechanical properties of hydrogenated nitrile rubber and its nanocomposites［J］. Polymer Engineering & Science，2010，50（7）：1389-1399.

［9］ Zhang R L，Liu L. Huang Y D，et al. Prepared hydrogenated nitrile rubber（HNBR）/organo-montmorillonite nanocomposites by the melt intercalation method［J］. Journal of Applied Polymer Science，2010，117（5）：2870-2876.

［10］ Gillen K T，Bernstein R，Derzon D K. Evidence of non-Arrhenius behaviour from laboratory aging and 24-year field aging of polychloroprene rubber materials［J］. Polymer Degradation and Stability，2004，87（2005）：57-67.